JN426008

BIOLOGY *A Human Emphasis*

SIXTH EDITION

CECIE STARR

# 생명과학 제6판

## -인간중심-

전진석 김병삼 김병기 정계준 임진규
김동은 이종환 이동석 이인철 민계식
서울원 황동연 이충언 김순영 조영준 **공역**

CENGAGE Learning™

Australia, Brazil, Japan, Korea, Mexico, Singapore, Spain, United Kingdom, United States

Biology: A Human Emphasis, 6th Edition
Cecie Starr

This edition first published in 2008 jointly by
Cengage Learning Korea Limited and World Science Publishing Co..

Original edition ⓒ 2007 Brooks/Cole, a part of Cengage Learning. Biology: A Human Emphasis, 6th Edition by Cecie Starr. ISBN: 978-0-534-42028-4.

This edition is translated by license from Brooks/Cole, a part of Cengage Learning, for sale in Korea only.



ISBN-13: 978-89-5881-108-4

Cengage Learning Korea Ltd.
Suite 1801 Seokyo Tower Building
353-1 Seokyo-Dong Mapo-Ku
Seoul 121-837 Korea
Tel: (82) 2 322 4926
Fax: (82) 2 322 4927

Cengage Learning products are represented in Canada by Nelson Education, Ltd.

For product information, visit cengageasia.com

Printed in Korea
1 2 3 4 11 10 09 08

# 주요 차례

# 세부 목차



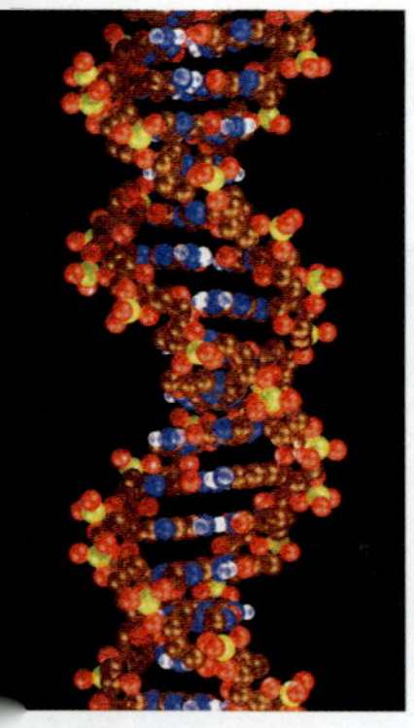

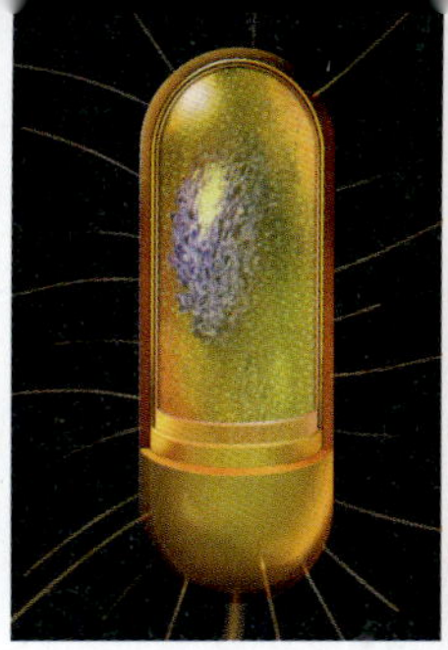

## 5 세포는 어떻게 일을 할까?



## 6 생명의 근원- 광합성



## 7 세포의 화학 에너지 이용

## 단원 II 생명에 대한 조망

### 8 세포는 어떻게 생식하는가?



### 9 감수분열과 유성생식



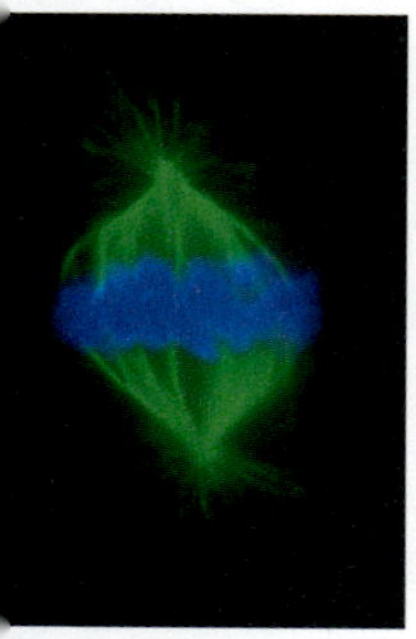

### 10 유전형질의 패턴 관찰



### 11 염색체와 인류 유전학

 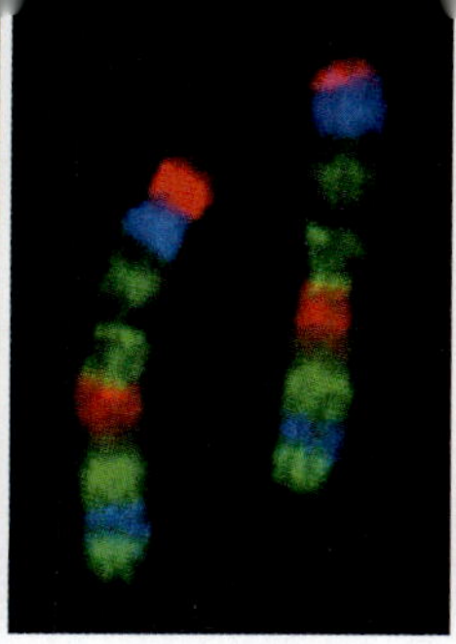  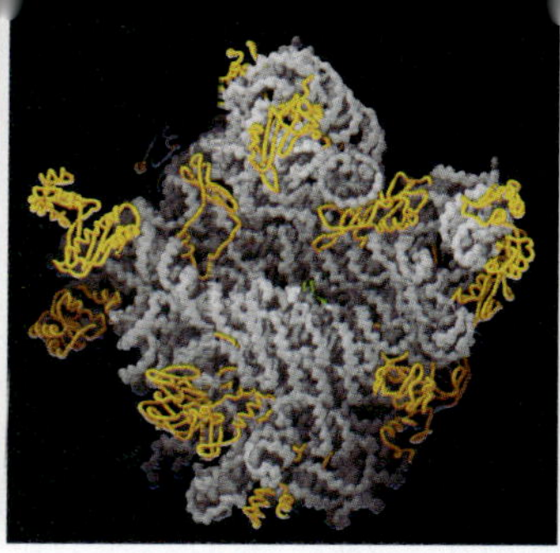 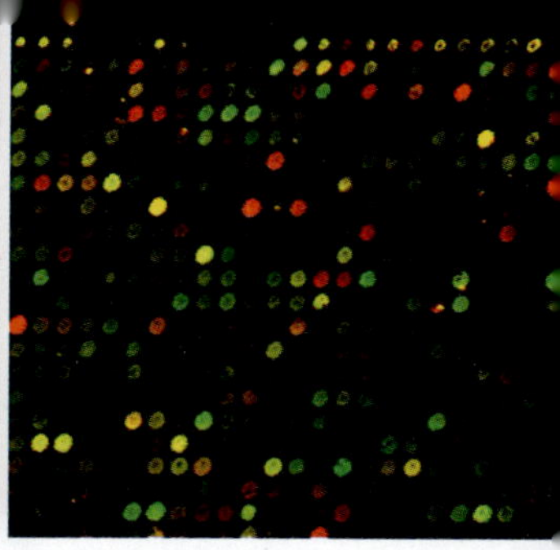



## 12 DNA의 구조와 기능



## 13 DNA로부터 단백질까지



## 14 유전자 조절



## 15 유전체 조작과 연구

## 30 감각 인지



## 31 내분비 조절



## 32 동물의 운동

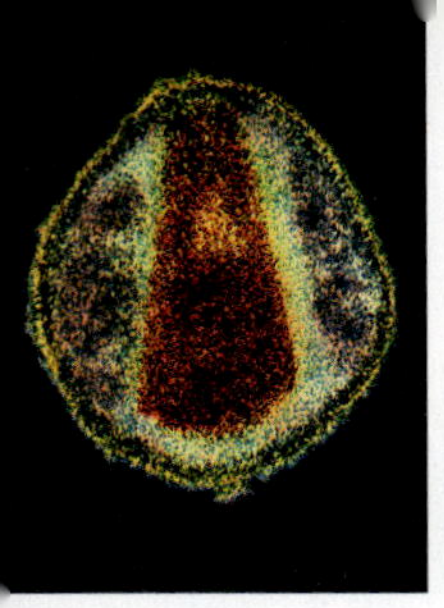



## 33 순환



## 34 면역

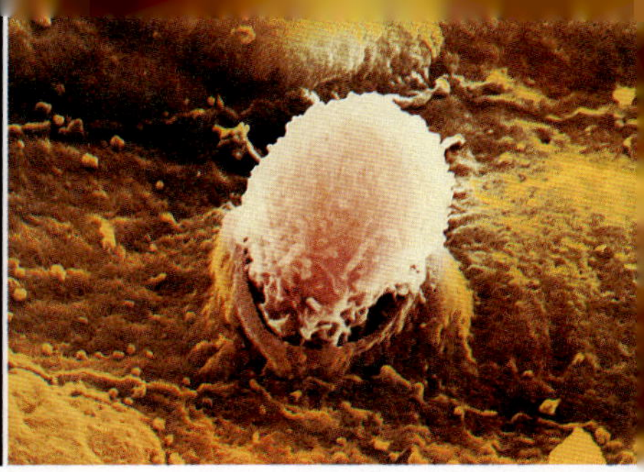

## 35 호흡



## 36 소화와 사람의 영양



## 37 내부환경

## 38 동물의 생식과 발생



번역서의 페이지번호는
원서(Biology-A Human Emphasis)페이지 번호에 준합니다.

# 서문

오늘날 생물학자들은 생물의 통일성과 다양성, 즉 생명체가 어떻게 만들어졌으며, 각각 어떠한 기능을 갖고 어떠한 방식으로 생존해 나가며, 그들의 기원이 어디인지를 총 망라하는 생물학 개론을 제공하고 있다. 이러한 생물학 개론은 인간의 건강, 생식 기능, 지구상에 존재하는 모든 생물체와의 연관성, 그리고 모든 생명체의 생존에 대한 중요한 단서를 제공한다.

본 교재는 생물학의 기초 이론에 대한 개요를 총체적으로 설명한다. 우리는 여기서 제기되는 문제 해결 방식과 여러 가지 실험에 대한 예시를 통해, 자연계에 대한 분석적 고찰을 이끌어 낸다. 또한, 생물학과 관련된 핵심적인 개념, 현재 제기되고 있는 이론, 그리고 생물학 연구의 주요 분야에 대한 연구 동향 등을 집중적으로 다루고 있다. 본 교재는 다양한 생물 표본채취를 통해 구조와 기능을 상세하게 설명함으로써, 학생들이 생명체와 관련된 주요 어휘에 대해 쉽게 이해할 수 있도록 구성되어있다. 우리는 학생들이 이러한 핵심적 개념의 중요한 가치를 식별할 수 있도록 선별된 적용 사례를 제시한다. 대부분의 교수들은 학습 주제와 과제를 통합한 접근방식의 유효성에 대해 이미 잘 알고 있다. 우리와 마찬가지로 교수들은 거의 모든 학생들이 적절한 실제적인 사례를 통해 쉽게 습득할 수 있다는 사실에 대해 인지하고 있다. 학생들은 생명체에 대한 개요도를 "확보" 하여 자신들 스스로 과거와 현재 그리고 미래에 대한 분석적 사고를 할 수 있는 자신감을 가질 수 있다. 이것이 바로 생물학을 통해 우리가 얻을 수 있는 선물이다.

### *당면문제를 통한 접근방식*

생물학 연구는 현재 직간접 적인 여러 방식을 통해 우리의 생활과 밀접하게 관련되어 있다. 현재 학생들이 배우고 있는 모든 것은 찬반 의사표시 그리고 개인적인 생활에 있어 미래의 의사결정 방식에 중요한 영향을 미치게 된다.

**어떻게 찬반의사를 표시할 것인가?** 본 교재의 각 장은 해당 내용과 관련하여 현재 이슈가 되고 있는 사항에 대한 설명으로 시작된다. 예를 들어, 단백질 합성 장에서는 리보솜의 규명을 통해 어떻게 세균이 리신(ricin)을 제거하는지에 대한 설명으로 시작된다. 소진화(microevolution) 장의 도입부에서는 살서제(rodenticide)에 함유된 성분이 "쥐에 치명적"으로 작용하는 방식을 설명하고 있다. 현 세대가 뮤직 비디오에 익숙한 세대라는 점을 감안하여, 우리는 각 장의 개요 부분에 맞춤화된 비디오클립을 제작했다. 학생용 CD와 교수용 미디어 매니저(Media Manager)로 구성된 비디오 자료는 강의에 활력을 불어넣는 매체가 된다.
우리는 학생들에게 연구과제 또는 해당 과제와 관련된 적용에 대해 어떻게 찬반표시를 할 것인가? 라는 질문을 던진다. 이 질문은 해당 장에서 보다 심층적으로 설명된다. 이러한 투표 방식은 모든 주를 포함한 전국의 모든 캠퍼스에서 온라인상으로 진행되어 집계된다. 이 같은 대화형의 양방향 접근방식은 개인적인 행위가 큰 차이를 만들 수 있다는 전제를 뒷받침하게 된다.

### *이해를 돕기 위한 접근방식*

**개요도** 각 장은 페이지에 포함된 "개요도"와 비디오 포맷을 시작으로 설명된다. 개요도 개념은 각각 녹색으로 표시된 제목으로 박스 안에 설명되어 있다. 이 제목은 핵심 개념과의 개연성을 강조하기 위해 해당 텍스트가 설명된 페이지 상단에 반복적으로 나타난다.

**키포인트 강조표시** 학생들은 종종 교과서 내용이 무미건조하고 지루하다는 불만을 토로하곤 한다. 따라서 본 교재에서는 대화방식을 채용하여 학생들이 개념의 명확성에 집중할 수 있도록 구성되었다. 또한, 학생들이 단편적인 지식을 얻기보다는 내용의 흐름에 집중할 수 있도록 구성되어있다. 이를 위해, 각 절의 마지막 부분의 파란색 박스 안에 키포인트가 강조표시 되어있다. 학생들은 텍스트 요약 그리고 각 절의 요약 부분을 통해 해당 주제의 개념을 명확히 이해할 수 있다.

**맨 먼저 삽화 읽기** 맨 먼저 삽화를 읽는 것은 시각 학습과 읽기에 익숙한 학생들의 이해를 돕기 위한 것이다. 해당 내용의 개요를 이해하기 위해 학생들은 각 텍스트 옆에 있는 다이어그램을 통해 단계별로 접근하게 된다. 이 다이어그램은, 미디어 매니저 강좌 툴과 학생용 CD에 해설과 삽화 형식으로도 제공된다. 시각 자료의 반복을 통해 학생들의 이해를 돕고, 다양한 학습 형식을 적용하여 중요한 생물학적 개념을 학생의 수준에 맞출 수 있다.

### *간략하고 명료한 설명*

우리는 교재의 분량을 감안하여, 해당 주제를 명확히 설명하는 부분을 할애하면서 포함되어야 하는 주제를 선별적으로 적용했다. 알아두어야 할 필요가 있는 것이라면 의사 사실(factoid)로 축소하여 제시할 이유가 없다. 의사 사실은 지루한 암기식 학습 방법이므로, 반복적 학습법은 자연 현상에 대한 학생들의 분석적 사고 능력을 개발하는데 도움이 되지 않는다.

예를 들어, 대부분의 비전공자들은 단순히 다육식물유기산대사(crassulacean acid metabolism)의 각 촉매 단계를 암기하려 하지 않는다. 비전공자들은 성의 생물학적 기초 지식에 대해 배우기를 원하며, 대부분의 여학생들은 임신한 여성의 몸 안에서 어떠한 과정이 진행되는지에 대해 궁금해 한다.

명확하고 간략한 설명은 성감염질환(STDs), 임신 촉진제, 유전적 장애에 대한 분만 전 검진, 유전자요법, 그리고 유산을 포함한 수많은 생물학 관련 사안에 대한 정보를 확보하여 학생들이 의사결정을 하는데 도움이 될 수 있다 지난 몇 년 동안 몇몇 학생 독자들이 본 교재가 학교에서 지정된 것이 아님에도 이러한 주제를 모두 섭렵했다고 우리에게 알려왔다. 어떠한 주제를 축약하고 확대할 것인지 또는 삭제할 것인지 하는 선택은 우리의 독단적인 결정에 따라 이루어지지 않는다. 이는 지난 30년 동안 현직 교사들의 경험을 통해 얻은 결과를 반영한 것이다.

### *사용이 간편한 미디어 툴 제공*

각 장의 마지막 부분에는 미디어 메뉴가 있다. 이 메뉴는 교재에 무료 첨부된 CD를 사용하는 학생들을 위한 것으로, 관련 주제에 대한 비디오와 개요도 삽화를 시작으로 설명하고 있다. 또한, 이 메뉴에는 대부분의 추가적인 삽화와 양방향 방식으로 전개되는 모든 맨 먼저 읽기 삽화 리스트가 있다.

본 교재의 독자들은 텍스트로 된 4,000여개 이상의 정기 간행물 라이브러리인 독자적 온라인 데이터베이스, InfoTrac *College Edition*에 무료로 접속할 수 있다. 미디어 메뉴 역시 예시 논문, 해당 장과 관련된 웹사이트 예제, 그리고 찬반의견 투표(*How-Would-You-Vote*) 질문에 대한 설명 리스트가 제시되어 있다.

각 교재에 포함된 무료 *BiologyNow* CD-ROM 은 모든 CD와 웹 기반 학습 툴의 기초 자료를 담고 있다. 이는 학생들이 과제를 수행하고 이해한 내용을 평가하는 간편한 통합 방식으로 구성되어 있다. 해당 장을 읽고 난 뒤, 학생들은 로 접속하여 교재에 패키지로 포함된 접속 코드를 입력한 다음, 사전 평가(*diagnostic pre-test*)를 시행한다. 시험 문제의 정답과 오답을 체크하여 오답 문제를 설명하는 텍스트, 다이어그램, 그리고 삽화 등을 통해 개인화된 학습 계획이 진행된다. 학생들은 사전 평가와 사후 평가(*post-test*)결과를 해당 강사에게 이메일로 전송할 수 있다. 강사가 본 교재에서 무료로 제공되는 WebTutor™ToolBox강의 관리 툴을 사용하는 경우, 과제를 지정해주는 적합한 방식인 실력 사전평가 역시 WebCT 또는 Blackboard gradebooks를 통해 제공된다.

*vMentor*은 월요일에서 토요일까지 오전6에서 오후12시까지 온라인 생물학 강좌 서비스가 무료로 제공한다. 개요를 설명하기 위해, *interactive flashcards*는 교재에서 볼드체로 표시된 모든 용어의 설명과 함께 오디오 발음 안내 기능을 제공한다.

웹사이트의 InfoTrac과 주석 리스트는 해당 내용의 장단점에 대해 설명한다. 학생들은 *How-Would-You-Vote* 질문을 탐구한 다음, 투표를 통해 찬반의견을 표시할 수 있으며 다른 학생들이 투표 내용 역시 볼 수 있다. 학생들은 관련 주제에 대한 탐구내용과 투표 관련 정보를 이메일을 통해 강사에게 전송할 수 있다.

**미디어 툴**

**미디어 메뉴** End-of-chapter 메뉴로서, CD-Rom, InfoTrac 링크, 웹사이트 링크, 찬반의견 투표 질문에 대한 미디어 자료.

**Resources Integrator** 각 절의 강좌가 통합된 교재를 위한 모든 미디어

**BiologyNow™** 학생들이 명확히 이해하지 못한 주제를 진단하여 학습에 초점을 둔 맞춤형 학습계획을 생성한다.

**찬반의견 투표** 쟁점 사안에 대한 탐구와 찬반의견 투표

**v Mentor** 양방향 음성 커뮤니케이션 그리고 컴퓨터 화이트보드를 통해 과제를 돕기 위한 무료 온라인 프로그램. 제한적으로 적용 됨.

**InfoTrac College Edition** 독자적인 온라인 간행물 검색 데이터베이스 그리고 학생들의 탐구 분야 지침이 될 수 있는 연습문제가 포함되어 있다.

**Interactive Flashcards** 텍스트에 볼드체로 표시된 모든 용어에 대한 정의와 오디오 발음 가이드

**웹사이트** 웹 사이트 상에 게재된 생물학과 관련된 각 절의 주석 리스트. 탐구 가이드를 위한 인터넷 연습문제.

## 감사의 말

본 교재가 출간되기 까지 많은 도움을 주신 다음에 열거된 모든 분들께 감사의 말을 전한다. John Jackson과 Walt Judd는 교육계에 몸담고 있는 저명한 교육자로 알려져 있다. 본 최신판은 우리의 생각을 구체적으로 전개할 수 있도록 도움을 주었던 여러 전문가들의 중요한 관점을 반영하고 있다. Impacts/Issues 절, 맞춤형 비디오 자료, 개요도 등과 같은 부분은 강의실 내에서의 경험을 토대로 구성된 것이다. Lisa Starr 그리고 Christine Evers는 연구조사, 집필, 삽화 및 페이지 구성에 많은 도움을 주었다.

Thomson Learning 출판사의 세계적 명성을 이끌어 온 Susan Badger를 비롯한 Sean Wakely, Michelle Julet, Kathie Head에게 다시 한번 감사의 말을 전한다. Keli Amann은 웹 사이트를 설계하고 CD 제작을 관리했으며, Peggy Williams는 본 교재 프로젝트를 자신의 식견과 기지를 발휘하여 성실히 진행했다. Andy Marinkovich와 Grace Davidson은 나의 완고한 주장을 서슴없이 받아들였다. Gary Head는 본 교재의 기능적 설계와 그래픽을 작성하였으며, Steve Bolinger 역시 미디어 툴의 설계와 그래픽을 담당했으며, 이외에도 Star MacKenzie, Ann Caven, Karen Hunt, Suzannah Alexander, Diana Starr, Chris Ziemba, Myrna Engler 등이 참여했다. 앞서 열거된 도움을 주신 분들 이외에도 이외 수많은 팀원들이 본 교재가 출판되기까지 지원을 아끼지 않았다. 그리고 생물학 교육에 유용한 학생들의 찬반의견 투표를 포함해 다른 여러 가지 특징적 기능의 필요성을 가장 먼저 제시한 Jack Carey에게 감사의 뜻을 전한다. CECIE STARR, *2004년 11월.*

## 주요 자문교수

John D. Jackson *North Hennepin Community College*
Walter Judd *University of Florida*

John Alcock *Arizona State University*
Charlotte Borgeson *University of Nevada*
Deborah C. Clark *Middle Tennessee University*
Melanie DeVore *Georgia College and State University*
Daniel Fairbanks *Brigham Young University*
Tom Garrison *Orange Coast College*
David Goodin *The Scripps Research Institute*
Paul E. Hertz *Barnard College*
Timothy Johnston *Murray State University*
Eugene Kozloff *University of Washington*
Elizabeth Landecker-Moore *Rowan University*
Karen Messley *Rock Valley College*
Thomas L. Rost *University of California, Davis*
Lauralee Sherwood *West Virginia University*
E. William Wischusen *Louisiana State University*
Stephen L. Wolfe *University of California, Davis*

CONTRIBUTORS OF INFLUENTIAL REVIEWS AND CLASS TESTS

ADAMS, DARYL *Minnesota State University, Mankato*
ANDERSON, DENNIS *Oklahoma City Community College*
BENDER, KRISTEN *California State University, Long Beach*
BOGGS, LISA *Southwestern Oklahoma State University*
BORGESON, CHARLOTTE *University of Nevada*
BOWER, SUSAN *Pasadena City College*
BOYD, KIMBERLY *Cabrini College*
BRICKMAN, PEGGY *University of Georgia*
BROWN, EVERT *Casper College*
BRYAN, DAVID W. *Cincinnati State College*
BURNETT, STEPHEN *Clayton College*
BUSS, WARREN *University of Northern Colorado*
CARTWRIGHT, PAULYN *University of Kansas*
CASE, TED *University of California, San Diego*
COLAVITO, MARY *Santa Monica College*
COOK, JERRY L. *Sam Houston State University*
DAVIS, JERRY *University of Wisconsin, LaCrosse*
DENGLER, NANCY *University of California, Davis*
DESAIX, JEAN *University of North Carolina*
DIBARTOLOMEIS, SUSAN *Millersville University of Pennsylvania*
DIEHL, FRED *University of Virginia*
DONALD-WHITNEY, CATHY *Collin County Community College*
DUWEL, PHILIP *University of South Carolina, Columbia*
EAKIN, DAVID *Eastern Kentucky University*
EBBS, STEPHEN *Southern Illinois University*
EDLIN, GORDON *University of Hawaii, Manoa*
ENDLER, JOHN *University of California, Santa Barbara*
ERWIN, CINDY *City College of San Francisco*
FOX, P. MICHAEL *SUNY College at Brockport*
FOREMAN, KATHERINE *Moraine Valley Community College*
GIBLIN, TARA *Stephens College*
GILLS, RICK *University of Wisconsin, La Crosse*
GREENE, CURTIS *Wayne State University*
GREGG, KATHERINE *West Virginia Wesleyan College*
HARLEY, JOHN *Eastern Kentucky University*
HARRIS, JAMES *Utah Valley Community College*
HELGESON, JEAN *Collin County Community College*
HESS, WILFORD M. *Brigham Young University*
HOUTMAN, ANNE *Cal State, Fullerton*
HUFFMAN, DAVID *Southwestern Texas University*
HUFFMAN, DONNA *Calhoun Community College*
INEICHER, GEORGIA *Hinds Community College*
JOHNSTON, TAYLOR *Michigan State University*
JUILLERAT, FLORENCE *Indiana University, Purdue University*
KENDRICK, BRYCE *University of Waterloo*
HOUTMAN, ANNE *Cal State, Fullerton*
KETELES, KRISTEN *University of Central Arkansas*
KIRKPATRICK, LEE A. *Glendale Community College*
KREBS, CHARLES *University of British Columbia*
LANZA, JANET *University of Arkansas, Little Rock*
LEICHT, BRENDA *University of Iowa*
LOHMEIER, LYNNE *Mississippi Gulf Coast Community College*
LORING, DAVID *Johnson County Community College*
MACKLIN, MONICA *Northeastern State University*
MANN, ALAN *University of Pennsylvania*
MARTIN, KATHY *Central Connecticut State University*
MARTIN, TERRY *Kishwaukee College*
MASON, ROY B. *Mount San Jacinto College*
MATTHEWS, ROBERT *University of Georgia*
MAXWELL, JOYCE *California State University, Northridge*
MCNABB, ANN *Virginia Polytechnic Institute and State University*
MEIERS, SUSAN *Western Illinois University*
MEYER, DWIGHT H. *Queensborough Community College*
MICKLE, JAMES *North Carolina State University*
MINOR, CHRISTINE V. *Clemson University*
MCCLURE, JERRY *Miami University*
MILLER, G. TYLER *Wilmington, North Carolina*
MITCHELL, DENNIS M. *Troy University*
MONCAYO, ABELARDO C. *Ohio Northern University*
MOORE, IGNACIO *Virginia Tech*
MORRISON-SHETTLER, ALLISON *Georgia State University*
MORTON, DAVID *Frostburg State University*
NELSON, RILEY *Brigham Young University*
NICKLES, JON R. *University of Alaska Anchorage*
NOLD, STEPHEN *University of Wisconsin- Stout*
PADGETT, DONALD *Bridgewater State College*
PENCOE, NANCY *State University of West Georgia*
PERRY, JAMES *University of Wisconsin, Center Fox Valley*
PITOCCHELLI, DR. JAY *Saint Anselm College*
PLETT, HAROLD *Fullerton College*
POLCYN, DAVID M. *California State University, San Bernardino*
PURCELL, JERRY *San Antonio College*
REID, BRUCE *Kean College of New Jersey*
RENFROE, MICHAEL *James Madison University*
REZNICK, DAVID *California State University, Fullerton*
RICKETT, JOHN *University of Arkansas, Little Rock*
ROHN, TROY *Boise State University*
ROIG, MATTIE *Broward Community College*
ROSE, GRIEG *West Valley College*
SANDIFORD, SHAMILI A. *College of Du Page*
SCHREIBER, FRED *California State University, Fresno*
SELLERS, LARRY *Louisiana Tech University*
SHONTZ, NANCY *Grand Valley State University*
SHAPIRO, HARRIET *San Diego State University*
SHOPPER, MARILYN *Johnson County Community College*
SIEMENS, DAVID *Black Hills State University*
SMITH, BRIAN *Black Hills State University*
SMITH, JERRY *St. Petersburg Junior College, Clearwater Campus*
STEINERT, KATHLEEN *Bellevue Community College*
SUNDBERG, MARSHALL D. *Emporia State University*
SUMMERS, GERALD *University of Missouri*
SVENSSON, PETER *West Valley College*
SWANSON, ROBERT *North Hennepin Community College*
SWEET, SAMUEL *University of California, Santa Barbara*
SZYMCZAK, LARRY J. *Chicago State University*
TERHUNE, JERRY *Jefferson Community College, University of Kentucky*
TAYLOR, JANE *Northern Virginia Community College*
TIZARD, IAN *Texas A&M University*
TRAYLER, BILL *California State University at Fresno*
TROUT, RICHARD E. *Oklahoma City Community College*
TURELL, MARSHA *Houston Community College*
TYSER, ROBIN *University of Wisconsin, LaCrosse*
VAJRAVELU, RANI *University of Central Florida*
VANDERGAST, AMY *San Diego State University*
VERHEY, STEVEN *Central Washington University*
VICKERS, TANYA *University of Utah*
VOGEL, THOMAS *Western Illinois University*
WARNER, MARGARET *Purdue University*
WEBB, JACQUELINE F. *Villanova University*
WELCH, NICOLE TURRILL *Middle Tennessee State University*
WELKIE, GEORGE W. *Utah State University*
WENDEROTH, MARY PAT *University of Washington*
WINICUR, SANDRA *Indiana University, South Bend*
WOLFE, LORNE *Georgia Southern University*
YONENAKA, SHANNA *San Francisco State University*
ZAYAITZ, ANNE *Kutztown University of Pennsylvania*

# 역자 서문

자연의 모든 생명체는 서로 다른 다양한 형태와 구조를 나타내지만, 이들 생물은 생명을 유지하기 위한 기본적인 공통성이 있다. 생명체의 기본 단위는 작은 세포이며, 거의 모든 세포에서 똑같은 과정이나 유사한 구조를 볼 수 있다. 생물학자들은 생명체가 어떻게 만들어졌으며, 어떤 기능을 갖고 어떻게 생존해 나가며, 생명의 기원이 어디인지를 총 망라하는 생물학 개론을 제공하고 있다.

이 책은 생명과학-인간 중심으로 생물학의 기초 이론에 대한 개요를 총체적으로 설명한다. 생물학과 관련된 핵심적인 개념, 현재 제기되고 있는 이론, 그리고 생명체와 관련된 주요 어휘에 대해 쉽게 이해할 수 있도록 구성되어 있다. 또한 학생들이 이러한 핵심적 개념의 중요한 가치를 식별할 수 있도록 선별된 적용 사례를 제시하고 있다. 이러한 생물학 개론은 인간의 건강, 생식 기능, 지구상에 존재하는 모든 생물체와의 연관성, 그리고 모든 생명체의 생존에 대한 중요한 단서를 제공한다.

이 책의 각 장은 해당 내용과 관련하여 현재 이슈가 되고 있는 사항에 대한 설명으로 시작된다. 우리는 학생들에게 연구과제 또는 해당 과제와 관련된 적용에 대해 어떻게 찬반표시를 할 것인가? 라는 질문을 던진다. 이 질문은 해당 장에서 보다 심층적으로 설명된다. 각 장은 페이지에 포함된 "개요도"를 시작으로 설명된다. 따라서 개념의 명확성에 집중할 수 있도록 구성되었고, 단편적인 지식을 얻기보다는 내용의 흐름에 집중할 수 있도록 구성되었다. 각 절의 마지막 부분의 박스 안에 키포인트가 강조표시 되어있다. 학생들은 텍스트 요약 그리고 각 절의 요약 부분을 통해 해당 주제의 개념을 명확히 이해할 수 있다.

생명의 과학은 21세기 과학의 토대가 되는 것이며, 생명과학-인간중심의 모든 주제는 생명과학의 핵심내용을 이해하는데 크게 도움이 될 것이라고 생각된다. 이 책을 통하여 자연의 생물학적인 과정을 이해하고, 생명과학의 기본 개념을 배우는 데 도움이 되어 독자들의 지식을 넓혀줄 수 있기를 기대한다.

Cecie Starr의 원서 "Biology-A Human Emphasis" 제 6판의 공동 집필을 위해 함께 참여하여 주신 역자 교수들께 진심으로 감사를 드립니다. 이 책이 출간되기까지 지원을 아끼지 않은 (주)월드사이언스 박선진 사장님과 편집부 여러분들의 노고에 깊은 감사를 드립니다. 앞으로 이 책에 대한 잘못된 부분이나 다양한 의견들은 e-mail(jsj291@kmu.ac.kr)을 통해 접수하여, 다음 출판에 적극 반영하고 보완할 것입니다. 독자 여러분들의 생명과학에 대한 초미세한 시야와 함께 넓은 안목도 터득해 볼 수 있기를 기대합니다.

2008년 1월
역자대표 전진석

# 역자 소개

**전진석** 계명대학교 생물학과 교수, 역자대표, 1장 jsj291@kmu.ac.kr

**김병삼** 울산대학교 생명과학부 교수, 2장 bskim@ulsan.ac.kr

**김병기** 부산대학교 생명과학부 교수, 28장, 38장 bgkim@pusan.ac.kr

**정계준** 경상대학교 과학교육학부 교수, 11장, 12장 jgiejoon@nongae.gsnu.ac.kr

**임진규** 경북대학교 생명식품과학부 교수, 4장, 5장 jkylim@knu.ac.kr

**김동은** 건국대학교 생명공학과 교수, 13장, 14장 kimde@konkuk.ac.kr

**이종환** 동의대학교 생명공학과 교수, 34장, 35장 jongwhanlee@deu.ac.kr

**이동석** 인제대학교 임상병리학과 교수, 8장, 9장, 10장 mbdslee@inje.ac.kr

**이인철** 대전대학교 생명과학과 교수, 6장, 7장 incheol@dju.ac.kr

**민계식** 진주산업대 미생물공학과 교수, 30장, 31장 g-min@jinju.ac.kr

**서을원** 안동대학교 생명과학과 교수, 32장 ewseo@andong.ac.kr

**황동연** 포천중문의대 생명과학부 교수, 36장, 37장 hdy@cha.ac.kr

**이충언** 신라대학교 생명과학과 교수, 23장, 29장 insecton@silla.ac.kr

**김순영** 안동대학교 생명과학과 교수, 33장 kimsy@andong.ac.kr

**조영준** 대구대학교 유전공학과 교수, 3장, 15장 yjcho@daegu.ac.kr

생명과학 -인체중심-
인 쇄 • 2008년 3월 10일
발 행 • 2008년 3월 20일
옮긴이 • 전진석 김병삼 김병기 정계준 임진규
김동은 이종환 이동석 이인철 민계식
서을원 황동연 이충언 김순영 조영준
발행인 • 박 선 진
발행처 • 도서출판 월드사이언스
주 소 • 서울특별시 동작구 사당5동 240-15
등록일자 • 1987년 12월 14일
등록번호 • 3-136
TEL • (02) 581-5811~3
FAX • (02) 521-6418
E-mail • worldscience@hanmail.net
URL • http://www.worldscience.co.kr

정가 25,000원
ISBN 978-89-5881-108-4

이 도서의 국립중앙도서관 출판시도서목록(CIP)은 e-CIP 홈페이지
(http://www.nl.go.kr/cip.php)에서 이용하실 수 있습니다.
(CIP제어번호: CIP2008000758 )

# 서 론

지질학적 단계인 현재 구성되어있는 지구의 대양과 대지는 생명체가 지속적으로 삶을 영위할 수 있도록 해준다. 인공위성을 통해 나타난 이미지를 보면 지구 에너지가 사람들에 의해 밤 시간대에 사용되는 것을 알 수 있다. 이는 생물학과 마찬가지로 지구상의 생명체 그리고 인간이 미치는 영향에 대해 한 번 더 깊게 생각할 수 있는 기회를 제공한다.

# 1 생물학 개론

## 최근 이슈와 그 영향력 나는 여기서 무엇을 하고 있는가?

어느 한가한 일요일 신문 기사를 읽다보면 우리가 살고 있는 세상이 통제불능 상태로 치닫고있다는 불안한 생각에 휩싸이게 된다. 게다가 중동 지역의 분쟁은 하루도 조용할 날이 없다. 우리는 주변 대양,

특히 홍해 북쪽에서는 아름다운 산호초를 거의 발견할 수 없다. 현재 이슈가 되고 있는 뉴스거리는 석유, 정치, 테러, 그리고 전쟁과 관련된 것이다.

1991년 발발한 걸프전에서는 석유 화재로 인한 불기둥으로 햇빛을 차단할 정도의 두터운 안개가 발생하여 검은 비가 내렸었다. 이라크인들은 고의적으로 약 6억6천만 갤런에 달하는 원유를 걸프만으로 흘려보냈다. 이로 인해 엄청난 수의 암초 생물이 죽었으며 그로 인해 먹이를 구하지 못한 수 천만 마리의 조류 역시 죽음을 면치 못했다.

오늘날 쿠웨이트 사람들은 높은 암 발생률이 과거의 석유 화재 때문이 아닐지 의심하고 있다. 뿐만 아니라, 뉴욕 시민들은 911 테러 이후 공기를 오염시킨 유해성 분진과 호흡 장애가 폐 관련 질환의 원인이 된 것은 아닐지 불안해하고 있다.

더욱이, 콜레라, 독감, 사스(SARS) 등과 같은 유행성 질병은 전 인류의 위협이 되고 있다. 에이즈(AIDS)의 창궐은 아프리카 국가를 기원으로 하는 질병인 것으로 규명되었다. 삼림 화재, 폭풍, 가뭄 그리고 폭염 등의 천재지변은 해마다 심각한 양상으로 전개되고 있다. 한때 거대한 빙하였던 북극 빙하가 빠른 속도로 녹고있어 지구 대기의 온난화가 급속도로 진행되고 있다.

이런 뉴스를 읽을 때면 신문을 던져버리고, 이보다는 모든 상황이 훨씬 더 단순했던 과거의 행복했던 시간으로 돌아가고 싶다는 생각을 하게 될 것이다.

물론 과거의 행복했던 시간이었다고 해도, 그다지 좋은 일만 있었던 것은 아니었다. 병사들이 가래톳 흑사병으로 숨진 시체를 포위된 도시로 옮겼던 1346년경에 이미 세균 테러가 발생했었다. 이 세균에 감염된 사람과 쥐들이 도시에 넘쳐나 일명 흑사병이 창궐하게

## 개요도

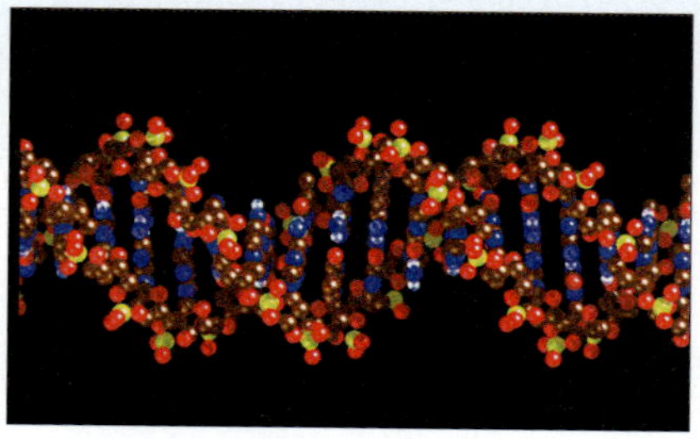

**생물의 통일성** 생명체는 생물권을 통해 분자 단위에서 계층적인 구조로 되어있다. 분자 단위에서의 공통된 특징은 생물 통일성의 기준이 된다.

**생물의 다양성** 또한 생명체는 다양성을 갖고 있다. 수백만 종의 유기체들은 이미 이름을 갖고 있으며, 과거에서부터 현재까지 서로 다른 고유한 특성을 구성하는 형질을 각각 갖고 있다.

되면서 유럽에서는 2천5백만의 사망자가 발생하게 되었다. 1918년 출현한 스페인 독감이 전 세계를 휩쓸어 3천만에서 4천만의 사망자가 발생했다.

1945년과 1949년 사이, 미국에서 약 10만 명이 거의 신체 모든 부위를 마비시키는 질병인 소아마비에 걸렸다. 당시에는 이 질병의 치료약이 개발되기 전이라 전 세계가 절망에 휩싸였었다.

하지만 우리를 이러한 절망의 늪에서 건질 수 있는 방법은 수백만 년 동안 지구상의 인류와 우리의 조상들은 자연계의 현상을 규명하고자 시도해 왔던 것처럼 현재의 우리들 역시 그러한 노력을 지속하는 것이다. 우리는 이러한 현상을 관찰하여, 논리를 제시한 다음 설정된 논리를 검증한다. 그러나, 작은 퍼즐 조각을 맞춰갈수록 더 큰 퍼즐 조각을 맞춰야 한다. 우리는 이제 우리가 감당하기 벅찬 엄청난 과제를 떠맡아야 한다.

이러한 도전을 떠맡지 않고 단순히 모른척할 수도 있을 것이다. 자신이 스스로 생각하지 않고 다른 사람들이 무엇을 생각해야 하는지 말해줄때까지 기다릴 수도 있을 것이다. 아니면, 자신 스스로 그 퍼즐을 이해하는 능력을 개발할 수도 있다.

어쩌면 대부분의 사람들은 그 퍼즐의 단편적인 조각에 지나지 않는 건강문제, 식이요법, 또는 어린이들에 영향을 미치는 사안에 관심을 갖고있을지도 모른다.

아마도 어떤 이들은 생명의 신비를 발견하게 될 것이다. 어떠한 사안에 중점을 두고 있는지와 상관없이, 자신의 관점을 심층적으로 전개해 나갈 수 있다. 뿐만 아니라, 인간의 본질을 포함해 자연계를 이해하고 해석하는 방법을 배울 수 있다. 이것이 바로 생물학이 인간에게 주는 선물이며 생명체에 대한 과학적 연구이다.

### 찬반의견 투표

*중동의 난류는 지구상에서 가장 아름다운 산호초 생태계에 중요한 영향을 미친다. 그렇다면, 산호초 보존을 위해 미국이 자금을 지원해야 한다고 생각하는가? 미디어 메뉴에서 상세한 내용을 참고하여 온라인 투표를 한다.*

**다양성에 내재된 통일성** 진화론, 특히 자연 선택에 의한 진화론은 생명체의 통일성과 다양성간의 밀접한 연관성을 관찰하는데 유용한 학설이다.

**어떻게 알 수 있나** 생물학자들은 자연계 또는 실험실에서 대상을 관찰하고, 의문을 제기하며, 가설을 제시하고 이를 검증한다. 이들은 다른 학자들이 검증할 수 있는 방식으로 실험 결과를 작성하여 보고한다.

# 1.1 생물체의 구성단위

*생물체는 단순한 구성단위에서 복잡한 구성단위에 이르기까지 다양한 단위로 구성되어 있다. 이러한 구성단위가 본 교재의 주제와 어떠한 방식으로 연관될 수 있는지 그리고 어떠한 방식으로 전개되는지에 대해 고찰해본다.*

## 작은 개체에서 더 작은 개체로

당신이 전 세계를 항해하기 위해 요트의 갑판 위에 있다고 상상해보라. 드넓은 대양의 끝에는 수평선이 보이고, 순간 자신이 방대한 생물체 지도의 극히 미미한 일부분이라는 사실을 깨닫게 된다.

이제 자신의 몸에 있는 적혈구 세포 하나가 무엇을 생각할 수 있는지 상상해보자. 적혈구 세포는 당신의 신체라는 방대한 지도의 극히 미미한 일부분에 지나지 않는다는 것을 깨닫고 있다. 일련의 375개의 세포들은 직선의 핀 머리에 들어맞을 수 있는데, 인체는 수조의 세포로 구성되어있다. 적혈구 세포의 표면에 있는 여러 개의 지방 분자들 중 하나는 자신이 얼마나 작은 존재인지에 대해 생각하고 있다. 120만개의 분자 끈은 자체적으로 핀 머리를 통해 길게 뻗을 수 있다. 분자의 수소 원자는 지방 분자의 거대한 지도에 대해 생각하고 있다. 그림 1.1a를 참조한다. 나란히 배열된 53,908,355개의 수소 분자는 핀 머리를 통해 확장될 수 있다.

## 더 작은 개체에서 거대한 개체로

이러한 단일 원자로 시작하여 자연의 위대한 구성 패턴 단위로 확대될 수 있다. 무생물과 마찬가지로, 모든 생물체는 원자라는 구성단위로 만들어져 있는데, 원자의 다음 구성단위는 분자이다. 생명체의 고유한 특성은 특정한 형태의 분자가 세포로 구성될 때 나타난다. 이러한 "생명체의 분자"는 복합 탄수화물, 복합 지방, 그리고 이외 지질, 단백질, DNA, 그리고 RNA(그림 1.1b)로 구성된다. **세포**는 유기적 구조의 가장

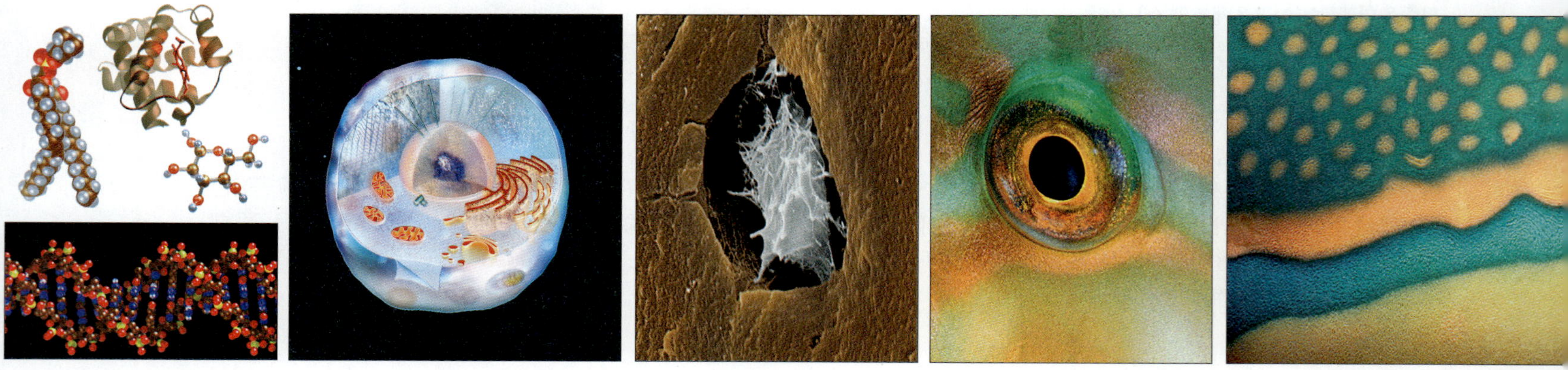

**b 분자** 동일하거나 다른 구성요소의 두 개 또는 그 이상이 결합된 원자. "생명체의 분자"는 복합 탄수화물, 지질, 단백질, DNA, 그리고 RNA로 구성된다. 살아있는 세포만이 이를 만들 수 있다.

**c 세포** 자체적으로 또는 다세포 생물의 일부로 생존하고 번식할 수 있는 가장 작은 단위.

**d 조직** 특수한 활동으로 상호작용을 하는 세포와 물질의 구성 복합체. 많은 세포들(흰색)이 자신의 분비물로부터 이러한 뼈 조직을 만든다.

**e 기관** 어떠한 활동에서 상호 작용을 하는 두 개 또는 그 이상의 기관으로 구성된 구조적 단위. 비늘돔류 물고기의 눈은 시각 감각기관이다.

**f 기관계** 어떠한 활동에서 물리적, 화학적 또는 그 두 가지 방식으로 상호작용하는 기관. 비늘돔류 물고기의 피부는 분비샘 등과 같은 기관, 조직 층으로 된 외피계통이다.

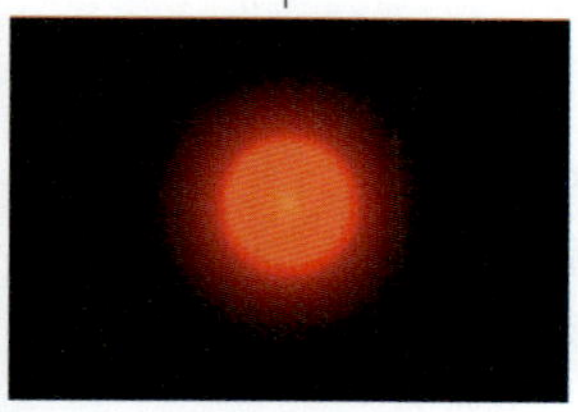

**a 원자** 구성요소의 속성에 아직 남아있는 요소의 가장 작은 단위. 구성요소는 전자, 양성자, 중성자이다. 이러한 수소 원자의 전자는 공간의 구형면적에서 양성자 주위를 돈다.

**그림 1.1** 원자보다 작은 입자에서 생물권에 이르는 점점 증가하는 자연계의 복합적인 구성단위.

작은 단위로, 주어진 원료와 에너지 투입물, DNA에 입력된 정보, 그리고 환경에 적합한 조건 등을 사용하여 생존하며 자체적으로 번식할 수 있는 능력이 있다.

다음 구성단위에서는 특수하게 설계되어 상호 의존적인 세포로 구성된 다세포 생물체가 주로 조직, 기관 그리고 기관계 등으로 구성된다. 더 높은 구성단위는 특정 영역에 있는 동일한 종(species)의 단일 세포 또는 다중 세포 구성원의 그룹인 **개체군**(population)이다. 격리된 호수에서 단일 세포로 된 모든 아메바와 같이, 물고기 떼는 개체군을 나타낸다(그림 1.1h).

그 다음 단위는 **군집**(community)으로, 한 영역에 있는 모든 종의 모든 개체군이다. 군집은 영역 특정적인 상태에 따라 확대된다. 여기에는 홍해, 수중 동굴, 또는 남미의 삼림지대가 포함될 수 있다. 군집은 커피 잔 모양의 꽃잎 안에서 서식하고 번식한 다음 죽는 미세한 개체의 군집이 될 수도 있다.

그 다음 단위가 바로, **생태계**(ecosystem), 또는 물리적 및 화학적 환경으로 함께 구성된 군집이다. 마지막 구성단위는 **생물권**(biosphere)으로 생명체의 가장 높은 단위이다. 생물권은 생물이 서식하는 모든 지각, 물, 대기환경 등과 같은 모든 지역을 포괄한다.

본 교재에서는 지구상에 존재하는 생물체의 구성단위를 탐구하는데, 그림 1.1을 참고하여 설명을 시작한다. 이 그림은 생물체의 방대한 지도에서 해당 부분을 찾는데 사용할 수 있는 로드맵으로도 사용될 수 있다.

자연은 단순한 단위에서 가장 복잡한 단위에 이르기까지 다양한 구성단위로 이루어져 있다.

생물체의 고유한 형질은 원자와 분자 단위로 부터 시작된다. 원자와 분자는 세포, 개체, 군집, 생태계, 그리고 생물권 등으로 확대된다.

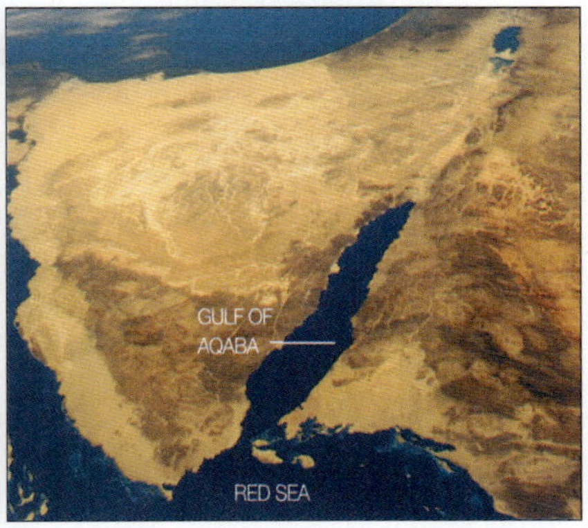


**g 다세포 생물체**

개별 구성원은 다른 유형의 세포로 만들어진다. 홍해에 서식하는 비늘돔류 물고기를 포함해 대부분의 다세포화된 생물체는 조직, 기관 그리고 기관계로 구성되어 있다.

**h 개체군**

특정 지역에 서식하는 동일종의 단일 세포 또는 다세포로 된 개체의 집단. 홍해에 서식하는 물고기 개체군을 예로 들 수 있다.

**i 군집**

특정 지역에 서식하는 모든 종의 전체 개체군. 이는 홍해 북단의 아카바만(Gulf of Aqaba)에 있는 산호초의 일부를 예로 들 수 있다.

**j 생태계**

물리적 환경과 상호작용을 하는 군집. 에너지와 물질을 흡수하고 배출한다. 산호초 생태계는 중동 지역의 난류의 청정한 바닷물에서 주로 발견된다.

**k 생물권**

유기체가 살아갈 수 있는 지구상의 모든 물, 지각층 그리고 대기 등의 환경. 방대한 우주에서 지구는 특별한 행성이다. 지구에는 생명체가 존재할 수 있는 다량의 물이 존재하기 때문이다.

## 1.2 생명체의 통일성에 대한 개요

"생물체"를 정의하는 것은 쉽지 않은 일이다. 생물체는 너무나 방대하며, 39억년 동안 진화를 거듭해오고 있다. 그러나 생물의 통일성과 다양성 용어에 대한 정의를 내릴 수 있다. 생물의 통일성은 다음과 같다: 모든 살아있는 생물체는 DNA, 에너지 그리고 원료를 사용하여 성장하며 번식한다. 그러나 생물체의 형질에 대한 세부적인 내용은 수백만 종의 개체들 사이에서 다양하게 나타난다. 이것이 바로 다양성의 특징이다. 즉, 형질의 변이(variation)이다.

### 유전의 기초, DNA

핵산, 단백질 그리고 복합 탄수화물과 지질로 구성된 암석을 결코 어디에서도 볼 수 없을 것이다. 자연계에서는 살아있는 세포들만이 이러한 분자를 만든다. 그리고 생명체의 특징적인 분자는 일명 DNA라고 하는 핵산이다. 화강암이나 석영 등과 같은 광물 덩어리는 DNA를 갖고 있지 않다.

**DNA**는 더 작은 분자인 아미노산으로부터 단백질을 구성하기 위한 정보를 갖고 있다. 예를 들어, 적합한 설명에 따라 충분한 시간을 투자할 수 있다면, 그림 1.2와 같이 극소수의 도자기 타일(아미노산을 의미)로 다양한 패턴(단백질을 의미)을 만들 수 있을 것이다.

**그림 1.2** 각기 다른 구성방식으로 동일한 재료로 만들어진 것의 예제.

그렇다면, 단백질이 중요한 이유는 무엇인가? 대부분의 단백질은 구성원료, 세포 활동의 조절인자 그리고 효소로 이루어진다. 효소는 세포의 주요 분자 단위이다. 효소는 세포를 살아있는 상태로 유지하는 방식으로 생명체의 분자의 구성, 분리 그리고 재구성한다. 효소 없이는 DNA 정보가 전혀 채워질 수 없으며, 새로운 개체도 생성될 수 없을 것이다.

자연계에 있는 모든 개체는 DNA와 형질을 부모로부터 물려받는다. *유전*(inheritance)이란 부모가 자식에게 DNA를 물려준 이후 유전적 형질을 확보한다는 것을 의미한다. 예를 들어, 새끼 황새는 펠리컨을 닮은 것이 아니라 황새를 닮았는데, 그 이유는 새끼 황새가 펠리컨 DNA가 아닌 황새 DNA를 물려받았기 때문이다.

*생식*(reproduction)이란 부모가 자식에게 물려주는 DNA에 의한 실질적 메커니즘을 의미한다. 개구리, 인간, 나무, 그리고 이외 다른 개체들의 경우, DNA 정보는 일반적으로 수없이 다양한 조직과 기관을 통해 새로운 개체의 최초 세포가 다세포화된 성인으로 변형되는 *발생*(development)을 유도한다(그림 1.3).

### 물질대사의 기초, 에너지

생물이 생존하여 생명을 유지하기 위해서는 일을 할 수 있는 능력인 에너지가 필요하다. 정상적인 살아있는 각각의 세포는 주변 환경으로부터 에너지를 확보하여 전환시키는 방식을 갖고 있다. **대사**(metabolism)라고 하는 과정을 통해 모든 세포는 생존을 유지하고, 성장하며 더 많은 세포를 만들기 위해 에너지를 확보하여 사용한다.

그렇다면, 에너지의 기원은 무엇인가? 거의 모든 에너지는 **생산자**(producers)들로부터 시작되며 태양에서 생성되어 모든 생명체로 전달된다. 식물 그리고 이외 다른 유기체인 생산자들은 단순한 원료로부터 자신들의 먹이 분자를 만든다. 동물과 분해자(decomposer)들은 **소비자**(consumer)이다. 이

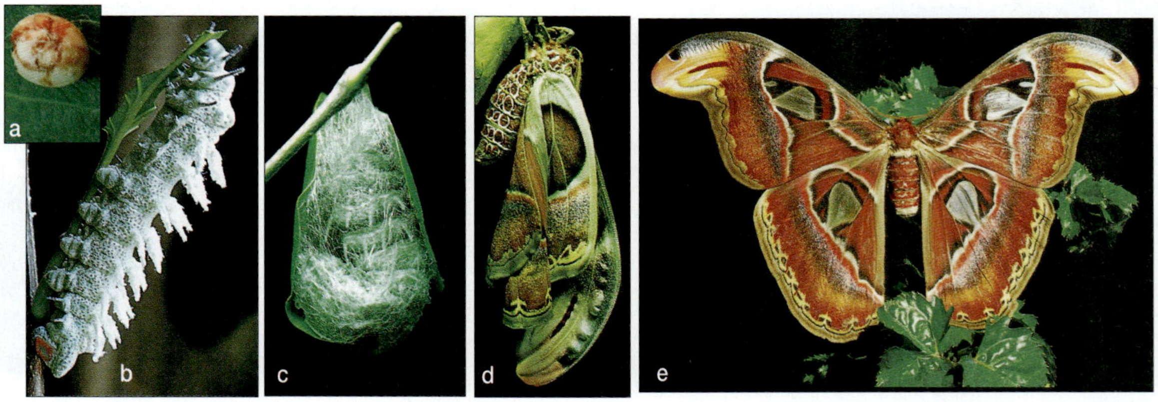


**그림 1.3** "곤충"은 실제로 DNA 정보에 의해 일련의 발달단계를 거친다. 알(**a**)에서 나온 누에나방은 애벌레라고 하는 유충 단계(**b**)에서 번데기 과정(**c**)으로, 그리고 날개가 달린 성충(**d**,**e**)으로 발달한다.

들은 자신들을 위한 먹이를 스스로 만들 수 없으며, 생산자와 이외 다른 유기체의 조직을 섭취하면서 생존한다.

얼룩말이 풀을 뜯어먹을 때, 식물 조직에 저장된 일부 에너지가 얼룩말에게 전달된다. 이후, 에너지는 얼룩말을 잡아먹은 사자에게로 전달된다. 그리고 에너지는 얼룩말, 사자, 그리고 다른 유기체의 유해로부터 다시 분해자에게로 전달된다.

분해자는 주로 당분과 이외 다른 분자를 더 간단한 물질로 분해하는 세균과 균류이다. 일부 분해 생성물은 생산자에게 원료로 다시 환원된다. 시간이 흐름에 따라, 최초로 태양에서 얻은 식물의 에너지는 환경으로 되돌아간다.

에너지는 환경으로부터 시작하여 생산자를 통해 소비자에게로 전달된 다음 다시 환경으로 환원되는 한 방향으로 진행된다(그림 1.4). 이것이 바로 생물체의 유기적 구조를 유지하는 에너지 변화이다. 다음에서는 주로 식량 부족, AIDS, 콜레라, 산성비, 지구 온난화, 그리고 생물다양성의 급감 현상 등을 포함한 현대 사회의 문제점과 생물체의 상호 연관성에 대해 고찰한다.

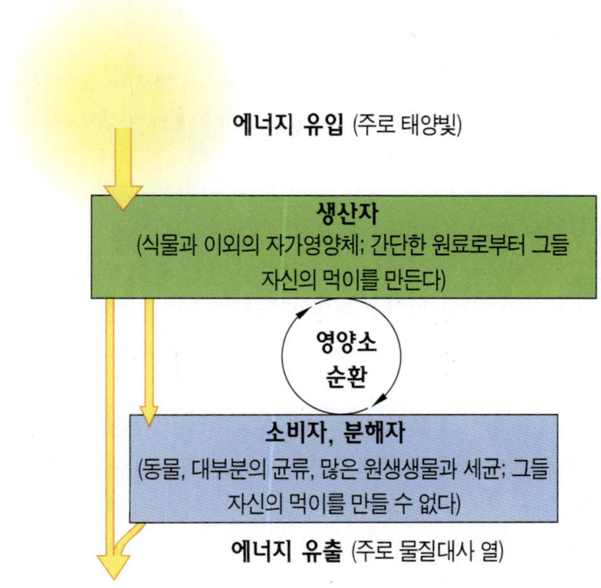


**그림 1.4** 생명의 세계에서 한 방향으로의 에너지 흐름과 물질순환.

### 변화에 대한 생물체의 반응

사람들은 살아있는 생물체만이 환경에 반응하는 것으로 알고 있다. 하지만 무생물인 암석의 경우만 하더라도 중력에 의해 언덕에서 굴러 내려가거나 또는 바람, 비, 또는 조류 등에 반복적으로 노출되면서 서서히 모양이 변형되는 것처럼 환경에 반응한다.

생물과 무생물이 반응하는 차이점은 다음과 같다: 생물은 주변 환경에서 변화를 감지하고, 이를 보상하고 조절하기 위한 반응을 하는데, 이 때 수용체(receptor)를 통해 반응한다. 수용체는 특정한 종류의 에너지인 자극을 감지하는 분자 구조로 되어있다. 다양한 수용체는 다양한 자극에 대해 반응한다. 여기서 자극이란 태양 에너지, 화학적 전위 에너지(물질이 내부에서 보다 외부에서 더 많이 농축되어 있을 때), 또는 바이트의 기계적 에너지가 될 수 있다(그림 1.5).

활동을 개시하는 수용체는 세포 활동에서 변화를 일으킬 수 있다. 간단한 예를 들자면, 사람이 과일 한 조각을 먹은 다음, 소화기관에 남아있는 당분은 혈류로 들어가게 된다. 세포 주변의 혈액과 체액은 *내부* 환경으로, 허용 한계치 범위 내에서 반드시 유지되어야 한다. 혈액 내 당분이 허용치를 초과하거나 미만이 되는 경우, 내부 환경이 변화하게 된다. 따라서 이로 인해 당뇨를 포함한 다른 건강상의 문제점이 발생할 수 있다. 일반적으로, 혈액 내 당 수치가 초과된 경우, 췌장은 더 많은 인슐린을 분비하게 된다. 사람의 체내에 살아있는 대부분의 세포들은 더 많은 당분의 흡수를 촉진하는 인슐린 호르몬을 위한 수용체를 갖고 있다. 세포가 이러한 작용을 충분히 해 낼 수 있는 경우, 혈당수치는 정상으로 돌아간다.

이러한 방식으로 유기체는 세포가 견뎌낼 수 있는 허용수치 범위 내에서 내부 환경을 유지한다. 이러한 현상을 **항상성**(homeostasis) 이라고 하는데, 이는 생물의 특성을 정의하는 주요 요소 중 하나이다.

**그림 1.5** 새끼 사자의 장난으로 인해 자극을 받은 통각수용체의 신호에 대한 반응.

생물체는 부모로부터 물려받은 DNA에 저장된 정보를 기반으로 단백질을 구성한다. 생물체는 에너지를 전환하고 세포 단위에서 에너지를 이전하는 과정인 대사 작용을 통해 번식, 성장, 그리고 생존한다.

유기체는 에너지와 원료 사이클링의 단일 방향 흐름을 통해 상호작용을 한다. 결국, 이러한 상호 의존성은 총체적으로 영향을 미친다. 유기체는 환경 변화를 감지하여 이를 조절하는 방식으로 반응한다. 이러한 반응을 통해 유기체는 내부 환경에서 허용 가능한 조건을 유지한다.

## 1.3 생물의 통일성에도 불구하고 다양한 종이 존재하는 이유는?

*지구상의 모든 생물에 통일성이 적용되지만 다양성 역시 존재한다. 생물체는 몸체 구조, 몸체 부위의 기능, 그리고 행위에 있어 매우 상이하다.*

생물체는 통일성뿐만이 아니라 다양성 역시 갖고 있다. 수백만 종의 생물체, 또는 종(species)이 지구상에 서식하고 있다. 수많은 종이 지난 39억년 동안 생존했었지만, 그 혈통은 이미 사라져서 지구상에 존재하는 모든 종의 약 99.9%가 멸종되었다.

수세기 동안 학자들은 다양성의 의미를 이해하려고 시도했었다. 1735년에 내과의사인 린네(Carolus Linnaeus)는 각 종을 두 부분으로 분류하여 명명함으로써 생물체의 종을 구분하는 방법을 고안했다. 첫 번째 분류를 속(*genus*)이라고 명명했다. 각 속은 해당 그룹에서만 고유하게 나타나는 일련의 형질에 기반을 두어 하나 이상의 종을 그룹으로 구성한다. 두 번째 분류명은 속 내의 특정 종을 의미하는 것이었다. 오늘날 생물학자들은 관찰 가능한 특징뿐만이 아니라, 공통 조상에서부터 이어져 내려온 증거를 사용하여 종을 분류하는 시도를 하고 있다.

예를 들어, *Scarus gibbus* 는 혹머리 비늘돔의 학명이다(그림 1.1g). 동일한 속에 속하는 다른 종인 혹비늘돔의 학명은 *S. coelestinus*로 표시된다. 속의 이름은 일단 전체가 표시된 다음에는 축약어로 표기한다.

생물학자들은 생물체를 분류하는 방식에 대해 아직도 연구 중에 있다. 현재 가장 광범위하게 적용되는 분류체계는 세균(Bacteria), 고세균(Archaea), 그리고 진핵생물(Eukarya)의 3가지 범주로 되어있다(그림 1.6). 그림 1.7에서 나타난 것과 같이, 세 번째 범주에는 원생생물(protists), 식물(plant), 균류(fungi) 그리고 동물(animal)이 포함된다.

**고세균**과 **세균**은 단일 세포로 구성되어 있다. 이를 원핵생물(*prokaryotes*)이라고 하는데, 이는 핵(DNA를 세포의 내부로부터 분리시키는 막으로 둘러싼 주머니)을 갖고 있지 않음을 의미한다. 원핵생물에는 다양한 생산자 또는 소비자가 포함된다. 모든 군에서 이들은 매우 광범위한 대사 다양성을 나타낸다.

고세균은 난류성 대양, 차가운 사막의 암반, 황이 풍부한 호수, 그리고 지구상에 생명체가 탄생했을 때는 일반적이었던 혹한의 기후 조건 지역에서 서식한다.

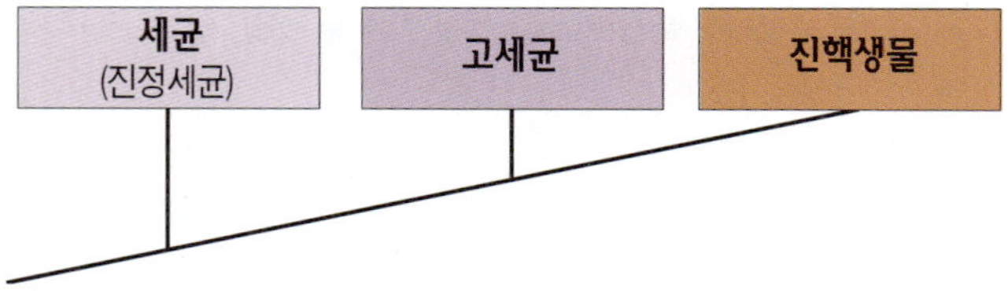


**그림 1.6** 생물의 3가지 분류 범주.

**원생생물** 현미경을 통해 볼 수 있는 단세포에서 거대한 해초에 이르는 다양한 단일 세포 및 다세포 진핵생물 종. 아주 작은 표본이지만 대부분의 생물학자들은 현재 "원생생물"이 수 없이 다양한 계통으로 이루어져 있다고 믿고 있다.

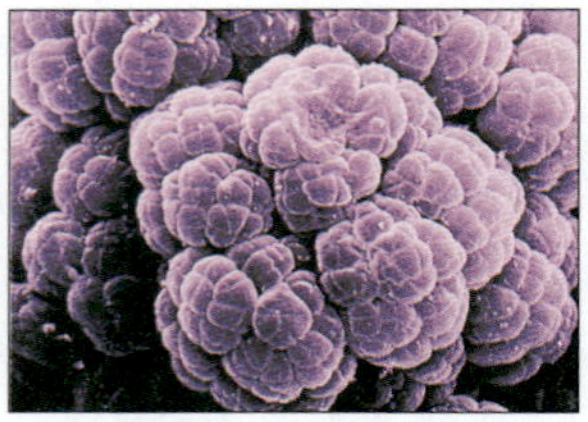

**고세균** 이러한 원핵생물은 세균보다는 진핵생물에 더 가깝게 진화되었다. 이 그림은 메탄을 생성하는 세포의 군체이다.

세균을 종종 진정세균(eubacteria)이라고 하는데, 이는 고세균과 구별하기 위해 말 그대로 "진정한 세균"임을 의미한다. 이는 archaeans라는 용어보다 더 일반적으로 사용되며, 전 세계의 다양한 서식지에 분포되어 있다.

식물, 균류, 동물, 그리고 원생생물은 핵을 갖고 있다는 의미인 **진핵생물** 군을 구성한다. 진핵생물은 일반적으로 원핵생물에 비해 더 크고 더 복잡한 구조로 되어있다. 원생생물 계통간의 차이점은 매우 다르게 나타나, 여러 군으로 분류되어 주요 범주가 재구성될 수 있다.

**식물** 일반적으로, 광합성을 하는 다세포 진핵생물로, 뿌리와 줄기 그리고 나뭇잎으로 구성된다. 식물은 육지 생태계의 1차생산자이며, 미국 삼나무와 개화식물을 예로 들 수 있다.

**균류** 단세포 및 다세포 진핵생물; 대부분 분해자이며, 대부분 기생생물과 병원균이 포함된다. 군집은 균류 및 세균성 분해자가 없다면 자신들의 분비물에 묻혀버리게 된다.

**동물** 다른 생물체의 조직 또는 체액을 섭취하는 다세포 진핵생물이다. 이 바실리스크 도마뱀과 마찬가지로, 대부분의 동물은 적어도 일생의 한동안은 활동적으로 움직인다.

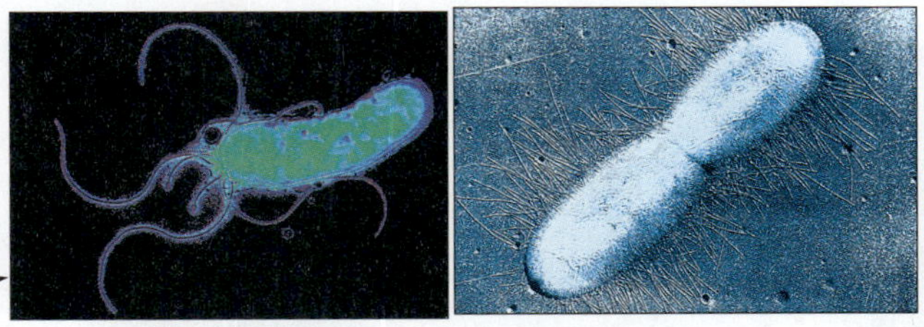

**세균** 지금까지 알려진 가장 일반적인 원핵생물로, 이러한 단세포 종들은 지구상에 있는 가장 다양한 대사 작용을 하는 생물체이다.

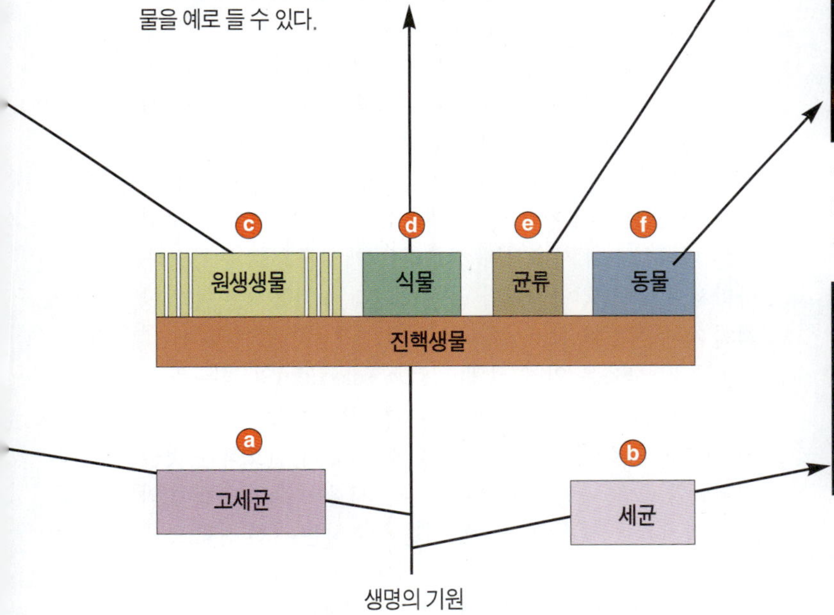


**식물**은 다세포로 된 광합성 생산자이다. 식물은 단순한 원료를 사용하고 태양을 에너지원으로 사용하여 스스로 영양분을 공급할 수 있다.

일반 식료품 가게에서 구입할 수 있는 버섯류와 같은 대부분의 균류는 영양분 공급 방식이 구별되는 다세포로 된 분해자이자 소비자이다. **균류**는 체외로 효소를 분비하여 영양분을 소화시킨 다음 개별 세포에 의해 소화된 영양분을 흡수한다. **동물**은 다른 생물체의 음식물을 흡수하는 다세포로 된 소비자이다. 동물에는 초식동물(가축), 육식동물(육류 섭취), 부식동물, 그리고 기생동물이 포함된다. 이들은 모두 일련의 배아기를 통해 형성되며, 살아있는 동안 활동적으로 움직인다.

이러한 정보를 기반으로 생명의 통일성과 다양성이 무엇을 의미하는지 이해할 수 있을 것이다.

생물의 다양성에 대한 보다 상세한 학습을 위해, 공통 조상에서 유래된 관련 생물체를 3가지 범주로 분류한다. 고세균, 세균, 그리고 진핵생물(원생생물, 균류, 식물, 동물)이다.

## 1.4 다양성에 대한 진화론적인 관점

*생물체가 서로 매우 흡사함에도 불구하고 어떻게 다양성이 존재한다고 할 수 있을까? 자연 선택에 의한 진화론은 그 이유를 설명한다. 우선, 단순한 고찰을 통해 그 기원이 어디서부터인지를 생각해보자. 즉, 개체군의 구성원은 공통된 형질의 세부적인 내용에서 다양성을 나타낸다.*

사람은 각각 고유한 형질을 갖고 있으며, 지구상에 살고 있는 63억 명의 인구 모두는 각각 자신만의 특징을 갖고 있다. 형질은 유기체의 형태, 기능 또는 행위적 양상이 다르게 나타남을 의미한다. 예를 들어, 사람의 경우 키와 머리카락 색상의 고유한 형질을 갖고 있다. 모든 개체군은 구성원들 간에 차별화된 특징을 갖고 있다.

WILD ROCK DOVE

그렇다면, 형질이 다양하게 나타나는 이유는 무엇일까? 그것은 바로 **돌연변이**(mutation)이다. 돌연변이는 DNA에서 물려받을 수 있는 형질 변화이다. 일부 돌연변이의 경우 음식물을 확보하고, 짝짓기를 하고, 은신처에 몸을 숨기는 개인적 능력 등이 뛰어난 새로운 형질로 나타나기도 한다. 이것이 바로 *적응* 형질(adaptive trait)이다.

형질의 적응적 형태는 세대를 통해 더욱 일반화되는 경향으로 나타나는데, 그 이유는 개별 형질이 생존의 기회가 더 높고 자손이 없는 형질에 비해 더 많은 자손을 생산할 수 있기 때문이다. 서로 다른 형질의 형태가 다소 일반적인 경향으로 나타나는 경우, 진화가 진행된다. 생물학자들에게 **진화**(evolution)란 단순히 후손이 물려받을 수 있는 형질 변화를 의미한다. 새로운 형질의 원천인 돌연변이는 진화의 원료로 사용되는 변이를 제공한다.

**그림 1.8** 인공 선택의 결과. 약 300여 종 이상에 이르는 집에서 기르는 비둘기는 사람들이 포획한 야생 암반 비둘기 개체군을 기원으로 하고 있다. 이와는 대조적으로, 송골매는 야생 상태에서 자연 선택에 의해 번식된 종들 중 하나이다.

"다양성"이란 후손 혈통에서 축적된 형질 변이를 의미한다. 다음 장에서는 이에 대한 실질적 메커니즘에 대해 설명한다. 본 장에서는 역사적인 인물인 박물학자 찰스 다윈에 의해 제기된 진화에 대해서 먼저 살펴보자:

첫째, 개체군은 환경이 수용할 수 없을 만큼 엄청난 규모로 증가하는 경향이 있기 때문에, 구성원들은 한정된 자원(음식물, 거주지)을 놓고 경쟁할 수밖에 없다.

둘째, 자연 개체군의 구성원들은 공통된 형질의 세부적인 내용에서 각기 다르게 나타난다. 대부분의 변이는 후손에게 물려줄 수 있다.

셋째, 구성원들의 생존 및 번식 능력이 서로 다른 경우, 이를 가능하게 하는 형질은 시간이 경과함에 따라 개체군에서 더욱 일반화되는 경향이 있다. 이러한 결과를 일명 **자연 선택**(natural selection)이라고 한다.

그림 1.8에 있는 비둘기를 보면, 깃털 색상과 몸집 그리고 형질이 서로 다른 것을 알 수 있다. 예를 들어, 비둘기 사육사가 검은색의 곱슬곱슬한 깃털을 찾고 있다고 가정해보자. 사육사는 짝짓기를 위해 깃털이 가장 검고 곱슬곱슬한 비둘기만을 선호한다. 이 경우, 검은 색의 곱슬곱슬한 깃털을 갖고 있는 비둘기만이 사육사가 선호하는 개체군으로 구성된다. 따라서 깃털의 색이 밝거나 덜 곱슬거리는 비둘기는 덜 일반적인 개체군이 된다.

비둘기 사육은 인공 선택(*artificial* selection)의 경우를 나타낸다. 이는 한 가지 형태의 형질이 인위적이며 조작된 조건의 인공적 환경에 있는 다른 형질에 비해 더 선호하는 것을 의미한다. 찰스 다윈은 이러한 비둘기 사육이 자연 선택에 의해 주어진 다른 형질의 일부 형태를 선호하는 자연 선택 모델을 쉽게 이해할 수 있는 대표적인 실례로 보았다.

비둘기 사육사가 "선택적 행위자"이기 때문에 특정적으로 선호하는 비둘기를 번식시키므로, 야생의 다른 행위자의 변이 범위에 영향을 미친다. 비둘기의 천적인 송골매는 야생의 다른 행위자에 속한다(그림 1.8). 작고 민첩하거나 또는 위장에 능한 비둘기들은 움직임이 둔하거나 눈에 잘 띄는 비둘기에 비해 송골매의 먹이가 될 확률이 더 적으며, 번식력이 더 높다.

형질은 DNA의 변이로 인해 발생하는 형태, 기능 또는 행위의 변이이다. 일부 형질은 주변 여건을 극복하는데 있어 다른 형질보다 우수한 적응성을 갖고 있다.

자연 선택은 하나 이상의 유전적 형질에서 다양하게 나타나는 개체군 구성원들 간의 생존력과 번식력의 차이점으로 인한 결과이다. 진화 과정, 또는 후손의 형질 변이는 생명체의 다양성으로 인해 발생한다.

## 1.5 생물학적 질문의 특성

앞 절에서는 몇 가지 중요한 개념에 대해 설명했다. 본 절에서는 중요 개념에 대한 접근방법 또는 이외 다른 일련의 '사실'을 비판적이고 분석적인 관점에서 고찰한다. "이러한 고찰이 장점을 갖고 있다는 것을 왜 인정해야 하는가?"라는 질문에 대한 해답을 찾기 위해서는 관찰을 통해 생물학자들이 추론하는 방식에 대해 먼저 이해한 다음, 실제 경험에 대한 추론적 결론을 검증해야 한다.

### 관찰, 가설 및 실험 검증

"과학적인 사고 방법"의 의미를 파악하기 위해서는 과학적 연구에서 적용되는 일반적인 사항에 대해 먼저 알아야 한다:

1. 일부 특징적인 양상을 관찰하고, 주목할 만한 이외 다른 점이 있는지 신중히 검토한 다음, 관찰에 대한 의문점을 제시하거나 관련된 문제점을 식별한다.
2. **가설**을 제시하거나, 또는 질문에 대한 가능한 해답이나 문제 해결방식을 추측한다.
3. 가설을 지침으로 사용하여 **예측**하여, 모색하고자 하는 사안이 있는 경우 자연계에서 찾아내야 하는 것을 작성한다. 이러한 전제를 주로 "if-then(만약~라면 ~이어야 한다)" 과정이라고 한다. 예를 들어, 만약 중력이 지구의 원심력을 향해 작용한다면 사과나무에서 사과가 떨어지는 현상이 관찰되어야 한다.
4. 체계적인 관찰, 모델 구성, 그리고 검증 과정을 통해 예측 내용의 정확성을 **검증**하기 위한 방법을 모색한다. **모델**은 이론적이며 상세한 설명이거나 또는 직접적으로 관찰되지 않았던 무엇인가를 구체화할 수 있는 유사한 내용이어야 한다.
5. 검증을 통해 예측 내용이 확인되지 않은 경우, 잘못된 것이 무엇인지를 식별한다. 이는 아마도 결과에 영향을 미치는 요인을 간과한 것일 수도 있다. 아니면 전제된 가설에 문제가 있을수도 있다.
6. 검증을 반복하거나 또는 향상된 새로운 검증 방법을 개발한다. 그 이유는 수많은 검증의 대상이 된 여러 가설들이 높은 유용성 확률을 갖고 있을 수 있기 때문이다.
7. 검증 결과와 결과에서 유추된 결론을 객관적으로 분석하여 보고한다.

이러한 과정을 일명 "과학적 방법"이라고 하는데, 이는 모든 과학자들이 마치 절대적이며 고정된 절차를 신봉하는 것처럼 들릴 수 있지만, 사실은 그렇지 않다. 대부분의 과학자들은 일부 특징적인 양상을 관찰하고, 설명하여 이를 보고서에 기록한 다음, 다른 사안에 대해서는 가설을 세우지 않는다. 일부 과학자들은 자신이 찾고자하지도 않았던 정보를 우연히 발견하게 되는 행운을 경험하기도 한다. 물론, 이 경우 반드시 행운에 의해 이루어졌다고 할 수는 없다. 기회는 교육이나 경험 또는 두 가지 모두를 통해 항상 마음의 준비가 되어있을 때

해당 정보가 무엇을 의미하는지 깨달을 수 있는 계기를 제공한다. 따라서 과학자들의 공통점은 단일한 방식을 적용하지 않는다는 것이다. 이는 검증을 통해 입증된 개념을 수용하고, 문제 해결을 위해 논리적 접근방식을 적용하는 수동적인 자세가 아닌 보다 비판적이고 분석적인 태도를 나타낸다.

### "학설"에 관하여

수 년 동안의 엄격한 검증 이후에 어느 누구도 가설의 오류를 입증하지 못했다고 가정해보자. 따라서 과학자들은 더 많은 가설과 관련될 수 있는 더 많은 자료나 관찰내용을 규명하기 위해 이를 적용할 수 있다. 가설이 이러한 기준에 부합할 때, 이는 **학설**로 인정될 수 있다.

사람들이 추측적인 개념에 "이론"이라는 단어를 적용하여 "이는 단지 이론일 뿐이다"라고 표현하는 경우를 종종 볼 수 있다. 하지만 학설은 다음과 같은 이유에서 추측과는 다르다: 학설의 예측 검증력을 자연계에서 여러 차례 그리고 다양한 방식으로 테스트 한 후에, 학자들은 오류를 입증할만한 증거를 아직 찾지 못했다. 이것이 바로, 자연 선택설을 존중해야 하는 이유이다. 자연 선택설은 생명의 기원이 무엇인지, 하천 둑이 어떻게 생태계로 변화할 수 있는지, 그리고 항생물질이 제 기능을 발휘하지 못하는 이유 등과 같은 다양한 쟁점을 잘 설명해주고 있다.

아마도 제대로 검증을 거친 이론은 과학자들이 알고 있는 증거를 통해 확보할 수 있는 진실에 더욱 근접한 것일 수 있다. 예를 들면, 1세기 이상 동안 수천 번의 검증을 거친 이후, 찰스다윈의 학설에서 단지 미미한 부분만이 수정된 것이 대표적인 실례이다. 우리는 이 학설을 무한대의 검증을 거칠 수 있는 모든 가능한 조건 하에서 입증할 수 없다. 다른 이론들과 마찬가지로, 우리는 단지 찰스다윈의 학설이 확률적으로 가장 적합하다고 밖에 말할 수 없다. 생물학자들은 관련 정보를 지속적으로 검토하고 그 전제조건의 오류를 검증할 수 있는 방법을 연구한다.

자연을 탐구하는 과학적 접근방식은 의문점을 제기하고, 가설을 제시하여 예측하고 예측 내용을 검증하며 그 결과를 객관적으로 기록하는 것에 기반을 둔다.

학설은 광범위한 관찰내용과 관련 자료를 해석하는데 사용되는 시간-검증된 지적 구성물이다. 학설은 엄격한 실험, 검증 그리고 실험적인 수용 또는 거부에 대해 항상 받아들일 준비가 되어있어야 한다.

## 1.6 실험적 검증의 영향력

*실험은 특징적인 관찰을 단순화하는 검증인데, 그 이유는 관찰된 조건이 조절될 수 있기 때문이다. 적합하게 개발된 실험은 가설이 거의 완벽한 것이거나 또는 오류를 발견하지 못할 때 발견하게 되는 예측을 뒷받침한다.*

### 인과관계에 대한 전제

과학적 실험은 주요 전제로 시작된다: 특징적인 양상은 관찰을 통해 검증될 수 있는 중요한 원인을 갖고 있다. 이러한 전제는 초자연적인 신념("자연의 범위 밖에")과는 구별되는 과학적 학문을 기반으로 한다. 즉, 이는 과학적 가설이 오류를 입증할 수 있는 방법으로 자연계에서 검증 가능한 것이 되어야 한다는 의미이다.

대부분의 자연적 관점은 복합적이며, 상호 작용을 하는 수많은 변수가 도출될 수 있다. **변수**(variable)는 개별 구성원들 간에 다르게 나타나거나 또는 시간이 경과함에 따라 변화할 수 있는 어떠한 대상이나 상황의 특정적 양상이다. 과학자들은 한번에 하나의 변수를 검증하기 위해 고안된 실험방식을 통해 복합적인 현상에 대한 관찰을 단순화 한다. 또한, 과학자들은 하나 또는 그 이상의 **실험군**과 대조하기 위한 표준인 **대조군**(control group)을 정의한다. 대조군에는 두 가지 유형이 있다. 대조군은 실험군과 동일할 수 있다. 이 경우, 하나의 변수 사례가 제외되며, 이는 실험군과 동일한 방법으로 검증된다. 또한, 대조군은 하나의 가변적 양상에서 실험군과 다를 수 있다. 이 경우, 이는 실험군과 정확히 동일한 방식으로 검증된다.

### 실험설계에 대한 예

1996년 FDA는 설탕과 식물성 기름을 원료로 만들어진 일종의 합성지방 대용품인 Olestra를 식품 첨가제로 사용하는 것을 승인했다. 최초로 Olestra 물질이 함유되어 미국에서 시판된 제품이 바로 감자칩이었다. 시판 직후 이는 쟁점으로 부각되었다. 이 감자칩을 먹은 일부 소비자들이 심각한 위장 장애를 호소했다. 1998년, 존스홉킨스 대학의 의학 전문가들은 이 감자칩이 건강상의 문제를 유발하는지 여부를 검증하기 위한 실험을 수행했다. 그 당시 예측 가설은 다음과 같다: 만약 Olestra가 위장 장애를 일으킨다면, Olestra가 함유된 제품을 섭취한 소비자들은 결국 위경련을 일으킬 것이다.

이 가설을 검증하기 위해 시카고 교외에 있는 멀티플렉스 영화관이 "실험실"로 선정되었다. 1100명 이상의 관객을 초대해 영화를 관람하게 하고 영화를 보는 동안 감자칩을 먹도록 했다. 관객의 연령은 13세에서 88세까지였다. 상표가 표시되지 않은 봉지에는 각각 패밀리 사이즈의 감자칩이 들어있었다. 몇 봉지에는 Olestra가 함유된 감자칩이 들어있었고, 다른 봉지에는 시중에서 판매되는 일반 감자칩이 들어있었다.

무작위 추출된 영화 관람객으로 구성된 대조군과 실험군 모두에서는 각각 다른 감자칩을 대상으로 실험을 수행했다(변수 사례).

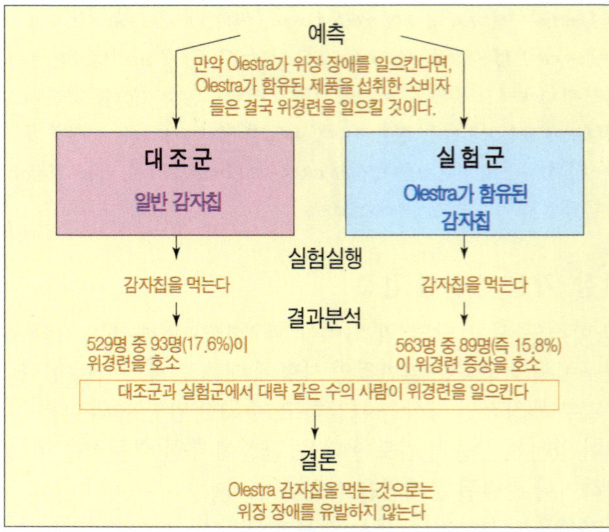


**그림 1.9** 과학적 실험에 적용되는 일반적인 순서의 예.

이후, 연구자들은 영화 관람객들의 집으로 전화를 하여 위장 장애 여부를 표로 작성했다. 그 결과, Olestra 감자칩을 먹은 563명의 관람객들 중 89명(즉 15.8%)이 위경련 증상을 호소했다. 시중에 판매되는 일반 감자칩을 먹은 529명 중 93명(17.6%) 역시 위경련을 호소했다. 실험 결과, 최소한 앉은 자리에서 한번에 Olestra 감자칩을 먹는 것으로는 위장 장애를 유발하지 않는 것으로 결론지어졌다(그림1.9).

### 현장실험의 예

독성 물질이나 불쾌한 맛을 내는 물질을 갖고 있는 종(species)이 화려한 색상과 특이한 패턴으로 되어있는 모습을 종종 볼 수 있다. 육식 동물들은 특정한 시각적 특징이 있는 개체를 사냥하여 포식한 뒤 몸에 이상이 생기는 것을 경험한 뒤로는 이런 먹잇감을 사냥하지 않는다.

1879년, 박물학자인 Fritz Muller는 외관상으로는 똑같이 닮은 것으로 보이지만 불쾌한 맛이 나는 나비 종과 다른 계통인 나비에 대한 가설을 제시했다. 육식 동물(또는 먹잇감)을 혼동시킬 수 있는 서로 다른 종들 간의 시각적인 유사성을 일명 **의태**(mimicry)라고 한다. Muller는 이렇듯 외관이 흡사한 것은 포식자 조류(predatory birds)의 혼동을 야기할 수 있기 때문에 나비 종의 개체에 장점으로 작용한다고 생각했다.

진화론을 지지하는 생물학자인 Durrell Kapan은 남미 에쿠아도르 우림 지대에서의 현장 실험을 통해 2001년에 가설을 검증했다. 그는 학명이 *Heliconius cydno*인 두 가지 유형의 불쾌한 맛이 나는 나비 종을 실험에 사용했다. 두 가지 종 중 하나는 날개에 노란색 반점이 있었고 다른 종은 반점이 없었다.

서로 외관이 흡사한 불쾌한 맛이 나는 나비 종들은 모두 인근 지역에서 서식하고 있었는데, *H. eleuchia* 역시 날개에

**그림 1.10** *Heliconius* 나비류. (a) 두 가지 형태의 *H. cydno* 그리고 (b) *H. eleuchia*. (c) 남미 에쿠아도르 우림 지역에서 *Heliconius* 나비를 대상으로 한 Kapan의 실험. 날개에 노란 반점이 있거나 또는 반점이 없는 *H. cydno* 나비를 잡아, 날개에 노란색 반점이 있는 *H. eleuchia*종의 서식지에 이전시켰다. 노란색 반점이 있는 *H. eleachia* 나비가 맛이 불쾌하다는 것을 이미 알고 있는 이 지역의 포식자 조류는 노란색 반점이 있는 *H. cydno* 나비 대신 흰색 나비를 잡아먹는다.

노란색 반점을 갖고 있다(그림 1.10). Kapan은 다음과 같은 예측 가설을 제시했다: *H. eleuchia*를 먹잇감으로 해서는 안 된다는 것을 이미 알게 된 조류는 노란 반점이 있는 나비류인 *H. cydno* 역시 잡아먹지 않을 것이다.

그는 두 가지 종류의 *H. cydno*를 실험에 사용했는데, 노란색 반점이 없는 나비가 실험군에 사용되었으며, 노란색 반점이 있는 나비는 대조군으로 분류되었다. 그는 이 두 그룹의 나비를 *H. eleuchia* 나비 개체군이 있는 우림 지역에 풀어 놓았다. 그는 나비의 대략 적인 수명 기간인 2주 동안 서식지를 옮긴 나비 중 생존한 나비 수를 매일 기록했다.

그 결과, Kapan은 새로운 서식지로 옮겨진 실험군의 개체가 생존율이 떨어지는 것을 발견했다(그림 1.10c). *H. eleuchia* 나비에 익숙한 그 지역에 서식하는 조류의 대부분이 이 나비를 잡아먹었는데, 그 이유는 노란색 반점이 있는 나비가 불쾌한 맛이 난다는 사실을 알아차리지 못했기 때문이다. 그림 1.10c의 실험 결과에서와 같이, 대조군에서는 이 나비를 잡아먹은 조류의 수가 적었다. 그 지역에 서식하는 조류는 새로 이주한 나비의 맛이 불쾌할 것이라는 것을 알고 이 나비를 포식하지 않았을 것이다.

Kapan의 실험 결과를 통해 그는 그가 제시한 가설을 입증해 자연 선택설을 뒷받침하게 된 것이다.

### 결과보고의 편향

실험자들은 그들이 입증하고자 하는 것 또는 오류를 입증하고자 하는 것에 대한 자료 해석에서 오류를 범할 수 있다. 이것이 바로 과학자들이 숫자 또는 다른 정확한 측량 방식을 통해 실험을 수량적으로 나타내는 것을 선호하는 이유이다. 이러한 자료는 다른 실험자들에게 실험을 입증할 수 있는 기회를 제공하며, 아마도 이보다 더 중요할 수 있는 실험 결론을 확인할 수 있는 기회를 제공한다.

후자의 경우 분석적 사고의 가치가 적용된다. 과학자들은 반드시 다음과 같이 스스로 자문해야 한다: 관찰내용 또는 실험이 가설이 잘못되었음을 나타내는가? 과학자들은 자신의 주장이나 편향성에 좌우되지 않고 실험 가설이 잘못되었음을 입증할 수 있는 방법으로 해당 개념을 검증할 것으로 기대한다. 일부 과학자들이 이러한 관점을 수용하지 않는다고 해도, 다른 과학자들은 과학이 아직은 경쟁적인 공동체에서 공존하고 있기 때문에 이 관점을 수용할 것이다. 이론적으로, 과학자들은 우수한 통찰력을 인정받는 것만큼이나 실수를 인정하는 것이 바람직하다는 것을 알고 있기 때문에 서로의 의견을 공유한다. 또한, 입증된 증거가 그들의 이론에 모순될 때 과학자들은 자신의 생각을 바꿀 수 있으며 종종 그렇게 한다.

실험은 연구자의 초점을 하나의 변수로 제한함으로써, 자연 현상의 관찰내용을 단순화한다.

실험은 자연의 모든 양상이 하나 또는 그 이상의 중요한 원인을 갖는다는 전제에 기반을 둔다.

과학적 가설은 이러한 전제의 오류를 입증할 수 있는 방법으로 실험될 수 있다.

## 1.7 과학의 한계

과학적 연구의 범위를 넘어 일부 현상들은 설명이 불가능하다. 우리는 왜 존재하는가, 무엇을 위해 존재하는가? 우리는 왜 어느 시점에서 생을 마감해야 하는가? 이런 질문들은 우리의 의식을 형성하는 모든 경험과 정신적 연관성의 통합된 결과에 기인하는 주관적인 해답을 유도한다. 이러한 문제에 대해 사람들은 상이한 차이를 나타낸다. 바로 이러한 이유에서 주관적 해답이 과학적 분석과 실험에 적용될 수 없는 것이다.

그렇다고해서 주관적 해답이 가치가 없다는 것이 아니다. 모든 사회 공동체는 각 구성원이 주관적인 의견을 갖고 있다고 해도, 공정한 판단을 내리기 위해 각 구성원이 도덕적 규범을 공유하지 않으면 오랫동안 지속될 수 없다. 도덕성, 미적 가치관, 철학 그리고 경제적 규범은 각 사회 공동체에서 다양하게 나타난다. 그러나 이러한 규범은 사회 구성원들이 무엇이 중요하고 바람직한 것인지 여부를 결정하는데 있어 지침이 된다. 이러한 노력을 통해 우리가 무엇을 해야 하는지를 깨닫게 된다.

과학자들은 종종 자연계의 범위에 속하지 않는 것, 또는 초자연적인 범위에 속하는 무엇인가를 설명할 때 쟁점으로 부각된다. 특히 이는 공동체 사회의 도덕성이 과거의 종교적 관점과 뒤섞일 때 종종 발생한다. 과학적 관점에서 수년간 자연계에 대한 관점을 연구하는 경우, 과학과 도덕성이 서로 다른 성질의 문제임에도 불구하고 도덕성 문제로 잘못 해석될 수 있다.

한 가지 실례를 든다면, 수세기전 유럽에서 Nikolaus Copernicus는 행성을 연구한 결과, 지구가 태양 주위를 돌고 있다는 결론을 내렸다. 오늘날 이는 자명한 것으로 받아들여지고 있다. 그러나, 그는 그 당시 이단으로 취급되었었다. 그 당시 지배적인 신념은 조물주가 우주의 중심인 지구를 창조하고 인간을 만들었다는 것이었다. 지동설의 창시자인 코페르니쿠스는 태양계에 대한 지동설을 연구했다. 그는 그의 주장을 철회하라는 압력을 받았고 지구가 우주의 중심이라는 당시의 이론을 지지하도록 강요받았다. (그러나 그는 이 상황에서도, "그래도 지구는 돈다" 라고 작게 속삭였다). 이후, 찰스다윈의 진화론 역시 당시 지배적이었던 사회적 신념에 반하는 이론으로 취급되었었다.

오늘날, 사회 공동체는 규범을 수립했다. 이러한 여러 가지 규범들은 초자연적인 신념에 역행하는 새로운 이론이 제기될 때 의문시될 수 있다. 그러나 그렇다고해서 의문을 제기한 과학자의 도덕성이나 준법성 그리고 정서에 문제가 있다거나 경솔하다는 의미는 아니다. 이는 단지 한 가지 규범이 더 추가되었을 뿐이다. 자연계에 대한 과학자들의 이론은 반드시 외부적 판단 하에서 반복 가능한 방식으로 검증되어야 한다.

*내적 판단이 아닌 외부적 판단은 과학 분야에서 제시되는 이론을 검증하는 기반이 된다.*

## 요약

**1.1절** 생명체는 다양한 구성단위로 이루어져 있다. 모든 생물과 무생물은 기본 단위인 원자로 구성된다. 생명체의 속성은 세포에서 나타난다. 모든 생명체는 단일 세포이거나 또는 다세포가 될 수 있다. 대부분의 다세포 종에서, 세포는 조직, 기관, 그리고 기관계로 구성된다.

개체군은 특정 지역에 서식하는 동일한 종의 구성원으로 구성된다. 군집은 동일한 지역에 서식하는 모든 개체군으로 구성된다. 생태계는 군집이며 군집을 이루는 환경을 말한다. 생물권에는 지각, 대기, 물, 토양 등 살아있는 생명체가 서식하는 모든 지역이 포함된다.

**1.2절** 생명체는 통일성을 갖고 있다. 모든 생명체는 단백질 합성 정보를 담고 있는 DNA로 구성되어 있다. DNA는 부모로부터 물려받아 후손에게 전달된다. 모든 생명체는 성장과 번식을 위해 환경으로부터 에너지와 원료를 필요로 한다. 모든 생명체는 주변 환경에 따라 변화하여 스스로 조절하는 방식으로 환경에 반응한다(표 1.1).

**1.3절** 생명체는 다양성을 갖고 있다. 지구상에는 수백만 종이 존재하는데, 과거에서는 더 많은 수의 종이 존재했었다. 이들은 몸체, 기능, 그리고 행동 등에서 고유한 특징을 갖고 있다. 우리는 공통된 조상에서 유래한 후손과 계통이 같은 종을 그룹화 했다. 현재의 종 분류 체계는 3가지 범주로 구분되어있다: 고세균, 세균, 진핵생물. 원생생물, 식물, 균류, 그리고 동물은 진핵생물이다.

### 표 1.1 생명체의 특징에 대한 요약

**생물의 통일성을 반영하는 공통 특징**

1. 모든 생물은 "생명체의 분자"(복합 탄수화물, 지질, 단백질 그리고 핵산)로 구성된다.
2. 생명체는 하나 또는 그 이상의 세포로 구성된다.
3. 세포는 동일한 에너지 법칙에 따라 동일한 종류의 원자와 분자로 구성된다.
4. 생명체는 에너지를 확보하여 사용하며 생존과 번식을 위한 원료로 사용한다.
5. 생명체는 내적 및 외적 환경 조건을 감지하여 이를 조절하는 방식으로 반응한다.
6. DNA는 유전 정보를 담고 있다.
7. 개체군 구성원의 특징은 세대를 통해 변화될 수 있으며, 개체군은 진화한다.

**생물 다양성의 기반**

1. DNA의 돌연변이는 형질, 또는 몸체의 세부사항, 기능 그리고 행동의 변이를 일으킨다.
2. 생존력과 번식력을 강화하는 형질은 여러 세대를 거치면서 개체군에서 일반화된다. 이러한 과정을 자연 선택이라 한다.
3. 다양성은 39억년 동안 혈통이 다른 후손에 축적된 변이 형태의 결과이다.

**1.4절** 돌연변이는 DNA가 변이된 형태로 유전 형질이 있는 새로운 변이체로 발현된다. 변이가 생존과 번식에 영향을 미치는 경우 자연 선택이 발생한다. 개체군은 적응 형질이 보다 일반화될 때 자연 선택에 의해 진화된다.

**1.5절** 과학적 방법은 다양하지만, 모두 자연현상을 설명하기 위한 논리적 접근방식에 기반한다. 과학자들은 자연현상의 일부 양상을 관찰한 다음, 그 원인이 될 수 있는 사안에 대한 가설을 제시한다. 과학자들은 더 많은 관찰 내용, 모델 구성, 또는 실험 수행을 통해 검증될 수 있는 예측을 하기 위해 가설을 적용한다.

과학자들은 실험 결과를 분석하고, 이를 토대로 결론을 내리며, 이러한 정보를 다른 과학자들과 공유한다.
반복 검증을 거치지 않은 가설은 수정되거나 폐기된다. 학설은 광범위한 관련 현상을 설명하고 수많은 여러 가지 실험을 통해 입증된 가설이다.

**1.6절** 과학은 모든 질문에 대해 해답을 제시할 수 없다. 과학은 자연의 양상을 체계적인 관찰, 가설, 예측 그리고 실험을 통해 연구하는 학문분야 일 뿐이다.

대부분의 자연현상은 복합적이며, 수많은 상호작용 변수들의 결과이다. 과학적 실험은 과학자가 한번에 하나의 변수를 변경시킬 수 있도록 해주며 여기서 발생하는 현상을 관찰하는 것이다. 실험이 설계되어 실험군은 대조군과 비교될 수 있다. 과학자들은 자신의 연구 결과를 공유하므로, 다른 과학자들은 자신의 도출한 결과 대조하여 확인할 수 있다.

## 자습-퀴즈

*정답은 부록 III에 있음*

1. 생명체의 가장 작은 구성단위는 ________이다.
2. ________는 환경에서 에너지원을 추출하는 세포의 능력이며 생존, 성장 그리고 번식을 위해 이를 사용한다.
3. ________는 내적 환경이 허용 가능한 범위 내에서 유지되는 상태를 말한다.
4. 주어진 환경에서 생명체의 생존력과 번식력을 향상시키는 경우, 형질은 ________.
5. 유전 형질의 차이는________ 를 통해 발생한다.
6. 연구자들은 종을 ________ 등과 같은 3가지 체계로 분류하고 있다.
7. ________는 주변 환경으로부터 에너지를 확보한다.
   a. 생산자 b. 소비자
   c. 분해자 d. a. b. c. 모두
8. DNA________.
   a. 단백질 구성 정보를 담고 있다
   b. 변이된다.
   c. 부모에서 후손으로 이전된다
   d. a, b, c 모두
9. ________는 부모가 자신의 DNA를 후손에게 물려준 이후 확보된 형질이다.
   a. 대사 b. 재생
   c. 항상성 d. 유전
10. 대조군은________.
    a. 실험군을 대조할 수 있는 표준이다.
    b. 결론적 결과를 제공하는 실험이다
11. 다음에 나열된 용어에 해당되는 설명을 표시하시오.
    _____적응 형질 a. 자연 현상에서 관찰될 수 있는 사항
    _____자연 선택 b. 제안된 설명; 논리적 추측
    _____학설 c. 생존 및 번식력 향상
    _____가설 d. 유용하며, 검증 가능한 설명 형식의 관련 가설
    _____예측 e. 하나 또는 그 이상의 형질 세부 내용이 다르게 발현되는 개체군 구성원들 간의 생존 및 번식 차이로 인한 결과.

## 분석적으로 생각하기

1. 자연의 양상에 대한 학설은 특정 사례로부터 도출된 일반화된 결론의 귀납적 추론에 기반한다. 일부 사례의 결과가 일정불변하게 발생되어 관찰된 것이기 때문에, 다시 전제가 제시되는 것이다. 그러나 결과에 영향을 미칠 수 있는 가능한 모든 변수를 고려할 수 있는 방법이 없기 때문에 확실하다고는 말할 수 없다. 바로 이러한 점을 설명하기 위해 Garvin McCain 과 Erwin Segal 는 다음과 같이 비유했다:

지능이 높은 칠면조가 있었다. 이 칠면조는 친절하고 사례 깊은 주인이 우리 안에서 기르고 있었기 때문에 칠면조는 주변에서 일어나는 신기한 일과 규칙적인 일들에 대해 반응하는 것 이외에는 다른 할일이 없었다. 항상 아침이 되면 동이 터오고, 주인의 발자국소리가 들리면 주인은 어김없이 칠면조에게 먹이를 주었다. 더러는 후덥지근하고 추운 아침을 맞이했지만, 주인은 발자국 소리와 함께 언제나 칠면조에게 먹이를 주었다. 이렇게 규칙적으로 진행되는 일상은 충분히 예측하는 것이었기 때문에, 칠면조는 세상이 아름답다는 생각을 갖게 되었다. 칠면조가 세상이 아름답다는 것을 수백 번 확인한 후의 어느 날 아침, 어김없이 주인의 발자국 소리가 들렸고, 칠면조가 도살되었다.

칠면조는 자신이 생각했던 세상이 정확하게 맞을 확률이 높거나 낮을 것이라는 사실을 뒤늦게 엄청난 댓가를 치르고서야 알게 되었다. 오늘날 어떤 사람들은 이러한 불확실성을 일컬어 "사실은 무관한 사실들이 변형된 것이다" 라고 말한다. 만약 그렇다면, 우리는 과학적 연구를 할 필요가 없는 것인가? 그렇게 해야 하는 이유와 그렇게 해서는 안 되는 이유는 무엇인가?

**a.** 120개의 녹색 젤리빈과 280개의 검은색 젤리빈이 들어있는 단지에서(젤리빈의 비율이 각각 30%와 70%) Natalie가 눈가리개를 하고 무작위로 젤리빈을 꺼낸다.

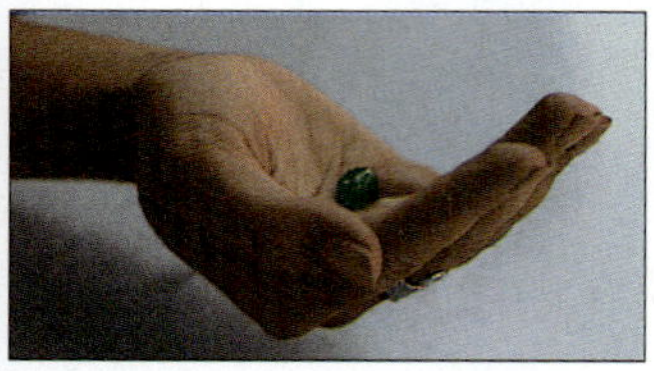

**b.** Natalie가 눈가리개를 벗기 전에 젤리빈 단지를 숨겨놓았다. 그녀는 손에 녹색 젤리빈만이 있는 것을 보고 단지에는 녹색 젤리빈만 있을 것으로 추측했다.

**c.** 아직 눈가리개를 한 상태에서, Natalie는 단지에서 50개의 젤리빈을 무작위로 꺼냈는데, 결국 녹색 10개 검은색 40개를 꺼낸 것으로 집계됐다.

**d.** 많은 수의 실험 표본으로 인해 그녀는 단지에 있는 젤리빈의 1/5가 녹색이고 4/5가 검정색(각각 20%와 80%의 비율)인 것으로 추측했다. 실험 표본의 수가 많을수록 단지의 녹색과 검은색 젤리빈 비율이 더욱 근접해졌다. Natalie가 더 여러 번 표본 추출을 반복할수록 더욱더 실제 비율에 근접하게 되었다.

**그림 1.11** 표본추출 오차에 대한 예.

2. 법정에 선 증인에게 "오직 진실만을 말할 것을 맹세합니까?" 라고 묻는다. 이 질문에 내재된 문제는 무엇인가? 이 질문 대신 더 적절한 것이 있는가?

3. 대부분의 대중 잡지는 다이어트, 운동, 그리고 건강과 관련된 주제를 주요 기사로 다루고 있다. 일부 기사에서는 다이어트 또는 식품보조제를 권장한다. 그렇다면, 당신은 이러한 기사에 어떠한 의학적 증거가 제시되어 권장내용을 수용할지 여부를 결정할 수 있도록 되어야 한다고 생각하는가?

4. 실험자들이 실험 대상이 되는 모든 구성원을 개별적으로 관찰하는 일은 거의 드물다. 실험자들은 개체군, 상황, 그리고 이외 다른 자연의 양상에 대한 아집단(subset) 또는 표본을 선택하여 실험한다. 이들은 실제로 전체 그룹을 대표하지 않는 아집단을 실험에 적용함으로써 잘못된 결과를 도출한다는 의미인 표본추출 오류가 발생하지 않도록 반드시 피해야 한다(그림 1.11). 실험 결과는 표본의 수가 많고 실험이 반복될 때 왜곡될 수 있는 가능성이 적다. 1.6절에서 설명된 나비를 대상으로 한 실험 결과가 표본추출 오류에 어떠한 영향을 미칠 수 있는 생각해보자.

5. 1.6절에 제시된 Olestra 포테이토칩에 대한 실험은 이중맹검 실험이었다: 즉, 실험 대상자들이나 실험자들 어느 누구도 모든 피 실험자들이 결과를 보고하기 전까지는 어떠한 봉지에 어떤 포테이토칩이 들어있는지 알지 못했다. 실험자들이 이중맹검 실험을 수행할 때 발생할 수 있는 문제점이 무엇이라고 생각하는가?

6. 1988년, Randolph Byrd 박사와 그의 동료들은 샌프란시스코 종합병원의 관상동맥질환 집중치료실에 입원한 393명의 환자를 대상으로 한 연구를 맡았다. 이 실험에서, "born-again"기독교 신자 자원봉사자들에게 환자들의 쾌유를 기원하고 합병증이 발생하여 사망에 이르지 않도록 해달라는 기도를 매일 하도록 요청했다. 환자들은 누군가 자신을 위해 기도하는지를 전혀 알지 못했고, 자원봉사자나 환자들 또한 서로 만난 적이 없었다. Byrd 박사는 병원에 입원한 환자의 차도를 "양호", "중간", 또는 "취약" 등급으로 분류했다. 그는 쾌유를 위한 기도를 받았던 환자들의 차도가 기도를 받지 않았던 환자들에 비해 다소 호전되었다고 결론을 지었다. 이는 자원봉사자들의 기도가 심각한 질병을 앓고 있는 환자들의 차도에 긍정적인 영향을 미친다는 전제를 뒷받침 하는 통계학적이며 과학적인 방식으로 보고된 최초의 실험이었다. 이러한 실험 경과가 발표되자 Byrd 박사의 실험 설계 오차를 인용했던 대부분의 과학자들로부터 맹렬한 비난이 쏟아졌다. 예를 들면, Byrd 박사는 실험이 종료된 이후 환자들의 차도를 분류했던 것이다. 그렇다면, 의학적 자료를 해석하는데 있어 오차가 어떠한 역할을 해야 하는지에 대해 생각해보자. 다른 과학 분야에서 이 실험이 상당한 반응을 일으킨 이유가 무엇이라고 생각하는가?

# 단원 I 세포 생명체의 원리

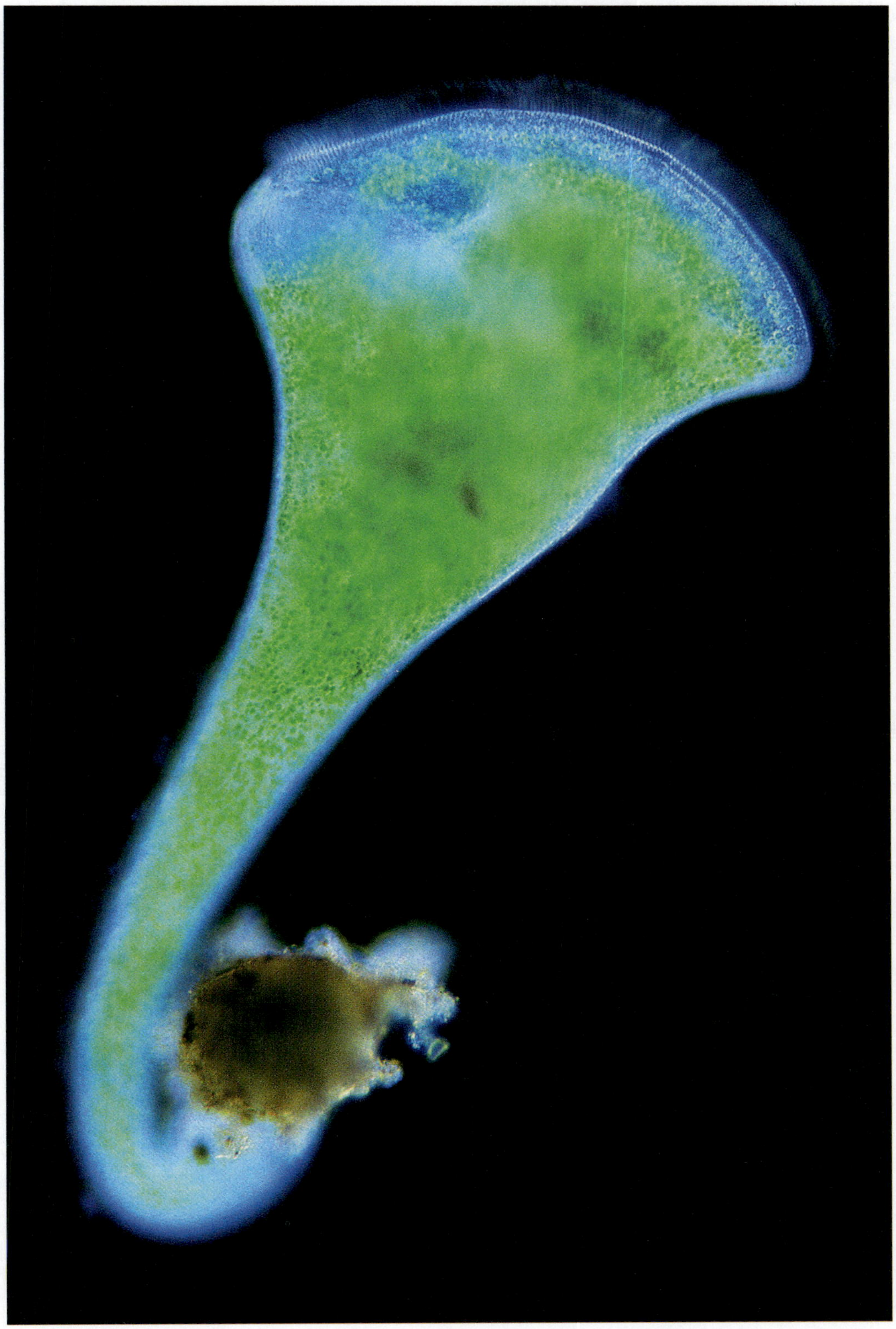

살아있다는 것은 환경으로부터 에너지와 생체재료를 얻을 수 있다는 의미이다. 이그림은 나팔벌레(Stentor) 속의 세포 하나이다. 이 단세포 원생동물은 약 2 mm 크기로 세내 강장 입구에 머리칼모양의 섬모를 갖고 있다. 이 섬모를 이용하여 주위의 물을 쳐서 강장으로 먹이를 끌어들인다.

# 2 생명의 화학적 원리

## 최근 이슈와 그 영향력 당신은 얼마의 가치가 있는가

할리우드에서 레오나르도 디카프리오는 영화 한편 당 2천만달러, 양키스 구단의 내야수 알렉스 로드리게즈는 10년간 2억천 7백만달러, 미국의 교사는 평균 약 44,367 달러의 가치가 있다고 생각한다. 하지만 화학적으로 인체는 얼마의 가치가 있는가? (그림 2.1a)

생각해 보라. 인체는 여러 원소, 즉 원자들의 집합체이다. 원자는 질량과 공간을 가진 기본 물질이며 어떤 수단으로도 더 이상 나눠질 수 없다. 구리 한 덩이를 계속 그라인더로 갈아 작게 만든다면 맨 마지막으로 남는 최소 단위가 바로 원자이다. 원자는 원소의 특징을 보유하고 있으면서 존재할 수 있는 최소 단위이다.

산소, 수소, 탄소, 질소는 생체에서 가장 풍부한 원소이다. 다음으로 인, 칼륨, 황, 칼슘, 나트륨의 순서이다. 셀레늄과 같은 희귀원소는 체중의 0.01% 이하이다.

잠깐, 셀레늄, 수은, 비소, 납 이런 원소들은 몸에 해롭지 않나? 그럴 수도, 그렇지 않을 수도 있다. 과학자들이 생물의 화학작용을 규명하면서 과거에 해롭게 여

| Element | Amount | Value |
|---|---|---|
| Oxygen (O) | 43.00 kg | $0.021739 |
| Carbon (C) | 16.00 kg | 6.400000 |
| Hydrogen (H) | 7.00 kg | 0.028315 |
| Nitrogen (N) | 1.80 kg | 9.706929 |
| Calcium (Ca) | 1.00 kg | 15.500000 |
| Phosphorus (P) | 780.00 g | 68.198594 |
| Potassium (K) | 140.00 g | 4.098737 |
| Sulfur (S) | 140.00 g | 0.011623 |
| Sodium (Na) | 100.00 g | 2.287748 |
| Chlorine (Cl) | 95.00 g | 1.409496 |
| Magnesium (Mg) | 19.00 g | 0.444909 |
| Iron (Fe) | 4.20 g | 0.054600 |
| Fluorine (F) | 2.60 g | 7.917263 |
| Zinc (Zn) | 2.30 g | 0.088090 |
| Silicon (Si) | 1.00 g | 0.370000 |
| Rubidium (Rb) | 0.68 g | 1.087153 |
| Strontium (Sr) | 0.32 g | 0.177237 |
| Bromine (Br) | 0.26 g | 0.012858 |
| Lead (Pb) | 0.12 g | 0.003960 |
| Copper (Cu) | 72.00 mg | 0.012961 |
| Aluminum (Al) | 60.00 mg | 0.246804 |
| Cadmium (Cd) | 50.00 mg | 0.010136 |
| Cerium (Ce) | 40.00 mg | 0.043120 |
| Barium (Ba) | 22.00 mg | 0.028776 |
| Iodine (I) | 20.00 mg | 0.094184 |
| Tin (Sn) | 20.00 mg | 0.005387 |
| Titanium (Ti) | 20.00 mg | 0.010920 |
| Boron (B) | 18.00 mg | 0.002172 |
| Nickel (Ni) | 15.00 mg | 0.031320 |
| Selenium (Se) | 15.00 mg | 0.037949 |
| Chromium (Cr) | 14.00 mg | 0.003402 |
| Manganese (Mg) | 12.00 mg | 0.001526 |
| Arsenic (As) | 7.00 mg | 0.023576 |
| Lithium (Li) | 7.00 mg | 0.024233 |
| Cesium (Cs) | 6.00 mg | 0.000016 |
| Mercury (Hg) | 6.00 mg | 0.004718 |
| Germanium (Ge) | 5.00 mg | 0.130435 |
| Molybdenum (Mo) | 5.00 mg | 0.001260 |
| Cobalt (Co) | 3.00 mg | 0.001509 |
| Antimony (Sb) | 2.00 mg | 0.000243 |
| Silver (Ag) | 2.00 mg | 0.013600 |
| Niobium (Nb) | 1.50 mg | 0.000624 |
| Zirconium (Zr) | 1.00 mg | 0.000830 |
| Lanthanium (La) | 0.80 mg | 0.000566 |
| Gallium (Ga) | 0.70 mg | 0.003367 |
| Tellurium (Te) | 0.70 mg | 0.000722 |
| Yttrium (Y) | 0.60 mg | 0.005232 |
| Bismuth (Bi) | 0.50 mg | 0.000119 |
| Thallium (Tl) | 0.50 mg | 0.000894 |
| Indium (In) | 0.40 mg | 0.000600 |
| Gold (Au) | 0.20 mg | 0.001975 |
| Scandium (Sc) | 0.20 mg | 0.058160 |
| Tantalum (Ta) | 0.20 mg | 0.001631 |
| Vanadium (V) | 0.11 mg | 0.000322 |
| Thorium (Th) | 0.10 mg | 0.004948 |
| Uranium (U) | 0.10 mg | 0.000103 |
| Samarium (Sm) | 50.00 µg | 0.000118 |
| Beryllium (Be) | 36.00 µg | 0.000218 |
| Tungsten (W) | 20.00 µg | 0.000007 |

a

Grand Total: $118.63

**그림 2.1** (a) 화학적으로 당신 몸은 얼마의 가치이냐. (b) 인체, 지각, 해수를 구성하고 있는 원소 비율. 유사점과 차이점은?

## 개요도

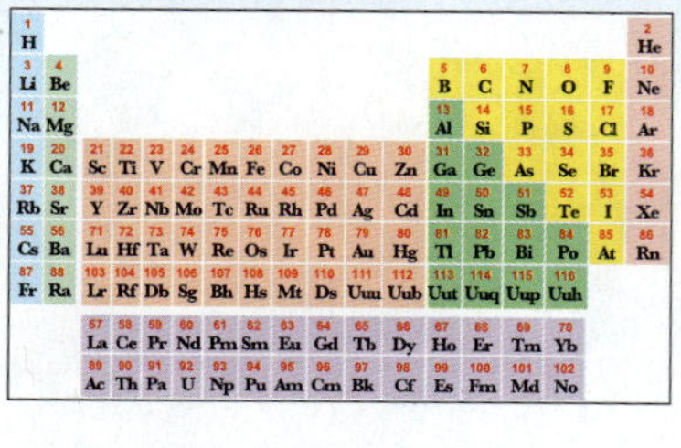

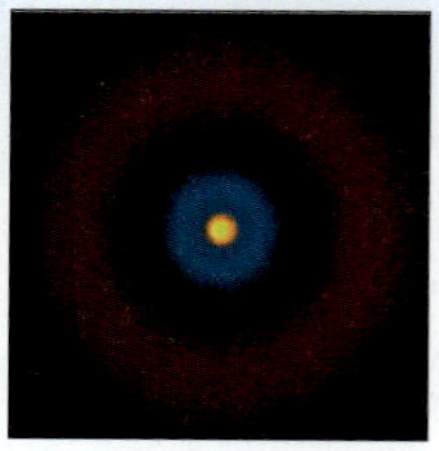

### 원자와 원소

모든 물체는 하나이상의 원소로 구성된다. 원자는 원소의 성질을 간직하고 있는 가장 작은 물체 단위이다. 원자는 양성자, 중성자, 전자로 구성된다.

### 전자의 중요성

원자가 다른 원자와 상호작용할 것인가는 원자가 몇 개의 전자를 갖고 있고 어떻게 배열되어있느냐에 달려있다. 화학결합이 두개 이상의 원자를 결합시킨다.

b

| Human | |
|---|---|
| Oxygen | 61.0% |
| Carbon | 23.0 |
| Hydrogen | 10.0 |
| Nitrogen | 2.6 |
| Calcium | 1.4 |
| Phosphorus | 1.1 |
| Potassium | 0.2 |
| Sulfur | 0.2 |

| Earth's Crust | |
|---|---|
| Oxygen | 46.0% |
| Silicon | 27.0 |
| Aluminum | 8.2 |
| Iron | 6.3 |
| Calcium | 5.0 |
| Magnesium | 2.9 |
| Sodium | 2.3 |
| Potassium | 1.5 |

| Ocean | |
|---|---|
| Oxygen | 85.7% |
| Hydrogen | 10.8 |
| Chlorine | 2.0 |
| Sodium | 1.1 |
| Magnesium | 0.1 |
| Sulfur | 0.1 |
| Calcium | 0.04 |
| Potassium | 0.03 |

겼던 독들이 생물학적으로 필수적인 역할을 하고 있음을 발견하였다. 예를 들면 많은 양의 크롬을 섭취하면 신경계를 손상시키고 암을 유발한다. 그러나 극소량의 크롬은 인슐린과 함께 작용하여 혈당을 조절한다. 아주 적은 양의 셀레늄도 독성을 나타내지만 너무 적으면 심장, 가슴샘의 기능에 문제가 유발된다. 적절한 종류의 원소를 균형적으로 섭취해야 인체 작용이 정상적으로 일어난다.

하나 더: 지각에도 인체와 동일한 원소가 존재한다. 그러나 우리는 지각의 일부 가 아니다. 다른 모든 생명체처럼 우리 인체의 원소 비율, 구성비는 지각과 달리 독특한 특징을 갖는다(그림 2.1b). 그리고 그 원소 구성을 만들고 유지하기 위해서는 막대한 에너지가 투입되어야 한다(임신부의 예를 보라).

인체를 구성하는 모든 원소는 단지 118.63 달러면 살 수 있다. 그러나 그 원소를 가지고 생체를 구성하는 것은 막대한 에너지와 복잡한 생체분자들이 필요하며 이는 아직까지도 어떤 실험실에서도 불가능한 작업이다.

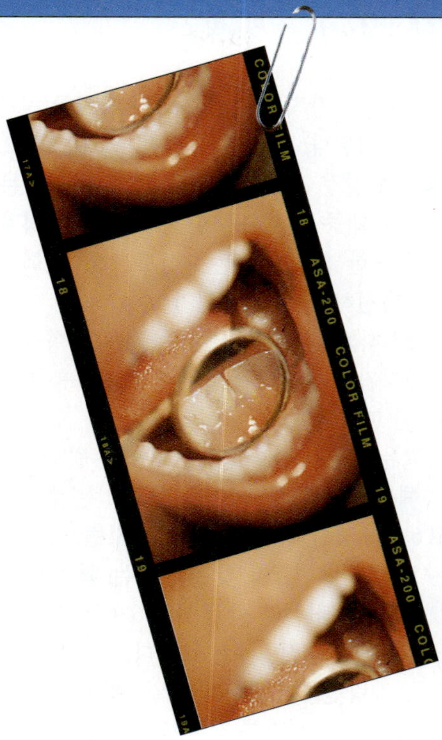


## 찬반의견 투표

*불소는 충치를 예방한다고 알려졌다. 그러나 너무 많이 섭취하면 치아, 뼈를 상하게 하고 태아 기형을 유발한다. 아주 많은 양은 사람을 죽일 수도 있다. 미국 여러 주정부에서는 수도물에 불소를 첨가하고 있다. 자세한 사항은 미디어 메뉴를 보고, 온라인상에서 투표하라.*

**원자 결합**

모든 생명체의 분자적 구성, 활동은 원자사이의 이온, 공유, 수소결합에 달려있다.

**물이 없으면 생명체도 없다**

물은 여러 특이한 성질을 갖고 있다. 예를 들면 온도를 안정화시키는 효과, 서로 부착하는 성질, 용매로서의 성질을 가져 지구상에 생명체가 존재 가능하게 한다.

**수소이온**

생명체는 물과 수소이온 농도 변화, 물에 용해되어 있는 여러 물질들의 성질에 적응한 결과이다.

## 2.1 원자

*생명체의 화학적 성질은 양성자, 중성자, 원자에서 시작한다.*
*각 원소의 특성은 양성자의 수에 달려있다.*

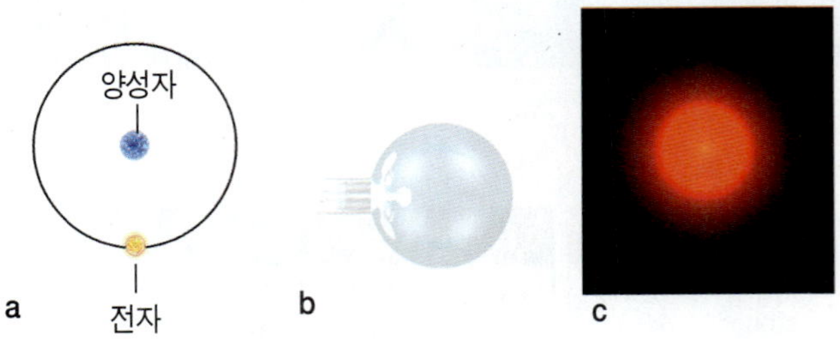


**그림 2.2** (a) 화학적으로 당신 몸은 얼마의 가치이냐. (b) 인체, 지각, 해수를 구성하고 있는 원소 비율. 유사점과 차이점은 ?

원자는 원소의 특징을 간직한 최소 단위이다. 모든 원자는 세 종류의 입자로 구성된다: 양성자, 중성자, 전자(그림 2.2). 양성자는 양전하, 즉 일정 전기량을 갖고 있다. 양성자는 $p^+$로 표기한다. 원자의 핵(중심부분)은 한 개 이상의 양성자를 갖고 있다. 핵에는 또한 전하가 없는 중성자가 있다. 핵 주위를 돌고 있는 것은 음전하($e^-$)를 갖는 전자이다.

양성자의 양전하와 전자의 음전하는 서로 균형을 이루고 있다. 그래서 원자가 양성자와 동일한 수의 전자를 가지면 전체적으로 전하를 띠지 않는다.

각 원소는 고유한 **원자 번호**를 갖는데 이는 원자핵의 양성자 수와 같다. 예를 들면 양성자 1개를 갖고 있는 수소의 원자번호는 1이고 6개의 양성자를 갖는 탄소 원자번호는 6이다.

각 원소는 또한 **질량번호**를 갖는데 이는 핵에 있는 양성자수와 중성자수의 합과 같다. 예를 들면 6개의 양성자와 6개의 중성자를 갖는 탄소의 질량수는 12이다.

왜 원자번호, 질량번호가 중요한가? 어떤 원소의 원자가 몇 개의 전자, 양성자, 중성자를 갖는가를 알게 되면 그 원소가 어떤 조건에서 어떻게 화학적으로 행동할 것인가를 예측할 수 있다.

원자를 이루는 아원자 입자들이 발견되기 훨씬 전에 원소들은 화학적 유사성에 의해 분류되었다. 드리트리 멘델레프(Dmitry Medeleev)는 장발로 유명한 화학자이다(1년에 한번 이발을 했음). 1869년 멘델레프는 그때까지 알려진 원소들의 화학적 성질이 주기적임을 발견하고 원소들을 주기율표로 배열하였다. 따라서 멘델레프는 주기율표의 빈 자리를 근거로 새로운 원소가 발견되기도 전에 그 존재를 예측할 수 있었다.

원소들은 원자 번호에 따라 주기율표에 규칙적으로 배열된다(그림2.3). 주기율표의 동일한 열에 있는 원소들은 다른 원자와 상호작용할 수 있는 전자수가 서로 동일하다. 따라서 그 원소들은 서로 매우 유사하게 행동한다. 예를 들면 열의 맨 오른쪽에 있는 헬륨, 네온, 라돈 가스는 화학 반응을 할 수 있는 전자가 없으므로 불활성원소라고 불린다. 결과적으로 그 기체들은 다른 원소와 반응하지 않고 단독으로 존재한다.

주기율표의 모든 원소가 자연계에 존재하는 것은 아니다. 원자번호 92 이상의 원소는 매우 불안정하므로 실험실에서 소량-때로는 단 한 개의 원자-이 만들어지며 매우 빨리 없어져 버린다. 어떤 원소는 아직 만들어지지 못했다.

| 1 H | | | | | | | | | | | | | | | | | 2 He |
|---|---|---|---|---|---|---|---|---|---|---|---|---|---|---|---|---|---|
| 3 Li | 4 Be | | | | | | | | | | | 5 B | 6 C | 7 N | 8 O | 9 F | 10 Ne |
| 11 Na | 12 Mg | | | | | | | | | | | 13 Al | 14 Si | 15 P | 16 S | 17 Cl | 18 Ar |
| 19 K | 20 Ca | 21 Sc | 22 Ti | 23 V | 24 Cr | 25 Mn | 26 Fe | 27 Co | 28 Ni | 29 Cu | 30 Zn | 31 Ga | 32 Ge | 33 As | 34 Se | 35 Br | 36 Kr |
| 37 Rb | 38 Sr | 39 Y | 40 Zr | 41 Nb | 42 Mo | 43 Tc | 44 Ru | 45 Rh | 46 Pd | 47 Ag | 48 Cd | 49 In | 50 Sn | 51 Sb | 52 Te | 53 I | 54 Xe |
| 55 Cs | 56 Ba | 71 Lu | 72 Hf | 73 Ta | 74 W | 75 Re | 76 Os | 77 Ir | 78 Pt | 79 Au | 80 Hg | 81 Tl | 82 Pb | 83 Bi | 84 Po | 85 At | 86 Rn |
| 87 Fr | 88 Ra | 103 Lr | 104 Rf | 105 Db | 106 Sg | 107 Bh | 108 Hs | 109 Mt | 110 Ds | 111 Uuu | 112 Uub | 113 Uut | 114 Uuq | 115 Uup | 116 Uuh | | |
| | | 57 La | 58 Ce | 59 Pr | 60 Nd | 61 Pm | 62 Sm | 63 Eu | 64 Gd | 65 Tb | 66 Dy | 67 Ho | 68 Er | 69 Tm | 70 Yb | | |
| | | 89 Ac | 90 Th | 91 Pa | 92 U | 93 Np | 94 Pu | 95 Am | 96 Cm | 97 Bk | 98 Cf | 99 Es | 100 Fm | 101 Md | 102 No | | |

**그림 2.3** 주기율표의 원소와 이를 창안한 드리트리 멘델레프. 원소의 심볼은 라틴이름의 약자이다. 예를 들면 Pb(납)은 *plubum*에서 유래했다. 고대 로마인들은 납을 수도관으로 사용하였고 이은 영어의 plumbing (배관)이라는 단어에 남아 있다.

원자는 모든 원소의 최소단위, 즉 원소의 성질을 간직하고 있는 기본 물질이다. 92개의 원소가 지구에 존재한다.
원자는 한 개 이상의 양전하를 가진 양성자, 음전하를 가진 전자, 그리고 중성자(수소는 중성자 없음)로 구성된다.
원소의 화학적 성질은 다른 원자와 상호작용할 수 있는 전자수에 달려있다.

# 2.2 방사성 동위원소



*모든 원소는 원자의 양성자수에 의해 정의된다. 그러나 동일한 원소에서 원자의 중성자 수는 서로 다를 수 있다. 이를 그 원소의 동위원소라 부르며 어떤 동위원소는 방사능을 갖는다.*

헨리 바크렐(Henri Becquerel)이 1896년 우연히 방사능을 발견하였다. 그는 책상 서랍안에 인광을 내는 우라늄염 결정을 사진건판 위에 올려놓았다. 우라늄과 사진건판 사이에는 불투명한 검은 종이, 동전, 금속스크린 등이 놓여 있었다. 하루가 지나 필름을 사용하려고 이를 현상하였다. 놀랍게도 그는 동전과 스크린의 음화가 나타난 것을 발견하였다. 동전과 스크린 부분을 제외하고 우라늄에서 방출된 에너지가 필름을 노출시킨 것이다. 바크렐은 우라늄염이 물체를 투과할 수 있는 어떤 형태의 광선을 낸 것으로 결론지었다. 그것이 무엇이었을까?

현재 우리가 알고 있듯이 자연계 대부분의 원소는 두 종류 이상의 동위원소를 갖고 있다. 탄소는 3개, 질소는 2개 등이다. 원소표기에서 왼쪽 위첨자가 그 동위원소의 질량수(양성자수+중성자수)를 나타낸다. 예를 들면 탄소의 동위원소는 $^{12}C$ (탄소12, 6개의 양성자, 6개의 중성자를 갖는 가장 보편적인 탄소형태), $^{13}C$(양성자 6개, 중성자 7개), $^{14}C$(양성자 6개, 중성자 8개)이다.

원자 핵 내에 너무 적은 중성자 또는 너무 많은 양성자가 존재하면 핵이 불안정해지고 방사능을 갖게 된다. 방사성 원자는 자발적으로 핵이 붕괴하면서 아원자입자 또는 X-선을 방출한다. 이 과정을 방사성 붕괴라 부르며 원소는 다른 원소로 전환된다. $^{13}C$와 $^{14}C$는 탄소의 방사성 동위원소(radioactive isotope, radioisotope)이다. 각 방사성동위원소는 특정양의 에너지를 방출하며 붕괴하여 예측 가능한, 안정된 산물을 만들게 된다. 예를 들면 5,700년 후에는 시료에 있는 $^{14}C$ 절반이 $^{14}N$으로 전환된다. 17장에서 보는 바와 같이 과학자들은 방사성 붕괴를 화석의 연대를 측정할 때 사용하고 있다.

원소의 동위원소들은 서로 동일한 원소이다. 얼마나 많은 중성자를 갖고 있든지 탄소는 탄소인 것이다. 생체는 $^{14}C$를 $^{12}C$와 동일하게 사용한다. 이를 이용하여 특정 분자를 연구하는 과학자들은 그 분자의 원소가 방사성동위원소로 치환된 추적자(tracer)를 만들 수 있다. 이 추적자를 세포, 생물체, 생태계에 도입하여 그 분자를 추적할 수 있다. 방사성 붕괴에서 나오는 에너지는 마치 화물의 꼬리표와 같아 방사능을 감지할 수 있는 장치를 이용해 이를 추적할 수 있다.

멜빈 켈빈 (Melvin Calvin)과 동료들은 $^{14}C$으로 만들어진 이산화탄소 추적자를 이용하여 광합성 단계를 규명하였다. 방사능을 가진 $^{14}C$-이산화탄소 가스에 식물 잎을 노출시킨 후 당과 녹말이 합성되는 단계에서 방사성 탄소원자를 추적할 수 있었던 것이다.

방사성동위원소는 의학에서도 사용된다. PET(Positron-Emission Tomography; 양전자 방출 단층촬영술)은 방사성동위원소를 사용하여 신체 조직 영상을 만든다. 의사들은 방사성동위원소를 포도당이나 당에 붙여 이를 환자에 투여한 후 PET scanner로 환자의 장기를 촬영할 수 있다(그림 2.4a). 환자의 세포는 추적자를 서로 다른 속도로 흡수한다. PET scanner는 방사성동위원소 붕괴에 따른 방사선을 측정하여 영상을 만들 수 있다. 이런 영상은 대사 활성이 정상과 다른가를 알 수 있게 해준다(그림 2.4d).

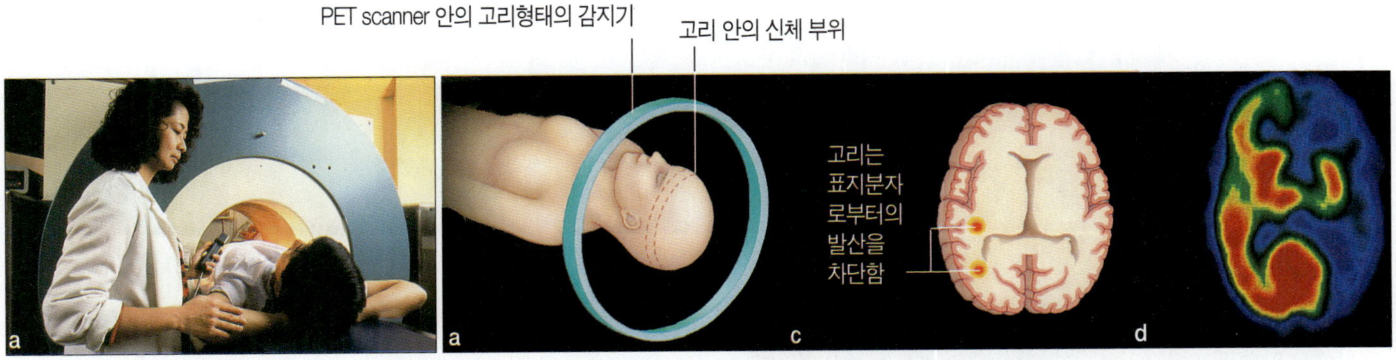


**그림 2.4** (**a**) PET scanner에서 이동하는 환자 (**b**, **c**) 내부 구조. 고리형태의 감지기가 환자에 주입한 추적자 분자에서 방출되는 방사선을 감지한다. 컴퓨터가 이를 분석하여 신체 부위에서 방출하는 방사선 수를 칼라로 표시한다. (**d**) 뇌 스캔 사진에서 서로 다른 칼라는 대사활성의 차이를 나타낸다. 사진에서 보이는 뇌의 좌반구는 방사능으로 표지 된 분자를 흡수하여 정상 속도로 사용하고 있다. 그러나 뇌의 우반구 세포들은 활성이 매우 낮다. 환자는 신경계 이상을 진단 받았었다.

## 2.3 원자가 원자와 결합할 때 어떤 일이 일어나나?

*원자는 전자를 획득하거나, 공유하거나 내놓기도 한다. 어떤 원소의 원자는 이런 일을 쉽게 하기도 하고 어떤 원자는 전혀 하지 않는다. 왜 이런 일이 벌어지는가. 이를 알아보기 위해 원자에서의 전자 수와 배열을 알아보자.*

### 전자와 에너지 준위

우리가 살고 있는 이 세계에서는 사과가 나무에서 떨어지는 운동을 간단한 물리학 법칙으로 설명할 수 있다. 그러나 아주 작은 전자는 일상에서 일어나는 물리학 법칙이 작용하지 않는 이상한 세계에 속해 있다(만일 전자가 사과만큼 크다면 당신의 키는 우리 태양계의 약 3.5배 크기일 것이다). 전자 운동에는 일상과 다른 중간 단계가 없는 힘이 작용한다.

정확하지는 않아도 전자의 위치를 계산할 수 있다. 정확한 것은 전자는 불명확한 확률밀도 구름 어딘 가에 존재한다는 것이다. 전자가 어디에 있을 것인 가는 원자의 핵 주변에 얼마나 많은 전자가 존재하는가에 달려 있다. 전자는 핵 주위의 부피 공간인 오비탈(orbital)을 차지하고 있다. 서로 다른 3차원적 모양을 갖는 여러 종류의 오비탈이 있다.

원자는 양성자와 거의 동일한 수의 전자를 갖는다. 대부분의 원자에게 이는 매우 많은 수 이다. 같은 전하를 갖는 전자들이 서로를 밀어내는데 어떻게 배열될 수 있는가? 원자를 전자에 세를 놓을 수 있는 많은 방을 가진 고층 아파트 건물이라고 상상해 보라. 아파트 지하에 핵이 있다. 한 개의 방이 한 개의 오비탈이고 전자 2개에 세를 놓을 수 있다. 한 오비탈이 전자 하나를 갖고 있으면 한 개의 공석이 있어 다른 전자 하나가 이사올 수 있다.

원자 아파트 건물에서 각 층은 에너지 준위에 해당한다. 1층은 한 개의 방만 있어 (핵에 가장 가까우며 가장 낮은 에너지 준위를 가진 오비탈 한 개), 가장 먼저 전자가 채워진다. 가장 단순한 원자인 수소는 그 방에 한 개의 전자만 갖고 있다 (그림 2.5). 헬륨은 그 방에 2개의 전자를 갖는다. 즉 다시 말해서 헬륨은 가장 낮은 에너지 준위에 공석이 없는 것이다. 큰 원자에서는 더 많은 전자들이 2층의 방들에 세를 얻는다. 2층이 차면 다른 전자들은 3층에 들어오는 식이다. 전자는 순차적으로 에너지 준위가 높은 **오비탈**을 채우게 된다.

전자가 아파트 지하(핵)에서 높은 층으로 올라 갈수록 에너지가 높다. 1층의 전자는 에너지가 투입되지 않는 한 2층이나 3층으로 올라갈 수 없다. 전자가 태양빛과 같이 알맞은 양의 에너지를 흡수하면 흥분하여 높은 층으로 올라가기도 한다. 그러나 아래 층 방이 채워지지 않으면 전자는 여분의 에너지를 방출하며 재빨리 아래층으로 다시 내려간다. 뒤에 식물과 우리 눈의 세포들이 그러한 에너지를 어떻게 획득하는지 학습하게 될 것이다.

### 원자에서 분자까지

쉘 모델(shell model)에서 쉘은 에너지 준위에 해당한다. 이 모델은 여러 원자에서 전자공석이 있는지 쉽게 확인하게 해준다 (그림 2.6). 그러나 원자는 그림과 같은 평면이 아니라는 것을 명심해야 한다. 쉘은 3차원적 부피 공간을 차지하는 것이 아니며 전자 오비탈을 나타내고 있지도 않다.

가장 밖의 쉘에 공석을 갖고 있는 원자는 전자를 획득하기도, 잃기도 하며 다른 원자와 전자를 공유하기도 한다. 원자 사이에서 이런 종류의 전자 공유를 **화학 결합**이라고 부른다(2.4절). 전자 공석이 없는 원자는 다른 원자와 거의 결합하지 않는다. 반면에 생명체를 이루는 원자들 산소, 탄소, 수소, 질소,

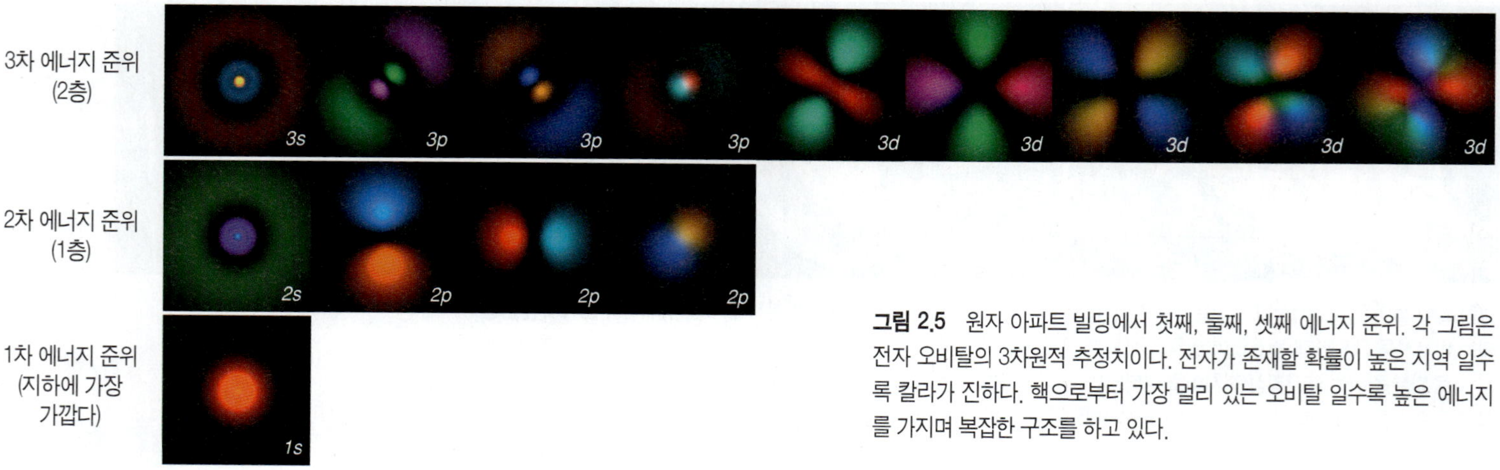


**그림 2.5** 원자 아파트 빌딩에서 첫째, 둘째, 셋째 에너지 준위. 각 그림은 전자 오비탈의 3차원적 추정치이다. 전자가 존재할 확률이 높은 지역 일수록 칼라가 진하다. 핵으로부터 가장 멀리 있는 오비탈 일수록 높은 에너지를 가지며 복잡한 구조를 하고 있다.

**ⓒ 셋째 쉘**은 세번째 오비탈 셋트를 보여준다. 9개의 오비탈, 즉 1개의 *s* 오비탈, 3개의 *p* 오비탈, 5개의 *d* 오비탈을 갖고 있어 18개의 전자를 받을 수 있다. 세번째 쉘 오비탈에 나트륨은 1개, 염소는 7개의 전자를 갖고 있다. 두 원자 모두 공석이 있어 화학결합 할 수 있다.

**ⓑ 둘째 쉘**은 한 개의 *s* 오비탈과 3개의 *p*오비탈을 결합한 두번째 에너지 준위를 부여준다. 둘째 쉘의 오비탈들에는 8개의 전자를 받을 수 있는 방이 있다. 탄소는 6개의 전자를 갖고 있는데 두 개는 첫째 쉘에 4개는 둘째 쉘에 갖고 있다. 탄소는 4개의 공석이 있다. 산소는 두 개의 공석이 있다. 탄소와 산소 모두 화학결합을 형성한다.

**ⓐ 첫째 쉘**은 단 한 개의 오비탈(*1s*)를 갖는 첫째 에너지 준위를 보여준다. 수소는 두 개의 전자를 가질 수 있는 이 오비탈에 전자 한 개를 갖고 있다. 수소는 이 전자를 쉽게 잃고 화학적 반응성이 높은 자유 양성자가 될 수 있다. 헬륨원자는 *1s* 오비탈에 두개의 전자를 갖고 있다. 전자 공석이 없어서 일반적으로 헬륨은 다른 원자와 화학결합을 하지 않는다.

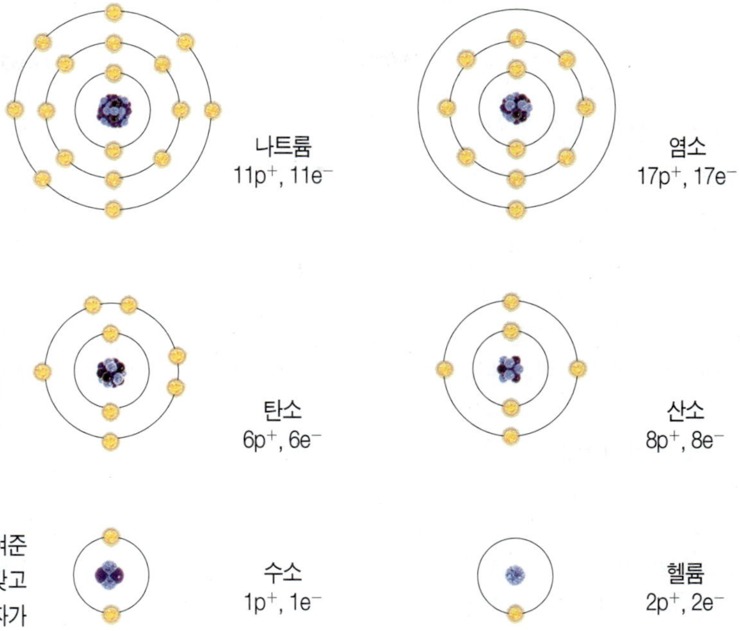


**그림 2.6** 쉘모델. 이 모델을 사용하면 각 원자의 겉 오비탈에 전자 공석이 있는가 쉽게 확인할 수 있다. 각 원은 각 에너지 준위에 존재하는 오비탈을 나타낸다. 큰 원일수록 높은 에너지 준위를 나타낸다. 이 모델은 매우 단순화되어 있다. 실제로 전자는 핵의 크기보다 약 만배 이상 큰 불명확한 확률밀도 구름으로 표시되어야 한다.

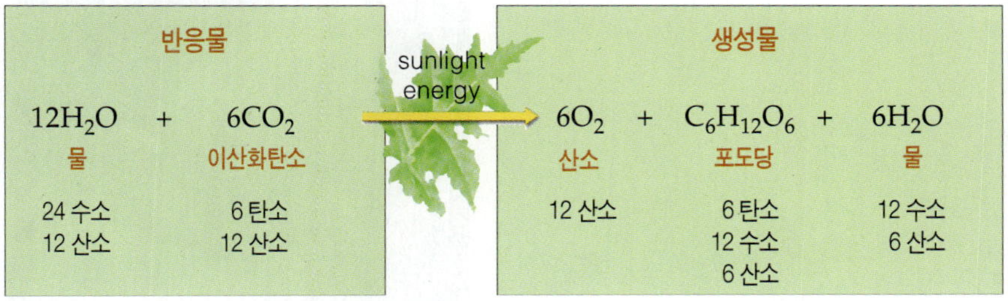


**그림 2.7** 화학적 회계장부. 화학 공식은 원자와 분자 사이의 반응, 즉 상호작용을 나타낸 것이다. 반응에 참여하는 물질은 화살표의 왼쪽에 (반응물), 생성물은 화살표의 오른쪽에 기술한다. 그림은 광합성의 화학 공식을 보여준다.

칼슘 등은 가장 밖의 에너지 준위 오비탈에 공석을 갖고 있다. 그래서 이 원자들은 다른 원자와 결합할 수 있다.

**분자**는 단순히 두 개 이상의 같거나 서로 다른 원소의 원자가 화학 결합으로 연결된 것이다. 분자의 화학 조성은 원소 기호를 사용하는 화학식으로 나타낼 수 있다. 화학식은 분자에서 각 종류의 원자 수를 보여준다 (그림 2.7). 물은 화학실 $H_2O$ 이다. 아래 첨자 숫자는 한 개 산소(O)원자에 2개 수소(H) 원자가 존재함을 나타낸다.

화합물은 2개 이상의 서로 다른 원소가 일정 비율로 구성된 분자들을 말한다. 물이 그 예이다. 모든 물 분자는 한 개의 산소원자가 두 개의 수소원자와 결합한 형태이다. 비구름, 바다, 시베리아 호수, 꽃의 수술, 욕조에 있는 물은 항상 산소원자보다 2배 많은 수소원자를 갖고 있다.

혼합물은 두 종류 이상의 분자가 화학 결합 없이 서로 섞여 있는 상태이다. 예를 들면 설탕물을 들 수 있다. 혼합물에서 원소 조성은 서로 달라질 수 있다.

전자는 오비탈, 즉 원자 핵 주변의 정해진 공간 부피를 차지한다. 핵으로부터 멀어질수록 순차적으로 높은 에너지 준위를 갖는다.

한 개 또는 최대 2개의 전자가 오비탈을 차지한다. 가장 높은 에너지 준위 오비탈이 전자공석을 갖고 있는 원자는 다른 원자와 상호작용할 수 있다.

분자는 화학결합에 의해 두개 이상의 원자가 연결된 것이다. 화학물은 두개 이상의 원소를 가진 원자가 결합된 것이다. 혼합물은 분자가 서로 섞여있다.

## 2.4 생체 분자의 화학결합

*생체 분자의 독특한 성질은 전자 수준에서 상호작용하는 원자에서 시작한다.*

### 이온 생성과 이온 결합

전자는 양성자의 양전하와 동일한 양의 음전하를 갖는다. 원자가 양성자와 동일한 수의 전자를 가지면 서로 전하가 균형을 이루어 원자는 순전하가 0이다.

양성자 보다 많은 전자를 가진 원자는 음전하를 띠고 반대의 경우엔 양전하를 띤다. 양 또는 음전하를 갖는 원자를 이온이라 부르며 **이온**은 원자가 전자를 얻거나 잃을 때 생성된다.

예: 전하가 없는 염소 원자는 셋째 오비탈에 7개의 전자를 가져 1개의 전자 공석을 갖고 있다. 염소는 외부에서 전자를 획득한다. 그 여분의 전자는 염소 원자를 순 음전하를 띤 이온($Cl^-$)을 만든다. 나트륨 원자는 동일한 오비탈 준위에 외롭게 1개의 전자만 갖고 있어서 7개의 전자를 외부에서 더 획득하기 보다는 그 1개의 전자를 쉽게 잃는 경향이 있다. 그렇게 되면 나트륨은 둘째 준위 오비탈들만 갖게 되고 전자가 모두 차서 공석이 없게 된다. 이때 나트륨 원자는 순 양전하를 띤 나트륨 이온($Na^+$)이 된다.

한 원자가 전자를 잃고 다른 원자가 이를 받아들이면 어떤 일이 일어나나? 그렇게 생성된 두 개의 이온은 서로 반대 전하를 갖고 있어 서로 잡아 끄는 인력을 가져 붙어있게 된다. 이와 같이 이온들이 밀접하게 연합한 것을 **이온 결합**이라고 부른다. 그림 2.8a에 식탁의 소금 NaCl 결정을 보여주고 있다. 이 결정에서 이온 결합이 이온들을 규칙적으로 배열하고 있다.

### 공유 결합

이온 결합에서는 한 원자가 여분의 전자를 내놓고 다른 전자가 이를 받아 들인다. 두 원자가 모두 여분의 전자를 필요로 할 경우 어떻게 될까? 두 원자는 두 원자핵을 모두 포함하는 **하이브리드 오비탈**에 전자를 한 개씩 서로 공유하게 된다. 각 원자의 공석은 공유한 전자로 부분적으로 채워지게 된다.

화학식과 달리 구조식은 어떻게 분자에서 원자가 물리적으로 배열되어 있는가를 보여준다 즉 구조식은 결합 패턴을 나타낸다. 구조식에서 두 원자를 연결하는 단일선은 두 개의 공유된 전자가 하나의 공유결합을 형성함을 나타낸다. 수소 분자는 한 개의 공유결합을 갖고 있는데 H-H로 표시된다.

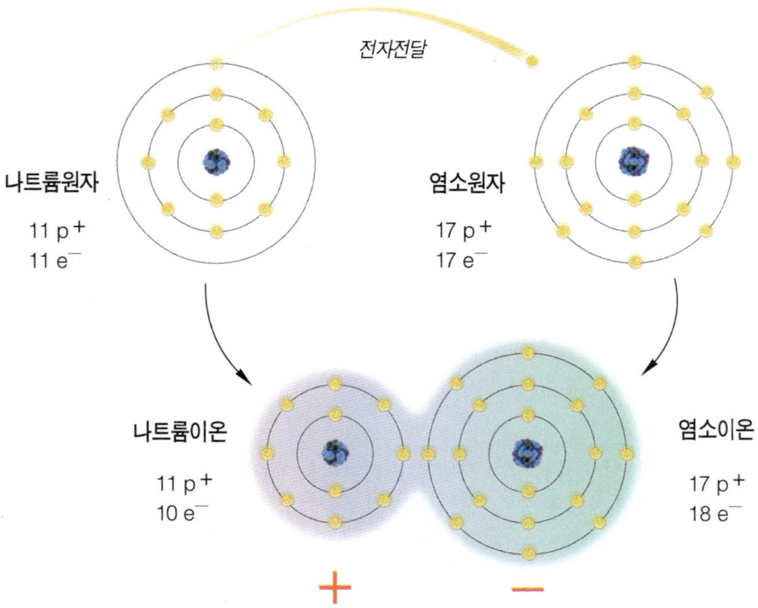

ⓐ 이온 결합. 나트륨 원자는 염소 원자에 여분의 전자를 내놓는다.

식탁 소금 결정에는 수많은 나트륨과 염소이온이 서로 반대 전하가 잡아 당기므로 가깝게 붙어 있다.

**그림 2.8** 생체 분자에서 중요한 결합.

두 원자는 이중 공유결합을 통해 두 쌍의 전자를 공유할 수 있다. 산소분자(O=O)가 그 예이다. 삼중 공유결합에서는 두 원자가 세 쌍의 전자를 공유한다 (N≡N). 숨을 쉴 때마다 수 많은 $O_2$, $N_2$ 분자가 폐로 흘러 들어간다.

동일한 두 원자가 결합한 비극성 공유결합에서는 두 원자가 전자를 균등하게 공유하므로 분자의 양 말단에 전하 차이를 보이지 않는다. 수소분자($H_2$), 산소분자($O_2$), 질소분자($N_2$)가 이와 같은 대칭성을 갖고 있다.

극성 공유결합은 서로 다른 원소의 원자가 결합할 때 일어날 수 있다. 한 원자가 공유한 전자를 결합의 한 방향으로 약간 잡아당기게 되면 전자는 더 많은 시간을 그 원자 방향에서 머물게 되므로 분자의 일부분이 약간의 음전하를 갖게 된다. 그 결합의 반대 방향은 약간의 양전하를 갖는다. 물분자(H-O-H)는 두개의 극성 공유결합을 갖고 있다. 산소는 음, 수소는 양전하를 갖는다.

## 수소결합

극성 공유결합에 참여한 수소원자는 약간의 양전하를 가지므로 음전하를 갖는 원자를 잡아당길 수 있다. 그 음전하를 띤 원자가 다른 분자, 또는 같은 분자의 다른 부분에 결합해 있을 경우 수소원자와 그 원자 사이의 상호작용을 수소결합이라고 부른다.

수소결합은 매우 약하므로 생성과 분해가 쉽게 일어난다. 수소결합은 생체분자의 구조와 기능에 중요한 작용을 하고 있다. 특히 세포에서 생체분자는 물분자와 수소결합을 하고 있다 (2.5절). 매우 큰 분자는 접혀서 접힌 부분이 수소 결합하여 특정 구조를 유지할 수 있다. DNA 분자는 두 뉴클레오티드 가닥이 수소결합으로 결합한 구조이다. 그림 2.8c은 이러한 상호작용을 나타낸다.

원자가 전자를 잃거나 얻으면 순 전하를 획득하고 이온이 된다. 서로 다른 전하를 가진 두 이온은 서로 잡아당겨 이온 결합을 형성한다.

공유결합에서 원자들은 전자를 공유한다. 원자가 전자를 균등하게 공유하면 비극성 공유결합이다. 공유가 불균등할 때 극성 공유결합이 된다 -- 한 끝은 약한 양전하, 다른 끝은 약한 음전하를 띤다.

수소결합에서 공유 결합한 수소원자가 다른 공유결합에 참가한 음전하를 띤 원자를 잡아당길 수 있다.

각 각 양성자 1개를 가진 두 개의 수소 원자가 단일 비극성공유결합에서 두 개의 전자를 공유한다.

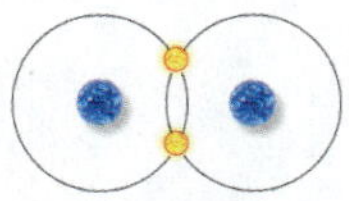

수소분자 ($H_2$)
H—H

각각 양성자 8개를 가진 두 산소 원자가 비극성 이중 공유결합에 4개의 전자를 공유한다

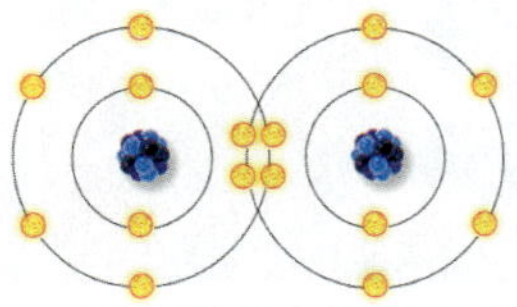

산소분자 ($O_2$)
O=O

산소원자는 최상위 에너지 준위 오비탈에 전자 2개에 대한 공석을 갖고 있다. 두 수소 원자가 산소원자 하나와 전자 하나씩 공유한다. 이렇게 만들어진 두 개의 극성 공유결합이 물분자를 만든다.

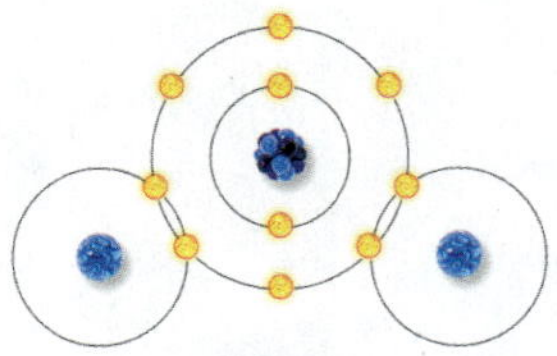

물 ($H_2O$)
H—O—H

**b** 공유결합. 각 원자는 하이브리드 오비탈에서 전자를 공유하여 안정화된다.

하나의 수소 결합에서 약하게 상호작용하고 있는 두 분자. 이 결합은 쉽게 형성되고 부서진다.

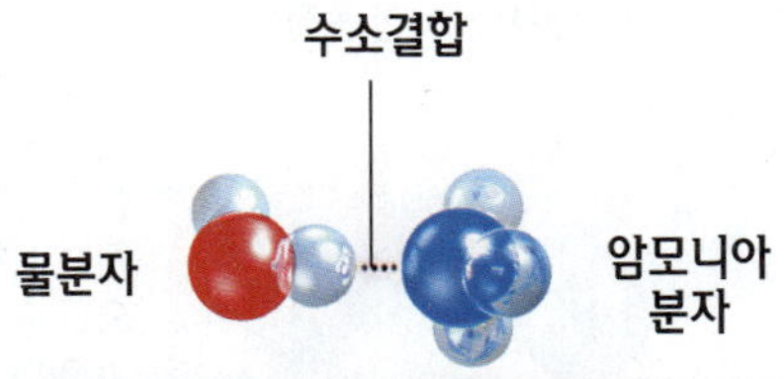


수소 결합은 두 개의 큰 분자 일부를 서로 붙잡고 있을 수 있게 한다.

수많은 수소 결합이 DNA 두 가닥을 서로 붙잡고 있다. 개별적으로 수소결합은 약하지만 합쳐지면 DNA 거대 구조를 안정화시킬 수 있다.

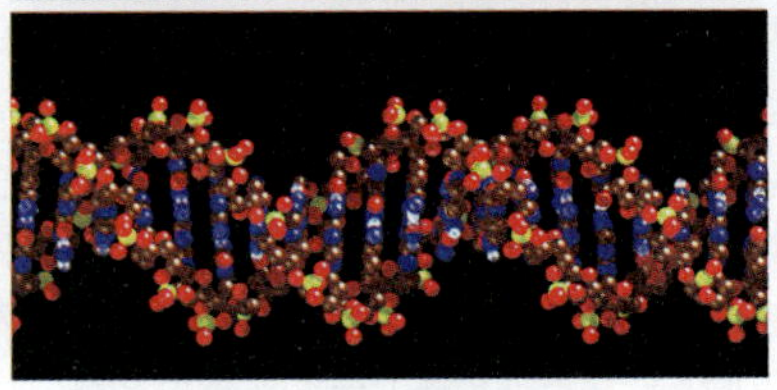

**c** 수소결합. 이 결합은 분자에서 이미 공유결합을 하고 있는 수소원자가 형성한다. 그 수소원자의 약한 양전하가 또한 이미 공유결합에 참여하고 있으며 약한 음전하를 갖는 원자를 잡아당긴다. 그림에 나타난 바와 같이 이 결합은 물분자의 수소원자 하나와 암모니아 분자의 질소원자 사이에서 일어날 수 있다.

## 2.5 물은 생명을 주는 분자

*물은 물분자가 모인 것이고 생물학의 기초화학분야는 물의 중요성을 강조하고 있다. 생명은 물에서 기원하였다. 생명체는 아직도 물속에서 살고 있으며 육상에 사는 생명체도 물을 세포와 조직 공간에 갖고 있다. 많은 대사작용이 물을 사용한다. 세포 모양, 세포 구조는 물에 절대적으로 의존적이다.*

### 물분자의 극성

그림 2.9a 는 물분자의 구조를 보여주고 있다. 두 개의 수소원자가 한 개의 산소원자와 극성공유결합을 한다. 물분자는 순전하는 띠고 있지 않다. 그렇지만 산소원자는 수소원자보다 더 많이 전자를 공유한다. 그 결과 물분자는 약간의 음전하를 띤 한 끝과 약간의 양전하를 띤 다른 한 끝이 균형을 이루고 있다.

물분자의 극성은 다른 물분자를 잡아 당긴다. 또한 당과 같이 다른 극성 분자를 끌어들여 수소결합을 한다. 이것이 왜 극성 분자를 **친수성**(hydrophilic, 물과 친한) 물질이라고 부르는 이유이다.

이 극성은 기름과 같은 다른 **비극성**(**소수성**, hydrophobic, 물을 싫어하는) 물질을 밀어내게 된다. 물과 샐러드 오일이 들어있는 병을 흔든 후에 식탁에 놓고 기다려 보라. 물을 흔들 때 파괴되었던 수소결합이 새로운 수소결합으로 대체된다. 이렇게 재형성된 물분자는 오일 분자를 밀어내어 물표면에 기름 방울 또는 기름띠를 만들게 된다.

동일한 종류의 상호작용이 세포안과 밖을 갈라놓는 얇은 지질 세포막에서도 일어나고 있다. 막구조도 생명과 함께 친수성-소수성 상호작용에서 시작하였다. 막구조에 대해서는 제4장에서 학습한다.

### 물의 온도 안정화 효과

세포는 대부분 물로 구성되어 있고 많은 대사열을 방출한다. 물의 수소 결합이 없었다면 세포는 대사열로 뜨겁게 삶아져 버릴 것이다. 어떻게? 모든 분자는 끊임없이 진동하고 있으며 열을 흡수하면 더 빨리 움직인다. 온도는 분자운동을 측정한 것이다. 대부분의 다른 액체와 비교해서 물은 온도가 높이 올라가지 않고도 더 많은 열에너지를 흡수한다. 따라서 물은 열 저장고로 작용할 수 있으며 물의 온도는 상대적으로 안정하게 유지될 수 있다. 시간이 흘러 열이 많이 증가하면 물분자 내부의 운동을 증폭시킬 수 있다. 그러나 증가한 열의 대

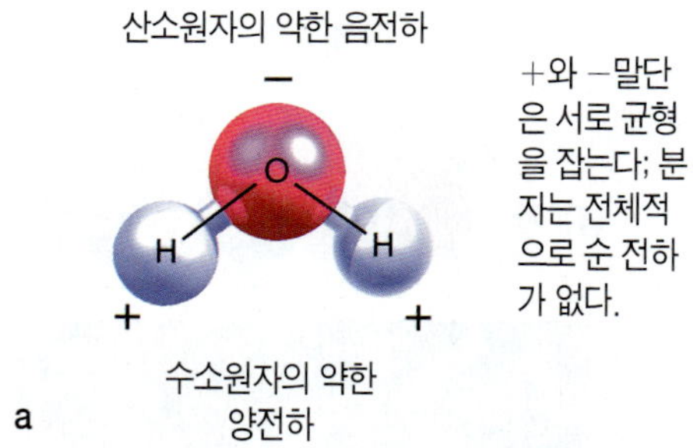

**그림 2.9** 물, 생명체에 필수적인 물질.
(a) 물분자 한 개의 극성
(b) 액체 상태에서의 물 분자 사이의 수소 결합 패턴. 점선은 재빨리 형성되고 부서지는 수소 결합을 나타낸다.
(c) 얼음에서의 수소결합. 0℃ 이하에서 각 물분자는 견고한 3차원적 격자구조 모양을 이뤄 4개의 다른 물분자와 수소결합을 형성한다. 액체 상태에서보다 분자들이 더 멀리 떨어져 있어 비중이 작아진다. 그 결과 얼음이 물위에 뜰 수 있다.

상승하는 메탄 등 온실 가스의 영향으로 지구온난화가 초래되어 북극의 만년설이 녹고 있다. 현재 속도로 50년 후에는 모두 사라질 것이다. 그러면 북극곰도 사라질 것이다. 이미 북극곰이 먹이를 사냥할 수 있는 기간이 짧아지고 있어 점점 야위어 가고 새끼를 적게 낳고 있다.

**그림 2.10** 두 종류의 수화

**그림 2.11** 물의 응집력에 대한 예. **(a)** 조약돌을 물에 던져 물이 튈 때 보면 물분자가 제각각 모든 방향으로 날라 흐트러지는 것이 아니다. 왜 그럴까? 셀 수없이 많은 수소결합이 표면에 있는 물분자를 안으로 잡아당기고 있기 때문이다.
**(b)** 어떻게 물이 높은 나무 꼭대기까지 올라갈 수 있을까? 물의 응집력과 잎에서의 기화작용이 물을 끌어 올리기 때문이다.

a

b

부분이 물분자 사이의 수소 결합을 파괴하는데 사용되므로 물분자의 분자운동이 감소되어 온도가 크게 오르지 않는다.

안정적인 온도에서 물의 수소결합은 부서지는 만큼 다시 재생성된다. 에너지가 투입되면 분자 운동을 증가시켜 수소결합이 분해된 상태의 물분자가 증가하기 시작한다. 이 분자들은 물 표면에서 공기 중으로 탈출하는 증발작용이 일어난다. 증발작용에 의해 열 에너지는 액체인 물을 가스로 만든다. 에너지 투입은 물 분자간의 인력을 극복하여 물분자를 자유롭게 한 것이다. 증발될 때 물 표면의 온도는 감소하게 된다.

인간을 비롯한 포유류에서 땀을 흘릴 때 물이 증발하면서 체온을 내려준다. 99%의 물로 조성된 땀은 피부에서 증발한다.

0℃ 이하에서 물분자는 수소결합을 파괴할 만큼 분자운동이 활발하지 않아서 격자모양 구조의 결합상태로 멈추게 된다(그림 2.9c). 얼음은 물보다 밀도가 낮다. 겨울 동안 연못, 호수, 강 표면을 얇은 얼음판이 덮게 된다. 이 얼음 담요는 방한 효과가 있어 물 표면 아래에 있는 물고기, 개구리 등 수중 생물이 어는 것을 보호한다.

## 물의 용매 성질

물은 매우 우수한 용매여서 이온, 극성 분자들을 쉽게 녹인다. 녹아있는 물질을 **용질**(solute)이라고 부른다. 일반적으로 물분자는 이온과 분자 주위를 둘러싸서 용액상에 떠 있게 만든다.

물 분자는 용질분자 주위를 둘러싸서 수화된 구(sphere of hydration)를 만든다. 이 수화된 구는 세포 용액, 나무의 수액, 혈액, 장의 액체 성분 등 생명과 연관 있는 어떤 액체에서도 용질의 주위에 생성된다. 컵 속의 물에 식탁의 소금을 넣어 보라. 소금 결정은 바로 나트륨($Na^+$)과 염소($Cl^-$)이온으로 나뉘어 진다. $Na^+$와 $Cl^-$는 각 각 음전하, 양전하를 띤 물분자 말단을 잡아 당긴다(그림 2.10). 이런 식으로 수화된 구가 형성되어 이온을 용액에 떠 있게 만든다.

## 물의 응집력

물이 갖고 있는 성질 중 응집력 또한 생명을 유지시키는 힘이다. 응집력은 물질이 잡아당겨지는 등 어떤 힘을 받았을 때 이에 저항하는 능력을 말한다. 조약돌이 호수나 연못에 던져졌을 때 이 현상을 관찰할 수 있다(그림 2.11a). 표면 근처에서 무수히 많은 수소결합이 각 물분자에 대하여 끊임없이 안쪽 방향으로 힘을 가하고 있어서 물이 산산조각으로 흩트려지지 않는다. 응집력은 이러한 결합력이 높은 표면장력을 만든다.

물의 응집력은 생명체의 내부에서도 일어나고 잇다. 예를 들면 식물은 자라면서 물을 흡수한다. 물은 뿌리부터 잎까지 뻗어있는 관조직을 따라 아주 매우 좁은 물길을 만들어 올라갈 수 있다. 태양이 비추면 물은 잎에서 분자로 부서져 공기 중으로 확산된다. 이때 물분자의 수소결합이 응집력을 만들어 아래의 물분자를 잎으로 끌어 올린다 (26.3절 참조).

물분자는 약한 극성을 가지며 다른 물분자 또는 극성(친수성) 물질과 수소결합 할 수 있다. 비극성(소수성) 물질은 밀어내는 경향이 있다.
액체상태에서 물의 독특한 성질이 생명을 가능하게 한다.
물은 응집력, 온도를 안정화시키는 효과, 많은 물질을 용해시킬 수 있는 능력을 갖는다.

## 2.6 산과 염기

*세포의 안과 밖의 용액에 많은 이온이 녹아 있으며 세포의 구조와 기능에 영향을 미친다. 그 중에서 가장 화학적으로 활발히 작용하고 수가 많아서 세포에 큰 영향을 미치는 것은 수소이온이다.*

### pH란 ?

매 순간 물분자 약간은 수소 이온($H^+$)과 수산화 이온($OH^-$)으로 분리된다. 이 이온들이 pH의 기본이 된다. pH는 해수, 혈액, 수액 등 용액에 존재하는 수소이온의 양을 상대적으로 측정한 수치이다. $H^+$ 농도가 높을수록 pH는 낮다. 순수한 물(수도물이나 빗물이 아님)에서 $H^+$와 $OH^-$는 농도가 같다. 이 상태를 중성, 즉 pH 7이라 한다(그림 2.12).

중성에서 pH가 1.0만큼 감소하면 $H^+$는 10배 증가하며, 1.0만큼 증가하면 $H^+$는 10배 감소한다. 제빵용 소다, 물, 레몬즙은 각각 pH 9.0, 7.0, 2.0이다.

### 산과 염기는 어떻게 다른가?

물에 녹았을 때 산이라고 불리는 물질은 수소이온을 내놓을 수 있으며 염기는 반대로 이를 받아들일 수 있다. **산성** 용액은 $H^+$를 방출하며 pH는 7 이하이다. 레몬 주스, 위산, 커피가 이에 속한다. 해수, 소다, 달걀 흰자 등 염기성용액은 $H^+$와 결합한다. **염기성** 용액(알칼리 용액으로도 불림)은 7이상의 pH를 갖는다.

대부분 생명체의 화학반응은 pH 7 근처에서 일어난다. 우리 체내환경(조직 용액, 혈액 등)은 pH 7.3 -7.5이다. 해수는 해수 생물의 체액보다 더 염기성이다.

산과 염기는 약한 것과 강한 것이 있다. 카르본산($H_2CO_3$)과 같은 약산은 $H^+$를 내놓는데 아주 인색하지만 강산은 바로 물속에서 $H^+$를 방출한다. 강산의 예로는 위산에 존재하는 $H^+$와 $Cl^-$로 분해되는 염산(hydrochloric acid)을 들 수 있다. $H^+$는 위액을 더 산성으로 만들어 단백질 분해 효소를 활성화시킨다.

너무 많은 HCl은 위산과다를 초래한다. 마그네시아 등 $OH^-$를 내는 제산제를 섭취하면 위의 $H^+$가 제거된다.

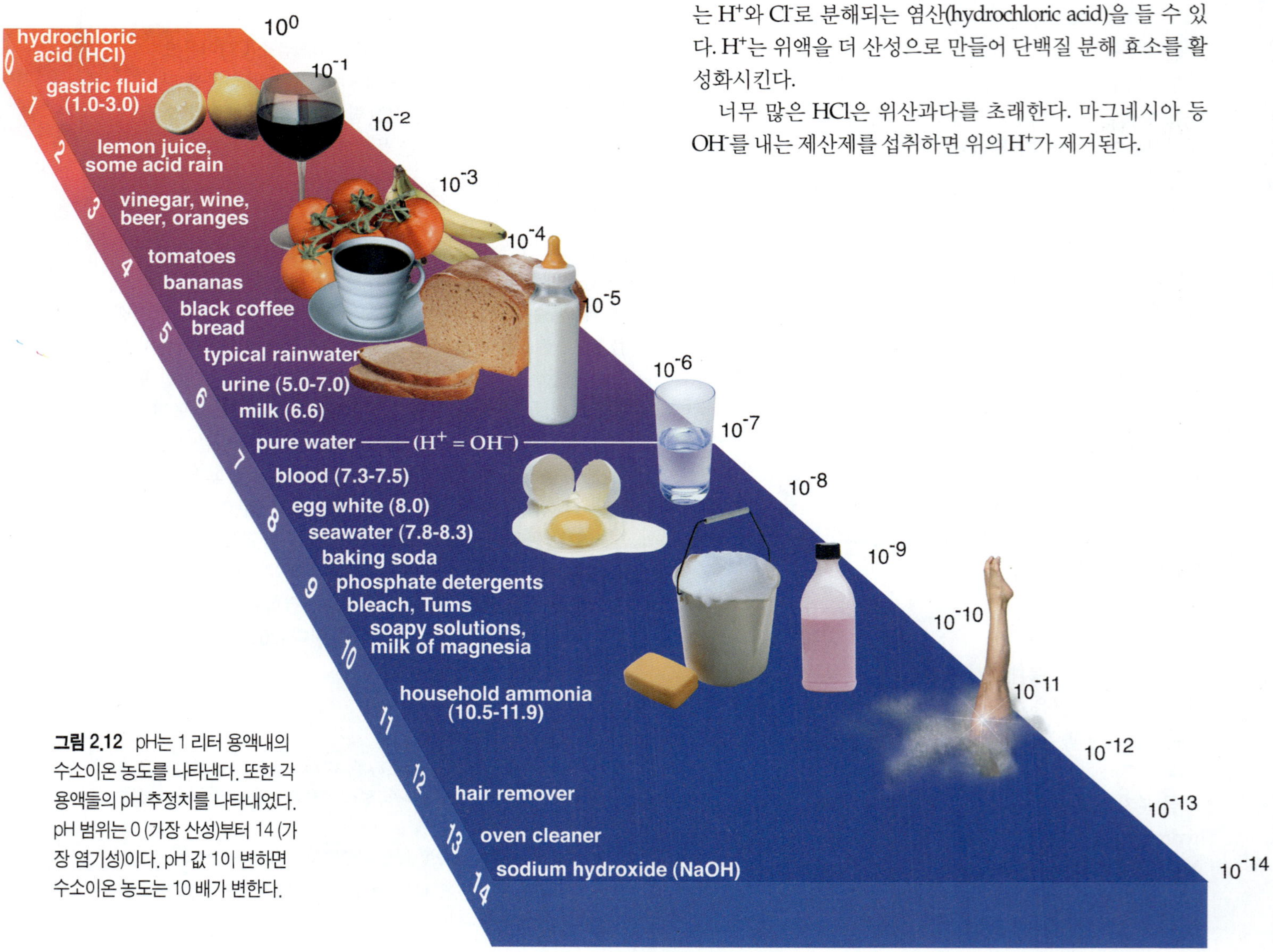


**그림 2.12** pH는 1 리터 용액내의 수소이온 농도를 나타낸다. 또한 각 용액들의 pH 추정치를 나타내었다. pH 범위는 0 (가장 산성)부터 14 (가장 염기성)이다. pH 값 1이 변하면 수소이온 농도는 10 배가 변한다.

**그림 2.13** 석탄을 사용하는 화력발전소 굴뚝에서 나오는 이산화황. 대기오염 물질은 수증기에 녹아 산성 용액을 만들며 산성비의 성분이 된다.

높은 농도의 강산 또는 강염기는 생태계를 파괴하며 세포가 생존하지 못하게 한다. 집에서 사용하는 씽크대 청소액 암모니아, 자동차 베터리 황산 등은 화학적으로 심한 화상을 입힐 수 있다. 화석 연료의 연소, 질소 비료 등은 강산을 방출하므로 산성비를 유발한다(그림 2.13). 토양, 수질의 화학적 조성 변화는 생물체에 해를 준다(42.2절 참조).

### 염과 물

염(salt)은 물에 쉽게 녹아 $H^+$, $OH^-$ 이외에 이온을 방출하는 화합물을 말한다. 염은 산이 염기와 반응하여 생성된다. 예를 들면:

$$\underset{\text{염화수소 산}}{HCl\,(\text{산})} + \underset{\text{수산화나트륨}}{NaOH\,(\text{염기})} \rightleftharpoons \underset{\text{염화 나트륨}}{NaCl\,(\text{염})} + H_2O$$

$$NaCl \rightarrow Na^+ \quad Cl^-\,(\text{이온화})$$

양방향 화살표는 반응이 양방향으로 진행할 수 있음을 나타낸다. 염이 용액에 녹을 때 방출되는 이온은 세포 작용에 중요하다. 예를 들면 나트륨, 포타슘, 칼슘이온은 신경세포, 근육세포의 작용, 식물이 토양에서 물을 흡수하는 작용을 돕는다.

### 완충액은 pH 변화를 막는다

과량의 $H^+$, $OH^-$는 생물 분자의 작용을 변화시키므로 세포는 작은 pH변화에도 재빨리 대처해야 한다. **완충계**(buffer system)가 그 작용을 맡고 있다. 약산 또는 약염기와 그 염으로 구성된 계에서는 pH 변화에 대하여 평형이 유지된다. 예를 들면 작은 양의 염기가 완충액에 들어오면 약산은 용액에 $H^+$를 내어 과량의 $OH^-$를 중화시킨다.

대부분의 체액은 완충액이다. 왜 그런가? 효소, 수용체 등 모든 필수적인 생체분자는 오직 아주 좁은 pH 범위에서만 작동할 수 있다. 이 범위를 벗어나면 세포작용이 중단된다.

세포 작용의 부산물인 이산화탄소는 혈액의 물과 결합하여 카르본산-바이카보네이트 (carbonic acid-bicarbonate) 이온으로 구성된 완충계를 만든다. 혈액의 pH가 올라가면 카르본산이 방출한 수소이온은 과량의 $OH^-$와 결합하여 물을 만들며 이를 중화시킨다.

$$OH^- + \underset{\text{카르본산}}{H_2CO_3} \longrightarrow \underset{\text{바이카보네이트(염)}}{HCO_3^-} + \underset{\text{물}}{H_2O}$$

혈액이 산성이 되면 이 염이 과량의 $H^+$를 빨아들여 균형을 유지한다.

$$\underset{\text{바이카보네이트}}{HCO_3^-} + H^+ \longrightarrow \underset{\text{카르본산}}{H_2CO_3}$$

완충계는 적은 양의 이온 만을 중화할 수 있다. 이 지점 이상을 넘어서면 pH가 크게 변할 수 있다. 우리 혈액의 pH (7.3-7.5)가 7.0으로 내려가면 그 사람은 혼수상태에 빠져 식물인간이 될 수 있다. 이산화탄소가 축적되어 너무 많은 카르본산이 만들어지면 혈액의 pH가 급격히 떨어지는 호흡성 산독증(respiratory acidosis)이 초래된다. 반면에 혈액의 pH가 7.8을 넘으면 테타니(tetany)가 와서 근육이 이완되지 못한다. 알칼리혈증(alkaloisis)에서 혈액의 pH는 회복되기 어려우며 치명적이다.

세포 내부 및 외부의 용액에 녹아있는 이온은 세포 작용에 필수적이다. 산성물질은 수소이온을 방출하며 염기성 물질은 수소이온을 받아들인다. 염은 H+, OH- 이외의 이온을 방출하는 화합물이다. 산기-염기 상호작용은 H+ 농도를 나타내는 pH를 유지시킨다. 완충계가 생명 활동에 적합한 인체의 산-염기 균형을 유지시킨다.

## 요약

서론 화학은 세포, 개체, 지구, 수질, 대기 등을 구성하는 물질의 본질을 이해하도록 한다. 표2.1에 이 책에 나오는 주요 화학적 용어를 요약하였다.

2.1절 모든 물질은 한 개 이상의 원소로 구성된다. 92개 원소가 자연계에 존재한다. 원자는 한 개 이상의 양전하 양성자, 음전하 전자, 전하가 없는 중성자로 구성된다 (수소 원자만 중성자 없음). 양성자와 중성자는 핵이라 불리는 중심을 차지한다. 동일한 원소의 원자는 동일한 수의 양성자를 갖는다.

**표 2.1 생물의 화학적 기초에서 중요 용어 요약**

| 용어 | 설명 |
|---|---|
| **원자**(atom) | 부피와 질량을 갖는 물질의 기초 형태. 일반적인 물리, 화학적 방법으로 부서질 수 없다. |
| **양성자**(proton, $p^+$) | 원자핵의 양전하를 띤 입자 |
| **전자**(electron, $e^-$) | 핵주위 공간 (오비탈)을 차지하는 음전하를 띤 입자 |
| **중성자**(neutron) | 원자핵에 존재하며 전하가 없는 입자, 원자의 질량수는 양성자 수와 중성자 수의 합이다. |
| **원소**(element) | 양성자수 (원자수)에 의해 규정된 원자 형태. 각 원소는 특징적 화학적 성질을 갖는다. |
| **분자**(molecule) | 두 개 이상의 갈거나 서로 다른 원소의 원자가 서로 전자를 공유하면서 결합한 물질 단위. |
| **화합물**(compound) | 일정 비율로 두 개 이상의 서로 다른 원소로 구성된 분자. 물이 그 예이다. |
| **혼합물**(mixture) | 두 종류 이상의 원소, 화합물이 가변 비율로 섞여 있는 것 |
| **동위원소**(Isotope) | 동일한 원소에서 핵의 중성자 수가 서로 다른 형태 |
| **방사성동위원소**(radioisotope) | 불균형의 양성자, 중성자 수를 갖고 있어 불안정하여 입자와 에너지를 방출하는 동위원소 |
| **추적자**(tracer) | 방사성동위원소가 부착된 물질 분자. 추적장치를 가지고 대사작용, 생물체내 등에서 그 물질의 이동 및 존재 장소를 알아낼 수 있다. |
| **이온** | 양성자 수와 전자수가 다른 원자. 양 또는 음전하를 띤다. 수소이온은 전자가 없는 양성자이다. |
| **용질** | 용매에 녹아 있는 분자 또는 이온 |
| **친수성 물질**(hydrophilic substance) | 물에 잘 녹는 극성 분자 또는 분자 부위 |
| **소수성 물질**(hydrophobic substance) | 물에 녹지 않는 비극성 분자 또는 분자 부위 |
| **산**(acid) | 물에 녹을 때 $H^+$을 방출하는 물질 |
| **염기**(base) | 물에 녹을 때 $H^+$을 받는 물질 |
| **염**(salt) | 물에 녹을 때 $H^+$, $OH^-$ 이외의 이온을 방출하는 화합물 |

2.2절 대부분의 원소는 동위원소를 갖는다. 동위원소는 원자에서 양성자 수는 동일하나 중성자 수가 서로 다른 원소이다. 원자핵이 불안정하면 원자는 방사능을 낸다. 모든 원소는 한 개 이상의 방사성 동위원소를 갖고 있다.

2.3절 원자가 다른 원자와 상호작용할 수 있는 가는 전자의 배치와 수에 달려 있다. 전자는 원자핵 주위에 오비탈(공간 속 부피)을 차지한다. 원자가 최상 에너지 준위 오비탈에 공석을 가지면 전자를 내놓거나, 받아들이거나 공유함으로써 다른 원자와 상호작용할 수 있다.

2.4절 원자는 한 개 이상의 전자를 잃거나 받아서 음전하 또는 양전하를 가진 이온이 될 수 있다.

일반적으로 화학결합은 원자와 원자 사이 전자구조 사이의 연합을 말한다.

a.이온결합에서 양이온과 음이온은 서로 반대 전하의 끄는 힘에 의해 결합해 있다.

b.공유결합으로 원자들은 하나 이상의 전자쌍을 서로 공유할 수 있다. 두 원자의전자 공유는 비극성공유결합에서는 서로 동일하며 극성공유결합에서는 한 원자에 편중되어 있다. 이때 원자들은 한끝이 약한 음전하, 다른 끝은 약한 양전하를 띠나 전체적으로 순전하는 띠지 않는다.

c. 수소 결합에서는 약간의 음전하를 띤 공유결합에 참여한 원자(예, 산소)는 다른 극성공유결합에 참여하는 약간의 양전하를 띤 수소원자에 끌리게 된다.

2.5절 물분자의 3개 원자 (수소2, 산소1) 에 극성공유결합이 참여한다. 물분자의 극성은 물분자 사이에 많은 수소결합을 형성하게 한다. 이로 인해 물의 특성, 즉 물의 온도변화에 저항하는 능력, 물 내부의 강한 응집력, 물이 극성 분자와 이온을 쉽게 용해하는 능력이 발생하며 또한 생명을 가능케 한다.

2.6절 용액의 pH는 수소이온 농도를 나타낸다. pH 범위는 0 (가장 높은 수소이온농도, 가장 산성)부터 14 (가장 낮은 수소이온농도, 가장 염기성)까지 이다. pH 7, 즉 중성에서 $H^+$와 $OH^-$ 농도는 동일하다. 산은 물에 $H^+$를 방출하며 염기는 이를 결합한다. 완충계는 생물의 내부 환경에 적합한 pH를 유지시켜준다. 이는 생물 작용이 오직 좁은 pH 범위에서만 일어날 수 있으므로 매우 중요하다.

## 자습-퀴즈

*정답은 부록 Ⅲ에 있음*

1. 다음 문장이 참 또는 거짓? 모든 원자는 양성자, 중성자, 전자로 구성된다.
2. 전자는 _______ 전하를 갖는다.
   a. 양　b. 음　c. 0
3. 다음 중 방사성동위원소가 부착되어 연구 및 진단 목적에 사용되는 분자는?
   a. 이온　b. 원소
   c. 동위원소　d. 추적자
4. _______ 결합에서 원자는 전자를 편중되게 공유한다.
   a. 이온　b. 극성공유
   c. 수소　d. 비극성공유
5. 수소결합에서 한 분자에 공유결합하고 있는 수소원자가 이웃 분자의 _______ 부위에 약하게 상호작용한다.
   a. 극성　b. 비극성　c. 소수성
6. 물의 특성은?
   a. 극성　b. 수소결합
   c. 열에 저항　d. 응집력
   e. b에서 d까지　f. 모두 맞다
7. 수소이온 (H+)은 _______________.
   a. pH를 만든다　b. 결합하지 않은 양성자
   c. 완충용액이 제거　d. 혈액에 녹아 있다
   e. a와 b　f. a에서 d 까지
8. 물에 녹았을 때 ________은 $H^+$을 방출하고 _______은 이를 받는다.
9. 약산과 약염기 사이의 상호작용은?
   a. 이온결합　b. 용질
   c. 완충계　d. 용매
10. 다음 용어의 설명을 고르시오.
   _____ 희귀원소　a. 원자의 핵 성분
   _____ 염　b. 두 원자가 전자를 공유
   _____ 공유결합　c. 물에 잘 녹는 극성 분자
   _____ 친수성물질　d. 물에 녹을 때 $H^+$, $OH^-$ 이외의 이온을 방출
   _____ 양성자, 중성자　e. 체중의 0.001%이하를 구성

## 분석적으로 생각하기

1. 무게로 따져서 산소가 해양과 지각에 가장 풍부한 원소이다. 우주에는 어떤 원소가 가장 많을 까 추론하라.
2. 오존은 산소 가스가 화학적으로 활성화된 상태이다. 대기에 풍부하며 두꺼운 오존층은 태양 자외선의 98%를 흡수한다. 정상적인 산소 가스는 한 개의 비극성 공유결합으로 두 산소원자가 결합한 상태이다 (O=O). 오존은 세개의 공유결합(O=O-O)을 갖는다. 오존은 여러 물질과 반응성이 높으며 산소원자를 내 주고 가스 상태의 산소(O=O)를 방출한다. 왜 오존이 반응성이 높은지 설명하라.
3. 어떤 희석하지 않은 산은 약간의 물로 희석한 산보다 부식성이 덜하다. 실험실에서 실수로 피부가 산에 노출되면 물로 씻기 전에 먼저 타월로 이를 닦아내는 것이 더 좋다. 왜 그런가?
4. 연금술사(알케미스트)라 불렸던 중세의 과학자, 철학자는 오늘날 화학자들의 선조이다. 그들은 원자수 82의 납을 금 (원자수 79)로 바꾸려 했다. 왜 그들이 성공하지 못했는가 설명하라.
5. 주전자에 물을 끓이고 있다. 어린이 하나가 물속에 손가락을 살짝 담갔다. 물이 미지근 하여 그는 주전자에 손을 댔다가 뜨거워서 깜짝 놀랐다. 왜 주전자 온도보다 물의 온도가 천천히 올라가는지 설명하라.
6. 어떻게 곤충이 물위를 걸을 수 있는가?
7. 왜 $H^+$를 $H_3O^+$로 쓰기도 하는가?

# 3 생명의 분자들

## 최근 이슈와 그 영향력 과학인가 초자연적 현상인가?

약 2000년 전, 그리스의 산악지역에 위치한 델포이 사원의 사제는, 신전의 가라앉은 바닥에서 나온 단맛이 나는 연기를 들여 마신 후 아폴로 신의 계시를 전달하였다. 신의 예언은 떠듬거리고 잘 알아들을 수 없었다. 왜 그런가? 사제는 탄화수소의 연기를 마시고 몽롱해졌었다. 지질학자들이 최근 사원 밑에서 지진이 일어나기 쉬운 서로 엇갈리는 단층을 발견하였다. 단층이 서로 엇갈릴 때 메

메탄

에탄

에틸렌

**그림 3.1** *왼쪽:* 땅 바닥으로부터 탄화수소 가스가 스미어 나오는 그리스의 아폴로 신전 유적지 *위:* 델포이의 사제를 그린 그림으로 아폴로신이 내린 계시를 그녀와 마찬가지로 화학에 대한 아무런 지식이 없었던 사람들에게 모호하게 전달하는 것으로 믿어지는 그림이다. 혀 짧은 소리로 중얼거리게 만드는 눈에 보이지 않는 환각성의 연기가 이 그림에 훌륭하게 그려져 있다.

## 개요도

**생물의 통일성** 살아있는 세포는 단순한 유기화합물로부터 탄수화물, 지질, 단백질 그리고 탄수화물을 만든다. 이러한 생명의 거대분자는 그들의 구조와 기능을 지배하는 작용기가 부착된 탄소원자의 골격을 가지고 있다.

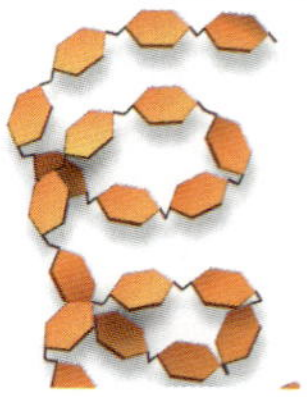

**탄수화물** 탄수화물은 가장 풍부한 생명의 분자이다. 단순 유형들은 에너지원이나 수송 가능한 에너지 형태의 기능을 한다. 복합 유형들은 에너지의 저장고 또는 구조적 재질의 기능을 한다.

탄, 에탄, 그리고 에틸렌 가스가 지하로부터 스미어 나왔다. 세 기체 모두 약한 최면성 마취제이다. 특히 단맛이 나는 에틸렌은 환각상태를 유발할 수 있다(그림 3.1).

고대 그리스 인들은 아폴로신이 사제를 통하여 그들에게 이야기하였다고 생각했다. 즉 그들은 초자연적인 것을 믿었다. 과학자들은 자연으로부터 설명을 찾았고, 사제의 말 뒤에 있는 탄소화합물을 찾았다. 왜 이 설명이 더욱 강력하게 끌리는가? 과학자들의 설명은 세상에 존재하는 물질의 구조와 효과에 대한 정보를 시험하고 이 신전으로부터 나온 세 가지 기체 물질의 분석을 기초로 했기 때문이다.

세 기체 모두 몇 개의 탄소 원자와 수소 원자에 지나지 않는다. 따라서 우리는 이들을 탄화수소라고 부른다. 과학적인 탐구 덕분에, 우리는 세 기체에 대하여 많을 것을 지금 알고 있다. 예를 들어, 지구가 최초로 탄생했을 때 메탄이 존재했다는 것을 우리는 알고 있다. 화산이 폭발하였을 때, 목재, 토탄, 혹은 화석연료를 태울 때, 흰개미나 가축이 가스를 뿜어 낼 때 메탄이 분출되는 것을 우리는 알고 있다. 메탄가스는 대기 중에 모여 있거나, 대륙붕을 따라 나있는 대양 심층에 모이게된다. 우리는 또한 메탄이 온실가스 중 하나이며 지구 온난화에 큰 영향을 주는 요인이라는 것을 알고있다(41장에서 다룸).

간략하게 말하면, 생명이 없는 물질에 대한 지식이 생명에 대하여 많은 것을 말해 줄 수 있다. 그 지식이 여러분이 과거, 현재, 미래에 대한거의 모든 주제, 즉 그리스신화로부터 건강, 질병, 그리고지구 전체에 영향을 미치고 모든 곳의 생명체에 영향을 미치는 물리학적 그리고 화학적인 조건까지, 모든 주제에 관심을 가질 때 큰 도움을 줄것이다.

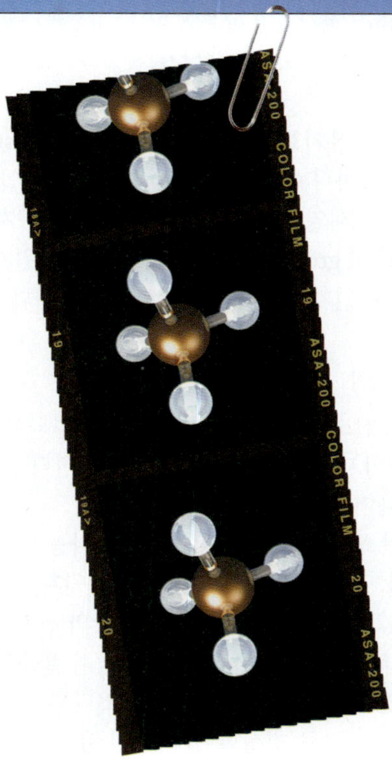


**찬반의견 투표**

*해저 메탄 퇴적물은 거대한 에너지 공급원으로 개발될 수 있지만 환경에 대한 비용은 알려져 있지 않다. 우리가 이 자원을 발굴하려고 지속적으로 노력해야 하는가? 미디어 메뉴에서 상세한 내용을 참고하여 온라인 투표를 한다.*

**지질**

어떤 지질은 에너지 저장고의 역할을 하며 다른 지질은 세포막의 구성요소로서, 방수 혹은 윤활유 성질을 가진 물질로서, 그리고 신호물질로서 작용한다.

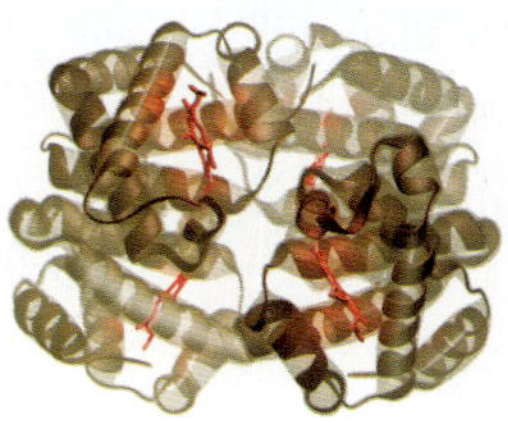

**단백질**

구조적으로나 기능적으로, 단백질은 생명의 분자들 중 가장 다양하다. 효소, 구조물질, 신호분자, 그리고 수송체등이 단백질에 포함되어있다.

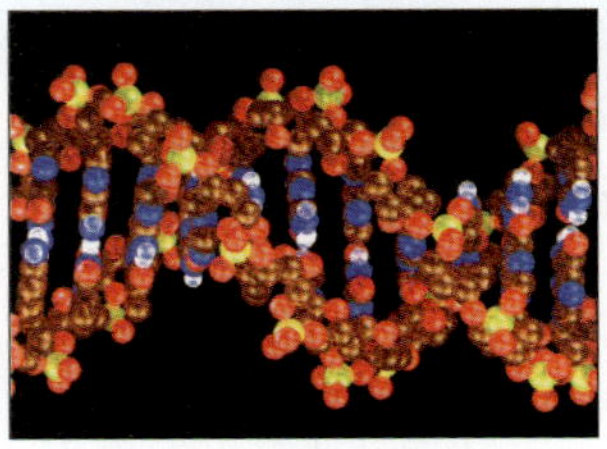

**뉴클레오티드 및 핵산**

핵산인 DNA와 RNA는 몇 종류의 뉴클레오티드 소단위로 만들어져있다. 이들은 단백질을 만드는데 대한 지침을 제공하는 유전정보를 저장하며, 회수하고 번역한다.

## 3.1 생명의 분자들-구조에서 기능까지

*오늘날의 지구 조건에서는 오직 살아있는 생명체만이 복합탄수화물, 지질, 단백질, 그리고 핵산 등을 만들 수 있다. 이들은 생명의 분자들로서 그들의 구조가 각종 기능에 대한 단서를 지니고 있다.*

생명의 분자들은 **유기화합물(organic compounds)**이며, 탄소원자와 적어도 하나 이상의 수소원자를 가지고 있다. 이들은 특정 방식으로 배열된 정확한 숫자의 원자를 가지고 있다. **작용기(functional group)**는 유기화합물의 탄소원자와 공유결합으로 결합된 원자들이나 원자들의 무리들이다.

### 탄소의 결합방식

생명체는 주로 산소, 수소 그리고 탄소로 구성되어있다. 산소와 수소원자의 대부분은 물의 형태로 존재한다. 물을 제외하면, 탄소가 나머지의 거의 절반을 차지한다.

생명에서 탄소의 중요성은 탄소의 다재다능한 결합 성질에서 비롯된다. 각 탄소원자는 4개의 다른 원자와 공유결합을 할 수 있다. 2개의 원자가 하나, 둘, 세 쌍의 전자를 공유하는 이러한 결합은 비교적 안정되어있다. 공유결합은 종종 탄소 원자들을 연결하여 수소, 산소, 그리고 다른 원소들이 부착되어있는 "골격"으로 형성한다. 거대한 유기화합물의 3차원적 모양은 이러한 결합으로부터 시작된다.

이장의 초반에서 언급한 바와 같이, 메탄은 가장 간단한 유기화합물이다. 메탄은 4개의 수소원자가 탄소원자에 공유결합으로 연결되어 있다($CH_4$).

그림 3.2a는 포도당의 공-막대 모델로, 포도당은 수소와 산소가 여섯 개의 탄소 골격에 공유결합으로 연결된 유기화합물이다. 이 골격은 보통 스스로 꼬여서, 두 개의 탄소원자가 연결되어 고리 구조를 형성한다(그림 3.2b).

탄소 고리를 서로 다른 방식으로 나타낼 수 있다. 평면 구조 모델은 탄소원자를 보여주나 탄소원자에 붙어있는 원자들은 나타내지 않는다(그림 3.2c).

세포와 다세포 생명체가 어떻게 기능하는 가를 탐구하기 위하여 분자의 구조에 대한 통찰력을 이용한다. 예를 들어, 바이러스 입자는 세포막의 특정 단백질 분자에 접안하게 되면 세포로 감염된다. 레고 블록과 같이, 막 단백질은 바이러스 입자의 표면에 능선과 계곡, 그리고 전하를 가진 부분을 가지고 있다.

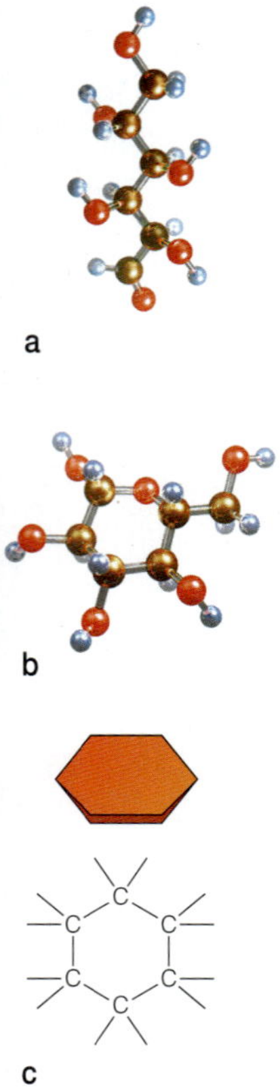


**그림 3.2** 유기화합물을 표시하는 몇 가지 방식. (a) 포도당의 공-막대 모델, 선형 구조 (b) 포도당 고리구조 (c) 단순화된 6탄소 고리의 두 종류 .

### 작용기

작용기란 분자에 독특한 성질을 주는 원자들이나 원자의 무리이다. 작용기의 숫자와 종류, 그리고 배열상태는 탄수화물, 지질, 단백질 그리고 핵산의 구조와 화학적 성질에 영향을 미친다(그림 3.3).

예를 들어, 탄화수소(탄소와 수소로만 구성된 유기분자)는 소수성 혹은 비극성이다. 지방산은 탄화수소의 사슬로 되어있으며, 지방산 꼬리를 가진 지질이 물어 녹지 않는 이유이다. 당은 알코올로 알려진 화합물의 일종으로, 하나 이상의 극성 수산기(-OH)를 포함하고 있다. 수산기는 물 분자와 신속하게 수소결합을 형성하며, 그 이유로 당은 물에 빨리 녹는다.

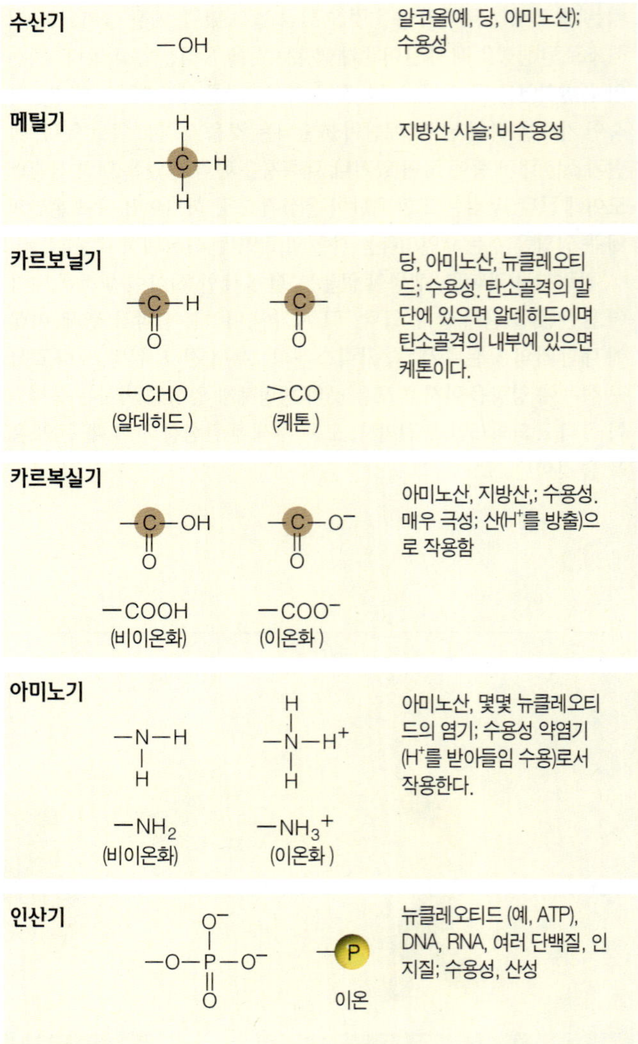


**그림 3.3** 생명의 분자들에 있는 보편적인 작용기와 작용기의 화학적 특성의 예.

**그림 3.4** 에스트로겐과 테스토스테론에 의해 영향을 받은 수컷 미국 원앙(*Aix sponsa*)과 암컷 미국 원앙 사이에서 관찰되는 형질의 차이점. 두 성호르몬 모두 동일한 탄소고리구조를 가지고 있다. 이들은 고리에 부착된 작용기의 위치만 서로 다르다.

또 다른 예로서, 성호르몬인 테스토스테론과 에스트로겐이 있다. 둘 다 콜레스테롤이라 부르는 지질의 한 유형이 변형된 형태이며, 두 화합물은 작용기가 서로 약간 다르다(그림 3.4). 이 작은 차이가 커다란 결과로 나타난다. 척추동물의 배아는 초기에 수컷도 암컷도 아니다. 배아는 생식계로 나중에 천천히 발달될 일련의 관을 가지고 있을 뿐이다. 테스토스테론이 존재하면 이 관은 수컷 성 기관이 되며 수컷 형질이 발달된다. 그러나 테스토스테론이 없으면, 이 관은 에스트로겐을 분비하는 암컷 성 기관으로 발달된다. 이 에스트로겐이 암컷 특성이 형성되도록 유도한다.

## 세포가 실제로 어떻게 유기화합물을 만드는가?

세포는 주로 네 부류의 작은 유기화합물, 즉 간단한 당, 지방산, 아미노산, 그리고 뉴클레오티드로부터 거대분자들을 만든다. 이러한 화합물들은 2에서 최대 36개 탄소원자를 가지고 있다. 이들이 더 큰 분자의 구조적 단위체일 때 단량체(monomer)라고 부른다. 단량체가 여러 개 반복되는 분자는 중합체(polymer; mono는 하나; poly는, 다수)라 한다. 곧 다루게 되지만, 녹말은 포도당 단위가 여러 개 연결된 중합체이다.

세포는 실제로 어떻게 이러한 연결이 이루어지게 하는가? 현 시점에서는, 세포가 모든 유기화합물을 만들고 재배열하거나 쪼개는 반응들 에너지의 공급이 필요하다는 것을 알아두자. 이러한 반응들은 또한 **효소(enzymes)**를 필요로 한다. 효소는 물질이 빨리 반응하도록 하는 단백질이다. 서로 다른 효소가 다음 부류의 반응들을 매개한다.

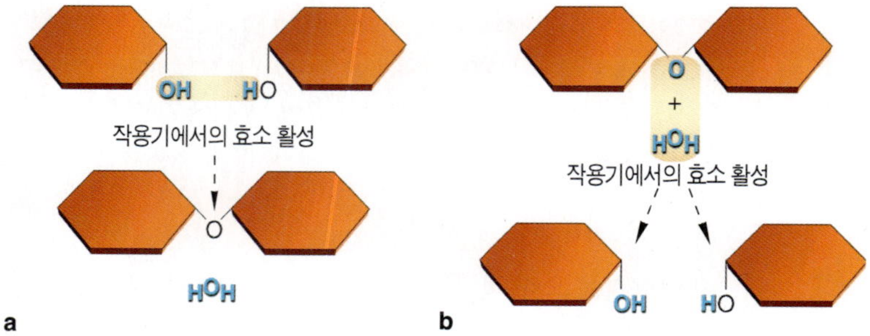


**그림 3.5** 유기화합물을 만드는데 자주 작용하는 두 가지 대사 반응 (**a**) 두 분자가 서로 연결되어 하나의 큰 분자로 되는 축합반응 (**b**) 물이 필요한 분해반응인 가수분해.

1. *작용기 전달.* 한 작용기가 한 분자에서 떨어져 나와 다른 분자로 이동한다.
2. *전자 전달.* 전자가 한 분자에서 떨어져 나와 다른 분자로 이동한다.
3. *재배열.* 한 유형의 유기화합물은 내부 결합을 조작하여 다른 유기화합물로 전환된다.
4. *축합.* 두 작은 분자사이에 공유결합이 형성되어 더 큰 분자가 된다.
5. *분할.* 한 분자가 2개의 작은 분자로 쪼개진다.

이러한 세포의 활동을 실감하기 위해서 **축합반응(condensation reaction)**에서 무엇이 일어나는 가를 생각해보자. 효소는 한 분자로부터 -OH기를 떼어내고 다른 분자로부터 수소 원자를 떼어낸다. 각 분자로부터 떨어져 나온 것들 사이의 공유결합으로 물이 형성된다(그림 3.5a). 녹말과 같은 중합체는 축합반응이 반복적으로 일어나 형성되었다.

또 다른 예로서, 분해 반응의 유형인 **가수분해(hydrolysis)**는 축합반응의 반대이다(그림 3.5b). 효소가 특정 기에서 분자를 쪼개면, 그 다음 물에서 유래한 하나의 -OH기와 수소원자 하나를 노출된 부위에 결합시킨다.

복합 탄수화물, 복합 지질, 단백질, 그리고 핵산은 생명의 분자이다.

유기화합물들은 탄소 골격과 골격에 공유결합으로 연결된 작용기에 따라 결정되는 다양하며, 삼차원적인 모양과 기능을 가지고 있다.

효소에 의해 매개되는 반응으로 주로 작은 유기화합물인 단당류, 지방산, 아미노산, 그리고 뉴클레오티드로부터 생명의 분자들이 만들어진다.

## 3.2 기포, 기포, 그리고 근심거리

*생명의 분자를 소개하는 이 장에 왜 "생명이 없는" 탄화수소인 메탄이 포함되어있는가? 해저 바닥에 매장되어있는 메탄 수화물의 거대한 퇴적물은 어느 순간에 폭발할 수 있으며, 이 막대한 메탄의 분출로 우리가 알고 있는 모든 생명체를 실제로 사라지게 할 수 있다는 점을 생각해 보시오.*

이 이야기는 오래 전 무수히 많은 해양 생명체들의 유기물의 유해와 노폐물들이 해저 바닥에 가라앉은 시절로부터 시작된다. 시간이 지남에 따라, 더 많은 퇴적물이 그 위에 축적되었다. 오늘날 해저 수 km 아래에 이 유기물의 퇴적물이 메탄을 생성하는 아키아(원시고세균)를 번창시켰다. 아키아의 대사활동으로 생긴 이 거대한 양의 메탄은 메탄누출구(methane seep)이라고 부르는 장소에서 기포를 형성하여 대양의 수면 위로 스미어 나온다(그림 3.6과 3.7).

누출구 근처의 진흙에서는 메탄의 압력이 높다. 그곳에는 서로 연관이 없는 미생물들이 단단하게 엉켜 덩어리를 형성한다. 아키아는 이 덩어리 안에서 메탄을 에너지원으로 사용하며 이산화탄소와 수소가 노폐물로 방출된다. 놀라운 대사

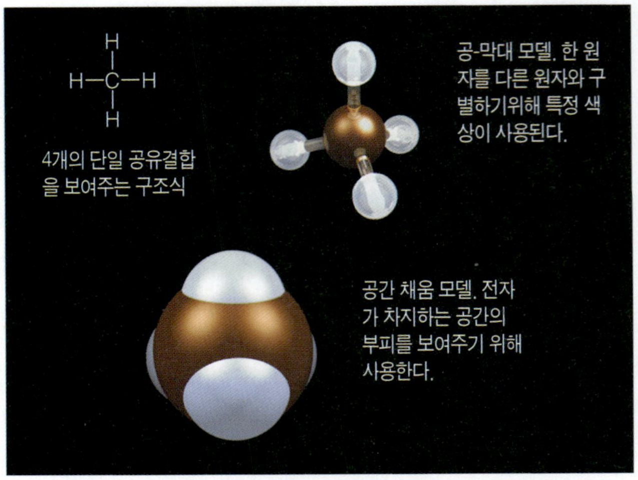


**그림 3.6** 메탄($CH_4$)의 분자 모델. 공-막대 모델은 결합각과 분자 질량의 분포를 잘 나타낸다. 공간 채움 모델은 분자의 표면을 더 잘 보여준다.

**그림 3.7** (a) 흑해 약 230 m 깊이의 해저에서 발견된 미생물의 "굴뚝"과 같은 기둥 및 메탄가스의 기포.
(b) 해저 바닥의 메탄 회로(cycle). 해저 바닥 아래 심층에서 아키아에 의해 생성된 메탄이 바닥 틈새를 통하여 누출된다. 메탄의 일부는 이산화탄소와 황화수소를 대사산물로 방출하는 미생물들이 뭉쳐져 생긴 덩어리에 포획된다. 다른 미생물은 이들 산물을 사용하고 심해 먹이망의 기초가 된다.

**그림 3.8** 해저바닥에 있는 불룩한 모습의 메탄수화물. 그 위로 메탄 기포가 올라오는 것을 주목하시오.

**그림 3.9** 약 1 m 길이의 리트로소러스(*Lystrosaurus*) 이 동물은 지금은 멸종되었지만 페름기 대멸종 시기에 살아남았다.

물질의 주고받는 과정의 일환으로, 아키아를 둘러싸고 있는 박테리아는 즉시 이 수소를 사용한다. 이 과정 동안 박테리아는 바닷물에 녹아있는 황산염을 황화수소로 전환한다.

동맹관계의 생명체가 각자 자신들은 전혀 할 수 없는 화학적 업적을 이루어낸다. 그러나 이것만으로는 해저 아키아에 의해 생성되는 메탄을 모두 설명할 수 없다. 그 나머지는 무슨 일이 일어났는가? 메탄누출구에서는 높은 수압과 낮은 온도로 메탄 기포가 메탄수화물(methane hydrate)이라 불리는 얼음 같은 물질로 고체화된다(그림 3.8).

최근 과학자들이 세계 각처에서 메탄수화물의 거대한 퇴적물을 발견하였다. 그들은 수 조 톤의 메탄이 해저 바닥에 얼려진 상태로 축적되어있다고 추정하였다. 이 퇴적물은 실제로 세계 최대의 천연가스 저장고이지만, 우리는 이것을 어떻게 안전하고 효과적으로 회수하는지를 모른다.

얼음 결정은 불안정하다는 점에 문제가 있다. 메탄수화물은 온도가 올라가거나 압력이 감소하면 즉시 메탄가스와 물로 분리된다. 온도가 많이 올라가야 하는 것이 아니고 몇 도만 올라가도 메탄수화물은 가스로 변한다. 따라서 메탄수화물의 분해로 폭발이 일어날 수 있다. 폭발이 일어나면 근처의 다른 메탄수화물을 다시 기화시키는 돌이킬 수 없는 비가역적 연쇄반응을 일으킬 수 있다. 우리는 고대 메탄수화물 폭발에 대한 물리적인 증거를 가지고 있다. 작은 폭발은 해저 바닥에 표시를 남긴 정도이지만 큰 폭발은 한 대륙에서 다른 대륙까지 걸쳐 일어난 해저 산사태를 일으킨 요인이 되었다.

약 2억5천만 년 전에 페름기의 종말을 의미하는 가장 거대한 대멸종이 일어났다. 모든 해양 생물 중 약 5%만 살아남고 나머지는 순식간에 사라졌다. 육상 식물, 곤충, 그리고 다른 종들의 70%도 역시 사라졌다.

화석에 남겨진 화학적 단서가 대기 중에 모든 이산화탄소가 아니라 살아있는 생명체가 생성한 이산화탄소의 농도가 크게 증가했던 것을 보여준다. 어떤 무엇이 많은 메탄수화물이 일시에 분해 되도록 하는 원인이 되었다. 급작스럽고 거대한 분출로 생긴 수백만 톤의 메탄가스가 해저 바닥에서 폭발하였다. 메탄을 먹고사는 박테리아가 대부분의 메탄을 신속하게 이산화탄소로 전환시켰으며, 이산화탄소가 대기와 바다에 있는 산소 대부분을 대체하였다.

이산화탄소가 너무 많고 산소가 너무 적어졌다. 에베레스트 산 정상으로 순간적으로 옮겨갔다고 상상해보라. 산 정상에서 산소의 농도가 낮은 "희박한 공기"에서 달리기를 한다고 생각해보라. 아마도 정신을 잃을 것이며 죽게 될 것이다. 페름기의 대멸종 전에는 대기 중에 산소가 35%를 차지하고 있었다. 메탄의 분출이 있은 후 산소의 농도는 12%로 떨어졌다. 육지와 바다의 거의 모든 동물들이 아마 질식사 했을 것이다.

오랫동안, 과학자들은 공룡 리스트로소러스(*Lystrosaurus*)가 다른 모든 동물과 마찬가지로 멸종하지 않은 이유를 파악할 수 없었다. *Lystrosaurus*는 운이 좋았다. 어떤 사람은 포유류와 유사한 이 파충류가 신선하지 않고, 산소가 부족한 지하 굴 안의 공기에 이미 적응하였기에 질식사하지 않았다고 생각한다. 그림 3.9에 나타나있는 것처럼 *Lystrosaurus*는 커다란 흉강과 큰 폐, 튼튼한 갈비뼈, 그리고 공기가 흐르는 통로를 짧게 만들어주는 뭉툭하고 짧은 콧구멍을 가지고 있다.

메탄 문제는 여러분이 생각하는 것보다 훨씬 가까이 있다. 얼마 전에 거대한 메탄 수화물 퇴적물이 미국 태평양 연안에 있는 오리건 주 뉴포트 해안에서 96km 떨어진 곳에서 그리고 대서양 연안에서도 발견되었다. 메탄 분출이 있으면 작은 폐와 얇은 갈비뼈를 가진 사람에게 어떤 결과를 가져올 것인가?

## 3.3 정말로 풍부한 탄수화물

자연에는 어떤 생명의 분자가 가장 많이 있을까? 탄수화물이다. 대부분의 탄수화물은 탄소, 수소, 그리고 산소가 1:2:1의 비율로 구성되어있다. 세포는 여러 탄수화물을 구조 물질과 수송 가능하거나 또는 저장 가능한 에너지의 형태로 사용한다. 단당류, 올리고당류, 그리고 다당류가 탄수화물의 주요 부류이다.

### 단순 단당류

당류(saccharide)는 당을 의미하는 그리스어에서 유래하였다. 단당류(monosaccharide; 하나의 당 단위)가 가장 간단한 탄수화물이다. 그들은 적어도 2개의 -OH기와 하나의 알데히드기 혹은 케톤기가 탄소골격에 연결되어있다. 대부분의 단당류는 물에 쉽게 녹는다. 일반적인 유형의 단당류는 물에 녹았을 때, 5 혹은 6개의 탄소 골격이 고리 구조를 형성하는 경향이 있다.

리보오즈와 디옥시리보오즈는 각각 RNA와 DNA의 당 단량체로서 5개의 탄소원자를 가지고 있다. 포도당은 6개의 탄소를 가지고 있다(그림 3.10a). 세포는 포도당을 에너지원으로, 구조적 단위로, 혹은 비타민 C (당 산)와 3개의 -OH기를 가진 글리세롤과 같은 다른 유기화합물을 만들기 위한 전구물질 분자로 사용한다.

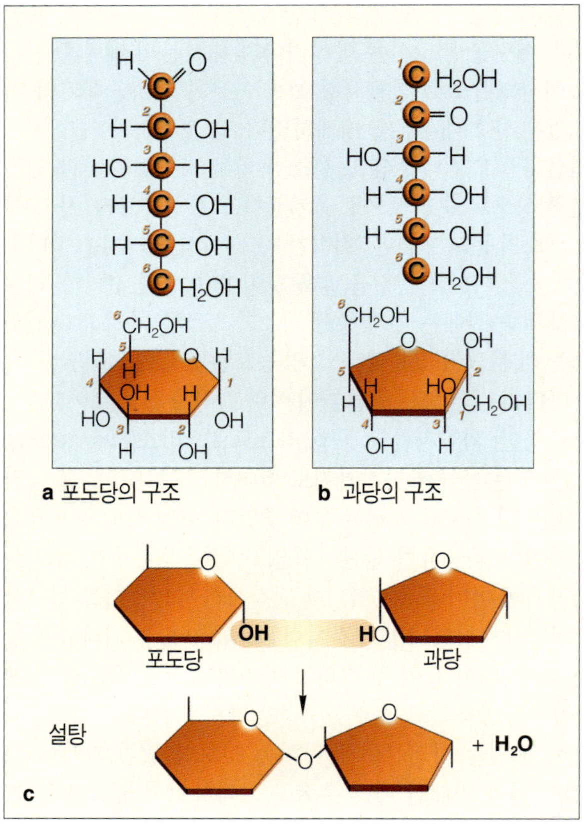


**그림 3.10** (a, b) 포도당과 과당의 곧은 사슬과 고리 형태. 기준점을 지정하기 위한 목적으로, 이러한 단순 다당류의 탄소원자는 분자의 알데히드나 케톤기에 가장 가까운 말단부터 순서대로 번호를 붙였다. (c) 2개의 단당류가 하나의 이당류로 축합

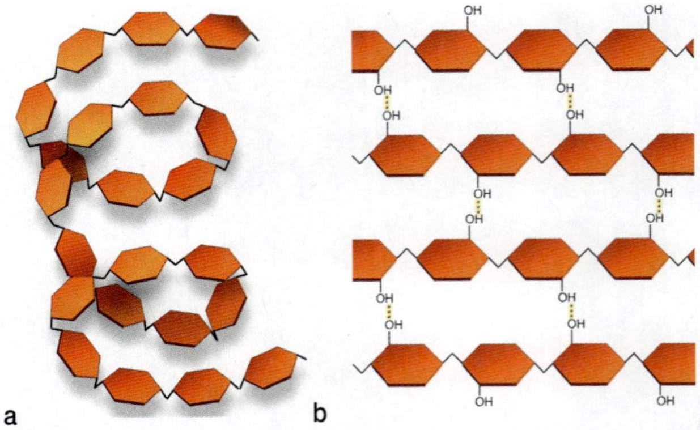


**그림 3.11** 녹말(a)과 셀룰로오즈(b)에서 포도당 단위의 결합패턴. 녹말의 한 형태인 아밀로오즈에서 포도당 단위가 일련의 공유결합으로 연결되면 사슬을 꼬이게 한다. 셀룰로오즈에서 포도당 사슬사이에서 결합이 형성된다. 이 패턴은 사슬들을 서로 단단하게 묶일 수 있게 하여 안정화시킨다.

### 짧은 사슬 탄수화물

단당류와는 달리, 올리고당(oligosaccharide)은 당 단량체가 공유결합으로 연결된 짧은 사슬이다(올리고는 수개를 의미한다). 이당류는 2개의 당 단량체로 구성되어있다. 자연계에서 가장 풍부한 당류인 설탕은 포도당과 과당의 단위로 구성되어있다(그림 3.10b). 젖당은 우유에 있는 이당류로 하나의 포도당과 하나의 갈락토오즈 단위로 구성되었다. 각설탕은 사탕수수나 사탕무에서 추출한 설탕이다. 여러 단백질과 지질은 올리고당류의 곁사슬을 가지고 있다. 이 교재의 후반부에서는 올리고당류가 면역과 자기인식과정에 중요한 역할을 하는 것을 배울 것이다. 또한 이 곁사슬이 세포와 세포 사이의 신호교환의 기능을 하는 수용체의 일부가 되는 것을 볼 수 있을 것이다.

### 복합 탄수화물

복합 탄수화물, 혹은 다당류(polysaccharide)는 종종 수백에서 수천 개의 당 단량체의 사슬이 직선으로 혹은 가지가 난 형태로 연결된 사슬이다. 가장 보편적인 다당류는 셀룰로오즈, 녹말, 그리고 글리코겐이다. 비록 이들 3가지 모두 포도당으로 만들어졌지만, 그들은 성질이 매우 많이 다르다. 왜 그런가? 그 답은 서로 연결하여 사슬로 만드는 포도당 단위 사이의 공유결합 패턴이 서로 다른 점에서 시작한다.

녹말의 경우 각 포도당 단위를 연결될 때 다음 포도당 단위에 대하여 각이 지도록 연결되는 공유결합의 패턴을 가진다. 그 결과로 나선형 계단과 같이 꼬인 상태로 사슬이 형성된다(그림 3.11a). 꼬인 사슬의 바깥쪽으로 여러 개의 -OH기

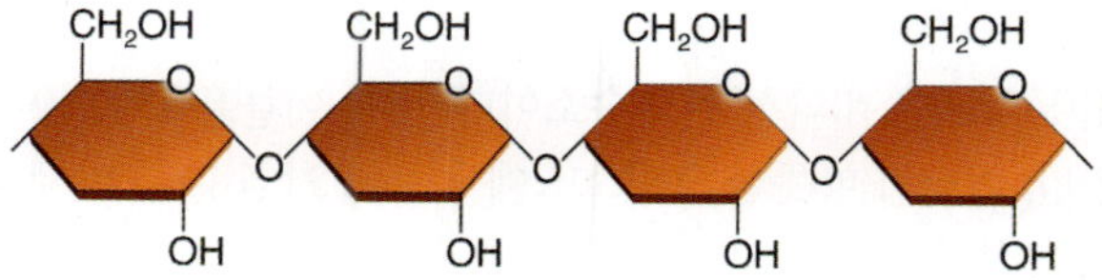


a. 수용성 녹말 형태인 아밀로오즈의 구조. 나무 잎 내부의 세포는 광합성을 전문으로 하는 막으로 둘러싸인 작은 주머니인 엽록체 안에 과량의 포도당 단량체를 녹말 과립으로 잠시 동안 저장한다.

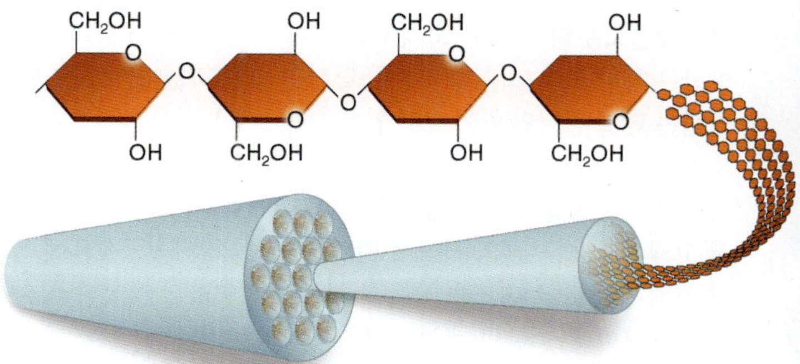


b. 셀룰로오즈의 구조. 셀룰로오즈 섬유에서 포도당 단위의 사슬들은 서로 나란히 뻗어있고 -OH기 사이에서 수소결합을 하고 있다. 여러 수소결합들이 사슬을 단단한 묶음으로 안정화시키며 긴 섬유를 형성한다. 이 비수용성 물질을 소화시킬 수 있는 효소를 생산하는 생명체는 거의 없다. 셀룰로오즈는 식물과 목재와 면화 의복과 같은 식물 산물의 구조적 구성 요소이다.

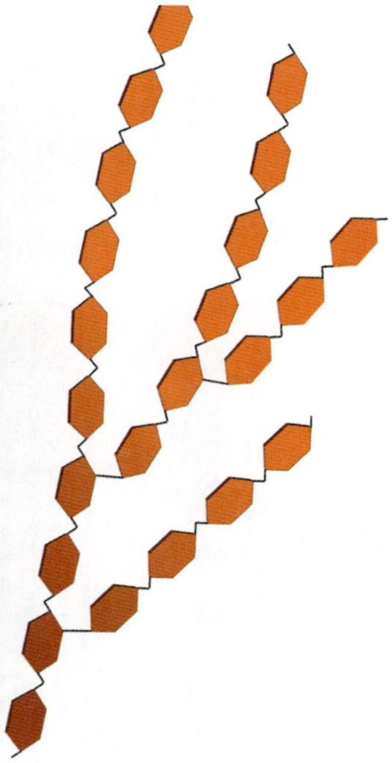

c. 글리코겐. 동물세포는 신체가 과량의 포도당을 가지고 있을 때 저장 형태로 이 다당류를 만든다. 이것은 인간 및 어류를 포함한 활발하게 활동하는 동물의 간과 근육에서 특히 풍부하다.

**그림 3.12** 녹말(a), 셀룰로오즈(b), 그리고 글리코겐(c)의 분자구조와 몇몇 생명체에서 그들의 전형적인 위치. 세 탄수화물 모두 오직 포도당으로만 구성되어있다.

가 향하게 되어 특정 효소가 이 사슬에 접근 가능하도록 만든다. 이것이 중요하다. 예를 들어, 식물은 광합성 과정으로 생산한 포도당을 잠시 동안 녹말의 형태로 저장한다. 유리된 포도당이 부족해지면 효소가 녹말을 즉각 가수분해한다.

셀룰로오즈의 경우, 그림 3.11b에서처럼, 포도당 사슬이 평행으로 나란히 곧게 뻗어 나오며 서로 수소결합을 형성한다. 이러한 결합배열은 사슬들을 조밀하게 묶여진 패턴으로 안정화 시켜 대부분의 효소에 의한 가수분해 반응에 저항성을 가지도록 한다. 셀룰로오즈의 긴 섬유는 식물의 세포벽의 구조적 성분이다(그림 3.12b). 철근 콘크리트의 철근처럼, 이러한 섬유들은 질기고 단단하고, 물에 녹지 않으며, 줄기에 가해지는 강한 바람과 같은 물리적인 압력이나 무거운 하중에도 잘 견딘다.

동물에서는 글리코겐이 식물에서 녹말에 해당하는 당 저장고이다(그림 3.12c). 근육과 간세포는 많은 글리코겐을 저장하고 있다. 혈당이 떨어질 경우, 간세포는 글리코겐을 분해하며 방출된 포도당이 혈액으로 들어간다. 짧은 기간 동안 심한 운동으로 인하여 에너지가 급격하게 필요한 상황에 대처하기 위해 근육세포는 글리코겐을 분해한다.

**그림 3.13** 키틴(*아래쪽*)이라 부르는 다당류로 강화된 보호 외피가 벼룩(*오른쪽*)의 몸체를 덮고 있다. 커다란 다리의 거미가 차정비소에 있는 알루미늄으로 만든 기름 냄비를 지나갈 때 찰칵하는 소리를 내는"키틴의 소리"를 들을 수 있을 것이다.

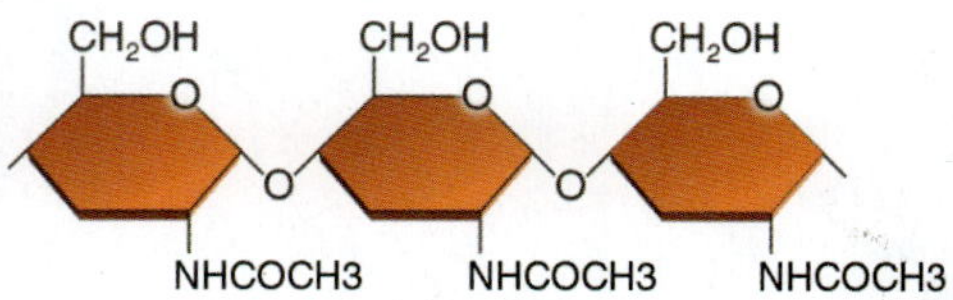


키틴은 포도당 단위에 질소를 포함한 그룹을 가지고 있다. 이 다당류 유도체는 게, 지렁이, 곤충, 거미, 그리고 그림 3.13에 있는 진드기 부류와 같은 여러 동물의 외부 골격이나 다른 단단한 신체의 부분을 강화시켜준다. 키틴은 또한 진균류의 세포벽을 강화시켜준다.

포도당과 같은 단당류, 올리고당류, 그리고 녹말과 같은 다당류는 탄수화물이다. 각 세포는 구조적 재질로서, 그리고 저장 가능하거나 수송 가능한 에너지의 묶음으로 탄수화물을 필요로 한다.

# 3.4 미끈미끈하고 기름지면 지질이어야 한다

*만일 어떤 것이 만져서 기름지고 미끈미끈하면, 이것이 지질이거나 지질 성분을 가지고 있다고 내기를 해도 괜찮을 것이다. 세포는 서로 다른 지질을 에너지 저장고로, 구조물질로, 그리고 신호물질로 사용한다. 지방, 인지질, 그리고 왁스는 지방산 꼬리를 가지고 있다. 스테롤은 4개의 탄소 고리의 골격을 가지고 있다.*

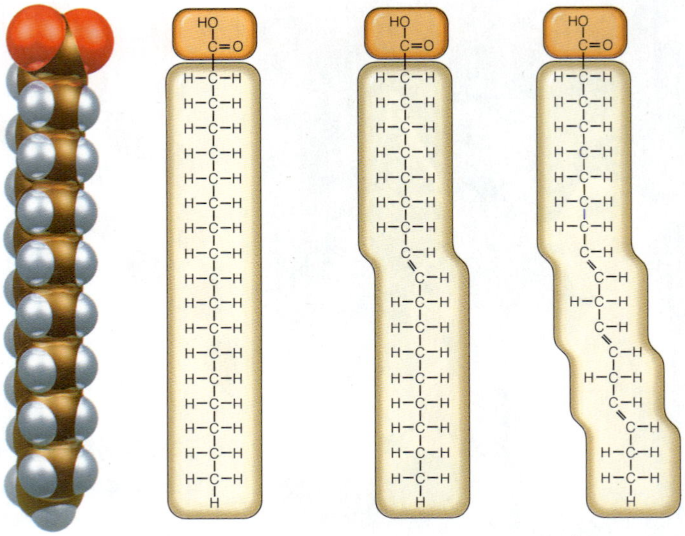


**그림 3.14** 세 가지 지방산. (**a, b**) 스테아린산의 공간-채움 모델과 구조식. 탄소골격은 수소원자로 완전히 포화되어있다. (**c**) 하나의 이중결합을 골격에 가지고 있는 올레인산은 불포화지방산이다. (**d**) 3개의 이중결합을 지니고 있는 리놀레산 역시 불포화지방산이다.

## 지방과 지방산

**지질(lipids)**은 비극성 탄화수소이다. 비록 이들은 물에 녹지 않지만, 버터가 따뜻한 크림소스에 녹는 것처럼 다른 비극성 물질과 섞인다.

**지방(fat)**이라 부르는 지질은 하나, 둘, 혹은 세 개의 지방산이 글리세롤 분자에 연결되어있다. **지방산(fatty acids)**은 최대로 36개의 탄소원자의 골격을 가지고 있으며, 한 쪽 끝은 카르복실 산을 그리고 모든 혹은 거의 대부분의 나머지 탄소원자에 결합한 수소원자를 가지고 있다(그림 3.14). 지방산은 글리세롤로부터 유연한 꼬리처럼 뻗어 나와 있다. 불포화지방산은 하나 또는 그 이상의 이중결합을 가지고 있다. 포화지방산은 단일 결합만을 가지고 있다.

약한 상호작용으로 인하여 동물성 지방에서는 여러 포화지방산들이 촘촘히 쌓이게 배열된다. 이러한 지방은 실온에서 고체이다. 대부분의 식물성 지방은 야채유와 같이 실온에서 액체 상태로 존재한다. 식물성 지방산의 꼬리는 경직된 비틀림 때문에 지방산의 배열 상태는 동물성 지방에서와 같이 안정되어있지 않다. 그것이 야채유가 자유롭게 흐르는 이유이다.

버터, 돼지기름, 그리고 야채유와 같은 중성지방은 대부분 **트리글리세리드(triglyceride)**이다. 각각은 글리세롤에 연결된 3개의 지방산 꼬리를 가지고 있다. 트리글리세리드는 우리 몸 안에 가장 풍부한 지질이며 가장 풍부한 에너지의 저장고이다. 단위 그램 당 중성지방은 녹말과 같은 복합 다당류보다 2배나 많은 에너지를 생산한다. 모든 척추동물은 트리

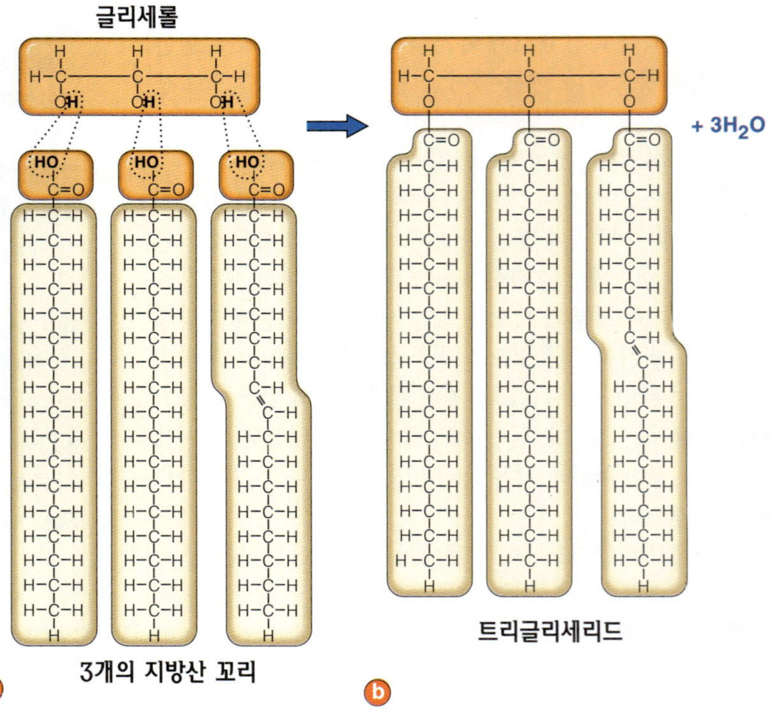


**그림 3.15** 3개의 지방산(**a**)과 글리세롤(**b**) 한 분자가 축합하여 트리글리세라이드로 형성된다. 위 사진은 남극 눈보라 폭풍 동안 트리글리세리드로 보호된 황제펭귄을 보여준다.

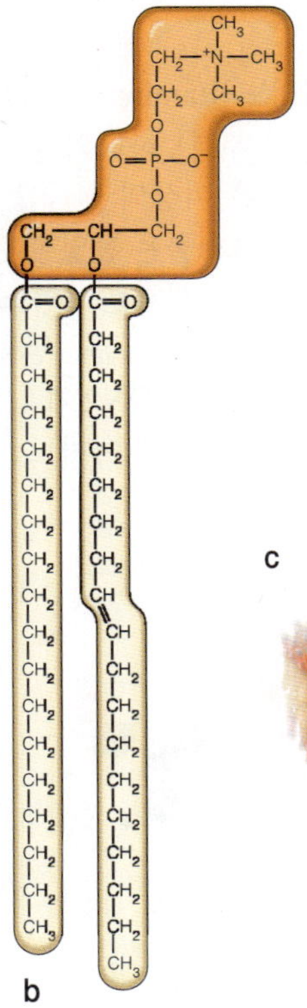

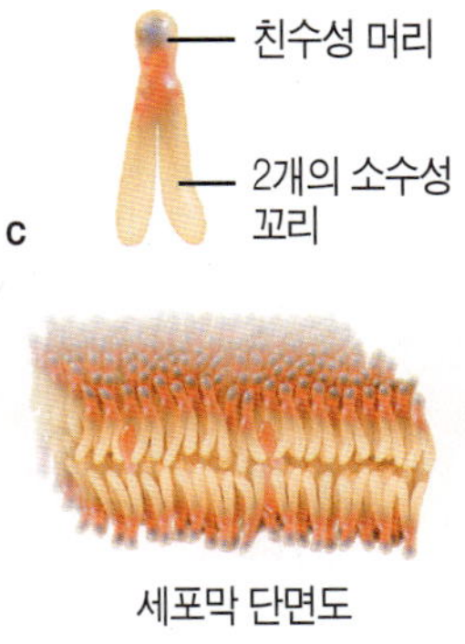


**그림 3.16** 인지질의 (a) 공간-채움 모델. (b) 구조식, 그리고 (c) 상징적인 그림 모양 인지질은 동물과 식물 세포막에서 가장 일반적인 유형이다. 두 지방산 꼬리는 포화 혹은 불포화 되었는가?

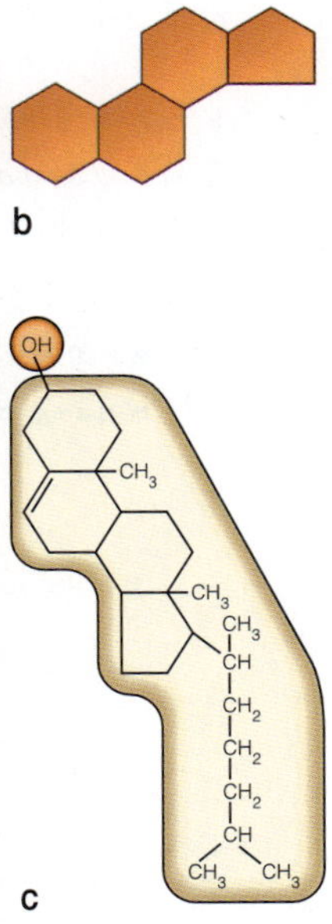

**그림 3.17** (a) 벌집: 음식물 저장고 및 꿀벌 육아실 꿀벌은 방수기능을 가진 왁스 성분을 자신이 분비하여 벌집 내 각 구획을 만든다. (b) 스테롤 골격 (c) 동물 조직의 주된 스테롤인 콜레스테롤의 구조식 우리 몸의 간은 충분한 콜레스테롤을 합성한다. 지방이 풍부한 음식은 동맥을 막히게 할 수 있다.

글리세리드를 작은 물방울 형태로 지방조직을 이루는 지방세포에 저장한다.

지방 조직 층 혹은 부위는 신체를 단열시키며 신체 부분들을 충격으로부터 보호하기 위한 쿠션 역할을 한다. 다른 여러 동물들처럼 남극의 펭귄은 피부 아래 두꺼운 트리글리세리드의 두꺼운 층으로 인해 혹독한 겨울 동안에도 따뜻하게 지낼 수 있다.

## 인지질

**인지질(phospholipids)**은 글리세롤 골격과 2개의 비극성 지방산 꼬리, 그리고 극성 머리 부분을 가지고 있다(그림 3.16). 인지질은 지질 이중층의 구조를 가지는 세포막의 주요 구성 성분이다. 한 층의 극성 머리 부분은 세포의 액체성 내부와 접해있고, 다른 층의 머리 부분은 세포외부 환경과 접하고 있다. 지방산 꼬리 부분들이 두 층 사이에 끼어있다. 세포막에 대하여서는 4장에서 다룬다.

## 왁스

**왁스(waxes)**는 긴 사슬의 지방산이 촘촘히 배열된 형태로 긴 사슬의 알코올 혹은 탄소 고리에 연결 되어있다. 모든 왁스의 확고한 공통점은 물을 쫓아버리는 성질을 가지고 있다. 식물의 표면은 왁스와 또 다른 형태의 지질인 큐틴을 함유한 상피를 가지고 있다. 식물의 상피는 수분 손실을 억제하며 몇몇 기생충의 침입을 방해한다. 왁스는 또한 피부와 털을 보호하고 미끄럽게 하며 피부와 모발을 유연하게 한다. 새는 깃털이 젖지 않게 하기위해 왁스, 지방, 그리고 지방산을 분비한다. 꿀벌은 꿀 뿐만 아니라 새로운 꿀벌 세대를 수용하는 벌집을 위해 꿀벌 왁스인 밀랍을 이용한다(그림 3.17a).

## 콜레스테롤 및 다른 스테롤

**스테롤(sterol)**은 지방산을 가지고 있지 않는 여러 다른 지질 중 하나이다. 스테롤은 작용기의 숫자, 위치, 그리고 유형에 따라 서로 다르지만, 모든 스테롤은 4개의 탄소 고리가 서로 융합된 단단한 골격을 가지고 있다(그림 3.17b).

스테롤은 모든 진핵생물의 세포막의 구성 요소이다. 동물 조직에서 가장 보편적인 유형은 콜레스테롤이다(그림 3.17c). 콜레스테롤은 또한 담즙산염, 스테로이드, 그리고 비타민 D와 같은 다양한 화합물로 전환된다. 담즙산염은 작은 창자에서 지방의 소화를 도와준다. 성호르몬은 생식세포의 형성과 2차 성징의 발달을 위하여 꼭 필요하다. 이러한 성징에는 포유류의 경우 모발의 양과 분포, 그리고 조류의 깃털 색깔이 포함된다.

주로 탄화수소로 구성된 지질은 다른 비극성 물질들과 섞일 수 있지만 물에는 녹지 않는다.

중성지방인 트리글리세리드는 글리세롤 머리 부분과 3개의 지방산 꼬리를 가지고 있다. 이들은 주된 에너지 저장고이다. 인지질은 세포막의 주성분이다.

콜레스테롤과 같은 스테롤은 막의 구성성분이며 스테로이드 호르몬이나 다른 화합물의 전구물질이다. 왁스는 단단하지만 유연하며, 방수기능과 윤활기능을 가진 물질의 성분이다.

## 3.5 단백질-구조와 기능의 다양성

모든 거대 생체분자 중 단백질이 가장 다양하다. 어떤 종류는 반응속도를 빠르게 하며 어떤 종류는 거미줄, 뼈, 모발, 그리고 또 다른 신체 부분을 구성하는 성분이다. 알이나 씨앗의 영양성분이 되기도 한다. 여러 단백질이 물질을 수송하며, 세포가 신호를 교환하고, 병원체로부터 신체를 보호하기도 한다. 놀랍게도 세포는 오직 20가지의 아미노산으로 수천 개의 서로 다른 단백질을 조립한다.

**아미노산(amino acids)**은 아미노(-$NH_3^+$)기, 카르복실(-$COO^-$)기(산 부분), 하나의 수소원자, 그리고 R 그룹이라 부르는 하나 혹은 이상의 원자를 가지고 있다. 대부분의 경우 이러한 구성 요소들은 동일한 탄소 원자에 붙어있다(그림 3.18a). 단백질에 존재하는 아미노산 구조는 부록 VI에 있다.

세포가 단백질을 만들 때 세포는 아미노산을 하나씩 줄줄이 연결한다. DNA에 있는 암호화된 정보가 어떤 단백질에서 20가지 종류의 아미노산의 연결 순서를 결정한다. 아미노산

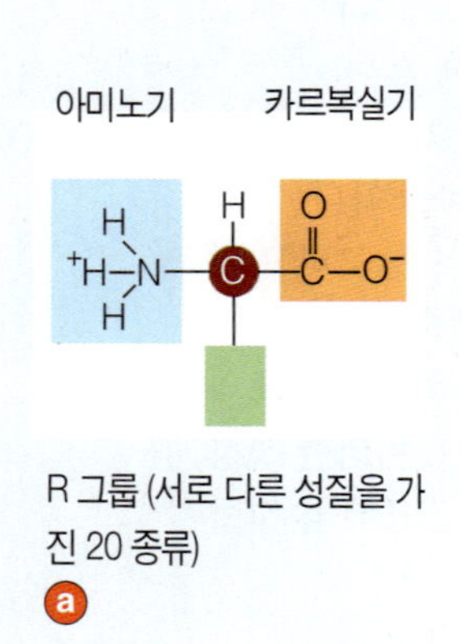


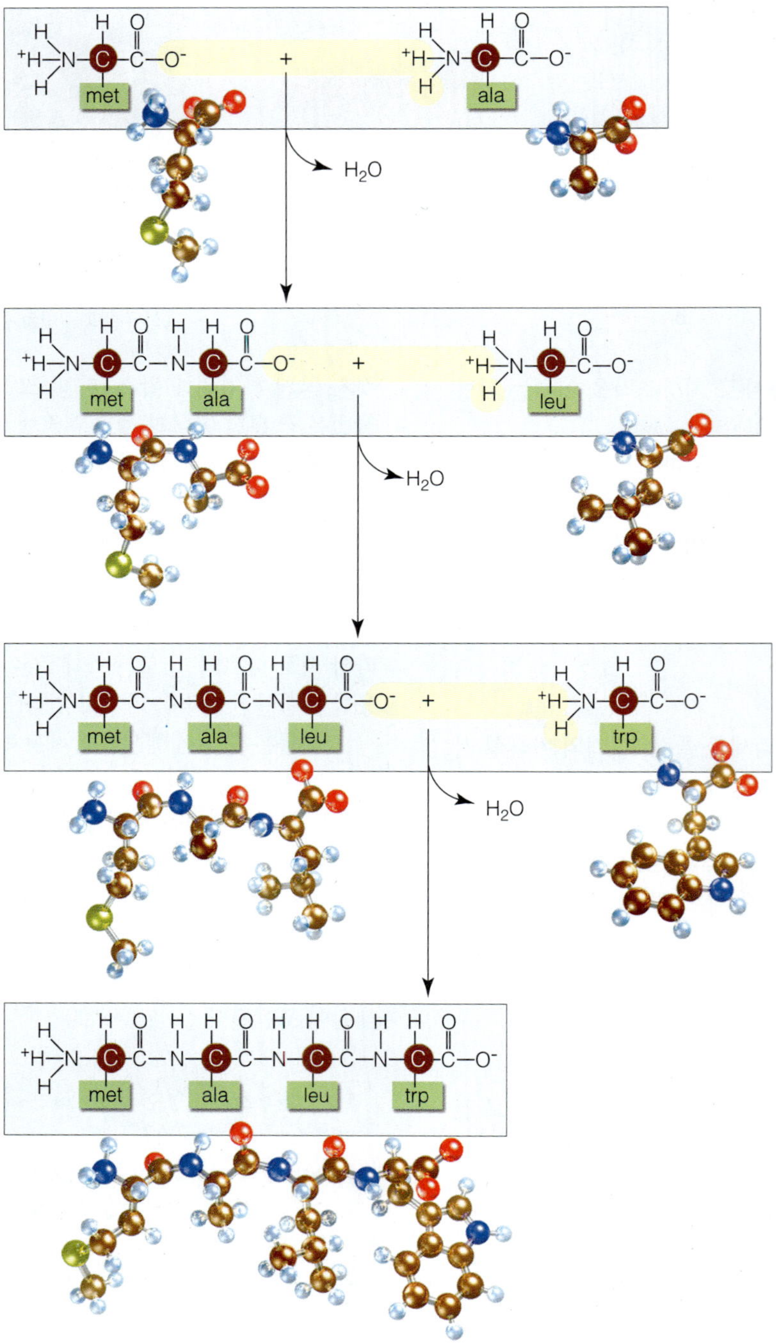


b DNA에 의해 암호화된 지침이 폴리펩티드 사슬에 연결되는 아미노산의 순서를 결정한다. 첫 아미노산은 보통 메티오닌(met)이다. 그림의 경우 알라닌(ala)이 메티오닌 다음에 연결된다.

c 축합반응에서, 펩티드 결합은 메티오닌과 알라닌 사이에서 형성된다. 류신(leu)이 다음에 연결된다.

d 알라닌과 류신 사이에 펩티드결합이 형성된다. 트립토판(trp)이 다음에 들어온다.

e 새로 형성된 폴리펩티드 사슬. 이 사슬의 아미노산 잔기의 서열은 met-ala-leu-trp이다.

**그림 3.18** (**a**) 아미노산의 일반식 녹색 상자는 작용기를 포함하는 곁사슬의 중 하나인 R 그룹을 강조한다. (**b** - **e**) 단백질 합성 과정에서 펩티드 결합 형성. 단백질 합성에 대한 자세한 내용은 13장에서 다룬다.

**그림 3.19** 단백질 구조의 세 단계. (a) 일차구조는 아미노산의 직선형 서열이다. (b) 폴리펩티드 사슬을 따라 여러 수소결합(점선)으로 나선형의 코일이나 판 모양의 이차구조가 형성된다. (c) 코일과 판구조는 안정된 도메인으로 접혀져서 세 번째 단계의 삼차구조를 나타낸다.

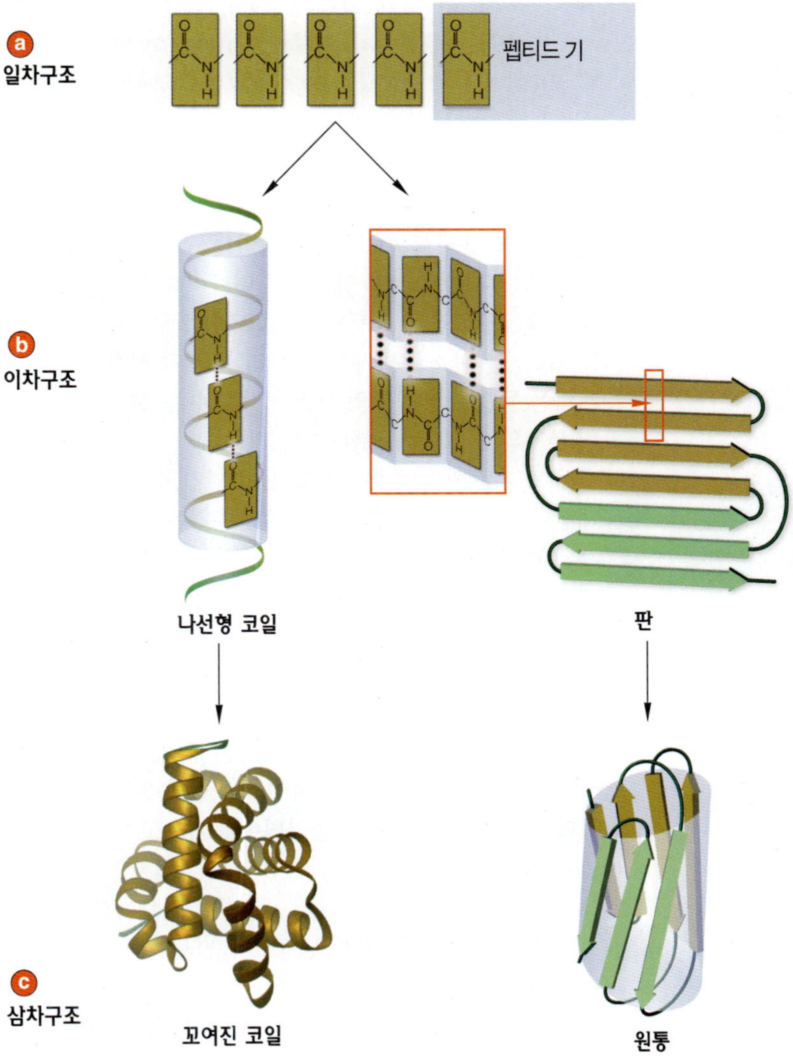


들이 연결될 때 한 아미노산의 아미노기와 다음 아미노산의 카르복실기 사이에서 축합반응이 일어나 펩티드 결합이 형성된다. 각 **폴리펩티드사슬(polypeptide chain)**은 3개 혹은 그 이상의 아미노산으로 구성된다. 이 사슬의 탄소 골격에 질소 원자가 규칙적인 패턴(-N-C-C-N-C-C-)으로 삽입되어있다.

폴리펩티드 사슬에서 아미노산의 배열순서 즉 서열을 일차구조라 한다. 새로이 생성된 폴리펩티드 사슬은 꼬이거나, 굽어지거나, 루프(loop)를 형성하거나, 접혀져서 이차구조를 형성한다. R그룹사이의 수소결합은 아미노산 코일의 일부를 나선형 계단과 유사한 나선 모양을 만들게 하며, 또 다른 부위에서는 수소결합이 판구조나 루프를 형성한다(그림 3.19). 어떤 의미에서는 단백질의 각 유형에 대한 일차구조는 고유한 것이지만, 여러 단백질에서 나선, 판, 루프의 유사한 패턴이 되풀이된다는 점을 명심하여야 한다.

심하게 꼬인 고무 밴드는 스스로 다시 감기는 것처럼, 이러한 어떤 단백질의 나선, 판, 그리고 루프는 촘촘하게 채워진 도메인(domain)으로 더욱 접혀지게 된다. 도메인은 폴리펩티드 사슬 혹은 그 일부가 구조적으로 안정된 단위로서 체계화 되어있는 상태를 말한다. 이러한 세 번째 단계의 체계가 단백질의 삼차구조로서 단백질을 기능적인 분자로 만드는 것이다. 예를 들어, 몇몇 단백질의 원통 모양의 도메인은 막을 통과하는 지하철 터널의 기능을 한다(그림 3.19c).

여러 단백질은 서로 결합하고 있거나 서로 밀접하게 연합된 둘 혹은 그 이상의 폴리펩티드 사슬을 가지고 있다. 이것이 네 번째 단계의 체계로 단백질의 사차구조이다. 여러 효소 및 많은 다른 단백질은 공 모양의 구형으로, 다수의 폴리펩티드 사슬이 접혀져 둥근 모양을 하고 있다. 곧 언급할 헤모글로빈은 이러한 단백질의 전형적인 예이다.

단백질의 구조는 여기서 그치지 않는다. 종종 효소가 새로 생성된 폴리펩티드 사슬에 짧은 직선형 혹은 가지가 난 형태의 올리고당을 부착하여 당단백질을 만든다. 여러 당단백질은 세포 표면에 존재하거나 또는 세포 밖으로 분비된다. 지질 또한 여러 단백질에 부착된다. 식사 후 우리 몸에 흡수되는 콜레스테롤, 트리글리세리드, 그리고 인지질은 지질단백질과 결합한 상태로 운반된다.

여러 단백질은 폴리펩티드 사슬이 가닥이나 판 형태로 구성된 섬유성 단백질이다. 섬유성단백질은 세포의 모양과 배열에 기여하며, 세포 및 세포의 일부가 운동을 하는 것을 돕는다. 또 다른 단백질은 연골, 모발, 피부, 그리고 근육과 뇌세포의 일부분을 구성한다.

단백질의 일차구조는 공유결합으로 연결된 아미노산이 폴리펩티드 사슬로 연결된 아미노산의 연결 순서이다.

폴리펩티드 사슬의 일부 지역은 뒤틀려지고 접혀져 나선형 코일, 판 모양의 배열, 그리고 루프 형태가 된다. 이러한 배열을 단백질의 이차구조라 한다.

폴리펩티드 사슬 혹은 그 일부는 촘촘하게 접혀져, 구조적으로 안정된 기능적인 도메인으로 된다. 이러한 도메인을 단백질의 삼차구조라 한다.

여러 단백질은 사차구조를 보여주는데 이들은 2개 이상의 폴리펩티드 사슬로 구성되어있다.

# 3.6 단백질의 구조는 왜 그리도 중요한가?

*세포는 세포의 DNA가 지시하는 대로 단백질을 잘 만든다. 그러나 가끔 어떤 단백질은 잘못 만들어지게 된다. 한 아미노산이 달라지면 광범위한 결과를 가져오는 잘못된 모양으로 접혀질 수 있게 된다.*

## 단지 하나의 아미노산 이지만 . . .

각 헤모글로빈 분자는 글로빈이라 부르는 촘촘하게 채워진 4개의 폴리펩티드들로 구성되어있다. 각 글로빈 사슬은 중심에 철 원자를 가지고 있는 커다란 유기화합물인 헴(heme) 그룹을 품고 있는 포켓을 가진 모양으로 접혀있다(그림 3.20a). 헴은 산소 운반체이다. 우리 몸의 각 적혈구세포는 생존하는 동안 수십억 개의 산소 분자를 수송하며, 산소는 글로빈 분자의 헴 그룹에 결합되어있다.

글로빈은 알파와 베타형의 서로 약간 다른 두 형태로 존재한다. 성인의 경우 한 헤모글로빈 분자는 2개의 알파형과 2개의 베타형으로 구성되어있다. 정상적인 베타글로빈의 여섯 번째 아미노산은 글루탐산이지만, 가끔 DNA 돌연변이로 인해 여섯 번째 아미노산이 다른 아미노산인 발린으로 대체된다(그림 3.21b). 전체적으로 음전하를 가지고 있는 글루탐산과 달리, 발린은 순 전하를 가지지 않는다. 이러한 아미노산 하나의 치환 결과로 단백질의 작은 부위가 극성에서 비극성으로 바뀌게 되며, 이로 인하여 글로빈의 성질이 약간 달라진다. 베타 사슬에 이러한 돌연변이를 가지고 있는 헤모글로빈을 HbS라 표시한다.

## . . . 겸상(낫 모양) 적혈구 세포가 된다!

모든 인간은 부모로부터 베타글로빈에 대한 2개의 유전자를 하나씩 물려받는다(유전자는 유전형질을 암호화하는 DNA의 단위이다). 세포는 베타글로빈을 만들 때 두 유전자를 모두 사용한다. 만일 하나가 정상이고 다른 하나가 발린 돌연변이를 가지고 있다면, 그 사람의 경우 정상적인 헤모글로빈을 충분히 만들 수 있기 때문에 비교적 정상적인 삶을 살아갈 수 있다. 그러나 어떤 사람이 2개의 돌연변이 유전자를 물려받았다면 돌연변이 헤모글로빈 HbS 만을 만들 것이다. 이결과는 심각한 유전질환인 겸상적혈구 빈혈을 유발한다.

혈액이 폐를 통과할 때, 적혈구의 헤모글로빈은 산소와 결합한 다음, 산소 수준이 낮은 신체 부위에서 산소를 내놓는다. 산소를 방출하면 적혈구는 신속하게 폐로 되돌아와서 다시 산소와 결합한다. 산소가 결합하지 않은 상태에서 헤모글로빈 분자들은 잠시 동안 서로 약간만 뭉치게 된다. 그러나 HbS 분자는 산소 수준이 낮은 곳에서 위와 같이 약간만 잠시 뭉치지 않는다. HbS는 크고 안정된 막대모양의 응집체를 형성한다.

이러한 응집체를 포함한 적혈구는 겸상, 즉 낫 모양으로 뒤틀어진다(그림 3.21c). 겸상 적혈구세포는 모세혈관이라는 작은 혈관을 막히게 하여 혈액 순환을 방해한다. 조직은 산소가 결핍되게 된다. 조직 및 장기에 대한 겸상세포 빈혈로 인한 영향은 그림 3.21d에 나열되어있다.

## 변성

어떤 한 단백질의 모양이 그 단백질의 생물학적 활성을 결정한다. 글로빈 분자는 헴을 감싸 안고 있으며, 효소는 반응의 속도를 증가시키고, 수용체는 에너지 신호를 전달한다. 이러한 단백질들은 이들이 정확하게 꼬이고, 접혀지고, 조밀하게 채워진 상태가 아니라면 이런 기능을 할 수 없다. 단백질의 모양은 많은 수소결합 및 여러 다른 상호작용에 의존하는데, 열, pH의 변화, 혹은 세제가 이러한 상호작용을 파괴한다. 이 경우에, 폴리펩티드 사슬은 풀리게 되고 모양이 변하게 되는데 이러한 현상을 변성(denaturation)이라 한다.

달걀흰자 단백질인 알부민을 생각해보자. 달걀을 요리할 때, 열은 단백질의 일차구조의 공유결합은 파괴하지 않는다. 그러나 열은 알부민의 약한 수소결합을 파괴하게 되고, 따라서 단백질이 풀리게 된다. 반투명한 달걀흰자가 불투명하게 되면 알부민이 변화되었다는 것을 알 수 있다. 몇몇 단백질의 경우 정상적인 조건으로 돌아가면 원상태로 돌아갈 수도 있다. 그러나 알부민은 이러한 단백질이 아니다. 달걀을 요리하기 전 상태로 돌릴 수 있는 방법이 없다.

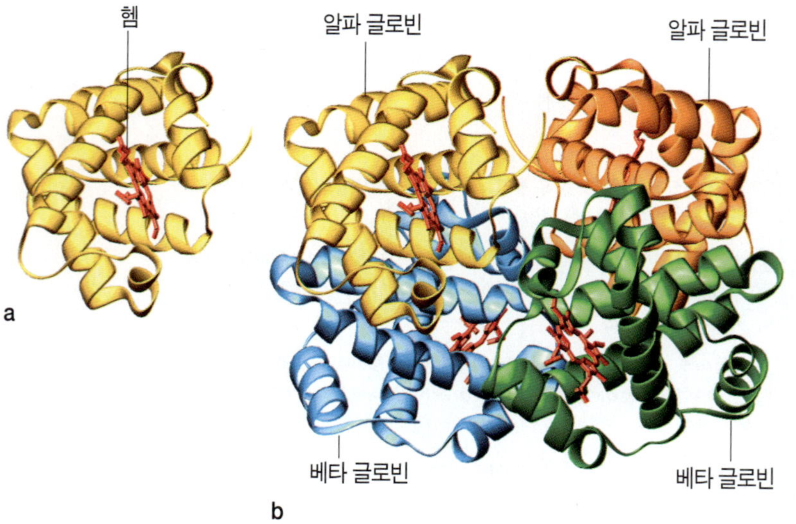


**그림 3.20** (**a**) 글로빈(globin). 이 꼬인 형태의 폴리펩티드 사슬은 철 원자를 포함하는 작용기인 헴을 감싸고 있다. (**b**) 적혈구 세포에 있는 산소를 운반하는 단백질인 헤모글로빈. 이것은 사차구조를 가진 단백질 중 하나이다. 헤모글로빈은 4개의 글로빈 분자(2개의 알파와 2개의 베타)가 수소결합으로 서로 연결되어있다.

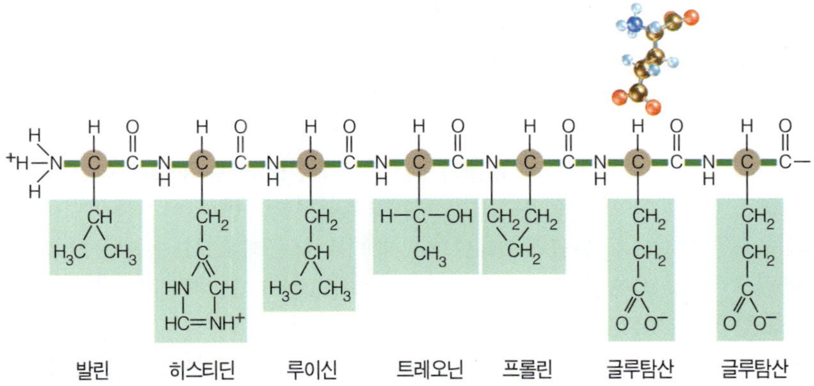


ⓐ 헤모글로빈 베타사슬의 시작점에서부터의 정상적인 아미노산 서열

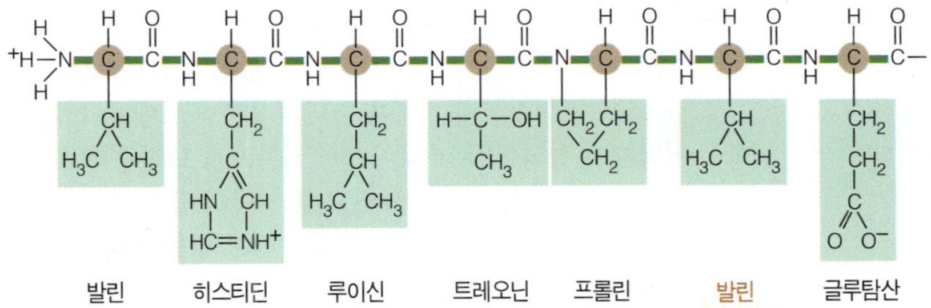


ⓑ 한 아미노산 치환으로 생긴 HbS 분자의 비정상적인 베타사슬. 합성 중인 폴리펩티드 사슬의 여섯 번째 위치에 글루탐산 대신 발린이 첨가되었다.

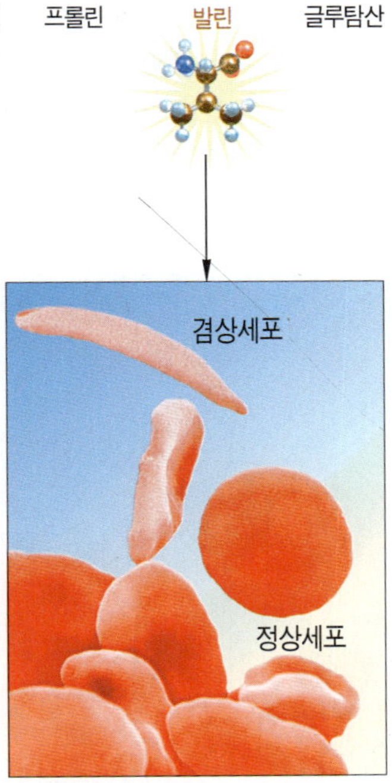


ⓒ 글루탐산은 전체적으로 음전하를 가지고 있으며 발린은 순전하가 없다. 이러한 차이가 HbS 분자에서 물을 밀어내는 점착성의 부위가 생기게 한다. 이 부위들이 서로 붙어서 막대모양으로 응집체를 형성하여 정상적인 둥근 적혈구세포가 겸상(낫 모양)으로 뒤틀게 한다. (낫은 초승달 모양의 날을 가진 농기구이다)

혈류에서 세포들의 응집

↓

순환계 문제, 뇌, 폐, 심장, 골격근, 창자, 그리고 신장 손상

↓

심장마비, 사지마비, 폐렴, 류마티스, 내장 통증, 신부전

겸상세포가 비장에 농축된다

↓

비장이 확대된다

↓

면역기능 손상

겸상세포의 신속한 파괴

↓

빈혈, 신체쇠약, 피로, 발달장애, 심실팽창

↓

뇌기능 손상, 심장마비

ⓓ *왼쪽 상단:* 멜바 모어(Melba Moore). 겸상세포빈혈 단체의 유명인사 대변인. *오른쪽 상단:* 헤모글로빈 베타 사슬에 대한 2개의 돌연변이 유전자($Hb^S$)를 가진 사람의 증상 범위

**그림 3.21** 겸상적혈구 빈혈의 분자적 기초와 주요 증상. 16.9절과 33.3절에서 이러한 유전질환의 진화학적 및 생태학적 양상에 대하여 다룬다.

그렇다면 다시 생각해보아야할 중요한 숙제는 무엇인가? 헤모글로빈, 호르몬, 효소, 수송체들은 우리가 생존하는 것을 도와주는 단백질들이다. 폴리펩티드 사슬이 꼬이고 접혀짐으로서 우리 몸의 침입자를 물어버리는 턱의 역할을 하거나, 막을 관통하는 통 또는 막에 박혀 있는 기능을 하는 단백질이 형성된다. 돌연변이는 막에 결합하는 기능, 수송 기능, 혹은 방어 기능을 억제하거나 촉진시키기에 충분할 정도로 이 사슬들을 변화시킬 수 있다. 때때로 그 결과는 끔찍하다. 그렇지만 서열 및 기능적 도메인의 변화가 또한 진화의 요인이 되는 형질의 변이를 가져오다. 단백질의 구조와 기능에 대하여 공부하시오. 그러면 지극히 정상적인 단백질 발현과 비정상적인 발현을 통하여 생명현상을 이해하는 길이 열릴 것이다.

*단백질의 구조가 기능을 결정한다. 단백질의 구조를 변화시키는 돌연변이는 단백질의 기능과 돌연변이를 가지고 있는 생명체의 건강에 심각한 결과를 초래한다.*

## 3.7 뉴클레오티드와 핵산

*뉴클레오티드라 부르는 작은 유기화합물은 에너지 운반체, 조효소, 메신저의 역할을 한다. 일부는 DNA와 RNA의 구성 요소이다. 한마디로 뉴클레오티드는 대사, 생존, 복제의 중심이다.*

뉴클레오티드는 하나의 당과 적어도 하나의 인산기, 그리고 질소를 포함하는 염기를 하나 가지고 있다. 디옥시리보오즈 혹은 리보오즈는 당으로 모두 5개 탄소로 구성된 고리 구조이다. 리보오즈는 고리의 2번 탄소에 산소가 부착되어있으나 디옥시리보오즈는 산소가 없다. 염기는 단일 혹은 이중 탄소 고리 구조를 가지고 있다.

뉴클레오티드 **ATP(adenosine triphosphate)**는 당에 3개의 인산기가 연속해서 붙어있다(그림 3.22). ATP는 최외곽 인산기를 여러 다른 분자에 손쉽게 전달하여 그들이 반응성을 가지도록 한다. 이러한 전달이 대사 과정에서 필수적이다.

다른 뉴클레오티드는 대사 과정에서 서로 다른 역할을 한다. 일부는 **조효소(coenzyme)**로 효소가 기능을 하는데 필요하다. 이들은 전자와 수소를 한 반응부위에서 다른 부위로 이동시킨다. $NAD^+$와 FAD가 주요 부류이다.

또한 다른 뉴클레오티드는 세포 내부나 세포사이의 화학적 메신저로 작용한다. 이 교재 후반부에 cAMP (cyclic adenosine monophosphate)로 알려진 이러한 메신저 중 하나를 배우게 될 것이다.

어떤 특정 뉴클레오티드는 **핵산(nucleic acid)**이라는 단일 및 이중 가닥 분자의 단량체로서 작용한다. 이러한 가닥에서 한 뉴클레오티드의 당과 다음 뉴클레오티드의 인산기 사이에서 공유결합이 형성된다(그림 3.23). 핵산인 DNA와 RNA는 유전정보를 저장하고 회수한다.

모든 세포는 그들의 **DNA**, 즉 **디옥시리보핵산(deoxyribonucleic acid)**의 2가닥의 분자 안에 있는 지침에 따라 생명을 시작하고 자신을 유지한다. 이 핵산은 네 종류의 디옥시리보뉴클레오티드로 구성되어있다. 이들의 구조는 그림 3.23a에 나타나있다. 그림에서 보는 바와 같이 네 종류는 아데닌, 구아닌, 티민, 시토신으로 오직 염기 성분이 서로 다르다.

그림 3.24는 DNA 분자 전체를 따라서 염기사이에 수소결합이 어떻게 형성되어 두 가닥이 연결되는가를 보여준다. 각 염기쌍을 사다리의 발판으로 그리고 두 가닥의 당-인산기 골격을 사다리의 기둥으로 생각하라. 사다리는 뒤틀어지고 규칙적인 패턴으로 돌아가서 이중 나선을 형성한다.

DNA에 있는 염기 서열이 각 새로운 세포가 성장하고 자신을 유지하며 심지어 복제를 할 수 있는 능력을 세포에게 주는 모든 단백질에 대한 유전정보를 암호화 한다. 각 종 마다 서열의 일부는 독특하다. 일부분은 여러 종에서 동일하거나, 혹은 거의 동일하다. 12장에서 DNA의 구조와 기능에 대하여 다시 공부할 것이다.

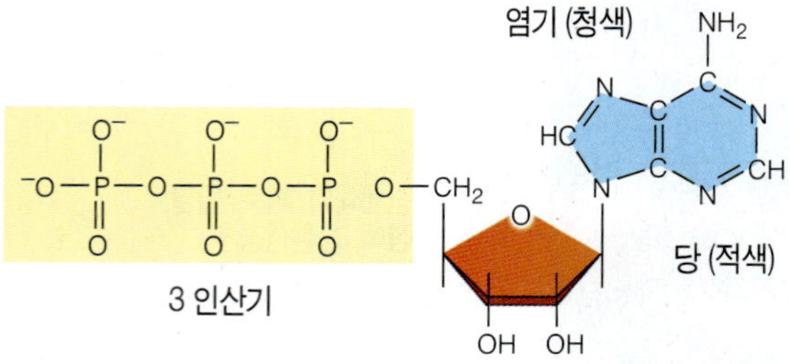


**그림 3.22** ATP분자의 구조식

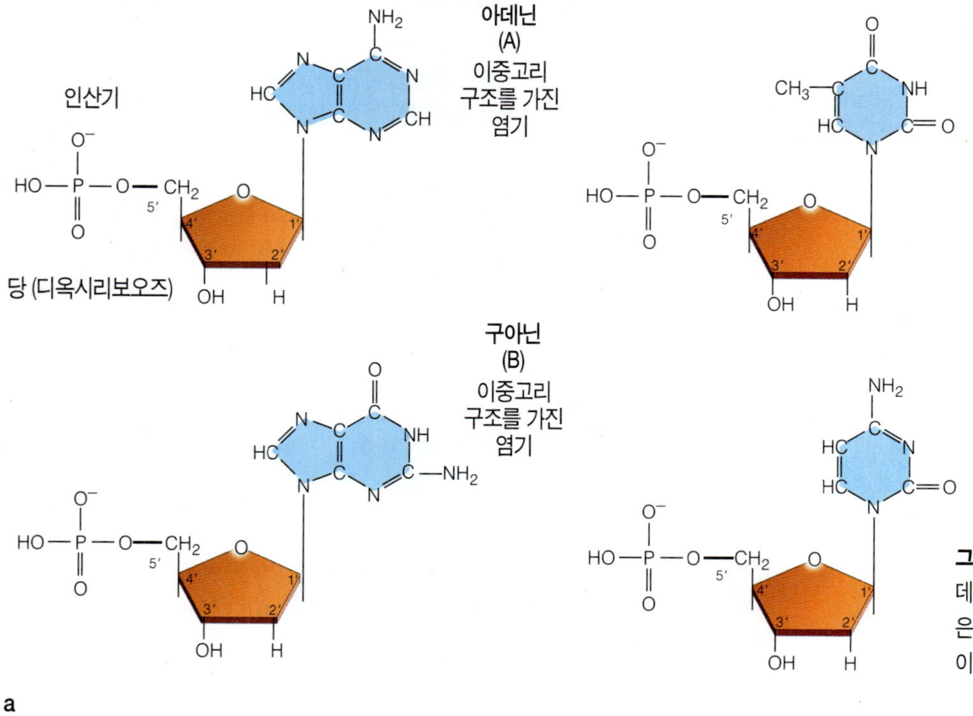


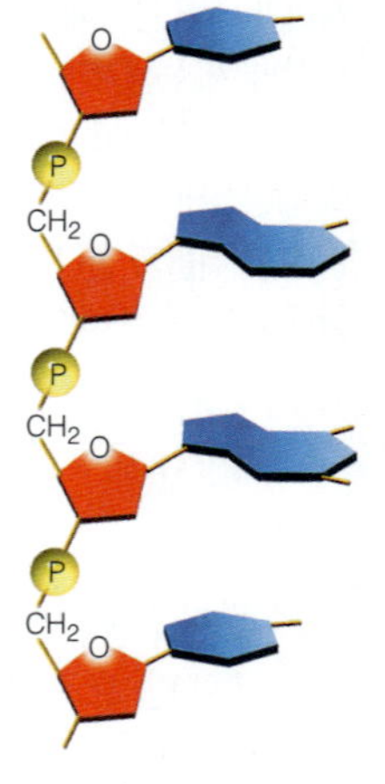


**그림 3.23** (a) DNA의 뉴클레오티드. 뉴클레오티드 염기 중 아데닌과 구아닌은 이중 고리 구조를 가지고 있다. 티민과 시토신은 단일 고리구조를 가지고 있다. (b) 핵산에서 연속적인 염기사이의 결합 패턴.

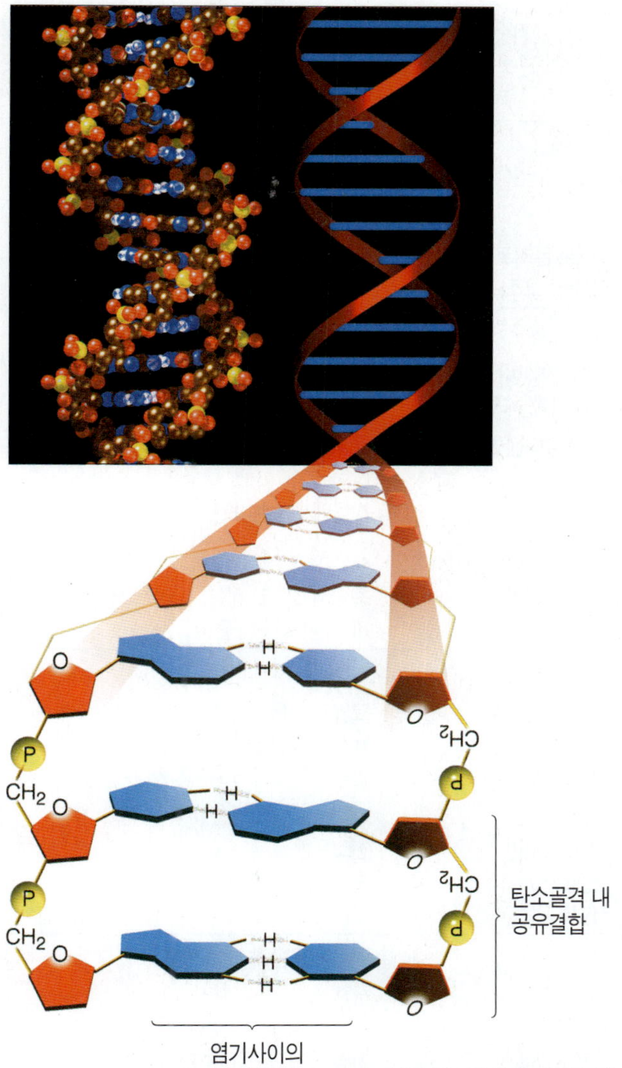


**그림 3.24** DNA 분자의 모델.

**RNA (ribonucleic acid)**는 네 종류의 리보뉴클레오티드 단량체를 가지고 있다. DNA와는 달리, 대부분의 RNA는 단일 가닥이며, 한 염기는 티민 대신 유라실이다. 한 유형의 RNA는 진핵세포 DNA에 들어있는 단백질을 만드는 지침을 핵 안으로부터 다른 유형의 RNA에 의해 단백질이 만들어지는 세포질로 운반하는 메신저이다. RNA와 단백질 합성에서의 RNA 역할에 대하여 13장에서 다시 공부할 것이다.

*서로 다른 뉴클레오티드는 조효소, 핵산의 소단위, 에너지 운반체, 그리고 화학적 신호물질로 사용된다.*

*핵산인 DNA는 2가닥의 뉴클레오티드로 수소결합으로 연결되어 이중 나선으로 꼬인 구조를 형성한다. DNA의 뉴클레오티드의 서열은 세포의 단백질을 어떻게 만들 것인가에 대한 모든 유전정보를 포함하고 있다.*

*RNA는 단일가닥 핵산이다. 서로 다른 RNA가 세포가 단백질을 만들기 위해 DNA의 유전정보를 꺼내서 사용하는 과정에서 각각 역할을 한다.*

## 요약

**3.1절** 유기화합물은 탄소와 적어도 하나의 수소원자로 구성되어 있다. 탄소원자는 최대 4개의 다른 원자와 공유결합을 할 수 있으며 종종 긴 사슬이나 고리를 형성한다. 탄소골격에 부착되어있는 작용기가 유기화합물의 성질을 결정한다. 탄수화물, 단백질, 지질, 그리고 핵산은 효소의 반응들에 의해 더 작은 유기화합물의 소단위체로부터 합성된다. 표 3.1에 이들 화합물이 요약되어있다.

**3.2절** 해저 바닥에서 아키아에 의해 생산된 메탄가스는 다양한 미생물에 의해 부분적으로 대사된다. 수백만 톤의 잔류 메탄은 불안정하고, 폭발 가능성이 있는 메탄수화물로 해저에 퇴적되어있다.

**3.3절** 탄수화물은 단당류, 올리고당류, 그리고 다당류를 포함한다. 살아있는 세포는 탄수화물을 에너지원, 수송 가능한 혹은 저장 가능한 에너지 형태로, 그리고 구조 물질로 사용한다.

**3.4절** 지질은 미끈미끈하며 기름기가 있는 화합물로서 물에 녹지 않는 경향이 있지만 다른 지질과 같은 비극성 화합물과 쉽게 섞인다. 중성지방(트리글리세리드), 인지질, 왁스, 그리고 스테롤이 지질이다. 세포는 지질을 주된 에너지원으로 사용하며 구조 물질로 사용한다.

**3.5절** 구조적으로나 기능적으로 보면, 단백질은 가장 다양한 생명의 분자이다. 단백질의 구조는 폴리펩티드 사슬인 아미노산의 서열이다. 이 사슬들은 뒤틀리고, 꼬이며, 굽어져서 기능적 도메인이 된다. 헤모글로빈과 대부분의 효소를 포함해서 여러 단백질은 둘 혹은 그이상의 사슬로 구성되어있다. 어떤 단백질 응집체는 모발, 근육, 결합조직, 세포골격 등을 형성한다.

**3.6절** 단백질의 전체적인 구조가 단백질의 기능을 결정한다. 가끔 DNA 돌연변이의 결과로 아미노산이 치환되어 단백질이 극단적으로 변화된다. 이러한 변화는 겸상세포빈혈과 같은 여러 유전병의 원인이 된다. 온도, pH 변화, 혹은 세제에 노출되면 단백질의 모양을 유지하는 약한 결합들이 파괴되며, 일반적으로 단백질 접힘이 영구적으로 풀어지게 된다.

**3.7절** 뉴클레오티드는 당, 인산기, 그리고 질소를 포함하는 염기로 구성되어있다. 뉴클레오티드는 대사, 생존, 그리고 복제에 매우 중요한 역할을 한다. ATP는 인산기를 전달함으로써 여러 종류의 분자를 에너지화 시킨다. 다른 뉴클레오티드는 조효소이거나 화학적 메신저이다. DNA와 RNA는 핵산으로 각각 네 종류의 뉴클레오티드로 구성되어있다.

DNA의 뉴클레오티드 염기 서열은 세포의 모든 단백질을 어떻게 만들 것인가에 대한 지침을 암호화한다. DNA의 유전정보의 번역과정에서 서로 다른 RNA 종류가 상호작용한다.

### 표 3.1 생명체의 주요 유기화합물의 요약

| 부류 | 주요 소부류 | 몇 가지 예와 기능 | |
|---|---|---|---|
| **탄수화물(Carbohydrates)**<br>... 알데히드 또는 케톤기, 그리고 하나 이상의 수산기를 가지고 있다 | **단당류** (단순 당류) | 포도당 | 에너지원 |
| | **올리고당류** (짧은 사슬 탄수화물) | 설탕(이당류) | 가장 일반적인 형태의 당; 식물에서 수송되는 형태 |
| | **다당류** (복합 탄수화물) | 녹말, 글리코겐, 셀룰로오즈 | 에너지 저장 구조적 역할 |
| **지질(Lipids)**<br>... 주로 탄화수소이다; 일반적으로 물에 녹지 않으나 다른 지질과 같은 비극성물질에 녹는다. | **지방산을 가진 지질** | | |
| | *글리세리드*: 글리세롤 골격에 하나, 둘, 혹은 세 개의 지방산 꼬리가 붙어있다 | 지방 (예, 버터), 유지 (예, 옥수수유) | 에너지 저장 |
| | *인지질*: 글리세롤 골격, 인산기, 하나의 또 다른 극성 그룹, 그리고 (종종) 2개의 지방산이 붙어있다 | 포스파티딜콜린 | 세포막의 핵심 성분 |
| | *왁스*: 긴 사슬 지방산 꼬리를 가진 알코올 | 큐틴에 있는 왁스 | 식물에서 수분 보존 |
| | **지방산이 없는 지질** | | |
| | *스테롤*: 4개의 탄소 고리; 스테롤 사이에 작용기의 숫자, 위치, 유형이 서로 다르다 | 콜레스테롤 | 동물세포막의 성분; 여러 스테로이드와 비타민 D의 전구물질 |
| **단백질(Proteins)**<br>... 하나 이상의 폴리펩티드 사슬로 각 단백질은 아미노산이 최대 수천 개가 공유결합으로 연결되어있다. | **섬유성 단백질** | | |
| | 긴 가닥이나 판 형태의 폴리펩티드 사슬; 종종 강인하고 비수용성이다 | 케라틴<br>콜라겐<br>효소 | 모발과 손톱의 구조적 요소<br>뼈의 구조적 요소<br>반응속도를 크게 증가시킨다 |
| | **구형 단백질** | | |
| | 하나의 이상의 폴리펩티드 사슬이 구형으로 서로 접혀져 있다; 세포 활성에 여러 가지 역할 | 헤모글로빈<br>인슐린<br>항체 | 산소운반<br>포도당 대사 조절<br>조직 방어 |
| **핵산 및 뉴클레오티드 (Nucleic Acids and Nucleotide)**<br>... 5탄당, 인산기, 질소를 포함하는 염기로 구성된 단위인 뉴클레오티드가 연결된 사슬 (혹은 단일 단위체) | **아데노신삼인산** (ATP) | ATP | 에너지 운반체 |
| | **뉴클레오티드 조효소** | $NAD^+$, $NADP^+$, FAD | 한 반응부위에서 다른 부위로 전자, 수소이온($H^+$)의 전달 |
| | **핵산**<br>수천에서 수백만 개의 뉴클레오티드의 사슬 | DNA, RNAs | 유전정보의 저장, 전달, 번역 |

## 자습-퀴즈

*정답은 부록 Ⅲ에 있음*

1. 생명의 분자와 이들을 만드는 작은 유기화합물의 종류에는 무엇이 있는가?

2. 각 탄소 원자는 최대 몇 개의 다른 원자와 전자쌍을 공유할 수 있는가?
   a. 1 b. 2 c. 3 d. 4

3. 당은 ______의 부류로 하나 이상의 ______기를 가지고 있다.
   a. 단백질; 아미노 b. 산; 인산
   c. 알코올; 수산 d. 탄수화물; 카르복실

4. ____은(는) 단당류인 단순 당이다.
   a. 포도당 b. 설탕 c. 리보즈
   d. 키틴 e. a 와 b f. a 와 c

5. 불포화지방의 지방산 꼬리는 하나의 이상의 ____을 함유한다.
   a. 단일 공유결합 b. 이중 공유결합

6. 스테롤은 _____을(를) 가지고 있지 않은 여러 종류의 지질에 속한다.
   a. 포화 b. 지방산
   c. 인산기 d. 탄소

7. 아래에 나열된 모든 분자를 포함하는 분자의 부류는 다음 중 어느 것인가?
   a. 트리글리세리드 b. 지방산 c. 왁스
   d. 스테롤 e. 지질 f. 인지질

8. _____이 단백질에 대한 관계는 _____이(가) 핵산에 대한 관계와 같다.

a. 당; 지질　　　　　　b. 당; 단백질
c. 아미노산; 수소결합　　d. 아미노산; 뉴클레오티드

9. 변성된 단백질은 단백질의 ____을 잃어버렸다.
a. 수소결합　　　　　b. 모양
c. 기능　　　　　　　d. 모두 답

10. 뉴클레오티드는 ____에 존재한다.
a. ATP　　b. DNA　　c. RNA　　d. 모두 답

11. 다음 중 DNA에서 발견되지 않는 뉴클레오티드는?
a. 아데닌　　b. 유라실　　c. 티민　　d. 구아닌

12. 아래 분자들을 가장 적절한 설명과 짝지으시오.
____ 아미노산의 긴 사슬　　　　　　　　a. 탄수화물
____ 세포에서 재충전이 가능한 배터리 b. 인지질
____ 글리세롤, 지방산, 인산기　　　　　c. 폴리펩티드
____ 뉴클레오티드의 2가닥　　　　　　d. DNA
____ 하나 이상의 당 단량체　　　　　　e. ATP

**그림 3.25** 감자튀김에 대하여 다시 생각해 볼까?

## *분석적으로 생각하기*

1. 다음 보기의 물질은 탄수화물, 지방산, 아미노산, 그리고 폴리펩티드 중 각각 무엇인가?
a. $^{+}NH_3$-CHR-$COO^-$　　b. $C_6H_{12}O_6$
c. $(glycine)_{20}$　　　　　d. $CH_3(CH_2)_{16}COOH$

2. 건강 식품점의 점원이 장미 열매에서 추출한 "천연" 비타민 C가 합성비타민 C보다 좋다고 말한다. 유기화합물의 구조에 대한 여러분의 지식에 근거한다면 어떻게 대답하겠는가? 천연비타민과 합성비타민이 서로 다른가를 테스트할 수 있는 실험을 어떻게 디자인할 것인가?

3. 불포화지방산의 경우 "좋은" 불포화지방산과 "나쁜" 불포화지방산이 존재하는듯하다. 두 불포화지방산에 있는 이중결합으로 지방산 꼬리가 굽어지게 된다. 그러나 트랜스(trans) 지방산꼬리가 굽어지면 지방산 꼬리 전 구간에 걸쳐 같은 방향으로 굽어지게 한다. 시스(cis) 지방산꼬리는 굽어지면 지방산을 지그재그 형태로 만든다(그림 3.25).

소고기에 몇 가지 트랜스 지방산이 자연적으로 존재한다. 그러나 트랜스 지방산의 대부분은 야채유를 마아가린, 쇼트닝을 만들기 위해 고체화시키는 공정에서 형성된다. 이러한 물질은 쿠키와 같은 제조식품을 만드는데 널리 사용되며, 감자튀김 또는 다른 패스트푸드를 만드는데 널리 사용된다. 트랜스지방산은 심장마비와 관련이 있다. 우리 몸은 왜 트랜스지방산보다 시스지방산을 손쉽게 다루는지 그 이유에 대하여 추측해보시오.

4. 단백질 도메인의 모양은 종종 단백질의 기능에 대한 실마리를 제공해준다. 예를 들어, 척추동물의 세포의 표면에 있는 인식단백질의 일종인 HLA가 오른편 그림에 있다. 면역계의 어떤 세포는 HLA를 이용하여 자신의 세포와 외래 세포를 서로 구별한다. 각 HLA는 턱 모양의 부위(화살표)를 가지고 있으며 이곳에서 외래 단백질 절편과 결합하고 면역계의 T세포에 제공하여 외부침입자 또는 다른 위협의 존재한다는 것을 경고한다. 만일 돌연변이가 이 턱 모양의 부위가 잘못 접혀지도록 하였다면 어떤 일이 일어날지 추측해 보시오.

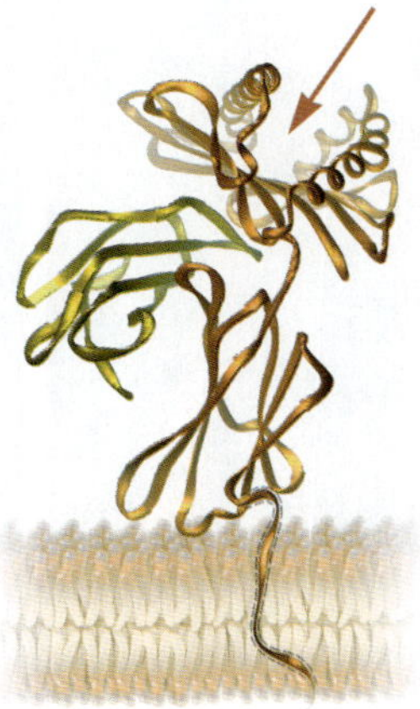

5. 음식물로부터 혹은 간에서 합성된 콜레스테롤은 너무 소수성이여서 혈액 내에서 순환될 수 없기에 단백질과 복합체를 형성하여 혈액 내에서 운반된다. LDL이라는 저밀도지질단백질은 콜레스테롤을 간으로부터 세포로 운반한다. HDL이라 부르는 고밀도지질단백질은 죽은 세포에서 방출된 콜레스테롤을 다시 간으로 운반하는 역할을 한다.

LDL 수준이 높으면 동맥경화, 심장질환, 그리고 뇌졸중과 연관이 있다고 알려져 있다. LDL에 있는 주된 단백질은 ApoA1이며, 이 단백질의 돌연변이체는 일차구조인 아미노산 서열의 한 위치에 잘못된 아미노산(아르기닌 대신에 시스테인)을 가지고 있다. 이러한 LDL 돌연변이를 가진 사람은 HDL 수준이 매우 낮았다. 이것은 심장질환을 가질 것으로 예측되는 보편적인 특징이지만, 예상 밖으로 이들은 심장에 아무런 문제가 없다. 몇몇 심장병 환자에게 이 돌연변이 LDL을 주사하자, 환자의 동맥에 축적된 콜레스테롤의 크기가 빠르게 감소하였다. 즉 돌연변이 LDL이 배수관 세척제와 같은 역할을 하였다.

지금으로부터 수년 이내에 이러한 치료로 수년 동안의 손상된 동맥을 되돌리는 것이 가능할지 모른다. 그러나 저지방, 저콜레스테롤 음식을 섭취하는 것이 아직도 최선의 예방수단이라고 많은 사람들이 주의를 환기시킨다. 건강한 식단 대신에 여러분은 동맥 청소 치료를 선택하겠는가?

# 4 세포는 어떻게 함께 모이게 되었을까?

## 최근 이슈와 그 영향력 세포는 어디에서 유래했을까?

당신은 당신이 약 1/1000 km 가까운 크기의 키를 가졌다고 생각한 적이 있습니까? 아마 아닐 것입니다. 그러나 그런 식으로 우리는 세포에 대해 생각하고 있습니다. 우리는 세포를 마이크로미터 단위로 측정하는데 1m는 1mm의 1/1000이고 1mm는 1m의 1/1000, 1m는 1km의 1/1000이다. 그림 4.1의 세균은 약 몇 m의 크기이다.

약 25-39억년 전의 먼 과거에 지구 상에 나타난 세포는 이보다 더 작았다. 그것들은 원핵세포(prokaryotes)로서 DNA가 세포질에 노출되어 있는 상태로 핵이 없었다. 그 당시 대기에는 산소가 거의 없었기 때문에 세포는 아마도 혐기성 반응에 의해 먹이에서 에너지를 추출했을 것으로 믿어진다. 먹이는 단순한 유기화합물 형태로 자연적인 지질학적 과정을 통해 주변환경에 이미 다량 축적되어 있었다.

21억년 전에 갯벌이나 담수 서식처에는 작은 세포들이 세상을 서서히 변화시키고 있었다. 방대한 개체가 광합성 경로를 통해 먹이를 만들고 부산물로 산소를 배출하였다. 처음에는 산소는 바위의 철분과 결합하여 철을 부식시켰고, 노출된 모든 철을 다 산화시킨 후에는 지구 상에 축적되기 시작하여 물 속의 자유 산소의 농도가 점점 증가하였고, 나중에는 공기 중에 증가로 이어졌다.

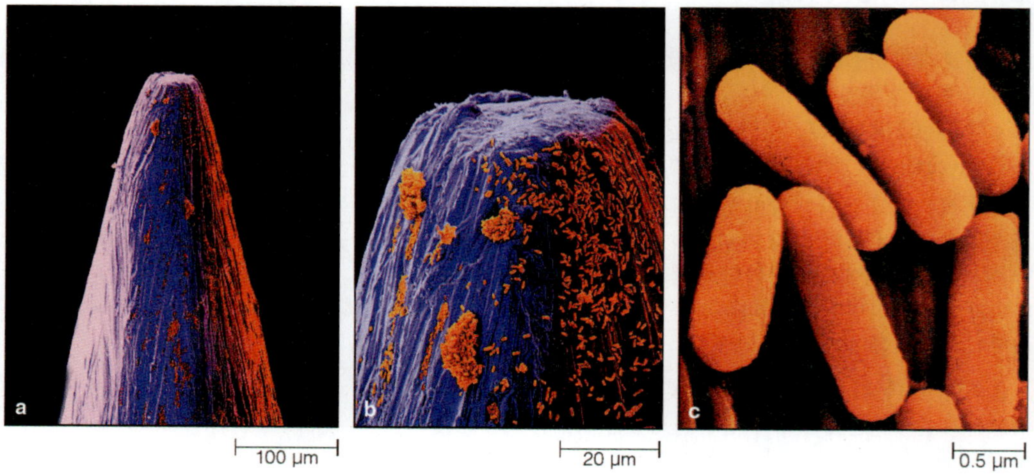


**그림 4.1** 세포들이 얼마나 작은가? 이 그림에서 박테리아 세포는 옷핀의 끝에 뿌려진 가루처럼 보인다.

## 개요도

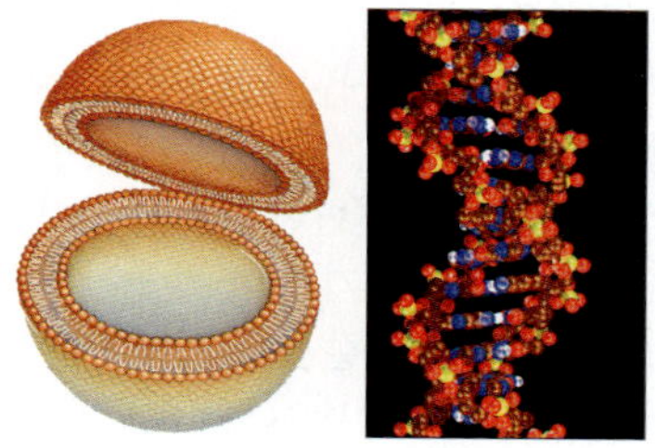

**기본적인 세포의 구조** 거의 모든 세포는 현미경으로 관찰이 가능한 정도의 크기이다. 그들은 세포막과 반 액체 상의 세포질, 그리고 DNA 등으로 이루어져 생명을 나타낸다. 세포막은 특정 물질이 세포 안과 밖으로 이동하는 것을 조절한다.

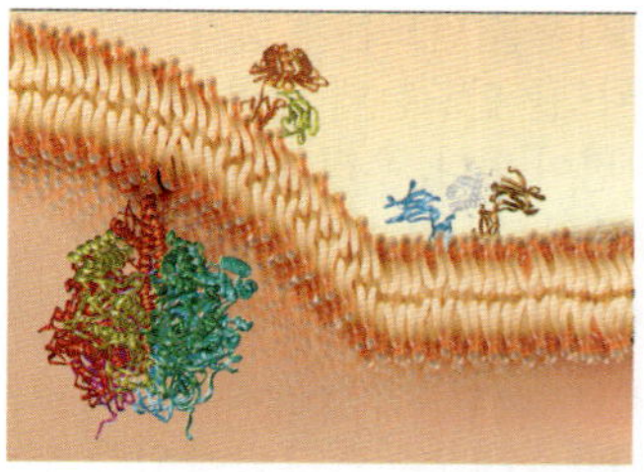

**세포막의 구조** 인지질 분자로 이루어진 두 층의 구조가 세포막의 기본 구조이다. 이 이중막에 결합되거나 표면에 붙어있는 단백질들이 막의 여러 기능을 나타내게 된다.

반응성 기체인 산소는 세포를 이루는 물질을 포함하는 유기물을 공격하였다. 산소가 많아진 대기는 지구 전체의 선발 지표가 되었다. 산소를 중화시킬 수 없는 세포주들은 진흙이나 다른 혐기성 환경에서 나올 수 없었다. 변이에 의해 대사 과정이 바뀐 어떤 균주는 산소를 중화 시킬 수 있게 되어 그것을 사용할 수 있게 되었다. 호기적 호흡을 하는 산소-요구 경로가 대부분의 세포 군들에 나타나고 이것들은 주위 환경을 이용하여 경쟁력 있게 생장을 하게 되었다.

산소가 대단히 많아지게 되자 미생물들의 먹이인 유기물들이 점점 사라지게 되었다. 살아있는 세포들이 만들어 내는 화합물들이 탄소와 에너지원으로 사용되게 되었다. 가능한 먹이 자원의 변화와 함께하여 포식자, 기생자, 그리고 동반자들이 출현하였다. 첫 번째 진핵세포(eukaryotes)가 그들 중의 하나이다.

그 새로운 세포는 세포 내의 막으로 이루어진 작은 기관 내에서 반응을 일으키고 먹이를 저장하였다. 그 중 하나의 주머니인 핵에서는 자신의 DNA를 조절할 수 있는 작용을 갖게 되었다. 미토콘드리아라고 불리는 다른 곳에서는 훨씬 많은 양의 에너지를 생산하였고 이로 인해 더 크고, 복잡하며 활발한 생명현상을 나타내기에 충분한 몸을 이루기 시작했다. 작은 세포 안에서의 그와 같은 변혁이 없었다면 큰 식물이나 동물은 절대 생겨날 수 없었을 것이다.

이 과에서는 전핵세포와 진핵세포의 일반적인 성질을 규명한다. 이러한 작업은 당신의 조상인 원시세포가 어떻게 조성되었는지를 상상하게 해줄 것이다.

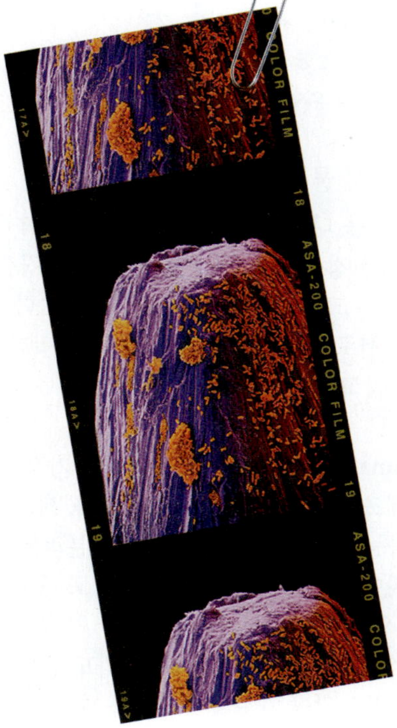


### 찬반의견 투표

*어떻게 투표하겠는가? 연구자들은 전핵세포들을 변형시켜서 가장 작은 생명체를 만들어 보려고 한다. 그들은 한 번에 한 개씩의 유전자를 제거함으로써 새로운 개체를 만들려고 한다. 이러한 연구가 계속되어야 한다고 생각하는가? 미디어 메뉴에서 상세한 내용을 참고하여 온라인 투표를 한다.*

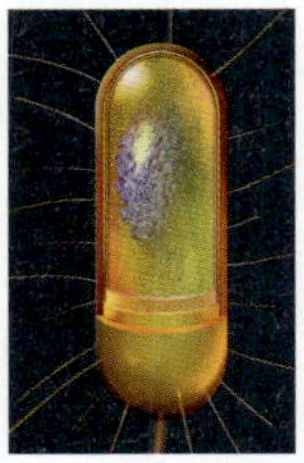

**원핵세포** 진핵세포와 비교할 때 전핵세포는 세포 내부가 복잡하지 않으며 핵이 없다. 그렇지만, 전체적으로 볼 때 그들은 대사적 측면에서 가장 다양한 개체이다.

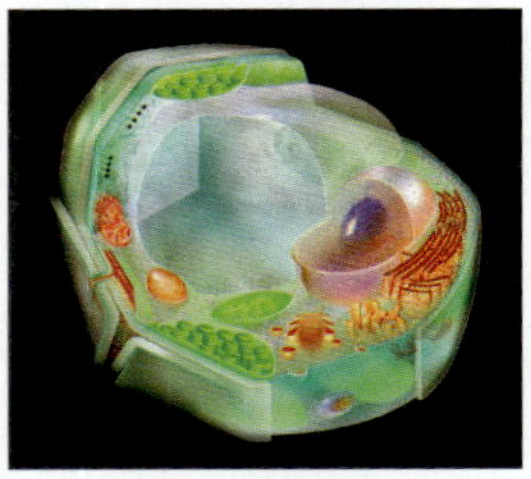

**진핵세포** 진핵세포는 세포 소기관을 갖고 있다. 이들 막에 둘러 쌓인 소 기관들은 분화된 기능을 담당하는 각 구역으로 나누어 지게 된다. 가장 중요한 소기관인 핵은 다른 세포질의 기관들로부터 DNA를 구별한다.

## 4.1 그렇다면 세포란 무엇인가?

*당신의 몸 속과 몸 속의 습기 찬 표면에는 수 십조 개의 세포가 상호 작용을 하며 살고 있다. 북반구의 숲에는 네 개의 방을 가진 구조의 송화가루가 소나무에서 떨어져 내린다. 연못의 찐득찐득한 표면에서는 박테리아와 아메바 같은 세포들이 떠 다닌다. 이들 세포들은 서로 어떻게 다르며 또 어떤 유사함을 갖고 있는가?*

### 모든 세포의 구성 물질

세포는 생명현상을 나타내는 가장 최소단위이다: 대사를 할 수 있으며, 주위 환경에 대해 반응 할 수 있고, 성장을 하고 생식을 한다. 세포는 크기, 모양, 활성에 있어 서로 다르지만 세 가지 면에서는 서로 공통점을 갖고 있다. 세포막과 DNA 그리고 세포질을 갖고 있는 것이다(그림 4.2):

1. **세포막(plasma membrane)**. 얇고 세포의 가장 바깥에 위치하는 막은 세포를 독특한 개체로 구별한다. 세포막은 대사 과정이 조절 가능한 형태로, 바깥 환경과는 분리된 상태로 진행 되도록 유지한다. 그렇지만 세포막은 세포 내부를 완전히 격리시키지는 않는다. 그 이유는 이 막이 마치 많은 아무에게나 열어 주지 않는 많은 창문이 달린 집과도 같다. 물, 산소, 이산화 탄소는 세포막을 가로질러 자유롭게 통과를 할 수 있다. 영양분이나, 철분과 같은 물질은 어떤 도움이 있어야 막을 통과할 수 있다.

2. **핵(Nucleus 또는 nucleoid)**. DNA는 막으로 둘러싸인 핵의 내부를 차지하고 있거나, 간단한 형태의 생명체에는 세포질과 함께 혼재해 있다(nucleoid).

3. **세포질(cytoplasm)**. 세포질은 세포막과 DNA 영역 사이에 있는 모든 것이다. 그것은 반고체 상태의 matrix로서 리보솜과 같은 단백질 합성 도구를 포함한다.

구조적인 관점에서 전핵세포는 가장 간단한 세포이다: DNA와 세포질 사이에 아무 구분이 없다. 진균류나 고세균 (archea)은 원핵생물들이다. 그 외 다른 생명체는아메바에서 나무, 버섯, 코끼리에 이르기까지모두 진핵생물이다. 세포 내막이 진핵세포의 세포질을 여러 종류의 기능 기관들로 나눈다. 그 중 핵은 원핵세포와 진핵세포를 구별하는 특이 구조이다.

### 왜 세포는 더 크지 않을까?

세포들 중에 맨 눈으로 볼 수 있는 것이 있을까? 몇 종류의 세포의 경우는 가능하다. 새알의 배아, 수박의 조직, 생선 알 등이 그 예에 속한다. 이들 세포는 대사학적 관점에서 말하면 이미 성숙해서 아무 것도 하지 않기 때문이다. 대부분의 대사적으로 활발한 세포는 너무 작아서 맨 눈으로는 볼 수 없다(그림 4.3).

그렇다면 왜 세포는 크지 않은 것일까? 부피와 표면적의 비의 관계가 세포의 크기가 증가하는 것을 제한하게 된다. 이러한 관계식에 의하면 어떤 세포의 부피는 반지름의 세제곱에 비례하지만 표면적은 제곱에 비례한다.

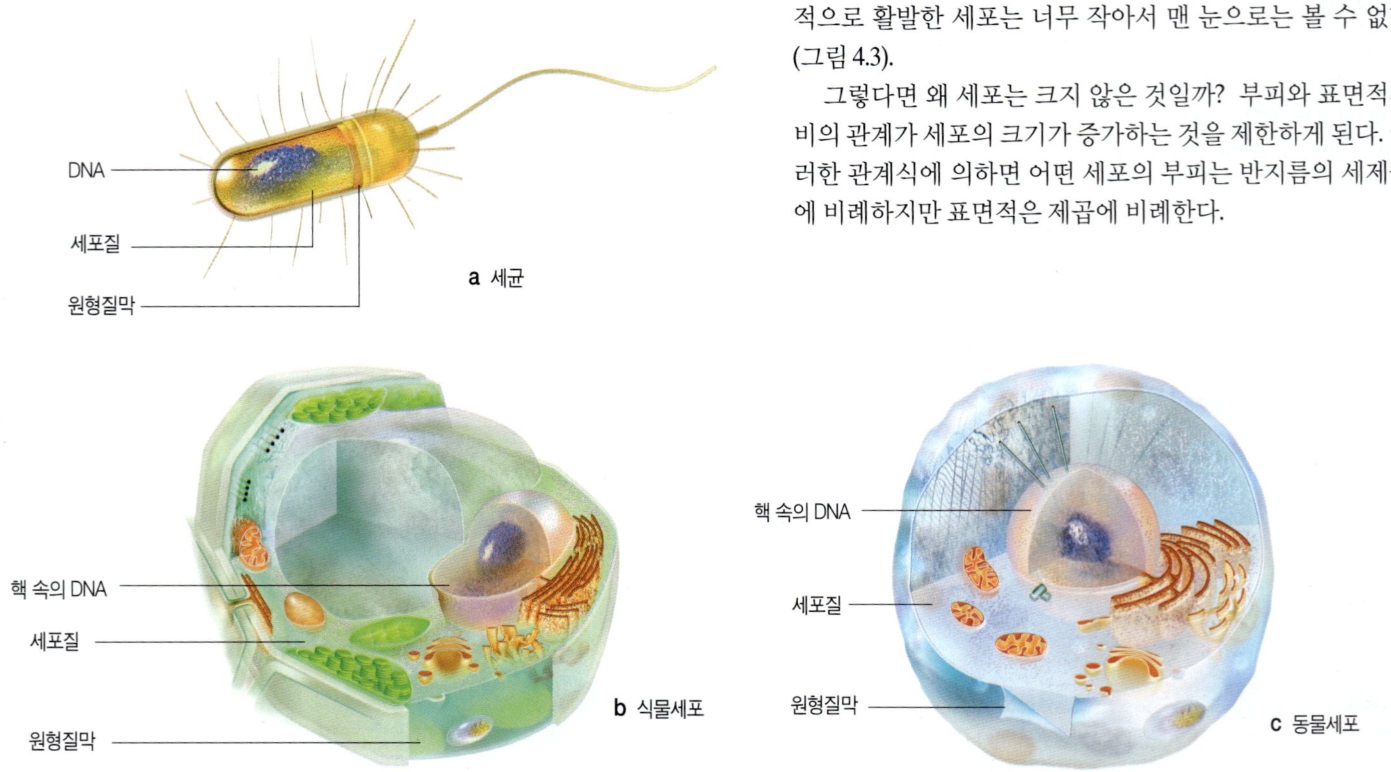


**그림 4.2** 일반적인 원핵세포와 진핵세포의 구성. 이 세포들은 정확한 크기 비율로 그려지지 않았다.

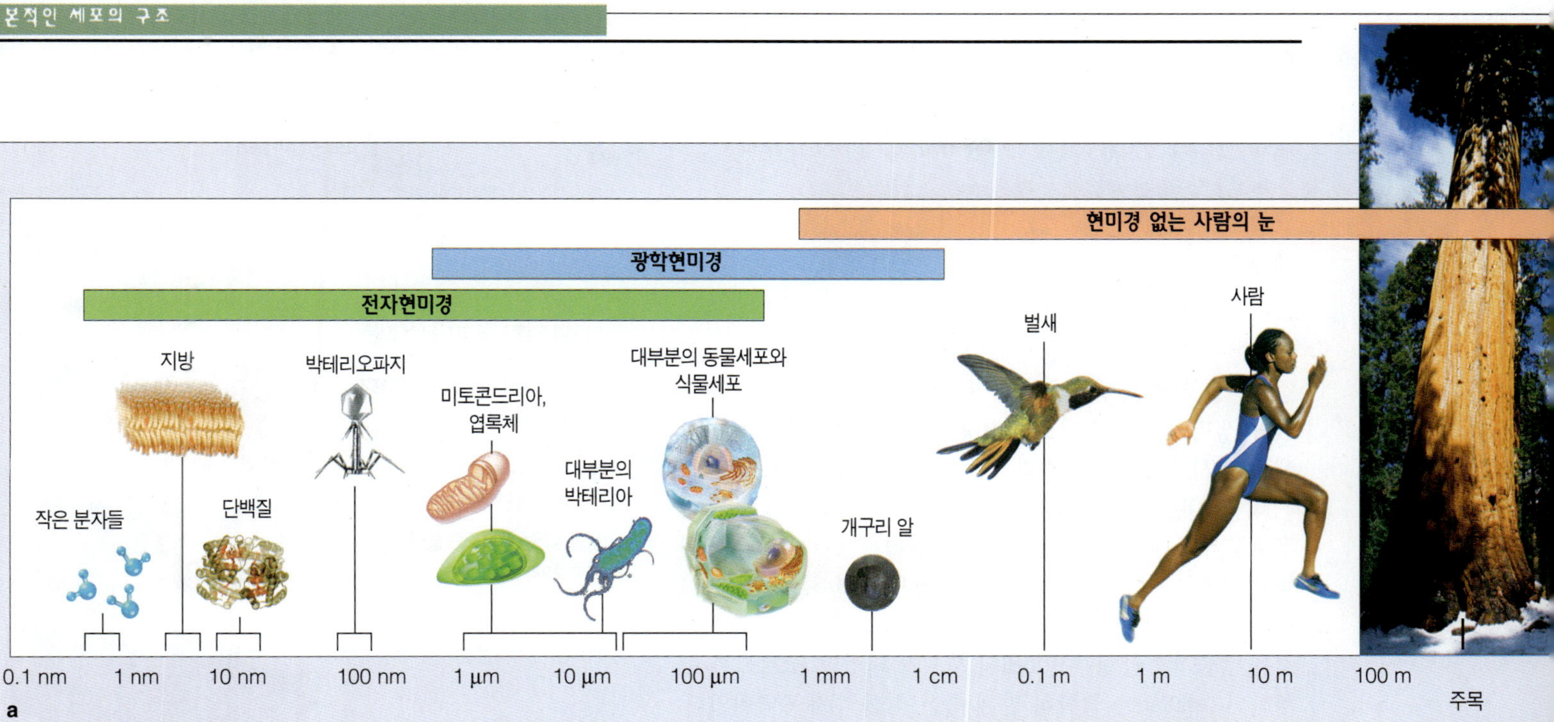


**그림 4.3** (a)분자, 세포, 다세포 유기체들의 크기 비교. 위 그림에 나타난 척도는 순차적이지 않고 기하급수적으로 나타내었다. 각각의 개체의 길이는 앞선 개체의 10배 크기이다. 대부분 세포의 직경은 1에서부터 100마이크로미터의 범위에 속하며 그 중 2.5밀리미터 직경을 가지는 개구리 알이 가장 크다. (b)현미경을 이용한 개체 길이 측정은 다음 장의 주제에서 다루기로 한다.

b

| | |
|---|---|
| 1 centimeter (cm) | = 1/100 meter, or 0.4 inch |
| 1 millimeter (mm) | = 1/1,000 meter |
| 1 micrometer (µm) | = 1/1,000,000 meter |
| 1 nanometer (nm) | = 1/1,000,000,000 meter |

1 meter = $10^2$ cm = $10^3$ mm = $10^6$ µm = $10^9$ nm

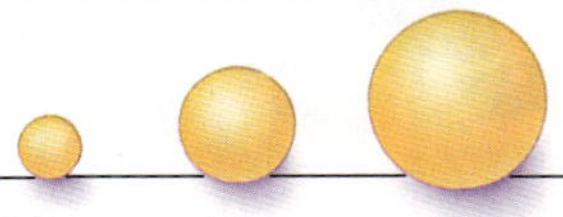

| | | | |
|---|---|---|---|
| diameter (cm): | 0.5 | 1.0 | 1.5 |
| surface area (cm²): | 0.79 | 3.14 | 7.07 |
| volume (cm³): | 0.06 | 0.52 | 1.77 |
| surface-to-volume ratio: | 13.17:1 | 6.04:1 | 3.99:1 |

**그림 4.4** 표면적 대 부피 비의 예. 부피 증가에 따른 표면적의 물리적 관계는 세포의 수와 모양에 큰 영향을 미친다.

이러한 제한을 둥근 세포에 이것을 적용해보자. 그림 4.4에서와 같이 만약 세포가 성장하는 동안 직경이 증가하면 세포의 부피는 세포의 표면적이 증가하는 것보다도 더 빨리 증가하게 된다. 만약 둥근 세포가 네 배 더 큰 직경으로 성장토록 유도해보자. 그것의 부피는 4의 3 제곱 배인 64배로 증가하게 된다. 그러나 그것의 표면적은 4의 제곱 배로 16배만 증가하게 된다. 이것은 각각의 개체의 세포막은 반드시 성장 이전의 세포질보다 4배나 더 많은 세포질을 제공해야 함을 알 수 있다. 아주 많은 물질들이 들어오고 나감을 거쳐야만 하는 것이다.

만약 세포의 직경이 적절히 성장하지 않으면 영양분이 내부로 유입되는 흐름과 노폐물이 밖으로 빠져나가는 흐름이 세포의 대사 작용을 따를 만큼 충분히 이루어 질 수 없게 될 것이며 끝내 죽은 세포를 얻게 될 것이다.

크고 둥근 세포는 역시 그 세포질을 통하여 물질을 이동하는데 어려움을 겪게 된다. 무작위적인 분자의 움직임은 작은 세포를 통과하는 물질의 이동에 기여한다. 만약 세포가 작지 않으면 세포의 부피와 비례하여 세포의 표면적이 증가함으로써 가늘고 길거나 얇은 혹은 안팎으로 주름이 잡혀진 세포를 얻게 될 것이다. *작고 가늘며 주름진 세포일수록 표면적을 통한 물질의 이동은 더욱 효과적이며 세포 내부에 물질을 잘 분배할 수 있을 것이다.*

표면적과 부피와의 상관관계는 다세포 종의 몸의 구성에 기여한다. 예로 들어 작은 세포의 끝이 서로 연결되어 가는 실의 형태가 되는 조류의 경우, 각 세포는 주위 환경에 직접적으로 상호작용을 한다. 근육 세포는 근육의 길이만큼 길지만, 각각의 세포들은 확산이 쉽게 이뤄질 만큼 충분히 얇다.

모든 살아있는 세포는 가장 외부에 원형질막과 내부에 세포질 그리고 또한 내부에 DNA가 농축되어 있는 부분을 가진다.

박테리아와 고세균은 원핵세포이다. 진핵세포와 달리 이들은 핵을 가지지 않는다.

세포가 성장함에 따라, 그들의 부피는 표면적의 증가보다 더 빠르게 증가한다. 표면과 부피와의 비율은 대사 작용에 영향을 끼치는 물리학적인 관계를 가짐으로써 세포의 크기를 결정한다. 또한 세포의 모양을 비롯하여 다세포 유기체의 몸의 형태 결정에도 영향을 미친다.

## 4.2 어떻게 세포를 볼 수 있는가?

*세기의 오래된 선지자들처럼, 현대의 현미경들은 세포의 세계를 들여다 볼 수 있는 가장 좋은 창문이다.*

### 세포이론

17세기 초 갈릴레오 갈릴레이는 실린더 내부에 두 개의 유리 렌즈를 설치한 뒤 곤충 눈의 모양을 관찰하였다. 그는 최초의 현미경을 가지고 생물학적인 관찰을 기록한 사람 중의 하나이다. 생명에 있어서 세포의 가장 기초적인 연구가 이탈리아에서 막 시작된 후 프랑스와 영국에서도 뒤이어 시작되었다.

약 1500년 경 Robert Hook은 현미경으로부터 성숙한 나무로부터의 매우 얇게 썬 코르크를 관찰함으로써 작은 구획들을 발견하였다(그림 4.5). 그는 그것을 라틴어로 작은 방이라는 의미를 지닌 *cellulae*라고 명명하였다. 그리고 그 결과 그것은 생물학적인 용어인 cell의 시초가 되었다. 코르크를 구성하던 cellulae는 정확히 말해 죽은 식물의 세포벽이었다. 하지만 Hook는 그를 비롯하여 어느 누구다 세포가 살아있다는 것을 알지 못했으므로 cellulae가 죽은 상태라는 것을 알지 못했다.

상점 주인이었던 Antony van Leeuwenhoek는 특별한 렌즈를 만들었다. 1600년대 말 그는 정자와 원생생물 심지어 박테리아까지 볼 수 있었다.

1820년대 개선된 렌즈는 세포를 통해 좀 더 명확한 관찰을 가능케 하였다. 식물학자인 Robert Brown은 세포로부터 불투명한 점을 발견하여 핵이라 불렀다. 이후 식물학자인 Mattias Schleiden은 식물의 일부분으로부터 독립적인 개체로 식물 세포가 성장 가능할지 의문을 가졌다. 1839년, 동물 조직의 연구가 이뤄진 후부터 동물학자인 Theodor Schwann은 세포와 세포의 산물이 동물뿐아니라 식물을 구성한다고 밝혔다. 그리고 세포는 다세포 종의 일부분 일 때도 세포가 소유한 고유의 독립적인 생명을 가진다고 밝혔다.

물리학자인 Rudolf Virchow는 세포의 성장과 재생에 대한 그의 연구를 완성하였다. 그에 따르면 각각의 세포는 딸세포로 나뉘어 진다고 하였다. 그의 주장은 모든 세포는 이미 존재한 세포로부터 왔다는 것이었다. 그뿐만 아니라 현미경 분석은 세포 이론을 구성하는 세 가지 법칙을 만들었다. 먼저 모든 유기체는 하나 또는 그 이상의 세포로 이루어지며. 둘째, 세포는 생명의 일부분을 보여주는 가장 작은 개체이며. 셋째, 생명의 영속은 단일 세포의 성장과 분화로부터 직접적으로 나타난다는 것이다. 오늘날 현미경은 여전히 세가지 관점을 지지하고 있다.

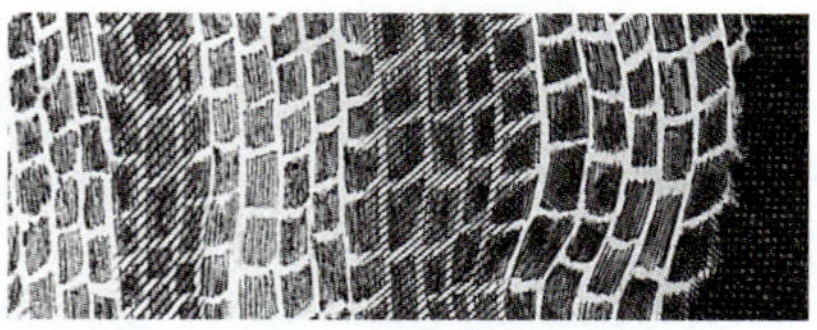

**그림 4.5** Robert Hooke의 현미경과 그가 관찰한 콜크 조직의 세포벽들.

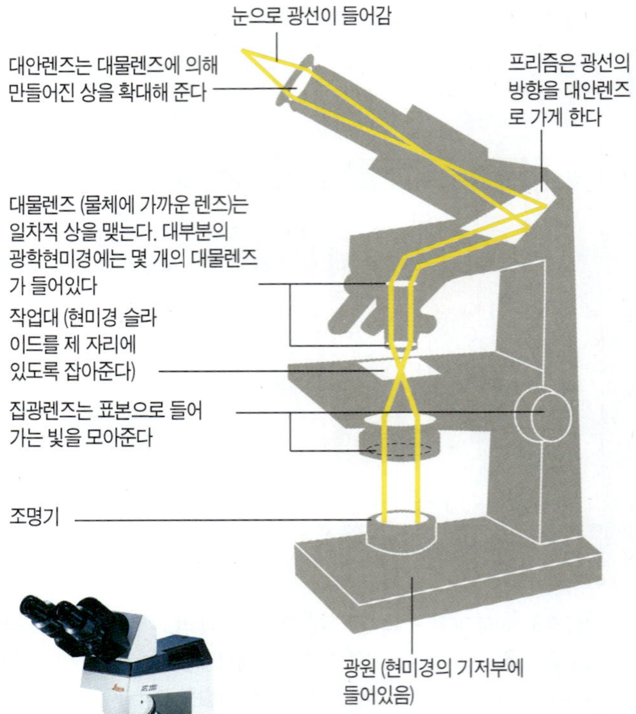


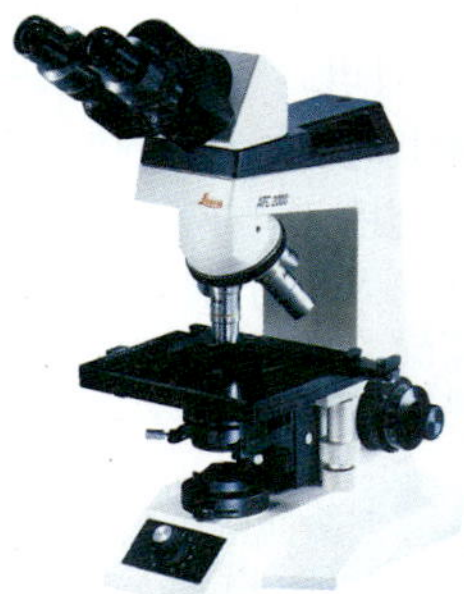

**그림 4.6** 일반적인 복합광학 현미경의 사진과 모식도.

### 현대의 현미경들

초기 악기와 같이 많은 현미경들은 여전히 이미지를 만드는 광선을 사용한다. 대양을 통하여 이동하는 파도의 흐름을 그려보라. 각각의 파장(wavelength)은 하나의 파동의 꼭대기로부터 뒤편의 파동의 꼭대기 간의 거리이다. 빛 역시 파동의 움직임처럼 이동한다. 복합적 광학 현미경(그림 4.6)의 구성은 둘 또는 그 이상의 유리 렌즈의 세트가 세포나 다른 조직을 통과해서 들어온 빛을 굴절시켜 주어 결과적으로 확대된 형태를 관찰할 수 있다.

세포는 빛이 세포를 통과할 수 있을 만큼 충분히 얇은 상태에서 현미경을 통해 보여 진다. 하지만 대부분은 색이 없게 보이고 밀도가 일정하게 관찰된다. 몇몇은 색을 가지는 염색약으로부터 세포를 불균일하게 염색시켜 그 구성요소를 관찰 가능케 해준다.

**그림 4.7** 전자현미경의 일반적인 구조도.
투과 전자 현미경의 사진으로부터 렌즈의 직경이 어느 정도인지 알 수 있다. 전자총으로부터 전자파가 현미경으로 이동하여 자기 판에 의해 집중된다.
투과 전자 현미경에서 전자는 표본의 얇게 저민 면으로부터 통과 된 뒤 모니터에 형광물질을 비추게 된다. 그때 그림자가 표본의 내부 세세한 면을 보여준다(그림 4.8c).

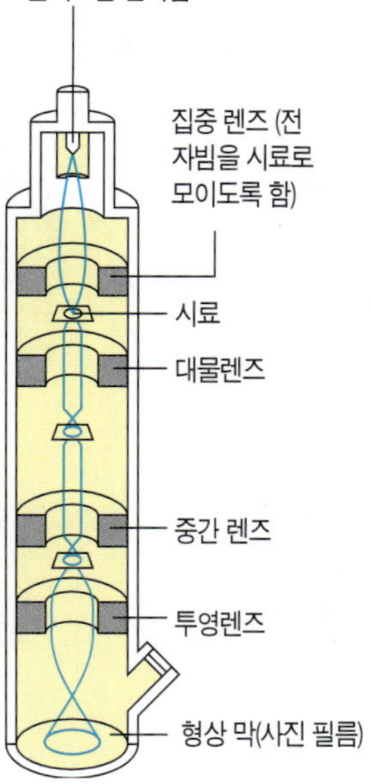

가장 좋은 광학 현미경은 세포를 2000배 이상 확대시킬 수 있다. 그 이상은 세포의 부분은 더 커 보이지만 선명하지는 않다. 왜? 빛의 파장의 반보다도 작은 부분들은 너무 작아서 빛을 구부릴 수 없게 되므로 상으로 나타나지 않는 것이다.

전자 현미경은 마그네틱 렌즈를 사용하여 유리 렌즈를 통하여 초점을 맞출 수 없는 전자 빗살을 구부려 초점을 맞춘다 (그림 4.7). 전자들은 가시광선의 파장보다도 십만 배 더 짧은 파장으로 진행한다. 그로 인하여 전자 현미경은 광학 현미경으로 보는 것보다도 십만 배 더 작은 물체를 관찰 가능케 한다.

투과 전자 현미경에서 시료를 통과한 전자들이 초점을 맞추어 시료 내부의 자세한 상을 만든다(그림 4.8). 주사 전자 현미경에서 얇은 금속막으로 씌어진 시료의 앞뒤로 전자빔을 쬐어준다. 금속은 이에 따라 자신의 전자와 X-선을 방출하게 되어 이것을 변환하면 표면의 상을 얻을 수 있다. 상은 매우 놀라울 만큼 정밀하다. 그림 4.8d에서 그 예를 보여주고 있다.

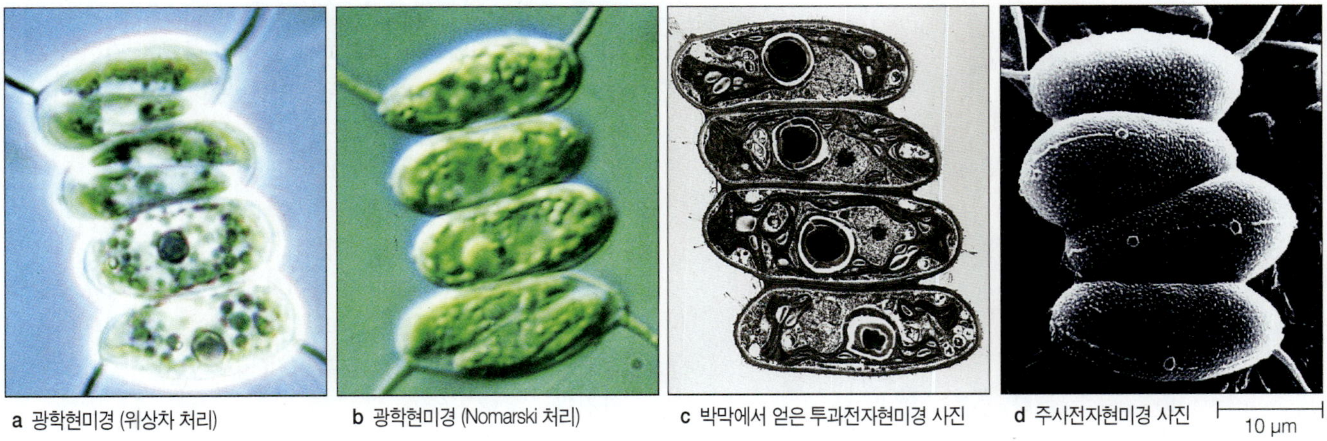


a 광학현미경 (위상차 처리) b 광학현미경 (Nomarski 처리) c 박막에서 얻은 투과전자현미경 사진 d 주사전자현미경 사진

**그림 4.8** 어떻게 서로 다른 현미경들이 같은 녹조류 (Scenedesmus)를 다른 방법으로 보여주는가. 네 개의 모든 상은 같은 배율이다. (**a**,**b**) 광학 현미경, (**c**) 투과전자현미경, (**d**) 주사전자현미경. (**d**)의 하단에 표시된 막대는 크기를 가늠할 수 있도록 하는 기준. 1마이크로미터 (㎛)는 1미터의 백만 분의 1. 크기 표시 막대를 사용하여 Scenedesmus의 길이와 폭을 측정할 수 있는가?

## 4.3 모든 살아있는 세포는 세포막을 가지고 있다

*세포막은 다양한 종류의 단백질이 묻혀 있는 지질 이중 층으로 구성되어있다. 막은 연속적인 경계층으로 물질의 흐름을 선택적으로 조절한다.*

인지질은 세포막의 가장 풍부한 구성요소이다. 각각은 하나의 인을 포함하는 머리와 두 개의 지방산 꼬리가 글리세롤 골격에 붙어 있다(그림 4.9a). 머리는 친수성이므로 물에 용해되지만 두 개의 꼬리는 소수성으로써 물을 밀어낸다.

많은 인지질 분자를 물에 집어 넣으면 인지질분자들은 물분자와 혹은 인지질분자끼리 상호반응하여 그들이 자발적으로 물의 표면에 하나의 막 또는 표면을 형성한다. 몇몇은 샌드위치처럼 바깥쪽으로 마주보는 친수성의 머리 사이에서 지방산끼리 두 층을 이룬다. 이러한 정렬을 지질 이중 층이라 하며 모든 세포막의 구조적인 기초를 형성한다(그림 4.9b,c).

그림 4.10은 **유동모자이크 모델(fluid mosaic model)**을 보여준다. 이 모델에 따르면 세포막은 인지질과 당지질, 스테롤, 그리고 단백질의 혼합된 구성(mosaic)을 가진다. 그것의 인지질은 다양하여 서로 다른 머리와 다양한 길이와 포화도의 꼬리를 가진다. 불포화된 지방산은 하나 혹은 그 이상의 이중 공유 결합을 가지고 완전히 포화된 지방산은 이중공유결합을 가지지 않는다(3.4절).

이러한 모델에 따르면 막은 막의 구성성분의 상호작용과 이동을 위하여 유동성을 가진다. 대부분의 인지질은 바깥쪽으로 표류하여 긴축을 따라 회전하고 그들의 꼬리를 구부려 그 결과 고형의 층으로서 무리를 형성치 않는다. 대부분의 인지질 막은 최소한 하나의 꾸부러진(불포화된) 지방산 꼬리를 가진다.

수소결합과 다른 약한 상호작용은 단백질과 인지질 사이의 상호작용을 돕는다. 많은 막 단백질들은 친수성 부분이 양쪽 이중 층 표면 밖으로 노출되어 있다. 다른 부분은 박혀있으면서 세포의 기본 구조를 이룬다.

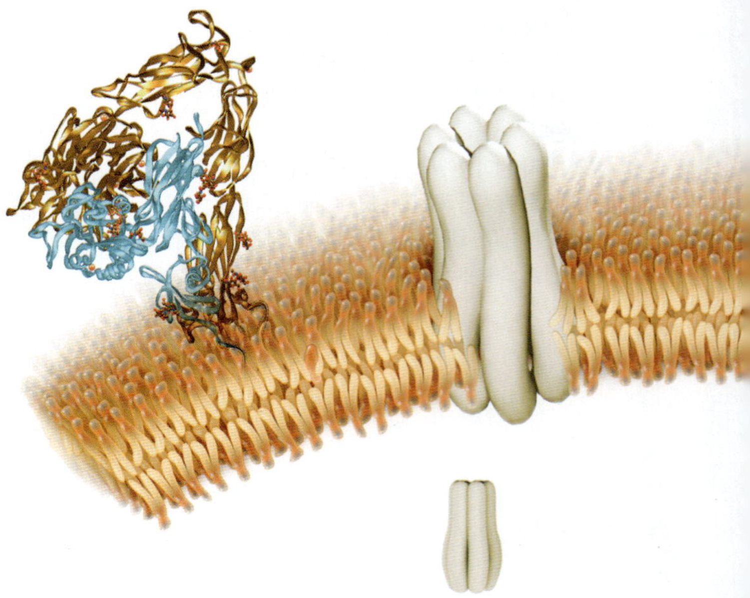

**접착 단백질**

접착 단백질들은 특히 다세포 종의 원형질막으로부터 외부로 방출된다. 그들은 적절한 조직 내에서 같은 종류의 세포끼리 서로 뭉쳐지는데 도움을 준다.

**교신 단백질**

인접하는 두 세포의 세포질사이에 직접적인 channel이 형성되면 두 세포의 교신 단백질이 서로 잘 조화된다. 신호전달은 채널을 통하여 이루어진다. 이러한 채널은 두 개의 심장근육 세포 사이에 gap junction의 한 종류이다.

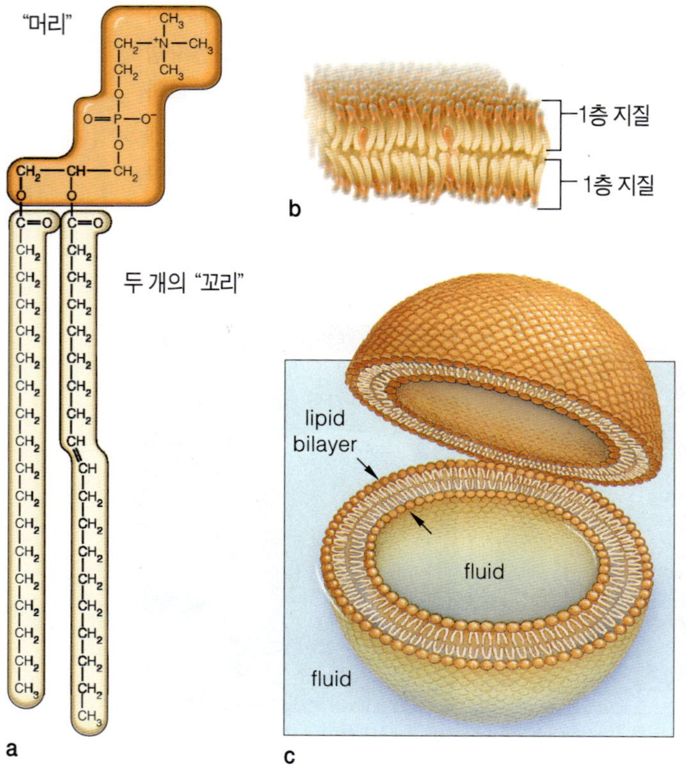


**그림 4.9** 세포막의 지질 이중 막 구조. (**a**) 막을 구성하는 주 성분인 인지질. (**b, c**) 이들 지질과 다른 성분들이 이중 막으로 배열되어 있다. 이중 막에서 수용성 머리 부분 사이에 지용성 꼬리부분이 끼어있다.

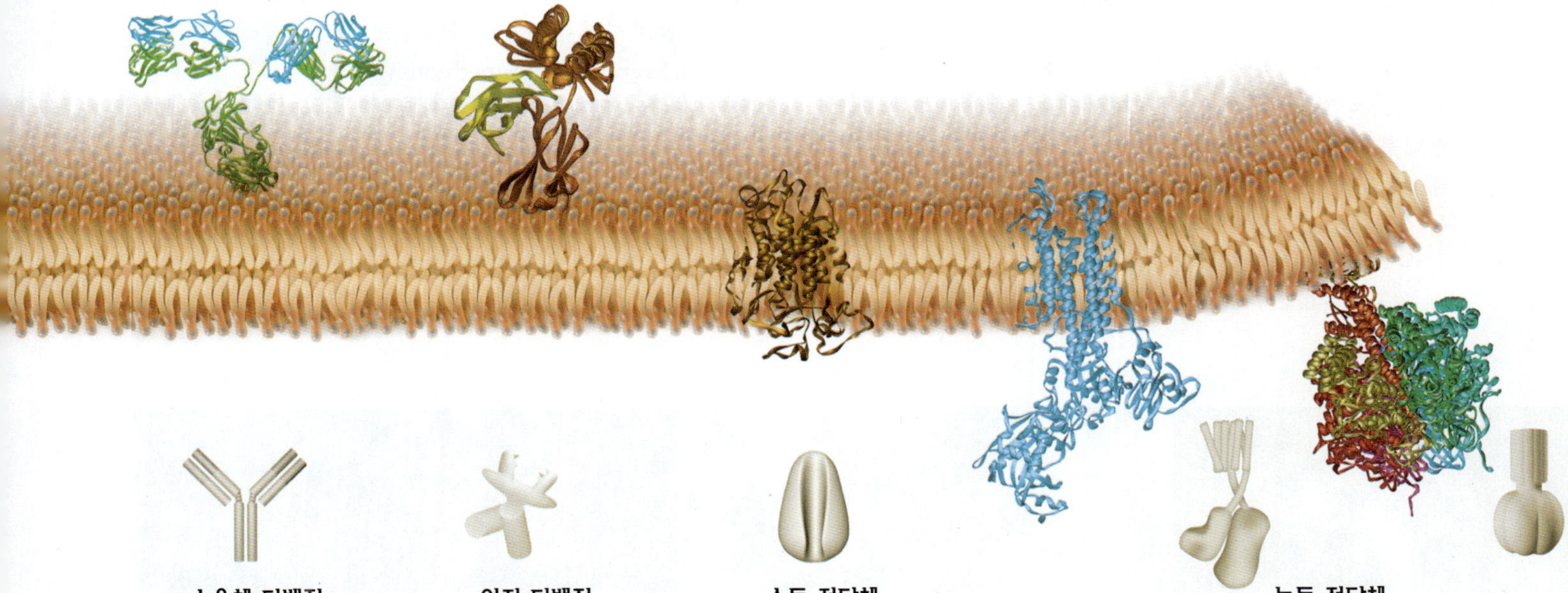

**수용체 단백질**

수용체는 세포가 활성화 되도록 만들어주는 물질과 신호전달 물질들을 외부로부터 받아들인다. 세포는 단백질을 만들거나 분비하고 반응을 막거나 분할 과정을 준비한다.

**인지 단백질**

원형질막 단백질의 인식은 분자적인 지문 확인 작업과 유사하다. 이러한 인식은 조직이나 몸의 일부에 속하는 세포인지 아니면 별개의 세포인지를 확인하는 것이다.

**수동 전달체**

수동 전달체는 막을 지나는 channel을 통하여 일어난다. 용질은 고농도에서 저 농도로 확산된다. 일부 수동전달체는 항상 열린 상태이지만 일부는 어떠한 조절되는 방법에 의해 열리고 닫히는 분자적인 문을 가진다.

**능동 전달체**

active transporter는 특정 용질이 고농도에서부터 저 농도로 세포막을 통해 펌프질된다. 이러한 펌프질은 에너지는 요구한다. 위 그림에서 두 가지 예가 나오는데 파란색으로 보이는 것이 칼슘펌프, 다양한 색상으로 나오는 것이 ATP를 만들기 위하여 이온을 펌프질 하는 ATP 합성체이다.

**그림 4.10** 원형질막의 일부분. 이들은 지질 이중 층과 이 그림에서 볼 수 있는 것보다도 더 많은 단백질을 지닌다.

지질 이중 층의 기능은 주로 수용성 물질의 장벽으로써 작용한다. 단백질은 모든 막과는 다른 임무를 실행한다. 많은 단백질은 신호전달의 수용체이다. 다른 단백질들은 특정 용질을 지질 이중 막을 통과해 운반하는데 일부는 수동적으로 용질을 이동시키지만 나머지는 에너지를 필요로 함으로써 용질을 이동시킨다. 하지만 일부 다른 단백질들은 막에서 중재자 역할을 하는 효소로써 그 기능을 한다.

특히 다세포 종간에는 원형질막이 대단히 많은 단백질들이 뻗어나와 있다 있다. 단백질을 인식하는 것은 세포가 유기체의 몸에 속함을 확인하는 과정으로써 다른 종류의 단백질들은 서로 다른 종간의 세포들의 침입으로부터 방어 작용을 돕는다. 특히 단백질은 조직 내에서 서로 다른 세포간의 상호 신호 전달에 관여하며 서로간의 밀착에 도움을 준다. 그림 4.10은 중요한 막 단백질의 종류를 나태 내고 각각의 기능을 간략히 설명한 것이다.

유동모자이크 모델은 세포막을 추정하는데 가장 좋은 출발점이다. 하지만 막은 서로 다른 타입과 분자들의 정렬로 이루어져 있음을 명심하라. 심지어 같은 이중 층의 두 표면에서도 정확히 같지는 않다. 예로 들어 많은 단백질과 지방에 붙어있는 탄화수소 잔기들은 세포로부터 투영될 뿐 그 속으로 투입되지 않는다. 원형질막과 내부 막과의 모든 차이점은 그들의 기능에 있어서 서로 연관이 있다.

모든 세포막은 지방으로 구성된 이중 층으로 구성되며-특히 인지질-그리고 다양한 단백질로 구성된다. 지질의 소수성 부분은 친수성 부분 사이에서 샌드위치를 형성하여 세포 외 유동액이나 세포질의 유동액에서 용해되어진다.

모든 세포막은 단백질 수용체와 전달체, 효소로 구성된다. 또한 원형질막은 접착과 상호소통, 그리고 인식 단백질을 통해 통합된다.

## 4.4 원핵세포의 소개

prokaryote란 단어는 '핵 이전'이란 뜻으로 통한다. 이러한 이름은 우리로 하여금 핵을 갖고 있지 않은 고세균과 박테리아를 떠올리게 한다.

원핵세포는 세포로 알려진 것들 중 가장 작다. 집단의 형태로써 이들은 지구상에 가장 물질대사적으로 광범위한 생명의 형태를 형성한다. 서로 다른 종류의 원핵세포는 건조 사막지대에서부터 뜨거운 화산지대나 빙하에 이르기까지 거의 모든 환경에서·미 개척된 물질과 에너지를 얻을 수 있다.

우리는 원핵세포들을 두 가지 영역으로 나누어 볼 수 있다. 진균류 (eubacteria 혹은 true bacteria)와 고세균(archaea)이다(1.3과 19.1절). 서로 다른 집단의 세포들은 외부의 형태나 크기 그들이 사는 장소에서 유사한 형태를 보인다. 하지만 그들은 분자적인 수준에서 차이를 보인다. 박테리아는 변형된 아미노산과 formyl-methionin을 가지는 각각 새로운 polypeptide 체인으로부터 합성됨으로써 시작된다. 진핵세포와 같이 archaea는 메티오닌을 가지는 체인으로부터 시작된다. 그들은 역시 DNA와 상호작용을 하는 히스톤이라고 불리는 일부 단백질을 가진다. 진핵세포의 DNA는 대단히 많은 히스톤 분자와 결합한 형태이지만 박테리아 DNA는 histone을 가지지 않는다.

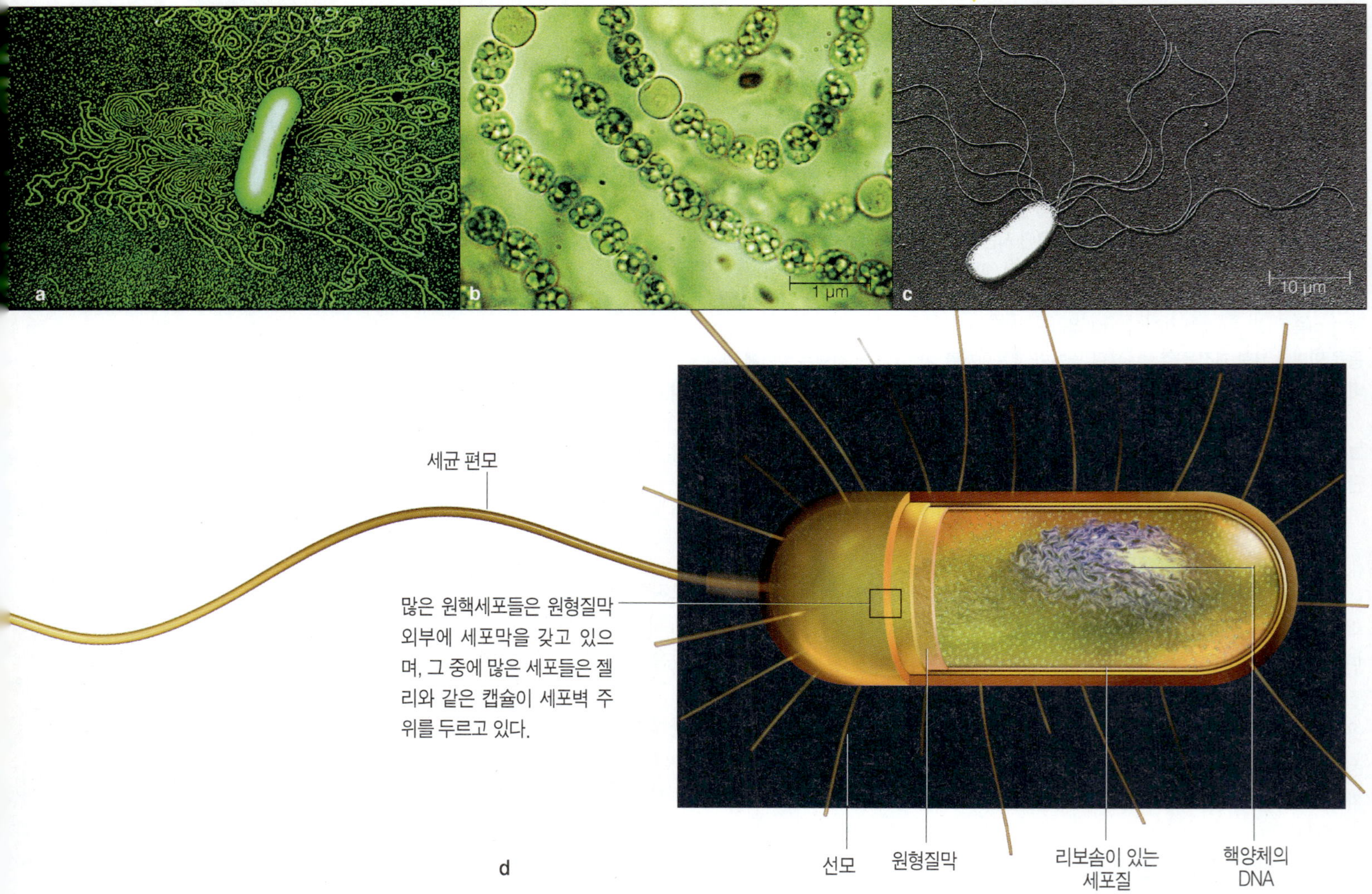


**그림 4.11** **(a)** 대장균의 현미경 사진. 연구자들은 이 세포를 조작하여 하나의 세포에서 한 분자의 고리형의 DNA가 밖으로 나오게 하였다. **(b)** 여러 종류의 세균들은 공 모양, 막대 모양, 나사모양 등 다양한 형태를 나타낸다. 공 모양의 *Nostoc*은 광합성 박테리아로 서로 연결되어 하나의 두껍고 젤리와 같은 형태의 막을 형성한다. 19 장에서 다른 예를 들겠다. **(c)** *Peudomonas marginalis*와 같은 세포들은 하나 이상의 편모를 갖고 있어서 액체 상태의 환경에서 세포가 움직이도록 한다. **(d)** 전형적인 원핵세포의 일반적인 몸체 구성 모형.

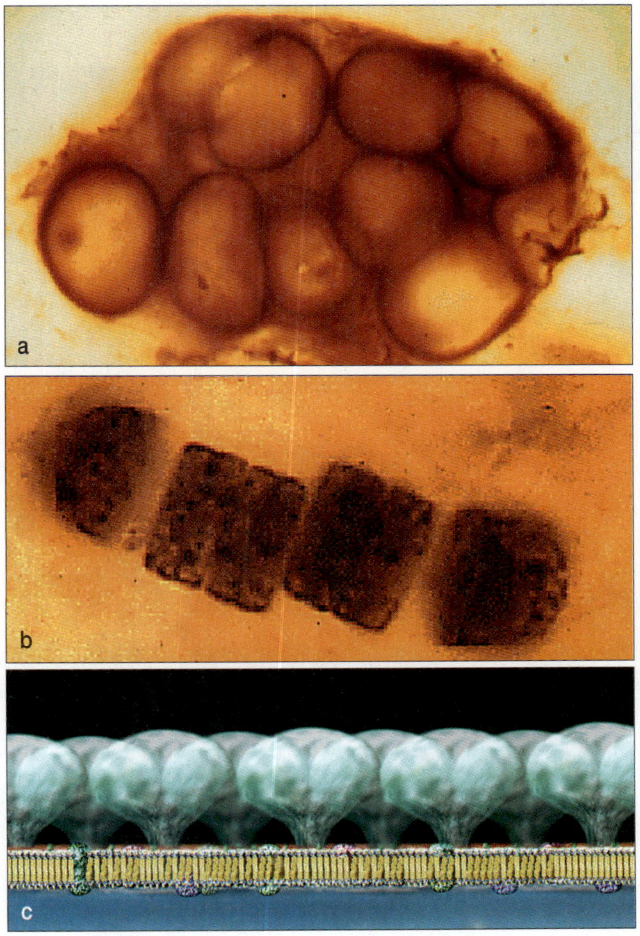

**그림 4.12** 오스트레일리아의 Bitter Spring에서 나온 Precambria기의 화석화 된 세균: (**a**) 세균 군 형태, *Mixococcoides minor*로 추정 (**b**) 편모형 세포 (*Palaeolyngbya*). (**c**) 고세균들 사이에 보이는 구조적인 적응. 많은 미생물 종들이 매우 극한 환경에서 살아 남는다. 대부분의 고세균과 일부 세균은 세포 외막에 농축된 단백질의 격자를 갖고 있다. 이 격자의 특수한 조성이 해저 바닥의 분출구에서 뿜어져 나오는 뜨거운 광물질 성분이 풍부한 극한 환경에서 세포들이 견디게 하는 것으로 알려져 있다.

대부분의 원핵세포들은 1마이크로미터 이상 크지 않고 둥근 모양으로써 매우 작은 마이크로미터를 나타낸다(그림 4.11과 4.12). 구조적으로 이들은 매우 단순한 세포이다. 원형질막에서 반고형 혹은 고형의 벽은 다양한 종의 모양을 형성하는데 도움을 준다. 또한 원형질막 아래에서 세포질에서 단백질 필라멘트의 정렬은 진핵세포에서 세포골격과 유사한, 단순 내부 구조인 골격으로 이루어진다.

박테리아 세포벽에 포함된 고정된 폴리사카라이드는 호수의 암석과 이 질 내부와 같은 표면에 부착되는 것을 도와준다. 많은 병인성 박테리아들은 그들의 벽 주위에 젤리와 같은 폴리 사카라이드의 단단한 방어 캡슐을 가진다.

모든 세포벽은 용해된 물질로부터 투과성을 가지며 원형질막으로부터 떨어져 자유롭게 이동한다. 그러나 진핵 세포벽은 4.11절에서 살펴볼 것과 같이 그들의 구조가 다르다.

하나 또는 그 이상의 박테리아 편모들은 종종 세포벽 위에 튀어나와있다. 박테리아의 편모는 운동성을 가지지만 진핵세포 편모로부터의 구조와는 다르다(4.10절) 그들은 microtubule의 순차적이고 내부의 정렬을 가지지 않는다. 그들은 세포가 동물의 체약을 포함한 유동적인 서식지를 이동하는데 도움을 준다. 다른 세포벽의 표면에는 섬모를 포함한다. 이들 단백질 필라멘트는 많은 종류의 박테리아 세포들이 표면에 부착되는 것을 돕거나 때로는 유전 물질의 이동에 이용된다.

진핵세포와 같이 박테리아와 고세균은 그들의 원형질막에 의존하여 선택적으로 세포질 내외부의 물질 이동을 조절한다. 지질 이중 층은 다양한 단백질 채널과 전달체 및 수용체를 가진다. 지질 이중 층은 반응을 위해 박혀 있는 기관들이 혼재한다. 예로 들어 광합성은 많은 박테리아 종에서의 원형질막으로부터 일어난다. 정렬된 단백질 기관들은 빛 에너지를 이용하여 빛 에너지를 당을 만드는데 이용되는 ATP 형태의 화학적 에너지로 변환시킨다.

세포질은 polypeptide 체인이 있는 많은 리보솜을 가지고 있다. DNA는 nucleoid라고 불리는 세포질의 불규칙적인 모양의 지역에 응축되어 있다. 원핵세포는 DNA의 하나의 분자에 서클 형태로 유전된다. 우리는 그것을 박테리아 염색체라고 한다. 어떤 종에서 세포질은 최소의 유전자를 전달하는 매우 작은 서클 형태의 DNA인 plasmid를 포함한다. 전형적으로 플라스미드 유전자는 항생물질 저항성과 같은 선택적인 이점을 제공한다.

또 하나 흥미로운 점은 시아노박테리아에서 원형질막의 부분은 세포질로 투입되어 그 스스로 반복적으로 접힌다. 그 결과 색소와 광합성에 이용되는 다른 분자들은 막 내부에 묻혀 진다. 그 결과 그들은 내막을 가지는 엽록체(chloroplast)가 된다. 고대 시아노박테리아가 엽록체의 전구일까? 18.4절에서 이 가능성을 보게 될 것이다. 이것은 원생생물과 식물 곰팡이 동물에 이르기까지 원핵세포가 어떻게 변화되었는가에 관한 놀라운 측면이다.

박테리아와 고세균은 원핵세포의 서로 다른 종으로써 그들의 DNA는 핵 내부에 존재하지 않는다. 대부분의 원형질막 주변의 세포의 모양을 결정하고 구조적으로 세포를 지지하는 세포벽은 선택적 투과성을 가진다.

이들은 가장 단순한 세포들이지만 그룹의 형태로써 그들은 매우 대사적으로 다양한 모습을 보여준다. 그들의 대사 작용은 원형질막과 세포질 내부에서 일어난다.

## 4.5 진핵세포의 소개

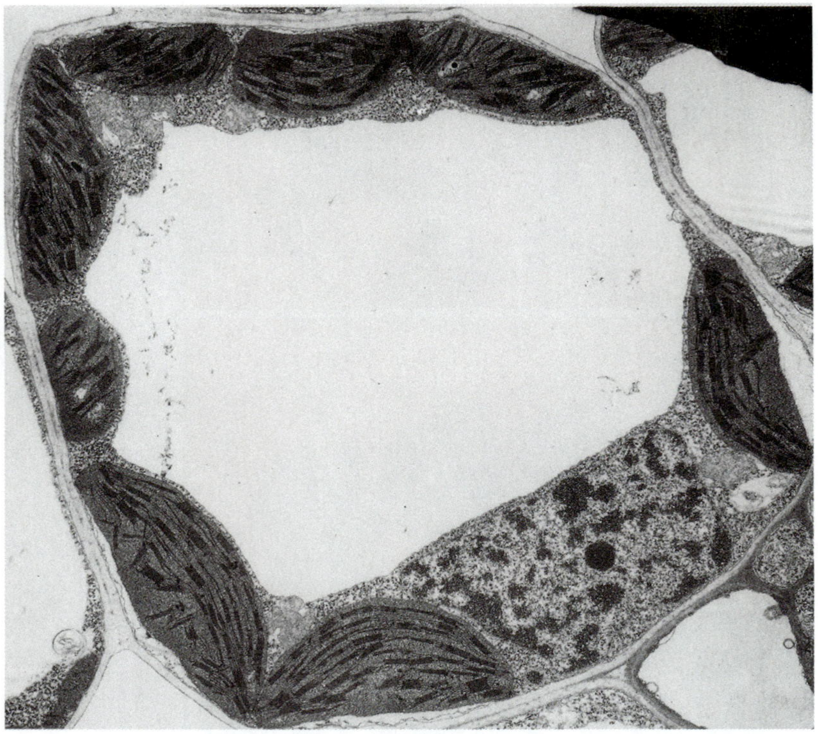

**그림 4.13** 식물세포 단면의 투과 전자현미경 사진. 티모디 글라스 잎의 광합성 세포.

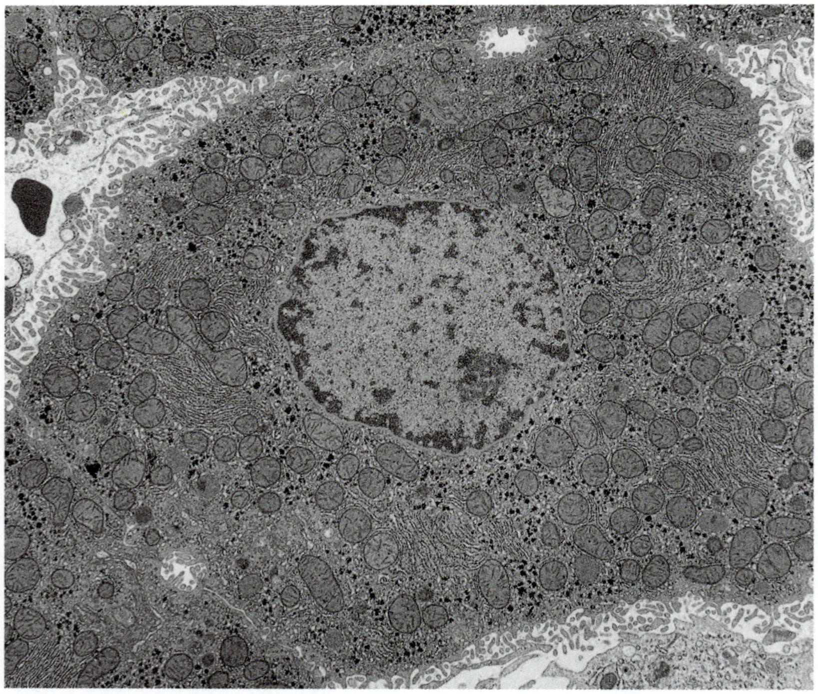

**그림 4.14** 동물세포 단면의 투과전자현미경 사진. 쥐 간세포.

*모든 세포는 생합성과 분해, 에너지 생성을 비롯한 여러 가지 일을 수행한다. 그러나 진핵세포의 경우, 이러한 기능이 구분되어 있다. 진핵세포의 내부는 특수화된 기능을 가진 핵과 다른 세포 소기관으로 세분화된다.*

원핵세포와 마찬가지로 진핵세포의 세포질에도 리보소옴이 있다. 그러나 원핵세포와는 달리 진핵세포는 세포골격이라고 불리는 복잡한 내부 골격 단백질을 가지고 있다. 이는 핵과 마찬가지로 세포 내 기관이다.

Eu는 '참' 이란 뜻이고 karyon은 씨앗의 눈 즉 '핵' 이란 뜻이다. 그림 4.13과 4.14에서는 두 진핵세포를 보여주고 있다.

세포 소기관은 어떤 유리한 점을 제공할까? 세포 소기관의 외막은 내부의 미세한 환경을 유지하고 있다. 막의 구성성분은 수많은 물질의 출입을 선택적으로 조절한다. 이러한 역할은 대사 반응을 위해 물질을 농축하고, 독성을 지니고 있거나 분해된 물질들을 격리시키며 물질을 확산시키는데 작용한다. 예를 들어, 미토콘드리아와 엽록체라고 불리는 세포 소기관은 ATP를 생성하기 위해 수소 이온을 농축하는 작용을 한다. 리소솜에 있는 효소는 큰 유기 분자를 분해할 수 있다. 만일 이 효소가 리소좀 밖으로 나오게 되면 세포도 분해할 수 있다.

더욱이, 몸 상태를 조절하는데 서로 작용하는 기관계와 마찬가지로 특이화된 세포 소기관들이 세포의 상태를 조절하기 위해 서로 작용한다. 이온과 분자들은 한 기관에서 다른 기관으로 이동한다. 그들은 원형질막으로 이동하거나 원형질막으로부터 이동한다.

어떤 물질들은 일련의 세포 소기관들에 의해 세포질을 통과하여 이동한다. 그 가운데 하나가 바로 분비를 통한 방법이다. 즉, 리보좀에서 만들어진 폴리펩타이드는 ER속으로 만들어지고 이것은 다시 골지체를 지나고 세포 밖으로 방출되기 위하여 세포막으로 간다. 또 다른 방법으로서 물질을 세포 내부로 이동시키는 방법(endocytic pathway)이 있다. 물질은 도움 없이 스스로 이동하지 않고 세포 소기관막이나 원형질막으로부터 함몰됨으로써 생겨난 포낭과 같은 소포로 에워싸여서 이동한다. 4.9절은 진핵세포의 구성을 그림으로 표현 요약하였다.

*모든 진핵세포는 핵과 리보소옴, 세포골격과 같은 세포 소기관을 가지고 있다. 특이화된 세포는 세포소기관과 다른 구조를 독특하게 구성하고 있다.*

*세포 소기관은 물리적으로 서로 상존할 수 없는 화학 반응을 분리해 준다.*

*세포 소기관은 원형질막으로 또는 원형질막으로부터 또는 세포질 내의 특정 목적지로 물질을 소집하고 저장하고 이동시키는 일련의 과정을 정리한다.*

# 4.6 핵

*세포의 작용과 재생, 구성을 위해서는 탄수화물과 지방질, 단백질, 그리고 핵산이 필수적이다. 이러한 분자들을 만들고 이용하기 위해서는 단백질, 즉 효소가 필요하다. 달리 말하자면, 세포의 구조와 작용은 단백질에서 시작한다고 할 수 있다. 그리고 이러한 단백질을 만들기 위한 지시는 DNA로부터 시작된다.*

원핵세포와는 달리, 진핵세포는 서로 다른 길이의 DNA 분자 상에 존재하는 그들의 유전 물질을 가진다. 염색체(chromosome)는 하나의 이중가닥 DNA가 많은 수의 히스톤과 다른 단백질 분자와 결합되어 있는 것을 의미한다. 예를 들어, 인간 몸의 각 세포에는 46개의 염색체가 있다; 개구리 세포의 경우에는 26개의 염색체가 있다. 염색질(chromatin)은 DNA와 단백질이 단단하게 결합하여 진핵세포의 핵 상에 존재하는 염색체 성분을 의미한다.

핵은 두 가지 기능을 가지고 있다. 첫 번째로, 세포질 내에서 일어나는 잠재적으로 유해한 반응으로부터 세포의 DNA를 격리시킨다. 두 번째로, 핵은 그것의 표면에 있는 수용체와 운반 단백질, 그리고 표면의 구멍을 조절하여 DNA의 유전정보에 접근하는 것을 통제한다. 이러한 구조적, 기능적 분리는 만들어진 DNA의 유지를 훨씬 쉽게 해줄 뿐만 아니라 세포분열 전 복제가 쉽게 이루어질 수 있도록 돕는다.

진핵세포가 분열하지 않을 때에는 각 DNA 분자를 관찰할 수 없다. 그림 4.14와 그림 4.15에서와 같이 핵은 현미경 상에서 낟알처럼 보인다. 세포가 분열할 때 DNA는 복제가 된다. 세포가 분열하는 동안 복제된 DNA 분자는 작은 막대처럼 더욱더 응축되고 압축된다. 그리고 DNA는 더 이상 낟알처럼 보이지 않게 되어 현미경 상으로 관찰할 수 있게 된다.

핵막은 핵의 반유동체의 기질을 둘러싸고 있다(nucleoplasm). 이것은 단백질과 함께 이중의 지방질 층을 구성하고 있다. 막 전반에 수 많은 단백질들이 복합체를 이루어 구멍을 형성하고 있다(그림 4.16b). 또한, 핵은 최소 하나의 핵인 (nucleolus 복수 nucleoli)을 갖는데 여기서 RNA와 단백질로부터 대형 및 소형 리보소옴의 subunit이 조립되어진다. 이들 subunit들은 핵공을 통과하고 세포질로 들어가면 여기에서 크고 작은 subunit들이 짧은 시간에 결합하여 온전한 리보솜이 된다.

*핵의 외막은 DNA 분자를 다른 세포기관들과 분리시켜서 세포의 유전물질에 대한 접근을 조절한다.*

*이러한 분리로 인해, DNA는 보다 더 쉽게 조직화되고 세포가 분열되기 전 복제가 보다 더 쉽게 이루어지도록 한다.*

*핵막을 전반에 있는 핵공은 핵과 세포질 사이의 많은 물질들의 통과를 조절하는데 있어 기여한다.*

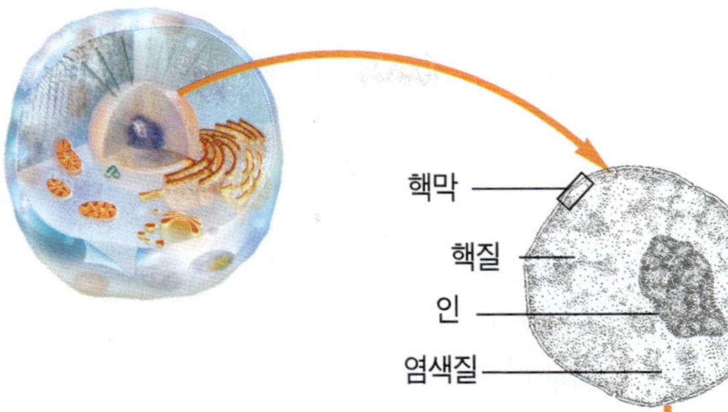


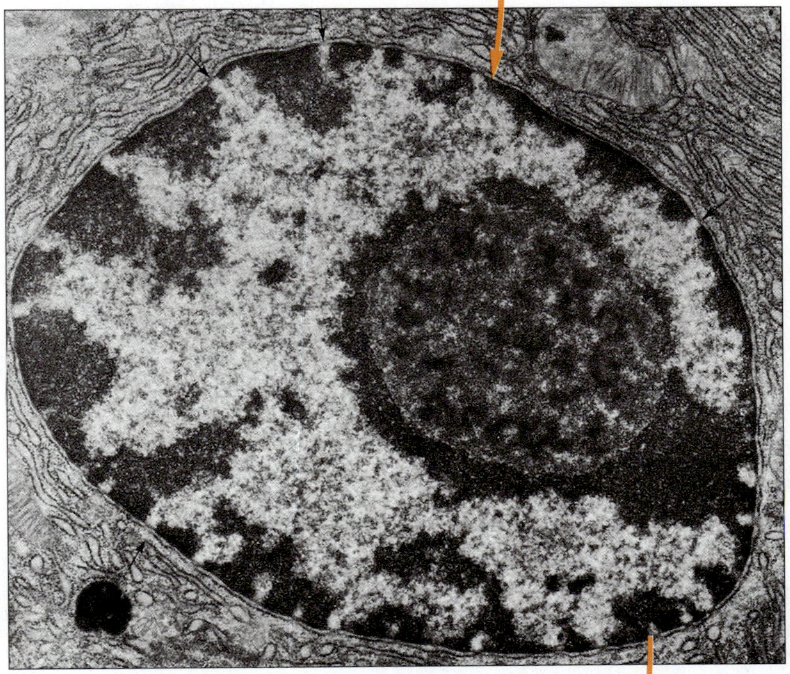

a

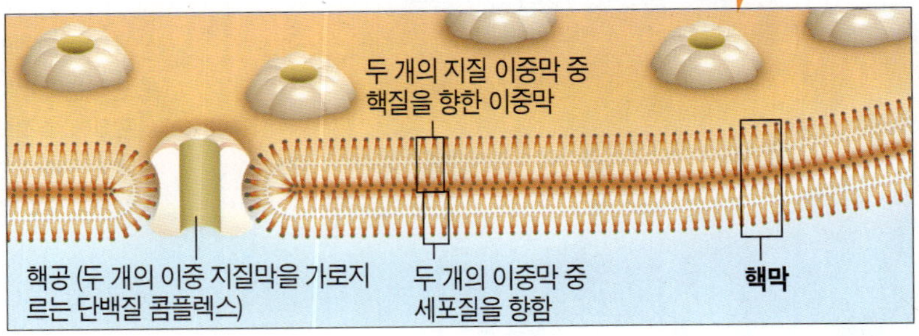


b

**그림 4.15** (a) 췌장 세포의 핵. 투과전자현미경 사진 상의 작은 화살표는 핵막을 통한 특정 물질들의 통과를 제한하는 구멍들을 가리킨다. (b) 핵막의 부분적 스케치. 각 구멍은 막 단백질들의 조직화된 군체이다.

## 4.7 세포 내 막 구조

*새로운 폴리펩티드 사슬은 단백질로 접혀진다. 어떤 단백질들은 세포질에 비축되었다가 한번에 이용된다. 다른 단백질들은 소포체의 편평한 소낭이나 골지체, 소포로 들어간다. 모든 단백질들은 이러한 시스템에 의해 세포막 속으로 삽입되거나 세포막으로부터 방출된다.*

### 소포체(Endoplasmic Reticulum, ER)

소포체는 핵막으로부터 시작해서 세포질까지 이어진 채널이다. 여기에서 폴리펩티드 사슬이 최종적인 단백질로 가공이 되며 지방질이 만들어 진다. 소포는 많은 단백질과 지방질을 골지체로 운반한다.

조면 소포체는 그림 4.16c에서와 같이 외부 표면에 달라붙어 있는 리보소옴과 함께 평평한 소낭과 관으로 구성되어 있다. 새롭게 만들어진 폴리펩티드 사슬은 이곳으로 들어오거나 이것의 막으로 삽입이 된다. 이는 그들이 가진 고유의 신호(15개에서 20개 아미노산이 가진 특별한 서열)에 한해서만 이루어진다. 채널에 있는 효소는 폴리펩티드 사슬을 최종적인 형태로 변형시킨다. 세포의 수많은 조면 소포체로부터 단백질이 만들어지고 저장되며 분비되는 것을 확인할 수 있다. 소포체가 풍부한 췌장세포는 효소를 만들고 분비하여 장의 음식물이 소화되는 것을 돕는다.

활면 소포체에는 리보소옴이 없다 (그림 4.16d). 여기에서는 세포막을 구성하는 지방질 분자들이 만들어진다. 또한, 분해된 지방산을 받아들이고 독성 물질을 분해시킨다. 근형질 세망과 활면 소포체는 근육의 수축에 있어 작용을 한다.

### 골지체(golgi bodies)

소포체의 한 부분은 돌출되고 이탈되어 소포처럼 되는데 이는 내부에 단백질을 포함하며 막에 융합된다. 많은 소포들은 골지체에 융합된다. 이것은 평평한 모양으로 겹쳐져 있는, 막으로 둘러싸인 소낭이다 (그림 4.16e). 골지체는 소포체의 단

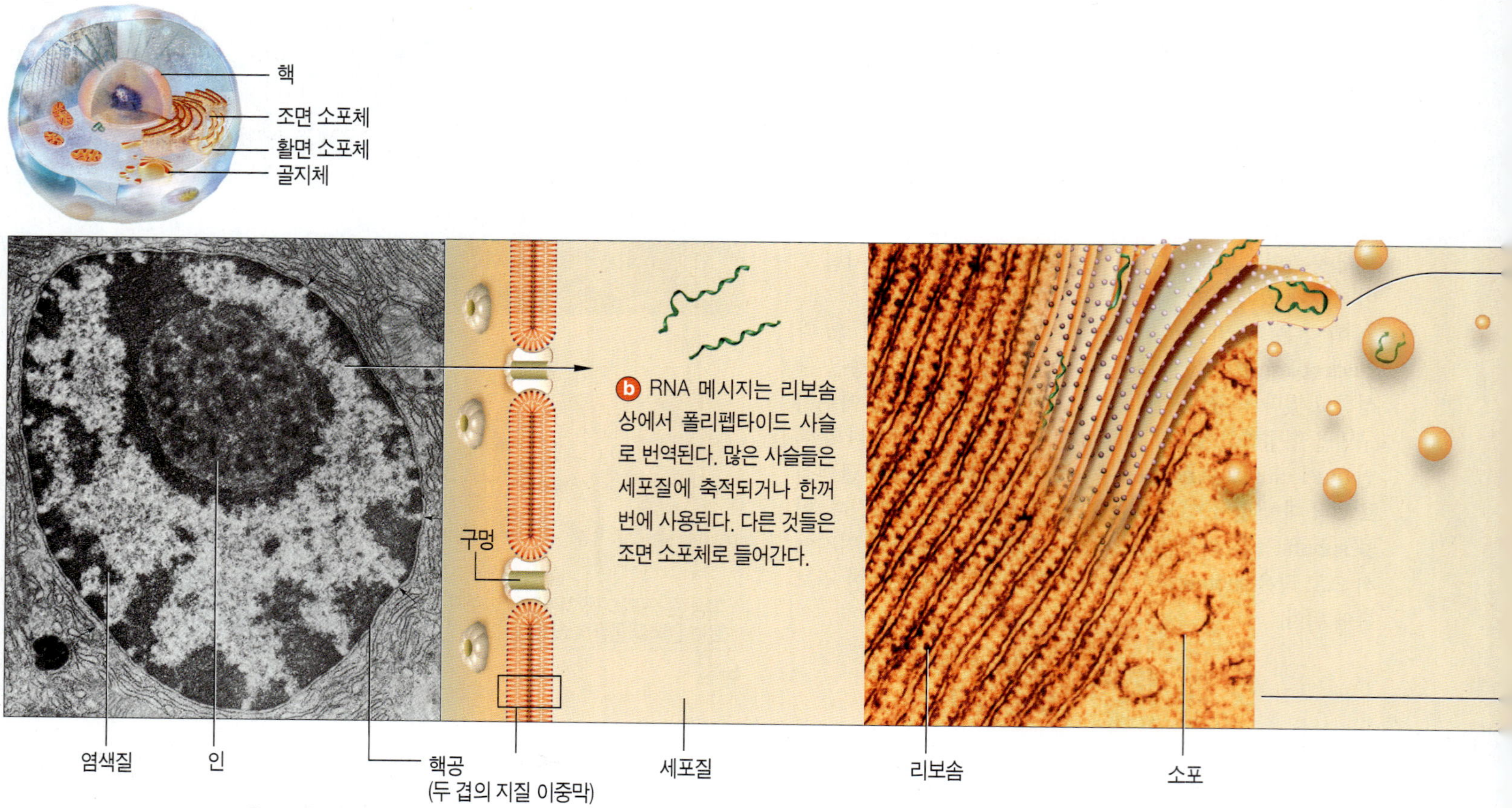


**세포의 핵**

a DNA에서 단백질 합성에 관한 명령이 핵에서 전사되어 세포질로 이동한다. RNA는 메신저이며 단백질을 만드는 건축자이다.

**조면 소포체**

c 조면 소포체의 편편한 소낭들은 하나의 연결된 채널을 핵과 활면 소포체 사이에 만든다. 채널로 들어간 단백질에 변형이 진행된다. 그 단백질들은 세포소기관의 막에 끼어 들게 되거나 세포 밖으로 분비된다.

**그림 4.16** 내부 막 체계. 여기서 많은 단백질이 가공되고, 지질이 조립되며 두 생성물이 분류되어 세포 내 종착지로 운반되거나 세포막으로 운반되어 배출되기도 한다.

백질과 지방질에 당 곁사슬을 붙인다. 그들은 또한 어떤 단백질들을 쪼갠다. 최종적인 생산물은 소포로 포장되어 리소소옴으로, 원형질막으로 또는 세포 밖으로 운반된다.

### 막을 형성하는 낭의 다양한 기능

소포는 대사 활동의 조직화를 돕는다. 소포체와 골지체, 원형질막으로부터의 서로 다른 싹 모양의 돌기가 바로 그러하다. 예를 들면, 골지체로부터 비롯된 **리소좀**은 탄수화물, 단백질, 핵산 그리고 지방질을 분해하는 효소를 포함하고 있다. 소포는 그들이 분출된 외막이나 세포 소기관 사이로 단백질이나 다른 물질들을 수송한다.

**퍼옥시좀**이라고 불리는 소포는 지방산과 아미노산을 분해하는 효소를 가지고 있다. 이것의 중요한 기능 중에 하나는 과산화수소와 대사 독성 물질들을 분해하는 것이다. 이러한 효소의 작용은 과산화수소를 물이나 산소로 변환시키거나 알코올과 다른 독성물질들을 분해시키는데 이용되는 것이다. 따라서 알코올을 마시면 간과 신장의 세포에 있는 퍼옥시소옴이 마신 양의 거의 절반을 분해한다.

어떤 소포들은 서로 융합하여 성숙한 식물 세포의 액포와 같은 거대한 액포를 형성한다. 이온, 아미노산, 당 그리고 독성 물질들이 세포액으로 채워진 액포 속에 축적되어 유연한 세포벽이 늘어나게 만든다. 또한 이것의 이점은 세포 표면적을 증가시키는 것이다.

소포체는 막으로 둘러싸인 채널로써 이곳에서 폴리펩티드 체인의 생성과 지방질의 축적이 이루어진다.
골지체에서는 좀 더 단백질과 지방질을 변형시킨다.
소포는 세포 활동을 통합하는데 기여한다. 세포 주위로 다양한 물질을 수송하며 영양소와 독성물질을 분해한다. 식물세포에 있어서, 중앙부의 액포는 저장과 세포의 표면적을 증가시키는 작용을 한다.

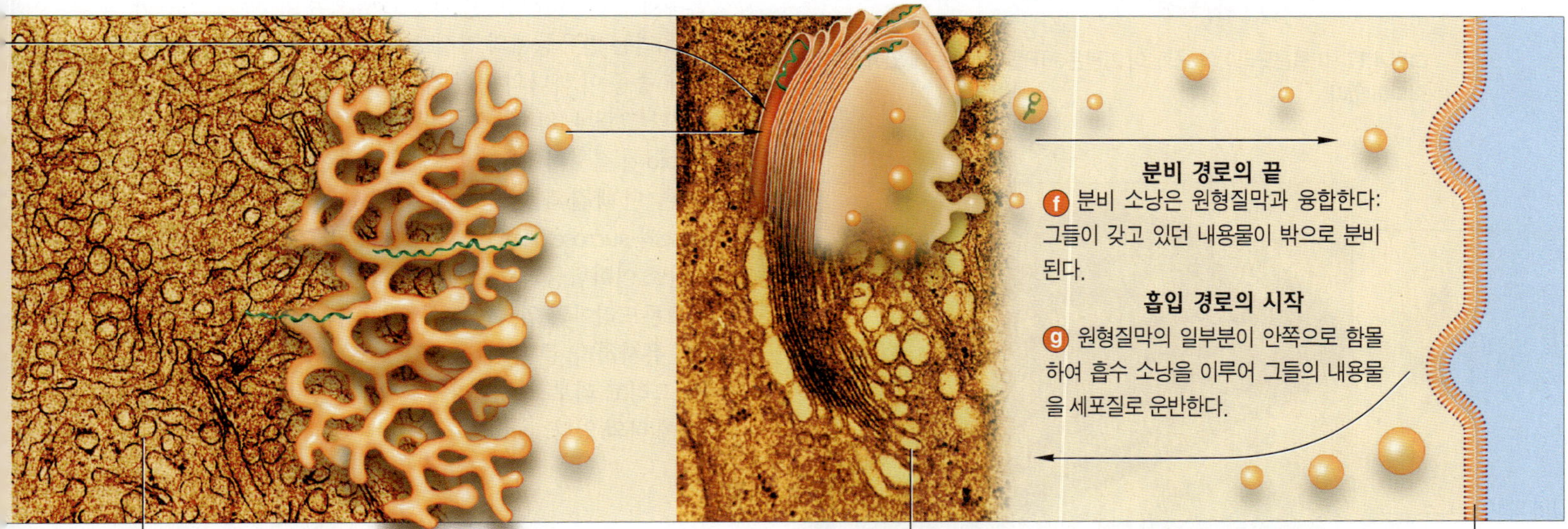


**활면 소포체**

d 채널에 있는 어떤 단백질은 활면 소포체로 이동하여 막 단백질이 되거나 활면 소포체의 효소가 된다. 이들 중 일부의 효소가 지방을 만들거나 독성물질을 불활성화 시킨다.

**골지체**

e 골지체는 조면 소포체에서 받아들인 소낭에 들어있는 물질을 가공하고 다시 포장한다. 각각 다른 낭들은 물질들을 세포의 각 처로 운반한다.

**원형질 막**

h 분비 소낭은 세포의 생산물이나 부산물을 세포 밖으로 내어 보낸다. 흡입 소낭은 영양분, 물, 그리고 다른 물질들을 외부에서 세포 안으로 운반한다 (5.5절).

## 4.8 미토콘드리아와 엽록체

*ATP는 에너지 운반체로서 세포내에서 일어나는 대부분의 반응을 활성화시키는 역할을 한다. 그렇다면 세포들은 어떻게 해서 ATP를 얻을 수 있을까? 그들 대부분은 미토콘드리아와 협력하여 호기성 호흡에 의해 ATP를 생성한다. 조류와 광합성을 하는 식물들 역시 엽록체라고 불리는 ATP 생성 기관을 가지고 있다.*

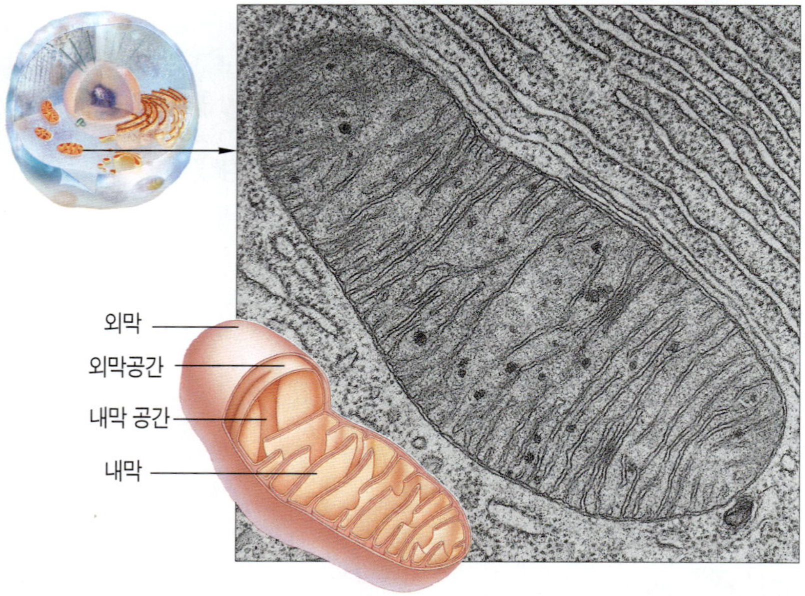


**그림 4.17** 미토콘드리아의 구조. 이 기관은 ATP를 생성하는데 있어 특수화되어 있다.

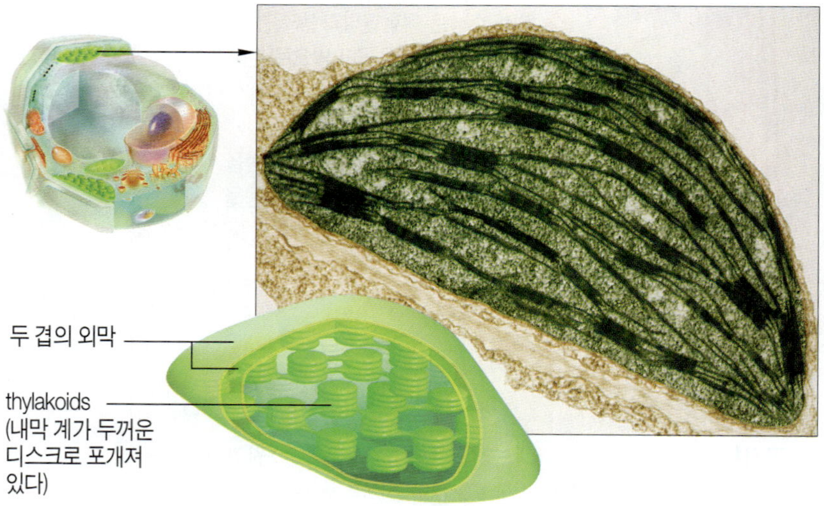


**그림 4.18** 엽록체의 구조. 광합성 진핵세포의 엽록체 구조.

### 미토콘드리아

호기성 호흡을 통한 ATP 생성반응은 미토콘드리아에서 마무리된다 (mitochondrion복수 mitochondria). 원핵세포와 비교하여, 이러한 기관들은 같은 화합물로부터 훨씬 더 많은 ATP를 생성한다. 매우 촘촘하게 주름잡힌 내막은 미토콘드리아의 내부를 두 구획으로 나눈다(그림 4.17). 분해된 유기화합물로부터 방출된 수소 이온은 수송계의 작용에 의해 내막 공간에 축적된다. 이러한 내용은 5.6절과 6.5절에 잘 나와 있다. 이 수소이온들이 다시 외막 공간으로 흐르면서 ATP 생성을 몰아가게 된다. 산소는 사용된 전자들을 받아 반응이 유지될 수 있도록 한다. 매 순간 숨을 들이 쉴 때마다, 수조 개에 달하는 세포의 미토콘드리아를 위한 산소를 확보한다.

모든 진핵세포는 하나 또는 그 이상의 미토콘드리아를 가지고 있다. 간, 심장, 골격 근육과 같이 대사가 왕성한 조직의 세포는 수천 개 이상의 미토콘드리아를 포함하고 있다.

### 엽록체

많은 식물들은 광합성, 에너지 저장, 또는 두 가지 모두를 위한 세포 소기관인 색소체를 가지고 있다. **엽록체**(chloroplast)는 중요한 색소체로서 오직 광합성을 하는 진핵세포에만 존재한다. 이 세포 소기관에서는 엽록체를 통해 태양의 빛 에너지는 ATP와 NADPH로 전환되고 이것은 유기화합물을 합성하는데 이용된다.

엽록체는 두 개의 외막을 가지고 있으며 이것은 스트로마(stroma)라는 반유동체의 기질로 채워져 있는 내막을 둘러싸고 있다. 종종 이 하나의 막은 겹쳐지고 편평한 원반모양으로 접혀있다(그림 4.18). 각 겹쳐진 더미를 thylakoid라고 한다. thylakoid에 겹쳐져 있는, 엽록체를 포함한 색소 분자는 효소나 다른 단백질과 마찬가지로 광합성의 기능을 한다. Glucose와 sucrose, starch 그리고 다른 유기 화합물들은 기질의 탄소 이화합물과 물로부터 생성된다.

미토콘드리아와 엽록체 모두 그 크기와 구조에 있어 박테리아와 유사하다. 뿐만 아니라, 그들 모두 그들 고유의 DNA, RNA, 그리고 리보소옴을 가지고 있다. 이것에 관한 내용은 18.4절에 나와 있다.

*유기화합물로부터 에너지가 방출되는 반응은 미토콘드리아의 구획이 이루어진 내막에서 일어난다. 산소를 요구하는 이 반응은, 이는 세포 다른 어떤 에너지 생성 반응보다 더 많은 ATP를 만들어 낸다.*

*광합성을 하는 진핵세포는 엽록체를 포함하고 있는데 이는 당과 탄소화합물을 만들도록 특수화되어 있다.*

## 4.9 진핵세포 구성의 모식도

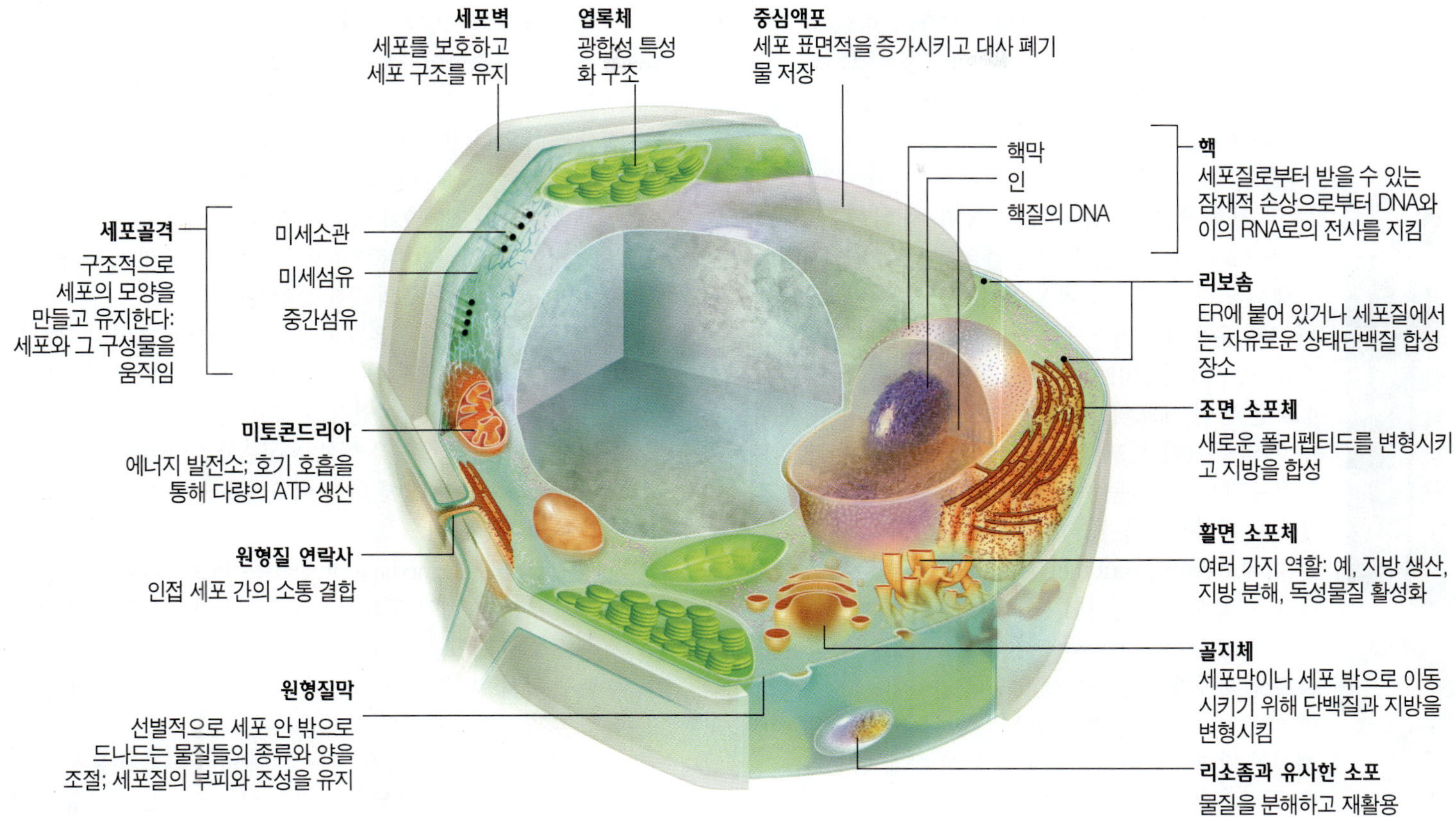


**그림 4.19** 식물세포의 전형적인 세포 소기관과 구조.

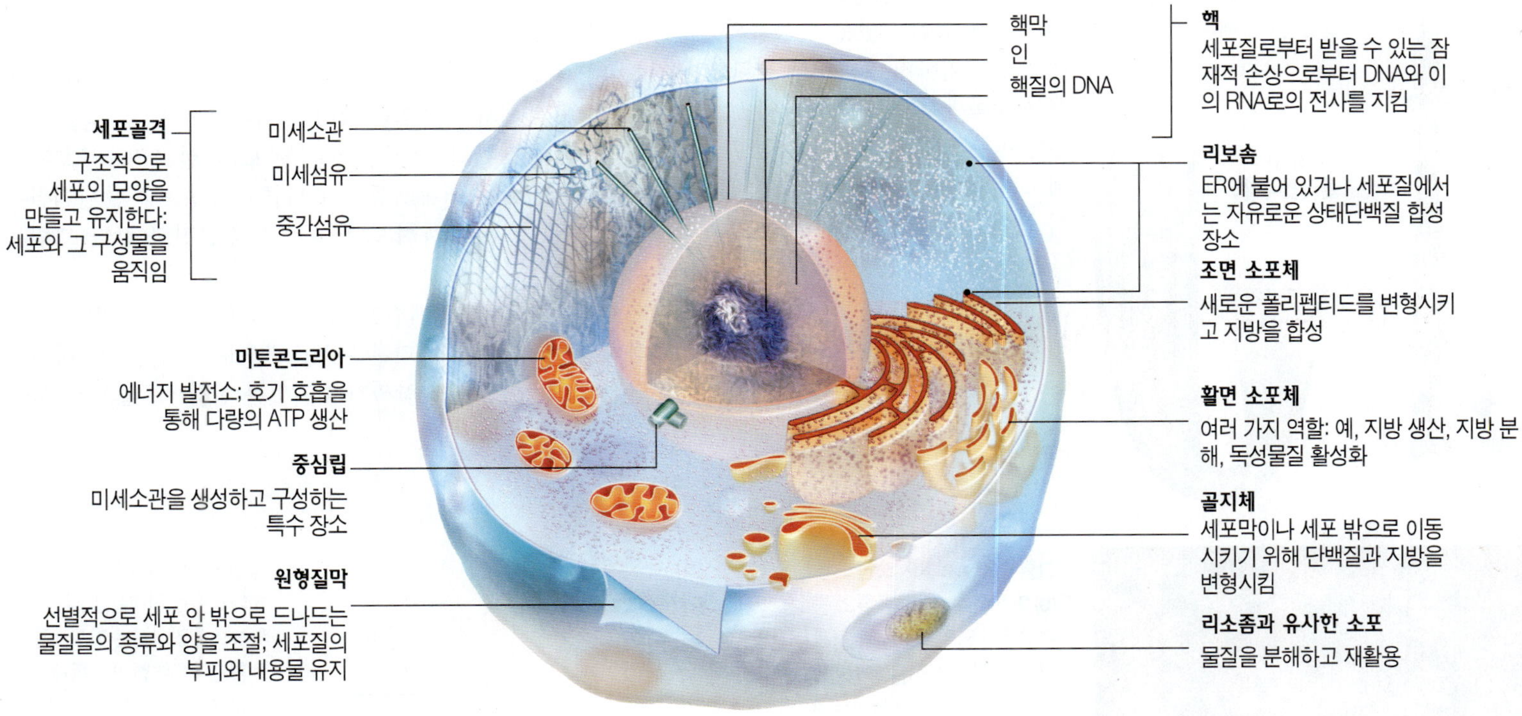


**그림 4.20** 동물세포의 전형적인 세포 소기관과 구조.

## 4.10 세포골격(Cytoskeleton)

*당신같은 모든 진핵세포는 하나의 내부 고정적인 하부구조 즉 골격을 가지고 있다. 당신의 골격과는 달리 그들은 영구적으로 고정되지 않는 요소를 가지고 있다. 그들은 조립과 분해를 각기 다른 시간에 한다.*

모든 진핵세포의 핵과 원형질막 사이에는 세포골격(cytoskeleton) 즉 많은 단백질 섬유를 서로 연결 시켜주는 시스템이 있다. 전체 세포에 있어서 세포골격은 세포의 증강이나 조직 운동성을 가진 구조에 관여한다. 많은 부분이 영구적으로 세포의 생명이 유지되는 동안 형태를 유지한다. 그림 4.21 은 동물 세포의 한 가지 종류로부터 그 예를 보여준다. 두 개의 주요한 세포골격 요소-미세소관과 미세필라멘트와 같은-는 다양한 기능을 가진다. 또 다른 형태로 중간 섬유가 존재 하는데 이는 동물 세포를 보다 길고 강하게 지지한다.

**미세소관**(microtubule)은 tubulin 기본 단위로 이루어진 텅 빈 원통형의 모양이며 길다(그림 4.21a). 이것은 세포의 내부가 정리되도록 하며 세포 내에서 동적으로 움직이는 틀 구조로 염색체가 특정 위치에 있도록 만들어준다. 정해진 시간에 어떤 미세소관이 자라거나 부숴지는지를 조절한다. 구체적인 방향으로의 자람은예를 들어 아메바가 기어가는 앞쪽에는 미세소관이 막혀 있어 안정하고 끌려가는 뒤쪽에는 미세소관이 막혀있지 않아서 떨어져 나간다.

콜히친(colchicine)은 가을에 핀 코커스 (*Colchicum automnale*)로 만들어지며 이것은 독이다. 이 물질은 미세소관 결합을 방해하여 동물들이 이식물을 섭취 하였을 때 동물의 세포가 분열하지 못하도록 한다. 서부 주목에서 택솔을 만들어 냈는데 이는 또 다른 특성을 가진 미세소관 독이다. Taxol은 특정 종류의 암이 무분별하게 증식하는 것을 멈출 수 있다.

**미세섬유**는 액틴 단량체로 된 두 가닥의 Polypeptide 사슬로 구성 되어진다 (그림 4.21b). 그것들은 종종 세포의 모양을 강화하거나 모양이 바뀌도록 한다. 예를 들어 교차결합이나 섬유다발 그리고 마치 젤 같은 원형질 세포막 아래의 세포층의 강화를 위해 만들어진 미세섬유의 집합 들이 있다. 또한 미세섬유는 단백질의 고정 역할을 하고 근육의 수축을 돕는다. 동물세포는 미세섬유가 세포의 중심부를 수축하며 조임으로써 두 개로 나눠지게 된다. 원핵세포는 이러한 세포골격이 존재하지는 않으나 미세 섬유와 같은 종류의 단백질이 세포의 형태를 강화한다.

미세소관과 미세섬유는 대부분의 진핵세포에서 유사하게 발견된다. 만약 그들이 똑같은 형태를 가졌다면 어떻게 그 많은 다른 것들을 할 수 있겠는가? 어떤 단백질들을 그들을 돕는다. 이러한 단백질은 대개 운동단백질(motor protein)들 이며반복적으로 ATP에 의해 에너지를 공급 받으며 미세소관을 따라 이동한다.

**중간 섬유**(intermediate protein)는 세포골격에서 가장 안정적인 부분이다 (그림 4.21c). 이것은 강하고 세포 구조를 지지하는 주된 역할을 한다. Lamin 과 같은 유형은 근육세포의 수축구조[서 볼 수 있는 액틴과 미오신을 을 지지한다. 다른 유형은 조직에서 세포를 지지한다.

중간 섬유는 하나 혹은 거의 두 개의 종류로서 동물 세포 내에 존재한다. 과학자들은 이것을 이용해 세포의 종류를 알아낸다. 세포를 규명하는 것은 다양한 암의 조직의 기원을 찾아내는 도구로도 이용된다.

### 운동단백질을 따라 움직이기

휴가철에 바쁜 사람들로 북적거리는 기차역을 생각해보라. 당신은 세포에서 어떤 일이 벌어지는 지 아이디어를 얻을 수 있다. 미세소관과 미세섬유는 세포의 선로와도 같다. kinesins dyneins myosin 등과 또 다른 운동성을 가진 단백질은 ATP를 연료로 하여 움직이는 운송엔진과 같다(그림 4.22).

어떤 운동성의 단백질은 염색체를 움직인다. 어떤 것은 하나의 미세소관에서 다른 미세소관으로 지나가기도 하며 당신의 척추에서 발가락까지 퍼져있는 신경세포를 따라 움

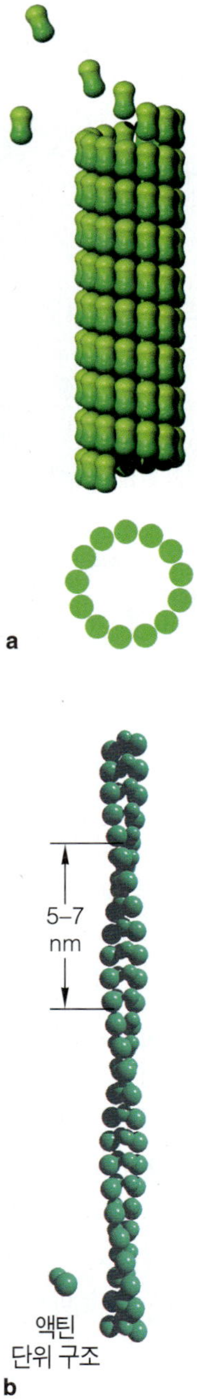
a


b

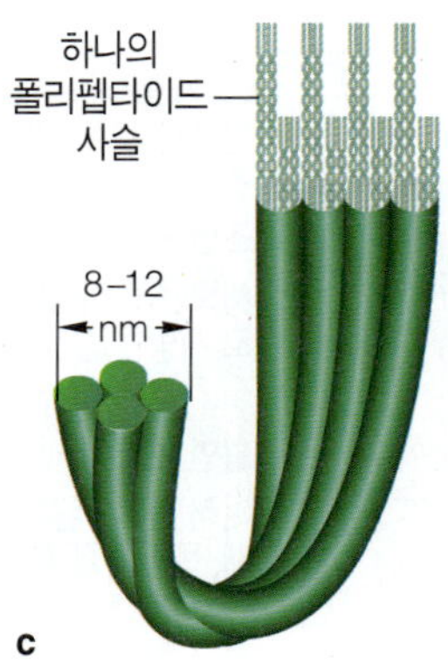

c

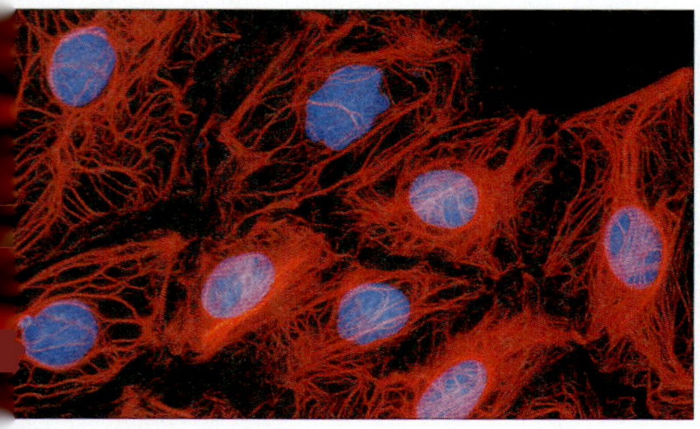

**그림 4.21** (a) 미세소관, (b) 미세섬유, (c) 한 종류의 중간섬유의 단위 구조물과 전체 구조. 왼쪽의 사진은 배양한 캥거루 쥐의 세포에서 보이는 중간섬유 (빨강) 사진. 파랑으로 염색된 세포 소기관은 핵이다.

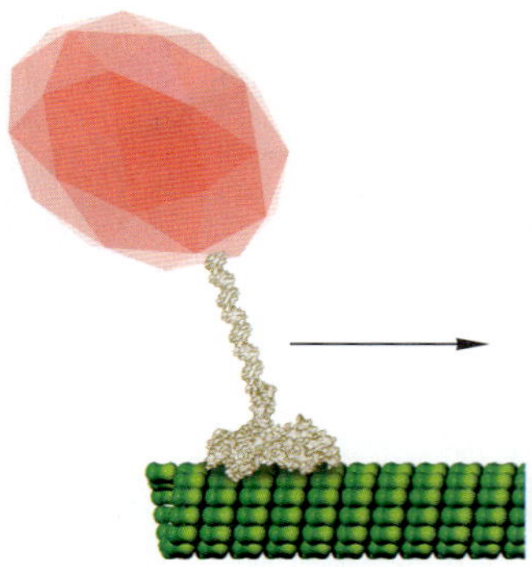

**그림 4.22** 미세소관 상의 하나의 운동단백질, 키네신(kinesin). 키네신은 미세소관 위를 한 뼘 한 뼘씩 이동해 간다. 만일 미세소관이 세포 가운데서 지지되어 있으면 키네신은 자신이 옮기던 물체를 내던진다.

그림 4.23 (a) 플라젤라와 섬모의 내부 구조. 두 운동성 구조의 내부 구조는 9+2 배열이다: 가운데 한 쌍을 둘러싼 아홉 쌍의 미세소관 구조. 모든 것들은 바퀴 살과 같은 구조에 연결되어 있으며 미끄러지는데 제한을 받는다. (b) 사람의 허파로 들어가는 기도 내막을 이루는 섬모 (금색).

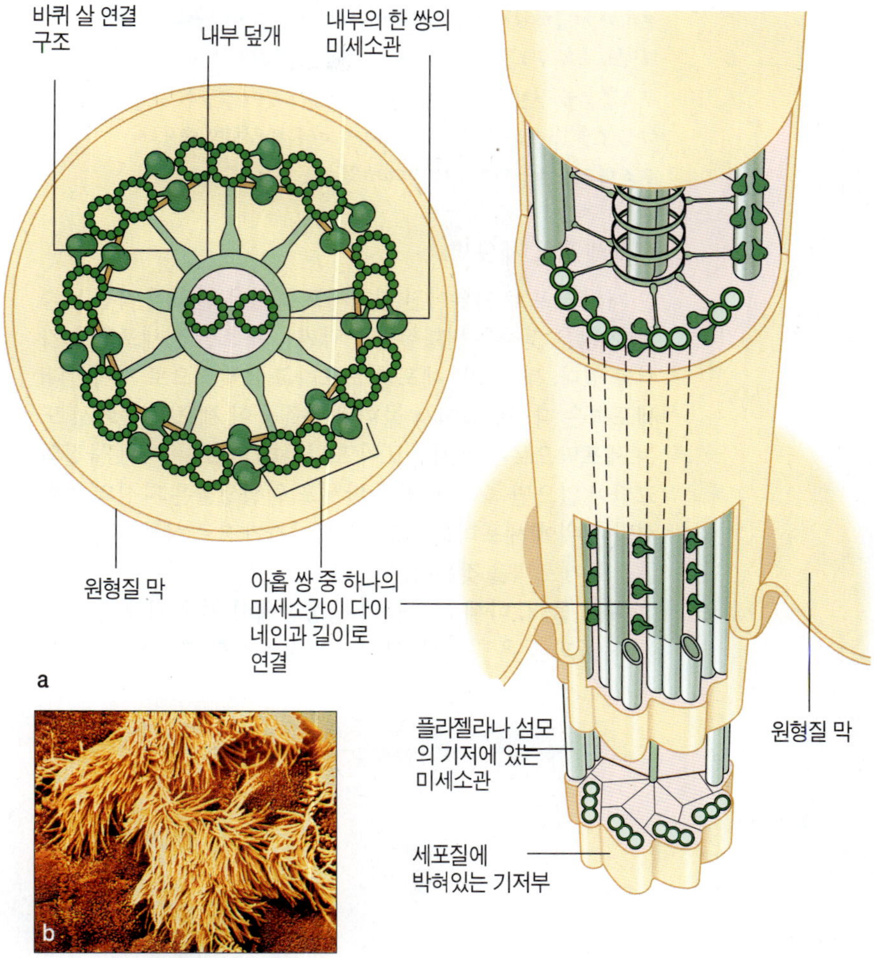


직이기도 한다. 많은 엔진들이 차례로 정렬되어 있어서 트랙을 따라 하나의 탈 것에 의해 운반된 것은 다음 것으로 옮겨져 운반 된다.

식물 세포 속의 kinesin은 태양의 위치가 변해감에 따라 엽록체를 새로운 위치로 끌어 들여서 빛을 더 잘 받아들이게 한다. 서로 다른 미오신들은 미세섬유를 따라 움직이거나 하나의 미세섬유에서 또 다른 미세섬유의 사이를 움직여 다닌다. 예를 들어 근육 세포의 경우 긴 섬유를 포함하여 이는 작은 수축성을 가지는 단위들로 나누어 진다. 각각의 단위는 미세섬유와 미오신 섬유들이 나란히 정렬한 형태를 가진다. 여기에서 ATP가 활성화 될 때 미오신은 이 미세섬유들은 미끄러져가며 이 각각의 단위가 짧아지도록 한다. 모든 단위가 짧아졌을 때 세포는 줄어들고 이것이 수축이라고 한다.

### 섬모(cilia), 플라젤라(flagella) 그리고 위족(false feet)

세포 내부 구성을 움직이는 것 외에 많은 세포들이 그들의 몸을 움직이거나 자신의 몸을 확장시킨다. 첫 번째로 **Flagella**와 **Cilia**를 고려해 본다. 이들은 둘 다 세포 표면에서부터 운동성을 가지게 하는 구조이다.

진핵세포의 Flagella는 대체로 길며 섬모처럼 풍부하지 않다. 많은 진핵세포들이 채찍 같은 모양의 편모의 도움으로 헤엄친다. 정자가 이와 같다. 원생생물의 경우 동시적으로 많은 섬모를 이용하여 헤엄을 친다. 당신의 폐로 통하는 공기의 흐름에서 섬모는 멈추지 않고 운동한다. 이런 섬모의 움직임은 박테리아나 그 밖의 물질들을 밖으로 배출시키며 만약 운동하지 않다면 이것들을 폐에 도달하고 말 것이다 (그림 4.23b). 이러한 운동성의 구조물들의 안은 한 쌍의 중심을 둘러싼 아홉 쌍의 고리모양으로 이루어진 미세소관으로 구성되어있다. 단백질은 이러한 9+2 정렬에 가장 안정성을 가진다고 알려져 있고 이는 중심체의 시작점이 된다(그림 4.23a). 이 통구조의 구조물은 미세소관 조직으로 만들어지며 **기저 소체**(basal body)를 이루는 마지막 배열에도 존재한다.

Flagella와 Cilia는 조직 사이를 미끄러지듯 움직인다. 쌍을 이룬 미세소관은 근육구조에 있어서 같은 거리만큼을 확장하게 된다. 바퀴모양의 각 각의 쌍들로부터 힘 있는 팔의 움직임이 생겨나는 것이다. 이들에 ATP가 공급되면 수축되고 반복적인 동작이 시작되고 시간이 흐름에 따라 점점 감소한다. 팔에서는 이런 섬유다발의 쌍들이 힘을 받아 움직이게 된다. 미세소관은 너무 길게 늘어나지 않아서 섬유다발의 심한 구부러짐을 억제한다. 이들이 미끄러지며 이루는 움직임이 팔이 굽는 동작을 만들어 낸다.

마지막으로 예를 들어 마이크로 파지나 아메바와 같은 독립 생활성의 세포들은 위족을 가진 원생생물의 형태를 지닌다. 이들의 세포는 일시적이고 불규칙적인 움직임을 가지며 이동하고 먹이를 포획하는 기능을 가진다. 위족을 가진 원생생물의 경우 미세섬유를 길게 늘여서 움직인다. 미세섬유에 붙은 운동 단백질은 원형질 막을 끌어온다.

단백질 미세섬유의 세포골격은 진핵세포 형태의 기본이 되며, 전체적인 구조를 만들고 운동성을 가진다. 부가적인 단백질들은 이 섬유들의 범위가 확장될 수 있도록 기능한다.

미세소관은 세포의 구성요소를 움직인다. 미세소관은 유연한 형태를 가지며 세포표면을 강화하고 구조가 변화될 수 있도록 연결되어 있다. 대개 동물세포의 형태를 지지하고 구조를 유지한다.

세포의 수축과 세포질의 움직임과 또 다른 형태의 세포 움직임은 미세소관과 미세섬유 그리고 운동성을 가지는 단백질들이 조직들에 존재하며 일어나게 된다.

ATP에 의해 에너지가 발생할 때 근육 단백질은 미세소관과 미세섬유를 따라 특정한 방향

성을 가지고 움직인다. 이것은 세포의 구성요소를 새로운 위치로 움직이게 한다.

## 4.11 세포 표면의 세분화

*우리가 지금까지 살펴본 진핵세포에 관한 것은 세포 벽과 세포 표면의 특수구조를 관찰함으로써 결론을 맺는다. 이 보물과 같은 구조물들은 일차적으로 세포의 분비물들로부터 만들어졌다. 다른 것들은 세포막 단백질이 무리를 이루어 인접한 세포와 구조적으로 기능적으로 연결되어 있다.*

### 진핵세포의 세포벽

한 개의 세포로 이루어진 진핵세포 종들은 환경에 직접 노출된다. 많은 것들은 원형질막을 감싸는 구조물인 세포벽을 가지고 있다. 세포벽은 세포를 보호하고 물리적으로 지지한다. 세포벽은 다공성이어서 물이나 용질들이 세포막 쪽에서 또는 세포막으로부터 자유로이 드나든다. 세포는 이런 물질의 교환이 없으면 죽는다. 많은 단세포 원생생물은 자신의 원형질막 주위에 세포벽을 갖고 있다. 마찬가지로 식물과 곰팡이류들도 세포벽을 갖는다.

예를 들어, 다세포 식물의 생장점에서 젊은 세포는 펙틴 분자, 풀과 같은 다당류, 그리고 셀룰로스를 분비한다. 이 셀룰로스 분자는 끈적끈적한 세포간질(matrix)에 줄과 같은 형태로 배열된다. 이 모든 물질들은 식물세포의 일차적인 세포벽의 성분이다(그림 4.24). 이 끈끈한 일차 세포벽은 인접한 세포들을 접합시킨다. 얇고 유연한 구조이기 때문에 세포가 물을 많이 머금고 팽창할 수 있도록 한다.

단지 얇은 일차 세포벽을 갖고 있는 세포들은 자신들이 자라고 분화하면 분열하거나 모양을 바꿀 수 있는 능력을 갖고 있다. 많은 유형의 세포들은 성숙하게 되면 크기 자람을 하지 않는다. 그런 세포들은 일차 세포벽의 내면에 물질을 분비한다. 이런 축적물들이 견고하게 목질화된 이차 세포벽을 이루며 세포의 형태를 강화한다(그림 4.24d). 이차 세포벽 축적물은 광범위하게 구조 지지물로써 기여한다.

목질 식물의 경우, 이차 세포벽의 25% 정도는 리그닌으로 이루어져 있다. 이 화합물은 식물이 잘 물에 젖지 않도록 하고, 식물 병충해에 내성을 갖게 하며 더 강하게 만든다.

식물의 표면이 공기 중에 노출되는 부분은 왁스 성분과 그 밖에 다른 분비물 성분들로 축적 되어 상피 보호막을 형성

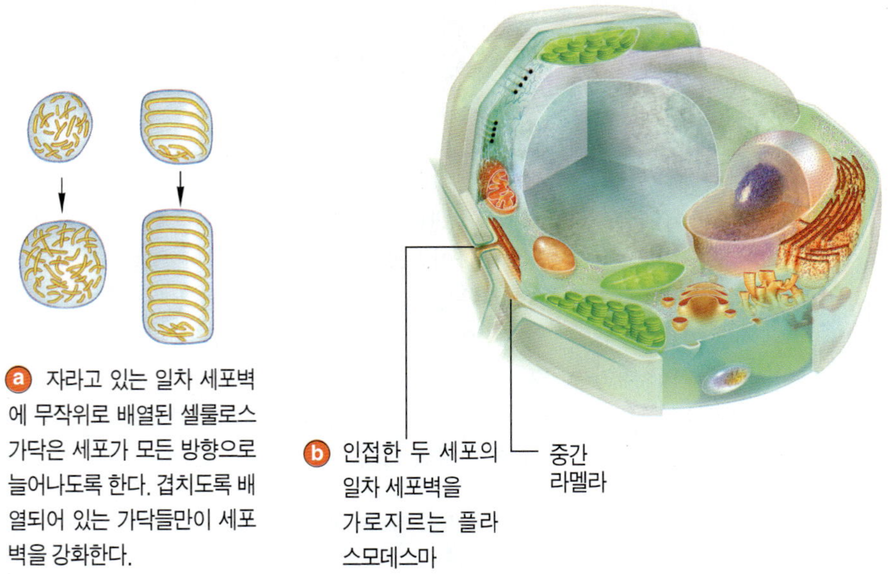


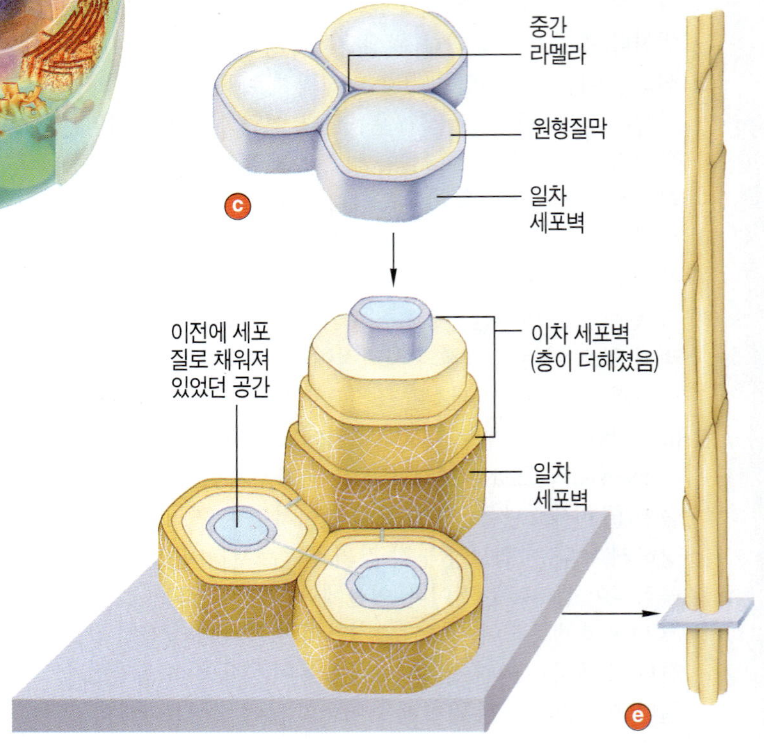


**그림 4.24** 식물 세포벽. (a) 세포소관이 식물세포벽의 주 구조물인 셀룰로스 가닥의 방향을 잡는다. 방향에 따라 세포벽은 둥글거나 길게 된다. (b,c) 세 가지 세포의 단면. 세포의 단면은 서로 인접한 세포간의 귀퉁이에 두꺼운 층을 형성한 중간 라멜라(lamella)를 이룬다. 많은 채널들은 주변 세포를 가로질러 식물세포의 세포질을 연결하는 플라스모데스마타 (plasmodesmata)를 이룬다. (d) 많은 식물세포에서 일차 세포벽의 내면에 더 많은 층들이 축적된다. 그것들은 세포를 더 강하게 만들고 모양을 만든다. 세포가 죽으면 단단해진 세포벽은 그대로 남는다. (e) 이런 현상은 식물체 전반에 조직을 이루는 물관부에서 볼 수 있다. 서로 연결되어 있고 죽어 있는 세포가 관을 만들고 있다.

**그림 4.25** (a) 식물 표피층을 관통하는 단면, 세포 외면 층의 세포 분비물. (b) 포유동물의 해골을 채우고 있는 뼈 안에 살고 있는 세포.

한다. 반투명의 표면으로 둘러싸인 이런 부분은 지상부 부분이 더위나 건조함으로부터 물을 잃는 것을 제한한다(그림 4.25a).

### 동물세포의 세포간질

동물세포는 세포벽이 없다. 주변으로부터 흡수된 물질과 세포의 분비물로 만들어진 세포간질이 그 사이에 끼어 있다. 예를 들어 다리뼈 말단 부분의 연골은 경질화 된 다당류의 물질 같은 섬유질의 단백질들과 산재된 세포들로 이루어 있다. 살아 있는 세포들은 또한 광범위하고 단단한 세포간질을 분비하여 우리가 흔히 뼈라 부르는 조직을 만든다(그림 4.25b).

### 세포 접합부(cell junction)

세포벽이나 또 다른 구조물들을 자신이 만들어 자신이 그 안에 갇히게 되어도 세포는 외부의 세계와 원형질막을 통해 교통한다. 또한 다세포 생물들은 세포막의 구성요소를 인접한 세포나 세포간질까지도 확장한다. 이런 구성 요소에는 세포 접합부가 있다: 같은 종류의 세포가 신호나 물질을 서로 주고 받으며 서로를 인식하여 접합시킨 구조.

예를 들어 식물에서 인접한 세포와 세포질 각각은 세포벽의 채널이 확장되며 연결된다(그림 4.24b). 이런 채널은 원형질과의 신호전달 역할을 한다. 세포간의 접합을 통해서 세포와 세포간의 물질 전달이 빠르게 이루어진다.

대부분의 동물 조직들에서 흔히 세 가지 타입의 세포 간 접합이 존재한다. 대부분의 몸 조직의 연결 세포는 밀착된 결합을 하고 외부의 상피 조직과 내부의 빈 공간과 기관들을 포함한다.

이것이 소화액이 위 벽을 통과해 새지 않고 내장의 내용물이나 조직들에 영향을 끼칠 수 없도록 하는 기작이다. 부착연접 (adhering junction)는 확장이 필요한 피부, 심장, 기타

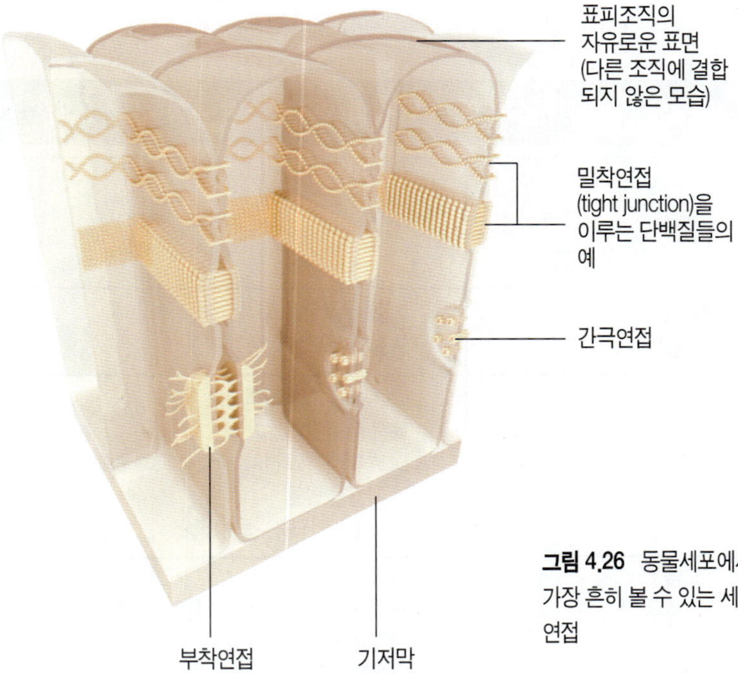


**그림 4.26** 동물세포에서 가장 흔히 볼 수 있는 세포 연접

기관들에서 일어난다. 간극연접(gap junction)는 근처의 세포간에 세포질을 연결한다. 그것은 물질의 빠른 흐름을 위해 열린 채널이고 심장근육에서 현저히 많이 존재한다.

원생생물, 식물 그리고 진균류 세포들은 원형질막 주변에 다공성의 세포벽을 가진다.

어린 식물세포는 충분히 확장이 될 수 있도록 유연하고 얇은 일차 세포벽을 가진다. 보다 발달된 세포는 구조적인 지지를 할 수 있는 리그닌 성분이 강화된 이차 세포벽을 가진다.

동물세포에는 세포벽이 없다. 그러나 동물 세포나 그 밖의 다른 세포들은 조직의 세포간질을 형성할 수 있도록 물질을 분비한다. 접합부는 다세포 개체의 세포 간에 종종 생긴다.

## 요 약

**4.1절** 세포는 생명의 특징을 나타내는 가장 작은 단위이다. 표면적과 부피의 비율에 따라 크기의 중심을 가진다. 모든 세포는 DNA를 포함하고 이루어진 부분에서부터 생명이 시작된다.

**4.2절** 대부분의 세포는 현미경으로 관찰이 가능할 만큼 극히 작다. 세포는 모양이나 구조가 각기 달라서 서로 다른 수준의 현미경을 이용해야 한다.

**4.3절** 세포막은 주로 지질과 단백질로 이루어져 있다. 지질 이중 층은 세포막에 유동성의 특징을 가지게 하고 물과 같은 수용성의 용질이 세포 사이를 자유롭게 드나드는 것을 막는다. 단백질은 막 이중 층에 깊숙이 있거나 표면에 위치하여 많은 기능적인 역할을 한다.

**4.4절** Bacteria와 Archea는 원핵세포이다. 그것들은 핵이 없고 매우 작으며 조직적으로 매우 간단한 세포라고 알려져 있다.

**4.5, 4.6절** 진핵세포는 일반적으로 다양한 세포기관을 가진다. 세포막은 세포내의 기능적으로 구역을 나누어 준다. 세포기관들은 세포의 화학 반응을 물리적으로 분리한다. 핵은 따로 격리되어 세포의 유전물질을 보호한다.

**4.7절** 막 내부에는 소포체나 골지체등의 새로운 polypeptide 사슬과 지질들이 집합되어 있다. 그것들은 기포와 같은 형태에 쌓여 수송되거나 저장되고 다른 세포들과의 반응에 관여하게 된다.

**4.8절** 산소를 이용한 마지막 반응은 미토콘드리아 내에서 일어나는데 이는 많은 ATP를 가진다. 광합성 식물과 해조류

### 표 4.1 원핵생물과 진핵세포의 전형적인 구성물질 요약

| 세포 구성물질 | 기능 | 원핵세포 | 진핵세포 | | | |
|---|---|---|---|---|---|---|
| | | 세균류 고세균 | 원생생물 | 진균 | 식물 | 동물 |
| 세포벽 | 보호, 구조적 지지 | ✓* | ✓* | ✓ | ✓ | 없음 |
| 원형질막 | 물질의 세포 내외로의 이동 | ✓ | ✓ | ✓ | ✓ | ✓ |
| 핵 | DNA를 정리 물리적으로 분리 | 없음 | ✓ | ✓ | ✓ | ✓ |
| DNA | 유전 정보를 암호화 | ✓ | ✓ | ✓ | ✓ | ✓ |
| RNA | DNA 메시지의 전사, 번역을 통해 폴리펩타이드 사슬을 만듦 | ✓ | ✓ | ✓ | ✓ | ✓ |
| 인 | 리보솜의 서브유니트를 조립 | 없음 | ✓ | ✓ | ✓ | ✓ |
| 리보좀 | 단백질 합성 | ✓ | ✓ | ✓ | ✓ | ✓ |
| 조면 소포체 | 새로 합성되는 단백질의 폴리펩타이드 체인의 일차적 변형; 지방합성 | 없음 | ✓ | ✓ | ✓ | ✓ |
| 골지체 | 단백질과 지방의 최종적 변형; 단백질의 세포 내 이송 또는 분비를 위한 분류 포장 | 없음 | ✓ | ✓ | ✓ | ✓ |
| 리소좀 | 세포 내 분해 | 없음 | ✓ | ✓* | ✓* | ✓ |
| 미토콘드리아 | ATP 합성 | ** | ✓ | ✓ | ✓ | ✓ |
| 광합성 색소 | 빛 에너지 변환 | ✓* | ✓* | 없음 | ✓ | 없음 |
| 엽록체 | 광합성; 약간의 녹말 저장 | 없음 | ✓* | 없음 | ✓ | 없음 |
| 중앙 액포 | 세포 표면 증가; 저장 | 없음 | 없음 | ✓* | ✓ | 없음 |
| 박테리아 편모 | 액체에서의 이동 | ✓* | 없음 | 없음 | 없음 | 없음 |
| 9+2 배열을 한 섬모와 편모 | 액체에서의 이동 | 없음 | ✓* | ✓* | ✓* | ✓ |
| 복잡한 세포골격 | 세포 모양; 내부 조직; 세포 움직임의 기초, 많은 세포에서의 운동성 | 원시적인*** | ✓* | ✓* | ✓* | ✓ |

* 적어도 몇 종류의 세포군 존재한다고 알려짐
** 많은 종류들이 호기성 호흡을 통해 ATP를 생산하지만 미토콘드리아는 관여하지 않음
*** 적어도 몇몇 종에서는 단백질 필라멘트가 세포벽을 지지하는 뼈대구조를 형성한다.

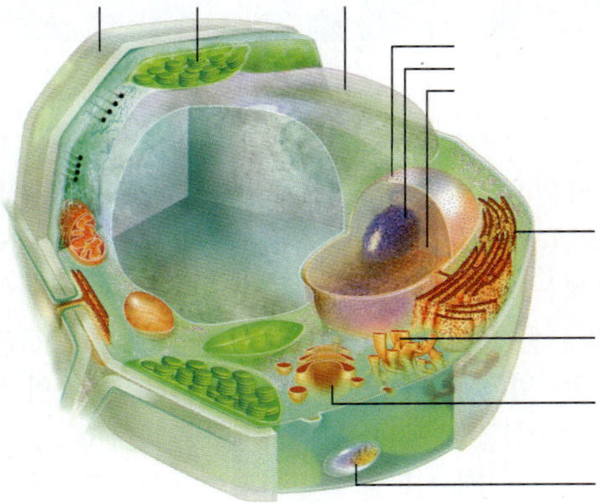

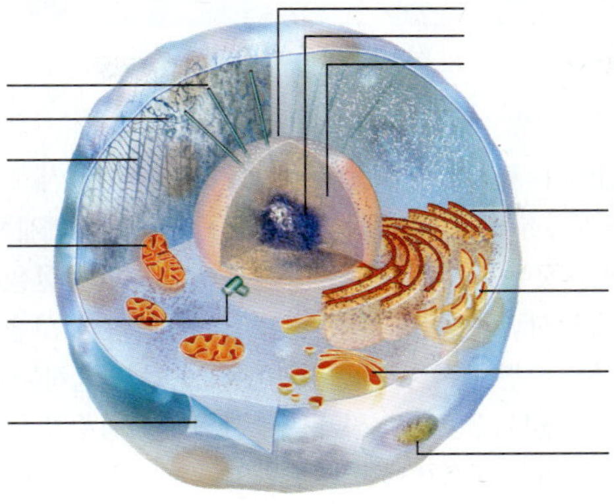

**그림 4.27** (a) Kartagener 증후군이 있는 남성과 (b) 정상 남성의 정자세포의 편모를 단면으로 자른 사진. Dynein의 팔이 쌍을 이루는 미세소관에 뻗쳐 있음을 확인하라.

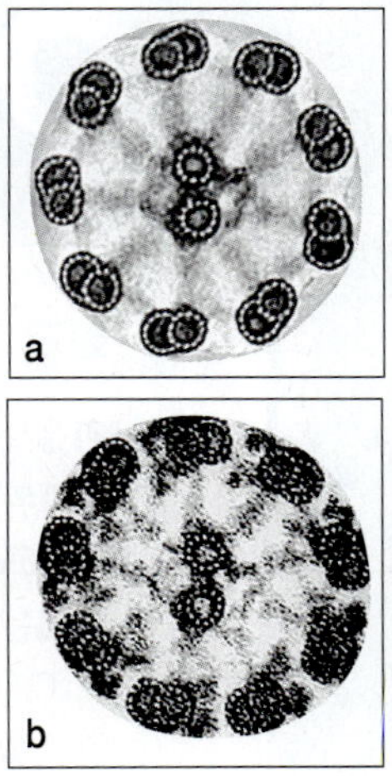


의 세포 속에 엽록체는 태양빛을 이용하여 당을 만들어 낸다.

**4.10절** 진핵세포는 미세소관 미세섬유, 중간섬유와 같은 세포 골격을 가진다. 이것은 세포의 각 기관이나 운동성을 가지는 구조 또 전체 세포의 움직임과 세포형태의 유지에 관여한다.

**4.11절** 많은 박테리아 원생생물 균류 그리고 식물 세포는 원형질막 주변에 세포벽을 가진다. 다세포의 기관들의 경우는 다양한 세포 내 구조물들과 기능적인 접합을 통해 다른 세포들과의 반응을 가진다.

## 자습-퀴즈

*정답은 부록 Ⅲ에 있음*

1. 세포막은 주로 ________로 구성되어져 있다.
   a. 탄수화물 이중 층과 단백질
   b. 단백질 이중 층과 인지질
   c. 지질 이중 층과 단백질
2. 위에서 세포벽의 구성성분을 밝히시오.
3. 세포소기관은 ________.
   a. 막으로 둘러 쌓인 구획
   b. 전핵세포에는 없고 진핵세포에 있는 특이구조
   c. 화학반응을 시간과 공간적으로 구분 짓는다
   d. 위의 모든 것이 세포소기관에 대한 설명이다
4. 동물세포를 제외한 여러 원생생물, 식물, 곰팡이에 공통적으로 가지고 있는 것은 ________
   a. 미토콘드리아 b. 원형질막
   c. 리보좀 d.세포막
5. 다음 사실이 맞았는가 틀렸는가?: 원형질막은 모든 세포의 가장 바깥쪽에 존재하는 막이다. 답에 대한 설명은?
6. 진핵세포와 달리 전핵세포는 ________
   a. 원형질막이 없다 b.RNA는 갖고 있지만 DNA가 없다
   c. 핵이 없다 d.모두가 답이다
7. 다음의 각 세포 구성과 기능을 연결하시오.

| | |
|---|---|
| ____ 미토콘드리아 | a. 단백질 합성 |
| ____ 엽록체 | b. 새로 합성된 폴리펩티드 사슬의 변형 |
| ____ 리보좀 | c. 새로운 단백질의 변형; 분류 및 운반 |
| ____ 조면 소포체 | d. 광합성 |
| ____ 골지체 | e. 많은 ATP 합성 |

## 분석적으로 생각하기

1. 당신이 전혀 길을 가다 2톤짜리 아메바를 만나게 되지 않는 이유는?
2. 당신의 교수님이 많은 수의 조면 소포체, 골지체, 미토콘드리아가 들어 있는 세포의 전자현미경 사진을 보여준다. 이렇게 많은 이들 세 종류의 세포소기관이 필요로 하는 세포의 활동은 어떤 것이 있겠는가?
3. Kartagener 증후군은 변형된 dynein 단백질에 의해 일어나는 유전질환이다. 이 병에 걸린 사람은 만성 sinus 염증과 폐로 연결되는 기도에 점질물이 축적되는 증세를 보인다. 수 많은 세균이 이 점질물에 자라게 되어 이들이 만들어 내는 부산물과 염증반응이 조직을 손상시킨다. 이 증후군에 걸린 남성환자는 전자는 만들지만 불임이다 (그림 4.27). 어떤 사람들은 정자를 직접 난자에 주입하는 시술을 받아 아빠가 되기도 한다. 어떻게 비정상적인 dynein 분자가 이와 같은 증세를 일으키는지 설명하시오.

# 5 세포는 어떻게 일을 할까?

## 최근 이슈와 그 영향력 알코올, 효소, 그리고 당신의 간

과음자를 살려내야 하는 세포의 관점에서 생각해 보라. 음주자가 12 온스의 맥주를 마셨거나, 5 온스의 포도주를 마셨거나, 또는 1.5 온스의 80도짜리 보드카를 마셨다면 결과는 모두 마찬가지 이다. 각 음주량에는 같은 량의 알코올, 더 정확하게 말하면 에탄올이 들어있다.

$CH_3CH_2OH$ 즉 에탄올 분자는 물에 녹으면서 지방에 녹는 속성을 갖고 있어서 위와 소장에서 빠르게 흡수된다. 혈류는 이렇게 흡수된 알코올의 90%를 간으로 운반하는데 여기서 효소가 빠른 속도로 알코올을 세포에 독성이 없는 초산(acetic acid)으로 분해한다. 그렇지만 간의 알코올 대사 효소는 정해진 시간 내에 정해진 최대양의 알코올을 해독할 뿐이다.

이런 효소 중에 이 과에서 단신이 읽게 될 것은 catalase라는 것으로 몸을 공격하는 독성물질에 대항해 싸우는 보병과도 같은 것이다(그림 5.1). Catalase는 알코올 탈 수소 효소를 돕는 것으로 여겨진다. 알코올이 혈류를 돌고있으면, 이 효소는 알코올을 아세트알데히드로 바꾸어 준다. 그렇지만 아세트알데히드는 높은 농도로 존재하면 세포에 독성이 있으므로 반응은 거기서 멈추지 않는다. 건강한 사람에게서는 적어도 한 종류 이상의 효소가 관여하여 빠른 속도로 이 물질을 독성이 없는 형태로 분해한다.

알코올 대사에 중추적 역할을 하는 간을 생각해 볼 때, 버릇처럼 과음자들은 알코올로 인해 생기는 간질환과 도박을 벌이는 것이다. 음주가 지속되면, 해독성 간세포가 점점 줄어들고 따라서 효소들이 점차 줄어들게 되어 알코올에 저항할 수 있는 능력이 점차 감퇴되어 간다.

알코올성 간염에서, 간 조직에 염증과 괴사가 널리 퍼져있다. 또 다른 질병으로, 알코올성 간 경변은 간에 영원히 상처를 내게 된다. 그리고 언젠가는 간은 더 이상 일을 하지 못하게 되고 그 결과는 참담한 것이다.

간은 사람 몸에서 가장 큰 분비조직이어서 이 조직의 활성은 몸의 거의 모든 곳에 영향을 미친다. 간이 없으면 당신은 음식물을 소화하고 흡수하는데 어려움을 겪게 된다. 당신의 세포들은 탄수화물,

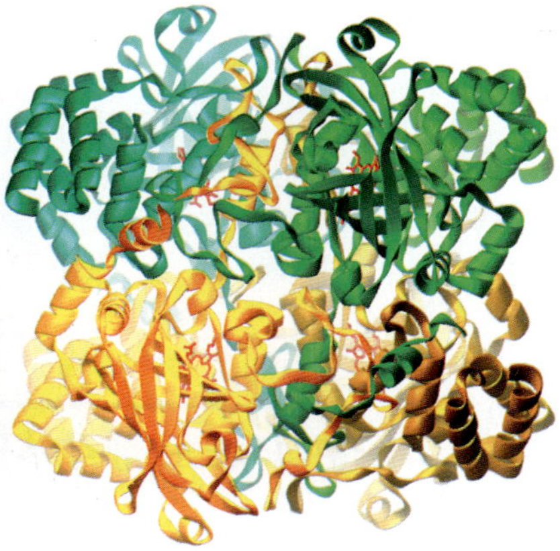

**그림 5.1** 우리 몸을 손상시키는 맥주나 마티니 그리고 여러 주류에 들어 있는 알코올과 같은 독성 물질을 해독화하는데 도움을 주는 효소인 카탈라제의 컴퓨터 입체구조인 리본모델.

## 개요도

**에너지의 일방적 흐름** 일을 하게 하는 능력인 에너지는 하나의 형태에서 다른 형태로 변할 수는 있지만 무에서 생성되지는 않는다. 에너지는 사용 할 수 있는 형태에서 덜 사용 가능한 형태의 에너지로 변하는 한 방향으로 흐른다. 그러면서 그 일부는 변환 과정에서 소실되기도 한다.

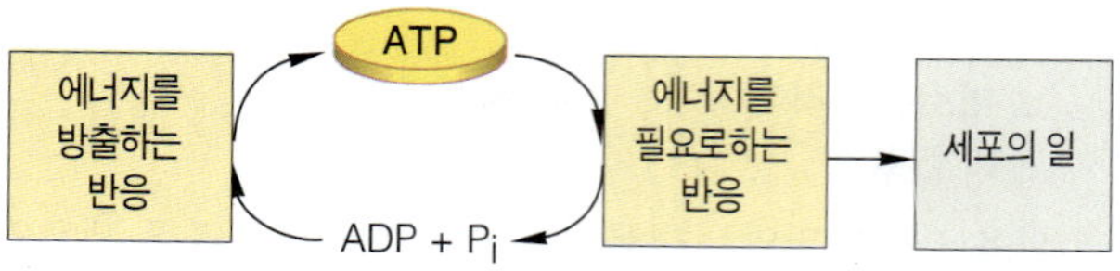


**어떻게 세포가 에너지를 사용하는가?** 에너지는 대부분이 태양에서 오는데 생명의 순환계로 들어갔다가 다시 거기서 빠져 나온다. 세포는 광합성으로 시작하는 에너지-요구 과정을 거쳐 에너지의 일방통행적 흐름을 시작한다. 세포는 흡수된 에너지를 바꾸어 자신들이 살아가고 적절하게 일할 수 있도록 한다.

지방, 단백질을 분해하거나 흡수하는데 어려움을 겪게 되며 살아남을 수 없게 된다.

다른 기능으로, 간은 혈장단백질을 만들어 낸다. 이들 단백질은 혈류를 따라 돌며, 혈액응고, 면역반응, 몸 내부의 일정 체액 부피 유지, 그 외 다른 기능들을 하는 매우 중요한 역할을 한다. 또한, 간 효소들은 아세트알데히드보다 훨씬 독성이 강한 물질들도 해독하는 일을 한다.

폭음과량의 알코올을 짧은 시간 내에 마시는 것은 현재 미국 내 대학에서 가장 심각한 약물복용의 일종으로 여겨지고 있다. 생각해 보시라: 140여 개 대학에서 약 17600명의 학생을 대상으로 조사한 결과 40% 이상의 학생들이 음주 문화에 젖어 있는 것으로 나타났다. 그들은 평균적으로 하루 5 잔 이상의 술을 마신다고 보고되어 있다.

폭음은 간을 손상시키는 그 이상이다. 매 년 500000건의 사고에 의한 상해는 그렇다 치더라도 70000 건의 데이트 중 강간, 400000 건의 준비되지 않은 상태에서 학생들 사이에 발생하는 성관계들이 모두 음주와 관련되어 있다. 폭음은 당신이 무엇에 부딪치는지 알지도 못하는 상태에서 당신을 죽일 수 있다. 너무 많이 마시고, 빨리 마시면 당신은 갑자기 당신의 심장 박동을 멈출 수 있게 된다. 생각해 보시라.

위에 든 예를 가지고, 우리는 대사, 즉 세포가 조절된 상황에서 에너지를 획득하고 그 에너지를 사용하여 합성을 하고, 분해하고, 저장하고, 물질을 분비하는 것에 초점을 맞추려고 한다. 때로는, 당신의 세포의 활성은 당신의 관심사와는 매우 다른 경우도 있다. 그러나 그것들은 당신이 누구이고 무엇이 될 것인 가를 결정하는데 도움을 준다.

### 찬반의견 투표

*어떤 사람들은 너무 많은 알코올을 마셔서 그들의 간을 손상시킨다. 다른 사람들은 병든 간을 갖고 있다. 간 이식을 기대하고 있는 많은 사람들에 비하면 턱 없이 부족한 간 기증자들이 있다. 사람들의 생활 습관을 고려해서 누가 간 이식을 받아야 할지를 결정해야 한다고 생각하는가? 미디어 메뉴에서 상세한 내용을 참고하여 온라인 투표를 한다.*

**어떻게 효소가 일하는가?** 효소 없이는 물질들은 살아 있는 세포를 유지할 만큼 빠른 속도로 반응하지 못한다. 같은 일이 생명에도 적용된다. 효소 활동의 조절은 세포막을 통해 이동하는 물질들의 농도조절을 통해 생명현상을 조절하기도 한다.

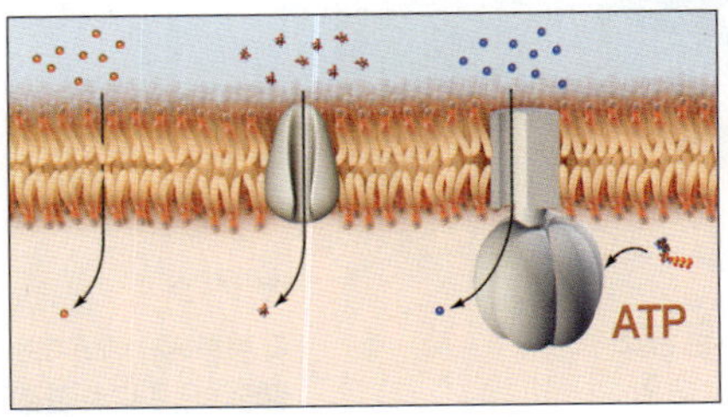


**막과 대사** 세포는 내재된 기작으로써 그들의 세포막을 통해 물질의 양을 조절한다. 이 조절은 대사회로가 진행됨에 있어 꼭 필요한 것이다.

# 5.1 에너지의 출입

세포는 주변 환경으로부터 에너지를 확보하고 그 에너지를 수 천 종류 이상의 작업 수행에 사용한다. 에너지는 물질을 축적하고, 만들고, 재배열하고, 분해하는 화학적 일인 대사작용이 진행되도록 한다. 에너지는 세포의 부분, 몸의 부분, 또는 개체 전체가 움직이게 한다. 에너지는 세포가 ATP를 만들 때처럼, 전하물질이 막을 통과하여 움직이는 전기화학적인 일을 하게 한다.

## 에너지의 일방통행적 흐름

**에너지**는 일을 할 수 있는 능력으로 무에서부터 창출할 수 없다. **열역학 제1법칙**에 의하면 어떤 분리된 계(system)에서 아무리 적은 양의 에너지는 더 늘어나거나 없어지지 않는다. 에너지는 다른 형태로 변환될 수 있다. 그렇지만 한 계의 전체 에너지는 항상 일정하다. 동작, 화학결합, 열, 전기, 소리, 핵력, 중력 등은 에너지의 여러 형태를 보여주는 좋은 예들이다.

엔트로피(entropy)는 한 계의 무질서 정도를 나타내는 것이다. **열역학 제2법칙**에 의하면 전 우주의 엔트로피, 즉 무질서도는 항상 증가한다. 이집트의 피라미드를 생각해 보자. 처음 지어졌을 때는 매우 잘 정돈된 상태였으나 지금은 서서히 무너져 내리고 있다. 그리고 지금부터 수 천년 후에는 먼지로 변할 것이다.

에너지는 이 큰 그림의 일부이다. 에너지는 자발적으로 가장 무질서한 형태인 열의 형태로 흐른다. 왜? 에너지를 한 형태에서 다른 형태로 변환하는 것은 절대 100%의 효율을 가질 수 없다. 비록 에너지는 어떤 형태의 변환에도 보존되기는 하지만 일정 부분은 열로써 소실되게 된다. 열을 다른 형태의 에너지로 전환하는 것은 쉬운 일이 아니다.

생명은 이처럼 무질서도가 최대화 되도록 도도히 흐르는 에너지 흐름에 역행하는 영광스러운 보루가 될 수 있겠는가? 결론적으로, 새로운 개체에는 원자간의 질서정연한 새로운 결합이 형성되고, 분자들은 더 정돈된 상태로 배열되며 에너지는 소멸되는 방향이 아니라 저장되는 쪽으로 진행된다.

그럴지라도, 열역학 제2법칙은 지구상의 생명체에 적용된다. 생명의 주된 에너지원은 생성된 이래 지금까지 계속 에너지를 잃고 있는 태양이다. 광합성 세포들은 태양으로부터 오는 빛 에너지를 받아들여 당, 녹말, 그 밖의 다른 화합물에 있는 화학결합으로 전환한다. 식물을 섭취하는 개체들은 그 안에 저장된 에너지인 화학결합을 분해하거나 다른 형태로 바꾸어 에너지를 얻는다. 그렇지만 각 변환에서 약간의 에너지는 열로 소실된다. 세포는 그 소실되어 지는 다른 형태로 변환하지 않는다. 세포들은 단지 그런 열을 일로 바꾸지 않는다.

전체적으로 에너지는 한 방향으로 흐른다. 생명 자체는 놀라울 정도의 조직화를 지속적으로 제공되며 결국에는 소실되는 에너지로써 유지한다(그림 5.2).

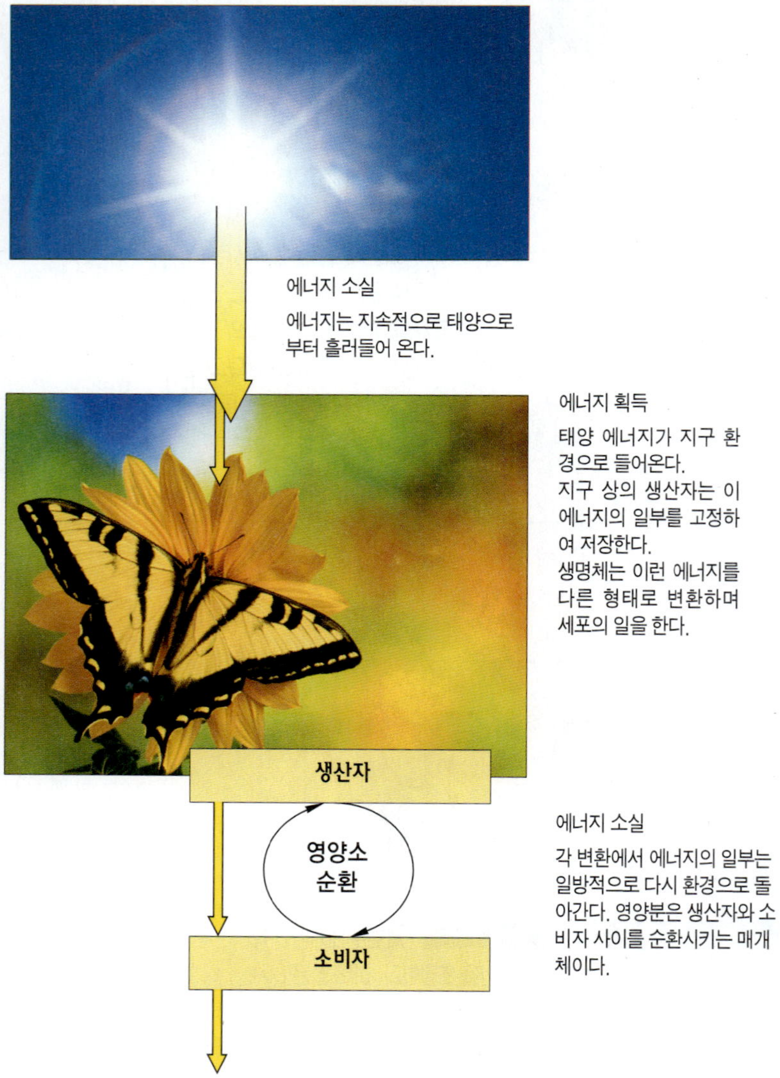


**그림 5.2** 한 방향으로 생태계에 흘러 들어가는 에너지는 다른 방향으로 흘러나가는 에너지를 보충한다.

## 에너지 언덕의 오름과 내림

세포는 한 분자를 다른 형태로 바꾸면서 에너지를 저장하고 추출해 낸다. 광합성 세포에서, 햇빛 에너지는 ATP를 형성하고, ATP로부터 나오는 에너지로 포도당을 만든다(그림 5.3a). 여섯 분자의 이산화탄소($CO_2$)와 여섯 분자의 물($H_2O$)이 한 분자의 포도당($C_6H_{12}O_6$)과 여섯 분자의 산소($O_2$)로 변환된다. 광합성반응은 에너지의 투입이 필요하다; 그것을 흡열반응(endergonic: 에너지 흡수).

우리는 포도당을 고 에너지 물질로 생각하는데 그 이유는 이 분자가 더 안정된 분자로 바뀌면서 결과적으로 에너지를 얻게 되기 때문이다. 이러한 분해 반응이 진행되기 위해서 포도당 분자는 우선 에너지를 받아 들여야 하지만, 안정된 최종 물질이 형성되면서 방출되는 에너지는 처음에 받아들인 양보다 훨씬 많다. 예를 들면, $CO_2$와 $H_2O$가 포도당이 호기성 호흡 결과 남게 되는 최종 물질이다. 이 두 물질은 여전히 각 분자의 공유결합에 들어 있는 에너지를 함유하고 있지만, 이 두 물질은 너무 안정되어서 세포가 이 분자들을 다른 형태로 변환시키면서 에너지를 얻지 못한다. 이것은 마치 물과 이산화탄소가 에너지 언덕의 밑바닥에 위치하는 것과 같다.

호기성 호흡은 많은 변환 단계를 거치면서 조금씩 에너지를 방출하여 이 에너지를 효율적으로 받아들일 수 있도록 한다. 이 대사과정은 마치 높은 에너지의 포도당에서 낮은 에너지의 이산화탄소와 물로 달음질하는 하강운동과 같다(그림 5.3b). 결과적으로 에너지를 방출하는 이러한 반응을 발열반응(exergonic)이라 한다.

### ATP-세포의 에너지 화폐

모든 세포들은 에너지 출입을 연계시킴으로써, 주로 adenosine triphosphate(ATP)를 가지고, 계속 살아있게 된다. 이 뉴클레오타이드는 하나의 오탄당(ribose)과 하나의 염기(base), 그리고 세 개의 인산기(phosphate group)으로 이루어져 있다(그림 5.4a). ATP는 쉽게 다른 물질에게 인산기를 내어 주어 그 물질이 반응을 시작하도록 한다. 이와 같이 인산기가 전달되는 반응을 인산화(phosphorylation)라고 한다.

ATP는 세포의 경제에서 화폐와 같다. 세포들은 에너지 방출 반응을 진행시켜 ATP를 벌어들인다. 세포들은 자신들을 살아있게 하는 에너지 요구 반응들에 ATP를 소비한다. 이 책에서 우리는 상징화를 위해 ATP를 만화 돈으로 표현하였다.

ATP는 무수히 많은 반응의 에너지 운반물질이기 때문에 세포는 이 물질을 새롭게 하는 방법이 있을 것이라고 추측할 것이다. ATP가 인산기를 내어 주면, ADP(adenosine diphosphate)가 형성된다. ATP는 ADP가 다시 무기 인산기나 다른 분자에 있던 인산기가 옮겨와 결합하면서 생겨난다. 이 ATP/ADP회로에서ATP의 재형성은 대부분의 대사반응이 진행되도록 돕는다(그림 5.4b).

에너지는 일을 하게 하는 능력이다. 그것은 더 사용할 수 있는 형태에서 덜 사용 할 수 있는 형태로의 한 방향으로만 흐른다. 열은 가장 사용 가능성이 낮은 형태의 에너지이다. 개체들은 다른 곳에서 만들어진 에너지를 공급받아서 복잡한 구조를 유지한다.

모든 개체들은 외부에서 에너지를 확보한다. 태양은 생명사슬의 가장 근원적인 에너지원이다. 모든 개체들은 화학결합에 에너지를 저장하여 사용한다.

ATP는 모든 살아있는 세포에서 주된 에너지 운반물질이다. 그것은 에너지 방출 반응과 에너지 요구 반응 사이를 연계시켜 준다. ATP는 인산기를 다른 물질에 옮겨 줌으로써 대사반응이 시작되도록 한다.

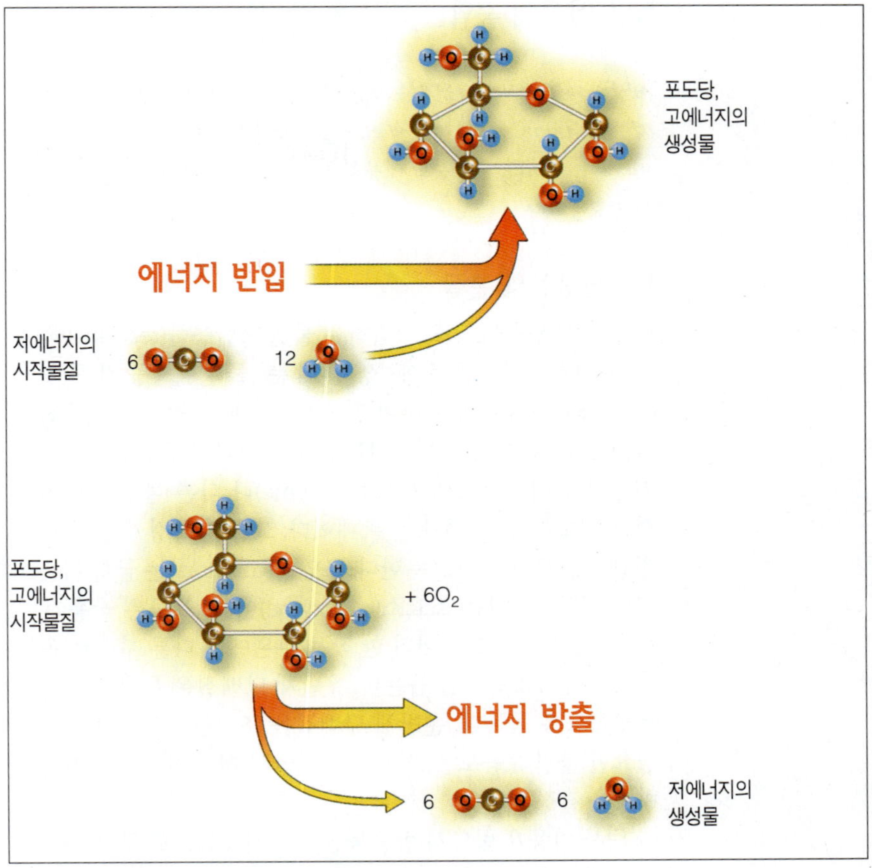


**그림 5.3** 화학적 일에 관여하는 두 영역의 주요 에너지 변화. **(a)** 에너지 반입이 없이는 반응이 진행되지 않는 흡열반응(endergonic). **(b)** 결과적으로 사용 가능한 에너지를 방출하는 발열반응(exergonic).

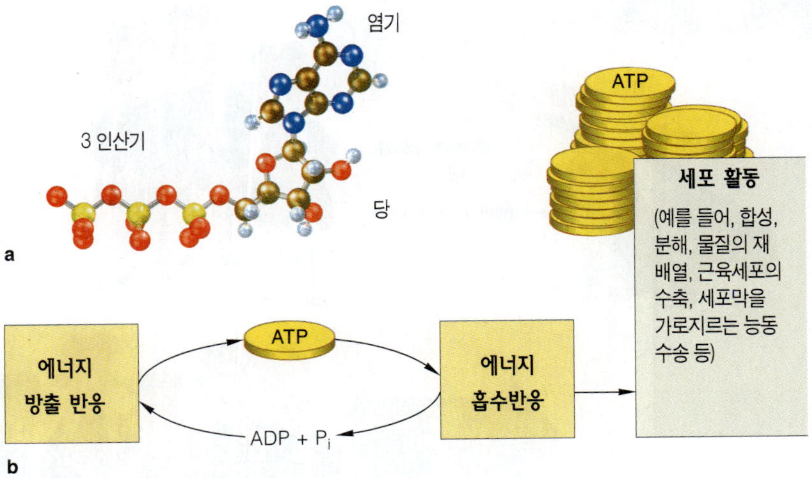


**그림 5.4** (a) 구슬-막대기 모형의 ATP, 에너지 운반체. **(b)** ATP는 에너지 방출 반응과 에너지 요구 반응을 연계시킨다. ATP/ADP회로에서 반복적으로 일어나는 인산기의 전이는 ATP를 ADP로, ADP를 ATP로 바꾸어 준다.

## 5.2 물질의 출입

*어떻게 세포가 에너지를 얻는가는 단지 대사의 한 측면이다. 다른 것은 에너지가 가세된 반응에 의해 물질이 축적되고, 변환하고, 버려지는 것이다. 대부분의 반응들은 단계적으로 진행되는 대사경로의 부분들이다.*

### 대사반응들의 본질

어떤 대사 반응에서도, 시작하는 물질을 반응물(reactants)라 부른다. 반응 경로에 생성되는 물질을 중간물질(intermediates)이라고 하며 최종적으로 남는 물질을 최종산물(products) 이라 한다. ATP와 다른 에너지 운반물질들은 인산기를 전달함으로써 효소(enzyme)나 다른 물질들이 활성화 되도록 한다. 효소는 촉매이다: 그들은 특정 반응이 엄청난 속도로 진행되도록 한다. 조인자(cofactors)는 금속 이온이나 NAD와 같은 조효소(coenzyme)이다. 그들은 작용기, 원자, 전자들을 효소 내의 한 작용 부위에서 다른 부위로 옮김으로써 효소반응을 돕는다. 운반체 단백질은 용질이 막을 통과하도록 돕는다. 운반체 단백질을 조절함으로써 반응에 필요한 물질의 농도를 조절하고, 따라서 대사 반응의 시기와 방향을 결정한다.

대사 반응은 반드시 반응물질에서 최종산물로 항상 가는 것은 아님을 명심하라. 그 반응들은 정반응으로 시작하지만 최종산물이 다시 반응물질로 전환되는 역반응으로도 진행된다. 이러한 가역반응은 양 방향의 반응속도가 같아지면 자발적으로 화학평형에 이르게 마련이다. 대부분의 반응에서 반응물질과 최종산물의 양이 그 때마다 다르다(그림 5.5). 이것은 마치 사람들이 양쪽 방을 오가며 여는 파티와 같다. 설령, 한 방에는 30 명이 있고 다른 방에는 10 명이 있어 양쪽 방을 자유로이 오갈 찌라도 각 방에 머무는 사람의 수는 일정하게 유지된다.

왜 이런 것이 중요한 것인가? 각 세포들은 가역적 대사 경로의 몇 단계를 조절함으로써 세포 기능에 큰 변화를 줄 수 있다.

예를 들면, 당신의 세포가 빠른 시간 내에 에너지를 필요로 한다면, 그것들은 급격하게 포도당을 두 개의 비루브산(pyruvate)으로 분해한다. 그것들은 이 일을 9 개의 효소가 관여하는 해당작용이라 불리는 경로를 통해 이루어진다. 포도당의 제공이 부족해지면 세포는 이 경로를 바꾸어서 피루브산과 다른 분자들로부터 포도당을 만들어 낸다. 어떻게? 여섯 단계의 경로들이 가역적이며, 다른 세 경로는 무시하게 된다. ATP로부터 에너지를 반입하면서 열역학적으로 선호되지 않는 오르막의 무시된 경로를 오르게 한다.

만일 세포에 이 역반응 경로가 없다면 어떻게 될까? 세포는 포도당의 혈중농도가 위험할 정도로 낮은 기아의 상태에서도 빠른 속도로 포도당을 만들어 내지 못한다.

**그림 5.5** 화학평형. 높은 농도의 반응물(왕자가 되길 원하는 개구리로 표현)이 있으면 반응은 강력하게 정반응으로 진행되어 생성물(왕자)을 만든다. 생성물의 농도가 높아지면 이 반응은 역방향으로 진행된다. 평형에서 정반응과 역반응의 속도가 같다.

### 산환-환원반응

에너지는 광합성과 다른 대사 경로를 통해 환경으로부터 생명체로 흘러 들어간다. 개별 세포들은 자유 에너지를 획득, 저장하여 자신이 사용 가능한 형태로 방출한다. 세포들은 성장하고 번식하는데 필요한 에너지를 조절한다.

세포는 전자전달 (electron transfer) 또는 **산화-환원 반응** (oxidation-reduction reaction)에 의해 효과적으로 에너지를 방출한다. 이러한 산화환원 반응에서 (redox reaction) 하나의 분자는 전자를 내어주고 (산화) 다른 분자는 전자를 얻는다 (환원). 일반적으로 수소원자들이 동시에 방출되어 수소이온 ($H^{+}$)이 된다. 전자의 음전기에 이끌리어 수소이온은 그들에 끌려간다.

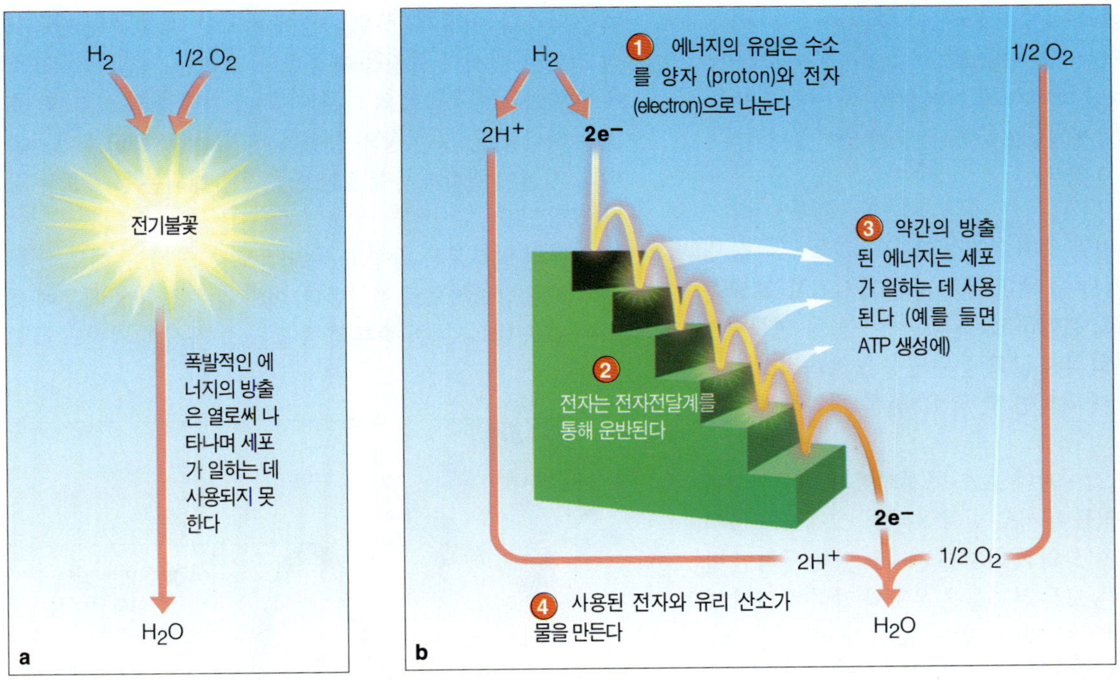


**그림 5.6** 조절되거나 조절되지 않은 에너지 방출 비교. (a) 자유 수소와 산소가 전기불꽃에 노출되면 서로 반응하여 한꺼번에 에너지를 방출한다. (b) 전자전달계는 똑 같은 반응을 소량씩 더 운용 가능한 단계로 진행하여 방출된 에너지를 사용하게 한다.

광합성과 호기성 호흡의 중심인 산화환원반응에 관해 생각해 보아야 한다. 다음 두 과에서 당신은 어떻게 조효소(coenzymes)들이 기질로부터 떨어져 나온 전자와 수소이온을 받아들이게 되고 이들을 전자전달계에 제공해 주는지 알게 될 것이다. 이들 전달계는 세포막에 결합된 일련의 효소들과 분자들로써 전자를 받아서 다음 단계로 전달해 주는 역할을 한다. 전자전달계에 들어가기 직전의 전자는 전자전달계를 떠나는 전자보다 훨씬 높은 에너지 상태이다. 전자가 계단을 내려가면서 한 계단 내려갈 때마다 인색하게 약간의 에너지를 내어 놓는 전자를 생각해 보라 (그림 5.6). 이 두 경로를 종합해 보면, 단계적인 전자전달은 수소이온을 농축하게 되고 그 결과 ATP를 생성하게 된다.

## 대사경로의 유형

우리는 지금까지 주마간산 식으로 대사경로를 살펴보았으나 정식으로 정의를 내려보자. 대사경로 (**metabolic pathways**)는 세포 안에서 일어나는 효소에 의해 진행되는 일련의 반응이다. 많은 생합성반응 (biosynthetic) 또는 동화(anabolic)작용은 에너지 유입을 필요로 한다. 예를 들면 포도당, 전분, 단백질, 그리고 작은 분자로부터 만들어지는 고-에너지 분자의 합성 등이다. 지구 상에서의 주된 생합성 경로는 광합성이다 (그림 5.7).

분해반응 (또는 이화(catabolic)작용) 경로는 종합적으로 보면 에너지를 방출하는 반응이다. 이들 반응은 분자를 분해하여 에너지가 더 낮은 작은 분자로 쪼갠다. 호기성 호흡에서 효소반응으로 포도당을 단계적으로 쪼개면서 많은 수의 사용 가능한 형태의 에너지 (ATP)를 만든다. 이것이 지구 상의 가장 주된 분해반응 경로이다 (그림 5.7).

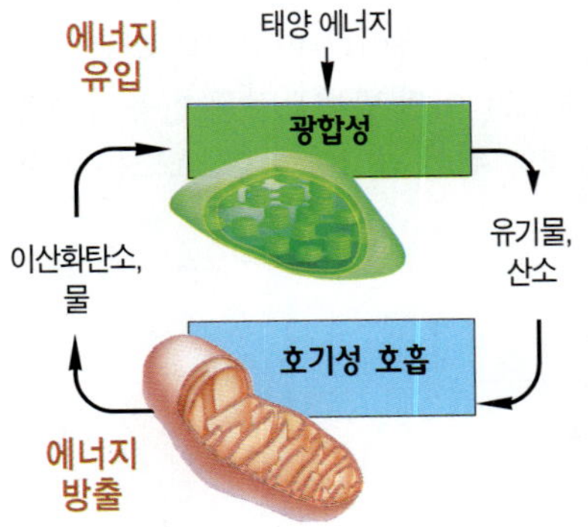


**그림 5.7** 생태계의 주요 대사 경로. 태양으로부터의 에너지 유입은 광합성을 촉진하며 호기성 호흡은 사용 가능한 많은 양의 에너지를 만든다. ATP가 이 두 경로에서 산화환원 반응에 의해 만들어진다.

모든 대사 경로가 다 반응물로부터 생성물까지가 일 직선적인 것은 아니다. 순환경로 (cyclic pathway)에서는 마지막 단계에서 반응의 시작을 맞는 반응물을 재생산 한다. 가지가 있는 경로에서는 반응물들 또는 중간 대사물들은 둘 또는 그 이상의 경로로 나뉘어져 반응에 사용된다.

대사 경로는 순서적으로 일어나는 효소가 관여하는 반응 순서이며 어떤 것은 생합성경로이고 어떤 것은 분해경로이다.

대사경로에서 중요한 단계를 조절함으로써 세포 활성을 빠르게 움직일 수 있다.

대사의 여러 측면 중 전자전달 (electron-transfer) 또는 산화-환원 반응 (oxidation-reduction reaction)을 포함한다. 전자전달계는 생합성과 호기성 호흡에서 에너지를 교환하는 중요한 자리이다.

## 5.3 효소는 어떻게 물질들이 반응하도록 하는가?

*만일 당신이 한 컵 분량의 포도당을 공기 중에 노출시켜 놓는 다면 무슨 일이 생길까? 별 일이 일어나지 않는다. 그것이 물과 이산화 탄소로 바뀌었다는 증거를 보기까지는 여러 해가 지나야 할 것이다. 그렇지만 이와 같은 변화가 당신의 몸에서는 수 초 내에 일어난다. 효소가 그 차이를 만드는 것이다.*

효소들은 다시 말하지만 촉매 분자들이다; 그것들은 특정 반응속도를 수 백 배에서 수 백만 배까지 증가시킨다. 효소는 화학적으로 인식하고, 결합하고, 특정한 반응물을 변화시키지만 그들 자신은 변화되지 않고 같은 반응을 계속적으로 반복하여 진행시킨다. 예외적인 몇 몇 RNA를 제외하면 효소는 단백질이다.

어떤 반응이 자발적이거나 효소-매개되었거나 상관없이 반응에 참여하는 물질들이 서로 밀쳐내는 힘, 그래서 반응이 이루어지지 않게 됨, 이상의 에너지를 가지고 있지 못하면 반응은 진행되지 않는다. 모든 분자들은 온도와 압력에 의해 영향받는 내재된 에너지를 갖고 있다. 활성화 에너지(activation energy)는 하나의 반응이 진행되기 위해서 반응물질들이 가져야 하는 최소한의 내재된 에너지를 말한다.

활성화 에너지는 에너지 장애물이다-언덕이나 벽돌 벽과 같은 종류(그림 5.8, 그림 5.9). 어떤 방법으로든 반응이 진행되기 전에 그 에너지 장벽을 뛰어 넘어야 한다. 효소는 이 장벽을 낮춘다. 어떻게? 주위 환경에 비교할 때, 효소는 반응에 더 적합한 미시적 환경을 제공한다. 효소는 기질(특정 효소에 결합하는 반응물질의 다른 이름)에 비해 훨씬 크다. 각 효소는 하나 혹은 그 이상의 활성화 부위(active site)를 가지고 있다: 기질이 결합해서 특정한 반응이 촉매되는 틈새 또는 공간(그림 5.10).

기질의 일부분은 활성화 부위와 모양, 크기, 용해도, 전하 등에 의해 상보적으로 결합한다. 이와 같은 접합성 때문에 효소는 세포 내의 수 천 종류의 물질들 중 자신의 기질과 특이

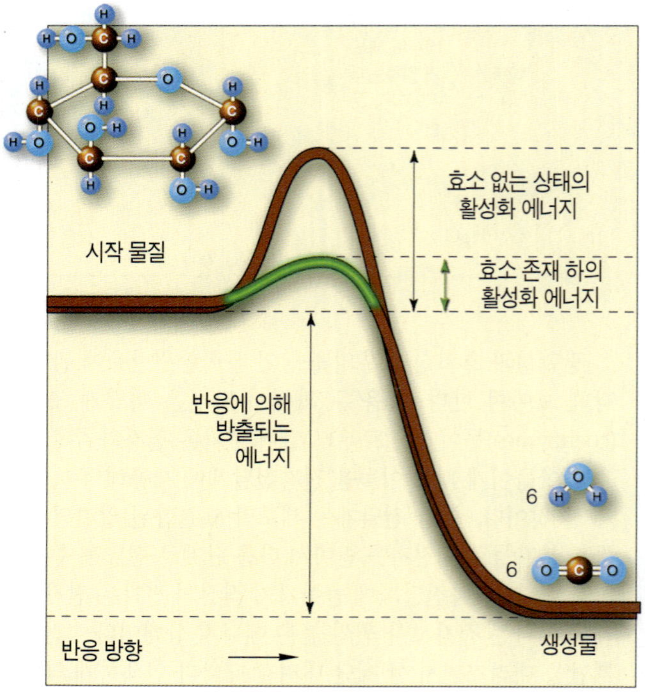


**그림 5.8** 활성화 에너지. 반응물은 반응이 생성물로 만들어지기 위해서 최소한의 내재된 에너지를 갖고 있어야 한다. 때로는 그들은 외부로부터 에너지를 공급받아 생성물이 되기도 한다. 효소는 요구되는 활성화 에너지를 낮춤으로써 반응속도를 높인다. 그것은 에너지 언덕을 작게 낮춘다.

**그림 5.9** 효소 없이 진행되는 반응에서 필요한 활성화 에너지(**a**)와 효소 존재 하에서의 활성화 에너지(**b**).

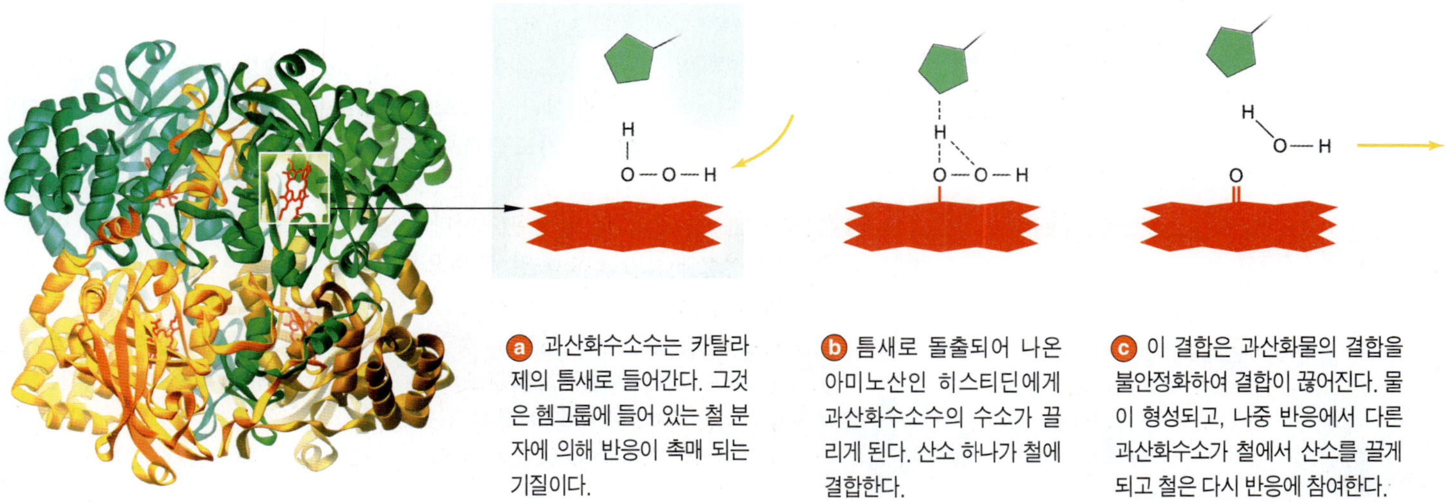


**a** 과산화수소수는 카탈라제의 틈새로 들어간다. 그것은 헴그룹에 들어 있는 철 분자에 의해 반응이 촉매 되는 기질이다.

**b** 틈새로 돌출되어 나온 아미노산인 히스티딘에게 과산화수소수의 수소가 끌리게 된다. 산소 하나가 철에 결합한다.

**c** 이 결합은 과산화물의 결합을 불안정화하여 결합이 끊어진다. 물이 형성되고, 나중 반응에서 다른 과산화수소가 철에서 산소를 끌게 되고 철은 다시 반응에 참여한다.

**그림 5.10** 어떻게 카탈라제가 작용하는가? 이 효소는 네 개의 폴리펩티드 사슬과 네 개의 헴 그룹을 갖고 있다.

하게 결합할 수 있다.

생각을 거슬러서 주요 효소-매개 반응들을 살펴보자(3.1절). 작용기전이(functional group transfer)에서 하나의 분자는 다른 분자에게 작용기를 내어 준다. 전자전달(electron transfer)에서 하나 또는 그 이상의 전자들을 한 분자에서 떼어 내어 다른 분자에 전달한다. 재배열(rearrangement)에서 분자 내의 결합을 변화시켜 다른 종류의 분자가 되게 한다. 축합(condensation)에서 두 분자가 서로 공유결합을 통해 하나의 더 큰 분자로 된다. 마지막으로, 분해(cleavage)반응에서 큰 분자는 작은 분자들로 나뉘게 된다.

우리가 활성화 에너지를 이야기 할 때, 우리는 실제로는 화학적 작용기들의 배열에 소요되는 에너지 즉, 전기 전하의 불안정화와 결합을 끊는데 필요한 에너지를 말한다.

효소는 반응 분자들을 잡아 줌으로써 활성화 에너지를 낮춘다. 활성화 부위에 결합된 반응물질은 늘려지거나 축소되어 어떤 특정 형태로 만들어 다른 반응 작용기에 근접하도록 한다. 이렇게 되면 기질은 전이상태(transition state), 즉 결합이 끊어지기 직전의 상태로 되어 반응은 쉽게 생성물로 진행이 된다.

효소와 기질 사이의 결합은 매우 약하고 순간적이다(그렇기 때문에 반응이 진행되어도 효소가 변하지 않는다). 그러나 이 약한 결합이 형성될 때 에너지가 방출된다. 이 결합에너지가 전이상태를 반응이 진행될 때까지 효소와 기질이 붙어있게 하기에는 충분한 안정화 에너지이다.

네 가지 기작은 단독으로 또는 연합하여 기질이 전이상태로 변화되도록 일을 한다:

기질들이 서로 모이도록 돕는다. 기질분자들은 낮은 농도 상태에서는 거의 반응하지 않는다. 활성화 부위에 기질이 결합하게 되면 최대 약 천 만 배정도의 국부적인 기질 농도의 증가효과가 있다.

반응에 적합하도록 기질을 적절한 방향으로 위치하게 한다. 기질 단독으로는 단지 무작위적인 방향에서 서로 간의 충돌이 일어난다. 그러나, 활성화 부위의 약하지만 많은 수의 결합들은 작용기가 서로 가까이 위치하도록 한다.

물을 배제한다. 수소결합을 쉽게 할 수 있는 능력 때문에 물은 반응이 진행되는 동안 결합이 형성되거나 끊어지는 것을 방해한다. 어떤 활성화 부위는 대부분 비극성 아미노산을 갖는데 이들 소수성 잔기가 활성화 부위와 반응으로부터 물을 몰아내는 일을 한다.

효소 모양이 변화되게 유도한다. 효소와 기질 사이의 약한 상호작용들은 효소의 모양을 바꾸게도 한다. 유도 접합 모델(induced-fit model)에 의하면 기질은 활성화 부위에 완전하게 상보적이지 않다. 효소는 구부러지며 접합을 최적화 한다; 그렇게 함으로써 그것은 기질을 전이상태로 끌어간다.

화학반응은 그 자체로서는 너무 느려서 생명을 유지할 수 없다. 효소는 반응기를 배열하고, 전하를 불안정하게 하고, 결합을 끊어서 반응물로부터 생성물이 형성되게 하는데 필요로 하는 최소한의 에너지인 활성화 에너지를 낮춤으로써 반응속도를 대단히 증가시킨다.

효소는 그들의 기질이 전이상태로 가도록 하여 반응이 잘 종결되게 한다. 이 일은 효소의 활성화 부위에서 일어난다.

활성화 부위에는 농축시키고 배열하고 물을 배제하고 하여 효소의 활성화 부위와 접합이 잘되도록 유도되어 기질이 전이상태로 변화된다.

## 5.4 효소는 아무 것도 없는 상태에서 작용하지 않는다

*효소작용을 조절하면 대사 반응의 재편을 유발함으로써 변화하는 조건에 세포가 빠르게 반응할 수 있다. 피드백 기작(feedback mechanism)은 효소를 활성화 또는 비활성화 함으로써 자원을 보존할 수 있다. 세포는 더도 말고 덜도 말고 필요한 조건을 충족하기 위해 합성을 한다.*

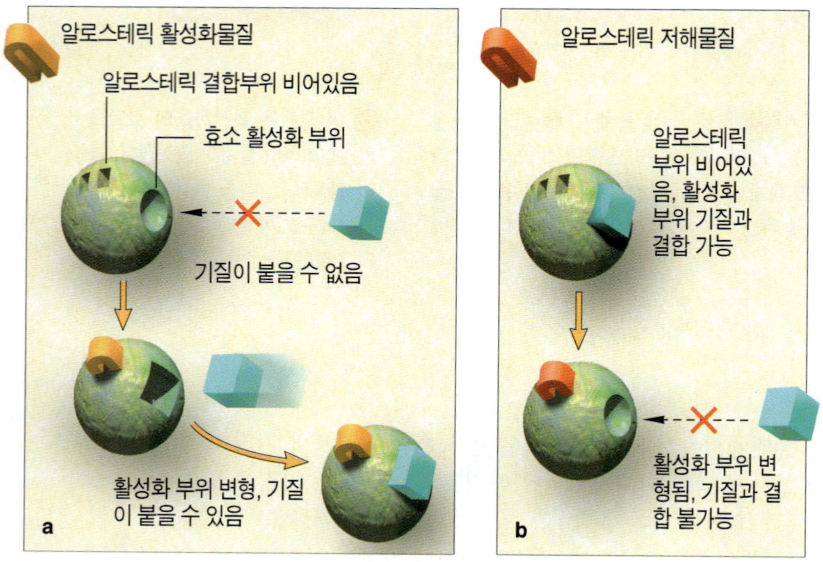


**그림 5.11** 효소활성의 알로스테릭 조절. a) 활성화물질이 비어있는 알로스테릭 부위에 결합하면 활성화 부위가 노출된다. b) 비어 있는 알로스테릭 부위에 저해물질이 결합하면 활성화 부위가 막히게 된다.

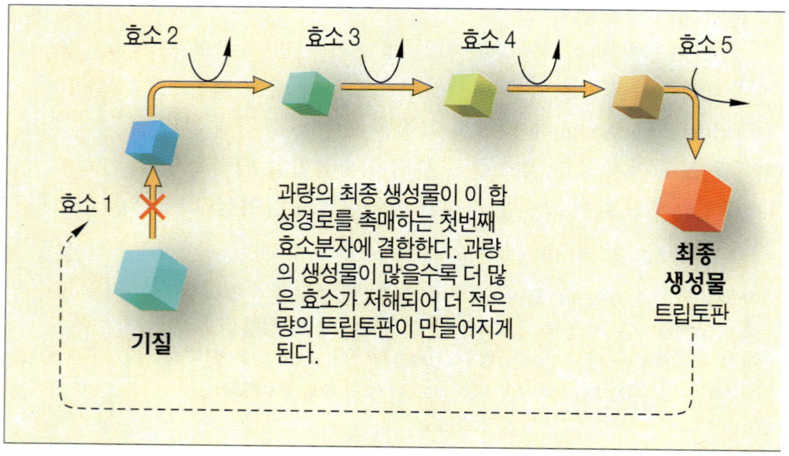


**그림 5.12** 대사회로의 피드백 저해. 다섯 종류의 효소가 차례대로 작용하여 기질을 트립토판으로 만듦.

### 보조인자(cofactor)로부터의 도움

보조인자(특정 금속이온 또는 조효소)는 효소의 활성화 부위에서 도움을 주거나, 전자, $H^+$, 또는 작용기를 다른 장소로 운반한다. 조효소(coenzyme) 는 일련의 유기물질로 비타민을 갖기도 한다.

한 가지 또는 그 이상의 금속 이온이 알려진 효소의 삼분의 일에 관여한다. 금속이온은 쉽게 전자를 주거나 받는다. 조효소의 부분으로써, 금속이온은 기질이나 중간산물(intermediate)의 전자를 재배치하여 생성물이 쉽게 형성되도록 한다. 그것이 바로 카탈라제의 헴에서 일어나는 일이다. 헴은 고리구조의 유기물로 중앙에 철을 가지고 있다. 그림 5.10은 어떻게 조효소 헴에 들어있는 철 원자가 과산화수소수를 물로 분해하는 카탈라제를 돕는지 보여주고 있다.

비타민 E와 같이 카탈라제는 하나의 항산화제이다: 자유 활성종(free radical)을 중화시키는 일을 한다. 자유 활성종은 쌍을 이루지 못한 전자를 갖는 원자로써 반응성이 높고 반응을 일으키면 결합하지 못한 조각을 남긴다. 우리가 나이가 들면, 카탈라제를 점점 덜 만들게 되고 자유 활성종은 축적되게 된다. 그것들은 DNA나 다른 생체물질을 공격한다.

어떤 조효소는 효소에 단단하게 붙어있다. 다른 것들, 예를 들면 $NAD^+$, $NADP^+$ 등은 자유롭게 세포질이나 세포막을 통과해 확산할 수 있다. 어떻든, 조효소는 아주 밀접하게 반응에 참여한다. 효소와 같지 않게 많은 것들은 반응 동안 변화하게 되고 다른 곳에서 다시 재생된다.

### 효소의 조절

많은 것들이 효소활성을 유지하거나 낮추거나 기질의 농도를 높인다. 다른 것들은 효소분자가 얼마나 빨리 합성되는 지를 조절하고 어떤 물질은 이미 만들어진 효소를 활성화 하거나 저해한다.

어떤 경우에는 활성화 물질 또는 저해 물질로 작용하는 분자는 효소의 활성화 부위가 아닌 다른 부위(allostric site)에 결합한다(allo-, 다른; steric, 구조). 결합은 효소의 구조를 변화시켜 활성화 부위를 노출시키거나 가리운다(그림 5.11).

단백질의 구조물 중의 하나인 트립토판을 만드는 세균을 그려보자. 세포가 충분량의 단백질을 만든 뒤에도 세포는 트립토판을 계속 만들게 되며 농도가 증가하면 피드백 저해를 유발한다(feedback inhibition). 이것은 특정 활성이 차단되는 변화를 의미한다.

피드백 고리는 많은 알로스테릭 효소에서 시작하고 끝이 난다. 이 경우에는 사용되지 않은 트립토판이 트립토판 생합성에 관여하는 효소의 알로스테릭 부위에 결합한다. 그것은 활성화 부위를 막게 되고 따라서 트립토판의 생산이 줄어든다(그림 5.12). 많지 않은 트립토판이 주위에 있을 경우, 더 많은 활성화 부위가 노출되게 되고 합성 속도는 증가한다. 이런 방법으로 피드백 고리는 빠르게 물질의 농도를 조절할 수 있다.

사람이나 다른 다세포 종에서 효소의 조절은 그야말로 놀랍다. 이 조절을 통해 전체 몸을 유익되게 할 수 있도록 각 세포들이 기능을 하게 한다!

## 온도, pH, 염도의 영향

온도는 물질 운동의 측정지표이다. 온도가 오르면 효소와 기질이 서로 충돌하는 빈도수가 증가하고 기질의 내재 에너지가 증가하게 되어 반응속도가 올라간다. 기억하라, 더 많은 에너지를 반응 분자들이 가질수록 더 많은 분자들이 활성화 에너지 장벽을 뛰어넘어 반응에 참여한다.

효소가 감당할 수 있는 온도의 상하한선 이상 또는 이하에서는 약한 결합이 끊어지고 효소의 모양이 변한다. 기질은 더 이상 활성화 부위에 결합할 수 없어서 반응 속도는 급격히 떨어진다(그림 5.13). 그와 같은 급락은 열이 44℃(112°F)이상 오르면 나타나게 되고 사람이 살지 못한다.

효소활성은 pH에 의해서도 영향을 받는다(그림 5.14). 사람의 몸에서 대부분의 효소는 pH가 6에서 8 사이일 때 가장 작동을 잘한다. 예를 들면, 트립신은 소장에서 활성을 나타낸다(pH 8 정도).

예외적인 효소 중의 하나가 단백질 분해효소인 펩신이다. 펩신은 기질특이도가 없는 단백질분해효소이다; 모든 단백질을 분해시킨다. 그것은 불활성화된 형태로 분비되어서 위산에서 활성화된다. 위산은 매우 산성 환경을 만든다(pH 1-2). 펩신이 위에서만 활성하 되는 것은 매우 다행한 일이다. 만일 이것이 밖으로 새어 나오면(위궤양의 경우), 그것은 음식물 대신 당신의 몸을 상당부분 분해한다.

대부분의 효소는 자신이 감당할 수 있는 이상 이하의 염분 농도에서 잘 작동하지 않는다. 너무 많거나 너무 적은 양의 염분은 효소의 삼차원 구조를 유지하게 하는 수소결합을 방해하여 효소를 불활성화시킨다.

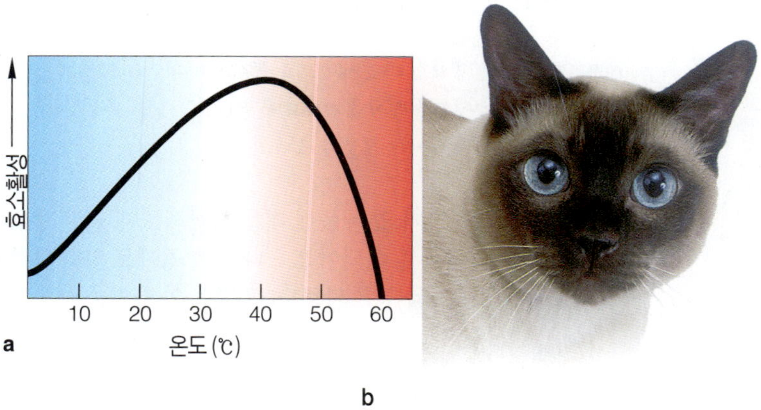


**그림 5.13** 효소와 환경. **(a)** 온도의 변화가 어떻게 효소의 활성을 변화시키는가 **(b)** 외부온도가 Siames고양이의 털 색을 바꾼다. 피하조직 세포에서 고양이의 암갈색 털을 만드는 색소, 멜라닌을 만드는데 Siames고양이는 멜라닌 색소를 만드는 대사과정의 효소 중 tyrosinase가 열에 민감한 변이 종이다. 그래서 몸 중 온도가 높은 곳에서는 이 효소가 불활 성화 되어 멜라닌을 덜 만들므로 밝은 털 색을 나타낸다. 이 고양이에게 신발을 신겨서 몇 주간을 두면 이 고양이의 발은 흰색으로 변한다.

**그림 5.14** 효소와 환경. **(a)** 어떻게 pH 값이 세 효소에 영향을 미치는가? **(b)** 크렌베리 나무는 산성 토양에서 잘 자란다. 다른 식물에서와 같지 않게 이 식물은 nitrate reductase가 없다. 이 효소는 특별한 토양 중의 nitrate($NO_3$)를 유용한 암모니아($NH_4^+$)로 바꾼다. 매우 산성인 토양에서 질소는 이미 암모니아 형태로 존재한다. **(c)** 켈리포니아 지역의 구리 광산 근처의 폐수에 있는 생명체. 미끌미끌해 보이는 섬유질체는 미생물 군으로 archea 류의 생물체로써 이러한 독성이 있고 매우 산성인 환경에 필요한 효소를 만들어 낸다.

많은 효소들은 특정한 금속 이온 또는 보조효소로 이루어진 보조인자에 의해 도움을 받는다.

효소작용은 세포 내에 필요한 물질의 종류나 농도를 적정하게 유지한다. 효소를 조절하여 그들의 활성을 높이거나 저해한다.

효소는 세포의 환경이 일정 수준의 온도, pH, 염분 농도 조건 안에서 유지될 때 최적으로 작용한다. 각 효소마다 최적 조건이 다 다르다.

## 5.5 확산, 막, 대사

*세포로부터 한 방향 또는 다른 방향으로 움직이고 세포의 막을 통과하고 세포 자신을 물질이 통과하도록 결정하는 것은 무엇인가? 그 부분적인 답은 확산에서 찾을 수 있다.*

세포막의 표면이 잠겨 있는 물에 대해 생각해보자. 많은 종류의 물질들이 물 속에 용해되어 있으나 막을 경계로 양쪽에 존재하는 물질의 종류와 양은 다르다. 그 막이 이 차이를 나게 하며 이 차이를 유지하기 위해 바쁘게 움직인다. 어떻게? 각 각의 세포막은 선택적 투과성(selective permeability)을 가진다. 이 분자구조는 일정 시간 정해진 방법으로 어떤 물질은 통과하게 하나 어떤 물질에게는 그렇지 않다.

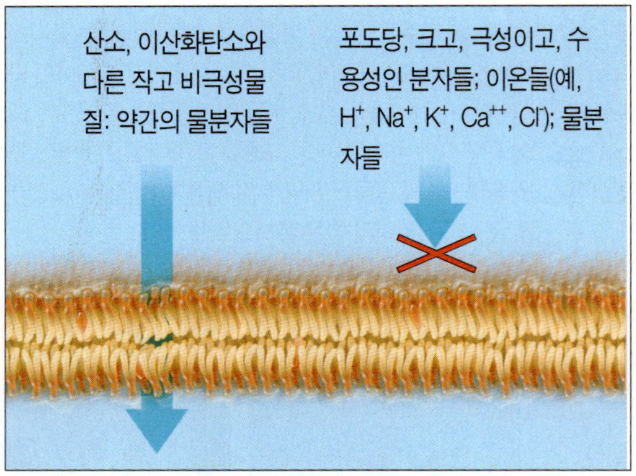


**그림 5.15** 세포막의 선택적 투과. 작고, 비극성인 분자와 물은 지질 이중 막을 투과할 수 있다. 이온들과 크고, 극성이고 수용성인 분자들은 수송 단백질의 도움으로 막을 투과한다.

이중 막 층의 지방은 거의 다 비극성이고 매우 작아서 비극성 분자인 $O_2$나 $CO_2$는 쉽게 투과한다. 물분자는 극성이지만 지질의 소수성 꼬리 부분이 구부러지고 유연하여 구멍을 형성하는데 이 사이로 미끄러지듯 통과한다. 이중 층 자체는 이온이나 포도당과 같이 크고 또는 극성인 분자는 투과하지 못한다: 이런 분자들은 단백질의 도움으로 투과된다. 물은 종종 이것들과 함께 통과한다(그림 5.15).

막을 통한 물질전달이나 차단은 세포의 대사가 반응에 필요한 물질이나 이온들을 증가, 감소, 또는 유지시키는 능력에 의해 좌우되기 때문에 매우 중요한 것이다. 그것들은 세포와 기관에 원료를 제공하고, 노폐물을 제거하며, 전체적으로 세포의 pH와 부피 유지를 한다.

### 농도기울기란 무엇인가?

막 근처에 존재하는 몇몇 분자 또는 이온 등을 그려 보라. 그들은 계속 움직이고 무작위적으로 충돌하고 서로 튕겨 나간다. 한 곳의 농도가 인접한 다른 곳의 농도와 같지 않을 때, 이런 상태가 기울기(gradient)이다. 농도기울기(concentration gradient)는 인접한 지역 사이에 단위 부피당 존재하는 물질의 분자나 이온 숫자의 차이이다.

다른 힘이 관여하지 않을 경우, 물질은 더 높은 농도에서 낮은 농도 쪽으로 움직인다. 생명체의 특정온도에서 분자가 함유하고 있는 열에너지가 이런 분자의 움직임을 주도한다. 비록 분자들은 매 초당 수백 만 번씩 부딪히거나 농도를 거스리며 오가지만 그들은 궁극적으로 가장 농도가 높은 곳에서부터 멀어지는 쪽으로 이동한다.

확산(diffusion)은 분자 또는 이온이 농도기울기를 따라 움직이는 것이다. 그것은 물질이 안으로 통과하거나 세포 밖으로 나가는 요인이다. 다세포 종에서는 물질들이 움직여 몸의 부분이나 몸 전체, 주변의 환경으로 움직이게 한다. 예를 들어 산소는 잎 세포에서 만들어지고 잎 안의 공기 중으로 확산된

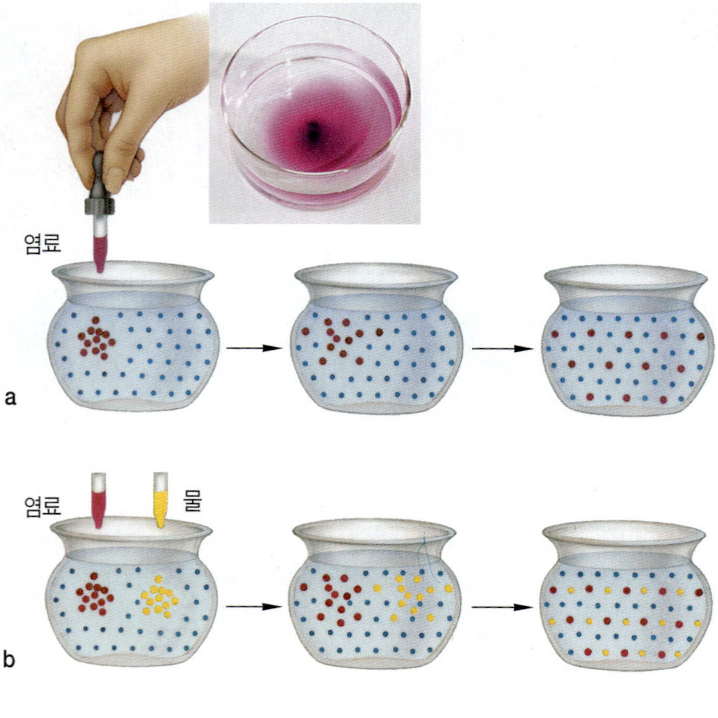


**그림 5.16** 확산의 두 유형.(a) 물감 한 방울을 물이 들어 있는 그릇에 떨어뜨린다. 점차적으로 염료 분자들은 물분자 전체로 골고루 퍼져나간다.(b) 똑같은 일이 물분자에서도 일어난다. 여기서는, 염료(빨강)와 물(노랑)을 같은 그릇에 넣는다. 각 물질은 농도구배가 낮은 쪽으로 움직인다.

다. 그리고 농도가 낮은 대기 쪽으로 이동한다.

다른 물질처럼 산소는 자신의 농도기울기에 의해 확산되나 다른 용해 물질의 농도에는 영향을 받지 않는다. 당신은 이런 현상을 물에 물감 한 방울을 떨어뜨리면서 관찰 할 수 있다. 그 염색 분자는 확산하여 농도가 없는 쪽을 향하고 물분자 역시 물 농도가 적은 쪽으로 이동한다. 그림 5.16은 간단한 확산의 예를 보여준다.

### 무엇이 확산의 속도를 결정하는가?

각 용질이 얼마만큼 빠르게 확산하는가는 농도기울기, 용질의 크기, 온도, 존재하는 전자 또는 압력 등의 기울기에 의해서 좌우된다.

첫째로, 가파른 농도기울기에서 속도가 높다 이유는 분자들이 고농도의 지역에서 밖으로 움직이는 것이 고농도 쪽으로 움직이는 것보다 더 많기 때문이다. 둘째로, 더 따듯한 구역에서는 더 많은 열에너지가 분자의 운동을 빠르게 하여 더 많이 충돌하게 한다. 셋째로, 작은 분자가 큰 분자보다 빨리 움직인다.

넷째, 전자 기울기가 속도와 확산의 방향을 결정할 수 있다. 전자 기울기는 단순하게 인접한 두 지역의 전하의 차이이다. 예를 들어 이온은 세포막이 잠겨있는 용액에 녹아 있어 막 사이의 전하가 생기도록 한다. 서로 다른 전하는 서로 끌어당긴다. 따라서, 음전하를 더 갖는 용액은 나트륨 이온과 같이 양전하를 띤 이온들을 강하게 끌어당긴다. 다음 과에서는 어떻게 많은 세포의 활성들 즉, ATP의 생성, 신경세포에서 신호의 주고 받음 등이 전하와 전하의 농도기울기에 의해 생기는 지를 설명한다. 다섯째, 확산은 압력에 의해서도 영향을 받는다. 압력은 인접한 두 지역의 일정 면적에 가해지는 힘의 차이이다.

### 막 통과 기작

물질이 막을 통과하여 움직이는 기작을 알아보기 전에 그림 5.17에 있는 개요를 공부하라. 이 기작들은 세포나 기관들에 원료물질을 제공하거나 노폐물을 제거하는데 도움을 준다. 전체적으로, 이 기작은 활동 가능한 영역에서 세포의 부피나 pH를 유지하는 데 기여한다.

산소와 같이 작고 비극성인 물질들은 막의 지질 이중 막을 확산을 통해 통과한다. 극성물질이나 이온들은 이중 막에 박혀있는 수송 단백질의 안쪽 면을 따라 확산된다. 수동 수송체는 막 사이의 농도기울기를 따라 확산되도록 한다. 이러한 기작을 수동 수송(passive transport), 또는 촉진된 확산이라 한다.

극성물질은 능동적인 수송체의 내면을 따라 막을 통과한다. 결과적으로 이동은 농도기울기를 거슬러 움직인 것이 되고 에너지가 필요하다. 에너지에 의해 추진되는 수송은 농도기울기를 거슬러 물질을 이동한다.

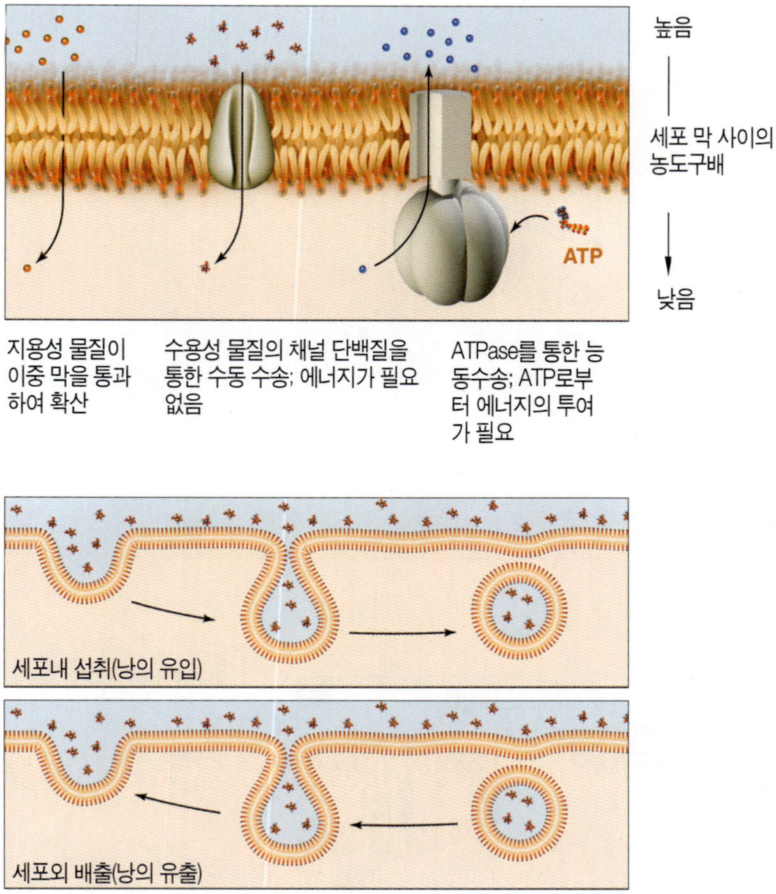


**그림 5.17** 막 통과 기작의 개요.

세포의 안이나 밖으로 물질을 대량으로 움직이는 기작이 있다. 세포외 배출(exocytosis)은 세포질 내에서 형성한 포배와 원형질막 사이의 융합을 통해 이루어진다. 세포내 섭취(endocytosis)는 원형질막이 세포 안쪽으로 함몰되면서 세포 안쪽으로 포배를 이루며 물질을 이동한다.

확산은 인접한 구역에서 어떤 물질의 분자나 이온이 농도가 낮은 쪽으로 이동하는 것을 말한다.
농도기울기는 물질이 막을 통과하는 방향을 결정하는 힘이 있다.
농도기울기의 차이, 온도, 분자 크기, 전하와 압력의 기울기는 확산속도에 영향을 미친다.
세포의 기작은 막을 사이로 존재하는 농도기울기를 증가시키거나 감소시킨다.

## 5.6 막 수송체는 어떻게 일하는가?

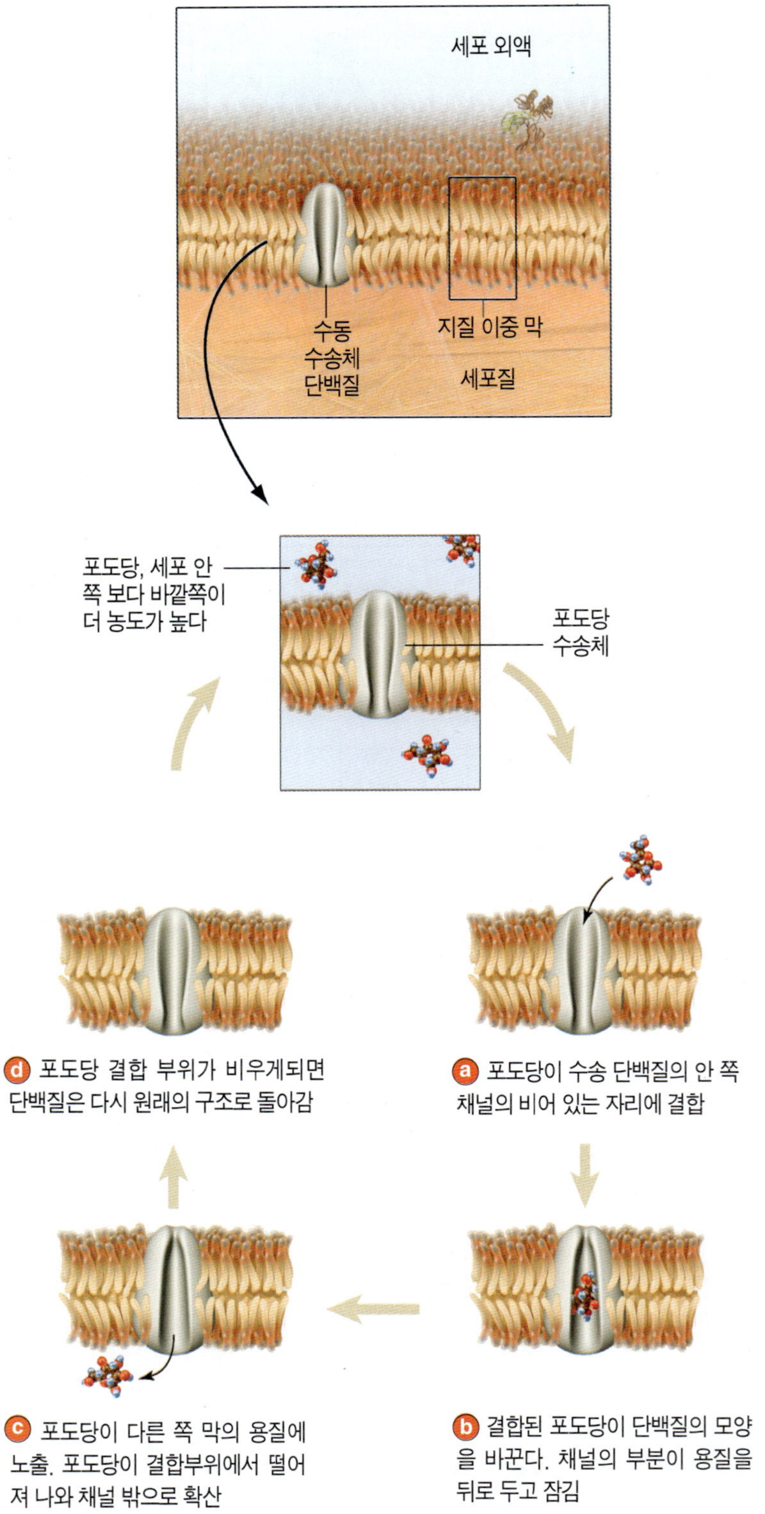


*크거나 극성을 가지는 분자나 이온들은 지질 장벽을 통과 할 수 없다; 이들은 수송단백질의 도움을 필요로 한다.*

많은 종류의 용질들은 수송단백질 안쪽의 통로를 통하여 막 조직을 가로질러 퍼져 나간다. 하나의 용질 분자나 이온이 채널로 들어가거나 수송단백질에 약한 결합을 하면 단백질들의 모양이 변한다. 채널은 용질이 결합한 쪽은 닫히고 다른 쪽이 열린다. 이렇게 해서 용질은 막의 다른 쪽 용액 환경으로 옮겨진다. 이 용질이 반대편으로 방출되면 결합부위는 다시 반대로 되돌아간다.

### 수동 수송(Passive transport)

수동적인 물질 이동에는 물질의 농도기울기나 전기적 기울기 또는 둘 다가 수송 단백질의 내부 통로를 통해 물질이 막을 통과하도록 몰아간다. 이 수송 단백질은 물질의 이동 방향을 돕는데 에너지를 필요로 하지 않는다. 따라서 이것이 촉진된 확산으로 알려진 기작이다.

또 다른 수동 수송체로는 열린 채널과 상태 변화에 따라 문이 열리고 닫힌 채널이 있다. 그림5.18에 나와 있는 포도당 수송체는 가역적으로 그들의 모양을 변화하여 용질이 막 조직을 통과하는 것을 돕는다.

전체적으로 이동하는 방향은 얼마나 많은 물질의 분자나 이온이 임의적으로 수송체에 충돌하는 가에 달려 있다. 용질의 농도가 높은 쪽의 막에서 수송체는 더 많은 용질과 부딪친다. 용질의 최종적 움직임은 덜 부딪치는 막 쪽으로 정해진다.

아무 것도 일어나지 않는다면, 수동 수송은 세포막의 양쪽의 용질의 농도가 같아질 때까지 진행된다. 그러나 다른 요인이 이 일에 영향을 미친다. 예를 들면, 포도당 수송체는 피로부터 세포 안으로 포도당을 수송하여 생합성이나 급한 에너지 요구에 사용한다. 어떻게? 포도당이 세포 안으로 들어가자마자 포도당이 소비된다. 포도당을 사용해 버리면 세포에는 농도기울기가 생기고 더 많은 포도당을 받아들이게 된다.

**그림 5.18** 수동 수송. 이 모델은 원형질막에 박혀있는 한 종류의 포도당 수송체를 보이는 것이다. 포도당은 양 방향으로 통과한다. 전체적인 포도당의 움직임은 막의 양쪽의 농도가 같아질 때까지 농도가 낮은 쪽으로 이동한다.

## 능동 수송(active transport)

오직 죽은 세포만이 막 내외부의 용질의 농도가 동일하다. 살아있는 세포는 결코 세포 내부로 또는 밖으로 용질을 펌프질하는데 에너지를 사용하는 일을 결코 멈추지 않는다. 능동수송으로 에너지를 받아 움직이는 단백질 모터는 특정 용질을 농도기울기에 거슬러 세포막으로 이동시킨다.

오직 특정 용질만이 능동 수송에서 내부 채널에 줄지어진 작용기와 결합한다. 용질이 채널로 들어와 여러 작용기중 하나와 결합하게 되면 수송기는 ATP 분자로부터 인산기를 받아들인다. 인산기의 전이는 수송체의 모양을 변화시켜 용질을 막의 다른 쪽에 떨어져 나가게 하는 방법으로 수송한다.

그림 5.19는 칼슘 펌프에 관해 초점을 마추었다. 이 능동수송체는 외부보다 최소 천 배 낮은 세포의 칼슘 농도를 유지하는데 도움을 준다. 나트륨-칼륨 펌프가 능동수송기와의 차이점은 서로 반대 방향으로 서로 다른 종류의 이온 이동을 중재한다는 것이다. 세포질로부터의 나트륨 이온은 그들이 작용기에 붙은 장소에서 채널을 열어 펌프질되어짐으로써 확산된다. ATP에 의해 수송되어 지는 인산기는 그 모양을 변화시켜 펌프질을 촉진시키고 세포 외부로 나트륨 이온은 방출한다.

능동 수송되어진 펌프를 통해 채널은 세포외부로 열려진다. 칼륨이온은 펌프에 의해 확산되어 내부의 작용기와 결합한다. 인산기는 펌프에 의해 방출되어지며 그것의 원래 모양을 되찾는다. 이것에 의해 칼륨 이온은 세포질 내부로 확산되어 진다.

능동수송 시스템은 많은 근육 수축과 신경 세포의 기능에 있어서와 같이 필수적인 많은 과정에 있어서 필수적으로 막전위를 유지시키는데 도움을 준다.

*어떠한 수송 단백질은 세포막을 가로지르는 열려있거나 문이 있는 채널들이다. 또한 다른 것들은 용질이 그들과 결합할 때 그 모양을 변형시킨다.*

*수동 수송에서 용질은 수송기에 의해 내부로 단순 확산되며 에너지 유입이 불필요하다.*

*능동 수송에서 특정 용질의 결과적인 확산은 농도기울기에 반해 이루어진다. 수송체는 반드시 ATP로부터 에너지의 유입에 의해 고유의 농도기울기에 반하여 활성화된다.*

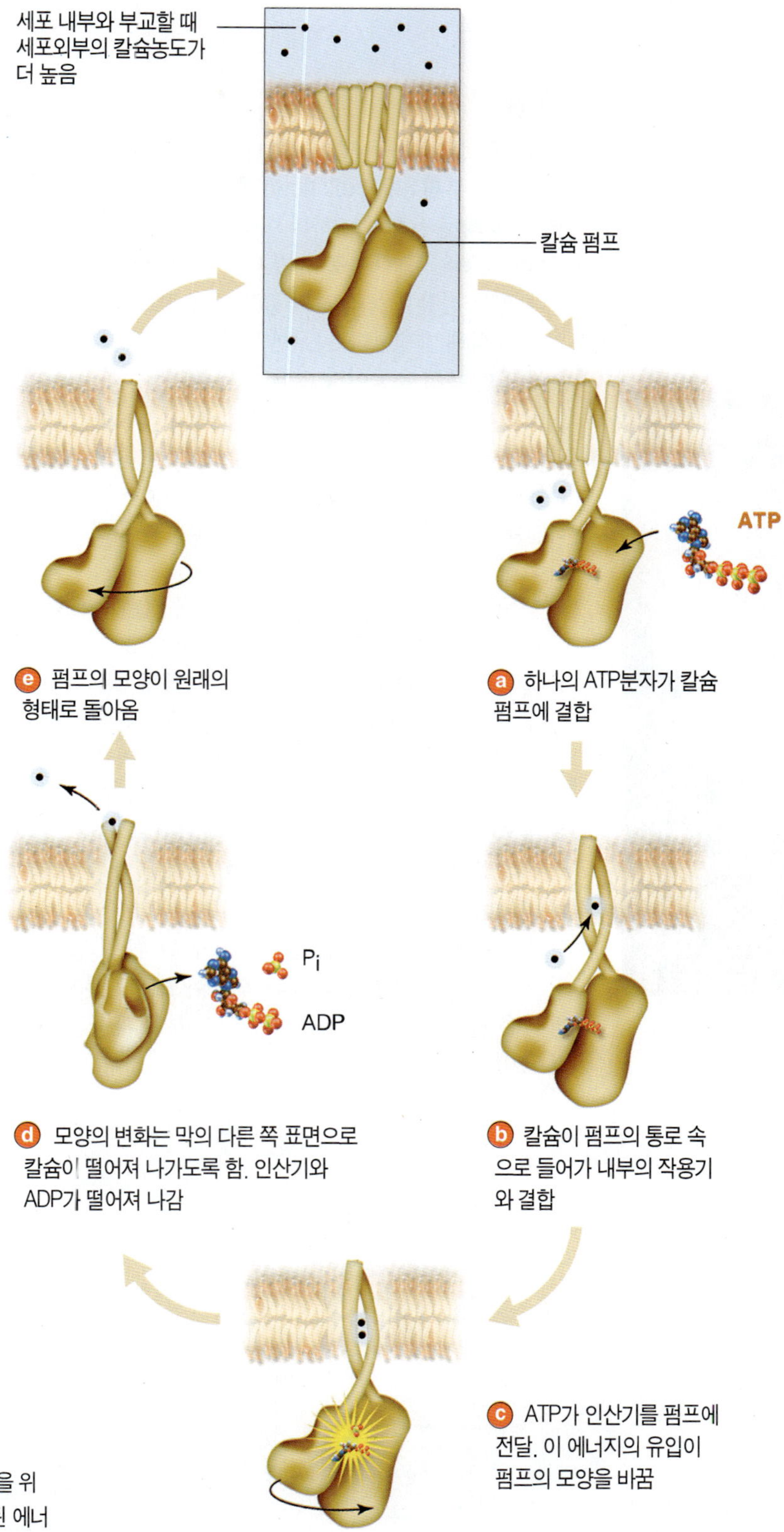


**그림 5.19** 칼슘 펌프에 의한 능동 수송. 이 그림은 칼슘 이온을 위한 채널을 보여준다. ATP는 인산기를 펌프에 전달하고, 전달된 에너지는 세포막을 사이에 두고 형성된 농도의 기울기에 반하여 칼슘을 이동시키는 데 이용된다.

## 5.7 물은 어느 방향으로 움직이는가?

*더 많은 양의 물이 어떤 물질보다도 세포막을 통해 확산되기 때문에 물 이동의 방향성에 영향을 미치는 요인들은 특별히 관심을 가질 필요가 있다.*

### 물의 이동

수도꼭지처럼 물이 똑똑 떨어지거나 나이아가라 폭포처럼 쏟아지는 것을 **부피유동**(bulk flow), 혹은 압력, 중력 혹은 다른 외부 힘에 의해 반응하는 하나 이상의 물질의 이동이라고 한다. 부피 유동은 큰 다세포 유기체에서 어떤 물의 이동을 일으킨다. 뛰는 심장은 물과 거의 같은 피를 펌프질하는 유동액의 압력에 의해 발생한다. 나무에서 내부 관을 따라 흐르는 수액 또한 부피 유동이라고 할 수 있다.

세포와 유기체에서의 안팎으로 물의 흐름은 어떠한가? 만약 물의 농도가 세포막을 가로질러 같지 않다면 삼투현상이 일어나게 될 것이다. **삼투**(osmosis)란 선택적인 투과성 막을 따라 물의 농도가 낮은 부위로부터 물이 확산되는 현상이다.

액체인 물이 어떻게 더 많이 혹은 더 적은 농도를 가질 수 있는지 의문이 생길 수 있다. 그러한 농도는 사실상 막의 양쪽 면에서의 용질의 농도에 의해 일어나는 것이다. 만약 포도당 혹은 어떤 용질을 물잔 안에 퍼부으면 유리 안의 액체의 부피가 증가한다. 그러므로 같은 수의 물의 분자는 그 전보다 더 적은 농도가 된다. 따라서 물은 더 큰 공간을 가진 곳으로 확산된다.

이제 유리 용기 내부를 선택적인 투과성 막을 이용하여 나누어보는 것으로 가정해보자. 크고 극성을 띄는 포도당은 통과하지 않고 물만 확산되게 된다. 그 결과 물의 농도 기울기가 형성되었다. 되돌아오는 물분자보다 더 많은 물분자가 막을 통하여 용액 내부로 확산된다(그림 5.20).

삼투 현상에 있어 용질의 농도는 용액의 특정 부피 내의 전체 분자 혹은 이온을 의미한다. 그것은 용해된 물질이 포도당이든 요소이든 어떤 것이든 중요치 않다; 즉 용질의 종류는 물의 농도에 영향을 미치지 않는다는 뜻이다.

### 긴장성(Tonicity) 효과

물은 용질이 더 많은 쪽으로 이동하는 경향이 있다는 실험을 하기로 결정했다고 가정해보자. 설탕은 통과할 수 없지만 물은 통과할 수 있는 막으로부터 3 개의 주머니를 만들어야 한다. 각각의 주머니를 2 퍼센트의 설탕이 녹은 용액으로 채운 뒤 1리터의 물에 하나를 담근다. 그리고 다른 주머니는 10 퍼센트의 설탕 용액 속에 담근다. 그리고 마지막은 2퍼센트의 설탕용액에 담근다.

각각의 실험에서 긴장성은 그림 5.21에서 보여주는 것처럼 물이 막을 따라 이동하는 방향과 정도를 말한다. 긴장성은 상대적인 두 용액에서의 용질의 농도를 뜻한다. 막의 반대편에 위치하는 두 용액이 그들의 용질농도를 서로 달리 했을 때, **저장액**(hypotonic solution)은 적은 용질이 들어있는 것이다. **고장액**(hypertonic solution)의 경우 많은 용질을 가진 것이다. 그리고 물은 저장액으로부터 고장액에 확산되는 경향이 있다. **등장액**(isotonic solution)의 경우 삼투에 의한 이동을 보여주지 않는다.

정상적으로 세포 내부의 용액은 외부 조직 용액과 등장액을 이룬다. 만약 용액 외부가 너무 저장액을 이루면 많은 물이 세포 속으로 확산되고 세포가 커지게 된다. 만약 너무 큰 고장액을 이루면 물은 밖으로 확산되고 세포는 쭈그러들게 된다.

대부분의 세포는긴장성의 변화에 적응하는 내장된 메카니즘을 가지지만 적혈구는 그렇지 않다. 그림 5.21에서 긴장성의 변화에 따라 어떤 현상이 일어나는 지를 보여준다.

### 용액 압력의 효과

원형질막을 가로지르는 용질의 선택적인 수송은 동물 세포

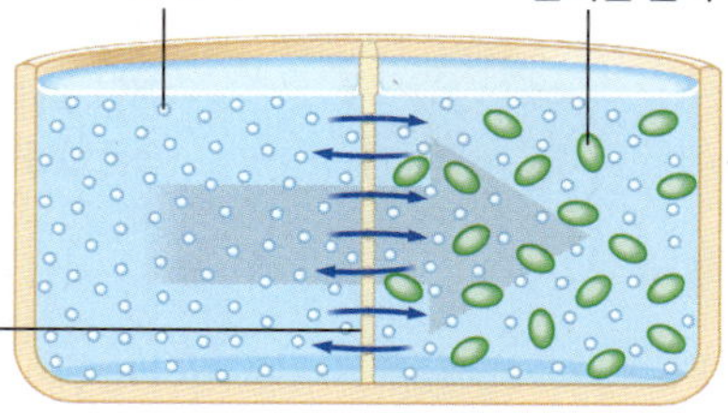


**그림 5.20** 용질의 농도기울기와 삼투. 막은 유리 용기를 반으로 나눈다. 단백질이 아니라 물이 막을 통과한다. 왼쪽 부분에서 1리터의 물을 오른쪽 부분에서 1리터의 단백질이 풍부한 용질을 부어 넣자. 단백질은 오른쪽 공간에서 일정부분을 차지한다. 이 경우에서 물의 최종 확산방향이 왼쪽으로부터 오른쪽으로 이루어진다(큰 회색 화살표).

가 터지는 것을 막아준다. 식물과 많은 원생생물, 곰팡이, 박테리아 세포는 세포벽을 이용하여 압력을 견디어 터지는 것을 막아준다.

용질의 농도처럼 압력의 차이는 삼투에 영향을 미친다. 그림 5.22를 보자. 이것은 막 양쪽 면의 용질의 농도가 같아질 때까지 등장액과 저장액 사이에서 물이 어떻게 확산되는지를 보여준다. 당신이 보듯이 정상적인 고장액의 부피는 증가한다. 용질이 외부로 확산되는 것이 아니기 때문이다.

**수압**은 액체의 부피가 벽, 막, 혹은 그것을 싸고 있는 구조에 영향을 미치는 힘이다. 식물의 경우 이러한 압력을 팽압이라 한다. 세포를 유지하는 수압은 내부로 물의 확산을 막는다. 이러한 삼투압은 부피를 증가시키는 것을 막는 힘이다. 어린 식물 세포의 유연한 일차 벽을 생각해보라. 그것이 성숙해짐에 따라 많은 소낭들이 큰 중앙 액포로 합해지기 시작한다. 세포의 성장에 따라 물은 액포로 확산되고 더 많은 액체 압력이 세포벽에 가해진다. 세포벽이 확장됨에 따라 세포의 부피가 증가된다. 지속적인 세포벽의 확장은 내부 액체 압력이 물의 흡수 용기로 충분히 발달할 때 끝이 난다.

식물 세포는 땅이 마르거나 염도가 너무 높아질 때 물의 손실에 약하다. 물 확산이 멈추거나 시작될 때 내부 액체 압력은 떨어지고 세포질은 수축한다.

이 장 이후에 액체 압력이 식물과 동물체 내부에서 물과 용질의 분배에 있어 어떠한 역할을 하는지 볼 수 있을 것이다.

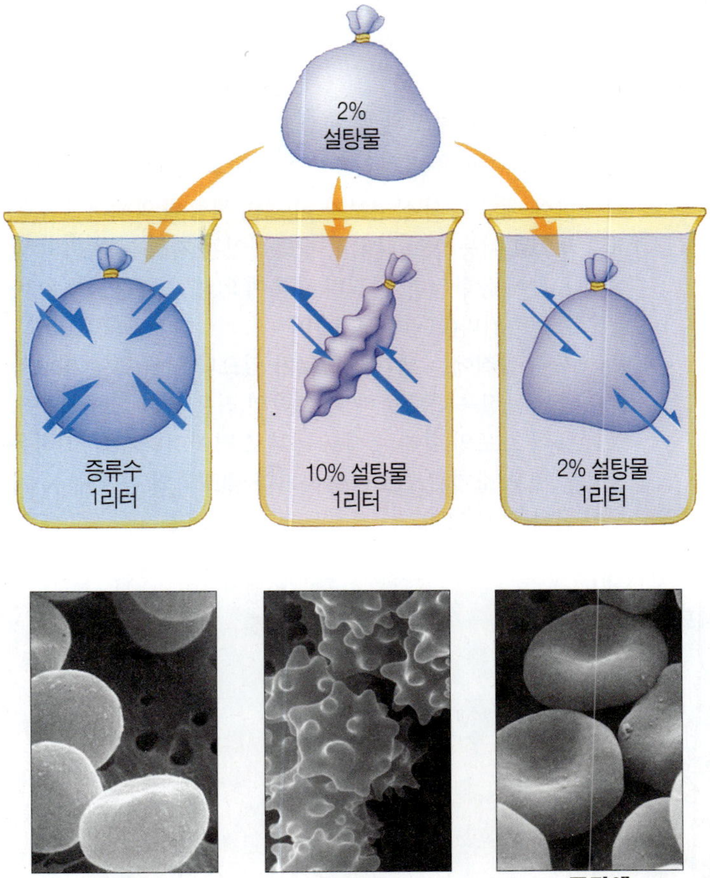


**저장액 상태**
물이 적혈구 속으로 확산되어 들어가 세포가 팽창한다

**고장액 상태**
물이 세포 밖으로 확산되어 나와 세포가 수축된다

**등장액 상태**
전체적인 물의 이동이 없어서 세포의 크기나 모양의 변화가 없다

**그림 5.21** 긴장성과 물의 이동 방향. 각각 세 가지 용기에서 화살표의 폭은 흐름의 방향과 상대적인 양을 의미한다. 각 그림 아래 현미경 사진은 용질의 농도가 같거나, 높거나, 같은 용액에 담았을 때 나타나는 인간의 적혈구 세포의 모양을 보여준다. 적혈구의 내외부의 용액은 보통 수준으로 균형이 맞춰져 있다. 세포의 이러한 종류는 용액 환경에 따른 용질의 수준에 있어서 과격한 변화에 적응하는 방법이 없다.

삼투는 선택적 투과성 막에 의해 나뉘고 용질의 기울기가 서로 다른 두 용액 사이에서 물의 최종적 확산방향을 의미한다. 더 많은 수의 분자와 이온이 주어진 물에 용해됨으로써 물의 농도는 더 줄어든다.

물은 삼투적으로 더 많은 용질의 농도부분으로 이동하는 경향이 (저장액에서 고장액으로) 있다. 등장액에서는 결과적으로 확산은 이루어지지 않는다.

용액이 막 혹은 벽에 가하는 힘인 액체 압력은 물의 삼투 이동에 영향을 미친다.

**그림 5.22** 삼투압의 결과 나타나는 용액의 부피의 증가를 보이는 실험. 반투과성막이 두 구획으로 나눈다. 시간이 지난 후 막 확산은 막의 양방향으로 이루어지지만 두 번째 구획에 용질분자가 더 많이 있으므로 액체의 부피는 두 번째 구획에서만 증가한다.

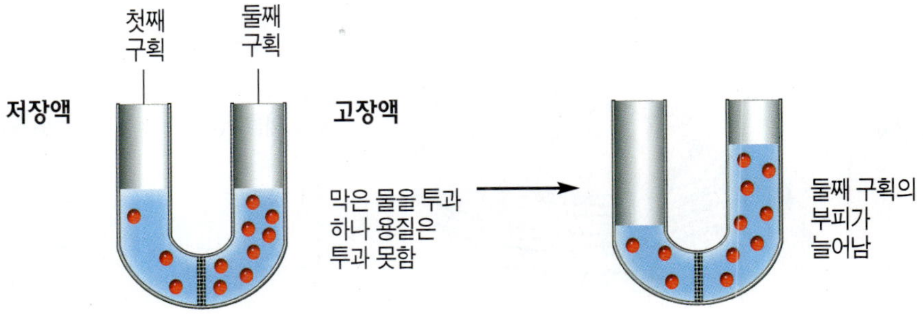

## 5.8 세포 표면으로, 세포 표면으로부터의 막전달

*이 장을 마무리하며 세포외 배출과 endocytosis에 대하여 살펴보기로 한다. 이들 메카니즘으로 인해 소포는 세포막으로부터 혹은 세포막으로 물질들을 운반한다. 소포는 세포가 물질을 받아들이고 내보내는 것을 돕는데 그 양은 수송단백질이 처리할 수 있는 것 보다 훨씬 많다.*

### 세포내 섭취와 세포외 배출

그림 5.17에서 보았던 세포막으로의 혹은 세포막으로부터의 막 수송에 대해 다시 살펴보자. 세포외 배출에 의해서 소포는 세포막으로 이동하고, 단백질이 박혀있는 지질 이중 층의 막이 세포막에 융합된다. 이러한 작용에 의해 그 내용물들은 바깥으로 방출된다(그림 5.23, 5.24).

세포내 섭취에는 세가지 경로가 있으나 이들 모두 세포막 근처에서 물질을 흡수한다. 세포막의 작은 일부분이 안쪽으로 부풀어 소포의 형태로 세포 내부로 떨어져나가서 그 내용물들을 세포 소기관으로 이동하거나 세포막의 한 부분에 저장이 된다(그림 5.23).

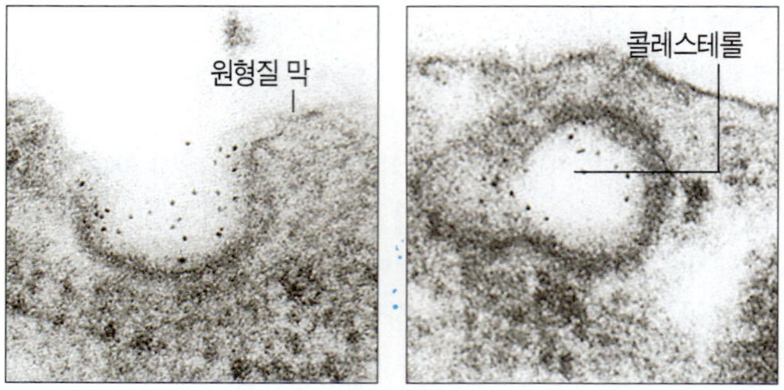


**그림 5.23** 콜레스테롤 분자의 세포내 섭취.

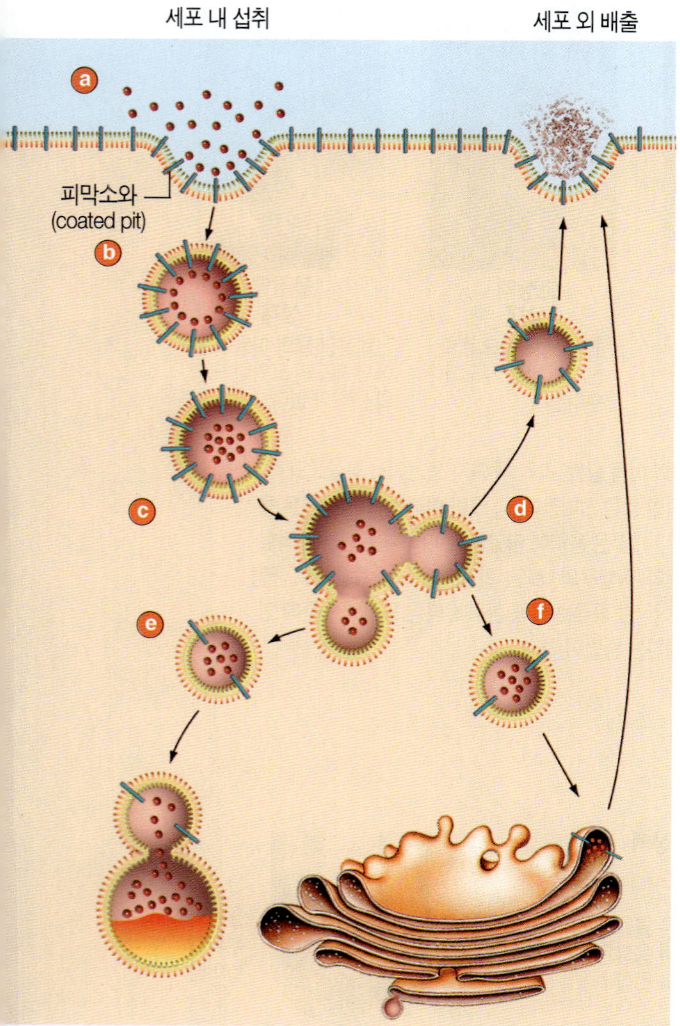


a. 분자들은 원형질막의 구덩이 내부에 밀집되고 싸여진다.

b. 내포낭들은 피막소와로부터 형태를 이룬다.

c. 에워싸인 분자들은 분류되고 때로는 수용체로부터 방출되기도 한다.

d. 많은 분류된 분자들은 원형질막으로 되돌아가기도 한다.

e,f. 많은 다른 분류된 분자들은 리소좀으로 배달이 되어 그곳에 머무르거나 퇴화된다. 다른 분자들은 핵막이나 ER 막 내부로 발송되고 또 다른 분자들은 골지체로 이동한다.

수용체-매개 세포내 섭취에 있어서, 막의 수용체는 호르몬, 비타민, 미네랄 또는 다른 물질들과 결합한다. 세포막의 아래에 수용체가 자그마한 구덩이와 같은 모양을 이룬다. 이 구덩이가 세포막으로 함몰되고 스스로 닫혀서 소포가 된다(그림 5.24).

식세포 작용은 일반적인 세포내 섭취 경로이다. 아메바와 같은 식세포 생물은 병원균과 음식입자와 세포 파편 등을 집어삼킨다. 다세포 종에 있어서 대식세포와 다른 백혈구 세포는 바이러스나 박테리아, 독성 세포와 다른 위험한 물질들을 집어삼킨다.

식세포 작용 역시 수용체를 포함한다. 수용체는 식세포의 아래에 그물과 같은 모양을 이루는 미세섬유에 결합되어 있다. 미세섬유에 접촉이 되면 그들은 위족이라고 불리는 돌출부와 같은 형태를 이루고 세포질을 세포의 끝 부분을 향하여 압착한다(그림 5.25). 위족은 모든 표적으로 흘러가며 소포의 형태를 이룬다. 이것은 세포내부로 함몰되어 리소좀과 융합되어 소화된다. 리소좀은 이것을 소화시켜서 작은 단편으로 만들어 재사용 할 수 있도록 만든다.

대량 유입 세포내 섭취는 선택적이지 않다. 소포는 그것에 녹아있는 물질의 종류에 개의치 않고 세포간질에 소량의 형태로 존재하는 액체를 둘러싼다. 이 경로는 지속적으로 원형질막의 한 부분을 제거하고 세포질로부터의 내포낭(exocytic vesicle)의 형태로 도달하는 추가물질에 의해 안정적인 균형을 유지한다.

**그림 5.24** 막 지질과 단백질의 순환운동. 이 그림은 수용체-매개세포내 섭취에서 시작된다. 원형질막의 일부분이 소포체를 이룬다. 새로운 막은 ER 막이나 골지체로부터 자란 소포로부터 비롯된다. 이 막은 처음엔 endocytic 소포를 위해 이용되다 수용체 단백질과 지질로 순환되어 원형질막으로 되돌아 올 것이다.

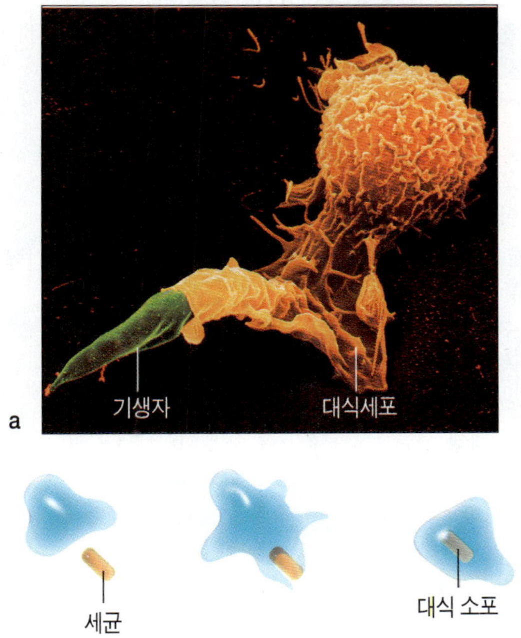


**그림 5.25** (**a**) *Leishmania mexicana*를 삼키는 대식세포. 이 기생적인 원생동물은 치명적인 질병인 leishmaniasis의 원인이 된다. 감염된 모래파리로 인한 상처는 인간에게 기생충을 옮긴다.

(**b**) 식세포 작용. 아메바의 세포질의 돌기가 목표물을 에워싸고 있다. 원형질막의 확장부은 대식 소포를 형성하기 위해 융합된다. 세포질에서는 이러한 내포낭(endocytic vesicle)은 리소좀과 융합되며 이는 내용물을 소화시킨다.

## 막의 재생

세포가 살아있는 상태를 유지하기 위해서는, 세포외 배출과 세포내 섭취가 계속적으로 막의 일부를 바꾸어야 한다(그림 5.24). 그리고 그들은 외형적으로 원형질막의 총 표면적을 유지할 수 있는 속도로 이루어져야 한다.

한가지 예로써, 뉴런은 세포외 배출의 파열로써 신경전달물질을 방출한다. 각각의 신경전달물질은 신호분자의 형태로서 이웃한 세포에 작용한다. 세포내 섭취의 격렬한 파열은 대부분의 세포외 배출의 파열과 평형을 이룬다.

세포막에 있어서의 수송 단백질은 단지 이온과 작은 분자들을 처리하는데 반하여, 세포외 배출과 세포내 섭취는 막을 통과하는 커다란 물질들을 이동시킨다.

세포외 배출에 의하여, 원형질 소포는 원형질막에 융합되고 그것의 내용물은 세포 밖으로 방출된다.

세포내 섭취에 의하여, 원형질막의 작은 부분은 함몰되고 스스로 싸여져서 세포질 내에 세포의 형태로 존재하게 된다. 막 수용체는 종종 이러한 과정을 중재한다.

## 요 약

**5.1절** 세포는 대사와 화학적 활동에 종사한다. 그들은 에너지를 얻고 이용하기 위해 물질을 비축하고, 형성하며, 재배열하고, 부순다.

생물 시스템에 있어서의 에너지는 한쪽 방향으로 흐르며 이용 가능한 형태로부터 덜 이용 가능한 형태로 바뀐다. 생명은 소실된 에너지를 어딘가로부터 재공급 함으로써 복잡한 구성을 유지한다. 태양의 빛 에너지는 모든 생명에 있어서의 에너지의 원천이다.

ATP는 주된 에너지 운반체로서 반응에 필요로 하는 에너지를 공급한다. 이것은 인산 그룹의 이동을 통해 반응을 위한 분자를 준비시킨다.

**5.2절** 대사 경로는 규칙적인 효소 중재 반응의 연속이다. 광합성과 그 밖의 에너지가 요구되는 생합성 경로에서는 많은 에너지를 가지고 작은 물질로부터 커다란 분자들을 만든다. 호기성 호흡과 같이 에너지를 방출하는 반응 경로에서는, 커다란 분자들을 작은 결합 에너지를 가진 작은 물질들로 부순다. 표 5.1에서는 반응의 관계자에 관하여 보여준다.

세포는 수천 개의 반응을 조정함으로써 물질의 농도를 낮추고, 유지하며, 증식한다. 그들의 대사속도는 몇 가지 가역 경로의 조절에 의해서 신속하게 바뀐다.

전자의 이동이나 산화 환원 반응은 종종 세포막에서 연속하여 이루어진다.

**5.3절** 효소는 촉매제이다. 그들은 특정 반응의 속도를 엄청나게 높이지만, 그들의 기능이 바뀌지 않는다. 이러한 커다란 분자들에 있어서 오목한 부분은 반응을 위한 좋은 미시적 환경을 만들며 이는 활성화 부위이다.

**표 5.1 대사 반응에 참여하는 주요 반응물질들**

| | |
|---|---|
| **반응물** | 대사 반응이나 경로에 들어가는 물질, 또는 특수한 효소의 물질. |
| **중간물** | 대사 반응이나 경로에 있어서 반응물과 최종 생성물 사이에 해당하는 형태의 물질. |
| **생성물** | 대사 반응이나 경로의 최종 생성물질. |
| **효소** | 반응속도를 크게 높이는 물질. 몇몇의 RNAs 또한 이러한 작용을 함. |
| **조인자** | $NAD^+$와 같은 coenzyme이나 금속이온: 효소를 돕거나 전자, 수소, 반응 장소의 사이에 있는 기능기 |
| **에너지 운반체** | 주로 ATP: 에너지 요구 반응과 에너지 방출 반응을 연결해줌. |
| **수송 단백질** | 수동적으로 돕거나 활동적으로 특수한 용질을 세포막을 가로질러 공급하는 단백질 |

활성화 에너지는 반응이 일어나기 위해 반응물질이 가져야만 하는 최저의 내부 에너지이다. 효소는 활성화 부위에서의 물질의 농축을 도움으로써, 생성되기 시작하는 물질에 의해서, 대부분의 혹은 모든 물을 배제함으로써, 그리고 적절한 변화를 일으킴으로써 그 에너지를 낮춘다.

**5.4절** 보조인자(금속이온, 조효소, 또는 둘 다)는 반응에 있어서의 효소의 촉매작용을 돕는다. 효소활동에 관한 조절은 수많은 종류의 물질에 영향을 미친다. 효소는 제한된 범위의 온도와 pH 그리고 염분농도 내에서 기능을 나타낸다.

**5.5절** 확산은 인접한, 농도가 낮은 부분을 향해 분자나 이온이 이동하는 것이다. 농도기울기와 온도, 분자 크기, 그리고 전자 전하와 압력의 기울기의 차이의 정도는 확산 속도에 영향을 미친다. 고유의 세포 메카니즘은 용질이 막을 통과하여 경사에 반대되는 곳으로 이동하도록 작용한다.

산소분자와 이산화탄소와 다른 작은 무극성의 분자들은 막의 지질 이중 층을 통과하여 확산된다. 이온과 큰 극성의 분자-포도당과 같은-들은 수송 단백질의 도움으로 막을 통과한다. 물은 단백질을 통해 또는 이중 층을 통해 이동한다.

**5.6절** 많은 용질들은 채널을 열고 제어하는 작용을 하는 또는 가역적으로 모양을 바꾸는 수송 단백질을 통해 막을 통과한다. 수동 수송은 에너지 투입을 필요로 하지 않는다:

용질은 그것의 농도기울기에 따라 자유롭게 막을 통과한다. 능동 수송은 농도기울기에 반하여 특수한 용질을 이동시키기 위해 ATP를 통한 에너지 투입을 필요로 한다.

**5.7절** 삼투는 물의 농도기울기의 낮은 쪽을 향한 선택적 투과성 막을 통한 물의 확산이다. 압력 경사는 그것에 영향을 미칠 수 있다.

**5.8절** 세포외 배출에 의하여 세포질의 소포는 원형질막으로 융합되고 그것의 내용물은 밖으로 방출된다. 세포내 섭취에 의하여 원형질막의 한 부분은 소포의 형태로 세포질로 함몰된다.

## 자습-퀴즈

*정답은 부록 III에 있음*

1. ____________는 생명의 일차적인 에너지의 근원이다.
   a. 음식　b. 물　c. 태양 빛　d. ATP

2. 다음 중 올바르지 못한 문장은?
   대사경로는______________
   a. 순서로 이루어진 반응 단계이다.
   b. 이것을 시작하는 한 가지의 효소에 의해 조절된다.
   c. 종합적으로 생합성 또는 분해 과정일 수 있다.
   d. 위의 모든 것을 포함.

3. 효소는____________
   a. 단백질이다.
   b. 반응의 활성화 에너지를 낮춘다.
   c. 그것이 촉매하는 반응에 의해 파괴된다.
   d. a와 b.

4. 살아있는 세포를 저장액에 담그면 물은 ___________ 경향이 있다.
   a. 세포 안으로 확산되어 들어간다.
   b. 전체적으로 움직임이 없다.
   c. 세포 밖으로 확산되어 나간다.
   d. 세포 내 흡수에 의해 안으로 들어간다.

5. ___________는 지질 이중막을 쉽게 통과해 확산된다.
   a. 포도당　b. 산소
   c. 이산화탄소　d. b와 c

6. 나트륨 이온은 에너지의 도움을 받은 수송체 단백질에서 막을 통과한다. 이런 경우를________________.
   a. 수동 수송　b. 능동 수송
   c. 촉진 확산　d. a와 c

7. 소낭 형성이 일어나는 경우는____________.
   a. 막 재생　b. 식세포 활동
   c. 세포 내 흡수, 세포 외 배출　d. 위 모든 것

8. 확산의 속도는___________에 의해 영향을 받는다.
   a. 온도　b. 전자 기울기
   c. 분자 크기　d. 위 모든 것

9. 다음 물질을 적당한 설명과 연결하시오.

| | |
|---|---|
| ____ 조효소 또는 금속 이온 | a. 반응물 |
| ____ 막에서 농도기울기를 조절 | b. 효소 |
| ____ 반응에 참여하는 물질 | c. 조인자(cofactor) |
| ____ 반응에서 형성되는 물질 | d. 중간물질 (intermediate) |
| ____ 반응 마지막의 물질 | e. 생성물 (product) |
| ____ 반응속도를 높임 | f. 에너지 운반체 |
| ____ 주로 ATP | g. 수송체 단백질 |

## 분석적으로 생각하기

1. 독성물질인 시안화물 (cyanide)은 전자전달계인 효소와 비가역적으로 결합한다. 이 결과는 시안화물의 독성이다. 이러한 결

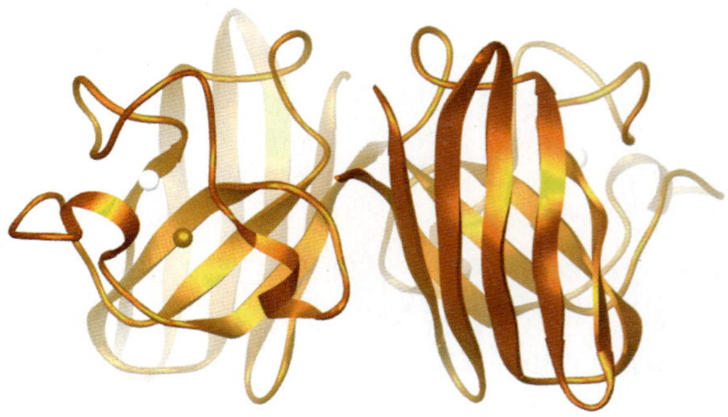

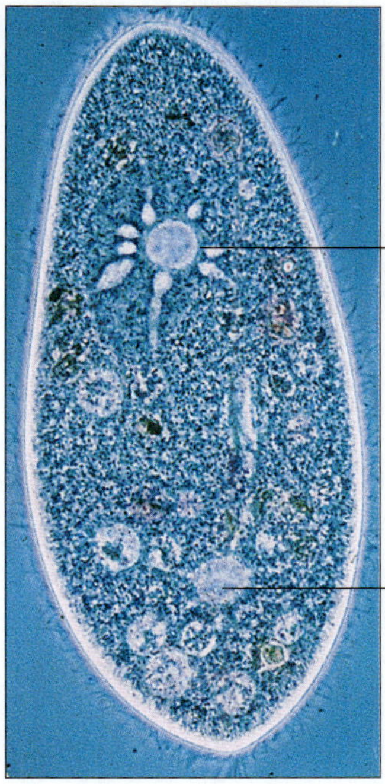


**그림 5.26** 짚신벌레 (*Paramecium*) 수축포

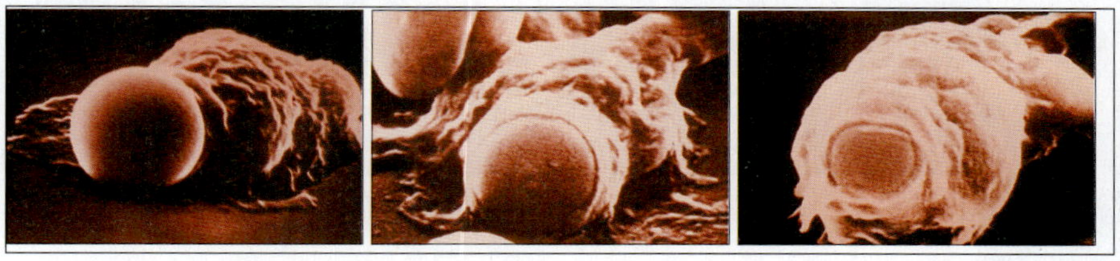

**그림 5.27** 그림에서 보는 신비한 막활동은 무엇인가?

합은 전자전달계에서 효소가 전자를 받을 수 없도록 한다. 이것은 ATP 생산에 있어 어떠한 효과를 나타내는가? 당신이 알고 있는 ATP 기능에 근거하여, 이것이 사람의 건강에 어떤 효과를 나타내겠는가?

2. 세포에서, superoxide dismutase (아래)는 4차구조를 한다두 개의 폴리펩티드 사슬로 이루어져 있다. 각 사슬은 줄 배열을 하는 부위가 구리 이온과 아연 이온을 (빨강과 파랑으로 표시) 둘러싸는 들통 구조를 한다.

들통 구조의 어느 부위가 소수성인가? 어느 부위가 친수성인가? 당신은 기질이 들통 구조의 안쪽 또는 바깥 쪽에 결합한다고 추측하는가? 금속이온이 촉매역할을 하는 데 있어 역할을 하는가?

3. 카탈라제 (catalase)는 호기성 대사의 산물인 과산화수소를 분해하여 물과 산소로 만든다 (그림 5.10). 이것은 매우 효율적인 효소이다: 한 분자의 카탈라제는 일 분당 6백만 분자의 과산화수소를 분해할 수 있다. 이것은 과산화수소가 세포에 독성이 있기 때문에 호기적 조건에 사는 대부분의 생명체에 발견된다. 세포는 과산화 수소를 빨리 처치해야 하며 그렇지 못하면 위험에 처하게 된다. 과산화물은 카탈라제의 기질이다; 그러나 간단한 조작으로 이것은 알코올과 같은 독성 물질을 불활성화 시킬 수 있다. 이; 조작이 어떤 것인지 추측할 수 있는가?

4. 영양보조제로 종종 식물 효소가 들어간다. 식물 효소가 당신이 소화시키는 데 도움이 되지 못할 것이라는 이유를 설명하시오.

5. 왜 사과 조각에 레몬 즙을 뿌리면 갈변화 현상이 방지되는 것일까?

6. 과산화수소를 상처부위에 뿌리면 거품이 나는데 상처가 없는 피부에 뿌리면 아무런 변화가 없다. 그 이유가 무엇일까?

7. 대부분의 캘리포니아의 경작지는 관개시설이 되어 있다. 수 년간을 걸쳐 관개된 물은 토양으로부터 증발하여 염분이 남게 되었다. 남게 된 염분에 의해 변화된 토양이 식물에 어떤 영향을 미칠까?

8. 물은 삼투에 의해 물속에 사는 원생생물인 짚신벌레 (Paramecium) 안으로 이동한다. 만약 억제하지 않는다면, 물의 유입은 세포를 부풀리게 하여 원형질막이 터질 것이다. 에너지를 사용하는 기작에 의해 수축포는 과량의 물을 내보낸다 (그림 5.26). 물은 이러한 세포소기관의 관 모양으로 신장된 곳에 들어가서 액포의 중앙에 모이게 된다. 포화된 수축포는 수축하여 바깥쪽으로 열려있는 구멍으로 과량의 물을 방출한다. 주변의 용액은 이러한 세포의 세포질에 대해 상대적으로 고장액 조건, 저장액 조건, 또는 등장액 조건 인가?

9. 육지에서 흘러 드는 담수와 바다에서 밀려오는 해수가 섞이는 강 하구어귀에 사는 어린 새우를 상상해 보자. 호수 주위에 집을 소유한 많은 사람들은 배로 바다에 나가길 원한다. 그들은 하구에 운하 건설을 허락해 줄 것을 시에 요구한다. 만약 그들이 운하를 건설하면 어린 새우에게 어떤 일이 일어날까?

10. 그림 5.27에 보는 백혈구는 폐기되는 적혈구를 세포내 흡수 또는 식세포활동 또는 두 가지 모두에 의해 처리하는가?

# 6 생명의 근원 – 광합성

## 최근 이슈와 그 영향력 바다목장

우리가 먹던 사과나 셀러리 혹은 통닭이나 피자나 다른 여러 가지 음식물들을 생각해 보자. 그런 것들이 어디로부터 왔을까? 생각해 보면 냉장고, 시장, 식당 혹은 농장까지도 떠 올릴 수 있을 것이다. 개개의 식물들을 생각해 보자. 이 식물들은 우리들이 먹는 대부분의 음식이 만들어 지는 시작점일 것이다.

식물들과 많은 종류의 박테리아 그리고 원생동물들은 "스스로 영양을 공급할 수 있는" 생물체이다. 이를 독립영양체(autotrophs)라고도 한다. 그들은 주변 환경으로부터 에너지를 포획한 후, 이를 이용하여 단순한 화합물로부터 음식물을 만들어 내는 능력이 있다.

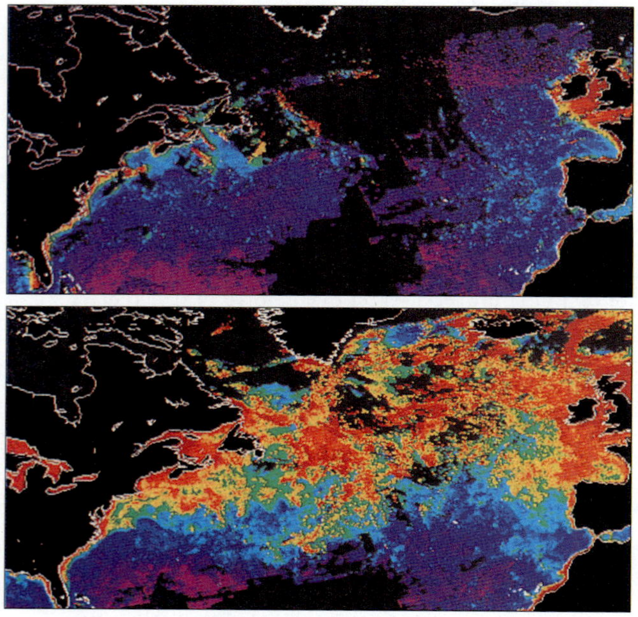

그림 6.1 북대서양의 봄철에 광합성 활성의 정도를 보여주는 인공위성사진. 엽록소의 농도를 측정한 결과로 *적색*일수록 엽록소의 농도가 높다.

반면에 대부분의 박테리아나 원생동물, 그리고 모든 곰팡이류와 동물들은 종속영양체(heterotrophs)이다. 이들은 스스로 영양분을 공급할 수 없으므로 독립영양체를 먹거나, 자기들끼리 잡아먹거나 혹은 폐기된 유기물이라도 먹어야한다. (*hetero*라는 말의 의미는 '다른'이라는 뜻이지만 이 경우에는 '다른 개체에 의해 영양을 공급받다'라는 의미이다.) 식물체는 우리들이 결코 할 수 없는 무엇인가 대단한 일을 하고 있는 것이다. 식물체들은 광합성이라는 과정을 통해 태양에너지와 물과 그리고 이산화탄소만을 사용해서 모든 음식물들을 만들어내고 있다. 매년 식물체들이 생산하는 당류의 양은 2,200억 톤이나 되며 이는 무려 22경($220 \times 10^{15}$) 개의 각 설탕을 만들 수 있는 양이다. 이들 광합성 독립영양체들은 십억 년 이상이나 이러한 일을 해 온 것이다.

헤아릴 수 없이 많은 광합성 생물체들이 바다에 존재한다. 한 컵의 바닷물에도 무려 2천4백만 마리의 다양한 미생물들이 존재할 수 있다. 이들의 대부분은 박테리아와 원생동물들이며 이들이야말로 바다 목장의 주성분으로서 대부분의 바다 생물체들을 먹여 살리고 있는 것이다. 식물체와 마찬가지로 이들은 봄철에 폭발적으로 번식하는데 봄철에는 심층으로부터 영양물질이 솟아올라 이들의 급격한 성장을 촉진하게 된다. 그림 6.1은 북미로부터 스페인에 이르기까지 바다 조류의 폭발적인 번식을 보여주고 있다.

## 개요도

**무지개 포획** 엽록소나 여타 광합성 색소가 태양광 에너지를 흡수하는 순간 생명계에 에너지 유입이 시작된다.

$$12H_2O + 6CO_2 \xrightarrow{\text{빛 에너지}} 6O_2 + C_6H_{12}O_6 + 6H_2O$$

물 이산화탄소 → 산소 포도당 물

**광합성의 개관** 광합성은 엽록체 내에서 두 번의 단계를 거쳐 일어난다. 태양 에너지는 화학적 에너지로 바뀌어 ATP와 NADPH에 저장된다.

남극 해의 작은 바다 목장으로 좁혀서 생각해보자. 여기에는 매우 작은 새우와 유사한 갑각류가 살고 있는데 이들은 사진에서 보는 것과 같이 더 작은 조류 등의 광합성생물들을 먹고산다. 크릴(Krill)이라 불려지는 이 새우류들은 물고기, 펭귄, 바다 새 그리고 거대한 고래 등 다른 많은 동물들의 먹이가 된다. 다 자란 고래 한 마리가 매일 먹는 크릴의 양은 4톤 정도나 되며 몇 달씩이나 이렇게 크릴들을 먹는다. 하지만 4톤의 크릴들은 고래에 잡아먹히기 전에 이미 *1,200*톤의 목장 식물들을 먹었다.

또 다른 관점에서 육지나 바다의 광합성 생물들의 중요성은 막대한 분자들을 만들고 반응시킨다는 것이다. 이를 통하여 광합성 생물들은 지구 기후를 안정시키는 역할까지도 수행한다. 광합성 생물들은 매년 인간들이 화석연료를 연소하여 방출되는 $CO_2$의 거의 반 정도를 흡수한다. 이들이 없다면 대기 중의 이산화탄소 농도는 급격히 증가할 것이고 대기의 온도도 급격히 상승할 것이다.

요약하자면 *광합성이란 생명계에 탄소와 에너지가 유입되는 가장 주요한 통로이다*. 광합성을 하는 독립영양체들은 유기화합물을 만들고, 사용하고, 그리고 저장하는데 이것들이 다른 종속영양체의 먹이가 되는 것이다. 모든 생물체들은 유산소호흡 과정을 통하여 이 저장된 에너지를 방출하여 세포 활동을 수행한다.

광합성 생물체는 몇 종류로 구분되는데 이들이 수행하는 광합성의 방식도 조금씩 다르다. 이 장에서는 식물이나 조류처럼 산소를 생성하는 형태의 광합성에 초점을 맞추고자 한다.

### 찬반의견 투표

*인류의 대부분은 곡물을 먹고 산다. 몇몇 효소 활성에 의해 곡물 생산성이 제한될 수 있다. 우리는 광합성 활성을 높여서 곡물 생산성을 증가시키기 위하여 유전학적으로 식물을 개조하여야 하는가? 미디어 메뉴에서 상세한 내용을 참고하여 온라인 투표를 한다.*

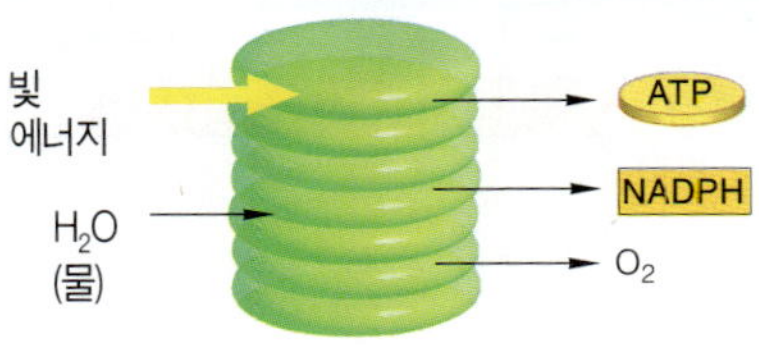


**ATP와 NADPH의 생성** 광합성의 첫 번째 단계에서 빛 에너지는 ATP의 화학 결합 에너지로 전환된다. 물분자는 분해되어 NADPH와 산소를 만들며 산소는 공기 중으로 방출된다.

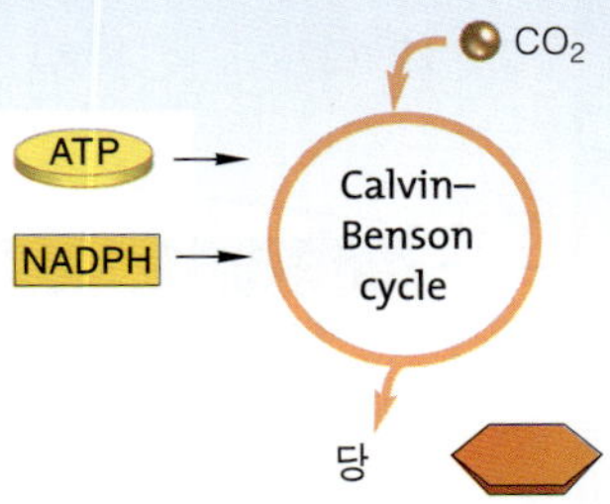


**당의 생성** 광합성의 두 번째 단계는 광합성의 합성이라는 말에 해당한다. 당이 합성 되는 장소에서는 ATP로 부터 에너지를, 공기 중의 이산화탄소로부터 탄소와 산소를, 그리고 NADPH로부터 수소를 제공받아 당이 합성된다.

## 6.1 에너지원인 햇빛

광합성은 전자기스펙트럼의 한 부분, 혹은 태양으로부터 방사되는 전 범위의 빛 에너지에 의해 작동된다. 빛 에너지는 마치 바다에서 밀려오는 물결처럼 파동의 형태로 공간을 진행하는데, 두 파동 사이의 거리를 파장이라 한다.

### 빛의 성질

이 장에서는 태양 빛의 에너지에 대한 설명을 주로 다루고 있다. 물론 태양 빛 에너지를 전반적으로 다룰 필요는 없고 380 nm에서 750 nm의 파장을 갖는 빛에 대하여 주로 설명하고자 한다. 이 파장 범위의 빛을 가시광선이라고 하는데 이것이 광합성을 일으키는 빛들이다.

빛은 광량자(*photons*)로 구성되는데 광량자는 파동 내에서 전자기 에너지를 보유하는 각각의 단위체들이다. 이 광량자의 파장이 짧아지면 에너지가 커진다(그림 6.2). 예를 들어 청색광은 적색광에 비해 더 짧은 파장을 갖으며 그래서 청색광의 에너지가 더 크다.

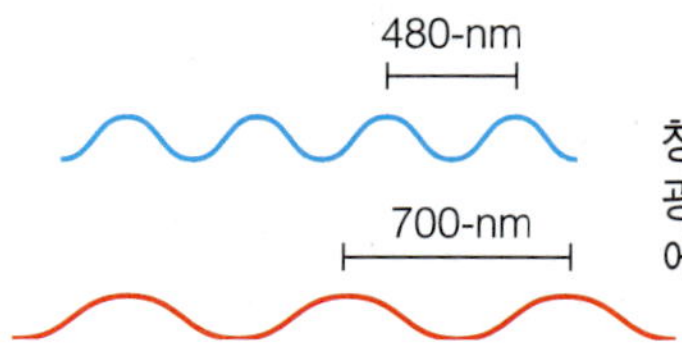


보라색 빛 보다 더 짧은 파장을 갖는 빛들은 생물체의 DNA를 파괴하기에 충분한 에너지를 갖는다

### 색소들—빛의 포획자들

색소란 특정한 파장의 광량자를 흡수하는 분자들을 말한다. 색소에 흡수되지 않는 광량자들은 반사되거나 색소분자를 통과하게 된다.

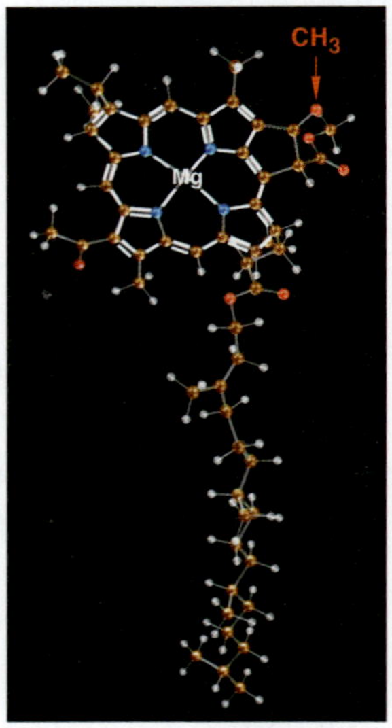


**그림 6.3** 엽록소 *a*와 *b*의 구조를 보여주는 ball-stick 모형. *a*와 *b*는 단지 하나의 작용기에 차이가 있는데 $-CH_3$가 a이고 $-COO^-$가 b이다. 빛을 흡수하는 부위는 평평한 고리 구조인데 이는 헴(heme)과 유사하나 고리 구조의 중앙에 철 대신에 마그네슘이 결합되어 있는 것이 다르다. 주로 탄화수소로 구성된 골격은 세포막의 지질층에 잘 녹을 수 있음을 보여주고 있다.

어떤 색소들은 태양에너지와 광합성 사이를 연결하는 교량 역할을 한다. **엽록소 *a***는 고등식물과 녹조류 그리고 다양한 광합성 세균에 가장 풍부하게 존재하는 색소이다(그림 6.3). 이 색소는 적색과 보라색 파장을 가장 잘 흡수한다. 엽록소 *b*는 약간 다른 파장의 빛을 흡수한다. 이 색소는 부가적인 색소(*accessory* pigment)인데 이는 조금 다른 파장의 빛을 흡수함으로서 광합성의 효율을 높이는 역할을 한다는 의미이다. 모든 엽록소는 녹색 파장을 반사하거나 투과하는데 이런 이유로 엽록소가 풍부한 식물이 우리 눈에는 녹색으로 보이는 것이다.

부가적인 색소들 중에는 **카로테노이드**(carotenoids)가 있다. 이 색소는 청자색이나 청녹색을 흡수하고, 적색, 주황색, 노랑색을 반사 혹은 투과시킨다. $\beta$-카로틴은 당근이나 다른

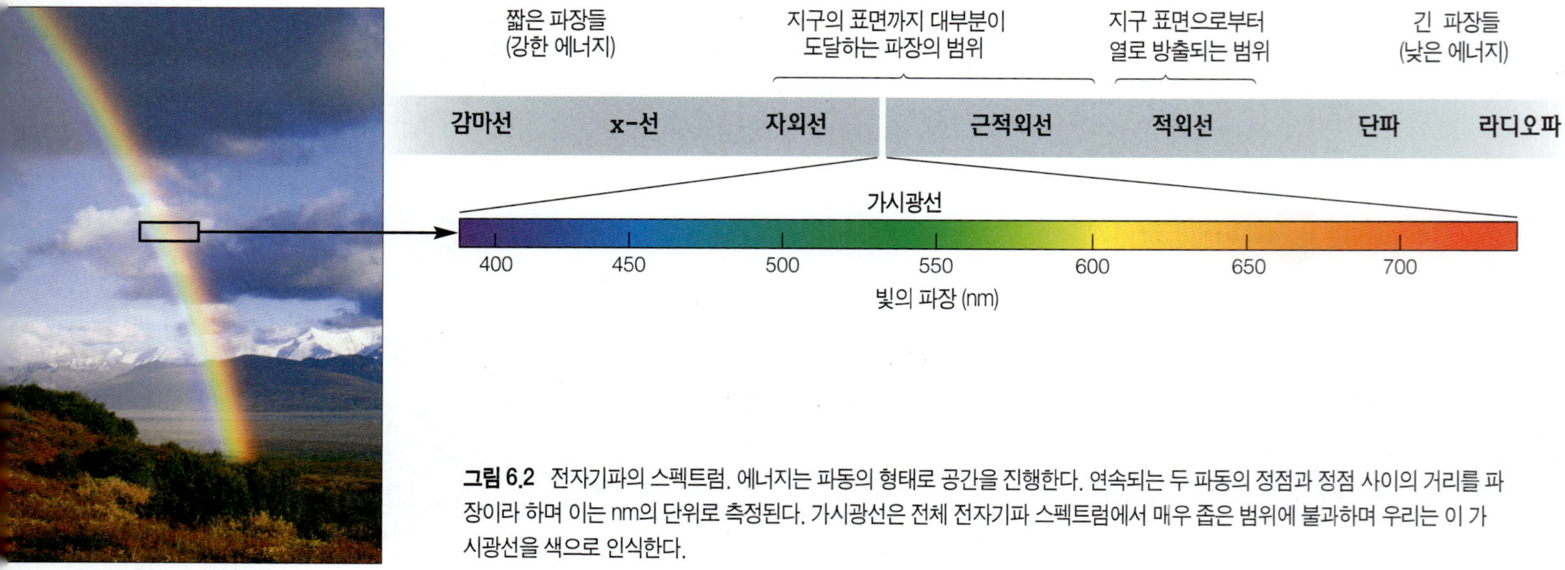


**그림 6.2** 전자기파의 스펙트럼. 에너지는 파동의 형태로 공간을 진행한다. 연속되는 두 파동의 정점과 정점 사이의 거리를 파장이라 하며 이는 nm의 단위로 측정된다. 가시광선은 전체 전자기파 스펙트럼에서 매우 좁은 범위에 불과하며 우리는 이 가시광선을 색으로 인식한다.

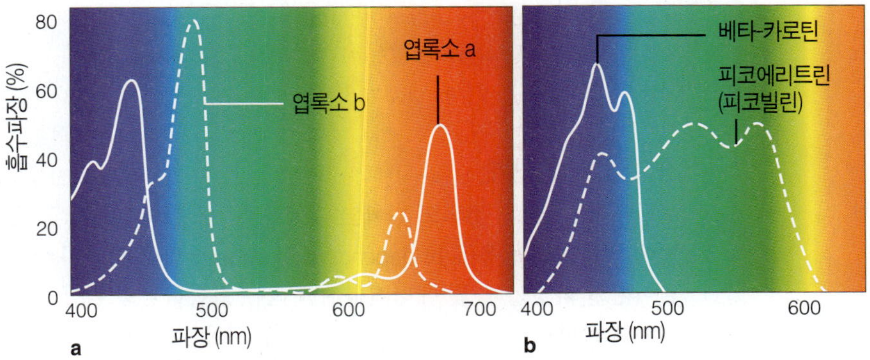


**그림 6.4** (a) 엽록소 a와 b의 가시광선에 대한 흡광 스펙트럼. 그래프 상의 정점은 그 색소가 최대로 흡수하는 파장을 나타낸다.

(b) b-카로틴과 피코빌린의 흡광 스펙트럼. 그림 6.6에서 보여주는 것과 같이 과학자들이 색소의 최대 흡광 파장을 측정하는 방법을 고안해 내기 전에 이미 식물학자인 T.Engelman은 녹조류에서 어떤 빛이 광합성에 최대로 적당한지를 밝힌바 있다.

**그림 6.5** 잎의 색깔. 봄이나 여름에 볼 수 있는 잎들이 녹색인 이유는 매우 많은 엽록소를 함유하고 있기 때문이다. 이 엽록소의 색이 카로틴이나, 크산토필, 그리고 다른 많은 기타 색소의 색을 덮어버리게 된다.

그러나 가을이 되면 엽록소의 생성보다는 파괴가 빨리 일어나기 때문에, 엽록소의 색은 엷어지고 엽록소보다는 안정한 다른 색소가 나타나게 된다. 특히 안토시아닌은 차가운 기온과 햇빛이 풍부한 조건에서 합성이 촉진되는 친수성 색소인데 이 안토시아닌은 햇빛의 자외선으로부터 식물의 잎을 보호하는 차단막과 같은 역할을 한다.

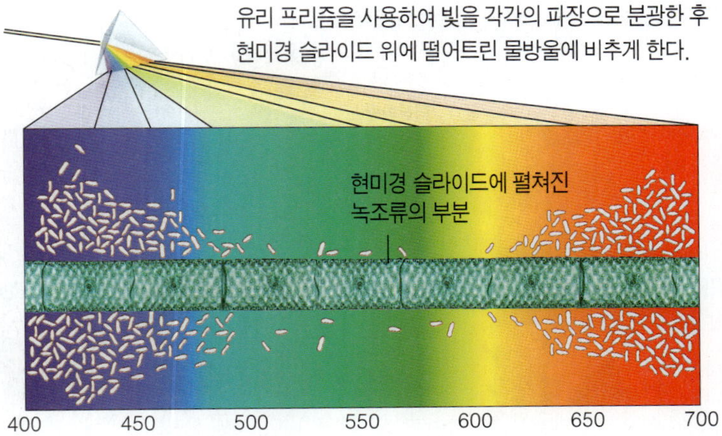


**그림 6.6** 사상 녹조류인 Spirogyra의 광합성에 대한 T. Engleman의 실험. 오래전에는 대부분의 사람들이 식물이 광합성에 필요한 원료를 토양으로부터 획득한다고 여겼다. 1882년경 몇몇 화학자들은 식물이 태양빛, 물, 그리고 공기 중의 무엇인가를 사용하지 않는가 생각했다. Englemann은 식물이 태양 빛 중에서 어떤 빛을 선호하는가 궁금했다.

Engleman은 식물이 선호하는 빛에 대해 실험을 했다. 이미 당시에는 광합성 과정에서 산소가 방출된다는 사실이 알려져 있었다. 또한 대부분의 생물체가 그렇듯이 많은 종류의 세균들도 호흡을 위해서 산소가 필요하다는 것도 알려져 있었다. Engleman은 만일 세균이 산소를 필요로 한다면 광합성이 활발히 일어나는 장소에 세균이 많이 모여들 것이라고 가정했다. 그는 세균이 들어 있는 물 한 방울을 Spirogyra와 함께 현미경 슬라이드 유리에 떨어뜨린 후 프리즘을 이용해 태양광을 분광하여 이 슬라이드 유리에 비췄다. 그 결과 세균들은 보라색과 적색이 비춰지는 조류 부근에 집중적으로 모여들었다. 이는 보라색과 적색의 빛이 비춰지는 조류에서 산소의 발생이 더 많음을 의미하며 광합성에 최적인 빛임을 보여주는 결과이다.

식물 부위의 주황색을 나타내는 카로틴 종류이다. **크산토필**(Xanthophylls)류의 색소들은 노랑, 갈색, 자주색이나 파랑색을 흡수하는 색소이며 **피코빌린**(phycobilins)은 적색이나 청녹색 파장을 흡수한다. 이러한 광합성 색소들의 흡광스펙트럼을 측정해 보면 이 색소들이 흡수하는 서로 다른 파장의 가시광선들을 확인할 수 있다(그림 6.4).

가을이 되면 활엽수 잎의 엽록소 함량은 감소하게 되며, 이 때문에 카로틴이나 크산토필 그리고 **안토시아닌**(anthocyanin)등의 색소가 나타난다. 이 현상이 단풍드는 현상이다(그림 6.5). 또한 안토시아닌은 많은 종류의 꽃이나 식물에 함유되어 있는데 포도, 앵두, 적양배추, 그리고 대황등의 식물에서 볼 수 있는 색소이다.

이런 광합성 색소들은 단독적으로 활동을 하는 것이 아니고 태양 에너지를 최대한 효율적으로 받아드릴 수 있는 체계적인 구조를 형성한다. 그림 6.3에 제시한 엽록소 분자 — 특히 평평한 고리 구조를 다시 한번 생각해 보자. 이 고리 구조 안에는 전자가 공유되어 있는 단일 결합과 이중 결합이 있는데 이 전자들이 태양 에너지를 받아들여 흥분 상태가 되고 여기서부터 광합성이 진행된다.

태양 빛은 파동의 형태로 우주공간을 이동하며, 가시광선의 각 파장들은 특정한 색에 해당한다.

엽록소a 와 기타 다양한 보조 색소들은 가시광선 중에 특정한 파장을 흡수한다. 이 색소들이 태양과 광합성을 이어주는 교량인 것이다.

# 6.2 광합성

*배고픈 사람이 화창한 날 야외에 가만히 앉아 있더라도 더위는 느낄지라도 결코 배가 불러지지는 않는다. 그러나 식물은 이런 태양 에너지를 이용해 음식을 만들어 낼 수가 있다.*

## 광합성의 두 단계

광합성은 크게 두 종류의 단계로 구분된다. 첫 번째 단계는 **빛에 의존적인 반응**(light-dependent reactions ; 명반응)들이 일어나는 과정인데, 빛 에너지를 ATP라는 화학물질의 결합 에너지로 바꾸는 단계이다. 또한 이 단계에서는 물분자도 분해되는데 이 물 분자로부터 나온 전자와 수소는 $NADP^+$라는 물질이 받아들여 NADPH가 되며 이를 환원형 NADPH라고 한다. 물분자가 분해될 때 나오는 산소는 대기 중으로 방출된다.

두 번째 단계는 **빛에 의존적이지 않은 반응**(light-independent reactions)들이 일어나는 과정인데 ATP에 보관된 에너지로 포도당이나 탄수화물 합성이 일어나는 과정이다. 이때 탄소와 산소가 결합하여 포도당을 만드는 과정에 필요한 전자와 수소는 NADPH로부터 공급된다.

이상의 광합성 전체 반응을 요약하면 다음과 같다.

$$\underset{\text{물}}{12H_2O} + \underset{\text{이산화탄소}}{6CO_2} \xrightarrow[\text{효소들}]{\text{빛 에너지}} \underset{\text{산소}}{6O_2} + \underset{\text{포도당}}{C_6H_{12}O_6} + \underset{\text{물}}{6H_2O}$$

## 엽록체의 구조

광합성 과정에서 일어나는 반응들은 광합성 박테리아나 원생생물 혹은 고등 식물에 따라 서로 다르다. 고등 식물이나 조류 세포에서 광합성이 일어나는 장소는 엽록체라는 세포 소기관이다. 각각의 엽록체들은 두 겹의 막으로 둘러싸인 구조를 가지며 이 안쪽을 스트로마(stroma)라고 한다(그림 6.7c). 스트로마 내에는 다시 막으로 만들어진 구조물이 있는데 이를 **틸라코이드**(thylakoid)라 하며 각 틸라코이드는 하나씩의 구획을 형성한다. 납작하고 평평한 형태의 틸라코이드는 겹겹이 싸여 있는 구조이나 그 안쪽은 서로 연결되는 통로로 되어 있기 때문에 결국 틸라코이드 내부는 하나의 연결된 구획이다. 당류들은 이 구획의 바깥쪽 즉 스트로마에서 합성된다(그림 6.8).

틸라코이드에 결합되어 있는 모든 것들은 광화학반응과 관련된 광화학계이다. 여기에는 200에서 300개 정도의 색소 집단들과 태양 에너지를 포획하는 모든 분자들이 있다. 엽록체는 두 종류의 광화학계를 가지고 있는데 이를 각각 광계 I과, II라고 한다(그림 6.7d).

## 광합성은 생명계를 변화시켰다

약 32억년 전에 광합성 세균에서 의해서 만들어진 산소 분자들은 대기에 축적되기 시작했다. 그전까지는 대기에 산소가

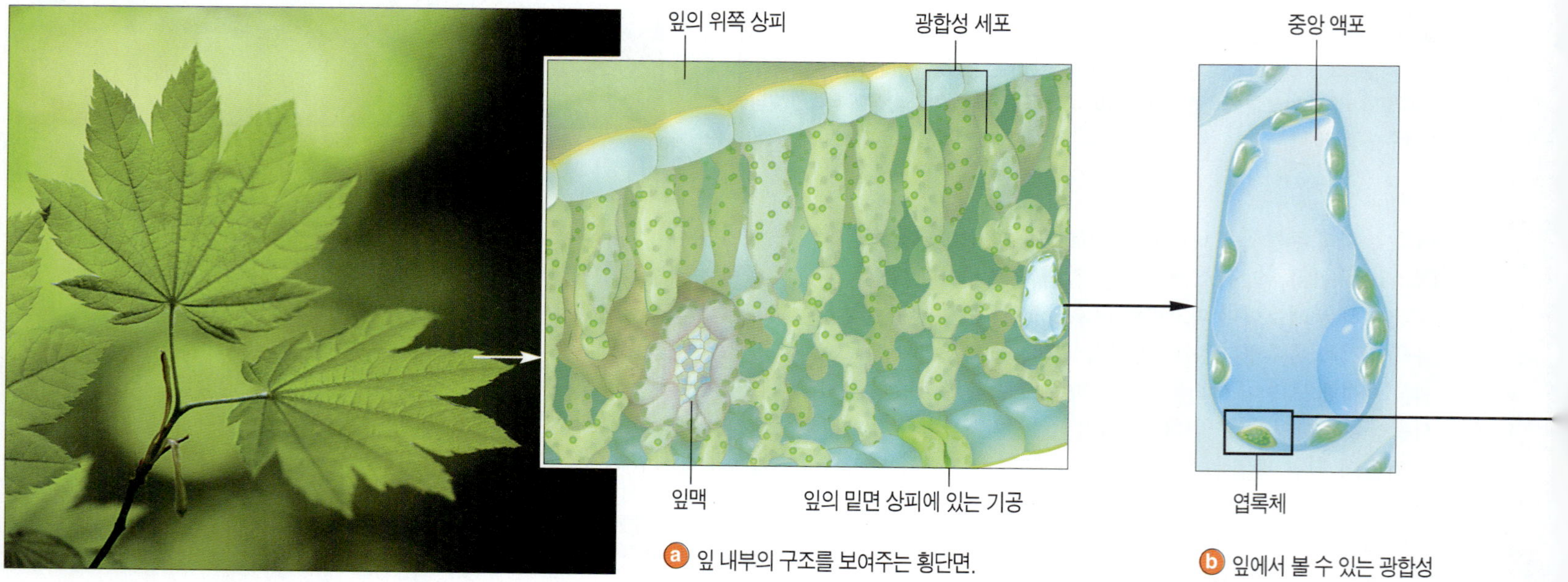


ⓐ 잎 내부의 구조를 보여주는 횡단면.

ⓑ 잎에서 볼 수 있는 광합성 세포

**그림 6.7** 전형적인 식물 잎에서 광합성이 일어나는 장소는 엽록체이다. 엽록체는 약 2,000개를 일렬로 정렬시켜도 10센트 동전보다 넓지 않은 크기이다.

거의 존재하지 않았다. 대기의 조성이 바뀌면서 생명계의 모습도 바뀌게 되었다. 유리 산소로 인하여 생명체들은 소위 유산소 호흡이라는 방법을 사용하여 유기화합물로부터 대단히 효율적인 방법으로 많은 에너지를 뽑아 낼 수 있도록 진화하였다. 산소가 풍부한 대기야말로 거대하고 활동량이 많은 동물들이 진화할 수 있도록 한 결정적인 환경 요인인 것이다.

광합성의 첫 번째 단계에서는 태양빛 에너지에 의해 ATP와 NADPH가 생성되고, 산소가 방출된다. 엽록체에서 이 과정은 틸라코이드 막에서 진행된다.
막에는 광 반응계 물질들이 파묻혀 있는데 이 광 반응계는 색소와 여타 분자들의 덩어리들이며 여기에서 빛 에너지가 포획된다.

광합성의 두 번째 단계는 스트로마에서 일어나는데 ATP의 에너지를 이용하여 당을 합성하는 과정이다. 이 반응에서 이산화탄소는 탄소와 산소 원소를 제공하고 NADPH는 전자와 수소를 제공한다.

광합성이 일어나기 전에는 지구의 대기에 산소가 존재하지 않았다. 새롭게 등장한 광합성 생물들이 방출한 산소가 서서히 대기에 축적되었다. 그것들은 대기를 변화 시켰으며 생물체가 유산소 호흡체로 진화할 수 있는 힘이 되었다.

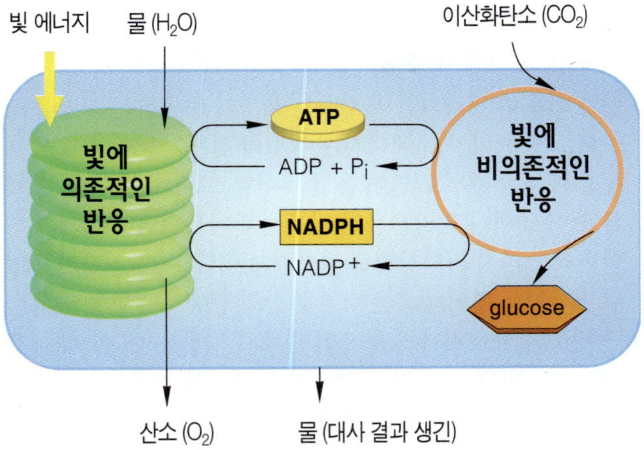


**그림 6.8** 엽록체에서 광합성의 두 단계 과정에 대한 개요. 첫 번째 단계인 빛 의존적인 반응은 틸라코이드 막에서 일어난다. 두 번째 단계는 빛에 비의존적으로 당을 합성하는 과정으로 스트로마에서 진행된다.

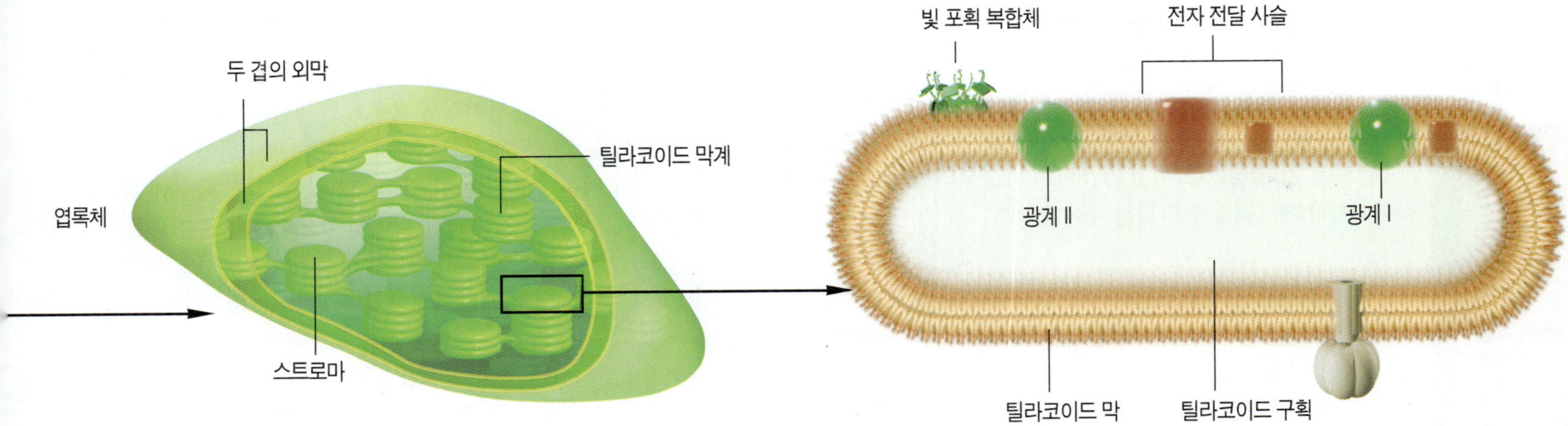


(c) 엽록체의 확대된 모습. 엽록체는 바깥으로 두 겹의 막을 가지며 안쪽에는 반액체적인 스트로마가 있고 여기에 또 다른 막 구조인 틸라코이드가 존재한다. 틸라코이드는 납작한 작은 주머니들이 포개져 있는 형태이고 안쪽으로는 통로로 연결되어 있다.

(d) 틸라코이드 막에 존재하는 구성물들은 광합성의 첫 번째 단계인 빛에 의존적인 반응을 수행한다. 빛 수확 복합체들은 빛 에너지를 포획하고 이 에너지를 두 개의 광계로 전달한다. 막에 결합되어 있는 전자전달계는 ATP와 NADPH를 합성하는 역할을 담당한다.

## 6.3 빛 의존적인 반응들(명반응)

*광합성의 첫 단계에서는 태양 에너지가 광계(photosystem)에 포획된 후 ATP 형성을 유도하게 된다. 물분자의 분해도 일어나며 물분자의 산소는 대기로 방출되고 전자와 수소는 조효소의 일종인 $NADP^+$가 수용한다. 이 수소와 전자는 광합성 두 번째 단계에서 당을 합성할 때 사용된다.*

### 흡수된 에너지의 변환

광량자와 이 광량자를 흡수하는 색소가 충돌하는 과정을 상상해보자. 광량자의 에너지는 색소의 전자들 중에 하나를 더 높은 에너지 준위로 밀어 올릴 것이다. 그런데 그 후에 별 다른 일이 일어나지 않는다면 전자는 받아드렸던 에너지를 잃어버리고 다시 바닥상태로 떨어질 것이다. 이때 전자가 받았던 에너지는 열이나 혹은 다른 파장의 광량자로 방출된다.

전자의 에너지가 광량자의 형태로 방출될 때 이 빛을 형광이라고 한다. 하지만 틸라코이드 막에서는 흥분된 전자가 바닥상태로 되돌아 올 때 방출되는 에너지가 또 다른 작용을 하게 된다. 틸라코이드 막에는 많은 광계가 묻혀 있는데 이 광계들은 수 백 개의 광 포획 복합체나 혹은 색소와 단백질로 구성된 복합체 덩어리들로 둘러싸여 있다(그림 6.9a). 광 포획 복합체의 색소들도 광량자 에너지를 흡수하게 되며 이 경우에는 에너지의 낭비가 일어나지 않는다. 이 색소의 전자들은 에너지를 앞 뒤로 전달하는 능력이 있다. 그러므로 한 덩어리에서 방출된 에너지는 다른 덩어리로 전달되고, 이 과정을 반복하여 결국 에너지를 반응 중심지인 광계로 전달하게 된다.

광계의 중심에는 그림 6.3에서 보여준 것과 같은 엽록소 *a*가 두 분자씩 존재한다. 이 엽록소 분자의 평평한 고리 부분은 서로 마주 보고 있는데 그 거리가 가깝기 때문에 이 고리의 전자들은 상당히 불안정한 상태이다. 그러므로 광 포획분자로부터 에너지가 광계로 유입되면 엽록소 분자의 전자들은 즉시 떨어져 나가게 된다.

자유로워진 전자들은 광계에 인접해 있는 전자전달사슬로 들어간다. 이렇게 *전자가 광계로부터 전자전달사슬로 유입되는 것이 명반응의 첫 걸음이며* 이로부터 광량자 에너지가 화학 에너지로 전환되는 것이다.

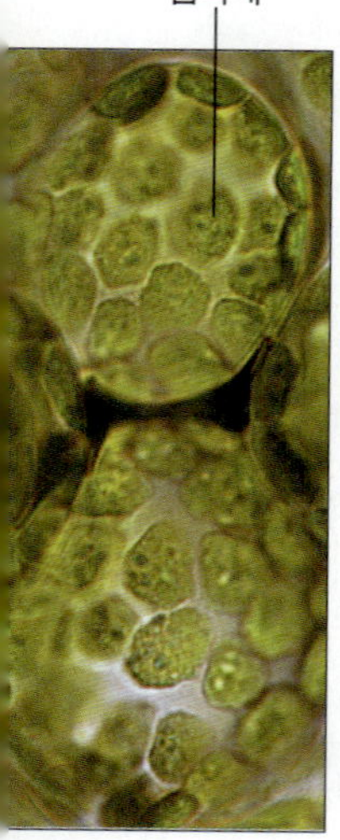


### ATP와 NADPH의 생성

틸라코이드 막에는 전자전달사슬이 있다. **전자전달사슬**은 효소와 조효소 그리고 다양한 단백질들로 만들어진 구조물인데 이들의 기능은 이름 그대로 전자를 주고받는 것이다. 이 전자는 광계 II로부터 방출된 전자이다. 전자가 이동되는 과정에서 어떤 전자전달 분자들은 수소를 같이 받아드리는 경우가 있는데 전자전달물질이 수소와 결합할 때는 스트로마에서 결합한 후 틸라코이드 막을 가로질러 수소를 방출할 때는 안쪽 공간에 방출한다. 이 과정이 반복되면 막을 사이에 두고 수소의 농도와 전기적인 차이가 발생한다. 이러한 차이에 의해서 수소이온이 스트로마로 되돌아가는 힘이 발생한다. 그러나 막은 수소 이온이 쉽게 통과할 수 없기 때문에 특별한 통로를 이용하여 돌아갈 수밖에 없으며 그 통로가 ATP 합성효소이다. 수소 이온이 ATP 합성효소라는 통로를 통과할 때 ADP에 인산이 결합하여 ATP를 만들 수 있는 힘이 제공된다.

전자전달사슬을 통하여 전자가 흘러가는 한 ATP는 계속적으로 만들어 질 수 있다. 이 때 전자전달사슬에 전자를 공급하는 최초의 물질은 바로 물분자이다. 광분해라는 화학적 과정에 의해 물이 수소와 산소 그리고 전자로 분해되고 전자가 광계 II로 공급되는 것이다. 산소는 엽록체 밖으로 확산되어 대기 중으로 방출된다. 수소는 틸라코이드 안쪽 공간에 남

**a** 엽록체의 틸라코이드 막에는 색소의 고리 구조가 빛을 포획한다. 색소에 포획된 광량자 에너지는 광계로 전달되며 하나의 광계는 수백 개의 광 포획 복합체로부터 에너지를 전달받는다.

**그림 6.9** 엽록체에서 ATP와 NADPH가 형성되는 과정.

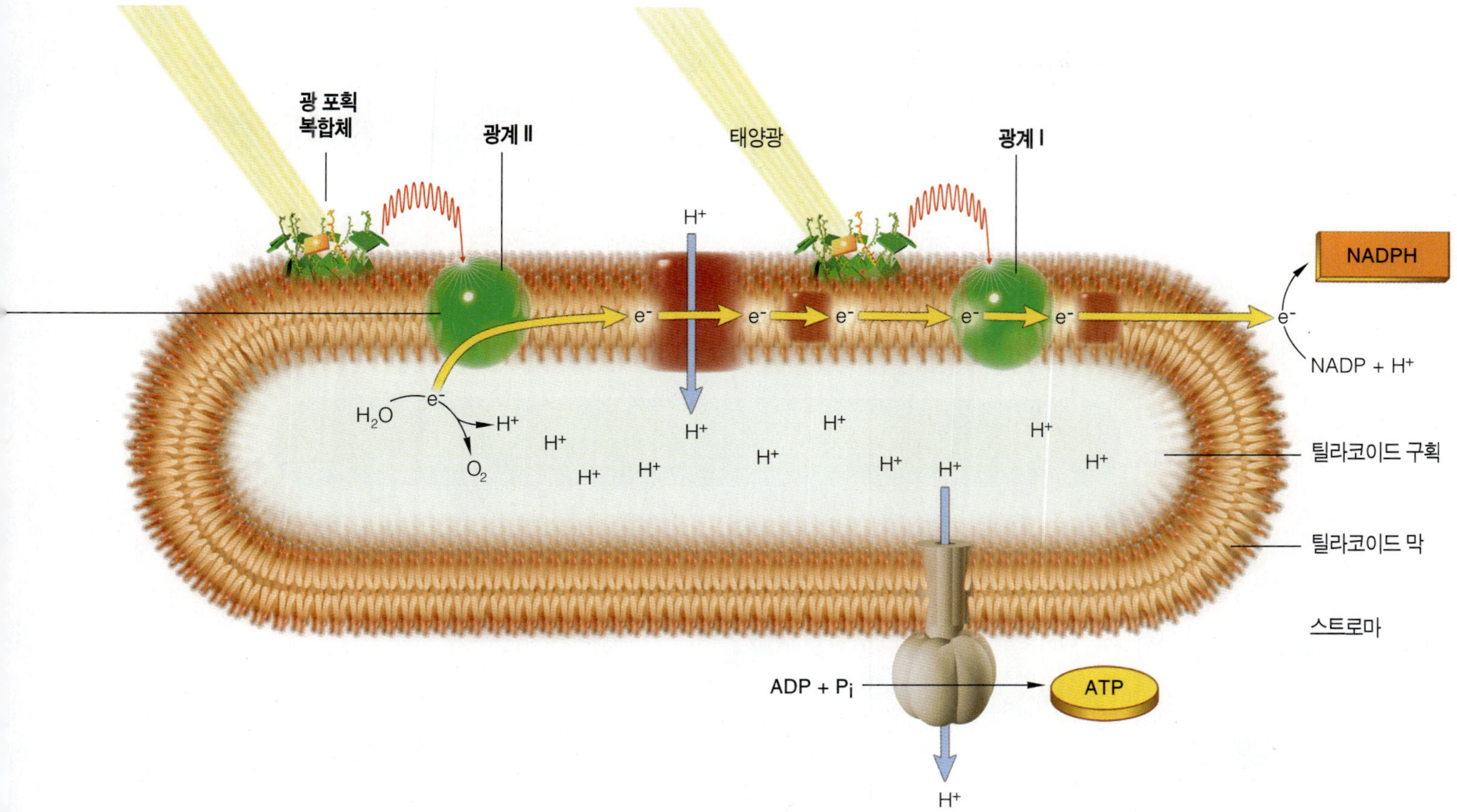


**b** 광량자 에너지(적색 파장)의 흡수로 인하여 광계 II는 전자를 잃게 된다. 전자의 손실은 물을 광분해하여 생성되는 전자로 보충하며 또한 물의 광분해로 산소와 수소 이온도 생성된다. 산소는 산소 분자인 $O_2$의 형태로 세포 밖으로 방출된다.

**c** 광계 II로부터 전자가 전자전달사슬로 이동한다. 전자전달사슬을 따라 전자가 이동할 때 수소 이온이 스트로마로부터 틸라코이드 내부 공간으로 이동한다. 전자는 광계 I로 계속 이동된다.

**d** 틸라코이드 막을 사이로 하여 수소이온의 농도와 전기적인 차이가 생긴다. 이 차이에 의해 생기는 힘이 수소이온을 ATP 합성 효소를 통과하게 밀어내며 이때 ATP 합성이 일어난다.

**e** 광량자 에너지는 다시 한번 광계 I로부터 전자를 이탈시키며 이 전자는 $NADP^+$로 이동한다. 이때 수소와 함께 결합하여 NADPH를 형성하게 된다.

아 있기 때문에 ATP 합성의 원인이 되는 수소 농도 기울기를 형성하는데 기여한다.

전자전달사슬을 통해 흘러온 전자는 광계 I로 유입된다. 광계 I에도 광계 II와 마찬가지로 마주 보고 있는 엽록소 한 쌍이 있으며 빛 포획복합체로부터 유입된 빛 에너지에 의해 전자가 방출된다. 전자는 수소이온과 함께 $NADP^+$에 결합하여 NADPH를 형성하게 된다.

광계 I에는 전자가 이동하는 별도의 경로가 하나 더 있는데 이를 순환적 전자전달 과정이라 한다. 이는 광계 I로부터 전자가 $NADP^+$로 이동하는 것이 아니라 인접한 또 다른 전자전달사슬로 이동되는 것인데 이 과정에서 막을 사이에 둔 수소 이온의 이동이 일어나게 된다. 그 전자전달사슬의 최종 지점은 광계 I이다. 그러므로 이 순환적 전자전달과정을 통하여 전자가 이동하게 되면 NADPH의 형성은 일어나지 않고 ATP의 합성만이 일어난다. 이러한 '비순환적' 혹은 '순환적'전자전달 과정은 많은 종류의 광합성 생물에서 동시에 가동되는데 이는 대사적 과정에서 ATP와 NADPH의 요구 정도에 의해 조절된다.

명반응에서 태양 에너지는 ATP와 NADPH의 형성을 유도한다.
비순환적 전자전달 과정에서는 ATP와 NADPH를 모두 만들며 이 과정에서 전자는 물분자로부터 두 종류의 광계를 거쳐 $NADP^+$로 전달된다. 산소가 방출되는 경로가 바로 이 비순환적 전자전달과정이다.
반면에 순환적 전자전달은 광계 I에서 방출된 전자가 다시 광계 I로 되돌아오는 경로이며 여기에서는 ATP만이 생성된다.

## 6.4 에너지 방출의 조절 사례

*이 책을 통하여 다루는 주제 중의 하나는 생물체는 고도의 조절 방법으로 에너지를 한 형태에서 또 다른 형태로 전환할 수 있다는 것이다. 광의존적 반응은 에너지 전환의 대표적 예이다. 그림 6.10을 통하여 여러분은 이러한 전환에 대하여 한 걸음씩 걸어들어 갈 수 있을 것이다.*

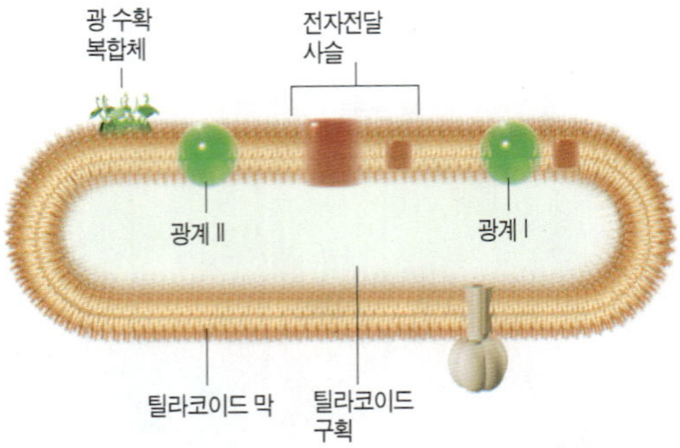


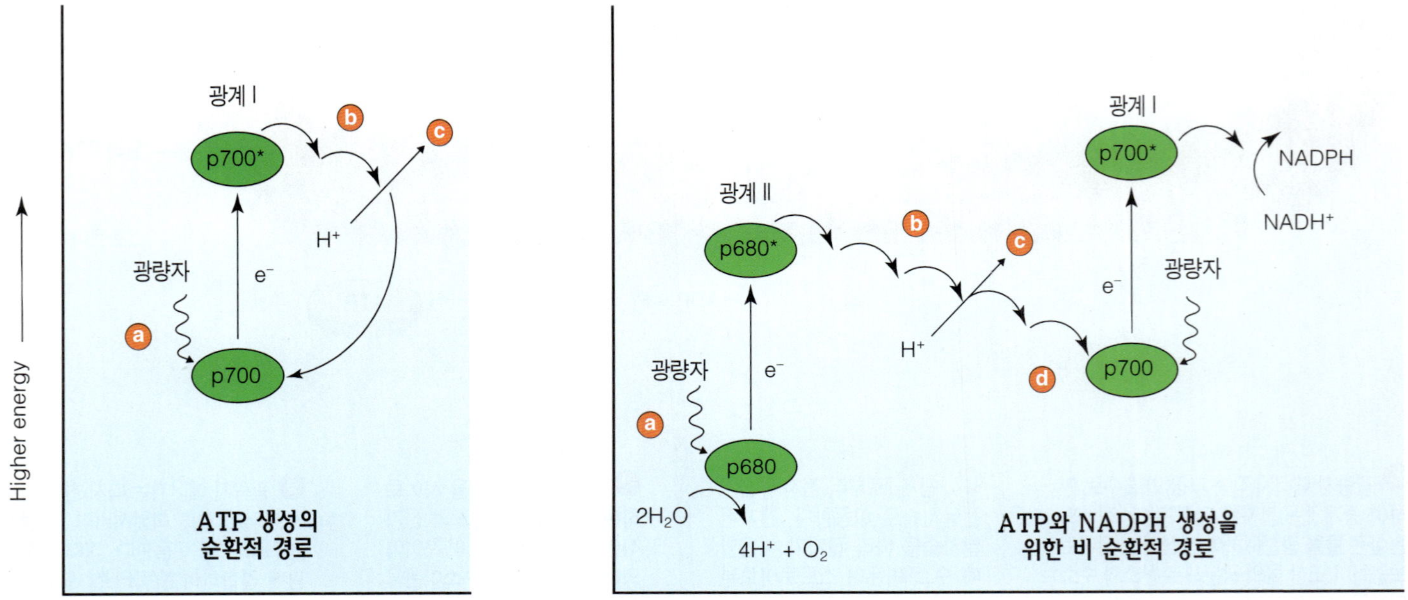


ⓐ 광계 I은 광 수확 복합체로부터 광량자 에너지를 얻는다. 그 결과 광계 I로 부터 전자가 방출된다.

ⓑ 전자는 전자 전달 사슬의 한 분자로부터 다른 분자로 이동한다. 전자 전달 사슬 분자들은 틸라코이드 막에 묻혀 있다. 전자가 매번 이동할 때 마다 약간씩 에너지를 잃게 되며 최종적으로는 광계 I로 되돌아와 재사용된다.

ⓒ 전자 전달 사슬의 분자들은 H+를 틸라코이드 막을 가로질러 안쪽 구획으로 이동시킨다. 구획 안쪽에 축적된 수소 이온들로 인하여 막 사이에 전기화학적인 기울기가 만들어지며, 이로 인해 그림 6.9에서 볼 수 있듯이 ATP가 생성된다.

ⓐ 광계 II는 광 수확 복합체로부터 광량자 에너지를 얻으며 그 결과 전자를 방출한다. 여기서도 전자들이 전자전달사슬 분자들 사이에서 이동될 때 마다 약간씩 에너지를 잃게 되며 최종적으로 광계 I에 도달하게 된다.

ⓑ 광계 I도 광 수확 복합체로부터 광량자 에너지를 얻어 전자를 방출한다. 이 유리 전자는 수소이온과 함께 NADP+로부터 NADPH를 형성하는데 사용된다.

ⓒ 순환적 경로에서와 같이 전자전달사슬의 작동은 수소이온을 틸라코이드 막 안쪽으로 이동시키게 된다. 이 경우, 물이 분해되어 방출된 수소이온도 안쪽 구획으로 유입된다. 막을 사이에 둔 수소이온 농도와 전기적인 기울기가 ATP 생성을 유발한다(그림 6.9).

ⓓ 광계 I이 상실한 전자는 광계 II로부터 방출된 전자로 보충하고 광계 II는 물 분자로부터 전자를 보충한다. (물 분자는 광분해되어 전자와 수소이온 그리고 산소 분자로 분리된다.)

**그림 6.10** 광 의존 반응에서의 에너지 전달과정. 광계 I의 중심에 있는 한 쌍의 엽록소a 분자는 p700으로 표시되고, 광계 II의 엽록소 분자 한 쌍은 p680으로 표시된다. 이 엽록소 한 쌍은 각기 700 nm와 680 nm 파장의 빛에 대하여 가장 효율적으로 반응한다.

## 6.5 빛에 비의존인 반응들 : 설탕 공장

*엽록체는 일종의 설탕공장이며 Calvin-Benson 회로는 설탕을 만드는 기계이다. 이 회로는 빛에 의존적이지 않은 반응이며 광합성에서 합성에 해당하는 부분이다.*

**Calvin-Benson** 회로에서 당이 만들어지는 과정은 엽록체의 스트로마에서 진행된다(그림 6.11). 명반응에서 만들어진 ATP와 NAPDH가 여기에서 사용한다. 이 과정을 빛에 의존적이지 않는다고 하는 이유는 적당한 ATP와 NADPH만 공급될 수 있다면 어둠 속에서도 일어날 수 있기 때문이다.

ATP의 에너지는 설탕을 만드는 과정에서 필요한 에너지로 사용되고, NADPH는 수소와 전자를 공급한다. 설탕의 골격을 만드는데 필요한 탄소와 산소는 대기 중의 이산화탄소($CO_2$)로부터 얻는다. 수중 생활을 하는 조류들은 물에 녹아있는 이산화탄소를 이용한다.

효소인 **Rubisco**는 $CO_2$를 5탄당인 ribulose bisphosphate (RuBP)와 결합시킨다. 이 반응에서 생성된 불안정한 화합물로부터 Calvin-Benson 회로가 시작된다. 불안정한 이 화합물은 안정한 두개의 물질로 쪼개지는데 이것이 phosphoglycerate(PGA)이다. 그러므로 PGA는 당연히 세 개의 탄소로 만들어진 분자이다. 주변 환경으로부터 이산화탄소가 안정한 유기화합물로 유입되는 과정이기 때문에 탄소동화과정이라고도 한다.

PGA는 ATP로부터 인산기가 분해될 때 나오는 에너지와, NADPH로부터 수소와 전자를 얻어서 phosphogyceraldehyde(PGAL)로 전환된다. 여섯 분자의 $CO_2$가 고정될 때마다 열 두개의 PGAL이 만들어진다. 이 중에서 열 분자의 PGAL은 다시 RuBP를 재생하는데 사용되고, 남은 두 분자의 PGAL이 결합하여 6탄당인 포도당을 만드는데 여기에는 여전히 인산기가 붙어있다. 결국 대부분의 포도당은 설탕이나 전분으로 전환되며 이렇게 하여 탄소동화과정이 종료된다. 설탕은 식물 내에서 탄수화물이 이동될 때 가장 흔히 나타나는 형태이며 전분은 주요한 저장형태이다. 광합성세포는 여분의 PGAL을 전분으로 전환하여 스트로마 내에 잠시 저장한다. 해가 지면 전분은 설탕으로 전환되어 잎의 다른 세포나 줄기 그리고 뿌리로 이동된다. 광합성 과정에서 만들어지는 중간물질이나 혹은 최종생성물들은 식물이 성장하고 살아가고 또한 증식하는데 필요한 지질, 아미노산, 그리고 다른 많은 유기화합물을 만드는 원료나 혹은 에너지원으로 사용된다.

*빛에 비의존적인 반응들을 통해 ATP의 에너지와 이산화탄소의 탄소와 산소, 그리고 NADPH의 수소와 전자로부터 당류들이 만들어진다.*

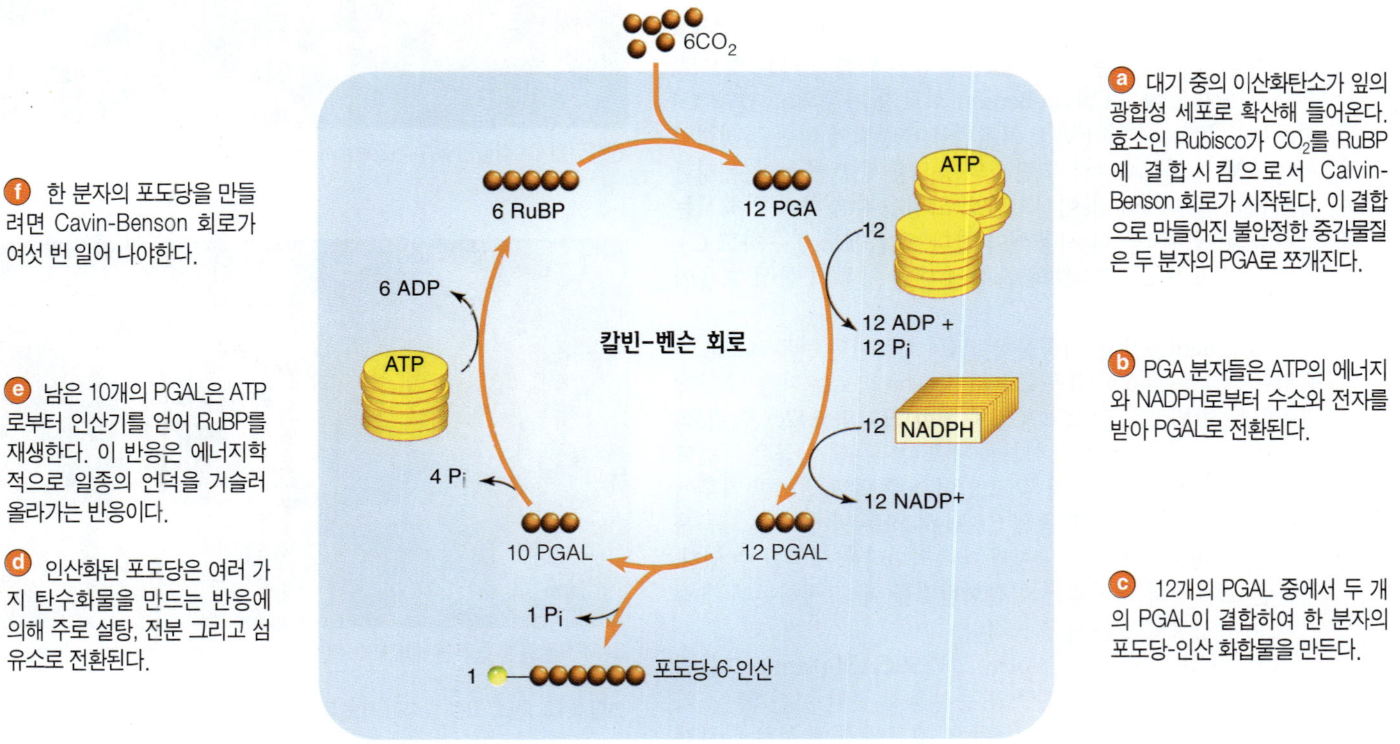


**그림 6.11** 광합성의 빛에 비의존적인 반응들.

## 6.6 다른 이산화탄소 고정 경로를 갖는 식물들

*만일 모든 식물의 서식환경이 — 태양 빛의 강도, 대기의 온도, 강수량, 토양의 조성등 — 동일하다면 식물들의 광합성 과정은 동일할 것이다. 그러나 식물들의 서식 환경은 서로 다르며 이에 따라 광합성을 수행하는 구체적인 방법도 약간씩 다르다. 예를 들어 강수량은 매우 낮은데 매우 더운 지방에서 이러한 차이는 확연할 것이다.*

그림 6.12에 제시된 각 종 나뭇잎을 관찰해 보라. 이 나뭇잎들은 수분의 손실을 방지하기 위하여 왁스질의 큐티클(cuticle)층을 가지고 있다. 물과 공기는 **기공**(stomata)이라는 작은 공간을 통하여 잎으로 드나든다. 기공은 덥고 건조한 날은 닫히며 이 상태에서는 수분과 $O_2$, $CO_2$가 잎으로 드나들 수 없다.

잎의 광합성 세포가 너무 과도한 산소에 노출되거나 충분한 $CO_2$를 공급받지 못하면 광합성 능력이 저하된다. 이것이 콩이나 해바라기 등 많은 식물들이 일조량이 충분하더라도 덥고 건조한 날씨 조건에서는 잘 자라지 못하는 까닭이다. 이런 식물들을 **C3-Plant**라고 하는데 이는 이러한 식물들의 Calvin-Benson 회로의 첫 번째로 나타나는 안정한 화합물이 탄소 세 개로 구성된 PGA이기 때문이다. 탄소동화과정에서 탄소의 고정을 담당하는 효소인 Rubisco 는 산소의 농도가 높아지면 이산화탄소 대신에 RuBP와 산소를 결합시키는데 이때에는 한 분자의 PGA만이 생성된다(그림 6.12a).

**C4-Plant** 에서는 이산화탄소의 고정과정 첫 번째 반응에 의하여 생성되는 물질이 탄소 네 개로 구성된 옥살초산(Oxalacetate)이라는 물질이다(그림 6.12b). 이런 식물들의 엽육세포에서 일어나는 이산화탄소 고정 반응을 C4-회로라 하며 이 회로는 산소의 농도가 아무리 높더라도 영향을 받지 않는다. C4 회로는 $CO_2$를 유관속 초세포로 전달하는 역할을 하는 것으로, 유관속 초세포에는 Calvin-Benson 회로가 가동되고 있다. C4 회로는 Rubisco에 의한 탄소 고정반응이 산소에 의한 경쟁적인 저해를 받지 않도록 이산화탄소의 농도를 충분히 높게 유지한다. 하지만 C4-Plant가 이산화탄소 고정을 수행하기 위해서는 그만큼의 에너지를 더 사용해야 한다. 그럼에도 불구하고 C3-plant에 비교해 보면 수분의 손실에 대한 당류의 합성 효율이 더 높은 방법이다.

**CAM-plant**는 밤에 기공을 열고 C4 회로만을 반복적으로 가동하여 탄소를 고정한 다음 Calvin-Benson 회로는 다음 날 낮에 가동하는 방법으로 탄소고정을 수행한다(그림 6.12c). 이런 식물들에는 선인장류나 다육식물들이 포함되는데 이들은 두텁고 물을 다량 함유하는 조직을 갖고 있어 아주 덥고 건조한 기후에 적응한 식물들이다. 몇몇 종의 CAM-plant는 밤에 조차 기공을 열지 않기 때문에 건조한 날씨가 계속되더라도 생존할 수 있다. 이들은 호흡에서 생성되는 이산화탄소를 재 고정하는데 그렇기 때문에 성장 속도는 매우 느리다.

요약하자면 C3-plant, C4-plant 그리고 CAM-plant는 그들의 광합성 세포들이 과도한 산소와 충분하지 못한 이산화탄소가 존재하는 상태에서 온도나 건조등의 조건에 대해 서로 다르게 반응한다.

C4 회로는 백 만년에 걸쳐 여러갈래로 진화를 해온 과정이다. 그 이전에는 공기 중의 이산화탄소 수준이 더 높았고, 그래서 더운 기후에서는 C3 회로가 더 이점이 있었다. 미래에는 어떤 회로가 가장 적합할까? 이산화탄소의 수준은 지난 수 십 년간 계속 증가해 왔으며 앞으로 50년 내에 두 배의 수준이 될것이다. 그러므로 C3 식물이 다시 우세하게 될지도 모른다.

전형적인 C3 식물인 참피나무(*Tilia americana*)의 잎

전형적인 C4 식물인 옥수수(*Zea mays*)의 잎

CAM 식물의 한 종류인 비버꼬리 선인장(*Opuntia basilaris*)

**그림 6.12** 탄소 고정 방식이 서로 다른 세 종류의 식물들.

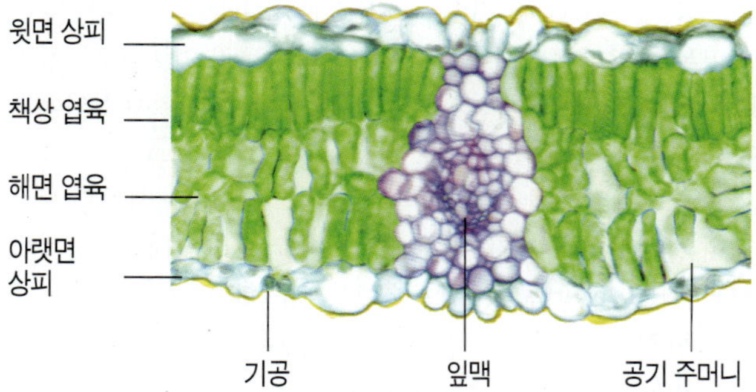


참피나무 잎의 횡단면

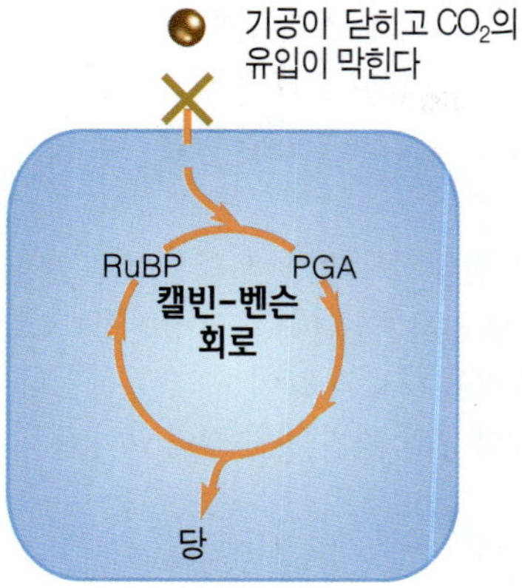


**a** 많은 C3 식물은 다습한 온대 지역에서 진화한 종류이다. 덥고 건조한 날씨에서는 C4 식물 만큼 성장할 수 없는데 그 이유는 rubisco가 산소를 RuBP에 결합시키기 때문에 Calvin-Benson 회로가 저해되어 당류의 합성이 낮아진다.

옥수수 잎의 횡단면

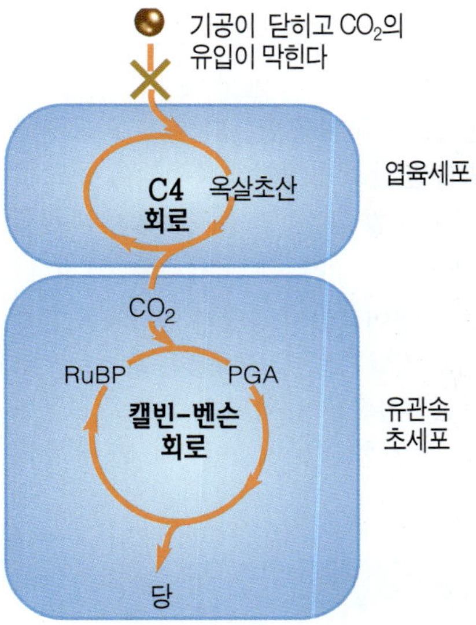


**b** 덥고 건조한 날씨가 계속되어 잎 내부의 산소 농도가 높아지고 이산화탄소 농도 농도가 감소하더라도 C4 식물에서는 탄소 고정이 일어날 수 있다. C4 회로는 초본이나 옥수수 그리고 열대성 기후에 적응한 식물에서 볼 수 있다. 엽육세포에서 이산화탄소는 산소의 영향을 받지 않는 효소에 의해 고정된다. 이 반응은 인접한 유관속 초세포에서 작동되고 있는 칼빈-벤슨 회로로 탄소를 이동시키는 역할을 한다.

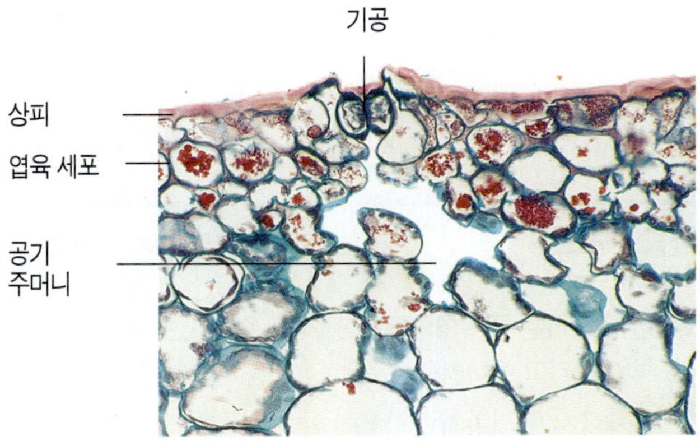


선인장류는 잎이 아니라 수분이 많은 줄기에서 광합성이 일어난다. 이 횡단면은 줄기 내부의 엽육세포와 기공을 보여준다.

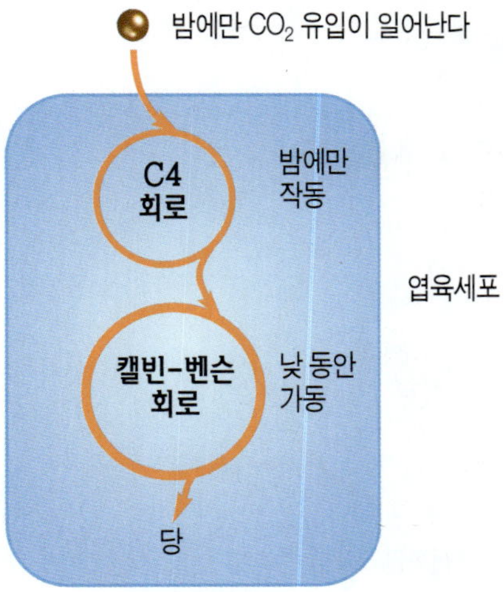


**c** 고온 건조한 기후에 적응한 CAM 식물은 밤에 기공을 열어 수분의 손실을 최소화한다. 그리고 이 기공을 통하여 $CO_2$를 받아들이고 $O_2$를 방출한다. 이산화탄소는 밤에 작동되는 C4 회로에 의해 고정되고, 낮에는 이 탄소가 칼빈-벤슨 회로로 이동하여 당으로 합성된다.

## 요약

**6.1절** 광합성은 색소 분자가 광 에너지를 흡수하는 것으로 시작된다. 엽록소 *a*는 가장 중요한 광합성 색소인데 보라색과 적색 파장을 가장 잘 흡수한다. 카로틴류와 다른 색소들은 각기 특유한 파장을 흡수한다.

**6.2절** 광합성은 두 단계로 진행되는데 빛에 의존적인 반응(명반응)과 빛에 의존적이지 않은 반응($CO_2$ 고정반응)으로 구분된다. 광합성의 전체 과정을 다음과 같이 요약할 수 있다. 고등식물과 조류들에서 광합성의 명반응은 틸라코이드 막

$$\underset{\text{물}}{12H_2O} + \underset{\text{이산화탄소}}{6CO_2} \xrightarrow{\text{빛 에너지}} \underset{\text{산소}}{6O_2} + \underset{\text{포도당}}{C_6H_{12}O_6} + \underset{\text{물}}{6H_2O}$$

에서 일어난다. 이 막은 엽록체의 안쪽 반 액체상인 스트로마에 존재하는데 연속된 막으로 구획을 만든다. 매우 오래 전부터 명반응을 통하여 방출된 산소가 대기에 축적되어 왔고 이런 산소의 축적이 일어나지 않았더라면 유기호흡체의 진화는 일어나지 않았을 것이다.

**6.3절 6.4절** 많은 색소의 덩어리들이 광량자 에너지를 흡수하고 이 에너지를 광계로 전달시킨다. 명반응은 광계로부터 전자가 방출되어 전자전달사슬로 유입되는 것으로 시작된다. 전자전달사슬이 작동함으로서 ATP와 환원형의 NAPDH의 생성이 일어난다.

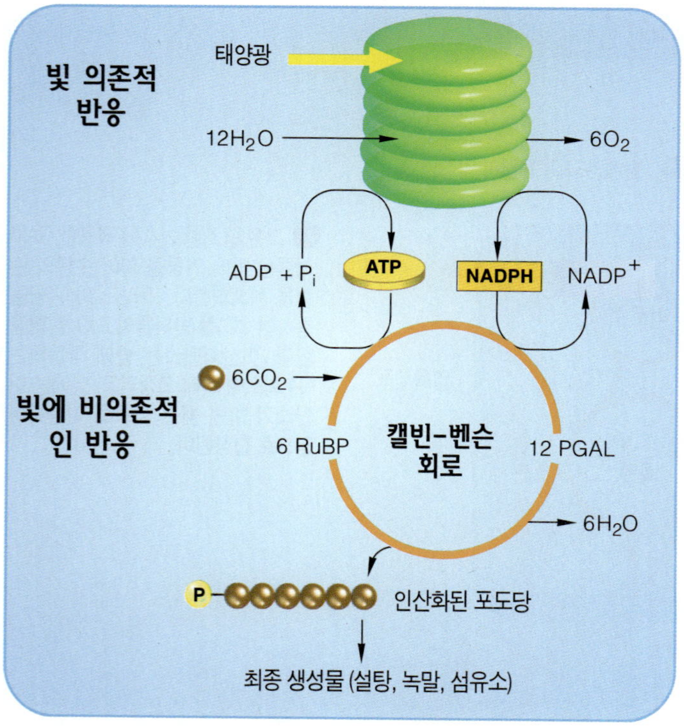


**그림 6.13** 광합성 과정의 요약 도면

전자는 비순환적 혹은 순환적 경로를 통하여 이동하는데 광계 II로부터 전자전달사슬로 유입되는 전자는 비순환적인 경로를 거치게 된다. 전자전달사슬을 통한 전자의 흐름은 수소이온이 틸라코이드 막 내부에 축적되는 원인이 된다. 광계 I은 빛에너지에 의해 전자를 방출하고 이 전자는 수소이온과 함께 $NADP^+$를 NADPH 로 전환시킨다.

광계 I의 전자 손실은 광계 II로부터 유입되는 전자로 보충되며 광계 II는 물분자에서 나온 전자로 보충된다. 이 과정에서 $H^+$와 $O_2$도 방출되는데 이를 광분해라고 한다.

순환적 전자 전달은 광계 I에서 나온 전자가 또 다른 전자전달사슬을 통하여 광계 I로 되돌아오는 과정이다.

두 종류의 전자전달과정 모두 틸라코이드 막 내부에 $H^+$의 축적을 발생시키며 결국 수소이온 농도와 전기적인 구배가 형성된다 이 구배 때문에 수소이온이 막 밖으로 흘러 나가는데 이 때는 ATP 합성효소를 통해서 흘러 나가게 되어 ADP와 $P_i$를 결합하여 ATP를 생성하게 된다.

**6.5절** 빛에 비의존적인 반응들은 광합성에서 합성에 해당하는 과정인데 스트로마에서 일어난다. C3 식물에서는 rubisco라는 효소가 RuBP에 탄소를 결합하여 칼빈-벤슨 회로가 시작된다. 이 과정에서 ATP의 에너지를 사용하여 $CO_2$의 탄소와 산소 그리고 NADPH로부터 나오는 전자와 수소를 결합하여 포도당을 만든다. 이 포도당이 광합성의 최종 생성물인 설탕, 섬유소 전분 등으로 합성된다.

**6.6절** 덥고 건조한 일기에는 식물은 기공을 닫아 수분의 손실을 막기 때문에 잎 내부에 산소가 증가한다. 이런 상황에서는 rubisco가 $CO_2$ 대신에 산소를 RuBP에 결합하기 때문에 당류의 합성이 느려진다. C4 식물에서는 서로 다른 두 종류의 세포에서 두 번에 걸쳐 탄소 고정이 일어난다. CAM 식물은 낮에는 기공을 닫고 밤에 $CO_2$고정을 한다.

## 자습-퀴즈

*정답은 부록 Ⅲ에 있음*

1. 광합성을 하는 독립영양체는 공기 중에서 ____을 탄소원으로 받아드리고 에너지원으로는____을 사용한다.
2. 식물체에서 빛 의존적인 반응이 일어나는 장소는?
   a. 틸라코이드 막　　b. 스트로마
   c. 원형질 막　　d. 세포질
3. 빛 의존적인 반응에서 일어나는 일은?
   a. 이탄화탄소 고정　　b. $CO_2$의 전자 포획
   c. ATP와 NADPH 생성　　d. 당류의 합성

4. 빛 의존적인 반응이 일어나는 동안 틸라코이드 내부 구획에 어떤 물질이 축적 되는가?
   a. 포도당 b. 수소 이온
   c. RuBP d. 이산화탄소

5. 빛 비의존적인 반응이 진행되는 장소는?
   a. 세포질 b. 원형질 막 c. 스트로마

6. 칼빈-벤슨 회로가 개시되는 반응은?
   a. 빛 에너지가 공급될 때
   b. 이산화탄소가 RuBP에 결합하였을 때
   c. 전자가 광계 II를 이탈했을 때

7. 가장 적당한 설명을 짝 지우시오.
   _____ ATP만 생성되는 것은 a. rubisco가 필요함
   _____ 이산화탄소의 고정 b. ATP와 NADPH가 필요함
   _____ PGAL의 형성 c. 전자가 광계 I로 돌아옴

**그림 6.14** 수생식물인 *Elodea*의 잎

**그림 6.15** **(a)** 얕은 바다가에 서식하는 녹조류 (*Codium*), **(b)** 열대 바다 암초에 서식하는 홍조류

## *분석적으로 생각하기*

1. 붉은 색, 흰색, 그리고 파란색 페튜니아가 가득한 정원을 걷고 있다고 상상해보자. 각각의 색을 꽃이 흡수하는 빛을 파장의 개념으로 설명해 보아라.

2. 수족관을 응시해 보면 수생식물들로부터 물방울이 생기는 것을 볼 수 있다 (그림 6.14). 무슨 일이 일어나고 있는 것인가?

3. Krishna는 실험실에서 식물에 방사성 동위원소로 표지된 이산화탄소를($^{14}CO_2$)를 흡수 시켰다. 방사성 탄소가 어떤 화합물에서 최초로 나타날까?

4. 약 200여 년 전에 Jan Baptista van Helmont는 광합성의 본질에 대하여 실험을 하였다. 그는 성장하고 있는 식물이 어디로부터 크기의 증가에 필요한 물질을 얻는가에 대해 알아내고자 하였다. 그는 5파운드 무게의 식물 묘목을 200파운드의 흙이 들어있는 통에다 심었다. 그리고는 정기적으로 물을 주며 5년 동안 키웠다. 5년 후 식물과 흙의 무게를 각각 측정하였는데 식물의 무게는 169파운드 3온스였고 흙의 무게는 199파운드 14온스였다. 흙에서 감소한 무게 보다 더 많은 무게가 식물에서 증가하였으므로 van Helmont는 식물이 공급했던 물을 흡수하여 무게가 증가하였다고 결론지었다. 지금 여러분이 알고 있는 생물 분자의 화학 구성을 감안하여 왜 그가 잘못 생각하였는지 설명해 보아라. 또한 여러분이 광합성에 대해 알고 있는 것으로 실제로 무슨 일이 일어났는지 설명해보아라.

5. 그림 6.15a에서 보는 녹조류는 바닷물에 사는 조류이다. 이 녹조류의 주요 색소는 붉은색 빛을 흡수한다. 이 조류의 부가적인 색소는 햇볕이 비추는 바닷물에서 빛 에너지의 흡수를 도와주며 또한 자외선으로부터 보호해 주기도 한다. 다른 녹조류 중에는 저수지, 호수, 바위, 심지어는 눈에서 사는 종류도 있다. 그림 6.15b에서 보 적조류는 따뜻하고 깨끗한 열대 바다의 산호초 위에서 산다. 이 조류의 피코빌린 색소는 깊은 바닷물을 ㄷ고 들어오는 녹색과 청록색 파장을 흡수한다. 이 조류와 가까운 몇몇 종류들은 햇볕이 희미하게 드는 어두운 깊은 바다에서 사는데 그들의 색소는 거의 검은 색에 가깝다. 만일 이런 파장들이 중요한 에너지원이 된다면 왜 모든 색소는 검은 색이 아닐까?

   Hint 만일 독립 영양생물들이 바다에서 먼저 진화하기 시작하였다면 그들의 색소분자들도 역시 바다에서 진화하기 시작하였을 것이다. 우리가 갖고 있는 증거들이 보여주는바 생명체는 해저 바닥의 더운 물이 솟아 나오는 열수공 부근에서 발생하였다. 생명현상의 존속 여부는 열수공에서 측정되는 약한 적외선 방사 (열 에너지) 로부터 멀어질 수 있는 능력에 따라 결정되었는데 그래야 삶아지지 않고 생존할 수 있기 때문이다. 수 백 만 년 후 박테리아 후손들은 바다 표면에서 진화를 지속하였다. 한 가지 가설에 따르자면, 심해 박테리아의 빛 감지 장치가 천해 생물의 광합성 수행 기관으로 변화하였다고 한다.

6. 단지 여덟 종류의 색소만이 알려져 있는데, 이 제한된 색소 종류가 생물계에 다양하게 존재한다. 예를 들면 동물들은 어두운 갈색 색소인 멜라닌과 몇몇 종류의 색소를 합성할 수 있으나 카로틴 종류들은 합성 할 수 없다. 광합성 독립영양생물들은 카로틴을 합성할 수 있는데 이 색소는 수생 달팽이가 녹조류를 뜯어먹고 다시 플라멩고가 달팽이를 잡아먹고 하여 먹이 사슬을 타고 이동한다. 플라멩고는 섭취한 카로틴을 매우 다양한 방법으로 변화 시킨다. 예를 들면, 베타-카로틴은 세포 내에서 두 분자의 비타민 A로 분해된다. 비타민 A는 레티놀의 전구물질인데 레티놀은 플라멩고의 눈에서 빛을 전기적 신호로 전환 시키는 시각 색소이다. 또한 베타-카로틴은 피하에 저장된 지방에 용해된 후 세포로 흡수되어 깃털의 밝은 핑크색을 나타내기도 한다. 동물 한 가지를 선택하여 그 동물의 생활사와 음식물에 대해 고찰해 보아라. 여러분의 고찰을 이용하여 동물의 표피 색을 나타내는 색소의 근원을 확인해 보아라.

# 7 세포의 화학 에너지 이용

## 최근 이슈와 그 영향력 미토콘드리아가 운명의 수레바퀴를 돌릴 때

1960년대 초반 스웨덴의 의사였던 Rolf Luft는 젊은 환자의 어떤 특이한 증세에 주목했다. 이 여성은 항상 더위와 무력감을 느끼는 환자였다. 가장 추운 날씨에도 이 여인은 늘 땀을 흘렸기 때문에 피부는 항상 물기에 젖어 있었다. 그리고 매우 과식을 함에도 불구하고 마른 몸매를 가지고 있었다.

Luft는 그의 환자가 보이는 증세가 대사적인 교란 때문에 나타나는 것이라 추측하였다. 그녀의 세포들이 스스로 수레바퀴를 돌리는 것 같았다. 세포들이 너무 활동적이기 때문에 그 과도한 활동의 결과로 열이 발산되는 것이었다. 그는 환자의 대사율을 측정하는 검사를 의뢰했고 그 환자의 산소 소모량은 기록적인 것이었다.

현미경으로 근육 조직 세포의 미토콘드리아(Mitochondria)를 관찰한 결과, 너무 많은 미토콘드리아가 존재하며 또한 비정상적인 형태인 것으로 나타났다. 다른 검사를 통하여 그녀의 미토콘드리아가 유산소 호흡에는 관여하지만 ATP 형성은 거의 하지 않는 것으로 조사되었다.

**그림 7.1** Friedreich's ataxia 증세를 갖고 있는 자매의 사진. Leah(*왼쪽*)은 5세 때부터 균형감과 근육 조절 능력을 상실하기 시작했다. 현재 그녀는 당뇨병과 부분적인 청력 상실 상태이다. Joshua(*오른쪽*)은 3세에 이 증세가 나타나기 시작했다. 11세 무렵에 보행이 불가능해졌고 현재는 시력을 상실했다.

두 사람 모두 심장과 척추에 심각한 문제가 있음에도 불구하고 적절한 보조 장치를 사용하여 학교와 직장 생활을 계속하고 있다. Leah는 부업으로 모델을 하고 있다.

## 개요도

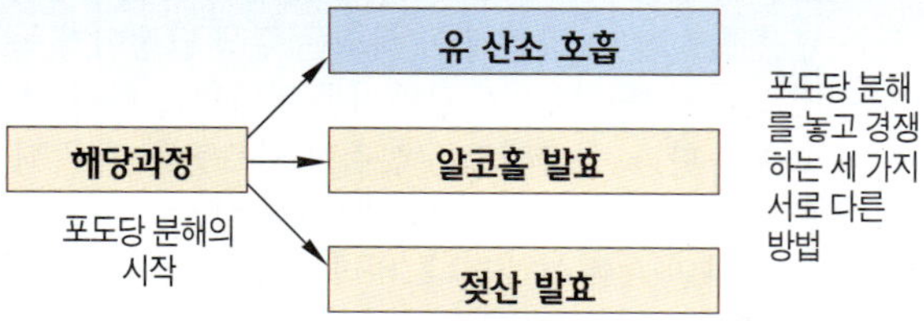


**모든 것은 해당과정에서 시작된다** 모든 세포들은 유기화합물을 분해하여서 그 결합에 저장되어 있던 에너지를 방출하여 ATP를 생성한다. 그 중요한 모든 과정은 세포질에서 해당과정으로부터 시작된다.

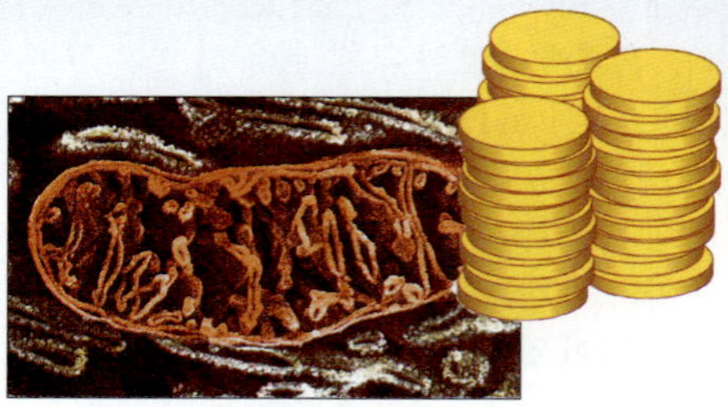

**유산소 호흡 경로의 결말** 유산소 호흡만이 일어나는 경우 포도당은 미토콘드리아 안에서 완전히 분해된다. 이 경로를 통하여 각 포도당의 분자로부터 최대한의 에너지 효율을 얻을 수 있다.

이것이 현재에는 *Luft's 증세*라고 알려져 있는 질병이며, 세포 소기관의 결함이 비정상적인 증세와 직접 연관된다는 첫 번째 발견이다. 비유하자면 이러한 비정상적인 미토콘드리아를 보유하고 있는 사람은 전기가 반쯤은 나가 버린 도시와 같은 것이다. 골 근육이나 심장근육 ,뇌 그리고 운동량이 많은 신체 부위는 에너지 요구량이 많고 그러므로 가장 손상을 많이 입게된다.

현재에는 백종이 넘는 비정상적 미토콘드리아가 알려져 있다. 그 중에서 *Friedreich's ataxia*라고 불리는 한 종류는 가계를 통해 유전이 되는 질병이다(그림 7.1). 이 증세는 근육의 발달 저해, 근육 조절능력 상실, 그리고 시력에 문제가 생기는 것이다. 이 질병을 타고난 많은 사람은 비정상적인 심장 근육 때문에 성인이 되는 초기에 사망한다.

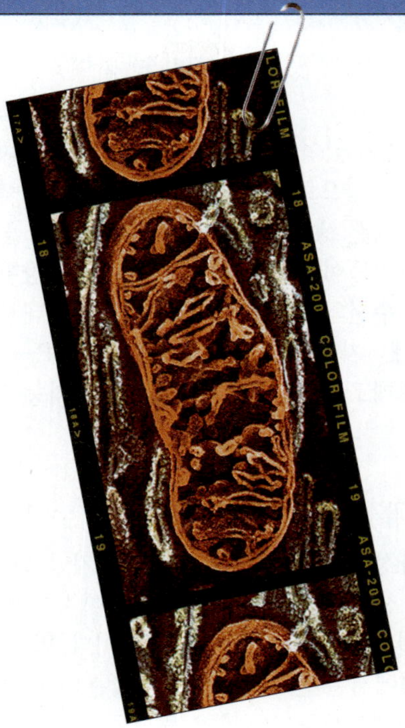


### 찬반의견 투표

*새로운 신약 개발에는 매우 돈이 많이 든다. 제약회사가 Friedreich's ataxia 와 같은 희귀 질병 환자들을 목표로 하기에는 동기 유발이 너무 적다. 단지 소수의 사람들에게만 영향을 주는 이런 희귀 질병의 치료를 연구하기 위하여 정부는 사설 제약회사에 기금을 제공하여야하는가? 미디어 메뉴에서 상세한 내용을 참고하여 온라인 투표를 한다.*

**발효과정의 결말**

젖산이나 알코올 발효에서 포도당의 분해와 종료는 세포질에서만 진행된다. 이 경우 순 에너지 생산은 매우 적다.

**세포가 음식물로 하는 일**

과식을 하거나, 소식을 하거나 혹은 식사를 하지 않더라도 세포는 탄수화물, 지질, 그리고 단백질을 분해 과정으로 돌려놓는다.

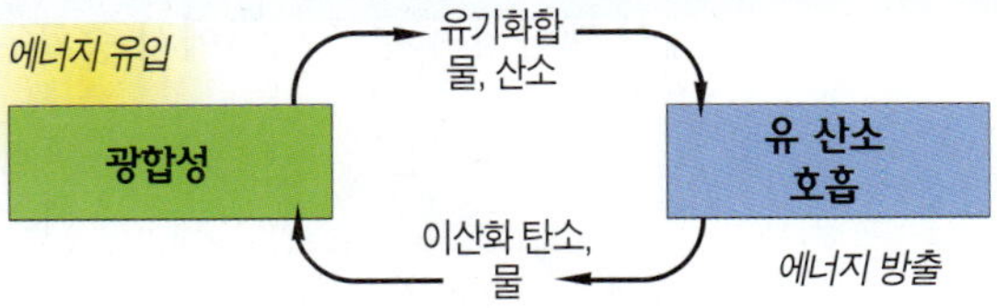


**진화적인 연결**

유 산소 호흡과 광합성은 지구 전체적인 규모로 연결되어 있으며 이러한 연결은 독특한 대사과정에 따라 진화학적으로 추정 될 수 있다.

## 7.1 에너지 발생 과정의 개관

*식물은 광합성 과정에서 ATP를 생산하지만 이 ATP는 포도당이나 다른 탄수화물을 합성하는데 사용된다. 식물을 포함하여 모든 생물체는 탄수화물, 지질 그리고 단백질을 분해하여 ATP를 만들 수 있다.*

생물체는 에너지가 있어야 생존할 수 있다. 식물을 비롯한 독립 영양체들은 태양으로부터 에너지를 얻는다. 종속영양체들은 식물이나 다른 생명체를 먹음으로서 에너지를 얻는다. 에너지를 얻는 방법이 어떻든 간에 에너지는 다양한 생명현상을 유지하는 수천의 반응을 유도할 수 있는 형태로 존재하여야만 한다. 에너지는 아데노신 삼인산 — ATP — 의 화학결합 에너지 형태로 전환되어야만 위와 같은 기능을 수행할 수 있다.

### 에너지 발생 과정의 주요한 유형의 비교

에너지 발생 과정의 첫 번째 주요한 과정은 지금으로부터 수십억 년 전 즉, 산소가 풍부한 대기가 만들어지기 전의 에너지 발생 과정인데 이는 무산소 호흡일 것이다. 말 그대로 무산소 호흡 과정에서는 산소가 사용되지 않는다. 현재에도 많은 종류의 원핵세포생물이나 혹은 원생동물들은 산소가 아주 존재하지 않거나, 또는 산소가 늘 존재하지는 않는 그러한 장소에서 살고 있다. 이러한 생물체들은 ATP를 발효나 혹은 다른 무산소 호흡 과정을 통해서 생성한다. 또한 많은 진핵세포들도 발효라는 방법을 사용하는데 골격 근육세포가 그 예이다. 하지만 거의 모든 종류의 세포들은 산소에 의존적인 유산소 호흡 과정을 통하여 매우 효율적으로 포도당으로부터 에너지를 뽑아낸다. 우리가 쉬는 숨은 활발하게 호흡하는 세포들에게 신선한 산소를 공급하기 위한 것이다.

*모든 세포에서 에너지를 방출하는 주요 과정은 세포질에서 일어나는 동일한 반응으로부터 시작된다.* 이 과정이 **해당과정**(glycolysis)인데 해당과정에 관여하는 효소들은 포도당을 분해하고 재조합하여 두 분자의 **피루브산**(Pyruvate)으로 만든다. 피루브산은 탄소 세 개로 만들어진 유기화합물이다.

해당과정 이후의 에너지 방출과정은 조금씩 다르다. 산소가 존재하는 조건에서 일어나는 유산소 과정은 미토콘드리아에서 계속되며 결국 여기에서 종료된다(그림 7.2). 여기에서 산소는 전자를 수용하는 수용체로 작용하며 전자의 이동이 주요한 반응의 형태이다.

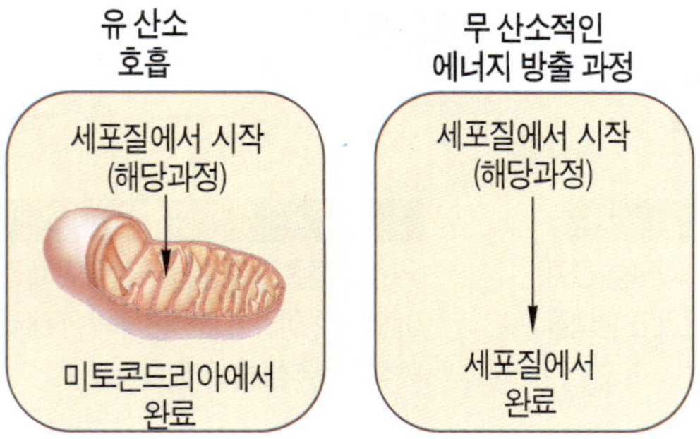


**그림 7.2** ATP 생성을 위한 주요 에너지 방출이 시작되고 종료되는 장소.

*사람이나 캐나다 거위와 같이 매우 활동성이 높은 동물이나 미국 삼나무처럼 매우 거대한 다세포 생물이 성장하고 유지하기 위해 필요한 ATP는 오직 유산소호흡을 통해서만 만들어 질 수 있다.*

다음 단락에서 에너지 방출과정을 공부하게 될 때 항상 명심해야 할 것은 이 과정의 매 단계마다 효소가 촉매하며 각 단계에서 만들어진 중간물질들은 다음 단계의 효소반응에 기질로 사용된다는 것이다.

### 유산소 호흡의 개관

모든 에너지 방출과정에서도 특히 유산소 호흡은 포도당 분자로부터 대부분의 ATP를 얻는다. 무산소 호흡 과정에서는 두 분자의 ATP만을 얻을 수 있으나 유산소 호흡 과정에서는 36개 이상의 ATP를 얻을 수 있다. 몸집이 크고, 복잡한 체계를 갖거나, 더 활동적인 생물체일수록 유산소 호흡의 높은 효율성이 요구되는 것이다. 포도당이 유산소 호흡의 개시 물질인 경우에 유산소 호흡 과정은 다음과 같이 요약할 수 있다.

$$C_6H_{12}O_6 + 6O_2 \longrightarrow 6CO_2 + 6H_2O$$

**포도당　산소　　　이산화탄소　물**

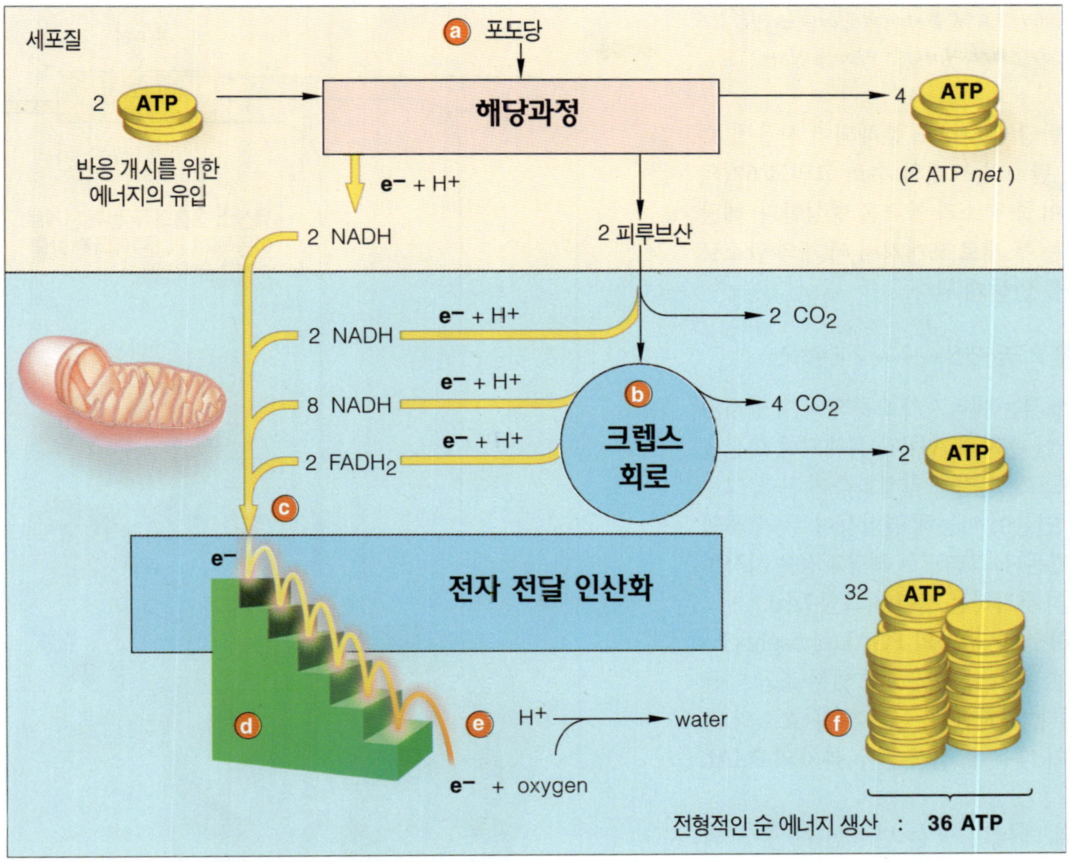


**그림 7.3** 유산소 호흡의 개관. 반응은 세포질에서 시작되어 미토콘드리아에서 종료된다.

(a) 첫 번째 단계인 해당과정에서 포도당이 두 분자의 피루브산으로 쪼개진다.

(b) 두 번째 단계에서 피루브산은 이산화탄소로 분해된다.

(c) $NAD^+$와 FAD는 위 두 단계의 중간물질들로부터 방출되는 수소와 전자를 수용한다.

(d) 마지막 단계는 전자전달-인산화 과정이다. 환원된 NADH와 $FADH_2$로부터 전자전달사슬로 전자가 이동하고 이 전자가 전자전달사슬을 이동할 때 수소이온의 농도 기울기가 형성된다. 수소이온의 농도 기울기는 ATP를 만드는 힘을 제공한다.

(e)산소가 전자전달의 마지막 단계에서 전자를 수용하여 물을 만든다.

(f) 시작부터 종료까지 포도당 한 분자로부터 생성되는 ATP는 36분자이다.

하지만 위의 요약 식은 유산소 호흡이 어떤 물질로부터 시작하여 어떤 물질로 끝나는 것인지를 보여주고 있을 뿐이다. 유산소 호흡의 전 과정은 세 단계로 구분할 수 있다.

그림 7.3에서 보듯이 유산소 호흡 과정은 첫 번째는 앞에서 설명한 해당과정이며, 두 번째 단계는 순환적인 경로인 크렙스회로 (Krebs cycle)이다 이 과정에서 효소들이 피루브산을 이산화탄소와 물로 분해하며 이때 많은 전자와 수소가 방출된다.

이 반응들을 따라가다 보면 두 종류의 효소 보조인자를 만나게 되는데, 조효소인 $NAD^+$(nicotinamide adenine dinucleotide)와 FAD(flavin adenine dinucleotide)가 그것들이다. 이 두 조효소는 포도당 분해의 중간물질로부터 나오는 전자와 수소를 받아들인다. 결합되지 않은 수소 원자는 수소이온 혹은 광량자이다. 이 두 조효소가 전자와 수소와 결합하면 환원된 상태이고 간략히 NADH와 $FADH_2$로 표기한다.

약간의 ATP가 해당과정이나 크렙스 회로에서 생성되기는 하지만 막대한 에너지는 다음 세 번째 과정에서 NADH나 $FADH_2$로부터 전자와 수소가 전자전달사슬로 이동한 이후에 얻어진다. 이 사슬들이 **전자전달 인산화**(electron transfer phosphorylation) 기구이다. 이 전자전달사슬에 의해 수소이온과 전기적 기울기가 형성되고, 이러한 기울기가 근처에 존재하는 막 단백질에서 ATP가 형성되는 힘을 제공한다. 이 마지막 단계에서 많은 ATP가 생성되는 것이다. 마지막으로 산소가 전자전달사슬의 마지막 물질로부터 용도가 끝난 전자를 받게 되며 이때 동시에 수소이온이 결합되어 물 분자가 되는 것이다.

거의 모든 대사반응들은 포도당이나 유기화합물로부터 방출되는 에너지에 의해 유지된다. 주요한 에너지의 방출과정은 세포질에서 시작되는데 포도당이 피루브산으로 분해되는 해당과정이 그것이다.

무기호흡 과정에서는 아주 작은 양의 에너지만을 얻을 수 있으며 포도당 한 분자 당 두 분자의 ATP만이 얻어진다.

유산소 호흡은 산소에 의존적인 과정인데 미토콘드리아에서 완료된다. 해당과정으로부터 유산소 호흡이 종료 시까지 계산하면 36분자의 ATP가 생성된다.

## 7.2 첫 번째 단계 : 해당과정

*유산소 호흡의 첫 번째 단계에서 포도당 분자에게 일어나는 일들은 무산소 호흡적인 에너지 방출과정에서 일어나는 일과 동일하다.*

해당과정에서는 어떤 육탄당 분자라도 분해되어 사용될 수 있다. 포도당 역시 6개의 탄소와 12개의 수소 그리고 6개의 산소로 구성되어 있는데 이 중 탄소가 골격을 형성한다. 해당과정에서 포도당 한 분자는 두 개로 쪼개져서 세 개의 탄소로 구성된 피루브산 두 분자를 만들게 된다.

포도당 ⟶ Ⓟ 포도당-인산 ⟶ 2 피루브산

해당과정의 초기 과정에서는 에너지가 요구되며 이 에너지는 ATP로부터 공급된다. 한 분자의 ATP가 분해되며 인산을 포도당에 결합함으로서 포도당 분자를 활성화하게 된다. 그런 후에 또 다른 ATP로부터 인산이 이동해 결합하여 두 개의 인산이 결합된 중간물질을 만든다. 그러므로 해당과정을 시작하는데 두 분자의 ATP를 먼저 투자하는 것이다(그림 7.4a).

그 다음 단계는 쪼개져서 한 분자의 PGAL(phosphoglycealdehyde)와 이와 유사한 원자 배치를 하고 있는 조금 다른 물질 한 분자가 만들어진다. 하지만 이 물질은 곧 효소의 작용을 받아 PGAL로 바뀌기 때문에, 결국은 두 분자의 PGAL이 만들어지는 셈이다.

해당과정에서 최초의 에너지 방출 반응은 두 분자의 PGAL로부터 인산이 방출되어 ADP와 결합함으로서 ATP를 만드는 반응이다. 이러한 반응은 나중에 한 번 더 일어나기 때문에 결국 네 분자의 ATP가 만들어지는데 이렇게 ATP를 만드는 것을 기질 수준의 **인산화 반응**(Substrate-level phosphorylation)이라 한다. 기질 수준의 인산화 반응이란 기질이 어떤 반응을 할 때 인산이 다른 물질로 직접 이동하는 대사적인 사건을 말하며 이 경우에는 ADP에 인산을 결합시키는 것이다.

또한 이 과정에서 PGAL로부터 방출된 전자와 수소가 조효소인 $NAD^+$에 결합하여 NADH를 생성한다.

이렇게 하여 네 분자의 ATP가 생성되었지만 해당과정 초기에 이미 두 분자의 ATP가 사용되었음을 감안해야한다. 그러므로 해당과정에서의 순 생산은 두 분자의 ATP와 두 분자의 NADH인 것이다.

요약하자면 해당과정에서 포도당의 결합 에너지가 ATP의 결합 에너지로 바뀐 것이다. 포도당에서 나온 전자와 수소는 $NAD^+$가 포획하여 다음 반응과정으로 유입한다. 따라서 해당과정의 최종 생성물은 두 분자의 피루브산이 될 것이다.

*해당과정이란 포도당이나 다른 육탄당이 쪼개져서 두 분자의 피루브산을 만드는 일련의 반응과정이다. 이 반응이 개시되기 위해서는 두 분자의 ATP가 소모된다.*

*해당과정에서는 두 분자의 NADH와 네 분자의 ATP가 생성되지만 초기에 두 분자의 ATP를 소모했으므로 순 에너지 생산량은 두 분자의 ATP가 된다.*

**그림 7.4** 해당과정. 주요한 에너지 발생 과정의 첫 번째 단계로서 모든 원핵세포와 진핵 세포의 세포질에서 진행된다. 이 그림에서는 포도당을 반응물로 예를 들었으며 포도당이 분해되는 과정에서 나타나는 중요한 중간물질들의 구조식은 부록 V에 제시되어 있다. 해당과정에서는 두 분자의 피루브산, 두 분자의 NADH 그리고 네 분자의 ATP가 생성된다. 하지만 해당과정 초기에 두 분자의 ATP가 소모되므로 ATP의 순 생성은 두 분자이다.

세포의 종류와 주변의 조건에 따라서 피루브산은 유산소 호흡의 두 번째 단계인 크렙스 회로로 들어가거나 혹은 발효와 같은 전혀 다른 반응 과정에 사용될 수도 있다.

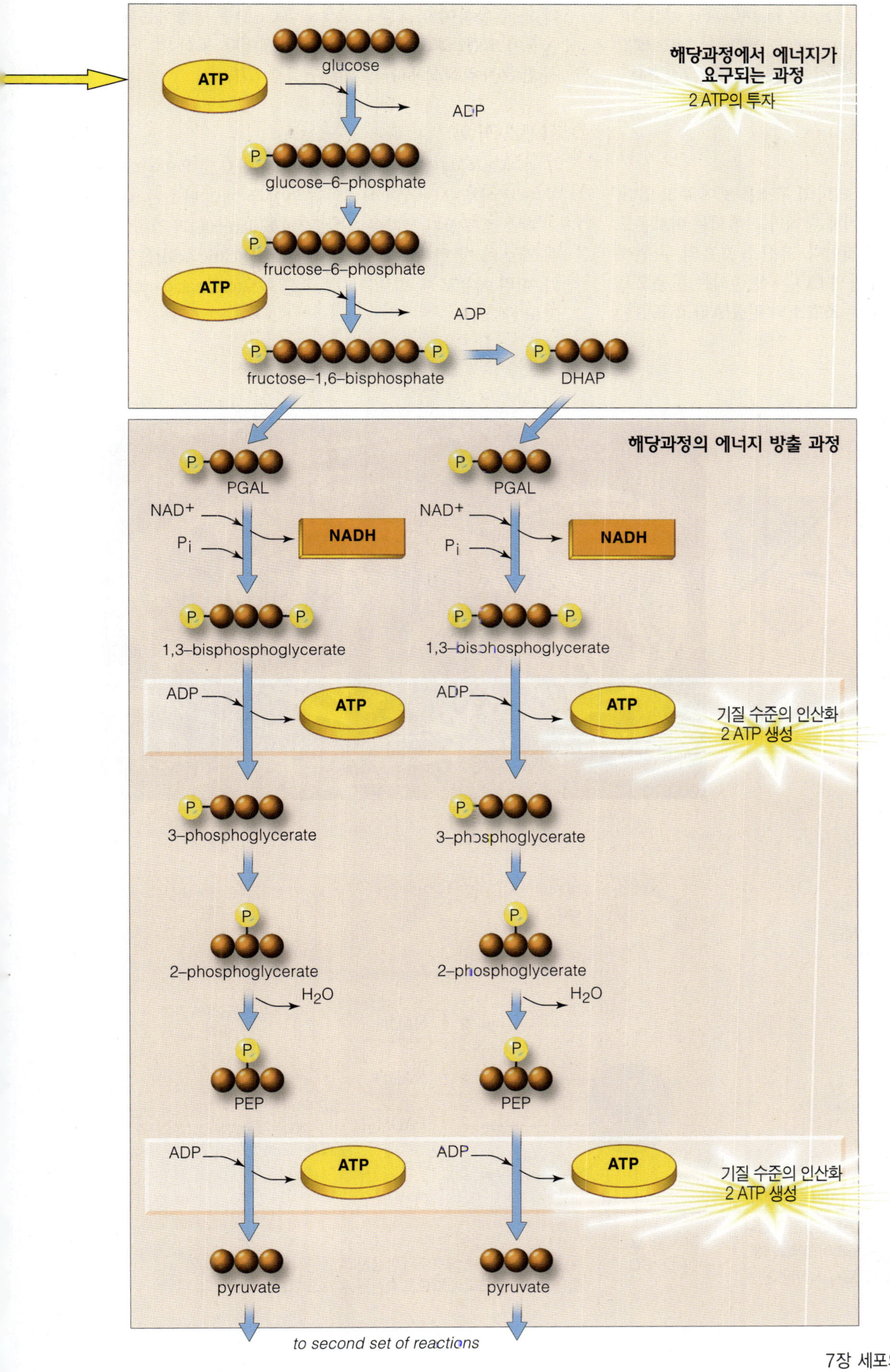


포도당의 탄소 원자 여섯 개(*brown circle*)의 자취. 해당과정에서는 두 분자 ATP의 에너지가 먼저 요구된다.

**a** ATP로부터 인산이 포도당으로 이동하여 반응이 개시된다.

**b** 또 다른 ATP로부터 인산기가 이동하여 중간물질은 두개의 인산기를 갖게 되며, 이 물질은 두 분자의 3탄소 화합물인 PGAL과 DHAP (dihydroxyactone phosphate)로 쪼개진다. 이 두 분자는 동일한 원소 구성이지만 배치가 조금 다르다. 이들은 서로 전환될 수 있지만 해당과정에서는 PGAL만이 사용되므로 DHAP는 PGAL로 바뀐다. 그러므로 결과적으로 두 분자의 PGAL이 생성된다.

**c** 각각의 PGAL로부터 두개의 전자와 수소가 이탈하여 $NAD^+$에 결합함으로서 NADH가 생성된다. 그러므로 생성된 NADH는 두 분자이다.

**d** 두 개의 중간물질로부터 인산기가 ADP로 전달된다. *그러므로 두 분자의 ATP가 생성되어 초기에 소모되었던 두 분자의 ATP가 회수되었다.*

**e** 또 한번의 중간물질이 생성된 후, 이 중간물질로부터 수소하나와 -OH기가 물분자로 방출된다. 이 반응에서 생성된 물질이 PEP이다.

**f** 각각의 PEP로부터 인산기가 ADP로 전달되어 다시 두 분자의 ATP가 생성된다. *이러한 방식의 ATP의 생성을 기질 수준의 인산화 반응이라 한다.*

총괄적으로 해당과정에서는 한 분자의 포도당으로부터 두 분자의 ATP를 순 생산한다. 동시에 두 분자의 NADH와 최종 산물로 두 분자의 피루브산을 생성한다.

# 7.3 유산소 호흡의 두 번째 단계

해당과정에서 생성된 두 분자의 피루브산은 세포질에서 미토콘드리아로 유입된다. 미토콘드리아에서 피루브산은 크렙스 회로라는 반응과정에서 분해된다. 이 과정에서 많은 조효소들이 피루브산이 분해되어 방출되는 전자와 수소를 포획한다.

## 아세틸 CoA 형성

그림 7.5는 전형적인 미토콘드리아의 구조를 보여 주고 있다. 그림 7.6은 유산소 호흡의 두 번째 단계가 진행되는 미토콘드리아의 내부 구조를 확대한 것이다. 유산소 호흡의 두 번째 단계는 피루브산에서 한 분자의 $CO_2$가 방출되는 반응으로 시작된다. 남은 두 탄소 부위는 조효소의 일종(A라고 표현한다)과 결합하여 아세틸 CoA(acetyl-CoA)를 형성하는데 이 물질이 크렙스회로를 진행시키는 물질이다. 또한 이 과정에서 한 분자의 NADH가 생성된다(그림 7.7).

## 크렙스 회로

두 분자의 아세틸 CoA는 각각 크렙스 회로로 유입된다. 가장 먼저 아세틸 CoA의 아세틸 부위인 두 개의 탄소가  네 개의 탄소로 구성된 분자인 옥살초산(Oxalacetate)과 결합하여 이 회로의 첫 번째 중간물질인 시트르산(citric acid)을 만든다. 이런 이유로 이 회로를 시트르산 회로(citric acid cycle)라고도 한다.

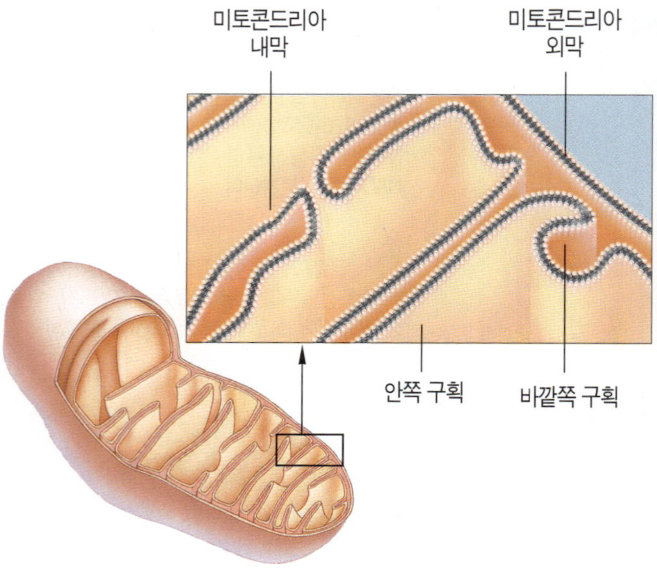


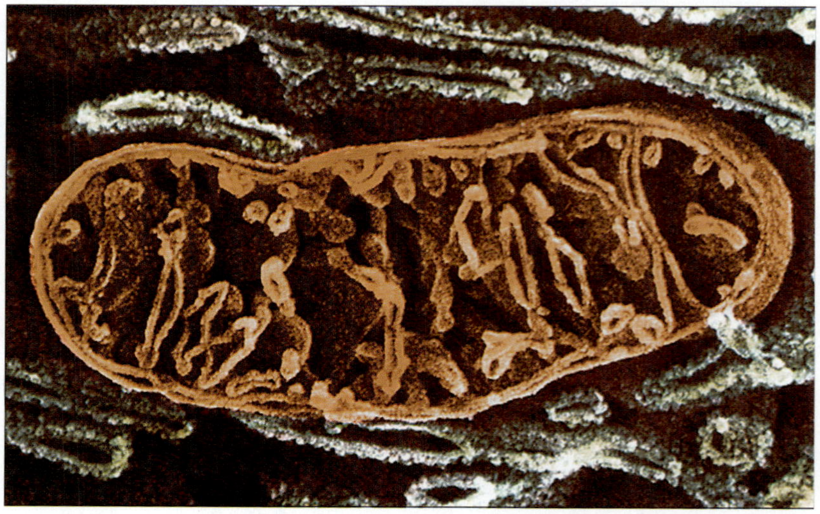

**그림 7.5** *상단* 그림. 미토콘드리아 내부의 구조. 미토콘드리아의 내막 구조에 의해 그 내부가 안쪽과 바깥쪽으로 구획되는데 이 구획은 미토콘드리아의 기능에 매우 중요하다. 유산소 호흡의 세 번째 단계는 이 막에서 진행된다.

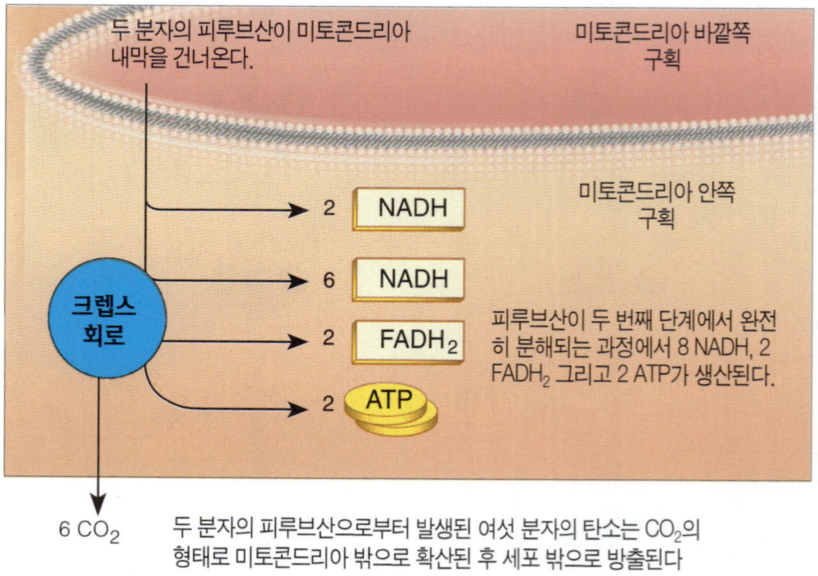


**그림 7.6** *우측* 그림. 유산소 호흡의 두 번째 단계에서 생성되는 ATP와 조효소의 수효. 두 번째 단계는 해당과정에서 만들어진 피루브산이 미토콘드리아 외막과 내막을 통과하여 그 안쪽으로 이동함으로서 시작된다.

ⓐ 피루브산의 탄소 하나가 $CO_2$의 형태로 방출된다. 남은 부분은 조효소 A와 결합하여 아세틸 CoA를 만든다.

ⓑ 이 반응에서 전자와 수소도 방출되는데 $NAD^+$와 결합하여 NADH를 생성한다.

ⓒ 크렙스 회로의 최초 반응은 아세틸 CoA의 탄소 두개가 옥살초산과 결합하여 시트르산을 만드는 것이다.

ⓓ 중간물질의 재조합 단계를 거치면서 다시 $CO_2$가 방출되고 전자와 수소는 NAD+에 결합하여 NADH를 생성한다.

ⓔ 또 다른 $CO_2$가 방출된다. 이리하여 피루브산에서 유입된 탄소 세개는 모두 방출되었다. 또 한 분자의 NADH도 생성된다.

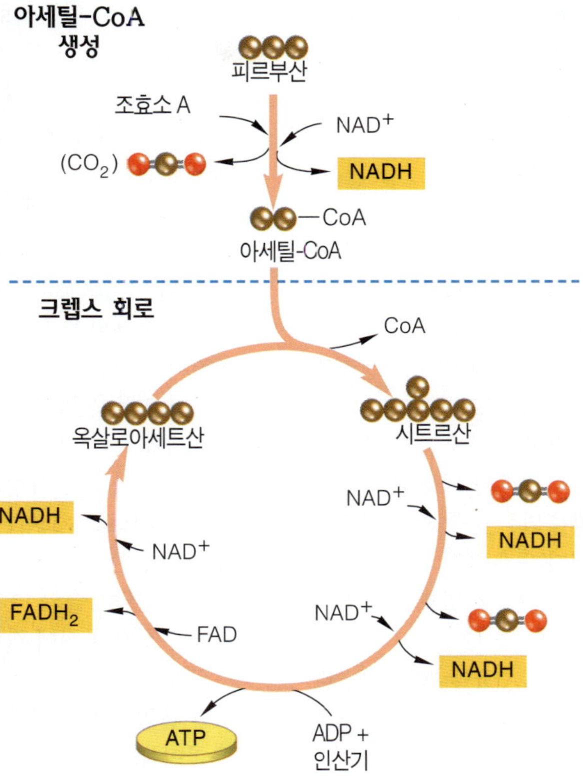


ⓕ ADP에 인산기가 결합하여 ATP가 생성된다. 이런 ATP의 생성을 기질 수준의 인산화 반응이라 한다.

ⓖ 조효소의 일종인 FAD가 전자와 수소를 받아 $FADH_2$가 생성된다.

ⓗ 옥살초산의 재생이 완료된다. 이 과정에서 다시 한 분자의 NADH가 생성되기 때문에 여기까지 총 세 분자의 NADH와 한 분자의 $FADH_2$가 생성되었다.

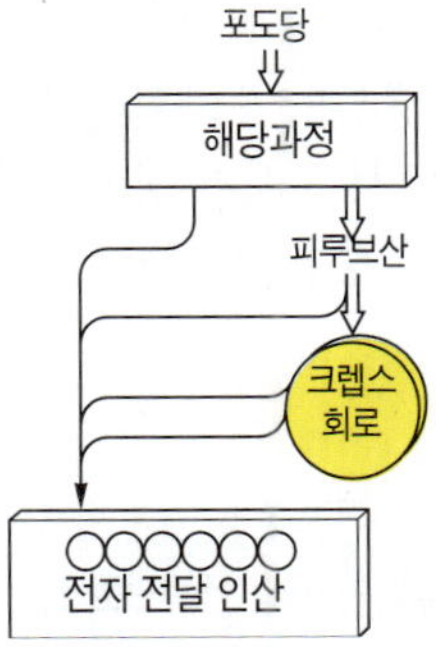


**그림 7.7** 유산소 호흡의 두 번째 단계 : 아세틸 CoA의 생성과 크렙스 회로. 이 반응들은 미토콘드리아 내막의 안쪽 구획에서 일어난다. 피루브산 두 분자가 완전히 분해되기 위해서는 두 번의 회로가 돌아야하며 이 과정에서 두 분자의 ATP, 여덟 분자의 NADH, 두 분자의 $FADH_2$ 그리고 여섯 분자의 $CO_2$가 생성된다. 이 반응에서 생성된 $CO_2$는 몸 밖으로 방출된다.

피루브산 두 분자가 $CO_2$와 물로 완전히 분해되려면 크렙스 회로가 두 번 돌아야한다. 이 회로에서는 단지 두 분자의 ATP만이 생성되는데, 이보다도 중요한 것은 NADH의 생성이다. NADH는 피루브산이 아세틸 CoA로 전환될 때 두 분자 그리고 크렙스 회로에서 여섯 분자가 생성된다. 또한 이 회로에서는 두 분자의 $FADH_2$도 같이 생성된다. 이들이 보유한 전자와 수소는 앞으로 에너지 생성에 매우 큰 잠재력을 갖고 있다.

크렙스 회로가 진행되는 과정에서 네 분자의 $CO_2$가 더 방출된다. 그러므로 유기호흡의 두 번째 단계에서 포도당의 여섯 개 탄소 원자가 여섯 분자의 $CO_2$의 형태로 모두 방출되는 것이다(그림 7.6과 그림 7.7). 이 과정의 중요한 반응들은 부록 V에 나타낸 바와 같다.

유산소 호흡의 두 번째 단계는 해당과정에서 만들어진 피루브산이 세포질로부터 미토콘드리아의 외막과 내막을 통과하여 그 안쪽으로 이동하는 것으로 시작된다.

여기에서 피루브산은 아세틸 CoA로 전환되며 이것이 크렙스회로의 시작이다. 크렙스 회로에서는 두 분자의 ATP와 열 분자의 환원된 조효소(NADH 여덟 분자와 $FADH_2$ 두 분자)가 생성된다. 피루브산의 탄소 원자는 이산화탄소의 형태로 전부 방출된다.

해당과정에서 생성된 두 분자의 NADH와 크렙스 회로에서 생성된 열 분자의 조효소들은 유산소 호흡의 마지막 단계인 세 번째 단계로 전자와 수소를 이동시킨다.

## 7.4 유산소 호흡의 세 번째 단계 - 에너지의 대량 생산

*유산소 호흡의 세 번째 단계에서 대량의 에너지의 방출이 일어난다. 앞의 두 단계에서 생성된 환원형 조효소로부터 나오는 전자와 수소가 많은 ATP의 생성을 유도한다. 이 단계에서 중요한 기계는 전자전달사슬과 ATP 합성 효소이다.*

### 전자 전달 인산화

유산소 호흡의 세 번째 단계는 조효소로부터 미토콘드리아 내막에 존재하는 전자전달사슬에 전자가 전달되는 것으로 시작된다(그림 7.8). 이 사슬을 통한 전자의 흐름이 ADP와 인산의 결합을 유도하기 때문에 이러한 ATP의 생성을 *전자전달 인산화(electron transfer phosphorylation)* 라고 한다.

점진적으로 에너지가 방출되는 것이 한번에 크게 에너지가 방출되는 것 보다 더 효율적인데 이는 한번에 에너지가 크게 방출되면 사용 불가능한 열로 방출되는 양이 많기 때문이다(5.2 절). 전자전달 사슬을 통해 전자가 흘러갈 때는 에너지를 담을 수 있는 물질에 에너지가 수용될 수 있도록 알맞게 조금씩 방출된다.

세포질에서 해당과정 중에 생성된 NADH는 직접적으로 ATP 합성기계에 전자를 전달 할 수는 없다. 대신에 이들은 미토콘드리아 안쪽으로 전자와 수소를 운반해 주는 단백질에 전자와 수소를 전달한다. 이 단백질로부터 $NAD^+$와 FAD로 전자와 수소가 전달된다. 모든 조효소(NADH와 $FADH_2$)로부터 전자전달 사슬로 전자가 전달될 때 수소이온이 동시에 방출된다.

전자 전달 사슬의 각 물질을 따라 전자가 흘러갈 때마다 소량씩의 에너지가 감소한다. 사슬 중에서 세 곳에 수소이온을 막의 바깥으로 퍼 내보내는 장소가 있는데, 이 결과 미토콘드리아 내막을 사이에 두고 수소이온의 농도와 전기적 기울기가 형성된다.

수소이온은 막을 통해 확산될 수 없다. 수소이온이 농도 기울기를 따라 내막의 안쪽으로 이동할 수 있는 통로는 ATP 합성효소라는 단백질로 만들어진 통로뿐이다(그림 7.8과 7.9). 그러므로 수소이온이 이 단백질 통로를 따라 흘러 갈 때 ADP와 인산기가 결합하여 ATP를 생성한다.

전자전달사슬의 마지막 물질은 전자를 산소에 전달하며 이때 수소가 동시에 결합하여 물이 형성된다. 그러므로 산소는 포도당으로부터 유래한 전자의 최종 수용체인 것이다. 산소가 결핍된 세포에서는 전자전달사슬에서 전자는 더 이상 갈 곳이 없다. 이 상황에서는 모든 전자전달사슬이 멈추어 전자를 NADH로부터 받지 않기 때문에 더 이상의 수소이온 기울기가 형성되지 않고 또한 ATP 생성도 중단된다. 고등생물체의 세포들은 산소가 없는 조건에서 장시간 생존할 수 없는데 이는 생명현상 유지에 요구되는 충분한 ATP를 생산할 수 없기 때문이다.

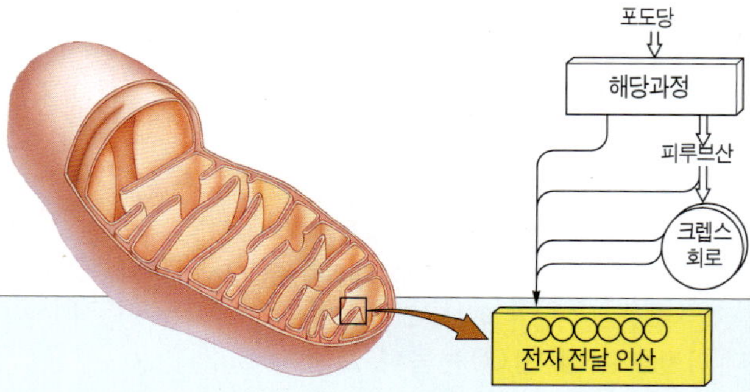


**그림 7.8** 유산소 호흡의 세 번째이자 마지막 단계인 전자 전달 인산화 과정.

미토콘드리아의 내막에서 NADH와 $FADH_2$로부터 전자전달사슬로 전자가 전달된다. 전자전달사슬을 통해서 전자가 흘러가는 동안 수소이온이 막의 바깥쪽으로 이동되어 막의 바깥 구역의 수소이온 농도가 매우 높아진다.

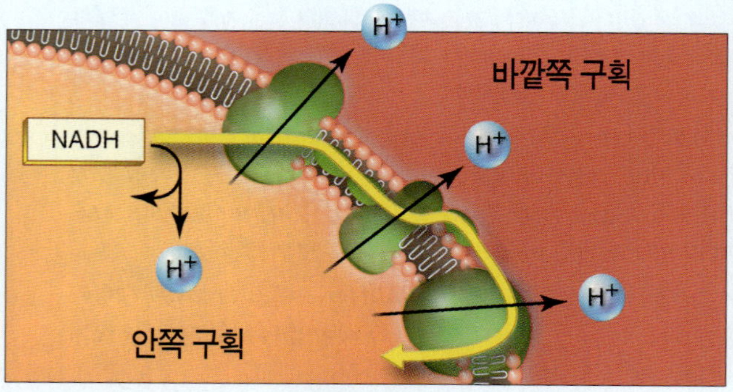


수소 이온은 ATP 합성효소라는 통로를 타고 기울기를 따라 안쪽으로 흘러들어 오며 이러한 흐름이 ADP와 인산을 결합하여 ATP를 생성하는 힘이 된다. 이런 방식은 엽록체에서의 ATP 생성과 매우 유사한 것이다.

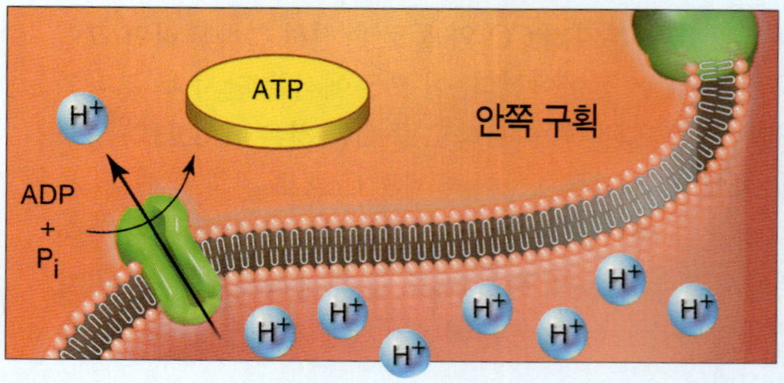


이 이야기가 왠지 들어 본 적이 있지 않은가? 아마도 그럴 것이다. 엽록체 내에서 ATP가 생성되는 방식도 이와 매우 유사하다. 틸라코이드 막을 사이에 둔 수소 농도와 전기 기울기가 ATP 형성을 유도하게 된다. 미토콘드리아와 비교하여 보면 틸라코이드에서는 수소이온의 흐름이 반대 방향으로 일어난다.

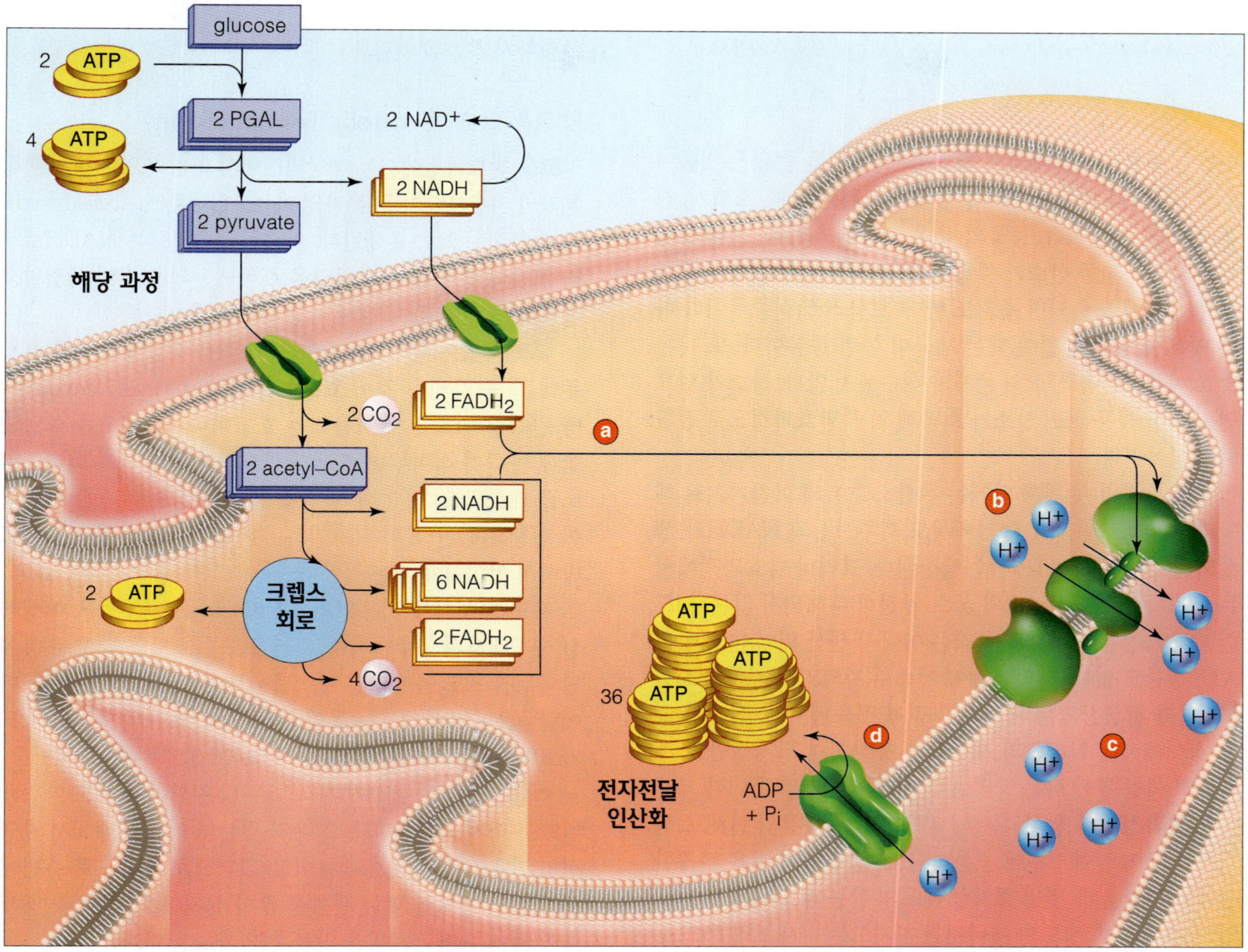


ⓐ 유산소 호흡의 첫 번째와 두 번째 단계에서 생성된 NADH와 $FADH_2$로부터 전자전달사슬로 전자와 수소가 유입된다.

ⓑ 전자가 전자전달사슬을 통해 이동할 때 수소이온은 막의 바깥쪽으로 수송된다.

ⓒ 막 바깥 구역의 수소이온 농도가 안쪽보다 높아져서 화학적, 전기적 기울기가 형성된다.

ⓓ 수소이온이 ATP 합성효소라는 통로를 따라 안쪽으로 이동하며 이러한 흐름이 ADP와 인산을 결합하여 ATP를 생성하는 힘이 된다.

**그림 7.9** 미토콘드리아에서 조효소로부터 전자와 수소의 전달과 ATP 형성.

## 요약 : 에너지의 수확

전형적인 유산소 호흡의 세 번째 단계에서는 32 ATP가 생산된다. 앞의 두 단계에서 생산된 4 ATP를 포함하면 유산소 호흡 전체에서 포도당 한 분자당 36 ATP가 생성되는 것이다. 이것은 대단한 양의 ATP이다. 무산소호흡에서 이만한 에너지를 얻으려면 18 분자의 포도당을 사용해야한다.

하지만 실제적으로 생산되는 양은 조금 다르다. 반응물과 중간물질 그리고 최종 산물의 농도의 증가에 따라 약간 변화한다. 또한 세포질에서 생성된 NADH로부터 전자와 수소의 전달 상태에 따라 달라질 수도 있다. 이 수송 방법은 모든 세포에서 동일한 것이 아니기 때문이다.

유산소 호흡의 세 번째 단계에서 조효소(NADH와 $FADH_2$)로부터 미토콘드리아 내막에 존재하는 전자전달사슬로 전자가 전달된다. 이 사슬을 통해 전자가 이동될 때 내막의 바깥쪽으로 수소이온이 퍼 날라지고 이 때문에 막을 사이에 두고 수소이온과 전기적 기울기가 만들어진다. 이것이 32 ATP의 생성을 유도하는 힘이다. 전형적인 유산소 호흡에서는 포도당 한 분자 당 36 ATP가 생성된다.

# 7.5 발효 과정

발효란 포도당을 무산소 호흡적으로 사용하는 것이다. 이 과정에서는 궁극적 ATP 생성 기계인 전자의 최종 수용체로서 산소를 사용하지 않는다.

다양한 종류의 생물체들이 발효를 한다. 이들 중 많은 것들이 원생생물이나 미생물이며 그들의 서식지는 습지, 소택지, 진흙, 바다의 침전물속, 동물의 장내, 밀봉된 식품류, 쓰레기 처리장의 저수지등 산소가 결핍된 다양한 장소이다. 어떤 종류들은 산소에 노출되면 죽기도 한다. 보튤리스 식중독이나 다른 많은 질병의 원인이 되는 세균이 이런 종류이다. 또 다른 발효 미생물들은 산소의 존재가 대수롭지 않다. 산소가 있으면 산소를 사용하고, 산소가 희박해 지면 발효과정으로 전환하여 살아간다.

발효과정의 첫 번째 단계는 유산소 호흡과 마찬가지로 해당과정이다(그림 7.4). 여기에서도 피루브산과 NADH가 생성되며 두 분자의 ATP가 순 생산된다. 그러나 발효과정에서는 포도당이 이산화탄소와 물로 완전히 분해되지 않는다. 또한 해당과정에서 생산되는 적은 에너지 생산 외에 더 이상의 ATP 생산도 없다. *해당과정이 계속 유지되기 위하여 필요한 $NAD^+$가 재생산되는 마지막 과정이 있을 뿐이다.* 산소가 없는 상태에서는 $NAD^+$의 재생산을 통하여 해당과정만이 계속되고 이를 통한 작은 양의 ATP 생산이 일어날 뿐이다.

발효과정에서 생성되는 에너지는 많은 종류의 단세포 혐기성 세균이 살아가는데 충분하다. 또한 산소가 매우 부족한 상태가 되었을 때 몇몇 호기성 세포의 활동에 도움을 줄 수도 있다. 하지만 이 정도의 에너지를 가지고는 다세포의 큰 고등생물이 살아 갈 수는 없다. 그래서 숨을 쉬지 않는 코끼리란 존재하지 않는 것이다.

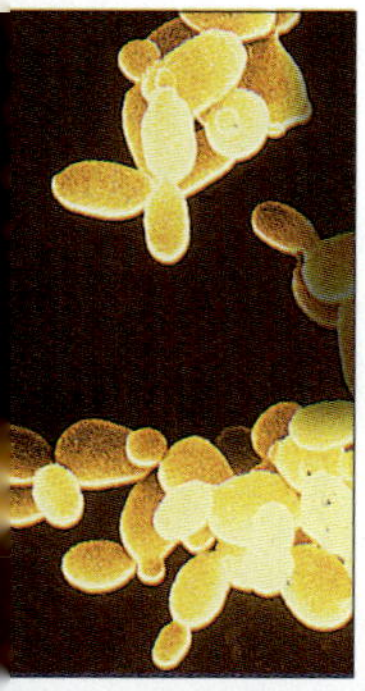

### 알코올 발효(Alcoholic Fermentation)

**알코올 발효**과정에서는 해당과정에서 최종적으로 생성된 두 분자의 피루브산이 두 분자의 아세트알데히드(Acetaldehyde)와 이산화탄소로 분해된다. 아세트알데히드는 NADH로부터 전자와 수소를 받아 알코올로 바뀌는데 이것이 에틸알코올이다(그림 7.10).

몇몇 곰팡이류가 보유한 이런 능력을 사람들이 이용해 왔는데 그 중 유명한 것이 효모이다. *Saccharomyces cerevisiae*는 빵 반죽을 만드는데 이용되는 효모이다. 이 효모를 설탕과 함께 반죽에 섞어두면 효모가 발효과정을 통하여 이산화탄소를 배출하고, 이 기체가 반죽 내부에 기포를 만들어 반죽이 팽창하게 된다. 이를 가열하면 이산화탄소와 알코올이 증발하여 없어지게 되는 것이다.

포도주 생산에 이용되는 *Saccharomyces* 균주들은 야생에 살거나 배양된 균주들이다. 으깬 포도를 효모와 함께 큰 통에 넣어두면 포도 액의 당분이 에탄올로 바뀐다. 그러나 정작 이 에탄올은 미생물에게는 독이 된다. 발효 조 내의 에탄올 농도가 10%에 이르면 효모는 죽기 시작하고 발효는 중지된다.

여담으로 새들이 야생에서 너무 많은 딸기나 포도 따위의 열매를 먹게 되면 취하는 경우가 있는데 이는 열매에서 자연적인 발효가 일어났기 때문이다. 그러므로 고속도로 주변에는 이러한 열매를 맺는 관목을 많이 심지 않아야 술 취한 새들이 차에 뛰어드는 일을 막을 수 있다고 한다.

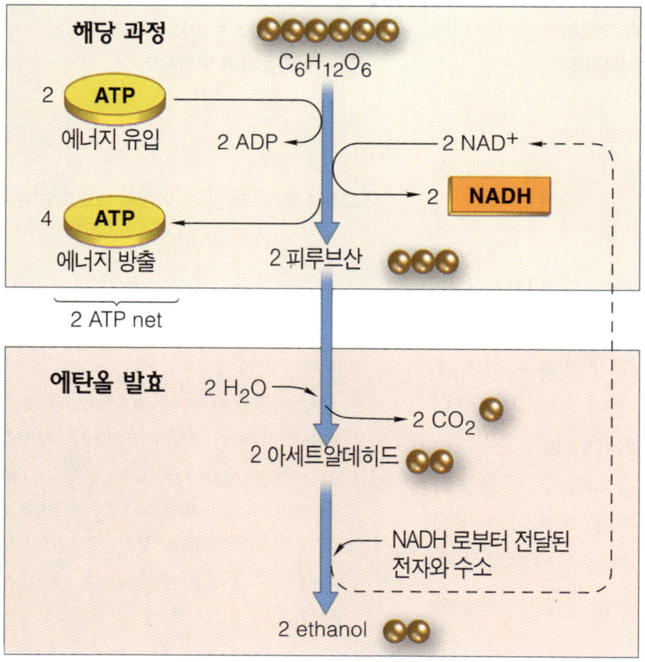


**그림 7.10** 알코올 발효 과정. **(a)** 단세포체인 효모는 무산소 호흡과정에서 ATP를 얻을 수 있다.
**(b)** 양조업자가 *Saccharomyces*로부터 얻어진 한 통의 발효물의 색과 청정도를 살펴보고 있다. 이 효모 균주들은 잘 익은 포도 등의 당분이 풍부한 조직에서 살고 있다.
**(c)** *S. ceravisiae* 균주로부터 방출된 이산화탄소 때문에 빵 반죽이 부풀어 오른다. 이 반죽이 잘 부풀어야 이 빵집도 잘 일어날 것이다.
**(d)** 알코올 발효. 이 과정에서 전자의 최종 수용체는 아세트알데히드이며 최종 산물은 에탄올이다.

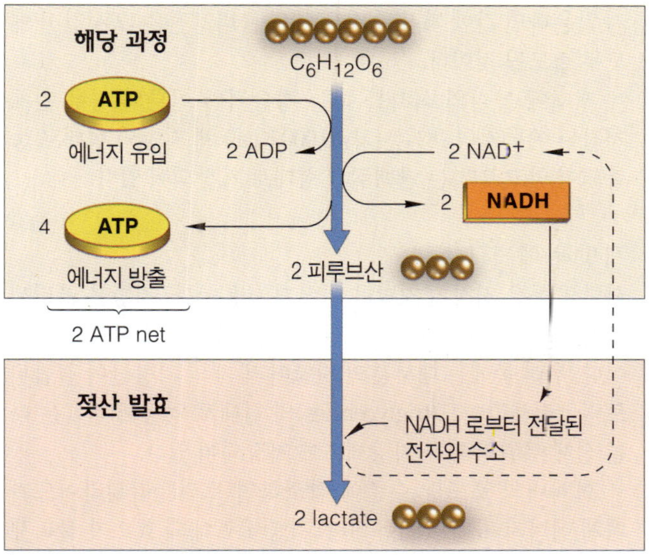


**그림 7.11** 젖산 발효. 젖산 발효과정에서 포도당으로부터 나온 전자의 최종 수용체는 젖산이 된다. 이 반응에서의 순 에너지 생산은 해당과정에서 만들어진 두 분자의 ATP이다.

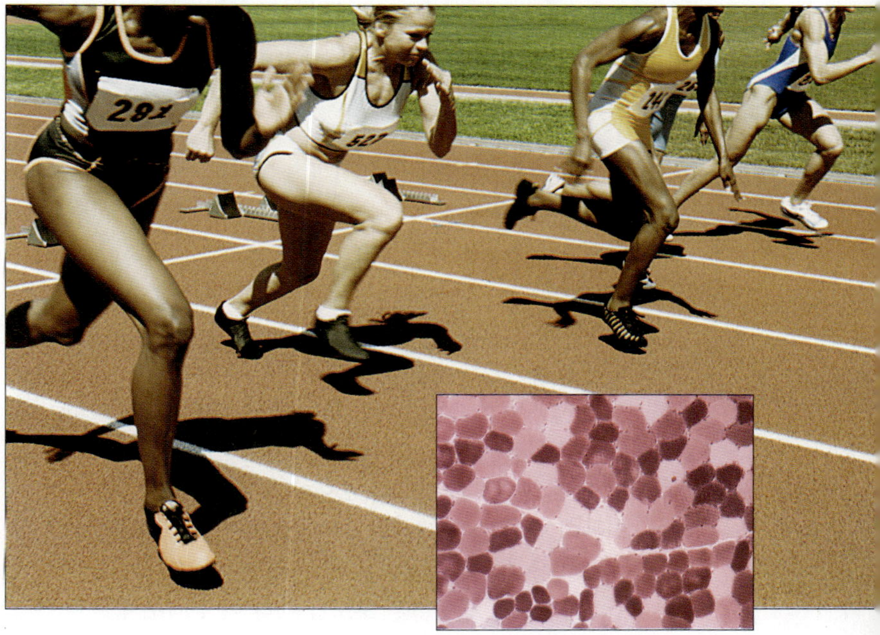

**그림 7.12** 근육의 젖산 발효에 의지하는 단거리 주자들. 근육의 현미경 횡단 사진에서 세 종류의 근육 섬유를 볼 수 있다. 밝은 근육섬유는 급격한 에너지가 필요할 때 젖산 발효를 통해 ATP를 생산함으로서 빠른 근육 운동에 기여한다. 어두운 섬유는 유산소 호흡을 하며 지구력을 요구하는 운동에 기여한다.

## 젖산 발효

젖산 발효(Lactate Fermentation)에서는 NADH의 전자와 수소가 피루브산으로 전달된다. 이 반응에 의해 피루브산이 젖산으로 바뀐다(그림 7.11). 흔히 젖산(lactic acid)이라고 하지만 실제 세포의 생리적인 조건에서는 이온화된 젖산염(lactate)이 일반적인 형태이다.

*Lactobacillus*와 여타 다른 세균들이 젖산 발효에 이용된다. 젖산 발효가 일어나면 음식물의 부패가 일어날 수 있지만 이들 중에 어떤 것들은 상업적으로 이용되기도 한다. 예를 들어 우유의 포도당이 분해되어 치즈, 요쿠르트, 버터등의 일용품이 생산된다. 또한 발효생물들을 이용하여 육류의 저장이나 오이나 양배추의 피클과 같은 과일과 채소의 저장 등을 한다. 젖산은 산이기 때문에 발효된 음식은 신맛이 난다.

사람의 골격 근육은 유산소 호흡뿐만 아니라 젖산 발효를 통해서 ATP를 얻기도 한다. 골격 근육에는 두 종류의 세포가 혼합되어 있다. *느리게* 운동하는 근육섬유를 구성하는 세포들은 가볍고, 일정하고, 장시간 계속되는 운동을 지지하는데 마라톤이나 새의 장거리 이동 등에서 볼 수 있는 운동이다. 느린 운동 세포들은 유산소 호흡을 통해서만 ATP를 생산하기 때문에 많은 미토콘드리아를 가지고 있다. 또한 암 적색으로 보이는데 그 이유는 유산소호흡에 필요한 산소를 저장하기 위하여 많은 양의 미오글로빈(myoglobin)을 함유하고 있기 때문이다.

이에 반하여 색이 연한 빠른 운동 근육 섬유들은 미토콘드리아가 매우 적으며 미오글로빈도 가지고 있지 않다. 이 세포들은 젖산 발효를 통하여 ATP를 생산한다. 이 세포들은 역도나 단거리 경주와 같이 즉각적이고 집중적인 에너지가 요구될 때 기능을 담당한다(그림 7.12). 젖산 발효에 의한 작용은 즉시 발휘되나 오래 지속될 수는 없다. 이 과정에서 생산되는 ATP의 양이 운동을 지속시키기에는 충분하지 않기 때문이다. 이런 이유로 닭들은 장거리를 날아 이동할 수는 없다. 닭의 비행을 담당하는 근육은 흰 가슴살인데 이 근육은 빠른 운동 근육섬유로 구성되어 있기 때문이다. 닭들은 그 조상으로부터 짧은 거리를 빠르게 날 수 있는 방식으로 진화해 왔는데, 이는 아마도 포식자로부터 도피하거나 영역 다툼에서 민첩성을 증가시키는 방법이었을 것이다. 닭은 걷거나 단거리는 뛰기 때문에 넓적다리와 종아리에 느린 운동 근육인 어두운 색의 근육(dark meat)이 존재한다. 그렇다면 장거리 비행을 하는 오리의 가슴살에는 어떤 종류의 근육이 있을 것으로 기대할 수 있는가?

32.5절에 근육세포의 대체 에너지 경로에 대한 개요가 제시되어 있다.

발효과정에서는 이 반응에서 생성되는 유기물질이 포도당으로부터 유래한 전자의 최종 수용체가 된다.

알코올 발효나 젖산 발효 모두에서 순 에너지 생성량은 두 분자의 ATP인데 이는 해당과정에서 만들어진 것이다. 여타 반응들은 해당과정을 지속시키기 위해 필요한 $NAD^+$의 재생성을 위한 것이다.

## 7.6 체내에서 이용되는 대체 에너지 물질들

*지금까지 포도당이 사용되는 에너지 방출 과정을 살펴보았다. 여기에서는 세포 내에 포도당이 너무 많거나 적을 때 세포에서 일어나는 일들을 살펴보고자 한다.*

### 식사시간과 식사시간 사이의 포도당의 운명

사람을 포함하여 포유류가 식사를 하고 있는 동안 포도당과 다른 작은 유기 화합물들은 내장 벽을 통해 흡수된다. 이 물질들은 혈액을 타고 온 몸으로 전달된다. 혈액 내 포도당의 농도가 증가하면 췌장을 자극하여 인슐린(Insulin)이 분비되는데 이 호르몬은 세포들로 하여금 혈액의 포도당을 빨리 흡수하도록 촉진한다.

세포 내에서는 흡수된 포도당이 포도당-6-인산으로 전환되는데 이 물질은 해당과정에서 ATP로부터 인산이 포도당으로 이동하여 만들어지는 첫 번째 중간물질이기도 하다(그림 7.4와 7.13). 인산화된 포도당은 더 이상 세포 밖으로 나갈 수 없다.

세포의 요구량보다 흡수되는 포도당의 양이 더 많을 경우 ATP 합성 기구가 빠르게 가동된다. 세포가 생성되는 ATP를 재빨리 소모하지 못하면 세포질 내의 ATP 농도가 증가하고 포도당-6-인산은 다른 생합성 과정으로 전환된다. 포도당은 글리코겐(glycogen)의 형태로 저장되는데 글리코겐은 동물에서 흔히 볼 수 있는 탄수화물의 저장형태이다(3.3절). 특히 간과 근육 세포들에서 이런 합성 경로가 잘 일어나며, 이 두 종류의 세포들이 체내에서 글리코겐의 최대 저장 장소이다. 식사가 끝난 한참 후에는 혈액 내 포도당의 농도가 감소한다.

이런 감소가 적당하게 회복되지 않으면 우리 몸에서 가장 포도당을 많이 소모하는 뇌에 나쁜 소식이 될 것이다. 어느 때라도 뇌는 우리 몸을 순환하는 포도당의 2/3를 흡수하는데 그 이유는 뇌에 있는 수많은 신경세포들이 포도당을 에너지원으로 선호하기 때문이다.

혈액 내 포도당 농도의 감소에 의해 췌장에서는 글루카곤(glucagon)이라는 호르몬이 분비된다. 이 호르몬은 간세포에 저장되어 있는 글리코겐을 포도당으로 분해하여 혈액 내로 방출시킨다. 이 현상은 간세포에서만 일어날 뿐 근육세포에서는 일어나지 않는다. 혈액 내의 포도당 농도는 증가하고 뇌세포는 정상적으로 기능을 수행한다. *이와 같이 체내에서는 호르몬이 세포가 포도당을 사용할 것인지 혹은 잘 저장해 놓을 것인지를 조절하게 된다.*

그러나 우리 몸 세포들이 대량의 글리코겐을 저장할 수 있는 것은 아니다. 글리코겐은 성인 몸에 저장된 전체 에너지의 1%만을 저장하고 있을 뿐이다. 이 에너지는 두 접시의 파스타에 해당하는 에너지이며, 식사를 제때에 하지 않는다면 간에 저장된 적은 양의 글리코겐은 12 시간 내에 모두 소모될 것이다.

제때에 양질의 식사를 하는 정상적인 어른의 경우 전체 저장된 에너지의 78%는(약 10,000 Kcal) 체 지방의 형태로 농축되어 있고, 21%는 단백질의 형태로 저장되어 있다.

### 지방과 에너지

사람의 몸은 저장된 지방을 어떻게 사용할까? 지방은 글리세롤(glycerol)에 하나에서 세 개까지의 지방산이 결합한 분자이다. 우리 몸에는 대부분의 지방이 세 개의 지방산이 결합된 트리글리세라이드(triglycerides)의 형태로 엉덩이나 혹은 다른 신체 부위의 피하 지방세포에 저장되어 있다.

혈액내의 포도당 수준이 감소하면 트리글리세라이드가 대체 에너지 물질로 사용된다. 지방세포 내의 효소가 글리세롤과 지방산 사의 결합을 분해하고 두 물질 모두 혈액으로 유입된다. 간에서 글리세롤은 효소의 작용으로 PGAL로 바뀌는데 PGAL은 해당과정의 중요한 중간물질이다(그림 7.4). 지방산은 우리 몸의 거의 모든 세포에서 흡수되는데 역시 효소에 의해 분해되어 아세틸 CoA로 전환되어 크렙스 회로로 유입된다.

포도당에 비하여 지방산은 훨씬 많은 탄소와 수소를 가지고 있기 때문에 더 많은 ATP를 생산할 수 있다. 식사 시간이 한 참 지난 후 혹은 장시간 동안 천천히 운동할 때는 근육이나 간, 신장에서 소모되는 ATP의 절반 정도가 지방산의 분해로 공급된다.

만일 너무 많은 탄수화물을 섭취하게 되면 포도당이 분해되어 만들어진 아세틸 CoA가 크렙스 회로로 들어가기도 하지만 또한 지방산을 합성하는 과정으로 들어간다. *그러므로 너무 많은 포도당은 결국 지방인 것이다.*

### 단백질과 에너지

우리 소화계의 어떤 효소들은 음식물의 단백질을 아미노산으로 분해하며, 아미노산은 혈액 내로 흡수된다. 세포내에서는 이 아미노산을 이용하여 단백질이나 혹은 질소를 함유한 화합물을 만든다. 그렇더라도 우리 몸이 필요한 것보다 더 많은 단백질을 섭취하게 되면 아미노산도 분해되며 $-NH_3^+$가 이탈하여 암모니아($NH_3$)가 생성된다. 남은 탄소 골격은 아미노산의 종류에 따라서 아세틸 CoA, 피루브산 혹은 크렙스 회로의 중간물질 중에 하나로 전환된다. 세포 내에서 이 모든 물질들은 크렙스 회로로 모아질 수 있는 것이다.

이상에서 살펴보았듯이 에너지 비축과 사용은 매우 복잡한 사건이다. 특히 포도당 사용의 조절은 매우 중요한데 그

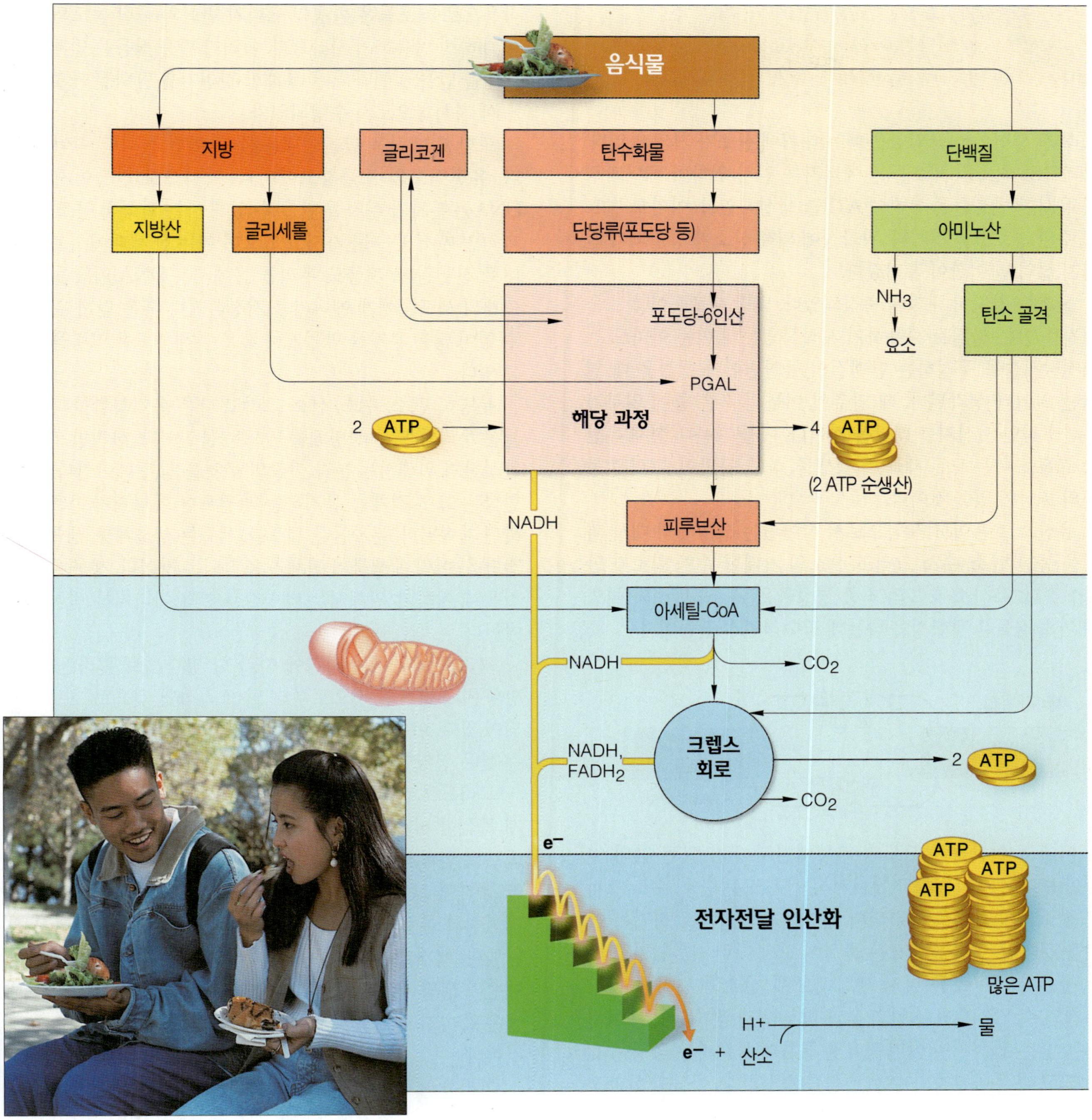


이유는 뇌에서 사용되는 에너지원이 포도당이기 때문이다. 어쨌든 우리 몸의 모든 세포가 사용하는 에너지는 우리가 먹는 음식물로부터 공급되는 것이다.

*사람을 포함하여 모든 포유류에서 에너지 방출 과정에 유입되는 포도당과 여타 유기화합물은 우리가 먹는 음식물의 종류와 그 안에 들어 있는 탄수화물, 지방 그리고 단백질의 비율에 의해 결정된다.*

**그림 7.13** 다양한 유기화합물이 유산소 호흡의 각 단계로 유입되는 장소. 이 유기화합물들은 사람이나 포유류의 대체 에너지 물질이다.

탄수화물, 지방 그리고 단백질 등 복잡한 구조를 갖는 화합물이 직접 유산소 호흡 과정에 유입될 수는 없다. 이 분자들은 먼저 소화계나 혹은 각 세포에서 단순한 물질로 분해되어야 하며 유산소 호흡 과정에서 그 이상 분해된다.

## 7.7 생명에 대한 조망

*이상으로 세포가 에너지를 포획하고 저장하고 방출하는 중요한 두 과정 — 광합성과 유산소 호흡에 대하여 살펴보았다. 이 두 과정은 진화의 전 시간대에 걸쳐 매우 광대한 범위에서 연결되어 온 것이다.*

오래 전 생명이 시작되었을 때는 대기에 산소가 거의 없었다. 그러므로 최초의 세포들은 에너지를 얻기 위하여 해당과정과 유사한 반응들을 통하여 ATP를 생성하였고, 아마도 발효가 주된 경로였을 것이다. 광합성에 의해 산소가 방출되기 전까지 십억 년 이상이 흘러갔다.

산소는 천천히 대기에 축적되었다. 몇몇 세포들이 산소를 전자를 받는 물질로 사용하기 시작하였는데 이는 아마도 전자전달사슬을 구성하는 단백질의 돌연변이가 생겼을 때 일어난 일이라 생각된다. 때 맞추어 이들의 후손 중에 일부가 무산소적인 서식지를 떠났을 것이다. 이들 가운데 현재 유산소 호흡을 하는 모든 세균, 원생생물, 식물, 곰팡이, 그리고 동물의 조상이 있을 것이다.

유산소 호흡이 시작됨으로서 살아있는 생명체의 대사 과정을 통한 탄소, 수소 그리고 산소의 거대한 순환 회로가 만들어졌다. 유산소 호흡의 최종 생성물은 이산화탄소와 물인데 이 물질들은 광합성을 하는데 필수적인 물질들이다:

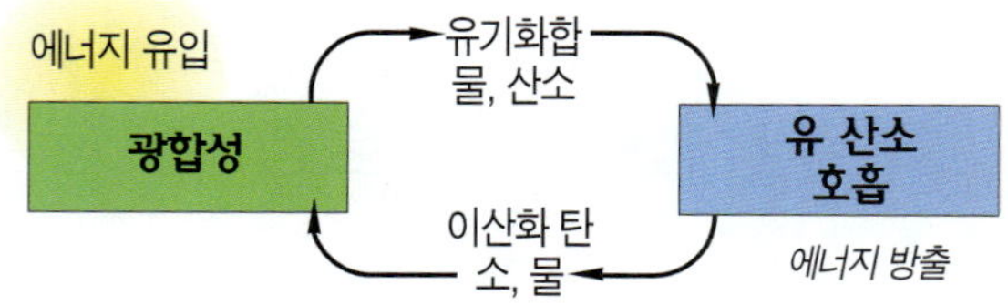


아마도 인간들은 고도의 지능체인 우리가 그런 남의 일 같아 보이는 사건들하고 에너지적으로, 또는 탄소, 수소 그리고 산소의 순환으로 연결되어 있다는 사실을 납득하기는 어려울 것이다. 인간을 만드는 물질이 진짜 이런 것들인가?

물분자의 구조를 다시 생각해보자. 산소와 전자를 공한 두개의 수소가 우리 매일의 삶과 별로 연관성이 있어 보여지지는 않는다. 하지만 이런 공유를 통하여 물분자는 극성을 갖게 되고 다른 물분자와 수소 결합을 형성한다. 이들의 화학적 행위가 무생물을 조직하는 시초가 되고 나아가 모든 생물체를 구성하게 되는 것이다.

물에 여기저기 섞여있는 다양한 다른 분자들을 생각할 수 있을 것이다. 비극성 물질들은 물분자와 상호작용하지 않으며, 극성분자는 물에 녹아든다. 이런 특징들로 인하여 인지질 분자는 물 속에서 두 겹의 막 구조를 형성한다. 지질의 이중층은 세포막의 골격이며 그러므로 모든 세포의 골격을 만들게 되는 것이다. 생명의 시초부터 생명현상의 기본 단위는 세포였다. 생명현상의 본질은 결코 신비스러운 힘이 아니며 분자의 조직화와 대사의 조절로부터 그 힘이 나온다. 막 내부에서 모든 반응들은 조절될 수 있다. 막을 조성하는 분자들의 작용으로 세포들은 환경의 에너지 변화와 물질 농도의 변화에 대하여 반응하기 시작했다. 이러한 반응 작용은 언제 어떤 물질을 만들 것인가 혹은 분해할 것인가를 단백질 — 효소들 — 에 지시함으로서 수행되었다.

또한 단백질을 만들어내는 것도 어떤 신비한 힘이 아니다. 유전정보의 보물창고이며 두 가닥으로 만들어져 있는 DNA는 분자가 분자를 만들 수 있게 하는 화학적 구조 — *화학적인 메시지* — 를 가지고 있으며 이는 한 세대에서 다음세대로 전달된다. 지금도 우리들 몸에서는 DNA 가닥들이 수조개의 세포들에게 에너지를 저장하거나 혹은 얻기 위해 셀 수 없이 많은 분자를 만들거나 혹은 분해하도록 명령을 내리고 있다.

분명히 탄소, 수소, 산소 그리고 다른 유기화합물의 원소들은 우리와 모든 생명체를 만드는 물질이다. 하지만 그림을 완성하기 위해서는 분자 이상의 무엇을 첨가 해야한다. 생명현상은 그 조직체를 유지하는데 필요한 에너지가 흐르기만 하면 계속된다. 분자들은 세포를, 세포는 생물체를, 생물체는 집단을, 이렇게 생물계 전체가 조직되는 것이다. 생물계의 조직을 유지하기 위해서는 태양으로부터 에너지를 받아들여야한다.

그리고 에너지는 시간에 따라 한 방향으로 흘러간다. 이 방향은 조직적인 것으로부터 덜 조직적인 것으로 흐르도록 되어 있다. 이 생명의 거대한 장에 에너지가 계속적으로 흐르는 한은 생명현상은 항상 만개한 형태로 지속된다.

그러므로 생명현상이란 질서 있게 이어지는 불가사의하게 복잡한 시스템, 그 이상도 또한 그 이하도 아니다. 태양으로부터 전달되는 에너지로 유지되며, 생명체들은 자가 증식을 통하여 그 삶을 이어간다. DNA의 유전정보를 사용하여 에너지와 물질들을 조직화하고 이런 능력은 대를 이어서 전달된다. 개개의 생명체는 죽을지라도 이런 죽음을 통해 어디에선가 생명현상은 지속되고 있다. 개개의 죽음을 통해 분자들은 흩어지고 새로운 세대를 위한 원료로 재사용되고 있을 것이다.

이러한 에너지와 물질의 순환과 함께 나타나는 개개의 탄생은 생명체의 조직화 능력을 보여주는 단적인 증거이며, 그러므로 죽음은 새로운 소생인 것이다.

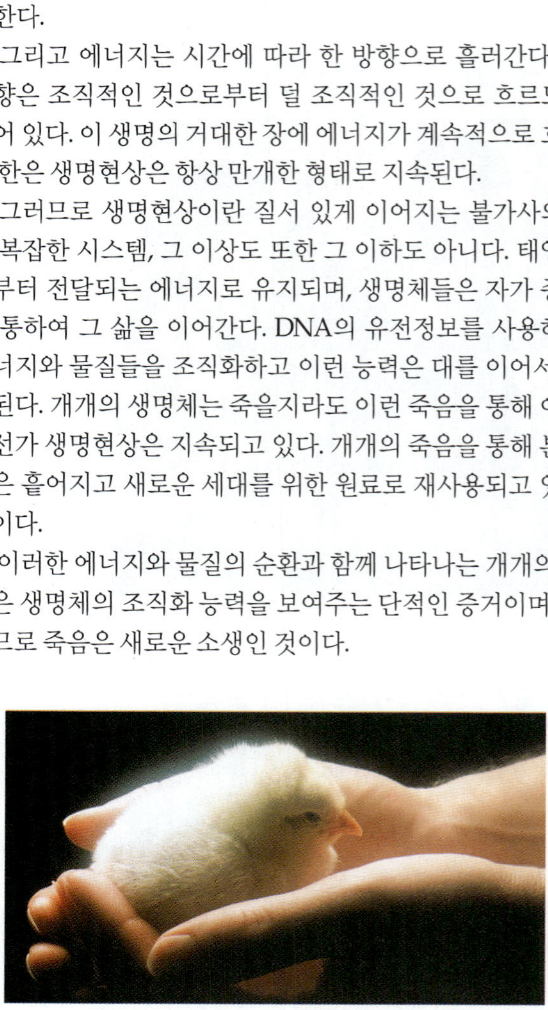

## 요약

**7.1절** 모든 생명체는 포도당이나 여타 유기화합물을 분해하여 ATP를 생산한다. 해당과정은 포도당이 두 분자의 피루브산으로 분해되는 과정인데 세포질에서 진행된다. 이것이 주요 에너지 발생과정의 첫 번째 단계인데 이 단계에서는 산소분자가 필요하지 않다. 이 무산소 호흡은 세포질에서 종료되며 생산되는 ATP는 매우 적다. 산소 의존적인 에너지 발생과정인 유산소 호흡은 미토콘드리아에서 계속되며 이 과정에서 많은 ATP가 생산된다.

**7.2절** 해당과정의 초기 과정에서는 두 분자의 ATP가 소모된다. ATP로부터 포도당으로 인산이 이동되어 포도당이 두 분자의 피루브산으로 쉽게 분해될 수 있게 만든다. 이 분해과정에서 방출되는 전자와 수소를 조효소인 $NAD^+$가 받아드려 NADH가 생성된다. 해당과정에서는 네 분자의 ATP가 생성되므로 ATP의 순 생산량은 두 분자이다.

**7.3절** 만일 피루브산이 미토콘드리아로 유입되면 여기서 피루브산은 완전히 분해되는데 이 과정이 유산소 호흡의 두 번째와 세 번째 과정이다. 두 번째 과정은 아세틸 CoA의 생성과 크렙스 회로이다. 두 분자의 피루브산은 두 분자의 아세틸 CoA로 바뀌는데 이 때 두 분자의 $CO_2$가 방출된다. 크렙스 회로가 두 번 돌면 한 회로 당 피루브산 한 분자씩 모두 분해되어 네 분자의 $CO_2$가 모두 방출되고 조효소인 $NAD^+$와 FAD가 전자와 수소를 모두 받아들인다. 또한 두 분자의 ATP도 생성된다. 전체적으로 8 개의 NADH, 2 개의 $FADH_2$, 2 개의 ATP, 그리고 6 분자의 $CO_2$가 유산소 호흡의 두 번째 단계에서 생성된다.

**7.4절** 유산소 호흡의 세 번째 단계는 미토콘드리아의 내막에서 전자 전달 사슬과 ATP 합성 효소에 의해 진행된다. 전자전달 사슬은 앞의 두 단계에서 생성된 NADH와 $FADH_2$로부터 전자와 수소를 받는다. 사슬을 통한 전자의 흐름은 미토콘드리아 내막 바깥에 수소이온을 축적시키는 원인이 된다. 결국 막을 사이에 두고 수소이온 농도와 전기적인 기울기가 형성된다. 수소이온은 ATP 합성효소의 통해 이 기울기를 따라 흘러들어 온다. 이 흐름이 ADP와 인산을 결합하여 ATP를 생성시키는 힘을 제공한다. 자유산소 분자는 전자전달 사슬의 맨 끝 물질로부터 전자를 받고 여기에 수소를 결합하여 물분자가 된다. 유산소 호흡의 순 에너지 생산량은 포도당 한 분자 당 ATP 36분자이다.

**7.5절** 발효 과정에서는 산소가 필요하지 않으며 세포질에서만 일어난다. 발효 과정에서는 해당과정에서 생성된 피루브산과 ATP만을 사용하며 해당과정 이후의 반응은 $NAD^+$의 재생산을 위한 것이다. 그러므로 에너지 순 생산은 해당과정에서 만들어진 2 ATP일 뿐이다. 알코올 발효에서는 두 분자의 피루브산이 두 분자의 에세트알데히드와 이산화탄소로 전환된다. 아세트알데히드는 NADH로부터 전자와 수소를 받아 알코올로 바뀌며 $NAD^+$가 재생산된다. 젖산 발효에서는 피루브산에 NADH가 전자와 수소를 전달하여 젖산이 만들어지고 $NAD^+$가 재생산된다. 골격근육의 느린 운동 근섬유와 빠른 운동 근섬유는 서로 다른 종류의 운동을 담당한다. 유산소 호흡과 젖산 발효는 근육을 형성하는 다른 세포 안에서 일어난다.

**7.6절** 사람의 체내에서는 탄수화물로부터 만들어지는 단당류, 지방으로부터 만들어지는 글리세롤과 지방산 그리고 단백질로부터 오는 아미노산의 탄소 골격이 대체 에너지 물질로서 유산소 호흡 과정으로 유입될 수 있다.

**7.7절** 생물체의 다양성, 상호연관성, 그리고 영속성등은 이들의 분자수준에서의 동질성에 기인한다.

## 자습-퀴즈

*정답은 부록 Ⅲ에 있음*

1. 해당과정이 시작되고 종료되는 장소는?
   a. 핵　　b. 원형질 막
   c. 미토콘드리아　　d. 세포질
2. 다음 중 해당과정에서 생성되지 않는 분자는?
   a. NADH　　b. 피루브산
   c. $FADH_2$　　d. ATP
3. 유산소 호흡이 종료되는 장소는?
   a. 핵　　b. 원형질 막
   c. 미토콘드리아　　d. 세포질

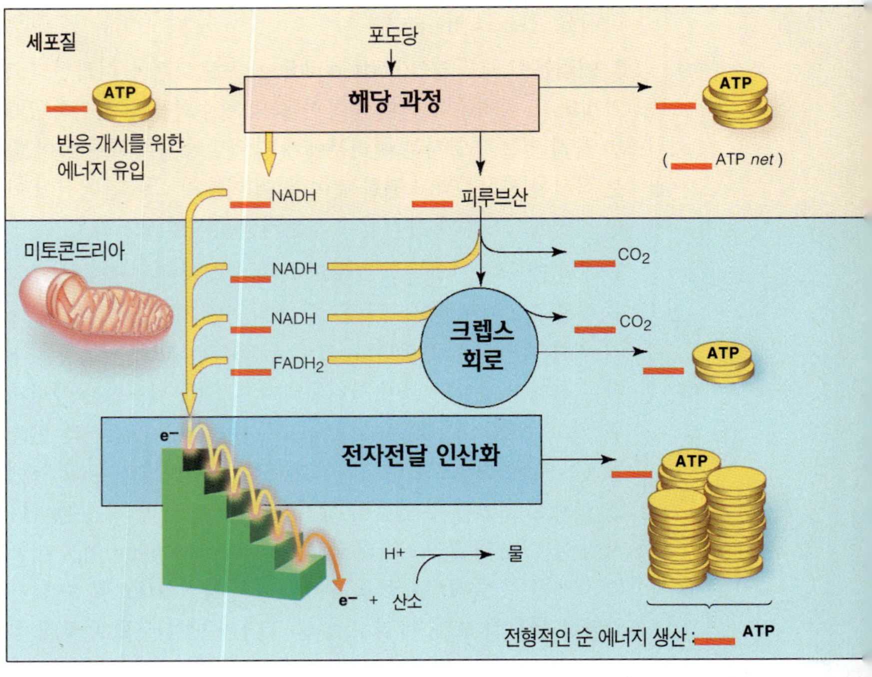

4. 유산소 호흡의 세 번째 단계에서 포도당으로부터 유래한 전자를 최종적으로 받는 물질은?
   a. 물　　b. 수소
   c. 산소　　d. NADH

5. 빈 곳에 적당한 숫자를 채워 완성하시오(121쪽 아래 그림).

6. 알코올 발효에서 포도당으로부터 유래한 전자를 최종적으로 받는 물질은?
   a. 산소　　b. 아세트알데히드
   c. 피루브산　　d. 황산염

7. 발효과정에서는 해당과정에서 생산된 ATP외에 더 이상의 ATP를 생산하지는 않는다. 그렇다면 그 이후 반응의 의미는?
   a. FAD의 재생산　　b. NADH의 재생산
   c. $NAD^+$의 재생산　　d. $FADH_2$의 재생산

8. 어떤 특정한 조건에서 어떤 생물체들이 포도당 대신에 대체 에너지 물질로 사용할 수 있는 것은?
   a. 지방산　　b. 아미노 산
   c. 글리세롤　　d. 전부

9. 가장 적당하게 설명한 것을 짝 지우시오.

| | |
|---|---|
| ____ 해당과정 | a. ATP, NADH, $FADH_2$, 이산화탄소 물 생산 |
| ____ 발효 | b. 포도당을 피루브산으로 분해 |
| ____ 크렙스회로 | c. $NAD^+$ 재생산, 2ATP 생산 |
| ____ 전자전달 인산화 | d. ATP 합성효소를 통한 $H^+$의 흐름 |

## *분석적으로 생각하기*

1. 살아 있는 세포들은 절대로 핵산을 대체 에너지원으로 사용하지 않는다. 그 이유는?

2. 여러분이 보디빌딩(body-building) 프로그램을 시작한다고 가정하자. 여러분이 이미 충분한 량의 탄수화물을 섭취하였다면 자격 있는 영양사는 여러분에게 단백질이 풍부하게 들어 있는 식사를 시작하라고 권할 것이다. 이 여분의 식이 단백질이 어떤 조직에서 어떻게 사용될 수 있는지 추측하여 보아라.

3. 매년 캐나다 거위들은 그들의 북쪽 서식지에서 정확한 대형을 갖추고 날아오른다. 그들은 좀 더 따뜻한 기후에서 겨울을 나기 위하여 남쪽으로 향한다. 그런 후 봄에는 다시 되돌아온다. 다른 철새의 경우와 같이 거위들의 비행 근육 세포들은 에너지원으로서 지방산을 매우 효율적으로 사용한다. 지방산의 탄소 골격은 작은 조각으로 분해되어 아세틸 Co-A로 전환된 후 크렙스 회로로 유입될 수 있음을 상기하라. 이 보다 좀 작은 캐나다 거위 한 마리가 알라스카의 배로우 곶(Barrow point)에서 미국의 오레곤 주 클래이마스 폭포 부근까지 약 3000 km를 죽 날아왔다고 생각해 보자. 마침 비행 중인 거위 발아래 토끼 맛에 침을 흘리며 쫓아오는 코요테를 피해서 달려 도망치는 토끼 한 마리가 내려다 보였다. 토끼는 죽을힘을 다해 달려서 간신히 안전한 자기의 굴에 도달 할 수 있었다. 토끼 다리의 근육 세포에서는 어떤 에너지 방출 과정이 활발하게 작동했는가? 캐나다 거위는 자신의 긴 여행 기간 중에 왜 토끼와는 다른 에너지 대사 과정에 의존하였는가? 또한  왜 거위의 비행 근육 세포가 선택한 에너지 방출 과정은 토끼가 자신을 잡아먹으려는 적으로부터 미친 듯이 달아날 때 사용하기에 적합하지 않은가?

4. 고도가 높아지면 산소의 수준이 낮아진다. 산악 등반가는 고산병의 위험이 있는데 고산병은 가쁜 호흡, 무기력증, 현기증, 혼란 상태 등의 특징이 나타난다. 기이하게도 청산 중독에 의한 초기 증상이 고산병과 매우 유사하다. 이 독극물은 시토크롬과 단단하게 결합하는데 시토크롬은 미토콘드리아 전자 전달 사슬의 맨 마지막 분자들이다. 시토크롬에 청산 분자들이 결합하게 되면 전자가 전자 전달 사슬의 다음 분자로 이동 될 수 없다. 왜 시토크롬의 전자 전달 기능 상실이 고산병과 같은 증세를 나타내는지 그 이유를 설명하라.

5. ATP는 미토콘드리아에서 생성된다. 온혈동물은 많은 열을 발생시켜서 체온을 조절할 수 있는 다양한 방법으로 순환 시킬 수 있다. 갈색 지방 조직 세포들은 미토콘드리아 막의 전자 전달 사슬의 형성을 교란 시키는 단백질을 만든다. 그러면 수소이온의 기울기가 영향을 받아 아주 적은 양의 ATP가 생성되며  전자 전달 사슬의 전자들이 갖고 있는 에너지는 더 많이 열로 방출된다. 이러한 이유로 어떤 학자들은 갈색 지방 조직이 희색 지방 조직과는 다르게 에너지 저장체로서의 기능을 갖지 않는다고 한다. 갈색 지방 조직은 열 발생체 혹은 열 생산의 기능을 수행한다는 것이다. 여러분이 기억하고 있듯이 미토콘드리아는 자체 DNA를 갖고 있는데 이 DNA는 북극과 열대 지방에서 각각 진화해온 사람 집단에서 독자적으로 변화되어 왔을 수 있다. 만일 그렇다면 미토콘드리아의 기능은 기후에 맞추어 적응되었을 것이다. 여러분들은 이러한 미토콘드리아의 적응이 그들의 선조가 살고 있던 것과는 전혀 관계가 없는 기후대에 살고 있는 사람들의 삶에 어떤 영향을 미쳤으리라 생각하는가? 여러분은 북극 지방에서 진화해온 조상들을 갖는 사람들이 열대 지방에서 살아 온 조상을 갖는 사람들보다 몸무게가 조금이라도 더 혹은 덜 나갈 수 있으리라 기대 할 수 있는가? 여기에 대한 더 많은 정보를 원하면 2004년도 1월 9일에 발간된 Science지 223-226 페이지를 보라.

# 단원 II 유전의 법칙

사람의 정자,
이것들 중 하나는
성숙한 난자에
삽입되고
이후 그들의
부모와 닮은
새로운 후손 개체
로 분화된다.
이 절묘한 예술은
주사 전자현미경
으로 본 모습에
근거한 것이다.

# 8 세포는 어떻게 생식하는가?

## 최근 이슈와 그 영향력 헨리타(Henrietta)의 불멸의 세포

각각의 인간은 수정란에서부터 시작한다. 출생 전 우리 인체는 무수히 많은 세포분열과 여러 과정을 통해 1조개의 세포로 구성된 신체를 형성한다. 성인이 된 후에도 수십억 개에 달하는 세포들은 여전히 분열하여 손상되고 낡은 세포들을 교체해 나간다.

1951년 Johns Hopkins 대학의 George와 Margaret Gey는 사람의 세포를 체외에서 분열시키는 방법을 개발하려고 시도하고 있었다. 어떤 불멸의(immortal) 세포 계통은 암이나 기타 질병뿐만 아니라 기초 생명 과정들을 연구하는 연구자들에게 도움을 줄 수 있다. 암을 연구하는데 세포를 이용하는 것은 직접 환자들에게 실험을 하면서 환자들의 생명을 위험하게 하는 것보다 훨씬 좋은 대체방안이다.

대략 30년 동안 Geys등은 사람의 정상세포와 질병에 걸린 사람의 세포를 키우기 위해 노력해 왔다.

그러나 그들은 세포의 자손들이 몇주 내에 죽는 것은 막을 수가 없었다. 실험실 조수였던 Mary Kubicek은 자가 영속성(self-perpetuating)과 배양된 사람의 암세포의 유대관계를 확립시키려고 노력했다. 그녀는 거의 포기상태였지만 1951년 마지막 시료를 준비했고 그 세포들을 Hela세포라고 이름붙였다.

Hela라는 이름은 환자의 성과 이름의 첫 두 글자를 따서 지은 것이다. Hela세포들은 분열하기 시작했고 4일 후 연구자들이 더 많은 배양관으로 세포들을 나눠야 할만큼 많은 세포들이 자라있었다. Hela세포들은 24시간 내내 분열했고 배양관의 표면을 하루만에 덮어버렸다.

그러나 불행하게도 환자의 몸에 있는 암세포도 급속도로 분열했다. 그녀가 암으로 진단받은 지 6개월 후 악성세포들은 그녀의 몸 곳곳으로 침투했고, 2달 뒤Henrietta Lacks이라는 볼티모어의 젊은 여자는 죽었다.

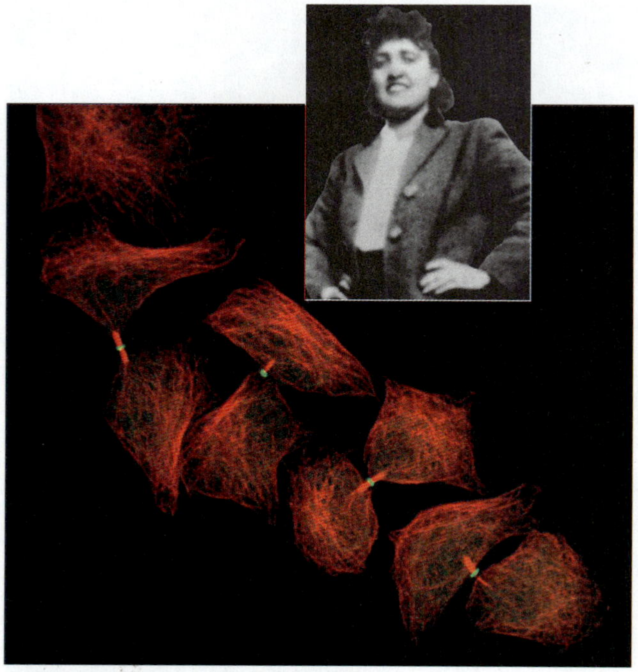

**그림 8.1** 분열중인 HeLa 세포- 암의 희생장 Henrietta Lacks의 유산. 과학의 발전을 위해 기부된 그녀의 세포들은 매일 다른 곳에서 여러 사람들을 돕고 있다.

## 개요도

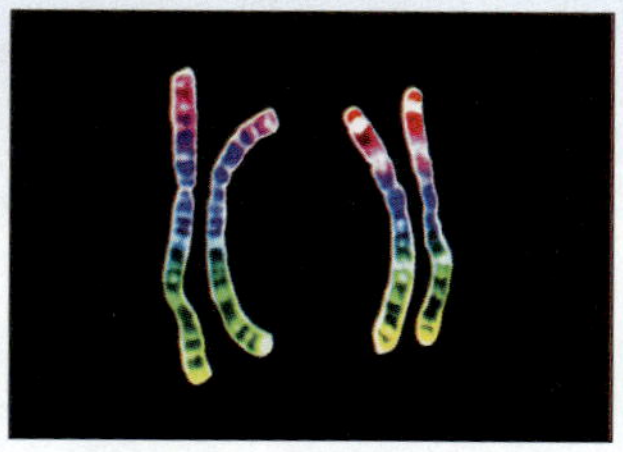

**무엇이 언제 분열하는가** 진핵세포들은 염색체를 복제하고 이를 감수분열과 유사분열을 통해 유전적으로 동일한 꾸러미를 만들고 이어서 세포질과 함께 그 꾸러미들을 딸세포로 나누어줌으로써 번식한다. 원핵세포들은 상이한 기작으로 분열한다.

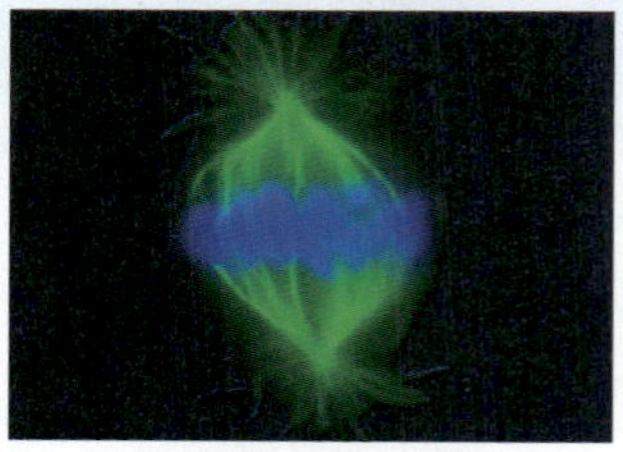

**유사분열(체세포 분열)** 유사분열, 핵분열과정은 4개의 연속된 단계를 가지고 있다. 이들은 전기, 중기, 후기, 말기로 구성되어 있다. 이 단계를 거치는 동안 방추사가 복제된 염색체를 움직여서 2개의 유전적으로 동일한 핵을 만들 수 있도록 한다.

비록 Henrietta는 죽었지만, 그녀의 세포는 Gey 등의 연구실에 살아있다(그림 8.1). 일찍이 HeLa 세포는 전세계의 연구실로 보내졌다. Gey등은 그당시 유행하던 소아마비의 원인인 바이러스성 종류를 정밀동정하는 데 HeLa 세포를 사용했다. 또한 그들이 개발한 조직배양기술은 백신개발에 이용되곤 했다. 다른 과학자들은 암의 기작이나 바이러스의 생장, 방사선의 영향, 단백질 합성 등에 HeLa세포를 사용했다. 심지어 어떤 HeLa세포는 Discoverer 17호를 타고 실험목적으로 우주를 여행하기도 했다. 해마다 수백개의 중요한 연구과제들이 진행되면서 '불멸의(Henrietta)' 세포의 도움을 받았다.

Henrietta는 겨우 31살 때 잘못된 세포분열로 죽었다. 수십년 후 그녀가 남긴 유산은 매일 꾸준한 분열을 통해 도처의 많은 사람들에게 도움을 주고있다.

세포분열을 이해하는 것, 그리고 궁극적으로 새로운 개체들이 어떻게 모체를 닮게 되는지에 대한 것은 세 가지 질문에 대한 답으로 이해할 수 있다. 첫째, 어떤 종류의 정보가 유전을 이끌어내는가? 둘째, 어떻게 정보가 암세포로 배분되기 전에 부모세포로부터 복제되는가? 셋째, 어떤 종류의 과정이 딸세포에게 정보를 전해주는가?

우리는 세포생식과 다른 유전기작을 살펴보기 위해 적어도 한 장 이상을 살펴보아야 한다. 이 장은 세포의 생식에 이용되는 구조와 과정을 소개한다.

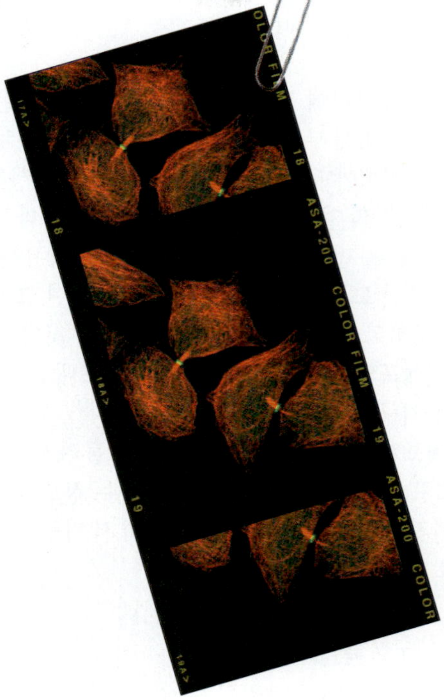


### 찬반의견 투표

*당신의 장기를 파는 것은 불법이다. 그러나 당신은 난자, 정자, 혈액세포를 포함한 당신의 세포를 팔 수 있다. HeLa세포는 계속해서 세포배양회사에 의해 전세계로 팔려나가고 있다. Henrietta Lack 의 가족들은 그 이익을 공유해야 하는가? 자세한 사항은 미디어 메뉴를 보고, 온라인상에서 투표하라.*

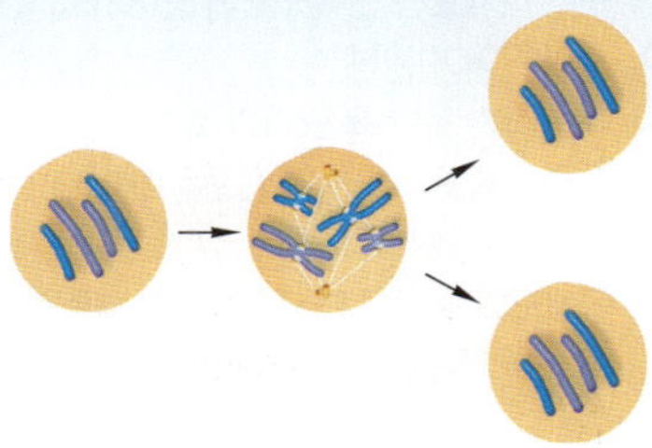

**세포질 분열** 핵분열 후 각각의 딸세포에 핵이 전형적으로 하나씩 분배되는 방식으로 세포질이 분열한다. 동물세포의 세포질은 간단하게 가운데가 오목해지면서 2개로 나누어진다. 식물세포는 세포질 속에 벽을 형성함으로써 나누어진다.

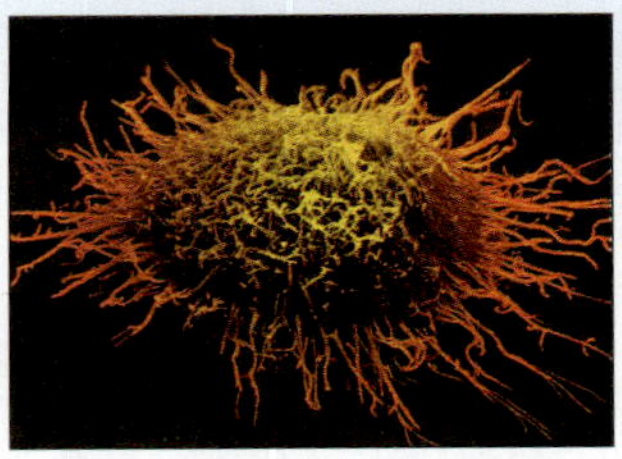

**세포주기와 암** 세포주기는 세포분열의 시기와 속도를 조절하는 교유의 설계된 점검점(check point) 기작을 가지고 있다. 드물게 이러한 감시 기작에 이상이 생기면 세포분열이 통제불능이 되어 결국 종양이 생기게 된다.

## 8.1 세포분열 기작의 개요

*생명의 연속성은 번식에 달려 있다. 이 과정에 의해서, 부모는 세포의 새로운 세대나 그들 자신과 같은 다세포화된 개체를 생산한다. 세포분열은 세대 사이의 교량 역할을 한다.*

분열중인 세포는 난관에 직면한다. 각각의 딸세포들은 그들 스스로 기능하기 위해 부모의 DNA에서 암호화된 정보와 충분한 세포질을 얻어야만 한다. DNA가 단백질을 생성하도록 '지시'한다. 단백질의 일부분은 구조적인 물질이고 다른 부분은 조직구성성분을 만들도록 촉진하는 효소로 작용한다. 만약 세포가 필요한 모든 정보를 물려받지 못한다면 그 세포는 성장하지도 못하고 제 기능을 발휘할 수도 없을 것이다.

또한 모체세포의 세포질은 이미 효소, 세포내 소기관, 다른 대사 작용 기구를 가지고 있다.

만약 딸세포가 세포질의 어떠한 성분을 물려 받을 때 딸세포는 스스로 성장하기 위해서 DNA에 있는 정보를 사용할 수 있을 때까지 초기 기능을 지속할 작동 개시 기구를 모체로부터 실제로 얻고 있다.

### 유사분열, 감수분열, 원핵세포들

진핵세포는 바로 두 개로 분열될 수 없다. 왜냐하면 하나의 핵이 DNA를 가지고 있기 때문이다. 진핵세포는 그들의 세포질을 두 개의 딸세포로 나눈다. 그러나 그들은 유사분열과 감수분열에 의해 DNA가 복제되고 분류되고, 꾸러미로 포장된 뒤에서 세포질 분열을 수행한다.

**유사분열**은 다세포 진핵생물의 체세포에서 일어나는 핵분열 기작이다. 이것은 성장하는 동안 몸의 크기가 커지고, 죽은 세포가 대체되고, 조직이 복구되는 것의 근거가 된다. 많은 식물, 동물, 균류와 단세포 원생생물 또한 무성생식을 하거나 유사분열을 통해 그들 자신을 복제한다(표 8.1)

**감수분열**은 핵분열 기작과는 다르다. 이것은 오직 유성생식에만 기능한다. 그리고 이것은 정자와 난자와 같은 배우자나 포자를 형성하기에 앞서 일어난다. 복잡한 동물에서 배우자는 생식세포로부터 형성된다. 이 장과 뒷장에서 보게 될 내용처럼 유사분열과 감수분열은 많은 공통점을 가지고 있지만 결과는 전혀 다르다.

고세균(archaea)과 진정세균(eubacteria)과 같은 원핵세포는 어떠할까? 그들은 원핵세포분열로 불리우는 완전히 다른 기작에 의해 무성생식을 한다. 우리는 나중에 19.1절에서 원핵생물의 분열을 생각해 볼 것이다.

### 염색체 구조에 관한 중요점

모든 진핵세포는 각각 수많은 단백질이 붙어 있는 특징적인 수의 DNA분자를 가지고 있다. DNA분자와 그것의 단백질이 하나의 **염색체**를 이룬다. 염색체는 세포가 핵분열에 들어가기 전에 복제된다. 각각의 염색체와 그들의 복제본은 핵분열과정이 끝날 때까지 자매염색분체 상태로 서로 붙어 있다. 각각의 염색분체는 모래사장 위에서 일광욕을 하는 사람의 쫙 뻗은 한쪽 팔과 한 쪽 다리로 생각해 볼 수 있다(그림 8.2).

유사분열 또는 감수분열 초기 염색체는 단백질과 DNA의 상호작용에 의해 아주 밀집되면서 반복적으로 꼬인 코일 형태가 된다. 고배율에서 당신은 끈위에 구슬처럼 보이는 histone단백질을 볼 수 있을 것이다(그림 8.3d). DNA는

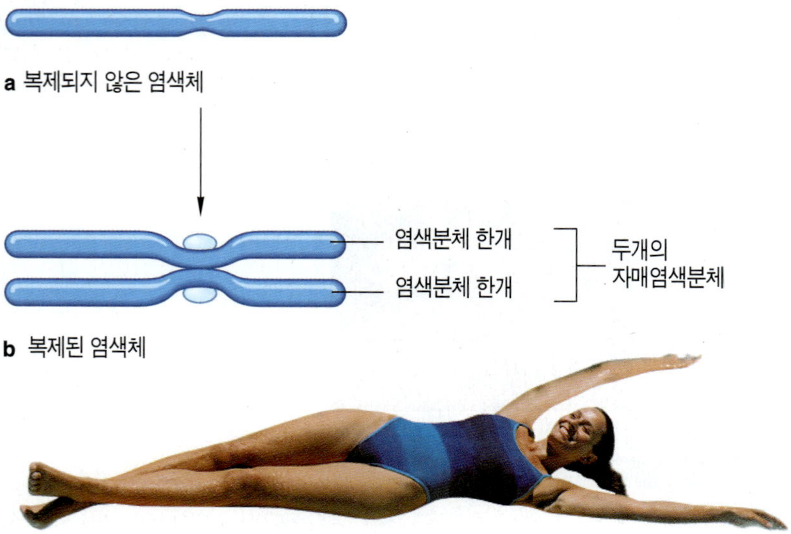


**그림 8.2** 복제되지 않은 상태와 복제된 상태에서의 진핵세포 염색체를 단순화 한 것이다. 진핵세포는 유사분열 또는 감수분열이 일어나기 전에 복제된다.

**표 8.1 세포분열기작**

| 기작 | 기능 |
|---|---|
| **유사분열, 세포질 분열** | 모든 다세포성 진핵생물에 있어서 다음의 과정의 근거가 된다.<br>1. 성장기 동안 몸 크기의 증가<br>2. 죽은세포나 오래된 세포들의 대체<br>3. 손상된 조직의 복구<br>단세포와 수많은 다세포성진핵생물들에 있어서 또한 무성생식의 근거가 된다. |
| **감수분열, 세포질 분열** | 단세포 또는 다세포성 진핵생물에서 배우자나 포자를 만드는 과정의 성행과정으로서의 유성생식의 근거가 된다(9장). |
| **원핵세포분열** | 진정세균와 고세균에서만 무성생식의 근거가 된다(19.1절). |

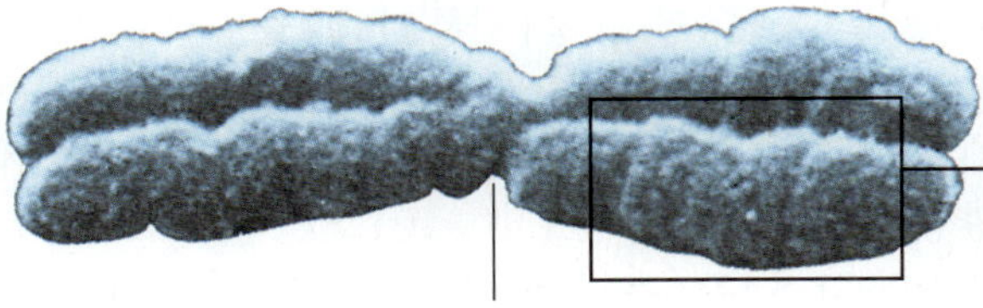


ⓐ 가장 응축된 형태의 복제된 인간 염색체.

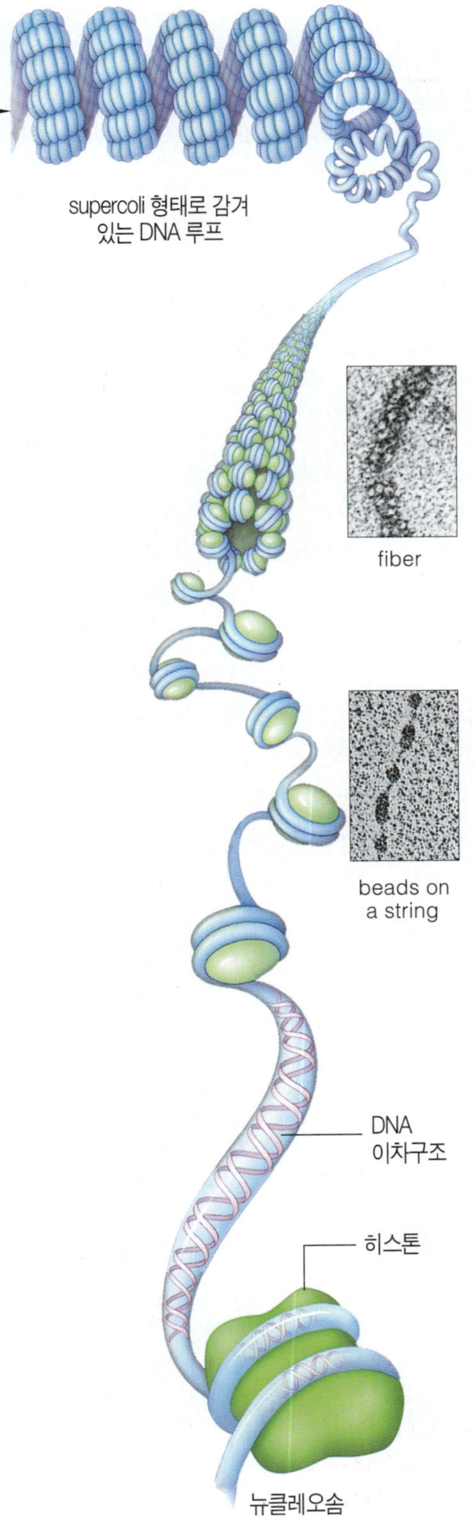


**그림 8.3** (**a**) 가장 압축된 형태인 복제된 사람염색체의 주사 전자현미경 사진. (**b,c**) 서로 연관된 단백질이 원통모양섬유의 초나선(supercoil) 배열에서 꼬인 DNA 고리를 유지하고 있다. (**d,e**) 유기체의 가장 기본적인 단위는 뉴클레오솜이다; DNA분자의 일부가 히스톤의 중심을 두 번 감고 있다. 투과전자현미경 사진은 조직화 단계의 (**c**)와 (**d**)에 일치한다.

histone "실패(spool)"에 2번 감겨 있다. 하나의 histone-DNA 실패는 염색체를 구성하는 염색질의 구조단위인 **뉴클레오솜**이다.

각각의 복제된 염색체가 응축되는 동안, 길이에 따라 예상되는 위치에 두드러진 응축이 나타나는데 이러한 구조물이 **동원체**이다. 염색체의 자매염색분체들은 서로 붙어있다(그림 8.3). 자매염색분체에서 동원체를 볼 수 있다. 동원체는 핵분열동안 염색체를 옮길 미세소관과 관련된 부착소(docking site)이다.

동원체의 위치는 염색체의 각 유형에 따라 다르고 이것은 염색체의 특징 중 하나이다. 그럼 무엇이 구조적 유기체의 핵심일까? 이들이 단단하게 뭉쳐있는 것은 핵분열시 풀려지거나 분리되는 것으로부터 염색체를 보호하는데 도움을 준다.

또한 분열하는 사이에, 단단하게 뭉쳐져 있는 뉴클레오솜은 선택된 부위를 느슨하게 하여 DNA정보가 요구되는 부위에 일정 효소들이 작용하도록 할 수 있다.

세포분열이 일어날 때 각각의 딸세포는 필요한 수의 염색체와 세포질을 배분받는다. 진핵세포에서, 이것은 핵과 세포질 분열을 포함한다.

핵분열과정의하나인 유사분열은 몸의 성장, 세포대체, 조직회복, 진핵세포에서의 무성생식이 근거가 된다.

다른 핵분열기작인 감수분열은 유성생식의 근거가 된다. 이것은 배우체 또는 포자 형성에 앞서 일어난다.

## 8.2 세포주기의 소개

*세포주기에서 되풀이되는 일련의 과정들을 통해 세포번식에 대해 생각해 보자. 이는 세포의 생활주기와는 다른 개념으로 세포가 일생을 마감하는 순간까지 계속된다.*

**세포주기**는 그림 8.4에 나와있는 것처럼 연속적인 과정이다. 유사분열과 세포질분열에 의해서 새로운 딸세포가 형성될 때 세포주기는 시작되고, 세포가 나누어지면 비로소 세포주기는 종료된다. 세포주기는 유사분열, 세포질분열, 간기로 구성된다.

### 간기의 경이로움

**간기** 동안 세포의 부피, 세포질의 구성요소가 두배로 늘어나고 DNA가 복제된다. 대부분의 세포에서는 간기가 세포주기의 많은 시간을 차지한다. 생물학적으로 간기는 3부분으로 나눌수 있다.

- G1 : 세포가 성장하고 DNA복제를 "준비"하는 "간극(Gap)"기간이다.
- S : DNA를 복제하는 "합성(synthesis)"의 시기이다.
- G2 : DNA 복제 후 유사분열을 준비하는 두 번째 간극(Gap) 기간이다.

G1, S, G2기는 각 기간의 이름으로 핵안에 있는 DNA를 정확히 복제한다. 이 기간에 수많은 DNA가 핵 속에 채워진다. 이는 실제로 경이로운 일이다. 예를 들어 체세포 하나의 DNA분자들을 일자로 펼치면 손끝에서부터 팔을 넘는 부분까지 확장된다. 도롱뇽 세포 하나의 DNA를 일자로 연결하면 대략 540feet가 된다.

이 주기의 과정동안 효소와 다른 단백질들은 세포 안에서 여러 작용을 한다. 이들은 세포가 분열하기 전, 모든 DNA분자들이 복제되는데 기초가 된다. 대부분의 세포 작업은 간기에서 완성된다.

간기의 G1, S, G2기는 독특한 생합성과정을 갖는다. G1기에서 단백질, 탄수화물, 지방이 생성되는 동안 대부분의 세포는 그대로이다. DNA와 단백질이 결합하여 DNA가 복제되면 S기로 들어가게 되고 이때 세포는 분열하기위해 파괴된다. G2기 동안에는 유사분열에 필요한 단백질이 합성된다.

S기가 한번 시작되면 DNA복제는 일정하게 진행되며 유사분열하는 동안 계속된다. 같은 종의 세포에서는 일정한 속도로 DNA 복제가 이루어지는데 이는 세포에도 조절장치가 있다는 것을 의미한다. 이 조절장치는 G1기에 적용되며 조절장치를 지날 때 세포주기는 다음 단계로 넘어간다. 다르게 말하면 *이 조절장치가 세포분열을 조절한다고 할 수 있다.*

차와 비교해보면, 조절장치가 없다는 것은 가파른길을 브레이크 없이 달리는 것과도 같다. 이 장 뒤에도 나와 있지만 이를 통해 암의 진행이 어떻게 이루어지는지 알 수 있다. 세포분열 전반에 걸쳐 이러한 조절장치가 없다면 세포주기는 멈추지 않고 계속 분열할 것이다.

세포주기는 같은 종류의 세포에서는 동일한 시간이 걸리는 반면 다른종류의 세포와는 차이가 있다. 예를 들어 우리 뇌의 모든 신경세포는 간기의 G1기에 멈춰져 있고 더 이상 분열하지 않는다. 반면에 혈구세포는 매초마다 2~3백만개의 적혈구 전구세포는 계속 생성되어 우리의 신체를 돌고 있는 늙은 세포들을 대체하고 있다. 성게 배아의 발달 초기에는 2시간마다 세포의 수가 2배로 늘어난다.

불리한 환경에서는 세포주기가 종종 중단되기도 한다. 예를들어 중요한 영양물질이 결핍된 경우 아메바라 불리는 독립생활세포는 간기에서 멈추어버린다. 그렇더라도 어느 세포 하나라도 간기의 한 특정 시점을 넘어서게 되면 외부환경에 상관없이 정상적으로 다음 단계로 넘어갈 수 있다.

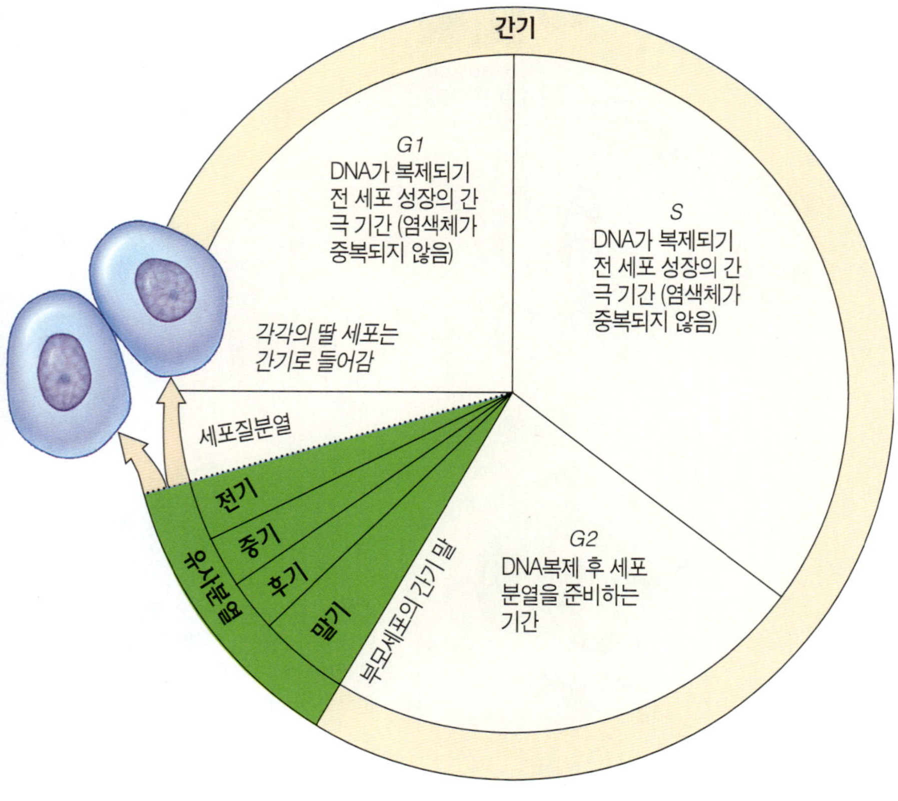


**그림 8.4** 일반화된 진핵세포의 세포주기. 각각의 간격은 세포 종류에 따라 다르다.

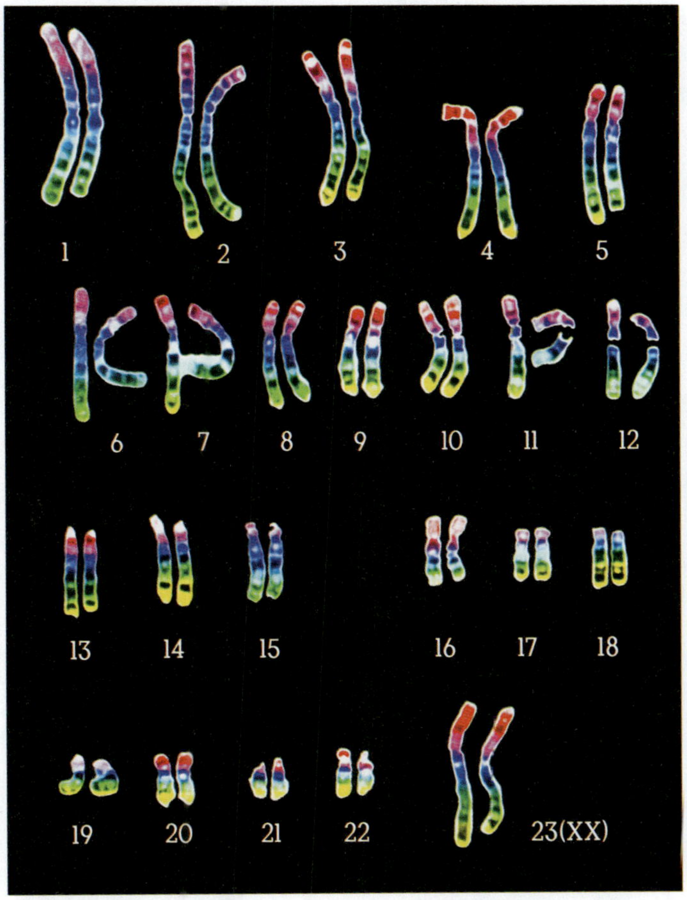


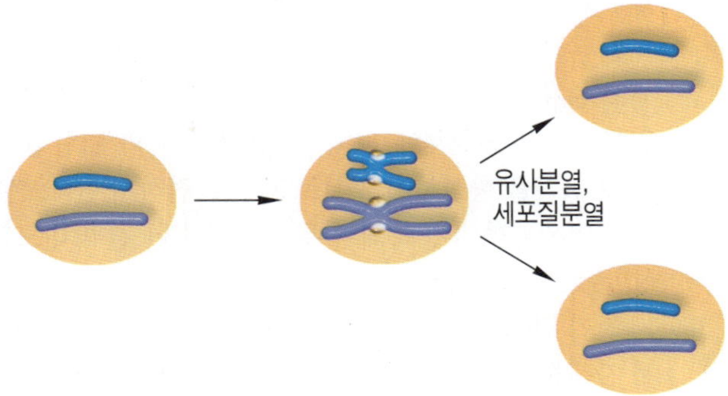


ⓐ 간기 때 부모세포에서의 두 개의 염색체 (복제되기 전)

ⓑ 유사분열 전 전기 때 두쌍의 염색체 (복제된 후)

ⓒ 딸세포에서 간기가 시작될 때의 두개의 염색체 (복제되기 전)

**그림 8.5** *위쪽* : 유사분열에서 부모의 염색체 수가 다음 세대로 어떻게 유지되는지 생각해 볼 수 있는 방법
*왼쪽* : 여성의 이배체 세포로부터 23쌍의 중기염색체를 얻은 것이다. 마지막 두 개는 성염색체의 한쌍이다. (여성의 경우 XX, 남성의 경우 XY). 여성에서 체세포가 유사분열을 하고 세포질 분열이 일어나면 딸세포에는 23쌍의 염색체가 부모세포와 같은 수로 존재하게 된다.

## 유사분열과 염색체 수

각각의 종에는 특징적인 염색체 수가 존재하며 염색체 수는 세포의 유형을 결정짓는다. 고릴라와 침팬지는 48개, 완두콩은 14개, 그리고 사람은 46개의 염색체를 가지고 있다.

사실, 세포는 염색체의 2배체 수를 가지며 이들은 쌍으로 이루어져 있다. 46개라는 것은 1에서 23까지 쌍을 이룰 때의 양과 같다. 당신은 쌍으로 이루어져 있는 22개의 염색체를 가지고 있다.

성염색체를 제외하고는 둘 다 같은 길이, 같은 형태, 같은 형질에 대해 같은 유전정보를 가지고 있다. 어떻게 집을 지을 수 있는지에 대한 두 권의 책이 있다고 가정해보자. 한권은 당신의 아버지로부터 받은 것이고, 나머지 한권은 배관, 배선 등에 대한 고유한 내용을 가지고 있는 어머니로부터 받은 것이다.

유사분열을 거치면서 2배수체인 부모세포는 2배수체인 딸세포를 생산한다. 이것은 단지 46개, 48개 또는 14개의 염색체를 얻는다는 의미가 아니다. 총 염색체 수가 맞더라도 하나의 세포에서 22번 염색체는 쌍을 이루지만 9번 염색체는 쌍을 이루지 않을수 도 있다. 이처럼 세포는 염색체가 쌍을 이루지 못하면 부모세포처럼 제 기능을 할 수 없다.

유사분열은 4개의 단계를 가진다 : 전기, 중기, 후기, 말기. 모든 단계에서는 양극의 **방추체**를 이용한다. 이러한 역동적인 구조는 튜뷸린(tubulin)단위체들이 끝에 첨가되거나 소실되면서 길어지거나 줄어드는 미세소관에 의해 만들어진다. 방추체는 미세소관들이 겹쳐질 때까지 양극으로부터 서로 반대 방향으로 자라면서 형성된다. 어떤 것들은 복제된 염색체를 매어 놓기도 한다.

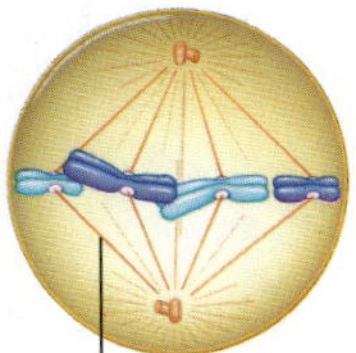

양극의 방추체 미세소관

각각의 염색체에서 하나의 염색분체는 방추체의 극으로부터 뻗어나온 미세소관에 부착된다. 다른 자매염색분체는 다른 극에서 뻗어나온 미세소관에 부착되어 극으로 끌려간다. 세포질이 분리되기 전에 완벽하게 한 쌍이었던 염색체는 반으로 나누어진다. 지금까지 어떻게 유사분열이 부모세포의 염색체 수를 계속해서 유지할 수 있는지에 대해 연속적인 세포주기를 통해서 알아보았다(그림 8.5).

하나의 세포주기는 간기, 유사분열, 세포질분열로 이루어져 있다. 간기동안 새로운 세포의 양과 세포질의 구성요소의 수가 두배로 늘어나고 염색체가 복제된다. 세포 주기는 유사분열을 겪고 그 후 세포질이 분리된 후 끝난다.

# 8.3 유사분열에 대한 자세한 관찰

*유사분열시 하나의 세포가 다음세대로 분열될 때 어떻게 염색체의 수가 유지되는지 동물세포로부터 관찰해보자.*

세포는 유사분열의 첫 단계인 전기에 들어간다. 이미 복제된 염색체들이 동원체에 의해 자매염색분체와 결합한다. 그들은 실 모양을 형성하지만 서로 꼬이고 접히게 된다. 전기말이 되면 염색체들이 응축되어 두껍고 조밀한 긴 막대모양을 형성할 것이다(그림 8.6a-c)

전기 전에 두개의 통모양의 중심과 중심체들이 핵 근처에서 자신들을 복제하기 시작한다. 앞서 언급하였듯이 중심립에서 섬모와 편모가 자라난다. 동물세포에서는 중심립이 중심체에 묻혀있으며 중심체는 중심립이 형성을 도와준다. 중심체는 미세소관이 발생하는 곳이다. 전기에는 두 개의 중심체처럼 복제된 두개의 중심립 핵의 반대편으로 이동한다. 미세소관은 각각의 중심체에서 생겨난다. 이러한 미세소관이 양극의 방추체를 형성한다.

전기말이되면 핵막은 작은소포들로 조각조각 나누어진다. 미세소관은 염색체들과 서로 작용한다. 어떤 것들은 동원체라고 불리는 결합지점에서 염색체와 결합한다. 다른 것들은 염색체의 장완, 단완에 결합한다. 그리고 두개의 방추체 사이 중앙에 방추사가 겹쳐질 때까지 일부는는 중심체로부터 계속해서 자란다. 방추체는 ATP에너지에 의해서 움직이고, 동력 단백질인 디네인(dynein)과 카네신(kinein)은 방추체를 형성하고 염색체와 결합하여 염색체를 움직이는데 필요한 힘을 생산해낸다.

하나의 극으로부터 나온 미세소관은 각각 염색체의 염색분체와 결합하고 있으며 반대 방향의 극으로부터 나온 미세소관 또한 염색분체와 결합하고 있다. 미세소관은 줄다리기를 하듯 방추사가 같은 길이가 될 때까지 자라고 수축한다. 이때 중기가 시작되고 모든 복제된 염색체들이 방추체 양극 사이 중앙에 일렬로 배열한다. 이러한 배열은 다음 세포분열 단계를 위해 필수적이다.

후기에서 자매염색분체의 동원체가 분리되어 각각의 염색분체는 세포의 양끝인 방추체 양극으로 이동하게 된다. 동력 단백질에 의해서 동원체는 미세소관을 따라 세포의 양끝으로 움직이게 되고 동원체와 함께 염색분체 또한 끌려가게 된다.

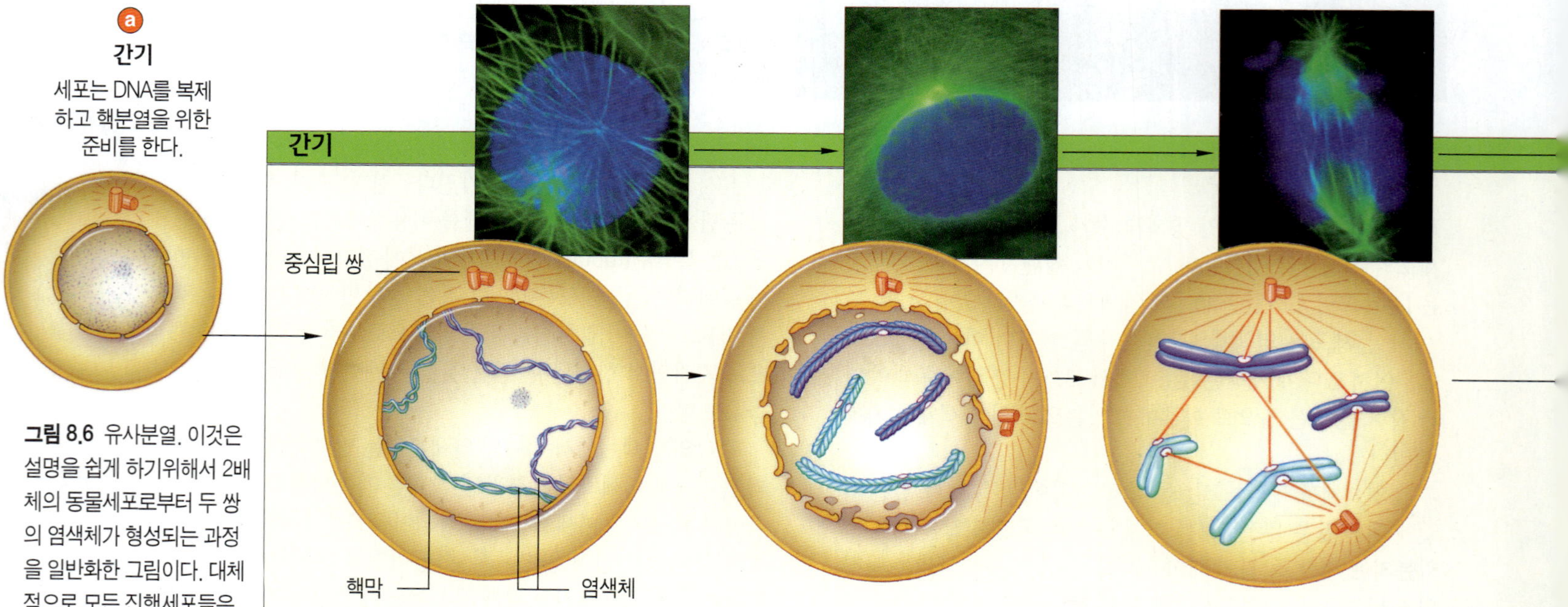


**a 간기**
세포는 DNA를 복제하고 핵분열을 위한 준비를 한다.

**그림 8.6** 유사분열. 이것은 설명을 쉽게 하기위해서 2배체의 동물세포로부터 두 쌍의 염색체가 형성되는 과정을 일반화한 그림이다. 대체적으로 모든 진핵세포들은 이것보다 더 많은 염색체 쌍을 가지고 있다. 위의 현미경 사진은 유사분열중인 생쥐 세포를 본 것이다. 이 세포의 DNA는 청색으로 염색되어 있고 미세소관들은 녹색으로 염색되어 있다.

**b 전 전기**
유사분열이 시작되는 단계이다. 이들과 관련된 DNA와 단백질들이 응축을 시작한다.
자주색으로 표시된 두 염색체는 어머니로부터 받았다. 파란색으로 표시된 다른 두개의 염색체는 아버지로부터 받은 것이다.

**c 후 전기**
염색체는 계속해서 응축한다. 새로운 미세소관이 형성된다. 미세소관은 중심립과 중심체의 두쌍 중 하나를 세포의 반대쪽 끝으로 움직인다. 핵막이 붕괴되기 시작한다.

**d 중기로의 이동**
미세소관이 핵 부위으로 침투한다. 미세소관은 양 극 방추체를 형성한다. 어떤 미세소관은 염색체의 자매염색분체에 붙는다. 그 외의 다른 미세소관은 방추체 적도판에서 겹쳐진다.

동시에 염색분체가 부착되어 있음에도 미세소관의 말단은 짧아진다. 실제 효과는 자매염색분체가 양극으로 각겨 끌려간다는 것이다. 이와 동시에 방추체 양극 사이 중앙에 겹쳐진 미세소관들 또한 각자의 방향으로 끌려올라가게 된다. 이때 동력 단백질은 두개의 방추사극이 서로 더멀리 떨어지도록 작용한다.

자매염색분체는 유전적으로 동일하다. 후기 자매 염색분체는 각각 분리되면, 각각은 완전한 형태의 분리된 염색체가 된다.

염색체의 각 세트가 방추사극에 도달하게 되면 말기가 시작된다. 세포의 각 절반은 유전적으로 동일한 두개의 염색체 집단을 갖게 된다. 이때 모든 염색체는 풀리지 시작한다. 오래된 핵막에서 유래된 소포가 융해되어 각 집단 주위에 조각막을 형성한다. 이러한 막의 파편들은 새로운 핵막이 되어 각각의 염색체 집단를 에워쌀 때까지 서로 이어진다. 그리고 두개의 새로운 핵이 형성된다(그림 8.6g). 우리를 예르들면 부모세포가 2배수의 염색체를 가지고 있었던 것처럼 딸세포들은 각각 2배수의 염색체를 가지는 것이다.

두개의 핵이 형성되면 말기가 끝이 나고 이를 유사분열이라 한다.

유사분열이 일어나기 전에 세포의 핵 안에서 각 염색체가 복제되고, 이러한 염색체는 두개의 자매염색분체로 구성된다.

전기에서는 염색체가 간상의 형태로 응축되고 미세소관이 양극에 방추체를 형성한다. 그리고 핵막이 조각조각 나뉘어진다. 어떠한 미세소관은 견인줄을 매달아 염색체를 통제한다.

중기에서는 모든 염색체들이 방추체 양극 사이 중앙 적도면에 일렬로 배열한다.

후기에서는 미세소관들이 각 염색체의 자매염색분체들을 반대편 방추체 양극으로 이동시킨다.

말기에서는 풀려있는 염색체의 꾸러미 주위로 새로운 핵막이 형성된다.

앞서 말한 바와 같이, 유사분열을 통해 두개의 딸핵이 형성되고 각각은 모세포의 핵과 동일한 수의 염색체를 가지게 된다.

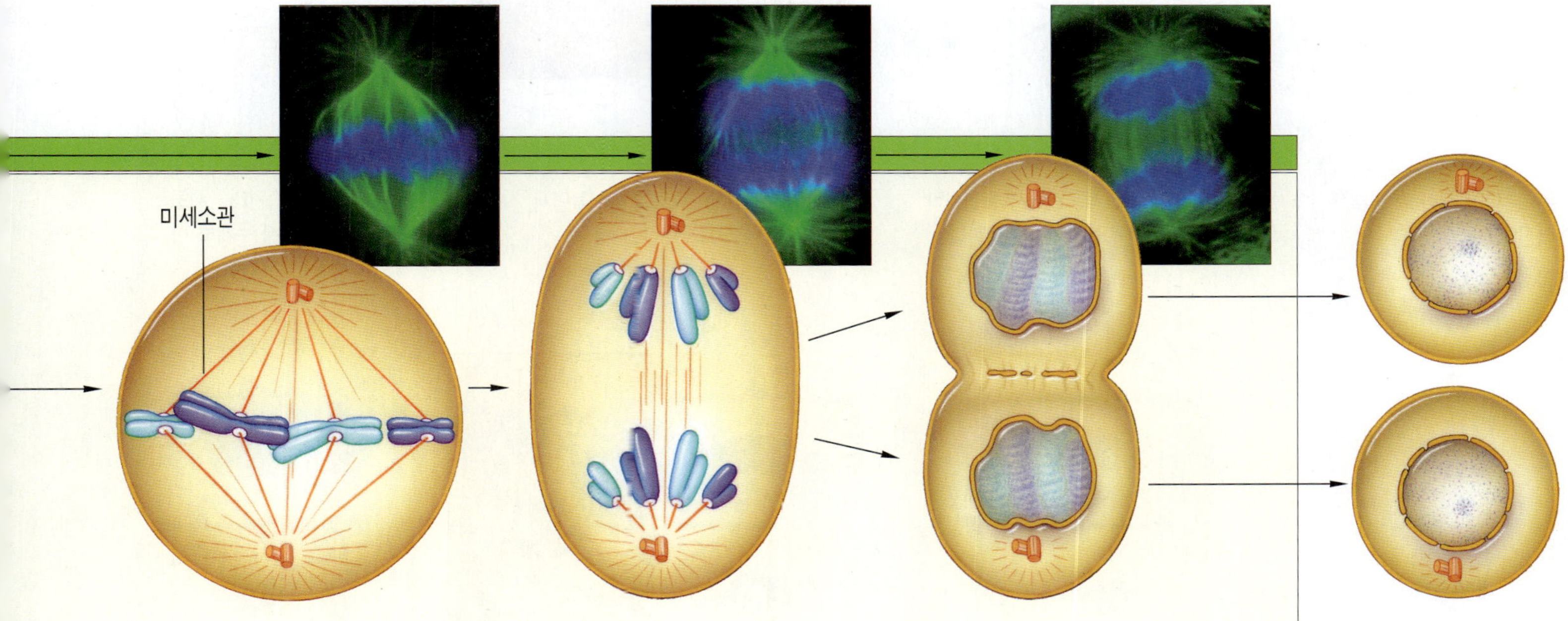


**ⓔ 중기**

모든 염색체는 방추체 양극 사이의 중앙에 배열한다. 유사분열과 세포주기의 이 단계에서 염색체는 가장 응축된 형태를 이룬다.

**ⓕ 후기**

각 염색체의 자매염색분체들은 동역 단백질이 부착된 상태로 양극방향으로 움직인다. 미세소관들은 반대방향의 방추사극 쪽으로 염색분체들을 끌어당긴다. 또 다른 방추체 미세소관들은 더멀리 떨어진 곳으로 서로를 밀어낸다.

**ⓖ 말기**

풀려져있는 염색체 두개의 집단이 있다. 새로생긴 막의 조각들이 새로운 핵막으로 융합된다. 이로써 유사분열이 완성된다.

**ⓗ 간기**

세포질 분열 후 두개의 딸세포를 형성한다. 각각은 이배체이다 : 이들의 핵은 모세포와 동일한 염색체를 가지게 된다.

## 8.4 세포질 분열

*세포질은 보통 후기말과 말기의 끝 사이에서 분열된다. 세포질분열 또는 cytokinesis라고 불리는 이 과정은 종들마다 차이가 있다.*

### 동물에서의 분할

동물세포는 분할에 의해 분열되는데, 그 기작은 세포질을 조여 두개로 만드는것이다. 일반적으로 원형질막은 세포 양극 사이의 중간정도 위치에서 가늘게 만입함으로써 내부로 함몰한다(그림 8.7a). 이 분할홈은 동물세포에서 세포질이 분열하고 있다는 첫 번째 눈에 보이는 표시이다. 그 홈은 세포둘레에서 모든 방향으로 확장할 때까지 전진한다. 이렇게 할수록, 이전의 미세소관 방추체의 적도판에 해당하는 면을 따라 더욱 깊어진다.

어떻게 이런 일이 일어나게 되는 것일까? 원형질막 바로 아래에 있는 세포질 속에 얇은 환상의 띠로 조직되어 있는 미세섬유가 절단하기 위해 수축하는 힘을 발생시키기 때문이다(그림 8.8). 이들 세포골격 요소들은 원형질막에 부착되어 있다. 4.10절의 개요에 있듯이 그들은 서로를 지나치며 활주한다. 이렇게 되면 원형질막을 점점더 깊게 안으로 끌게되고 세포질이 분할될 때까지 끌게된다. 이러한 방식으로 형성된 각각의 딸세포는 핵과 약간의 세포질 그리고 원형질막으로 구성된다.

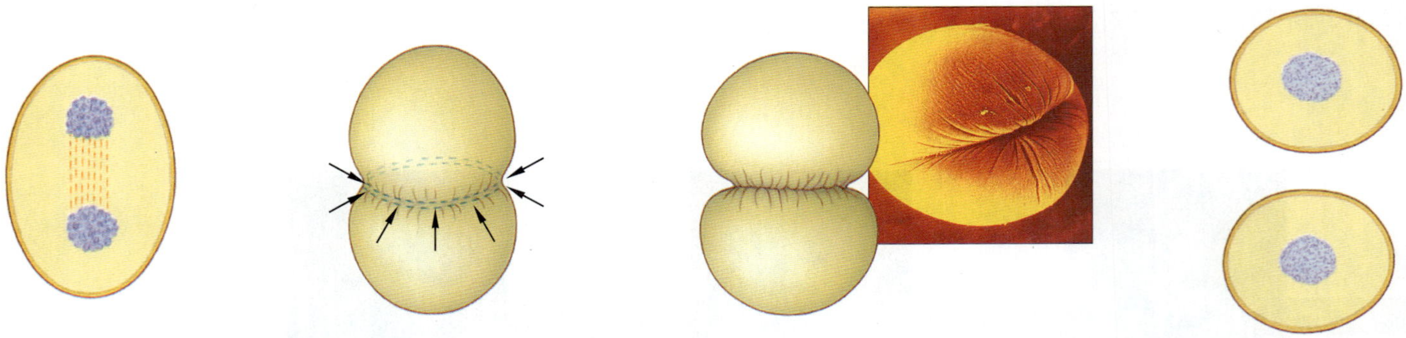

① 유사분열이 끝나고, 방추체가 흩어진다.

② 이전의 방추체 적도면에서 원형질막에 부착된 미세섬유의 고리가 수축한다.

③ 미세섬유 고리는 직경이 줄어들면서, 세포표면을 안쪽으로 당긴다.

④ 수축이 계속된다.; 세포는 계속 조여져서 두개로 나누어진다.

**a** 동물세포분열

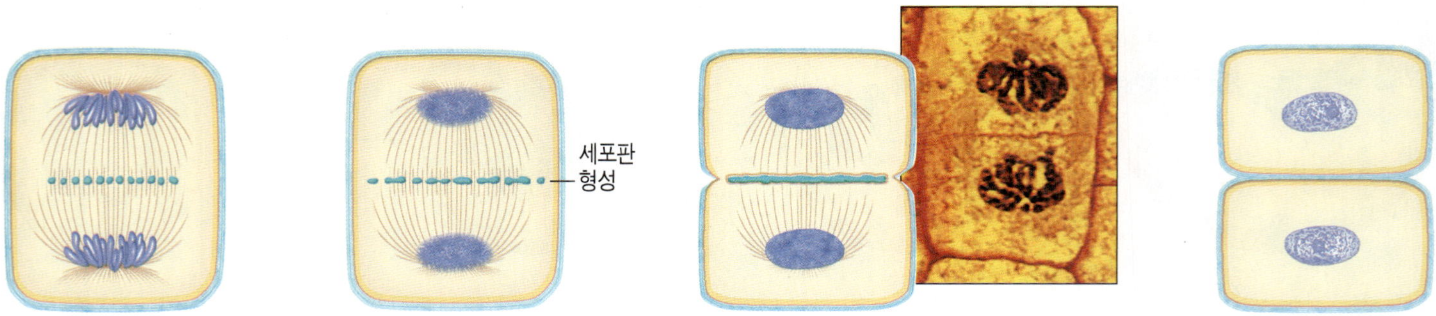


① 유사분열이 끝날 때, 소포들이 방추체 적도면에서 다발을 이룬다. 소포들은 새로운 일차 세포벽을 위한 물질들을 함유하고 있다.

② 소포막들은 융합된다. 세포벽 물질들은 새롭게 형성된 세포판의 면을 따라 이어지는 두개의 새로운 막 사이에서 샌드위치를 이루게 된다.

③ 셀룰로스는 그 샌드위치를 이루고 있는 면의 안쪽으로 침전된다. 적절한 시기가 되면 이들 침전물들은 두 개의 세포벽을 형성할 것이다. 나머지들은 세포벽 사이에서 중간층판을 형성할 것이고, 이 중간층판이 두 개의 세포벽을 접합시킬 것이다.

④ 세포판은 모세포의 원형질막과 융합될 때까지 가장자리에서 자란다. 자라고 있는 식물세포의 일차 세포벽은 여전히 얇다. 새로운 물질이 그곳에 침전된다.

**b** 식물세포분열

**그림 8.7** 동물세포(a)와 식물세포(b)의 세포질분열.

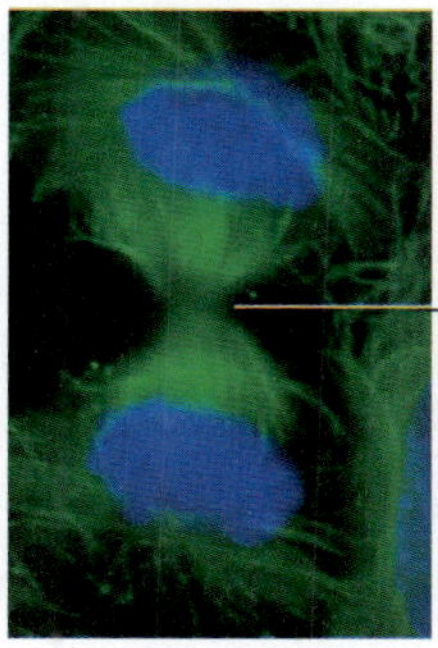


**그림 8.8** 난할. 동물세포 안에서 미세섬유의 고리는 세포질을 조여서 두개로 나눈다.

## 식물에서 세포판의 형성

식물세포는 당신의 세포가 하는 방식과 동일한 방식으로 분열하지 않는데, 왜냐하면 대부분의 식물이 세포벽을 가지고 있기 때문이다. 세포벽은 세포질이 단순히 조여 두개로 나누어지는 것을 방해한다.

대신, 식물세포의 세포질분열은 그림 8.7b에서 보여주듯이 세포판 형성을 필요로한다. 이 기작에 의해서 세포벽 구조 물질로 채워진 작은 소포들은 서로 융합하게 되는데 이때 미세소관 방추체의 잔여물과도 융합한다. 동시에 그 물질들의 침전물들도 세포판이라고 불리는 디스크 모양과 같은 구조를 형성한다. 셀룰로스의 침전물은 세포판에 축적된다. 때가되면 그것들은 세포를 가로지르는 횡단벽을 형성하는데 충분할 만큼 두꺼워지게 된다. 새로운 원형질막은 세포질의 양쪽 면을 가로지르며 확장한다. 이 벽은 세포질을 연결하여 모세포가 두개로 분열될 때까지 자란다.

## 그 과정을 고마워하라!

잠시 당신의 손을 가까이에서 보아라. 당신의 손바닥, 손가락을 구성하고 있는 세포들을 상상해 보아라. 지금 유사분열을 상상해 보아라. 유사분열은 일찍이 당신의 어머니 안에서 당신이 자라고 있는 동안 그 어떠한 것보다 우선적으로 모든 세포 발생을 일으켰다(그림 8.9). 그리고 다른 대안들은 실로 무서운 결과를 초래할 수 있기 때문에 규정된 시간에 규정된 수의 정보를 이끌어내는 이러한 기작의 놀라운 정확성에 감사할 따름이다.

왜 그럴까? 건강함과 생존 그 자체는 적절한 타이밍과 세포주기의 완성에 의존한다. 분열과 분배과정에서 하나의 염색체라도 잘못되었을 경우 유전병이 발생한다. 억제되지 않는 세포분열은 종종 조직 주위를 파괴하고 결국 개체를 파괴한다. 그러한 손상들은 신체 세포에서 시작된다. 매우 드물지만 정자와 난자를 형성하게 되는 생식세포에서 시작될 수도 있다.

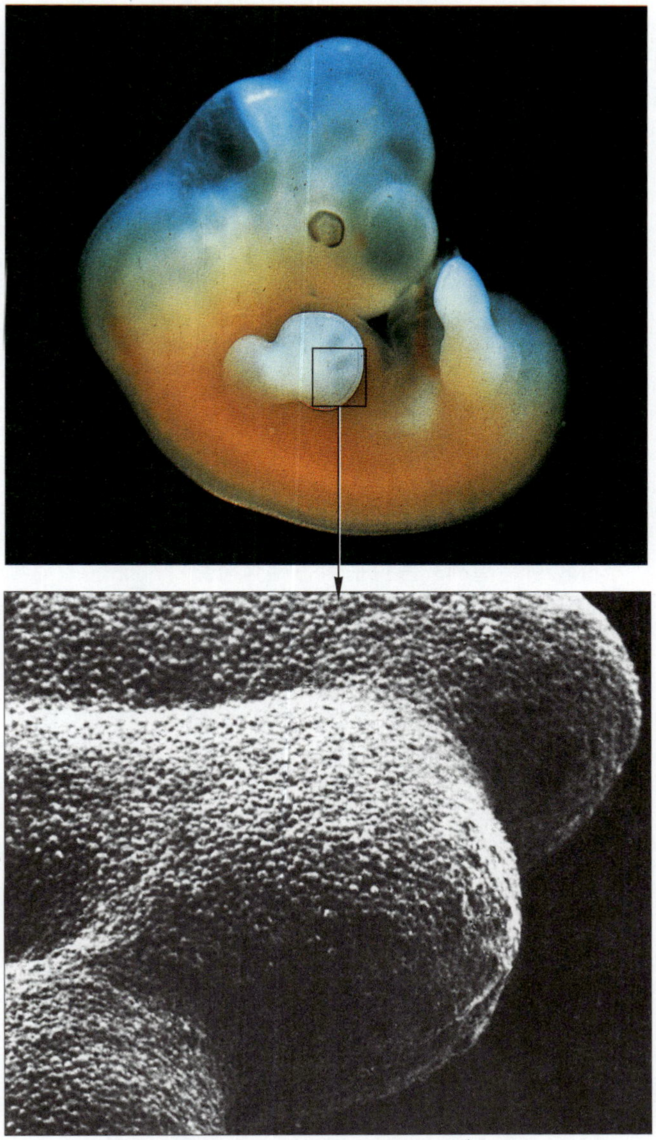

**그림 8.9** 유사분열, 세포질분열, 그리고 다른 배아발생과정을 거친 후 주걱모양같은 구조가 인간의 손으로 형질변환된다. 주사전자현미경은 개개의 세포들을 보여준다.

이 장의 마지막 부분의 내용이 당신에게 그 결과에 대한 의미를 전달해 줄수 있을 것이다.

유사분열 후에 단독적인 기작으로 세포질을 두개의 딸세포로 나눈다. 두개의 딸세포는 각각 딸핵을 가지고 있다.

분할은 동물세포에서 세포질 분열의 형태이다. 세포의 중간부 주위에 띠를 형성하고 있는 미세섬유는 서로를 지나치며 활주한다. 이런방식으로 세포질을 조여 두개로 만들게 된다.

식물에서 세포질분열은 서로 인접해 있는 딸세포의 새로운 원형질막 사이에서 횡단벽의 형성을 수반한다.

## 8.5 조절기능의 상실

*성장과 생식은 세포분화의 조절에 의존한다. 때때로 체세포 혹은 생식세포가 잘못되는 경우도 있는데, 암은 그 결과로 발생하는 경우가 있다.*

### 세포주기의 순환

당신의 피부, 골수, 장내, 간, 그리고 그 외의 곳에 분포하는 수백만 개의 세포들은 분화하여 오래된 세포들이 죽을 때 대체하기도 한다. 세포들은 싫든좋든 자기마음대로 분열할 수 없다. 왜냐하면 많은 세포들의 기작이 세포의 성장과 DNA복제 그리고 세포분열과정을 조절하기 때문이다. 이들은 세포분열과정에서 휴지기의 시간도 조절한다.

그렇다면 이러한 조절기능이 잘못된다면 어떤 일이 일어나는가? 예를 들어 만약 자매염색분체가 체세포분열 과정 중 분리가 되지 않는다면 하나의 딸세포는 너무 많은 염색체를 가지고, 다른 딸세포는 너무 작은 염색체를 가지게 된다. 염색체 DNA는 자유라디칼(free radical)과 과산화물이라는 두 가지 대사 생성물질에 의하여 공격 받을 수 있다. 그리고 항상 우리에게 피해를 주는 많은 양의 방사물질에 의해서도 손상을 입을 수 있다. 이러한 문제는 항상 있으며 피할 수는 없지만 빠른 시간내에 해결되어야 한다.

세포주기는 오류가 통제상태에서 벗어나지 않도록 하는 점검지점을 가진다. 점검유전자단백질은 DNA 복제가 완전히 이루어졌는지, 피해를 입지는 않았는지, 세포가 성장하는데 충분한 영양소가 공급되었는지 등을 관찰한다. 그러한 것들은 문제를 올바르게 해결하고 확인하는데 도움을 준다.

어떠한 점검 단백질은 세포의 순환을 촉진시키기도 하고 이들이 결핍되면 세포순환을 저지하기도 한다. 이들은 성장인자(growth factor)라고 불리며 몸의 성장을 돕는 유전자복제를 일으킨다. 예를 들어 상피의 성장인자는 상피조직의 세포와 결합할 때 kinase를 활성화시켜서 세포의 체세포분열을 중단시킨다.

또 다른 점검단백질은 세포주기의 진행을 저해한다. 수많은 점검유전자 생성 물질들은 염색체의 DNA가 손상받게 되면 체세포분열을 중단시킨다(그림 8.10). 다른 물질을 인산화시키는 효소인 kinase는 점검유전자의 생성물로써 활성화되는 것이다. DNA가 깨지고 불안정하게 되면 kinase들은 세포주기를 중단시키거나 세포사멸을 유도하는 단백질들을 단계적으로 활성화시키는 것이다.

### 점검 실패와 암 종양

때때로 점검유전자는 그들의 단백질산물이 더 이상 기능할 수 없도록 변이된다. 특정과정에서의 모든 점검유전자 기작이 잘못되면 그 세포는 세포주기를 조절하는 기능을 상실하게 된다. 그림 8.11~8.13은 이러한 결과를 보여준다.

어떤 경우에서는 간기없는 체세포분열을 반복적으로 하고, 손상된 염색체가 복제되거나 죽어야할 세포가 죽지 않는 경우도 있는데, 이것은 세포사멸이라고 불리는 신호가 쓸 수 없게 되었기 때문이다. 이러한 결함을 가진 세포덩어리가 종양으로써 몸 안 여러 조직에 침투할 수도 있다.

대부분의 종양세포들은 최소 한 개 이상의 점검유전자가 빠져있다. 그것은 체세포분열을 억제하는 점검유전자가 왜 종양 억제제로 불리는지에 대한 이유이다. 점검유전자는 발암유전자라고도 불리며 체세포분열을 자극하는 단백질을 암호화하고 있다. 돌연변이는 종양생성물 또는 정상세포가 종양세포로 바뀌는데 영향을 미친다. 돌연변이 점검 유전자들은 종양의 위험성 증가와 관련이 있고 때로는 그 속에 함께 작용하기도 한다.

사마귀와 종양들은 비정상적으로 자라고 분화된 신생물

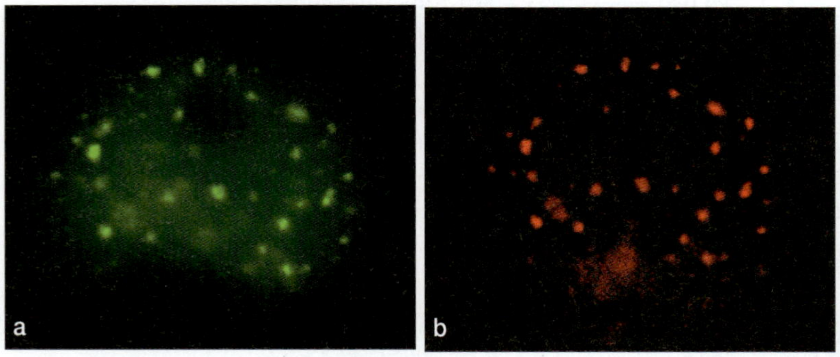


**그림 8.10** 활성화된 점검유전자의 단백질산물. 핵 안의 DNA가 이온화 방사능에 의해 손상되었다. **(a)** 53BP1위치의 핀모양의 녹색반점. **(b)** BRCA1위치의 핀모양의 빨간반점. 두 단백질이 한 세포핵안의 같은 염색체주위에 무리를 지어있다. 이러한 단백질의 활성은 DNA붕괴가 멈출 때까지 체세포분열을 정지시킬 수 있다.

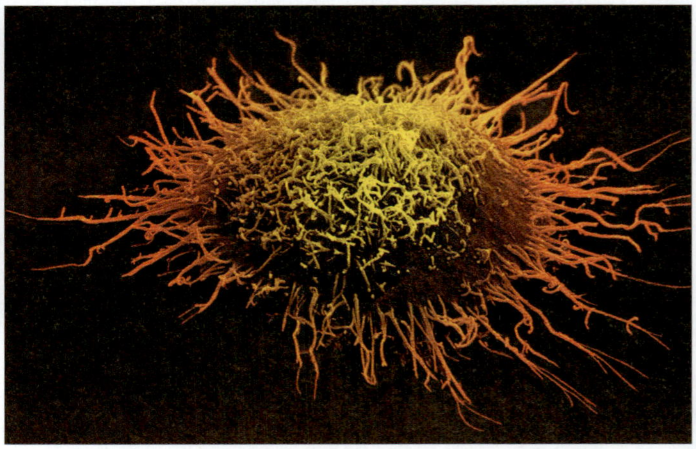

**그림 8.11** 헨리타를 사망케 한 것과 같은 자궁경부암세포의 주사전자현미경사진.

(neoplasm)이다. 보통의 피부사마귀들과 양성 혹은 비종양 신생물들은 성장속도가 매우 느리며 그 세포들은 자가조직에서 자랄수 있는 표면인식단백질을 보유하고 있다(그림 8.12). 만약 양성신생물이 비정상적으로 커지거나 자극이 되지 않는다면 신체에 위협을 주지는 않는다.

## 암의 특징

암은 악성종양세포가 비정상적으로 자라거나 분열하는 것이다. 즉, 암이 둘러싸고 있는 조직을 물리적, 대사적으로 방해한다. 암세포는 전체적으로 망가진 세포이며, 본래조직을 느슨하게 하여 파괴시킬 수도 있다. 그리고 혈관, 림프관을 지나갈 수도 있고, 그들이 속해있지 않은 다른 조직들까지 침범할 수 있다(그림 8.12).

모든 암세포들은 4가지 특징을 보인다. 첫째, 암세포들은 비정상적으로 자라고 분열한다. 조직이 과밀화되면서 조절기능을 잃어버리고 세포 수는 비정상적으로 밀도가 증가한다. 세포집단이 성장과 함께 적게 분포하던 혈관들 역시 비정상적으로 증가하게 된다.

둘째, 암세포의 세포질과 원형질막이 심하게 변형된다. 막이 약해져서 단백질은 비정상이나 소실한다. 세포조직이 수축하거나 와해되어 버리기도 한다. 해당작용으로부터 ATP구조에 증폭이 생겨 효소반응이 변하기도 한다.

셋째, 암세포들은 부착능력을 약화된다. 단백질들이 분실되거나 바뀌면서 원래의 자리에 고정하여 머물 수가 없다. 넓은 조직으로 암세포들은 성장 집단에서 분리되어 성장한다. 이러한 비정상적인 세포이동이나 세포침입을 "전이(metastasis)"라고 한다.

넷째, 암세포들은 치사작용을 가진다. 만약 암세포들을 외과수술, 화학요법이나 그 외의 수단으로 제거하지 못한다면, 암세포의 통제할 수 없는 분열로 인해 한 개인을 고통스러운 죽음으로 몰고 갈 것이다.

선진국에서만 매년 15~20%의 사람들이 암으로 죽는다. 그리고 암은 단지 인간만의 문제가 아니다. 연구 자료를 보면 대부분의 동물에서 암이 발생한다고 알려져 있다.

암은 다단계의 과정이다. 연구자들은 이미 여러 돌연변이 유전자들이 암의 원인이라는 사실을 확인하였다. 또한 암세포의 분열을 멈추거나 암세포만을 특이적으로 파괴하는 약을 개발하였다.

예를 들어, HeLa세포를 사용하여, Taxol이 분열과정으로부터 방추체의 기능을 멈추게 하는 항암제기능이 있다고 밝혔다. 이런 연구를 통해 언젠가 우리는 암세포를 제거할 수 있는 약을 개발할 수 있을 것이다. 이 주제는 나중에 다른 장에서 살펴보기로 하자.

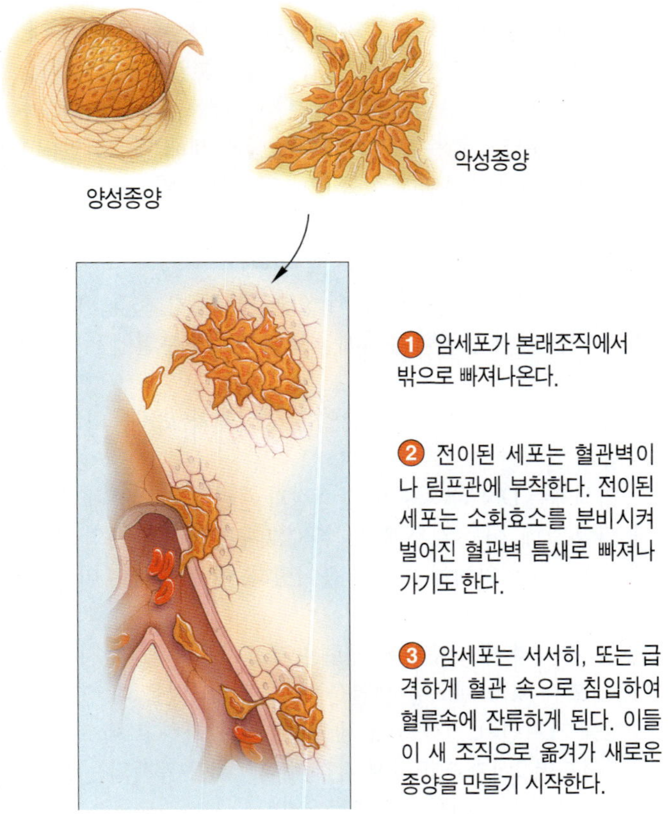


**그림 8.12** 양성과 악성종양의 비교. 양성종양은 전형적으로 느리게 자라며 본래세포에 머물러있다. 악성종양세포는 멀리 떨어져있는 조직에까지 전이될 수 있다.

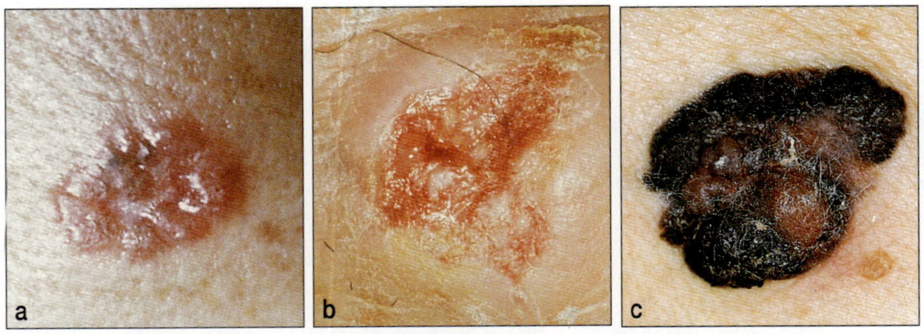


**그림 8.13** 피부암들. (a) 기저세포암(basal cell carcinoma)는 가장 흔한 유형이다. 이 혹은 천천히 성장하며 일반적으로 색깔이 없거나, 붉은갈색, 또는 검정색이다.

(b) 두 번째로 흔한 유형은 편평상피세포암이다. 이것은 분홍색으로 성장하며 만졌을 때 단단하고, 태양에 노출되는 피부표면에서 빠르게 자란다.

(c) 악성흑생종은 가장 빠르게 퍼져나간다. 흑색세포형태로 외피는 혹으로 덮여져 있다. 벌레에 물린 것처럼 가렵고 쉽게 피가 나온다.

## 요약

**8.1절** 생명의 연속성은 생식에 달려있다. 생식을 통해 부모는 자신과 닮은 새로운 개체의 세대를 낳는다. 세포분열은 세대를 이어주는 다리 역할을 한다. 세포가 분열할 때, 각각의 딸세포들은 필요한 만큼의 DNA 분자와 세포질을 받는다.

체세포분열과 감수분열은 진핵생물의 세포 내에서만 일어난다. 이러한 핵분열 과정을 통해 모세포의 염색체는 딸세포의 핵으로 분열한다. 다른 기작은 세포질을 분열시킨다. 원핵세포들은 다른 기작에 의해 분열된다.

체세포분열은 다세포생물의 성장, 세포주기, 조직 재생의 기초가 된다. 많은 진핵 유기체들 또한 체세포분열에 의해 무성생식한다.

유성생식의 기초인 감수분열은 생식체와 포자들의 형성에 앞서 일어난다.

염색체는 DNA분자이며 단백질과 관련된다. 염색체가 복제 되었을 때, 이들은 자매염색분체로 구성되고 두개의 자매염색분체는 동원체에 의해서 붙어있다. 이 동원체는 미세소관과 관계하는 부착소이다.

**8.2절** 각각의 세포 주기는 새로운 세포가 형성될 때 시작된다. 세포가 핵과 세포질 분열을 통해 생식되었을 때 간기와 말기를 거치면서 진행된다. 세포성분이 증가하고 세포질의 구성성분이 2배가 되고나서 각각의 염색체가 복제되는데 이것이 세포가 간기에서 수행하는 일이다.

**8.3절** 특정 유형의 세포내 모든 염색체의 합이 염색체 수이다. 인간의 체세포는 46개의 배수염색체나 23개의 염색체 쌍을 가지고 있다. 체세포분열은 한 세대에서 다음 세대로 이어질 때 염색체 수가 같도록 하다.

체세포분열은 4개의 연속적인 단계를 가진다.

a. 전기. 복제된 실같이 가늘고 긴 염색체들이 모이기 시작한다. 동력 단백질의 도움을 받아 새로운 미세소관들이 양극의 방추체를 형성하기 시작한다. 핵막은 작은 소낭들로 용해되어 분리되기 시작한다.

하나의 방추 극으로부터 자라나온 미세소관들은 각각 염색체의 염색분체들을 묶어두고, 반대극으로부터 자라난 미세소관들 또한 자매 염색분체들을 묶어둔다. 양 극으로부터 뻗어나온 미세소관들은 새롭게 형성된 방추의 중앙에서 서로 겹쳐질 때까지 자란다.

b. 중기. 중기에는, 모든 염색분체들이 방추의 중앙에 일렬로 정렬한다.

c. 후기. 동원체들이 양 끝에서 짧아지는 미세소관을 따라 염색분체를 끌면서 염색체에서 분리된다. 서로 지나치며 겹쳐진 미세소관들은 더 멀리 서로를 방추극쪽으로 밀어낸다. 서로 다른 동력단백질들은 이동을 계속한다. 모염색체의 형태중 하나는 각각 방추 극에서 뭉치게 된다.

d. 말기. 염색체들이 가늘고 긴 형태로 분리된다. 새로운 핵막이 각 꾸러미의 주위에 형성된다. 두 핵이 모두 모염색체와 동일한 염색체수를 가지게 된다.

체세포분열의 네 단계에 대해 당신이 얼마나 이해하였는지 아래 도식의 빈칸을 채워넣어 확인하시오.

**8.4절** 세포질 분열과정은 다르다. 동물세포는 난할을 한다. 원형질막 밑에 있는 미세섬유 고리가 수축하면서 세포질을 두개로 나눈다. 식물세포는 세포질에서 횡단벽이 형성되면서 세포질을 분리한다.

**8.5절** 점검유전자 생성물은 세포 주기를 조절하는 기작의 부분이다. 그 기작은 세포주기를 자극하거나 억제하고, 심지어는 세포의 죽음을 일으킬 수도 있다. 돌연변이 점검 유전자는 정상적인 세포주기의 조절을 방해함으로써 종양을 유발한다.

암은 비정상적으로 자라고 분열한 변형된 세포들을 포함하는 복잡한 단계의 과정이다. 암세포는 조직에서 다른 세포에 달라붙어 세포의 기능을 약화시키는 능력을 가지고 있고, 가끔은 새로운 조직으로 이동한다.

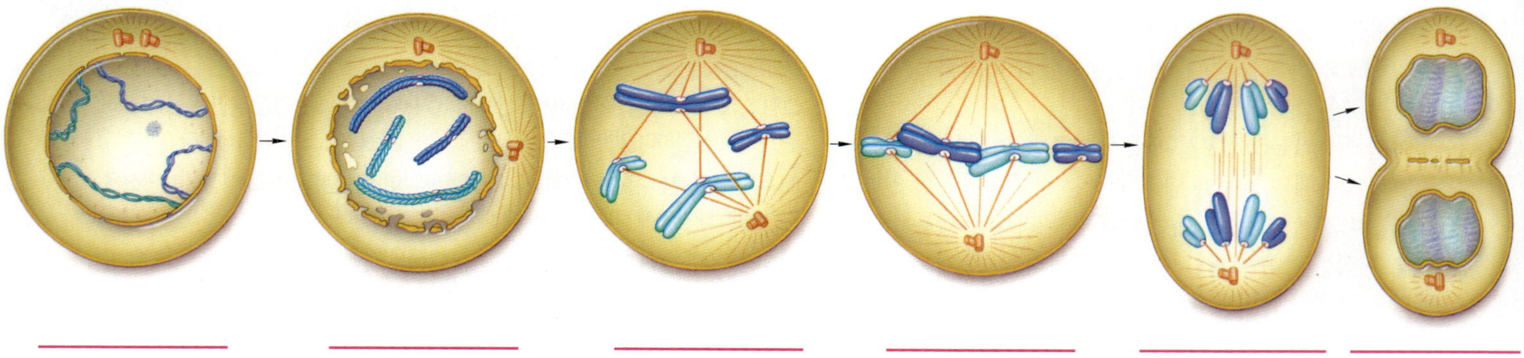

## 자습-퀴즈

*정답은 부록 Ⅲ에 있음*

1. 체세포분열과 세포질 분열은 _______ 기능이 있다.
   a. 단세포인 진핵생물의 무성생식
   b. 성장, 조직재생, 무성생식
   c. 원핵생물의 배우자 형성
   d. a, b 둘 다
2. 복제된 염색체는 _______ 개의 염색분체를 가진다.
   a. 1 b. 2 c. 3 d. 4
3. 구조적유기체인 진핵생물염색체의 기본단위는 ______ 이다.
   a. 초나선(supercoil) b. 양 극의 체세포 방추체
   c. 뉴클레오솜 d. 미세섬유
4. 염색체수는 _______ 이다.
   a. 특정 유형의 세포에 있는 모든 염색체의 총합
   b. 각 종을 동정할 수 있는 특징
   c. 체세포분열에 의해서 유지된다.
   d. 모두다
5. 각각 염색체 2개씩 갖는 체세포는 ______ 염색체수를 가진다.
   a. 이배체 b. 반수체
   c. 삼배체 d. 비정상
6. 간기는 _______ 하는 세포주기의 한 부분이다.
   a. 세포가 기능을 중지
   b. 생식세포가 방추사를 형성
   c. 세포성장하고 DNA를 복제
   d. 체세포분열을 계속
7. 체세포분열 후, 딸세포의 염색체수는 부모세포의 염색체수와 _______ 이다.
   a. 같다 b. 1/2
   c. 재배열 d. 두배
8. _______ 는 체세포분열 단계가 아니다.
   a. 전기 b. 간기
   c. 중기 d. 후기
9. 서로 연관된것끼리 연결하시오.
   _____ 중기 a. 자매 염색분체가 움직인다
   _____ 전기 b. 염색체가 응축되기 시작한다
   _____ 말기 c. 딸핵형성
   _____ 후기 d. 복제된 모든 염색체가 방추사 극 중앙에 일렬로 배열한다

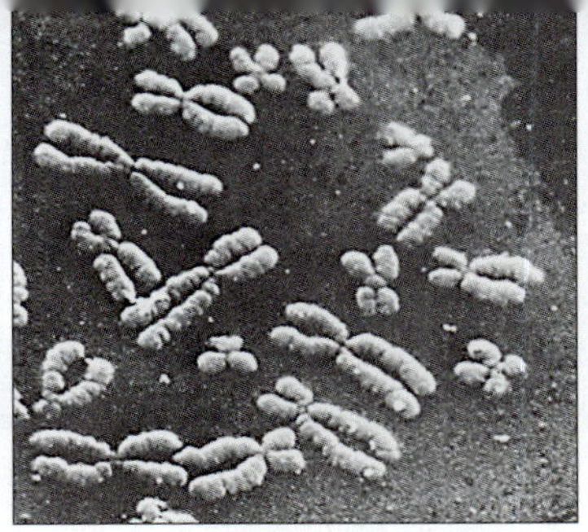

**그림 8.14** 복제된 상태에서의 중기 인간 염색체

## 분석적으로 생각하기

1. 그림 8.14는 중기의 염색체를 보여준다. 구조적조직의 단계는 DNA분자와 히스톤에서 시작한다.

2. Pacific yews(Taxus brevifolius)는 가장 느리게 성장하는 나무 중 하나로, 멸종의 위기에 있다. 사람들은 그 나무껍질에서 추출되는 화학물질인 taxol이 유방암과 자궁암에 효과가 있다는 것을 알고부터 나무의 껍질을 벗기고 죽이기 시작했다. 환자 1인당 약 6그루의 나무가 희생된다. taxol이 왜 항암치료제로서 잠재력이 있는지, 그 나무를 보호하기 위하여 어떤 조치가 행해져 왔는지 조사해 보라.

3. 방사성 동위원소로부터 방출되는 x-ray는 특히 DNA 복제 과정중인 세포의 DNA를 손상시킨다. 높은 수위의 x-ray에 노출되어 있는 사람들은 방사선 중독에 걸리게 된다. 탈모와 손상된 소화관이 초기의 증상이다. 왜 그런지 생각해보라. 또한 왜 방사선 노출이 암의 치료에 사용되는지도 생각해보라.

4. 당신이 세포주기동안 한 세포의 DNA 총량을 측정하는 방법을 가지고 있다고 가정해보자. 처음 G1시기의 총량을 측정한 다음, 남은 주기동안 어느 시점에 세포 하나당 DNA량이 변할 것인지 당신은 예측할 수 있는가?

5. 자궁경부는 태아가 자라는 방, 즉 자궁의 일부분이다. *Pap smear*은 자궁경부암을 초기에 발견할 수 있는 검사 과정이다.

   치료법은 암세포를 냉동시키거나 레이저로 죽이는 것에서부터 자궁을 제거하는(자궁 적출술) 것까지 있다. 이런 치료법들은 암을 초기에 발견했을 때 90퍼센트 이상의 효과가 있다. 암이 퍼졌을 때는 생존 확률이 9퍼센트 이하로 급격히 떨어진다.

   대부분의 자궁경부암들은 천천히 발전한다. 잘못된 성교는 위험을 증가시킨다. 중요한 위험요인은 생식기암을 유발하는 인간 유두종 바이러스(HPV)이다. 종양 유발 단백질로 암호화된 바이러스성 유전자들은 자궁경부 세포들의 DNA로 삽입된다. 한 연구에 따르면, 자궁경부암 환자의 91퍼센트는 HPV에 감염되었던 것으로 조사됐다.

   모든 여성이 *Pap smear*이 필요한 것은 아니다. 많은 사람들이 그 과정이 비싸다고 잘못 믿고 있다. 많은 사람들이 피임이나 바른 성교의 중요성을 인식하지 못하고 있다. 또 다른 사람들은 단순히 그들이 암을 갖고 있는지 여부에 대해 알고 싶어 하지 않는다. 당신이 세포주기와 암에 대해 여태까지 배워왔던 것을 상기한다면, 당신은 앞서 언급한 종류의 하나 이상에 포함된 여성에게 뭐라고 말해줄 것인가?

# 9 감수분열과 유성생식

## 최근 이슈와 그 영향력 성은 무엇인가?

남성과 여성, 수사슴과 암사슴, 숫 거위와 암 거위. 우리들 대부분은 자손을 남기기 위해 두 가지 성이 있어야한다는 것을 당연하다고 생각한다. 그리고 보통의 진핵생물들 또한 두 가지 성으로 나누어져 있다. 유성생식을 통해 개별적인 두 가지 형질의 DNA가 재조합하는 것이다. 어느 누구도 어떻게 이러한 일이 일어나는지 모르지만, 유성생식은 수억 년 전 진핵생물의 단핵세포에서부터 시작되었다. 그렇다면 도대체 왜 유성생식을 하게 되었을까? 무성생식처럼 하나의 대체가 자기 스스로를 복제해서 자손을 번식시키는 경우도 있는데 이러한 방식은 유성생식보다 훨씬 효율적일 것 같다.

원생생물과 균류는 체세포분열에 의해서 일정하게 번식을 한다. 식물과 산호, 불가사리, 편형동물을 포함하는 이러한 무척추동물들은 부분적 발아를 통해서 새로운 개체를 형성할 수 있다. 하지만 이런 종들 역시 유성생식을 한다.

예를 들어, 일부단세포 조류의 경우 체세포분열방식을 통해 무성생식을 함으로써 자기자신과 동일한 개체들을 무수히도 많이 생산해 낸다. 그러나 질소 영양분이 결핍되면 두 가지 형태의 생식세포가 만들어지고 두 세포의 융합을 통해서 새로운 개체가 생산된다. 이러한 경우 새로 생산된 자손세포는 부모세포와 동일하지 않다.

식물의 수액을 빨아먹고 사는 진딧물을 살펴보면 여름에는 거의 모두가 암컷으로만 존재한다. 각 개체는 일주일도 안되어 미수정란으로부터 하루에 다섯 개체의 새로운 암컷을 생산해 낸다(그림 9.1). 처녀생식(또는 단성생식) 이라고 하는 이러한 과정은 개체수가 기하급수적으로 증가하는 특징을 갖는다. 하지만 가을이 되면 오직 수컷진디물 만이 성숙한다. 그 다음 암컷은 수컷 없이도 겨울을 나서

**그림 9.1** 유성생식의 순간 (a) 벚나무 깍지벌레의 교미 순간. (b) 양귀비는 투구풍뎅이에 의해 꽃 가루가 수송됨으로써 유성생식에 도움을 받는다. (c) 진디의 탄생. 유성생식을 하는 다수의 종들과는 달리 이들은 수컷 없이 생식을 하는 무성생식을 한다.

## 개요도

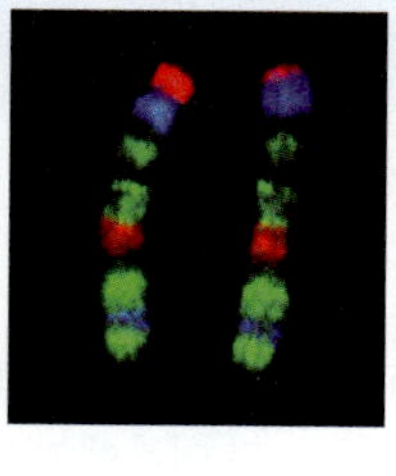

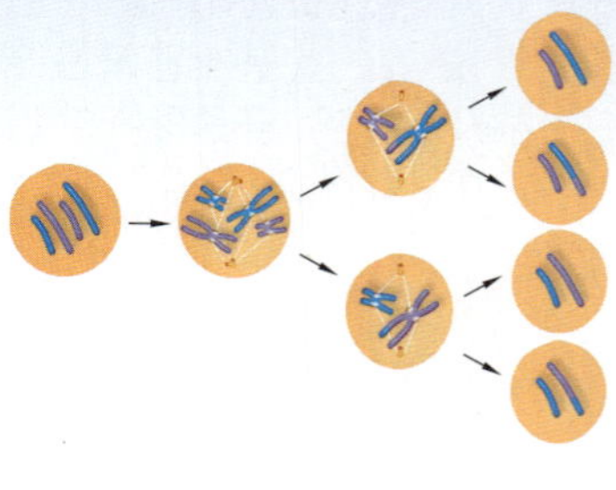

**유성생식** 유성생식은 감수분열, 배우자형성, 수정의 과정을 필요로 한다. 감수분열은 정자와 난자 같은 배우자형성을 위해 부모의 염색체 수를 반으로 줄이는 핵분열기전이다.

**감수분열** 감수분열은 한번이 아니라 두 번의 핵분열로 이루어진다. 분열사이에는 간기가 존재하지 않으며 결과적으로 4개의 반수체가 형성된다. 세포질분열이 일어난 뒤에 각각의 반수체세포들은 배우자 또는 포자로 작용한다.

다음해 봄이 오면 진딧물들은 또다시 암컷만으로 새로운 개체를 생산해낸다.

물고기, 파충류, 새와 같은 종들 중 오로지 암컷만 존재하는 경우는 매우 드물다. 자연생태계에서 처녀생식을 하는 포유류도 없다. 2004년 일본의 도쿄대학 연구진들은 두 마리 쥐 난자를 융합하는 실험을 통해 오로지 암컷 DNA로만 이루어진 생쥐배아를 만들어 냈다. 이 배아는 세계에서 첫 번째로 아버지가 없는 포유류 쥐인 kaguya로 성장했다. 이 암컷생쥐는 자라서 수컷 쥐와 교배도하고 옆의 그림에서와 같이 자신의 자식도 낳았다.

이 말은, 이제 수컷이 더 이상 필요 없어진다는 것을 의미할까? 그렇지 않다. 이러한 방법으로 암컷 DNA만을 지닌 생쥐를 만드는 것은 쉽지 않은 일이다. 이를 위해서 일본의 연구진은 하나의 난자 안에서 유전자교환을 해야 했고 또한 두 개의 생존력있는 배아를 성공적으로 얻기 위해 600번이 넘는 시도를 해야했다. 게다가 이미 유성생식을 하는 종들이 두 가지 성으로 나누어져 있을 때 자손들로 하여금 선택적 이점을 제공한다는 사실이 널리 알려져 있다.

이번 장을 통해서 우리는 생명체의 세대간 교량역할을 하는 세포 종류에 대해서 집중적으로 살펴보겠다. 감수분열, 배우자형성, 수정. 이 세 가지는 유성생식에서 가장 기본이 되는 특징들이다. 이 책의 다른 장에서도 공부하겠지만, 이러한 특징들은 거의 모든 진핵생물의 생활사에서 일어나는 것이다. 또한 이런 진핵생물들은 새롭고 유일한 특징을 지닌 자손들을 생성함으로써 생명의 다양성에 지대한 공헌을 한다.

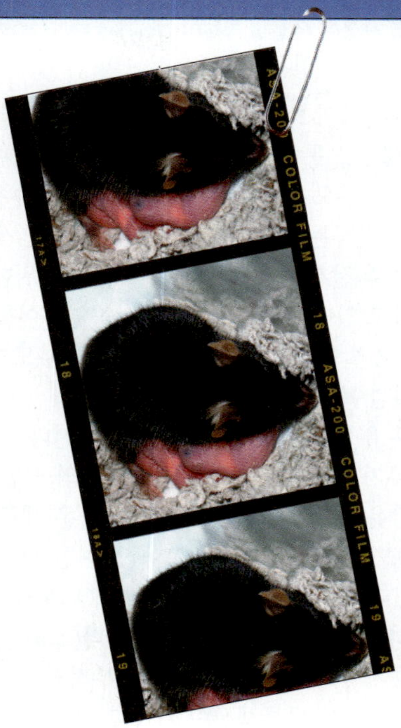


### 찬반의견 투표

*일본과학자들이 두 마리의 암컷난자로부터 아버지 없는 쥐를 성공적으로 만들어 냈다. 이 생쥐는 건강하고 번식력도 지녔다. 여러분은 이러한 실험을 사람에게 시도해도 된다고 생각하는가? 미디어 메뉴에서 상세한 내용을 참고하여 온라인 투표를 한다.*

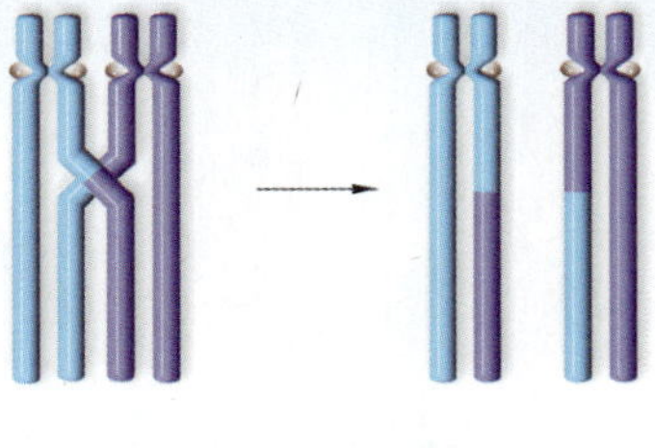

**유전자 교환** 감수분열 중기동안 일어나는 염색체의 교차나 무작위 재배열로 아버지와 어머니로부터 받은 유전자가 서로 혼합되어 배우자에게 분배된다. 수정기에 더 많은 혼합이 일어나는데 이러한 과정은 자손들 간에 다양한 특색을 나타나게 한다.

**생활사에서의 감수분열** 식물과 동물의 생활사는 수정, 감수분열, 배우자형성의 과정을 수반한다. 식물의 생활사에서는 감수분열을 통해 포자가 형성되고 환경조건의 영향을 받아 발아하여 배우자를 형성한다.

## 9.1 진화론적인 관점

무성생식은 유전적으로 부모개체와 동일한 복사본을 생산한다. 반면 유성생식은 자손의 세부적 특성의 다양함을 지니게 해준다.

난초나 진딧물이 스스로 번식을 할 때, 어떠한 자손을 얻는가? 무성생식을 통해 한가지 개체는 스스로 자손을 생산하고 각 자손들은 부모개체와 같은 수, 같은 종류의 유전자를 물려받는다. 유전자는 DNA 분자로 이루어진 염색체의 배열이다. 각종의 유전자는 새로운 개체를 만들기 위한 유전적 정보를 포함하고 있다. 드물게 발생하는 돌연변이를 제외하면 무성생식으로 발현한 개체만이 클론 또는 부모개체와 유전적으로 동일한 복사본이 될 수 있다.

유전은 유성생식에서 훨씬 흥미로워진다. 이 과정은 감수분열, 배우자형성, 수정(두 배우자 핵들의 결합)을 포함한다. 인간과 같은 대부분의 유성생식생물들은 새로운 개체의 첫 번째 세포가 한 쌍의 염색체 속에 있는 한 쌍의 유전자를 포함하고 있다. 보통 각 유전자의 한 쌍에서 하나는 어머니로부터 다른 하나는 아버지로부터 기원한다(그림 9.2).

유전자에서 모든 쌍의 정보가 세부적인 사항까지 동일하다면 유성생식도 클론생산이 가능할 것이다. 여러분과 여러분이 아는 모든 사람들 그리고 전 세계의 인류가 서로 같은 클론이라고 상상해 보자. 하지만 한 쌍을 이루는 두 유전자는 동일하지 않다. 왜 일까? 유전자의 분자구조는 변할 수 있다. 그리고 돌연변이 할 수도 있다. 그래서 인간의 세포 내에서 쌍을 이루고 있는 두 유전자의 형질이 약간 다르다고 할 수 있다. 동일 유전자 내에 존재하는 각각의 독특한 분자구조를 대립유전자라고 한다.

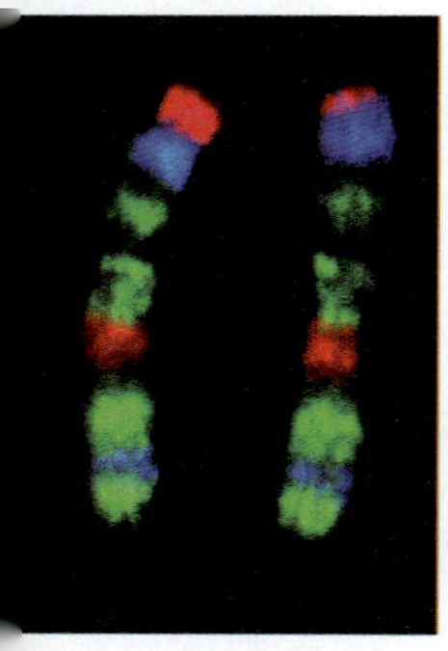

**그림 9.2** 아버지와 어머니로부터 유래한 염색체 쌍. 둘 모두 같기 보다는 어느 하나라도 구조적으로 약간의 차이가 있을 수 있다.

이러한 미묘한 차이가 수많은 형질에 영향을 미친다. 예를 들어, 보조개의 유무가 여러분이 가지고있는 어떤 염색체 위치에서 어느 쌍의 대립유전자를 물려받느냐에 따라 다르게 나타난다. 하나의 유전자는 '보조개가 없을 것'을 나타내고, 다른 유전자는 '보조개가 있을 것'을 나타낸다. 이러한 개념은 바로 유성생식을 하는 종의 개체가 서로 다르게 생긴 이유를 말해준다. *유성생식을 통해 자손들은 자신이 가지고 있는 형질들에 세부적인 다양성을 부여하는 새로운 대립유전자조합을 물려받는다.*

이 장에서는 유성생식의 세포의 기초를 다루었다. 더욱 중요한 것은 유성생식 각 단계에서 이루어지는 유전자 혼합이 미치는 영향에 대한 것이다. 이러한 일련의 과정은 자손간의 형질에 다양성을 부여하고, 이러한 다양한 형질은 자연선택의 요인으로 작용할 것이다. 이와 같은 *형질상의 다양성은 진화론적인 변화의 기초가 될 것이다.*

유성생식은 자손에게 대립유전자의 새로운 조합을 만들어냄으로써 다양한 형질의 자손을 만들 수 있게 한다.

## 9.2 감수분열의 개요

감수분열은 부모의 염색체 수를 특징적인 생식세포로 반씩 나누는 핵분열 과정이다. 이것은 유성생식에서 핵심내용이다.

### "상동염색체"에 대해 생각해보자

앞장의 유사분열에 대해 생각해 보면, 유사분열과는 달리 **감수분열**은 세포분열에 앞서 한번이 아닌 두 번에 걸쳐 염색체를 나눈다. 감수분열은 배우자형성을 위한 최초의 단계이다. 정자와 난자와 같은 남성과 여성 배우자는 서로 융합하여 새로운 개체를 만든다. 대부분의 다세포 진핵생물에서 세포는 배우자를 발생시킬 수 있는 특징적인 생식기관을 만든다. 그림 9.3에서 배우자가 유래하는 부위의 예를 보여준다.

여러분이 알고있듯이 **염색체 수**는 세포에 존재하는 염색체 개수의 총합이다. 만약 세포가 **배수염색체 수**($2n$)를 가진다면, 보통 염색체 형태의 한 쌍은 부모로부터 온 것이다. 이란성 성염색체의 한 쌍을 제외하면, 각 쌍의 염색체는 동일한 길이, 동일한 모양, 동일한 종류의 유전자를 가진다. 그리도 그들은 감수분열 시 서로 정렬하게된다. 우리는 이들을 **상동염색체**라고 부른다.

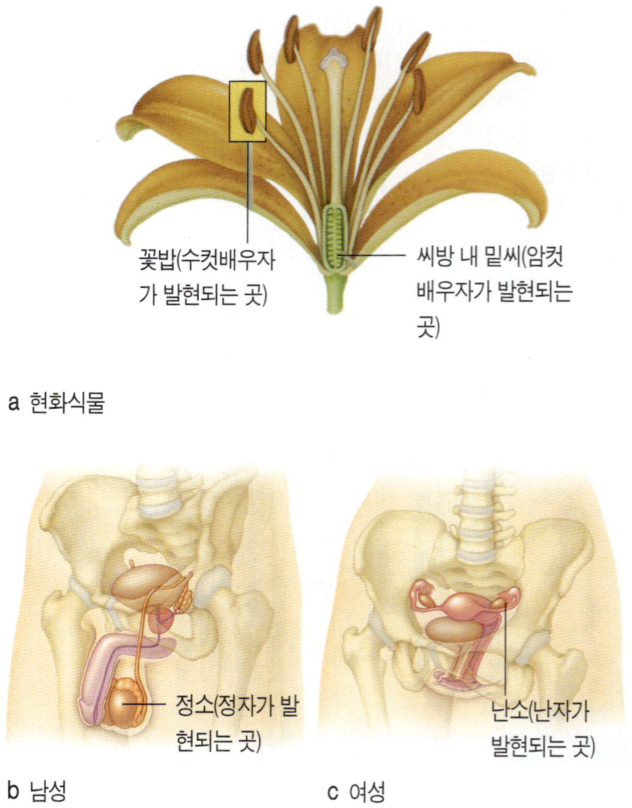


**그림 9.3** 생식기관의 예. 배우자를 발현시키는 생식기관.

인간 몸의 체세포는 23+23의 상동염색체를 가지고 있다(그림 9.4) 배우자를 발생시키는 생식세포도 마찬가지다. 생식세포의 감수분열이 끝나면 각 배우자는 23개의 염색체를 가지게 된다. 감수분열은 염색체수를 반으로 나누어 배우자가 반수를 가지도록 한다.

## 한 번이 아닌 두 번의 분열

감수분열은 어떤 방법에서는 유사분열과 비슷하지만 그 결과는 다르다. 유사분열에서와 같이 생식세포는 간기 동안 그들의 DNA를 복제한다. 두 DNA 분자와 결합되어있는 단백질은 두드러지게 압축된 부분인 동원체에 부착해있다. 그들이 부착되어있는 동안에는 그 염색체를 **자매염색분체**라고 부른다:

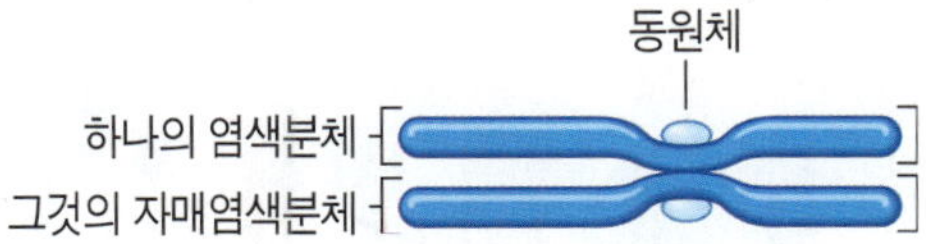

복제된 상태에서 하나의 염색체

유사분열에서처럼 방추체의 미세소관는 미리 정해진 방향으로 염색체를 움직인다.

그러나 감수분열의 경우, *염색체는 4개의 반수체의 핵 형태로 끝나는 두 번의 연속적인 분열과정을 거치게된다.* 우리는 이 두 과정을 감수분열 Ⅰ, 감수분열 Ⅱ 라고 부른다.

| 간기 (*감수분열 I 이전의 DNA복제*) | 감수분열 I | 간기가 존재하지 않음 (*감수분열 II 이전의 DNA 복제 없음*) | 감수분열 I |
|---|---|---|---|
| | 전기 I | | 전기 I |
| | 중기 I | | 중기 I |
| | 후기 I | | 후기 I |
| | 말기 I | | 말기 I |

감수분열 I 에서 복제된 각각의 염색체는 자신의 파트너인 상동염색체와 함께 일직선으로 배열한다. 모든 쌍의 두 염색체가 서로 정렬한 후에 그들은 서로 흩어지게된다.

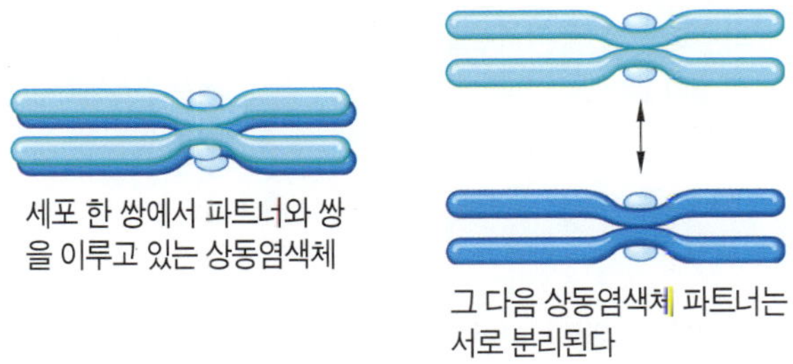


세포질은 각 상동염색체가 자신의 파트너로부터 분리되고 난 후 나누어지기 시작한다. 두 개의 딸세포는 이러한 방법으로 반수체를 형성한다. 그러나 이 염색체들은 복제된 상태에서는 움직이지 않는다는 것을 잊지 말자.

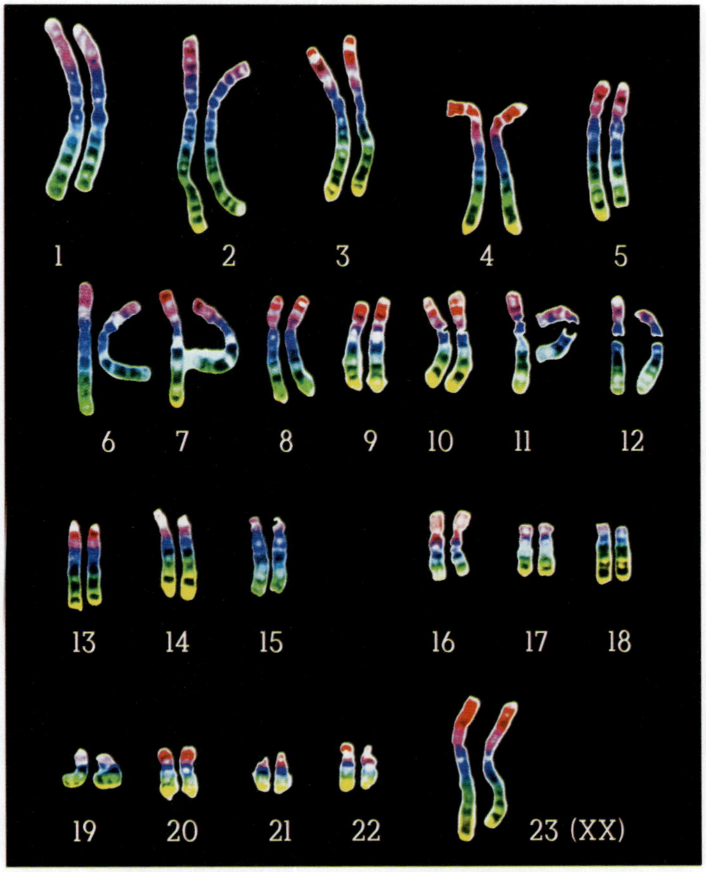


**그림 9.4** 인간의 상동염색체 23쌍을 자세히 보자. 이 예는 2개의 X 염색체를 가지고 있는 여성의 염색체 그림이다. 남성은 이와는 다른 성염색체 쌍(XY)를 가진다. 그림 9.2에서와 같이 이 염색체들은 몇몇의 형광 마커와 함께 표지 되어 있다.

다음으로, 감수분열 Ⅱ 동안 두 개의 자매염색분체는 서로 분리된다.

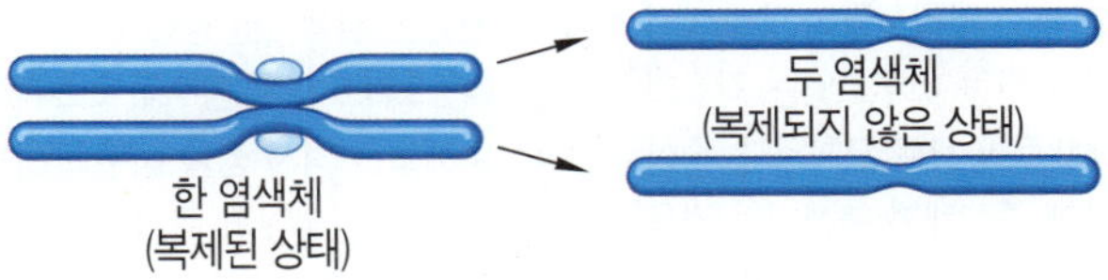


각 염색분체는 지금 분리된 염색체이다. 다음, 4개의 핵이 형성되고 세포질은 한번 더 분열한다. 결과적으로 4개의 반수체세포가 생성된다. 그림 9.5는 감수분열의 핵심적인 과정과 각각의 설명을 보여준다.

핵분열 방법인 감수분열에서 부모의 염색체 수가 반으로 줄어든다. - 반수 (n)

# 9.3 감수분열

## 감수 제 1분열

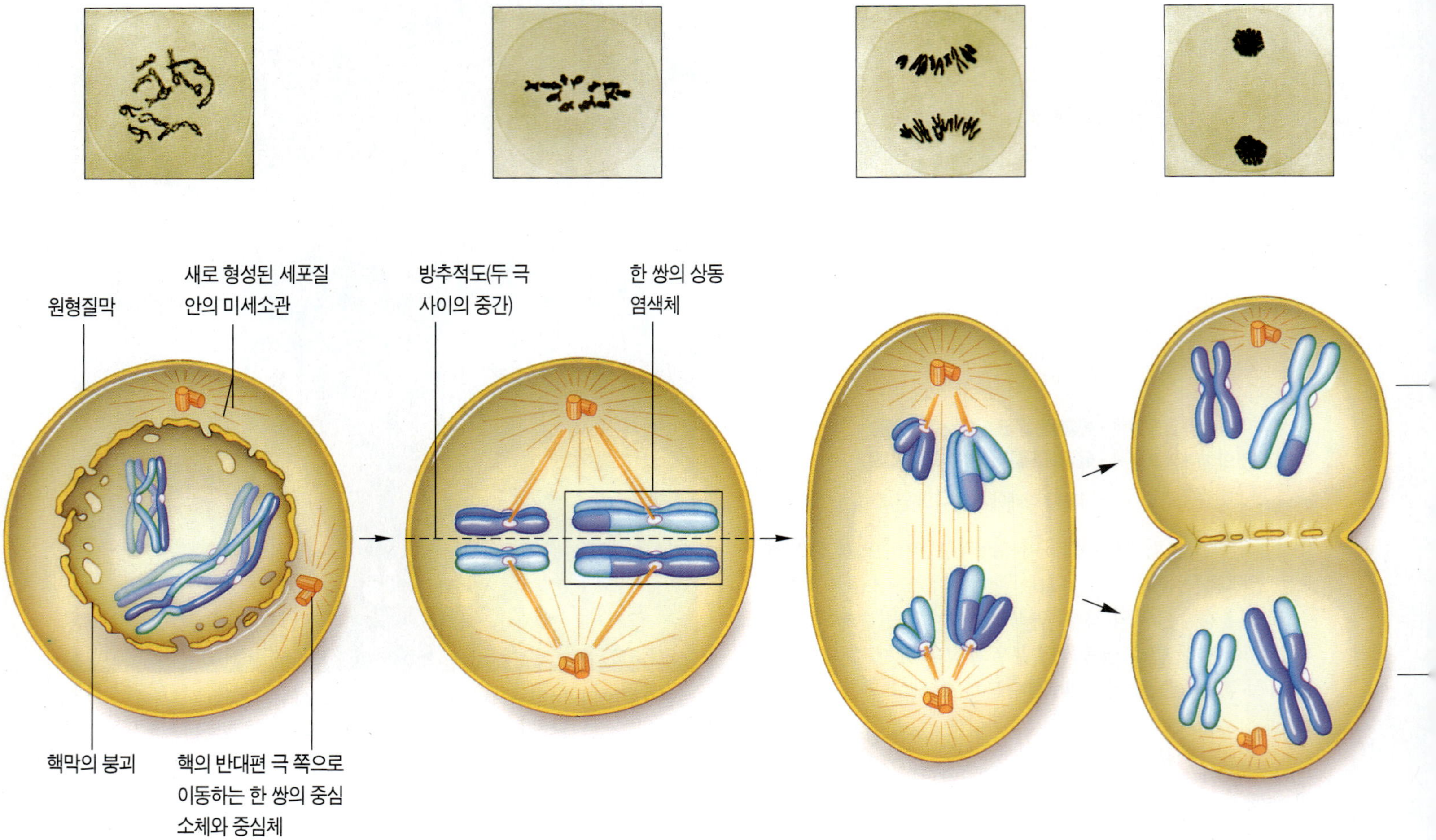


**ⓐ 전기 1**

간기가 끝나면서 염색체들은 가늘고 긴 실 형태로 존재하다가 전기에는 염색사들이 응축되기 시작한다. 상동기관과 쌍을 이루고있는 각각의 염색체들은 큰 염색체로써 서로 교차된다. 중심소체는 핵막의 양쪽에 중심체가 형성되는 것을 돕는다. 두 극의 방추 미세소관들은 2개의 중심체로부터 기원한 것이다.

**ⓑ 중기 1**

하나의 방추극으로부터 나온 미세소관들은 염색체들 중에 하나를 잡아맨다. 그리고 다른 방추극으로부터 나온 미세소관 역시 쌍을 이루고있는 상동기관을 잡아매게 된다. 중기 I 에서 미세소관들 사이의 당기는 힘의 작용은 모든 염색체들을 방추의 적도에 일직선으로 나란히 정렬하게 한다.

**ⓒ 후기 1**

각각의 염색체에 붙은 미세소관이 양끝 쪽의 방추극을 향해 실패가 감기는 방식으로 점점 짧아진다. 극으로부터 확장되어 적도판에 겹쳐지는 다른 미세소관들은 서로를 극쪽으로 더 멀리 밀어낸다. 이러한 움직임 또한 모터단백질이 돕는다.

**ⓓ 말기 1**

여러 형태 중 하나의 염색체가 방추극에 도달한다. 세포질은 2개의 반수체($n$) 세포를 형성하면서 나누어진다. 이때 모든 염색체는 여전히 복제되지 않은 상태로 존재한다.

**그림 9.5** 일반적인 동물세포의 감수분열 그림 이것은 핵분열과정이다. 이 과정은 배우자형성을 위해 미성숙한 생식세포 안에서 아버지로부터 받은 염색체 수를 반으로 감수시킨다. 이를 간단히 말하면 우리는 오직 2쌍의 상동염색체만을 확인할 수 있는 것이다. 어머니로부터 받은 염색체는 보라색으로 표시하였고, 아버지로부터 받은 염색체는 *파란색*으로 표시하였다.

감수분열과 체세포분열로 형성되는 4개의 반수체 세포 중 하나 또는 모두가 배우자로 발전하거나 유성생식기능을 가질 것이다. 식물에서는 감수분열로 형성된 세포는 배우자 형성에 앞서 생명주기와 관련하는 포자로 발전할 수도 있다.

## 감수 제 2분열

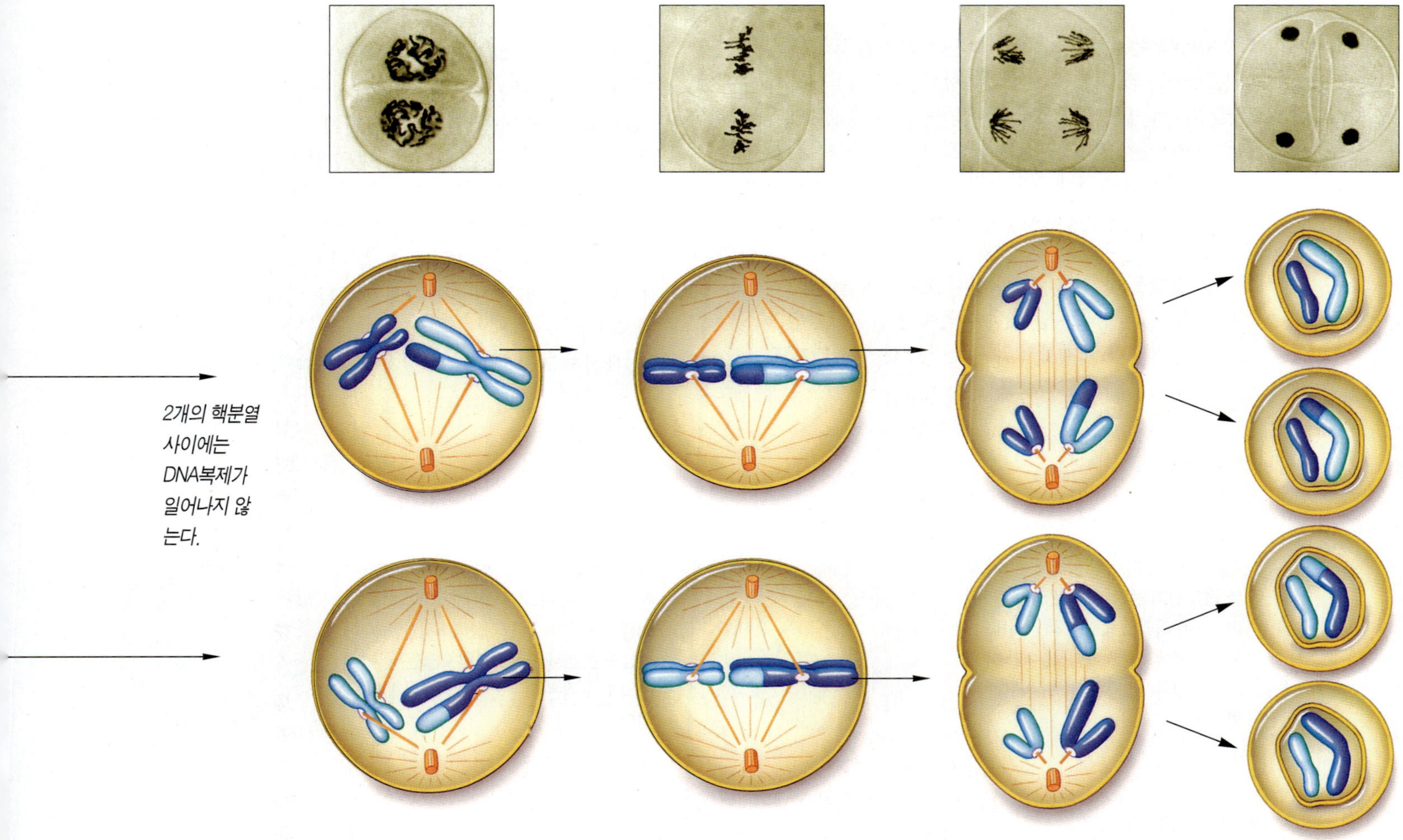


### ⓔ 전기 2

다시 한번, 한 쌍의 중심소체와 중심체는 서로 반대방향으로 이동하여 위치하고 양쪽 방추극에서 새로운 미세소관이 형성된다. 한쪽의 방추극으로부터 나온 미세소관은 각각 복제된 염색체로부터 하나의 염색분체를 잡아둔다. 그리고 반대편 쪽의 방추극으로부터 나온 미세소관 역시 자매 염색분체와 붙는다.

### ⓕ 중기 2

각각의 방추극으로부터 미세소관들 사이에 당기는 힘이 작용함에 따라 모든 염색체가 방추체 적도판에 위치하게된다.

### ⓖ 후기 2

각 염색체에서 자매 염색분체 사이의 부착은 떨어지고 각각의 염색체는 이제 분리된 염색체이지만, 이들은 여전히 방추극을 향하여 당기고있는 미세소관에 묶여있다. 분리된 염색분체는 각 극으로 이동하여 존재한다.

### ⓗ 말기 2

감수 제 2분열 말기에서는 새로운 핵막이 염색체무리 주위에 형성되고 4개의 딸핵을 형성한다. 세포질이 분열된 후에 각각의 결과로 반수($n$)염색체를 가진 4개의 딸세포가 형성된다.

## 9.4 감수분열에서 어떻게 형질변이를 일으키는가

*9.2절과 9.3절에서 보았듯이, 감수분열의 가장 중요한 기능은 부모의 염색체 수를 반으로 감소시키는 것이다. 그러나 감수분열동안 일어나는 두 가지 과정을 통해 진화적인 결과를 얻을 수 있다.*

앞의 절에서는 상동 염색체 쌍이 전기 I 동안 그들 자신을 서로 맞바꾸는 과정에 대해서 언급하였다. 그리고 상동염색체가 중기 I 에서 어떻게 그들의 파트너와 함께 중앙에 일렬로 배열되는지를 보여주었다. 이 두 가지는 유성 생식하는 종들의 형질 다양성에 크게 기여한다. 따라서 우리는 감수분열에서 일어나는 2가지 분열과정을 살펴보도록 하겠다. 이 둘의 과정을 통해 감수분열 후에 형성된 배우자는 대립형질간의 새로운 결합을 갖게된다. 대립형질간의 결합들(— 그리고 수정에 의해서 혼합되는 방법)은 이들이 공유하고있던 형질들과는 다른 새로운 개체세대의 시작이라 할 수 있다.

### 전기 I 에서의 교차

감수분열 전기 I 은 많은 유전자가 섞이는 시간이다. 그림 9.6a는 2개의 염색체들이 실같은 형태로 응축되는 모습을 보여준다. 발생초기에 있는 세포의 모든 염색체들은 이런 방법으로 응축한다. 이들이 응축될 때, 각각의 염색체들은 상동염색체끼리 접근하게 된다. 분자들 사이의 상호작용에 의해서 상동 염색체들이 하나하나 이어지게 되고, 그 위치가 일치하는 곳에서 교차가 일어난다. 하나의 염색체의 염색분체와 그것의 상동염색체의 염색분체 사이에 분자의 상호작용이 일어나는 것이다. 두개의 비자매염색분체들은 그들의 길이에 따라 같은 위치에서 분리되고, 두개로 나뉘어진 염색분체들은 서로 상응하는 부분과 교환을 한다; 이때 서로 유전자들을 교환하는 것이다.

유전자 교환은 만약 유전자 유형이 다양하지 않다면 무의

**a** 여기서 보이는 두 염색체는 감수분열 전의 간기 동안 복제되었다. 전기 I 에서는 아래의 그림처럼 각 염색체의 복제된 염색체인 자매염색분체들이 한 가닥의 실처럼 보이며 서로 가까이에 위치한다.

**b** 각각의 염색체는 상동염색체에 결합하여 모두 네 개의 염색분체들이 일렬로 배열된다. 만약 두개의 성염색체인 X, Y 처럼 다른 형태를 갖는다면 이들은 끝 부분의 아주 작은 부분이지만 결합하게 될 것이다.

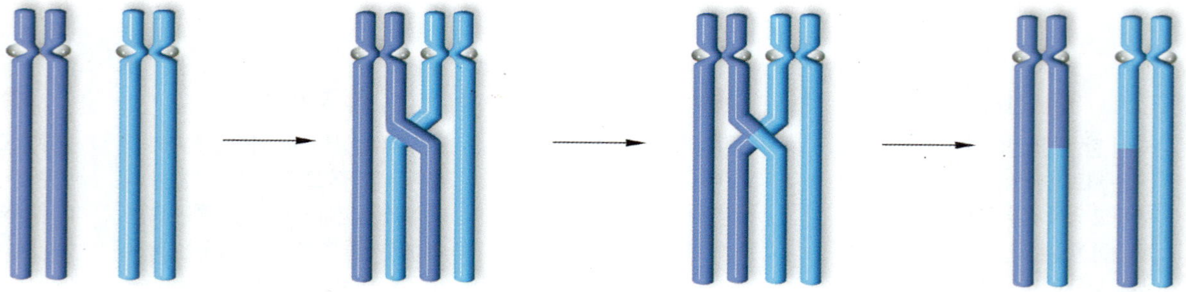

**c** 어떻게 이러한 과정이 진행되었는지 알 수 있도록 이미 응축되어있는 염색체 한 쌍을 보여주고 있다. 염색체들은 전기 I 동안 실가닥 같은 형태로 단단히 응축되어 일렬로 배열한다.

**d** 상동염색체의 접촉은 비자매 염색분체의 길이를 따라 간격을 두고(혹은 하나이상)의 교차를 촉진시킨다.

**e** 비자매염색분체는 교차되는 위치 염색체 분절을 바꾼다. 그들은 두꺼운 막대와 같은 형태로 응축을 계속한다. 중기 I 에서 서로 짝을 이루고있던 염색분체들이 분리된다.

**f** 교차는 대립유전자들의 오래된 조합을 깨고 상동염색체쌍의 새로운 조합을 만들어내는 것이다.

**그림 9.6** 전기 I 에서의 중요한 과정. 우리는 한 쌍의 상동염색체와 한번의 교차를 보았다. 실제적으로 교차는 한번이상 발생한다. 파란색은 부계의 염색체를 나타내고, 보라색은 모계염색체를 나타낸다.

미할 것이다. 그러나 기억하자. 하나의 유전자는 대립유전자인 다른 형태로도 존재할 수 있다. 하나의 염색체에 있는 몇 개의 대립 유전자들은 그들의 상동염색체에 있는 대립유전자들과 동일하지 않다. 각각의 교차는 유전자 산물에 대한 약간 다른 형태의 유전정보를 교환할 수 있는 기회라고 볼 수 있다.

우리는 다음 장에서 교차되는 기전을 볼 것이다. 이제 이것만 기억하자. *교차는 상동염색체의 유전자 재조합을 유도하고 자손들 사이에는 형질을 다양하게 한다.*

### 중기 I 에서의 정렬

전체 염색체의 중요한 혼합과정은 본래 전기 I 에서 중기 I 까지의 변화동안 시작된다. 이것이 여러분의 생식세포 중 하나에서 지금 일어난다고 가정해 보자. 교차에서 이미 염색체의 유전적인 형태를 만들었다. 그러나 추정을 간단하게 하기 위하여 이러한 문제는 제외하도록 하자. 모계로부터 받은 23개의 염색체와 부계로부터 받은 23개의 염색체만 생각하자.

중기 I 에서 미세소관은 방추사에 각 쌍의 염색체 중 하나와 또 다른 상동염색체하나를 연결시켜 적도판에 일렬로 배열한다(그림 9.5b). 모든 모계염색체들은 한쪽 극에, 모든 부계염색체들은 다른 쪽 극에 나열시켜 놓았는가? 아마도 아닐 것이다. 미세소관들이 극으로부터 성장할 때, 미세소관들은 이들이 우연히 첫 번째로 접촉하는 염색체에 결합하게 된다. 이 결합은 무작위이기 때문에 모계와 부계염색체의 중기 I 의 위치에는 특별한 패턴이 없는 것이다. 여기서 한 걸음 더 생각해 보자. 상동염색체 한 쌍이 후기 I 에서 분리되어 이동한 후에 각각의 염색체는 둘 중 한쪽의 방추체극으로 끌려간다.

그럼 세 쌍의 상동염색체를 가지고 생각해 보자. 중기 I 에서 이 세 쌍의 상동염색체는 아마도 4종류의 가능한 위치 중 하나의 형태로 배열 할 것이다(그림 9.7). 이것은 8개의 조합($2^3$)이 배우자를 만드는데 가능하다는 것을 의미한다.

인간의 배우자를 만드는 세포는 3쌍이 아닌 23쌍의 상동염색체를 가진다. 이렇게 매번 정자 또는 난자는 모계와 부계염색체로 총 *8,388,608*가지의 조합이 가능하다.

게다가 각각의 정자 또는 난자 안에 존재하는 모계로부터 유전된 수백의 대립유전자들과 부계로부터 유전된 수백의 대립유전자들이 정확히 같다고 말할 수도 없다. 형질의 이러한 놀랄만한 조합이 당신자신의 가족관계도 사이에 어떻게 나타나는지 이해가 되는가?

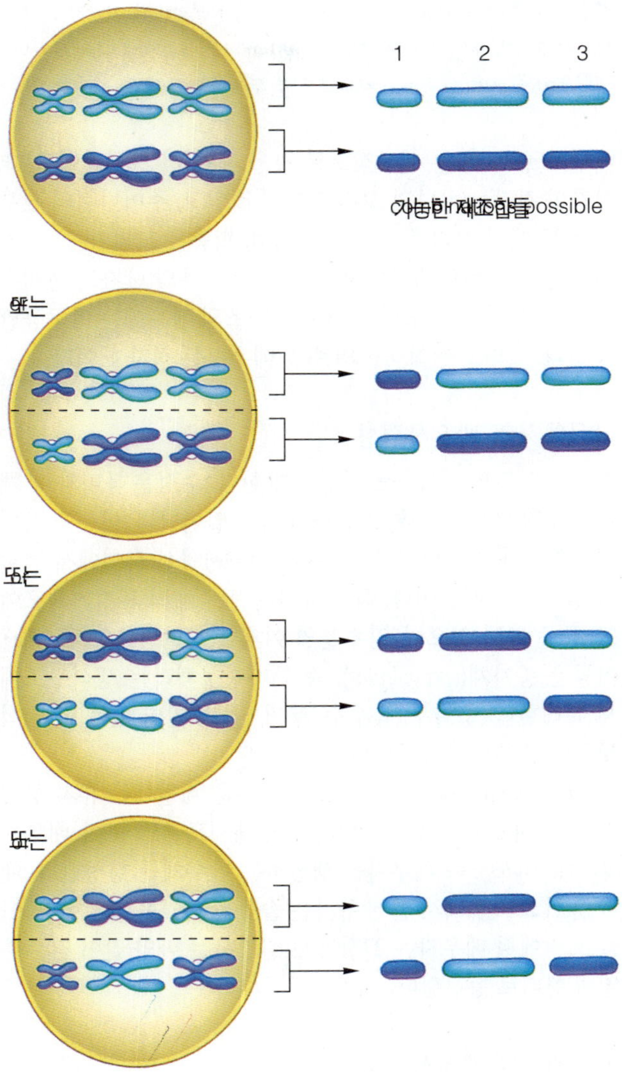


**그림 9.7** 중기 I 에서 세 쌍의 상동염색체만으로 가능한 임의의 결과. 세 종류의 염색체에 1,2,3의 표시를 한다. 네 가지의 정렬이 가능하고, 배우자들에게서는 모계염색체(*보라색*)와 부계염색체(*파란색*)의 8가지 조합이 가능하다.

교차현상은 한 쌍의 상동염색체 사이의 상호작용이다. 이것은 대립유전자의 이전 조합을 깨고 감수분열의 전기 I 동안 새로운 조합을 만든다.

중기I에서 각 쌍의 모계와 부계염색체의 무작위적인 연결과 배열은 각 새로운 세대에서 모계와 부계 형질의 다른 조합을 만들게 된다.

# 9.5 배우자에서 자손까지

*감수분열 후 배우자(gamete)에게는 무슨 일이 일어나는가? 차후 다른 장에서 분명한 예를 제시할 것이다. 여기에서는 동·식물의 배우자의 생활주기 중 어디에 속하는지에 초점을 두려 한다.*

배우자(gamete)는 세부적으로 봤을 때 여러 차이점이 있다. 인간의 정자는 하나의 꼬리를 가지고 있고, 주머니쥐의 경우에는 두 개의 꼬리를 가지고 있으며, 회충은 꼬리가 없다. 가재의 정자는 바람개비처럼 생겼다. 대부분의 난자는 현미경으로 볼 수 있을 정도의 크기지만 타조의 경우에는 야구공만큼 크다. 그리고 현화식물의 수컷 배우자는 정자 핵이다.

## 식물에서의 배우자형성

계절은 땅위의 식물들을 다양하게 한다. 수정은 봄비와 새 개체의 성장에 맞는 다른 조건들과 함께 일어난다. 이는 식물의 생활주기가 종자형성과 배우자(gamete)형성 사이에서 번갈아 일어나기 때문이다. 식물 종자는 반수체의 휴지기세포이고, 종종 막이 있으며, 감수분열 이후에 발달한다(그림 9.8a). 이들은 종자체(*sporophytes*), 즉 종자형성체라는 생식구조에서 유래한다. 소나무, 옥수수, 뿌리, 줄기, 잎이 있는 다른 식물들이 종자체의 예들이다.

식물 포자(spore)는 건조하거나 추운 계절에는 휴지 상태이다. 종자들은 생장을 시작할 때, 체세포분열 하여 배우체(*gametophytes*), 즉 배우자를 생산하는 반수체를 형성한다. 예를 들어 소나무에서 암 배우자는 솔방울 비늘을 형성한다. 이들 조직에서 배우자는 27장에서 설명하는 바와 같이 감수분열의 형태로 형성된다.

## 동물에서의 배우자형성

동물들은 생식세포에서 배우자(gamete)를 생성한다. 수컷 생식계에서 이배체 생식세포는 크고 미성숙세포인 1차 정모세포로 발달한다. 이 세포는 감수분열로 들어가 세포질 분열을 한다, 네 개의 반수체 세포가 만들어져 정자세포로 발달한다. 이 세포들은 꼬리 형성을 포함한 변화를 겪게 된다. 각각은 성숙 수컷 배우자의 일반적 형태인 **정자**(sperm)가 된다.

암컷의 경우에는 생식세포가 **난모세포**(oocyte)나 미성숙 난자가 된다. 정자와 달리 난모세포는 많은 세포질 성분을 가지고 있고, 네 개의 딸세포는 크기와 기능적으로 서로 다르다(그림 9.10).

제1감수분열 후에 난모 세포가 분열할 때, 하나의 딸세포 — 제2난모세포 — 는 거의 대부분의 세포질을 가지게 된다. 또 다른 세포 — 제1극체 — 는 작다. 후에, 이 반수체 세포들은 모두 제2감수분열로 들어가 세포질 분열을 한다. 제2난모세포의 한 딸세포는 제2극체로 발달한다. 또 다른 세포 하나가 대부분의 세포질을 받고 생식체(gamete)로 발달한다. 성숙한 여성 생식체를 소위 난자(ovum), 혹은 **난**(egg)이라 한다.

그렇게 우리는 하나의 난자를 얻게 된다. 다른 3개의 극체는 배우자(gamete)로 기능하지 못하고, 충분한 영양분이나 세포질로 채워져 있지 않다. 시간이 흐름에 따라 이들은 퇴화한다. 하지만 극체가 형성되었다는 사실은 난자가 반수체의 염색체수를 가진다는 의미이다. 또한 대부분의 세포질을 가짐으로써 난자가 초기 개체 분열을 시작할 수 있는 대사 능력을 가졌다는 의미이다.

## 수정에서의 추가적인 혼합

염색체 수의 특징이 암수의 배우자(gamete)가 합쳐지고 그들의 반수체가 결합하는 수정에서 회복된다. 감수분열이 일어나지 않으면 수정 후 염색체수는 각 세대마다 두 배가 될 것이다. 이러한 염색체 배가(doubling)는 일반적으로 유전정

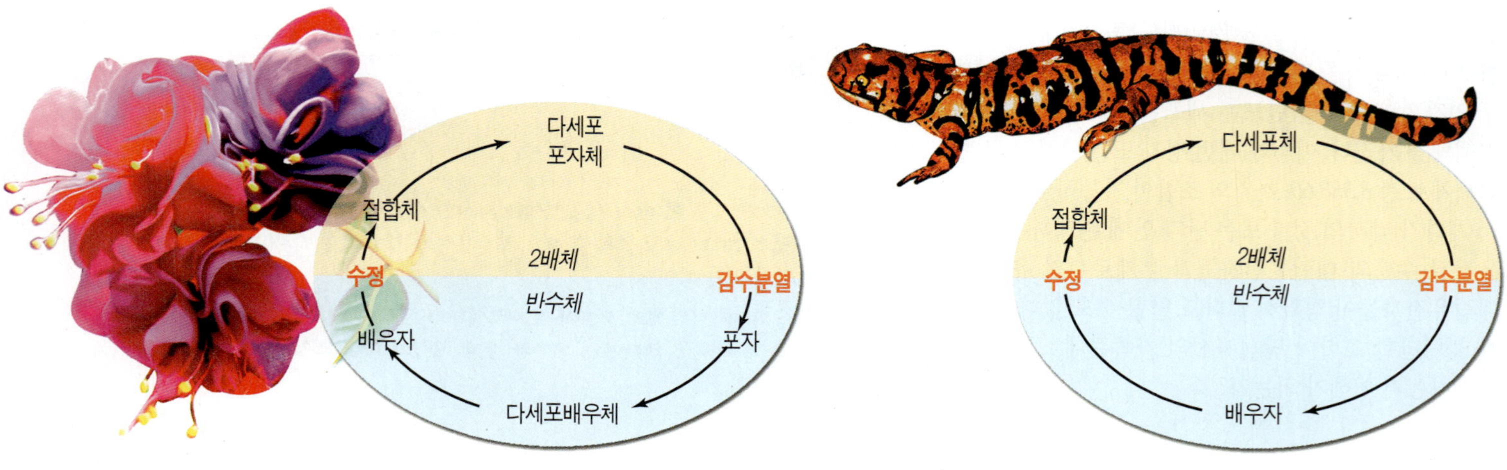


**그림 10.10** (a) 식물의 일반적 생활주기 (b) 동물의 일반적 생활주기. 접합체는 수정 때 두 배우자의 핵이 접합한 최초 형태의 세포이다.

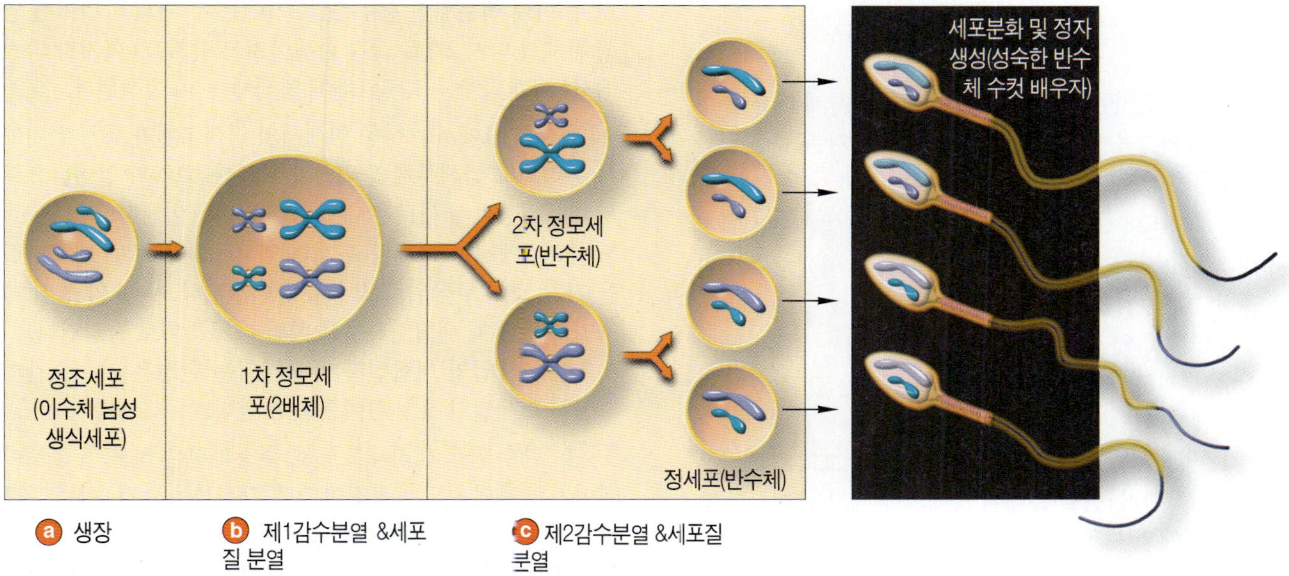


**그림 9.9** 동물에서의 일반적 정자생성 그림. 그림 36.16은 인간 남성에 있어서 정자형성의 구체적 예를 보여준다.

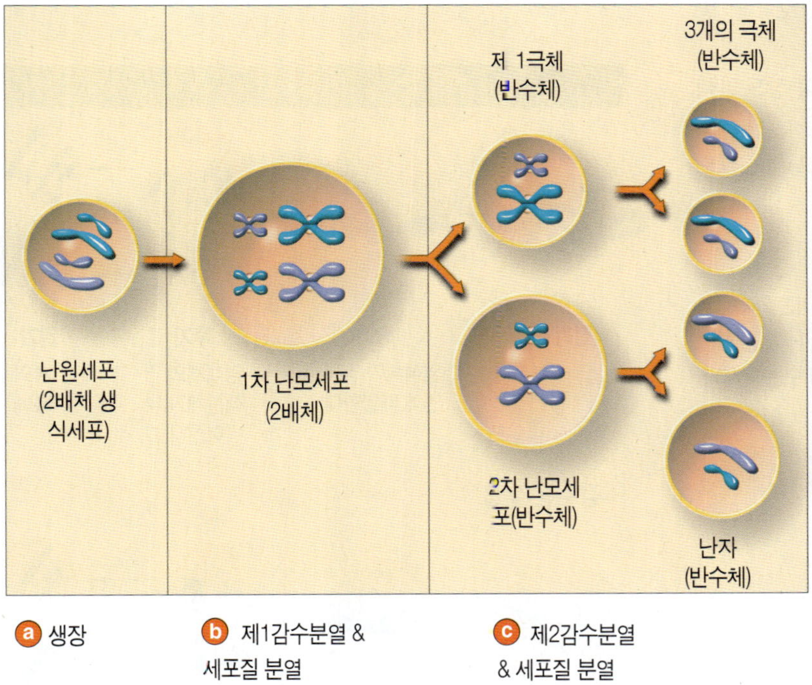


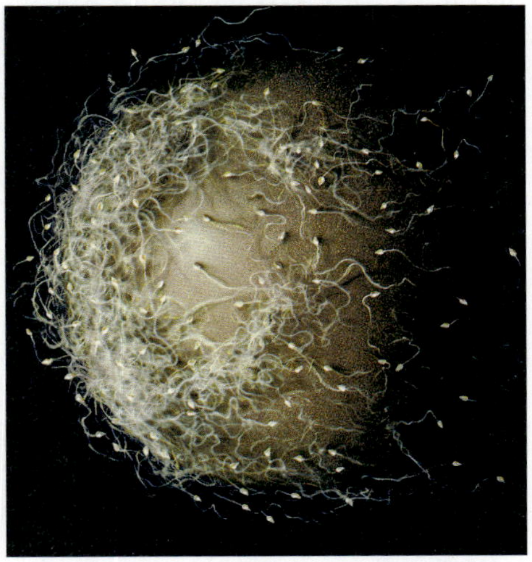

**그림 9.10** 동물 난자 형성. 난자는 정자와 세 극체보다 훨씬 크다. 위의 그림은 주사전자현미경으로 관찰한 것으로 난자 주위의 정자를 묘사하고 있다.

보를 혼란스럽게 하고, 보통 더 복잡한 방향으로 나아간다. 왜냐하면 유전정보는 하나의 정상적인 개체를 만들기 위해 반드시 한 장, 한 장 정확히 따라가야 하는 매우 정교하게 준비된 청사진과도 같기 때문이다.

수정은 또한 자손들에게 다양성을 가져온다. 그리고 인류만을 위한 가능성을 보여준다. 제1전기 동안 각각의 사람염색체는 평균 2~3번의 교차(crossover)를 겪는다. 이런 교차(crossover)가 없이도, 제1중기에서 부계와 모계염색체가 불규칙하게 쌍을 이룰 때 일어날 수 있는 여러 수백만 개의 조합 중에서 오직 하나의 조합만을 이룰 수 있다.

> 배우자(gamete)로의 염색체의 불규칙적 혼합, 중기에서의 염색체의 불규칙적 배열과 수정과정도 자손들에게 형질의 다양성을 부여하는 데 기여한다.

## 요약

**9.1절** 대립 유전자는 분자적 차원에서 근소하게 다른 동형 유전자이고, 이들은 같은 유전자의 특성화된 다른 유전자 산물이라고 볼 수 있다.

**9.2, 9.3절** 두 번의 핵분열로 이루어진 감수분열은 생식과정에서 매우 중요하다. 감수분열을 통해 부모의 염색체수가 반으로 줄어(그림 9.11).

감수분열에서 첫 번째 분열을 하는 시기에는 상동염색체가 각각의 무리로 나뉘어 진다. 모든 염색체는 간기 초기 단계에서 복제된다.

전기 1 : 염색체가 막대모양으로 응축된다. 그리고 핵막은 조각나기 시작한다. 만일 복제된 쌍에 동원체가 존재한다면, 한 쌍은 방추체의 새로운 미세소관인 중심소체를 따라서 세포핵의 반대쪽으로 이동한다. 그리고 상동 염색체사이에 교차가 일어난다.

중기 1 : 모든 상동 염색체들은 방추체 적도면에 위치한다. 미세소관은 어머니로부터 받은 염색체와 아버지로부터 받은 염색체중 임의로 한쪽씩 연결된다.

후기 1 : 미세소관은 반대쪽 방추체에서 각각의 상도염색체를 잡아당긴다.

말기 1 : 반으로 나뉘어진 두 개의 핵이 형성되고 세포질도 따라서 나뉘어진다.

두 번째 핵분열인 감수분열 2기에는 두 개의 나뉘어진 염색 분체가 다시 2개로 각각 나뉘어지고 말기2의 마지막 과정에서는 4개의 핵 — 각각 1배체 염색체 — 이 형성된다.

**9.4절** 전기 1에서는 상동 염색체의 염색분체가 특정 위치에서 분리되고 염색분체의 위치가 바뀐다. 교차가 일어남으로써 염색체중에서 새로운 대립 형질을 만들어낸다.

중기 1에서는 모계와 부계의 염색체와 새로운 대립형질을 가진 것이 무작위로 방추사에 연결된다. 두 개의 생식 세포가 수정할 때 대립인자들은 한번 더 무작위로 끌려간다.

3종류 타입의 대립인자가 교차되는 현상은 자손들간의 다양하고 세밀한 특성 차이를 갖게 한다.

**9.5절** 감수분열, 생식세포형성, 수정과정은 식물, 동물들이 살아가면서 발생되는 과정이다. 종자식물에서 감수분열은 1배체의 종자를 형성하게 된다. 종자의 발아는 종자가 자라는데 필요한 세포인 종자세포가 생성될 수 있게 한다. 대부분의 동물에서 초기세포의 생식기관은 정자, 난자를 생성한다. 그리고 정자와 난자핵이 융합되는 것은 접합체의 수정을 발생시킨다.

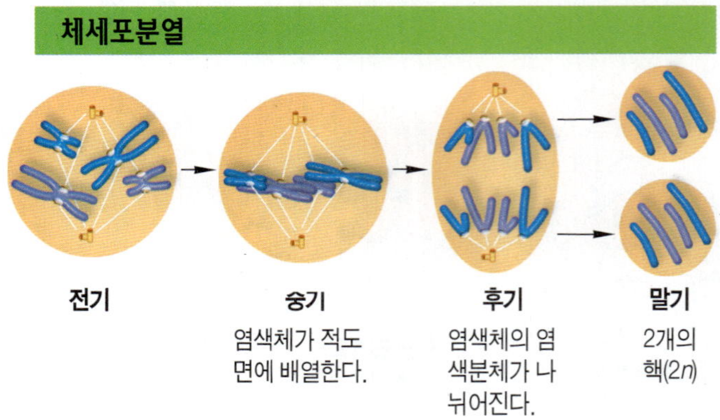


**그림 9.11** 체세포분열과 감수분열을 비교하는 그림이다. 우리는 2배체 염색체인 2개의 모계염색체와 부계염색체를 사용하였다. 모든 염색체는 핵분열의 전 단계인 간기에서 복제된다. 체세포분열에서는 염색체 수는 유지되는 반면, 감수분열에서는 1배체수가 반으로 줄어든다.

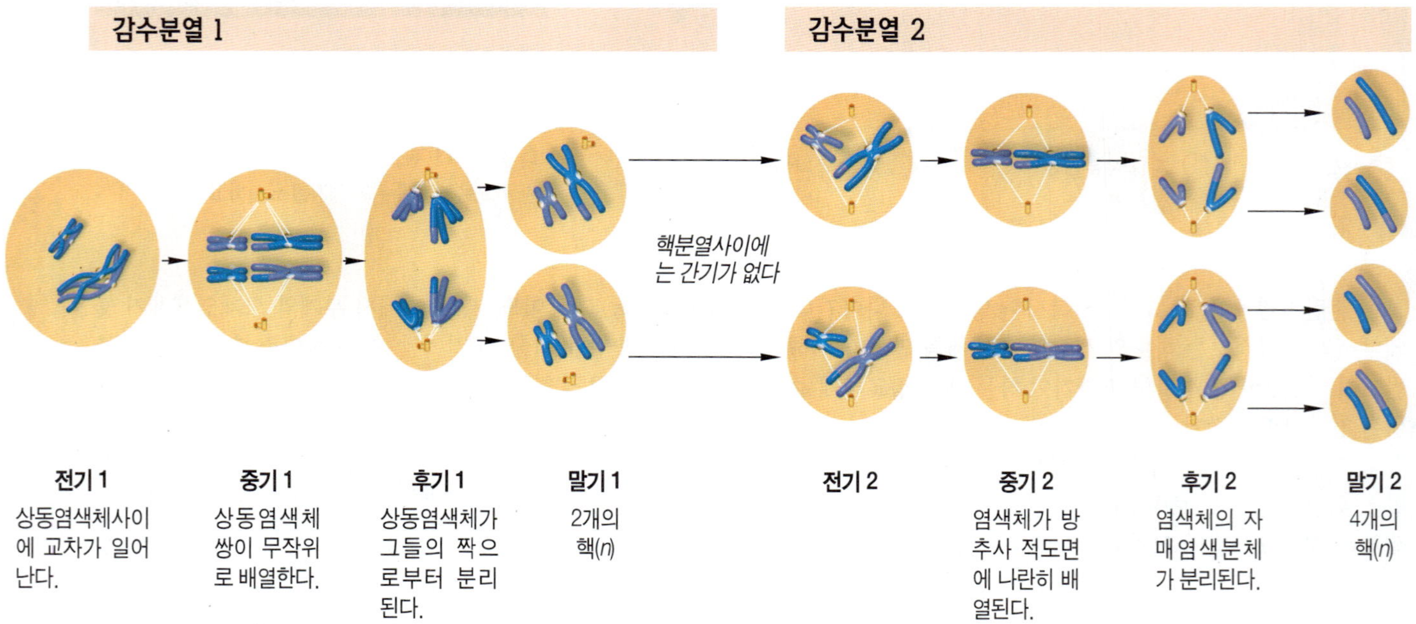

## 자습-퀴즈

*정답은 부록 II에 있음*

1. 감수분열과 세포질분열의 기능은 _____.
   a. 단일세포의 무성생식이다.
   b. 성장, 조직재생, 또는 무성생식이다.
   c. 생식과정이다.
   d. 2)번과 3)번이다.
2. 복제된 염색체는 _____ 개의 염색분체를 가진다.
   a. 1 b. 2
   c. 3 d. 4
3. 체세포가 가진 2개의 1배체 종류의 염색체는 _____ 이다.
   a. 2배체 b. 1배체
   c. 4배체 d. 비정상
4. 유성생식은 _____ 을 필요로 한다.
   a. 감수분열 b. 생식 세포 형성
   c. 수정 d. 모든 보기
5. 일반적으로 한 쌍의 상동염색체는 _____.
   a. 같은 유전자를 가진다.
   b. 감수분열에 상호 작용한다.
   c. 같은 길이와 모양이다.
   d. 모든 보기이다.
6. 감수분열은 부모 염색체 수의 _____ 이다.
   a. 2배 b. 반
   c. 유지 d. 줄어든다.
7. 감수분열 과정은 _____ 를 형성한다.
   a. 2개 세포 b. 2개 핵
   c. 8개 세포 d. 4개 핵
8. 한 쌍의 복제된 상동 염색체가 방추사로 인해 반대쪽에 위치하는 시기는 _____ 이다.
   a. 전기 1 b. 전기 2
   c. 후기 1 d. 후기 2
9. 복제된 염색체의 염색 분체가 방추사로 인해 반대쪽으로 이동하는 시기는 _____ 이다.
   a. 전기 1 b. 전기 2
   c. 후기 1 d. 후기 2
10. 용어와 용어설명을 바르게 연결하시오

| | |
|---|---|
| _____ 염색체 수 | a. 같은 유전자에 다른 분자구조를 가진다. |
| _____ 대립유전자 | b. 감수분열 1과 2에 없다 |
| _____ 중기1 | c. 모든 염색체가 적도면에 배열한다. |
| _____ 간기 | d. 모든 염색체가 고유형질을 가진다. |

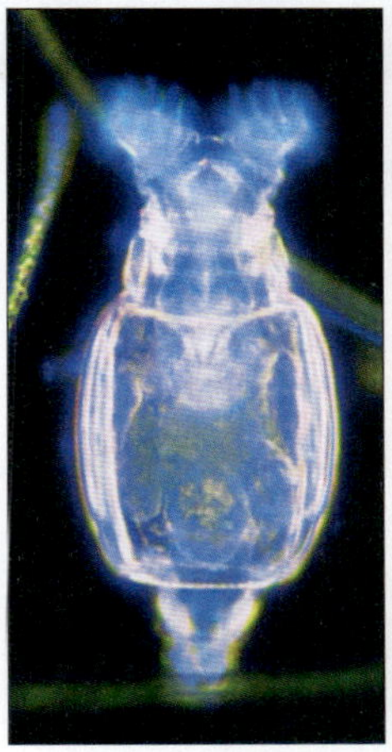

**그림 9.12** 델로이드 윤충류(Bdelloid rotifer).

**그림 9.13** Viggo Mortensen 그림 (a)는 보조개가 있는 모습 (b)는 없는 모습.

## 분석적으로 생각하기

1. 왜 우리는 체세포 분열보다 감수분열에서 부모세포와 딸세포 사이에 유전적으로 다른 점이 나타난다고 생각하는가?
2. 이장을 시작하면서 언급했듯이 진딧물은 해마다 무성생식과 유성생식을 모두 할 수 있다. 이러한 생식방법이 어떻게 해서 포식자로 하여금 안전하게 하는가?
3. 델로이드 윤충류 종족은 4,000만년 전부터 생존하기 시작했다(그림 9.12). 360종 정도되는 이 작은 동물들이 세계의 많은 물가에서 서식하는 것이 발견되었다. 이것은 엄청난 유전적 다양성을 보여준다. 왜 과학자들이 모든 델로이드 윤충류들이 암컷이라는 것을 알고 놀랐는지 추측해 보아라.
4. 배우인 Viggo Mortensen은 그의 턱에 보조개가 생기는 유전자를 물려받았다. 9.13b의 그림은 그가 만약 이 유전자 없이 보통이었을 때를 보여준다. 같은 유전자 다른 형태의 이름은 무엇인가?

# 10 유전형질의 패턴 관찰

## 최근 이슈와 그 영향력 위험한 점액

낭포성 섬유증(cystic fibrosis, CF)는 치명적인 선천적 유전적 이상이다. 1989년 연구원들이 CF를 야기시키는 변이된 유전자를 검증했고, 2001년 미국 산부인과 의사협회에서는 모든 예비 부모들이 이 변이된 유전자를 감별해야 한다고 시사했다. 이 제안으로 인해 이상 유전자 보유자의 대량 감별이 이루어졌다.

유전자 생성물인 CFTR은 막 수송 단백질로서 염화물과 물이 점액과 땀을 분비하는 세포 안 팎으로 이동하는 것을 돕는다. 미국 내의 1억 명 이상의 사람들이 CFTR 정상 유전자 하나와 비정상 유전자 하나를 유전받는다. 그들은 내부 장기에 구멍이 생기는 이상을 갖지만 발전되는 이상은 없고, 심지어 자신이 이 유전자의 보유자인지도 모른다.

낭포성 섬유증(CF)는 양쪽 부모로부터 이 변이된 형태의 유전자를 이어받은 누구에게나 발생한다. 두껍고, 건조한점액이 폐로 통하는 기관지의 기도를 막아 호흡이 힘들게 된다(그림 10.1) 기도를 덮고 있는 점액은 공기로 운반되는 작은 입자와 병원균을 부착하기에 충분하도록 묽어야 기도에 정렬된 섬모 세포들이 병원균을 체외로 배출할 수 있다. 슬라이드에서 보여주듯, CF 환자의 두꺼운 점액에서 박테리아의 개체 수가 증가한다.

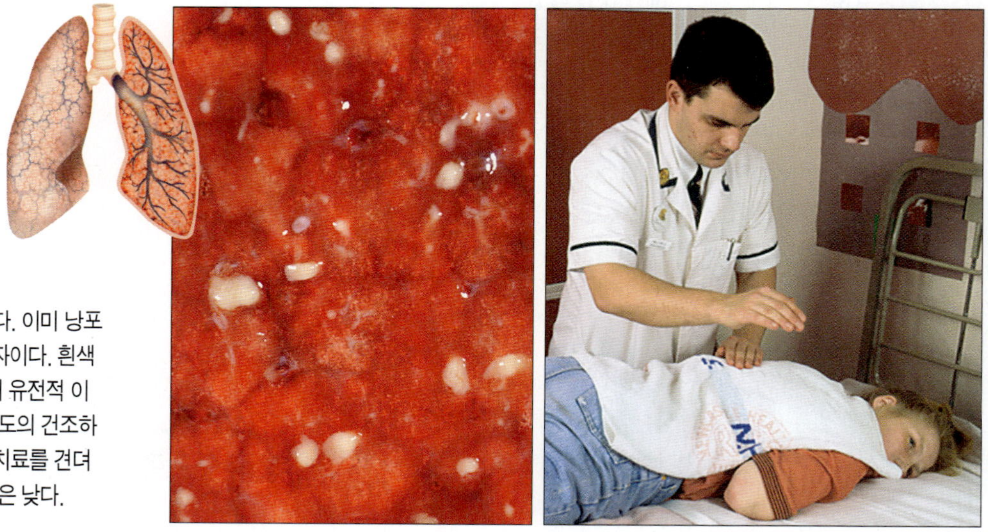

**그림 10.1** *왼쪽*, 환자의 폐조직 시료이다. 이미 낭포성 섬유증을 진단받은 생후 5개월 된 환자이다. 흰색 부분은 점액으로 채워져 있다. 오른쪽, 이 유전적 이상을 가지는 환자는 매일 폐로 통하는 기도의 건조하고 두꺼워진 점액을 완화하기 위해 물리치료를 견뎌내야 한다. 하지만 환자들의 생존 가능성은 낮다.

## 개요도

**실험적 접근** 완두를 이용한 실험은 부모가 자손에게 유전자(유전성 특징에 관한 정보의 단위)를 유전시킨다는 사실을 처음으로 주목할 만한 증거를 만들었다. 실험은 또한 근본적인 유전 패턴들을 밝혔다.

**두 가지 이론 출현** 멘델의 이론에서, 배수염색체 생물은 한 쌍의 염색체를 가지고 있으며, 각각의 배우체는 오직 그 중 하나만을 가지고 있다. 또한, 한 쌍의 상동염색체에 존재하는 유전자는 다른 쌍의 염색체 유전자와는 독립적으로 분배되어 배우체로 나누어지는 경향이 있다.

항생제는 병원균을 통제할 수 있도록 도와 줄 수 있지만 완전히 제거할 수는 없다. 또한 두껍고 건조한 점액을 완화시키기 위해 환자는 자세를 변화하고 가슴과 등을 쳐주어야 한다. 하지만 이런 물리치료가 폐 손상을 야기할 수도 있다. 폐 이식은 삶을 연장시킬 수 있지만 기증자가 부족하며, 이식을 받는다고 하더라도 30세를 넘기는 사람은 거의 없다.

낭포성 섬유증의 심각성과 일반사람들 중 보균자의 증가에 따라 의사들은 예비 부모에 대해 검사했다. 그러나 2003년, 의도되지 않은 결과의 법에 관한 법이 제정됐다. 그 배경은 몇몇 사람이 검사 결과를 오해하여 아이가 정상인지 아닌지를 알아내기 위해 불필요한 진단 테스트까지 하였다. 게다가 테스트 결과의 혼동으로, 몇몇 사람들은 정상적이 태아까지 낙태하였는지도 모른다.

그래서 우리가 오늘 이 자리에서, 우리 삶의 유전적 요인을 바탕으로 우리 방식대로 연구를 하도록 하자. 그리고 모두 어디에서 시작되었는가? 그것은 그레져 멘델이라는 수도승의 작은 정원에서부터 시작되었다. 작은 정원에서 완두콩의 여러 세대를 분석함으로써, 부모가 어떻게 자손에게 유전적 정보의 단위 — 유전자 — 를 전해 줄 수 있는지 간접적이지만 가시화된 증거를 밝혀내었다.

이번 장은 멘델 실험의 방법과 몇몇 대표적인 결과와 함께 시작한다. 그의 선구적인 일은 자연 세계에 관한 중요한 비밀을 엿보는데 어떻게 과학적이 접근이 가능할 수 있는지에 대한 고적적인 예를 남겼다. 오늘날 그것은 현대 유전학의 기초로써 간주된다.

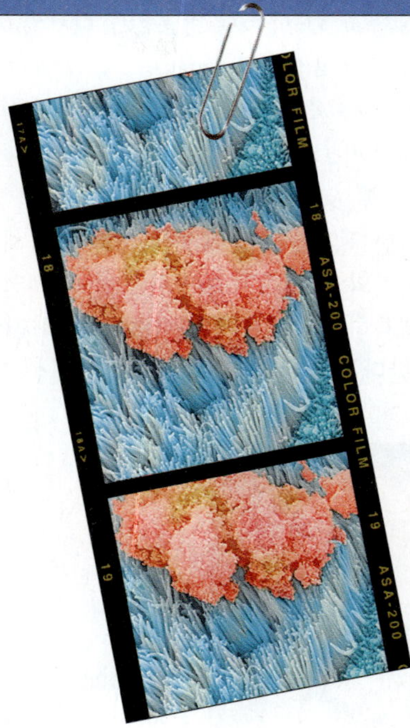

### 찬반의견 투표

*심각한 질병을 일으키는 돌연변이 유전자를 찾아내는 능력을 포함하여 유전학의 많은 진보는 더불어 생명윤리의 의문점을 일으킨다. 우리는 낭포성 섬유증의 원인이 되는 대립형질을 찾기 위해 예비 부모들이 검사하도록 권장해야 하는가? 그리고 우리는 아이가 심각한 의학문제를 가지는 아이가 태어나지 않도록 여성들에게 사회적으로 권장해야 하는가? 미디어 메뉴에서 상세한 내용을 참고하여 온라인 투표를 한다.*

**멘델의 이후** 멘델이 연구하였던 유전 형질은 간단히 열성-우성 방식을 따르는 것이다. 대부분 유전 형질에 대한 유전자의 발현은 그렇게 간단한 것이 아니다. 불완전한 우성과 공동 우성이 그 예이다.

**작은 예측 변화** 비록 많은 유전자들이 예측이 가능하며 가시적인 효과를 지니고 있지만, 대부분의 유전자 발현은 다양하다. 대부분 특징은 두 가지 또는 그 이상의 유전자 물질 사이의 상호작용으로 나타나며, 환경적 요인 또한 유전자 발현에 영향을 미친다.

## 10.1 유전 법칙에 대한 멘델의 견해

*지금 생각해 보면, 우리는 인간과 유성생식을 하는 또 다른 종은 유전적인 양식이 되풀이 된다는 것을 알고 있다. 당신은 이미 부모로부터 받은 염색체의 수가 감수 분열에 의해 반으로 나뉜다는 것을 알고 있으며, 수정에 의해 회복된다는 것도 알고 있다. 이제 이러한 사건들을 통해 관찰되는 결과를 살펴보자.*

1세기 전, 사람들은 유전의 기초에 대해 궁금해하였다. 많은 사람들은 정자와 난자가 자손에게 물려 줄 유전 형질 정보를 가진다는 생각하였지만, 유전자 정보가 조직적인 단위(유전자)로 존재한다는 것은 알지 못했다. 그 대신 아버지로부터 받은 정보와 어머니로부터 받은 정보가 마치 커피에 우유를 섞듯이 혼합된다고 알고 있었다.

그림 10.2 현대 유전학의 창시자인 그레고르 멘델(Gregor Mendel).

a 완두식물을 절반으로 자른 보양, 남성 꽃 기관인 수술로 생성되는 화분이 정자를 형성한다. 여성 꽃 기관인 암술에서 난자가 발달되고, 수정이 되어 종자가 성숙된다.

b 순종 흰 꽃의 수술 부분을 자른 뒤 흰 꽃의 싹 부분에 순종 자줏빛 꽃의 교화분을 발라준다. 이것이 식물의 교잡수정의 한 방법이다.

c 다음, 교잡 수정된 식물의 꼬투리 안 쪽에서 종자가 형성되는데, 각 종자 내부의 배아는 성숙된 완두로 발달할 수 있다.

d 각 새로운 완두콩의 꽃 색깔은 어떻게 부모로부터 유전물질이 전달될 수 있는가에 대한 간접적이지만 가시적인 증거이다.

그림 10.3 완두식물은 각각 자가 수정과 교잡수정을 할 수 있다. 실험자는 하나의 꽃으로부터 다른 꽃으로의 유전물질 전수를 조절할 수 있다.

이런 논리학적 결론은, 혼합한다는 것이 한 집단의 공유되는 유전적 정보 집합체가 각각의 단일 형질만 나올 때까지 서서히 희석된다는 것이다. 그 생각대로라면 주근깨를 가진 아이들은 주근깨를 가지고 있지 않은 가족에서는 나올 수 없고, 하얀 종말과 검은 암말사이에서 회색의 망아지만 태어나야 한다. 하지만 모든 말이 회색 망아지가 아니듯, 주근깨를 가진 가족의 자손이라고 해서 모두 주근깨가 나타나지는 않는다.

이 혼합이론은 자신만의 시각에서 관찰된 몇몇 사람들에게서 나타난 형질 변화를 가지고 간신히 설명되었다. 심지어, 이 이론은 약간의 논쟁의 여지를 가지고 있었다. 혼합 이론은 다윈의 자연선택설은 간과하였다. 이 자연선택설의 중요한 전제에 따르면, 집단의 한 개인은 그들이 공통적으로 가지고 있는 형질의 세세한 부분을 변경하여서 세대를 거치는 동안 자손을 비교하여보면 개인이 살아남고 번식하도록 도움이 되도록 변이가 된다. 도움이 덜 되는 변화는 살아남지만, 개체 수가 작은 집단에서만 나타날 수 있으며 심지어 사라질 수도 있다.

유전형질의 다소의 변화는 집단으로부터 퇴출되는 것이 아니다. 반대로, 그 집단의 모든 개개인에서 유전형질 각 패턴의 빈도가 유지되거나 오랜 시간을 거쳐 변화한다고 보아야 한다. 다윈이 그의 이론을 발표하기 전부터, 결국 그 이론을 지지할 수 있는 증거를 모으는 사람이 있었다. 수도자였던 멘델(그림 10.2)은 정자와 난자가 유전적인 형질의 정보 단위를 운반해주는 운반체임을 가설로 하여 완두실험을 토대로 부모가 어떻게 자식에게 유전정보를 물려주는지에 대한 증거들을 간접적으로 발견하였다.

### 멘델의 실험적 접근

멘델은 대부분의 성인시절을 브루노에서 보냈다. 이 도시는 비에나 근처에 위치하며 오늘날에는 체코 공화국의 한 부분이다. 그는 우연하게 위대한 원리를 발견할 수 있었던 관심이 좁은 사람은 아니었다.

멘델의 수도원은 과학적인 연구를 하는 유럽의 중심지였다. 멘델은 그의 예리하고 빈틈없는 농경 원리와 응용력으로 농장을 확대시켰다. 교배시험에 대한 논문을 발표하였으며, 또한 지역 농경 사회의 한 소속원으로서 다양한 야채와 과일을 개량하여 지역사회 발전을 도왔다. 멘델은 수도원에 들어간 후, 비에나 대학교에서 수학, 물리학, 식물학 등 많은 과목을 전공했다. 이 시기에 수학과 식물 교배 모두 관심을 가지는 학자는 거의 없었다.

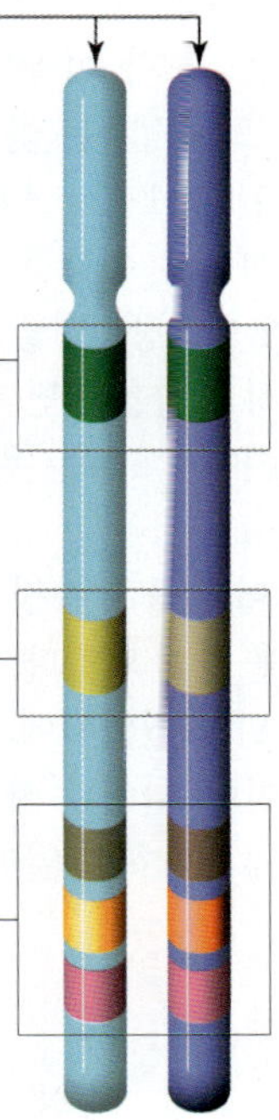


**그림 10.4** 유전적인 용어, 배수체인 완두와 다른 종은 상동 염색체 쌍에 유전자 쌍을 가진다. 대부분의 유전자는 약간 다른 분자구조로 형성되어 있고 이를 대립형질이라 부른다. 각각의 대립형질은 한 형질의 다른 형태를 특성화한다. 염색체에서 주어지는 대립형질의 위치는 상동 염색체에서 짝을 이우는 대립형질과 동일하거나 동일하지 않을 수 있다.

대학 생활을 마친 후 멘델은 정원에 있는 완두에 대한 연구를 시작했다(그림 10.3). 완두는 자가 수정을 하는데, 그 것은 같은 식물에서 발원 된 남성과 여성 — 이것을 정자와 난자라 부른다 — 이 같은 꽃에서 발달하여 수정을 하게 된다. 이런 작업을 통해 완두콩은 특정한 한 형질에 대해 순종으로 번식할 수 있었다. 이것은 부모로부터 하나 혹은 그 이상의 형질이 연속적으로 유전된다는 것을 의미하며, 자가 수정된 자손은 흰색색깔을 가진 부모 식물과 같은 흰색을 띄는 것이다.

멘델은 어떤 식물의 꽃가루를 다른 꽃에 붙임으로서 수정하도록 하는 교잡수정도 하였다. 멘델은 흰 꽃처럼 순종 형질인 완두꽃의 꽃 봉우리를 열어서 수술을 제거할 수 있다는 것을 알았다. 수술은 정자가 발생되는 꽃가루를 보유한다. 자줏빛 꽃처럼 같은 형질이지만 다른 형태를 띄는 꽃의 꽃가루를 꽃 봉우리에 솔질하여 수정할 수 있다.

멘델의 가설처럼, 명백히 눈에 보이는 차이는 많은 세대를 통한 유전형질 추적을 도와 줄 수 있을 것이다. 만약 유전형질의 어떠한 패턴이 있다면, *그 패턴은 유전형질 그 자체에 대해 무엇인가를 알려줄 수 있을 것이다.*

## 오늘날의 유전학적 용어

멘델이 살던 시기에는 감수분열, 유전자, 염색체에 대해서 구체적으로 아는 사람이 없었다. 그러나 우리는 그림 10.4에서 명백히 제시된 것처럼 오늘날의 유전학용어를 통해 공부할 수 있다.

1. **유전자**(gene)는 유전적 형질에 대한 정보의 단위이고, 부모로부터 자손에게 유전된다. 각각의 유전자는 염색체에서 그 특유의 위치를 가지고 있다.

2. 배수염색체(2*n*)을 가지는 세포는 상동염색체 사에 한 쌍의 유전자를 가진다.

3. **돌연변이**는 유전자의 분자구조와 형질의 정보를 변형시킨다. 이 것은 유전 형질의 변화를 일으켜서, 흰 꽃이 되도록 정해진 꽃이 노란 꽃이 되도록 유전자를 변형시킨다. 한 유전자의 모든 다른 분자적 형태가 **대립형질**이라고 한다.

4. 자손이 세대가 거듭되면서 유전형질이 동일한 한 쌍의 대립형질을 유전받게 될 때, 순종임을 예상할 수 있다. 한 형질에 대해 두 개의 각기 다른 형태의 순종을 교배하면 자손은 한 형질이 다른 형태로 구성되어 있으며, 잡종이라 한다. 잡종은 부모로부터 동일하지 않은 대립형질이 유전되어진다.

5. 상동 염색체에 있는 대립형질 한 쌍이 같을 때를 동형접합체라 한다. 또한 두 개의 대립형질이 같지 않을 때를 이형접합체라 한다.

6. 우성대립형질은 그 것과 쌍을 이루는 열성대립형질에 대해 그 형질을 덮어버리는 효과를 가진다. 우성 대립형질을 대분자로 열성 대립형질을 소문자로 사용해 표시하며, 예로 A,a이다.

7. 이 모든 것을 통틀어, 동형 접합체 우성은 우성 대립형질 한쌍(*AA*)를 가지며, **동형 접합체** 열성은 열성 대립형질 한쌍(*aa*)을 가진다. 그리고 **이형접합체**는 동일하지 않은 **대립형질**(*Aa*)를 가진다.

8. 유전자와 형질을 명백히 구별하게 하는 두 용어가 있다. 유전형은 개체가 운반하는 특유한 대립형질을 말하며, 표현형은 관찰되는 개체의 유전형질을 말한다.

9. P는 부모를 뜻하며, $F_1$은 첫 번째 세대의 자손, $F_2$는 두 번째 세대의 자손을 뜻한다.

멘델은 주어진 유전 형질의 형태에서의 명백한 차이는 유전의 패턴으로 나타낼 수 있다고 가정했다.

멘델은 한 세대로부터 다음 세대로 유전적인 정보가 유전되더라도 유전자가 분리되거나 희석되지 않는 것을 예언했다.

## 10.2 멘델의 분리 법칙

*멘델은 완두콩 식물이 부모 각각의 특성을 가진 두 개의 "단위"로 유전될 것이라는 가설을 시험하기 위해 단성잡종교배를 하였다.*

단성잡종교배는 다른 형질을 가진 순종 부모를 교배한 자손인 $F_1$을 사용한다($AA \times aa = Aa$). 실험은 단성 잡종인 두 개의 동일한 이형접합체 $F_1$간의 교배로 이루어진다($Aa \times Aa$).

### 단성잡종교배로 예측되는 결과

멘델은 2세대를 거친 여러 가지 형질을 추적했다. 한 세트의 실험에서 자주색 꽃과 흰색 꽃 순종을 교배하였다. 모든 잡종 1세대($F_1$)는 자주색 꽃이었다. 그 잡종 1세대($F_1$)끼리 다시 교배하였을 때 자손인 $F_2$에서는 몇 개의 흰색 꽃이 나왔다. 무슨 일이 일어난 것일까?

완두콩 식물은 상동염색체 쌍을 지니고 있다 꽃의 색깔에 대해 우성 동형 접합체($AA$)와 열성 동형접합체($aa$)가 있다고 가정해보자. 이 두 식물에서 감수분열이 일어나면, 각각의 난자 또는 정자는 꽃 색깔에 대해 단 한 가지의 결과만이 나오게 된다: $A + a = Aa$(그림 10.5).

멘델은 수학적 지식에 기초하여, 수학의 표본오차를 알고 있었다(1장). 멘델은 수천 그루의 식물을 교배하고 우성과 열성 형질을 지닌 개체의 수를 세고 기록했다. 평균적으로 F2 자손에서 3/4는 우성이었고 나머지 1/4는 열성이었다(그림 10.6).

이 비율로 수정은 다양한 결과를 가지는 기회 사건이라는 것을 알게 되었다. 멘델은 기회 사건을 적용하는 확률에 관하여 알고 있었기에, 유전적 교배 자손을 예측할 수 있었다. 확률이란, 일어날 사건이 결과는 사건이 미칠 수 있는 방법의 수에 비례하여 일어난다는 것이다.

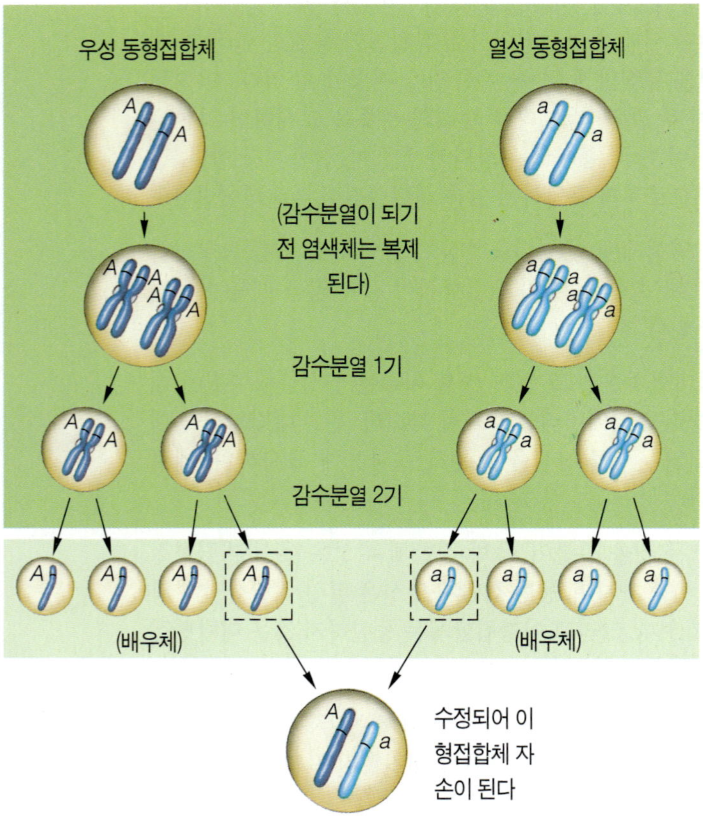


**그림 10.5** 단성잡종교배에서 다른 유전자로부터 분리된 한 쌍의 유전자, 각기 다른 형질을 순종으로 가진 두 부모는 이형접합체 자손만 만들어낸다.

**그림 10.6** *오른 쪽:* 완두콩 식물을 이용한 단성잡종교배 실험. 멘델은 우성 또는 열성의 유전단위(대립형질)를 지닌 자손 $F_2$를 세어보았다. 평균적으로 유전형질에 대해 3:1이라는 표현형을 보였다.

| 형질연구 | 우성 | 열성 | $F_2$의 우성 대 열성 비율 |
|---|---|---|---|
| 씨 모양 | 5,474 둥글다 | 1,850 쭈글하다 | 2.96:1 |
| 씨 색깔 | 6,022 노란색 | 2,001 녹색 | 3.01:1 |
| 꼬투리 모양 | 882 팽팽함 | 299 쭈글하다 | 2.95:1 |
| 꼬투리 색깔 | 428 녹색 | 152 노란색 | 2.82:1 |
| 꽃 색깔 | 705 보라 | 224 흰색 | 3.15:1 |
| 꽃 위치 | 651 줄기 사이 | 207 꼭대기 | 3.14:1 |
| 줄기 길이 | 787 길다 | 277 작다 | 2.84:1 |

**푸네트정방형법**(Punnet-square method)은 그림 10.7에서 설명되어 이용되고 있으며, 사건의 가능한 결과를 보여준다. 만약 식물의 정자 또는 난자의 반은 *a*이고 나머지 반이 *A*라면, 각각의 수정을 통해 다음과 같은 결과를 예측할 수 있다.

| **가능한 사건** | **결과 예측** |
|---|---|
| 정자 *A*와 난자 *A*의 수정 | 자손의 1/4이 *AA* |
| 정자 *A*와 난자 *a*의 수정 | 자손의 1/4이 *Aa* |
| 정자 *a*와 난자 *A*의 수정 | 자손의 1/4이 *Aa* |
| 정자 *a*와 난자 *a*의 수정 | 자손의 1/4이 *aa* |

각각의 $F_2$식물은 4가지 경우 중 3가지 사건에서 최소한 한 개 이상의 우성 대립형질을 유전받아 자주 꽃이 된다. 4가지 경우 중 1가지 사건에서 두 개의 열성 대립형질을 유전받아 흰 꽃이 된다. 이는 3:1의 표현형 비율로 예측된다.

멘델의 실험 결과가 *정확히* 3:1은 아니었지만 나머지는 편차로 생각했다. 그 이유를 이해하지 위해, 동전던지기를 예로 들자, 우리가 잘 알고 있듯이, 동전은 앞면과 뒷면이 같다. 동전을 던졌을 때, 앞뒤가 1:1의 확률로 나온다로 예측되지만 단지 몇 번만 던졌을 경우 1:1의 비율로 나오지 않는 것과 같다. 반복해서 여러 번 동전을 던지면 점점 더 예측되는 비율에 근접할 것이다.

이것이 멘델이 확률의 법칙을 사용하여 많은 자손을 헤아린 이유이다. 그는 이런 식으로 예측되는 편차를 최소화하였다.

## 검정교배

검정교배는 멘델의 예측을 뒷받침했다. 검정교배를 통해서, 유전형은 모르지만 특정 형질에 대해 우성 표현형을 나타내는 한 개체를, 유전자를 알고 있는 열성순종 배우자와 교배시킨다. 그 자손결과로써, 그 개체의 유전형이 순종 우성인지 잡종인지 알 수 있다.

예를 들어 멘델은 $F_1$ 자주 꽃식물과 순종 흰 꽃식물을 교배시켰다. 만약 모두 순종우성이라면 모든 자손 $F_2$는 자주 꽃일 것이다. 만약 잡종이라면, 자손 $F_2$의 반이 자주 꽃일 것이다. 왜 이런 일이 일어날까? 자손 $F_2$의 반은 자주 꽃(*Aa*)을, 또 반은 흰 꽃(*aa*)으로 나타낸다. 계속해서 푸네트정방형법을 이용해서 이 검정교배의 결과를 예상해 보자. 멘델의 단성잡종 교배의 결과는 다음에서 설명하는 분리의 이론의 기초가 되었다.

멘델의 분리의 이론: 배수염색체 세포는 순종 염색체 쌍에 유전자 쌍을 가지고 있다. 각각의 염색체 쌍의 두 개의 유전자는 감수분열 시 분리되어 배우체로 나뉘어진다.

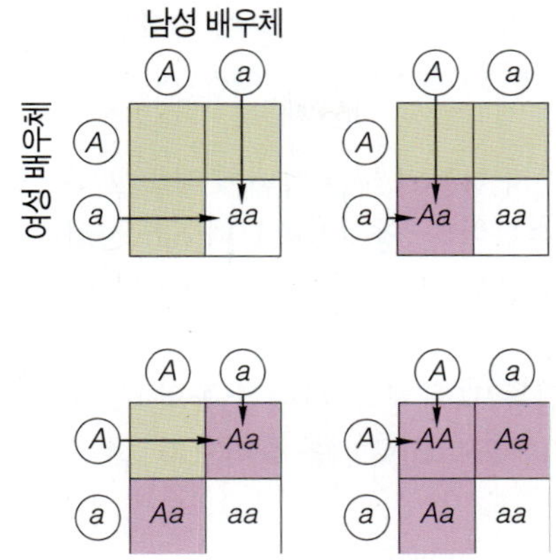


a 푸네트 정방형 방법

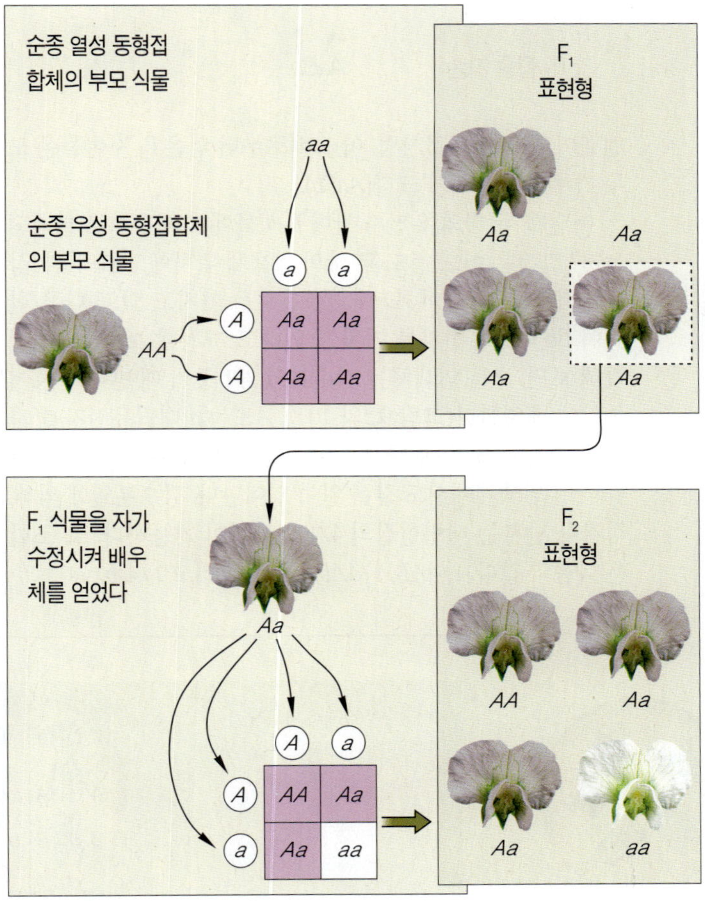


b 한 형질의 다른 형태를 지닌 순종 두 식물 사이의 교배는 자손 $F_1$ 사이의 단성잡종교배에 따라 달라진다.

**그림 10.7** (a) 푸네트 정방형 법은 유전적 교배의 결과 예측을 가능하게 한다. 원은 접합체를 표시한다. 이탤릭체는 우성 또는 열성 대립인자를 나타낸다. 자손 사이의 가능한 유전자형은 사각형안에 적혀있다. (b) 멘델의 단성잡종교배의 결과, 두 번째 세대($F_2$)에서 우성과 열성의 비율은 평균적으로 3:1로 나타난다.

# 10.3 멘델의 독립의 법칙

*다른 세트의 실험에서 멘델은 양성잡종 교배를 사용하여 2쌍의 유전자가 배우자로 어떻게 분리되는지 설명하였다.*

양성잡종은 두 가지 형질의 다른 형태에 대하여 순종인 부모로부터 얻은 자손들이다. **양성잡종교배**(dihybrid)는 2쌍의 유전자에 대해 동일한 이형접합체인 $F_1$사이의 실험적 교배이다.

멘델의 양성잡종 교배 중의 하나인 꽃의 색깔(대립 유전자 *A* 또는 *a*)와 키(*B* 또는 b)로 예를 들어보자

순종 부모: *AABB* × *aabb*

배우체: *AB AB* *ab ab*

$F_1$ 잡종 자손: *AaBb*

멘델이 예측했던 것처럼, 이 교배로부터 얻은 $F_1$ 자손들은 모두 자주색이며 키가 크다(*AaBb*).

어떻게 두 개의 유전자 쌍이 $F_1$식물에서 배우체로 분리되는가? 그것은 어느 정도 두 쌍의 염색체 위치에 달려 있다. 상동염색체의 한 쌍이 *Aa* 대립유전자를 가지고 있고 다른 한 쪽이 *Bb* 대립유전자를 가지고 있다고 가정해 보자, 다시 생각해 보면, 모든 염색체는 감수분열 제1 중기 때 방추극 사이 중간에 배열한다(그림 9.5와 10.8). *A*또는 *a* 대립유전자를 가진 하나는 어느 한쪽 극으로 이동한다. *B* 또는 *b* 대립유전자를 가진 염색체에서도 같은 일이 일어난다. 감수분열에 의해, 정자나 난자는 대립형질의 4가지 조합이 가능하다. 그 조합은 다음과 같다. 1/4*AB*, 1/4*Ab*, 1/4*aB* 그리고 1/4*ab*.

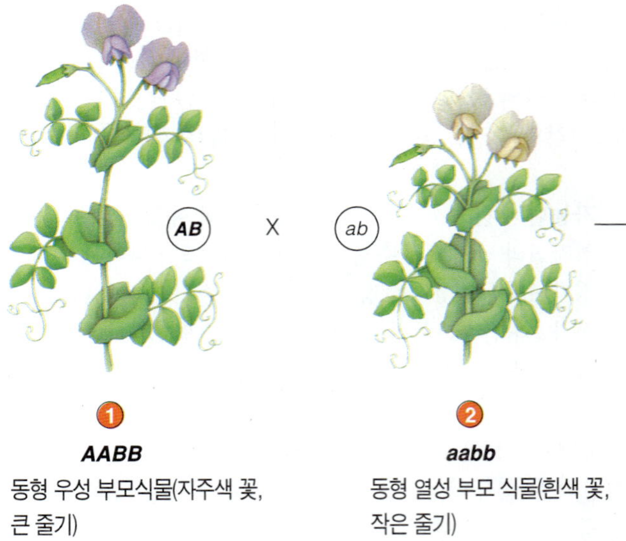


**그림 10.9** 두 개의 다른 형질의 순종인 부모로부터 기인한 멘델의 양성잡종 교배의 결과: 꽃 색깔과 식물 키, *A*와 *a*는 꽃 색깔에 대한 우성과 열성의 대립 유전자를 의미한다. *B*와 *b*는 키에 대한 우성과 열성을 의미한다. 퍼넷 사각형은 가능한 $F_2$ 조합들을 보여준다.

- 9/16 또는 9 자주색 꽃, 큰 키
- 3/16 또는 3 자주색 꽃, 작은 키
- 3/16 또는 3 흰색 꽃, 큰 키
- 1/16 또는 1 흰색 꽃, 작은 키

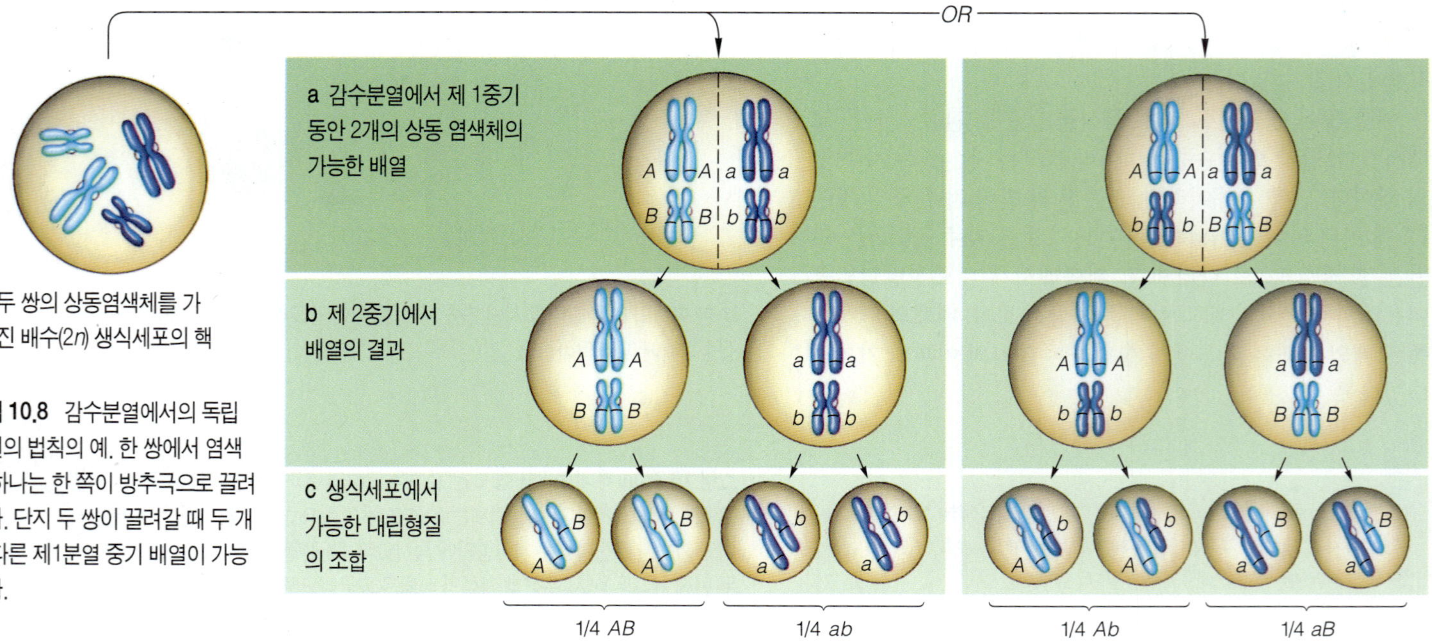


**그림 10.8** 감수분열에서의 독립 유전의 법칙의 예. 한 쌍에서 염색체 하나는 한 쪽이 방추극으로 끌려간다. 단지 두 쌍이 끌려갈 때 두 개의 다른 제1분열 중기 배열이 가능하다.

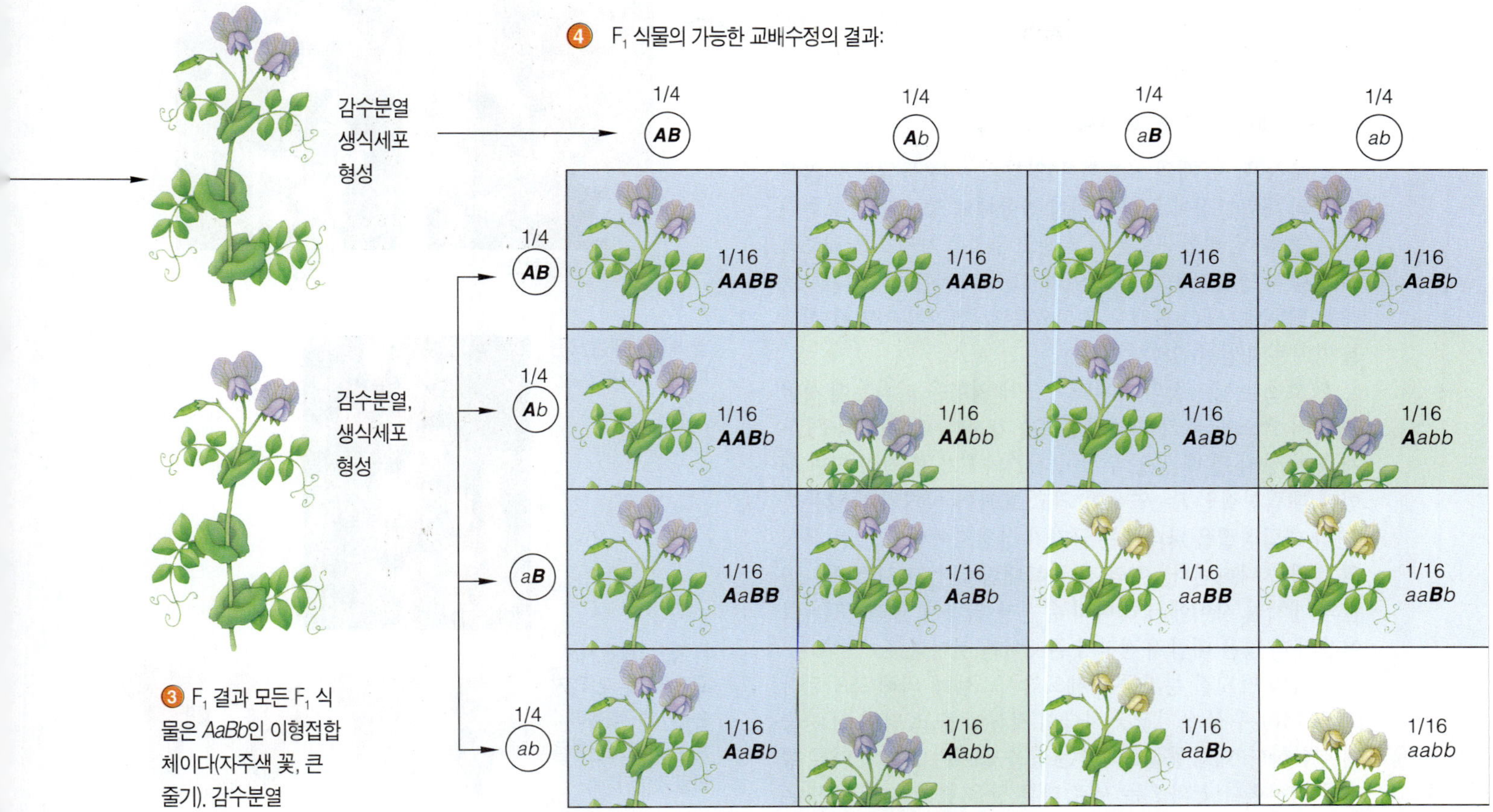


다른 제1 중기 배열에서 보면, 많은 대립형질 조합은 수정에서 가능하다. 단순 곱셈(4가지 정자형 × 4가지 난자형)은 양성잡종 교배의 $F_2$ 자손들 사이에 16가지 조합의 유전자형이 가능함을 말해준다(그림 10.9).

가능한 모든 표현형을 포함하면 우리는 9:3:3:1의 비율을 얻을 수 있다. 우리는 $F_2$ 식물에서 9/16의 키 큰 자주색 꽃, 3/16의 키 작은 자주색 꽃, 3/16의 키 큰 흰색 꽃, 1/16의 키 작은 흰색 꽃을 예상할 수 있다. 하나의 양성잡종 교배로부터 비롯되는 결과들은 이 비율에 가깝다.

멘델은 단지 각 교배들로부터 나온 수적인 결과만 해석할 수 있었다. 왜냐하면 그는 7쌍의 상동염색체들이 완두콩 식물의 유전의 "단위"를 운반한다는 것을 몰랐기 때문이다. 그는 꽃 색깔에 대한 2개의 단위들이 키에 대한 두 가지 단위들과는 독립적으로 배우체로 유전된다는 가설 이상의 것을 할 수 없었다.

시간이 지나서 멘델의 가설은 독립의 법칙으로 유명해졌다. 현대적 용어로 설명하면, 감수분열 후에 상동염색체의 각 한 쪽에 있는 유전자들은 모두 다른 한 쌍의 상동염색체들이 유전되는 방법과는 독립적으로 배우체에 유전된다. 독립 유전과 잡종 교배는 유전적 다양성을 제공하다. 하나의 유전자 한 쪽에 대한 단성 잡종 교배에서, 3가지 유전자형이 가능하다: *AA*, *Aa*. *aa* 우리는 이것을 $3^n$으로 나타낼 수 있는데, 여기서 $n$은 유전자 쌍의 수를 뜻한다. 쌍의 수가 많을수록 가능한 조합의 수는 증가한다. 만약 부모가 20개의 다른 유전자 쌍을 가진다면, 그 수는 3억 5천 가지에 달한다.

1866년에 멘델은 그의 생각을 출판했으나 읽은 사람은 거의 없었으며, 아무도 이해하지 못했다. 오늘날 그의 분리에 대한 이론은 여전히 지지받고 있다. 그러나 그의 독립의 법칙은 모든 유전자 조합에 적용되는 것은 아니며 그것은 11장에서 알아보자

**멘델의 독립 유전의 법칙** 감수 분열 일어난 후, 상동염색체 쌍에 있는 유전자는 다른 염색체의 유전자 쌍과는 독립적으로 하나 또는 다른 배우체로 분배되어 유전된다.

# 10.4 멘델의 생각보다 더 복잡한 패턴

*멘델은 우성과 열성의 형태를 분명하게 가지는 형질이 나타나는 것에 초점을 맞추었다. 그러나 대부분의 형질에 대한 유전자의 발현은 그렇게 단순하지 않다.*

## ABO 혈액형 – 공동 우성의 경우

공동 우성은, 두 개의 표현형에 영향을 주는 동일하지 않은 한 쌍의 대립형질이 동시에 이형 접합체의 양쪽 모두 표현된다. 예를 들어, 적혈구들은 독특한 고유성을 가지도록 세포막에 일종의 당지질을 가지고 있다. 그 당지질은 약간 다른 형태를 띄는데, *ABO* 혈액형 분석으로 각 개인이 어떠한 형태를 가지는지 알 수 있다.

한 효소는 당지질의 마지막 구조에 영향을 끼치는데 사람들은 이 효소에 세 가지 대립형질을 가진다. 이 중 $I^A$와 $I^B$, 두 개가 한 쌍이 될 때 공동 우성이다. $I^A$와 $I^B$가 한 쌍이 되면 세 번째 대립형질인 $i$는 열성이 되고 효과가 나타나지 않는다(만약 대립형질을 나타내는 글자가 상첨자이면, 그것은 우성의 결핍을 나타낸다). 이와 같은 복대립 유전자 시스템은 집단의 개체들 사이에서 하나의 유전자 위치에 세 개 또는 그 이상의 더 많은 대립 유전자가 존재하는 것이다.

각각의 당지질 분자들은 세포막시스템에 의해 조립된다(그림 4.16). 우선 올리고당 사슬이 지질에 붙고, 당이 이 사슬에 결합한다. 대립형질 $I^A$와 $I^B$는 당을 붙이는 효소의 다른 형태를 명시한다. $I^A$와 $I^B$는 서로 다른 당을 붙이는데, 그 당은 당지질 분자에 A와 B 같은 다른 고유성을 부여한다.

당신은 어떤 대립형질을 가지고 있나? 만약 당신이 $I^AI^A$ 또는 $I^Ai$ 를 가지고 있다면, 혈액형이 A형이다. $I^BI^B$ 또는 $I^Bi$라면, B형이다. 공동 우성의 대립형질 $I^AI^B$라면 AB형이다 — 당신은 당을 부착하는 효소 두 형태를 다 가지고 있다. 만약 당신이 동형 접합체($ii$)라면, 당지질 분자는 마지막 당의 곁사슬을 얻을 수 없고, 그래서 당신의 혈액형은 A형 또는 B형이 아닌 O형이다(그림 10.10).

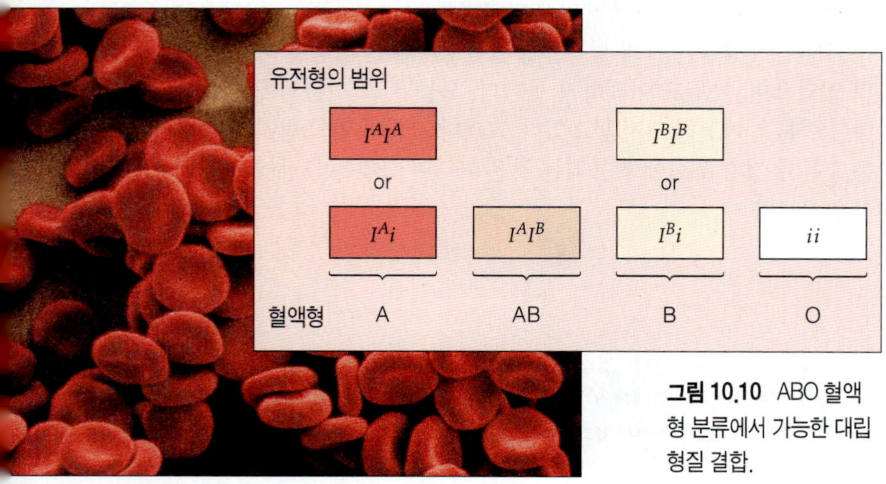


**그림 10.10** ABO 혈액형 분류에서 가능한 대립형질 결합.

**그림 10.11** 잡종 금어초는 불완전 우성이다. 빨간색 색소를 나타나도록 하는 대립형질이 흰색 대립형질과 한 쌍을 이루면 분홍색을 나타낸다.

## 불완전 우성(incomplete dominance)

불완전 우성은 한 쌍 중 하나의 대립형질이 나머지 대립형질을 우성으로 완전하게 지배하지 못해서, 이형접합체는 표현형이 대략 두 개의 동형 접합체 사이에 있다. 빨간색 순종과 흰 색의 순종 금어초를 교배하며, $F_1$ 자손은 분홍색 꽃을 피우게 된다. $F_1$ 식물 중 두 개를 교배하면 특정한 비율의 빨간색, 흰색, 그리고 분홍색 꽃을 볼 것을 기대할 수 있다(그림 10.11). 왜 뜻밖의 패턴이 생기는가? 빨간색 금어초는 많은 빨간색 색소 분자를 만들 수 있게 하는 두 개의 대립형질을 가지고 있다. 흰색 금어초는 색소가 없는 두 개의 돌연변이 대립형질을 가지고 있다. 분홍색 금어초는 하나의 빨간색 대립형질과 흰색 대립형질을 가지고 있다. 이 이형접합체는 빨간색이 아니라, 분홍색 꽃 색에 필요한 만큼의 색소를 만든다.

두 개가 서로 상호 작용하는 유전자 쌍은 또한 그 자체에서 만들 수 없는 표현형을 생기게 할 수 있다. 예를 들어 *R*과 *P*의 대립형질 사이의 상호작용이 그림 10.12에서 보여지듯이 호두모양 볏, 장미모양 볏, 완두콩 모양 볏, 그리고 홑 볏이라는 특성을 부여한다.

**그림 10.12** 두 유전자와 닭 머리에 있는 볏의 다양한 양상의 상호작용. 처음 교배는 장미빛 볏과 완두콩 모양 볏 사이이다. 푸네트 정방형 도표를 만들어 결과를 확인하라.

장미 모양 볏 | 완두콩 모양 볏 | 호두 모양 볏 | 홑 볏

P 장미 모양 × 완두콩 모양 → $F_1$ 모두 호두 모양
*RRpp* *rrPP* *RrPp*

*RrPp* × *RrPp*

$F_2$

9/6 호두 모양 — *RRPP, RRPp, RrPP, or RrPp*
3/16 장미 모양 — *RRpp or Rrpp*
3/16 완두콩 모양 — *rrPP or rrPp*
1/16 홑 모양 — *rrpp*

## 단일 유전자의 다양한 효과

염색체의 한 위치에 있는 대립형질은 좋던지 나쁘던지 간에 두 가지 또는 더 많은 형질에 영향을 미친다. 한 유전자 생성물의 활성에 대한 결과를 다면발현이라 한다. 낭포성 섬유증, 겸상 적혈구 빈혈증, 마르판 증후근과 같은 많은 유전적 장애에서 그 영향을 알아보자.

피브릴린에 대한 유전자에서 하나의 상 염색체성 우성 돌연변이는 마르판 증후군을 유발한다. 피브릴린은 광범위하게 분포하는 모든 척추동물의 조직, 풍부한 결합조직의 한 단백질이다. 심장, 혈관, 피부에 엘라스틴(탄력단백질)과 느슨하거나 단단하게 연결된 형태로 발견할 수 있다. 심장박동에 의해서처럼 늘려졌다가 수동적으로 되돌아온다.

변형된 피브릴린은 어떤 민족에서든지 남자와 여자 10,000명중 1명 꼴로 연결조직을 약화시켜 심장, 혈과, 피부, 폐와 안두 등이 위험한 상태에 노출시킨다. 돌연변이 중 하나는 피브릴린-1의 합성, 세포로부터의 분비, 파괴를 중단시킨다. 이는 심장으로 혈액을 나르는 큰 혈관인 대동맥의 벽 내부에 있는 평활근 세포들의 구조와 기능을 변형시킨다. 세포는 혈관 벽의 상피세포 배열 속으로 침투하여 증가한다. 칼슘 침전물은 축적되고, 그 벽은 염증을 일으킨다. 탄력섬유는 단편으로 쪼개어 진다. 얇고 약한 대동맥 벽은 과격한 운동 중에 갑자기 터질 수 있다.

최근 의학의 진보 전까지는 마르판 증후군에 걸린 사람들 대부분 50세 이전에 사망하였으며 Flo Hyman은 그 중 한 사람이다(그림 10.13).

## 유전자 쌍의 생산물이 상호 작용하는 경우

유전형질 역시 둘 혹은 그 이상 유전자 쌍의 생산물 사이의 상호작용으로부터 발생한다. 어떤 경우, 두 대립형질은 또 다른 유전자 대립형질의 표현을 막을 수 있고 어떤 것은 표현형이 전혀 나타나지 않을 수도 있다.

예를 들어, 여러 가지 유전자 쌍은 래브라도 리트리버의 털 색깔을 좌우한다. 효소와 다른 유전자 쌍의 생산물이 어떻게 어두운 색소인 멜라닌을 합성하느냐에 따라, 그리고 몸의 어떤 부위에 침전되느냐에 따라 털은 검은색, 노란색, 또는 갈색으로 보인다. 대립형질 *B*(검은색)은 더 강한 영향력을 가지고 있고, *b*(갈색)에 대해 우성이다. 또 다른 유전자 위치에

**그림 10.13** 왼쪽의 Flo Hyman은 1984년 올림픽에서 은메달을 딴 미국 배구팀의 주장이다. 2년 뒤 일본에서의 경기에서 그녀는 바닥에 미끄러져 죽었다. 그녀의 대동맥 벽에 10센트 동전 크기의 부서지기 쉬운 구멍이 파열되었다. 우리는 적어도 대학농구선수 역시 마르판 증후군의 결과로 갑작스럽게 죽는 것을 알 수 있다.

있는 대립형질은 멜라닌이 털에 침전되는 정도를 조절한다. 대립형질 *E*는 많은 침전을 가능케 하며, 두 열성형질(*ee*)은 침전을 줄여서 털이 노란색으로 보이게 한다.

또 다른 대립형질 (*C*)는 이 두 가지에 선행하는데, 멜라닌 생산 경로의 첫 효소를 암호화한다. *CC* 또는 *Cc*를 가진 개체는 기능적인 효소를 만드는 반면 두 열성형질(*cc*)를 가지는 개체는 만들 수 없어 멜라닌 결핍인 백색증을 나타낸다.

대립형질은 상동염색체의 짝에 대해 완전한 우성, 불완전한 우성 또는 공동우성일 수 있다.

다면발현의 경우 한 위치에 존재하는 대립형질은 두 가지 또는 그 이상의 유전형질에 긍정적으로나 부정적으로 영향을 미친다.

유전자 효과는 항상 동시에 나타나는 것이 아니라 순차적으로 나타날 수도 있다. 하나의 유전자 생성물은 하나의 유전형질을 변형시킬 수 있고, 그 변형은 다른 유전형질의 변형의 원인이 된다.

# 10.5 유전형질의 복합적인 변이

*대부분의 집단, 혹은 종에 비해서, 개체는 같은 형질의 많은 것에 대해 다양한 변이를 나타낸다. 이러한 변이는 유전자 돌연변이, 축적된 유전자 상호작용, 그리고 환경조건 차이로 발생한다.*

## 예상 밖의 표현형에 관하여

멘델이 발견했던 것처럼, 특정 유전자의 한 쌍 혹은 두 쌍의 표현형 결과는 예상할 수 있는 비율로 나타난다. 둘 혹은 그 이상의 유전자 쌍 또한 예상할 수 있는 비율의 표현형을 만들 수 있다. 그러나 수 세대를 걸쳐 유전자를 추적하다보면 예상하지 못했던 표현형이 나타나는 것을 발견하게 될 지도 모른다.

한 가지 예로써, 골지증(camptodactyly)은 손가락의 모양과 운동에 영향을 미친다. 이 유전형질에 대해 돌연변이 대립유전자를 가진 어떤 사람들은 양쪽 손 모두 움직일 수 없고, 구부러진 손가락을 가지지만 또 다른 사람들은 움직일 수 없고 구부러진 손가락을 한 쪽 손에만 가진다. 그럼에도 불구하고 돌연변이 대립유전자를 가진 또 다른 사람들의 손가락은 어떤 명확한 증상이 관찰되지 않는다.

무엇이 그럼 불규칙적인 변이를 발생시키는가? 대부분의 유기화합물은 대사과정의 결과에 의해 합성되어진다는 것을 기억하라. 다른 효과, 각각의 유전자 생산물, 다른 과정의 조절 등처럼 아마도 하나의 유전자는 수많은 경로로 변이 된다. 아마도 유전자 생산물이 어떤 경로를 차단하거나, 멈추지 않게 하거나, 충분히 길지 않도록 한다. 영양부족 혹은 개체의 환경 속의 다른 다양한 인자가 경로의 중요한 효소에 영향을 주었을 지도 모른다. 그런 다양한 인자들은 종종 우리가 특정 유전자와 관련 짓는 표현형에서 거의 예상할 수 없는 변이를 나타낸다.

## 집단에서의 연속적 변이

일반적으로, 한 집단의 개체는 대부분의 형질에서 약간의 차이를 나타낸다. 연속적 변이라 불리는 자연집단에서의 이러한 특성은 주로 얼마나 많은 유전 생성물이 주어진 형질에 영향을 미치는지, 그리고 얼마나 많은 환경인자가 영향을 주는 지에 결정된다. 유전자와 환경인자의 수가 증가할수록, 유전형질의 모든 형태의 분포도는 더 연속적인 형태가 된다.

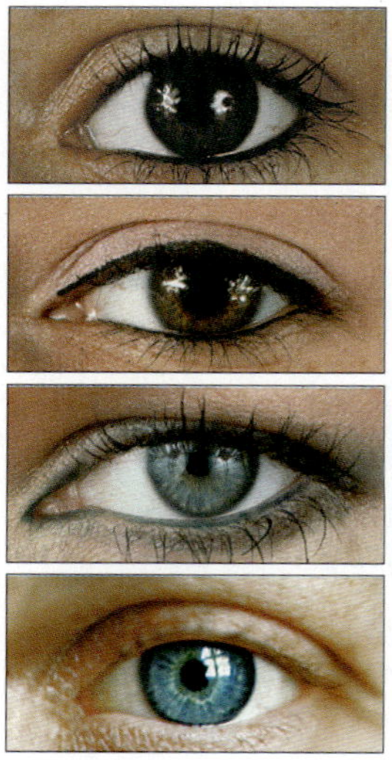

**그림 10.14** 사람 눈 색깔에서의 연속인 변이의 범위 예. 다른 유전자 쌍의 생성물은 홍채 색깔에 기여하는 멜라닌을 생성하고 분배하는데 서로 영향을 준다. 대립유전자의 다른 조합은 작은 색깔차이를 나타낸다. 눈 색깔에 대한 빈도분포는 검은 색부터 밝은 파란 색까지의 범위에 걸쳐 연속적이다.

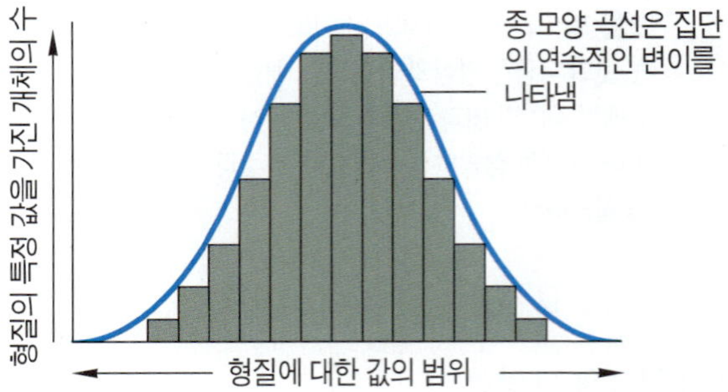


**a** 한 형질에서의 연속적 변이를 나타내는 집단에 관한 이상화된 종 모양 곡선

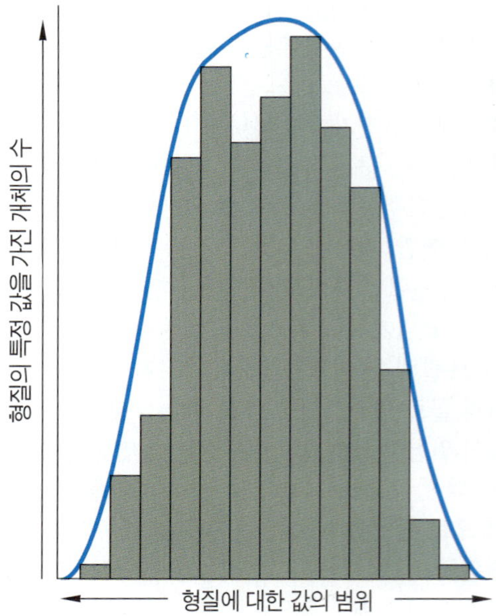


**b** 오른쪽 멀리 있는 사진그래프(c)에서의 개개인 여성사이의 키 분포에 대응하는 종 모양 곡선

당신의 눈 색깔을 거울로 보아라. 각각 바로 아래 도넛 형태로 색소를 함유한 구조로 되어있는, 색깔을 나타내는 부분이 홍채이다. 그 색깔들은 여러 유전생성물로부터 유래된다. 어떤 생성물은 빛을 흡수하고 포유류의 외피색깔에 영향을 주는 멜라닌 색소를 생성하고 분배하는 것을 돕는다. 거의 대부분의 흑색 홍채는 멜라닌 침전물의 밀도가 높고, 멜라닌 분자는 들어오는 대부분의 빛을 흡수한다. 갈색 눈에서는 색소침전물이 많지 않아서 흡수가 되지 않는 빛은 반사되어 진다. 밝은 갈색 혹은 담갈색 눈은 멜라닌이 거의 없기도 한다(그림 10.14)

녹색, 회색, 혹은 파란색 눈은 녹색, 회색, 파란색 색소를 가지지 않는다. 이 같은 홍채에는 일부 멜라닌이 있지만 양

**그림 10.15** 인간 집단을 특징짓도록 도와주는 형질중의 하나인 키에 있어서의 연속적 변이

(a) 하나의 막대그래프는 한 집단에서의 연속적 변이를 표현할 수 있다. 각 범주 안의 개체의 비율은 측정된 표현형의 범위에 대비하여 그래프로 나타내어진다. 이 막대의 특정한 세트위의 곡선은 한 형질 안에서 연속적 변이를 보여주는 집단에 대해 나타내는 종 모양 곡선의 이상화된 예이다.

(b, c) John Reiskind와 Greg Pryor는 플로리다 대학교의 생물학과 학생들 사이의 키에 대한 빈도 분포를 보여고자 하였다. 학생을 남자와 여자 두 그룹으로 나누고 각 그룹에 대해 가능한 키의 범위를 나누어서 학생을 측정하여 적당한 범주로 나누었다.

c 연속적 변이 두 가지 예: 생물학과 학생은(남자, *왼쪽* ; 여자, *오른쪽*) 키에 따라 정렬했다.

이 많지 않아서, 동공에 들어가는 빛의 청색 파장이 다수 혹은 대부분이 쉽게 반사된다.

당신은 그룹 내의 어떤 형질의 연속적 변이게 대해 어떻게 설명할 수 있는가? 그림 10.15에 있는 학생을 생각해 보자. 극단적인 양끝보다 평균에 가까우며, 작은 사람부터 키 큰 사람에 이르기까지 줄지어 있다. 먼저 측정 가능한 범주(예를 들어 인치)로 표현형의 전체범위를 나누어라. 그 다음으로, 측정 가능한 동급의 범위를 가로질러 모든 표현형의 상대적인 빈도를 얻기 위해, 각 범주 안에 얼마나 많은 학생이 있는지 세어보아라.

그림 10.15b의 차트는 각각의 키 범주 안의 학생 수에 대한 그래프이다. 가장 낮은 막대는 거의 개체가 없는 범주는 나타낸다. 가장 높은 막대는 가장 많은 개체를 가지 범주를 표시한다. 이런 경우, 모든 막대의 맨 끝 가장 자리 그래프 선은 종 모양의 곡선이 될 것이다. 그런 '종 모양 곡선'은 연속적 변이를 보여주는 어떤 형질의 전형이다.

효소와 다른 유전물질은 대부분의 대사 경로의 각 단계를 조절한다. 돌연변이, 유전자 사이의 상호작용, 그리고 환경적 요소는 한 가지 혹은 그 이상의 단계에 영향을 미치며 표현형에서의 변이가 그 결과로 나타난다.

대부분의 형질에 대해, 한 집단의 개체 혹은 종은 연속적 변이를 보여준다 — 작은 차이의 범위

대개, 형질에 영향을 미치는 유전자와 환경인자의 수가 늘어나면 늘어날수록, 그 형질의 변형의 분포는 더 연속적으로 나타난다.

## 10.6 유전자와 환경

*우리는 지금까지 환경이 한 집단 내에 있는 개체의 다양한 유전자 발현에 기여하고 있음을 언급했다. 이제 그에 관한 몇 가지 예를 살펴보자.*

샴 고양이처럼, 히말라야 토끼는 몸의 일부는 어두운 색 털로, 일부는 밝은 색 털로 덮여있다. 히말라야 토끼는 티로시나제를 합성하는 유전자 *ch* 대립형질에 대해 동형접합체이다. 티로시나아제란 멜라닌 물질에 포함된 효소 중의 하나이다 *ch* 대립형질은 이 효소의 열에 대한 민감한 형태를 명시한다. 이 대립유전자는 몸 주위 대기의 온도가 33℃(91℉) 이하일 때만 활성이 되는 효소를 생성한다.

이 토끼의 털을 생산하는 세포가 따뜻한 조건에서 자라게 되면 멜라닌을 생성할 수 없어 결국 털이 밝아 보인다. 이러한 현상은 많은 신진대사 과정에서 생성되는 열을 보존하기에 적합한 신체 부위에서 일어난다. 귀와 같은 얇은 신체 말단 부분들은 신진대사 열을 더 빨리 잃는 경향이 있어서 그 부분은 더 차갑다. 그림 10.16은 환경의 온도가 이 대립형질에 영향을 주는지 설명한 실험을 보여준다.

한 고전적 실험은 서양가새풀에 대한 환경적 영향을 검증했다. 이 식물은 잘라낸 부분을 심어도 성장하기 때문에 좋은 실험 대상이다. 왜 그럴까? 동일한 식물에서 잘라낸 부분은 모두 동일한 유전자를 갖기 때문에 실험에서 보여지는 차이는 유전자에 의한 것이 아니기 때문이다.

서양가새풀에서 자른 세 부분을 세 가지 다른 고도에 심어보았다. 제일 낮은 고도에 심겨진 것과 제일 높은 고도에 심겨진 두 식물은 아주 잘 자랐지만 중간 고도에 심었던 것은 잘 자라지 못했다(그림 10.17).

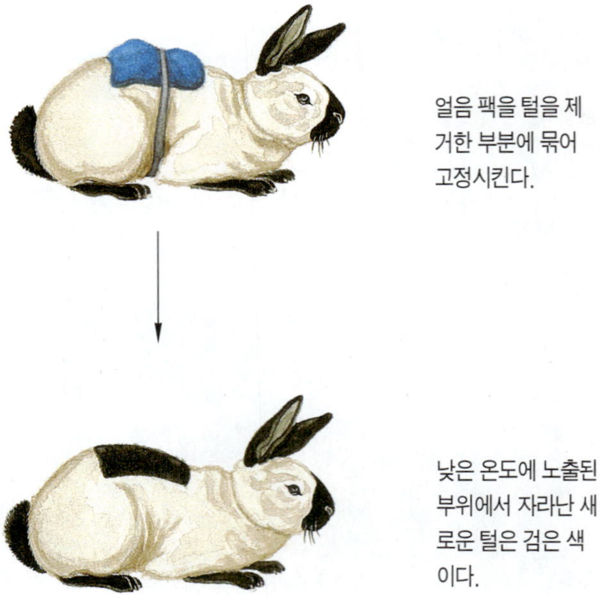


**그림 10.16** 유전자 표현에 영향을 주는 환경 요소의 가시적 효과. 히말리야 토끼는 보통 몸에서 긴 귀, 코, 꼬리, 그리고 몸에서 거리가 먼 다리 부분까지만 검은 털이 있다. 어떤 실험에서 토끼의 하얀 털 일부분을 제거하고, 얼음 팩을 제거된 부분 위에 고정시켰다. 낮은 온도가 유지됐던 부분에서는 검은 색 털이 새로 자라났다.

히말라야 토끼는 멜라닌 생성에 필요한 효소인 티로시나아제에 대한 유전자의 대립형질에 대해 동형접합체이다. 본문에서 설명되어졌듯이, 이 대립형질은 효소가 열에 민감한 상태를 만들어 대기 온도가 약 33℃ 이하일 때만 활성되도록 한다.

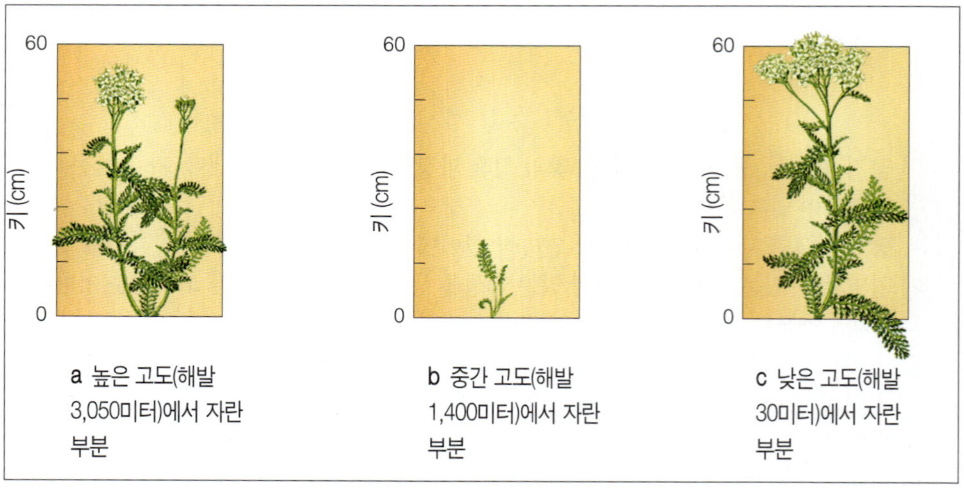


**그림 10.17** 서양가새풀(*Achillea millefolium*)이 세 가지 다른 서식처에 따른 환경 조건에 의한 유전자 발현을 설명하는 실험. 동일한 모체에서 자른 부분이 동일한 위치의 세 다른 고도에서 재배하였다.

하지만, 견본 추출된 오류가 실험의 결과를 빗나갈 수도 있었던 1장을 돌이켜 보자. 연구자는 많은 서양가새풀에 대한 동일한 성장 실험을 하였지만 발현되는 변이 형태가 너무 많아서 일치하는 패턴을 발견하지 못했다. 예를 들어, 어떤 식물에서 자른 부분은 중간 고도에서 가장 잘 자랐다. 그럼 결론은 무엇인가? 최소한 서양가새풀의 경우, 다른 유전자형을 가진 개체는 환경의 범위를 초월해 반응하는 것이다.

유사한 사례로 정원에 수국을 심어보면 생각했던 파란 꽃이 아니라 분홍 꽃을 볼 수도 있다. 토양의 산성도가 수국 색깔을 결정하는 유전형질의 기능에 영향을 주기 때문이다.

사람의 경우는 어떠한가? 인간의 유전자 중 하나는 뇌 세포막을 가로질러 세로토닌을 이동시키는 운반 단백질을 암호화한다. 이 유전형질은 여러 가지 기능을 가지는데, 그 중 하나는 사람이 정신적으로 충격적인 사건에 대한 화나 우울을 저지시키는 것이다. 오랫동안, 연구자들은 어떤 사람은 화를 내지 않고 스트레스를 다루는 반면, 어떤 사람은 스트레스로 인해 깊고 지속적인 우울증에 빠진다고 알아왔다.

세라토닌 운반단백질의 돌연변이는 이 스트레스에 대한 반응을 유발한다. 이것은 마치 우리 중 일부가 감정을 보호하는 헬멧을 쓰지 않고 일생동안 자전거를 타는 것과 같다. 우리가 질 때만 그 발현효과(우울)이 나타난다. 다른 유전자도 마찬가지로 감정 상태에 영향을 미치지만 유전자 변형은 나쁜 일이 생겼을 때 그로부터 회복하는 우리의 능력을 감소시킨다.

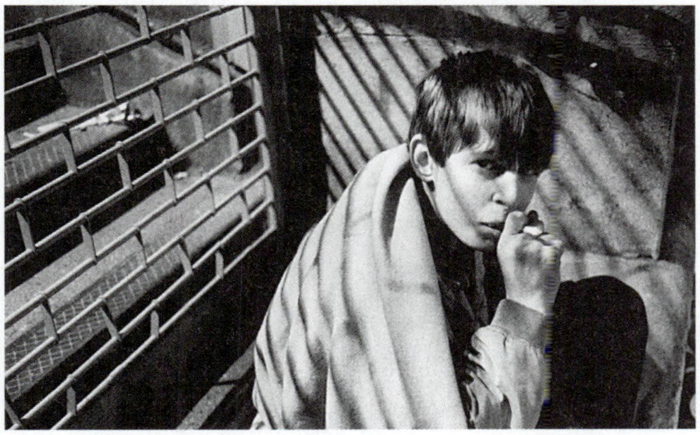

이것으로써, 유전적, 환경적 요인이 유전형질의 많은 변이를 유발하는 점을 소개한 이 장을 마무리하자. 여러분이 기억해야 할 내용은 무엇이었나? 바로 각 개체의 표현형은 그것의 유전자, 효소 그리고 다른 유전 물질뿐만 아니라 환경 사이의 복잡한 상호작용에 의한 발현이라는 것이다.

> 유전형질의 변이는 유전적 변형과 상호 작용뿐만 아니라, 각 개체가 직면하는 환경 조건의 변이에 대한 반응에서도 발생한다.

## 요약

**10.1절** 유전자는 유전형질에 대해 물려줄 수 있는 정보의 단위이다. 각각의 유전자는 염색체 상에 특정한 위치를 가지고 있다. 같은 유전자에서의 다른 분자 형태를 대립유전자라 한다. 배수 염색체 세포는 두 개의 같은 유전자를 가지고 있는데 대개 상동 염색체 상의 부모로부터 각 각 하나씩 물려받는다.

유전형질에 대해 다른 형태로 순종인 두 개체를 교배한 자손을 잡종이라 하며, 유전형질에 대해 동일하지 않은 대립형질을 유전 받는다.

유전형질에 대해 두 우성의 대립형질($AA$)를 가진 개체가 우성 동형접합체이고, 두 열성 대립형질($aa$)을 가진 개체는 열성 동형접합체이다. 이형접합체는 유전형질에 대해 두 개의 동일하지 않은 대립형질($Aa$)을 가진다. 우성 대립형질은 상동 염색체에서 짝이 되는 열성 대립형질이 효과를 막아버린다.

**10.2절** 멘델의 순종 완두콩 식물의 $F_1$자손 사이 단성잡종교배 결과는 분리의 법칙을 이끌어냈다: 상동염색체 유전자 쌍은 감수분열에 의해서 다른 배우체로 분리되어 들어간다. 이 분리의 법칙은 단성 잡종 교배의 $F_2$ 자손 사이에서 보여지는 우성과 열성형질의 변형 양식에 기초된다.

|  | $A$ | $a$ |
|---|---|---|
| $A$ | $AA$ | $Aa$ |
| $a$ | $Aa$ | $aa$ |

$AA$ (우성)
$Aa$ (우성)
$Aa$ (우성)
$aa$ (열성)
} 3:1의 기대되는 표현형 비

**10.3절** 멘델은 두 다른 형질로 순수 배양된 부모에서 얻어진 자손 $F_2$를 양성잡종 교배하였다. 교배시킨 양성잡종의 실험결과는 9:3:3:1의 비율과 유사하게 나타났다.

9 두 유전형질에 대해 모두 우성
3 $A$는 우성, $b$는 열성
3 $B$는 우성, $a$는 열성
1 둘 다 열성

그의 실험결과는 독립의 법칙을 지지했다. 감수분열은 유전자가 배우체로 분리될 때, 한 상동염색체 상의 유전자 분리는 다른 쌍의 상동 염색체의 분리와 독립적이다. 이 현상은 중기 1 단계에서 모든 상동염색체의 쌍이 무작위로 배열되기 때문이다.

**10.4절** 유전되는 패턴은 항상 단순한 것은 아니다. 어떤 형질은 공동우성이거나 불완전 우성일 수도 있다. 여러 유전자의 생성물은 동일한 형질에 영향을 주기 위해 상호작용을 하기도 한다. 한 개의 유전자는 두 가지 이상의 형질에 특징적인 효과를 발휘할 수도 있다. 유전자 쌍의 생성물은 같은 특

징의 영향으로 종종 상호작용을 일으킨다. 하나의 유전자는 두 가지 이상의 양성이나 음성 효과를 가지고 있다. 이 것을 다면발현이라 부른다.

**10.5절** 유전자 생성물 사이에서 돌연변이와 상호작용은 집단의 개체 사이에 이 대립형질의 변이에 기여한다. 몇몇 대립형질은 작고 점진적인 차이 — 연속적 차이 — 의 범위를 보인다.

**10.6절** 환경적 조건은 유전자의 발현을 바꿀 수도 있다. 집단의 구성원은 유전자의 발현과 환경적 요소의 노출을 합하여 복잡한 변화특성을 보인다.

## 자습-퀴즈

*정답은 부록 III에 있음*

1. 대립 형질은 _____ 이다.
   a. 유전자의 다른 분자 형태
   b. 다른 표현형
   c. 자가수정, 순종 동형접합체
2. 연구되어진 바에 따르면 이형접합체는 유전형질에 대한 _____ 로 되어 있다.
   a. 한 쌍의 동일한 대립형질
   b. 한 쌍의 동일하지 않은 대립형질
   c. 유전적 관점에서 봤을 때 반수상태
   d. a와 b
3. 생물에서 관찰되는 유전형질은 _____ 이다.
   a. 표현형 b. 사회생물학
   c. 유전자형 d. 가계도

**그림 10.18** 두 백색증 생물. 작가는 비웃음의 대상으로의 주제가 아니라, 백색증이 유전되는 아름답지 않은 것이라고 인식을 바꾸길 시도하였다.

4. 교배로 생겨난 제 2세대 자손은 _____ 이다.
   a. $F_1$세대 b. $F_2$세대
   c. 잡종 세대 d. 보기에 없음
5. *AA* × *aa* 단성잡종교배 시킨 $F_1$ 자손은 _____ 이다.
   a. 모두 *AA* b. 모두 *aa*
   c. 모두 *Aa* d. 반은 *AA*, 반은 *aa*
6. 문제 5를 참고하여, 완전우성이라 가정할 때, $F_2$자손은 _____ 라는 표현형 비율을 나타낼 것이다.
   a. 3:1 b. 9:1
   c. 1:2:1 d. 9:3:3:1
7. *AABB* × *aabb* 교배로 나온 $F_1$자손 완두콩 식물을 교배시킨 $F_2$는 대략 _____ 의 표현형 비를 나타낸다.
   a. 1:2:1 b. 3:1
   c. 1:1:1:1 d. 9:3:3:1
8. 각 예를 가장 정확하게 묘사된 것과 연결시켜라.
   _____ 양성잡종교배 a. *bb*
   _____ 단성잡종교배 b. *AABB* × *aabb*
   _____ 동형접합체 상태 c. *Aa*
   _____ 이형접합체 상태 d. *Aa* × *Aa*

## 유전학 문제

*정답은 부록 IV에 있음*

1. 특정한 열성 대립형질 c는 백색증의 원인인자이며, 백색증은 흑색 색소인 멜라닌의 생산 및 축적 능력이 없는 상태이다. 인간과 다른 생명체들은 이러한 표현형을 가질 수 있다. 그림 10.18은 두 가지 멋진 예를 보여준다. 백색증의 경우, 아버지, 어머니, 그리고 그들의 아이들에게서 어떤 유전자형이 가능한가?
   a. 부모 모두가 정상 표현형을 가질 때 ; 그들의 자녀 중 일부는 백색증이고 나머지 자녀는 영향을 받지 않는다.
   b. 부모 모두가 백색증일 때 아이도 백색증이다.
   c. 어머니는 영향을 받지 않고, 아버지가 백색증이라면 한 명의 백색증의 아이와 세 명의 영향을 받지 않은 아이를 가진다.
2. 하나의 유전자가 대립형질 *A*와 *a*를 가진다. 또 다른 유전자는 대립형질 *B*와 *b*를 가진다. 각각의 유전자형으로 볼 때 어떠한 형태가 생식세포가 형성되겠는가? 독립 분리의 원칙이 일어난다고 가정하자.
   a. *AABB* c, *Aabb*
   b. *AaBB* d. *AaBb*
3. 2번을 참고하여, 다음과 같은 교배가 일어날 때 자손의 유전자형은 어떻게 되는가? 다음 경우 각 유전형질의 빈도를 나타내라
   a. *AABB* × *aaBB* c. *AaBb* × *aabb*
   b. *AaBB* × *AABb* d. *AaBb* × *AaBb*
4. 어떠한 개체가 돌연변이 열성형태의 동형접합체일 때는 살아남을 수 없기 때문에 정상적인 성장을 위해서는 우성 대립인자가 필수적이다. 이러한 열성 치사 대립유전자는 이형접합체 형태로 집단 내에서 유지한다.
   고양이에 있는 Manx 대립인자($M^L$)에 대해서 생각해 보자.

동형접합체($M^LM^L$) 고양이는 어미의 뱃속에서 태아 상태에서 사망한다. 이형접합체($M^LM$)의 경우 척추가 비정상적으로 자라서 꼬리 없는 상태로 한 쪽 끝을 위로 향한다(그림 10.19).

두 $M^LM$ 고양이가 교배하였을 때, 살아남은 새끼 고양이가 이형접합체일 가능성은?

5. 멘델은 녹색 꼬투리 순종 완두콩과 노란색 꼬투리 순종 완두콩을 교배하는 실험을 하였다. 모든 $F_1$ 식물이 녹색 꼬투리였다. 녹색 꼬투리와 노란색 꼬투리 중 어떤 유전 형질이 열성인가? 그리고 그 이유를 서술하라.

6. 2번 문제로 돌아가, 당신은 대립유전자 $C$와 $c$를 가진 세 번째 유전자를 연구하고 있다고 가정하자. 다음에 나열된 각각의 유전자형에서 어떠한 형태의 배우체가 형성될 수 있는가?

a. *AABBCC* c. *AaBBCc*
b. *AaBBcc* d. *AaBbCc*

7. 멘델은 순종의 키가 큰 자주색 완두콩과 순종의 작은 흰색 완두콩을 교배하였다. 모든 $F_1$은 키가 크고 자주색 꽃이었다. 만약 $F_1$끼리 자가수정을 시킨다면 무작위 선택된 $F_2$ 자손은 키와 꽃의 색깔을 결정하는 유전자에 대해 이형접합체일 가능성이 얼마인가?

8. *DNA fingerprinting*은 DNA 분자 내에서 배열된 그유의 염기순서에 의해 개인적인 신원을 확인하는 방법이다(15.4절). *DNA fingerprinting* 방법이 개발되기 이전까지, 사람들은 친부를 확인하는 방법으로 ABO혈액형을 이용하였다. 만약 당신이 유전학자로서 어머니가 A형, 아이가 O형, B형으로 의심되는 아버지로 된 친부확인 사건을 의뢰받았다고 가정하자, 다음과 같은 질문에 당신은 어떻게 대답하겠는가?

a. 친부로 의심되는 아버지의 대리인: "어머니의 혈액형이 A형이고, 아이는 O형이기 때문에, 아이의 혈액형은 반드시 아버지로부터 와야 합니다. 저의 의뢰인은 B형입니다. 그러므로 그는 아버지가 될 수 없습니다."

b. 어머니의 대리인: "이 남자는 이형접합체라는 검사 결과가 나오므로 아버지임이 틀림없습니다."

9. 당신이 쥐에서 새로운 유전자를 동정했다고 가정해보자. 그 대립인자 중에서 하나는 하얀 털을 지정하고 두 번째 대립인자는 갈색 털을 특징짓는다. 당신은 두 대립 인자 사이의 관계가 단순 우성인지 불완전 우성인지 결론짓기를 원한다. 어떠한 유전학적 교배 방법이 당신에게 해답을 줄 것인가? 어떠한 관찰유형이 당신의 결론을 도출할 수 있도록 근거를 주는가?

10. 당신의 여동생이 당신에게 Dandelion이라 불리는 암컷 순종의 래브라도 리트리버를 주었다. 당신은 Dandelion을 기르기로 결정하고, 대학교 수업료에 보태기 위해 새끼강아지는 팔았다고 가정하자. 그리고나서 당신은 Dandelion의 수컷 네 형제 중 두 마리와 암컷이 고관절 형성장애를 앓고 있는 것을 알았다. 고관절 형성장애는 상호작용을 하는 하나의 유전자로부터 유전적 장애가 나타나는 질환이다. 만약 Dandelion이 해로운 대립인자를 가지고 있지 않은 수컷 래브라도와 짝짓기를 한다면 당신은 새끼강아지가 장애를 앓지 않는다고 보장할 수 있는가? 당신의 답변을 설명하라.

**그림 10.19** Manx는 꼬리가 없는 고양이 품종이다.

11. 우성 대립유전자 $W$는 기니돼지의 검은 모피를 나타내고, 열성동형접합체($ww$)는 흰 색 모피를 갖는다. Fred는 자신의 애완동물인 검은 털을 가진 기니 돼지가 우성 동형접합체($WW$)인지 이형접합체($Ww$)인지 알고 싶어한다. Fred는 애완동물의 유전자형을 어떻게 결정할 수 있는가?

12. 빨간색 금어초는 대립인자 $R^1$을 가진 동형접합체이다. 하얀색 금어초는 다른 대립유전자 $R^2$를 가진 동형접합체이다. 이형접합체 식물 $R^1R^2$는 분홍색 꽃을 가지고 있다. 교배된 제1세대 자손 사이에서는 어떤 표현형이 나타나겠는가? 각각의 표현형의 비는 어떻게 되겠는가?

a. $R^1R^1 \times R^1R^2$ c. $R^1R^2 \times R^1R^2$
b. $R^1R^1 \times R^2R^2$ d. $R^1R^2 \times R^2R^2$

(불완전 우성의 경우, 여기에 쓰여진 것처럼 우성은 대문자로 열성은 소문자가 아닌 대립인자는 윗첨자로 표시한다.)

13. 두 쌍의 유전자는 닭의 볏 형태에 영향을 미친다(그림 10.12). 두 유전자가 모두 열성일 때, 닭은 홑 볏을 가진다. 하나 유전자 중 우성 대립인자 "$P$"는 완두콩 모양의 볏을 나타나게 한다. 다른 우성대립유전자인 "$R$"은 장미모양의 볏을 나타나게 한다. 두 개의 우성인자($RP$) 중 적어도 하나의 유전자를 닭이 가지고 있으면 상호작용이 일어나 호두나무 모양의 볏이 나타나게 하는 원인이 된다.

두 유전자에 이형접합체($PpRr$)인 호두나무 볏을 가진 두 마리 닭을 교배하였을 때 그 결과의 비율을 예상하라.

14. 3.6절에서 설명한 바와 같이, 하나의 돌연변이 대립인자는 비정상적인 헤모글로빈($Hb^S$ 대신에 $Hb^A$)이 나타나는 원인이 된다. 동형접합체($Hb^SHb^S$)는 겸형적혈구빈혈로 진행된다. 이형접합체($Hb^AHb^S$)는 뚜렷한 증상이 거의 나타나지 않는다. 한 여성의 어머니가 $Hb^A$ 대립인자에 대해 동형접합체라고 가정하자. 그 여성이 대립인자에 대해 이형접합체인 남성과 결혼을 하여 그들은 자식을 가질 계획에 있다. 그녀가 임신을 할 때마다 이 부부는 다음과 같은 경우의 아이를 가질 가능성을 진술하라.

a. $Hb^S$ 대립인자를 가진 동형접합체
b. $Hb^A$ 대립인자를 가진 동형접합체
c. $Hb^AHb^S$인 이형접합체

# 11 염색체와 인류 유전학

## 최근 이슈와 그 영향력 기이한 유전자, 왜곡된 정신

"이 사람은 명석하다"란 말은 카네기 멜론 대학의 수학과 교수인 리처드 더핀이 추천서에 쓴 내용이다. 더핀은 이 추천서를 1948년 죤 폽스 내시 주니어(그림11.1)를 위해 썼는데, 내시는 그 당시 20세로 프린스턴 대학의 대학원에 진학하려고 했었다.

그 후 10년간 내시는 수학분야에서 빛나는 업적을 쌓았으며 미국 내에서 최고 수준의 과학자로 인정되었다. 재능있는 사람에게서 흔히 볼 수 있는, 그의 서투른 사회 생활을 별도로 치더라도 편집성 정신분열증이 30세에 그를 병들게 할 것이라고 하는 사전 경고는 전혀 없었다. 내시는 MIT에서의 그의 지위를 포기해야만 했다. 그가 다시 수학을 연구하는 일로 되돌아 오는 데는 20년이 지나야 했다. 전 세계적으로 100명 중 한 명 꼴로 정신분열증을 갖게 되는데, 이 병은 망상, 환상, 분별없는 말과 행동 및 사회적 부적응 등의 특징을 보인다. 많은 연구자들은 특출한 창의력이 정신분열증과 그 외의 신경생물학적 병(NBDs), 즉 우울증, 조울증, 자폐증과 같은 병들과 연관이 있다고 추측하고 있다.

**그림 11.1** John Forbes Nash, Jr., 수학계의 오랜 난제를 풀었던 천재. 경제적 경기 이론에 대한 그의 초기 연구로 노벨상을 받았다. 이 사진은 그의 길고 고통스런 정신분열증과의 싸움을 바탕으로 만든 영화인, "아름다운 마음"의 개봉식에 참석한 모습이다.

물론 높은 지능을 가지는 사람이 모두 그런건 아니다. 그러나 일반인들에 비해 천재에서는 더 높은 비율의 신경생물학적 장애를 보인다. 천재 작가들만 놓고 볼 때 자살율은 18배, 우울증은 10배, 조울증은 20배나 더 높다.

현재, 고도로 창조적이며 건강한 사람은 정상적이면서 덜 창조적인 사람보다는 오히려 정신병을 가진 사람들과 더 유사한 성격적 경향을 보인다는 점이 확인되고 있는데 특히 환경의 자극에 대한 감수성에서 더욱 그러하다. NBDs를 가진 뛰어난 인물로는 소크라테스, 뉴턴, 베어토벤, 다아윈, 링컨, 로우, 디킨스, 톨스토이, 반 고흐, 프로이드, 처칠, 아인시타인, 피카소, 울프, 헤밍웨이 그리고 내시 등을 들 수 있다.

비정상적인 뇌 생화학에서는 NBDs를 주목한다. 예를 들어 조울증인 사람은 감정, 생각, 에너지 그리고 행동의 기복이 극

## 개요도

**염색체에 대한 조명** 남성과 여성은 성염색체가 서로 다르지만 나머지 상동염색체는 똑같다. 이 모든 염색체들은 교차가 일어날 수 있고 또 다른 변화가 일어날 수 있는데 이들은 진단이 가능하다.

**사람의 유전양상** 가계도는 상염색체성 우성, 상염색체성 열성, 그리고 성연관 유전의 양상을 밝혀준다. 이 같은 유전 양상은 여러 가지 유전적 비정상 및 장애에 중점을 둔다.

심하다. 그들의 뇌세포에서는 유기 호흡과 단백질의 분해를 조절하는 일부 미토콘드리아 유전자의 발현이 현저하게 낮다.

중요한 생화학적 경로의 어떤 단계가 잘못되면 뇌의 정보망에 손상을 줄 수 있다. 따라서 유전자의 그같은 변화가 NBDs의 비정상적 생화학의 원인이 될 것이라고 추측할 수 있다. 실제로 NBDs는 가족성을 보인다. 천재성과 한가지 이상의 NBDs를 가지는 사람이 흔히 동일 가계에서 나타나기도 한다.

현재 신경장애를 일으킬 수 있는 몇 가지 돌연변이 유전자가 알려져 있다. 이런 돌연변이를 가지는 사람 모두가 항상 심한 증상을 나타내지는 않는 것으로 알려져 있다. 높은 창의력을 지닌 사람들은 정신적 안정성의 측면에서 면도날 위를 걷는 것처럼 위태로울 수 있으며 그들을 엄습할지 여부는 유전자 산물과 환경적 요인의 상호작용에 의해 결정될 수 있다.

신경생물학적 장애에 대한 위의 짧은 설명은 현대 유전학 연구의 한 분야를 한번 들여다본 예가 된다. 그것은 당신이 이 책의 어디쯤 와 있는지를 생각하게 해 줄 것이다.

우선 유전의 출발점이 되는 세포분열을 보게 될 것이다. 또한 염색체와 염색체가 운반하고 있는 유전자가 감수분열과 수정과정에서 어떻게 섞이게 되는지 보게 될 것이다. 또한 유전 양상에 대한 멘델의 통찰력과 그의 결론에 대한 일부의 예외적 유전 양상에 대해 알게 될 것이다. 이제 유전에 대한 염색체적 기초를 알아보자.

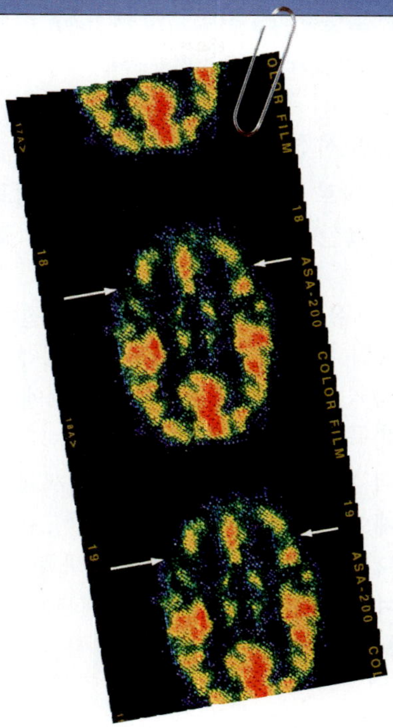


### 찬반의견 투표

*신경생물학적 장애의 발병 가능성에 대한 진단방법이 곧 개발될 것이다. 개인은 그들의 발병 위험성을 알면 생활양식을 바꿀 수 있게 될 것이다. 보험 회사와 고용자도 또한 그 같은 정보를 이용하여 발병 우려자를 배제하고 건강한 사람을 채용하게 될 것이다. 당신은 이 같은 진단에 관한 법률의 입법을 지지합니까?미디어 메뉴에서 상세한 내용을 참고하여 온라인 투표를 한다.*

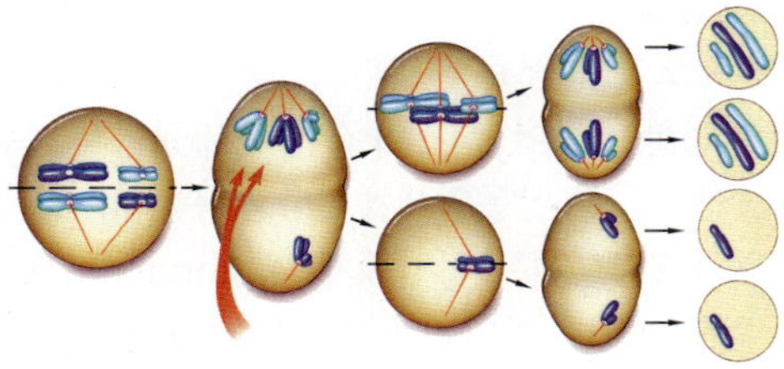

**염색체 비정상** 어떤 유전적 장애는 염색체의 구조적 변화나 염색체 수의 비정상적인 변화에 기인한다. 이 같은 변화는 임의적으로 일어나기도 하고 환경의 유해한 작용에 노출되어 일어나기도 한다.

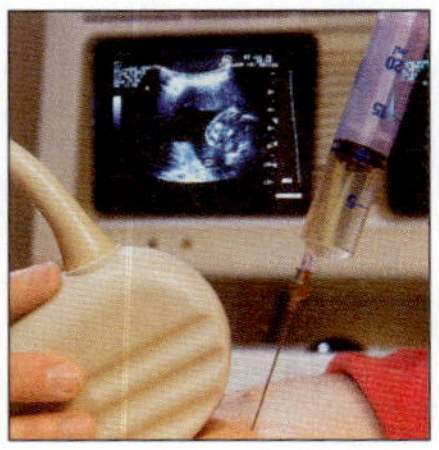

**인류유전학의 전망** 어떤 유전적 장애는 치료할 수 있다. 심각한 장애를 일으키는 유전자를 전달할 위험성이 있는 부모는 유전 상담을 받거나 산전 또는 착상전 진단을 받을 수도 있다.

## 11.1 유전에 대한 염색체적 기초

*여러분은 염색체에 관해 이미 알고 있으며 감수분열 중에 염색체에 어떤 일이 일어나는지 또한 알고 있다. 이제 염색체의 구조와 사람의 유전 간에 어떤 관계가 있는지 알아보자.*

### 개념 정립을 위한 사전 정리

인류 유전학의 분야로 들어가기 전에 다음의 일정표를 점검해 보자. 6가지 중요한 개념에 관한 전망을 제공할 것이다.

1. 유전자는 유전 형질에 관한 정보를 가진 단위이다. 진핵 세포의 유전자는 여러 개의 염색체에 분산되어 있다. 각각의 유전자는 하나의 염색체 내에 자기의 고유한 자리, 즉 좌위를 가진다.
2. 2배체 즉 2n의 세포는 한 쌍의 상동염색체를 가진다. 한 쌍을 제외하고는 각 쌍들은 각기 길이, 모양 및 유전자의 순서가 똑같다. 예외는 비상동의 성염색체이고 사람에서의 X와 Y가 여기에 해당된다. 각각의 염색체는 제 1감수분열의 중기 때 상동의 짝과 정렬하게 된다.
3. 유전자는 변이를 일으킨다. 따라서 상동염색체 상의 한 쌍의 유전자는 같을 수도, 같지 않을 수도 있다. 개체군을 구성하는 개체들 간에 나타나는 약간씩 서로 다른 유전자의 유형을 대립유전자라 부른다.
4. 야생형 대립유전자는 유전자의 가장 일반적인 유형으로 자연 개체군이나 실험실 사육종에서의 표준형 계통이 된다. 유전자의 보다 덜 일반적인 유형을 돌연변이 대립유전자라 한다.
5. 같은 염색체 내의 유전자들은 물리적으로 연결되어 있다. 어떤 두 유전자가 염색체의 길이를 따라 멀리 떨어질수록 교차가 일어날 가능성이 커진다. 교차에 의해 한 염색체의 분체가 상동염색체의 상응하는 조각과 교환하게 된다(그림 11.2). 비 자매염색분체 간의 교차는 염색체에 대립유전자의 새로운 조합을 도입하는 유전적 재조합을 일으킨다.
6. 드문 경우로, 염색체의 구조와 수가 유사분열 또는 감수분열 중에 변할 수 있다. 이 같은 염색체의 비정상은 심각한 표현형적 변화를 초래할 수 있다.

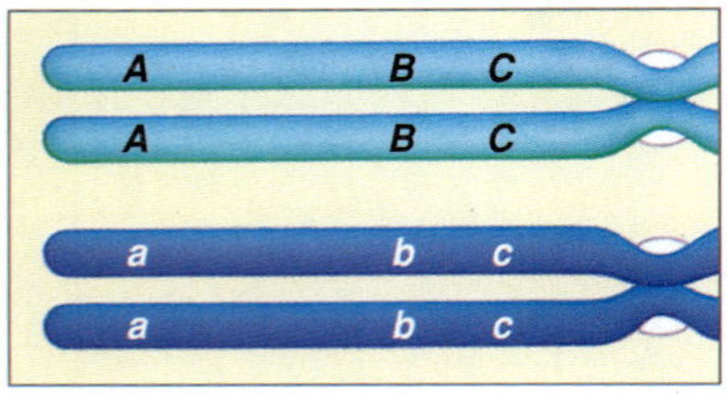


ⓐ 복제된 상동염색체 쌍(각기 두 개의 자매 염색분체를 가짐). 이 사진에서는 세 유전자좌에서 서로 다른 대립유전자가 존재함 (A와 a, B와 b, C와 c)

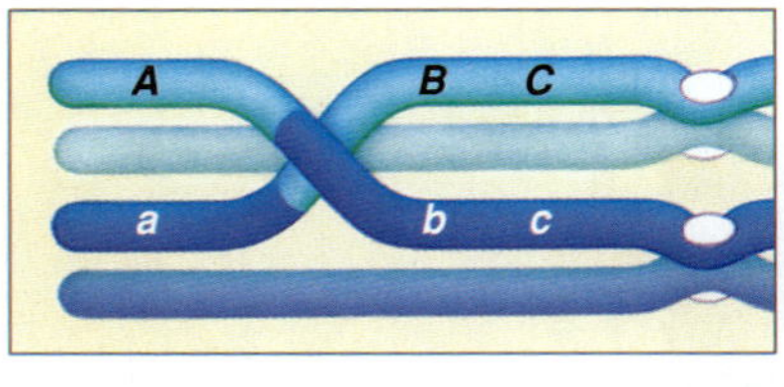


ⓑ 제1 감수분열의 전기에서, 교차가 일어남 : 두 개의 비 자매염색분체 간에 상응하는 단편의 교환이 일어남

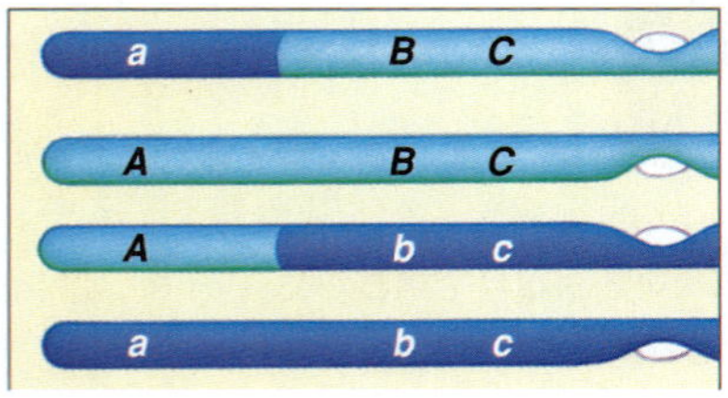


ⓒ 교차의 결과는 어떻게 될까? 비 자매염색분체간에 유전적 재조합이 일어남. (이 그림은 감수분열이 끝난 후의, 복제되지 않은 독립된 염색체의 모습임.)

**그림 11.2** 그림 9.6에서 설명한대로 이 현상은 제 1 감수분열의 전기에 일어난다.

### 상염색체와 성염색체

어떤 종들은 성의 분화를 보이는데 이 같은 성의 분화는 염색체 상의 유전자에 의해 일어난다. 어떤 종이 2배체 염색체를 가진다는 것은 체세포가 한 쌍의 상동염색체를 가진다는 뜻이 된다. 이 때 한 쌍을 제외한 나머지 염색체는 길이, 모양, 유전자의 순서가 흡사하다. 한 쌍의 이 특이한 염색체는 여러 종의 암컷 또는 수컷에서 발견될 수 있는데 암수 모두에서 발견되지는 않는다.

예를 들어 사람의 여성의 이배체 세포는 두 개의 X염색체를 가진다(XX). 남성의 이배체 세포는 X와 Y를 하나씩 가진다(XY). 이 같은 방식은 포유류, 초파리, 그리고 여러 다른 동물에서 일반적으로 볼 수 있다. 그러나 이 방식만 있는 것은 아니다. 나비, 나방, 새, 일부 어류에서는 수컷이 동일한 성염색체를 가지고 암컷은 서로 다른 성염색체를 가진다.

사람의 X와 Y염색체는 물리적으로 서로 다르다. Y는 더 짧으며 다른 염색체의 잔존물 같은 느낌을 준다. 이 둘은 운반하는 유전자도 또한 서로 다르다. 그럼에도 그들 간에는 작은 부위에서 접합이 일어난다. 이 작은 부위에서의 접합으로 감수분열 동안 그들은 상동염색체처럼 작용한다.

사람의 X와 Y염색체는 성염색체(sex chromosome)의 일반적인 범주에 속한다. 성염색체의 조합에 따라 새로 태어나는 개체의 성이 결정된다. 그 외의 다른 염색체들은 두 성에서 동일하다. 이런 염색체들을 상염색체(autosome)라 한다.

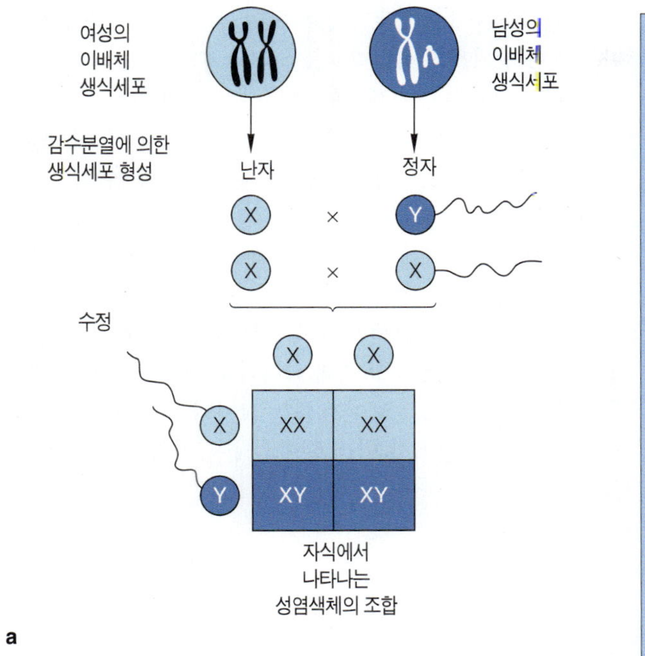


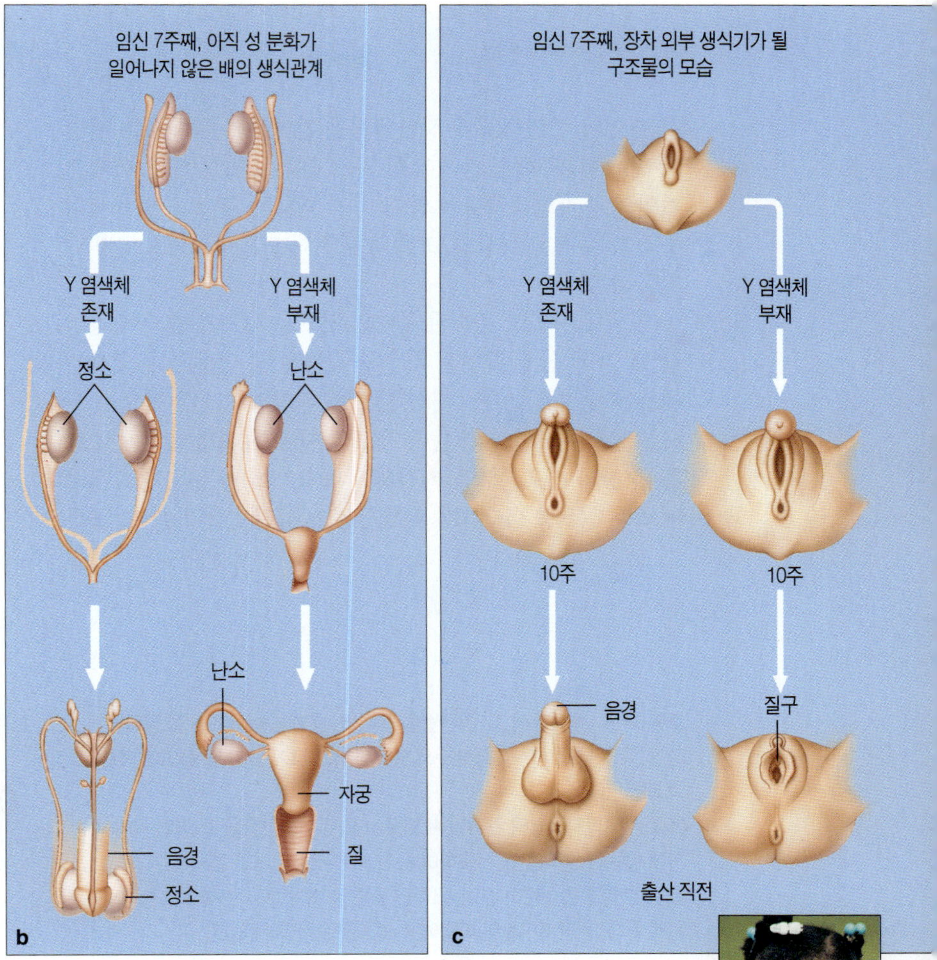


**그림 11.3** (a) 사람에서의 성결정 양상을 보여주는 퍼넷트-방안 그림.
(b) 초기의 사람의 배는 성 구분이 없다. 그 후 장차 남성 및 여성 생식기관으로 발달하게 될 작은 관과 여러 구조물들이 만들어지기 시작한다. XX배에서는, Y염색체의 SRY유전자가 없으므로 난소가 형성된다. XY 배에서는, SRY 유전자의 산물이 정소의 형성을 일으킨다. 정소에서 분비되는 호르몬은 남성 성징의 발달을 일으킨다.
(c) 사람의 배에서의 외부 생식기관

## 사람의 성 결정

사람에서 여성이 생산하는 난자는 하나의 X염색체를 가진다. 남성에서 생산된 정자의 절반은 X염색체를, 나머지 절반은 Y염색체를 가진다. X를 가지는 정자가 X를 가진 난자를 수정시킬 때 수정란은 여자로 발달하게 된다. 반면 정자가 Y를 가지면 수정란은 남자로 발달한다(그림11.3a).

SRY는 사람의 Y염색체에 존재하는 330개 유전자 중의 하나로 수컷의 성을 결정하는 유전자이다. XY를 가지는 배에서 이 유전자의 발현은 남성의 주요 생식기관인 정소의 발달을 일으킨다(그림11.3b). 정소는 테스토스테론을 생산하며 이 성호르몬은 남성의 성징을 나타나게 한다.

XX인 배는 SRY유전자를 가지지 않으며 이 경우 대신 여성 생식기관인 난소가 형성된다. 난소는 에스트로겐 및 다른 성호르몬을 생산하여 여성의 성징을 발달하게 한다.

사람의 X염색체는 2,062개의 유전자를 가진다. 다른 염색체와 마찬가지로 X도 체지방과 체모의 분포 등과 같은 성징과 관련된 일부 유전자를 가진다. 그러나 X에 있는 대부분의 유전자들은 혈액 응고 기능과 같은 성과 관련 없는 형질을 책임진다. 이들 유전자들은 여성뿐 아니라 남성에서도 발현된다. 남성도 또한 하나의 X염색체를 전달 받음을 기억하기 바란다.

이배체 세포는 상동의 염색체 위에 유전자를 쌍으로 가진다. 어떤 한 좌위의 대립유전자는 동일할 수도 다를 수도 있다.

교차 및 다른 유전적 교환으로 자손은 양친의 염색체에서는 발견되지 않던 대립유전자의 조합을 전달받을 수 있다.

감수분열이나 유사분열 때의 비정상적인 결과로 염색체의 구조 및 수에 변화가 일어날 수 있다.

상염색체는 한 종의 암컷과 수컷에서 동일하게 존재하는 한 쌍의 염색체이다. 성염색체는 암컷과 수컷 간에 서로 다르다.

사람의 Y염색체에 있는 SRY유전자는 새로운 생명체가 웅성으로 발달하게 한다. Y염색체가 없으면 여성으로 발달한다.

## 11.2 핵형 분석이 쉽게 해 준다

*핵형 분석은 개인의 체세포에 있는 염색체의 구조와 수를 조사할 수 있는 진단 방법이 된다.*

한 개인의 상염색체와 성염색체를 알아보기 위해서는 어떻게 해야 할까? 핵형 분석이 한 가지 진단 방법이 된다. 핵형은 개인의 중기염색체를 모양에 따라 분류한 것이다. 염색체의 구조 및 수적 비정상을 그 종의 표준핵형과 비교함으로써 탐지할 수 있다.

염색체는 가장 응축된 형태의 것으로 세포가 중기에 들어갈 때 가장 쉽게 확인된다. 기술자들은 몸 안에서 분열하는 세포를 찾지 않는다 - 대신 세포를 배양하여 인위적으로 유사분열을 유도한다. 그들은 세포의 시료를(대개 혈액에서 얻은) 성장과 세포분열을 촉진하는 배양액에 넣는다. 중기에서 세포주기를 중지시키기 위해서는 콜히친을 첨가한다. 콜히친은 미세소관에 독으로 작용하여 방추사의 형성을 봉쇄한다는 것을 상기하기 바란다.

배양된 세포는 중기세포를 분리하기 위해 원심 분리한다(그림11.4). 저장액으로 처리하면 삼투압에 의해 세포는 팽창하게 된다. 염색체를 가진 이 세포를 슬라이드에 옮기고 고정하여 염색한다.

염색체는 현미경을 통하여 관찰하고 사진을 찍는다. 사진을 가위나 컴퓨터로 잘라내어 크기와 모양에 따라 배열한다.

분광핵형분석은 염색체의 특정부위에 결합하는 일련의 형광 염료를 이용한다. 그 결과 나타나는 여러가지 색의 핵형은 일반적 방법으로는 보이지 않는 교차나 비정상 등을 밝혀 줄 수 있다. 11.7절에서 여러 색깔의 분광핵형의 예를 볼 수 있을 것이다.

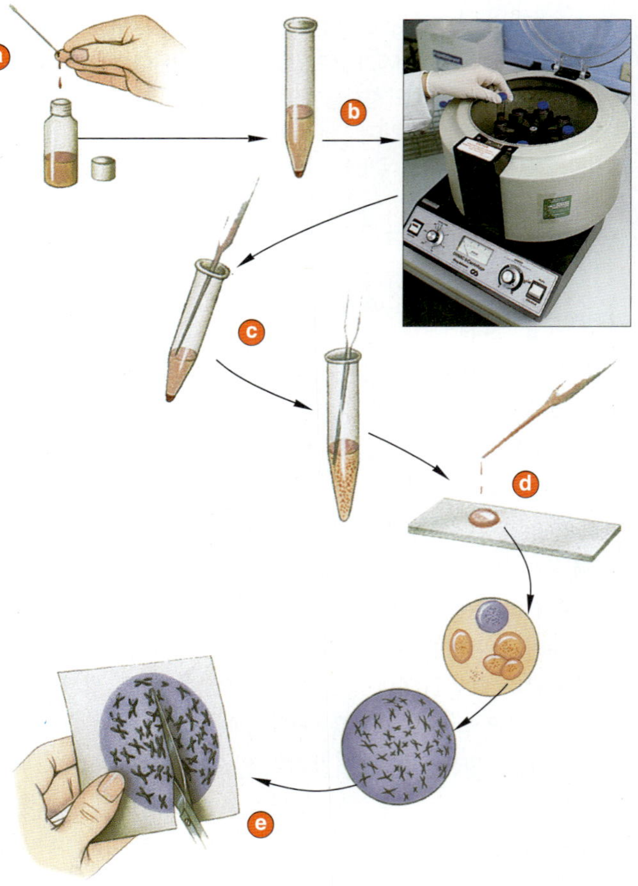


**그림 11.4** 핵형분석. 이 진단법을 쓰려면, 중기 염색체 사진을 잘라낸다. 각각의 염색체는 동원체에 의해 분류하고 크기 모양 및 길이에 따라 배열한다.
(a) 조사대상자로부터 채취한 세포를 세포분열과 성장을 촉진하는 배지에 넣는다. 콜히친을 사용하여 중기 때에 세포주기를 정지시킨다.
(b) 배양액을 원심분리 한다. 그러면 배양액 보다 무거운 세포가 침전하게 된다. 원심분리관의 바닥에서 세포를 수확할 수 있다.
(c) 배양액을 제거한다. 저장액을 첨가한다. 세포가 팽창하게 되고 염색체를 분리할 수 있게 된다.
(d) 표본을 현미경 슬라이드에 올리고 건조한 후 염색한다. 염색체가 나타난다.
(e) 한 세포로 부터의 염색체 사진을 잘라내어 그림 (f)에서 보는 바와 같이 인간의 핵형을 만든다. 사람의 핵형은 22쌍의 상염색체와 1쌍의 성염색체- XX 또는 XY- 를 가진다. 염색체 사진을 잘라내는 데는 가위나 컴퓨터를 이용한다.

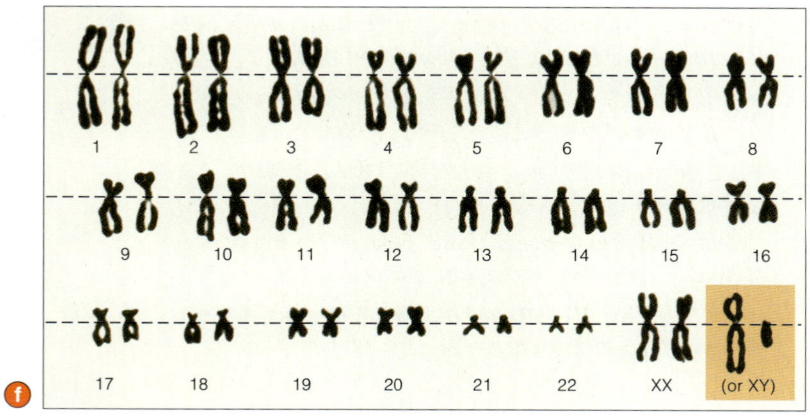

## 11.3 유전에 미치는 교차의 영향

*상동염색체 간의 교차는 유전에 있어서 주요한 유형 변경의 한 방법이다.*

우리는 상염색체와 성염색체에 모두 많은 유전자가 있음을 알고 있다. 하나의 염색체 내에 있는 모든 유전자를 연관군(linkage group)이라 부른다. 예를 들어 초파리는 네 연관군을 가지는데 이는 네 쌍의 상동염색체와 상응하는 것이다. 옥수수(*Zea mays*)는 10개의 연관군을 가지는데 역시 10쌍의 상동염색체와 상응하는 것이다.

만약 연관된 유전자들이 감수분열동안 그대로 연결된 채 있다면 양친의 형질은 섞이지 않게 될 것이다. 이 때 우리는 양성 교배의 F2 자손에서 양친의 형질이 어떻게 분리될 것인지 예견할 수 있게 된다. 그러나 초파리를 통한 이전의 실험에서 같은 염색체 내의 많은 유전자들이 감수분열동안 그대로 유지되지 않음이 명백해졌다.

한 실험에서, 순계로 길러진 흰 눈과 노란색 몸을 가지는 돌연변이 암컷을 야생형 수컷(붉은 눈과 회색 몸)과 교배시켰다. 예상대로는 $F_1$ 자손은 양친의 표현형과 같은 배우자를 절반씩 생산해야 한다. 그러나 $F_2$ 자손에서 2205마리 중 129마리가 재조합을 나타냈다. 흰 눈에 회색 몸이거나 붉은 눈에 노란색 몸을 가진 것이 나타난 것이다.

왜 그럴까? 어떤 대립유전자들은 다른 대립유전자들보다 감수분열동안 함께 존재하는 경향성을 보인다. 이들은 염색체의 길이에 따른 거리가 보다 가까워 교차의 확률이 보다 낮기 때문이다. 어떤 두 유전자 좌위 간의 교차에 의해 연관이 교란될 가능성은 그들 간의 거리에 비례하는 것이다. 만약 유전자 A와 B간의 거리가 유전자 C와 D간의 거리보다 두 배 더 멀다면, 교차에 의해 A와 B간의 연관이 교란될 가능성이 C와 D의 경우보다 훨씬 더 높아지는 것이다.

두 유전자 간의 거리가 가깝다면 두 유전자는 매우 가깝게 연관되어 있는 것이다. 이 둘의 대립유전자 조합은 거의 동일한 배우자에서 발견되는 것이다. 두 유전자 좌위 간의 거리가 멀다면 교차에 의해 연관이 교란될 가능성이 커지게 된다(그림 11.5). 두 유전자 간의 거리가 멀다면, 교차가 빈번히 일어나게 되어 두 유전자는 배우자에서 따로 분리되어 들어갈 수 있게 된다.

사람의 유전자 연관은 여러 세대 동안 가계에서의 표현형을 추적하여 확인되었다. 이들 연구에서 한 가지 명백한 것이 있다면 교차가 드문 현상이 아니라는 것이다. 대부분의 진핵생물에서 심지어 각 쌍의 상동염색체 간에 적어도 하나의 교차가 일어나지 않으면 감수분열이 완료되지 않을 수도 있다.

> *한 염색체 내에 존재하는 모든 유전자는 동일한 연관군에 속하게 된다. 그들은 감수분열 동안 독립적으로 분리되지 않는다.*
>
> *상동염색체 간의 교차는 유전자 연관을 교란시키며 염색체 내에서 양친과는 다른 대립유전자의 조합을 가지게 된다.*
>
> *염색체 내에서 두 유전자가 멀리 떨어질수록 교차의 빈도와 그 결과 일어나는 유전적 재조합의 빈도가 커지게 된다.*

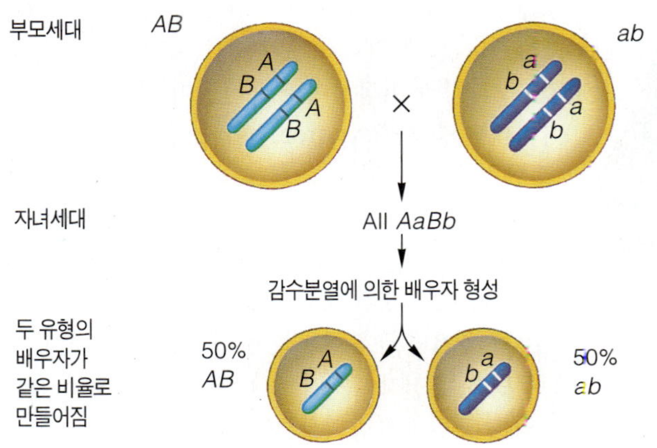


**a** 두 유전자 간의 완전한 연관 : 교차가 일어나지 않았음. 배우자의 절반은 양친 중 한쪽의 유전자형을 가지고 다른 절반은 다른 쪽의 유전자형을 가짐. 염색체 내에서 서로 아주 가깝게 위치하는 유전자들은 배우자에서 함께 존재하게 된다.

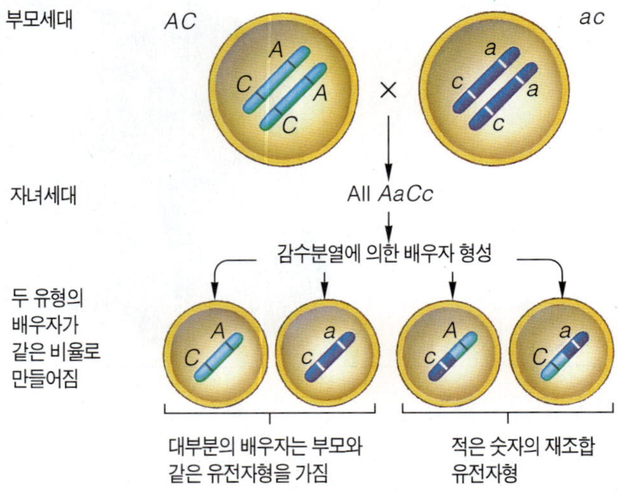


**b** 불완전 연관 : 교차에 의해 결과가 달라짐. 서로 멀리 떨어져 있는 유전자들은 교차가 일어날 가능성이 높아진다.

**그림 11.5** 두 유전자 좌위 간의 교차의 결과.

## 11.4 사람의 유전 분석

*완두나 초파리와 같은 생물은 유전적 분석에 이상적이다. 그들은 염색체 수가 많지 않고 통제된 좁은 공간에서 쉽게 자라고 또 번식한다. 또한 어떤 형질을 여러 세대 동안 추적하는데 오랜 기간이 걸리지도 않는다. 그러나 사람의 경우는 이들과 완전히 다르다.*

실험실에서 기르는 초파리와 달리, 사람은 아주 다양한 환경의 다양한 조건에서 살게 된다. 또한 우리는 우리의 형질을 연구하는 유전학자만큼 오래 산다. 우리는 배우자를 직접 고르며 자식도 원할 때 낳는다. 대부분 가족도 많지 않은데 이는 연구자들이 추론하기에 충분한 자녀수가 아님을 의미한다.

유전학자는 분석에 필요한 자료를 얻기 위해 흔히 여러 세대의 자료를 모은다. 만약 어떤 형질이 단순한 멘델식 유전양상을 나타낸다면 그 형질이 언제 다시 나타날지 예견할 수 있다. 이 양상은 또한 과거에 대한 실마리가 될 수도 있다(그림 11.6).

이와 같은 정보는 흔히 가계도로 분석되는데 가계도는 개체들 간의 유전적 연결을 표로 나타낸 것이다. 여기에는 표준화된 방법과 기호들이 각 개인들의 특성을 표현하는데 사용된다. 그림 11.7에 하나의 가계도가 제시되었다. 가계도를 분석하는 사람은 어떤 형질의 실마리를 풀기 위해 확률과 멘델식 유전 양상에 관한 지식을 활용한다. 곧 확인하겠지만, 그들은 우성 및 열성 대립유전자에 의한 여러 유전적 비정상을 찾아냈고, 심지어는 그 유전자가 상염색체에 있는지 또는 성염색체에 있는지도 알아냈다.

**그림 11.6** 흥미 있는 유전양상. 중앙아시아의 남성의 8%는 거의 동일한 Y염색체를 가진다. 이는 동일한 조상의 후손임을 의미한다. 만약 그렇다면 중국 동북부에서 아프가니스탄 사이에 거주하는 1600만 명의 남성은 - 현재 살고 있는 전체 남성 200명중 1명에 가까운 비율 - 전쟁광이면서 악명 높은 호색가인 징기스칸에서 시작된 가계에 속한다. 당시 그의 자손들은 중국에서 비엔나까지 이르는 대제국을 지배하였다.

유전적 비정상(abnormality)이라 함은 단지 드물거나 일반적이 아닌 형질임을 새겨 두기 바란다. 어떤 사람이 양손 또는 양발에 일반적인 5개가 아닌 6개의 손가락이나 발가락을 가지는 것이 그런 경우이다. 우리가 그런 형질을 흉하다거나 또는 이상하다고 보는 것은 주관적이다. 왜냐하면 그런 '형질이' 생명을 위협하는 일은 전혀 없기 때문이다. 그러나 유전병(genetic disorder)은 이와 달리 조만간에 가볍거나 중하거나 간에 의학적인 문제를 야기하는 형질을 말한다. 각각의 비정상이나 유전병이 여러 증상들을 나타내면 증후군(syndrome)이라 부른다. 표 11.1에 그 예가 있다.

당신은 질병도 또한 여러 증상을 나타낸다고 생각할 수 있을 것이다. 그러나 질병(disease)은 감염이나 식사 또는 환경 요인에 의해 일어나는 것이지 유전되는 돌연변이에 의한 것은 아니다. 유전병은 유전자에 영향을 미쳐 몸의 기능이 교란되는 경우에 국한되는 것이다.

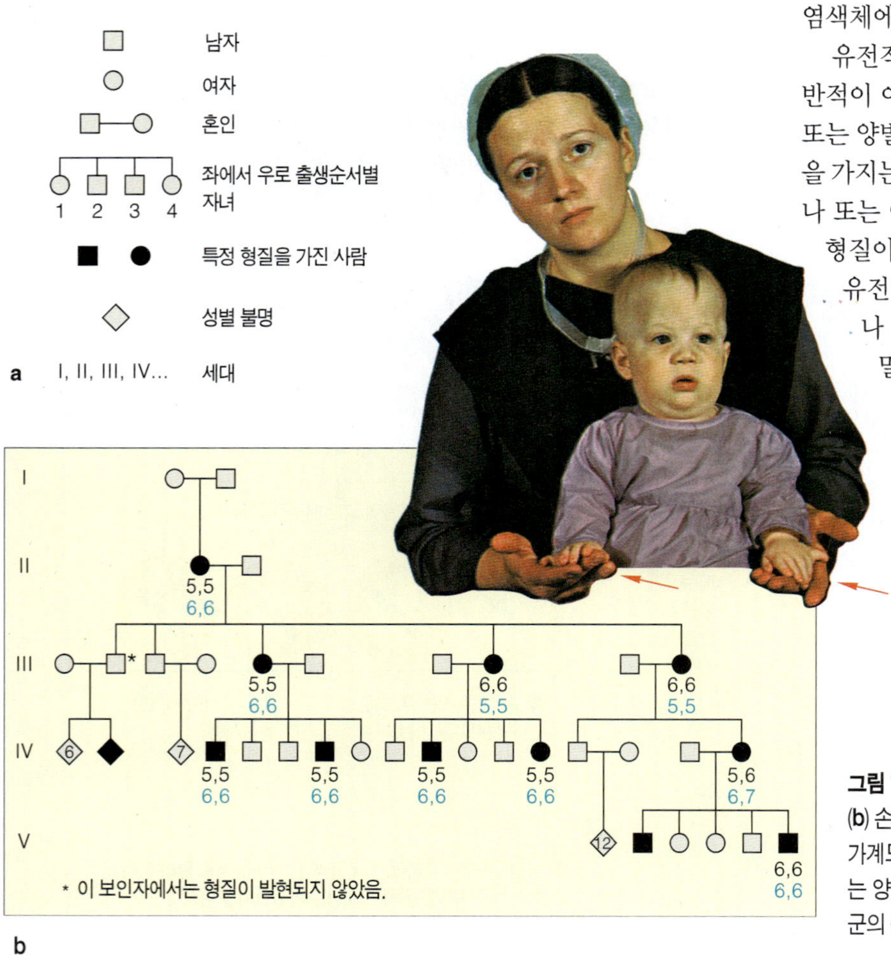


**그림 11.7** (a) 가계도에 사용되는 몇 가지 표준화된 기호들 (b) 손가락이나 발가락 또는 이 둘이 모두 가외로 존재하는 다지증의 가계도. 검은색 숫자는 양손의 손가락의 수를 나타내고 파란색 숫자는 양발의 발가락의 수를 나타냄. 이 형질은 엘리스-반 크리벨드 증후군의 증상의 하나로 나타난다.

## 표 11.1 사람의 유전병과 유전적 비정상의 예

| 유전병 또는 비정상 | 주요한 증상 |
|---|---|
| **상염색체성 열성유전** | |
| 백자 | 색소의 결핍 |
| 청색아 | 밝은 청색 피부 |
| 낭포성 섬유증 | 분비샘의 과도한 분비로 조직과 기관 손상 |
| 엘리스-반-크리벨드 증후군 | 가외의 손, 발가락. 팔, 다리가 짧음 |
| 판코니 빈혈 | 육체적 비정상, 골수 부전 |
| 갈락토스혈증 | 뇌, 간, 눈의 손상 |
| 페닐케톤뇨증(PKU) | 정신박약 |
| 낫세포 빈혈증 | 몸의 여러 기관에 여러 가지 증상 |
| **상염색체성 우성유전** | |
| 연골발육 부전증 | 일종의 왜소증 |
| 소지강직증 | 구부러지고 굳은 손가락 |
| 가족성 과콜레스테롤 혈증 | 혈액 내 높은 콜레스테롤 수준. 궁극적으로 동맥 폐색 |
| 헌팅턴 병 | 진행성 신경계 퇴행 |
| 마판증후군 | 결합조직의 비정상 또는 결여 |
| 다지증 | 가외의 손, 발가락 |
| 조로증 | 급격한 조기노화 |
| 다발성 신경섬유종 | 신경계와 피부의 종양 |

| 유전병 또는 비정상 | 주요한 증상 |
|---|---|
| **X-연관 열성유전** | |
| 안드로겐 불감 증후군 | XY이면서 상당한 여성 형질을 나타냄. 불임 |
| 색맹 | 일부 또는 전체 색을 식별 못함 |
| 취약X 증후군 | 정신박약 |
| 혈우병 | 혈액응고 기능의 손상 |
| 근육위축증 | 근육 기능의 점진적 상실 |
| X-연관 무한성 형성장애 | 모자이크 피부(피부에 한선이 있는 부위와 없는 부위 존재), 그 외 영향 |
| **염색체 수의 변화** | |
| 다운증후군 | 정신 박약, 심장 결함 |
| 터너증후군 | 불임, 난소 및 성징의 비정상 |
| 클라인펠터 증후군 | 불임, 약한 정신박약 |
| XXX 증후군 | 약한 비정상 |
| XYY 증후군 | 약한 정신박약 또는 증상 없음 |
| **염색체 구조 변화** | |
| 만성 골수성백혈병(CML) | 골수에서의 백혈구의 과잉생산, 기관의 기능 부전 |
| 고양이 울음소리 증후군 | 정신박약, 후두 구조의 비정상 |

심한 유전적 증상을 나타내는 대립유전자는 개체군에서 아주 드문데 그 이유는 그 같은 대립유전자의 보유자는 생존에 불리하기 때문이다. 그런데 왜 사라지지는 않을까? 드문 돌연변이들이 그 대립유전자의 새로운 사본을 개체군에 새로 도입한다. 또한 이형접합자에서 정상의 대립유전자가 유해한 대립유전자와 짝을 이룸으로써 그것의 결함을 덜어준다. 이 경우 유해한 대립유전자는 자손에게 전달될 수 있다.

이와 같은 성질들을 염두에 두고, 인류 집단에서의 염색체 유전 양상의 예를 알아보자. 그림 11.8은 이들 예의 하나로 헌팅턴병이라 불리는 상염색체성 우성 유전병을 보여 준다.

**그림 11.8** 진행성 신경계 퇴행증인 헌팅턴 병의 가계도. 연구자인 낸시 벡슬러와 그의 팀은 거의 10,000명에 달하는 베네수엘라인들을 포함하는 광범위한 가계도를 구성했다. 그들은 비 이환자와 이환자를 분석하여 사람의 4번 염색체에 있는 우성 대립유전자가 원인임을 밝혔다. 벡슬러는 이 유전병에 특별한 관심을 가졌는데, 그녀의 가계에도 이 유전병이 있었다.

가계도 분석으로 흔히 간단한 멘델식 유전 양상을 알 수 있다. 이 양상을 보고, 전문가는 자식이 어떤 대립 유전자를 물려 받을 확률을 추론할 수 있다.

유전적 비정상은 드물거나 흔치 않은 유전형질이다. 유전병은 유전적인 증상이 의학적으로 문제가 될 때 일컫는 용어이다.

## 11.5 사람에서의 유전 양상의 예

*상염색체나 X염색체 상의 우성 또는 열성 대립유전자에 의해 나타나는 사람의 여러 표현형들은 단순한 멘델식 유전 양상을 보인다.*

### 상염색체성 우성 유전

그림 11.9a는 상염색체성 우성 대립유전자의 전형적인 유전 방식을 보여준다. 만약 양친 중한 쪽이 이형접합자이고 다른 쪽이 동형접합자이면 그들의 자녀는 이형접합자가 될 확률이 50%가 된다. 이 형질은 이형접합자에서도 발현되므로 대개 모든 세대에서 나타나게 된다.

연골발육부전증(achondroplasia)은 고전적인 예가 된다. 이 상염색체성 우성 유전병은 약 10,000명당 1명꼴로 나타난다. 우성 형질의 동형접합자는 흔히 출생 전에 사망하게 된다. 그러나 이형접합자는 자식을 낳을 수 있다. 연골발육부전증 환자는 골격의 연골이 제대로 형성되지 않는다. 성인에서 몸의 다른 부위에 비해 팔과 다리의 길이가 비정상적으로 짧다. 키는 대개 4피트 4인치 정도이다. 우성대립유전자는 대개 다른 표현형적 영향을 끼치지는 않는다.

헌팅턴병의 경우, 신경계가 서서히 퇴행을 일으키고 불수의근의 활동이 보다 빈번해지게 된다. 서른이 넘도록 증상이 나타나지 않을 수도 있는데 유전병을 가지는 사람은 대개 40대 또는 50대가 되어서 사망하게 된다. 많은 경우에서 유전병의 증상이 발병되기 이전에, 모르는 상태에서 유전자를 자식에게 전달하게 된다. 이 병을 일으키는 돌연변이는 뇌세포의 정상적인 발달에 필요한 단백질을 변화시키게 되는데, 일종의 확장 돌연변이(expansion mutation)이다. 확장 돌연변이는 같은 DNA 분절을 여러 번 반복으로 가지게 된다. 이 반복이 유전자 기능을 교란한다.

심각한 증상을 일으키는 일부 우성 대립유전자들이 인류 집단에서 지속되는 것은 그 대립유전자의 발현이 생식에는 영향을 미치지 않거나 또는 이환자가 증상이 심해지기 전에 자식을 낳기 때문이다. 드물게 임의적 돌연변이가 생겨 유전자 풀에 다시 도입되기도 한다.

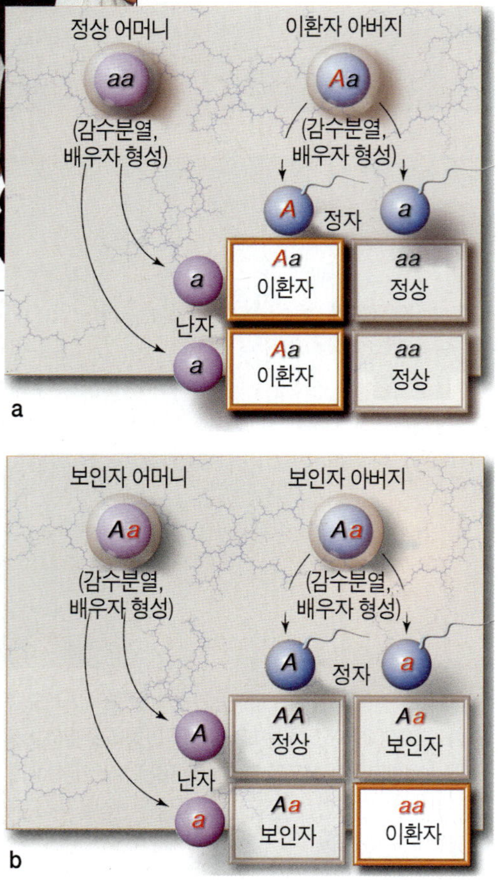


**그림 11.9** (a) 상염색체성 우성 유전병의 예. 우성 대립유전자(붉게 표시됨)는 보인자에서 완전히 발현됨. 위의 세 남자는 상염색체성 우성 유전병인 연골 발육 부전증을 가졌다. 중앙은 마이크 마이어의 첩보영화에서 미니 미 역으로 나왔던 베르니 트로이어이다. 베르니는 신장이 2피트 8인치 (약80cm)였다.
(b) 상염색체성 열성 형질의 유전 방식. 이 경우 양친은 모두 열성 대립유전자(붉은 글씨)의 이형접합자이다.

### 상염색체성 열성 유전

어떤 형질의 경우, 유전 방식이 상염색체성 열성 대립 유전자에 의함을 보여준다. 만약 양친이 모두 이형접합자이면 그림 11.9b에서처럼 자녀는 50%의 확률로 이형접합자가 되고 25%는 열성 동형접합자가 된다. 만약 양친 모두 열성 동형접합자라면, 그들의 모든 자녀는 역시 열성 동형접합이 된다.

갈락토스혈증(galatosemia)은 신생아 100,000명당 한명 비율로 열성 대립유전자의 동형접합자가 된다. 그들은 젖당을 소화시키는데 필요한 효소 중 하나를 만드는 올바른 유전자를 갖지 못한다. 따라서 반응 중간물질이 독성 수준이 될 정도로 축척된다. 정상적으로는 젖당은 포도당과 갈락토오스로 분해된 뒤 다시 포도당-1-인산(이 물질은 해당과정으로 분해되거나 글리코겐으로 전환된다)으로 전환된다. 갈락토스혈증 환자는 이 전환이 봉쇄된다(그림 11.10).

높은 갈락토오스 수준은 오줌으로 검출될 수 있다. 과잉이 되면 영양 부족, 설사, 구토 등을 일으키며 눈, 간, 뇌 등에 손상을 일으킨다. 치료치 않으면 갈락토스혈증 환자는 어릴 때 죽게 된다. 만약 이들에게 유제품을 배제하는 식이제한을 하면 증상 없이 성장할 수 있다.

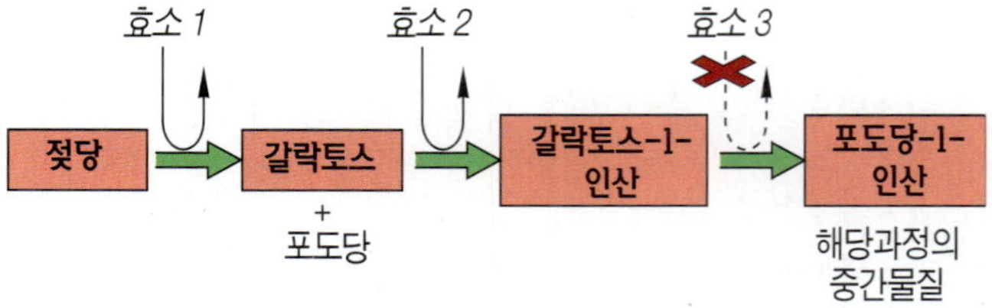


**그림 11.10** 갈락토스혈증인 사람에서의 대사차단.

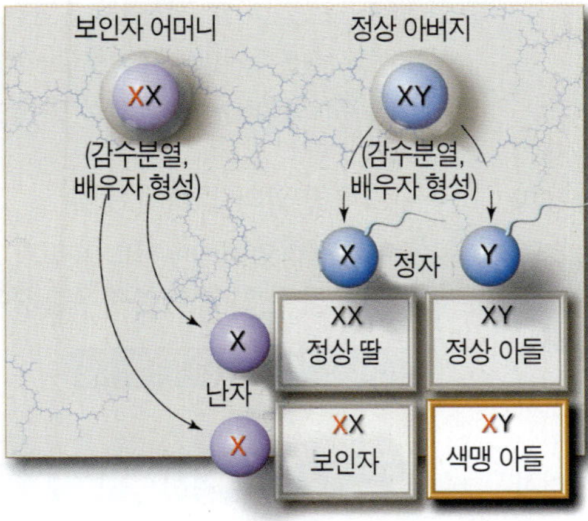


**그림 11.11** X-연관 열성 유전의 유전방식. 이 경우 모친이 X 염색체 중 하나에 열성 대립 유전자(붉은 글자)를 가진다.

**그림 11.12** 색맹의 표준 검사법의 하나. 만약 당신이 원 안의 29란 글자를 볼 수 없다면 당신은 적록 색맹일 것이다.

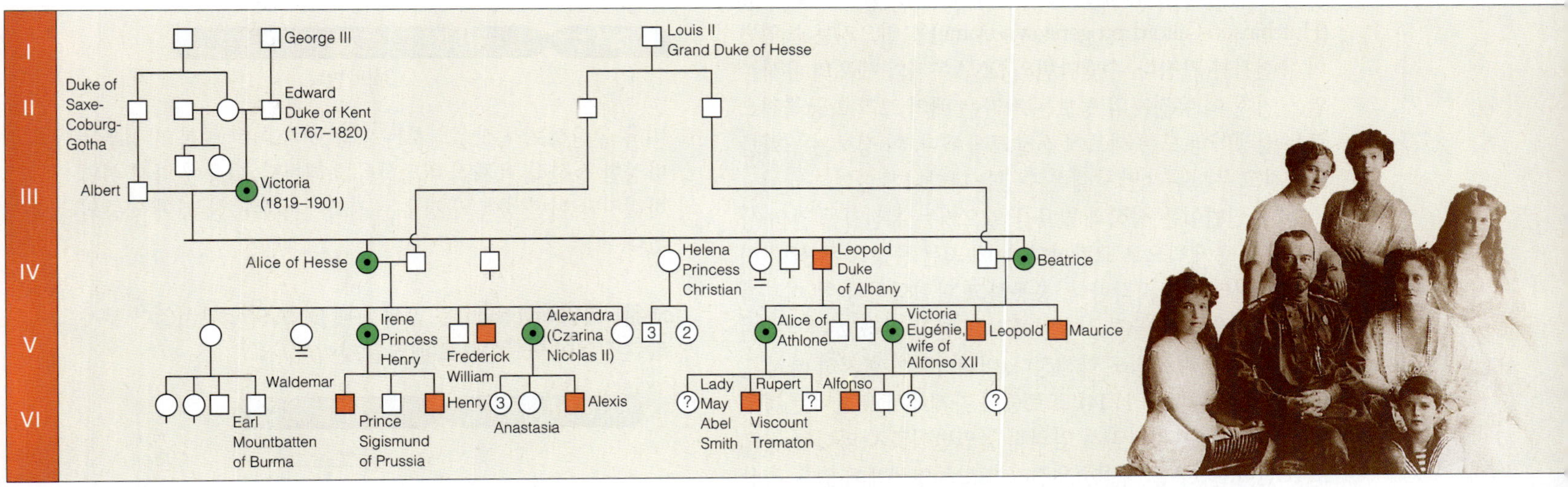


**그림 11.13** 빅토리아 여왕의 부분적 가계도로, 혈우병 A를 일으키는 X-연관 대립 유전자를 가지는 보인자와 남성 이환자를 포함하고 있다. 한 때 이 대립 유전자는 빅토리아 여왕의 69명의 후손 중 18명에게 존재했는데 일부는 국제결혼을 하였다. 사진은 그 중 러시아 왕가의 모습으로 모친이 보인자로 황태자인 알렉시스는 혈우병 환자였다.

## 성 연관 유전

성 연관 유전자는 X염색체에서만 발견된다. 성연관유전병의 경우, 여성은 남성만큼 이환되지 않는다. 그 이유는 여성의 다른 X염색체에 있는 우성 대립유전자가 열성 유전자를 가리기 때문이다(그림 11.11). 아들은 X-연관 유전자를 아버지로부터는 전달 받지 않지만, 딸은 전달 받는다. 여자가 전달 받을 경우, 그녀의 아들은 50%의 확률로 그 유전자를 전달받게 된다.

색맹은 일부 또는 전체 색을 식별할 수 없다. X-연관 유전자와 관련된 몇가지 열성 유전병으로 나타나게 된다. 이 유전자의 돌연변이형은 안구 내의 감각 수용체의 빛의 흡수 능력을 바꾸게 된다.

사람은 정상적으로 약 150가지 색깔을 식별할 수 있다. 적록색맹인 사람은 25가지 이하의 색을 식별할 수 있다. 가시광선의 적색 및 녹색 파장에 반응하는 수용체의 일부 또는 전부가 약하거나 아예 없다. 어떤 이환자들은 적색과 녹색을 혼동하며 또는 녹색을 회색 음영으로 인식한다. 색맹검사로 이환된 사람을 구별할 수 있다(그림 11.12).

이 형질은 남성에서 더 흔히 나타나지만 이형접합인 여성에서도 증상을 보일 수 있다. 당신은 그 이유를 설명할 수 있겠는가?

혈우병은 혈액 응고병으로 X-연관 열성 유전의 또 하나의 예가 된다. 정상적으로 응고 기작은 작은 상처가 났을 때 빨리 출혈을 멎게 한다. 응고 단백질 중 일부는 X 염색체 상의 유전자의 산물이다. 이들 돌연변이 된 X-연관 유전자를 가지는 남성은 출혈이 길어지게 된다. 남자 7,000명 당 1명 꼴로 이환자가 된다. 이형접합인 여성의 응고 시간은 정상과 가깝다.

19세기 유럽 왕실에서는 혈우병 A의 빈도가 높았는데, 왕실에서는 가까운 친척끼리의 결혼이 빈번했었다(그림 11.13).

가계도의 유전적 분석으로 상염색체나 성염색체의 대립유전자의 발현으로 인해 나타나는 여러 유전병 뿐 아니라, 여러 형질들의 단순한 멘델식 유전 양상도 밝혀졌다.

## 11.6 늙기에는 너무 어린

FOCUS ON HEALTH

*때로 사람의 유전에 대한 교재의 예가 약간 추상적일 수도 있다. 여기서는 늙기에는 너무 어린 두 소년의 예를 보자.*

열 살 먹은 어린이가 매일 조금씩 더 주름이 지고 허약해져 가는–즉 늙어가는 것을 한번 상상해 보라. 당신의 키는 주방의 탁자를 올려다 볼 정도이고 체중은 35파운드도 채 되지 않는다. 당신은 이미 대머리가 되고 코에도 주름이 생겼다. 당신이 살 날은 또한 몇 년 밖에 남지 않았다. 만약 당신이 미키 헤이(Mickey Hayes)나 프랜지 게링거(Fransie Geringer)처럼 된다면 여전히 웃을 수 있겠는가?

신생아 800만명에 한명꼴로 너무 빨리 늙게 된다. 이러한 희귀한 사람은 상염색체 중 하나에 허친슨-길포드 조로증(Hutchinson-Gilford progeria syndrome)을 일으키는 돌연변이 유전자를 가진다. 수백만번의 DNA복제와 세포의 유사분열을 거쳐 이 유전자의 정보는 자라는 배의 그리고 궁극적으로는 신생아의 모든 세포에 전달되게 된다. 이 정보는 노화를 촉진하고 무서우리 만치 짧은 수명을 나타나게 한다.

이 돌연변이는 성장과 발육을 일으키는 유전자들 간의 상호작용을 총체적으로 교란한다. 눈에 띄는 증상은 두 살이 되기전에 나타나기 시작한다. 통통하고 탄력있어야 할 피부가 마르기 시작한다. 골격근이 약해지고 한창 자라고 튼튼해져야 할 사지의 뼈 조직도 약해진다. 머리카락이 현저히 빠지고, 대머리가 된다(그림 11.14). 조로증이 가계에서 유전되는 경우는 알려진게 없다. 따라서 임의적 돌연변이로 나타나는 것으로 보인다. 아마 돌연변이 유전자가 상동염색체에 있는 정상 대립 유전자에 대해 우성인 것으로 보인다.

대부분의 조로증 이환자는 십대 초반에, 뇌졸중이나 심장마비로 사망한다. 이러한 사망원인은 나이가 들면 전형적으로 나타나는 동맥 벽의 경화로 인한 것이다. 미키가 열여덟이 되었을 때 그는 살아있는 조로증 환자들 중 최연장자가 되었다. 프랜지는 열일곱살에 죽었다.

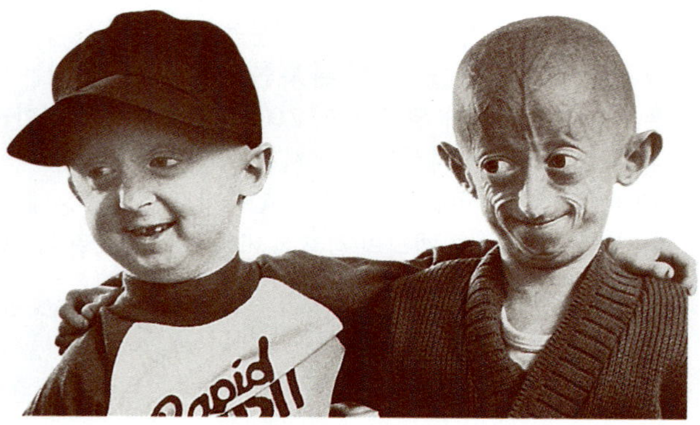

**그림 11.14** 캘리포니아의 디즈니 랜드에서 있었던 조로증 환자들의 모임에서의 두 소년. 두 소년은 당시 모두 열 살이 되기 이전이었다.

## 11.7 염색체의 변화

*염색체의 구조 변화는 임의적으로 또는 화학물질이나 방사선에 의해 드물게 일어날 수 있다. 어떤 변화의 경우는 탐지가능할 수도 있다. 많은 경우 심각하거나 치명적인 결과를 일으킬 수 있다.*

### 구조적 변화의 몇가지 종류

**중복** 정상염책체에서도 유전자 서열이 수회에서 수천번까지 반복될 수 있다. 이런 경우를 **중복**(duplication)이라 한다.

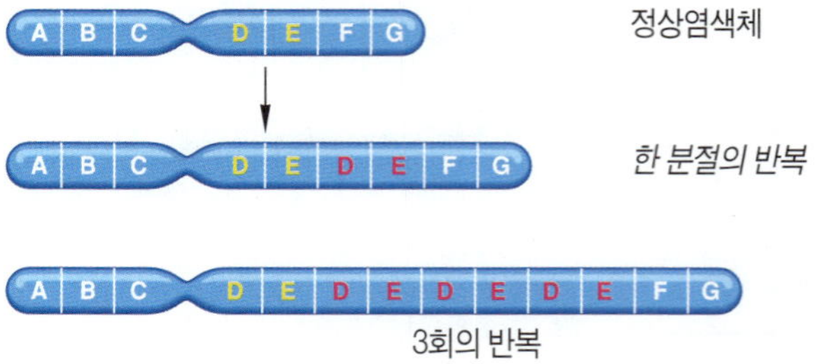


비록 유전정보가 상실되지는 않았으나, 어떤 중복의 경우는 다양한 정신적, 육체적 비정상을 초래한다. 나중에 다시 설명하겠지만 어떤 중복의 경우는 진화에서 유용한 것이 입증되었다.

**역위** **역위**(inversion)는 염색체 내 DNA의 일부서열이 분자적 손실없이 역방향으로 배열된 것이다.

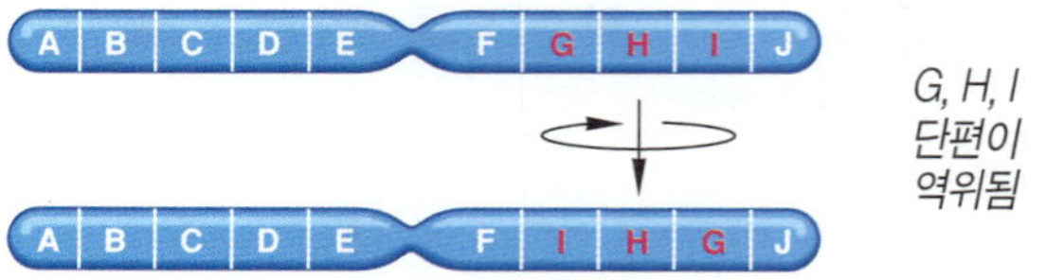


역위는 중요한 유전자 부위를 교란하지 않는 한 별 문제가 되지 않는다. 그러나 감수분열 중에 잘못된 짝짓기가 일어나 배우자의 염색체 결실이 일어날 수 있다. 사람들은 자식을 낳을 때 까지 염색체에 역위가 존재하는지 모를 수 있다.

**결실** 역위로 인해 일어나든지 아니면 환경요인에 의해 발생하든지 간에 **결실**(deletion)은 염색체의 일부분이 상실되는 것이다.

포유류의 경우, 대부분의 결실은 심각한 장애를 일으키거나 치명적이다. 왜 그럴까? 유전자가 결실되거나 불완전해지면 몸의 성장, 발육, 유지 활동의 프로그램이 교란되게 된다. 예를 들어, 사람의 5번 염색체의 한 부분이 결실되면 후두가 기형이 되고 정신적 장애가 일어난다. 이환자인 아기가 울때 고양이의 야옹 소리와 비슷한 소리를 낸다. 그래서 이 장애를 고양이 울음소리(Cri-du-chat) 증후군 이라 부른다. 좀 더 자라면 소리는 정상적이 된다. 그림 11.15에 이환자의 사진이 있다.

**전좌** **전좌**(translocation)는 한 염색체의 일부분이 떨어져서 다른 염색체에 부착되는 것이다. 대부분의 전좌는 상호적이다 : 즉 두 염색체가 일부분을 서로 교환한다.

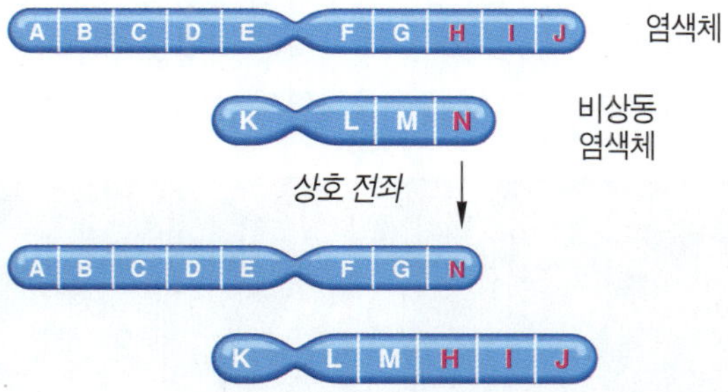


염색체의 유전정보가 바뀌지 않는 한 전좌는 그 개체나 후손에 영향을 미치지 않을 수도 있다. 그러나 때로 전좌는 일부 육종, 림프종, 흑종 및 백혈병 등과 같은 심각한 문제를 일으킬 수도 있다. 악명높은 상호전좌의 예는 필라델피아 염색체로, 이 이름은 그것이 발견된 도시의 이름을 따서 지었다. 이 염색체는 치명적이다 (그림 11.16).

## 염색체의 구조가 진화하는가?

염색체 구조의 변화는 일반적으로 유리하지 않으며 자연선택에 불리하게 작용한다. 그렇긴 하지만, 오랜 진화 기간 중에 모든 종들의 DNA에는 중립적인 구조 변화가 있어왔다.

우리는 일부 중복현상은 적응에 유리하리라 예상할 수 있다. 일부 사본은 변화되지 않은 유전자 산물을 그대로 생산하고 다른 사본은 변화될 수 있는 것이다. 앞에서 설명한 (3장 6절) 헤모글로빈의 폴리펩티드 사슬을 생각해 보라. 사람과 여러 영장류에서 여러 글로빈 유전자들은 놀라울 정도로 비슷하다. 이들은 중복과 돌연변이 및 유전자의 전이에 의해 진화하게 되었을 것이다. 구조적으로 약간씩 다른 이들 글로빈들은 세포의 여러 다양한 조건하에서 산소에 대한 약간씩 다른 결합 및 운반능력을 가지게 되었다.

또한, 염색체의 구조 변화는 원숭이와 사람의 경우처럼 근연종 간의 차이를 나타나게도 하였다. 사람의 염색체 23쌍 중 18쌍은 침팬지나 고릴라의 염색체와 거의 동일하다. 나머지 다섯 쌍은 역위 및 전좌 부위만 서로 다르다.

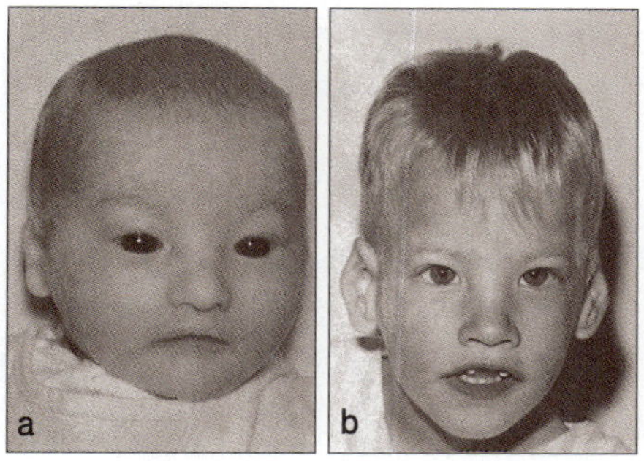


**그림 11.15** (a)고양이 울음소리 증후군을 가진 남자아기. 귀가 눈보다 아래쪽에 위치하고 있다.
(b) 같은 아기의 4년 후의 모습. 이 나이가 되면 이 증후군의 특징인 고양이 울음소리가 사라진다.

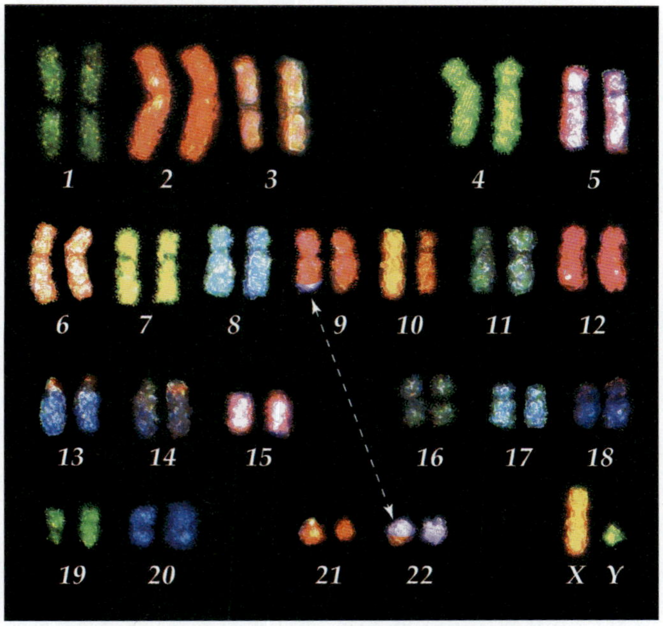


**그림 11.16** 분광 핵형 분석법으로 본 상호 전좌. 필라델피아 염색체는 그것의 정상적인 상동염색체인 9번에 비해 더 길다.

9번과 22번 염색체는 골수 속의 줄기세포에서 우연히 절단될 수 있다. 이 절단된 단편이 잘못 결합할 수 있는 것이다. 9번 염색체에서, 세포분열 과정에서 역할을 하는 유전자 부위에 절단이 일어나고 그 자리에 22번 염색체에 있는 유전자의 조절 부위를 가지는 단편이 결합될 수 있다. 이렇게 형성된 돌연변이 유전자가 과발현되면 백혈구의 무제한적인 분열을 초래하게 된다. 그 결과 암의 일종인 만성골수성백혈병(CML)이 된다.

드물게, 염색체의 일부분이 중복, 역위, 새로운 위치로의 이동 또는 결실 될 수 있다.

대부분의 염색체의 변화는 유해하거나 치명적이다. 일부 변화는 진화해 오면서 보존되었는데, 이들은 적응에 유리하게 작용하거나 중립적인 영향을 미쳤다.

## 11.8 염색체의 수적 변화

*세포분열 과정에서 잘못이 일어나 배우자와 새로 형성되는 개체의 염색체 수가 잘못될 수 있다. 그 결과는 사소한 육체적 변화에서 치명적인 변화까지 다양하게 나타난다.*

**이수성**(aneuploidy)일 경우, 세포는 대개 하나의 염색체를 더 가지거나 덜 가진다. 사람의 경우 상염책체의 이수성은 대개 치명적이며 거의 유산으로 귀결된다. **배수성**(polyploidy)은 세포가 각각의 염색체를 셋 이상씩 가진다. 현화식물의 절반, 일부 곤충, 어류, 그 외 일부 동물은 배수체이다.

염색체 수의 변화는 대부분 **비분리현상**(nondisjunction)으로 일어나는데, 이는 유사분열 또는 감수분열 때 염색체 쌍이 분리되지 않는 현상이다. 그림 11.17에 이 예가 설명되어 있다.

염색체 수는 또한 수정과정 중에 변화할 수 있다. 정상의 배우자가 가외의 염색체가 하나 더 있는 n+1의 배우자와 수정된다고 가정해 보자. 형성되는 개체는 3염색체성(2n+1)이 될 것이다. 이 경우 어떤 상동염색체는 셋이 될 것이고 나머지 염색체들은 둘씩 될 것이다. 만약 n-1의 배우자가 정상의 n 배우자와 만나면 접합자는 1염색체성(2n-1)이 될 것이다. 배가 자라고 발생하는 과정에서의 유사분열은 이러한 잘못된 염색체 수를 계속해서 지속하게 된다.

### 상염색체의 변화와 다운증후군

3염색체성이 살아서 태어나는 예는 소수지만 21번이 3염색체성인 사람은 어른이 되도록 생존할 수 있다. 21번이 셋인 아이는 다운증후군이 발생하게 된다. 이것은 사람에서 발생하는 상염색체 이상 중 가장 흔하며 신생아 800~1,000명중 한명 꼴로 나타난다. 미국내 환자 수는 약 35만명 이상이다. 그림 11.17b는 다운증후군 여성의 핵형을 보여준다. 이 환자의 약 95%는 감수분열 때의 비분리현상으로 발생한다. 이 환자는 위쪽으로 치켜뜨는 사시, 안내각췌피, 손바닥과 발바닥의 깊은 홈, 제 5번 손가락중 하나(둘다가 아님)에서 수평홈, 약간 편평한 얼굴 모습 등의 특징을 보인다. 이들 특징이 모든 사람에게 전부 나타나는 것은 아니다.

또한 21번 3염색체성인 사람은 보통에서 심한 정도의 정신박약과 심장결함을 가진다. 골격의 발달이 비정상적이어서 나이가 든 어린이의 경우 체구가 작고 관절이 느슨하며 엉덩이, 손가락, 발가락 뼈 등의 배열이 비정상적이다. 근육과 반사도 약하다. 말과 다른 운동능력의 발달도 느리다. 적절한

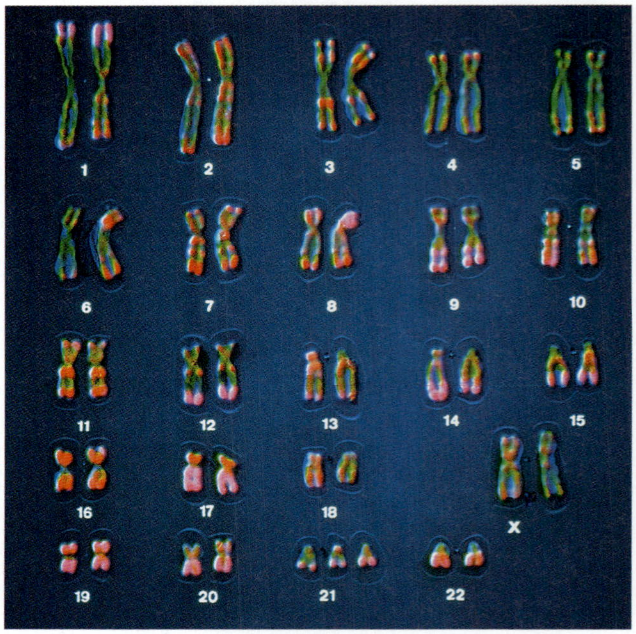


b

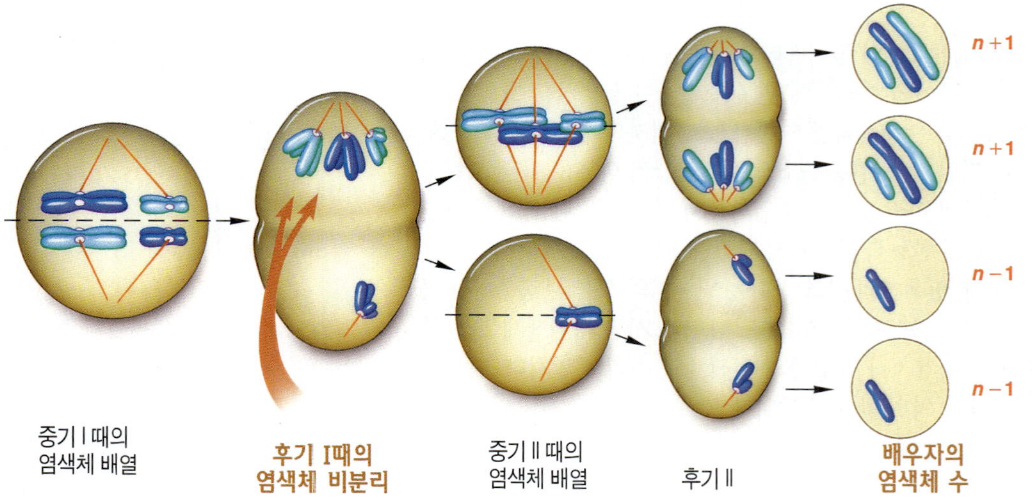


a

**그림 11.17** (a) 비분리현상이 일어나는 한 예. 그림의 두 쌍의 상동염색체 중 한 쌍이 제1 감수분열의 후기에 서로 분리되지 못한다. 감수분열 후에 형성되는 배우자의 염색체 수가 달라지게 된다.
(b) 비분리현상의 실제 예. 이 핵형은 21번이 삼염색체인 여성을 보여준다.

의료행위가 보장되면 평균 55세 정도까지 살 수 있다.

염색체의 비분리현상은 산모의 나이가 많아짐에 따라 증가한다(그림 11.18). 아버지에서도 일어날 수 있지만 드물다. 21번 3염색체성은 산전 진단(11.9절 참조)으로 탐지할 수 있는 수백가지 증상중의 하나이다. 조기에 특별 교육을 시키고 의료적 조치를 다하면 정상에 가까운 사회생활을 할 수 있다. 사회의 일원으로 사랑스럽고 사회적일 수 있다.

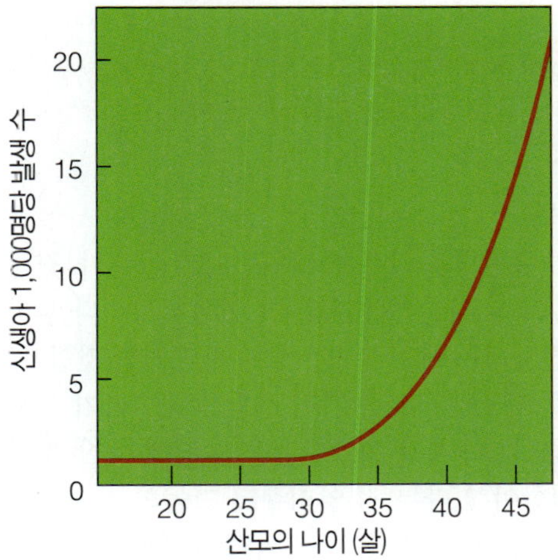


**그림 11.18** 출산 시 산모의 나이와 다운증후군의 빈도와의 관계. 이 자료는 1,119명의 이환 어린이를 근거로 만든 것이다. 21번 3염색체성의 위험은 산모의 나이가 많아짐에 따라 증가한다. 21번 3염색체성인 사람의 80%는 35세 이전의 여성으로부터 출산되므로 이 설명은 이상하게 들릴 수 있다. 그러나 이 연령대는 출산율이 가장 높아 애기를 훨씬 많이 낳는다.

## 성염색체의 수적변화

X와 Y염색체의 수적변화도 대부분 염색체 비분리로 인해 일어난다. 이 변화의 빈도는 신생아 400명 당 한명꼴이다. 대개 담화 등과 같은 학습과 운동능력에 어려움이 있는데, 문제가 아주 미묘하기 때문에 정확한 원인을 진단해 내지 못할 수도 있다.

**여성의 성염색체 비정상** 터너 증후군인 사람은 하나의 X 염색체를 가져 상응하는 X나 Y가 없다(XO). 2500~10,000명의 신생아 여아중 1명 비율로 XO가 나타난다. 전체의 75%는 아버지의 염색체 비분리에 기인한다. 다른 성염색체의 수적 비정상과 비교해서 출현빈도는 낮은 편이다. 적어도 XO배의 98%가 임신초기에 자연 유산한다.

거의 치명적임에도 불구하고, XO 생존자는 다른 이수체성에 비해 장애가 약하다. 대개 키가 4피트 8인치에 불과하지만 몸의 균형은 바르다(그림 11.19). 성호르몬이 충분히 생산되지 않으므로 기능적인 난소를 갖지 못한다. 드한 유방의 성장과 같은 2차성징의 발현도 일어나지 않는다. 난소에는 소수의 난자가 있으나 두 살이 될 무렵이면 파괴된다.

또 다른 예 : 소수의 여성은 3, 4 또는 5개의 X염색체를 가진다. XXX증후군의 경우 1,000명당 1명꼴로 나타난다. 애기를 낳을 수 있으며 약한 학습장애를 제외하면 거의 정상적인 사회생활을 할 수 있다.

**남성의 성염색체 비정상** 남자 500~2,000명당 약 1명의 비율로 하나의 Y에 두 개 이상의 X를 가지는데 이의 원인은 거의가 염색체 비분리현상이다. 대부분은 XXY 유전자형을 가진다. 이 환자의 67%는 가외의 X염색체를 어머니로부터 전달받는다.

이 염색체 이상의 결과 나타나는 클라인펠터 증후군은 사춘기때 발생한다. XXY 남성은 과체중에 키가 큰 경향을 보인다. 정소와 전립선은 평균보다 작다. 다수의 XXY 남성은 정상 범주의 지능을 가지지만 일부는 단기 기억능력이 상실되고 학습장애를 가진다. 정상 남성보다 적은 양의 테스토스테론이 생산되며 에스트로겐의 생산량은 더 많아 여성화 경향이 있다. 정자수는 적다. 모발이 적으며 목소리가 높고 가슴이 약간 커진다. 사춘기 때 테스토스테론 주사를 시작하면 여성화 되는 것을 막을 수 있다.

**그림 11.19** 터너 증후군을 가진 어린 여자아이.

남성 500~1,000명에 1명의 비율로 X염색체 하나에 Y를 둘 가져, XYY가 된다. 그들은 평균보다 키가 크며 약한 정신박약을 보이는 경향이 있으나 대부분은 표현형적으로 정상이다. XYY 남성은 한때 범죄를 저지르는 경향성이 있는 것으로 생각되기도 했다. 이 잘못된 시각은 표본 선정의 에러에서 기인된 것이었다. 즉 교도소 수감자와 같은 작은 선택된 집단의 아주 적은 경우를 바탕으로 한 것이었다. 그 연구자는 핵형과 개인의 이력을 수집하였다. XYY가 범죄 경향이라고 선동한 것은 젊은 간호사들을 대량 살해한 자가 XYY 였다는 것이었다. 하지만 그는 아니었다.

1976년 덴마크의 한 유전학자가 징병 당국에 보고된 26세의 키 큰 남성 4139명에 대한 연구결과를 보고했다. 그 기록은 신체검사와 지능검사의 결과 외에, 그들의 사회적, 경제적 지위, 교육 및 범죄에 대한 기록을 모두 보여주었다. 그들 중 12명이 XYY 였는데 이는 대조군이 4,000명 이상이라는 의미가 된다. 여기에서의 유일한 발견은 정신박약이 관찰된다는 것이었고, 범죄 활동은 핵형과 관련이 없었다.

XXY, XXX 및 XYY 인 어린이의 대부분은 심지어 정확히 진단되어지지 않을 수도 있다. 어떤 이들은 열등하다고 억울하게 해고되기도 한다.

생식세포나 배우자 또는 초기 배세포에서의 비분리현상은 상염색체나 성염색체의 수를 변화시킨다. 그와 같은 변화는 발육에 영향을 미치고 결과적으로 표현형에 영향을 준다.

대부분의 성염색체의 비정상은 감수분열 때의 염색체 비분리에 기인하는데, 학습, 담화, 그 외 운동능력 등에 어려움을 야기한다.

# 11.9 인류 유전학의 전망

*아기가 태어나면, 부모는 먼저 '아기는 정상입니까?' 하고 묻는다. 당연히 부모는 그들의 아기가 유전병을 갖지 않기를 바라며, 대부분의 아기들은 정상이다. 그러나 그렇지 않을 때 어떤 선택이 있을 것인가?*

## 생명윤리적 문제

사람들은 질병과 유전병을 같은 방식으로 보지 않는다. 질병은 항생제, 수술, 그 외 다른 방법으로 치료한다. 그러나 우리 자녀에게 직접 전달되는 이 유전병은 어떻게 공격할 것인가?

우리는 유해한 대립유전자를 가진 사람을 식별하기 위해 종교적, 국가적 또는 세계적 프로그램을 설립해야 할 것인가? 그들에게 결함이 있다는 걸 알려주고 그들의 자녀에게 어떤 장애를 물려줄 수도 있다는 것을 알려주어야만 할 것인가? 어떤 대립유전자가 나쁘다고 누가 결정할 것인가? 모든 사람들의 출생 전후의 모든 유전병들을 치료하는데 드는 비용을 사회가 부담할 것인가? 만약 그렇다면, 유해한 대립유전자를 가진 배아가 태어나게 할 것인지 아니면 유산시켜야 할 것인지에 대해 사회가 발언권을 가질 것인가? 유산(abortion)은 배아나 태아를 자궁에서 제거하는 것이다.

여러분이 지금까지 배웠겠지만, 그러한 질문들은 생명 윤리적 문제의 빙산의 일각이다.

## 몇 가지 선택의 방안

**유전적 검사** 대규모의 검사 프로그램에 의해 유해한 대립유전자의 이환자나 보인자를 검사하여 증상이 발생하기 전에 예방 조치를 시작할 수 있다. 예를 들어, 미국의 대부분 병원에서는 신생아에게 PKU 검사를 실시하며 따라서 이 질환의 증상을 보이는 사람이 드물어지게 되었다.

**표현형의 치료** 수많은 유전병들은 수술, 약물, 호르몬 대체요법, 식이 조절 등의 방법으로 그 증상을 최소화시키거나 경감시킬 수 있다.

예를 들어, 페닐케톤뇨증, 즉 PKU에 걸린 사람들에겐 식이요법이 효과적이다. 이 경우, 열성 동형접합 돌연변이는 페닐알라닌을 티로신으로 전환시키는 효소의 기능을 상실시킨다. 그 결과 페닐알라닌이 축적되고 이것은 다른 경로로 전환된다. 그 결과 뇌의 기능을 손상시키는 화합물이 형성된다. 이환된 사람은 페닐알라닌의 섭취를 제한하면 비교적 정상적인 생활을 할 수 있다. 예컨대, 그들은 아스파탐을 첨가한 음료수나 다른 음식물을 피해야 하는데 아스파탐은 페닐알라닌을 함유하는 화합물이기 때문이다.

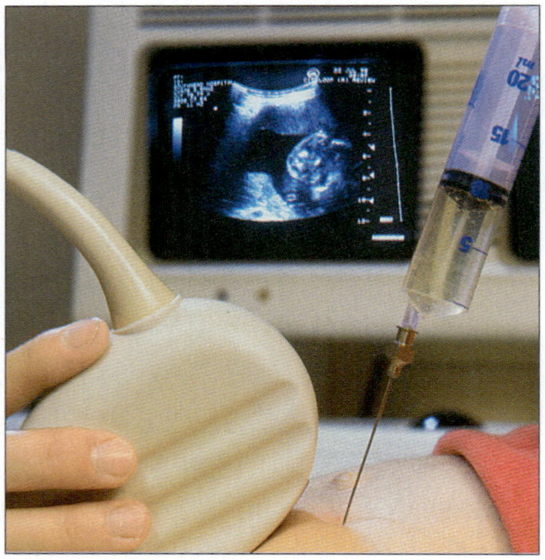

**그림 11.20** 산전 진단법으로 사용되는 양수 천자. 의사가 초음파 검사 장치를 사용하여 임부의 복부를 관찰하면서 주사기로 양수를 채취한다. 의사는 초음파 모니터를 통해 주사바늘의 경로를 확인한다. 그런 다음 주사바늘을 태아를 담고 있는 양막에 꽂아 약 20ml 내외의 양수를 채취한다. 양수는 유전병의 분석에 사용되는 태아의 세포와 노폐물을 함유한다.

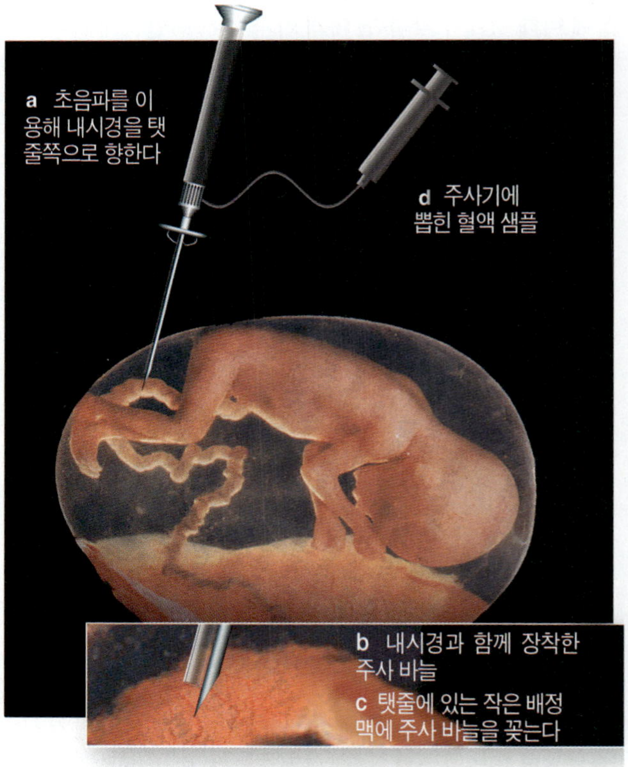


**그림 11.21** 태아내시경을 통한 산전 진단.

**산전 진단** 산전 진단의 여러 방법으로 배아나 태아의 성별과 100가지 이상의 유전적 비정상을 검사할 수 있다. 산전이란 출산 전을 의미한다. 배아는 수정 후 8주 이내를 의미하고 그 이후는 태아란 용어를 사용한다.

45세 된 여성이 임신했고 다운증후군을 걱정한다고 가정해 보자. 임신 8주에서 12주 사이에 양수천자법(amniocentesis, 그림 11.20)을 사용할 수 있다. 태아를 둘러싸고 있는 막으로 된 주머니인 양막 내의 소량의 양수를 채취한다. 태아에서 유리된 일부 세포들이 이 시료에 떠 있다. 이 세포로 다운증후군, 낫세포빈혈증, 낭포성섬유증, 그 외 여러 유전병의 이환 여부를 분석한다.

융모막검사법(chorionic villi sampling, CVS)은 또 다른 검사법이다. 임상 의사는 양막을 둘러싸고 있으며 태반의 형성을 돕는 막성 주머니인 융모막에서 약간의 세포를 채취한다. 양수천자법과 달리 융모막검사법은 임신 8주 정도의 이른 시기에도 결과를 얻을 수 있다.

발달 중인 태아는 관으로 된 관찰 장치인 내시경으로 볼 수 있다. 내시경으로 관찰할 때는 자궁과 태아의 신체 각부, 탯줄 및 태반의 위치를 찾기 위해 음파가 사용된다(그림 11.21). 태아의 혈액 시료도 채취할 수 있으므로 태아 내시경법도 또한 낫세포빈혈증이나 혈우병과 같은 혈구세포 질병을 진단하는데 사용될 수 있다.

위의 세 가지 법 모두 태아에 외상이나 감염과 같은 위험이 있다. 또한 만약에 양막이 빨리 봉합되지 않으면 너무 많은 양수가 누출되어 태아가 위험에 처할 수도 있다. 양수천자법은 유산의 위험도를 1~2% 수준 증가시킨다. CVS법은 태반의 발달에 문제가 생길 수 있으며 신생아의 0.3%에서 손가락과 발가락이 없거나 발육부전이 나타난다. 태아 내시경법은 유산의 위험도를 2~10% 증가시킨다.

**유전상담** 부모가 될 사람은 태어날 어린이가 중증 유전병을 가질 확률과 진단방법에 따른 위험도를 비교하기 위해 유전상담을 받을 수 있다. 그러나 그들은 또한 태어나는 전체 어린이의 3% 정도가 사소한 선천적 장애를 갖게 된다는 점도 알아야 한다. 또한 어머니나 아버지의 나이가 증가함에 따라 특정 유전병의 위험성이 증가하는지 여부도 고려해야 하다.

첫 번째 애기나 가까운 친척이 중증 장애를 가졌다고 가상해 보자. 유전 상담에는 양친의 유전자형, 가계도, 그 장애의 유전적 검사 등의 진단이 포함될 것이다. 이러한 정보를 토대로 유전학자는 다음에 태어날 아기의 그 유전병에 대한 위험도를 예측해 줄 것이다. 유전상담자는 부모가 될 사람이 매 임신 때마다 대개 똑같은 위험성이 적용된다는 것을 잊지 말아야 한다.

**그림 11.22** 사람의 발생에 있어서 8-세포기 및 다세포기.

**유산에 관하여** 산전 진단으로 심각한 문제가 있다고 하면 어떻게 할 것인가? 예비 부모는 인공 유산을 택할 것인가? 여기서 우리는 단지 그들이 그들의 윤리적, 종교적 신념과 그 장애의 심각성에 대한 지식을 비교하여 선택해야 될 것이라는 것만 이야기할 수 있다. 더욱 나쁜 것은 그들은 그들의 불행을 '생명우선'과 '선택우선' 이라는 큰 논쟁의 틈바구니에서 결정해야 한다는 것이다. 이 주제에 대해서는 38.12절에서 다시 논의할 것이다.

**착상 전 진단** 이 방법은 시험관 내 수정에 적용된다. 예비 부모에게서 채취된 정자와 난자는 멸균배지에서 혼합된다. 한 개 이상의 난자가 수정될 수 있다. 수정되면 48시간 내에 유사분열하여 8세포기가 된다(그림 11.22, 38.12참조). 이 작고 자유로이 떠 있는 구체는 아직 임신 전 상태인 셈이다. 여성에게서 매달 버려지는 미수정란과 마찬가지로 그것은 자궁에 착상되지 않았다. 그것의 모든 세포는 동일한 유전자를 가진다. 아직은 특정 기관으로 분화되지 않은 것이다. 의사는 이 미분화된 세포 중 하나를 채취하여 유전자를 분석한다. 만약 유전자 결함이 발견되지 않으면 이 구체를 자궁에 삽입하는 것이다.

낭포성섬유증, 근위축증, 그 외의 다른 유전병을 전달할 위험성이 있는 일부 예비 부모들이 이 방법을 선택하고 있다. 그 결과 태어난 시험관 아기 대다수는 건강함을 보여주었다.

## 요 약

**11.1절** 사람의 체세포는 2배체로(2n), 23쌍의 상동염색체를 가진다. 하나는 성염색체 조합으로 XX는 여성이 되고 XY는 남성이 된다. 그 외의 다른 염색체는 상염색체로 남녀에 관계없이 똑같다. 유사분열 때의 교차는 대립 유전자의 새로운 조합을 만들어 낸다.

**11.2절** 핵형 분석은 개인의 중기 염색체 표본을 동원체의 위치, 길이, 모양 등과 같은 특징에 의해 배열하여 진단하는 도구이다.

**11.3절** 독립의 법칙은 모든 유전자 조합에서 적용되는 것은 아니다. 왜냐하면 상동염색체 쌍은 제 1감수분열의 전기에 교차에 의해 단편을 교환하기 때문이다. 빈번하게 일어나는 이 교차에 의해 유전적 재조합이 일어나 염색체내의 대립 유전자의 새로운 조합이 생기게 된다. 동일한 염색체 내의 두 유전자가 멀리 떨어질수록 교차가 일어날 확률은 더 높아진다.

**11.4절** 유전학자들은 자녀에서 어떤 특정 형질이 나타날 확률을 평가하기 위해 흔히 가계도를 이용한다. 가계도는 여러 세대 동안의 가계의 유전적 성향을 나타낸 도표이다.

**11.5, 11.6절** 상염색체나 X염색체 상의 우성 또는 열성 대립유전자는 단순한 멘델식 유전으로 전달될 때 추적할 수 있다.

**11.7절** 드물게 염색체의 구조가 변할 수 있다. 즉, 단편이 결실되거나, 역위되거나, 새로운 곳으로 이동하거나(전좌), 또는 중복될 수 있다. 이같은 변화의 대부분은 유해하거나 치명적이다. 그러나 진화의 역사에서 모든 종에서 염색체 내에 이와 같은 변화가 축척되어 왔다. 이들은 영향이 중립적이거나 유익한 것으로 밝혀진 것도 있다.

**11.8절** 감수분열 때의 비분리 등에 의해 양친이 가진 염색체 수가 변할 수도 있다. 이수성은 가외의 염색체를 갖거나 하나의 염색체가 적은 경우인데, 대부분의 상염색체의 이수성은 출생 전에 사망한다. 현화식물의 약 절반과 일부 곤충과 어류, 그 외 일부 동물에서는 배수체가 존재한다. 배수체는 상동염색체가 셋 이상 존재하는 것을 말한다. 염색체의 수가 변하면 대개 유전적 장애로 연결된다.

**11.9절** 표현형 치료, 유전적 검사, 유전상담, 사전진단, 착상전 진단 등과 같은 방법이 예비 부모들에게 자녀가 유전적 장애를 가질 위험성을 알려주는데 이용될 수 있다.

## 자습-퀴즈

*정답은 부록 III에 있음*

1. 동일 염색체 위의 두 유전자 사이에서 교차가 일어날 확률은 ________.
   a. 유전자들 간의 거리와는 관계가 없다.
   b.유전자들이 가까이 위치할수록 증가한다.
   c. 유전자들이 멀리 떨어질수록 증가한다

2. 같은 염색체 위의 유전자들은 ________.
   a. 연관되어 있다.　　b. 동일 대립유전자들이다
   c. 상동이다　　d. 상염색체이다
   e. 위 넷 모두 다 맞다

3. 염색체의 구조는 ________에 의해 변할 수 있다.
   a. 결실　　b. 중복
   c. 역위　　d. 전좌
   e. 위 넷 모두

4. 어떤 병을 특징 짓는 여러 증상들을 ________라 한다
   a. 증후군　　b. 질병　　c. 가계도

5. 사람의 여러 형질들을 결정하는 대부분의 유전자는 ________ 위에 있다.
   a. X염색체　　b. 상염색체
   c. Y염색체　　d. 우성염색체

6. 감수분열 때의 비분리현상의 결과 ________이 일어날 수 있다.
   a. 핵형분석　　b. 교차
   c. 중복　　d. 이수성

7. 터너 증후군(XO)은 ________의 한 예이다.
   a. 우성　　b. 배수성
   c. 이수성　　d. 유전자 연관

8. 염색체에 관한 다음 용어를 바르게 짝을 지으시오.

| | |
|---|---|
| ____ 교차 | a. 개인의 중기 염색체의 수와 형태를 분석하는 일 |
| ____ 결실 | b. 염색체의 단편이 비상동의 염색체로 이동하는 현상 |
| ____ 비분리현상 | c. 유전자들 간의 연관이 교란됨 |
| ____ 전좌 | d. 그 결과로 잘못된 염색체 수를 가지는 배우자가 나타남 |
| ____ 핵형분석 | e. 염색체의 단편이 사라짐 |
| ____ 연관군 | f. 한 염색체 위에 있는 모든 유전자 |

## 유전학 문제

*정답은 부록 IV에 있음*

1. 사람의 여성은 XX이고 남성은 XY이다.
   a. 남성의 X는 어머니로부터 전달 받는가 아버지로부터 전달 받는가?
   b. X-연관 대립유전자의 경우, 남성은 몇 종류의 배우자를 만들 수 있는가?
   c. 만약 어떤 여성이 X-연관 대립유전자를 동형접합으로 가진다면 그녀는 그 대립유전자에 대해 몇 가지의 배우자를 만들 수 있는가?
   d. 만약 어떤 여성이 X-연관 대립유전자를 이형접합으로 가진다면 그녀는 그 대립유전자에 대해 몇 가지의 배우자를 만들 수 있는가?

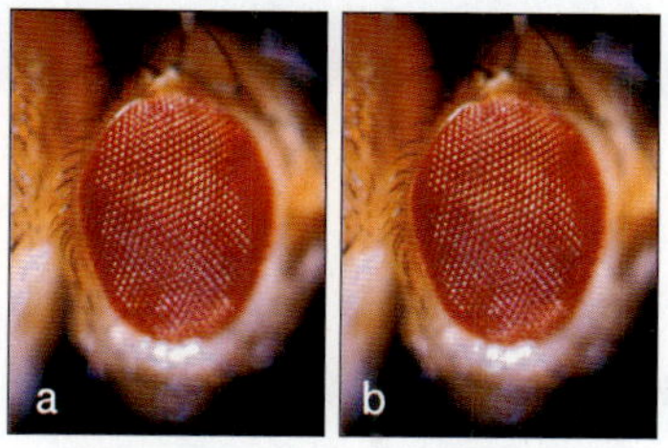


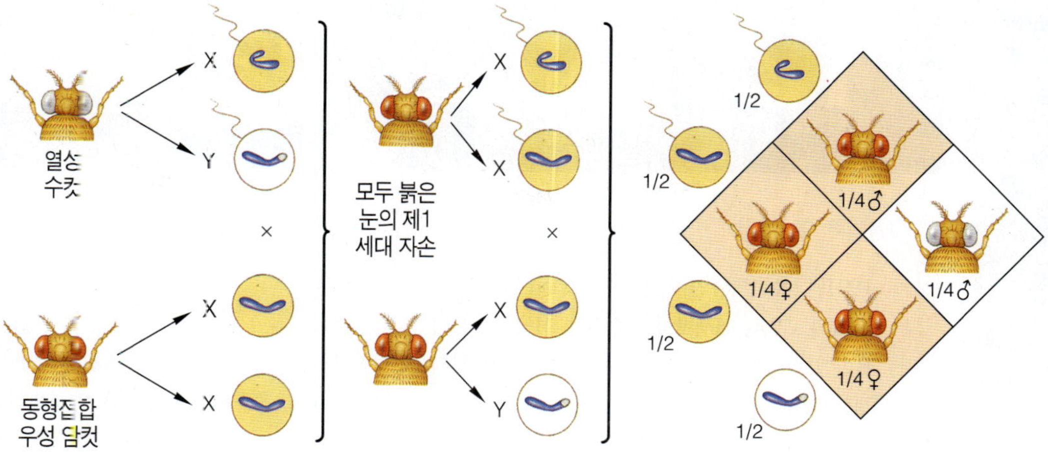


**그림 11.23** 일반적인 노랑초파리.
(a) 야생형의 붉은 눈 (b) 흰 눈
(c) 초파리의 성연관 유전자를 확인하는 실험

2. 마판 증후군은 상염색체성 우성 유전을 한다. 만약 부모 중 한쪽은 그 대립유전자를 가지지 않고 다른 쪽은 그 대립유전자를 이형접합으로 가진다면 자식이 그 우성 대립유전자를 가지게 될 확률은 어떻게 될까?

3. 다운 증후군을 가지는 사람의 체세포는 대개 가외의 21번 염색체를 가진다. 그 결과 전체 염색체 수는 47개가 된다.
   a. 감수분열 Ⅰ과 Ⅱ의 어떤 시기에 염색체 수가 바뀌는 실수가 일어날까?
   b. 일부 사람들에서는 46개의 염색체를 가지면서, 정상인 두 개의 21번 염색체와 정상의 14번 보다 더 긴 14번 염색체를 가진다. 비정상적인 이14번 염색체가 어떻게 생겨 났는지 유추해 보시오.

4. 인류유전학에 관한 많은 지식들은 실험 생물들로부터 얻어졌다. 예를 들어, 발생학자인 토마스 모건은 초파리에서 성결정과 성과 관련 없는 형질들의 연관성에 관한 유전적 근거를 발견하였다. 초파리는 한천, 옥수수 가루, 당밀, 효모 등으로 만든 배지로 작은 병에서 기를 수 있다. 암컷은 며칠 만에 수백개의 알을 낳으며 자손은 2주안에 생식을 한다. 모건은 1년 안에 수백 마리의 초파리들의 형질들을 30세대까지 축척할 수 있었다.

초파리들은 처음에는 모두 야생형의 눈 색깔(붉은색)을 가졌었다. 그런데 눈 색깔에 대한 열성대립유전자의 돌연변이가 일어나 흰눈을 가지는 수컷과 암컷의 순계를 만들었다. 이들의 교배에서 형질은 양친 중 한쪽에서 전달했고, 다음 번 교배에서는 다른 쪽 성에서 그것을 전달했다.

모건은 흰 눈의 수컷을 동형접합의 붉은 눈의 암컷과 교배시켰다. $F_1$은 모두 붉은 눈을 가졌고, $F_2$의 수컷 중 일부는 흰 눈을 가졌다(그림 11.23). 모건은 그 다음 순계의 붉은 눈 수컷을 흰 눈의 암컷과 교배시켰다. $F_1$자손의 절반은 붉은 눈의 암컷이었고 나머지 절반은 흰 눈의 수컷이었다. 또한 $F_2$에서는 1/4 붉은 눈의 암컷, 1/4 흰 눈 암컷, 1/4 붉은 눈 수컷, 1/4 흰 눈 수컷으로 나타났다.

실험 결과는 눈색유전자와 성결정 간에 관련이 있음을 보여주었다. 좌위가 성염색체 위에 있을까? 그렇다면 어떤 염색체 위에? 답을 하기 전에 수컷과 암컷의 성염색체의 조합을 생각해 보라. 그리고 우성대립유전자가 어떻게 열성 대립유전자를 가리는지 생각해보라.

5. 이 가계도에서의 적색 원과 네모로 표시된 표현형이 멘델 유전 방식의 상염색체성 우성, 상염색체성 열성, X-연관 중 어떤 방식으로 유전되겠는가?

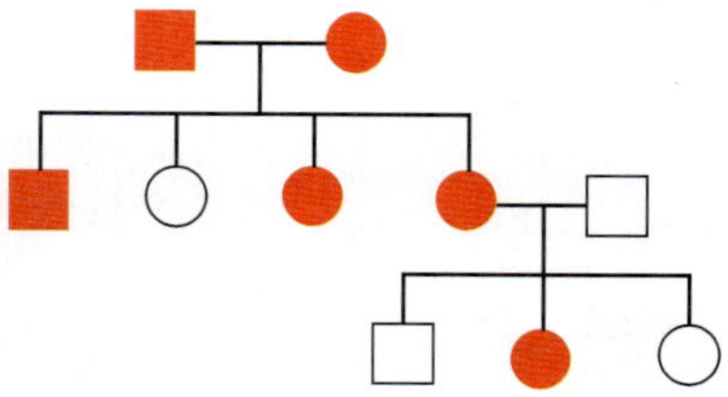

6. 유전병인, 어떤 근육위축증은 열성 X-연관 대립유전자에 기인한다. 증상은 대개 어릴 때부터 나타나기 시작하여 근육의 기능이 점진적으로 상실되어 스무살 전 후의 나이에 죽음에 이르게 된다. 색맹과는 달리 이 증상은 거의 언제나 남자들에게만 나타난다. 왜 그런지 이유를 말해 보시오.

7. 사람에서, X염색체 위의 두 유전자의 돌연변이는 두 가지 유형의 X-연관 혈우병(A및B)을 일으킨다. 드문 경우지만, 한 여성이 두 돌연변이 대립유전자를 이형접합으로 가질수 있다(각각의 X염색체에 하나씩). 그녀의 아들은 모두 혈우병 A나 B를 가지게 된다.

그러나, 매우 드물게 이런 여성이 혈우병에 걸리지 않은 아들을 낳을 수 있다. 물론 그 아들의 X염색체에는 어떤 돌연변이 대립유전자도 존재하지 않는다. 어떻게 그런 X염색체가 나타날 수 있는지 설명하라.

# 12 DNA의 구조와 기능

## 최근 이슈와 그 영향력 돌리여 안녕

1997년, 유전학자인 이안 윌무트(Ian Wilmut)는 다 자란 양의 세포로부터 배세포를 만드는데 성공함으로써 언론의 주목을 받았다. 그의 연구팀은 미수정란의 핵을 제거하고 다 자란 개체의 특수한 세포로 부터의 핵을 대신 넣어주는 실험을 수행해 왔다. 이렇게 만들어진 수백개의 난자 중에서 하나가 완전한 동물로 발생하였다.

이렇게 복제된 양은 돌리라 이름지어졌고 성장하였다(그림12.1). 나중에 돌리는 여섯 마리의 새끼를 낳았다. 그 이후 전 세계의 연구자들은 다른 종류의 포유류들을 복제해 냈다. 여기에는 생쥐, 소, 돼지, 토끼, 노새, 고양이 등도 포함된다.

윌무트와 돌리는 2002년 초기 나쁜 소식으로 다시 조명을 받게 된다. 다섯 살이 되자 돌리는 비만해지고 관절염을 앓게 되었다. 양들은 대개 열 살이 될 때 까지는 노화와 관련된 증상을 보이지 않는다. 2003년에 돌리는 진행성의 폐 감염증에 걸렸고 결국 죽고 말았다.

돌리가 건강상의 문제를 일으킨것은 단순히 복제되었기 때문일까? 말단소립은 염색체의 말단을 덮고있는 짧은 단편으로 염색체를 안정화시킨다. 그것은 동물이 나이를 먹음에 따라 계속 짧아지게 된다. 돌리가 두 살이 되었을때 텔로미어의 길이는 여섯 살 먹은 양의 길이 정도로 짧아졌는데 여섯 살의 나이는 바로 돌리를 복제한 양의 나이와 똑 같았다.

포유류의 복제는 어렵다. 핵치환의 성공률은 높지 않다. 핵을 치환한 난자로부터 발생한 대부분의 개체는 출생전에 사망하거나 아니면 출생 직후에 사망한다. 멸종 위기종으로 등재되어 있는 야생 여우인 과(guar)의 경우 약 700번의 시도 끝에 한 마리의 복제 과를 얻을 수 있었다. 그러나 그것도 대리모로부터 태어난 지 이틀이 채 지나지 않아 감염에 따른 합병증으로 죽고 말았다.

**그림 12.1** **(a)** 분자 혁명이 시작된 곳 - 제임스 왓슨과 프랜시스 크릭이 그들에 의해 구조가 밝혀진 모든 생물 세포의 유전물질인 DNA의 구조 모델 앞에서 포즈를 취하고 있다. **(b)** 지금은 죽은 돌리의 모습. 돌리는 분자 혁명이 우리에게 가져다주는 여러 문제들을 일깨워 주었다.

## 개요도

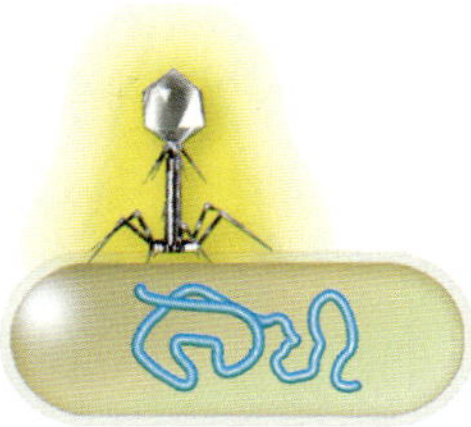

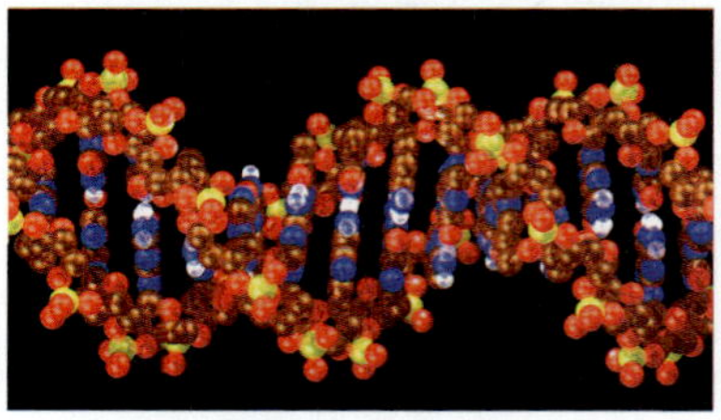

**DNA의 기능** 바이러스와 세균을 통한 초기의 실험으로 DNA가 생물의 유전 물질임이 입증되었다. 생화학적 분석에 의하면 DNA는 두 가닥으로 되어있고 정교한 방식으로 나선으로 꼬여있다.

**DNA의 구조** 모든 생물에서, DNA의 구조는 아데닌과 티민 및 구아닌과 시토신 간의 염기의 짝짓기에 근거한다. DNA의 두 가닥에 존재하는 염기의 순서는 각 종에 특이적이다. 그것은 생물 다양성의 토대가 된다.

살아남은 복제동물은 전형적으로 건강에 문제를 가진다. 돌리처럼, 다수에서 나이가 듦에 따라 비정상적인 과체중이 된다. 또 다른 복제동물은 출산시 예외적으로 체구가 크거나 또는 일부 장기가 크다. 복제 생쥐는 폐와 간의 건강에 문제가 있으며 거의 대부분이 다 자라기 전에 죽고 만다. 복제 돼지는 심장에 문제가 있고 다리를 절며, 어떤 경우는 꼬리가 발생하지 않았으며 심지어 항문이 발생하지 않는 경우도 있었다.

한 세포로부터 다른세포로 핵을 옮기는 것은 도전 그 자체이다. 성체 세포의 대부분의 유전자는 불활성 상태이다. 그들이 미수정란에서 재프로그램 되어야 하는 것이다. 지금까지 복제된 동물에서 모든 유전자가 전부 적절히 활성화 되지는 않았다.

어떤 사람들은 고등동물을 복제하는 것을 중단하기를 바라고 있다. 그들은 결함이 있는 복제 동물이 세상에 심각한 문제를 일으킬 것이라고 이야기한다. 또 다른 이들은 잠재적 이익이 엄청나므로 연구가 계속되기를 바란다. 그러나 거의 대부분의 사람들이 인간의 복제는 미친짓이라는데 동의하고 있다.

이들 문제들에 대해 여러분들은 이 단원을 읽어가면서 생각해 보기 바란다. 세포는 어떻게 DNA를 복제하고 또 수선하는지, 유전자는 어떻게 발현되는지, 또 과정이 잘못되면 무슨 일이 일어나는지 등을 다루게 될 것이다. 또한 과학자들이 이런 분자적 사건들을 규명해 내는데 사용한 상상하기 어려운 방법들을 보여줄것이다.

### 찬반의견 투표

*동물복제 실험은 흔히 비정상적인 동물을 만들게 된다. 그러나 복제 연구는 또한 인간에게 신약과 대체 장기를 제공해 줄 수 있을지도 모른다. 동물 복제를 금지해야 할까? 미디어 메뉴에서 상세한 내용을 참고하여 온라인 투표를 한다.*

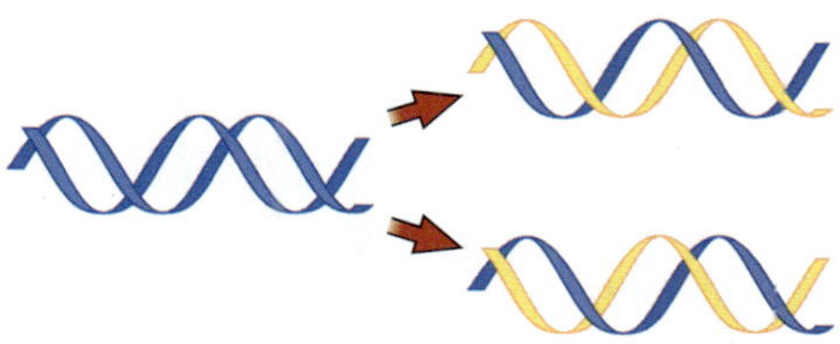

**DNA의 복제 방식** DNA 복제 과정에서, 두 가닥은 서로 풀려진다. 풀린 각 가닥은 상보적 염기 서열을 가지는 새 가닥을 합성하는데 주형으로 작용한다.

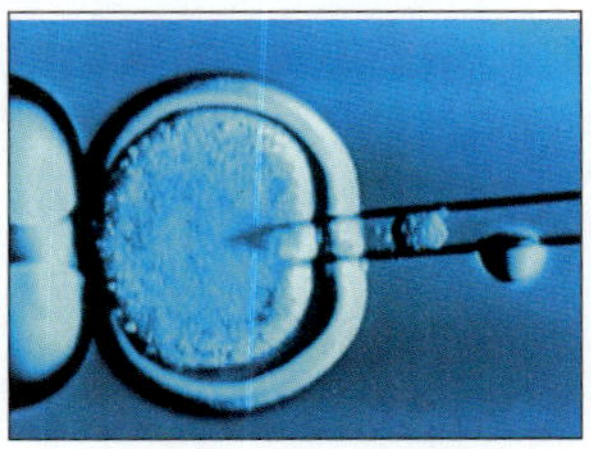

**DNA의 재프로그램화** 어떤 유전적 장애는 치료할 수 있다. 심각한 장애를 일으키는 유전자를 전달할 위험성이 있는 부모는 유전 상담을 받거나 산전 또는 착상전 진단을 받을 수도 있다.

# 12.1 명예와 행운 그리고 DNA

*이 단원에서, DNA에 관한 이해를 가능하게 해 준 연구에 대해 알아본다. 또 DNA의 구조와 기능에 대해 상세히 나아갈 것이다. 또한 과학에서 개념이 어떻게 정립되는지 보여줄 것이다.*

## 초기의 퍼즐 맞추기의 실마리

1800년대에 요한 미셔(Johann Miescher)는 상처의 고름에서 세포를, 또 물고기로부터 정자 세포를 얻었다. 이들 세포는 세포질이 거의 없어 핵물질을 추출하는데 좋았다. 내과 의사인 미셔는 핵의 조성을 확인하고자 하였다. 그 후 그는 약간의 인을 함유하는 산성물질을 분리하였다. 바로 디옥시리보핵산, 즉 DNA를 발견한 것이다.

이제 빠르게 1928년으로 가보자. 육군 군의관이던 프레데릭 그리피스(Frederick Griffith)는 폐렴의 원인균인 스트렙토코커스에 대한 백신을 개발하려고 하였다. 그의 시도는 성공하지 못했지만 두 균주를 분리 배양함으로써 뜻밖에도 유전현상 규명에 큰 기여를 하게 되었다. 한 균주의 콜로니는 거친 모양이었고 다른 균주는 매끈한 모양이었다. 그리피스는 그 균주들을 각기 R과 S로 이름 붙였다. 그리고는 그림 12.2에서 보는 바와 같이 네 가지 실험에 이들을 사용하였다.

첫 번째, 생쥐에 살아있는 R세포를 주사하였다. 생쥐는 폐렴에 걸리지 않았다. R균주는 해가 없었던 것이다.

두 번째, 또 다른 생쥐에 살아있는 S세포를 주사하였다. 그러자 생쥐는 죽었다. 죽은 생쥐의 혈액에는 살아있는 S세포가 많았다. S균주는 병원성이었고, 이것이 폐렴을 유발하는 것이었다.

세 번째, S세포를 고온으로 죽여 생쥐에 주사하였다. 생쥐는 죽지 않았다.

네 번째, 살아있는 R세포를 열을 가해 죽인 S세포와 혼합하였다. 이를 생쥐에 주사하였더니 생쥐는 죽었고 혈액속에는 살아있는 S세포가 많았다.

네 번째 실험에서 무슨 일이 일어났을까? 혼합액 속의 열을 가해 죽인 S세포가 실제로 죽지 않았을지도 모른다. 그러나 그렇다면 열을 가해 죽인 S세포를 주사한 세 번째 실험에서 생쥐가 죽어야 옳다. 그게 아니라면 무해한 R 세포가 독성 균주로 돌연변이 되었을 것이다. 그러나 만약 그렇다고 한다면 R세포로만 주사한 실험1에서도 생쥐는 죽었어야 옳을 것이다.

가장 간단한 설명은 다음과 같다. 열은 S세포를 죽였으나 유전물질- 감염을 일으키는 형질도 포함됨. -은 파괴하지 않았다. 어찌 되었건 이 물질이 죽은 S세포로부터 살아 잇는 R세포로 이동하였고 R세포가 그것을 이용하게 된 것이다.

그 후의 실험에서 형질전환은 영구적으로 전달되는 것이 확실해졌다. 심지어 수백세대가 지나도 S세포의 후손들은 여전히 감염능력을 가졌다.

형질전환을 일으킨 유전물질은 무엇이었을까? 과학자들은 진지하게 탐구하기 시작했으나 대부분 "단백질"을 생각하고 있었다. 왜냐하면 유전형질은 매우 다양하므로 유전물질의 구조도 역시 매우 다양해야 된다고 생각했다. 단백질은 스무 가지 아미노산이 제한 없이 혼합되어 구성된다. 그러나 다른 분자들은 너무 단순하다는 것이었다.

그러나 그리피쓰의 실험 결과는 오스월드 에이버리(Oswald Avery)의 관심을 불러 일으켰고, 에이버리는 무해한 세균 세포를 죽인 병원균의 추출물로 형질 전환시키는 실험을 수행하였다. 그가 추출물에 단백질 분해효소를 첨가하였을 때도 세균 세포는 여전히 형질전환을 일으켰다. 그러나 단백질 분해효소대신 DNA 분해효소를 추출물에 첨가했을 때 세포는 형질전환되지 않았다. DNA가 후보로 떠오른 것이다.

## DNA의 기능 확인

1950년대부터 분자생물학자들은 바이러스를 연구에 사용하게 되었다. 세균에 감염하는 박테리오파아지가 주로 이용되는 바이러스였다. 이 감염성의 소립자는 새로운 바이러스 입자를 만드는데 필요한 정보를 간직하고 있었다, 숙주세포에 침입하면, 바이러스의 효소가 새로운 바이러스 입자를 생산하는데 필요한 물질들을 생산하기 시작한다.

과학자들은 어떤 박테리오파아지들이 단지 DNA와 단백질 외피만으로 구성되어 있다는 걸 알았다. 또한 현미경 사진으로 외피는 감염된 세포의 표면에 남아있다는 것이 밝혀졌다. 바이러스가 세포내에 유전물질만 주입할까? 만약 그렇다면 그물질은 단백질 일까? 아니면 DNA 또는 둘 다 일까? 그림 12.3은 그것이 DNA임을 보여준 여러 가지 실험 중 두 가지 실험을 요약하고 있다.

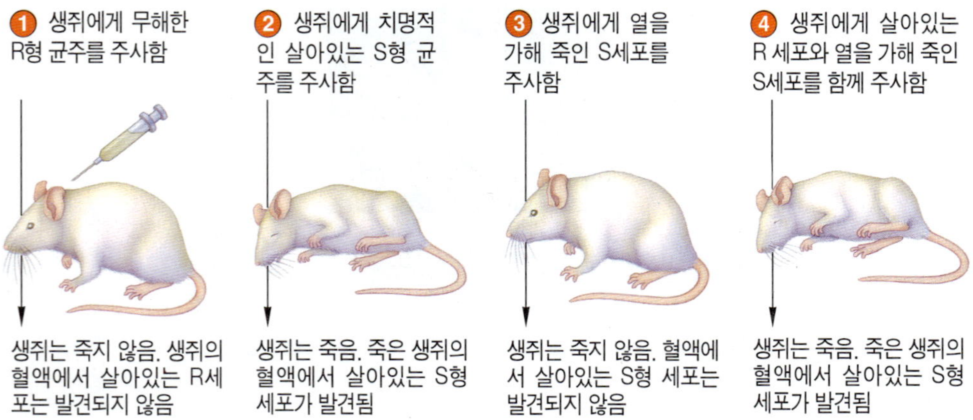


**그림 12.2** 폐렴균과 생쥐를 이용한 그리피스의 실험 내용.

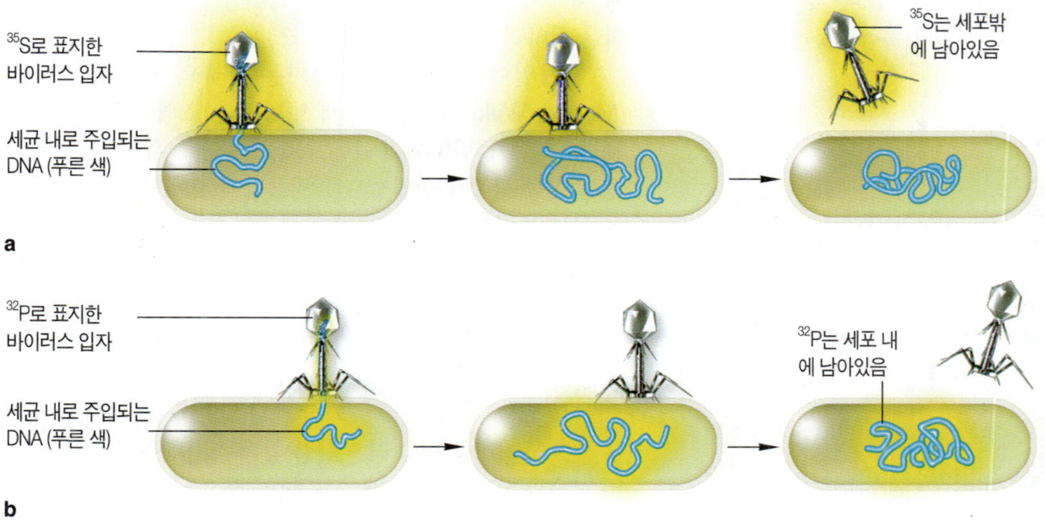


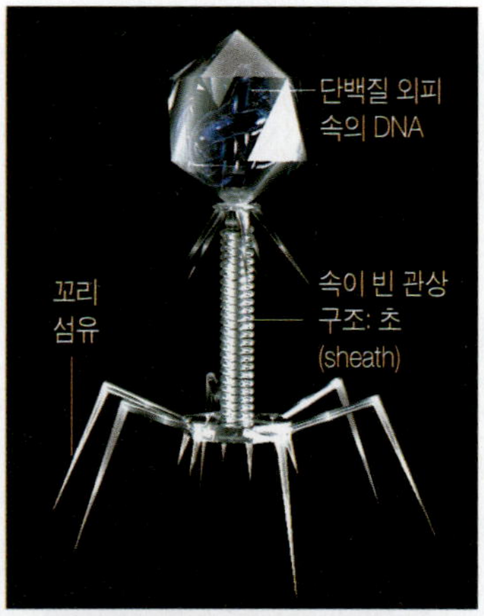


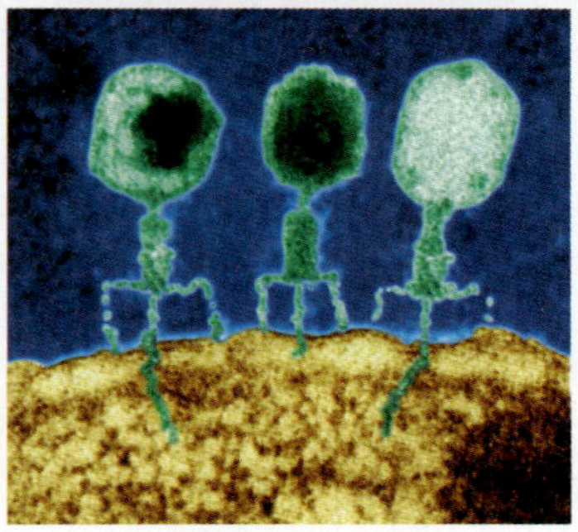

대장균 세포 내에 DNA를 주입하는
바이러스 입자의 현미경 사진

**그림 12.3** 유전물질이 박테리오파아지의 DNA나 단백질에 또는 양자 모두에 존재하는지를 알아낸 기념비적인 실험. 알프레드 허쉬와 마르타 체이스는 단백질에는 인은 없고 황이 존재하며 DNA에는 인은 있으나 황은 없음을 이용했다.
(a) 첫 번째 실험에서, 세균 세포를 방사성 동위원소인 $^{35}$S를 추적자로 가지는 배지에서 배양했다. 세포는 $^{35}$S를 사용하여 단백질을 만들게 된다. 이렇게 표지된 세포에 박테리오파아지를 감염시켰다. 그러면 바이러스의 단백질이 만들어지게 된다. 따라서 새로 합성된 단백질과 바이러스 입자는 $^{35}$S로 표지된다. 이렇게 표지된 바이러스 입자를 새로운, 표지되지 않은 세포에 감염시킨다. 이 배양체를 주방용 블렌더로 교반한다. 그러면 바이러스의 단백질 외피가 감염된 세포로부터 떨어져 나가게 된다. 화학적 분석 결과 표지된 단백질은 용액 속에 존재했고 세포내에서는 미량만 검출되었다.
(b) 두 번째 실험에서, 방사성 동위원소 $^{32}$P를 가지는 세포에 박테리오파아지를 감염시켰다. 감염된 세포는 바이러스의 DNA를 만들 때 $^{32}$P를 사용하게 된다. 따라서 새 바이러스 입자의 DNA가 표지된다. 그 후 표지된 바이러스를 용액 속의 세균에 감염시키고, 주방용 블렌더로 분리시킨다. 대부분의 표지된 DNA는 세포내에 나타난다. 이는 DNA가 바이러스의 유전물질이라는 증거가 된다.

이맘때 라이너스 폴링(Linus Pauling)이 이전에 누구도 하지 못했던 일을 해냈다. 바로 단백질의 일종인 콜라겐의 구조를 밝힌 것이다. 그의 발견은 충격적인 것이었다. 누군가 단백질의 비밀의 문을 들여다 보았다면 DNA라고 못 볼게 없지 않겠는가? 그리고 어떻게 기능하는지 아는 열쇠를 손에 쥐는 셈이 되지 않겠는가? 누군가는 생명의 신비를 발견한 역사적 주인공이 될 수 있을 것이다.

## 왓슨과 크릭의 시대로 들어가다

명예와 성공을 향한 인간의 추구는 직업에 관계없이 남녀 모두에게 마찬가지며 과학자도 예외가 될 수 없다. 그러나 과학자 개개인은 그들이 발견한 내용을 서로 공유하며 또한 이해되지 않는 것을 서로 논의한다. 심지어 어떤 실험에서 소기의 실험 결과가 나오지 않더라도 다른 사람들이 그 실험법을 이용하거나 또는 답을 얻을 수도 있다.

그리하여 세계의 과학자들은 그 모든 실마리들을 풀어내는 일에 매달리게 되었다. 그들 중에 인디애나 대학의 박사 후 연구생인 제임스 왓슨(James Watson)과 케임브릿지 대학의 연구원인 프랜시스 크릭(Francis Crick)도 있었다. 그들은 그들이 읽은 DNA의 크기, 모양 및 결합조건 등에 관해 장시간 논의하였다. 그들은 잘라낸 마분지로 짜맞춰보기도 하고 그들이 간과할 수 있는 가능한 결합들을 확인해 주도록 화학자들을 괴롭혀 대기도 하였다. 그들은 철사줄로 연결하여 적당한 각도의 결합을 이룰 수 있는 얇은 금속조각으로 모델을 만들었다.

1953년, 그들은 마침내 모든 생화학적 법칙과 부합하고 다른 자료로부터 얻은 원칙들에 들어맞는 모델을 만들었다. 그들은 DNA의 구조를 발견한 것이다. 여러분이 보는 것처럼, 놀라울 정도로 단순한 이 구조는 크릭으로 하여금 또 다른 큰 의문을 풀 수 있도록 해 주었다. 바로 생물은 어떻게 분자수준에서 동일성을 가지며 또 개체 수준에서 엄청난 다양성을 나타낼 수 있는지에 대한 대답이 가능해진 것이다.

*DNA는 유전의 보물창고로서 기능한다. 그것의 분자적 구조는 어버이의 형질이 자손에게 전달되는데 필요한 정보를 암호화한다.*

# 12.2 DNA 구조의 발견

박테리오파아지에 대한 연구가 진행되기 훨씬 이전에 생화학자들은 이미 DNA가 오직 네 가지 뉴클레오티드만을 가진다는 것을 알고 있었다. 그러나 DNA내에서의 뉴클레오티드의 배열은 여전히 의문이었다.

## DNA의 구성요소

각각의 뉴클레오티드는 5탄당(DNA에서는 디옥시리보오스), 인산기 및 질소를 함유하고 네 가지 염기 아데닌, 구아닌, 티민, 시토신 중 하나를 각기 하나씩 가진다.

| adenine | guanine | thymine | cytosine |
|---|---|---|---|
| A | G | T | C |

네 가지 뉴클레오티드 모두 각 구성요소는 똑 같은 방식으로 구성된다(그림 12.4). T와 C는 피리미딘으로 탄소로 된 골격이 하나의 고리 구조를 이룬다. A와 G는 퓨린으로 보다 크고 두 개의 탄소 고리 구조를 한다.

1949년 무렵 생화학자인 어윈 샤가프( Erwin Chargaff)는 DNA의 조성에 관한 두 가지 중요한 사실을 알았다. 첫 번째, 구아닌에 대한 아데닌의 양은 생물 종에 따라 달랐다. 두 번째, DNA분자를 구성하는 티민과 아데닌의 양은 똑 같았고 시토신과 구아닌도 또한 서로 같았다. 우리는 이것을 A=T 및 G=C로 표현할 수 있을 것이다. 네 가지 뉴클레오티드의 대칭적인 비율은 무언가 의미가 있을 것이다. 이것이 DNA분자 내에서 뉴클레오티드가 배열되어 있는 수수께끼를 푸는 작은 실마리가 될 수 있을 것인가?

그 배열에 관한 최초의 증거는 영국의 모리스 윌킨스(Maurice Wilkins)의 실험실에서 나왔다. 그의 연구원이었던 로잘린 프랭클린(Rosalind Franklin)은 아주 훌륭한 DNA의 X-선 회절 사진을 만들었다(12장 3절에 소개되는 이유 등으로 그녀의 공헌은 최근 들어 인정되어졌다). X-선 회절 사진은 분자에 X-선을 쪼이면 X-선이 산란되는데 그것을 필름에 담은 것이다. 산란의 양상은 점과 선으로만 나타나게 되는데 그 자체는 분자의 구조가 아니다. 과학자는 이 사진을 이용하여 분자를 구성하는 원자들의 위치를 산정하게 된다.

물론, DNA가 먼저 추출되어야 했다. DNA분자의 현탁액을 빠르게 저어 막대에 감은 다음 마치 솜사탕처럼 살며시 가는 섬유로 풀어내야 했다. 건조되면 섬유는 꼬이고 두 가지 유형으로 변하는데 그리되면 X-선 회절 영상은 너무 복잡하여 해석하기 어려웠다. 젖은 섬유는 한 가지 유형만 가진다.

프랭클린은 사진 12.5에서 보는 바와 같이, 젖은 섬유의 X-선 회절 사진을 선명하고 깨끗하게 만들어낸 최초의 사람이었다. 그녀는 이 사진으로 DNA분자가 길고 직경 2nm의 얇은 구조임을 밝혀냈다. 그녀는 또한 어떤 분자적 구조가 매 0.34nm 길이 당 한번씩 반복되며 또 다른 구조는 3.4nm 길이 당 한 번씩 반복되는 것으로 계산해냈다.

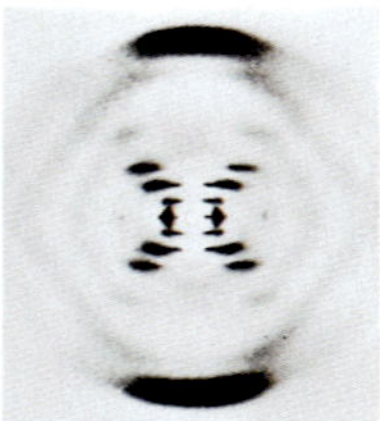

**그림 12.5** 로잘린 프랭클린의 DNA 섬유의 뛰어난 X-선 회절 사진

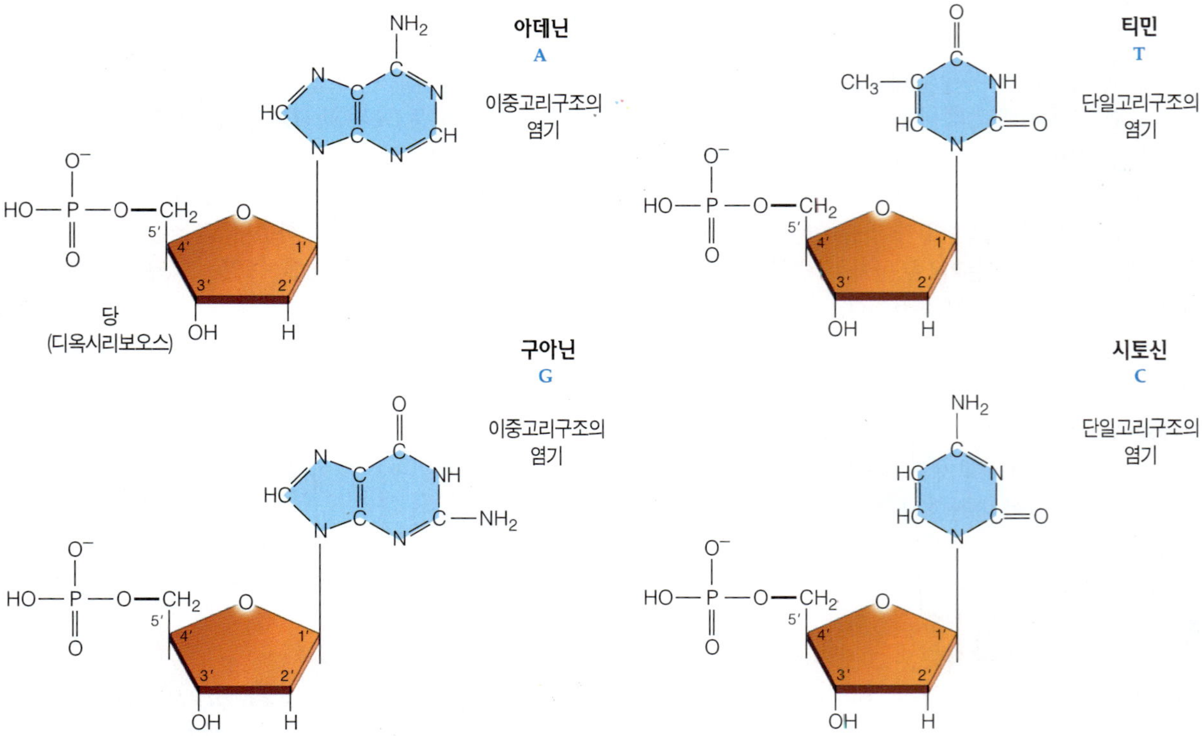


**그림 12.4** 세포 내의 모든 염색체는 DNA를 가진다. DNA는 무엇을 가질까? 네 종류의 뉴클레오티드 : A, G, T 및 C 를 가진다.

DNA의 뉴클레오티드의 염기서열이 원형의 계단과 비슷하게 반복구조로 감겨갈 수 있을까? 포올링은 확실히 그렇게 생각했다. 결국 그는 콜라겐에서 나선 구조를 발견 했다. 윌킨스, 왓슨, 크릭 등을 포함한, 그는 나선을 생각하고 있었다. 후에 왓슨은 이렇게 썼다. "우리는 생각했다. 왜 그것을 DNA에 적용하지 않지? 우리는 포올링이 왜 그것을 DNA에 적용하지 않았어? 라고 반문할까? 두려워했다. 그는 정말로 영리한 사람이다. 그는 나의 영웅이다. 그러나 우리는 그를 이겼다. 포올링은 자신과의 싸움에 진 것이다. 나는 왜 그렇게 되었는지 아직 이해할 수가 없다."

포올링은 화학적으로 큰 실수를 범한 것으로 판명되었다. 그의 모델에는 음으로 하전된 모든 인산기들이 DNA나선의 외부가 아닌 내부에 존재하는 것으로 되었다. 만약 그처럼 서로 가까이 위치한다면 서로 반발하여 안정된 구조를 이루기 어려울 것이다.

### 염기쌍의 양상

프랭클린은 젖은 섬유의 사진을 가다듬었고 그 때 왓슨과 크릭이 앞서 나가기 시작했다. 그들은 DNA가 두 뉴클레오티드 가닥으로 구성되며, 그들은 염기의 수소결합에 의해 유지되리라 생각했다(그림 12.6). 그러한 결합은 두 가닥이 서로 반대 방행으로 향하고 서로 꼬여 이중나선을 이룰 대 형성된다. 분자의 길이를 따라 두 종류의 염기쌍 : A-T와 G-C가 형성된다.

이러한 결합 방식은 염기의 순서가 다양하게 될 수 있는 융통성을 부여할 것이다. 예를 들면, 장미, 사람, 그리고 다른 어떤 생물의 DNA의 한 부분이 다음과 같이 될 수 있는 것이다 :

GGCCCCTTC
CCGGGGAAG
하나의 염기쌍

또는 GCACCAATA / CGTGGTTAT 또는 AAAAAAAAA / TTTTTTTTT

모든 DNA분자는 똑같은 결합 방식을 보인다. 그러나 각 종은 수많은 독특한 DNA염기서열을 가진다. DNA분자의 이러한 통일성과 여러 종들에서 보이는 다양성이 곧 바로 생명의 통일성과 다양성의 근거가 된다.

컴퓨터 시뮬레이션에 의하면, 사슬을 가장 적은 공간에 꾸려 넣으려면 나선구조로 감는 것이 좋은 것으로 나타나는 것이 흥미롭다. 이 같은 공간 절약 이점이 DNA 이중나선의 분자적 진화의 한 요인이 되었을까? 아마도 그럴 것이다.

*DNA의 두 가닥 간의 염기의 짝짓기는 모든 종에서 똑같은데, A는 T와 G는 C와 짝을 짓는다. 그러나 각 종들은 그들의 DNA분자의 길이를 따라 아주 다양한 나름대로의 고유한 염기쌍의 서열을 가진다.*

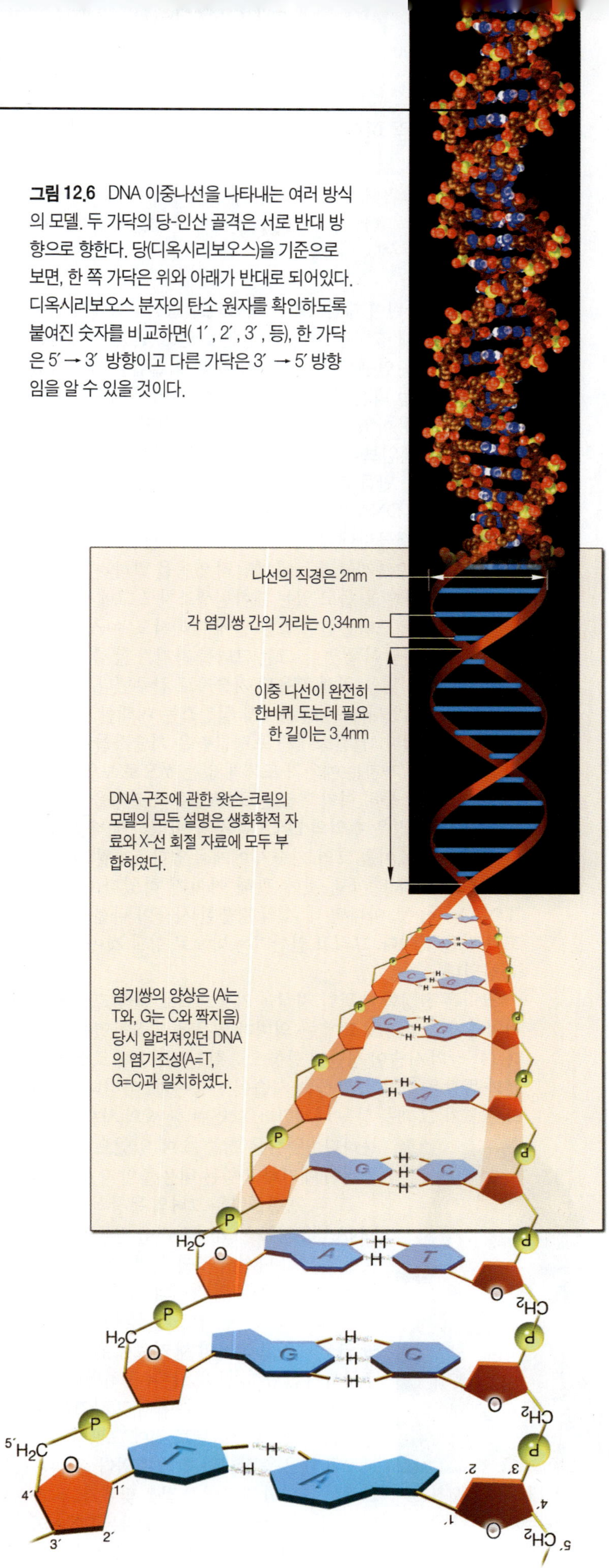


**그림 12.6** DNA 이중나선을 나타내는 여러 방식의 모델. 두 가닥의 당-인산 골격은 서로 반대 방향으로 향한다. 당(디옥시리보오스)을 기준으로 보면, 한 쪽 가닥은 위와 아래가 반대로 되어있다. 디옥시리보오스 분자의 탄소 원자를 확인하도록 붙여진 숫자를 비교하면( 1′, 2′, 3′, 등), 한 가닥은 5′ → 3′ 방향이고 다른 가닥은 3′ → 5′ 방향임을 알 수 있을 것이다.

## 12.3 로잘린 이야기

FOCUS ON BIOETHICS

*왓슨과 크릭은 로잘린 프랭클린의 자료를 부분적으로 이용하여 세계의 주목을 받았다. 그녀는 암에 걸렸다. 아마도 X-선을 사용한 그녀의 힘든 연구가 원인이 되었을 것이다.*

로잘린 프랭클린이 케임브리지 대학의 왕립연구소에서 연구를 시작했을 때 그녀는 이미 큰 신임을 얻고 있었다. 그녀는 석탄의 구조를 연구하면서 정교한 X-선 회절법을 개발했었다. 그녀는 X-선 회절 사진을 해석하는데 있어서 새로운 수학적 방법을 사용하였고, 포올링처럼 3차원적인 분자 구조를 구성하였다. 케임브리지 대학에서, 그녀는 최신 기술의 X-선 회절 연구실을 만들고 운영해주기를 요구받았다. 그녀에게 부과된 분야는 DNA의 구조 연구였다.

아무도 프랭클린에게 아래층의 모리스 윌킨스(Maurice Wilkins)가 수수께끼를 푸는데 매달려 있음을 말하지 않았다. 심지어 그녀의 일을 돕고 있는 대학원생조차도 그에 대해 언급하지 않았다. 프랭클린이 맡은 일에 대해서도 누구 윌킨스에게 말하는 사람이 없었다. 그는 그녀를 자기가 할 줄 모르는 X-선 회절 분석법을 위해 고용된 기술자로 간주했다. 그리고 충돌이 시작되었다. 프랭클린에게 윌킨스는 이해할 수 없을 정도로 과민했다. 윌킨스에게 프랭클린은 기술자들이 당연히 과학자에게 가지는 예의가 도대체 없는 것으로 보였다.

윌킨스는 소중히 여기고 있는 DNA섬유의 결정을 가지고 있었다. 이 결정은 수억의 DNA 분자가 평행하게 배열하고 있는 것이었다. 이를 그의 '기술자'에게 주었다. 5개월 후 프랭클린은 그녀가 알아낸 것에 관해 이야기 하였다. 그녀는 "DNA는 둘, 셋, 아니면 네 개의 평행한 사슬이 나선 형태로 꼬여 있을 것이다. 그리고 인산기는 밖으로 향할 것이다." 라고 하였다.

크릭은 결정학에 관한 지식을 가졌으므로 만약 그 자리에 있었다면 그녀의 보고에 큰 의미가 있음을 인식하였을 것이다. (한 쌍의 사슬이 정반대 방향으로 향한다면 180° 로 뒤집은 것과 똑같은 것이다. 두 쌍의 사슬이 가능한가? 아니다. DNA의 밀도가 그 가능성을 배제한다. 그러면 한 쌍의 사슬은? 가능하다.) 왓슨은 청중 속에 있었으나 프랭클린이 얘기하고 있는 내용을 알지 못했다.

**그림 12.7** 파리에서, 케임브릿지에 도착한 세련된 모습의 로잘린 프랭클린.

그 후, 프랭클린은 그녀의 독창적인 젖은 DNA섬유의 X-선 회절 사진을 만들었다. 그것은 분명히 나선 구조를 설명하고 있었다. 그녀는 또한 DNA의 길이와 직경을 계산해 냈다. 그러나 그녀는 건조된 섬유로 오랫동안 연구해 왔고 그녀의 새 자료에 관해 깊이 추구하지 않았다. 윌킨스는 추구하였다.

1953년, 윌킨스는 왓슨에게 그 사진을 보여주었고 왓슨에게 1년도 전에 프랭클린이 보고한 내용을 상기하게 해 주었다. 왓슨과 크릭이 그녀의 자료에 초점을 맞추자, 두 가닥의 나선이 반대방향으로 향하는 DNA의 모델을 완성하는데 필요한 마지막 정보를 얻을 수 있었다.

## 12.4 DNA복제와 수선

*DNA 구조 발견은 유전 연구에 있어서 전환점이 되었다. 크릭은 세포가 분열하기 전에 어떻게 그 들의 DNA를 복제하는지 바로 이해하였다.*

왓슨과 크릭이 그들의 모델을 제안할 때까지 아무도 **DNA 복제**(DNA replication)에 관해 설명할 수 없었다. 다시 말해 세포가 분열하기 전에 어떻게 유전 물질이 복제될지 몰랐다. 효소는 DNA분자의 두 뉴클레오티드 가닥 사이의 수소결합들을 쉽게 파괴한다. 효소와 다른 단백질들이 DNA분자에 작용하면 한 가닥은 다른 가닥으로부터 풀어지고 뉴클레오티드의 염기들을 노출시킨다. 세포는 이 노출된 염기들과 짝지을 유리 뉴클레오티드 재료들을 보유하고 있다.

각각의 어미가닥은 변하지 않고 그대로 유지되며 각각에는 T에는 A가, C에는 G가 하는 식의 짝짓기 방식으로 상응하는 가닥이 조립된다. 어미가닥에 새로운 상대가닥이 조립되는 대로 두 가닥은 서로 꼬여 이중나선이 된다. 복제 과정 중에 어버이 가닥은 보존되므로 이중 가닥 DNA분자의 절반은 '옛'가닥이 되고 다른 절반은 '새'가닥이 된다. 그림12.8과 12.9는 이 과정을 설명하고 있는데, 이를 반보존적 복제라 부른다.

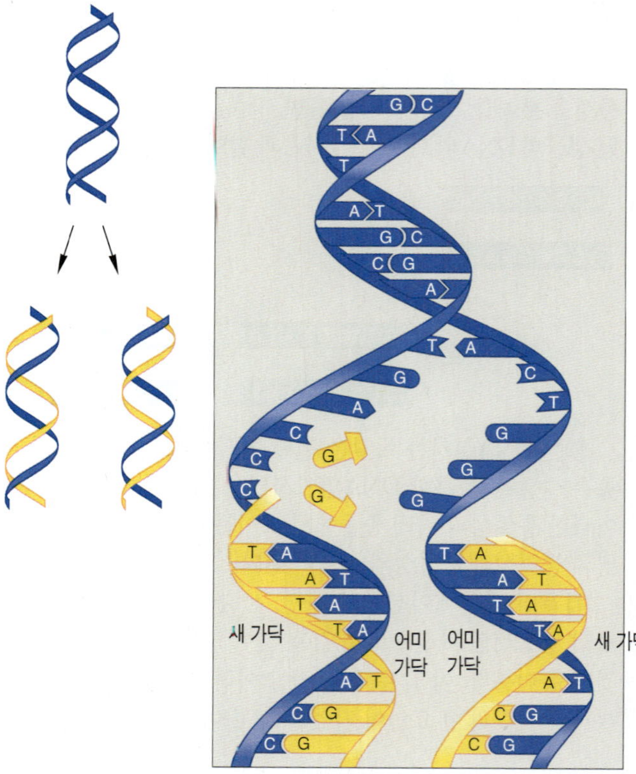


**그림 12.8** DNA 복제의 반보존적 성질을 보여주는 간단한 그림. 원래의 두 가닥의 DNA분자는 푸른색으로 표시되었다. 두 어미 가닥은 변하지 않는다. 하나의 새 가닥(노란색)이 각각의 어미 가닥에 조립된다.

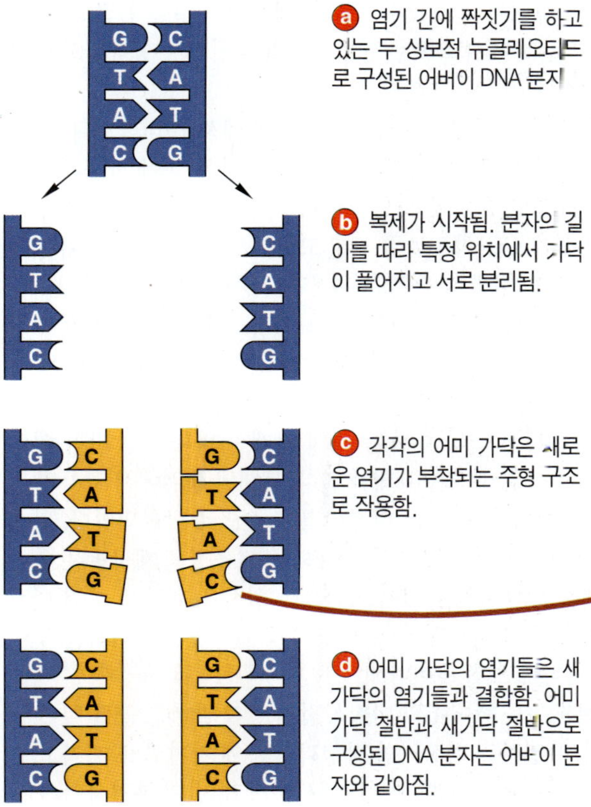


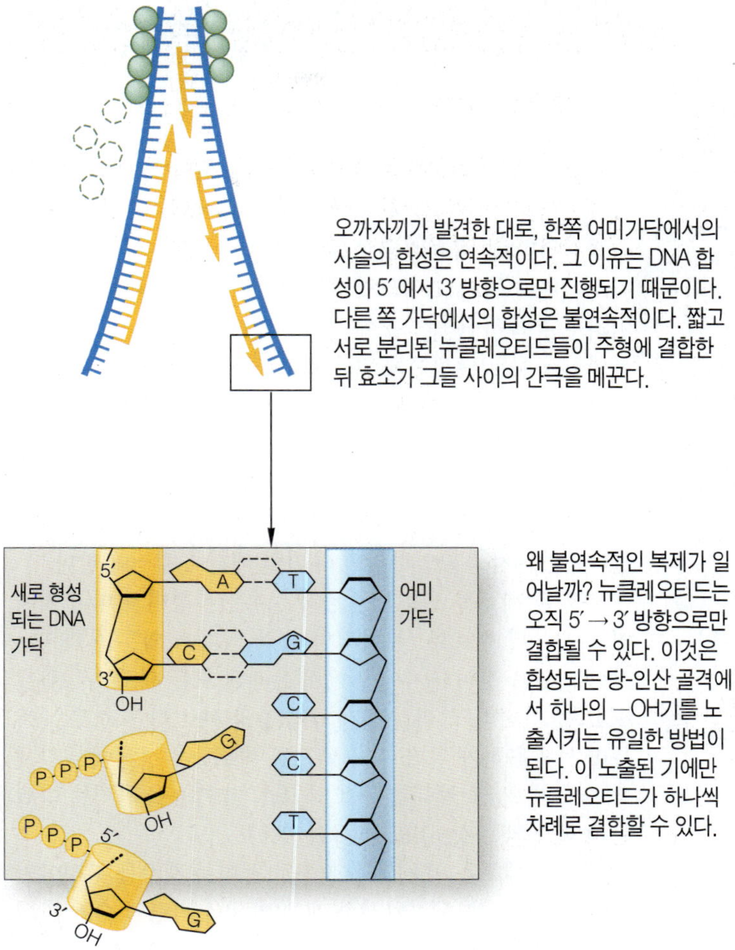


**그림 12.9** DNA 복제의 상세한 모습.

DNA복제에는 일단의 분자적 일꾼들이 동원된다. 세포의 신호에 반응하여 복제 효소는 DNA분자의 길이를 따라 활성화된다. 다른 단백질들과 함께 어떤 효소는 가닥을 양방향으로 풀어내며 또한 도로 결합하는 것을 막는다. 효소의 작용으로 힘들이지 않고 서로 분리되며 가닥 간의 수소결합을 힘으로 열 필요는 없다. 개개의 수소결합은 약하기 때문이다.

이제 **DNA 중합효소**(DNA polymerase) 차례로, 주형인 어미가닥의 분리된 부위에 유리 뉴클레오티드들을 부착시킨다. 유리 뉴클레오티드들은 스스로 가닥의 합성을 부추긴다. 각각의 뉴클레오티드들은 세 인산기를 가진다. DNA 중합효소가 둘을 잘라내면 결합에 필요한 에너지가 방출되는 것이다.

**DNA 연결효소**(DNA ligase)는 합성된 짧은 가닥들 사이의 틈을 메워 연속적인 가닥을 형성한다. 그러던 효소가 주형가닥과 상보적 가닥을 함께 감아서 DNA 이중나선을 형성한다.

때로 DNA분자가 절단될 수 있다. 또한 DNA복제가 부정확하게 일어나 어버이 가닥과 정확히 상응하지 않을 수도 있다. 이 경우 잘못된 염기를 가지거나 일부가 결실되거나 또는 추가될 수 있다. DNA 수선 과정은 그러한 손상을 최소화시킨다. 연결효소가 절단을 연결할 수 있으며 특수한 DNA 중합효소가 잘못된 염기쌍을 바로 잡거나 돌연변이가 된 것을 대체할 수 있다.

수선 과정은 세포에게 생존의 수단을 제공한다. 왜? DNA의 잘못은 여기서 암호화하는 단백질의 기능 변화나 감소를 야기하여 세포의 작동을 교란시킬 수 있기 때문이다. 유전병이 나타나는 것이 바로 이런 이유인 것이다. 또한 DNA가닥이 손상되면 복제가 정지되고 스스로 사망케 하는 신호를 내서 세포자살을 일으키기도 한다.

DNA는 세포가 분열하기 전에 복제된다. 효소가 두 가닥을 분리한다. 각 가닥은 과정이 끝날 때까지 변하지 않으며 -즉 보존됨- 효소는 각 가닥에 새로운 상보적 가닥을 합성한다.

실수가 일어날 수 있다. 수선계는 잘못 짝지어진 염기쌍을 바로 잡고 유전정보의 정확성을 유지케 해 준다. 수선계는 또한 장애를 우회하도록 하여 복제가 차단되는 것을 방지한다.

## 12.5 포유류 복제를 위한 DNA의 재 프로그램화

*DNA의 구조와 기능에 대한 지식은 흥미 있고 골치 아픈 연구 분야의 문을 열게 되었다. 여기에는 세포에서 핵을 추출하여 다 자란 포유류를 복제하는 것도 포함된다.*

유전학자들은 시험관 내 수정으로부터 배의 복제를 시작하였다. 간략하게 설명하면 페트리 디시 내에서 정자로 난자를 수정시킨다. 곧 유사분열로 두 세포, 네 세포, 여덟 세포가 된다. 8-세포기에서 조심스럽게 두 세포 또는 네 세포로 된 덩어리로 분리하여 대리모에 착상시킨다. 이들은 유전적으로 동일한 동물로 발생하게 된다. 이를 클론이라 한다.

이처럼 발생 초기에 분리하면, 다시 말해 인공 쌍둥이를 만들면 유성생식을 한 양친과는 다르지만 서로 유전적으로 똑같은 클론을 얻을 수 있다. 그들은 양친 모두로부터의 유전자를 가진다. 이런 클론은 원하는 모계 또는 부계의 유전자를 물려받았는지를 확인하려면 다 자랄 때까지 길러야 한다.

분화된 세포를 사용하면 원하는 유전자형이 이미 밝혀져 있으므로 더 빠르다. '분화되었다.'란 의미에 의문을 가지는 사람도 있을 것이다. 수정란에서 유래된 모든 세포는 똑같은 DNA를 가진다. 그러나 발생과정 상의 서로 다른 경로는 독특한 선택을 하게 된다. 이 선택으로 세포들은 성체에서 간세포, 혈구세포, 그 외 다른 구조와 조성 및 기능을 가지는 특별한 세포가 되는 것이다(14장 3절 참조).

분화된 세포는 이 시계를 거꾸로 돌리는 재주를 부려야만 한다. 그것의 DNA는 완전한 개체 발생을 지령할 수 있도록 재 프로그램되어 다시 시작할 수 있어야 하는 것이다. 핵이식은 이것의 한 방법이 될 수 있다. 복제할 동물의 분화된 세포의 핵을 미수정란의 핵과 바꿔치기하는 것이다(그림12.10). 화학약품이나 전기충격으로 이 세포의 분열을 유발할 수 있다. 모든 일이 순조로우면 배세포의 덩어리가 형성되고 이를 대리모에 이식하게 된다.

돌리의 경우, 핵은 양의 유선세포에서 분리하였다. 생쥐와 고양이의 복제에는 난구세포로부터의 핵이 사용되었다. 난구세포란 포유류의 난소에서 미성숙란을 둘러싸고 있는 세포이다. CC(최초로 복제된 고양이의 이름)에 대한 유전적 검증 결과, 비록 털 색깔은 유전자적 공여자와 약간 달랐지만 클론임이 확실했다(그림 12.10). 여기서 환경적 요인이(이 경우 자궁내의 요인) 유전자의 발현을 변화시킬 수 있다는 명백한 증거를 볼 수 있다.

유전자 발현의 변화는 대개 크게 나타나지 않지만 어떤 복제의 경우 상당한 문제가 된다. 복제된 생쥐에서 조사된 전체 유전자의 약 4%는 비정상적 수준으로 발현되었다. 완전히 다른 조직에서 추출한 세포의 유전물질을 제공받은 복제 생쥐들도 유전자 발현이 교란되는 현상을 보였다. 이런 현상은 핵이식 과정이 결함을 발생시킨다는 것을 의미하는 것일까? 아마도 그럴 것이다.

복제동물 중에서의 비정상적 유전자 발현은 놀랄 일이 아니다. 유전자는 정상적인 발생과정 중에 켜지고 또 꺼지고 한다. 과학자들은 아직 핵이식에서부터 첫 번째 분열사이의 시계의 전 과정을 완벽하게 재조정하지는 못하고 있다.

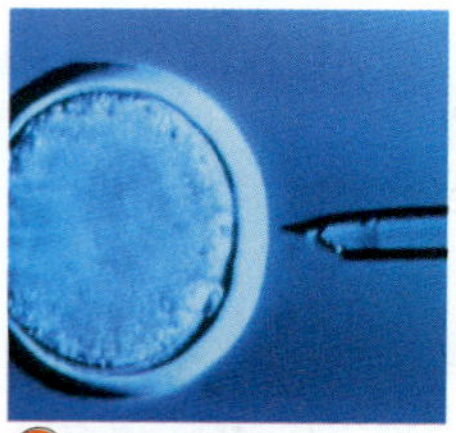

1 미세 침으로 양의 미수정란의 핵을 제거하려는 모습

2 미세침으로 DNA를 함유하고 있는 양의 난자의 핵을 제거한 모습

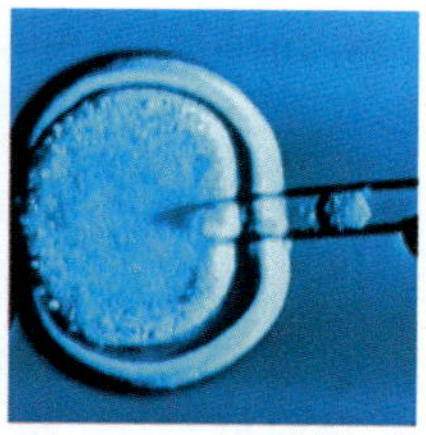

3 핵을 제거한 난자에 공여세포의 DNA를 주입하는 모습

4 전기적 충격으로 난자로 하여금 유사분열을 시작하게 함. 몇 차례의 세포분열이 끝난 후, 세포 덩어리를 대리모 양의 자궁에 이식함.

최초로 복제된 양의 모습

**그림 12.10** 돌리를 만든 핵 이식 과정의 여러 단계와 포유류 복제에서 최초가 된 몇 가지 동물의 사진들.

최초로 복제된 생쥐

최초로 복제된 돼지

CC(왼쪽)와 유전자 공여자인 레인보우(오른쪽)

## 요 약

**12.1절** 세균과 파아지를 사용한 실험에서 DNA가 생물의 유전물질이라는 명백한 증거가 처음으로 제시되었다.

**12.2, 12.3절** DNA는 오직 뉴클레오티드들로만 구성되어 있다. 뉴클레오티드는 5탄당(디옥시리보오스)하나, 인산기 하나, 그리고 질소를 함유하는 네 가지 염기 즉, 아데닌, 티민, 구아닌, 또는 시토신 중 하나를 가진다.

DNA분자는 두 뉴클레오티드 가닥들이 서로 꼬여 이중나선을 이룬다. 한 가닥의 염기들은 다른 가닥의 염기들과 수소결합을 한다.

두 DNA 가닥의 염기들은 일정한 방식으로 짝을 짓는다. 즉, 아데닌은 티민과(A-T), 구아닌은 시토신과(G-C) 짝을 짓는다. 가닥을 따라서 어떤 염기들이 차례로 배열되는지는 종에 따라 다르다. 각 종의 DNA는 나름대로 고유한 염기서열을 가져 다른 종들의 DNA와 차별화된다.

**12.4절** DNA 복제 시, 효소가 이중 나선 DNA의 두 가닥을 풀고 각각의 어미가닥에 상보적인 서열의 새 가닥을 합성한다. 그 결과 두 개의 이중나선 분자가 만들어진다. 각 분자의 한 가닥은 옛 가닥이고(보존됨), 다른 가닥은 새 가닥이다.

복제 과정 중에, 수선계는 잘못된 염기쌍이나 돌연 변이된 염기들을 바로 잡는다. 수선계는 또한 복제를 차단하게 만드는 DNA의 가닥 절단도 수선한다. DNA 리가아제와 특별한 DNA 중합효소가 수선과정에 관여한다.

**12.5절** 클론을 생산하는 두 가지 방법으로 배분할 및 핵이식이 있다. 클론은 서로 동일한 DNA를 가지지만 발생과정에서 서로 다른 요인의 작용으로 유전자 발현이 달라지면 표현형적 차이를 나타낼 수 있다.

## *자습-퀴즈*

*정답은 부록 Ⅲ에 있음*

1. 다음 중 DNA에 있는 뉴클레오티드의 염기가 아닌 것은?
   a. 아데닌　b. 구아닌　c. 우라실
   d. 티민　e. 시토신
   f. 모두다 DNA에 있음
2. DNA의 염기쌍으로 맞는 것은?
   a. A-G, T-C　b. A-C, T-G
   c. A-U, C-G　d. A-T, G-C
3. 어떤 종의 DNA는 다른 종의 DNA와 무엇이 서로 다른가?
   a. 당　b. 인산
   c. 염기서열　d. 위 세 가지 모두
4. DNA복제가 시작될 때 일어나는 것은?
   a. DNA의 두 가닥이 서로 풀린다.
   b. 염기를 교환하기 위해 두 가닥이 응축한다.
   c. 두 DNA분자가 결합한다.
   d. 옛 가닥이 새 가닥을 찾아서 이동한다.
5. DNA복제에 필요한 것은?
   a. 유리 뉴클레오티드　b. 새로운 수소결합
   c. 여러 효소　d. 위 세 가지 모두
6. 세포 분화 시에 일어나는 것은?
   a. 클로닝　b. 선택적 유전자 발현
   c. 핵이식　d. b와 c 모두

## *분석적으로 생각하기*

1. 매튜 메셀슨과 프랭크 스탈의 실험은 DNA복제에서의 반보존적 복제를 뒷받침했다. 그들은 대장균을 무거운 질소 동위원소인 $^{15}N$을 함유하는 배지에서 배양하여 무거운 DNA를 가지게 했다. 또한 보다 흔한 동위원소인 $^{14}N$ 배지에서 배양하여 가벼운 DNA를 가지는 대장균도 만들었다. 그들은 새로 복제된 분자가 무거운지, 가벼운지 아니면 잡종인지(한 가닥은 무겁고 다른 한 가닥은 가벼움) 확인할 수 있었다. 두 가지 색깔의 연필로 한 가지 색깔은 무거운 가닥, 다른 색깔은 가벼운 가닥으로 사용하여라. 두 무거운 가닥을 가지는 DNA분자가 $^{14}N$를 함유하는 배지에서 복제되고 난 다음에 딸 분자가 어떻게 배열될지 나타내 보아라. 만약 딸 분자가 $^{14}N$ 배지에서 또 다시 복제되었을 때 네 개의 DNA분자는 어떻게 형성될 지 나타내 보아라.

2. DNA 염기서열의 영구적 변화인 돌연변이는 유전적 변이의 원인이 되며 진화의 바탕이 된다. 복제 과정 중에 구조적으로 변화되거나 불연속적인 DNA가닥을 바로 잡는 수선계가 있는데도 어떻게 돌연변이가 축적될 수 있을까?

# 13 DNA로부터 단백질까지

## 최근 이슈와 그 영향력 리신과 리보솜

2003년 테러 정보를 취득한 영국 경찰들이 런던의 한 아파트를 습격하였다. 거기서 경찰은 아주까리 씨앗들과 실험용 유리기구들을 압수하였고 여러 젊은이들을 체포하였다. 이로써 아주까리 씨앗에서 얻어지는 리신의 생화학적 무기로서의 가능성을 경고하였다.

리신은 아주까리(*Ricinus communis*) 열매의 단백질 산물이다. 플루토늄이나 보툴리늄 독소보다는 약하지만 한 스푼 분량의 리신은 충분히 사람을 죽일 수 있다. 연구자들은 이러한 사실들을 1888년부터 알고 있었으며, 이 후 독일군이 제 2차 세계대전에서 겨자 가스를 연합군에게 살포하였을 때 미국과 영국은 리신 역시 무기로 쓰일 수 있을지를 맹렬히 연구하였다. 양국은 전쟁이 끝났을 때 연구 결과를 공유하였다.

1969년 불가리아 작가인 게오르기 마르코프가 냉전의 정점인 시기에 서방으로 망명하였다. 그가 런던의 한 거리를 걷고 있을 때 한 암살자가 리신으로 채워진 구슬로 장식된 우산을 그의 다리에 찔러 넣었다. 마르코프는 3일 뒤 고통 속에 죽었다.

**그림 13.1** 리보솜을 망가뜨리는 리신독소를 함유하는 아주까리 열매.

한편 이후로 리신은 다시 무대에 등장하였다. 2001년 황급히 떠나버린 아프가니스탄 테러분자들의 동굴에서, 그리고 2003년 모스크바에서 살해된 체첸반군의 몸에서 리신의 흔적이 나타났다. 2004년 초반에 미국의 국무성 건물에 송부된 미 상원의원 우편함에서 그리고 백악관으로 부쳐진 우편에서도 리신이 검출되었다.

매 년 많은 양의 리신이 함유된 폐기물들이 아주까리기름 생산 시 생성된다. 아주까리 식물 전체가 독성을 가지고 있지만 리신은 씨앗에 농축되어있다. 어떻게 리신이 치명적인 효과를 나타내는가? 리신은 세포내에서 단백질을 생산하는 리보솜을 무력화시킨다. 리신은 단백질이다. 교재그림에서 보이는 두 개의 리신 폴리펩티드 사슬 중 하나는 리신이 세포 내부로 자신을 집어넣는데 도움을 준다. 다른 한 사슬은 효소로서 작용을 하여 아미노산들이 서로 펩티드결합으로 연결되는 장소인 리보솜의 한 부분을 망가뜨린다. 리신은 리보솜의 중요한 부분인 RNA 분자로부터 아데닌 부분을 격리시킨다. 이로써 리보솜의 3차 구조는 풀어지게 되고 단백질 합성은 정지하며 세포는 죽음으로 치닫게 된다. 그리하여 사람은 죽게 되고 여기에 대한 어떠한 해독제도 존재하지 않는다.

리보솜이 무엇이며 무엇을 하는지 모르고서도 당신은 충분이 생을 누릴 수 있다. 또한 단백질 합성이 생물학 전공 학생들을 괴롭히기 위한 주제가 아니라는 것을 또한 알고 있다. 하지만 우리를 살게 하는 것, 그리고 반테러 연구자들이 우리를 살게 하는 것에 대한 적절한 이해는 가치 있는 일일 것이다.

## 개요도

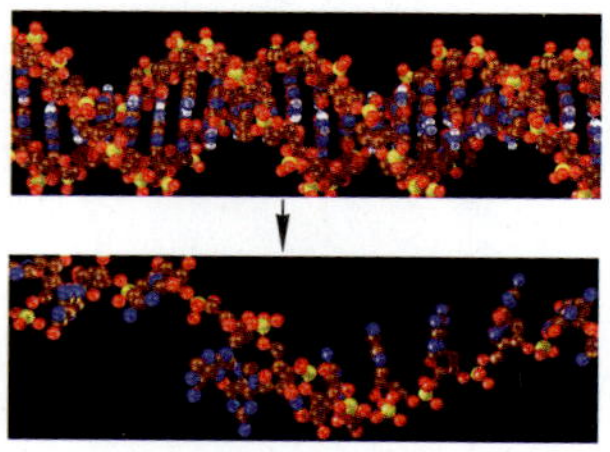

**전사체의 생성** DNA가 지닌 단백질 생성 정보가 생성되는 단백질로 전달되기 위해 두 단계가 필요하다. 첫 번째 단계에서 DNA분자의 풀려진 부분에 존재하는 뉴클레오티드 염기서열인 유전자 부분으로부터 한 가닥의 mRNA가 전사된다.

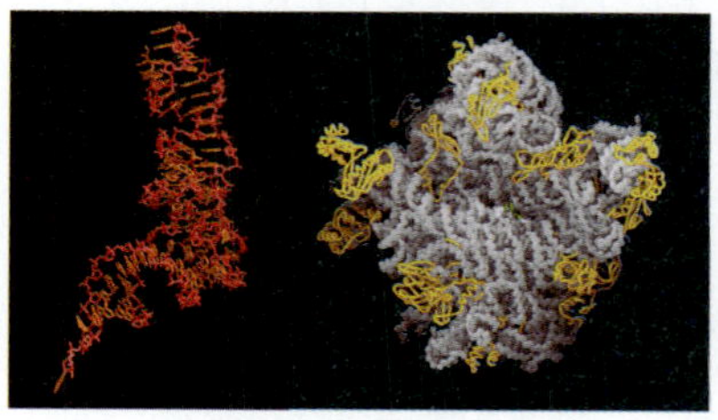

**유전암호의 해독** mRNA 전사체에 늘어서 있는 세 개씩의 뉴클레오티드 염기서열은 특정 아미노산에 대응하는 "단어"와 같다. 두 가지 다른 종류의 RNA들이 이들 세 염기로 구성된 유전암호들을 인식한다.

세포에서 단백질을 합성하는 정보를 가진 DNA에 대하여 알고 있는 바로부터 시작하자. DNA를 구성하는 알파벳은 단지 A, T, G, C로써 간단하며 이는 뉴클레오티드 염기인 아데닌, 티민, 구아닌, 시토신이다. 단지 네 개의 알파벳에서 어떻게 단백질이 만들어질까? 해답은 DNA 분자에 존재하는 염기 서열에 있다.

세포가 DNA를 복제할 때 두 가닥의 DNA는 서로 완전히 분리된다. 하지만 세포 주기 중 다른 시기에는 DNA 두 가닥의 특정 부위에서만 풀어져 특정 염기서열(유전자)이 노출된다. 대부분의 유전자들은 특정 단백질을 합성하는 정보를 담고있다.

단백질 합성에 대한 유전자의 정보 전달은 두 과정, 즉 **전사**(transcription)와 **번역**(translation) 과정을 거친다. 진핵 세포에서는 첫 번째 과정(전사)은 핵 속에서 이루어진다. 새로이 노출 된 DNA 염기 서열은 유리된 뉴클레오티드의 풀에서 RNA(ribonucleic acid) 가닥을 생성하는데 필요한 주형(template)으로 작용한다.

이 후 RNA는 번역 과정이 일어나는 세포질로 이동한다. 단백질 합성의 두 번째 과정(번역)에서 RNA는 아미노산을 조립하여 새로운 폴리펩티드 사슬을 생성하도록 지시한다. 새로 만들어진 폴리펩티드 사슬은 3차 구조의 특정 단백질로 적절히 접혀지게 된다.

요약하면, DNA는 RNA 합성을 유도하고 생성된 RNA는 단백질 합성을 유도한다.

$$\text{DNA} \xrightarrow{\text{전사}} \text{RNA} \xrightarrow{\text{번역}} \text{단백질}$$

## 찬반의견 투표

*리신을 이용한 대규모의 생화학적 테러리스트의 공격은 리신을 공기 중에 흩뿌리지 못하므로 불가능하리라 예상한다. 과학자들은 리신에 대한 보호를 위하여 백신을 만들고 있다. 이러한 새로운 리신백신을 대규모의 예방접종으로 전환해야 하는가? 미디어 메뉴에서 상세한 내용을 참고하여 온라인 투표를 한다.*

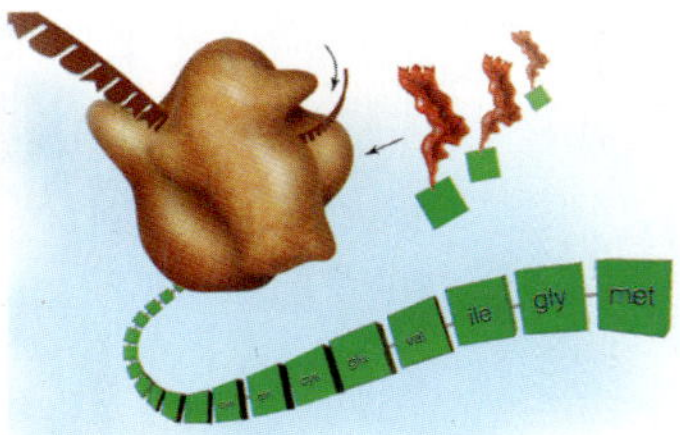


**전사체의 번역** 단백질 합성의 두 번째 단계에서는 tRNA와 rRNA가 mRNA 전사체를 폴리펩티드 사슬로 번역하기위하여 상호작용한다. 리보솜의 rRNA 구성성분이 아미노산 사이의 결합을 촉매함에 따라 폴리펩티드 사슬은 길어진다.

**돌연변이와 단백질** 돌연변이는 특정 단백질을 규정하는 유전정보에서 유전암호를 바꾸게 된다. 그 단백질이 세포를 구성하는 구조성분이거나 대사에 관여하는 중요한 단백질이라면 돌연변이의 결과는 비정상적인 세포를 만들게 된다.

## 13.1 어떻게 DNA가 RNA로 전사 되는가?

*단백질 합성의 첫 단계인 전사에서는 풀려진 DNA부분에 존재하는 염기 서열이 리보핵산의 가닥(RNA)를 생성하는데 있어서 주형으로 작용한다.*

단백질을 합성하기 위해서는 세 가지 종류의 RNA가 필요하다. 대부분의 유전자들은 전사를 통하여 **전령RNA** (messenger RNA, mRNA)(단백질 합성 정보를 가지고 있는 유일한 RNA)를 만든다. 다른 유전자의 전사는 **리보솜RNA** (ribosome RNA, rRNA)(리보솜의 주 구성 요소)를 만든다. 리보솜이 폴리펩티드 사슬을 조립하는 구조 단위임을 상기하라.

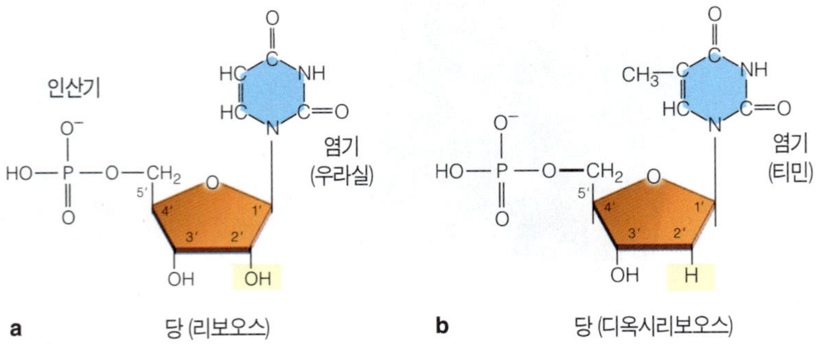


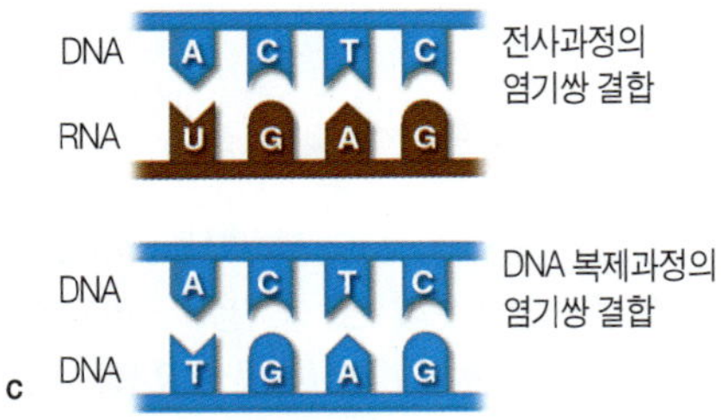


**그림 13.2** (a) RNA의 네 가지 염기 중 하나인 우라실. 다른 세 가지, 아데닌, 구아닌, 시토신은 단지 염기 부분만 다르다. (b)DNA 뉴클레오티드인 티민. (c) DNA복제에서 보이는 염기쌍 형성과 전사과정에서 보이는 RNA와 DNA간의 염기쌍 형성.

또 다른 유전자의 전사는 **전달 RNA**(transfer RNA, tRNA) (전령 RNA 의해 제공되는 정보에 따라 아미노산을 하나씩 리보솜으로 운반하는 RNA)를 만든다.

### 전사의 성질

한 RNA 분자는 한 가닥으로 된 DNA와 유사하기는 하지만 동일하지는 않다. RNA도 네 종류의 뉴클레오티드로 구성되어 있다. 각 뉴클레오티드는 5탄당인 리보오스(DNA의 디옥시리보오스가 아님), 인산기, 그리고 염기를 가지고 있다. 세 가지 염기(아데닌, 시토신, 구아닌)는 RNA와 DNA에서 서로 같지만 네 번째 염기 우라실(uracil)은 RNA에만 존재하며, 대신 DNA에는 티민이 있다. 티민처럼 우라실도 아데닌과 짝을 이룰 수 있다. 즉 염기 짝의 규칙에 따라 새로운 RNA가 DNA에 상보적으로 만들어질 수 있다(그림 13.2).

전사는 다음의 세 가지 면에서 DNA 복제과정과 중요한 차이를 보이고 있다. 첫째, DNA 전체 분자가 아니라 선택된 한 가닥만 주형으로 작용한다. 둘째, DNA 중합효소 대신 RNA 중합효소(RNA polymerase)가 새로이 생성되는 RNA 가닥에 뉴클레오티드 첨가를 촉매 한다. 셋째, 전사의 결과로 두 가닥이 아닌 한 가닥의 RNA가 만들어진다.

DNA 상에 존재하는 다수의 유전암호화 부분은 개별적으로 전사가 되며 이들 각각은 시작과 종료를 알리는 신호를 가지고 있다. 전사는 유전자의 시작을 알리는 정보가 있는 특정 염기 서열을 가진 **프로모터**(promoter)에서 시작된다. RNA 합성은 프로모터에 RNA 중합효소와 다른 단백질들이 붙게 되자마자 시작된다. RNA 중합효소는 DNA를 따라 이동하며 뉴클레오티드를 하나씩 붙여간다(그림 13.3). RNA 중합효소는 곧 "종료"를 의미하는 다른 염기 서열에 도달하게 되고

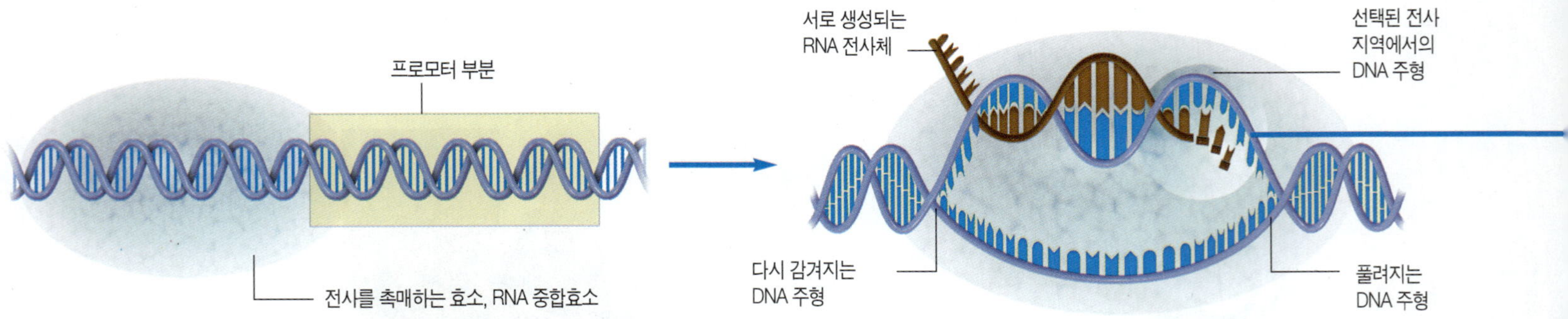


**a** DNA에 존재하는 프로모터부분에서 RNA중합효소가 전사를 시작한다. RNA중합효소는 프로모터에 인접한 염기서열을 주형으로 인식한다. 효소는 DNA에 의해 규정된 순서대로 아데닌, 시토신, 구아닌, 우라실 염기들을 연결하여 RNA분자를 생성한다.

**b** 전사과정동안 RNA중합효소의 앞부분에 위치한 DNA 이중가닥은 풀려지게 된다. 새로이 생성되는 RNA의 짧은 부분은 잠시 동안 DNA주형과 서로 엉켜있게 된다. RNA의 새로운 가닥이 주형으로부터 풀려져 나오며 DNA 두 가닥은 다시 이중나선을 형성한다.

**그림 13.3** 유전자 전사. 이 과정을 통하여 RNA분자가 DNA주형에 모이게 된다. (a) DNA의 유전자부분. DNA의 두 가닥 중 하나의 가닥에 존재하는 염기서열만이 주형으로 이용된다. (b-d) 이러한 부분의 전사가 RNA분자를 생성한다.

새로운 RNA가 유리된 전사체로 떨어져 나오게 된다.

### mRNA 전사체에 대한 마지막 손질들

진핵세포에서는 전사로 만들어진 새 mRNA는 완성된 것이 아니다. '**mRNA 전구체**(pre-mRNA)'는 단백질 합성이 일어나기 전에 수정작업이 있어야 한다. 디자이너가 만든 옷을 최종적으로 팔기 전에 실을 자르거나 리본을 붙여 마지막 손질을 하는 것처럼 진핵세포도 mRNA 전구체를 손질한다.

예를 들면 효소들은 mRNA 전구체의 5' 말단에 캡(cap)을 붙인다. 이 캡(cap)은 변형된 구아닌 뉴클레오티드이다. 또 다른 효소작용으로 대부분의 mRNA 전구체에 100~200개의 아데닌 뉴클레오티드로 구성된 꼬리를 3'말단에 붙인다. 따라서 이를 폴리-A꼬리라고 부른다. 그 후, 세포질에서는 캡(cap)이 리보솜에 mRNA가 결합하는 것을 돕는다. 또한 효소들은 다른 한쪽 끝(캡 반대부분)에 있는 꼬리부분을 서서히 분해하게 될 것이다. 꼬리의 길이는 특정 mRNA 분자가 얼마나 존재할 수 있는가를 결정한다. 이러한 장치는 세포가 필요로 하는 한 안전하게 mRNA가 남아 단백질을 합성할 수 있게 도와줄 수 있다. 진핵세포 유전자 중 단백질을 암호화하는 부분을 **엑손**(exon)이라 부른다. 이들 엑손 사이에 하나 이상의 **인트론**(intron)이라 불리는 서열이 존재하는데 이들은 성숙된 mRNA가 번역되기 전에 제거된다. 이들 인트론들은 단백질을 만들기 위하여 다양한 방식으로 잘리거나 연결되기도 한다. 이와 같은 선택적 이어 맞추기(alternative splicing)는 신체의 다른 세포에서 같은 유전자로부터 다른 용도의 mRNA 전구체를 만들게 하여 다양한 단백질을 생산할 수 있게 한다. 이는 DNA의 정보 저장 능력을 증대시키는 한 방법이 될 수 있으며 이로써 다양한 단백질들을 만들 수 있게 된다.

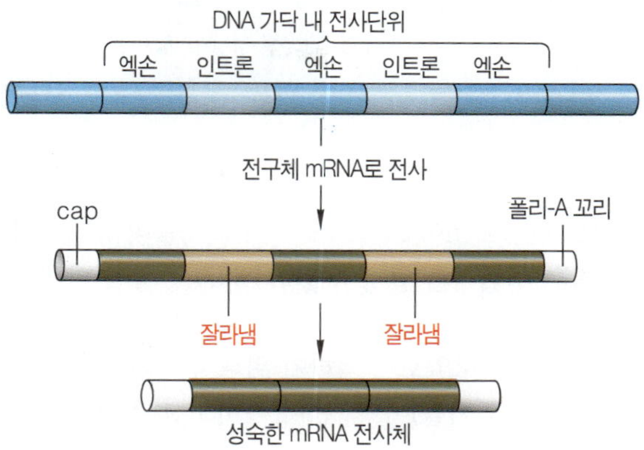


**그림 13.4** 초기전사체 mRNA의 고정과정. 일부 또는 전체의 인트론서열이 전사체가 핵을 벗어나기 전에 제거된다.

그림 13.4에서 보이는 것처럼 인트론은 엑손과 함께 전사된다. 인트론은 mRNA가 완성된 형태로 핵을 나가기 전에 잘려나간다. 이를 다음과 같이 생각해보자: 엑손은 핵으로부터 벗어나고(exported) 인트론은 핵 안에(in) 남아 있다는 점이다.

유전자 전사과정 동안 DNA 분자의 두 가닥 중 한 가닥의 노출된 염기 서열이 주형으로 작용한다. 이러한 주형을 사용하여 RNA 중합 효소는 네 개의 뉴클레오티드(A, U, C, G)들을 써서 한 가닥의 RNA를 생성한다. 핵을 떠나기 이전에 새로이 생성된 mRNA 전사체(mRNA 전구체)는 완성된 형태를 갖추기 위한 변형 과정을 거친다.

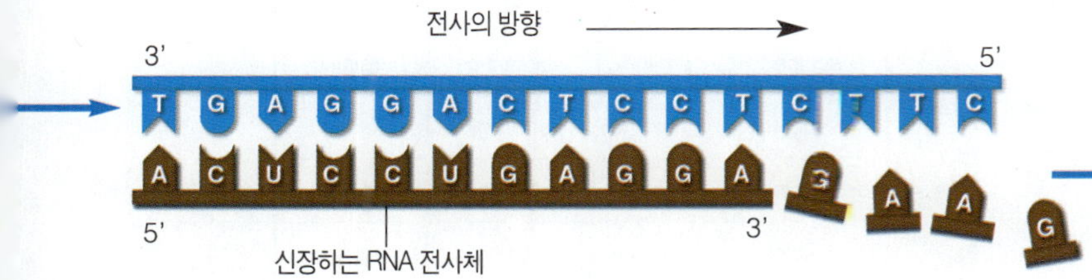


ⓒ RNA와 DNA가 붙어있는 자리에서 무슨 일이 일어날까? RNA중합효소가 DNA의 노출된 염기들을 주형으로 하여 리보뉴클레오티드들을 하나씩 RNA가닥에 첨가한다.

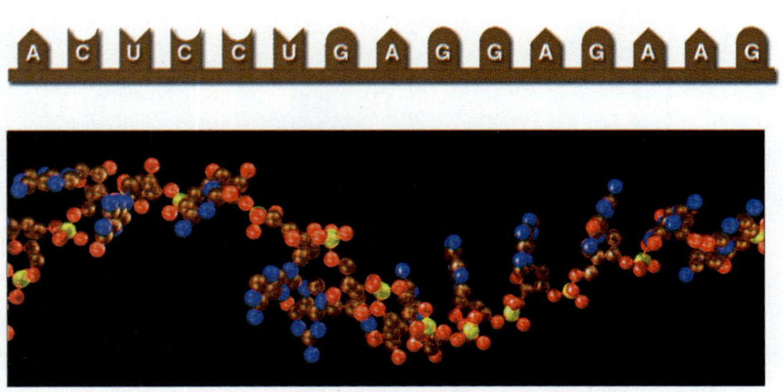


ⓓ 유전자의 끝부분에서는 새로이 생성된 전사체가 풀려지고 DNA주형으로부터 벗어나게 된다. 보인 그림은 RNA의 전사체 가닥의 모델이다.

## 13.2 mRNA 전사체의 해독

*DNA와 같이 mRNA도 뉴클레오티드가 한 줄로 배열된 형태를 가진다. 그렇다면 그 서열 속에 내재된 단백질 생성의 정보는 무엇일까? 이것의 기초는 세 개의 뉴클레오티드 염기로 구성된 3글자 단위이다.*

### 유전 암호

니렌버그, 레더, 오초아 그리고 코라나 박사들이 유전자와 단백질 사이의 연관성을 규명하였다. DNA 주형에 대해 형성된 mRNA 전사체를 그림 13.5a와 같이 가정해보자. 이를 단백질의 아미노산 서열로 번역하기 위해서는 몇 개의 글자들(뉴클레오티드 염기들)이 한 단어(아미노산)에 해당하는지 알아야한다. 이것이 이들 연구자들이 밝혀 낸 것들이다.

앞으로 보게 되는 바와 같이 mRNA가 리보솜에 결합하고 나면 mRNA의 뉴클레오티드 염기들이 한 번에 3개씩 읽혀지게 된다. mRNA 가닥에서 이 세 개의 염기단위를 코돈(codon)이라 한다. 그림 13.5b는 mRNA 선상에 배열된 코돈의 순서가 신장되는 폴리펩티드 사슬에 특정 아미노산을 붙이는 순서를 어떻게 결정하는지 보여준다.

그림 13.6에서 보이는 코돈의 수를 세어보니 64개이다. 이 숫자는 아미노산의 개수(20개)를 초과하는 것이다. 따라서 20개의 아미노산 대부분은 한 가지 이상의 코돈으로부터 결정된다는 것을 알 수 있다. 예를 들어 글루탐산(Glu)은 코돈 GAA와 GAG에 의해 결정된다.

거의 모든 종에서 AUG 코돈은 mRNA의 "한 번에 세 염기"씩 번역하는데 있어서 개시 코돈에 해당한다. 이는 메티오닌이 모든 새로이 생성되는 폴리펩티드의 첫 번째 아미노산임을 의미한다. 코돈 UAA, UAG, 그리고 UGA는 지정하는 아미노산이 없다. 이들은 아미노산이 더 이상 생성되는 폴리펩티드에 첨가되지 않게 하는 종결 코돈이다.

64개의 코돈 한 세트를 유전자 코드(genetic code)라고 하며 모든 생물체에서 단백질 합성의 기본이 된다. 미토콘드리아는 이런 규칙의 예외 중 하나이다. 미토콘드리아는 그 자체의 "미토콘드리아 코드"를 가지고 있으며 여기에는 몇 개의 독특한 코돈들이 있다. 이러한 특징은 미토콘드리아가 진핵세포에서 공생하는 기원을 가진다는 이론을 지지하는 것이 된다. 이 이론에 의하면 고대의 호기성 박테리아가 다른 세포들에 의해 섭취되었으나 이들이 소화되지 않고 숙주 세포 안에서 미토콘드리아로 진화되었다는 것이다(18.4절 참조).

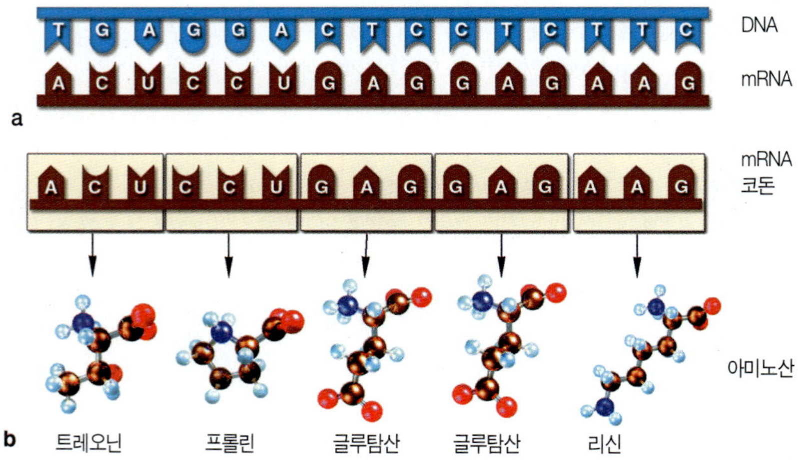


**그림 13.5** 유전자와 단백질간의 연결과정의 예. **(a)** DNA상의 유전정보(푸른색)를 담은 mRNA 전사체 (갈색). 하나의 코돈에 대응하는 세 개 뉴클레오티드 염기가 아미노산 하나를 지정한다. 이러한 코돈들의 연속이 **(b)**에 보인 아미노산 서열을 결정한다.

| 첫 번째 염기 | 두번째 염기 U | C | A | G | 세 번째 염기 |
|---|---|---|---|---|---|
| U | phenylalanine | serine | tyrosine | cysteine | U |
| | phenylalanine | serine | tyrosine | cysteine | C |
| | leucine | serine | 종결 | 종결 | A |
| | leucine | serine | 종결 | tryptophan | G |
| C | leucine | proline | histidine | arginine | U |
| | leucine | proline | histidine | arginine | C |
| | leucine | proline | glutamine | arginine | A |
| | leucine | proline | glutamine | arginine | G |
| A | isoleucine | threonine | asparagine | serine | U |
| | isoleucine | threonine | asparagine | serine | C |
| | isoleucine | threonine | lysine | arginine | A |
| | methionine (or START) | threonine | lysine | arginine | G |
| G | valine | alanine | aspartate | glycine | U |
| | valine | alanine | aspartate | glycine | C |
| | valine | alanine | glutamate | glycine | A |
| | valine | alanine | glutamate | glycine | G |

**그림 13.6** 거의 보편적인 유전자 암호들. mRNA의 각 코돈은 세 염기들의 조합이다. 이러한 61개의 세 염기 코돈은 특정 아미노산을 암호화한다. 세 개의 코돈은 번역을 중단시키는 신호이다. 왼편 세로줄(짙은 갈색)은 코돈의 첫 번째 염기를 나타내고, 위에 있는 가로줄 (옅은 갈색)은 코돈의 가운데 염기, 그리고 오른편 세로줄(갈색)은 세 번째 염기를 나타낸다. 세 개의 예를 들어보자. 왼쪽에서 오른쪽으로 읽어서 코돈 UGG은 트립토판에 해당하고, UUU와 UUC는 페닐알라닌에 해당한다.

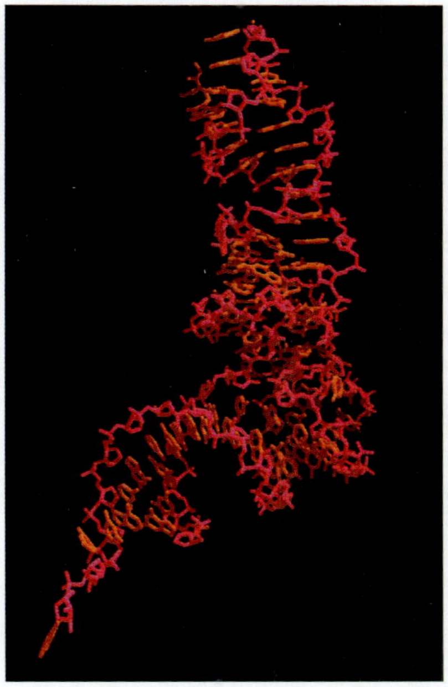

**그림 13.7** tRNA 모델. 아래쪽에 위치한 "고리"는 특정 아미노산과 결합하는 자리를 나타낸다.

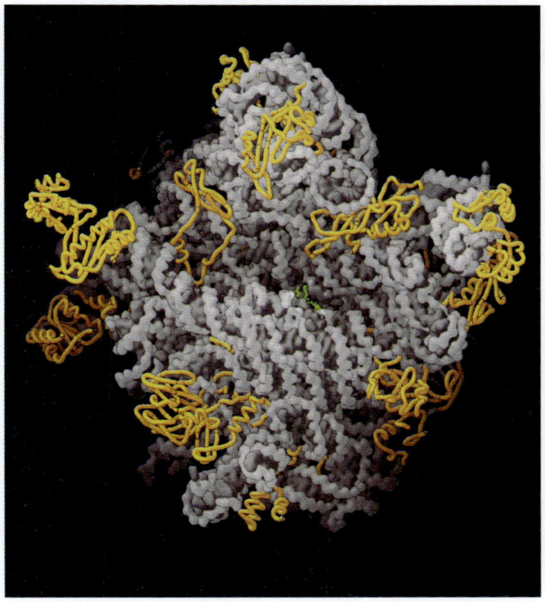

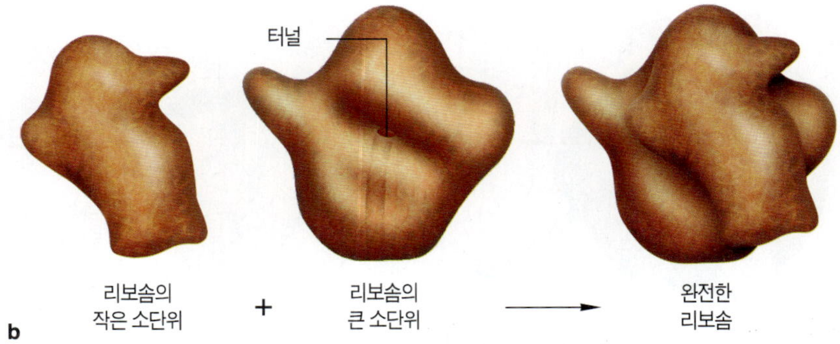


**그림 13.8** (**a**) 박테리아 리보솜의 큰 하위단위체의 리본모델. 이 속에는 두 개의 rRNA들(회색)과 구조를 안정화 시키는 31개의 구조단백질(금색)들이 들어있다. 이 하위 단위체를 관통하는 하나의 터널 끝 부분에 rRNA가 폴리펩티드 사슬형성을 촉매한다. 이는 고대적부터 상당히 보존된 구조이다. 이의 역할은 상당히 중요하므로 이에 대응하는 진핵생물의 리보솜의 하위단위체는 더 큰 형태를 가지더라도 그 구조와 기능은 유사하리라 생각된다. (**b**) 진핵세포 리보솜 하위단위체들의 모델.

## 다른 종류의 RNA들

모든 세포들의 세포질에는 유리 아미노산들과 tRNA의 집합체가 존재한다. 각 tRNA는 분자적 결합 고리, 즉 아미노산이 붙을 수 있는 자리가 있으며 코돈과 염기쌍을 이룰 수 있는 세 개의 염기인 안티코돈(anticodon)을 가지고 있다(그림 13.7). tRNA가 코돈에 결합하면 자동적으로 mRNA에서 정해진 순서에 따라 tRNA에 부착된 아미노산들이 자리를 차지하게 된다.

세포는 64개 종류의 코돈 집합을 가지고 있지단 사용되는 tRNA의 종류는 더 적다. tRNA가 어떻게 하나 이상의 코돈과 결합할 수 있을까? 염기쌍 규칙에 의하면 아데닌은 우라실과 결합하고 시토신은 구아닌과 결합한다. 하지만 코돈과 안티코돈이 결합 할 때 코돈의 세 번째 염기에 대해서는 이 규칙이 엄밀하게 적용되지는 않는다. 이와 같은 코돈-안티코돈 염기 결합의 자유도는 "동요(wobble)효과"라고 한다. 예를 들어, AUU, AUC, 그리고 AUA 모두 아미노산 이소류신을 지정한다. 이 세 코돈은 모두 이소류신을 장착한 한 종류의 tRNA와 결합이 가능하다.

안티코돈이 mRNA 가닥의 코돈과 결합하기 전에 mRNA 가닥은 리보솜에 결합하여야 한다. 리보솜은 두 개의 하위 단위체로 구성되어있다(그림 13.8). 리보솜은 핵 속에서 만들어져 세포질로 이동되어진 rRNA와 구조 단백질들로부터 조립된다. 세포질에서 mRNA가 번역될 때만이 대 단위체와 소 단위체가 서로 결합되어 온전한 기능을 가진 리보솜이 된다.

유전암호는 64종류의 3염기가 한 단위로 읽혀지는 3염기 세트를 말한다. 서로 다른 아미노산은 서로 다른 코돈에 의해 지정된다.

오직 mRNA 만이 DNA에 담겨져 있는 단백질 생성 정보를 핵으로부터 세포질로 옮길 수 있다.

tRNA는 아미노산을 리보솜으로 운반하며 mRNA에 의해 정해진 순서대로 코돈과 염기쌍을 이룬다.

폴리펩티드 사슬은 리보솜에서 생성되며, 리보솜은 rRNA와 단백질로 구성된 대, 소 단위체로 구성되어 있다.

## 13.3 mRNA로부터 단백질로의 번역

*DNA의 유전정보는 온전하고 안전하게 한 곳에 저장되어야한다. DNA로부터 단백질로 정보를 전달하는 중개자로서의 mRNA를 생각해보자. mRNA 전사체는 단백질의 폴리펩티드 사슬로 번역된다.*

번역 과정은 개시, 신장, 그리고 종결의 세 가지 단계로 구성된다. 개시 단계에서는 번역을 시작할 수 있는 단 한 가지 개시 tRNA를 요구한다. 개시 tRNA는 리보솜 소 단위체와 결합한다. 이 후 mRNA의 시작 코돈인 AUG가 개시 tRNA의 안티코돈과 결합한다. 이제 리보솜의 대 단위체가 소 단위체와 복합체를 형성하게 된다(그림 13.9a~c). 종합하여, 리보솜, mRNA, 그리고 개시 tRNA가 개시 단계 복합체를 형성하게 되어 다음 단계로 넘어가게 된다.

신장 단계에서는 mRNA가 리보솜의 두 단위체 사이를 통과함에 따라 폴리펩티드 사슬이 합성된다. 이는 마치 실이 바늘귀를 통과하는 것과 유사한 형태이다. tRNA 분자를 아미노산을 mRNA 상의 코돈에 의해 결정되어지는 순서대로 리보솜으로 이동시킨다. 리보솜의 대 단위체에 존재하는 rRNA의 일부가 아미노산들 사이의 펩티드 결합을 생성하는 효소로서 작용한다(그림 13.9d~f).

그림 13.9g는 리보솜에 나중에 들어오는 아미노산과 먼저 들어와 있던 아미노산 사이의 펩티드 결합이 어떻게 생기게 되는지를 보여준다. 3.5절에 있는 펩티드 결합 그림을 참조하라.

번역의 최종 단계인 종결 단계에서는 리보솜이 mRNA의

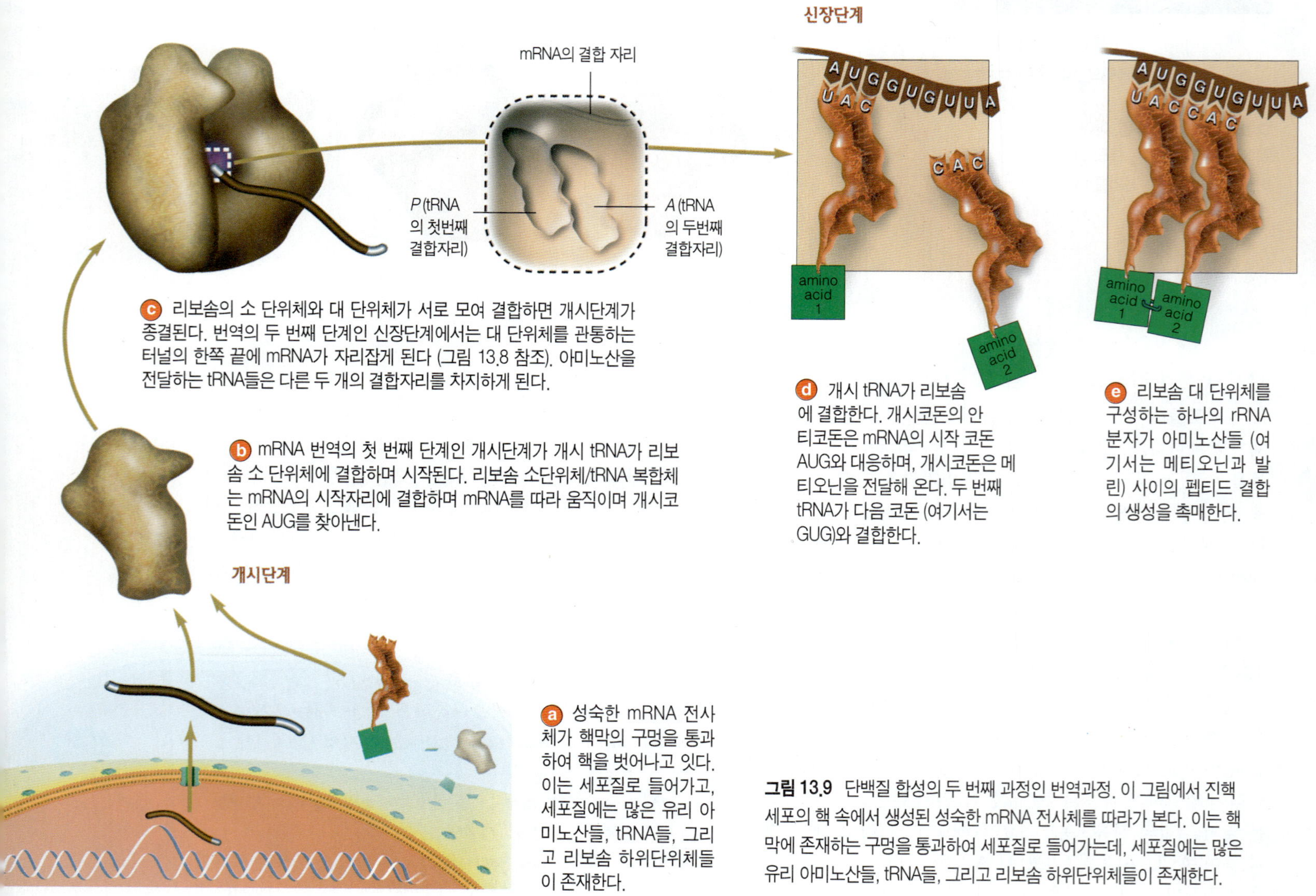


ⓒ 리보솜의 소 단위체와 대 단위체가 서로 모여 결합하면 개시단계가 종결된다. 번역의 두 번째 단계인 신장단계에서는 대 단위체를 관통하는 터널의 한쪽 끝에 mRNA가 자리잡게 된다 (그림 13.8 참조). 아미노산을 전달하는 tRNA들은 다른 두 개의 결합자리를 차지하게 된다.

ⓑ mRNA 번역의 첫 번째 단계인 개시단계가 개시 tRNA가 리보솜 소 단위체에 결합하며 시작된다. 리보솜 소단위체/tRNA 복합체는 mRNA의 시작자리에 결합하며 mRNA를 따라 움직이며 개시코돈인 AUG를 찾아낸다.

ⓐ 성숙한 mRNA 전사체가 핵막의 구멍을 통과하여 핵을 벗어나고 있다. 이는 세포질로 들어가고, 세포질에는 많은 유리 아미노산들, tRNA들, 그리고 리보솜 하위단위체들이 존재한다.

ⓓ 개시 tRNA가 리보솜에 결합한다. 개시코돈의 안티코돈은 mRNA의 시작 코돈 AUG와 대응하며, 개시코돈은 메티오닌을 전달해 온다. 두 번째 tRNA가 다음 코돈 (여기서는 GUG)와 결합한다.

ⓔ 리보솜 대 단위체를 구성하는 하나의 rRNA 분자가 아미노산들 (여기서는 메티오닌과 발린) 사이의 펩티드 결합의 생성을 촉매한다.

**그림 13.9** 단백질 합성의 두 번째 과정인 번역과정. 이 그림에서 진핵세포의 핵 속에서 생성된 성숙한 mRNA 전사체를 따라가 본다. 이는 핵막에 존재하는 구멍을 통과하여 세포질로 들어가는데, 세포질에는 많은 유리 아미노산들, tRNA들, 그리고 리보솜 하위단위체들이 존재한다.

종결 코돈에 당도하게 된다. 이 때 안티코돈을 가진 tRNA는 없으며 방출인자라 불리는 단백질들이 리보솜과 결합하게 된다. 이러한 결합은 리보솜으로 부터 mRNA와 폴리펩티드 사슬을 떨어뜨리는 효소 반응을 촉매한다(그림 13.9i~k).

미 수정 난자나 여러 단백질들을 빠르게 많이 만들어야 하는 세포에서는 보통 세포질에 mRNA 전사체를 많이 축적해둔다. 또한 단백질을 빠르게 소모하거나 분비해야 하는 세포에서는 하나의 mRNA상에 여러 개의 리보솜들이 결합되어 동시에 번역이 이루어지는 **폴리솜**(polysome)이 발견된다.

새로이 생성된 폴리펩티드 사슬들은 주로 세포질에서 기능을 하게 되며 다른 다수의 폴리펩티드들은 특정 아미노산 서열로 구성된 이동 표지를 갖고 있다. 이들 이동 표지 서열은 리보솜이 붙어 있는 조면 소포체의 평평한 낭으로 들어가게 된다(4.7절). 내막을 갖추고 있는 세포계에서는 폴리펩티드가 그 곳에서 마지막 형태를 갖추고 세포 내부 또는 세포의 목적지로 가게 된다.

번역과정은 리보솜의 소 단위체와 개시 tRNA가 mRNA 전사체의 개시 코돈에서 모두 만나며 이로써 리보솜의 큰 단위체가 이들과 결합할 때 시작된다.

tRNA는 mRNA 코돈의 정해진 순서에 따라 리보솜으로 아미노산들을 전달한다. 이들 아미노산 사이에 펩티드 결합이 생성됨에 따라 폴리펩티드 사슬은 길어지게 된다.

리보솜으로 부터 mRNA와 폴리펩티드 사슬이 떨어지게 하는 종결 코돈에 도달하면 번역의 종결이 일어난다.

f 첫 번째 tRNA는 떨어져나가고 리보솜은 다음 코돈으로 옮겨간다.

g 세 번째 tRNA가 다음 코돈 (여기서는 UUA)과 결합한다. 리보솜은 2번과 3번 째 아미노산사이의 펩티드 결합을 생성한다.

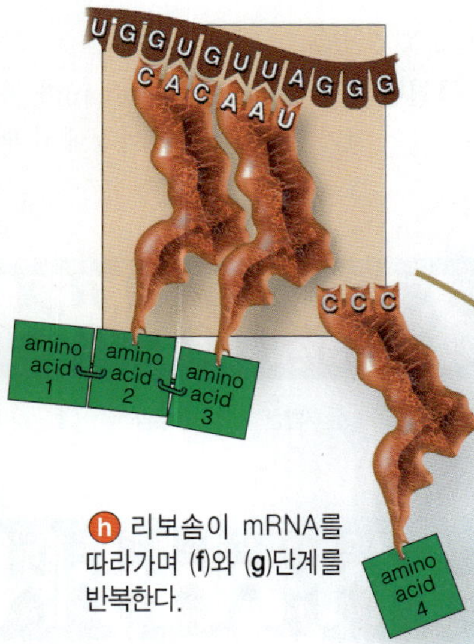


h 리보솜이 mRNA를 따라가며 (f)와 (g)단계를 반복한다.

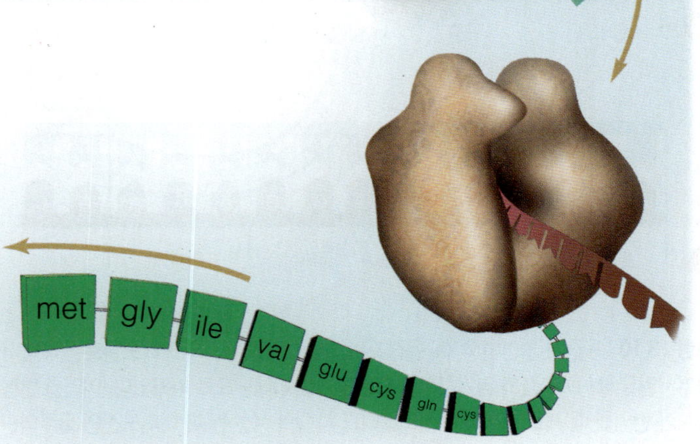


종결단계

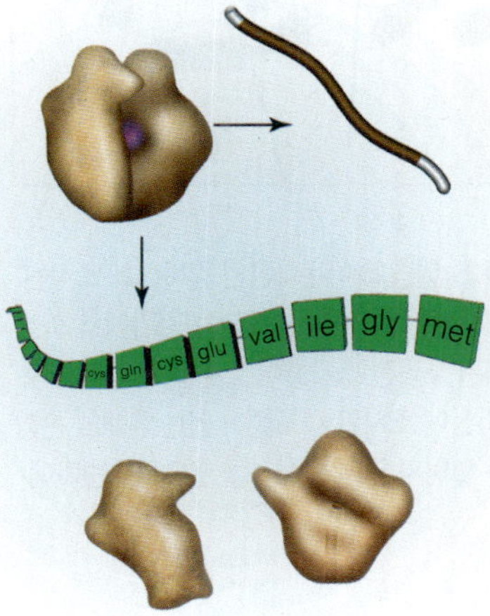


i 사슬이 생성되고 있는 부위로 종결코돈이 움직여 간다.

j 새로이 생성된 폴리펩티드 사슬이 리보솜으로부터 떨어져 나온다. 생성된 폴리펩티드는 단백질들이 모여있는 세포질로 가거나 내부막 시스템인 조면소포체로 들어가게 된다.

k 이제 두 개의 리보솜 하위단위체들이 분리된다.

# 13.4 돌연변이 유전자와 이에 의한 단백질 산물들

*세포에서 유전 암호가 작동할 때 세포는 자신에게 필요한 구조와 기능을 갖는 단백질들을 정확히 합성한다. 그러나 유전 암호에 변화가 생기면 생성되는 단백질에도 변형이 생긴다. 이 때 변형된 단백질이 세포 구조나 대사 작용에 중요한 역할을 하는 경로라면 비정상적 세포가 생기게 된다.*

유전자 염기서열은 변한다. 때로 한 염기가 다른 염기로 대치되고 또 다른 경우에는 염기가 첨가되거나 빠져 버리기도 한다. 이와 같이 DNA 분자 내 유전자에서 염기서열이 소규모로 변화하는 것을 **유전자 돌연변이**(gene mutation)라고 한다. 그러나 여기에는 몇 가지 허용되는 부분이(하나 이상의 코돈이 동일 아미노산을 지정한다는 것을 생각하라) 있다. 예를 들면, 만약 UCU를 UCC로 바꾸었다면 두 코돈 모두 세린이라는 아미노산을 지정하기 때문에 극단적인 효과를 가지지 않는다. 그러나 많은 경우 돌연변이에 의해서 기능이 변형되거나 소실된 단백질들이 생성된다.

## 일반적인 돌연변이들

**염기치환 돌연변이**(base-pair substitution)라 불리는 돌연변이에서는 하나의 염기가 DNA 복제과정에서 부적절하게 다른 염기로 복제된다. 그 결과 단백질은 그릇된 아미노산을 집어넣게 되거나 단백질 합성이 제대로 되기 전에 끝날 수도 있다. 그림 13.10b에 보이는 것과 같이 베타 헤모글로빈 유전자에서 티민이 아데닌으로 바뀌게 되었다. 이러한 돌연변이 유전자의 산물은 낫세포 빈혈증을 일으키는 원인이 되는 단일 아미노산 치환을 야기한다(3.6절).

그림 13.10c는 단일염기(티민)가 결실되는 다른 형태의 유전자 돌연변이를 보여준다. DNA 중합효소가 염기서열을 세 개의 단위로 읽는다는 것을 상기하면 염기의 결실은 **틀이동 돌연변이**(frameshift mutation)의 일종이 된다. 변형된 유전자로부터 변형된 mRNA가 생성되고 이로부터 변형된 단백질이 만들어진다.

이와 같은 틀이동 돌연변이는 **염기 삽입**(insertion)과 **염기 결실**(deletion)에 해당한다. 하나 또는 그 이상의 염기들이 DNA에 삽입되거나 결실되기도 한다.

다른 예로는, **전이인자**(trasposon 또는 transposable element)가 전이될 때 돌연변이를 일으키는 것을 들 수 있다. 바바라 맥클린토크(Babara McClintock)는 같은 DNA 분자 내 한 곳에서 다른 위치로 또는 다른 DNA 분자 내로 스스로 이동하는 DNA 조각을 발견하였다. 이들은 흔히 새로 삽입

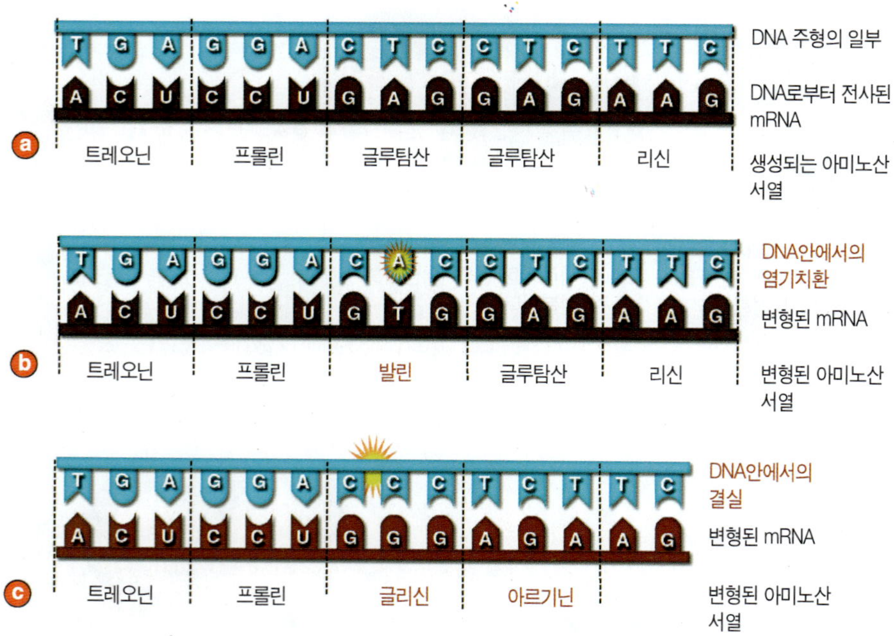


**그림 13.10** 유전자 돌연변이. (a) 유전자의 일부, mRNA, 그리고 헤모글로빈 베타사슬의 아미노산 일부서열들. (b) DNA상의 염기치환이 티민염기를 아데닌으로 바꾸었다. 이러한 변형된 mRNA가 전사체가 번역될 때 새로 생성되는 폴리펩티드 사슬의 여섯 번 째 아미노산인 글루타민이 발린으로 교체된다. 그 결과 겸상 적혈구 빈혈증이 일어난다. (c) 상기 언급한 티민이 결실되면 틀이동 돌연변이가 생긴다. mRNA의 나머지 부분에 대한 읽음틀이 바뀌게 되면 다른 단백질 산물이 생성되고 이것은 비정상적 형태를 가지는 적혈구세포에 의한 탈라세미아 병을 일으킨다.

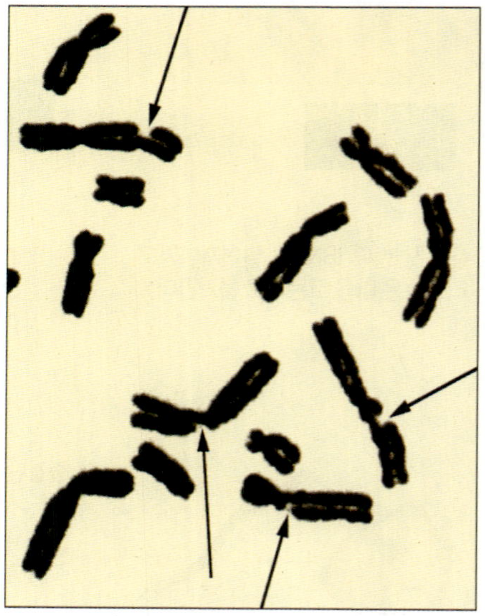

**그림 13.12** 일종의 이온화선인 감마선에 조사된 인간의 염색체들. DNA가 복제되는 간기에서 화살표로 표시된 부러진 조각들이 소실될 것이라 예측한다. 감마선에 조사된 세포들이 입는 염색체 손상의 정도는 얼마나 많은 방사선을 흡수하였는가에 달려있다.

**그림 13.11** 노벨상을 수상한 바바라 멕클린톡. 그녀는 DNA상의 여러 부위에 전이인자 (transposon)가 끼어들거나 빠져나가는 것을 입증하였다. 인디안 옥수수의 이상하게 생긴 서로 다른 색깔의 알맹이들이 발견에 이르게 했다. 여러 개의 유전자들이 옥수수 알맹이들의 색소 발생과 침착에 관여한다. 이러한 유전자들의 하나 또는 일부에 돌연변이가 생기면 노란색, 흰색, 붉은색, 오렌지색, 푸른색, 자주색깔의 옥수수 알맹이들을 생기게 한다. 하지만, 그녀는 불안정한 돌연변이는 이런 개별의 알맹이들에 줄무늬가 생기게 하는 사실을 알게 되었다. 모든 옥수수 세포들은 같은 색소를 생성하는 유전자들을 가지고 있다. 하지만 수정된 배아가 자라기 이전에 전이인자가 색소발생 유전자에 침투한다. 옥수수 알맹이 조직이 자라는 동안 세포는 색소를 만들지 않는다. 그러나 동일한 전이인자가 세포에 존재하는 색소생성 유전자로부터 빠져 나오게 된다. 이들 세포의 자손들은 색소를 만들게 된다. 개별 옥수수 알맹이들에 보이는 줄무늬와 점들은 이러한 세포들의 계통을 보여준다.

된 위치의 유전자를 불활성화 시킨다. 예측할 수 없는 일은 표현형에서 아주 흥미로운 현상을 일으킨다. 그림 13.11이 예를 들고 있다.

## 유전자 돌연변이의 원인

많은 돌연변이는 DNA가 복제될 때 자연적으로 일어난다. DNA 복제의 속도와 새로 생성 중인 DNA 가닥 주위에 밀집한 뉴클레오티드의 거대한 무리를 생각한다면 돌연변이의 발생은 놀라운 일이 아니다(12.4절). 고정효소와 수리효소가 대부분의 실수를 찾아내고 고치지만 적은 수의 변이가 이들 효소를 피해 생긴다.

모든 유전자 돌연변이가 자연적으로 일어나지는 않는다. 상당수의 돌연변이는 돌연변이 유발원에 노출된 이후 생기게 된다. 예를 들어 X-선이나 유사한 고에너지 파장의 **이온화 방사선**은 염색체를 조각내어 손상시킬 수 있다(그림13.12). 이러한 이온화 방사선은 살아있는 조직에 침투하여 상당히 파괴적인 자유라디칼을 생성하고 이들이 생성된 흔적을 남기게 된다. 이러한 이유로 의사나 치과의사들이 환자의 DNA손상을 최소화 하도록 X-선 조사량을 최소화하여 사용한다.

비이온화 방사선은 전자들을 더 높은 에너지 수준으로 끌어올린다. DNA는 자외선을 흡수한다. DNA의 시토신과 티민은 자외선에 의해 쉽게 들뜬 상태가 되므로 그들의 염기쌍 형성의 특성이 쉽게 바뀌어 진다. 예를 들어 자외선은 두 개의 티민 염기들을 새로 짝짓게(A-T가 아니라 T-T) 할 수 있다. 적어도 7개의 유전자 산물들이 이러한 오류(티민 이량체)를 제거하기 위한 DNA 수선 메카니즘으로 서로 작용한다. 티민 이량체는 햇빛에 노출된 피부 세포에서 생기곤 한다. 티민 이량체가 수선되지 않으면 이는 DNA 중합효소가 DNA 복제의 다음 사이클에서 추가적인 오류를 만들게 한다. 이들은 어떤 종류의 암에 이르게 하는 돌연변이가 된다.

주변 환경에서 접하는 천연물이나 인공합성 화합물도 자발적 돌연변이를 가속화시킬 수 있다. 예를 들면 **알킬화 물질**(alkylating agent)은 DNA의 염기나 인산기에 메틸기나 에틸기를 옮긴다. 이처럼 알킬화된 곳에서 DNA는 염기짝 파괴가 더 쉽게 일어나 돌연변이가 발생한다. 많은 발암물질(carcinogen)-암을 일으키는 물질-은 DNA를 알킬화시켜 작용한다.

## 돌연변이의 결과는 단백질에 나타난다

돌연변이가 체세포에서 일어난다면 다음 자손으로 넘어가지 않기 때문에 좋거나 나쁘거나에 상관없이 견뎌낼 수 있다. 그러나 돌연변이가 생식세포에서 일어난다면 진화의 장으로 들어가게 된다. 같은 결과로 무성생식을 하는 생물체나 세포에서 돌연변이가 생길 수 있다.

이런 모든 경우에 자연의 시험은 다음과 같다. 유전되는 돌연변이에 의해 생겨난 단백질은 그 개체가 일반적인 환경에서 기능을 하는 데 방해가 되기도 하고, 아무 영향이 없을 수도 있고 오히려 이익을 줄 수도 있다. 이러한 유전과 돌연변이는 강력한 진화적 결과를 초래하며 이러한 내용들이 이후의 장에서 다룰 중요한 주제이다.

> 유전자 돌연변이는 DNA 염기서열에서 하나 또는 그 이상의 염기에 변형이 생긴 것이다. 가장 일반적인 것은 염기치환, 염기 삽입, 염기 결실이다.
>
> 각 유전자는 특정한 자발성 돌연변이율을 가지며 해로운 빛에 쪼이거나 환경의 어떤 화학물질에 노출되어 돌연변이율이 증가될 수 있다.
>
> 돌연변이 유전자에 의하여 만들어진 단백질은 그 개체가 환경 속에서 살아가는데 해를 줄 수도 있고, 아무 영향이 없을 수도 있고 오히려 이익을 줄 수도 있다.

## 요 약

**13.1절** 전사와 번역은 유전자로부터 단백질에 이르는 두 개의 단계이다.

DNA —전사→ RNA —번역→ 단백질

진핵세포에서는 전사과정이 핵 속에서 일어난다(그림13.13). DNA의 두 가닥이 선택된 부분에서 개개의 가닥으로 풀려진다. RNA 중합효소는 풀린 한 가닥의 DNA의 노출된 염기들에 대응하여 유리된 뉴클레오티드들(아데닌, 구아닌, 시토신, 우라실)로부터 RNA를 합성하는 주형으로 사용한다. mRNA 전사체는 핵을 벗어나기 전에 변형과정을 거친다.

**13.2절** 번역과정에서는 세 가지 유형의 RNA들이 폴리펩티드 사슬을 생성하기 위해 작용한다. 전령RNA(mRNA)는 핵으로부터 세포질로의 단백질 생성의 정보를 전달한다. mRNA의 유전정보는 하나의 아미노산을 지정하는 코돈(세 개의 염기들로 구성되어 있다)들의 연속적 배열에 의해 결정된다. 코돈은 64개가 있으며 이들 중 일부는 번역의 시작과 종결을 담당한다. 리보솜은 리보솜RNA(rRNA)와 이들을 안정화시키는 단백질들로 구성되어 있다. 운반RNA(tRNA)는 세포질에 있는 유리아미노산과 결합하여 이들을 mRNA의 예정된 암호 순서대로 번역과정 중에 리보솜으로 운반하여 준다. tRNA의 종류마다 결합하는 아미노산은 다르다.

**13.3절** 번역과정 동안 아미노산들은 mRNA의 코돈에 의해 지정되는 순서대로 서로 연결된다. 번역 작용은 세 단계로 이루어진다. 개시단계에서는 리보솜 하위단위체들, 개시 tRNA, 그리도 mRNA가 서로 결합하여 개시 복합체를 형성한다. 신장단계에서는 tRNA가 리보솜으로 아미노산을 전달하는데 이로부터 폴리펩티드 사슬이 합성된다. 리보솜에 존재하는 rRNA의 일부는 아미노산들 사이의 펩티드 결합 생성을 촉매한다. 종결단계에서는 종결코돈과 여러 다른 요소들이 mRNA와 새로이 생성된 폴리펩티드 사슬의 해리를 일으키며 이는 리보솜 단위체들이 서로 떨어지게 한다.

**13.4절** 유전자 돌연변이는 DNA 염기 서열에 생기는 유전되는 작은 규모의 변화를 말한다. 이들의 주된 형태는 염기쌍 치환, 삽입, 결실 등이 있다. 많은 경우 이들은 DNA가 복제되는 도중에 자연적으로 발행한다. 일부의 돌연변이들은 전이인자가 유전자 안에서 이동하거나 DNA가 이온화 방사선이나 화학적 물질에 노출 된 경우 발생한다. 돌연변이는 단백질의 구조와 기능에 변화를 초래한다.

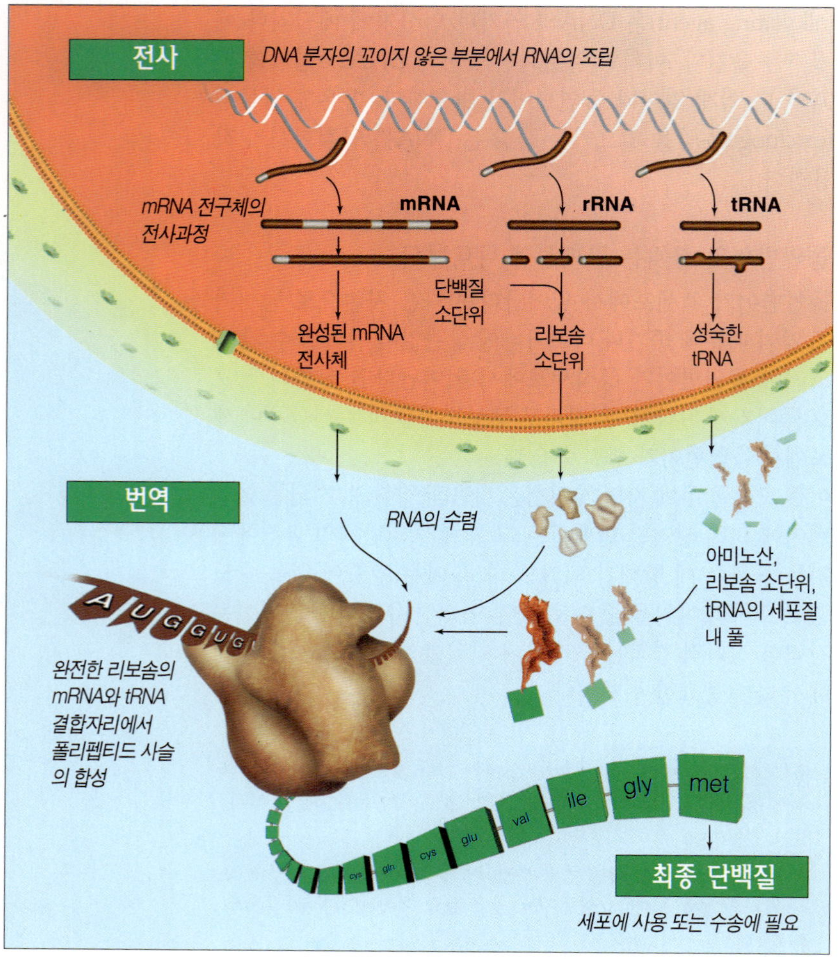


**그림 13.13** 진핵세포에서의 단백질 합성과정의 요약. 핵 속에서 DNA는 RNA로 전사되어진다. RNA는 세포질에서 단백질로 번역된다. 원핵세포는 핵이 없으므로 전사와 번역이 세포질에서 일어난다.

## *자습-퀴즈*

*정답은 부록 Ⅲ에 있음*

1. DNA는 서로 다른 ________로 전사하는 많은 다양한 유전자를 포함한다.
   a. 단백질 b. mRNA들
   c. mRNAs, tRNAs, rRNAs d. 모두 다
2. RNA 분자는 전형적으로 ________이다.
   a. 이중 나선 b. 단일 가닥
   c. 이중 가닥 d. 삼중 가닥
3. mRNA 분자는 ________에 의해 합성된다.
   a. 복제 b. 복사
   c. 전사 d. 번역
4. 각각의 코돈은 ________을 지정한다.
   a. 단백질 b. 폴리펩티드
   c. 아미노산 d. mRNA
5. 안티코돈은 ________과 결합한다.
   a. mRNA 코돈 b. DNA 코돈
   c. RNA 코돈 d. 아미노산

6. 다음 단어들을 가장 적절하게 설명한 것과 짝지으시오.

| | |
|---|---|
| _____ 알킬화제 | a. 성숙한 mRNA 전사체의 일부분 |
| _____ 사슬 신장 | b. 아미노산을 위한 삼중 염기 |
| _____ 엑손 | c. 번역의 두 번째 단계 |
| _____ 유전암호 | d. 코돈과 결합하는 삼중 염기 |
| _____ 안티코돈 | e. DNA 변이를 일으키는 자연적 약제 |
| _____ 인트론 | f. mRNA에서의 64개 코돈 세트 |
| _____ 코돈 | g. 번역 전에 pre-mRNA 전사체로부터 제거되는 부분 |

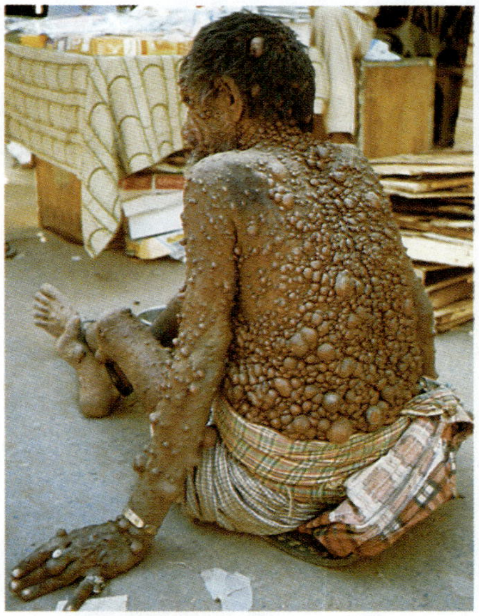

**그림 13.14** 우성 형질 유전자 돌연변이에 의한 피부암의 일종인 신경상피종 환자.

## *분석적으로 생각하기*

1. Antisense drug는 SARS를 포함한 바이러스성 질병이나 암을 치료할 때 우리를 도와 줄 수 있다. 그들은 짧은 mRNA 가닥으로 이들의 질병과 관련된 mRNA 서열과 상보적이다. 어떻게 이 drug들이 작용을 할지 생각해보라.

2. DNA 중합효소가 복제를 하고 있는 동안 DNA의 중요한인 유전자 부분에 실수를 만든다. DNA 복구 효소가 손상을 인지하거나 회복시키지 못하였다. 여기 실수를 포함한 DNA 가닥의 일부분이 있다. DNA 분자가 복제가 되고 나서, 두 개의 딸세포를 만들었다. 하나의 딸세포는 변이를 가지고 다른 하나는 정상을 가진다. 이 결과를 설명할 수 있는 가설을 밝히시오.

3. 신경상피종(Neurofibromatosis)은 인간 상염색체 우성 형질 이상으로 NF1 유전자의 변이로 인해 일어난다. 이것은 근육, 뼈, 내부 기관의 이상뿐만 아니라 말초 신경 시스템과 피부에 섬유성 종양의 형태로 나타난다 (그림 13.14). 유전자가 우성이기 때문에 병을 가진 아이들은 일반적으로 병을 받은 부모들은 가진다. 1991년, 과학자들은 부모가 병에 걸리지 않았는데도 신경상피종에 걸린 소년에 대해 보고하였다. 그들이 그의 NF1 유전자의 copy를 모두 조사했을 때, 그가 그의 아버지로부터 전이인자가 포함된 채로 물려받은 copy를 가지고 있다는 것을 알게 되었다. 아버지도 어머니도 아무도 그들 자신의 NF1 유전자의 copy들에서는 전이인자를 찾을 수 없었다. 이 소년은 어떻게 해서 신경상피종에 걸렸는지 설명하라.

4. 담배 연기는 거의 이산화탄소, 질소, 산소로 이어있다. 그 나머지는 적어도 55개의 발암 물질이나 암을 일으키는 것으로 확인된 화학 성분이 포함되어 있다. 발암 물질이 혈류 내에 들어가게 되면, 효소는 그들의 분비를 쉽게 할 수 있도록 일련의 화학 중간물로 변환시킨다. 어떤 중간물들은 DNA에 대하여 비가역적으로 결합한다. 담배 연기에 의해 야기되는 암의 메커니즘을 생각해보아라.

5. 그림 13.6에 있는 자료를 이용하여, 아래 mRNA 단편을 아미노산 서열로 번역하시오.

5'-GGTTTCTTCAAGAGA-3'

6. 원핵생물 RNA 중합효소에 의한 DNA 전사의 종결은 새로이 형성되는 RNA 전사체의 구조에 의존한다. mRNA 사슬의 종결 부분은 종종 스스로 접히어 오른쪽 그림과 같이 hairpin-loop 구조를 만든다. 당신은 왜 RNA 중합효소가 이러한 "stem-loop"구조에 도달하게 되면 전사가 종결된다고 생각하는가?

```
          C
        U—C
        G—C
        A—U
        C—G
        C—G
        G—C
        C—G
        C—G
...CCCACAG—CAUUUUU...
```

# 14 유전자 조절

## 최근 이슈와 그 영향력 당신과 영원 사이

당신은 대학에 갓 입학하였고, 이제 모든 인생이 당신 앞에 펼쳐져있다. 당신이 혹시 부닥치게 될 위험 따위들은 늙은 나이에서나 가능할 것처럼 보이는 추상적이고 잊기 쉬운 통계에 의존하고 있다. 로빈 슐라는 유방암 진단을 받고나서 다음과 같이 기술하였다. "모든 게 변해버리는 순간들–두 손가락 사이 간격이 갑자기 당신과 영원에 이르는 거리와 같이 느껴지는 순간–이 찾아왔다." 이 때 그녀는 대부분의 젊은 여성들이 대학생활을 생각하고 파티를 즐기며 앞으로의 진로를 꿈꾸는 고작 17세에 불과했다. 로빈은 광범위한 외과적 절제술을 받게 되었으며 이로 인해 그녀가 이듬해에도 생존할 수 있을까에 대한 의문이 남아있었다(그림 14.1). 로빈은 40세 이전에 유방암이 생기는 만 명 중의 하나라는 통계에 해당되었다. 미국에서는 매해 18만명의 새로운 암 환자들이 발생한다.

암은 그 원인이 매우 다양하지만 일종의 유전자 돌연변이들은 몇 가지 암들을 일으키게 한다. 돌연변이 유전자들이 유전되거나 독성이 있는 화학물질이나 자외선에 노출되는 등의 환경적 요인에 의해 유전자가 자연적으로 돌연변이를 일으키게 된다. 17번 염색체 상의 하나의 유전자인 *Her2*는 일종의 막 수용체를 암호화한다. *Her2*는 세포가 언제 어떻게 분열해야 하는가를 결정하는 조절 경로의 일부를 담당한다. 이는 **프로토종양유전자**(proto-oncogenes)의 하나이다. 이들이 변이를 일으키거나 과발현되면 암과 같은 세포 형질 변화를 일으키게 된다. 대략 25%의 유방암 환자들의 세포는 *Her2* 수용체가 너무 많이

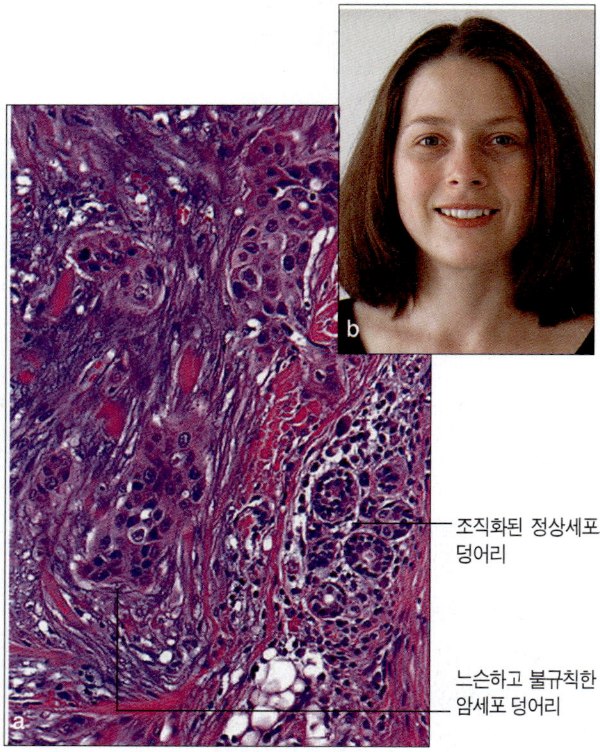


**그림 14.1** 유방암. (a) 암을 일으키는 침윤성 육종세포가 유방조직에서 덩어리를 생성한다. (b) 로빈 슐라. 그녀의 몸에서 이러한 세포들의 존재가 진단되었다.

## 개요도

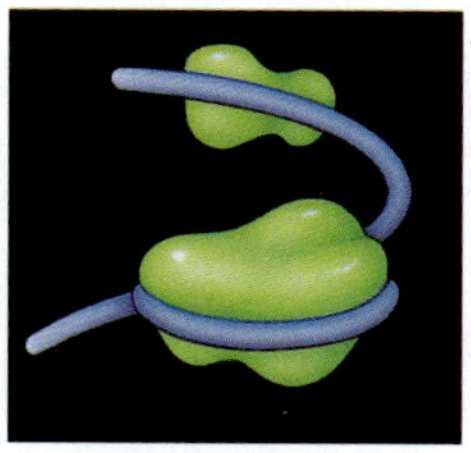

**조절 메커니즘의 유형들** 유전자발현의 여부와 방법은 DNA, RNA, 단백질들과 서로 상호작용하는 조절단백질들에 의존한다. 또한 이는 DNA의 어떤 기능기의들의 부착과 탈착에 의존하기도 한다.

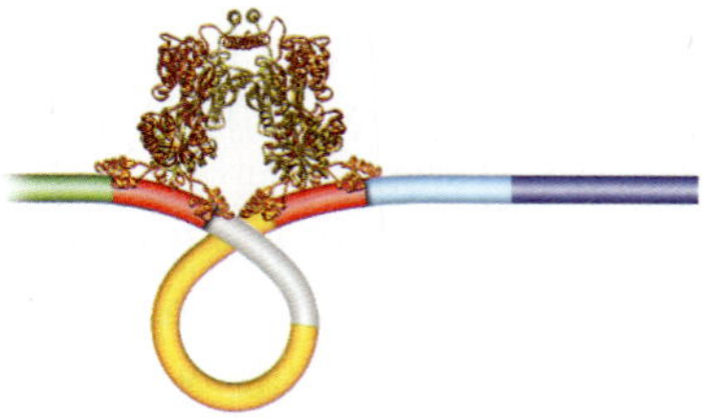

**원핵생물에서의 유전자 조절** 아주 작은 단세포이며 빠르게 생장하는 특징을 가진 원핵세포는 영양분의 존재여부와 환경의 다른 부분에 있어서의 변화에 아주 빠른 대응을 한다. 이들은 유전자 전사의 속도를 재빨리 조정함으로써 환경에 적응한다.

발현되거나 *Her2* 유전자의 여분의 카피가 존재한다. 이런 경우 세포는 너무 자주 분열하여 비정상적인 세포 덩어리가 형성되게 된다.

서로 다른 두 개의 유전자들 *BRCA1*과 *BRCA2*에 의해 암호화되는 단백질들은 세포들이 암으로 변형되는 것을 막는데 도움을 준다. 오른편 필름 조각 그림에 보이는 이들 단백질의 하나는 DNA 수선과정에서 매우 중요한 역할을 수행한다. *BRCA1*이나 *BRCA2*가 변이를 일으키면 세포가 DNA가닥의 절단과 복제 시 생기는 오류를 수선하는 능력이 현저히 떨어진다. 다양한 돌연변이들이 DNA상에 생길 수 있고 이러한 돌연변이의 축적이 암에 이르게 된다. *BRCA1*과 *BRCA2*는 유방암 세포들에 있어서 이들의 돌연변이 형태가 계속 유지되므로 유방암 유전자로 불린다. 셋 중에 하나 정도의 빈도로 *BRCA* 유전자에 돌연변이가 있는 여성은 70세 이전에 유방암을 가질 확률이 80%에 달한다. 로빈 슐라는 이후 생존에 성공하였다. 그녀의 어떤 유전적 변이가 암을 생성하였는지는 알 수가 없다. 하지만 13년 후 그녀는(직장과 가족을 가지는) 정상적 생활을 누리고 있다. 이제 그녀의 목표는 미소 가득하게 백발의 노인이 되어 늙어가는 것이다.

로빈의 이야기는 당신을 **유전자 조절**의 세계로 초대한다. 유전자 조절은 언제 얼마나 신속히 특정 유전자들이 전사되고 번역되며 유전자 산물이 생성되고 소멸되는 여부를 결정하는 분자적 메카니즘을 말한다. 이러한 유전자 조절의 중요성을 이 책의 여러 부분에서 만나게 될 것이다.

### 찬반의견 투표

*유방암에 걸릴 소지가 많은 일부의 여성들은 암이 발생하기 전에 외과적으로 유방의 일부를 절제하는 수술에 대하여 찬성한다. 하지만 이들 중 많은 수는 유방암에 걸리지 않는다. 이러한 외과적 수술이 암을 치료하는 목적으로만 사용되어야 할까? 미디어 메뉴에서 상세한 내용을 참고하여 온라인 투표를 한다.*

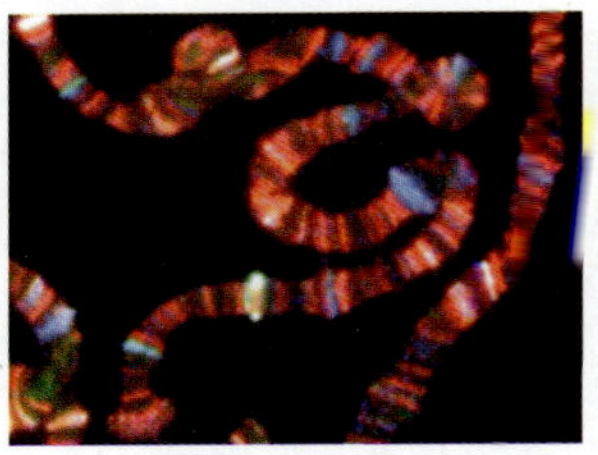

**진핵생물에서의 유전자 조절** 원핵생물과 같이 진핵생물들은 먹이와 활성에 대하여 단기간 조절작용을 수행한다. 원핵생물과는 진핵생물은 선택적 유전자 발현 및 세포분화에 기반을 둔 장기간 발생 프로그램도 조절한다.

**유전자 발현의 연구** 복잡하고 다세포로 구성된 원핵세포의 경우, 일련의 유전자조절작용들이 수정란의 온전한 개체 발생이 되도록 진행된다. 보통의 초파리를 가지고 수행한 한 세기동안의 연구를 통하여 이러한 조절들이 어떻게 작용하는지 알게 하는 단서를 제공하였다.

## 14.1 조절 메카니즘의 형태

*언제 어떻게 어느 만큼의 유전자가 발현되는가는 세포의 종류, 기능, 화학적 환경 그리고 외부로부터의 신호에 달려있다.*

유전자 발현의 조절은 DNA, RNA 그리고 새로이 생성된 폴리펩티드와 단백질의 상호작용에 의하여 나타난다. 어떤 경우는 세포 내부의 특정 물질의 농도 변화에 따라 나타나며 다른 경우 외부 신호 분자들에 반응하여 나타난다.

조절인자는 전사 또는 번역 전후에 관련된 **조절 단백질**(regulatory protein)을 포함한다. 이들은 호르몬과 같은 물질들을 포함하는데 적절한 수용체와 결합하면 세포 활성의 변화를 초래한다.

**음성조절**(negative control)은 조절 단백질이 유전자의 활성을 멈추게 하거나 느리게 하며, **양성조절**(positive control)은 반대로 유전자의 활성을 증가시킨다. 단백질을 암호화하지 않는 일부 DNA 염기서열이 전사 조절의 부위가 된다. **프로모터**(promoter)는 전사가 시작되는 이러한 비암호화 염기서열을 말한다. 한편 **증폭유전자**(enhancer)는 전사 활성화 단백질들이 부착되는 염기 서열이다.

화학적 변형에 의해서 전사의 조절은 더욱 다양하게 나타난다. 예를 들어 메틸기(-$CH_3$)는 새로이 복제되는 DNA의 특정 부위에 결합하여 복제가 일어나지 않게 한다. 상당수의 메틸화된 유전자들은 이들 메틸기가 떨어지면 활성화된다. 아세틸기가 DNA를 정렬시키는 히스톤에 부착되면 역시 유전자 발현을 조절하게 된다(8.1절과 그림 14.2).

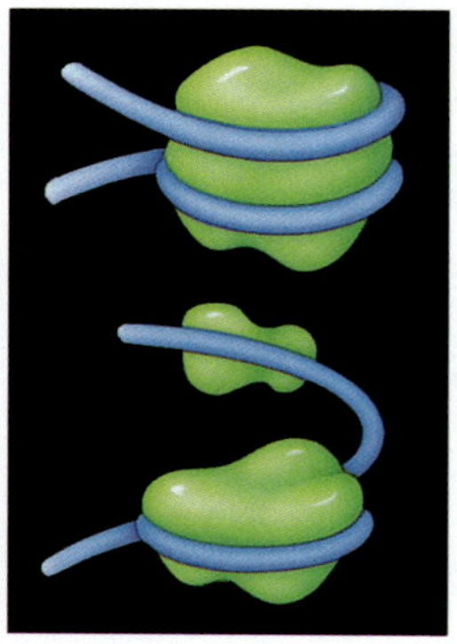

**그림 14.2** 염색체에서 DNA-히스톤 복합체를 풀어줌으로써 어떻게 전사를 위한 유전자의 노출이 일어나는가를 보여준다. 아세틸기가 히스톤에 부착되면 DNA를 감싸고 있는 히스톤 단백질의 DNA에 대한 접착력을 약화시킨다. 전사와 관계있는 효소들이 아세틸기를 부착하거나 탈착한다.

*유전자발현은 DNA에 내장되어 있는 조절인자, RNA, 그리고 새로이 생성된 단백질들과 상호작용하는 조절단백질들에 의해 조절된다.*

*유전자발현은 또한 특정 유전자 부분이나 DNA를 감싸고 있는 히스톤 단백질을 활성화 시키거나 또는 불활성화 시키는 화학적 변형에 의해서도 조절된다.*

## 14.2 원핵세포에서의 전사조절

*글자 "i"의 점(·)을 생각해보자. 이 점 하나 앞에 수 천개의 박테리아가 놓일 수 있다. 그리고 이들은 인간이 하는 것과 마찬가지로 유전자 조절에 의존하여 생존한다!*

원핵세포는 영양분이 풍부하고 다른 조건들이 성장에 유리한 상황이면 쉽게 자라고 빠르게 분열한다. 이 때 영양분의 흡수와 여러 다른 생장에 관계되는 대사관련 효소들의 신속한 합성을 위해서 유전자는 조절된다. 대사에 관련된 효소를 암호화하는 원핵세포의 유전자의 경우 각 반응 단계에 관련된 유전자들이 종종 서로 모여 있다. 그리고 이들은 모두 함께 단일 RNA 가닥으로 전사된다.

### 락토오스 오페론에서 전사의 음성 조절

일종의 원핵세포가 어떻게 젖당(lactose)의 유무에 따라 반응하는가의 예를 들어보자. 대장균은 모든 포유류의 장 속에 서식하는 세균이다. 젖은 포유류의 새끼들에게 필요한 영양물이지만 대장균이 선호하는 포도당이 포함되어 있지는 않다. 대신에 젖에는 다른 형태의 당인 젖당이 존재한다.

젖을 뗀 후에는 포유동물은 더 이상 젖을 먹지 않지만 이 경우에도 장 내에 존재하는 대장균들은 젖이 장 속에 존재하면 젖당을 이용한다. 이 때 대장균은 젖당을 분해하는 반응에 관계되는 3가지 효소의 유전자를 빠르게 전사한다. 프로모터는 이들 세 가지 유전자 앞에 위치하며 다른 작동유전자들은 프로모터에 인접해있다. **작동유전자**(operator)는 전사를 방해하는 조절 단백질이 결합하는 DNA 상의 부위이다. 이러한 하나 이상의 박테리아 유전자를 조절하는 프로모터와 한 개 이상의 작동 유전자들의 배열을 **오페론**(operon)이라 한다(그림 14.3).

젖당 농도가 낮을 때, 억제인자가 작동유전자에 결합하여 촉진유전자와 겹쳐지므로 전사가 되지 않는다(그림 14.4). 그러므로 필요하지 않을 때는 젖당 분해효소가 만들어지지 않는다. 많은 젖당분자가 장 내에 존재할 때 젖당이 세균 안으로 들어가서 억제인자와 결합하여 억제인자의 모양을 변화시킨다. 그렇게 되면 억제인자는 작동유전자와 결합하지 못하게 되고 RNA 중합효소는 유전자를 전사한다. 그러므로 젖당 분해효소는 필요할 때만 합성된다.

### 락토오스 오페론에서 전사의 양성조절

대장균은 젖당보다도 포도당을 더 선호한다. 따라서 대장균은 포도당의 분해를 위한 유전자를 빠르고 지속적으로 전사한다. 비록 젖당이 장 내에 있다고 해도 락토오스 오페론은 포도당이 존재하지 않을 때 까지는 작동되지 않는다. 이러한 조건은 CAP(catabolite activator protein의 줄임말)이라 부르

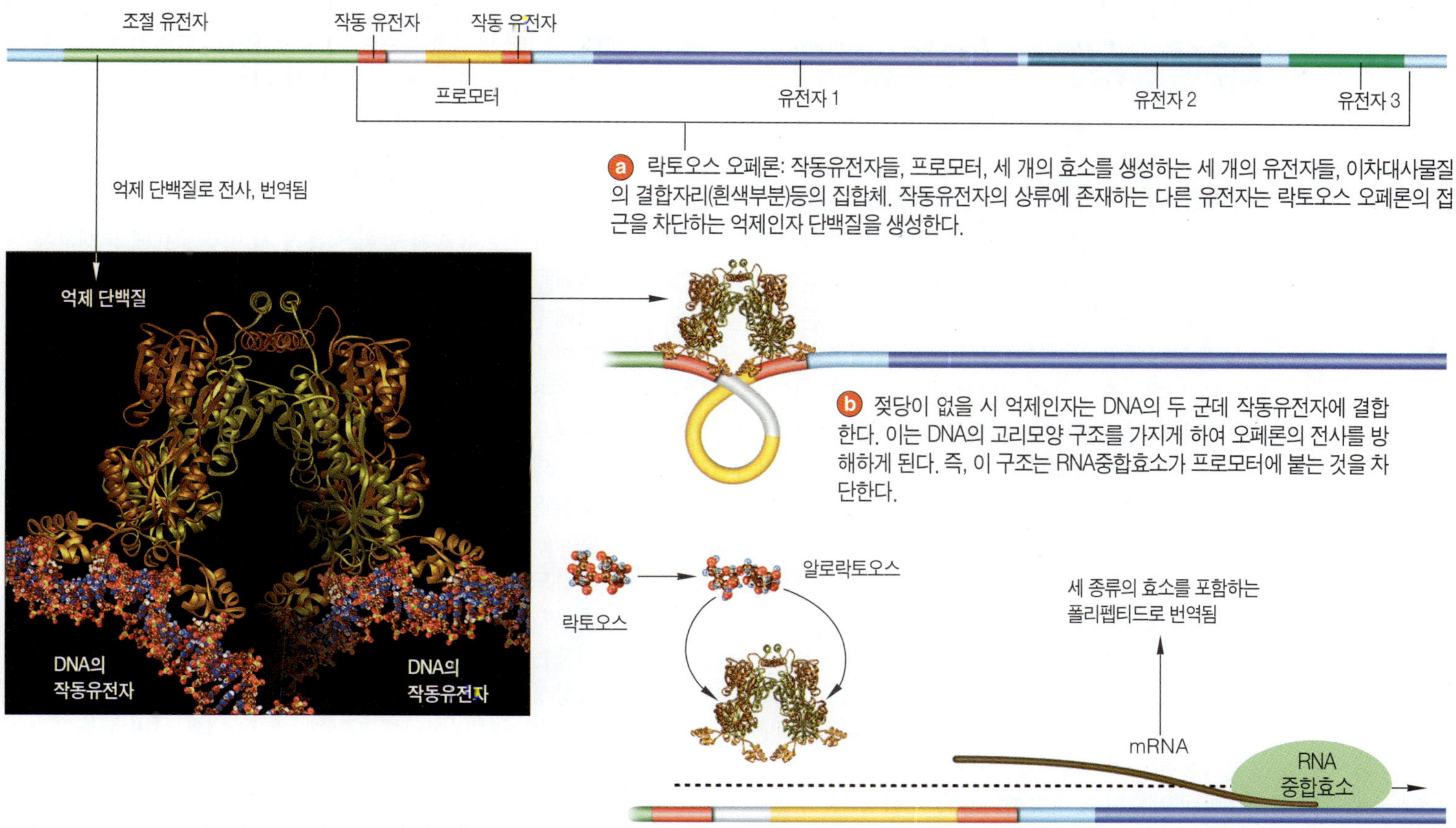


**그림 14.3** 락토오스 오페론의 음성조절. 오페론의 첫 번째 유전자는 이당류인 락토오스를 포도당과 유당으로 분해하는 효소를 암호화 한다. 두 번째 유전자는 유당을 세포 내부로 들여오게 하는 효소를 암호화한다. 세 번째 유전자 산물은 특정 당을 대사하는데 도움을 준다.

는 활성 단백질을 요구한다. 활성 단백질 CAP은 RNA 중합효소를 락토오스 오페론의 프로모터에 더 잘 부착되게 함으로써 전사를 촉진하는 양성조절을 하게 된다. 하지만 CAP는 cAMP(고리형 아데노신일인산, cyclic adenosine monophosphate)이라 불리는 화학적 메시지와 결합하기 전까지는 이러한 양성 조절 작용을 수행하지 않는다. cAMP와 CAP이 서로 결합하고 이 복합체가 프로모터에 결합하면 RNA 중합효소가 프로모터에 결합하도록 유도하여 유전자의 전사가 개시된다.

포도당이 충분할 때는 해당작용에 의해 ATP가 생성되고 cAMP를 생성하는데 필요한 효소들의 합성이 차단된다. 포도당이 부족해지고 젖당이 이용 가능해질 때 이러한 차단은 제거되어 cAMP가 생성되고 cAMP는 CAP와 복합체(CAP-cAMP)를 형성하게 되어 락토오스 오페론 유전자들이 전사 된다. 유전자 산물들은 대장균이 젖당을 대체 에너지원으로 사용하게 한다. 대장균과 달리 사람의 경우 다수가 젖당과민성(lactose intolerance)을 가지고 있다. 작은창자를 구성하는 세포들은 젖당 분해 효소인 락타아제(lactase)를 생성하고 장내로 분비한다. 하지만 사람이 나이가 들면서 이러한 젖당 분해 효소의 농도가 떨어진다. 그 결과 젖당은 대장에 축적되어 장 내에 존재하는 박테리아의 급격한 증가를 가져오게 된다. 박테리아가 젖당을 분해하는 동안 가스 형태의 대사산물이 축적되어 대장을 팽창시키고 통증을 유발한다. 한편 박테리아에 의해 분비되는 짧은 지방산 사슬이 심각한 설사를 유발하기도 한다.

*영양분을 분해하는 효소들에 대한 박테리아 유전자들의 전사 속도는 영양분의 유용성에 민감한 조절 시스템에 의하여 상향되거나 하향되는 등 빠르게 조절된다.*

## 14.3 진핵세포의 조절

*박테리아와 같이 진핵세포는 유전자 활성의 수준과 영양분에 대해서 단기적 조절 작용을 한다. 이러한 세포들이 다세포 개체에서의 수백~수천만 개의 세포들 중 하나라면 장기적 조절작용이 일어나게 된다. 이들 세포는 발달 과정에서 유전자 상호 작용을 담당하게 된다.*

### 동일한 유전자, 서로 다른 세포주

이 책의 후반부에 단 하나의 세포로부터 어떻게 개체가 발달하는지에 대하여 기술되어 있다. 잠시 다음과 같은 전제를 임시적으로 받아들이자: 사람 몸을 구성하는 모든 세포들은 하나의 동일한 수정란으로부터 체세포 분열을 통해서 생성되었으므로 같은 유전자를 지니고 있다. 그리고 이들 세포들은 모두 기본적인 세포 성장에 필요한 활성들과 구조하는 측면에서 서로 유사하므로 다수의 동일한 유전자들을 전사한다.

*하지만, 사람 몸을 구성하는 거의 모든 세포들은 조성, 구조, 그리고 기능의 관점에서 서로 다르게 분화된다.* **세포분화** (cell differentiation)라 불리는 이러한 과정은 다세포 개체의 발달 과정에서 일어나게 된다. 서로 다른 유전자들을 이용하는 세포들에서 차이가 발생하여 분화된 조직들과 기관들이 생겨나게 된다.

예를 들어 사람의 거의 모든 세포들은 해당작용을 위한 유전자들을 계속적으로 전사한다. 오직 미성숙한 적혈구 세포들만이 헤모글로빈 유전자를 전사할 수 있다. 간세포들은 어떤 독소를 중화시키는데 필요한 효소들을 만드는데 필요한 유전자들을 전사하는데 이러한 것은 오직 간세포만이 가능한 일이다. 눈이 처음 생성될 때 어떤 세포들은 크리스탈린(crystallin)이라 불리는 단백질을 생성하는 유전자를 전사한다. 크리스탈린은 눈의 렌즈에 존재하는 투명한 섬유들을 만드는데 필요한 성분으로서 다른 어떤 세포들도 이를 생성하는 유전자들을 활성화시키지 못한다.

### 조절이 작용을 할 때

궁극적으로 유전자 발현은 특정 시기에 세포에 존재하는 단백질들의 양과 종류를 조절하는 것을 말한다. 세포의 생장 기간에 존재하는 수천가지 형태의 단백질들이 생성되고 축적되며 사용되고 분비되며 분해되는 조절 과정을 생각해보자.

복잡한 다세포 개체에 존재하는 대부분의 유전자들은 영구적으로나 일부 기간 동안 발현이 되지 않는다. 이외의 유전자들의 발현은 억제되거나 촉진되기도 한다. 왜 그럴까? 세포들은 끊임없이 개체의 내부 공간에 해당하는 조직액(tissue fluid)으로 물질들을 이송하거나 분비하며 또한 흡수하기도 한다. 분비와 흡수는 영양분, 신호 분자들, 대사산물들, 그리고 다른 물질들의 농도에 미약한 변화를 일으킨다. 세포는 이런 변화에 유전자 발현을 조절함으로써 대응하고 항상성을 유지한다. 유전자 발현의 조절은 전사와 번역의 전후 단계에서 일어나게 되는데 그림 14.4가 이러한 주된 조절점들을 보여준다.

**전사 단계 이전의 조절** 진핵세포 염색체에 얼마나 많은 히스톤과 다른 단백질들이 DNA를 감싸고 있는지 기억해보라 (8.1절). 이들 단백질들은 RNA 중합효소가 유전자에 접근하

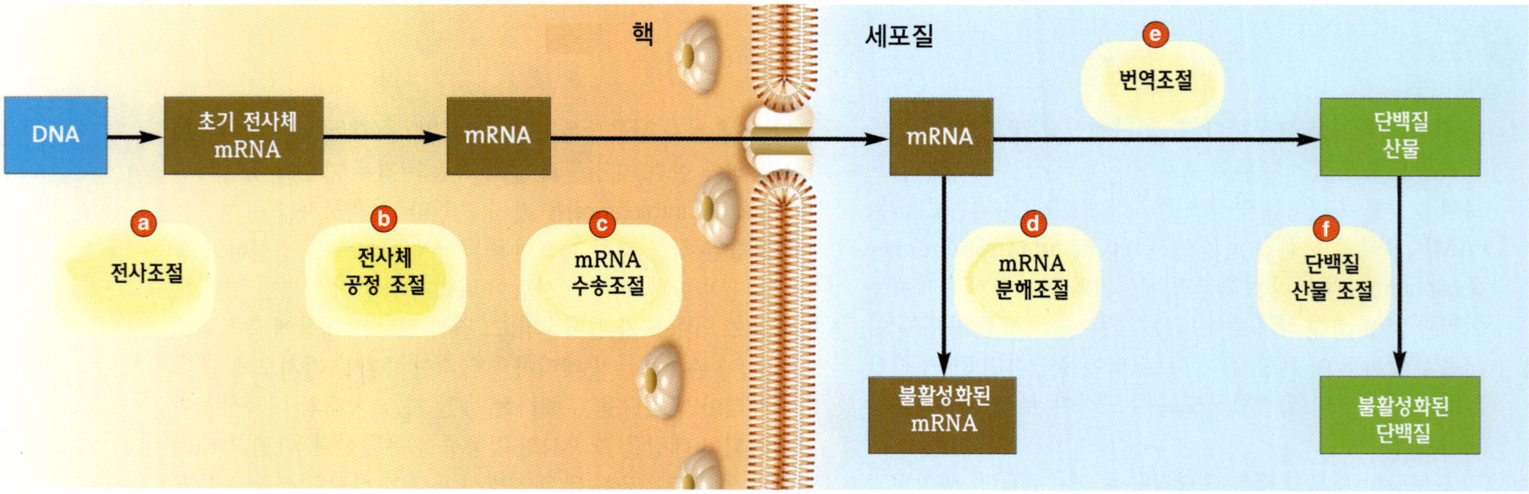


**a** DNA의 화학적 변형이 유전자에 대한 접근을 억제한다. 유전자는 두개로 복제되거나 재배열될 수 있다.

**b** 초기전사체 mRNA는 단백질의 다른 형태를 생성할 수 있는 대체섞어잇기 방식의공정이 일어난다. 다른 변형작용은 전사체가 세포질에 도달할 수 있는가에 영향을 준다.

**c** 수송단백질의 결합은 mRNA가 국지적 번역작용을 위한 적절한 장소로 이동되는가를 결정한다.

**d** mRNA가 얼마나 오래 존재하는가는 mRNA에 결합한 단백질들과 mRNA의 폴리A 꼬리의 길이에 의존한다.

**e** 번역과정이 억제될 수 있다. mRNA에 어떤 단백질들이 붙어있는 경우 리보솜에 결합하지 못한다. 개시인자도 불활성화 될 수 있다.

**f** 새로이 생성된 폴리펩티드의 공정은 이들을 활성화 또는 불활성화 시킨다. 여기서의 조절은 다른 활성들에 간접적으로 영향을 준다.

**그림 14.4** 진핵세포 유전자의 발현의 여부와 시기, 방법에 영향을 주는 조절들.

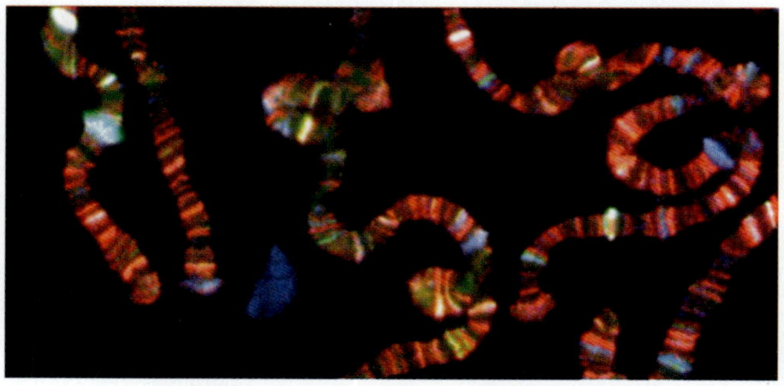

**그림 14.5** 폴리틴 염색체. 초파리는 빠른 생장속도를 감당하기 위하여 끊임없이 먹고 침을 많이 내어놓는다. 이들의 침샘에 존재하는 거대염색체는 세포분열 없이 반복적인 체세포 DNA복제에 의해서 생성된다. 각각의 가닥에는 같은 염색체의 다수의 복제본들이 정렬되어 놓여있다. 곤충호르몬인 엑다이손 (ecdysone)은 조절 단백질로 작용한다; 이는 유전자 전사를 촉진시킨다. 이 호르몬의 신호에 반응하여 이들 거대 염색체는 열리게 되고 유전자가 전사되는 부분은 튀어나오게 된다. 튀어나온 부분은 전사가 가장 활발한 장소에서 가장 크고 퍼져 보이게 된다.

여 전사를 시작 할지에 영향을 준다. DNA에 부착된 메틸, 아세틸, 그리고 다른 기능기들 역시 유전자들에 대한 접근을 봉쇄한다. 이배수체 세포에서는 부계 또는 모계의 상동 염색체 중 하나의 유전자가 메틸화 되어 있고 이는 형질의 발현에 모계나 부계의 어느 한 쪽의 영향을 막을 수 있게 된다.

전사단계 이전에는 유전자 순서를 재배열하거나 복제하는 등의 조절이 일어날 수도 있다. 양서류의 미성숙 난자와 곤충 유충의 성선 세포들에서 염색체들은 비분열 세포에서 반복적으로 복사되어 존재하는데 이렇게 복사된 DNA 복제본들은 수천, 수백개의 유전자 복사본이 인접한 형태로 존재하는 폴리틴(polytene) 염색체를 만들게 된다(그림 14.5).

**전사체 공정 단계에서의 조절** 유전자가 전사되고 나면 여러 가지 기질에 의해 RNA가 영향을 받게 된다. 전사체 공정 단계는 초기 전사체(pre-mRNA)가 번역되는지의 여부와 언제, 어떻게 번역되는지를 결정한다(13.1절). 예를 들어 근육세포의 다른 종류에서는 효소가 수축 단백질인 트로포닌(troponin) 초기 전사체의 다른 부분을 제거한다. 남겨진 엑손들이 서로 섞어 잇게 되어, 아주 국한된 일부분에서 이들의 단백질 생성 정보는 독특하게 남아 있게 된다. 각각의 세포 형태에 있어서 생성된 단백질들은 독특한 방식으로 작용하는데 이것은 서로 다른 종류의 근육 기능에 있어서 미묘한 변화를 설명하는데 도움을 준다.

핵막은 생성된 mRNA와 이를 번역하는 세포 기구들 사이에 존재하는 물리적 경계이다. mRNA가 어떤 특정 단백질과 결합하고 나서야 비로소 핵공(nuclear pore) 복합체는 mRNA를 세포질로 내보내게 한다.

mRNA가 세포질에 당도하면 mRNA의 비 번역 말단에 존재하는 우편번호 역할을 하는 염기서열에 따라 mRNA는 지정된 장소로 가게 된다. mRNA의 '우편번호' 부분에 결합하는 운반 단백질은 mRNA를 세포 내 특정 장소로 이동시키는데 거기서 mRNA는 번역되거나 저장된다. 미성숙 난자에서 "모계 정보"와 이들 단백질 산물들의 비균질적 분포가 앞으로 자라나는 배아의 머리와 꼬리의 방향을 결정하게 된다. mRNA 국재화(localization)의 조절은 이러한 mRNA의 우편번호 지역에 결합하는 단백질에 의해서 가능하다.

어떤 전사체들은 세포질에 너무 많은 Y-박스 단백질들이 존재 할 경우 번역이 보류된다. Y-박스 단백질들이 인산화되면 이들 단백질들은 mRNA와 결합하고 안정화시키지만 이들이 너무 많이 mRNA와 결합할 경우 mRNA의 번역을 방해하게 된다. 따라서 Y-박스 단백질의 인산화는 mRNA 불활성화에 대한 조절점이 된다. 미수정란에 저장된 mRNA는 다수의 Y-박스 단백질들과 결합되어 있다.

**번역단계에서의 조절들** 진핵세포 유전자 발현의 대부분의 조절은 번역단계에서 일어난다. 이 단계에는 리보소옴 하위단위체와 개시인자들의 개입 등을 포함하는 여러 종류의 분자들의 순차적 개입에 의해 조절이 이루어진다. 개별 종류의 분자는 다른 종류의 분자들과 별개로 조절된다.

mRNA의 안정성은 또 다른 조절점에 해당된다. mRNA가 더 안정할수록 더 많은 단백질이 mRNA로부터 생성될 수 있다. 수 분 내에 mRNA의 효소들은 폴리 A 꼬리를 짧게 만들면서 mRNA를 분해하기 시작한다. 이들 효소가 얼마나 빨리 mRNA를 분해하는가는 꼬리의 길이와 비 번역 부분의 염기 서열, 그리고 암호화 지역의 다른 염기서열과 이에 부착된 단백질들에 의해 결정된다.

**번역단계 이후의 조절들** 마지막으로 유전자 발현의 조절은 Y-박스 단백질이 인산화되는 경우처럼 단백질 산물들이 변형될 때 가능하다. 다양한 조절 작용들이 단백질 합성에 사용되는 효소들과 다른 분자들을 활성화, 비활성화, 그리고 안정화시킨다. 이러한 예는 5.4절에서 기술된 바와 같이 트립토판 합성의 알로스테릭 조절에서 볼 수 있다.

세포분화는 다양한 세포들이 유전자들을 선택적이고 독특한 방식으로 활성화시키거나 억제 시킬 때 일어난다.

복잡한 다세포계 종의 경우 유전자 발현은 전사와 번역의 단계와 이들의 전후 단계에서 일어나는 일들을 관장하는 메카니즘에 의해 조절된다.

유전자 발현의 대부분의 조절은 번역단계에서 일어난다.

## 14.4 유전자 조절의 사례들

*모든 생명체의 세포는 특정 시기에 유전자의 5~10%밖에 사용하지 않는다. 여러 방식의 조절 메커니즘이 유전자 발현의 대부분을 억제하고 있다. 어떤 유전자가 활성화되느냐의 문제는 생명체의 종류, 생장 단계, 발생 단계에 따라 달라진다.*

이전의 절에서는 중요한 아이디어를 소개했다. 복잡한 다세포 개체의 모든 분화된 세포들에서는 대부분의 유전자들을 비슷한 방식으로 사용하나 개별 세포들은 일부의 유전자들을 독특하고 선택적인 방법으로 사용하기도 한다. **선택적 유전자 발현**(selective gene expression)은 각각의 세포들을 구조, 조성, 그리고 기능에 있어서 서로 구별되게 한다. 이 절에서 배아 발생 중에 나타나는 유전자 발현의 선택적 조절의 두 가지 예를 고려해보자.

### 호메오 유전자의 개체 발달

어떤 특정 유전자의 발현 여부는 프로모터, 촉진유전자등에 결합하는 조절 단백질들의 작용에 부분적으로 의존한다. 예를 들어, **호메오 유전자**(homeotic genes)는 대부분의 진핵 생물에서 마스터 유전자로 작용하는 부분이다. 발생 과정의 배아에서 호메오 유전자들은 특정 위치에서 전사되어 그 산물들이 특정한 조직 부분에 생성된다. 호메오 유전자 산물들끼리 또는 다른 조절 인자들과 상호 작용함으로써 기본적인 개체 발달 계획에 따른 정확한 지역에서의 유전자 발현이 이루어지며 기관들의 생성을 결정한다.

호메오 유전자는 초파리 배아에 존재하는 세포들에 있어서 다른 부위에 속하는 신체 부위가 생기게 하는 돌연변이들을 통해서 발견되었다. 예를 들어 초파리의 *antennapedia* 유전자는 다리가 달려있는 가슴 부분을 생성하게 하는 유전자이다. 다른 부분에서는 세포가 이 유전자를 발현하지 않는다. 하지만 그림 14.6a는 이 유전자가 머리가 될 부분에서 잘못되어 전사되게 할 경우 일어나는 일을 보여준다. 동물들만 호메오 유전자를 가지고 있을까? 아니다. 옥수수의 경우, 다른 호메오 유전자는 모든 잎맥을 곧바르고 평행한 선형으로 만들게 한다. 만일 이 유전자에 돌연변이가 생기면 잎맥들은 서로 엉키게 될 것이다.

호메오 유전자는 "호메오 영역"(homeo domain)이라 불리는 약 60개의 아미노산 서열을 가지는 조절 단백질을 암호화한다. 이러한 아미노산 서열은 프로모터와 촉진유전자의 조절부위에 결합한다.(그림 14.6b). 100개 이상의 호메오 유전자들이 다양한 진핵 세포들에서 발견되었는데 동일한 메커니즘으로 이들의 전사를 조절한다는 것이 알려졌다. 이들 유전자의 상당수는 사람과 효모와 같이 진화적으로 거리가 먼 서로 다른 종 사이에서도 바꿀 수 있다. 따라서 우리는 이들 유전자가 가장 원시적 형태의 진핵 생물에서부터 생겨난 것이라 추정할 수 있다. 이들 유전자의 단백질 산물들은 보존적(conservation) 치환에 의해서만 서로 다르게 나타나는데 이는 하나의 아미노산이 다른 아미노산으로 바뀌어져도 비슷한 화학적 성질을 띠는 것으로만 바뀐다는 것을 말한다.

### X염색체 불활성화

인간의 여성과 캘리코 고양이 암컷의 배수체 세포에는 두 개의 X 염색체를 가지고 있다. 하나는 실모양이고 다른 하나는 간기에서 조차 뭉쳐진 형태로 존재한다. 이러한 하나의 X 염색체에서 보이는 뭉쳐짐은 약 30여개의 유전자들을 제외한 나머지 모든 유전자들의 계획적인 발현 정지 상태임을 보여준다. 이러한 유전자 발현 정지를 **X 염색체 불활성화**(X chromosome inactivation)라 부르며 이는 모든 태반을 가진 포유류의 암컷 배아에서 일어난다. 그림 14.7a는 간기에서 세포의 핵 속에 존재하는 하나의 응축된 X 염색체를 보여준다. 이러한 응축된 구조 형태를 처음 발견한 사람의 이름(Mumay Barr)을 따서 바소체(Barr body)라 부른다.

하나의 X 염색체는 암컷의 배아가 초기 배(낭배기 이전의 세포일 때) 상태일 때 불활성화 된다. 포유동물에서 이러한 유전자 불활성화는 어느 한 쪽에서 무 작위적으로 생길 수 있다. 하나의 세포는 모계 유래의 X 염색체가 불활성화 되지만 다른 세포는 모계 또는 부계의 X 염색체가 불활성화 될 수 있다.

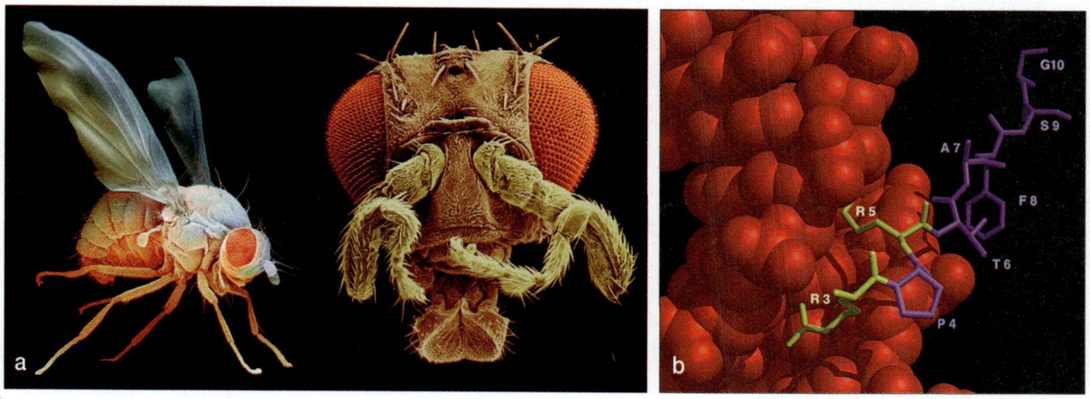


**그림 14.6** (**a**) 어느 부분에서 몸의 일부분이 발생하는지를 조절하는 것에 대한 실험적 증거. 초파리의 유충에서 일부분의 세포들에 서 유전자 발현의 활성화는 머리에 안테나를 생성하게 한다. antennapedia유전자의 전사에 생긴 돌연변이는 머리에 다리가 생기게 한다. (**b**) 호메오 영역 서열이 DNA 상의 전사조절부위에 결합한 상태의 막대기 모형.

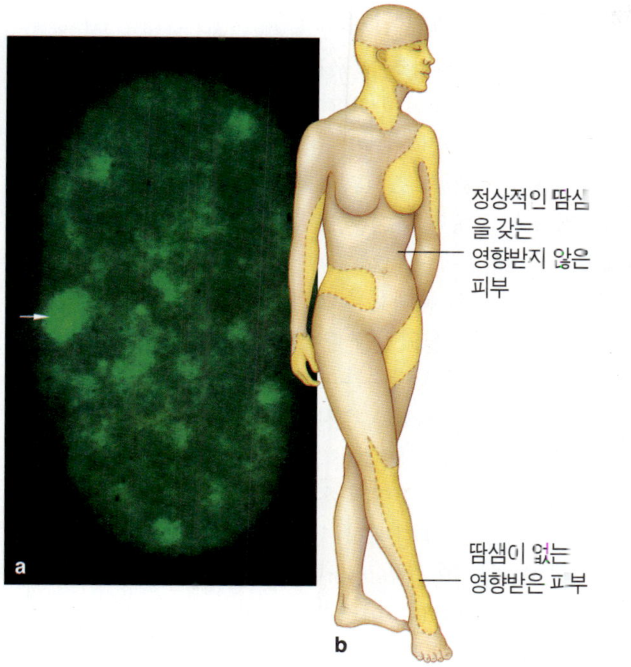


**그림 14.7** (a) 인간의 여성 세포의 내부에 바소체로 불리는 응축된 X염색체(화살표)가 보인다. 인간의 남성 세포에서는 이러한 응축된 X염색체가 보이지 않는다. (b) 외배엽성 형성장애 환자에서 보이는 모자이크 조직효과.

**그림 14.8** 왜 이 암컷고양이가 "캘리코"일까? 이 고양이의 체세포에서 두 개의 X염색체 중 하나는 흑갈색 색소의 멜라닌을 생성하는 우점유전자를 가지고 있다. 이러한 유전자를 다른 하나의 X염색체에서 발현하게 되면 털 색깔이 오렌지색이 된다. 이 고양이가 태중에 있을 때 하나의 X염색체가 무작위적으로 불활성화 되었다. 서로 다른 색상의 털이 나는 부위는 생성된 조직세포들에서 어떤 유전자들이 불활성화 되었는지를 보여준다. 흰색상의 털 부분은 멜라닌색소의 합성을 저해하는 산물을 생성하는 유전자와의 조합적 발현에 의한 것이다.

일단 이러한 무작위적인 분자 선택이 하나의 세포에서 이루어진다면 그 세포의 모든 분열 세포는 조직을 형성할 때 같은 선택을 하게 된다. 결과는 어떻게 될까? *성인이 된 여성은 모계의 X 염색체 유전자가 발현되는 조직의 일부와 부계의 X 염색체가 발현되는 조직의 일부를 동시에 가지고 있게 된다. 그녀는 "모자이크" 식 X 염색체 발현을 가지게 된다!*

두 개의 상동 X 염색체들 상에 존재하는 유전자 좌위가 같지 않을 때 신체의 조직에 있어서 차이가 나는 부분이 생길 수 있다. 땀샘이 없는 희귀한 열성 대립 형질을 가지는 이형접합성의 여성 모자이크 조직이 보일 수 있다. 즉 땀샘이 이 여성의 한 부분에만 생길 수 있게 된다. 땀샘이 없는 부분은 X 염색체 상의 열성 유전자가 발현되는 부분이다. 이러한 모자이크 효과를 제한적 *외배엽성 형성장애* (*anhidrotic ectodermal dysplasia*, 그림14.7b)라 하며, 이는 피부와 피부에서 유래된 조직인 치아, 모발, 손톱, 그리고 땀샘 등의 비정상적 형태를 특징으로 하는 유전적 질환이다.

또 다른 모자이크 조직 효과를 그림 14.8에 보이는 캘리코 고양이의 암컷에서 볼 수 있다. 이 고양이들은 X 염색체 상에 어떤 털 색깔에 대한 이형접합적 형태를 취하고 있다.

유전자의 발현 정지는 진화의 우연한 사건이 아니다: 이는 중요한 기능이다. 포유류에서 수컷은 하나의 X 염색체와 하나의 Y 염색체를 가진다는 사실을 상기하라. 이는 암컷의 경우 두 배의 X 염색체를 가진다는 것을 의미한다. 암컷의 X 염색체들 중 하나를 불활성화시키는 것이 암·수의 유전자 발현에 균형을 부여한다. 암컷 배아의 정상적인 발생은 **유전자량 보정**(dosage compensation)이라는 이러한 형태의 조절 메커니즘에 의존한다.

하나의 핵 속에서 어떻게 한 개의 X 염색체는 발현이 억제되고 다른 하나는 발현이 가능할까. 히스톤 메틸라아제와 *XIST*라 불리는 X 염색체를 포함하는 여러 분자들이 이에 개입한다. *XIST*의 산물은 거대한 RNA 분자인데 이것이 염색체 DNA와 결합하여 유전자를 덧씌우는 페인트와 같은 역할을 한다. *XIST* 유전자는 양 쪽 X 염색체 모두에서 보이지만 어느 한 쪽에서만 발현이 된다. 그럼으로써 어느 한 쪽은 RNA에 의해 완전히 덮여지고 불활성화 되게 된다. 다른 한 쪽의 X 염색체는 *XIST*를 발현하지 않고 덮여지지도 않는다. 이러한 염색체에 존재하는 유전자들만 발현이 되고 활성화 되게 된다. 왜 어느 한 쪽의 X 염색체에서만 *XIST*가 발현되는지는 아직도 충분히 알려지지 않고 있다.

유전자 발현의 시기, 정도, 방법의 조절은 세포의 유형과 그 기능들, 세포의 화학적 환경, 변화에 대한 신호들에 달려있다.
호메오 유전자 발현과 유전자량 보정은 진핵세포에서 나타나는 유전자 발현 조절 메커니즘의 대표적인 사례들이다.

## 14.5 초파리의 연구

*동물과 식물의 배아가 발행하는 동안 아름답고 환상적인 구조적 형태가 나타난다. 연구자들은 다양한 개체들에 대하여 이러한 형태적 특성을 유전자들의 특정 시간과 특정 조직에서의 발현과 연계시켜 연구하였다.*

### 초파리!

초파리(*Drosophila melanogaster*)는 거의 100여 년 동안 실험동물로서 선택되어졌다. 이 작은 파리를 기르고 보존하는데 비용이 거의 들지 않는다. 초파리는 병 안에서 번식하며 짧은 생애 주기를 가지고 있다. 자동화된 유전자 서열 분석을 통해서 초파리의 4쌍의 염색체 안에 13,601개의 유전자가 어떻게 배열되어 있는지 알려졌다.

초파리의 해부학적, 조직학적, 생화학적, 그리고 유전자 수준의 연구는 동물 배아 세포의 발생이 어떻게 조절되는가에 대한 많은 사실들을 알려주었다. 또한 이러한 연구는 동물군들 사이에 진화적 연관에 대한 안목도 제시하였다.

**그림 14.9** 돌연변이 초파리들. (a) 정상 초파리. 위에 있는 그림은 복숭아의 껍질에 붙어있는 초파리의 사진으로서 초파리의 상대적 크기에 대한 이해를 도와준다. (b)노랑 왜소형 (c) 말린 날개형 (d) 미발달 날개형.

### 유전자 조절에 대한 단서

지난 10여 년간 초파리 연구자들은 특히 **넉아웃**(knockout) 실험을 통해 주목할 만한 발견들을 이루어 내었다. 이러한 실험에서는 개별 유전자들이 야생형의 실험 개체로부터 제거된다. 이러한 유전자 조작된 개체와 야생형의 개체 사이의 형태학적 또는 행동적 차이는 그 결실된 유전자에 대한 정보를 제공한다.

넉아웃 실험을 통해서 수백 개의 초파리 유전자들이 확인되었고 이들이 결실되었을 때 일어나는 일을 따서 그 이름이 정해졌다. 이들 중 상당수는 호메오 유전자임이 밝혀졌다. 예를 들어 '*눈 없는*'(*eyeless*) 유전자는 초파리 배아에서 발현되는 조절 유전자이다. 이것이 없을 경우 눈이 생성되지 않는다. 다른 여러 개의 명명된 유전자들은 '*바보*'(*dunce*)(기억과 학습에 필요한 조절 단백질), '*날개 없는*'(*wingless*), '*주름 잡힌*'(*wrinkled*), '*양철인간*'(*tinman*)(심장 발생에 필요함) 등이 있다. 그림 14.9와 14.10은 이러한 돌연변이 초파리들의 예를 보여 준다.

조금 더 야심적인 유전자 결실 초파리 실험들로부터 발생단계에서의 조절에 대한 흥미로운 사실들을 알게 되었다. 유전자에 특별한 프로모터를 부가함으로써 연구자들은 온도와 같은 외부적 조건을 써서 유전자 발현을 조절 할 수 있게 되었다. 연구자들은 초파리 게놈의 일부로부터 유전자를 제거하여 다른 부분에 넣을 수도 있게 되었다. 이러한 분자적 손재주로써 '*눈 없는*' 유전자의 발현이 초파리의 머리뿐만 아니라 다리, 날개 그리고 더듬이에서도 가능해졌다(그림 14.10).

놀랍게도 '눈 없는' 유전자는 *Aniridia*라는 유전자의 형태로 사람에게도, 쥐(*Pax-6*), 오징어(*Pax-6*)에게도 존재하였다. 정상적인 *Aniridia* 유전자를 가지지 못한 인간은 홍채가 없는 안구를 가지게 되었다. *Aniridia* 또는 *Pax-6* 유전자를 '눈 없는' 돌연변이 초파리에 삽입하였을 때 이들 유전자는 발현되는 어느 곳에서나 눈을 생성하는 '눈 없는' 유전자와 동일한 효

**그림 14.10** 초파리의 돌연변이들. 왼쪽, 초파리의 다리에 눈이 생긴 형태. 오른쪽, 두 개의 흉부를 가진 초파리, 이는 호메오영역 유전자의 돌연변이 결과이다.

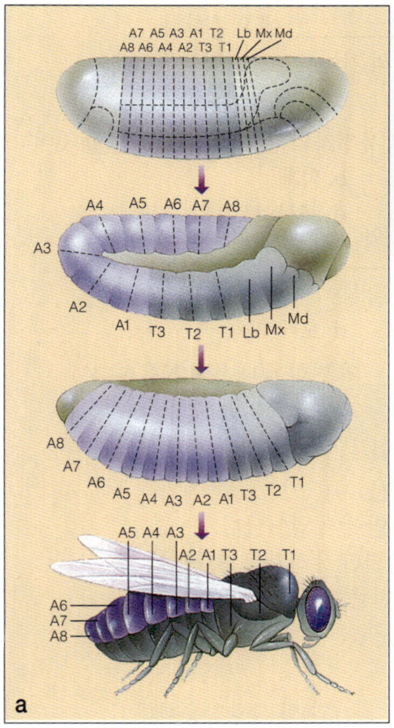


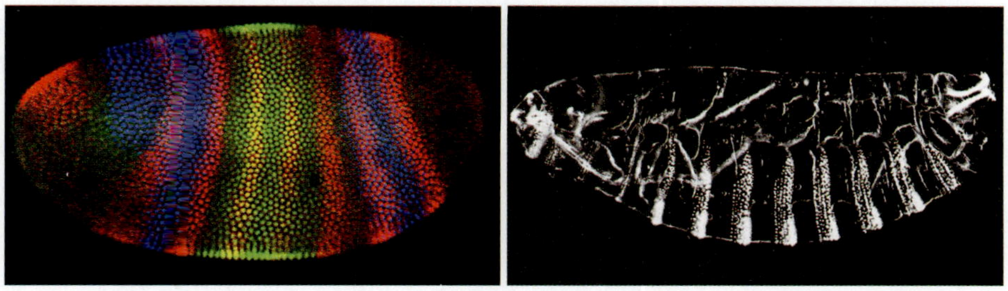

b c

**그림 14.11** 유전자들과 초파리의 분절화된 발생체 구조. **(a)** 초파리 이형접합자의 표면에 대한 발생결정지도. 이러한 지도는 성체의 개개의 분화된 세포형태가 어디서 유래하였는지 알려준다. 이러한 패턴의 양상은 미수정란에서의 모체유래의 mRNA와 단백질들의 분극화된 분포에서 비롯한다. 이러한 분극화는 미래의 신체축을 결정한다. 일련의 분절들이 이러한 축을 따라 생기게 된다. 유전자들은 다리, 날개, 눈, 또는 성체의 다른 부위가 특정 분절에서 생기게 할지를 지정한다. 간단히 말해서, 모체의 유전자 산물들은 gap 유전자의 발현을 촉진한다. 서로 다른 gap유전자들은 배아의 여러 군데에서 서로 다른 발현양으로 활성화된다. Gap유전자산물들은 서로의 유전자 발현에 영향을 준다. 이들이 초기적인 공간적 지도를 형성한다. Gap유전자 산물의 농도에 대하여 어디서 이들이 생기는가에 따라 배아세포들은 서로 다른 pair-rule 유전자를 발현하게 된다. Pair-rule 유전자의 산물들은 분절화를 시작하는 일곱 개의 세로줄 띠에 쌓이게 된다. **(b)** Pair-rule 유전자산물들은 다른 유전자들을 활성화 하며, 이들 활성화된 유전자 산물들이 발생체를 단위체들로 분리하게 된다. **(c)** 이러한 상호작용들이 각 분절들의 정체성을 총체적으로 지배하는 호메오 유전자들의 발현에 영향을 준다.

과를 보였다. 이러한 사실은 곤충, 두족류, 그리고 포유류와 같이 진화적으로 떨어져 있는 동물들이라 할지라도 공유된 조상으로 서로 연관되어 있다는 증거를 보여준다.

## 발생과정에서의 유전자와 발생 형태들

서로 다른 세포들은 새로운 배아에서 다른 방법으로 조직화된다. 이들은 분열하고 분화하며 살거나 죽게 된다; 이들은 이동하거나 조직에서 같은 세포들끼리 서로 뭉치게 된다. 분열되어 새로 생성된 세포들은 신체의 마스터 플랜에 따라 질서정연하게 형태를 갖추게 된다. 이러한 마스터 플랜은 발생과정에서 특정 장소와 특정 시간에 발현되는 유전자들로 구성되어 있다. 지역적이고 간헐적인 유전자 발현의 산물들 대부분이 전사조절인자들이며 이들 다수의 단백질들의 3차원적 마스터 플랜 지도를 생성한다.

배아가 발생하는 동안 특정 단백질들은 미분화된 세포들이 서로 다른 신체 조직으로 분화되게 유도한다. 초파리의 배아에서 생기는 분절화가 하나의 사례이다(그림 4.11).

**형태 형성**(pattern formation)은 배아 조직과 기관이 제 위치와 형태로 갖추어 지는 것을 말한다. 그림 14.11과 14.12는

**그림 14.12** 왼쪽, 나방 유충의 배아에 존재하는 날개가 될 부분의 일곱 개의 점들이 장차 성체가 되었을 때 날개에 "눈동자"모양(오른쪽)을 형성할 부분들이다.

그림 예들이다. 38.5절에서 조절화된 유전자 상호작용에 대한 좀 더 자세한 내용을 더 배우게 된다.

## 요 약

**14.1절** 유전자의 발현 여부와 언제, 어떻게 발현되는가는 전사와 번역의 조절과 단백질 산물에 대한 변형에 달려있다. 조절 단백질들(전사 활성인자나 억제인자들)과 호르몬은 이러한 조절인자의 예에 해당한다. 이러한 조절작용들은 DNA에 내장되어 있는 조절인자, RNA, 그리고 유전자 산물들과 서로 상호작용한다.

음성 조절 메커니즘에서는 조절 단백질들이 유전자 활성을 늦추거나 중단시킨다. 반면에 양성 조절 메커니즘에서는 유전자 활성을 증대시킨다.

**14.2절** 모든 세포들과 같이 원핵세포들도 영양분과 환경요건에 대한 단기적 변화에 빠르게 대응한다. 이러한 유전자 조절 메커니즘의 대부분은 영양분의 존재여부에 따른 전사속도의 조절에 해당한다. 박테리아 오페론은 이러한 원핵생물 유전자 조절의 사례에 해당한다.

**14.3절** 복잡한 다세포 진핵생물들의 모든 세포들은 같은 유전자들을 가지고 있다. 하지만 개개의 세포는 형태에 따라 선택적으로 유전자를 활성화시키거나 억제함으로써 개별 형태의 세포들이 다양한 구조와 조성, 기능을 가지게 분화된다.

진핵세포의 대부분 유전자들은 거의 모든 시간 동안 발현이 정지되어 이용되지 않는다. 세포의 생장에 꼭 필요한 대사기능을 담당하거나 살림살이 유전자(house keeping gene)들은 항상 일정한 수준으로 발현되어 있다. 다른 유전자들의 발현은 가변적이다. 조절 메커니즘이 작용하는 시점은 세포의 형태와 존재하는 화학적 조건, 그리고 표적 세포의 활성을 조절하는 다른 세포로부터의 신호에 따라서 결정된다.

세포 내부에서의 유전자 발현은 외부적 환경조건에 대응하여 변화하며 생장과 발달에 걸쳐 장기간의 조절을 받게 된다. 진핵세포는 유전자 발현을 중요한 단계에서 조절하는데 이는 전사, RNA 공정, RNA 운반, mRNA 분해, 번역, 그리고 단백질 활성조절 단계들이다. 번역 단계는 다수의 분자들이 조절에 참여하기 때문에 대부분의 진핵세포 유전자들에 있어서 주된 조절점이 된다.

**14.4절** 선택적 유전자 발현은 생장과 발달 단계 동안의 세포분화의 기본에 해당한다. 이러한 선택적 유전자 발현은 세포가 구조와 기능에 있어서 서로 다르게 만든다.

복잡한 진핵생물의 발달 계획은 발달 단계 동안 기본적인 발달 계획을 조절하는 호메오 유전자에 의해 영향을 받는다. X-염색체 불활성화는 성별사이에 유전자 발현의 중요한 균형을 유지하게 하는 조절 메커니즘인 유전자량 보정의 사례에 해당한다.

**14.5절** 초파리를 가지고 수행한 실험들에 의해서 조절 유전자들을 확인하였다. 배아 발생에 있어서 조절 단백질들의 선택적인 세포 내 배치는 조직과 기관이 적절한 패턴을 가지고 형성되게 유도한다.

## 자습-퀴즈

*정답은 부록 Ⅲ에 있음*

1. 특정 유전자의 발현은 ________에 의존한다.
   a. 세포의 유형과 그것의 기능 b. 화학적 조건
   c. 환경의 신호 d. 위 모두 다
2. 호르몬은 표적 세포에서 유전자의 전사를 ________할 것이다.
   a. 촉진 b. 억제
   c. 관여 d. a와 b 모두 다
3. 진핵생물 유전자는 ________(을)를 지정한다.
   a. 빠르고 짧은 기간의 활성 b. 일반적인 성장
   c. 발생 d. 모두 다
4. 유전자 발현은 ________의 변화에 대하여 적응한다.
   a. 영양분의 존재여부 b. 용질의 농도
   c. 다른 세포로부터의 신호 d. 모두 다
5. 세포의 분화는 ________.
   a. 모든 다세포 유기체 안에서 일어난다.
   b. 여러 세포 안에서 특별한 유전자를 요구한다.
   c. 선택적인 유전자 발현을 요구한다.
   d. a, c 둘 다
   e. 모두 다
6. 조절 단백질들은 ________(과)와 상호작용한다.
   a. DNA b. RNA
   c. 유전자 산물 d. 모두 다
7. 오페론은 전형적으로 ________(를)을 조절한다.
   a. 박테리아 유전자 b. 진핵생물 유전자
   c. 모든 유형의 유전자 d. DNA 복제
8. 원핵 생물에는 있지만 진핵생물에는 없는 것으로, ________은 operon의 발현 유전자들 앞에 놓여진 염기서열들이다.
   a. 젖당 분자 b. 프로모터
   c. 작동유전자 d. b, c 둘 다
9. 유전자의 시작을 알리는 뉴클레오티드 서열은 ________이다.
   a. 프로모터 b. 작동유전자
   c. 촉진유전자 d. 활성인자
10. 다세포 유기체에서 진핵 세포는 ________에서 여러 과정을 조절함으로써 유전자의 발현을 통제한다.
    a. 전사 b. RNA 공정 c. 번역
    d. RNA 수송 e. mRNA 분해 f. 단백질 활성
    g. a와 d h. 모두 다
11. X 염색체 불활성화는 ________.
    a. 유전자량 보정이다
    b. 유전자 발현의 균형을 유지한다.
    c. 캘리코 고양이를 만든다.
    d. a와 b

12. 호메오 유전자는 ________.
a. 박테리아 오페론의 일부분이다.
b. 진핵생물 성체 형성계획을 조절한다.
c. X 염색체 불활성화를 조절한다.
d. a, c 둘 다

13. 바소체를 가진 세포는 ________.
a. 원핵생물이다
b. 남성 포유류로부터 온 것이다.
c. 여성 포유류로부터 온 것이다.
d. Barr 바이러스에 의해 감염 된 것이다.

14. 다음 단어들을 가장 적절하게 설명한 것과 짝지으시오.

| | |
|---|---|
| _____ 호메오 유전자 | a. 억제인자의 결합 부위 |
| _____ 작동유전자 | b. 발생 도중에 특화되는 것 |
| _____ 초기 암유전자 | c. X 염색체를 불활성화 시킨다 |
| _____ 분화 | d. 암을 유발 할 수 있다 |
| _____ 바소체 | e. 성체 형성계획을 수립한다 |

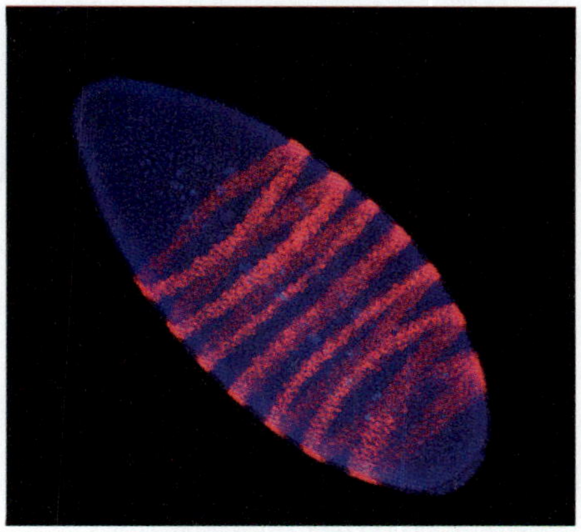

**그림 14.13** 초파리 이형접합자. 형광색으로 둘러쳐진 고리 모양 부분은 어떤 부위에서 유전자가 발현되고 있다는 증거가 된다.

## 분석적으로 생각하기

1. 차이점을 설명하시오
a. 억제인자와 활성인자
b. 프로모터와 작동유전자

2. 유전자 조절의 세 가지 유형을 설명하시오. 이들 조절이 원핵과 진핵 세포 모두에서 작동하는가?

3. 대부분의 설치류과 와는 달리 기니피그는 태어났을 시점부터 발생을 잘 한다. 수 일 안에 그들은 풀, 야채 그리고 다른 식물들은 먹을 수 있다. 사육사가 3주 후에 그들의 엄마로부터 아기 기니피그를 분리했다고 가정하자. 기니피그들을 암컷과 수컷으로 따로 분리하여 키우고 싶어 한다. 그러나 어린 기니피그들의 성별을 확인하는 것에서 문제가 생겼다. 어떻게 현미경으로 그들의 성을 확인할 수 있는지 제안하시오.

4. 식물, 곰팡이 그리고 동물들은 다양한 세포들의 형태로 이루어져 있다. 어떻게 같은 유전적 정보를 물려받은 체세포들에게서 이러한 차이점이 발생하는가? 세포 분화와 선택적인 유전자 발현이 일으키는 일반적인 유형을 포함해서 설명하시오.

5. 어떤 기본적인 방식으로 전사의 양성조절과 음성조절이 서로 다른가? 이들 각각은 (또는 둘 다) 가역적인가?

6. 당신 몸의 모든 세포들은 단백질 생성을 위해 동일하게 물려받은 정보들을 가지고 생을 시작한다. 그러면 무엇이 적혈구와 백혈구세포 생성의 차이를 일으키는 원인이 되는가? 백혈구와 신경세포는 어떠한가?

7. 듀센 근위축증(Duchenne muscular dystrophy), 유전적 장애로서 거의 오직 소년들에게만 영향을 끼친다. 유년시절 초기에 근육이 퇴화하기 시작하여, 대부분 10대나 20대 초기에 죽는다. 이 장애를 일으키는 대립유전 형질을 지니는 몇몇의 여성들의 근육 생체 검사에서 몸의 일부분에서 퇴화된 근육 조직을 확인하였다. 그들은 퇴화된 부분과 인접한 근육조직에서는 인접 퇴화된 부분의 약점을 보완하기 위하는 것처럼 보이는 정상이거나 더 큰 화학적 활성을 보였다. 왜 몸의 일부분에서만 나타나고 다른 부분은 안 그런지의 설명을 포함하여 듀센 근위축증의 유전적 원리에 대해 가설을 세워라.

8. 인간의 유전적 구성과 더 유사한 종 일수록 암의 발생기전에 대한 실험실적 연구에 더 많은 정보를 제공한다. 전적 성질이 인간과 가까워서, 암의 메커니즘의 연구에서 저 유용한 정도를 산출해낸다. 당신은 암 연구를 위해 어떠한 종류의 포유류를 사용하는 것에 대하여 지지하는가? 왜 그런가? 아니면 왜 그렇지 아니한가?

9. Geraldo는 젖당 오페론의 일부분과 결합을 하는 CAP의 능력이 망가진 돌연변이를 가지는 대장균 주를 분리하였다. 대장균 세포가 다음과 같은 상황에 놓여있을 때, 이 돌연변이는 어떻게 젖당 오페론의 전사에 영향을 미치겠는가?
a. 젖당과 포도당 모두 이용 가능하다.
b. 젖당은 이용 가능하지만 포도당은 이용 불가능.
c. 젖당과 포도당 모두 다 이용 불가능.

10. 캘리코 고양이는 거의 모두 암컷이다. 수컷 캘리코 고양이는 보통 불임이다. 그 이유를 간단히 설명하시오.

11. 그림 14.13에 있는 초파리의 배아는 유전자 발현의 반복하는 패턴을 나타낸다. 그림 14.11을 반영하여, 빨간 날개(red ring)를 만드는 유전자 산물에 대해 생각해보시오. 어떤 종류의 유전자가 이 산물을 생성하는가?

# 15 유전체 조작과 연구

## 최근 이슈와 그 영향력 황금의 쌀인가 혹은 프랑켄 푸드인가?

얼마 전 세계보건기구(WHO)는 보수적으로 추정하여도 전 세계적으로 1억2천4백만 명의 어린이가 비타민 A 결핍증으로 고통받는다고 발표하였다. 이 어린이들은 영구적으로 눈이 멀거나 여러 다른 질병에 걸려있다. 연구자들이 해결책으로 세 가지 유전자를 벼에 옮기는 연구를 시작하였다. 이들은 유전자들이 노란색 색소로서 비타민 A의 전구물질인 베타카로틴을 식물이 만들도록 하였다. 하루에 단지 300 그램의 이 황금의 쌀(golden rice)을 먹음으로써 비타민 A 결핍증에 대한 예방이 충분히 가능했을 것이다.

어린아이들이 고통받거나 죽는 것을 아무도 원하지 않는다. 그러나 많은 사람들이 황금의 쌀을 포함해서 유전자변형식품의 아이디어에 대하여 반대한다. 그들은 농경 사회의 역사를 알지 못했을 가능성이 있다. 우리 조상들이 아무 것도 하지 않은 것은 아니다. 수천 년 동안 조상들은 인위적인 선택 방식으로 야생의 조상 종으로부터 새로운 식물, 새로운 품종의 가축, 고양이, 개, 그리고 새들을 개량했다. 살이 많이 붙은 칠면조, 씨 없는 수박, 작고 딱딱한 옥수수 낟알 대신에 크고 즙이 많은 옥수수 낟알 등 여러 예를 더 들 수 있다(그림 15.1).

지구 역사에서 인간은 아주 최근에 나타났다. 우리가 자연계에 발을 들어놓기 전인 지난 38억년 동안 자연은 돌연변이, 교차, 그리고 종과 종 사이의 유전자 이동을 통하여 수많은 유전학적 실험을 실행했었다. 이러한 과정들은 분자적인 유전 정보의 변화를 유도하였

**그림 15.1** 커다란 차이를 보이는 식량 사정에 관한 스냅사진: 식량이 너무 적어 기아 상태의 이티오피아 및 인도네시아의 풍성한 벼
위; 인위적인 선택의 성공이야기 - 멕시코의 선사시대 동굴에서 발견된 옥수수 조상의 작은 낟알 옆에 놓여있는 현대 품종의 옥수수의 커다란 낟알

## 개요도

**게놈 프로젝트** 1953년 DNA 구조의 발견으로 DNA 구조를 조작하기 위한 새로운 기술을 개발하는데 큰 관심을 불러일으켰다. 오십년 후, 인간 유전체의 전체 염기서열이 규명되었다.

**교환 도구** 과학자들은 그들이 연구하고자 하는 생명체의 DNA를 자르고, 확인하고, 분리하고, 복제하고, 염기서열을 분석하기 위하여 DNA 기술을 사용한다. 과학자들은 실용적인 목적을 위해 이러한 기술을 유전공학에서 사용한다.

으며, 그 결과가 오늘날 우리가 보는 생명체의 다양성으로 나타났다.

아마도 인간이 최근 시도하는 유전적 변화에 관하여 아마도 우리를 불안하게 하는 것은 변화의 속도가 매우 빨라졌다는 것일 것이다. 우리는 이제 여러 생명체의 유전자를 손쉽게 다루게 되었다. 우리는 순수한 연구를 위해서 그리고 유용하고 실용적인 응용을 위해서 유전적 변화를 실행한다.

어떤 이들은 우리가 어떤 생명체의 DNA도 변화시키지 말아야한다고 한다. 우려하는 점은 인간이 돌이킬 수 없는 손상을 일으키지 않고 유전학적 변화를 일으킬 수 있는 지혜를 가지고 있는 종이 아니라는 것이다. 어떤 이는 우리가 보기도 전에 뛰어오르려는 인간의 바로 그 성향을 상기시킨다.

그러나 우리는 불가능한 것을 꿈꾼다. 인간의 경험에 관한 그 무엇이 우리 스스로 날개를 만드는 상상할 수 있는 능력을 주었고 우주의 미개척지로 우리를 나가게 하는 능력을 주었다. 또 다른 이는 평범한 쌀을 영양소가 많은 음식으로 바꾸어 아이들이 눈이 머는 것을 막아주는 꿈을 꾼다.

여러 경제적인 문제들도 역시 해결해야한다. 예를 들어, 황금의 쌀에 대한 특허로 인하여 이 쌀을 급히 필요한 개발도상국의 농부들에게 생산원가를 높이는 결과를 초래하지 않을까? 베타카로틴 유전자를 옮기는것이 어떤 예상하지 못한 방식으로 벼의 유전정보를 교란시킬 것인가?

우리가 직면한 문제는 이것들이다: 아마 우리가 너무 멀리 갔다고 믿기에, 모험에 도전하는 사람들이 좀 더 조심스러워져야하는가? 우리가 위험을 무릅쓰지 않으면 우리는 무엇을 잃을 것인가?

### 찬반의견 투표

*미국에서 판매되는 모든 포장식품에 반드시 영양성분 라벨을 붙여야 하지만, 유전자변형 식품은 라벨 없이 판매되고 있다. 유전자변형 식물 또는 가축으로 만든 모든 제품에 식품 공급자들이 라벨을 붙여야 하는가? 미디어 메뉴에서 상세한 내용을 참고하여 온라인 투표를 한다.*

**유전공학** 연구 혹은 실용적인 응용 목적을 위하여 정상적인 혹은 변형된 유전자를 각 생명체에 삽입한다. 유전자변형 생명체는 농부가 작물을 더욱 효율적으로 생산하는 것을 도와준다. 유전자변형 생명체들은 또한 생체재료물질 및 약품 생산의 원료를 제공한다.

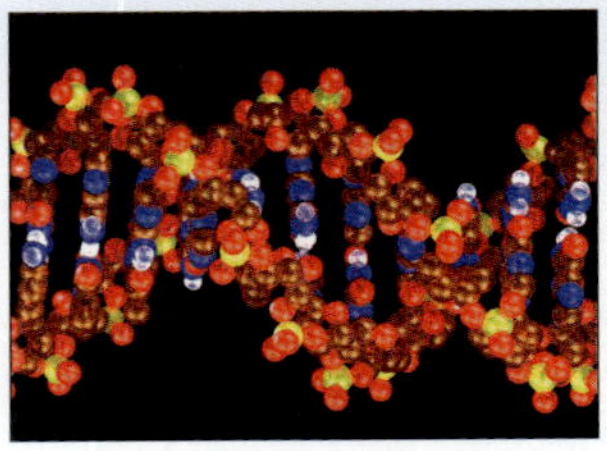

**생명윤리** 인간 유전체의 염기서열이 규명되었고 이러한 발견은 유전자 치료 및 다른 응용 분야에 이용되고 있다. 유전공학을 이용하는데 대한 반대가 계속됨에 따라 여러 윤리적인 그리고 사회적인 문제들이 해결되지 않은 상태로 남아있다.

## 15.1 생명의 분자를 조작하기

*이 단원에서는, 우리는 부모세대로부터 새로운 세대에 DNA를 전달하는 세포분열 메커니즘으로부터 시작하였다. 다음 단계로 유전 현상의 염색체 및 유전자의 분자적 기초에 대하여 다루었고, 생명의 연속성을 지휘하는 유전자 조절로 이동하였다. 이러한 전개 순서는 유전학의 역사와 나란히 한다. 이제는, 유전학자가 유전의 왕국으로 들어가는 분자 열쇠를 지니고 있는 시점에 도달하게 되었다.*

### 분자생물학의 출현

1953년 제임스 왓슨(James Watson)과 프랜시스 클릭(Francis Crick)은 DNA의 이중나선 모델을 밝혔으며 유전학 연구에 대한 전 세계적인 낙관론에 불을 지폈다. 바로 그 생명의 책이 펼쳐져서, 자세히 볼 수 있는 듯 여겨졌다. 실제로는, 아무것도 확실하지 않는 어중간한 상태였다. 과학적으로 획기적인 주요한 약진은 이것을 연구하기위한 도구가 같은 시대에 발견되지 않기 때문에 거의 동시에 일어나지 않는다. 생명의 책을 읽기 위해서 DNA 연구의 새로운 방법이 발명되어야 했다.

1972년 폴 버그와 그 동료들은 처음으로 **재조합 DNA**(recombinant DNA)를 만들었다. 그들은 한 종의 DNA 절편을 다른 종의 유전물질에 삽입하고 융합하여, 실험실에서 키웠다. 그들의 새로운 재조합 DNA 기술은 연구하고자 하는 어떤 생명체로부터 DNA를 다루기 쉬운 크기로 분리하고 복제할 수 있었다. 분자생물학이라는 과학 분야가 탄생하였으며 갑자기 모든 사람들이 걱정하기 시작하였다.

비록 연구자들이 DNA는 독성이 없다 것을 알고 있었지만, 다른 생명체로부터 나온 유전물질을 융합하는 과정에서 매번 일어나는 현상을 정확하고 완벽하게 예측할 수 없었다. 그들은 우연히 새로운 슈퍼 병원체를 창조할 것인가? 정상적이고 해가 없는 DNA 절편이 융합되어 새로운 형태의 생명체를 창조할 수 있는가? 새롭게 창조된 생명체가 환경으로 탈출하여 다른 생명체를 전환시킨다면 어떻게 될 것인가?

과학자들의 책임 있는 자세를 보여주는 놀랍도록 신속한 자기 규제 조치의 일환으로, 과학자들은 DNA 연구에 관한 안전 지침에 대하여 모두 동의하였다. 미국 국립보건원에의해 채택된 이 지침은 실험실에서 DNA를 다룰 때 주의해야 되는 점을 나열하였다. 연구자들은 적절한 차단시설이 개발될 때까지 재조합 실험을 위하여 병원성이나 독성 생명체로부터 DNA를 사용하는 것을 중지하였다.

재조합 DNA의 황금시대가 곧 도달하였다. DNA의 화학적 물리적 성질로부터 DNA의 특정 분자구조로 관심의 초점이 옮겨갔다. 1977년 앨런 맥삼, 월터 길버트, 그리고 프레드 생거는 클론 된 DNA 절편의 염기 서열을 결정할 수 있는 방법을 개발하였다. 약 이십년 전에 열린 생명의 책을 읽을 수 있는 도구를 이제는 모든 사람들이 사용 가능하게 되었다.

DNA 서열 결정은 훌륭하고, 시각적으로 보기 좋으며, 많은 데이터를 제공하는 기술로서, 단지 소수의 과학들에게만 매혹적인 그러한 기술 이상의 것이다. 여러 다양한 생명체로부터 믿을 수 없을 만큼 수많은 염기서열 데이터가 축적되었다. 그동안 컴퓨터 기술이 동시에 발전하였음에도 불구하고, 염기서열 데이터의 저장과 분석에 필요한 거대한 수요를 충족시키기 어려웠다. 1982년, 미국 국립보건원은 일반인들에

**그림 15.2** 인간 유전체의 염기서열 일부와 유전체 염기분석에 사용된 미국 메릴랜드 주 셀레라 지노믹스 회사의 슈퍼컴퓨터.

게 접근 가능한 최초의 DNA 대용량 데이터베이스를 제공하기 위하여 3백만 달러의 자금을 지원하였다.

### 인간게놈프로젝트

1986년경, 모두가 인간 게놈의 염기서열 분석에 관한 논쟁에 관련된 것 같았다. **게놈**(genome)은 유전체로서, 염색체의 반수체에 있는 모든 DNA를 의미한다. 많은 과학자들이 인간 유전체의 DNA의 분석에 대하여 의학 및 순수연구에 대한 장점 및 혜택은 무수히 많다고 강력히 주장하였다. 다른 과학자들은 유전자 지도 작성 프로젝트가 더욱 급하고 더 성공 할 가능성이 있는 다른 연구 프로젝트로부터 연구기금을 전용시킨다고 주장하였다.

그 당시에는 30억 개의 염기서열을 결정하는 것은 거의 불가능하게 보이는 비관적인 과제였다. 당시 기술로는 염기서열에 담겨있는 내용을 이해하는 것은 고사하고 서열을 확인하는 데만도 전 세계 연구협력체가 적어도 50년은 걸려야 해낼 수 있었다. 그러나 기술이 매년 향상되어 더 많은 염기가 서열이 결정되고 더 짧은 시간에 분석되었다. PCR(중합효소연쇄반응)이 발명되었을 때 즈음에 염기서열 자동분석기가 발명되었다. 비록 두 기술 모두 비용이 많이 들고, 손이 많이 가고 귀찮으며, 표준화도 되지 않았지만, 여러 사람들이 분자생물학 분야에서 이 기술들의 가능성을 알아차렸다.

그러나 염기서열 결정은 아직도 지루하고 고된 과정이다. 인간 게놈 염기분석을 가장 효과적인 방식은 더욱 빠른 방법을 나오기를 기다리는 것이 가장 효율적인 것처럼 보이지만, 정확히 언제 기술이 충분히 빨라지는 것일까? 누가 그것을 결정할 것인가?

열띤 논쟁을 벌이고 있는 와중에, 몇몇 기관들이 1987년 각각 자신들의 인간게놈프로젝트를 독자적으로 착수하였다. 그 중에는 월터 길버트가 설립한 회사도 있었다. 그는 그의 회사가 인간 게놈의 염기서열을 결정할 뿐만 아니라 유전체 자체에 대하여 특허를 신청할 것 이라 선언하였다.

1988년 초 미국 국립보건원은 왓슨을 우두머리로 임명하고, 전체 인간게놈프로젝트들을 효과적으로 합병하였으며 약 20억 달러를 연구자들에게 제공하였다. 국립보건원과 서로 다른 형태의 프로젝트를 진행해온 다른 연구기관과 사이에 컨소시엄이 결성되었다.

왓슨은 이 연구로 야기되는 윤리적이고 사회적인 문제를 연구하기위해 연구비의 3%를 할당하였다. 그는 1992년 유전자 서열의 일부분에 특허를 부여하는 문제에 대하여 국립보건원과 의견충돌을 빚어 사임하였다. 1993년 프랜시스 콜린즈가 왓슨을 대체하였다.

특허 문제에 대한 논쟁이 계속되는 중에도, 미국에서의 염기서열 결정의 대부분은 1998년까지 미국 국립보건원에서 진행되었다. 이 해에 과학자인 크레익 벤터가 셀레라 지노믹스(그림 15.2)를 창설하였다. 벤터는 그의 새로운 회사가 제일 먼저 유전체 염기서열 결정을 끝낼 것이라고 선언하였다. 그의 도전은 미국 정부가 염기서열 판독에 더욱 박차를 가하는 계기가 되었다.

**그림 15.3** 모든 사람들이 큰 관심을 가지고 참여하였다. 2003년 매사추세츠주 캠브리지에 위치한 MIT 대학 화이트헤드 연구소를 방문한 달라이 라마가 생쥐 DNA의 염기서열 분석을 위해 준비하고 있다.

인간 게놈 프로젝트는 공식적으로, DNA구조를 발견한 지 50년 후인, 2003년에 완성되었다. 인간 DNA에 있는 암호화 부위 약 99%의 염기서열이 매우 정확하게 결정되었다. 여러 다른 생명체의 유전체도 역시 완전하게 염기서열이 결정되었다(그림 15.3).

이러한 광대한 양의 데이터를 가지고 무엇을 할 것인가? 다음 단계는 그 서열이 무엇을 의미하는가, 즉 유전자는 어디에 있으며, 유전자가 아닌 부분은 어느 곳이며, 조절 메커니즘은 무엇이고, 어떻게 작동하는지에 대한 질문에 대하여 조사하는 일이다.

최근에 21,000개 이상의 유전자가 확인되었다. 이 확인은 유전자들이 암호화하는 것을 우리가 알고 있다는 것을 의미하는 것은 아니며, 다만 그것들이 확실히 유전자라는 것을 알고 있을 뿐이다. 여러 흥미로운 발견 중에 하나는 대부분의 유전자에서 첫 번째 인트론과 마지막 엑손은 다른 것들보다 길다는 것이다. 아마 그것들은 실제로 아직 발견되지 않은 조절 메커니즘의 일부일 가능성이 있다.

## 15.2 분자적 도구 상자

*유전자의 분석은 DNA를 조작함으로써 시작한다. 분자 도구를 사용하여, 연구자들은 서로 다른 출처로부터 DNA를 잘라내어 이 절편들을 섞어 붙인다.*

### 가위: 제한효소

1970년 해밀턴 스미스와 그 동료들은 박테리아인 *Haemophilus influenzae*에서의 바이러스 감염을 연구하고 있었다. 바이러스 DNA가 박테리아의 염색체에 삽입되기 전에 박테리아는 침입하는 바이러스 DNA를 잘라버림으로써 자신을 보호한다.

스미스는 처음에 **제한효소**(restriction enzyme)로 알려진 바이러스 DNA를 절단하는 효소 중 하나를 분리하였다. 머지않아 수백 균주의 박테리아와 몇몇 진핵세포에서 수천 종류의 효소가 발견되었다. 각 제한효소는 4에서 8개 정도 길이의 특정한 염기서열을 가진 부위에서 이중가닥의 DNA를 자른다. 이러한 부위의 대부분은 DNA의 양쪽 가닥 모두에 동일한 뉴클레오티드 서열을 가지고 있다. 예를 들어, GAATTC는 양 가닥에서 EcoRI 효소에 의해 인식되고 잘린다.

대부분의 제한효소는 DNA를 엇갈리게 잘라서 DNA 절편 양 끝은 단일가닥 꼬리가 생기게 된다. 이렇게 잘리면 점착성 말단의 단일 가닥 꼬리가 생성된다. 절편 양쪽의 점착성 말단은 서로 상응하기 때문에 이 꼬리는 동일한 효소로 잘린 또 다른 DNA 분자와 염기쌍을 이룰 수 있다(그림 15.4a).

절편들이 염기쌍을 이룰 때 작은 홈이 남아있다. 다른 효소인 **DNA 연결효소**(DNA ligase)가 이 홈을 봉하게 되면 재조합 DNA가 생긴다(그림 15.4b). 재조합 DNA는 동일한 종 혹은 다른 종의 서로 다른 생명체로부터 얻은 염기서열을 포함하고 있다.

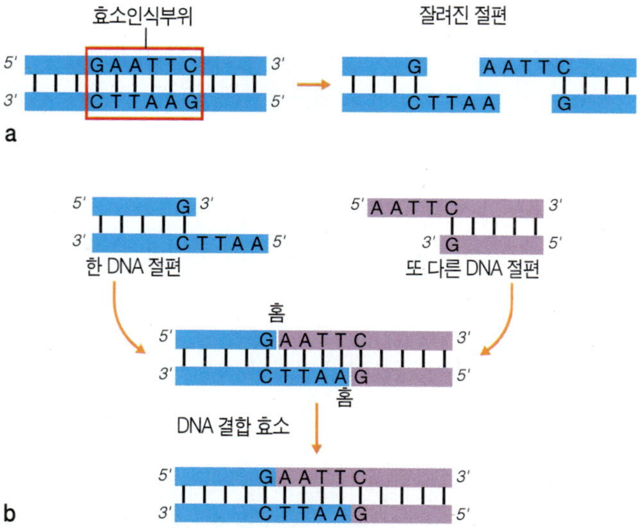


**그림 15.4** (a) 제한 절편의 형성 및 (b) 잘려진 절편 조각을 재조합 DNA 분자로 조립.

### 클로닝 벡터 (Cloning Vector)

박테리아 세포는 원형의 DNA 분자인 단지 한 염색체를 가지고 있다. 그러나 많은 박테리아가 플라스미드를 가지고 있다. 플라스미드(plasmid)는 소수의 유전자를 가진 염색체 이외의 작은 원형의 DNA이다(왼쪽 사진). 플라스미드는 박테리아 염색체와 함께 복제된다. 박테리아는 플라스미드가 없이도 정상적으로 살아갈 수 있다. 그렇다하더라도 몇몇 플라스미드 유전자는 항생제에 대한 저항성을 제공하여 박테리아가 유용하게 이용한다.

알맞은 조건하에서, 박테리아는 자주 분열하며, 유전학적으로 동일한 수많은 개체수의 세포가 빠르게 형성된다. 각 분열에 앞서 복제효소가 염색체 DNA와 플라스미드 DNA를 복제하며, 어떤 경우에는 플라스미드 DNA를 반복적으로 복제한다. 이것이 연구자들에게 아이디어를 제공하였다. 외래 DNA 절편을 플라스미드에 삽입하고 만일 박테리아 세포가 그것을 복제하는지 알아보는 것은 어떨까?

외래 DNA를 받아들이고 숙주 박테리아, 효모, 또는 다른 세포로 들어간 변형된 플라스미드를 **클로닝 벡터**(cloning vector)라 한다. 클로닝벡터는 일반적으로 몇몇 고유한 제한효소 서열이 벡터의 한 부분에 몰려있는 다중 클로닝 부위를 가지고 있다. 앞으로 보게 되겠지만, 벡터는 연구자들이 항생제 저항성을 가진 유전자와 같이 어떤 세포에 외래 유전자가 들어갔는지를 확인할 수 있도록 도와주는 유전자를 역시 가지고 있다(그림 15.5).

클로닝 벡터를 받아들인 세포는 각각 벡터와 이에 삽입된 외래 DNA의 동일한 사본을 가지고 있는 수많은 개체수의 자손 세포를 이룰 것이다. 결론적으로, 동일한 세포 모두는 외래 DNA가 복제된 많은 사본을 가지고 있다.

이러한 DNA 클로닝은 연구자들이 자신의 연구를 위하여 특정 DNA 조각을 증폭하여 무한정으로 얻는 것을 도와주는 도구이다(그림 15.6).

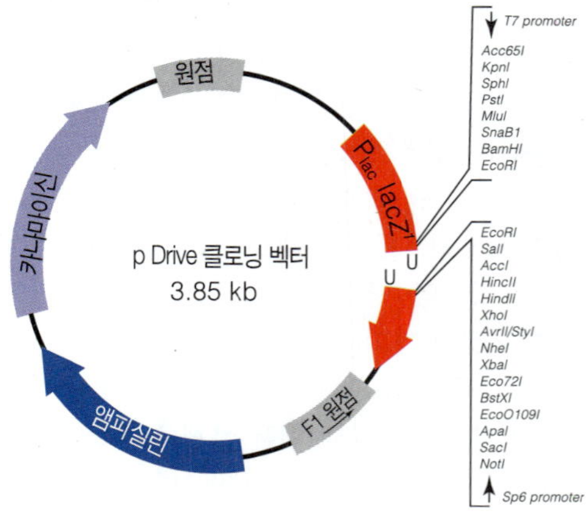


**그림 15.5** 유용한 제한효소 부위가 오른쪽에 나열된 시중에서 구입 가능한 클로닝 벡터. 이 벡터는 항생제 저항성 유전자(청색)와 박테리아의 *lacZ* 유전자(적색)를 포함하고 있다. 이러한 유전자들은 연구자들이 재조합 분자들을 받아들인 세포를 확인하는 것을 도와준다.

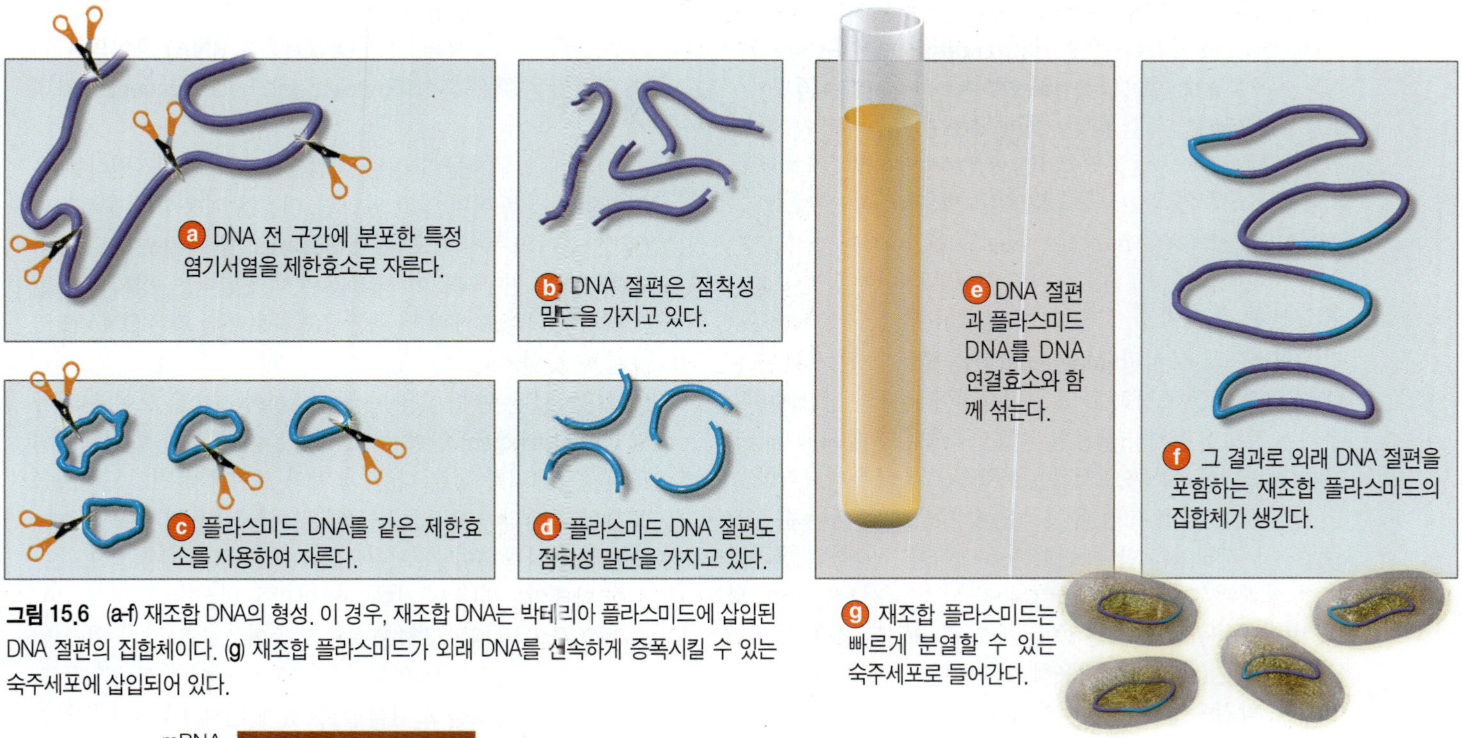


**그림 15.6** (a-f) 재조합 DNA의 형성. 이 경우, 재조합 DNA는 박테리아 플라스미드에 삽입된 DNA 절편의 집합체이다. (g) 재조합 플라스미드가 외래 DNA를 신속하게 증폭시킬 수 있는 숙주세포에 삽입되어 있다.

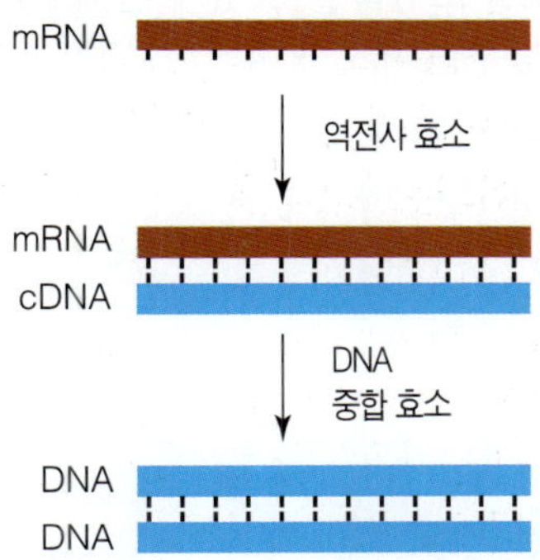


**그림 15.7** cDNA를 만드는 방식. 역전사효소는 mRNA를 주형으로 하여 한 가닥의 DNA를 생성하는 반응을 촉매 하여 mRNA-cDNA 혼성분자를 형성한다. 그 다음, DNA 중합효소가 mRNA를 또 다른 DNA 가닥으로 교체한다. 그 결과로 이중가닥의 DNA가 만들어진다.

## cDNA 클로닝

염색체 DNA는 보통 인트론을 포함하고 있다(13.1 절). 가끔 어떤 유전자 서열이 인트론 의 일부인지 엑손의 일부인지 혹은 유전자가 어디에서 시작해서 어디서 끝나는지 구분하는 것은 불가능하다. 유전자산물이나 유전자발현을 조사하는 연구자는 mRNA에 초점을 맞추는데 이는 인트론이 이미 잘려져 나갔기 때문이다. mRNA에 남아있는 서열은 암호화 서열과 몇 가지 작은 신호서열 뿐이다. 유전자가 발현될 때는 RNA가 전사되고 있다는 것을 의미하며, 어떤 유전자를 실제로 사용하는 세포에는 그 유전자를 암호화하는 mRNA가 또한 세포에 포함되어 있다.

제한효소는 RNA를 자르지 못한다. 따라서 mRNA는 우선 DNA로 바뀌기 전까지는 클로닝을 할 수 없다. 바이러스나 박테리아에서 분리한 복제효소가 생체 밖에서 혹은 시험관 안에서 mRNA를 바꿀 수 있다. **역전사효소**(reverse transcriptase)는 바이러스 효소로서 mRNA를 주형으로 사용한다. 유리된 뉴클레오티드를 사용하여, 이 효소는 mRNA 주형에 단일 가닥의 **cDNA**(*complementary* DNA; 상보적 DNA)를 조립한다(그림 15.7). 그 결과로 하이브리드 분자가 생기는데, 한 가닥의 mRNA와 다른 한 가닥의 cDNA가 서로 염기쌍을 이루고 있다.

DNA 중합효소를 첨가하면 하이브리드 분자에서 RNA를 떼어내고 첫 번째 가닥의 cDNA를 복제하여 두 번째 가닥을 만든다. 그 결과는 원본 mRNA로부터 이중 가닥의 DNA 복제본이 생긴다. 이 복제된 DNA가 클로닝에 사용된다.

*분자생물학자들은 DNA와 RNA를 조작한다. 제한효소는 같은 종 혹은 서로 다른 종의 생명체에서 유래한 DNA를 자르며, 연결효소는 절편들을 플라스미드로 접착시킨다.*

*재조합 플라스미드는 클로닝 벡터로서, 박테리아, 효모, 혹은 빠르게 분열하는 다른 세포에 도입될 수 있다. 숙주세포는 다수의 동일한 외래 DNA를 복제할 수 있다.*

*역전사효소는 mRNA를 주형으로 하여 cDNA를 만든다.*

## 15.3 건초더미에서 바늘 찾기

*어떤 유전체라도 수천 개 이상의 유전자로 구성되어있다. 대장균의 유전체는 4,279개 그리고 인간은 약 30,000개의 유전자를 가지고 있다. 이러한 유전자를 연구하거나 변형시키기 위해 연구자들은 우선 유전체에 있는 모든 유전자 중에서 하나를 찾아야 하기에, 이는 건초더미에서 바늘을 찾는 것과 마찬가지이다. 일단 찾게 되면, 이 유전자는 실험을 하기에 충분한 양으로 만들어야 하기 때문에 여러 번 복제하여야 한다.*

### 유전자를 분리하기

각각의 유전자도서관(gene library)은 클로닝 된 서로 다른 DNA의 절편을 소장하고 있는 박테리아 세포의 집합체이다. 우리는 전체 유전체가 클로닝 된 절편들을 유전체 도서관라고 부른다. 반면에 cDNA 도서관은 mRNA로부터 유래하였다.

관심 있는 어떤 특정 유전자는 수백만 개의 다른 유전자로부터 분리되어야 한다. 원하는 유전자를 포함하는 클론은 수천 개 혹은 수백만의 다른 클론을 가진 도서관에 섞여 있다. 방사성동위원소(또는 종종 색소)로 표지된 짧은 길이의 DNA인 탐침(probe)을 사용하여 수많은 클론 중 하나를 찾아낸다. 탐침은 클론 도서관에 있는 모든 다른 클론 또는 섞여있는 DNA의 집합체로부터 어떤 한 DNA 서열을 구별해 낸다. 방사성동위원소로 표지된 탐침은 관심 있는 유전자 부위에서 DNA와 염기쌍을 이루고, 그렇게 되면 연구자들이 방사능을 검출하는 장치를 이용하여 그것을 찾을 수 있다. 하나 이상의 출처로부터 얻은 DNA (혹은 RNA) 사이의 이러한 염기쌍은 **핵산 혼성화**(nucleic acid hybridization)로 알려져 있다.

어떻게 연구자들이 적절한 탐침을 만드는가? 원하는 유전자의 서열을 이미 알고 있다면, 이것을 이용하여 올리고머(짧은 길이의 뉴클레오티드; oligomer)를 디자인하고 제작할 수 있다. 연구자들이 서열을 알지 못한다면, 정확하게 일치하지 않더라도 매우 유사한 유전자로부터 얻은 DNA를 사용할 수 있다.

그림 15.8은 한 탐침을 이용한 혼성화 기술을 보여준다. 배양접시(Petri dish) 안에 주로 영양분이 풍부한 한천배지인 고체성장배지를 넣은 다음, 배지의 표면에 유전자도서관을 포함한 박테리아 세포들을 고루 펼쳐놓는다. 각 세포들은 세포분열을 반복하여 콜로니(군체)라고 부르는 유전적으로 동일한 박테리아 세포의 커다란 덩어리를 형성한다.

나일론이나 니트로셀룰로오즈 종이조각을 배지 위에 놓고 누르면 각 콜로니의 일부가 들어붙게 되어 접시에 있는 모든 콜로니의 분포를 모니터할 수 있게 된다. 이 종이를 알칼리성 용액 안에 담구면 세포가 파괴되고 DNA가 방출된다. 이 용액은 또한 DNA를 변성시켜서 콜로니가 있는 지점의 종이에 들어붙어있는 DNA를 단일 가닥으로 분리시킨다. 탐

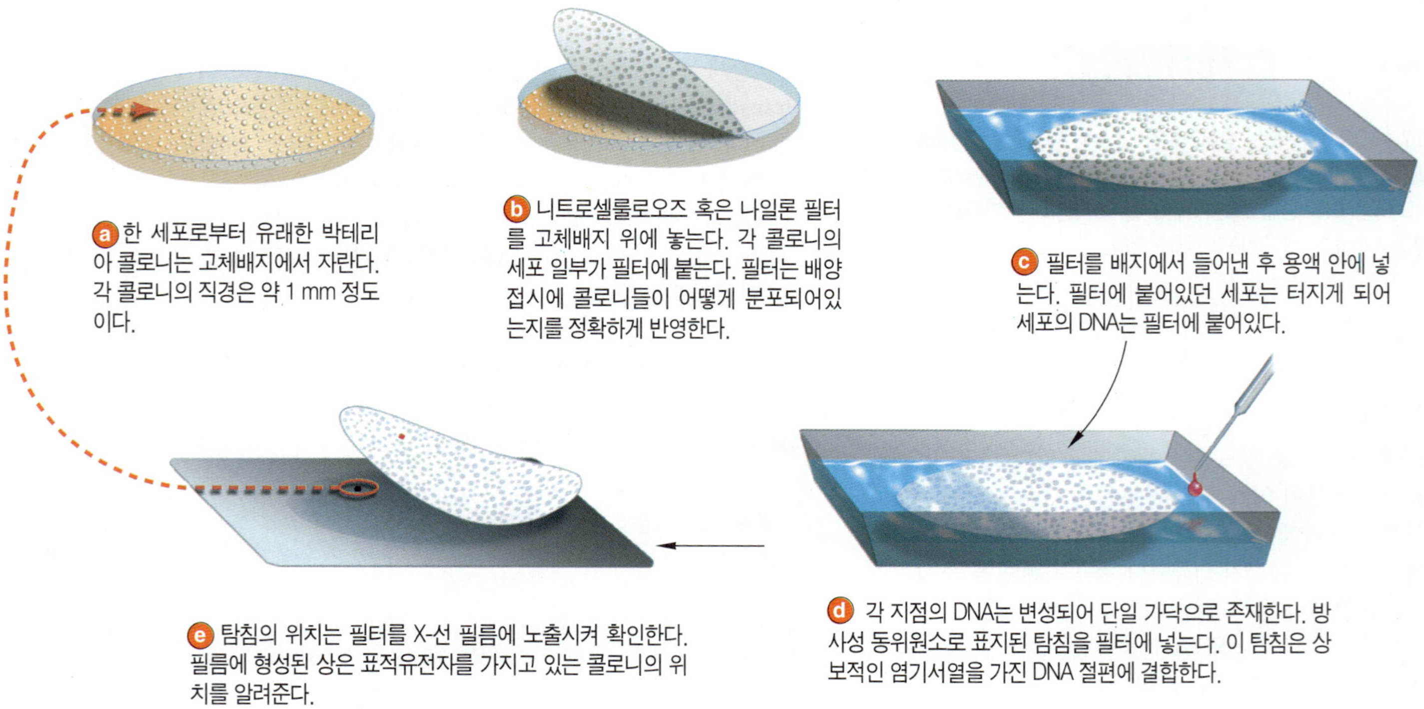


**그림 15.8** 표적유전자를 포함하는 박테리아 콜로니를 확인하기 위하여 방사성 탐침을 사용한다.

침 용액으로 종이를 씻으면, 표적 염기서열을 가진 DNA에만 탐침이 혼성화 혹은 붙게 된다. 혼성화 된 탐침은 방사능을 가진 지점을 X-선 필름에 만들어 검출할 수 있게 한다. 필름에 나타난 지점의 위치가 배양접시 상의 원래 콜로니의 위치를 반영한다. 검출된 콜로니만을 원하는 유전자를 클로닝하기 위하여 배양한다.

## PCR

연구자들은 유전자 혹은 유전자의 일부를 **PCR** (*Polymerase Chain Reaction*; 중합효소연쇄반응)을 이용하여 복제를 시킨다. PCR은 표적 DNA 절편을 복제하기 위해 냉온과정이 반복반응을 위하여 프라이머와 열에 내성이 있는 중합효소를 이용한다. 그리고 PCR은 DNA 절편을 수십억 배로 복제할 수 있다. 이 기술은 건초더미에 있는 한 바늘을, 즉 수백만 개의 DNA 절편 중 하나인 특정 절편을, 건초는 거의 없는 바늘더미로 변형시킬 수 있다.

그림 15.9는 반응 단계를 보여준다. **프라이머**(primer)는 합성된 뉴클레오티드 올리고머로 길이가 보통 열개에서 삼십 개 정도의 염기를 가지도록 제작한다. 프라이머는 관심 있는 절편의 양 말단에 있는 특정 뉴클레오티드 서열과 염기쌍을 이루도록 고안되었다. PCR 반응을 위하여 연구자들은 프라이머, DNA 중합효소, 뉴클레오티드, 그리고 복제를 위하여 주형으로 작용할 DNA를 섞는다. 그 다음, 연구자들은 이 혼합물을 높은 온도와 낮은 온도가 주기적으로 반복되는 과정에 노출시킨다. 이중 나선 DNA의 두 가닥은 높은 온도에서 단일 가닥으로 분리된다. 혼합물이 식게 되면, 프라이머의 일부가 DNA 주형과 혼성화가 일어난다.

전형적인 DNA 중합효소는 DNA 가닥을 분리하기위해 필요한 높은 온도에서는 파괴된다. 그러나 PCR 반응에 사용되는 DNA 중합효소는 뜨거운 온천에 사는 박테리아인 *Thermus aquaticus*에서 추출한 것으로 열에 내성을 가지고 있다. 다른 모든 DNA 중합효소와 마찬가지로 이것은 DNA에 결합한 프라이머를 합성을 개시하는 장소로 인식한다.

온도가 올라가서 DNA 가닥이 다시 분리될 때까지 합성은 DNA 주형을 따라 진행된다. 온도가 낮아지는 주기가 되면 프라이머가 다시 혼성화 되고 반응은 다시 시작되게 된다. 고온과 저온이 반복되는 각 회마다 표적 DNA의 사본 숫자는 2배가 된다. PCR은 아주 작은 양의 DNA라도 신속하고 기하급수적으로 증폭시킨다.

탐침은 유전자도서관에 있는 수많은 유전자 중 특정 한 유전자를 확인하는데 사용된다.

중합효소연쇄반응(PCR)은 원하는 DNA 시료를 신속하게 기하급수적으로 증폭하는 방법이다.

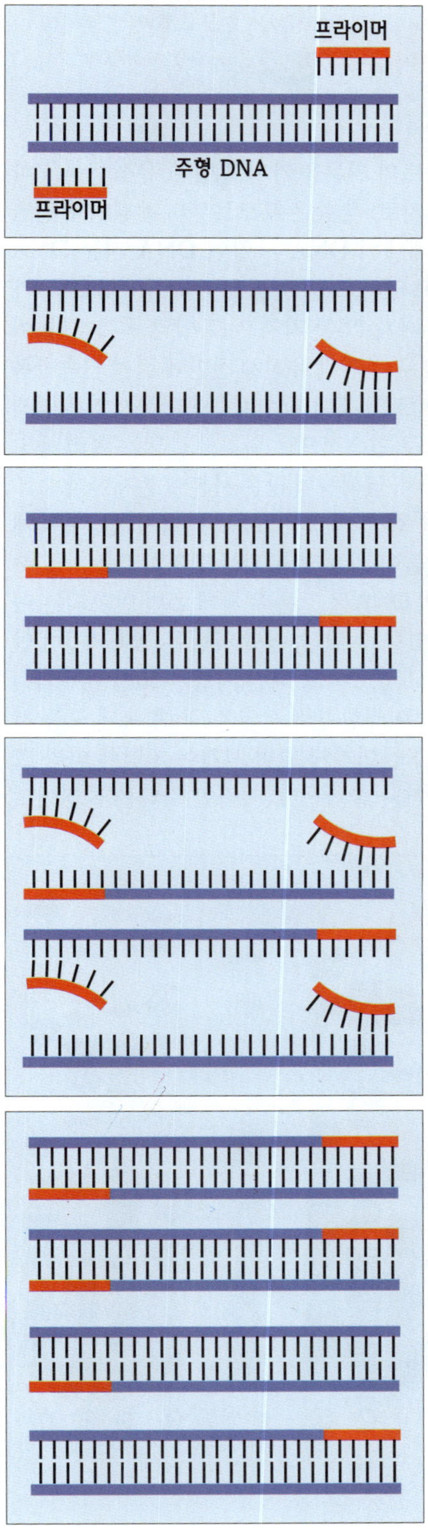


ⓐ 유리된 뉴클레오티드인 프라이머와 주형 DNA를 열에 내성이 있는 DNA 중합효소와 섞는다.

ⓑ 혼합물에 열을 가하면, DNA는 변성된다. 혼합물이 식으면 프라이머 일부가 DNA 주형과 수소결합을 형성한다.

ⓒ *Taq* 중합효소는 프라이머를 사용하여 합성을 시작하며, 주형 DNA를 복제한다. PCR의 1회 반응이 끝난다.

ⓓ 혼합물에 다시 열을 가한다. 이 과정으로 모든 DNA가 단일 가닥으로 변성된다. 혼합물이 식으면, 프라이머 일부가 DNA와 수소결합을 한다.

ⓔ *Taq* 중합효소는 프라이머를 사용하여 합성을 시작하고 주형 DNA를 복제한다. PCR의 2회 반응이 끝난다. 연속적으로 진행되는 매 회 반응으로 DNA 분자의 수는 2배로 늘어난다.

**그림 15.9** 중합효소 연쇄반응 혹은 PCR의 2회 반복 과정. *Taq* 중합효소는 *Thermus aquaticus* 박테리아로부터 얻었다. PCR을 30회 혹은 그 이상 반복하면 주형 DNA 분자 수를 처음보다 수십억배 정도로 증가한다.

## 15.4 처음에는 단지 지문 이였지만 지금은 DNA 지문이다

*일란성쌍둥이를 제외하고는, 서로 정확하게 동일한 염기서열의 DNA를 가진 사람은 아무도 없다. 과학자들은 이러한 차이점에 기초하여 한사람을 다른 사람과 구별할 수 있다.*

각 인간은 독특한 세트의 지문을 가지고 있다. 유성생식을 하는 다른 종과 마찬가지로, 각 종은 부모로부터 멘델의 유전법칙에 따라 독특한 배열의 DNA 서열인 **DNA 지문**(DNA fingerprint)을 가지고 있다. 모든 인간은 99% 이상의 DNA가 서로 동일하지만, 나머지 1%는 각자 서로 달라 독특하다. 이러한 독특한 DNA 부위는 인간 유전체 전반에 걸쳐 **연속반복서열**(tandem repeats)로서 흩어져있다. 연속반복서열은 염색체에 많은 사본이 서로 연속적으로 위치하고 있는 여러 동일한 짧은 DNA서열로서, 염색체에 많은 사본이 존재한다.

예를 들어, 어떤 한 사람의 DNA가 어떤 한 위치에 TTTTC 서열의 염기들이 네 번 반복되는 염기서열을 가질 수 있다. 또 다른 사람의 DNA는 같은 위치에 15번 반복되는 이 염기서열을 가지고 있을 수 있다. 어떤 사람은 CGG가 5번 반복되는 서열을 가지고 있으며 또 다른 사람은 50번 반복되는 서열을 가질 수 있다. 이러한 반복서열은 DNA 복제 도중 자발적으로 빠져나가나 들어가게 되며 시간이 지남에 따라 그들의 숫자가 늘어나거나 줄어든다. 이러한 지역은 돌연변이의 확률이 높다.

*DNA 지문(DNA fingerprinting)*은 각 개인의 연속반복서열의 차이를 보여준다. 제한효소는 각 개인의 유전체 DNA를 잘라서 절편들의 집합이 되도록 한다. 이 절편들의 크기는 각 개인마다 독특하다. 이것은 각 개인 사이의 유전적 차이를 보여주며, 제한절편 길이분석(RFLP; restriction fragment length polymorphisms)으로 검출된다.

이러한 차이점은 **젤 전기영동**(gel electrophoresis)으로 나타낼 수 있다. 이 기술은, 전기장을 이용하여 DNA 절편의 시료를 한천 젤과 같은 반고체 기질의 평판을 통과하도록 잡아당긴다. 서로 다른 크기의 절편들은 다른 속도로 기질을 통과하여 이동한다. 마치 코끼리가 울창한 산림 속의 나무들을 통과하는데 호랑이보다 느린 것과 마찬가지로, 큰 분자는 작은 분자에 비하여 기질을 통과하는데 방해를 더 많이 받는다. 간단히 말하면, 젤 전기영동은 DNA 절편을 길이에 따라 분리한다. 시간이 지나면, 서로 다른 절편들은 서로 다른 별개의 밴드로 분리된다.

유전체 DNA 절편의 밴드 패턴이 각 개인에 독특한 DNA 지문이다. 이것은 오직 일란성 쌍둥이에게만 동일하다. 그렇지 않다면, 두 사람이 동일한 DNA 지문을 가질 확률은 약 3조분의 1이다.

PCR은 반복연속서열을 증폭하는데 또한 사용될 수 있다. PCR의 결과로 증폭된 DNA 절편의 크기 차이는 젤 전기영동으로 검출된다. 범죄 현장이나 용의자 옷에 묻은 몇 방울의 혈액, 정액, 혹은 모근세포에서 얻은 DNA를 PCR로 증폭하여 충분한 양을 생산하고, 그 다음 유전자지문을 생성한다.

DNA 지문은 범죄수사 과학자들이 범죄자, 피해자, 그리고 혐의가 없는 용의자를 확인하도록 도와준다. 그림 15.10은 젤 전기영동으로 분리된 몇 가지 반복연속서열 RFLP를 보여준다. DNA 시료는 범죄 현장에 남겨진 혈흔으로부터 추출한 DNA와 일곱 명으로부터 추출한 DNA이다. DNA 지문 중 하나가 일치하였다.

초기에는 피고 측 변호사들이 DNA 지문을 법정에서 증거로 사용하는 것에 대하여 이의를 제기 하였다. 그러나 오늘날 이 방법은 정확하고 명백한 것으로 확고하게 자리 잡았다. DNA 지문은 친자확인 분쟁에서 일상적으로 증거로서 제출되며, 범법자의 유죄를 확인하거나 용의자의 결백을 증명하는데 널리 사용되고 있다. 지금까지 이러한 증거가 이미 143명의 교도소 수감자가 무죄 석방되도록 하였다.

DNA 지문분석은 또한 시베리아의 얕은 흙구덩이에서 발견된 인간의 유골 모두가 1918년 비밀리 총살된 5명의 러시아 황실 가족이라는 것을 확인하였다. 이 방법은 2001년 9월 11일 세계무역센터에서 사망한 사람들의 유해를 확인하는데 또한 사용되었다.

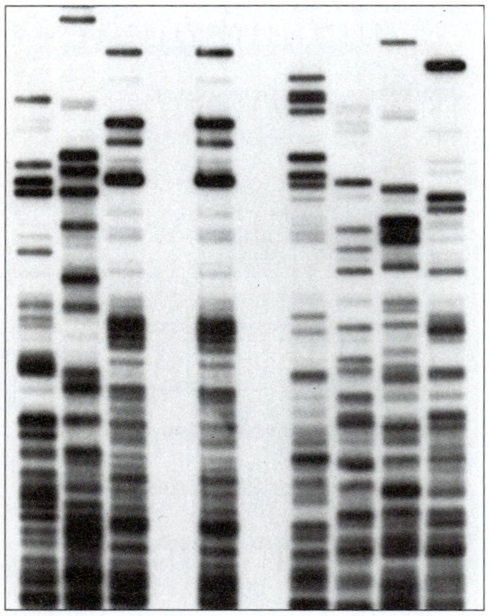


**그림 15.10** 범죄 현장에 남겨진 혈흔에서 얻은 DNA 지문과 7명의 용의자의 혈액시료에서 얻은 DNA 지문을 비교하여 유죄가 입증되었다. 7명의 용의자 중 누가 지문이 일치하는지 지적할 수 있는가?

# 15.5 자동화된 염기서열 결정

염기서열 결정과정은 DNA의 뉴클레오티드의 연결 순서를 밝혀준다. 이 기술은 DNA 주형을 부분적으로 복제하는 DNA 중합효소를 사용한다. 현재의 연구 실험실들에서 이 기술은 수동 방식에서 주로 자동화 된 방식으로 대부분 대체되었다.

**자동 DNA 염기서열 결정**(automated DNA sequencing)은 클론 된 혹은 PCR로 증폭된 DNA 구간의 염기서열을 불과 몇 시간 안에 밝혀낼 수 있다. 연구자들은 4개의 표준 뉴클레오티드 (T, C, A, and G)를 사용한다. 그들은 또한 4개의 변형된 뉴클레오티드를 사용하는데, T*, C*, A*, 그리고 G*로 표시한다. 각 4 유형의 변형된 뉴클레오티드에는 레이저 광선이 통과하면 특정 색깔의 형광을 나타내는 색소로 표지되어있다.

과학자들은 단일가닥 DNA 주형, 프라이머, 그리고 DNA 중합효소와 함께 8 종류 뉴클레오티드 모두를 섞는다. 중합효소는 프라이머를 이용하여 주형 DNA를 복제하여 새로운 가닥의 DNA를 만든다. 효소는 DNA 주형의 염기서열이 정해준 순서에 따라 하나씩 뉴클레오티드를 첨가한다.

이 효소는 매번 표준 또는 변형된 뉴클레오티드 하나를 DNA 주형에 무작위로 부착시킨다. 변형된 뉴클레오티드 중 하나가 새로 형성된 DNA 가닥에 공유결합으로 연결되면, 그 가닥은 더 이상 합성되지 않는다. 충분한 시간이 지나면, DNA 주형 염기서열에서 각 염기 마다 합성이 중지된 새로운 가닥들이 존재할 것이다.

결국은 모두가 형광물질이 부착된 수백만 개의 DNA 절편의 복제본이 혼합물에 남게 된다. 절편들은 이제 자동서열 분석기의 일부분인 젤 전기영동 장치로 분리한다. 가장 짧은 절편은 가장 빠르게 이동하여 젤 평판의 끝에 제일 먼저 도달하게 되고, 가장 긴 절편은 제일 나중에 도달하게 된다. 같은 길이를 가진 조각들은 젤을 같은 속도로 통과하게 되며, 이러한 절편들이 관찰이 가능한 밴드를 형성하게 된다(그림 15.11a).

레이저 광선을 각 절편에 통과시키면, 절편의 말단 부위에 부착된 변형된 뉴클레오티드가 절편을 특정한 색깔의 형광을 가지게 한다. 분석기는 절편들이 젤의 끝부분을 통과할 때 형광 색깔을 검출하고 기록한다. 각 색상은 특정 뉴클레오티드를 암호화하기에 색깔을 띤 밴드의 순서가 DNA의 염기서열이 된다. 염기서열 데이터는 기계 장치가 자체적으로 조립한다.

그림 15.11b는 자동 DNA 서열분석기로부터 얻은 결과의 일부분을 보여준다. 기록된 각 피크는 절편들이 젤의 말단에 도달했을 때 어떤 한 형광 색상의 검출되었은을 의미한다. 염기서열은 그래프 선 바로 아래에 나타나있다.

자동 DNA 염기서열분석기로, 클로닝 된 혹은 증폭된 DNA 절편에 있는 뉴클레오티드의 순서를 신속하게 결정할 수 있다.

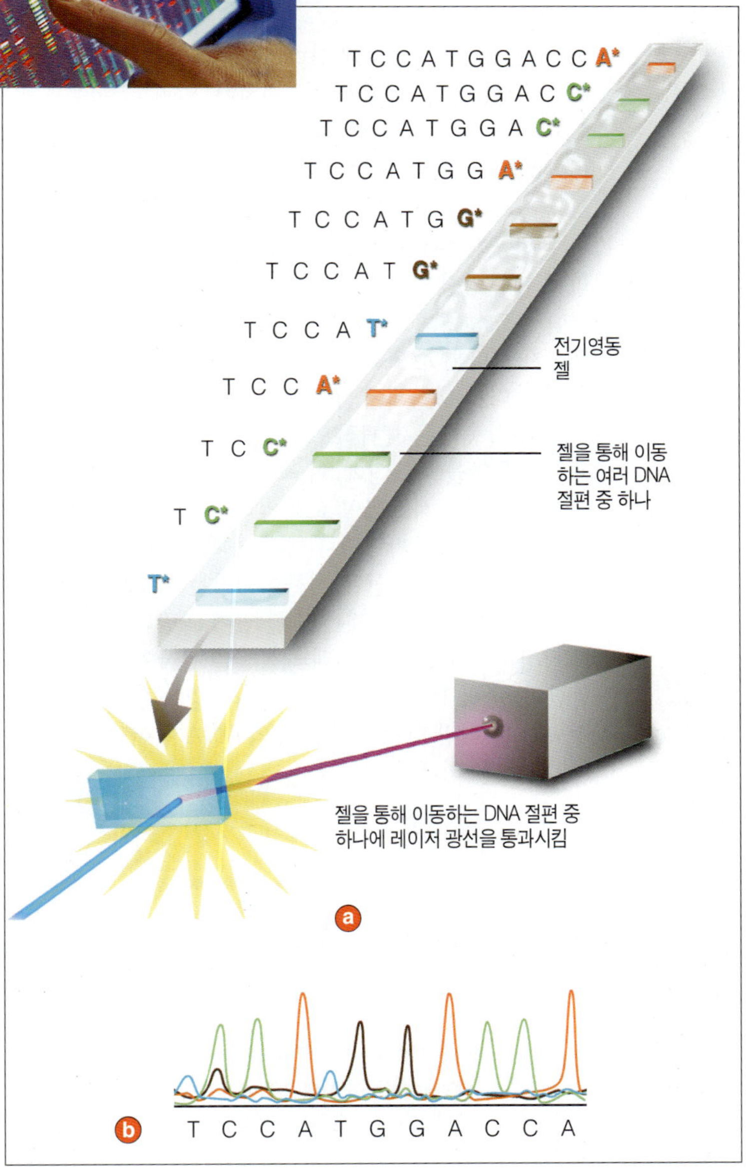


**그림 15.11** 자동 DNA 염기서열 분석. (a) 주형 DNA와 형광 뉴클레오티드를 사용하여 DNA 절편들 합성한다. 밴드들은 젤 전기영동으로 분리한다. (b) 젤 상에 나타난 형광 밴드의 순서가 자동염기서열 분석기에 의해 검출되며 이순서가 주형 DNA 서열이다. 오늘날, 연구자들은 인터넷을 통하여 전 세계에서 접근 가능한 염기서열 데이터베이스를 이용한다.

# 15.6 실용적인 유전학

*가장 작은 생명체라도 복잡한 유기화합물을 만들 수 있다. 유전공학 분야의 연구자들은 이 능력을 실용적인 목적으로 이용한다.*

## 디자이너 식물

인구가 늘어나는 것에 보조를 맞추기 위해 곡물 생산을 늘리는 되면, 이것은 모든 곳의 생태계에 피할 수 없는 압력을 가하게 된다. 경작지에 물을 대면 미네랄과 염분 잔여물을 토양에 남게 된다. 경작된 토양이 침식 되면 표층 토양도 함께 침식되게 된다. 토양이 섞인 빗물이 흘러내리면 강을 메우게 되며. 빗물에 녹아있는 비료는 조류(이끼류)가 많이 자라게 하여 물고기들이 질식하게 한다. 살충제는 인간, 다른 동물, 그리고 이로운 곤충들에게 해를 끼친다.

환경에 해를 덜 끼치며 적은 비용으로 많은 식량을 생산해야하는 압력이 커짐에 따라 일부 농부들은 유전공학적으로 유전자를 변형시킨 작물에 눈을 돌리고 있다.

**유전공학**(genetic engineering)은 종종 하나 혹은 그 이상의 표현형 양상을 변화시키려는 의도로 어떤 한 생명체의 유전학적 조성을 변화시키는 과정이다. 연구자들은 한 종의 한 유전자를 다른 종으로 이식하거나 한 유전자를 변형시켜 같은 종의 다른 생명체에 삽입한다.

곤충 살충제를 자체적으로 가지고 있는 목화는 그것을 먹은 곤충들만을 죽이기에, 이 목화를 기르는 농부들은 살충제를 전처럼 많이 사용할 필요가 없다. 유전자변형 밀을 재배하면 단위면적 당 수확량이 두 배로 증가하였다. 어떤 형질전환 토마토는 다른 식물들은 시들어버리는 염분이 높은 토양에서 생존할 수 있다. 이것은 또한 잎에 과량의 염분을 흡수하고 저장하기에, 따라서 미래의 작물을 위하여 염분 토양을 정화한다. 그림 15.12와 15.13에 나타나있는 것처럼 *형질전환(transgenic)*이란 단순히 다른 종의 DNA가 어떤 생명체에 삽입되는 것을 의미한다.

a b

**그림 15.12** 형질전환 식물. (a) 목화 식물(왼쪽) 및 제초제 저항성 유전자를 가진 형질전환 목화식물(오른쪽) 제초제를 두 식물 모두에 뿌렸다. (b) 유전자조작을 통하여 리그닌 생합성이 부분적으로 억제된 포플러 묘목. 왼쪽은 조작하지 않은 묘목이다.

그림 15.12a에 있는 목화 식물은 비교적 짧은 기간 동안만 존재하는 제초제에 저항성을 가지도록 유전자가 변형되었다. 이 제초제를 밭에 뿌리게 되면 유전자가 변형된 목화를 제외한 모든 잡초는 죽을 것이다. 이렇게 하면 농부들이 독성이 약한 화학약품을 더욱 적게 사용할 수 있다는 것을 의미한다. 농부들은 잡초를 제제하기 위해 토양을 가래로 갈 필요가 없으며 따라서 강을 막히게 하는 토사유출이 덜 일어난다.

리그닌 생합성 경로가 변형되어 리그닌은 만들 수 있지만 변형되기 전보다 적게 만들도록 조작된 포플러(aspen tree) 묘목은 뿌리, 줄기, 잎 생장이 크게 향상되었다(그림 15.12b). 리그닌이 적은 나무로부터 얻은 목재는 종이를 만들기 쉬우며, 에탄올과 같이 청정 연료를 만들기가 용이하다.

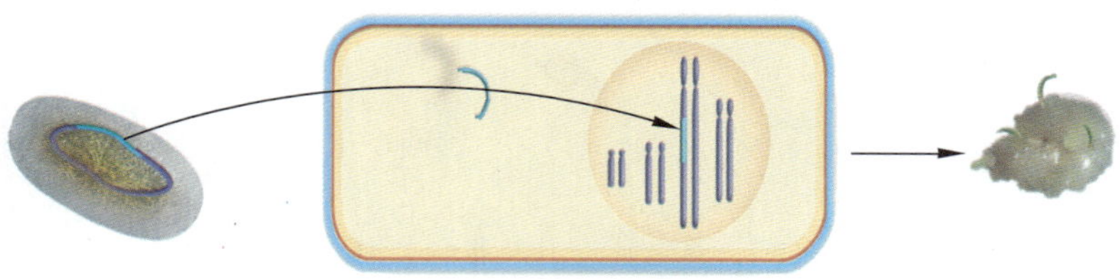

a 외래 유전자(청색)를 가지고 있는 Ti 플라스미드(자주색)를 포함하는 박테리아 세포

b 박테리아가 식물에 감염되면 Ti 플라스미드가 전달된다. 플라스미드 DNA는 식물의 염색체 중 하나에 도입된다.

c 식물세포가 분열하고, 그 자손세포는 배아를 형성하며, 이것은 외래 유전자를 발현할 수 있는 성숙한 식물체가 된다.

d

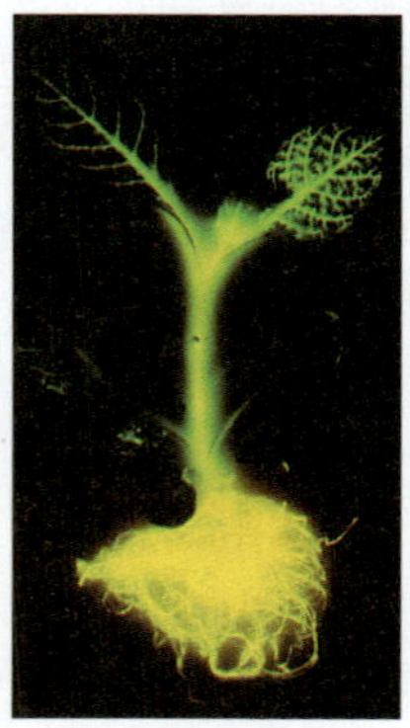

e 형광유전자 산물을 가진 어린 식물체의 예.

**그림 15.13** (a-d) Ti 플라스미드를 이용하여 *Agrobacterium tumefaciens*로부터 식물세포로 유전자 전달 과정 (e) 반딧불이의 발광효소(luciferase) 유전자를 발현하는 형질전환 식물.

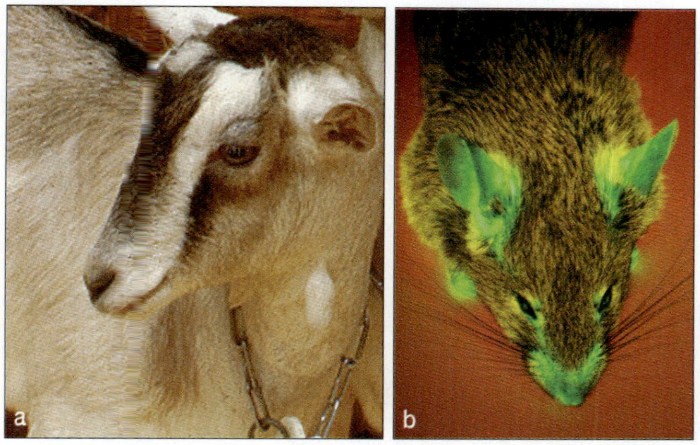

**그림 15.14** 유전자 조작 동물 2가지: (a) 인간 항응고인자인 앤티트롬빈 III를 가진 형질전환 염소인 미라(Mira). (b) 녹색형광단백질(GFP)을 생산하도록 조작된 형질전환 생쥐 (c) 이스라엘에서 전통적인 교배방식으로 개발된 깃털 없는 닭. 이들은 냉각 시스템이 갖추어져 있지 않은 사막의 환경에서도 사육할 수 있다. 미국의 양계업자들은 기온이 높이 올라가면 깃털이 난 닭들을 한꺼번에 수백만 마리를 잃어버렸다.

식물세포의 유전자변형 과정은 유전자를 식물세포로 전달하는 벡터로부터 시작된다. *Agrobacterium tumefaciens*는 콩, 완두콩, 감자, 그리고 다른 중요한 작물을 포함하는 진정쌍떡잎식물(eudicot)에 감염되는 박테리아의 일종이다. 이것의 플라스미드 유전자는 감염된 식물에 암을 발생시키는 원인이 되기에, Ti(Tumor-inducing) 플라스미드로 이름 붙여졌다. 새로운 혹은 변형된 유전자를 식물에 운반하기 위하여 이 Ti 플라스미드를 벡터로 사용한다.

연구자들은 암을 유도하는 유전자를 플라스미드에서 잘라낸 다음, 원하는 유전자를 플라스미드에 삽입한다(그림 15.13). 일부 식물은 변형된 플라스미드와 함께 배양하면 플라스미드를 받아들인다. 이러한 식물세포로부터 완전한 식물체가 재생될 수 있다.

변형된 *A. tumefaciens* 박테리아는 식량자원인 밀, 옥수수, 그리고 벼를 포함하는 외떡잎식물에도 역시 유전자를 전달한다. 또한 연구자들은 전기 충격, 화학물질 혹은 DNA로 코팅한 미세입자를 강하게 분사하는 방식으로 유전자를 식물에 전달할 수 있다.

## 가축 생물공학

유전공학 실험을 위해 최초로 사용된 포유류는 실험실용 생쥐이다. 형질전환 생쥐는 과학자들이 쥐 소마토트로핀(성장호르몬으로도 알려져 있음) 유전자를 포함하는 플라스미드를 만들었던 시기인 1982년에 처음으로 연구 무대에 등장하였다. 과학자들은 재조합 DNA를 생쥐 수정란에 주사한 다음, 수정란을 암컷 생쥐에 착상시켰다. 이 결과로 태어난 자손 중 1/3은 나머지 다른 자손에 비하여 매우 크게 자랐다. 즉, 쥐의 유전자가 생쥐의 DNA에 삽입되었으며 발현된 것이었다.

형질전환 동물은 의학 연구에 이제 일상적으로 사용된다. 표적이 된 유전자가 비활성화된 "낙아웃(knock-out) 생쥐"를 사용하여 유전자 산물의 기능과 조절이 알려졌다. 유전자 비활성화의 결과로 생긴 생쥐에서의 결함이 그 유전자에 대한 단서를 제공하였다. 인간 질환에 잘 걸리도록 조작된 생쥐의 변종은 과학자들이 인간에 대하여 실험하지 않고도 그 질병과 치료방법 모두에 대하여 연구가 가능하도록 하였다.

유전자 조작이 된 동물은 또한 의약 단백질이나 다른 유용한 단백질의 공급한다. 몇 가지 예로서, 염소는 섬유성 낭포증 치료제로 사용되는 CFTR 단백질 및 혈전용해제로 심장마비의 발생을 감소시키는 TPA 단백질을 생산한다. 토끼는 면역세포(T-림프구)의 분열을 촉진시키는 단백질인 인간 인터류킨-2를 생산한다. 또한 송아지도 연골, 뼈, 피부를 회복시키는 콜라겐을 곧 생산할 예정이다. 염소는 방탄조끼, 의료 용품, 우주선 장비를 만드는 거미줄의 단백질을 만든다. 또 다른 염소는 혈우병을 가진 사람을 치료하는데 사용되는 인간 안티트롬빈을 생산한다(그림 15.14a).

유전공학은 건강에 더 좋은 젖을 공급하는 염소, 환경 친화적인 분뇨를 배설하는 돼지, 동결 저항성 연어, 더욱 크고 건장한 양, 저지방 돼지, 광우병에 내성이 있는 소, 그리고 심지어 앨러지를 일으키지 않는 고양이등을 우리에게 제공한다.

인간의 편의성을 위해 동물의 유전자를 뜯어 고치는 일은 윤리적인 문제를 불러일으키는데, 이것은 몇 가지 심각한 결과, 특히 실패한 실험은 무시무시한 결과를 초래할 수 있기 때문이다. 그러나 형질전환 동물 연구가 단순히 수천 년 동안 받아들여진 가축 육종개량(그림 15.14c)의 연장선에 있지 않은가? 기술은 변화하였으나, 의도하는 바는 변하지 않았다. 우리들의 조상들처럼, 우리도 현재 가축을 향상시키기 위하는데 지속적으로 관심을 가져왔다.

형질전환 식물은 농부들이 작물을 보다 더 효율적으로 그리고 환경에 덜 영향을 미치는 방식으로 재배하는 것을 도와준다.

형질전환 동물은 의학 연구에 널리 사용된다. 일부는 의학적으로 가치 있는 단백질 및 생물소재를 제공한다. 식용동물은 보다 영양가 있고 질병에 저항성이 있거나 또는 기르기 쉽게 변형되었다.

## 15.7 혜택과 위험성 사이에서 균형 잡기

*우리가 새로운 기술을 의학, 산업, 농업, 환경 개선에 적용하는 동안에도, 우리는 사회의 일원으로서 DNA 연구가 야기하는 윤리적인 문제에 대하여 계속 심사숙고해왔다.*

### 누가 건강하게 되었는가?

모든 신생아의 3-5%는 15,500개 이상의 유전질환을 가지고 태어나며, 이는 연간 전체 신생아 사망률의 20-30%를 차지한다. 이들은 정신지체자의 약 50%를 차지하며 모든 병원입원 환자의 거의 25%에 해당한다.

라이스 에반스(Rhys Evans) (그림 15.15a)는 IL2RG 유전자의 돌연변이로 인하여 SCID-X1으로 알려진 중증면역결핍증을 가지고 태어났다. 이 질환에 걸린 아이들은 감염과 싸울 수 없기 때문에 오로지 무균 상태의 격리된 천막에서만 살아야한다.

1998년 SCID-X1을 가진 11명의 소년의 골수로부터 채취한 줄기세포에 돌연변이가 없는 정상적인 IL2RG 유전자를 바이러스를 이용하여 삽입하였다. 줄기세포는 아직 분화가 되지 않은 상태로 면역계의 백혈구세포를 포함한 여러 다른 유형의 세포로 분화될 수 있는 가능성을 가지고 있다. 유전자가 변형된 각 아이들의 줄기세포를 골수로 다시 주입하였다. 수개월 후 11명 중 10명의 소년이 격리 천막을 영구히 떠나게 되었다. 그들의 면역계가 유전자치료로 인하여 복구되었다. 그 이후로 에반스를 포함한 여러 SCID-X1 환자들이 다른 유전자치료를 시도하여 완치되었다.

1998년에 실행한 초기 실험에 참여한 두 아이가 2002년에 백혈병에 걸렸다. 유전자 치료에 연관된 어떤 종양이 발생할 가능성은 극도로 희귀할 것이라고 예상했던 연구자들은 백혈병 발병에 매우 놀랐다. 두 아이의 백혈병 발생 원인은 백혈구세포(T 림프구)의 과량 생산이었다. 질병을 치료하기 위해 표적으로 삼았던 바로 IL2RG 유전자가 아마도 문제였을 것이며, 특히 유전자 치료에 사용된 바이러스 벡터와 함께 연관되었을 때 문제였을 것이다. SCID-X1 유전자치료 실험을 받은 다른 아이들은 백혈병에 걸리지 않았다. 그렇다하더라도 인간 유전체를 변형시키는 우리의 능력에 비하여 인간 유전체에 대한 우리의 이해는 확실히 뒤져있다.

### 누가 향상되었는가?

인간 유전체를 변형시키는 것은 예상하지 못한 위험성 이상의 심오한 윤리적인 문제를 제시한다. 유전질환을 치료하기 위한 목적의 인간 유전자치료는 여러 사람들에게 사회적으로 받아들여지는 목적으로 보인다. 이 생각을 이제 한 단계 더 확장해보자. 유전형질을 변화시키거나 변형시키기 위하여 정상적인 인간의 몇몇 유전자를 변화시키는 것은 받아들여질 수 있는가?

과학자들은 유전자 이식을 통하여 이미 기억력과 학습능력이 향상된 쥐의 변종을 탄생시켰다. 아마도 그들의 업적은 치매환자들에게 혹은 단지 머리가 좋아지길 바라는 사람들에게 기쁜 소식이 될 것이다.

바람직한 인간 형질을 선택할 수 있는 아이디어를 *우생공학(eugenic engineering)*이라 부른다. 그러나 어떤 형태의 형질이 가장 바람직한 형질이라고 누가 결정하는가? 심각하지만 드물게 발생하는 여러 중증유전질환을 치료하는데 대한 금전적인 보답이 매력적이 아니기 때문에 현실적으로 연구가 활발히 추진되고 있지 않다. 그러나 우생학은 금전적인 이익을 가져다줄 것이다. 키가 크거나 파란 눈을 가지거나 예쁜 피부를 가진 아이를 만들기 위해 예비 부모들이 돈을 얼마나 지불할 것인가? 강인한 체력과 놀랄만한 지능을 가진 "슈퍼 인간"을 만드는 것이 괜찮은가? 한번 주사를 맞는 것으로 과

**그림 15.15** 유전자치료 실험 환자. (a) 라이스 에반스 (Rhys Evans)는 SCID-X1의 원인이 되는 유전자를 가지고 태어났다. 이 아이의 면역계는 발달이 되지 않아 감염에 전혀 대항할 수 없다. 그는 유전자를 이식으로 인해 무균 격리 천막으로부터 해방되어 자유로운 삶을 살 수 있게 되었다. (b) 맥스 랜들이 중추신경계의 치명적인 퇴행성 질환인 카나반씨병(Canavan's disease)에 대한 유전자 치료를 2001년 받은 후 엄마 품에서 웃고 있다. 이글이 쓰여 질 당시에, 맥스는 건강하게 잘 살고 있었다.

체중을 줄이고 또한 영원히 날씬한 상태로 남아있기 위해 주사를 맞는 것은 어떠한가? 매혹적인 것과 혐오스러운 것의 경계선은 모든 사람들에게 동일하지 않다.

최근 미국에서 행한 조사에 따르면, 인터뷰에 응한 사람의 40% 이상은 더 똑똑하고 멋있어 보이는 아기를 만들기 위해 유전자치료를 이용하는 것이 좋다고 대답하였다. 영국의 부모들에게 행한 한 투표에서 응답자의 18%는 자녀들이 폭력적이 되는 것을 방지하기 위해 유전자를 향상시키는 시도를 기꺼이 사용하겠다고 하였으며, 10%의 부모들은 동성연애자로 자라는 것을 막기 위해 유전자치료를 기꺼이 사용하겠다고 하였다.

## 낙아웃 세포와 장기 공장

매년 약 75,000명의 사람이 장기 이식을 위해 대기자 명단에 올라있으나 인간 장기 기증자는 공급이 매우 부족한 상태이다. 돼지 장기는 인간의 장기와 기능이 비슷하기 때문에 돼지로부터 장기를 취하여 이식하는 것이 현재 공론화 되고 있다 (그림 15.16). 한 종의 장기를 다른 종으로 이식하는 것을 **이종장기이식**(xenotransplantation)이라 부른다.

인간의 면역계는 외부의 것으로 인식되는 것 모두와 싸운다. 면역계는 돼지의 장기를 즉각적으로 거부한다. 돼지 장기의 혈관을 구성하는 세포의 원형질막에는 특정 당 분자가 존재한다. 인간 혈액 내에 순환하는 항체가 그 당에 인식하여, 이식된 장기가 신속하게 죽게 되는 운명에 처하게 한다. 몇 시간 안에 일련의 연쇄반응으로 장기의 혈관 안에서 대대적인 응고가 일어나고 장기 기능이 빠르게 상실된다. 이 면역반응을 약물로 억제할 수는 있지만, 이 약은 장기를 받은 사람이 감염에 취약하게 되는 심각한 부작용이 존재한다.

돼지 DNA는 알파-1,3-갈락토오즈 전이효소(α-1,3-galactosyltransferase)를 암호화하는 2벌의 유전자를 가지고 있다. 이 효소는 인간 항체가 인식하는 돼지의 당인 알파-1,3 갈락토오즈를 생합성하는 과정의 핵심 반응을 촉매 한다. 연구자들은 *Ggta1* 유전자의 2벌 모두를 낙아웃(knockout)시킨 형질전환 돼지를 만드는데 성공하였다. 이 유전자가 없으면 돼지는 알파-1,3-갈락토오즈를 만들 수 없다. 이 돼지의 장기를 이식시키면, 인간의 면역계는 장기를 인식하지 못할 수 있다. 이러한 동물의 조직과 장기는 당뇨병이나 파킨슨씨병으로 고통 받는 사람들을 포함하여 수백만 명에게 혜택을 줄 것이다.

이종장기이식을 비판하는 사람들은 무엇보다도, 돼지-인간 이식이 돼지의 바이러스를 종을 넘어 사람에게 감염시킬, 아마도 대재앙을 불러일으킬 수 있는 가능성에 대하여 걱정한다. 그들의 근심은 근거가 없는 것이 아니다. 1918년 인플루엔자 대유행으로 전 세계적으로 이천만 명이 죽었다. 이 바이러스는 돼지 인플루엔자 바이러스에서 유래하였다.

**그림 15.16** 버지니아텍 대학교 돼지 연구시설에 있는 형질 전환 돼지.

## "프랑켄푸드(Frankenfood)"에 관하여

유전공학적으로 조작된 작물은 미국에 널리 퍼져있다. 적어도 45%의 목화, 38%의 대두, 그리고 25%의 옥수수 작물은 이제 제초제에 저항성이 있거나 자신이 살충제를 만들도록 변형되었다. 여러 해 동안, 변형된 옥수수와 대두가 두부, 시리얼, 간장, 식물성식용유, 맥주, 청량음료를 만드는데 사용되었다. 유전자변형 작물은 농장에서 동물에 먹이는 사료로 사용되었다. 유전자가 변형된 작물은 식량생산의 비용을 줄여주며 제초제와 살충제에 덜 의존하도록 하여준다. 식용 식물은 향이나 영양가를 높이거나, 보관기간을 늘리도록 디자인되어있다.

특히 유럽에서 유전자변형 식품에 대한 대중의 저항이 크다. 변형식품이 독성이 있을 수 있거나 영양가를 낮춘다고 비판하는 것 외에도, 많은 사람들이 디자이너 식물이 야생의 식물과 교배 과정으로 "슈퍼잡초"를 생산해 낼 수 있다는 점에 대하여 걱정한다.

유럽에서 여러 사람이 비판의 목소리를 높이자 미국과 유럽사이의 무역 전쟁이 촉발되었다. 그 결과는 소위 말하자면 푼돈이 아니다. 1998년 미국의 농산물 수출액은 대략 500억 달러에 이르렀다. 무역제제 조치는 미국의 농업에 심각한 영향을 미쳤으며, 결국에 이러한 영향으로 우리가 무엇을 먹으며 우리가 먹는 것에 대하여 얼마나 지불할 것인가 하는 문제까지로 점차 발전하였다.

이 모든 것은 여러분이 과학적 연구를 읽고 자신의 의견을 형성하도록 권장하는 것이 중요하다는 것을 보여준다. 그렇지 않다면 매스컴의 과대선전(예를 들어 "프랑켄푸드"와 같은 용어)이나 다른 의도를 가지고 있는 그룹(화학 살충제 제조회사와 같은)에서 나온 편향되었을 가능성이 있는 보고서에 의해 휩쓸리거나 흔들리게 된다.

## 15.8 멋진 신세계(Brave New World)

*유전체에 대한 구조 분석과 비교 분석은 진화의 경향에 관한 정보를 제공할 뿐만 아니라 유전질환에 대한 잠재적 치료방법을 제공한다.*

### 유전체학(Genomics)

인간 및 다른 종의 유전체에 대한 연구는 **유전체학**(genomics)라는 새로운 연구 분야로 모아지게 되었다. 구조유전체학 분야는 실질적인 유전체 지도 제작 및 각 개인의 유전체의 서열 분석을 다루는 분야이다. 비교유전체학 분야는 생명체의 그룹 사이의 진화학적 관계를 밝히는 분야이다. 비교유전체학 연구자들은 유전체들 사이의 유사점과 차이점을 분석한다.

비교유전체학은 실용적인 응용성뿐만 아니라 연구 분야의 잠재성을 가지고 있다. 기본 전제는 모든 현존하는 생명체의 유전체는 공통의 조상으로부터 유래되었다는 것이다. 예를 들어, 병원체는 오래전에 계통이 갈라졌다 하더라도 보전된 몇몇 유전자를 인간 숙주와 공유하고 있다. 공유된 유전자 서열에 정보와 이 유전자들이 어떻게 구성되어 있으며, 어디가 다른가에 대한 정보가 병원체에 대한 우리 몸의 면역 방어 기능이 어디가 가장 강하고 어디가 가장 취약한지에 대한 단서를 제공할 수 있을 것이다.

유전체학은 **인간 유전자치료**(human gene therapy)에 응용될 수 있는 가능성이 있다. 인간 유전자치료는 유전자 결함을 바로 잡거나 질병에 대한 저항성을 향상시키기 위해 하나 혹은 그 이상의 정상적이거나 변형된 유전자를 사람의 체세포에 이식하는 치료 과정이다. 그러나 인간 유전체의 서열이 완전히 결정되었다하더라도, 살아있는 각 개인의 관점에서 보면 조작하는 일이 간단한 문제는 아니다.

인간 세포에 유전자를 주사하기 위하여 실험자들은 불필요한 부분을 제거한 바이러스를 벡터로 사용한다. 어떤 유전자치료는 환자의 조직에 변형된 세포를 주입한다. 여러 경우에서, 비록 변형된 세포가 필요한 단백질을 매우 작은 양만 생산하더라도 세포 주입 치료로 환자의 증상이 완화되었다.

그러나 주입한 바이러스가 사람의 염색체에 어디에 삽입되는가는 아무도 정확히 예측하지 못한다. 삽입되는 유전자가 다른 유전자, 특히 세포의 분열과 성장을 조절하는 유전자를 파괴할 수 있는 위험성이 있다. 재조합 방식을 통하여 유전자를 1:1로 교체하는 방식이 가능하지만 아직도 실험 단계이다.

### DNA 칩

유전체 분석은 이제 놀랄만한 속도로 발전하고 있다. 연구자들은 어느 유전자가 비활성 상태이며 어느 유전자가 발현되고 있는가를 **DNA 칩**(DNA chip)을 사용하여 정확하게 집어 낼 수 있다. DNA 칩은 유전체 전체를 나타내는 수천 개의 유전자 염기서열을 미세배열(microarray)한 것으로, 유전자 모두를 작은 명함 크기의 유리판에 찍어 놓은 것이다.

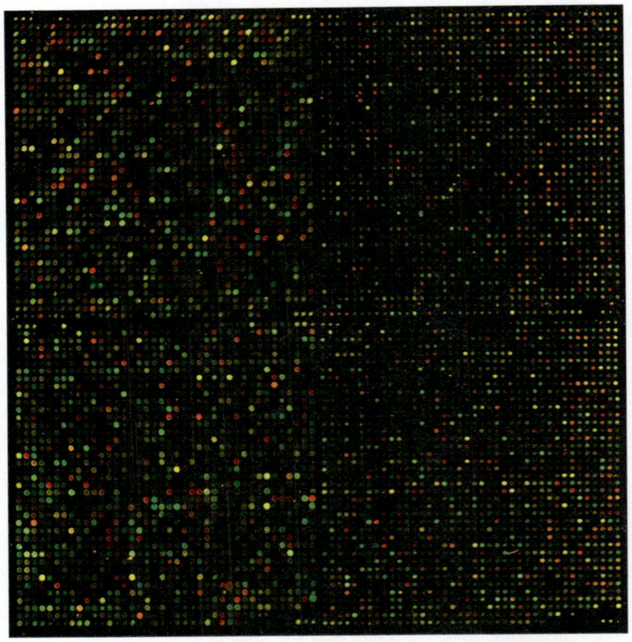

**그림 15.17** 가로 세포가 대략 19 mm (3/4 inch)인 DNA 칩에 있는 효모 전체 유전체 배열. 녹색 점은 발효과정 동안 활발히 발현되는 유전자를 나타낸다. 적색 점은 유산소 호흡과정 중 이용되는 유전자를 의미한다. 황색 점은 두 경로 모두에서 활성화된 유전자를 나타낸다.

형광으로 표지된 cDNA 탐침을 암환자의 세포로부터 얻은 mRNA를 사용하여 만든다. 세포를 수집했을 당시에 발현된 유전자만이 mRNA를 만들 것이기에, 발현된 유전자에만 반응하는 탐침의 집단이 형성될 것이다. 그 다음 표지된 탐침을 유전체 DNA로부터 만든 칩과 함께 배양한다. 탐침이 칩에 있는 상보적 염기서열과 결합하는 곳마다 형광 빛 아래에서 빛나는 지점이 있을 것이다. 칩 위에 어느 지점이 빛이 나는가를 분석하면 세포내 수천 개의 유전자 중 어느 유전자가 활성화되었고 어느 유전자가 비활성화 되는지를 밝혀준다.

DNA 칩은 세포와 세포 사이의 서로 다른 유전자 발현 형태를 비교하는데 사용되고 있다. 그 예로서 산소가 존재하는 상태와 존재하지 않는 상태에서 기른 효모, 그리고 동일한 다세포생명체에서 서로 다른 세포의 유형 등이 있다. 세포의 한 세트로부터 얻은 RNA는 초록색 형광 cDNA로 변환시키고 다른 세트의 세포로부터 얻은 RNA는 빨간색 형광 cDNA로 변환시킨다. 이 cDNA들을 유전체 DNA 칩과 섞어 배양한다. 녹색 혹은 적색의 형광은 각각 서로 다른 세포 유형에서 유전자의 발현을 가리킨다. 노란색은 녹색과 적색의 혼합으로, 이것은 어떤 한 세포에서 유전자가 동시에 모두 발현되고 있다는 것을 의미한다(그림 15.17).

*유전체학에서는, DNA 칩과 같은 새로운 기술이 연구자들이 신속하게 유전체 전체의 발현 패턴을 평가하고 비교하는 것이 가능하게 한다.*

## 요약

**15.1절** DNA의 이중나선 구조의 발견은 유전 정보를 해독하는 것에 대한 관심을 촉발시켰다. 전 세계적으로 인간 유전체의 염기서열을 완전히 판독하려는 경쟁으로 인하여 DNA를 연구하고 조작하는데 필요한 새로운 기술의 신속한 개발에 박차를 가했다. 인간 유전체의 전체 염기서열이 결정되었으며 현재 분석되고 있다. 다른 생명체의 유전체도 염기서열이 결정되었다.

**15.2절** 재조합 DNA 기술은 DNA를 절편을 자르는 제한효소를 이용한다. 잘라진 절편들은 DNA 연결효소를 사용하여 클로닝 벡터로 끼워 넣고 붙인다. 다수의 동일한 외래 DNA 사본을 만들기 위해, 박테리아와 같이 빠르게 분열하는 세포에 재조합 플라스미드를 넣는다. 역전사효소는 클로닝을 위해 mRNA로부터 cDNA로 복제한다.

**15.3절** 유전자도서관은 클로닝 된 서로 다른 DNA를 포함하는 세포의 집합체이다. 유전자도서관으로부터 특정유전자를 분리하기 위하여, 유전자와 염기쌍을 이룰 수 있으며 방사능이나 색소로 표지하여 추적 가능한 짧은 길이의 DNA인 탐침을 사용한다. 탐침은 연구자들이 수백만 개의 다른 유전자로부터 한 특정 클론을 확인하는 것을 도와준다. 서로 다른 근원으로부터 얻은 뉴클레오티드 서열들 사이의 염기쌍을 핵산혼성화라고 부른다.

중합효소연쇄반응(PCR)은 특정한 DNA 일부를 신속하게 복제하는 방법이다. 주형 DNA 시료를 뉴클레오티드, 프라이머, 그리고 열에 내성을 가진 DNA 중합효소와 섞는다. 일련의 온도 변화 과정을 통하여 PCR이 매회 진행되면 DNA 분자의 수가 기하급수적으로 증폭된다.

**15.4절** 연속반복서열은 염색체를 전체에 걸쳐 다수의 짧은 DNA 서열 사본이 반복적으로 존재한다. 연속반복서열의 숫자와 분포는 각 사람마다 독특하며, 서로의 차이가 DNA 지문을 형성하며, 젤 전기영동으로 밝혀낼 수 있다.

**15.5절** 자동 DNA 서열분석은 DNA 절편에 있는 뉴클레오티드의 순서를 신속하게 밝혀준다. DNA 중합효소가 주형 DNA를 복사를 하는 과정에서, 점진적으로 길이가 늘어나던 DNA 절편에 4개의 서로 다른 형광 뉴클레오티드 중 하나가 끼어 들어가면 길이가 늘어나는 것이 멈춘다. 전기영동은 그 결과로 생긴 표지된 DNA 절편을 크기에 따라서 밴드로 분리해낸다. 밴드들이 젤을 통과하여 이동할 때 색조을 띤 밴드의 순서가 어느 형광 염기가 각 절편의 말단에 첨가되었는가를 나타내며, 따라서 주형 DNA 염기서열을 가리킨다.

**15.6절** 유전공학은 종종 생명체의 표현형을 변형시키려는 목적으로 어떤 생명체의 유전적 구성을 의도적으로 변형시키는 것이다. 연구자들은 한 생명체로부터 얻은 정상적인 유전자나 변형된 유전자를 같은 종 혹은 서로 다른 종의 또 다른 생명체에 삽입한다. 유전자치료도 역시 변형된 유전자를 개인들에 다시 삽입한다.

유전자 조작된 박테리아는 의학적으로 유용한 단백질을 생산한다. 유전자이식 작물은 농부가 식량을 보다 효율적으로 생산하는 것을 도와준다. 동물의 유전공학은 인간 단백질의 상업적 생산을 가능하게 할 뿐만 아니라 유전질환을 연구하는 것을 가능하게 한다.

**15.7절** 인간 유전자치료와 이종장기이식을 위한 동물의 변형은 현재 개발 단계에 있는 기술이다. 다른 어떤 새로운 기술과 마찬가지로, 잠재적인 혜택은 생태학적 및 사회적 반향을 포함하여 여러 잠재적인 위험성 대하여 반드시 비교하여 평가되어야 한다.

**15.8절** 인간 및 다른 생명체의 유전체를 연구하는 유전체학은 진화학적 관계에 대하여 새로운 불빛을 밝혀주었으며, 실용적으로 이용될 수 있다. 인간 유전자치료는 유전적 결함을 교정하기 위해 정상적인 혹은 변형된 유전자를 신체의 세포에 이식한다. 유전자 칩은 유전자발현의 패턴을 비교하는데 사용된다.

## 자습-퀴즈

*정답은 부록 Ⅲ에 있음*

1. ______은(는) 유전적 결함을 교정하기 위하여 신체의 세포에 정상적인 유전자를 이식하는 과정이다.
   a. 역전사　　b. PCR
   c. 핵산 혼성화　　d. 유전자치료
2. DNA는 ____에 의하여 특정 부위가 절단된다.
   a. DNA 중합효소　　b. 제한효소
   c. DNA 탐침　　d. 역전사효소
3. 빈칸을 채우시오: _____는 작은 원형의 박테리아 DNA로 박테리아 염색체 DNA의 일부가 아니다.
4. 역전사에 의하여, _____는 _____ 주형으로부터 조립된다.
   a. mRNA; DNA　　b. cDNA; mRNA
   c. DNA; 리보좀　　d. 단백질; mRNA
5. PCR는 ____의 약자이다.
   a. polymerase chain reaction
   b. polyploid chromosome restriction
   c. polygraphed criminal rating
   d. politically correct research
6. 젤 전기영동에 의해, DNA 절편들은 ____에 따라 분리된다.
   a. 염기서열　　b. 길이　　c. 종
7. 자동염기서열 분석은 ____에 의존한다.
   a. 표준뉴클레오티드 및 표지된 뉴클레오티드의 공급
   b. 프라이머 및 DNA 중합효소
   c. 젤 전기영동 및 레이저 광선
   d. 모두 답

**그림 15.18** (a) 최초의 형질전환 영장류인 ANDi; 그의 세포에는 해파리의 생물발광 유전자가 도입되었다. (b) 같은 유전자가 지브라피시에 이식되었다.

8. ____은(는) 유전자를 인간세포에 삽입하는데 사용된다.
   a. PCR　　b. 이종이식
   c. 변형된 바이러스　　d. DNA 미세배열

9. 아래 용어를 가장 알맞은 설명과 연결하시오.

| | |
|---|---|
| ____ DNA 지문 | a. "바람직한" 형질을 선택하기 |
| ____ Ti 플라스미드 | b. 돌연변이, 교차 |
| ____ 자연의 유전학적 실험 | c. 몇몇 유전자 이식에 사용된다. |
| ____ 핵산 혼성화 | d. 어떤 한 사람의 연속반복서열의 독특한 집합 |
| ____ 우생공학 | e. 서로 다른 출처로부터 얻은 DNA 또는 RNA 사이의 뉴클레오티드의 염기쌍 |

## 분석적으로 생각하기

1. 시험관 안에서 생명을 창조하는 것이 가능하다면 어떻게 될까? 이 질문은 생존과 복제에 필요한 가장 적은 수의 유전자들 가지고 있는 살아있는 세포로 우리가 정의하는 최소생명체의 모형을 만들고 결국은 창조하려는 최근 시도에 대하여 그 이면에 숨어있는 질문이다.

크레익 벤터와 클레어 프레이져는 최근 517개의 유전자 (그리고 2,209개의 전이인자)를 가진 박테리아인 *Mycoplasma genitalium*이 유전학 연구에 적합한 후보라는 것을 발견하였다. 실험실에서 한 번에 하나씩 유전자들을 제거함으로써, 그들은 이 박테리아는 단지 265-350개의 유전자만이 필수적이라는 것을 발견하였다.

만일 이러한 필수 유전자들을 한 번에 하나씩 합성하여 원형질막과 세포질로만 가지도록 조작된 세포에 삽입하면 어떻게 될까? 이 세포는 생명체가 될 것인가? 이러한 가능성에 대하여 벤터와 프레이져는 생명윤리학자와 신학자들로 구성된 위원회로부터 자문을 구하였다. 위원회 구성원의 아무도 생명체 합성 연구에 반대하지 않았다. 그들은 과학자들이 "생명의 비밀"을 풀었다고 주장하지 않는 한, 이러한 연구로부터 여러 좋은 결과가 나올 거라고 여겼다. 1999년 12월 10일 자 '사이언스'지에 위원회의 논평과 *M. genitalium*에 대한 논문이 실려 있다. 두 가지 모두를 읽은 다음, 시험관에서 생명체를 창조하는 것에 대한 당신의 생각을 써보시오.

2. 루나디즈 마켓 상점에서는 좋은 맛과 부드러운 표면을 가진 잘 익은 붉은 빛의 토마토를 진열하였다. 이들은 유전자조작 작물이라고 표시되어있다. 대부분의 구매자들은 바로 옆에 진열된 연한 분홍색으로 매끄럽지 않은 표면에다 맛도 없어 보이는, 그러나 유전자변형이 되지 않은 토마토를 선택하였다. 어느 토마토를 당신은 선택하겠는가? 그 이유는 무엇인가?

3. 인간 유전체의 서열이 완전히 해독되었고, 새롭게 발견된 여러 유전자에 대한 지식은 유전질환을 검출하는데 현재 사용되고 있는 중이다. 유방암의 발생에 관련된 유전자를 쉽게 검색할 수 있는 장점이 있음에도 불구하고 많은 여성들이 유전자검사를 거부하고 있다.

유전학 연구와 유전학적 임상 실험에 참가한 사람들의 의료기록이 보험회사, 잠재적 고용주, 그리도 또 다른 이들에게 손쉽게 공개되어야 하는가? 그렇지 않다면, 어떻게 이러한 정보를 보호할 수 있을 것인가?

4. 오레건 보건과학대학의 과학자들은 최초의 복제영장류인 테트라를 만들었다. 그들은 또한 리서스 원숭이의 수정란에 해파리 유전자를 삽입하여 최초의 형질전환 영장류를 만들었다(이 유전자는 녹색형광을 나타내는 생물발광 단백질을 암호화한다). 이 수정란을 대리모 원숭이의 자궁에 착상시켜 ANDi라는 이름을 가진 수컷 원숭이가 탄생하였다(그림 15.18).

이러한 유전자 이식 프로젝트의 장기적인 목표는 녹색이 빛나는 원숭이를 만드는 것이 아니다. 그 목적은 인간 유전체와 가장 유사한 원숭이의 유전체로 인간의 유전자를 이식하는 것이다. 형질전환 영장류를 연구하면 유전질환을 정확하게 규명하는데 도움이 되고, 이러한 연구로 유전질환에 걸린 환자들을 위한 치료법의 개발과 이 질환의 위험에 노출된 사람들을 위한 백신 개발로 이끌 수 있을 것이다.

그러나 많은 논쟁거리가 존재한다. 외래 유전자가 인간의 배아에 삽입될 수 있는 때가 올 것인가? 유전질환을 치료하기위해 침팬지나 원숭이의 유전자를 사람의 배아에 이식하는 것이 윤리적인가? 혹은 AIDS와 같은 잠재적으로 치명적인 질병에 대하여 면역성을 제공하기 위해서 이식하는 것은 윤리적인가?

# 단원 IV 진화와 생물다양성

미국 와이오밍주 링컨 근처의 그린강 지층에서 새의 화석이 발견되었다. 약 5,000만년 전 신생대의 시신세(Eocene)에 큰 내륙 호수의 바닥에 서서히 층을 이루며 쌓인 퇴적물이 새의 무덤이 되었다. 같은 지층에서 발견된 야자, 부들, 프라타너스와 여러 식물은 당시에 이 지역이 습하고 온난한 기후였음을 말해준다. 전 세계에서 발견되는 화석은 생명의 초기 역사에 대한 중요한 단서를 제공한다.

# 23 동물의 진화 – 척추동물

## 최근 이슈와 그 영향력 과거에 대한 이해와 오해

이미 다윈 시대에 대부분의 생물군이 동정되었다. 자연선택에 의한 다윈의 진화 이론을 수용하는 것에 대한 커다란 장애는 외관상으로 부족한 전이형에 있다. 만일 새로운 종이 이전에 있던 종으로부터 진화하였다면 화석 기록상 "잃어버린 고리", 즉 이 두 종을 연결하는 과도기적 특성을 가진 형태는 어디에 있는가? 얄궂게도 독일의 한 석회석 채석장의 인부가 이미 발견하였다.

비둘기 크기의 화석은 하나의 작은 육식성 공룡처럼 보였다(그림 23.1). 이 동물은 앞다리에 긴 발톱을 가진 발가락이 3개 있었고, 긴 경골이 있는 꼬리, 짧은 스파이크 모양의 이빨을 있는 강한 턱을 가지고 있었다. 후에 광부들은 또 다른 화석을 발견하였다. 나중에, 어떤 사람이 깃털에 주목하였다. 만일 이들이 조류라면 왜 이빨과 경골 꼬리를 가지고 있는가? 만일 공룡이라면 깃털로 무엇을 했을까? 이 표본은 원시적인 날개를 가진 동물이란 의미인 시조새 (*Archaeopteryx*)라 명명되었다.

1860년과 1988년 사이에 6개의 시조새 표본과 화석화된 한 개의 깃털이 발견되었다. 반진화론자들은 이것들을 위조물로 결론지으려하였다. 어떤 사람은 젖은 석고에 현대 조류의 뼈와 깃털이 눌린 것이라고 주장하였다. 건조되고 눌린 석고 모형은 단지 화석처럼 보일 뿐이었다. 현미경 검사로 이 화석이 진짜라는 것이 확인되었다. 같은 석회암층에 있던 분명한 고대 해파리류, 벌레 및 다른 종들의 잔해를 통해 이들의 연대까지도 확인되었다.

방사능 연대측정 결과 시조새는 1억 5000만 년 전에 살았음이 밝혀졌다. 이처럼 많은 시간이 지나서도 이들의 잔해가 어떻게 잘 보존되었을까? 시조새는 석호로 구분된 열대우림에 살았다. 석호는 크고 따뜻하며 괴어 있었고 산호초가 해양으로부터 산소가 풍부한 물의 유입을 막았다. 그래서 하늘에서 떨어지거나 근해에 표류하는 시

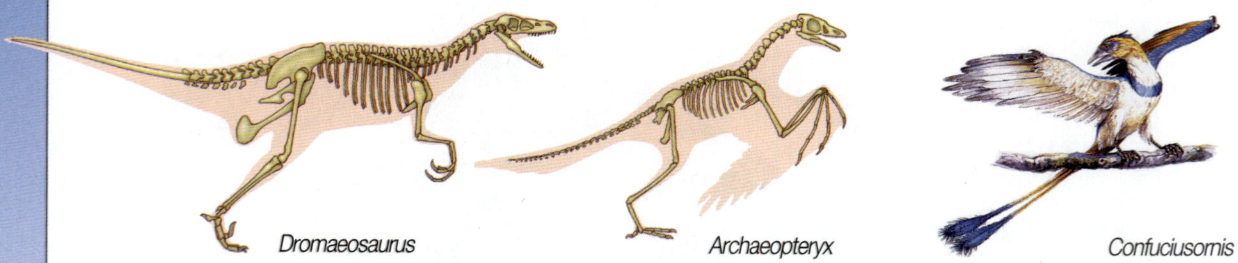


**그림 23.1** 오리 크기로 두 다리가 있는 공룡인 시조새(*Archaeopteryx*)와 *Dromaeosaurus*의 형태학적 비교. 조류와 공룡은 초기 파충류에서 진화하였다. *오른쪽*, 중국에서 발견된 화석에 기초한 파충류와 조류 – *Confunciusornis sanctus* 사이의 또 다른 "잃어버린 고리"의 재구성.

## 개요도

**기원, 진화적 경향** 최초의 척삭동물은 무척추동물이었다. 두개, 척주, 턱, 쌍으로 된 지느러미 및 폐는 어류, 양서류, 파충류, 조류와 포유류 진화에 있어서 주요한 혁신이었다.

**어류의 다양화** 어류는 최초의 척추동물이었다. 이들은 현재까지 가장 다양한 분류군이다. 대부분은 턱과 연골 또는 경골의 내부골격을 갖는다. 어류의 쌍으로 된 지느러미는 육상 척추동물의 사지와 상동기관이다.

조새와 다른 동물들의 사체들을 먹거나 처리하는 청소동물에게는 매혹적인 장소가 아니었다.

폭풍해일에 의해 산호초를 넘어온 미세한 퇴적물들이 석호 바닥에 있는 동물의 사체를 천천히 덮어버렸다. 시간이 지나면서 부드러운 진흙 퇴적물은 점차 조밀해지고 단단해졌다. 이것이 시조새를 포함한 600종이 넘는 종들의 석회암 무덤이 되었다.

시조새가 유일하게 공룡과 새를 연결하는 이행 형태일까? 아니다. 콘푸시우소르니스(*Confuciusornis sanctus*)도 시조새와 동일 시대에 생존하였다. 이들은 가장 먼저 알려진 부리를 가진 새이다(그림 23.1). 화석은 네 다리를 가진 조상의 발톱이 있는 다리가 어떻게 날개로 변형되었는가를 보여준다. 각 날개는 3개의 갈가락과 날개깃털이 부착된 하나의 짧아진 발톱을 가지고 있다.

생명의 역사에서 그러한 변천을 목격한 사람은 아무도 없다. 그러나 현존 생물체의 형태학, 생화학 및 분자 구조가 사실인 것처럼 화석도 사실이다. 방사능 연대 측정 자료는 화석이 존재하던 시기를 알려준다. 그래서 진화는 "단지 하나의 이론"에 불과한 것이 아니다. 자연에서 여러 차례 다양한 방법으로 과학적 이론의 예측력이 검증되었기 때문에 과학적 이론은 추측과는 다르다는 것을 기억하라. 만일 한 학설이 수립된다면 그것이 틀리지 않을 가능성은 매우 높은 것이다.

진화론자들은 자기들끼리 줄곧 논쟁하고 있다. 그들은 증거를 어떻게 해석할 것인지와 어떤 메커니즘과 사건들이 생명의 역사를 설명할 수 있을 것인지에 대하여 논쟁한다. 그렇지만 그들은 수집되고 해석된 증거를 무시하지 않는다. 여기에 인류의 기원을 포함한 척추동물 진화의 한 가지 근거가 있다.

### 찬반의견 투표

*개인 수집가들은 화석을 발견하고 보호하지만 희귀한 척추동물 화석들의 사설시장은 화석들이 박물관으로 가는 비용을 올리고 보호된 화석층의 도난을 조장한다. 척추동물 화석의 개인적인 수집을 금지해야 할까? 미디어 메뉴에서 상세한 내용을 참고하여 온라인 투표를 한다.*

**육상으로 이동**

양서류는 대부분의 생활을 육상에서 보내는 최초의 동물이다. 이들은 호흡을 위해 피부 습기를 유지하고 알을 낳기 위해서는 고여 있는 물이 필요하다.

**양막류로의 진입**

파충류, 조류 및 포유류는 양막류이다. 이들은 완전히 육상 생활에 적응되었다. 양막류의 알은 체내 수정되고 배는 일련의 막 내에서 발달한다.

**인간 진화**

인간 특징은 초기 포유류, 영장류 및 초기 인류 계통의 변형을 통해 나타났다. 다양한 유인원과 초기 인간의 형태는 아프리카에서 출현하였다.

# 23.1 척삭동물 유산

*다음을 상기하고 척추동물과 척삭동물 기원에 대한 고찰을 시작해 보자. 인간을 포함한 각종의 생물체는 형질들을 긁어모아 만든 모자이크 특성을 지닌다. 많은 형질들이 먼 조상으로부터 보존되어왔고 다른 형질들은 가계도상에 독특하게 분지되어 있다.*

## 척삭동물 특징

대부분의 **척삭동물**(chordates)은 그림 23.2와 같이 부분적으로 네 가지 특징에 의해 식별되는 체강이 있는 좌우대칭동물이다. *첫째,* 경직된 조직으로 된 막대기 — 뼈나 연골이 아닌 — 가 몸을 지지하는 것을 돕는다. 이것이 척삭(notochord)이다. *둘째,* 척삭과 소화관에 평행으로 뻗어있는 신경삭; 이것의 앞쪽 끝부분은 뇌로 발달한다. 무척추동물과는 달리 척삭동물의 신경삭은 등 쪽에 있다. *셋째,* 섭식, 호흡 또는 두 가지 기능을 모두 지닌 근육성 관인 **인두** 벽에는 **아가미 틈**(gill slits)이 있다. *넷째,* 꼬리가 항문 뒤까지 확장된다. 비록 이 네 가지 특징이 성체에서 항상 존재하지 않을지라도 모든 척삭동물의 배에서는 발달한다.

## 무척추 척삭동물

척추동물보다 먼저 생긴 동물의 대부분은 가장 단순한 현서 척삭동물, 즉 미삭동물(urochordate)과 같았을 것이다. 이 동물군은 우렁쉥이(멍게)와 기타 피낭류이다. 피낭류 성체는 인두 주위에 젤리성 또는 가죽성 "피막(tunic)"을 분비한다. 그림 23.3은 반투명의 파란색 피낭류를 보여주고 있다. 대부분의 종들은 길이가 수 cm이고 조간대에서 심해까지 단독 또는 군체를 이루며 살아간다. 성체는 보통 기질에 부착한다. 우렁쉥이가 가장 흔한데 무엇인가에 의해 자극을 받으면 수관을 통해 물을 내뿜는다.

여기서 피낭류에 대하여 기억해야 할 중요한 점은 그들의 유생이 좌우대칭형 유영동물이라는 것이다. 단단하고 유연한 척삭은 토션 바(스프링용 봉)처럼 작용한다. 이 척삭이 표피 바로 아래에 위치한 근육띠와 상호작용을 한다. 꼬리의 한쪽 또는 다른 쪽 근육들이 수축하면 척삭이 구부러지고, 근육이 이완됨에 따라 탄력적으로 복원된다. 강한 좌우교대 운동이 유생을 앞으로 나아가게 한다. 대부분의 어류들은 이와 같은 운동을 위하여 근육과 등뼈를 이용한다.

다른 관점: 피낭류는 **여과섭식자**(filter feeders)이다. 하나의 수관을 통해서 인두의 아가미 틈을 지나 다른 수관통로를 따라 배출되는 해수로부터 먹이를 여과한다. 인두는 호흡기관이기도 하다. 인두는 해수로부터 용존산소를 얻는다. 산소는 인두 주위의 혈관으로 확산된다. 산소호흡에서 생긴 이산화탄소는 배출되는 물속으로 확산된다.

피낭류의 가장 단순한 근연종은 물고기 형태의 창고기(두삭류; cephalochordates)이다. 창고기는 길이가 3~7 cm에 불과하다. 몸은 양쪽 끝이 뾰족하며 척삭동물의 특징을 보인다(그림 23.2). 척추동물처럼 창고기는 머리와 신경삭의 한쪽 끝에서 발생한 단순한 뇌를 가진다(*cephalo-*, 머리). 이들의 신경삭은 척추동물과 같은 방법으로 형성된다. 뇌 속의 신경세포(뉴런)들은 빛과 다른 자극에 대하여 반사반응을 조절한다.

또한 창고기는 척추동물처럼 분절화된 근육을 가지고 있다. 근육세포의 수축단위는 몸의 장축과 나란히 존재한다. 척삭에 대한 수축력은 좌우교대 유영운동을 가능하게 한다. 그렇지만 창고기는 대부분의 시간을 얕은 퇴적물에 잠복하여 보내며 여과섭식을 한다. 많은 아가미 틈에 배열된 섬모의 협동운동에 의해 물이 인두로 이동되고 먹이는 소화관의 나머지 부위로 이동되기 전에 인두의 점액에 포획된다.

앞으로 배우게 될 아가미 틈을 가진 인두, 단순한 뇌, 척삭 및 몸의 장축에 평행한 근육 분절과 같은 특징들은 척추동물이 놀랄만한 진화 가능성을 지녔다는 것을 의미한다.

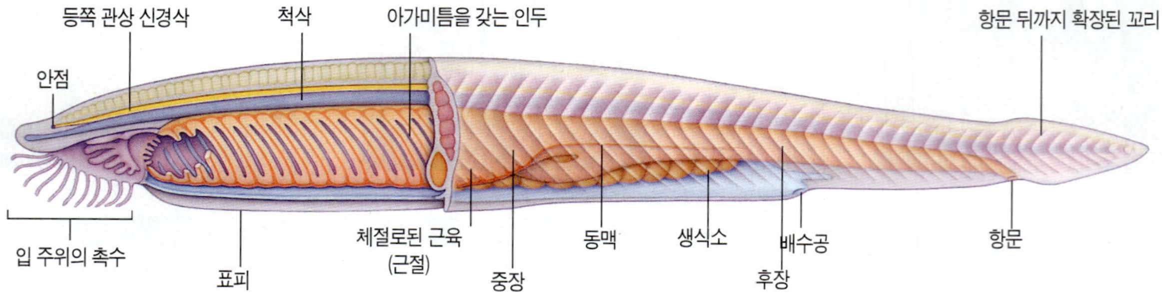


**그림 23.2** 창고기 체형. 이 작은 여과 섭식자는 척삭동물의 네 가지 뚜렷한 특징을 보여준다.

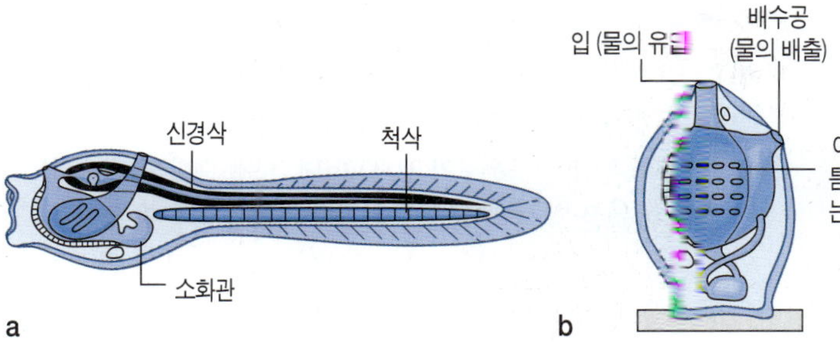

**그림 23.3** (a) 피낭류인 멍게 유생의 일반적인 형태. 새로운 유생은 잠시 동안 유영하고, 그 다음에 조직 개조와 재구성이 완벽하게 이루어진다. 이 변태는 머리 끝이 기질에 부착될 때 시작된다. 꼬리, 척삭 및 대부분의 신경계는 재흡수 된다(즉, 재생되어 새로운 조직 형성에 이용된다). 많은 아가미 틈이 인두 벽 내에 형성된다. 그림(b) 처럼 입구로 물이 들어가고 나오는 구멍이 기질로부터 멀리 떨어질 때까지 기관들이 회전한다. (c) 멍게 성체(*Rhopalaea crassa*).

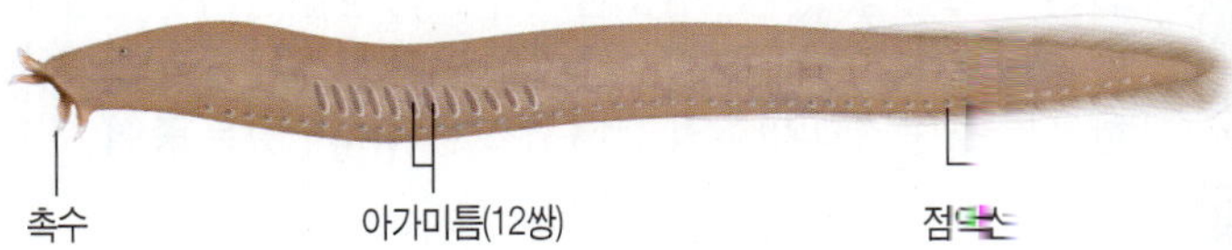

**그림 23.4** 먹장어 체형. 오른쪽 두 사진은 구멍을 통해 끈끈한 점액을 분비하기 전과 후의 먹장어 모습.

## 주의 깊게 생각하라

척추동물의 진화를 이해하는데 도움을 주는 척삭동물의 특징들을 열거하였지만, 피낭류와 창고기가 척추동물과 초기 척삭동물 사이에 잃어버린 고리라고 추측하지 말라. 이들 분류군은 척추동물의 기원을 선도하는 몇몇 특징들을 공유하고 있다. 그러나 각 분류군은 척삭동물 계통수에서 분지를 이루는 독특한 형질도 역시 가지고 있다.

이와 유사하게 먹장어도 칠성장어라고 불리는 턱이 없는 척추동물과 비슷하지만, 초기에 진화된 일부 형질들은 독자적이다. 예를 들어, 척추동물과는 달리 이들의 뇌는 단단한 경골성 방에 싸여있지 않다. 그렇지만 일부 연골들이 뇌를 보호하고 있다.

그리고 먹장어가 진화적으로 마지막이라고 생각하지는 말라. 먹장어는 길이가 1m 미만이고 거의 장님이지만 감각 촉수를 이용하여 먹이를 쉽게 찾는다(그림 23.4). 이처럼 생긴 강판과 같은 구조물이 작은 무척추동물 먹이와 죽거나 죽어가는 물고기의 조직을 입으로 끌어들인다. 먹장어는 활동적인 동물이 아니어서 주로 해양 퇴적물에 파묻혀서 지낸다. 그러나 낮은 대사율은 먹장어에게 도움이 된다. 먹장어는 먹이 없이 반 년 이상을 견딜 수 있다.

먹장어는 위협을 받으면 1갤런(3.78L)의 끈끈한 점액을 분비한다. 먹장어를 잡는 어부들은 이러한 습성을 넌더리나도록 본다. 그렇지만 끈적거리는 잠재적 포식자는 이러한 연한 몸과 한편 공격받기 쉬운 계통을 잘 보존하였다.

모든 척삭동물의 배아는 척삭, 관 모양의 등 쪽 신경삭, 아가미 틈이 있는 인두 및 항문을 지나서까지 확장된 꼬리를 갖는다. 이러한 형질들은 최초의 무척추 척삭동물인 공동 조상의 유산인 것이다.

현존하는 여과 섭식자인 창고기와 피낭류는 최초의 척추동물에게 가장 근접한 분류군에 속한다.

먹장어는 척삭동물의 복잡성에 있어서 다음 단계를 나타낸다. 그들 뇌의 일부분은 방어기능을 하는 연골에 싸여 있다.

## 23.2 척추동물의 진화 경향

최초의 척추동물은 캄브리아기에 출현한 무악어류들이었다. 나중에 이들의 체형은 적응방산을 통해 다양한 방법으로 변형되어 현재의 모든 척추동물군을 이끌어내었다

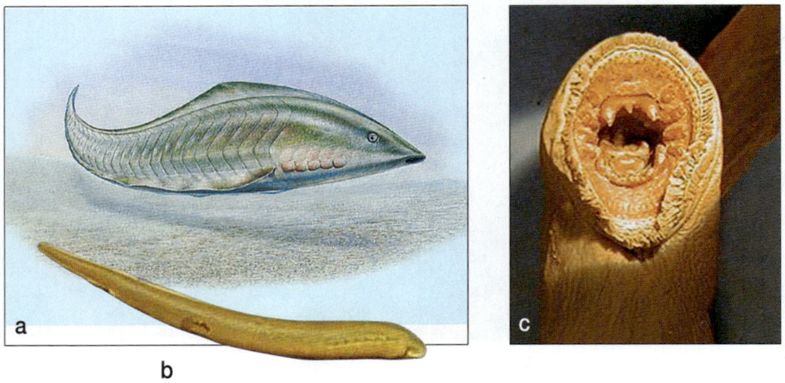


**그림 23.5** (a) 초기 두개동물(*Myllokunmingia*)의 재구성. (b) 현존하는 무악어류인 칠성장어 유생. 대부분의 칠성장어는 기생성이다. 그들은 흡판과 같은 구판으로 먹이에 들러붙어 각질성 구부로 먹이를 깎아 먹는다. (c) 몇 마리의 칠성장어가 같은 숙주에 붙어있는 것을 종종 볼 수 있다. 아마도 1800년대에 바다 칠성장어가 허드슨 강으로 유입되었고 그 후 교역을 위해 운하가 건설되었다. 1946년까지 북미의 오대호 전체에서 이들이 발견되었다. 송어, 연어, 메기 및 기타 토착종들은 이들에 대해 공진화된 방어를 하지 못했다.

### 초기의 두개동물

어류, 양서류, 파충류, 조류 및 포유류는 **두개동물**(craniates)이다. 두개는 뇌의 전부 또는 일부를 감싸는 연골이나 뼈로 된 방이다. 두개동물은 5억 3,000만 년 전에 진화되었다. 창고기처럼 이들은 척삭과 분절화된 근육을 가지며 활동적인 유영동물이다. 성체는 현존하는 무악어류의 한 군인 칠성장어 유생과 유사하다(그림 23.5).

3,000만 년이 지난 후 갑주어(ostracoderms)와 기타 무악어류가 진화되었다. 이들은 경골 조직과 아직도 치아에서 발견되는 단단한 조직인 상아질로 된 갑옷 모양의 판을 지녔다. 이 갑옷은 거대한 바다전갈의 집게에 대항하는 기능을 지녔을 것이다. 그러나 갑옷은 경첩성 경골로 된 섭식 구조인 턱을 지지하지는 못했다. 유악 두개동물이 진화하였다. 대부분의 무악어류들은 유악 두개동물이 적응 방산하는 동안 사라졌다. 먹장어와 칠성장어만이 현존하는 유일한 무리들이다.

판피류(placoderm)는 최초의 유악어류이다. 갑옷 판은 두부를 보호할 수 있었지만 다른 부위는 그렇지 못했다(그림 23.6). 이빨은 없었지만 면도날처럼 생긴 경골 판이 동일한 역할을 하였다. 판피류는 자연선택의 주된 작품이다. 이들의 출현과 함께 공격과 방어적 신체구조인 사지가 있는 종이 시작되었고, 오늘날까지 계속되었다.

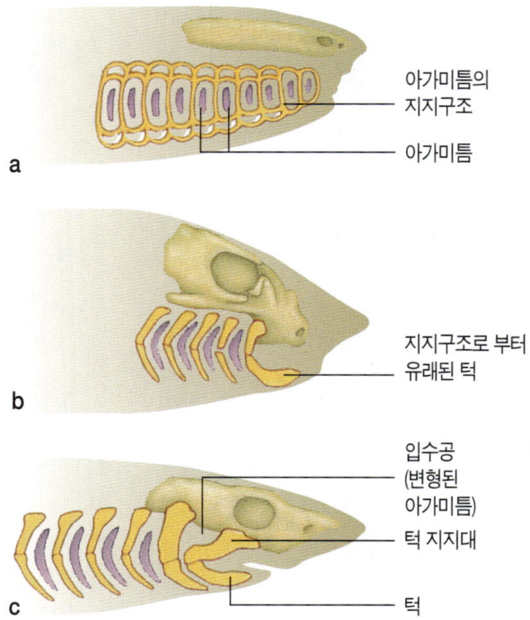

**그림 23.6** 아가미 지지 구조의 비교. (a) 초기 무악어류에서 지지 요소들이 몸의 양면 위에 있는 일련의 아가미 틈을 보강하였다. (b) 판피류와 다른 초기 유악어류에서 연속된 아가미 틈의 첫 번째 요소가 변형되었고 이것이 턱으로써 작용하였다. 연골이 입언저리를 보강하였다. (c) 상어와 다른 현대 유악어류들은 강한 턱 지지물을 갖는다. 위, 멸종된 턱이 있는 판피류인 *Dunkleosteus*와 인간의 크기를 비교하였다.

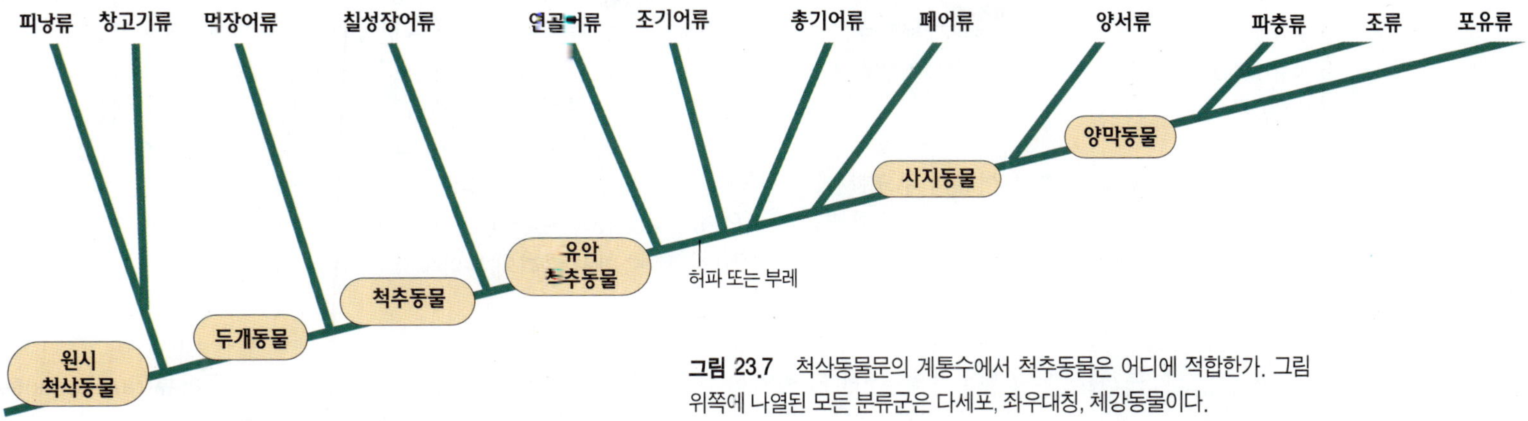


**그림 23.7** 척삭동물문의 계통수에서 척추동물은 어디에 적합한가. 그림 위쪽에 나열된 모든 분류군은 다세포, 좌우대칭, 체강동물이다.

## 주된 혁신들

척추동물들은 동물의 진화과정을 완전히 변화시켰다. 뇌가 거의 없고 여과 섭식을 하는 무리들과는 달리 무기질 경화 분비물로 이루어진 기관인 뼈를 가지고 있다. 경골이나 연골성 마디가 **연속된 척추**(vertebra, 복수 vertebrae)가 근육의 협력자로서 척삭을 대신하게 되었다. 내골격의 일부인 척주는 외골격성인 갑주보다 유연하고 덜 거추장스러웠다. 척추와 근육의 연합은 기동성을 향상시켰고, 경골은 보다 강력한 수축력을 제공하였다. 그 결과는? *민첩하고 빠르게 움직이는 유악어류들이 해양에서 우점 동물이 되었다.*

턱은 또 다른 특징을 유발하였다. 턱은 인두 내로 아가미 틈을 구조적으로 지지하는 일련의 단단한 부분의 첫 부위로부터 진화되었다(그림 23.6). 이것들이 주요한 혁신인데, 즉 새로운 먹이섭취 가능성을 가져왔다. 앞서 살펴보았듯이 턱은 방어 및 그들을 극복하기 위한 방법의 진화를 촉발하였다. 예를 들어 포식자를 알아채기에 더 좋은 눈이나 도망갈 계획을 세울 수 있는 더 큰 뇌를 가진 어류들은 이제 경쟁력을 지니게 되었다. *보다 복잡한 감각기관과 신경계로의 흐름은 원시 어류에서 시작되었고 육상의 척추동물에서도 지속되었다.*

또 다른 추세는 쌍으로 된 지느러미가 진화하면서 시작되었다. 지느러미는 물에서 나아가게 하고, 안정되게 하며, 몸을 보호하는 부속지이다. 일부 어류군은 사지의 선조가 된 내부에 골격성 지지대를 갖는 근육성의 배지느러미를 가졌다. *쌍으로 된 근육성 지느러미는 양서류, 파충류, 조류 및 포유류에 있어서 모든 다리, 팔 및 날개에 대한 출발점이 되었다.*

호흡의 변화는 운동에 있어서 또 다른 흐름을 수립하였다. 창고기의 경우 산소와 이산화탄소는 피부를 통해 확산된다. 대부분의 초기 척추동물들에서는 쌍으로 된 아가미가 진화되었다. 아가미는 축축하고 얇은 주름이 있는 혈관이 풍부한 호흡기관이다. 아가미는 외부환경과 몸 사이에 기체를 교환하는 넓은 표면적을 가지고 있다. 이산화탄소가 주변의 물로 확산될 때 산소는 입안의 물로부터 각 아가미의 혈관으로 확산된다.

아가미는 몸집이 크고 더 활동적인 어류에서 보다 효율적으로 되었다. 그러나 아가미는 물 밖에서는 기능을 하지 못했다; 흐르는 물이 적셔주지 않으면 얇은 아가미 표면은 서로 붙어버린다. 육상 척추동물의 조상인 어류에서는 소화관 벽에 2개의 작은 외낭이 발생되었고, 기체교환을 위해 내부가 축축한 주머니인 **허파**로 진화되었다. 육상에 침입하는 동안 허파는 보조적이었다가 나중에 아가미를 대체하게 되었다. 이와 관련된 경향으로 심장의 변형은 산소 섭취와 이산화탄소 방출을 증대시켰다. *최초의 육상 척추동물은 아가미보다는 한 쌍의 폐에 더 의존하였다. 순환계의 증가된 효율성은 허파의 진화를 수반하였다.*

석탄기에 판피류와 다른 유악어류들은 해양에서 더 빠르고 머리가 좋은 포식자들이 그들을 대체한 이후 점차 멸종되기 시작하였다. 일부 무악어류들과 유악어류의 후손들은 적응, 주요 혁신들 및 명백한 행운을 통하여 현재까지 존재한다.

## 주요 척추동물군

그림 23.7은 척추동물이 척삭동물 계통수의 어떤 위치에 있는 가를 보여준다. 칠성장어류 가까이에 연골어류, 경골어류, 양서류, 파충류, 조류 및 포유류로 알려진 주요 동물군이 위치한다. 이 장의 나머지 부분에서는 이들을 특징짓는 형질을 소개한다.

> 척추동물은 캄브리아기에 출현했다. 현존하는 모든 주요 동물군은 유악어류의 적응방산을 통해 진화하였다.
>
> 턱, 척주, 쌍으로 된 지느러미 및 허파는 어류, 양서류, 파충류, 조류 및 포유류를 출현시킨 계통의 진화에 있어서 중추적인 발달이었다.

## 23.3 유악어류와 사지동물의 출현

*수중생활에 대한 공부를 하지 않는다면 아마도 어류가 우점 척추동물이라는 것을 알지 못할 것이다. 이들의 숫자는 다른 모든 척추동물군의 숫자를 합한 것보다 많고 체형에 있어서 훨씬 더 큰 다양성을 보인다.*

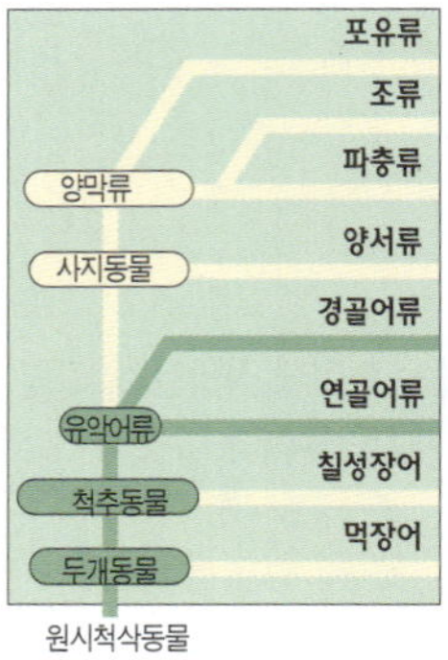


현생 어류의 주요한 네 가지 군 중 하나는 연골로 된 골격을 가졌으며, 나머지는 경골로 된 골격을 가진다. 몸의 형태와 행동은 수중생활의 도전에 대한 암시를 준다. 물은 공기보다 밀도가 800배나 더 높아서 물을 헤쳐 나가는 동작을 방해한다. 이러한 제약에 대한 한 가지 반응은 빠르게 추격하거나 도망가는 동안 마찰력을 줄여주는 유선형 체형이다. 예를 들어 상어와 대양의 다른 포식자들은 추진력을 위하여 강한 꼬리 근육을 가지며 길고 균형 잡힌 체형을 하고 있다(그림23.8a). 만일 어떤 종이 빨리 이동할 수 없다면 몸은 납작해지고 은폐에 적응하는 경향이 있다. 바닥에 서식하거나 틈새에 숨어사는 종들이 이와 같이 생겼다(그림 23.8b). 어류의 비늘은 또 다른 반응의 결과이다. 이 작은 경골 판은 몸을 압박하지 않으면서 몸을 보호해 준다.

얕은 물에서 헤엄치는 송어는 물의 밀도에 대한 또 다른 적응 방식을 보여준다. 송어는 부레를 이용하여 평형부력 상태를 유지할 수 있다. 부레는 혈액 내 기체를 교환하며 조절할 수 있는 부양 장치이다. 송어는 물 표면에서 공기를 들이마셔 부레의 부피를 조절한다.

### 연골어류

상어류와 가오리류는 잘 알려진 **연골어류**(cartilaginous fishes)이다. 이들 포식성 어류는 돌출된 지느러미, 연골성 골격과 좌우에 각각 5~7개의 아가미 틈을 가지고 있다. 일부 상어는 길이가 15m로 가장 큰 현서 척추동물 중 하나로 기록되고 있다. 이들은 끊임없이 이빨을 교체하는데 이빨은 상아질의 중심부와 바깥쪽에 에나멜층을 갖는 변형된 비늘이다. 턱은 먹이 덩어리를 붙잡고 찢는데 이용한다. 상어들은 수억 년 동안 포식자였지만 드물게 사람들을 공격하여 악명이 높은 무리이다.

**그림 23.8** 대표적인 연골어류들. **(a)** 갈라파고스 상어와 **(b)** 가오리. 쌍으로 된 아가미 틈을 주목하라. 대표적인 경골어류들: **(c)** Coral grouper, 인간의 식용으로 남획되고 있는 많은 종들 중 하나. **(d)** 날치. 새의 날개처럼 변형된 지느러미가 포식자로부터 쫓길 때 물 밖으로 날아가는 것을 돕는다. 진화적으로 말하면, 우연히 이들의 비행경로를 가로지르는 보트의 갑판에서 다시 날아오르는 장치는 갖추지 못했다. **(e)** 농어류 지느러미.

## 경골어류

상어가 출현하기 이전인 4억 년 전보다 훨씬 더 이전에 조기류, 총기류, 폐어류가 진화하였다. 담수와 해양에 21,000종 이상이 사는 것으로 알려진 조기류는 체형, 크기, 체색이 가장 다양하다. 지느러미는 피막의 망상구조 내에 경골 성분들이 있다. 그림 23.8c~e는 단지 몇 가지 대표적인 종만을 보여주고 있다.

공극어류(Coelacanths; *Latimeria*)만이 현재까지 생존해있는 총기류 무리이다. 별개의 종으로 생각되는 두 개체군이 알려져 있다. 총기류의 배 쪽 지느러미는 몸의 살이 돌출된 것으로 내부에 골격성 지지성분을 갖는다(그림 23.9a). 조기류와 마찬가지로 공극어류도 아가미를 가지고 있다.

폐어류(Lungfishes; 그림 23.9b)는 아가미와 소화관 벽이 변형된 한두 개의 작은 외낭을 갖는다. 이 주머니는 산소 섭취와 이산화탄소 배출을 돕는다. 폐어류는 반드시 표면으로 떠올라 공기를 들이 마신다; 만일 폐어류가 물속에 오래 머무르게 되면 익사한다. 계절적으로 개울이 마를 때 폐어류는 끈끈한 분비물과 진흙으로 몸을 둘러싼다. 이들은 우기가 시작될 때까지 활동하지 않는다.

이러한 어류들이 네발달린 동물, 즉 **사지류**(tetrapods)와 공동의 조상을 갖고 있을까? 아마도 그럴 것이다. 사지류처럼 폐어류도 혈액순환이 허파와 분리되어있다. 두개골은 사지류와 같은 방식으로 배열되어 있다. 치아 에나멜도 동일하다. 또한 총기류와 폐어류의 지느러미는 구조, 위치 및 크기에서 사지류의 사지와 같다. 폐어류는 수중바닥에서 앞으로 나아가는데 사지를 이용하기도 한다.

화석에 나타난 사지관절, 발가락 및 다른 특징들은 걷는 것이 땅위가 아니라 물속에서 기원되었다는 것을 암시한다. 데본기 후기까지 헤엄치며 기어가는 몇몇 종들은 사지와 발가락을 이용하였다(그림 23.9c~e).

조기류는 현재 가장 다양하며 수가 많은 척추동물이다. 총기류는 골격으로 강화된 근육질 배지느러미를 갖는다. 폐어류는 아가미 호흡을 보조하는 허파와 비슷한 단순한 주머니를 가지고 있다. 걷는 것은 데본기에 육상 사지류의 수생 선조들 중에서 시작되었을 것이다.

a
b
c

d

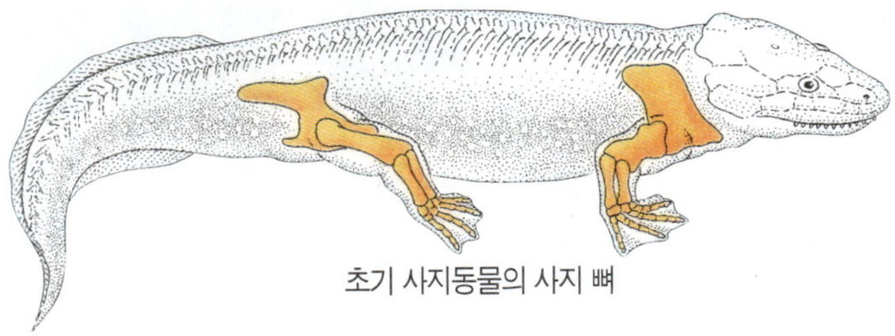

e

**그림 23.9** (a) 현존하는 유일한 총기류 계통인 살아있는 공극어류(*Latimeria*). (b) 오스트레일리아 폐어. (c) 데본기 사지동물의 그림. 물속의 *Acanthostega*와 육상에서 기어 다니는 *Ichthyostega*. 두 종 모두 어류 모양의 두개골, 꼬리와 지느러미를 가지고 있다. 어류와 달리 두 종 모두 짧은 목과 발가락이 있는 네 다리를 갖고 있다. (d, e) 지느러미 내부 골격 요소가 초기 양서류의 사지 뼈가 된다는 것을 제시한 진화 과정.

## 23.4 양서류- 최초의 육상 사지류

*심지어 작은 유전적 변화로도 충기 지느러미를 발로 변환시킬 수 있다. 유전자 전사를 조절하는 이러한 증폭자(enhancer)를 기억하는가? 그 중 하나는 발 뼈에 어떻게 발가락이 생기는 지에 영향을 준다. 발생 유전자에서 단 하나의 돌연변이도 형태적으로는 커다란 변화를 유도할 수 있다.*

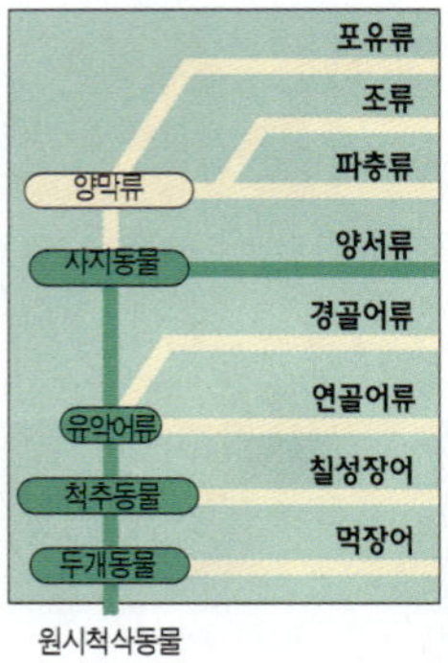


양서류(amphibians)는 육상 최초의 사지동물인 척추동물군이다. 이들은 4개의 발 또는 네발 달린 수서 조상을 가지며, 체형과 생식 양상은 어류와 "파충류" 사이의 어디쯤에 위치한다.

무엇이 수서 사지류를 육상으로 올라오게 했는가? 이렇게 생각해보자: 데본기에 소행성이 적어도 다섯 번이나 지구와 충돌했다. 마지막 충돌 중 하나와 해양생물의 대량 사멸이 동시에 일어났다. 충돌이 메탄수화물 방출을 촉발시켰다면 대양과 습지 연안 서식처에 녹아 있는 다량의 산소가 이산화탄소로 대치되었을 것이다(3.2 절). 그러나 이러한 일이 생기자, 허파를 가진 사지동물들은 공기를 들이마심으로 인해 충분한 산소를 얻을 수 있는 이점이 가지고 있었다. 화석들은 일부 사지동물이 반수서성이었고 데본기가 끝날 무렵에는 육상에서 지냈다는 것을 보여준다.

새로운, 즉 건조한 서식환경에서의 생활은 위험하면서도 희망적이었다. 물속에 비해 육상에서는 온도 변화가 심하였고, 공기는 물이 몸을 지탱해준 것만큼 잘 지탱해 주지는 않았으며, 물이 항상 풍부하지는 않았다. 그러나 공기에는 산소가 풍부했다. 양서류 허파는 산소 섭취를 증가시키는 방향으로 변형이 계속되었다. 3개의 방으로 새롭게 분리된 심장은 산소가 풍부한 혈액을 세포로 더 많이 내보냈다. 유산소 호흡에 대한 의존도가 증가된 것, 즉 보다 활동적인 생활양식을 유지시켜줄 수 있는 충분한 ATP를 생산하는 대사경로가 이제는 가능해진 것이었다.

새로운 감각 정보 또한 초기 양서류에게는 도전이었다. 습지 숲은 엄청난 숫자의 곤충과 다른 작은 무척추동물 먹잇감을 제공해 주었다. 육상에서는 시각, 청각 및 평형감각이 매우 유익한 감각임이 밝혀졌다. 이것들이 유입되는 많은 새로운 감각을 수용하고 해석하고 반응하는 뇌 영역의 확장을 촉진시켰다.

모든 현서 양서류는 최초 사지류의 자손들이다. 완전히 물을 완전히 살 수 있는 종은 없다. 또한 아가미나 허파를 가

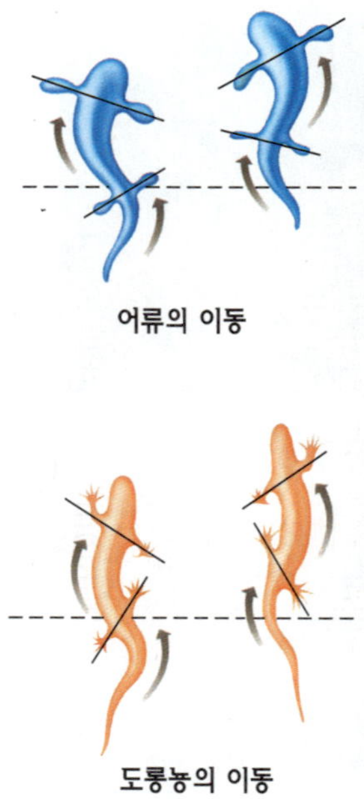

**그림 23.10** 잘 알려진 양서류. **(a)** Red-spotted 도롱뇽(*Notophthalamus*). 어류가 지느러미로 이동을 조절하는 것과 같은 방법으로 몸을 이동한다. **(b)** 사지동물 유산을 보여주는 도약하는 개구리. **(c)** 미국산 두꺼비.

**그림 23.11** 발이 없는 열대 양서류인 무족영원류(caecilians)의 한 종. 어떻게 토양 속으로 파고들어 갈 것이라고 생각하는가?

진 종일지라도 얇은 피부 표면을 통해서 산소와 이산화탄소를 교환한다. 호흡 표면은 언제나 축축해야 하지만 피부는 공기 중에서 쉽게 마른다.

일부 양서류는 일생을 물속에서 보낸다. 대부분 물에 알은 낳고 물속에서 유생이 발생된다. 건조한 서식처에 적응된 대다수 종들은 습한 장소에 알을 낳는다. 몇몇 종은 축축한 성체 내부에서 배아가 발생되게 하여 배아를 보호한다.

개구리와 두꺼비는 양서류 중에서 가장 잘 알려진 종으로 4,800종 이상이 명명되었으며, 또한 가장 다양하다(그림 23.10c). 대부분은 능동적 포식자인데 늘어나는 끈적끈적한 혀끝으로 곤충을 잡아먹는다. 보통 물속에 알을 낳고, 아가미와 꼬리를 가진 발이 없는 형태의 올챙이로 부화한다. 후에 아가미와 꼬리는 사라지고 4개의 다리가 생긴다.

500여종의 도롱뇽은 몸이 길며 성체가 되어도 꼬리를 지니고 있다. 큰도롱뇽(mudpuppy), 멕시코산도롱뇽(axolotl) 등의 몇 종은 외부 아가미와 같은 양서류 유생기의 특징을 유지한다. 대부분의 도롱뇽은 걸을 때 어류처럼 좌우교대로 몸을 구부린다(그림 23.10a). 아마도 육상 최초의 사지동물도 이와 같은 모습으로 걸었을 것이다.

일부 양서류는 진화하면서 사지와 시각을 상실하였지만 턱은 유지하였다. 이러한 동물군은 무족영원류(caecilians)가 되었다(그림 23.11). 약 165 여 종들의 대부분은 곤충을 쫓을 때 촉각과 후각을 이용하여 습기 찬 땅을 판다. 몇몇 종은 먹이가 있는 위치를 찾아내기 위하여 전기적 신호를 이용하는 수서 포식자이다.

양서류는 몸의 형태와 행동이 수서 사지동물 및 파충류와 비슷하다. 대부분은 아직도 생활사를 완료하기 위해 물이나 습한 서식처 접근에 의존한다. 개구리, 두꺼비 및 도롱뇽은 가장 잘 알려진 무리이다

## 23.5 소멸시키는 행위

FOCUS ON THE ENVIRONMENT

양서류는 생존자이다. 공룡 이전에 기원되었고 이후에도 존재하였다. 양서류는 인간보다 약 1,000배 이상 오래 존재하였으나 이제는 인간의 활동이 많은 종을 위험에 빠뜨리고 있다.

양서류가 위기에 처해 있다는 것은 의심의 여지가 없다. 알려진 5,500여종 중에서 적어도 200종의 개체군 크기가 급격히 감소하고 있다. 이러한 감소는 북미와 유럽에서는 잘 기록되고 있으나 전 세계적으로는 그렇지 않다.

현재 미국과 푸에르토리코에서 6종의 개구리, 4종의 두꺼비와 11종의 도롱뇽이 위험하거나 멸종 위기에 처해있다. 그 중 한 종인 캘리포니아붉은다리개구리는 미국 서부의 가장 큰 자생종이다. 마크 트웨인의 고전적 단편소설인 "칼라베라스 카운티의 명물인 뛰어오르는 개구리"에 영감을 준 종이다.

대부분의 감소는 서식처의 감소와 서식처 환경의 악화와 연관되어 있다. 개발자들과 농부들은 흔히 계절에 따라 고인 물웅덩이가 되는 낮은 땅을 메워버린다. 거의 모든 종의 양서류는 물속에 알을 낳지 않으면 번식에 어려움이 있다.

새로운 종의 유입, 장기적인 기후 변화, 자외선의 증가 및 새로운 서식처로 곰팡이와 기생충성 질병의 확산 역시 감소의 원인이 된다(그림 23.12). 살충제와 기타 화학물질에 의한 수중 서식처의 오염도 또 다른 요인이 된다. 31장에서 서식지 오염의 영향에 대하여 자세히 살펴볼 것이다.

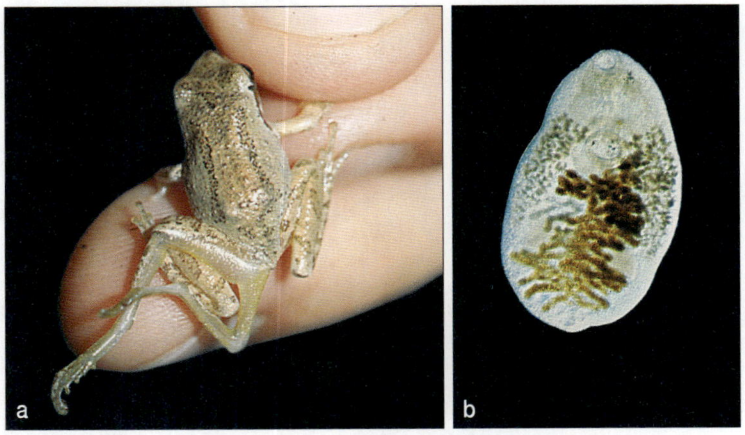


**그림 23.12** (a) 개구리 기형의 예. (b) 기생성 흡충(*Ribeiroia*)은 올챙이 사지 원기에 파고들어가 물리적 또는 화학적으로 세포 변형을 일으킨다. 감염된 올챙이는 여분의 발을 가지거나 또는 전혀 없는 형태로 성장한다. *Ribeiroia* 개체군 밀도가 커질 때 성공적으로 완전히 변태한 올챙이의 수는 적다. 흡충류의 피낭은 캘리포니아, 오리건, 애리조나 및 뉴욕에 서식하는 개구리와 도롱뇽에서 발견된다.

# 23.6 양막류의 출현

양막류는 건조한 육상 서식지에 적응한 첫 번째 척추동물이다. 양막류는 기관계, 행동 및 알의 변형을 통하여 육상생활이 가능하게 되었는데, 알은 물을 저장하고 배 발생을 도와주는 4개의 막을 갖는다.

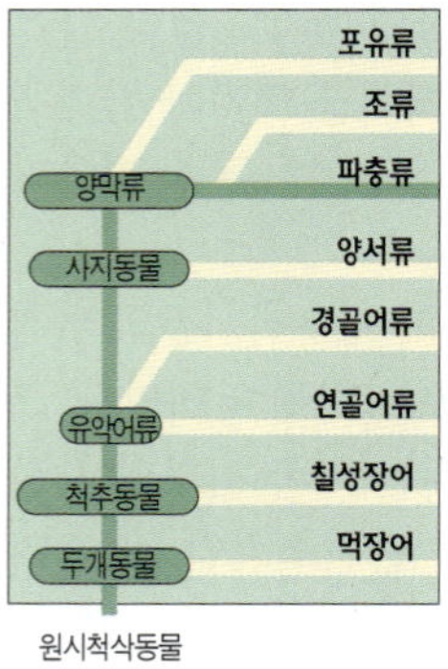


## 파충류

석탄기 후기에 일부 양서류는 4개의 막을 가진 알을 낳는 유일한 척추동물인 **양막류**(amniotes)를 탄생시켰다. 이 막들은 물을 보존하고 또한 부화나 출생 전의 발생중인 배를 보호해 준다(그림 23.12). 모든 양막류는 수분손실을 막0아주는 건조하고 거칠거나 비늘처럼 생긴 피부를 가지고 있다. 또한 물을 저장하는데 효과적인 한 쌍의 신장이 있다.

단궁류와 용각류(석형류)는 양막류의 주요한 두 군이다. 단궁류(*Synapsids*)는 포유류와 멸종된 포유류 유사종이다. 용각류(*Sauropsids*)는 "**파충류**(reptiles)"와 조류이다. 파충류는 단계통적(monophyletic)이 아니기 때문에 더 이상 공식적인 분류군으로 인정되지 않는다. 조류나 포유류를 정의하는 파생된 특성이 아니라 기본적인 양막류의 특징을 보여주는 몇 가지 계통을 언급하는 방법으로만 파충류란 이름이 유지된다.

양서류와 비교하여 초기 파충류는 보다 교활하고 빠르게 먹이를 추적하였다. 파충류는 잘 발달된 근육질의 턱과 날카로운 이빨로 지속적인 힘을 가하여 먹이를 잡고 부수었다. 많은 종의 사지는 육상에서 몸통을 지지하기에 유리하였다. 양서류에서 중요했던 피부를 통한 가스교환을 멈추고; 허파가 더욱 잘 발달하게 되었다. 머리가 더 좋은 파충류는 양서류들 중에서 볼 수 없었던 행동을 하였다(그림 23.13a).

## 공룡의 시대

최초의 **공룡**(dinosaurs)은 삼첩기의 파충류로부터 유래하였다. 그들은 칠면조보다도 크지 않았다. 매우 빠른 대사율을 유지했을 것이고 온혈동물이었을 것이다. 많은 공룡은 두 다리로 돌아다녔다.

약 2억 1,300만 년 전에 공룡에게 적합한 지역들이 개척되었다. 소행성과 혜성으로부터 거대한 파편들이 회전하는 지구 위에 떨어져 현재의 프랑스, 캐나다의 퀘벡 주와 중서부의 매니토바 주 및 미국의 북 다코타 주에 운석공을 만들었다. 충돌 속에서도 생존한 거의 모든 동물들은 몸집이 작고, 높은 대사율을 가졌으며 심한 온도 변화에 견딜 수 있었다.

어룡류(ichthyosaurs)와 그 밖의 무리들이 해양에서 번성할 때에 살아남은 공룡들의 후손들은 1억 2,500만 년 동안 육지를 지배하였다(그림 23.14). 대부분의 공룡들은 쥐라기 말에 대량 멸종되어 사라졌고 나머지는 백악기에 멸종하였다. 일부 혈통들은 희생되었고 숲, 습지 및 개방된 서식지에서 새로운 종들이 진화하였다.

**K-T 소행성 충돌설**(K-T asteroid impact theory)에 따르면 에베레스트 산만큼이나 큰 소행성이 지구와 충돌했을 때 백악기가 끝났다(17장). 대부분의 해양 생물체와 함께 공룡도 자취를 감추었다. 그 후 점진적인 지각 운동이 충돌된 지역을 재구성하였다. 연구자들은 그러한 곳을 멕시코의 유카탄 반도에서 발견하였다.

소행성들이 시속 160,000 km로 충돌하였고 미국의 코네티컷 주보다도 넓은 운석공을 만들었다. 120 m가 넘는 거대한 파도가 해양을 가로질러 밀려들어 섬의 생명체를 싹 쓸어버렸고 대륙으로 밀어닥쳤다. **지구 염열 설**(global broiling hypothesis)에 의하면 1억 개의 핵폭탄이 폭발한 것과 같다.

**그림 23.13** 몇몇 양막란. (**a**) 몬태나에서 발견된 오리 부리를 가진 초식성 공룡(*Maiasaura*)의 둥지 그림. 8,000만 년 전에 살았던 이 종은 무리지어 이동하고, 알을 보호하고 새끼를 돌보는 사회적 행동을 보였다. (**b**) 가죽성 껍질의 알에서 부화하는 동부돼지코뱀(Eastern hognose snakes).

**그림 23.14** 쥐라기 광경. **(a)** 앞쪽에 시조새(*Archaeopteryx*) 비행. 좌측에서 우측으로 초식성 *Stegosaurus*와 *Apatosaurus*, 육식성 *Saurophaganax*("파충류 포식의 왕"), 그리고 부리를 가진 초식성 *Camptosaurus*, 관목에서 경계하며 나무를 오르는 포유류. *Apatosaurus*는 이전에 살았던 가장 큰 육상동물 중 하나이다. 그 작은 뇌를 가진 초식성 공룡은 길이가 27m, 몸무게가 33~38톤에 달했다. **(b)** 어룡류인 *Temnodontosaurus*는 따뜻한 천해 해로에서 거대오징어, 암모나이트와 다른 먹이들을 사냥하였다. 영국과 독일에서 길이가 9m인 화석이 발견되었다.

증발된 수조 톤의 파편들이 거대한 화구를 일으켰다. 이 파편들이 지구에 떨어지게 됨에 따라 대기온도는 수천 도까지 올라갔다. 이 무시무시한 한 시간 내에 거의 모든 식물은 화염에 휩싸였다. 땅속 은신처가 아닌 개방된 지역으로 나온 모든 동물들은 산채로 구이가 되어버렸다.

일부 파충류가 살아남았고 그들의 후손은 악어류, 거북류, 뉴질랜드큰도마뱀(tuataras), 뱀류 및 도마뱀류 등이다. 깃털을 가진 공룡무리, 즉 조류도 살아남았다.

거칠고 비늘을 가지거나 건조한 피부와 물을 보존하는 다른 방법들, 배를 보호하는 막을 가진 알 및 활동적인 생활양식이 양막류를 건조한 육상 서식지에 적응방산 시켰다.

양막류 계통 중 하나인 용각류는 파충류와 조류를 포함한다. 또 다른 하나인 단궁류에는 포유류 및 파충류처럼 이제는 멸종된 포유류가 속한다.

양막류의 역사 중 많은 부분은 행운과 변화하는 지질의 단계에서 좋거나 또는 나쁜 장소에서 살아남은 특별한 형질을 가진 종들의 문제였다.

소행성 충돌로 공룡의 황금 시대가 막을 내렸다

## 23.7 현존 파충류 무리

*Reptile(파충류)은 기어 다닌다는 의미인 라틴어의 repto에서 유래되었다. 일부 현존하는 종들은 기어 다닌다. 다른 종류들은 육중하게 움직이거나 헤엄을 친다. 이런 다양한 계통들에는 조류나 포유류를 제외한 모든 현존 양막류가 포함된다.*

8,160종 이상의 파충류가 육상, 담수 및 해양의 다양한 서식처에서 번성하고 있다. 모두 냉혈동물이다. 체내 수정을 하고 수서생활을 하는 종일지라도 대개 육상에 알을 낳는다. 암수 모두 배설과 생식에 이용되는 하나의 개구부인 총배설강(cloaca)을 갖는다. 그림 23.15는 전형적인 한 분류군의 체형을 보여준다.

현존하는 약 305종의 거북류는 골격에 부착된 껍데기 속에서 살아간다. 위협을 받으면 거북은 머리와 다리를 껍데기 안으로 집어넣는다(그림 23.16a, b). 이들은 체형이 잘 발달되어 있는데 대략 삼첩기부터 유지되어 온 것이다. 오직 바다거북류와 일부 활발한 운동성을 지닌 종에서는 크기가 줄어든 껍데기를 갖고 있다.

거북류는 이빨 대신에 먹이를 붙잡고 씹는데 이용하는 각질 판을 가지고 있다. 강한 턱과 사나운 성질은 포식자를 단념시키는데 도움이 된다. 그러나 거북의 알은 육상의 많은 포식자들로부터 공격을 받기가 쉽다. 게다가 산란 장소의 사냥과 파괴로 인해 대부분의 바다거북들은 멸종 직전에 이르렀다.

약 4,710종에 이르는 도마뱀류는 가장 다양한 파충류이다. 가장 큰 코모도왕도마뱀(*Varanus komodoensis*)은 길이가 3m까지 자라는 큰 도마뱀이다. 숨어 있다가 습격하는 이 포식자는 사슴, 멧돼지, 때로는 사람 및 기타 먹이가 있는 덤불에서 갑자기 튀어나온다. 가장 작은 도마뱀인 스패로닥틸루스(*Sphaerodactylus ariasae*)는 10센트 동전만한 크기이다(왼쪽 그림). 다른 대부분의 포식성 도마뱀류처럼 이 도마뱀도 못처럼 생긴 날카로운 이빨로 먹이를 잡는다. 카멜레온(그림 28.9)은 끈끈한 혀로 먹이를 정확하게 잡아채는데 혀의 길이가 몸길이보다 길다. 갈라파고스의 해산 이구아나를 포함한 이구아나류는 초식성이다.

도마뱀류는 대부분 몸집이 작아서 다른 동물의 먹이가 된다. 일부 도마뱀은 목 주위의 부챗살을 펼침으로써 포식자를 깜짝 놀라게 한다(그림 23.16c, d). 대부분은 포식자에게 잡히면 꼬리를 포기한다. 떨어져간 꼬리가 잠깐 꿈틀거려서 도망가기에 충분할 정도로 혼란을 준다.

현존하는 두 종의 큰도마뱀은 뉴질랜드 인근의 작은 섬에 서식하고 있다(그림 23.16e). 이들은 삼첩기에 전성기를 이룬 무리들의 후손이다. 이 도마뱀은 뇌와 이동에 있어서 현재의 양서류와 아직도 닮은 모습을 가진 파충류이다. 일부 도마뱀처럼 이들은 피부 밑에 망막과 퇴화된 수정체 및 뇌에 이르는 신경을 가진 제 3의 "눈"을 가지고 있다. 이 눈은 낮의 길이와 빛의 강도 변화를 감지할 수 있으며 생식에 대한 호르몬 조절에 영향을 준다.

백악기 동안 짧은 다리와 긴 몸을 가진 도마뱀들이 길쭉해지고 발이 없는 뱀으로 진화하였다. 일부 뱀들은 조상 뒷다리의 경골 흔적을 가지고 있다. 대부분은 도롱뇽처럼 S자 물결 모양으로 몸을 움직여 이동한다.

현존하는 약 2,955종의 뱀은 유연한 두개골과 턱을 가진 육식성 동물이다. 대부분 자기 몸 둘레보다 더 큰 먹이를 삼킬 수 있다. 방울뱀류와 기타 독니를 가진 종류들은 먹이를 물어서 독액으로 제압한다(그림 23.16f). 일반적으로 뱀은 인간에게 공격적이지 않다. 그렇지만 미국에서 매년 7,000명이 독사에게 물리고 그 중 15명이 사망한다. 뱀에 물린 사람의 40%가 뱀을 취급하거나 물릴 당시 뱀을 교란시킨 것으로 보고되고 있다. 전 세계에서로 뱀에 물려 사망하는 사람은 연간

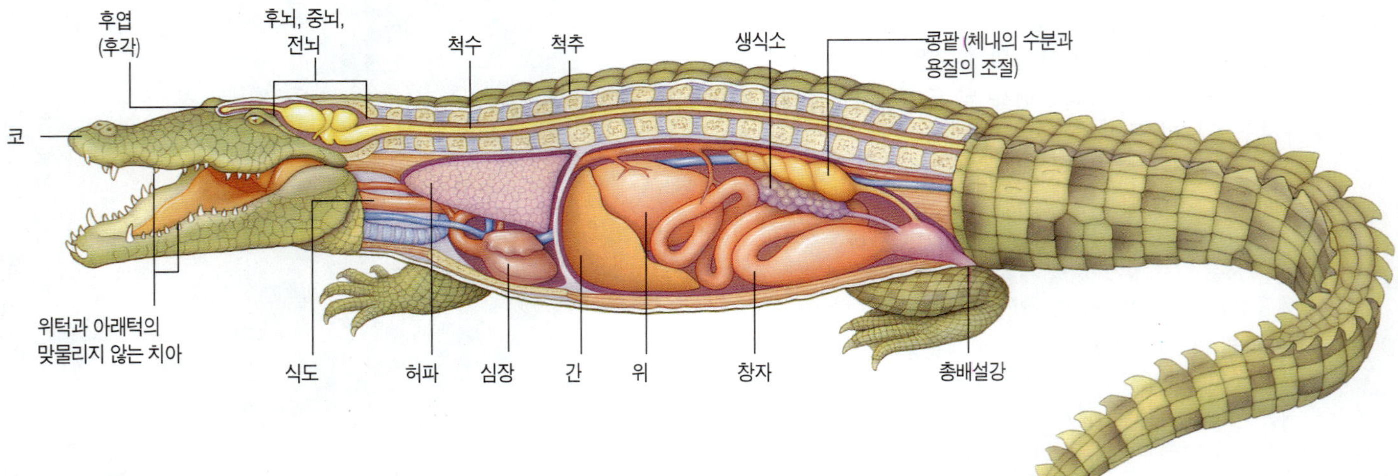


**그림 23.15** 악어. 악어 몸과 생활양식은 거의 2억년 동안 크게 변하지 않았다. 이들의 미래는 낙관적이지 않다. 택지 개발로 많은 서식지가 잠식되고 있다. 앨리게이터의 배 가죽은 지갑, 핸드백 및 구두 제작에 쓰인다.

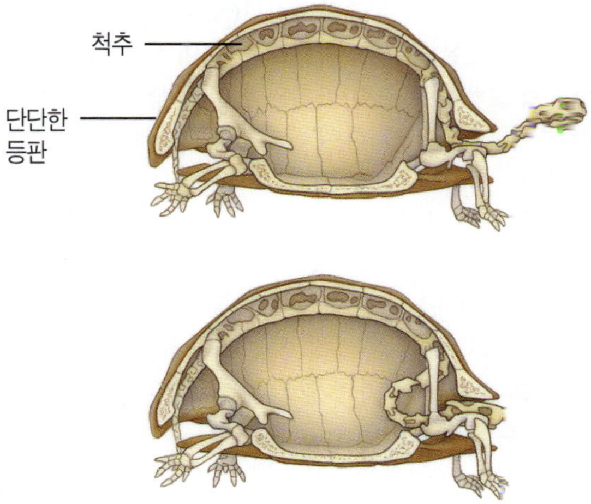

**그림 23.16** (a) 갈라파고스 거북. (b) 거북의 껍데기와 골격. (c, d) 도망가는 도마뱀, 대항하는 도마뱀. (e) 뉴질랜드큰도마뱀(Tuatara; *Sphenodon*). (f) 방울뱀. (g) 안경카이만(Spectacled caiman), 악어. 두 줄로 맞물리지 않는 쐐기 모양의 이빨이 있다.

30,000~40,000명으로 추정되고 있다.

현존하는 23종의 악어는 가장 고등한 파충류이며 현생 조류와 가장 근연종이다. 물이나 물 근처에 서식하는 악어, 앨리게이터 및 카이만(중남미산 악어; caiman)은 강한 턱, 긴 주둥이, 날카로운 이빨을 가진 포식자들이다(그림 23.16g). 이들은 먹이를 물속으로 끌어들이고 그들의 몸을 회전하면서 먹이를 찢은 다음 덩어리째 삼킨다. 악어류는 포유류나 조류처럼 심방이 4개인 유일한 파충류이다. 대부분의 조류처럼 악어류는 둥지를 지키고 부화를 돕는 등 부모의 역할을 수행한다.

거북과 뉴질랜드큰도마뱀은 삼첩기 이후 거의 변화되지 않은 체형을 가지고 있다. 도마뱀과 뱀은 가장 다양한 파충류이다. 악어는 가장 고등한 뇌와 순환계를 가지고 있으며 조류와 가장 근연종이다

## 23.8 조류 — 깃털을 가진 종

*조류는 깃털을 갖는 온혈성 양막류이다. 공룡의 후손이며 아직도 많은 파충류의 특성을 갖고 있다. 체형의 내외부적 변형으로 비행할 수 있는 능력을 갖게 되었다.*

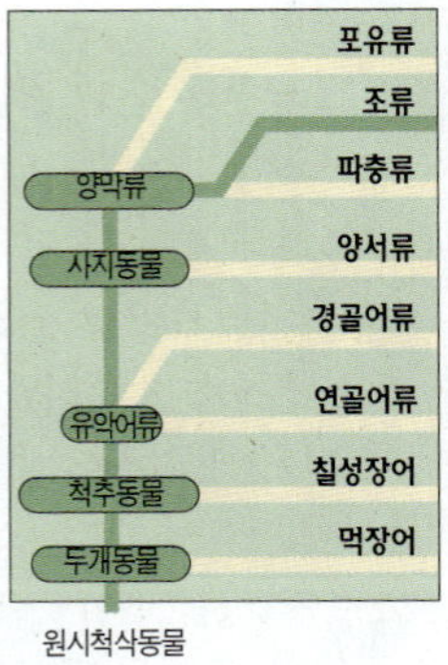


비행능력은 네 가지 분류군 — 곤충, 익룡류(pterosaurs; 멸종됨), 조류, 박쥐 — 내에서 진화하였다. 이들 분류군 중 깃털은 조류와 멸종된 일부 공룡류에만 있는 유일한 특징이다. 비늘에서 유래한 이러한 가벼운 구조물은 비행과 몸의 절연체로 이용되고 있으며 종종 구애행동을 하는데 이용된다.

조류는 약 28개 목, 9,000여종이 알려져 있다. 조류는 크기, 몸의 비율, 색깔 및 비행능력에서 큰 차이를 보인다. 가장 작은 벌새의 무게는 1.7g이다. 현생 조류 중 가장 큰 타조의 무게는 150kg이나 된다. 날지는 못하지만 강한 다리 근육으로 타조는 굉장한 달리기 선수이다. 복잡한 사회적 행동을 하는 휘파람새, 앵무새 및 기타 나뭇가지에 앉는 조류들은 특히 색깔과 모양이 화려하다. 새소리와 행동양식에 대한 것은 43장의 주제들 중에 기술되어 있다.

중생대의 파충류가 적응방산을 시작했을 때 조류가 기원하였다. 두 다리로 뛰어다녔던 육식동물의 한 종류인 작은 수각류(theropod dinosaurs) 계통에서 조류가 분기되었다. 새의 깃털은 고도로 변형된 파충류의 비늘에서 진화되었다. 시조새는 이 계통이거나 근접한 계통에 속한다. 앞서 살펴본 바와 같이 시조새는 파충류와 깃털을 갖고 있는 조류의 특성을 지니고 있었다. 조류는 가장 근연종인 공룡 및 악어류와 여러 형질들을 아직까지도 공유하고 있다. 예를 들어 조류도 이들처럼 다리에 비늘을 가지고 있으며, 일부 내부구조가 동일하다. 또한 이들처럼 조류는 체내 수정을 하며 배설과 생식에 이용되는 총배설강을 가지고 있다.

파충류와는 달리 조류는 체온을 잘 조절한다. 대부분의 열은 외부 환경에서 온 것이 아니라, 대사 작용을 통해 얻어진다. 외부 온도가 떨어지면 깃털은 체온 유지를 돕는다. 외부 온도가 올라가면 허파에 연결된 탄력성 기낭이 과잉의 대사열을 발산하도록 돕는다. 기낭은 공기 흐름을 증가시키고 더운 공기를 몸 밖으로 내보낸다.

조류 비행의 진화는 깃털 이외에도 더 있다. 뼈 내부구조에서부터 고효율의 호흡과 순환 방식에 이르기까지 몸 전체의 변형을 포함한다. 비행을 지속시키는 높은 대사율은 몸을 통하는 산소의 강한 흐름에 의존한다. 허파에 연결된 탄력성 기낭은 산소 흡수를 크게 증가시킨다(35.4절). 포유류처럼 조류는 4개의 큰 심실로 된 심장을 갖는다. 아마도 조류의 파충류 조상에서 그랬던 것처럼 조류의 심장은 산소가 풍부한 혈액을 각기 다른 순환을 통하여 허파와 몸의 나머지 부분으로 내보낸다.

또한 비행에는 공기 흐름, 가벼운 몸무게 및 상승이 가능한 강한 날갯짓 — 공기 흐름에 수직인 힘-이 요구된다. 앞다리가 변형된 각 날개는 깃털과 강한 근육이 붙어 있는 가벼운 뼈로 이루어졌다. 뼈는 뼈 조직 내에 풍부한 공기로 찬 공간이 있어 무게가 많이 나가지 않는다(그림 23.17b와 23.18d). 비상근육은 확장된 흉골(sternum) 및 흉골에 연결된 상완골

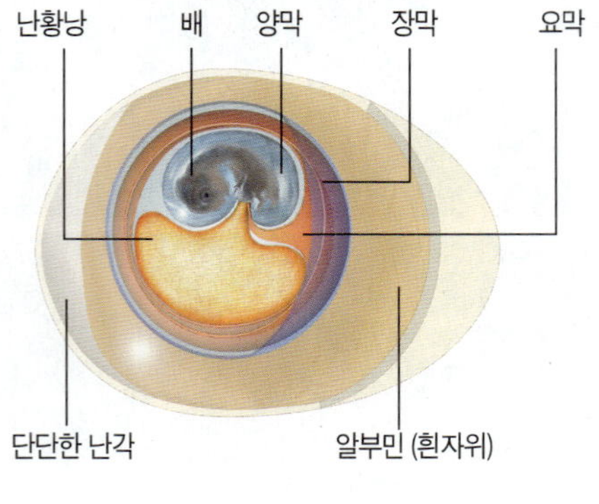


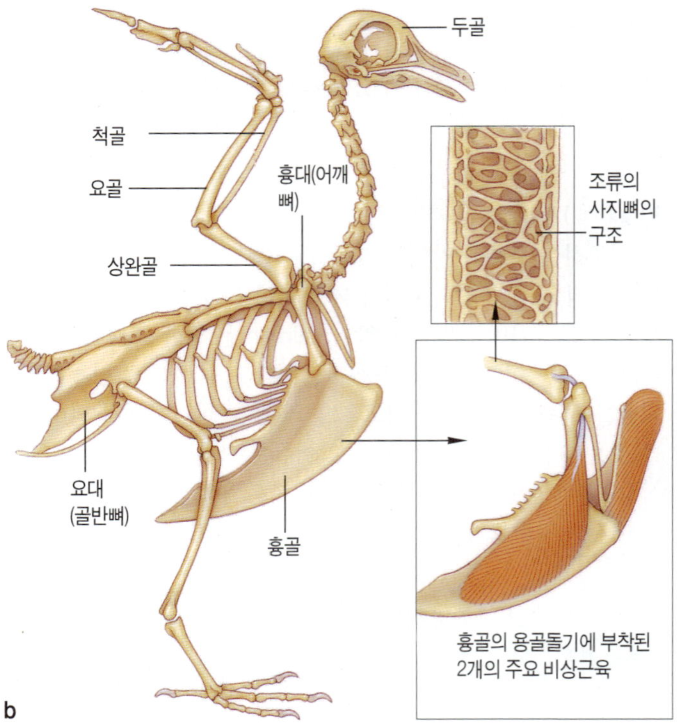


**그림 23.17** (a) 양막란의 한 가지 형태 그림. (b) 전형적인 새인 비둘기의 체형. 비상근은 크고, 돌출된 가슴뼈(흉골)에 부착되어있다.

**그림 23.18** 새의 비상. **(a)** 모든 현존 동물 중에서 오로지 조류와 박쥐만이 날개를 움직여서 난다. 조류의 날개는 가벼운 뼈와 깃털로 된 복잡한 기관계이다. **(b)** 가장 아래쪽 깃털은 단열 기능을 갖는다. **(c)** 속이 빈 중앙 깃대와 격자처럼 연결된 깃가지와 작은 깃가지는 깃털을 강하고 무게가 많이 나가지 않으면서도 날개의 표면을 증가시켜준다. **(d)** 레이산신천옹(Laysan albatross). 날개 길이는 2m 이상이지만 이 해조의 무게는 10kg 이하이다. 바람을 타는 동안 자기까지 하는 이 새는 하늘이 곧 집이다. 연구자들이 관찰한 한 새는 먹이를 찾아서 그것을 둥지로 가져오는데 90일 동안 약 40,000km를 날아다녔다. 그것은 지구를 한 바퀴 도는 여행과 맞먹는다.

에 붙어 있다. 근육이 수축하면 아래쪽으로 힘찬 날갯짓을 할 수 있다.

긴 깃털을 가진 날개는 비행기의 날개와 비슷하다. 조류는 일반적으로 아래로 날갯짓을 할 때는 긴 깃털을 밖으로 펼쳐서 공기를 밀어내는 표면적을 넓힌다. 그리고 위로 날갯짓을 할 때는 깃털을 약간 접어서 각 날개 표면적을 줄여 공기에 대한 저항을 감소시킨다.

계절의 변화에 따라 이동하는 조류에서 아주 극적인 행동 형태 중 하나를 볼 수 있다. 이주는 환경주기에 반응하여 한 지역에서 다른 지역으로 이동하는 반복된 패턴이다. 일주기의 계절적 변화는 "생체 시계"라고 일컫는 내부의 시간조절메커니즘에 영향을 미치는 한 가지 요인이다. 이것이 철새를 산란 장소와 겨울나기 장소 사이의 왕복 여행을 유도하는 생리적 및 행동학적 변화를 유발한다. 북극제비갈매기는 가장 멀리 이주하는 조류이다. 이 새들은 북극에서 여름을 보내고 남극에서 겨울을 난다. 관찰된 어떤 새는 영국 근처의 섬을 떠난 지 3개월이 지나서 호주의 멜버른에 도착하였다. 한번 여행에 22,000 km 이상의 비행거리를 달성하였다.

모든 동물 중에서 조류만이 비행, 열의 보전 및 집단에서의 중요한 의사소통에 이용되는 깃털을 만든다.
새의 깃털과 가벼운 뼈 그리고 매우 효율적인 호흡 및 순환계가 비행을 할 수 있게 해준다.

## 23.9 포유류

인과관계에 대해 진술한 내용을 기억하는가? 포유류는 공룡보다 이전에 진화했으며 이들보다 더 오래 존속하였다. 포유류는 공룡의 운이 다할 때까지 교묘하게 피하여 비껴있었다. 그 후에 그들은 살기에 적합한 비어있는 지역으로 눈부실 정도로 퍼져나갔다.

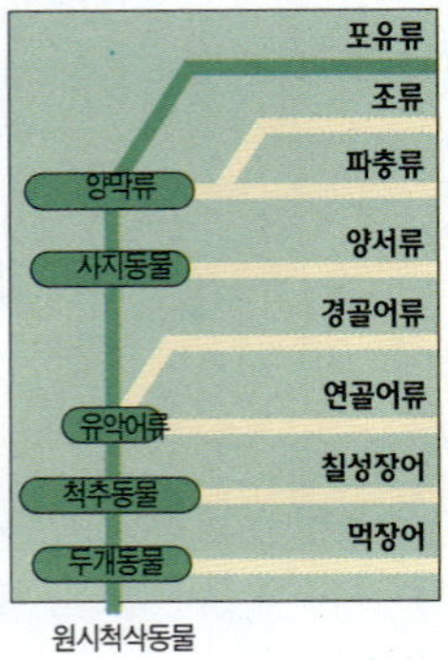


포유류만이 털을 만들 수 있지만 그 양이나 형태 및 분포는 각각 다르다. 포유류 암컷만이 새끼들을 위한 젖을 만들 수 있다. 이 영양분이 풍부한 액체는 체 표면으로 연결된 관을 갖는 젖샘(유선)에서 생성된다.

털과 치아 역시 포유류가 다른 동물들과 별개로 수립되었다. 포유류만이 양쪽에 아래턱뼈를 가지고 있다. 대부분의 포유류는 서로 조화를 이루는 네 가지 형태의 위쪽과 아래쪽 이빨을 갖고 있다(그림 23.19). 파충류는 이음매를 이루고 있는 두 부분으로 된 턱을 가지고 있으며 모든 이빨은 한 가지 형태이고 상하가 서로 일치하지 않는다.

대부분의 포유류는 오랫동안 새끼들을 키운다. 전형적으로 어린 포유류는 생존에 필요한 행동을 학습하고 반복하는 능력이 있다. 일부 종은 놀라울 정도의 기본적인 동작을 새로운 행동으로 확장시키는 능력인 행동적 유연성(*behavioral flexibility*)을 보인다.

포유류는 어디에서 왔는가? 멸종된 포유류와 비슷한 파충류와 멸종되거나 현존하는 모든 포유류는 단궁류(synapsids)라는 것을 기억하라. 이 집단의 뚜렷한 특징은 턱 근육의 부착과 배열에 작용하는 두개골 양쪽 측면의 특정한 부위에 위치한 개구부이다. 이러한 특징은 석탄기에 생겨났다. 그 후 페름기에 단궁류의 적응방산이 진행되었고, 주된 육상척추동물이 되었다. 페름기가 끝날 무렵에는 여러 분류군이 대량 멸종으로 사라졌다.

운 좋게도 사람에게는 수궁류(*therapsids*)라고 불리는 무리가 살아남았다. 일부는 삼첩기 시대에 포유류와 보다 더 비슷해졌다. 예를 들어 사지는 몸통 아래에서 곧게 뻗었다. 이들의 골격배열은 서서 걷는 것을 더 쉽게 해주었지만, 땅에서 더 높아진 몸통은 안정적이지 못했다. 그 후에 균형과 공간적 위치를 조절하는 소뇌의 크기가 증가하였다.

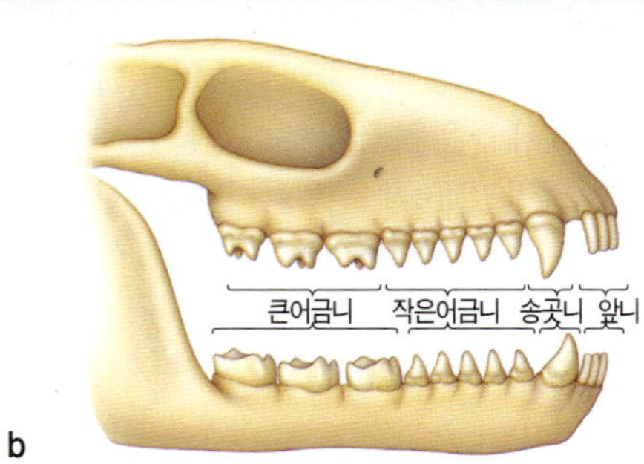


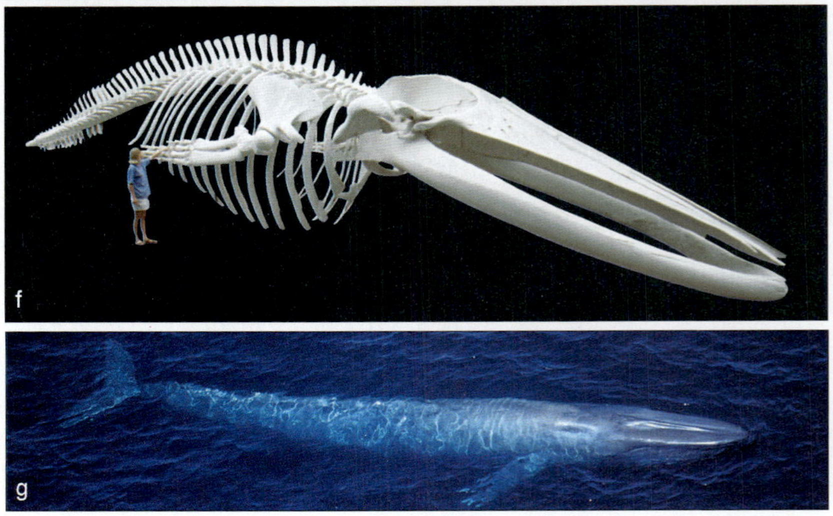


**그림 23.19** 뚜렷한 포유류 특징. **(a)** 이미 덥수룩한 머리카락이 있으며 젖샘에서 분비되는 젖에서 자양분을 얻는 어린이. 인간은 태반 포유류이다. **(b)** 이의 네 가지 형태; 위와 아래의 이가 맞물린다. **(c)** 알을 낳는 포유류인 오리너구리와 살아있는 미완성의 새끼. **(d)** 유대 포유류인 코알라. 가장 작고 가장 큰 현존 태반 포유류: **(e)** 1.5g인 Kitti's 돼지코박쥐; **(f, g)** 200톤인 흰긴수염고래.

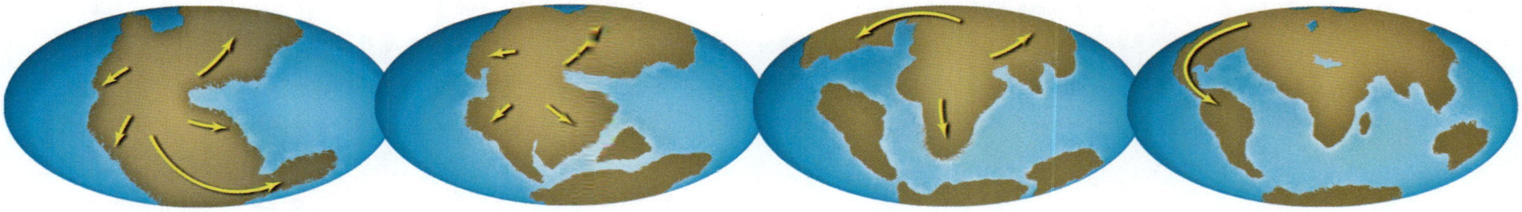

**a** 쥐라기인 약 1억 5,000만 년 전에 최초의 단공류와 유대류가 진화하였으며 초대륙인 판게아의 각 지역으로 이주하였다.

**b** 1억 3,000만 년 전에서 8,500만 년 전 사이인 백악기에 태반 포유류가 출현하여 퍼져나가기 시작하였다. 남쪽 초대륙의 단공류와 유대류는 태반 포유류로부터 격리되어 진화하였다.

**c** 미오세인 약 2,000만 년 전에 태반 포유류는 서식 범위가 확대되고 다양성이 증가하였다. 남극대륙에서는 포유류가 사라졌다. 유대류와 초기 태반 포유류가 남미에서 단공류를 대체하였다.

**d** 약 500만 년 전인 플라이오세에 진보된 태반 포유류가 남미에 침입하였다. 그리고 이들은 대부분의 유대류와 초기 태반류를 멸종시켰다.

**그림 23.20** (a-d) 포유류의 적응방산. 오른쪽, 수렴진화의 한 결과: (e) 호주 바늘두더지, 현존하는 두 종의 단공류 중 하나. (f) 아프리카의 땅돼지. (g) 남미의 큰개미핥기. 개미 냄새를 맡는 특수화된 주둥이를 비교하라

알려진 현대 포유류 중 가장 오래된 무리는 주라기 초에 진화하였다(그림 23.20a). 이들은 쥐(mouse)와 같은 형태였으며 공룡과 공존하였다. 1억 3,000만 년 전까지 세 개의 독립된 계통이 진화하였다. 이들은 **단공류**(monotremes; 알을 낳는 포유류), **유대류**(marsupials; 주머니를 갖는 포유류), **진정태반류**(eutherians; 태반을 가진 포유류)라고 불린다.

쥐라기 말에 포유류는 공룡에 의한 극도의 감소로 비어있는 적합한 지역으로 퍼져나갔다. 신생대에 초대륙인 판게아가 분할되었다. 일부 단공류와 유대류가 호주와 남극 대륙이 될 곳으로 밀려났다. 이들은 다른 대륙에서 분포 범위와 다양성이 급속하게 확장된 태반류와 격리되었다(그림 23.20b, c).

남미대륙이 될 한 조각에서 단공류는 유대류와 초기 태반류로 대체되었다. 플라이오세(선신세)에 남미와 북미대륙이 연결되었을 때 고도로 진화한 태반류가 남쪽으로 방산되었고 이전의 근연종이었던 많은 종들을 빠르게 대체하였다(그림 23.20d). 단지 주머니쥐와 소수의 다른 종들만이 다른 방향으로 대륙을 침범하였다.

무엇이 태반류에게 경쟁력을 부여했는가? 그들은 높은 대사율과 보다 정확한 체온조절 방법 및 보다 효율적으로 배아에 영양분을 공급하는 방법을 가지고 있었다. 이에 관해 다음 장에서 배우게 될 것이다. 여기서는 진보된 태반류의 적응방산이 덜 경쟁적인 근연종을 희생시키고 이루어졌다는 것에 주목하라.

한 가지 더: 비록 분리된 대륙에서 독창적으로 진화되었을지라도 많은 종들은 비슷한 서식처에서 살아왔다. 오래되지 않아 그들은 형태와 기능에 있어서 서로서로 닮아갔다. 예를 들어 호주의 바늘두더지(spiny anteater), 남미의 땅돼지(giant anteater) 및 아프리카의 개미핥기(aardvark)는 모두 개미를 잡아먹도록 적응된 비슷한 주둥이를 가지고 있다(그림23.20e~g). 이러한 종들은 17.4절에 기술했듯이 수렴진화의 예이다.

포유류 암컷만이 젖을 만든다. 또한 포유류는 털을 가진 유일한 동물이다.
3개의 주요 분류군은 알을 낳는 단공류, 주머니를 가진 유대류, 태반포유류이다. 현재 태반류는 대부분의 지역에서 우점하고 있다.

## 23.10 초기 영장류에서 인류(호미니드, hominid)까지

*지금까지 작은 편형동물에서부터 두개동물까지, 그리고 척추가 있는 유악어류까지 5억 7천만년 시간 동안의 과정을 알아보았다. 일부 초기 사지동물, 그리고 양막류 — 파충류, 조류와 포유류 —를 접해보았다. 이제는 현대 인류를 만들어낸 진화적 사건에 관해 우리가 아는 것에 접근하려고 한다.*

### 영장류의 진화 경향

현존 **영장류**(primates)는 원시원숭이류(prosimians),안경원숭이(tarsioids) 및 유인원숭이류(anthropoids) 이다. 초기 원시원숭이류는 원숭이와 유인원(apes)들로 대체될 때까지 수백 만년 동안 북쪽 숲의 나무에서 살았다. 긴팔원숭이(gibbon), 큰긴팔원숭이(siamang), 오랑우탄, 고릴라, 침팬지 및 보노보(bonobo)가 유인원(ape)으로 분류된다. 모든 원숭이, 유인원과 인간은 유인원숭이류이다. 생화학적 및 체형에 있어서 유인원과 인간은 가까운 근연종이다. 그들과 멸종된 가장 가까운 조상만이 인류(hominid)이다. 과거와 현재를 통털어서 모든 인간 및 인간과 유사한 종이 **인류**(hominids)로 알려져 있다.

대부분의 영장류는 숲과 산림지대 및 사바나(나무가 듬성듬성한 초원)의 나무에서 산다. 영장류를 다른 포유동물과 분리할 수 있는 특징은 거의 없지만 각 계통은 뚜렷한 특징을 지닌다. 인간에 이르는 계통을 정의하는 5가지 양식은 최초 나무-서식자들 사이의 행동으로 수립되었다.

*첫째*, 후각에 대한 의존도가 주간 시각보다 덜 중요하게 되었다. *둘째*, 골격 변화가 새로운 일을 할 수 있도록 손을 자유롭게 하여 **두발보행**(bipedalism) — 직립 보행 — 을 촉진시켰다. *셋째*, 골격과 근육 변화가 손의 움직임을 다양하게 해 주었다. *넷째*, 이빨은 덜 특수화되었다. *다섯째*, 뇌, 행동 및 문화의 진화가 맞물리게 되었다. **문화**란 사회생활을 하는 무리의 행동 양식의 합으로 학습과 상징적 행동에 의해 세대를 통해 전달된다. 요약하면, *"독특하게" 인간의 특징은 조상의 형태에서 더 초기에 진화된 특징의 변형에 의해 나타났다.*

*증가된 주간 시각.* 초기 영장류들은 머리 양측에 눈이 있었다. 후에 많은 종이 전방을 향하는 눈을 가졌고 이것은 3차원 공간에서 모양과 움직임을 수집하기에 더 나아졌다. 시각계는 빛의 강도(어둠에서 밝음까지) 및 색 변화에 더욱 더 잘 반응하게 되었다.

*직립보행.* 어떻게 영장류 보행이 팔 길이, 견갑골, 요대(골반 띠) 및 척추의 모양과 위치에 의존하는가(그림 23.21 d). 대략 같은 길이의 팔과 다리 골격을 지닌 원숭이는 네 다리로 기어오르고 뛰어다닌다. 고릴라는 두 다리와 긴팔의 손가락 관절에 무게를 실어 걷는다. 인간은 가장 짧고 가장 유연한 척추를 가지는데 S자 모양의 곡선을 이룬다. 이러한 구조적 특성은 두발 보행의 징후이다.

*힘 있게 쥐기와 정교하게 쥐기.* 어떻게 우리는 다재다능한 손을 가지게 되었는가? 초기 포유동물들은 네 다리로 걷

**그림 23.21** 몇몇 영장류. **(a)** 안경원숭이, 사람 손에 들어갈 정도로 작고 나무타기와 뛰어오르기를 잘한다. **(b)** 거미원숭이, 네 다리로 민첩하게 나무를 타고, 뛰어오르며 달리기를 잘한다. **(c)** 수컷 고릴라, 주먹(손가락 관절) 보행자. **(d)** 골격 구성과 서 있는 자세의 비교. 이 사진들은 동일 축적이 아니다. 원숭이는 몸통에 비해 길고 가는 사지를 가지며, 길고 가는 손가락은 쥐기에는 좋지만 체중을 지탱하기에는 좋지 않다. 고릴라는 올라가고, 두 다리와 주먹으로 걸을 때 체중 지탱을 위해 앞다리를 이용한다. 인간은 두 다리 보행자이다.

거나 뛸 때 몸을 지탱하기 위하여 발가락을 분리하여 펼쳤다. 고대 나무에 서식하던 영장류에서는 손뼈 변형이 손가락으로 물체를 감을 수 있었고(잡는 동작) 그리고 엄지가 손가락 끝에 닿을 수 있었다(마주보기 동작). 얼마 되지 않아서 양손이 무게를 지탱하는 기능에서 벗어났다. 후에, 사람과가 진화함에 따라 힘 있고 정교하게 잡게 되었다:

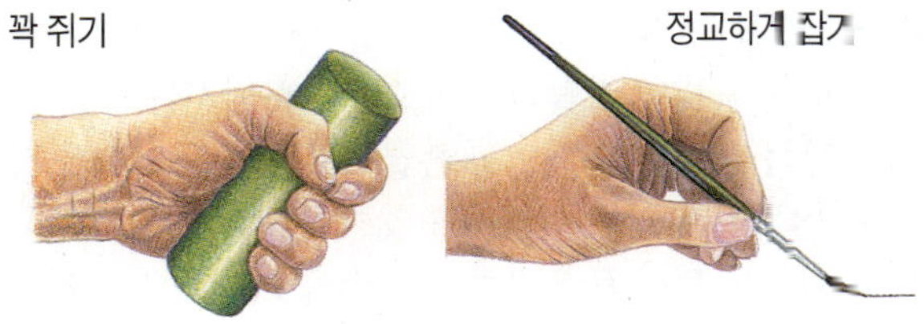


자유롭게 쓸 수 있는 손 위치가 인류 조상에게 도구를 만들거나 이용하는 능력을 주었다. 그것이 독특한 기술과 문화 발달의 기초가 되었다.

*모든 경우를 위한 치아.* 턱과 치아의 변형은 곤충을 먹는 것에서부터 과일과 나뭇잎, 더 나아가 잡식을 하는 것으로 변해갔다. 네모진 턱과 긴 송곳니는 원숭이와 유인원에서 진화되었다. 활 모양의 턱은 초기 인류 계통에서 진화되었다. 그래서 치아도 더 작아지고 모두 같은 길이가 되었다.

*뇌, 행동 그리고 문화.* 생식과 사회적 행동의 변화는 나무에서의 생활 변화를 수반하였다. 많은 계통에서 부모는 적은 자식에 대해 더 많은 노력을 하였으며, 어미의 보살핌은 더 철저해졌다. 새끼들은 독립생활을 하기 전까지 의존 및 학습하는 기간이 더욱 길어졌다.

새로운 형태의 행동은 감각 수용을 다루는 뇌 영역에 새로운 신경망을 활성화시켰다. 보다 복잡한 회로를 가진 뇌는 새로운 행동을 가능하게 하였다. 뇌, 행동 및 문화는 풍부한 학습과 상징적 행동, 특히 언어를 통하여 함께 진화되었다. 언어적 능력은 인류에서 발달하였다. 더 커지고 복잡해진 뇌에 더하여 뇌를 감쌀 수 있는 더 큰 방도 필요하게 되었다.

## 기원과 초기 분기

초기 영장류는 효신세(Paleocene) 열대 삼림에서 8,500만 년 전에서 6,500만 년 전 사이에 출현하였다. 이들은 나무땃쥐류(tree shrew)와 비슷하게 닮았으며(그림 23.22), 식성이 좋았고 야간에 나무 아래에 있는 알, 곤충, 열매와 싹을 먹었다. 이들은 긴 주둥이와 먹이나 포식자의 냄새를 맡을 수 있는 좋은 후각을 가졌다. 비록 빠르고 세련되지는 않았지만 나무줄기와 가지를 기어오를 수 있었다.

시신세(Eocene)까지 원시원숭이류(prosimians)들은 나무 위의 높은 곳에서 살았다. 이들은 짧아진 주둥이와 더 커진 뇌, 더 발달된 주간 시력 및 물체를 보다 잘 잡고 다루는 방법을 알았다. *어떻게 이러한 형질들이 진화되었을까?*

**그림 23.22** 동남아시아의 열대우림과 이곳의 소형 서식자 중 하나인 나무땃쥐류(*Tupaia*).

나무는 먹이와 땅에 서식하는 포식자들로부터의 안전을 제공하였다. 나무는 또한 확실한 선택의 서식처였다. 에오세의 아침, 산들바람에 흔들리는 나뭇잎, 화려한 색깔의 과일 그리고 포식 조류를 상상해보자. 바람이 냄새를 날려 버리기 때문에 민감한 후각, 긴 주둥이는 쓸모가 없었을 것이다. 움직임, 깊이, 모양 및 색깔을 평가할 뇌가 골격의 변화와 함께 더 소중한 것이었다. 예를 들어 안구가 두개골의 양 측면에 있기보다는 거리 감각에 더 좋은 배열인 앞쪽에 위치하였다.

3,600만 년 전까지 나무에 서식하는 유인원(tree-dwelling anthropoids)이 진화하였다. 이들은 원숭이와 유인원에 이르는 계통이거나 가까운 계통이었다. 어떤 종은 앞쪽을 향하는 눈, 넓어진 얼굴, 삽처럼 생긴 앞니를 가진 위턱이 있었다. 아마도 손은 먹이를 잡는데 이용했을 것이다. 일부 초기 유인원은 포식성 파충류의 위협이 있는 늪에서 살았다. 이것이 빠르게 생각하고 강하게 붙잡고 육지를 회피하는 절박한 이유가 되었을까? 가능성이 있다.

2,300만 년 전에서 500만 년 전 사이, 중신세(Miocene)에 유인원과 비슷한 형태 — *최초의 인간상과(hominoids)* — 가 진화되었고, 아프리카, 아시아 및 유럽으로 퍼져나갔다. 땅덩어리와 해류의 이동이 장기간에 걸친 기후 변화를 일으켰다. 아프리카는 더 추워지고 건조해졌으며 계절 변화가 더 심해졌다. 식용인 말랑말랑한 과일, 나뭇잎 및 풍부한 곤충들이 있던 열대 우림은 개방된 삼림지대로, 나중에는 초원으로 변해갔다. 먹이는 건조해지고 딱딱해졌으며 찾기도 힘들었다.

무성한 숲에서 진화된 인간상과에게는 두 가지 선택이 있었는데, 새로운 적응지역으로 이동하거나 멸종되는 것이다. 대부분은 멸종되었지만, 유인원과 나중에 현대 인류가 된 종의 공동 조상은 멸종되지 않았다. 700만 년 전에 인류 계통이 확립되기 시작하였다.

> 복합적인 앞을 향한 시각; 두발보행; 정교한 손동작; 일반화된 이빨 그리고 뇌 영역, 행동 및 문화가 결합된 정교함은 나무에서 사는 영장류로부터 현대 인류로 이어져 오는 중에 일어난 주요한 적응 방산이다.

# 23.11 초기 인간의 출현

*아프리카 중부, 동부 및 남부에서, 플라이오세를 거쳐 미오세까지는 사람과 진화에서 "덤불이 우거진" 시기였다. 즉 그 시기에 여러 가지 형들이 빠른 속도로 진화하였다는 의미이다. 아직까지 그 들이 어떻게 연관되는지는 잘 모른다.*

사헬란트로푸스 차덴시스(*Sahelanthropus tchadensis*)는 인류의 조상이 유인원과 구분되기 시작한 시점인 약 700~600만 년 전에 중앙아프리카에서 진화된 한 종이다(그림 23.23a). 한 화석화된 두개골은 침팬지의 것보다 조금도 크지 않다. 그러나 이 두개골의 소유자는 나중에 진화된 머리가 더 좋은 인류처럼 눈 위의 뼈가 두드러지게 튀어나오고 더 짧고 납작한 얼굴 그리고 더 작은 송곳니를 가졌다. 이것이 유인원인지 인류인지 잘 모른다.

남부유인원(오스트랄로피테쿠스; *Australopithecus*)와 파란트로푸스(Paranthropus)는 비공식적으로 **오스트랄로피스**(australopith)라 불리는 인류였다. 그림 23.23a은 그 예이다. 유인원처럼 오스트랄로피스는 두개골에 비하여 큰 얼굴을 가졌는데 이것은 이들의 뇌가 작았음을 나타낸다. 또한 유인원처럼 오스트랄로피스는 턱이 튀어나왔다. 그러나 이들은 엄밀한 관점에서 초기의 인류와는 달랐다. 하나는 두꺼운 상아질로 덮인 어금니가 딱딱한 먹이를 분쇄할 수 있다는 점이다. 그리고 이들 인류는 서서 걸어 다녔다. 화석화된 엉덩이뼈와 다리뼈로부터 이러한 사실을 알 수 있다. 또한 우리는 발자국도 갖고 있다. 약 370만 년 전에 *A. afarensis*는 새로 분출된 화산재 위를 걸어 다녔다. 보슬비는 화산재를 빨리 마르는 시멘트로 바꾸었고 이들의 발자국은 보존되었다(그림 23.23c).

미오세 후기에 두 다리로 걷는 인류는 여전히 숲 속 생활에 적응하고 있었다. 손은 강하고도 정교하게 잡을 수 있게 되었다. 그들의 후손은 마침내 나무를 떠나 땅 위에서 생활하였지만 모두 네 다리로 빨리 달리도록 진화되지는 않았다. 오히려 완전히 바로 서게 되었고 손끝으로 다루는 기술을 사용하였다. 이들이 야외에서 먹이를 찾아다니는 동안 새끼들을 매달고 귀중한 먹이를 운반하는데 손을 이용하였을 것으로 추측할 수 있다.

화석화된 조각들이 인류의 기원에 관해 무엇을 말해 주는가? 아직까지 기록이 너무 불완전하여 모든 다양한 형태들이 어떻게 관련되는지와 어떤 종류가 우리 조상인지에 대해서 밝혀낼 수 없다. 게다가 *Homo*속의 일원인 **인간**(human)을 정의하는데 어떤 형질을 이용해야 하는가?

그러면 뇌는 어떠한가? 우리의 뇌는 분석 및 언어적 기술, 고도의 사회적 행동 및 기술혁신의 기초가 된다. 두개골 용량과 뇌의 크기가 더 작은 유인원으로부터 인간을 분리시켜준

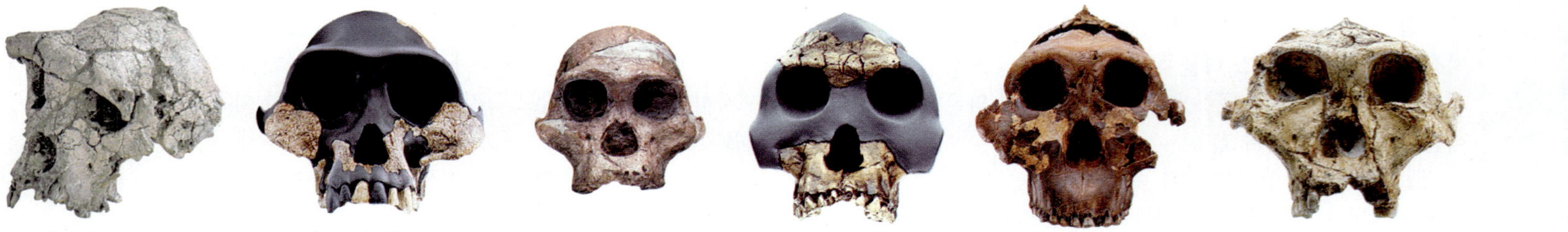

*Sahelanthropus tchadensis* 700~600만년 전

*Australopithecus afarensis* 360~290만년 전

*A. africanus* 320~230만년 전

*A. garhi* 250만년 전 (최초의 도구 사용자?)

*Paranthropus boisei* 230~140만년 전 (큰 어금니)

*P. robustus* 190~150만년 전

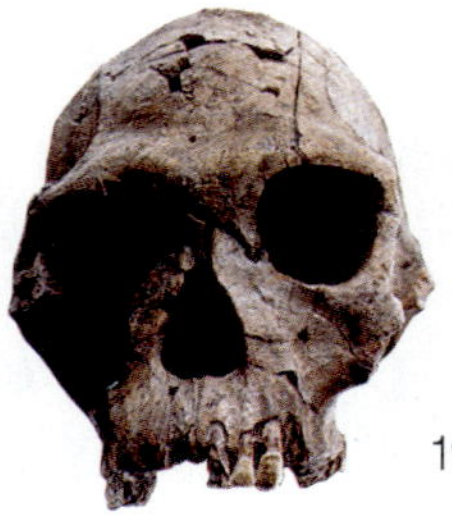

a

*H. habilis* 190~160만년 전

b c d

**그림 23.23** (**a**) 아프리카 호미니드(인류) 화석들. (**b**) 320만 년 전에 살았던 두 다리 보행자인 "루시(Lucy)" (*Australopithecus afarensis*)의 화석화된 뼈. (**c**) 리키(Mary Leakey)는 탄자니아의 라에톨리에서 370만 년 전에 부드럽고 촉촉한 화산재에 찍힌 발자국을 발견하였다. 이 발자국에 나타난 발바닥의 만곡, 큰 엄지발가락과 뒤꿈치 흔적은 인류가 두 다리로 걸었다는 증거이다. 유인원과 달리 초기 인류는 침팬지(**d**)의 발가락 모양과는 달리 엄지발가락이 바깥쪽으로 벌어지지 않았다.

다. 이러한 특징 하나만으로도 언제 일부 인류가 인간으로 진화적인 도약을 했는지 알 수 없다. 인류의 뇌 크기는 유인원들의 뇌 크기 범위 내에 있었다. 이들은 단순한 도구를 사용했지만 침팬지와 일부 조류도 도구를 사용했다. 이들의 사회적 행동에 대한 실마리가 없다.

두 다리로 걷기, 손재주, 작은 얼굴, 커다란 두개골, 작고 에나멜이 두껍게 덮인 이빨과 같은 신체적인 형질의 증거에 대해서 추측할 뿐이다. 이러한 형질들은 미오세 후기에 나타났고 첫 번째 인간인 *Homo habilis*의 특징이었다. *H. habilis*는 "재주있는 인간"이라는 의미이다.

240만 년 전에서 160만 년 전 사이에 *Homo*의 초기 종들이 동부와 남부 아프리카의 초원 경계에 있는 삼림에서 살았다(그림 23.24) 화석상의 이빨은 이들이 사계절 음식인 딱딱한 껍데기의 열매, 마른 씨, 부드러운 과일과 잎 그리고 곤충을 먹었다는 것을 일러준다. *H. habilis*는 다가올 춥고 건조한 기후에 대비하려면 언제 먹이를 모으고 저장해야 하는지를 계획하기 위해 미리 생각해야 했다.

*H. habilis*는 송곳니가 먹이를 꿰찔러서 고기를 찢을 수 있었지만 골수가 있는 뼈를 부수지는 못했던 검치고양이(saber-tooth cats) 등의 육식동물들과 동일한 서식처에서 생활했다. 뼈에 붙어있는 날고기 조각은 영양소가 부족한 지역에서 양분을 제공했을 것이다. *H. habilis*는 전적으로 육식을 하는 동물 중의 하나는 아니었다. 짐승의 사체를 찾아다님으로써 간헐적으로 식사를 보강했을 것이다.

누가 처음으로 도구를 만들었는가? 가장 초기의 석기는 에티오피아의 한 지역에서 나왔으며 연대는 약 250만 년 전이다. 끝을 날카롭게 깎아서 만든 화산암 조각들과 함께 그와 같은 도구들로 도살된 것으로 보이는 동물의 뼈가 발견되었다. *A. garhi*의 화석이 가까이에서 발견되었고 같은 시기로 기록되어 있다. *A. garhi*는 연장을 만들었을까? 아마도 만들었을 것이다.

탄자니아의 Olduvai Gorge의 퇴적층은 후에 도구 만드는 기술이 세련되어짐을 말해준다(그림 23.25). 이 퇴적 암석층의 가장 깊은 곳은 약 180만 년 전으로 기록되며 에티오피아에서 가장 초기에 발견된 것들과 유사한 거칠게 깎아낸 자갈들이 있었다. 이 퇴적층에는 오스트랄로피스와 *H. habilis*의 화석 유물(유골)들도 있었다. 어떤 분류군에서 도구를 만들었는지 알지 못한다. 이보다 늦게 퇴적된 층에서는 좀 더 복잡한 도구가 나왔다. 그러나 도구 형태에서의 혁신은 한정되어있었다. 약 100만 년에 걸쳐 서서히 형성된 퇴적층에서 같은 형태의 도구가 나왔다.

오스트랄로피스는 곧게 서서 걸었던 인류의 한 분류군이었다. 일부는 초기의 인류보다 더 큰 뇌를 가진 최초의 인간 종(human species)인 Homo habilis와 공존하였다.
석기의 제조와 사용은 오스트랄로피스 중 하나에서 시작되었을 것이다. H. habilis는 또 다른 도구 제작자였다.

**그림 23.24** 동아프리카 삼림의 *Homo habilis*의 재구성. 멀리 두 명의 australopiths가 있다.

**그림 23.25** 아프리카 Olduvai Gorge에서 발굴된 석기도구 표본. 왼쪽에서 오른쪽으로 조잡한 도끼, 보다 정교한 도끼, 손도끼 및 베는 칼.

# 23.12 현대 인간의 출현

*현대 인간의 조상은 직립원인(Homo erectus)이 진화될 때까지 아프리카에 남아있었다. 그 후 문화적 진화가 시작되었다.*

## 초기 최고의 보행자

직립원인은 현대 인간과 근연종이다(그림 23.26). 이 이름은 "직립인간"을 뜻한다. 이들의 조상들도 직립 보행자였지만 일부 직립원인 집단이 명실상부한 명칭이다. 이들은 아프리카를 벗어나서 왼쪽으로는 유럽으로 그리고 오른쪽으로는 먼 길을 무릅쓰고 중국으로 진출하였다. 중동과 동남아시아의 화석들은 180만 년 전에서 160만 년 전의 것이다. 따라서 직립원인은 여러 차례 북유럽과 북미로 침범한 거대한 대륙 빙하와 그 시기의 혹한에 적응해야만 했다.

어떠한 압박이 광범위한 이동을 촉발시켰든지 간에 이때는 두개골의 크기나 다리의 길이와 같은 신체적 변화가 일어나는 시기였다. 인간 계통을 향한 문명이 시작되는 시기이도 했다. 직립원인은 큰 뇌를 가지고 있었고 보다 창조적인 도구 제작자였다. 이들의 사회적 구성과 대화 기술은 잘 발달되었을 것이다. 그 밖의 어떤 방법으로 직립원인의 웅장한 분포를 설명할 수 있겠는가? 남부 아프리카에서 영국에 이르기까지 서로 다른 집단들이 같은 종류의 손도끼와 기타 연장들을 사용하였다. 불을 피우고 털가죽을 옷으로 이용함으로써 환경 도전에 대처하였다. 불의 사용에 대한 확실한 증거가 초기 플라이스토세(pleistocene)의 빙하기에 발견된다.

에티오피아에서 발견된 새로운 화석은 *Homo sapiens*가 약 160,000년 전에 진화했음을 알려준다. 직립원인과 비교해서 초기의 호모사피엔스는 이들보다 이빨, 얼굴뼈, 턱뼈가 더 작았다. 대부분은 새로운 특징인 빰을 가졌다. 이들은 더 높고 둥근 두개골, 더 큰 뇌와 아마도 복잡한 언어를 가졌을 것이다.

건장한 체구와 큰 뇌를 가진, 다른 무리인 네안데르탈인(Neandertals)은 200,000년 전부터 30,000년 전까지 유럽과 근동 지역에 살았다(그림 23.26). 이들의 멸종은 같은 지역에 현대 인간들이 출현한 것과 일치한다(그림 23.27). 네안데르탈인이 현대 인간과 교배를 했는지 또는 전쟁을 했을까? 알 수 없다. 그러나 네안데르탈인의 DNA는 오늘날의 유전자 풀에서 발견되지 않는 독특한 염기서열을 갖고 있다. 이들은 아마 현대 후손이 없을 것이다.

## 현대 인간은 어디서 기원되었는가?

화석기록들을 정확하게 해석하고 있다면, 아프리카는 우리 모두의 요람이었다. 이 글을 쓰고 있는 현시점에서 아프리카를 제외하고는 어느 곳에서도 200만 년 보다 더 오래된 *Homo*의 화석을 발견하지 못하였다. 일부의 직립원인 무리는 유럽과 아시아의 초원, 숲과 산맥으로 분산되었다. 이들은 200만 년 전부터 50만 년 전 사이에 집단으로 아프리카를 떠났다. 일부는 53,000년 전부터 37,000년 전까지 동남아시아에서 생활했다.

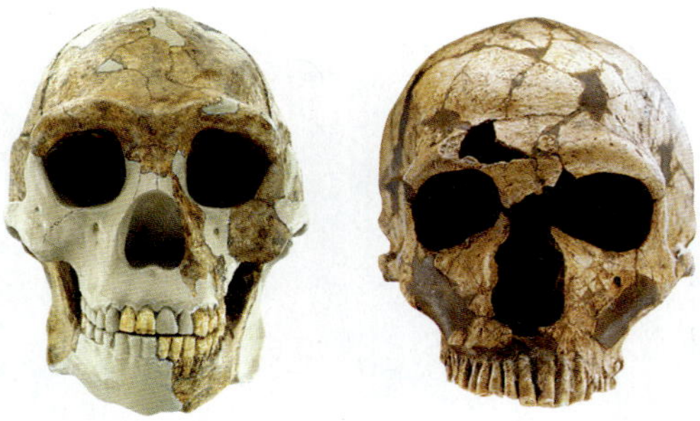


**그림 23.26** 두 종의 초기 인간의 화석. 두 종 모두가 완전한 현대인인 *Homo sapiens*와 한동안 공존했다는 증거를 제시한다.

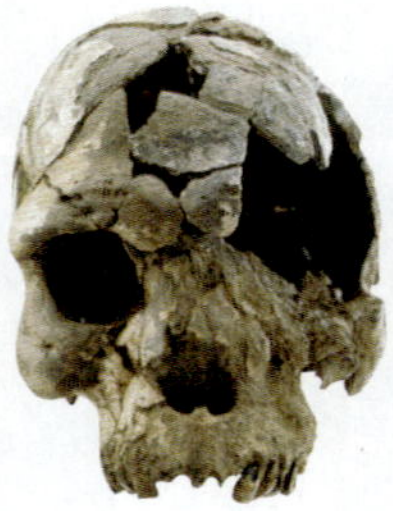


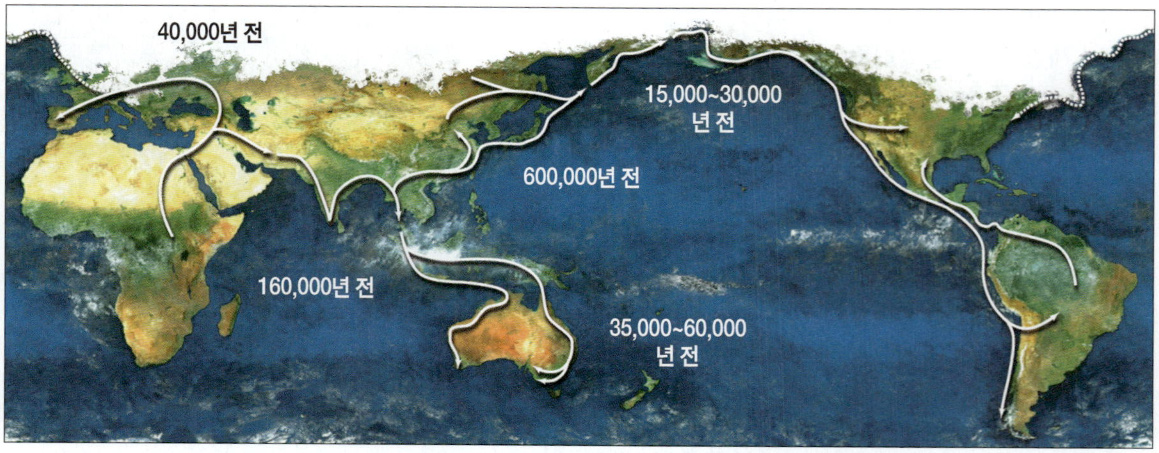


**그림 23.27** 화석의 방사선 연대 기록에 근거하여 초기 *H. sapiens*가 세계의 여러 지역으로 이주한 추정 연대. 흰색 선은 추정되는 분산 경로. 분자생물학적 자료는 극소수의 집단만이 아프리카에 잔존했다는 것을 보여준다. 유전학적으로 모든 현대의 인류 집단은 매우 유사하다.

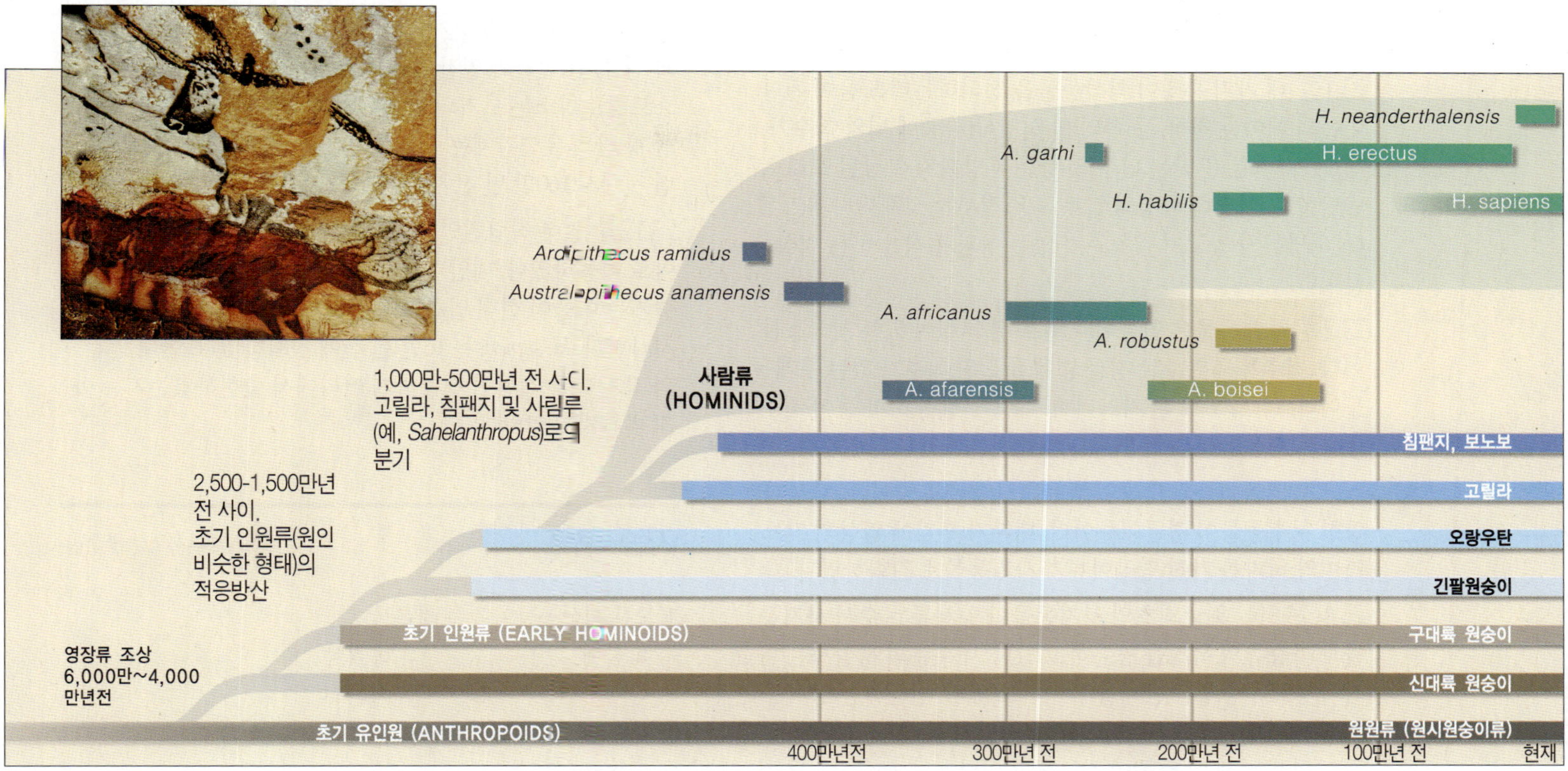


**그림 23.28** 현대 인류에 이르는 길 위에 있거나 주변의 계통을 포함한 영장류 계통수에서 가상의 진화적 분지도의 종합. 또한 프랑스의 라스코(Lascaux) 지역에서 발견된 초기 현대 인류가 그린 동굴 벽화 중 하나를 보여주고 있다.

*H. sapiens*는 언제 기원되었는가? *우리는 여기에서 같은 증거가 다른 방향으로 해석된 한 가지 사례를 보게 된다. 다지역기원설(multiregional model)*과 *아프리카기원설(African emergence model)*은 초기 인간과 현대 인간의 분포가 같지 않음을 설명하지만 아직까지 두 설 모두 현존하는 인간 집단 간의 유전적 거리 측정에 근거한 것이다. 생화학적, 면역학적 연구는 아프리카 원주민 집단과 모든 다른 지역의 인간 집단 사이에 큰 유전적 거리가 있음을 보여준다.

다지역기원설에 따르면 현대 인간이 아프리카를 떠나 약 100만 년 전에 여러 지역을 퍼진 직립원인 집단의 자손임을 보여준다. 각 지역에서 집단에 미치는 선택압에 달랐다. 시간이 지나면서 선택압의 차이에 의한 결과로 *H. sapiens*의 아집단(인종)이 생겨났다.

아프리카기원설은 직립원인이 아프리카를 떠나 다른 지역에서 더욱 진화되었다는 화석 증거에 이의가 없다. 그러나 이 설은 아프리카의 사하라 사막 남쪽에서 탄생된 후 다른 지역으로 이주해간 *H. sapiens*를 지지한다(그림 23.27). 이 모델에 의하면 현대 인간은 아프리카에서 퍼져 나왔기 때문에 이보다 앞서 있던 북극의 직립원인 집단을 대체하였다. 그 후에야 인종이라 불리는 지역적 표현형의 차이가 진화되었다.

이 모델을 지지하는 증거는 가장 오래 된 *H. sapiens*의 화석이 아프리카에 있다는 점이다. 자이르공화국에서 발견된 복잡하게 만든 가시가 돋친 뼈 도구는 아프리카 집단도 유럽에 있던 *Homo* 집단처럼 도구 제작 기술이 있었음을 나타낸다. 아시아의 43 인종의 유전자 양상은 현대 인류가 중앙아시아에서 나와 인도양 해안을 거쳐 동남아시아와 중국 남부로 이동했음을 시사한다. 후에 이들은 북쪽과 서쪽으로 향하여 중국과 시베리아로, 나중에는 아메리카까지 퍼져 나갔다.

어떤 것이 사실이든 간에 지난 40,000년 동안 우리 문화의 진화는 인간 종의 대진화(macroevolution)를 앞질러왔다. 한 가지 기억할 점: 인간은 다양한 환경에 대처하기 위하여 문화적 방법들을 개발함으로써 전 세계에 빠르게 분산되었다. 다른 집단들이 "석기시대"의 기술에서 첨단기술의 시대로 이동했음에도 불구하고 사냥꾼과 농사꾼들은 일부 지역에 존속하였다. 그림 23.28에 요약했듯이 적응하는 종에 대한 진화적인 길은 멀다.

문화적 진화는 유일하게 남아있는 인간종인 H. sapiens의 생물학적 진화를 앞질렀다. 오늘날 인간은 어디에서든 넓은 범위의 환경적인 도전에 빠르게 적응하기 위하여 문화적 혁신에 의존한다.

## 요약

23.1절 네 가지 특징이 척삭동물을 정의하는데 도움이 된다. 이들의 배아는 척삭, 등 쪽의 빈 신경삭(나중에 뇌와 척수가 됨), 아가미 틈을 갖는 인두 및 항문 후방까지 확장된 꼬리로 발달한다. 이러한 특징의 일부 혹은 전부는 성체까지 유지된다. 피낭류와 창고기는 척추가 없는 여과 섭식을 하는 척삭동물이다.

23.2절 두개동물은 연골이나 뼈로 된 뇌실이 있는 척삭동물이다. 척추동물은 주로 경골성 체절로 된 척추가 있는 두개동물이다. 턱, 쌍으로 된 지느러미, 나중에 생긴 허파 등이 척추동물의 적응방산을 이끈 주요한 혁신들이었다.

23.3절 연골어류와 경골어류는 수서 척추동물이다. 가장 다양한 척추동물이 경골어류이다. 데본기 후기에 엽상의 지느러미와 허파를 가진 경골어류가 사지동물로 진화하였다.

23.4, 23.5절 육상 최초의 사지동물인 양서류는 수서 사지동물과 파충류의 특징을 공유하고 있다. 대부분의 생활사는 아직까지도 수중생활 단계를 유지하고 있다. 현존하는 양서류는 도롱뇽, 개구리 및 두꺼비이다. 서식처 상실과 기타 요인들로 인해 현재 많은 종이 감소되고 있다.

23.6절 양막류는 물을 보존하는 피부와 신장 및 양막란을 가져 물 밖 생식의존도를 벗어난 최초의 척추동물이다. 수궁류(포유류와 멸종된 포유류 유사 종)는 하나의 주요 군이다. 용각류(Sauropsid; "파충류"와 조류)는 또 다른 주요 군이다.

23.7절 현대의 파충류군은 육지, 담수 및 해양의 다양한 서식처에 살아간다. 알은 체내에서 수정되며 보통 육상에 알을 낳는다. 도마뱀과 뱀이 가장 다양하다. 뉴질랜드큰도마뱀은 양서류와 일부 유사한 특징을 갖는다. 악어는 조류와 가장 가까운 근연종이다.

23.8절 조류는 온혈동물이며 깃털을 가진 현존하는 유일한 분류군이다. 대부분의 종에 있어서 체형은 날기에 적합하도록 고도로 변형되어있다.

23.9절 포유류는 털과 뚜렷한 턱과 이빨이 있다. 포유류는 암컷 젖샘에서 분비되는 젖으로 어린 개체를 양육하는 유일한 동물이다. 산란하는 포유류(단공류), 주머니를 가진 포유류(유대류) 및 태반을 가진 포유류(진정태반류) 등 세 가지 계통이 있다. 태반 포유류가 가장 다양한 분류군이다.

23.10절 현존하는 영장류는 원시원숭이류, 안경원숭이 및 유인원숭이류(원숭이, 유인원 및 인간)이다. 최초의 영장류는 아주 작은 나무두더지와 비슷한 동물이었다. 인간에 이르는 계통에서 주간의 시각, 직립보행이 개선되었으며, 손 운동은 정교해지고 치아는 작아지고, 뇌는 커졌으며 부모의 보살핌이 증가하는 경향을 보였다.

23.11절 기후가 추워지고 건조해짐에 따라 영장류 계통수의 사람과 분지는 아프리카에서 진화하였다. 여기에는 유인원과 인류, 즉 인간과 인간의 근래 조상들 대부분이 속한다. 오스트랄로피스는 초기의 인류이며 직립보행을 하였다. 다양한 형 간의 유연관계는 불명확하다. 최초의 호모 속은 240만 년 전에서 160만 년 전 사이에 아프리카에서 살았다.

23.12절 일부 직립원인 개체군은 아프리카에서 유럽과 아시아로 이동하였다. 네안데르탈인은 초기의 인간이었다. DNA 증거는 이들이 현대 인간의 유전자 풀에 기여하지 않았음을 시사한다. *H. sapiens*는 16만 년 전에 진화하였다. 현대 인간의 각기 다른 집단이 정확하게 어디에서 출현하였는지는 아직 밝혀지지 않았다.

## 자습-퀴즈

*정답은 부록 III에 있음*

1. 모든 척삭동물이 갖는 것은?
   a. 등뼈　　b. 척삭
   c. 턱　　d. b와 c
2. 척추동물 아가미의 기능은?
   a. 호흡　　b. 혈액순환
   c. 먹이포획　　d. 수분균형
   e. a와 c
3. 양서류의 기원은?
   a. 경골어류　　b. 도마뱀
   c. 연골어류　　d. 총기류
4. 다음 중 양막류는?
   a. 상어　　b. 두꺼비
   c. 거북　　d. 멍게
5. 파충류는 무엇에 의하여 육상생활에 적응되었나?
   a. 거친 피부　　b. 체내수정
   c. 콩팥　　d. 양막란
   e. 정답없음　　f. a-d 모두
6. 조류와 가장 가까운 종은?
   a. 악어　　b. 뉴질랜드큰도마뱀
   c. 원시원숭이　　d. 도마뱀
7. 조류만 갖는 것은?
   a. 총배설강　　b. 4개의 심방
   c. 깃털　　d. a-c 모두
8. 침팬지는 어디에 속하는가?
   a. 두개동물　　b. 척추동물
   c. 인간상과　　d. 양막류
   e. 태반포유류　　f. a-e 모두

**그림 23.29** 이 유령멍게과(*Ciona savignyi*)는 일본 근해가 원산지이지만 샌프란시스코 만을 포함한 미국의 서부 연안의 해양으로 유입되었다.

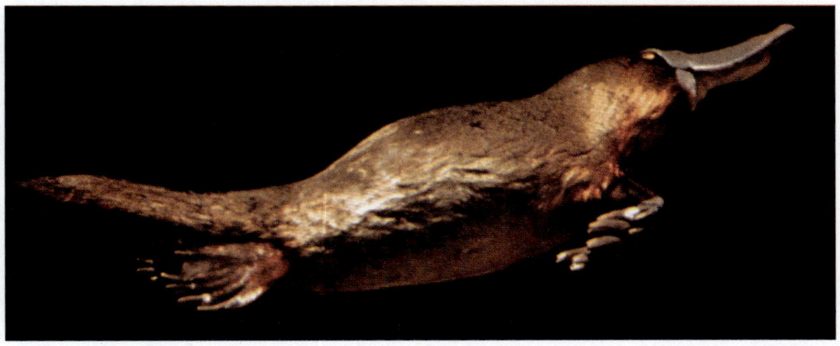

**그림 23.30** 오리주둥이 모양을 한 오리너구리(*Ornithorhynchus anatinus*)는 호주와 타스마니아에 서식한다. 다른 별난 특성 외에도 독액을 생산하는 유일한 포유류이다.

9. 직립원인(*H. erectus*)은?
   a. 호모속의 최초의 구성원이다.
   b. 오스트랄로피스 중 하나이다.
   c. 아프리카에서 기원하여 다양한 지역으로 퍼져갔다.
   d. 처음으로 석기 도구를 사용하였다.

10. 다음의 용어를 알맞게 연결하시오.

| | |
|---|---|
| _____ 어류 | a. 최초의 육상 사지동물 |
| _____ 양서류 | b. 깃털을 가진 양막류 |
| _____ 파충류 | c. 산란하는 포유류 |
| _____ 조류 | d. 인간과 근연종 |
| _____ 단공류 | e. 냉혈동물 |
| _____ 유대류 | f. 주머니를 가진 포유류 |
| _____ 인류 | g. 가장 다양한 척추동물 |

## *분석적으로 생각하기*

1. 국립인간유전체연구소(National Human Genome Research Institute)는 우렁쉥이의 일종인 유령멍게과(Ciona savignyi; 그림 23.29)의 유전체 염기서열 연구 프로젝트 기금을 모으고 있다. 이 연구가 우리에게 인간 유전체에 대해 무엇을 알려줄 수 있을까?

2. 1798년에 박제된 오리너구리 표본이 대영박물관에 배달되었다. 대다수의 사람들은 이것이 날조된 것이라고 믿었다. 부드러운 갈색 털과 비버를 닮은 꼬리는 이 동물을 확실하게 포유류에 속하게 하는 것이었다. 그러나 오리를 닮은 부리와 물갈퀴를 가진 발은 조류와 유사함을 연상시켰다(그림23.30). 이 동물이 알만을 낳는다는 보고는 혼란을 가중시켰다.

   현재 이 오리너구리가 강둑에 굴을 파고 물속의 먹이를 찾아다닌다고 알고 있다. 발에 달린 물갈퀴는 발톱을 노출시키기 위하여 오그라든다. 이들의 눈과 귀가 멀었어도 고도로 예민한 부리는 먹이 감지를 도와준다.

   현대 생물학자들에게는 이 오리너구리가 명백한 포유류이다. 다른 포유류와 마찬가지로 털을 가지며 암컷은 젖을 분비한다. 어린 개체는 성장함에 따라 단단한 충전물로 대체되는 보다 전형적인 포유류 치아를 갖는다. 현대 생물학자들이 왜 포유류가 산란과 같은 일부 파충류의 특성을 가질 수 있다는 의견을 쉽게 받아들일 수 있다고 생각하는가? 1798년에 살았던 과학자들보다 유리하게 알고 있는 것은 무엇인가?

3. 조류의 비상근과 산소 및 ATP 에너지 요구량에 대해 곰곰이 생각해보라. 비상근에 어떤 세포소기관이 풍부하다고 생각되는가? 그 이유는?

4. 삼첩기 동안 뉴질랜드큰도마뱀과 유사한 수백 종의 파충류가 판게아 대륙판을 돌아다녔다. 현재는 뉴질랜드 해안 바깥에 있는 춥고 작은 몇몇 섬에 단 두 종만이 살아남았다. 이전 서식지에서 사라졌음에도 불구하고 왜 이 잔류 개체군이 그곳에 살아남았는지 생각해보시오.

5. 초기 *H. sapiens*의 평균 뇌실 크기는 약1,200cm³이었다. 오늘날에는 평균 1,400cm³이다. 어떤 선택압이 이러한 증가를 초래하였는가? 한 가지 학설에 따르면 똑똑한 배우자에 대한 여성들의 선호도는 점점 더 영리한 남자를 선택하도록 하였다. 지능에 영향을 주는 유전자를 공유하기 때문에 여성들은 2차적으로 이득이라고 생각하고 있다. 이 학설이 그럴듯한가? 또 다른 어떤 선택요소가 증가된 지능을 선호하도록 하는가? 성 선택설을 지지하거나 기각하기 위하여 연구자들은 어떤 종류의 자료를 모아야 할까?

# 단원 VI 동물의 기능

열대 우림의 도마뱀이 기능을 하는데 신체의 어떤 부분과 얼마나 많은 부분이 필요한가? 단원 VI을 읽기 시작하면서 생각나는 것을 목록을 만들고, 이 단원 끝에서 그 목록이 얼마나 휘황 찬란한지를 보라.

# 28 동물의 조직과 기관계

## 최근 이슈와 그 영향력 줄기세포생산, 할 것인가 말 것인가

미국에서는 매년 약 1만명의 척추부상자가 발생한다. 수퍼맨으로 잘 알려진 크리스토퍼 리브(Christopher Reeve) 도 1995년에 같은 부상을 당했다. 그는 말에서 떨어져 신체마비가 되었고 도움없이는 숨도 쉴 수없는 상태였다. 2004년 죽기 전 까지 그는 지체부자유자들의 열성적인 지지자가 되었고 또한 인간 배아 줄기세포연구의 지지에 앞장섰다.

줄기세포(stem cell)는 장차 여러 종류의 세포로 특성화될 미분화된 세포이다. 수정란으로부터 분열하여 생겨나는 세포들이 바로 이들이다. 실험실에서 배양되는 배아줄기세포는 계속적으로 분열되도록 조절된다. 이렇게 분열된 세포들은 혈액세포나, 근육세포, 그리고 리브가 기대하고 있는 신경세포로도 분화되게끔 조절될 수 있다. 따라서, 줄기세포는 앞으로 마비나, 백혈병, 심장병, 파킨스씨병 등의 난치병으로 인해 고통 받는 사람들을 도울 수도있다.

**그림 28.1** 척수손상에 의해 신체마비되기 전과 후의 크리스토퍼 리브.

이미 실험실에서는 척수 손상을 입은 쥐를 치료하기 위해 줄기세포를 사용하고 있으며, 자라서 분화된 세포들이 손상된 조직을 재생하여 부분적으로나마 이들 쥐에서 다리의 사용을 가능케 하고있다.

일부사람들은 배아줄기세포 사용을 비윤리적이라고 반발하고 있다. 현재 확보되어 있는 인간배아줄기세포들은 낙태나 인공수정 후 미사용된 잉여수정란, 또는 폐기된 탯줄의 제대혈 등으로부터 얻어진 것이다.

성인의 경우 골수나 지방조직 등에서 성체줄기세포가 남아있다. 듀크대학의 연구자들은 지방흡입술에 로 얻어진 지방조직에 남아있는 줄기세포를 가지고 연구하고 있다. 현재 이들 세포들을 이용하여 뼈, 연골, 신경조직의 생성을 연구하고 있다. 그러나 성체줄기세포는 배아줄기세포에 비해 분화될 수 있는 조직이 한정되어 있고 장기간 배양 시 분화능력이 소실되는 경향이 있다.

이 단원에서는 줄기세포연구에 관해 보다 자세히 다루려고 한다. 여러분들은 동물이 어떻게 구성되어 있는지(해부학 적으로), 또 어떻게 작용하는지(생리학 적으로)를 공부하게 될 것이다. 놀랍게도 거의 모든 동물들은 4종류의 기본 조직 즉

## 개요도

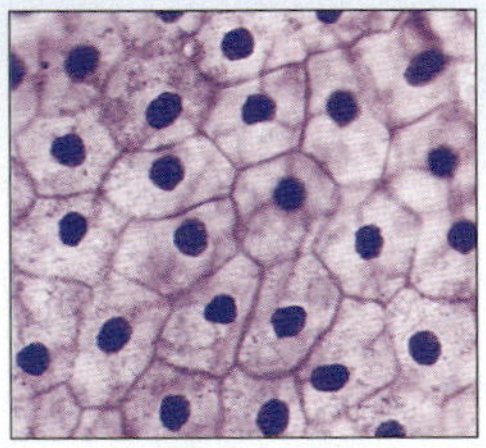

**종잇장 같은 내면** 종잇장 같은 상피조직은 몸의 바깥 표면과 내강, 내관의 안쪽 벽을 대며, 보호기능과 분비기능을 갖고 있다. 세포결합은 구조적, 기능적으로 인접한 세포들을 연결시켜준다.

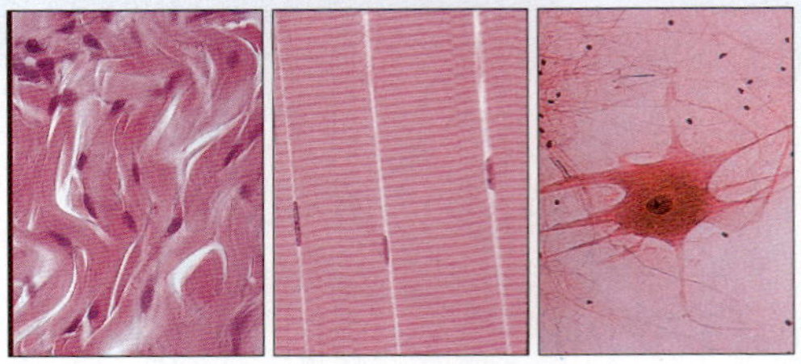

**내부 조직** 대부분의 내부조직은 연골, 뼈, 혈액처럼 결합조직이다. 결합조직은 다른 조직들(예를들면, 상피, 근육, 신경조직)을 지지하고 배치하고 보호하며, 또한 절연체 역할을 한다.

상피조직, 결합조직, 근육조직, 신경조직으로 구성되어 있다. 조직은 세포들과 세포사이물질로 이루어져 있는데, 이들은 상호작용에 의하여 여러 가지 기능을 수행하게 된다(예를 들면, 근육수축). 각 기관은 특정한 고유기능을 수행하기 위해 필요한 여러 종류의 조직들로 구성되어 있다. 예를 들면, 척추동물의 심장은 4종류의 조직들이 심장 기능을 원활히 수행하게끔 적절한 비율과 배합으로 이루어져 있다. 기관계에는, 마치 심장박동에 의하여 서로 연결된 혈관이 피를 운반하는 것에서 볼 수 있듯이 2 종류 이상의 기관들이 물리 화학적으로 상호 작용하여 공통의 임무를 수행한다.

세포, 조직, 기관의 정상적인 활동에 의해서도 생물체 내부의 환경 조성이 달라진다. 동물에서는 바로 혈액이나 조직액이 이 내부환경에 해당된다. 항상성(homeostasis)이란 내부환경이 각각의 세포가 기능을 수행할 수 있는 범위 내에 있는 상태를 말한다. 이는 세포에서부터 기관계에 걸친 서로의 상호작용에 의하여 유지된다.

촌충이나 연어, 새나 인간, 어떤 생명체에서든 생물체가 직면하는 다음의 문제점들이 있다.

1. 항상성 유지를 위한 기능
2. 물, 영양소, 그 외 다른 물질들의 획득과 적절한 배분, 노폐물 처리
3. 상해와 공격으로부터 조직 보호
4. 생식, 초기 발생과 성장을 위해 자손에게 영양공급과 보호를 제공하는 일 등이다.

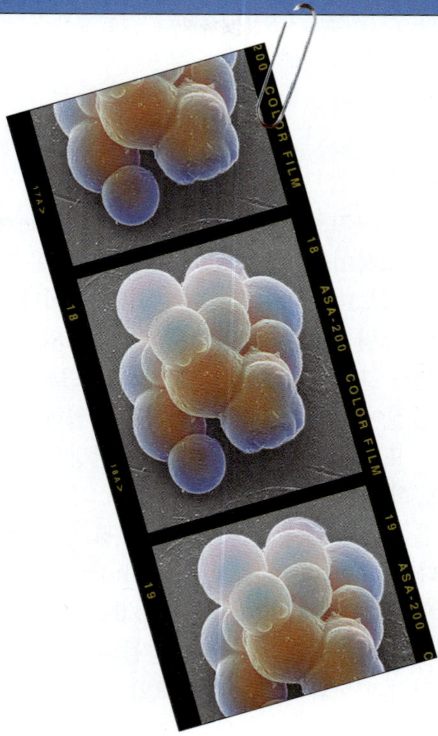


### 찬반의견 투표

*많은 연구자들은 배아줄기세포 연구가 의학의 발전에 큰 도움이 된다고 믿지만, 어떤 사람들은 인간배아에서 유래된 어떤 세포의 사용에 대해서도 반대하는 입장이다. 냉동배아에서 얻어낸 줄기세포를 연구자들이 사용하는 것을 허락해야 할 것인가? 자세한 사항은 미디어 메뉴를 보고, 온라인상에서 투표하라.*

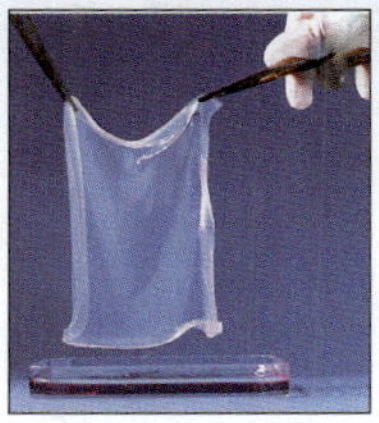

**조직 연구** 때로는 몸은 손상된 조직을 재생하거나 필수적인 물질들을 합성할 수 없게 된다. 이를 위하여 이미 과학자들은 실험실에서 대체조직을 만들고 있으며 기관 주문 제작도 시도하고 있다.

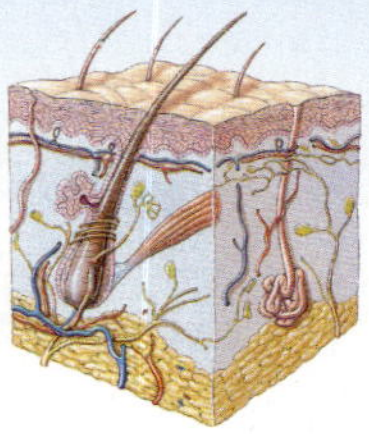

**기관계** 척추동물은 같은 종류의 기본기관계를 갖고 있다. 각 기관계는 특수화된 기능을 갖고 있으면서도 몸 전체의 생존을 위하여 상호작용하며 기여한다. 피부는 총피계의 한 예다.

# 28.1 상피조직

*당신이 거울을 통해서 보는 자신의 피부, 머리털, 손톱 등은 상피조직이거나 상피조직에서 유래된 것이다. 얇은 층으로 되어있는 상피조직은 기도, 혈관, 소화관, 비뇨생식관 등의 내부 공간도 덮고 있다.*

## 상피조직이란?

다른 조직과 마찬가지로, **상피**(epithelium, 복수는 epithelia)는 세포들과 세포사이물질로 이루어져있다. 이것은 얇은 층의 형태로되어 있으며 한쪽은 바깥부분의  공간이나 체액에 노출되어 있고(그림 28.2), 다른 한쪽은 비세포성의 단백질이 풍부한 기저막에 부착되어 있다. 상피층의 세포들 중에는 다른 세포시아물질이 거의 없이 세포만 서로 밀접하게 붙어있는 것도 있고 , 또는 물질 흡수나 분비기능 담당하는 세포로 특성화되기도 한다.

상피조직을 이루는 세포들은 대부분 편평, 입방, 또는 원주세포들이다. 단순상피(simple epithelium)는 한층의 세포만으로 되어있으며 중층상피(stratified epithelum)은 두층 이상의 세포층으로 이루어져 있다. 여러분들의 피부 바깥층은 주로 중층편평상피로 되어있다(그림 28.2)

## 선상피

모든 동물에 있어서 일부 상피세포는 상피세포의 대사작용과는 관련 없는 즉 다른 곳에서 사용되는 물질을 분비한다.

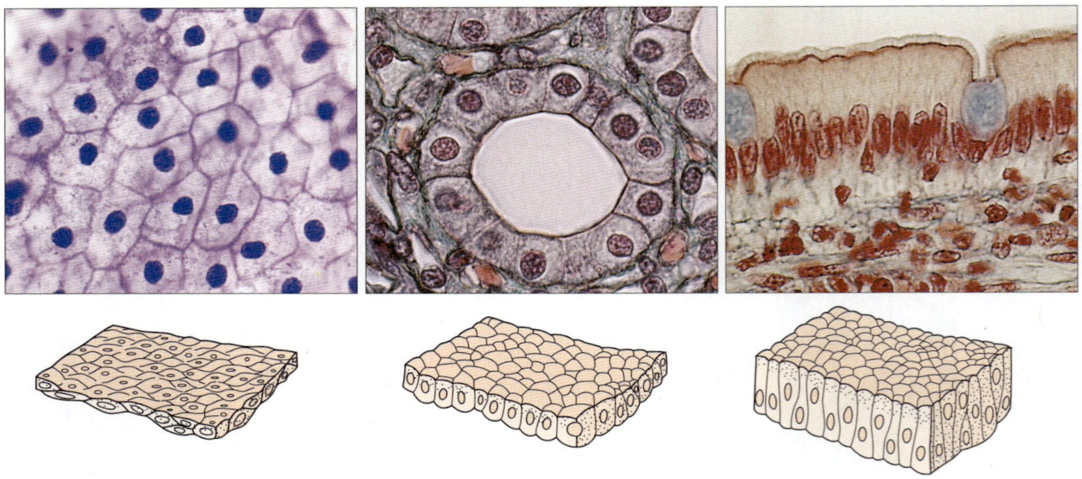

타입; 단층편평상피
형태; 마찰을 줄이기 위한 매끄러운 단층의 편평한 세포들
위치; 혈관, 림프관, 심장의 내벽; 허파의 폐포; 체강
기능; 확산, 필터, 윤활액 분비

c

타입; 단층입방상피
형태; 단층으로 배열된 입방모양 세포
위치; 도관, 작은 분비선의 분비부분; 망막; 신장세관; 난소와 정소; 기관지
기능; 분비, 흡수

타입; 단층원주상피
형태; 단층으로 된 긴 형태의 세포, 노출면에는 섬모, 점액선, 융모 등이 있기도 함
위치; 분비선, 도관; 소화관; 자궁의 일부분, 작은 기관(bronchi)
기능; 분비, 흡수; 편모가 있는 경우는 물질이동에 관여

**그림 28.2** 표면이 체외환경과 체액에 노출된 상피조직의 특징. (a) 중층편평상피의 표층 가까운 절단면. 여러 층의 세포들로 되어있고 표면에 가까워 질수록 세포들이 편평하다. (b) 모든 상피조직에 있어서 반대쪽 면은 아래쪽의 결합조직을 묶어주는 기저막에 닿아있다. (c) 상피조직의 가장 기본적인 3종류 세포를 보여주는 단층상피의 광학현미경사진과 스케치.

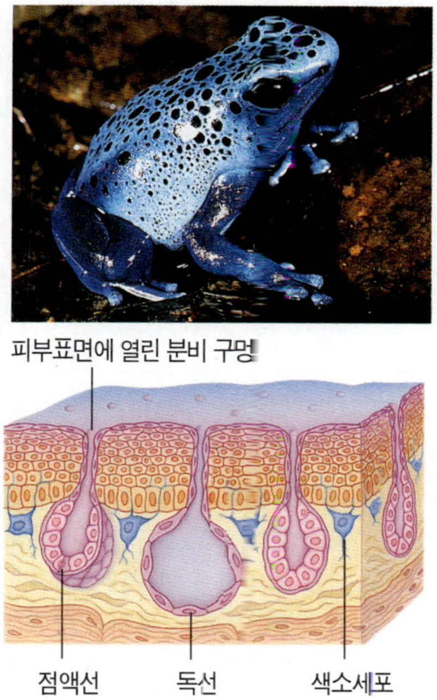


**그림 28.3** 개구리 선상피의 절단면. Dendrobates속에 속하는 이 개구리는 알려진 분비선 독 중에서는 가장 치명적인 독을 분비한다. 콜롬비아 일부 원주민들은 입으로 부는 화살촉 끝에 이 독을 바른다.
상피조직 전체에 분포하고 있는 색소가 풍부한 세포에 의하여 피부의 색깔이 나타난다. 모든 독 개구리의 피부는 위험신호를 나타내는 목적으로 진화된 특이한 색깔과 무늬가 있다. 아마도 포식자에게 "꿈도 꾸지마라"라고 하는 것처럼---

**그림 28.4** 동물조직의 세포결합. (a)밀착결합에서는 단백질들이 조직표면에 죽 늘어서서 인접한 세포들 틈새로 물질이 새나가는 것을 막는다. (b)부착결합은 인접한 세포들을 점점이 붙들어 매는 결합으로 세포골격에 속하는 많은 종류의 중간섬유가 원형질막에 부착되어있다. (c)간극결합은 두 세포의 원형질막사이에 원통형으로 배열된 단백질들이 쌍으로 배열된다. 이들은 인접한 세포질사이의 신속한 신호전달을 위한 통로역할을 한다.

대부분의 동물에게는 상피세포에서 유래된 분비 기관인 분비선이 있다. 분비란 배출, 농축, 혹은 체내에 불필요한 물질을 제거하는 과정과는 다르다.

**외분비선**(exocrine glands)은 점액, 침, 귀지, 기름, 젖, 눈물, 소화효소 등의 물질들을 분비한다. 이 물질들은 도관을 통하여 상피의 표면으로 분비된다(그림 28.2c, 28.3). 내분비선은 도관을 갖고 있지 않으며 생성물인 호르몬을 직접 혈류로 방출한다. 호르몬은 혈류를 통하여 다른 곳에 위치한 표적세포로 전달된다. 내분비선에 대해서는 31장에서 다루게 된다.

## 세포결합

대부분의 조직에서와 마찬가지로, 상피조직에 있어서도 인접한 세포들은 세포결합에 의하여 서로 연결되어 있다. **밀착결합**(tight junction)은 물질이 조직를 가로질러 새는 것을 막는다. 일렬로 배열된 단백질들이 이웃한 세포들을 단단히 밀착시킨다(그림 28.4a). 물질들이 반대편에 도달하기 위해서는 상피세포를 통과 해야만 한다. 이 세포들의 원형질막에는 특정분자나 이온들만 선택적으로 통과시킬 수 있는 운반단백질들이 존재한다(5.6 절)

위속에 있는 위산을 생각해 보라. 만일 이 위산이 위벽의 상피세포 틈새로 새어 나온다면, 우리가 먹는 음식물 단백질 대신에 우리 몸속의 단백질을 소화시킬 것이다. 이것이 바로 위궤양인데 위의 상피세포층은 세균감염으로 파괴되어 강한 산성물질이 체내공간으로 새어나간다.

**부착결합**(adhering junction)은 세포를 마치 부분적으로 용접한 것처럼 서로를 묶어주는 결합이다(그림 28.4b). 이런 결합은 피부나 마모가 심하게 일어나는 신체부위에서 흔히 나타난다. **간극결합**(gap junction)은 서로 접해있는 세포에서 이온이나 저분자 물질의 이동을 가능하게 해준다(28.4c). 이들은 평활근이나 심장에서처럼 세포들이 서로 통합적으로 작용하는 조직에서 통신을 위한 통로 역할을 한다.

*상피조직은 몸표면을 덮거나 체강, 도관의 내벽을 이루는 얇은 층으로 된 조직이다. 따라서, 상피의 한쪽 표면은 체외 환경이나 체액에 노출되어 있다.*
*분비선은 상피조직에서 유래된 분비기관이다. 세포결합은 인접한 세포들을 구조적으로 기능적으로 결합시켜준다.*

## 28.2 결합조직

결합조직은 가장 흔하고 널리 퍼져있는 동물조직이다. 이 조직은 부드러운 형태의 조직에서부터 연골, 뼈조직, 지방조직, 혈액에 이르기 까지 다양하며, 다른 부분을 강화시키고, 기능적으로 지지하며, 때로는 다른 조직을 격리시키기도 한다.

혈액을 제외한 모든 결합조직에는 섬유모세포들이 있으며, 이들이 교원섬유(collagenous fiber)와 탄력섬유(elastic fiber)를 생산한다. 이들 세포는 또한 세포와 섬유사이의 "바탕기질(ground substance)"을 이루는 다당류를 분비하기도 한다.

### 고유결합조직

모든 고유결합조직은 같은 구성성분으로 되어있으나 구성비율이 다르다. **소성결합조직**(loose connective tissue)은 우리 몸에서 제일 흔한 결합조직이다. 여기에는 섬유모세포와 섬유들이 반액체상의 바탕기질에 아주 성기게 분포되어 있다. 그림 28.5a가 바로 그 예이다. 소성결합조직은 가끔 상피조직아래 위치한다. 여기에는 백혈구가 있어서 상피조직층을 뚫고 들어오는 병원균을 초기에 제압하기도 한다.

밀성결합조직(dense connective tissue)에서는 바탕기질에 섬유가 풍부하다. **밀성불규칙결합조직**에서는 섬유모세포와 아교섬유가 불규칙하게 배열되어 있다(그림 28.5b). 이 조직이 피부의 일부분을 구성한다. 또한 이 조직은 창자의 평활근을 지탱하며, 신축성이 별로 없는 콩팥이나 다른 기관의 보호캡슐을 형성한다.

**밀성규칙결합조직**은 그림 28.5c에서 보는 것처럼, 평행으로 배열되어있는 섬유사이로 섬유모세포가 일렬로 배열되어 있다. 이런 배열은 조직이 기계적인 힘에 의하여 파괴되는 것을 방지한다. 골격근을 뼈대에 부착시키는 건(tendon)과 뼈대와 뼈대를 연결하는 인대(ligament)는 밀성규칙결합조직이다.

### 특수결합조직

척추동물 배아에 있어서, **연골**은 특수한 세포로부터 만들어지는데 이 세포들은 고형이면서도 유연성이 있는 세포사이물질을 분비하여 마침내 세포자신들이 그 속에 갇혀버린다(그림 28.5d). 이런 고무처럼 된 조직은 압착에 견딜 수 있다. 우리 신체에 있어서 귀바퀴나 코의 형태를 유지하는 것이 바로 이들이다. 연골은 또 척주나 팔다리뼈의 관절부위에서 완충역할과 보호역할을 한다. 연골에는 혈관이 분포하지는 않는다. 연골조직 내에 갇혀있는 각각의 세포는 서로 물질을 주고 받을때 확산에 의존한다. 성인의 연골세포는 거의 분열을 하지 않기 때문에 연골이 손상되면 매우 더디게 치유된다.

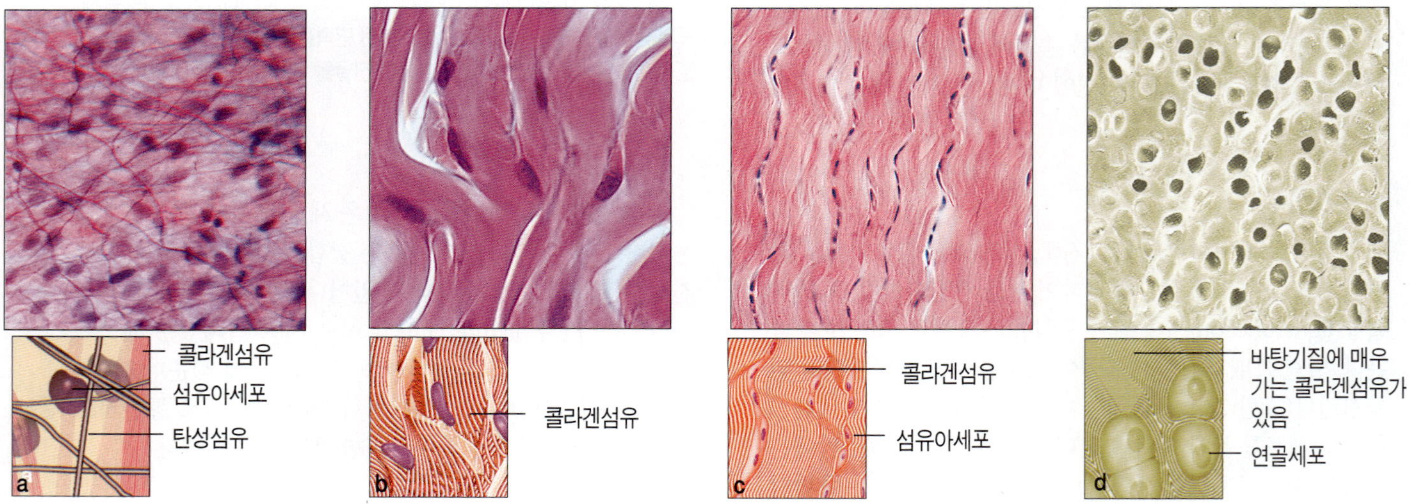


**타입**; 소성결합조직
**형태**; 섬유, 섬유모세포 등의 여러 세포들이 풍부한 바탕기질사이에 느슨하게 배열
**위치**; 피부아래, 대부분의 상피
**기능**; 탄력성, 확산

**타입**; 밀성불규칙결합조직
**형태**; 교원섬유와 섬유모세포가 바탕기질의 대부분을 차지함
**위치**; 피부, 일부 기관 주위의 캡슐
**기능**; 구조적인 지지

**타입**; 밀성규칙결합조직
**형태**; 교원섬유뭉치가 평행으로 배열, 길게 늘어선 섬유모세포, 바탕기질 거의 없음
**위치**; 건(tendons), 인대(ligaments)
**기능**; 강화, 탄력성

**타입**; 연골
**형태**; 유연한 고형성분의 바탕기질 내에 연골세포 분포
**위치**; 코, 긴뼈의 끝부분, 기도, 연골어류의 골격, 척추동물배아
**기능**; 지지, 유연성, 관절운동에서 마찰을 줄이는 표면부위

**그림 28.5** 결합조직의 특징.

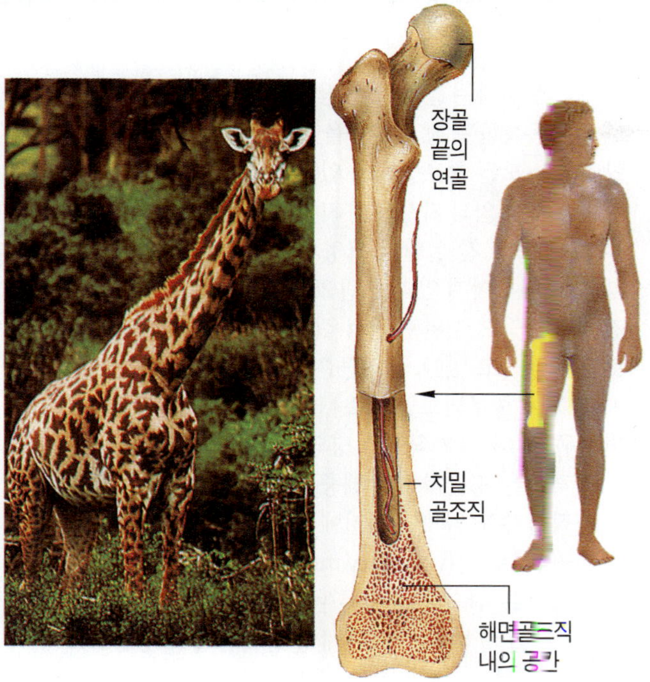


**그림 28.6** 연골과 뼈조직. 해면뼈(sponge bone)조직은 바늘처럼 단단한 부분 사이사이에 공간을 가지고 있다. 치밀뼈(compact bone)조직은 더욱 조밀하며 하중을 지탱하는 뼈는 압착에 강하다. 기린의 조상을 비롯한 모든 육상 척추동물에서와 같이 진화과정을 거치면서 크기가 증대되었다. 특히 큰 뼈를 가진 덩치 큰 동물들은 포식자를 별로 신경 쓸 필요 없이 먹이와 물을 찾아 멀리 다닐 수 있는 장점이 있다. 또한 덩치가 작은 동물에 비해서 열 획득과 손실이 천천히 진행되며, 체표면에 대한 부피의 비율이 낮다.

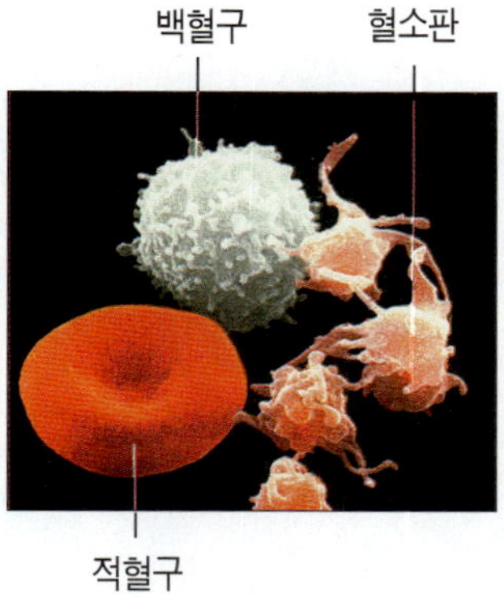


**그림 28.7** 사람혈액의 세포성분. 많은 종류의 단백질, 영양소, 산소, 이산화탄소 등의 다양한 물질들 또한 혈장(혈액의 누르스름한 색깔을 내는 액체)에 녹아있다.

**뼈조직**(bone tissue)은 그 속에 갇혀있는 살아있는 세포들과 이들 세포가 분비한 미네랄로 구성된 딱딱한 결합조직이다(그림 28.5e). 몸 내부의 부드러운 조직과 기관을 보호해 주고 근육에 연결되어 몸을 움직이게 하는 것이 바로 뼈조직이다. 그림 28.6는 베어링 기능을 가진 다리뼈를 보여준다. 또한 32.2와 33.3에서 설명하고 있는 것처럼 조혈세포가 생성되는 부위이기도 하다.

**지방조직**(adipose tissue)은 에너지 저장소이다. 많은 세포들에서는 과다한 탄수화물과 지질이 지방으로 전환됨에 따라 지방과립(fat droplets)이 생겨난다. 지방조직세포에 지방이 팽팽하게 차면 핵이 한쪽으로 밀려나게 된다(그림 28.5f). 이조직에서 세포외기질은 거의 없고 지방을 각 세포로 신속히 옮기는데 필요한 혈관은 잘 발달되어있다. 피부아래 저장된 지방은 몸의 부위에 따라 절연효과나 완충역할을 한다. 또한 콩팥이나 심장 같은 기관의 주변에 축적되기도 한다.

**혈액**(Blood)을 일반적으로 결합조직이라고 하는 이유는 세포성분들이 결합조직인 뼈에 있는 줄기세포로부터 만들어지기 때문이다. 혈액은 액체성의 운반매체이다. 액체성분인 혈장(plasma)은 물에 단백질, 가스, 이온, 당 등의 여러 물질이 녹아있는 것으로서 적혈구, 백혈구, 혈소판 등을 운반한다(그림 28.7). 적혈구는 대사작용이 활발한 조직에 산소를 공급하고 이산화탄소를 받아낸다. 다양한 종류의 백혈구들은 방어와 조직재생에 관여한다. 혈소판의 주된 기능은 혈액응고이다.

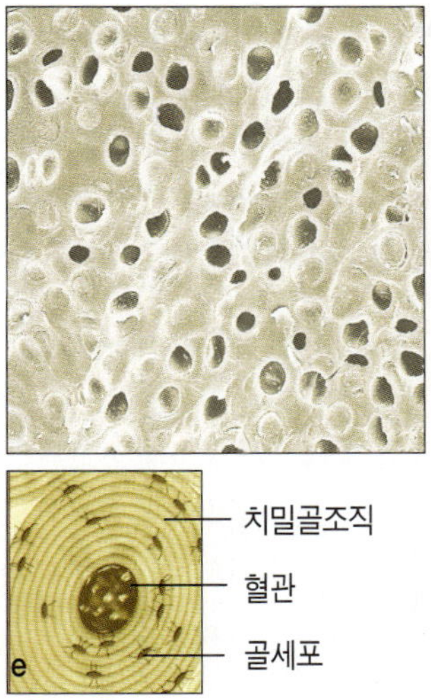


**타입**; 뼈조직
**형태**; 교원섬유, 고농축 칼슘강화 바탕기질에 있는 뼈세포
**위치**; 모든 척추동물의 골격계를 구성하는 뼈
**기능**; 운동, 지지, 보호

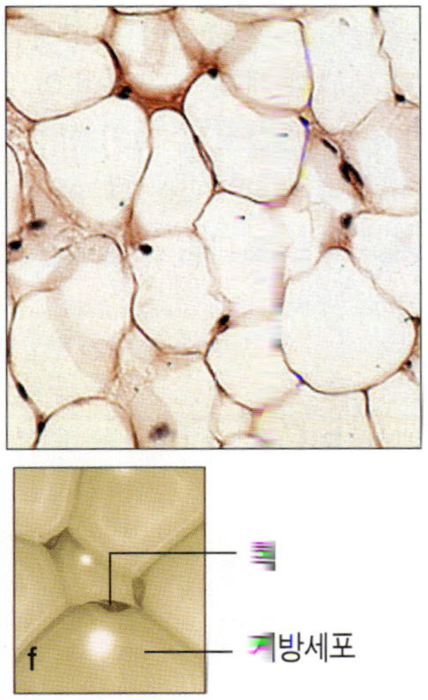


**타입**; 지방조직
**형태**; 대부분의 바탕기질을 채우고 있는 크고 팽팽하게 채워진 지방세포
**위치**; 피부아래, 심장과 콩팥 근처
**기능**; 에너지저장, 절연, 덧대기

결합조직은 다른 조직들을 구성, 지지, 보호, 절연시킨다. 혈액을 제외하고는 섬유모세포와 바탕기질을 채우는 섬유가 특정한 비율로 섞여있다.

소성결합조직에서는 구성성분들이 불규칙적으로 촘촘하게 또는 규칙적으로 평행하게 배열되어있다.

연골, 뼈, 혈액, 지방조직은 특수결합조직이다. 연골과 뼈는 몸의 구성성분이고 지방조직은 에너지 저장소에 해당된다. 혈액은 물질 운반기능을 가진 액체성의 결합조직이다.

## 28.3 근육조직

*근육조직의 세포들은 자극에 반응하여 수축하면서 짧아지고, 이완되면서 원상태의 길이로 돌아간다. 이 조직에서는 세포들이 조밀하거나 혹은 느슨하게 서로 평행으로 배열되어있다. 근육층이나 근육덩어리의 서로 협동적인 수축에 의하여 몸 전체나 부분이 움직이게 된다.*

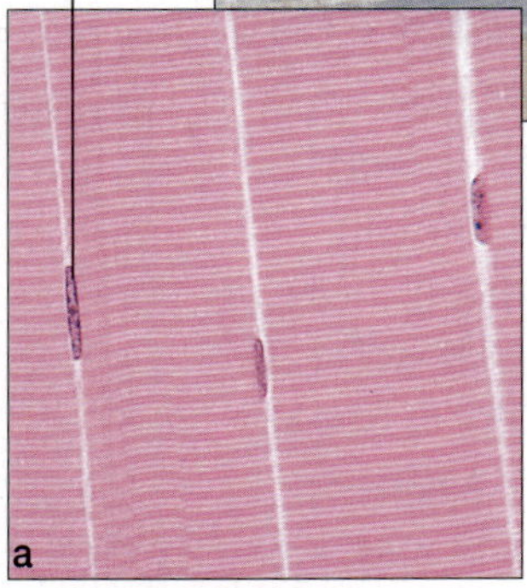


**타입**; 골격근
**형태**; 긴 원통형 다발이며, 가로무늬의 수축세포와 미토콘드리아 많음; 보통 반사에 의하여 활성화되지만 수의적 조절됨.
**위치**; 큰 힘을 발휘할 골격뼈
**기능**; 이동과 자세유지; 머리와 사지의 움직임

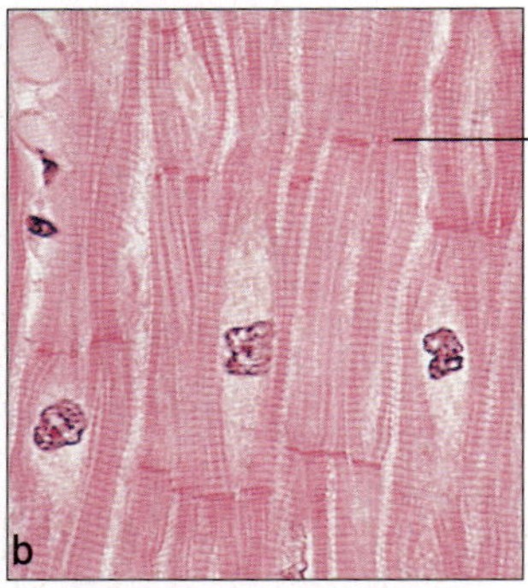


**타입**; 심장근
**형태**; 가로무늬가 고르지 않음; 융합된 원통형의 세포들은 간극연접에서의 신호때문에 한 단위로 수축함.
**위치**; 심장벽
기능; 혈액을 순환계로 강하게 밀어냄.

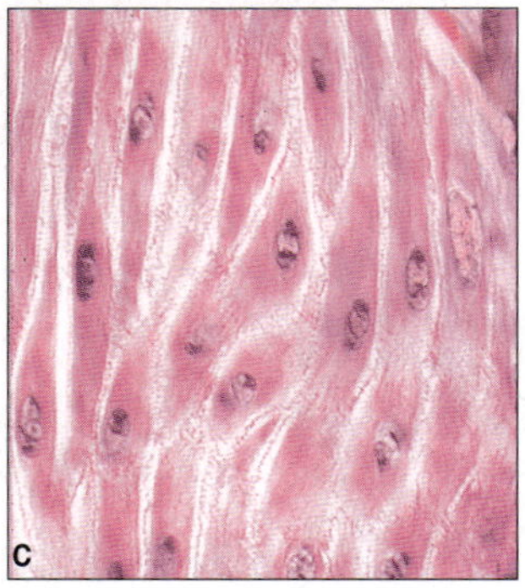


**타입**; 평활근
**형태**; 가로무늬 없음. 방추형의 수축세포
**위치**; 소동맥, 괄약근, 위, 창자, 방광 및 기타 내부 기관의 벽
**기능**; 조절된 수축; 소화관의 운동; 동맥혈액의 이동

**그림 28.8** (a) 골격근과 뼈대는 척추동물의 몸을 움직이는데 그 기능이 있다. 골격근 세포는 줄줄이 배열되어있는 수축단위에 의하여 줄무늬를 띤다. (b) 심장근의 무늬를 띤 세포들. 수평의 검은 띠는 인접한 세포들이 서로 정보를 주고받기위한 연결부위이다. (c) 평활근조직. 끝이 뾰족하고 줄무늬가 없다.

근육의 형태에는 골격근, 심장근, 평활근의 3가지가 있다. 각 타입은 독특한 특성과 작용을 갖고 있다. 칠성장어와 인간을 망라하는 모든 척추동물에 있어서, 골격근은 뼈대에 부착되어 몸의 움직임과 자세를 유지하도록 돕는다.

이 조직은 긴 실린더 모양의 근육세포(혹은 근섬유라고 부름)로 이루어져 있다(그림 28.8a). 각 세포 내에는 여러개의 긴 섬유모양으로 된 근원섬유(myofibril)가 근수축단위를 가로질러 달리고 있다. 골격근은 이러한 반복되는 근수축단위에 의하여 줄무늬모양으로 나타난다. 32.4절에 이들 단위의 미세구조와 작용기작이 설명되어있다.

골격근은 평균적으로 체중의 40%를 차지하며, 반사적으로 움직일 수도 있지만 의지에 따라 움직이기도 한다. 그래서 골격근을 수의근(voluntary muscle)이라고도 한다.

심장근은 심장벽을 이루는 것으로, 인접한 각 세포들은 간극연결을 통하여 신속하게 물질이동을 수행함으로서 반응에 대해 하나의 단위로서 반응한다(그림 28.8b). 심장근은 끊임없이 수축을 하기 때문에 다량의 ATP를 요구한다. 따라서, 다른 어떤 근육세포보다 많은 양의 미토콘드리아를 갖고 있다.

심장근에도 아주 뚜렷하지는 않지만 무늬가 있다. 심장근과 평활근은 불수의근(involuntary muscle)이라 불리운다. 왜냐하면 우리의 의지에 의하여 수축할 수 없기 때문이다.

평활근은 위, 방광, 자궁 등의 많은 부드러운 내부장기에 벽에서 발견된다. 평활근의 세포들은 가지를 친 형태가 아니고 양쪽 끝이 뾰족하며 세포 중앙에 핵이 위치하고 있다. 수축단위도 골격근이나 심장근에서 보는 것처럼 규칙적으로 반복된 형태로 배열되어 있지 않다. 즉, 평활근은 민무늬근이다(그림 28.8c). 수축기작은 골격근에 비하여 느리지만 오랫동안 수축이 가능하다. 이들 평활근의 작용에 의하여 음식을 소화관으로 내려 보낸다든가, 혈관이나 괄약근의 수축이 가능하다.

*근육조직은 자극에 반응하여 수축함으로서 몸을 움직이게 한다. 수축에는 ATP가 필요하기 때문에 모든 근육조직에는 미토콘드리아가 많이 있다.*

*골격근은 뼈대에 부착되어있어 뼈대를 움직이게 한다. 심장근은 단지 심장벽에서만 발견된다. 평활근은 부드러운 여러 내부 기관에서 발견된다.*

## 28.4 신경조직

*모든 동물조직에 있어서, 뉴런으로 구성되어있는 통신체계가 몸의 감각과 환경변화에 대한 반응을 주관한다.*

신경조직은 뉴런과, 뉴런을 구조적 · 기능적으로 지지해주는 신경교(neuroglia)로 이루어져 있다. 뉴런은 대부분의 신경계에 있어서 통신라인을 담당한다.

모든 세포는 자극에 반응한다. 그러나 뉴런(근육세포도 마찬가지다)은 특이한 방법으로 고도로 흥분하게 된다. 그 자극신호는 약화되지 않고 세포막을 통하여 말단부위로 퍼져나가서 인접한 뉴런이나 근육세포의 활성을 증대, 혹은 약화시키는 신호물질을 분비하게 한다.

우리 몸의 신경체계는 1,000억 개 이상 되는 뉴런으로 이루어져 있다. 감각뉴런은 환경의 특별한 변화를 감지한다. 뇌와 척수에 있는 연합뉴런은 정보를 통합하여 즉각적으로 장기간의 반응을 조절한다. 그림 28.9에서 보는 것처럼, 운동뉴런은 뇌와 신경으로부터의 명령을 근육과 분비선으로 전달한다. 여기에 대한 것은 뒤에서 다시 다루게 된다.

*뉴런은 신경조직에서 신호전달의 기본단위이다. 서로 다른 종류의 뉴런들이 자극을 감지하고, 정보를 통합하며, 다른 조직에 명령을 전달한다.*

*신경조직에 있는 신경교는 구조적으로 또한 기능적으로 뉴런을 지지해 준다.*

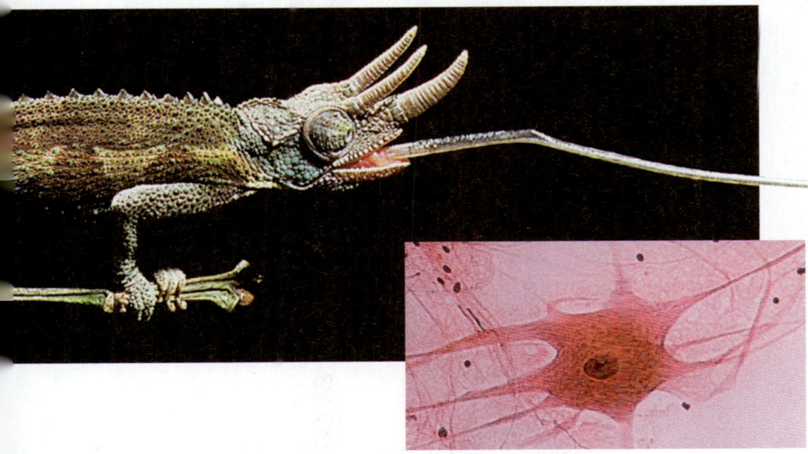

**그림 28.9** 근육세포에 신호를 전달해 주는 운동뉴런. 멀리 있는 파리를 정확하고 신속하게 잡기위하여 카멜레온의 혀근육이 민첩하게 움직인다.

## 28.5 조직 엔지니어링

FOCUS ON SCIENCE

*실험실에서 새로운 조직이나 기관을 키운다는 것은 꿈에서나 가능한 일이었으나 오늘날의 조직 엔지니어들은 이것을 가능하게 하고 있다.*

새로운 동물이 자라거나 발생할 때, 세포들은 예정된 방법에 따라 서로 작용하여 몸의 조직을 형성한다. 새로운 조직을 형성하는 세포들은 몸이 정상적으로 작동하는데 필수적인 특이한 유전자 산물을 합성한다.

지난 수십년 동안 연구자들은 실험실에서 조직을 만들기 위해 노력해 왔다. 피부괴양의 치료 목적으로 실험실에서 생성된 상피조직(그림 28.10a)이 성공한 예중 하나이다. 한 회사는 신생아의 포경수술에서 얻어지는 포피세포를 이용하여 피부를 생산하는데, 소의 힘줄로부터 추출한 콜라겐층위에 세포를 키운다. 실험실에서 생성된 피부에는 단순하여서 여러 종류의 다양한 세포나 분비선이 없다. 그러나 그 피부는 아래의 조직을 보호하여 상처가 아물게 하는데 도움을 준다.

보다 새로운 도전은 실험실에서 방광을 만드는 일이다. 현재는 인체에서 방광이 제거되었을 경우, 수술을 통하여 장의 일부가 방광을 대신 하도록 한다. 이 방법은 최상의 해결책이 아니다. 왜냐하면, 대체기관의 장상피세포들이 분비해야 할 물질을 오히려 흡수하기 때문이다.

안서니 아탈라와 그의 동료는 다른 방법을 이용하여 방광세포가 배열되어 있는 대체장기를 만들었다. 그들은 개의 방광 안쪽 벽 세포들을 생분해가 가능한 플라스틱틀의 내부에서 키운 다음, 틀의 바깥 표면에 평활근세포를 자라게 하였다.

실험적으로 만들어진 이 방광을 개에 이식하였을 때, 플라스틱틀이 분해되면서 혈관과 신경이 그 속으로 자라 들어갔으며(그림 28.10b), 신경은 적절히 연결되었고 방광은 기능을 하기 시작하였다. 만일 이러한 실험이 인간에서 성공한다면 인공방광은 앞으로 10년 내에 가능하게 될 것이다.

장래의 목표는 환자들 스스로가 만들 수 없는 호르몬, 효소, 성장인자 등을 생산할 수 있는 세포들이 포함되어 있는 맞춤 장기이다. 만일 환자 자신의 상피조직 일부에 이러한 세포들이 포함되어 있다면 면역계는 이러한 맞춤장기를 공격하지 않을 것이다. 현재 생명공학자들은 신체내부의 적절한 부위에서 적절한 기능을 발휘할 수 있는 맞춤장기를 생산하는데 필요한 중요한 단서를 거의 확보한 상태이다.

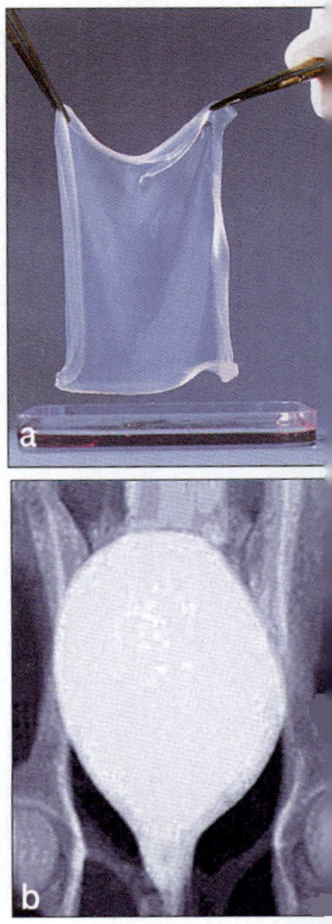


**그림 28.10** (a) 실험실에서 만든 얇고 넓적한 피부 (b) 개에 이식한 인공 방광의 X-선 사진.

## 28.6 주요 기관계의 개요

*기관계는 가스교환, 혈액순환, 운동 등과 같은 특별한 기능을 발휘한다. 이러한 활동은 일상생활을 하는데 필요한 것들이다. 기관계의 형성과 특성화된 기능은 긴 시간동안 진행된 성장과 발생 프로그램에 의한 산물이다.*

그림 28.11은 인간의 11가지 기관계의 개요를 보여주고 있다. 여기에는 우리가 기관의 위치를 표시할 때 사용하는 용어들이 나와 있고, 기관들이 위치해 있는 우리 몸의 주요 체강들이 명시되어 있다.

놀라운 것은 이들 기관계가 발생되고 자라고 또 유지되기 위하여, 다양한 종류와 양의 물질을 축적하고 소모하여도 내부환경은 항상 적절한 상태를 유지하는 것이다. 골격계와 근육계가 영양분과 물이 있는 곳으로 움직이면 이들 세포들은 혈관계로부터 전달되어 세포사이액에 들어있던 산소를 빼낸다. 다리근유기 수축하면 정맥속의 혈액이 심장으로 쉽게 들어가도록 도와주기 때문에 이렇게 움직이는 것이 혈액순환을 도와주는 셈이다. 동시에, 혈액은 주위세포로부터 나온 이산화탄소를 운반해 낸다. 또한, 호흡기계는 체외로 이산화탄소를 내보내고 공기로부터 얻은 산소를 공급한다. 이런 과정이 몸 전체에 걸쳐 일어난다.

생식세포로부터 정자와 난자가 생겨나며 수정에 의하여 접합자가 만들어 지고, 유사분열에 의하여 배아(embryo)가 형성된다. 배아세포는 외배엽, 중배엽, 내배엽의 3가지 배엽으로 이루어 진다. 모든 척추동물에서 성체의 조직과 기관은 이들 배아세포에서 유래된다. **외배엽**(ectoderm)은 피부의 바깥층과 신경계의 조직으로 분화되며, 중배엽은 근육, 뼈대, 그리고 대부분의 순환계와 생식기계, 그리고 비뇨기계로 발생된다. 내배엽은 소화관과 소화부속기관의 안쪽 벽을 형성한다. 각각의 부위는 평생동안 서로 상호작용한다(38장에 설명).

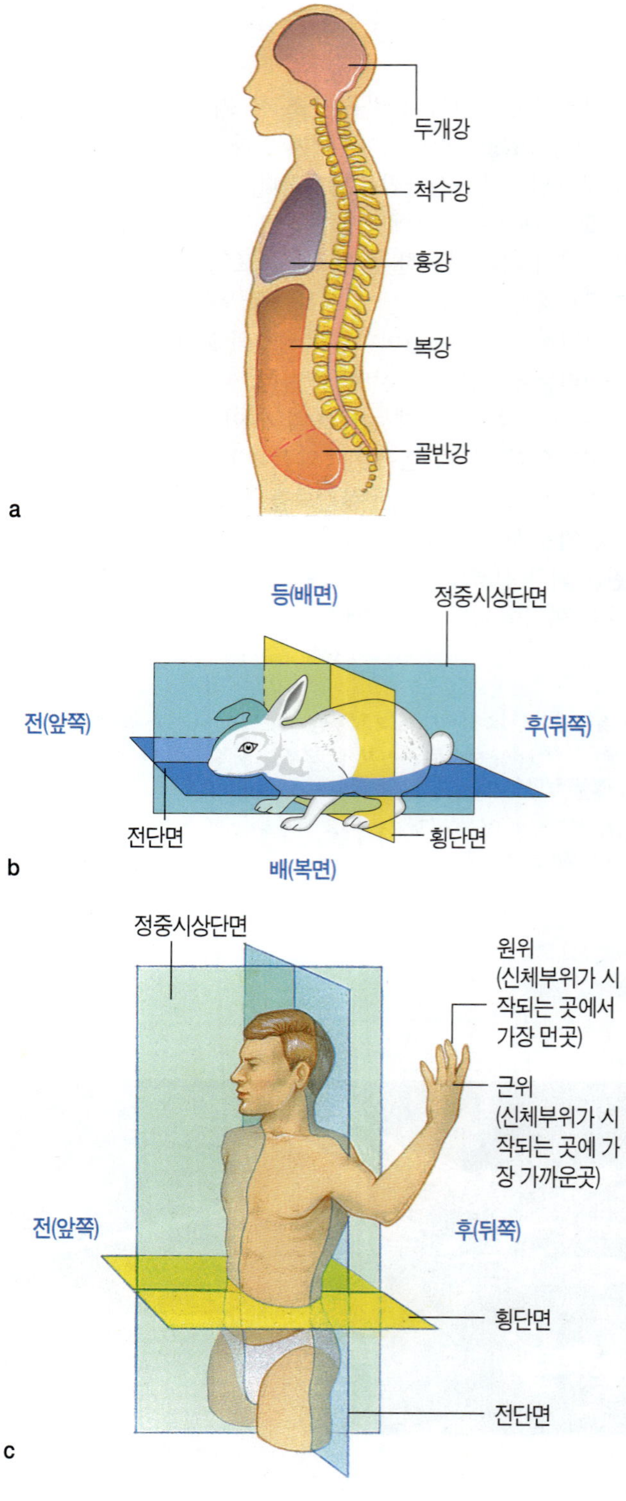


**그림 28.11** (a) 몸 내부의 주된 공간. (b,c) 신체의 명칭과 대칭면. 대부분의 척추동물의 몸 중심축은 지표면과 평행이다. 이런 경우, 등쪽(dorsal)은 몸의 위쪽면을 말하며 배쪽(ventral)은 아래쪽을 말한다. 사람처럼 직립하는 경우, 앞쪽은 배쪽을, 뒤쪽은 등쪽이라 한다. (d) 인체기관계와 각각의 기능들.

*많은 기관계는 가스교환, 혈액순환 또는 운동 등의 특화한 기능을 수행한다.*

*척추동물의 조직, 기관, 기관계는 초기 배에서 형성되는 외배엽, 중배엽, 내배엽 3개의 조직으로부터 생긴다.*

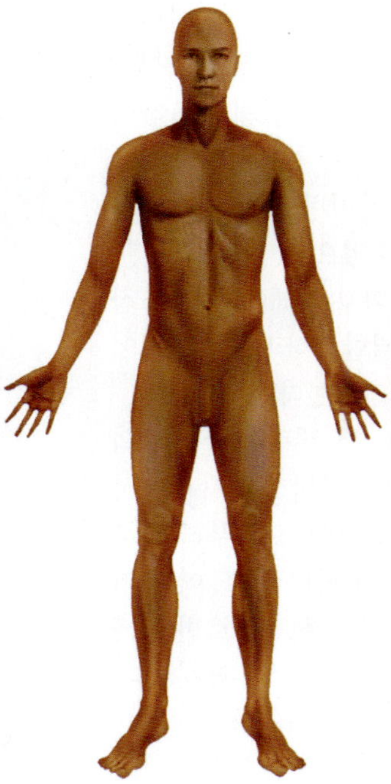

**총피계**

상해, 탈수, 병원균으로부터 신체를 보호하며, 온도조절, 노폐물 분비, 외부자극수용에 관여한다.

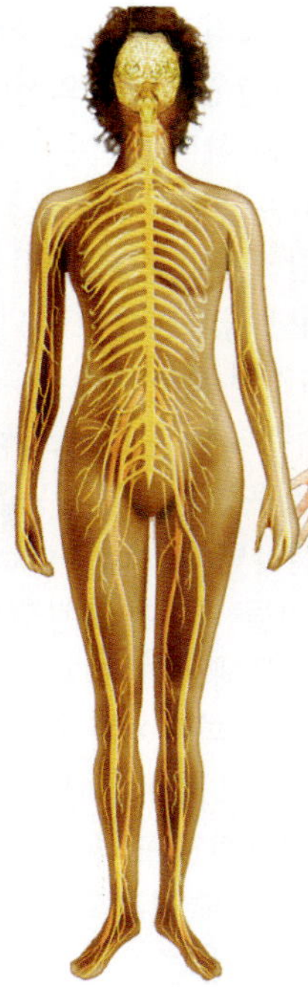

**신경계**

외부와 내부의 자극을 감지하며 자극에 대한 반응을 조절·통제한다. 모든 기관계의 활동을 통제한다.

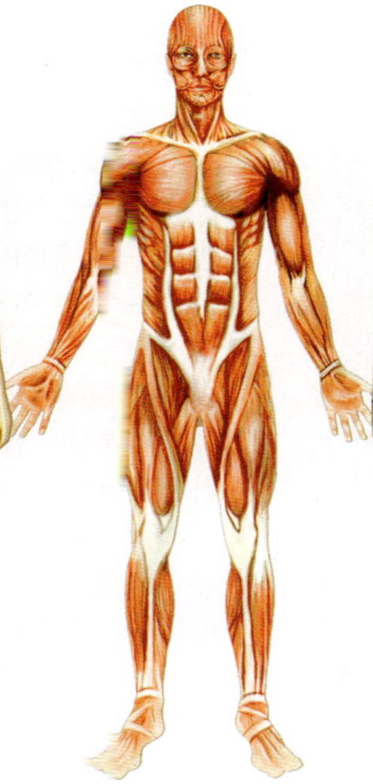

**근육계**

몸과 내부 장기를 움직이고 자세를 유지하며, 대사활동 증대시 열이 발생한다.

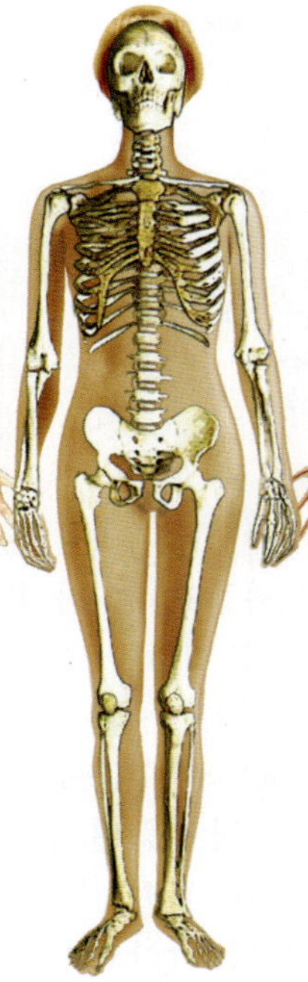

**골격계**

신체부위를 지지하고 보호하며 근육의 부착점을 제공한다. 적혈구 생성, 칼슘과 인 저장.

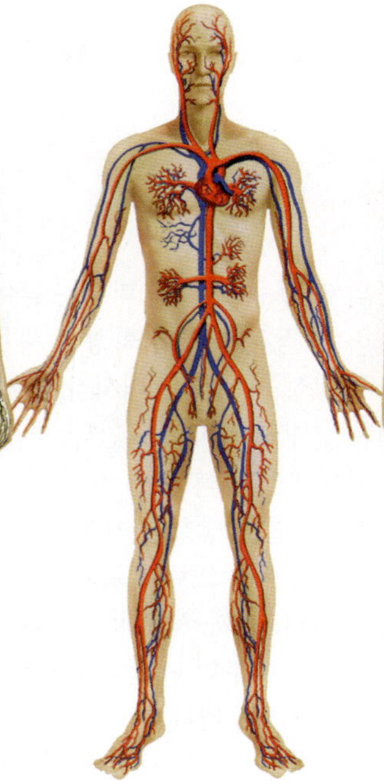

**순환계**

세포와 세포사이에서 많은 물질의 신속한 이동에 관여하며, 내부 pH와 온도조절에 관여.

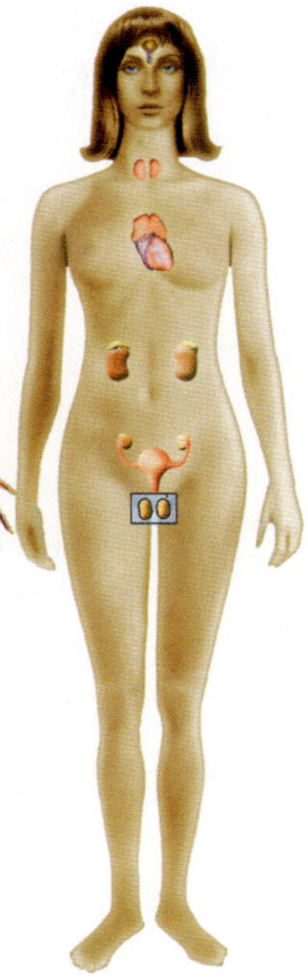

**내분비계**

신체기능의 호르몬 조절, 단기활동과 장기활동을 통합하기 위해 신경계와 함께 작용.

**림프계**

d 조직액을 모아서 혈류로 되돌림. 감염과 조직 손상으로부터 신체를 보호함.

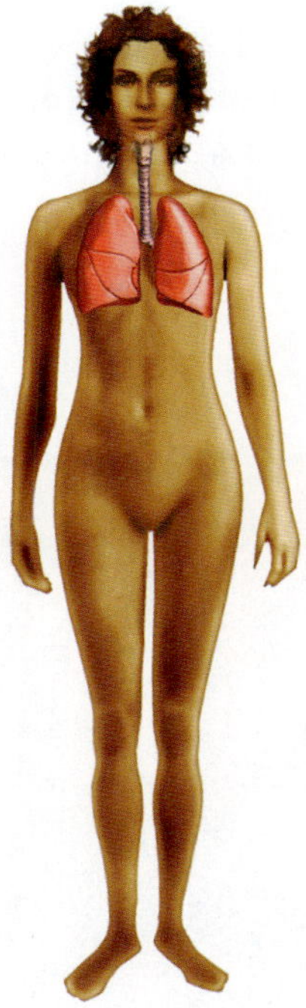

**호흡기계**

조직액을 통하여 모든 세포들에게 신속히 산소를 공급하고 이산화탄소와 세포노폐물을 제거함. pH조절을 도움.

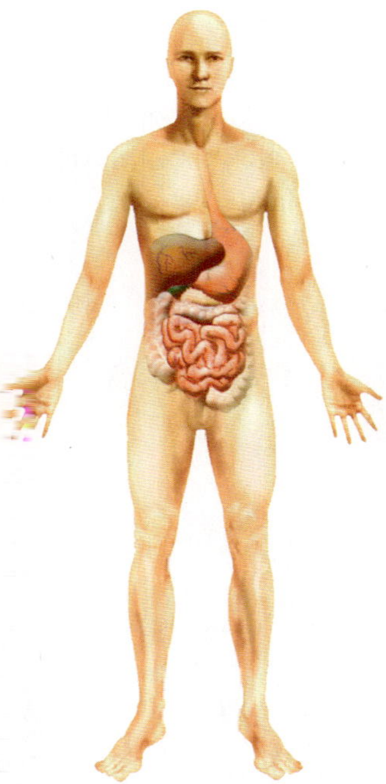

**소화기계**

음식과 물을 삼키며 기계적·물리적으로 음식물을 분해하여 저분자물질을 내부로 흡수하는 기능. 음식물 찌꺼기를 제거함.

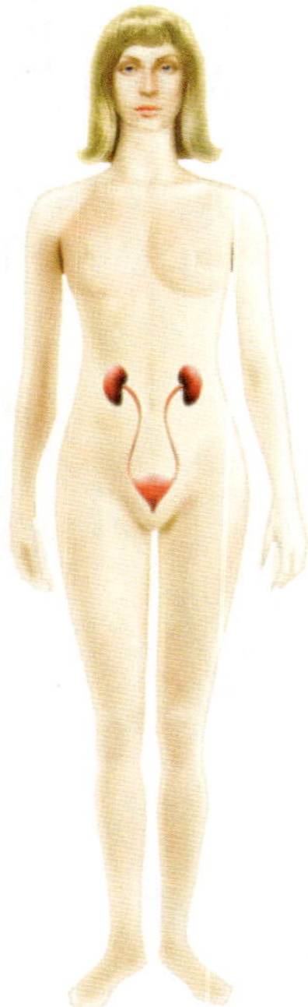

**비뇨기계**

내부환경의 부피와 구성성분을 유지함. 과다한 액체와 더불어 혈액으로 운반된 노폐물을 제거.

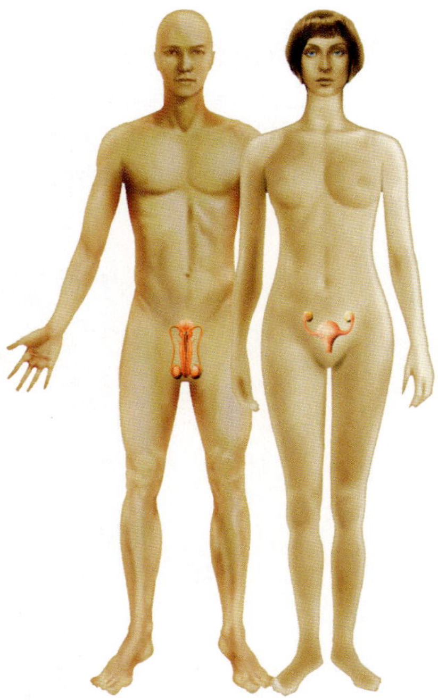

**생식기계**

여성: 난자생산, 수정 후 새 개체의 발생을 위한 보호와 영양소 보급기능

남성: 정자생산과 여성으로 정자 전달. 생식기관계와 다른 기관계에 영향을 미치는 호르몬 생산.

## 28.7 인간의 피부-기관계의 예

*털을 가진 포식자 어류가 탄생한 캄브리아기의 바다로 돌아가 보자. 어떤 피식자는 갑옷피부로 단단히 무장하고 있다. 이 갑옷판은 비록 보호기능은 갖고 있지만 빠르고 정교한 움직임이 쉽지 않게 된다. 많은 경골어류 중에서 더욱 얇고 여러 층으로된 피부를 가진 어류도 진화의 결과로 생겨났다.*

우리 몸의 가장 큰 기관인 피부는 늘어날 수 있고, 수분을 유지하게 하며, 작은 상처나 화상을 치유할 수도 있다. 또한 비타민 D의 생성을 돕거나 대사작용에서 생겨나는 열을 발산하여 체온을 내리는 작용도 한다. 피부에 있는 감각 수용기는 뇌가 외부세계를 인식할 수 있도록 도와주고 나아가 피부는 몸의 방어역할을 담당하는 백혈구도 갖고 있다.

척추동물이 육상으로 진화되었을 때 피부는 두 가지 특성을 갖게 되었다. 첫째, 세포(keratinocyte)가 바깥층에 생겨났으며 이들 세포로부터 단단하고 물에 저항성을 띤 케라틴이라는 단백질이 생성된다. 이 단백질에 의하여 피부는 더욱 강해지고 방수기능도 증대된다. 둘째, 도관을 가진 분비선이 표면 아래에 위치하게 된다.

척추동물의 피부는 위층이 **표피**(epidermis)이고 아래층이 진피(dermis)인 두층 구조로 되어있다(그림 28.12). 표피는 주로 각질세포로 된 중층입방상피이다. 이 세포들은 부착결합에 의하여 서로 연결되어 있다. 표피의 바닥층에 있는 세포가 계속적으로 분열하여 피부 표면으로 올라와서 이미 존재하던 세포층을 밀어낸다. 마모나 세포무게에 의한 압력 때문에 세포들은 표면에 도달하기 전에 납작해지고 죽게 되며, 죽은 세포들은 계속적으로 떨어져 나간다.

**랑게르한스세포**(Langrhans cell)는 표피로 이동해 온 식세포이다. 이들이 박테리아나 바이러스를 만나게 되면 신속하게 잡아먹는다. 그리고서는 분자신호를 발동하여 면역계를 활성화 시킨다(단원 34). 자외선에 의해 랑게르한스세포가 손상되면 피부는 허피스 같은 바이러스가 쉽게 침ㅂ하여 상처가 생기게 되는 것이다.

주로 밀성결합조직인 진피는 신축성이 강한 탄력섬유와 지지기능이 뛰어난 콜라겐섬유로 되어 있으며, 혈관, 림프관, 감각수용기가 여기에 분포하게 된다. 피부 아래에 있는 조직이 진피에 부착하는데 이는 주로 소성결합조직과 지방조직이며, 몸의 일부에서 쿠션과 절연 기능을 담당한다(그림 28.12).

피부색깔은 멜라닌세포(melanocyte)의 분포와 활성에 의하여 좌우된다. 이들 세포가 흑갈색의 멜라닌색소를 생산하여 각질세포에 공급해 주며 멜라닌은 자외선으로부터 피부를 보호한다. 창백한 피부에는 멜라닌이 거의 없다. 이런 피부는 더러 분홍색으로 보이는데 그 이유는 헤모글로빈의 붉은 색깔이 얇은 혈관벽과 표피를 통하여 드러나기 때문이다. 주황색색소인 카로틴도 피부색깔에 영향을 미친다.

사람의 피부는 유선, 피지선, 그리고 250만개나 되는 땀샘 등 많은 분비선을 포함하고 있다. 땀샘에서 분비되는 땀은 체온조절을 돕고, 피지선의 분비물은 털과 피부를 부드럽고 윤택하게 해주며 세균을 죽인다.

사람의 두피에는 평균 십만 개의 각질화 된 머리카락이 있다(그림 28.13). 머리카락은 특수화된 표피세포의 유사분열에 의하여 생겨난다. 유전적인 요인, 영양상태와 호르몬이 머리카락의 성장에 영향을 미친다. 아미노산은 케라틴 합성에 필수적이기 때문에, 단백질이 결핍되면 머리카락이 가늘어 진다. 고열, 정신적 스트레스와 비타민 A 과다섭취 시에도 머리카락이 가늘어 진다.

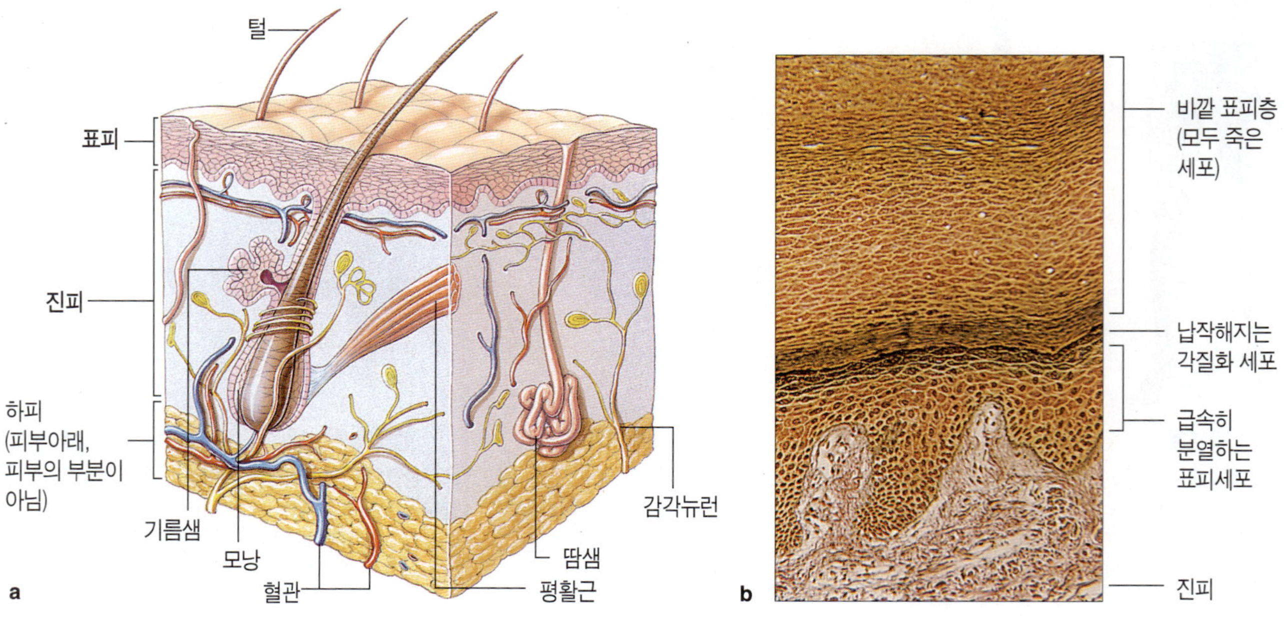


**그림 28.12**
(a)털, 지방샘, 땀샘이 있는 전형적인 피부의 구조.
(b)사람 피부의 단면

FOCUS ON HEALTH

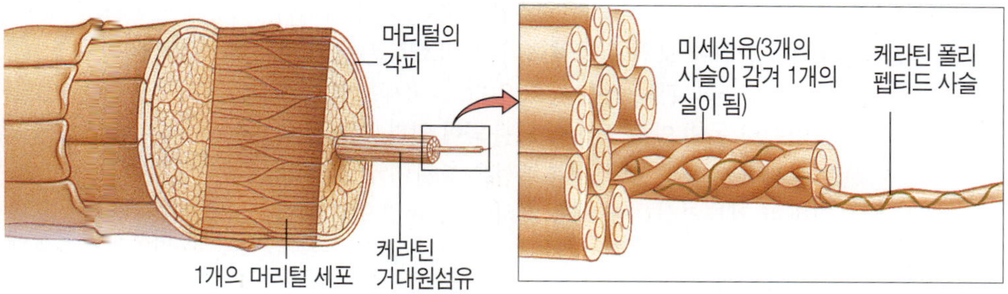


**그림 28.13** 머리카락의 미세구조. 죽어서 납작해진 털세포가 축적되어 털줄기(모간, hair shaft) 주위에 관모양의 큐티클을 형성. 이 세포들은 케라틴 단백질을 생산하는 피부세포에서 유래됨. 3 가닥의 폴리펩티드 체인이 이중황화결합에 의해 가는 섬유가 되고 이들이 뭉쳐서 큰 섬유로 된다. 이들 섬유가 세포내를 채우고 있는데 시간이 가면 죽어서 떨어진다. 그림 28.14는 다양한 이중결합에 의한 머리카락의 변화를 보여준다.

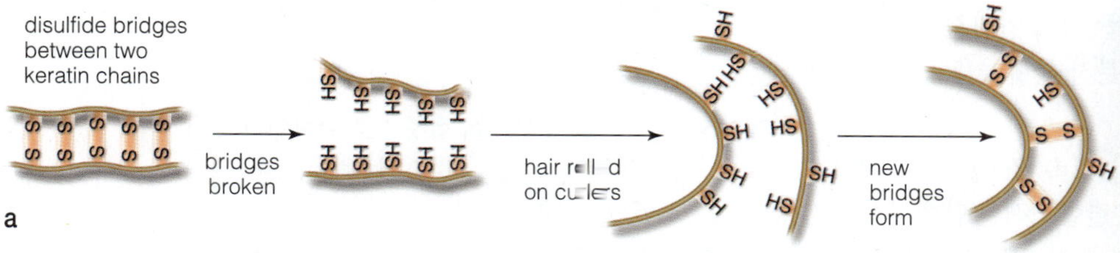

**그림 28.14** (a)곱슬머리냐 직모냐 하는 것은 케라틴 사슬간의 이중황화결합에 의하여 결정된다. 이 결합은 화학약품에 의하여 부서진다. 고데기로 머리카락을 펴거나 곱슬하게 말면 케라틴사슬의 위치가 변한상태로 유지된다. 화학약품을 처리하면 유황기를 가진 서로 다른 아미노산 사이에 새로운 이중황화결합이 만들어진다. 이렇게 하여 니콜 키드만 (**b**, **c**) 같은 여배우들이 선천적인 곱슬머리를 직모로 바꾼다.

## 비타민과 선탠

우리가 햇빛을 쪼이면 자외선 자극에 의하여 표피세포가 비타민D의 전구체인 콜레칼시페롤을 합성한다(비타민D'는 음식물로부터 칼슘흡수를 돕는 스테로이드 유도화합물의 총칭이다). 한편, 자외선 노출은 비타민 B인 엽산(folate)의 분해를 유발한다. 무엇보다도, 배아의 신경계는 엽산 없이는 정상적인 발생이 진행되지 않는다.

한 가설에 의하면, 사람들에 있어서 피부색깔의 다양성은 서로 다른 정도의 햇볕 노출에 대한 적응의 결과라 본다. 최초 사람은 아프리카 초원의 강렬한 태양 아래서 생겨났다. 충분한 엽산을 유지할 수 있게끔 멜라닌이 많은 피부를 가졌음에도 그들은 여전히 비타민 D도 충분히 합성할 수 있었다. 그들의 일부가 추운 지방으로 이동한 후 옷을 많이 입었거나 주로 실내환경에 거주 하였다면 어떤 변화가 일어났을까? 배아를 보호하던 짙은색의 피부가 장점이 되지 못하였고 오히려 더 많은 자외선 노출을 필요로 하게 되었다고 가정한다면 그런 상태에서는 옅은 색의 피부가 오히려 장점이 될수 있었다.

이러한 가설을 검증하기 위하여 50여개국 사람의 피부색갈과 연간자외선수치를 비교해본 결과 가설과 결과가 일치하였다. 연간 자외선수치가 낮으면 낮을수록 피부색깔이 더 옅어졌다.

자외선 자극에 의하여 색소를 만드는 멜라닌세포는 옅은 색의 피부를 가진 많은 사람들이 갈망하는 검게 그을린(tan) 피부를 만들게 해주는 주인공이다. 멜라닌 생산은 처음 자외선 노출 후 서서히 증대되며 10일 후 최고조에 이른다. 그에 앞서, 피부보호제를 바르지 않은 옅은 색의 사람은 때로는 심하게 화상을 입기도 한다. 짙은 피부를 가진 사람은 조금 정도가 덜 심하지만 그것도 처음에만 그렇다. 계속해서 또는 반복해서 자외선에 노출되면 진피의 탄력섬유가 서로 뭉쳐지게 되고 콜라겐이 손상된다. 계속적으로 그을린 피부는 탄력성을 잃게 되며 마치 신발가죽처럼 보이게 된다. 또한 자외선은 피부의 DNA를 손상시켜 피부암 발생을 증가시킨다.

나이가 들어감에 따라 상피세포의 분열속도가 느려진다. 그래서 피부는 더욱 얇아지고 쉽게 손상된다. 피부를 부드럽고 촉촉하게 해 주던 분비선도 위축된다. 콜라겐과 탄력섬유가 줄어들면서 피부의 탄력도 감소되며 주름이 깊어진다. 지나친 선탠과 흡연은 피부의 혈관을 위축시켜 노화를 촉진시킨다.

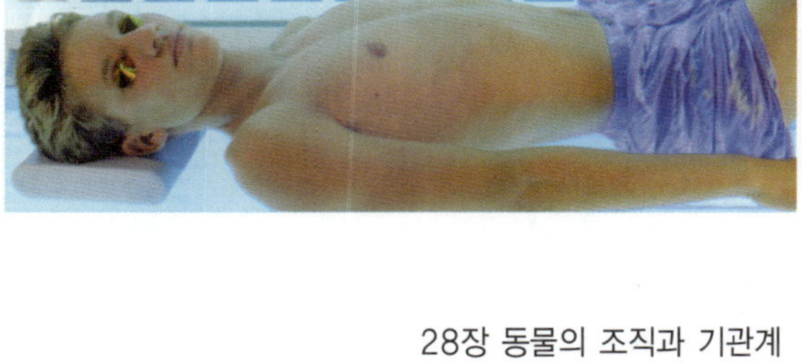

햇볕에 피부를 태우는 방에서 가죽 빛 피부를 만듦

## 요약

28.1절 조직이란 한 가지 이상의 공통된 일 수행하기 위하여 세포들과 세포간질이 모인 집합체이다. 상피조직은 몸의 바깥표면과 내부공간과 관의 벽을 덮고 있다. 상피세포의 한쪽 표면은 체액이나 몸의 안쪽 공간에 노출되어 있다. 선세포와 분비선은 상피에서 유래된다. 내분부선은 도관이 없고 호르몬을 분비하며 외분비선은 도관을 통하여 몸 표면으로 땀이나 젖을 분비한다.

동물조직은 다양한 종류의 세포간 결합을 갖고 있는데, 밀착결합은 조직틈새로 물질이 새나가는 것을 막으며, 부착결합은 인접한 세포들을 서로 접착시키는 결합이다. 간극결합은 인접한 세포들 사이의 세포질을 서로 연결시키는 통로이며, 두 세포사이에서 이온이나 저분자 물질들을 신속히 운반한다.

28.2절 결합조직은 다른 조직들을 결속, 조절, 지지, 강화, 보호, 단절 시키는 작용을 한다. 고유결합조직은 단백질성의 섬유, 섬유모세포와 그 외 다른 세포들이 바탕 기질에 적절한 비율로 함유되어있다. 특수결합조직에는 연골, 뼈조직, 지방조직, 혈액 등이 있다.

28.3절 근육조직은 수축과 이완을 하여 신체와 그 일부를 움직인다. 골격근, 평활근, 심장근의 3 가지가 있으며, 골격근와 심장근은 줄무늬가 있다.

28.4절 뉴런은 신경계의 통화선이다. 서로 다른 종류의 세포들이 내부와 외부의 상태를 감지, 통합, 판단하여 분비선과 근육에 명령을 내려 반응하게 한다. 신경교는 뉴런을 보호하고 지지한다.

28.5절 실험실에서 사람의 조직이나 대체 장기를 성공적으로 키울수 있다. 이런 생명공학 제품은 실제 장기처럼 복잡하지는 않다.

28.6절 기관은 어떤 한 가지 또는 그 이상의 작용을 수행 할 수 있게끔 정교하게 조합된 여러 조직으로 구성된다. 기관계는 물리 · 화학적으로 상호작용하는 둘이상의 기관으로 구성되며 신체 전체적인 기능 뿐만 아니라 개개의 세포의 기능을 돕는다. 조직, 기관, 기관계는 서로 상호작용하며 각각의 세포뿐만 아니라 몸 전체의 생존에 필요한 안정된 내적환경을 만들어 낸다. 우리 몸의 모든 조직과 기관은 발생동안 형성되는 내배엽, 중배엽, 외배엽의 3종류의 조직에서 파생된다.

28.7절 피부라는 기관계는 보호, 온도조절, 외적환경의 변화 감지 등을 담당하며, 비타민 D의 합성과 방어역할도 한다.

## 자습-퀴즈

*정답은 부록 III에 있음*

1. ______ 조직은 한 쪽 표면이 노출된 얇은 층으로 되어있다.
   a. 상피조직 b. 결합조직
   c. 신경조직 d. 근육조직
2. ______ 은 세포와 세포의 통신에 중요한 역할을 한다.
   a. 밀착결합 b. 부착결합
   c. 간극결합 d. a,b,c 모두
3. 대부분의 동물에 있어서, 분비선은 ______ 조직에서 발견된다.
   a. 상피 b. 결합
   c. 근육 d. 신경
4. 모든 ______ 많은 콜라겐과 탄력섬유를 포함하고 있다.
   a. 상피조직 b. 결합조직
   c. 근육조직 d. 신경조직
5. ______ 은 대부분이 혈장으로 되어있다.
   a. 지방조직 b. 혈액
   c. 연골 d. 뼈
6. 우리 몸의 여분의 탄수화물과 단백질이 지방으로 저장될 때 ______ 에 축적된다.
   a. 상피조직 b. 지방조직
   c. 밀성결합조직 d. b와 c
7. 우리의 몸에서 ______ 의 세포는 수축할 수 있다.
   a. 상피조직 b. 결합조직
   c. 근육조직 d. 신경조직
8. ______ 근육조직은 줄무늬를 갖고 있다.
   a. 골격근 b. 평활근
   c. 심장근 d. a와 c
9. ______ 은 변화에 대한 정보를 간파하고 통합하며 이변화에 대한 반응을 조절한다.
   a. 상피조직 b. 결합조직
   c. 근육조직 d. 신경조직
10. 알맞은 설명을 찾으시오.

| | |
|---|---|
| _____ 외분비선 | a. 강하며, 고무처럼 유연하다 |
| _____ 내분비선 | b. 도관을 통한 분비 |
| _____ 연골 | c. 제일 바깥쪽의 일차 조직 |
| _____ 외배엽 | d. 수축, 줄무늬 없음 |
| _____ 평활근 | e. 세포들을 접착시킴 |
| _____ 혈액 | f. 액체성의 결합조직 |
| _____ 부착결합 | g. 도관없는 분비 |

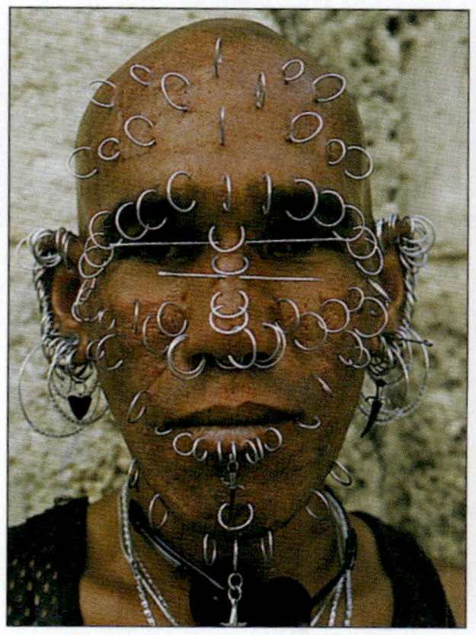

**그림 28.15** 피부에 대한 학대. 개성에 대한 유별난 감각을 가진 사람이 피부에 금속을 꿰 뚫고 있다.

**그림 28.16** 칼라하리사막에 사는 회색 미어캣(Suricata suricatta)는 매일 아침 따스한 햇볕을 마주보고 선다. 이러한 단순한 동작으로 체내 온도를 유지한다. 동물들이 환경에서 어떻게 작용하는지가 이 단원의 촛점이다.

## *분석적으로 생각하기*

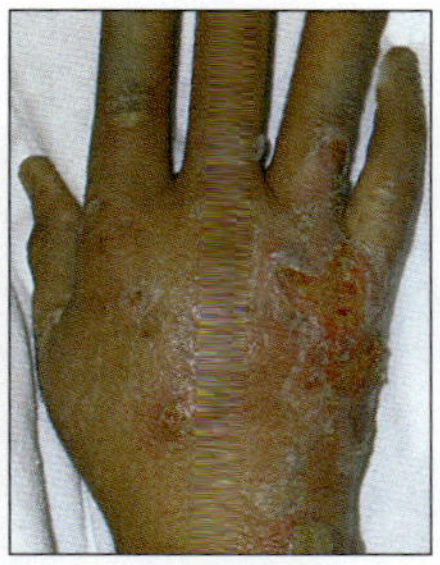

1. Porphyria는 25,000명당 한명꼴로 나타나는 유전병으로서, 헤모글로빈에서 철을 함유하는 헴(heme)생성에 필요한 효소가 결핍되어 있다. 중간산물인 포르피린의 축적은 특히 햇빛에 노출되었을 때 매우 놀라운 결과를 초래한다. 조직손상과 흉터가 피부에 나타나며(오른쪽 그림), 얼굴과 손에 털이 무성하게 자란다. 잇몸이 밀려 올라가서 송곳이가 짐승의 이처럼 날카롭게 보인다. 음주, 마늘 등의 어떤 음식은 증상을 더욱 악화 시킨다. 이 병이 나타나는 사람은 햇빛이나 다른 자극을 피하고 정상혈액으로부터 얻어낸 헴을 투여받아야 한다.

중세이전에 이미 알려졌던 흡혈귀 이야기는 아마 이 porphyria에서 유래 되었는지도 모른다. 미신을 믿는 사람들은 이야기의 근거를 찾을 수 없지만 분자생물학자는 그 이유를 알 수 있다. 그 가능한 이유를 연구해 보라.

2. 코, 입술, 혀, 배꼽 등의 부위는 흔히 "바디 피어싱"이라 불리는 몸에 구멍을 내어 보석을 다는 곳으로 이용되는 부분이다(그림 28.15). 피부에 물감을 주입하여 문양을 그리는 "문신" 또한 유행이다. 고통의 차원을 떠나서, 만일 피어싱이나 문신을 하는 사람이 소독이 안 된 바늘이나 염료, 면도날, 장갑, 솜, 시술도구를 사용할 경우, 피부에 세균감염, 만성적인 간염바이러스, 에이즈 등의 질병을 유발할 수 있다. 그러나 부작용이 수개월 후에 일어날 수 있기 때문에, 원인과 결과를 정확히 연계시키기가 쉽지 않은 경우도 있다. 이런 위험부담에도 불구하고 피부를 뚫는 것이 좋다고 생각하는 사람들은 도대체 시술도구가 멸균되었다는 것을 어떻게 확신 할까?

3. 지방조직과 혈액은 보통 비전형적인 결합조직이라고 한다. 다른 결합조직에 비해서 비전형적인 결합조직의 특징은 무엇인가?

4. 미용제품의 안정성을 테스트하는데 동물을 사용하는 것을 반대하는 사람들은 다른 대체방법이 있다고 주장한다. 실험실에서 키운 조직들이 이미 이런 실험목적으로 사용되고 있다. 조직과 기관이 어떻게 상호작용하는지 이 단원에서 배운 것을 이용하여 생체시험을 하는 것과 조직 특이성을 이용한 방법의 장단점을 논의 하라.

5. 아프리카의 칼라하리사막의 추운 밤이 지난 뒤, 양복주머니 속에 들어갈 정도로 작은 동물이 뻣뻣한 체 땅굴에서 나온다. 이들 미어캣은 몽구스의 한 종류인데, 차가와진 몸을 아침 햇살로 따뜻하게 데우기 위해 가느다란 뒷다리로 모두 동쪽을 향해 선다(그림 28.16). 따뜻하게 몸을 데우고 난 후 미어캣은 흩어져서 먹이를 찾는다. 이들은 곤충이나 때로는 도마뱀을 잡아먹는데 먹은 것은 소화되어 당이나 다른 영양분으로 분해되어 장벽에서 흡수되어 혈관을 통하여 몸 각 부분의 세포에 전달된다.

아래의 각 상황에서 어떤 조직들이 역할을 하는지 생각나는 대로 답을 해 보자.

(1) 미어캣의 몸을 따뜻하게 유지하는 역할을 하는 조직,

(2) 먹이를 구하거나 포식자로부터 허겁지겁 도망가기 위해 몸을 움직 일때 필요한 조직,

(3)소화와 영양분 흡수, 노폐물 배설에 관여하는 조직.

# 29 신경계의 조절

## 최근 이슈와 그 영향력 엑스터시 추적

엑스터시(ecstasy)는 친밀감을 주고 불안함을 줄여주며 약간의 고양감을 주면서 감각을 예민하게 해 주는 마약이다. 그것은 또한 체온을 급격히 상승시켜, 입에 거품을 물고 몸의 모든 구멍에서 피를 흘리며 병원침대에서 사람을 죽어가게 할 수도 있다. 가족과 친구들을 공포에 빠뜨리고, 숨이 멎는 것을 믿을 수 없어하며 지켜보게 만들 수 있다. 로나 스핑크스(Lorna Spinks)라는 한 여자가 그런 식으로 삶을 마쳤다. 그녀는 19세였다(그림 29.1).

고뇌에 찬 그녀의 부모가 그녀가 죽은 지 몇 분 후의 사진을 공개했다. 그들은 로나 스핑크스가 몰랐던 것을 다른 사람들에게 알리고자 했다: 엑스터시가 죽일 수 있다는 것을.

엑스터시의 활성 화학 성분인 MDMA는 암페타민(amphetamine) 혹은 "스피드(각성제)"와 관련이 있다. 다른 효과 중에서도 엑스터시는 뇌에서 작용하는 신호분자인 세로토닌의 기능을 방해한다. MDMA는 뉴런이 과도한 양의 세로토닌을 방출하도록 한다. 세로토닌 분자들은 정상적으로 사라지는 대신에 표적세포의 수용체를 포화시켜 과도한 자극에서 벗어나지 못하게 한다. 운이 좋다면, 세로토닌의 급격한 증가는 활력이 넘치고 감정이입 및 행복감을 느끼는 상태를 만든다.

실제상황이 항상 기대와 부합되는 것은 아니다. MDMA는 내부온도를 조절하는 신체 기능을 방해할 수 있다. 로나 스핑크스의 친구들에 따르면 그녀는 엑스터시 한 알을 먹은 후 현기증을 느끼고 횡설수설하며 붉게 상기되었다고 하였다. 그녀는 체온 상승으로 주요 기관계들의 기능이 정지되면서 죽게 되었다.

MDMA의 과다복용으로 죽는 일은 드물다. 엑스터시의 단기적인 부작용으로 보고된 가장 보편적인 것은 공황발작과 일시적인 정신병이다. 장기적인 영향은 아직 알려지지 않았다. 요즘의 엑스터시 복

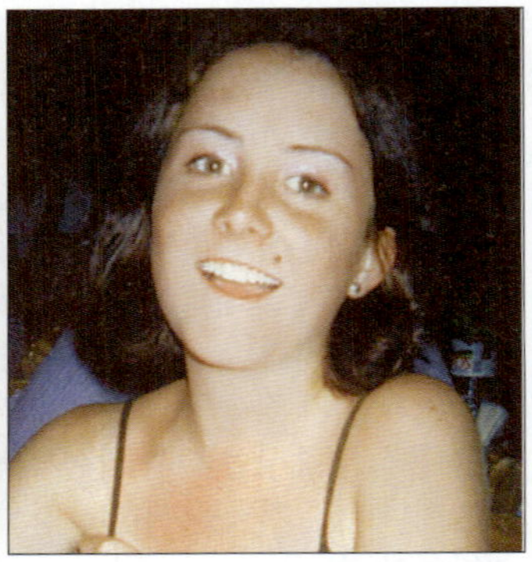

**그림 29.1** 밤을 세워 벌어지는 시끄러운 파티에서 엑스터시 사용의 증가는 엑스터시와 관련된 응급실 출입 환자의 증가와 관련이 있다. 대학에서 사회학을 공부하던 로라 스핑크스가 바로 그 예이다. 페레즈(Ima Perez)의 경우는 그보다 더 어렸다. 페레즈는 2004년 캘리포니아 벨몬트에서 14세의 나이에 밤샘 파티에서 엑스터시 한 알 을 먹고 앓다가 다음날 한 병원에서 죽었다.

## 개요도

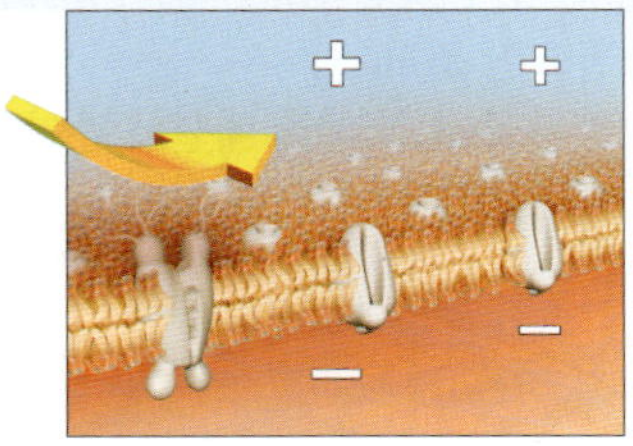



**뉴런이 어떻게 작용하는가** 신경계를 통해 빠르게 이동하는 정보는 각 뉴런의 막에서의 전기적 교란 및 뉴런과 다른 세포들 사이의 신호 전달에 바탕을 두고 있다.

**정보흐름** 화학적 신호가 뉴런간에 혹은 뉴런에서 샘과 근육세포로 정보를 전달한다. 신경은 뇌, 척수와 몸의 다른 부위 사이에 정보를 나르는 통신 선로이다.

용자들은 자신도 모르게 즉흥적인 실험을 위한 기니피그(guinea pigs)가 되는 것이다.

저장된 세로토닌이 고갈되었을 때, 뉴런이 바로 반응하지 못한다고 알려져 있다. 우리는 MDMA의 반복적인 투여가 실험동물에서 세로토닌을 분비하는 뉴런의 수나 구조에 변화를 일으키는 것을 알고 있다. 그리고 인체의 감소된 세로토닌 수준은 집중력 저하, 기억 장애 및 우울증을 유발하는 것도 알고 있다. 엑스터시 사용은 우울증과 연관되기도 하지만, 그 둘의 인과관계는 명확하지 않다. 아마도 우울증 환자들이 정상인에 비해 마약을 더 사용하는 경향이 있기 때문인지도 모르겠다.

기억에 대한 영향은 좀 더 잘 이해된 편이다. 많은 연구결과에서 보듯이, 마약사용 빈도의 증가에 따라 기억상실 폭이 늘어난다. 적어도 단기간 노출의 경우, 엑스터시를 끊었을 때 비록 신경의 불균형은 회복에 몇 달이 걸리겠지만, 기억력은 정상으로 회복되는 것으로 보인다.

우리는 어떻게 개체로 활동하는가? 그것은 신경계를 교육, 묵살 또는 남용할 것인지에 달려있다–신경계는 20대까지 계속 정교한 연결을 형성한다.

이전 장들에서 우리는 처음 무척추동물에서 그리고 사람의 조상인 척추동물 계보를 통해 수억 년에 걸친 신경계의 진화를 추적해 보았다. 그러한 유산을 통해, 우리는 스스로 우리의 삶을 역사와 운명의 감각에 대비하여 측정해 보기도 했다. 한 개체로서, 우리가 어떻게 존재해왔고, 여기에서 어디로 향할지를 스스로 물을 수 있다.

그것에 대해 생각해보자.

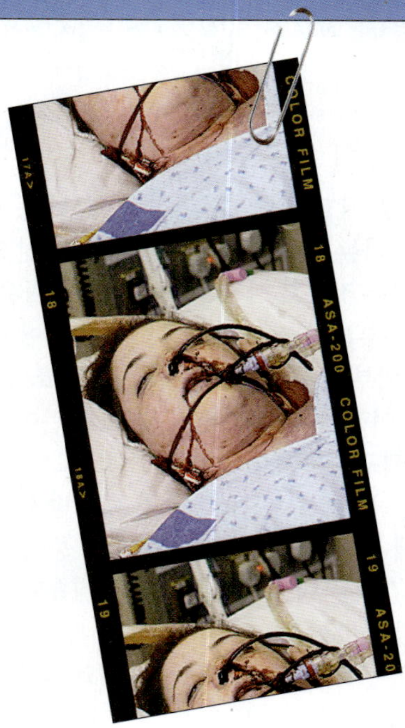

## 찬반의견 투표

*한 관점에서, 어떤 사람들은 불법 마약으로 잡힌 사람이 구금되어서는 안 된다고 주장한다. 그와 반대 입장에서는 일부 사람들이 구금기간의 두려움 때문에 위험 가능성이 있는 마약을 사용하기 전에 심사숙고할 것이라고 생각한다. 불법마약 상용자들을 구금하는 대신에 강제로 사회복귀 프로그램에 들어가게 해야 할까? 미디어 메뉴에서 상세한 내용을 참고하여 온라인 투표를 한다.*

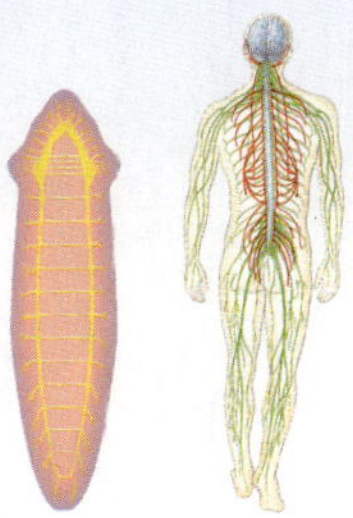

**신경계** 모든 신경계는 신호를 전도하고 정보를 처리하는 통신선을 갖고 있다. 몸 안팎의 상태에 대한 정보가 감지되고 평가되어 근육과 샘이 적절한 반응을 하도록 명령한다.

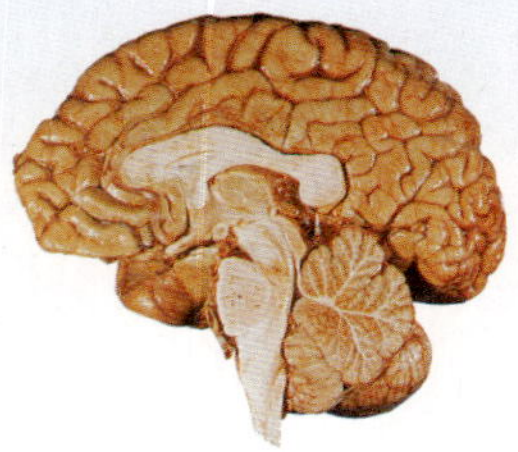

**사람의 뇌** 다른 모든 척추동물에서와 같이 사람의 뇌는 자극에 대한 반사를 관장하는 원시적인 조직이 포함되어 있다. 의식적인 행동과 사람만이 갖는 능력은 좀 더 최근에 진화한 뇌의 뉴런층에서 유래한다.

## 29.1 뉴런-위대한 소통자

**신경계(nervous system)는 신체 내외의 변화하는 조건에 대해 정확하게 감지하고 반응하는 과정으로 진화했다. 이는 뉴런이라 불리는 흥분성 세포로 구성된 정보망에 의해 가능한 일이었다.**

### 뉴런과 그 기능 부위

소리와 시각, 냄새, 배고픔과 열정, 두려움, 분노 등 즉, 한 동물이 살면서 일어나는 모든 것들에 대한 반응은 신경계의 통신선을 따라 흐르는 정보로 시작된다. 이러한 선들은 도시 곳곳에 깔려있는 대부분의 전화선이 통화가 이루어지기 전에는 대기하듯이, 외부의 신호를 받지 않는다면 조용할까? 아니다. 예를 들어, 여러분이 태어나기 전에도 뉴런이라 불리는 새로 형성되는 세포들은 배아조직에서 스스로 조직화를 시작하고 있었다. 그들은 서로 간에 신호를 주고받기 시작했다. 여러분이 평생에 걸쳐 위험하거나, 숙고하는 중이든, 흥분하거나 잠이 든 시간이든 이들의 신호교환은 계속되어 왔으며, 여러분이 살아있는 한 계속 일어날 것이다.

그림 29.2에 있는 1개의 뉴런을 그림 29.3의 의사소통 경로와 비교해 보라. 각각의 뉴런은 화재 때 양동이를 들고 나란

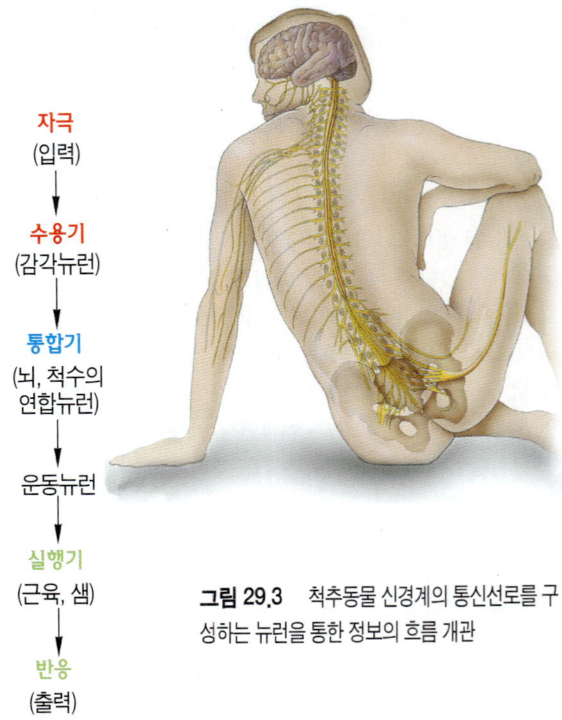


**그림 29.3** 척추동물 신경계의 통신선로를 구성하는 뉴런을 통한 정보의 흐름 개관

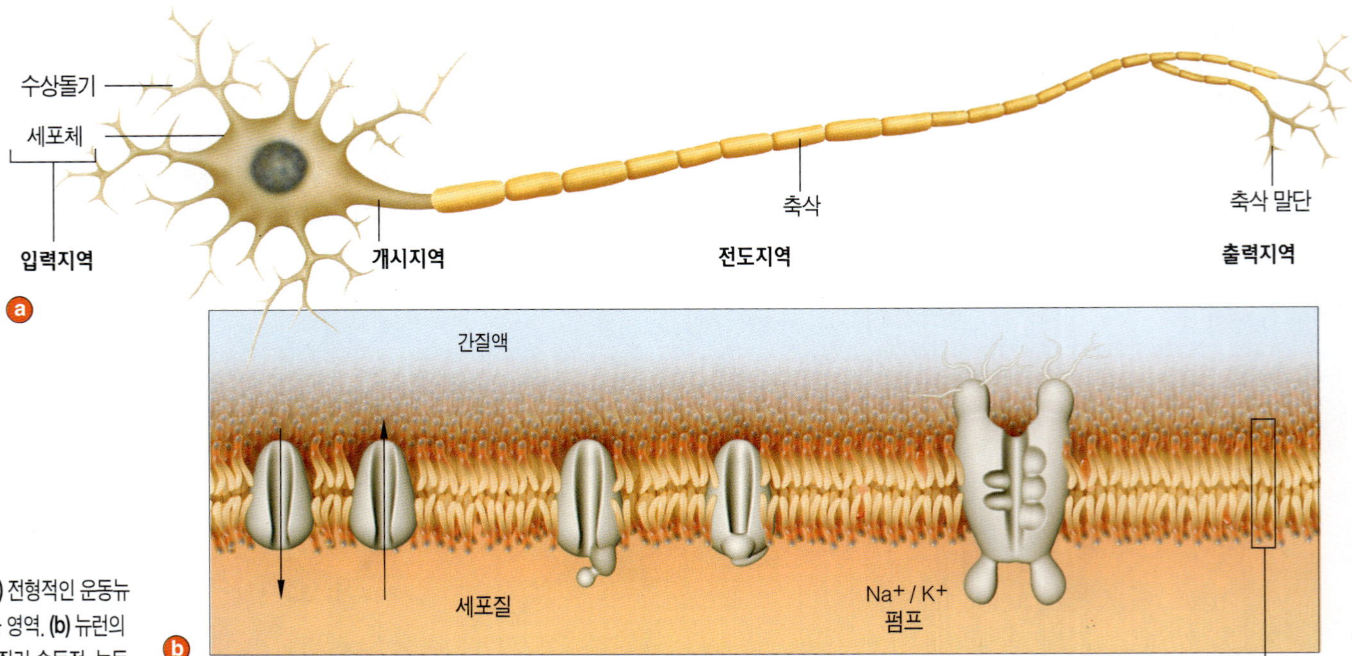


**그림 29.2** **(a)** 전형적인 운동뉴런과 그것의 기능 영역. **(b)** 뉴런의 원형질막을 가로질러 수동적, 능동적으로 이온을 수송하는 단백질들의 모식도. 정보는 이러한 단백질의 도움으로 뉴런의 입력 영역에서 출력 영역까지 전도된다.

수동 수송체는 열린통로를 갖고 있어 이온이 막을 통하여 계속 유출되도록 한다.

다른 수동 수송체는 열리고 닫히는 분극유발통로(Voltage-gated channel)를 가지고 있다. 이들은 $Na^+$와 $K^+$이온이 막을 통과해 확산되어 농도 기울기를 낮추는 것을 돕는다.

능동 수송체는 $Na^+$와 $K^+$을 농도 기울기에 역행하여 막수송을 한다. 이들 수송체는 이온 유출에 대응하여 휴지막 전위를 유지시킨다.

신경세포막의 지질 2중층

히 선 버킷릴레이(bucket bridge) 줄의 사람들과 같다. 그러한 집단에서 줄을 선 사람들은 불을 끄기 위해 물이 든 양동이를 직접 전달한다. 뉴런은 양동이가 아니라 정보를 전달한다. 그리고 뇌가 있는 모든 동물에서, 서로 다른 종류의 뉴런을 통해 자극에서 반응에 이르는 경로로 정보가 전달된다.

**감각뉴런**(sensory neuron)은 정보를 감지하여 뇌나 척수(척수를 갖고 있는 동물이라면)에 전달한다. 특정 자극(*stimulus*)은 빛과 같은 특정한 형태의 에너지로 특정한 수용체가 감지한다. 뇌와 척수만이 **연합뉴런**(interneurons)을 갖고 있는데, 이들은 감각 정보를 받는 것 이상의 작용을 하며, 반응을 유발한다. 연합뉴런은 또한 정보를 통합, 저장하고 불러내기 위해 상호작용을 한다. **운동뉴런**(motor neurons)은 다른 뉴런으로부터의 명령을 반응을 수행하는 몸의 효과기인 근육이나 샘에 전달해준다.

모든 뉴런은 세포체로부터 나온 세포질성의 돌기를 가지는데, 그 수와 길이가 다양하다. 대체로 세포체와 **수상돌기**(dendrite)라고 하는 가늘게 뻗은 부위가 정보가 입력(*input*)되는 부분이다. 여기에 입력되는 신호는 크고 작은 파동을 일으킨다. 큰 동요가 개시구역(*trigger* zone)으로 전파되면 인접한 원형질막 부위에서 스스로 진행하는 신호가 발생된다. 이들 신호는 전형적으로 가늘고 긴 **축삭**(axon)을 따라 전달되는데 이곳이 뉴런의 전도 구역(*conducting* zone)이다. 보통 분지된 축삭말단은 다른 세포로 정보를 전달하는 출력구역(*output* zone)이 된다(그림 29.2a).

뉴런은 생존을 위해 필수적이므로, 주위에서 많은 도움을 받는다. 대사적인 보조와 구조적인 지지, 그리고 신경교세포(neuroglia)라 불리는 많은 수의 다양한 세포들에 의해 보호를 받는다.

## 뉴런의 원형질막

뉴런이 "휴지 상태(at rest)"이거나 자극을 받지 않을 때, 원형질막을 가로질러 작은 전위차가 유지된다. 막에 인접한 세포질 용액은 바깥쪽의 간질액에 비해 약간의 음전하를 띠고 있다. 그것은 mV 전하로 측정된다. 이러한 지속적인 전위차(대체로 −70mV)를 유지하는데 필요한 에너지의 양은 **휴지막 전위**(resting membrane potential)로 알려져 있다.

모든 세포들은 내부가 약간 음전하를 띠고 있지만 흥분성(excitable) 세포에서만 적절한 자극에 대한 반응으로 원형질막을 따라 형성된 전기적 구배가 순간적으로 역전될 수 있다. 전하의 역전현상이 **활동전위**(action potential)이다. 이는 잠깐 동안 연속되는 역전현상으로, 개시 구역에서 출력 영역까지 순간적으로 일어난다.

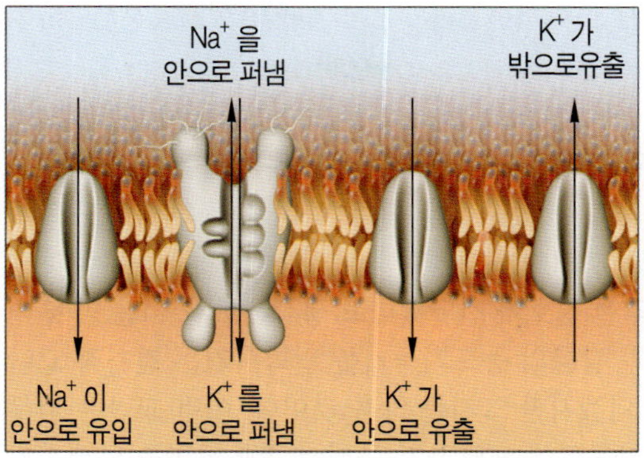


**그림 29.4** 휴지막을 가로지르는 나트륨과 칼륨이온의 펌프작용과 누출.

*핵심은 특정 이온들의 막 통과이다.* 다른 이온들처럼, 칼륨($K^+$)과 나트륨($Na^+$)이온은 신경세포막의 지질 이중층을 통과할 수 없다. 이들 이온은 일정한 시간 동안 얼마나 많은 이온을 통과시키는가를 조절하는 이중층을 가로질러 놓인 수송 단백질의 도움을 받아야만 한다. 어떤 수송체는 절대로 닫히지 않는 통로와 같다; 즉 이들은 나트륨이나 칼륨이온이 항상 조금씩 유출되도록 한다(그림 29.2와 29.4). 다른 종류는 분자 관문(게이트, gate)이 있는 통로이다. 관문은 휴지기 운동뉴런에서는 완전히 닫혀있다. 곧 한 번에 많은 관문이 열리게 될 때 어떤 일이 일어날지 알게 될 것이다.

앞뒤로 조금씩 유출되는 것에 대한 대응이 없다면, 휴지막의 나트륨과 칼륨의 구배는 시간이 지나면 사라지게 될 것이다. 하지만 **나트륨-칼륨 펌프**(sodium-potassium pump)가 구배를 유지시켜 준다. 이들은 또한 매 활동전위가 지나간 후에도 전위차를 회복시켜 준다. 기억해야 할 것은, 이런 종류의 펌프들은 능동 수송체라는 것이다(5.6 절). 신경세포막의 펌프가 ATP로부터의 인산기 전달에 의해 활성화될 때, 각 이온의 농도구배와는 반대로 나트륨은 바깥쪽으로, 칼륨은 안쪽으로 동시에 이동시킨다.

이제 지금까지의 배경지식을 갖고, 활동전위가 어떻게 생겨나고 스스로 전파되는지 알아보자.

감각뉴런, 연합뉴런과 운동뉴런은 흥분성 세포로서 신경계의 의사소통 단위이다.

적절한 자극에 대한 반응으로 활동전위가 발생하여 뉴런 원형질막의 개시구역에서 출력구역으로 전파된다.

활동전위는 원형질막을 가로지르는 전위차의 순간적인 역전현상이다. 이는 특정이온들이 막의 지질 이중층에 퍼져있는 수송 단백질을 통해 흐르게 되면서 발생된다.

## 29.2 활동전위는 어떻게 전도되는가?

*활동전위의 전도는 신경세포막의 수송 단백질을 통해 이온들이 이동하는 것을 이미 알고 있다면 그리 어렵지 않다.*

뉴런의 입력구역에 도달한 신호는 약하거나 강하거나 혹은 그 중간 정도일 수 있다. 다른 말로 하면, 자극의 강도나 지속 시간에 따라 그 크기가 다양하다는 것이다. 한 운동뉴런의 입력구역에 약한 신호가 전달됐다고 생각해보자. 이는 막에 대한 나트륨과 칼륨의 농도기울기를 변화시키는 전기적 교란의 원인은 되겠지만 크지는 않을 것이다. 이런 교란은 너무 약해서 개시구역에 도달하지 못해서 활동전위를 발생시키지 못한다. 왜 그런가? *활동전위를 발생시키기 위해서는 많은 나트륨 통로가 열려야 하는데 입력구역에 없었다.*

강하거나 오래 지속되는 자극의 신호는 막을 따라 개시구역까지 퍼져나갈 수 있다. 개시구역에는 전압 -감수성 관문이 있는 나트륨 통로가 많이 존재한다. 만일 휴지막의 전위차가 어떤 수준 — 역치(threshold) — 까지 변하게 되면 활동전위가 필연적으로 생성될 것이다.

휴지상태 뉴런의 세포질은 바깥쪽 간질액보다 더 음전하를 띠고 있음을 기억하자(그림 29.5a). 역치에 도달하면 개시구역의 나트륨 관문통로가 열리기 시작한다. 나트륨 이온은 그들의 전기적, 농도구배에 따라 뉴런 내부로 흘러들게 된다. 세포질은 음전하가 약해지고, 이에 따라 더 많은 통로가 열리게 된다; 보다 더 많은 나트륨이 유입되면 더 많은 통로가 열리고, 이 현상이 계속 된다:

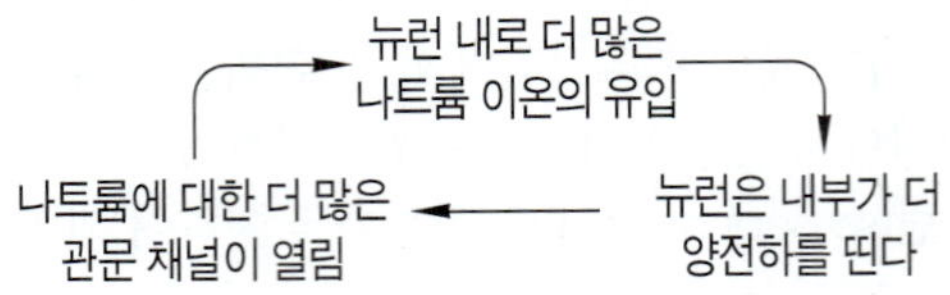


지금까지의 나트륨 이온 흐름의 증가는 **양성 되먹임**(positive feedback)의 한 예이다; 이것은 그 자체 발생의 결과로써 강화된다. 자극의 강도는 더 이상 문제가 없다. 열려진 모든 통로로 양전하를 띤 이온이 쏟아져 들어오면 막 전위차는 역전된다(그림 29.5b).

그림 29.6에 활동전위 발생 전, 도중 및 후까지 뉴런의 전압 측정치가 기록되어있다. 역치에 도달한 때에, 전압의 변화는 *실무율(all or nothing)* 반응으로 항상 같은 강도로 나타난다.

각각의 충격(spike) 단지 수 밀리 초 정도 지속될 뿐이다. 왜 그런가? 전위의 역전이 일어난 막 부위에서 나트륨 통로의 관문이 닫혀 나트륨이 더 이상 유입되지 않기 때문이다. 또한 역전이 일어나는 중간쯤에, 칼륨 관문통로가 열리면서 칼륨이 유출된다. 이러한 현상으로 인해 막 부위의 전위차는 회복되지만, 원래의 기울기는 아니다(그림 29.5c). 나트륨-칼륨 펌프가 나트륨은 밖으로, 칼륨은 안으로 능동수송을 한다.

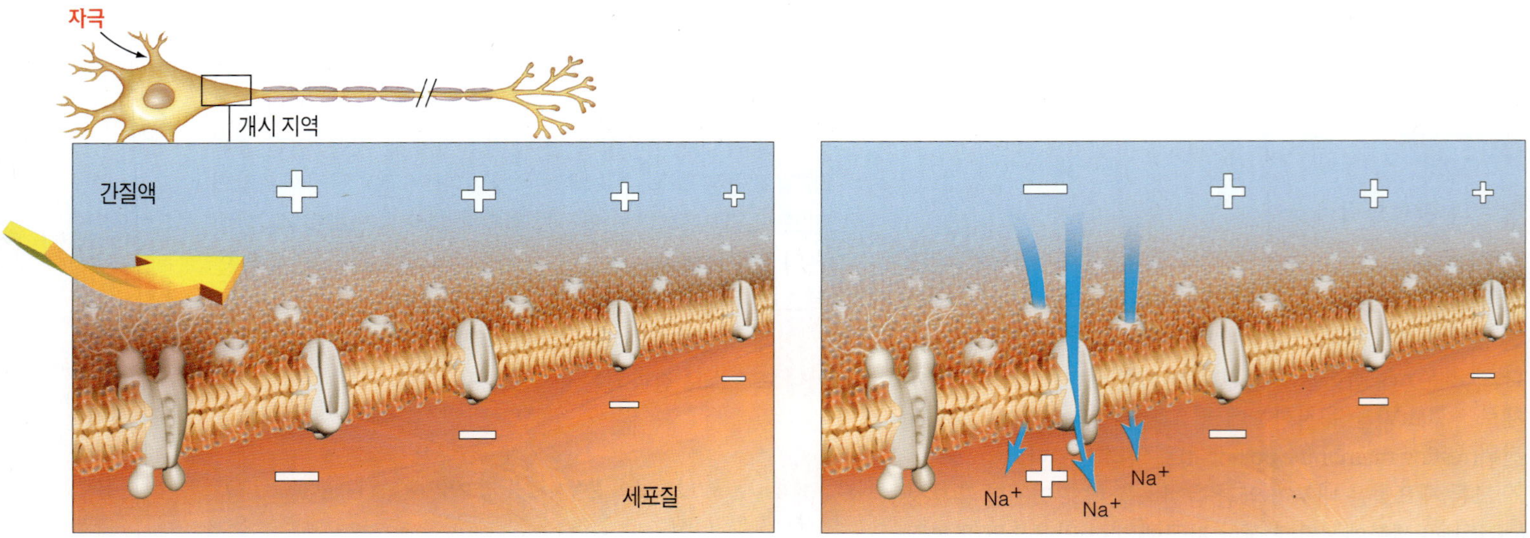


ⓐ 휴지상태의 막; 뉴런 내부는 외부에 비해 음전하를 띤다. 전기적 교란(노란 화살표)이 입력영역에서 수많은 나트륨 관문 통로가 있는 인접한 개시구역으로 퍼져나간다.

ⓑ 강한 교란은 활동전위를 유발시킨다. 나트륨 관문이 열린다. 나트륨 유입은 뉴런 내부의 음전하를 감소시킨다. 이 변화가 더 많은 관문을 열리게 하며 역치에 도달할 때까지 반복되어서 막전위치가 역전된다.

**그림 29.5** 운동뉴런의 축삭을 따라 전파되는 활동전위.

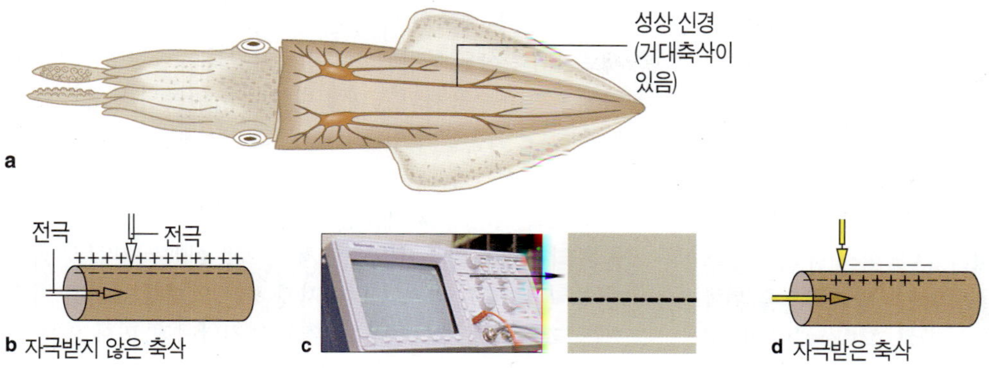


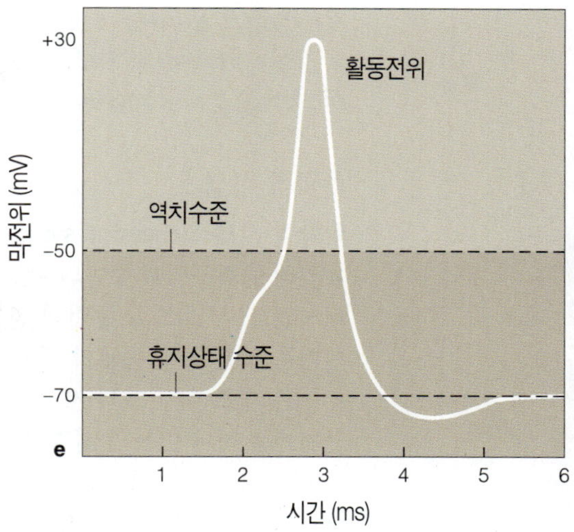


**그림 29.6** 활동전위. **(a)** 오징어(*Loligo*)는 활동전위 극파 현상의 초기 증거들을 제공해주었다. **(b)** 연구자들은 오징어의 '거대' 축삭의 내외에 전극을 꽂고, 그것을 **(c)** 오실로스코프(oscilloscope)라 불리는 측정 장치에 연결하였다. **(d)** 그들은 축삭을 자극하였다. 전압의 변화는 오실로스코프 화면의 빛나는 선이 휘어지면서 나타났다. **(e)** 흰색 선이 전형적인 활동전위의 파형을 보여준다.

이후 대부분의 칼륨 관문은 닫히고 나트륨 관문은 조절한 신호 도달에 의해 열릴 준비를 한다.

어떻게 활동전위가 축삭을 따라 이동할까? 나트륨의 유입은 주변 막부위의 전하 분포를 변화시켜 관문통로가 열리게 하며 그 다음 부위의 통로가 열리면, 스스로 진행하는 양성 되먹임은 시간이 지나도 약해지지 않는다. 또한 활동전위는 자극 시작 부위에서 멀리 퍼져나간다. 왜 그런가? 나트륨이 막부분에서 유입된 후 전압 작동성에 의해 작동하는 나트륨 관문은 닫힌 상태를 유지한다.

뉴런의 개시구역에는 전압에 반응하여 개폐되는 많은 나트륨 통로들이 있다. 활동전위는 관문이 언제나 가속화되는 방식으로 열릴 때 생성된다. 나트륨이 한꺼번에 유입되면 막전위는 바로 역전된다. 나트륨-칼륨 펌프는 그 막 부위의 본래 이온구배를 회복시켜준다.

활동전위는 인접 막부위에 전위 역전을 유발하며, 이것이 출력구역까지 계속 전도된다. 그것은 개시구역에서 멀어지는 쪽으로 진행되는데, 이는 나트륨의 급격한 유입이 일어난 후에 나트륨 통로가 잠시 닫혀있기 때문이다.

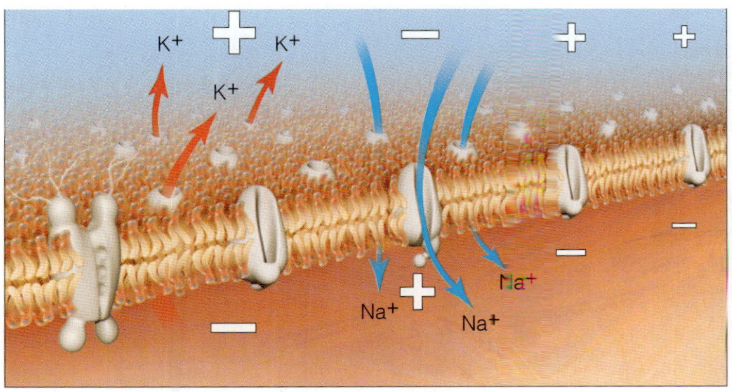


c

역전과 더불어, 나트륨 관문이 닫히고 칼륨관문 (빨간 화살표)이 열린다. 칼륨은 농도 기울기에 따라 뉴런 외부로 나간다. 전위가 회복된다. 교란은 인접부위에 활동전위를 일으키고 반복되면서 자극지점에서 멀어져 간다.

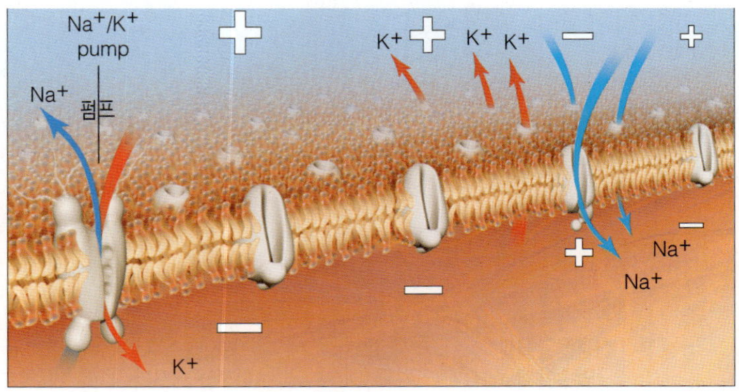


d

각 활동전위에 뒤이어, 원형질막 내부는 다시 음전하를 띤다. 그러나 나트륨과 칼륨의 농도기울기는 아직 완전하게 회복되지 않았다. 나트륨-칼륨 펌프의 능동수송이 이것들을 복구한다.

## 29.3 뉴런은 어떻게 다른 세포에 정보를 전달하는가?

활동전위 전도는 대체로 뉴런의 개시구역에서 출력구역까지 이어진 후 멈춘다. 거기에서 다른 신호전달메커니즘이 뉴런의 말단과 다른 세포간의 틈을 이어주게 된다.

### 화학적 시냅스

**화학적 시냅스**(chemical synapse)라는 단지 매우 얇은 틈이 뉴런의 출력구역과 주변의 뉴런이나, 근육 또는 샘 세포를 분리시킨다. 시냅스 전 뉴런의 원형질막에는 칼슘이온을 통과시키는 많은 관문 통로가 존재한다. 막이 휴지상태일 때, 이온들은 세포 내부 보다 세포외액에서 더 농축되어 있다. 막 근처에는 하나 이상의 **신경전달물질**(neurotransmitter)을 저장한 수많은 소포들이 존재한다(그림 29.7a, b). 이것들이 화학적 시냅스를 통해 확산되는 신호분자의 한 종류이다.

활동전위가 출력구역에 도달하면, 칼슘통로가 열린다. 칼슘이온은 안쪽으로 확산되고, 이것이 시냅스 소포가 원형질막과 융합되도록 유도한다. 이렇게 되면, 신경전달물질이 시냅스 틈으로 방출된다.

시냅스 후 세포의 막에 존재하는 수용체는 시냅스 틈을 가로질러 확산된 특정한 신경전달물질과 결합할 수 있다. 이러한 결합은 수용체의 형태를 변화시켜, 안쪽의 통로가 열리도록 한다. 이온들이 이 통르를 통해 확산되어 시냅스 후 세포 내로 들어간다(그림 29.7c).

그리고 시냅스 후 세포는 어떻게 반응하는가? 신호 분자들은 막전위를 활동전위의 역치 쪽으로 이끄는 흥분성 효과를 보일까? 또는 역치와 멀어지게 하는 억제성 효과를 가질까? 그것은 수용체의 종류와 수, 신경전달물질, 막에 있는 관문통로들에 달려있다.

요인이 다양하기 때문에, 어떤 신경전달물질은 다른 세포에서 다른 효과를 보일 수 있다. 운동뉴런과 근육세포 사이의 시냅스 중 하나인 신경근 접합(neuromuscular junction)에서 어떤 일이 일어나는지 생각해보자(그림 29.8). 운동뉴런에서 방출된 아세틸콜린(acetylcholine; Ach)은 시냅스 틈을 지나 확산되어, 근육세포의 막수용체에 결합한다. 이것은 흥분성 효과를 지니므로, 근수축의 유발을 도와줄 것이다(32.4절).

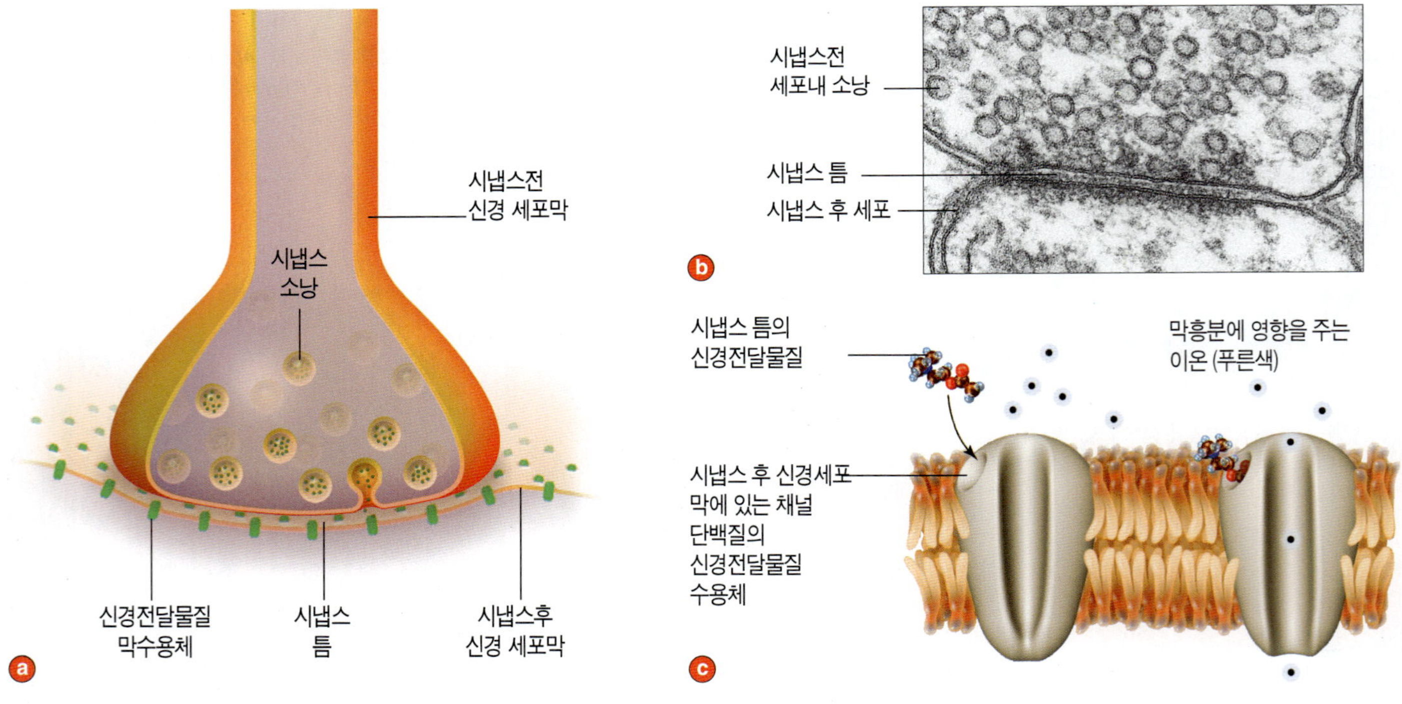


**그림 29.7** 화학적 시냅스의 예. (a,b) 단지 하나의 가는 틈이 시냅스 전 세포와 시냅스 후 세포를 분리하고 있다. 축삭말단에 활동전위가 도달하면, 시냅스 전 세포로부터 신경전달물질 분자의 세포외방출이 유도된다. (c) 분자는 시냅스 틈으로 확산된다. 이들은 시냅스 후 세포막에 있는 관문이 있는 단백질 부분인 수용체에 결합한다. 관문이 열린다; 이온들이 유입되고 막 부위에서 국부적인 전기적 교란이 유발된다.

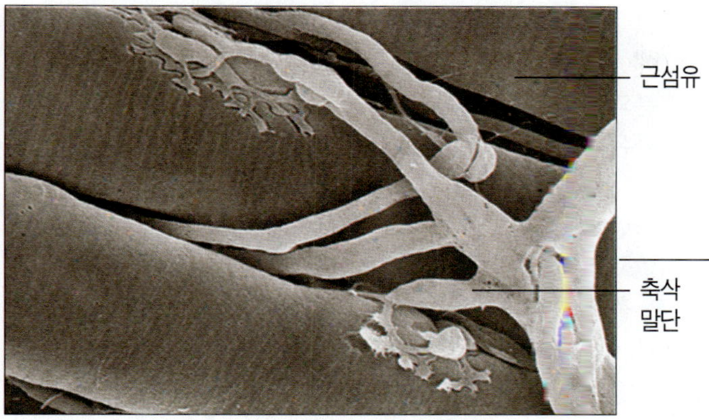


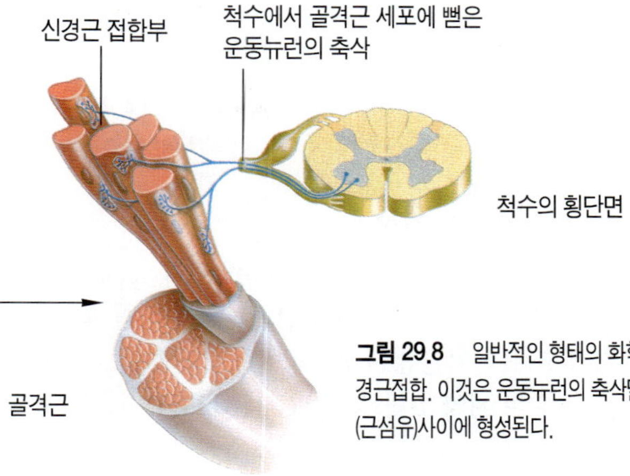


**그림 29.8** 일반적인 형태의 화학적 시냅스: 신경근접합. 이것은 운동뉴런의 축삭말단과 근세포(근섬유)사이에 형성된다.

**그림 29.9** 시냅스 통합. 전형적으로 많은 흥분성, 억제성 신호들의 시냅스 후 뉴런의 입력 영역에 동시에 도달하며, 그것을 제어하기 위해 경쟁한다. 만약 어떤 흥분성 신호가 특정 강도로 혼자 도착하면, 노란색 파형을 보일 것이다. 이것은 역치에 도달한 만큼 강하지 못하여, 활동전위는 생성되지 않는다. 만일 억제성 신호가 단독으로 전달되면, 보라색의 파형이 나타날 것이다. 이 둘이 동시에 도달할 경우에는 붉은 색 파형을 볼 수 있다. 여기서 억제성 신호가 흥분성 신호를 역치에서 더 멀어지게 하는 것을 보여준다. 둘의 합은 활동전위(하얀색 점선)를 발생시키지 못하는 것이다.

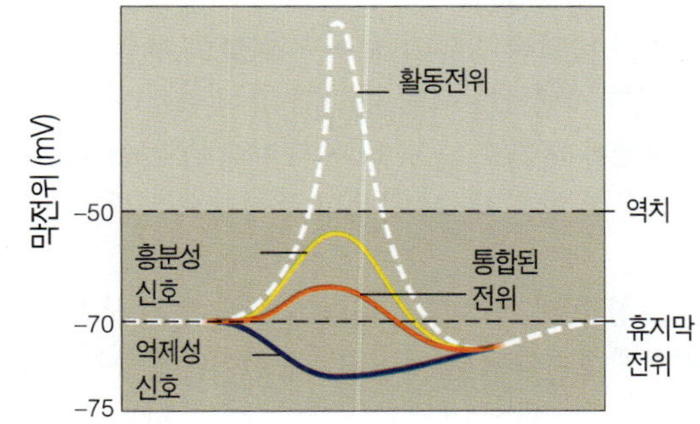


하지만 뇌에 존재하는 일부 연합뉴런 역시 아세틸콜린을 방출한다. 이 상황에서의 효과 중 하나는 기억에 작용하는 세포의 억제이다.

다른 많은 신경전달물질들이 뇌에서 흥분 또는 억제성 효과를 보인다. 예를 들어, 세로토닌은 잠이나 감각 수용, 감정, 체온에 영향을 미친다. 노르에피네프린은 감정, 꿈 및 각성수준에 작용한다. 도파민이 없으면, 기쁨에 대한 감각이나 양성강화 학습이 사라지게 된다. GABA(gamma aminobutyic acid)는 광범위한 억제 효과를 보인다. 발륨(Valium)과 같은 신경안정제는 뇌에서 GABA가 수용체에 더 잘 결합하게 해준다.

## 시냅스 통합

여러분의 뇌에 있는 각각의 뉴런은 수천 개의 억제 및 흥분성 신호를 다양한 강도로 받아들인다. **시냅스 통합**(synaptic integration)이라는 과정에 의해 시냅스 후 뉴런은 다른 통신선을 통해 동시에 입력구역에 들어오는 모든 신호를 더한다. 많은 신호들이 시냅스 후 막전위를 역치에 가깝게 혹은 멀어지게 하면서 서로간의 신호를 약화, 억제시키거나 강화한다. 그림 29.9에 두 가지 예가 있다.

통신선을 따라 흐르는 신호를 유지하기 위해 신경전달물질은 작용이 끝난 뒤에 시냅스 틈에서 즉시 제거되어야 한다. 일부는 단순히 시냅스 틈에서 확산되어 사라진다. 다른 것들은 효소에 의해 분해되는데, 아세틸콜린의 경우 시냅스 틈에서 아세틸콜린가수분해효소(acetylcholinesterase)에 의해 제거된다. 수송 단백질들이 신경교세포나 시냅스 전세포로 신경전달물질을 능동수송하기도 한다. 마약은 대개 신경전달물질의 재 흡수를 방해한다.

신경전달물질이 제거되지 않으면 어떻게 될까? 한 가지 예를 생각해 보자; 코카인은 도파민의 재 흡수를 막아 표적세포가 계속 자극을 받게 된다. 초기의 비정상적 자극은 도취감이나 강렬한 쾌락을 느끼게 한다. 나중에는 29.9절에서 볼 수 있는 나쁜 일들이 일어나게 된다.

신경전달물질은 두 뉴런이나 뉴런과 근육 또는 샘세포 사이의 시냅스 틈을 가로지르는 신호 분자이다.

신경전달물질의 종류와 양에 따라 신호가 흥분성 혹은 억제성을 띠게 된다. 시냅스 후 세포막의 수용체나 관문 이온통로의 종류와 양 또한 마찬가지로 작용한다.

시냅스 통합은 시냅스 후 세포의 입력구역에 동시에 도달하는 모든 흥분성, 억제성 신호의 합이다. 이 합을 통해 신호의 강화, 무시 여부와 지속 혹은 억제 여부가 결정된다. 이는 정상적인 신체 기능을 위해 필수적이다

## 29.4 정보 흐름의 통로

*시냅스에서의 통합에 의해 한 뉴런에 도착한 정보는 강화되어 주변으로 전달될 것이다. 정보가 전달되는 방향을 결정하는 것은 무엇인가? 그것은 몸에서 뉴런들이 어떤 식으로 조직화되어 있는 지에 달려있다.*

### 뉴런의 블록과 케이블

여러분의 몸을 흐르는 정보는 일반적으로 다른 복잡한 동물들과 같이 감각수용체에서 연합뉴런을 거쳐 운동뉴런으로 전달된다. 하지만 많은 신호들이 놀랄만한 회로에서 맴돈다.

사람의 뇌에 있는 수 십억 개의 연합뉴런들을 생각해 보자. 수천 개가 실제로는 도약하는 블록과 같은 부분에서 시작한다. *발산하는 회로*(*diverging* circuit)에서 뉴런의 수상돌기와 축삭은 한 블록에서 퍼져나가, 다른 블록들과 정보를 교환한다. *수렴하는 회로*(*converging* circuit)에서는, 많은 뉴런들로부터의 신호가 몇몇에 집중된다. 어떤 회로의 경우에는 뉴런들이 그 자신과 시냅스를 이뤄, 잡담과 같이 퍼져나가지 않는 반복적인 신호를 내기도 한다. 한 예로 *반향회로*(*reverberating* circuit)는 잠들어 있을 때, 눈 근육이 주기적으로 씰룩이도록 한다.

정보는 또한 몸의 여러 부분 사이에 길게 뻗은 **신경**(nerve)을 타고 빠르게 흐른다. 신경에는 감각뉴런이나 운동뉴런 또는 두 가지 모두의 긴 축삭들이 결합조직 안쪽으로 다발을 이루고 있다. 그림 29.10a가 이러한 구조적인 조직화의 한 예이다.

신경교세포의 한 종류인 슈반세포(Schwann cells)는 대부분의 신경축삭 주위를 젤리를 말듯이 싸고 있다. 총괄하여 이들은 미엘린 수초(myelin sheath)를 형성한다. 이 전기적 절연체는 활동전위의 전도를 증진시킨다(그림 29.10b). 어떻게 그런 일이 일어날까? 이온은 수초를 건너 앞뒤로 이동할 수 없고, 이런 방해에 의해 신호는 2개의 수초 사이에 있는 작은 노출된 결절에 도달할 때까지 축삭의 세포질을 따라 내려간다. 이곳에서 새로운 활동전위가 발생하고, 이것이 선상의 각 결절에서 반복된다. 도약에 의해 결절에서 결절로 정보는 신경의 긴 축삭을 초당 120m의 속도로 빠르게 전달될 수 있다.

*다발성 경화증*(*multiple sclerosis*, MS)에서는, 어떤 백혈구가 미엘린 수초에 있는 한 종류의 단백질을 외부의 것으로 잘못 인식하고 파괴한다. 이러한 자가 면역 반응은 뇌와 척수의 축삭에 염증을 일으킨다. 일부 사람들은 유전적으로 이 질병이 발생하기 쉽지만, 바이러스 감염이 이를 촉발시키는 것 같다. 어떤 방식이든 정보흐름이 방해받고, 약해진 근육, 피로, 통증, 어지러움, 시각문제 등의 증상이 나타나게 된다. 현재 미국에는 대략 500,000명에 달하는 사람들이 다발성경화증(MS)을 앓고 있다.

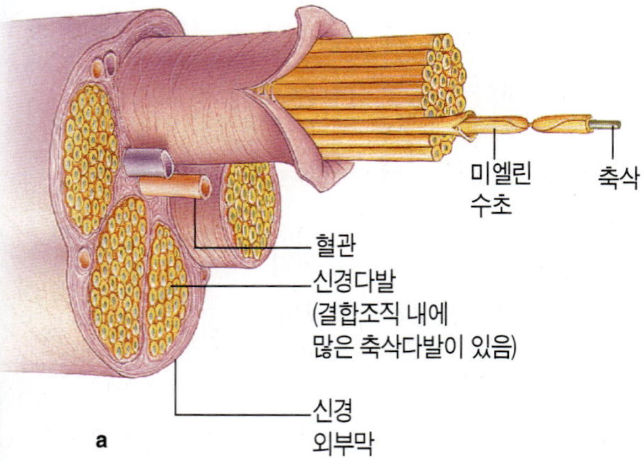


a

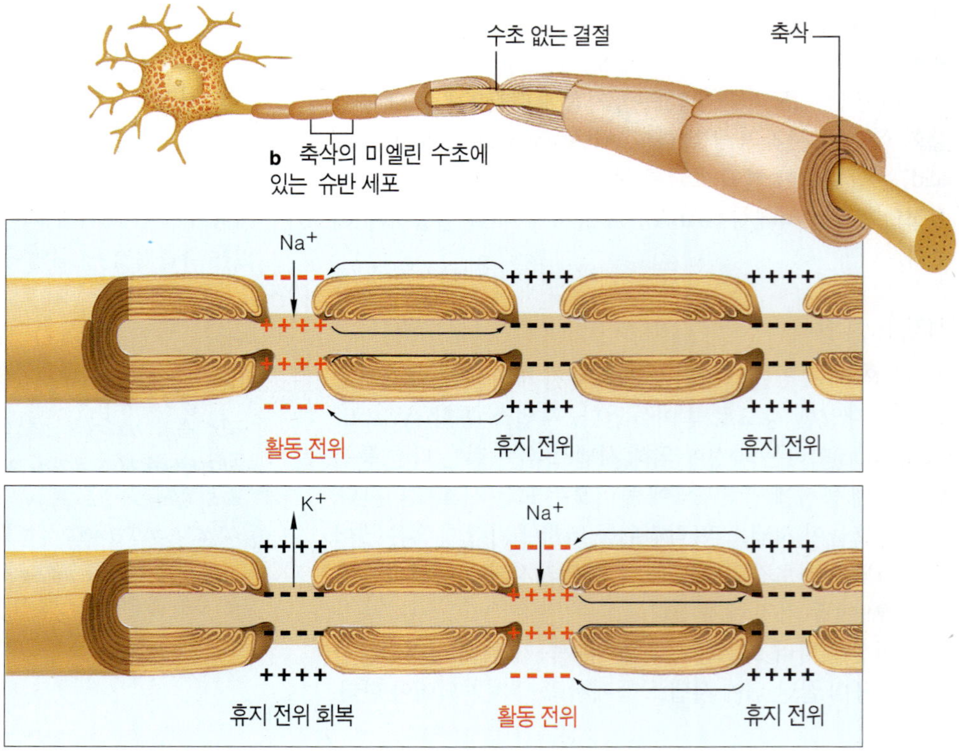


b c d

**그림 29.10** (a) 신경의 구조. (b~d) 미엘린 수초로 싸인 축삭에서 이온은 많은 나트륨 관문통로가 노출된 결절이나 수초가 없는 미세한 틈에서만 신경세포막을 가로질러 흐를 수 있다. 활동전위에 의한 교란이 각 결절에 도달하면, 나트륨 관문이 열리고 새로운 활동전위가 생성된다. 이러한 교란은 재빨리 다음 결절로 전달되어 새로운 활동전위를 만들게 되며, 이런 현상은 선을 따라 계속 나타난다.

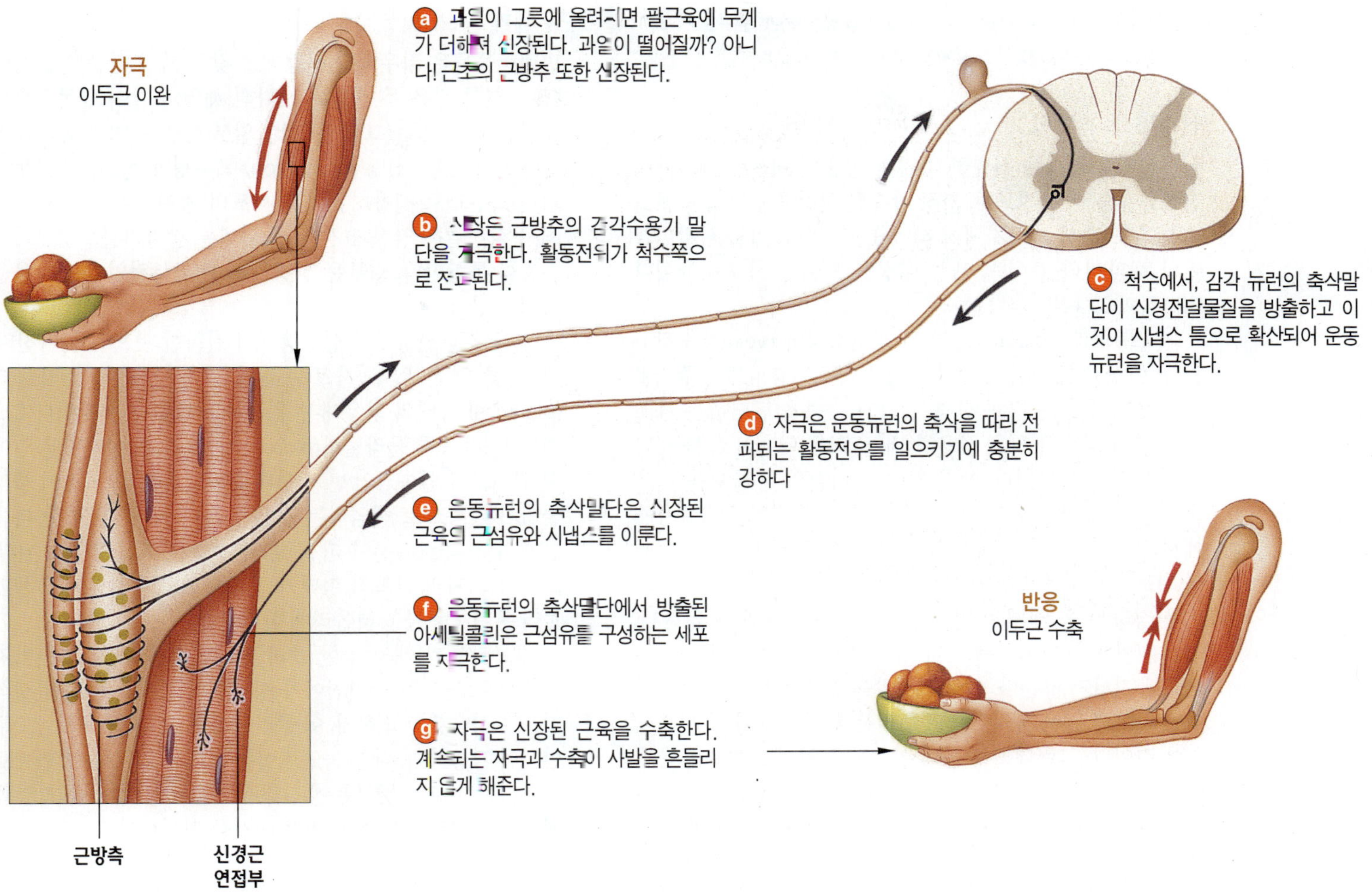


**그림 29.11** 신장반사. 골격근에서 신장을 감지하는 감각뉴런 수용체가 근방추에 있다. 신장은 활동전위를 일으킨다.

## 반사궁(reflex arch)

반사작용은 가장 원시적인 정보흐름이다. **반사**(reflex)는 어떤 자극에 대해 움직임이나 다른 반응이 생각과는 관계없이 자동적으로 나타나는 것이다. 가장 단순한 반사궁에서는 감각뉴런이 바로 운동뉴런에 시냅스를 형성하고 있다. 좀 더 복잡한 반사작용의 경우, 감각뉴런이 하나 이상의 연합뉴런과 상호 작용하는데, 어떤 조화된 반응을 위해 필요한 모든 운동뉴런들을 활성화 혹은 억제할 수 있다.

*신장반사*(*stretch reflex*)는 근육이 중력이나 다른 신장을 일으킬 수 있는 부하에 대해 수축을 일으키는 것이다. 여러분이 사발을 들고 있고, 누군가가 거기에 복숭아를 담그 있다고 가정해 보자. 무게에 의해 여러분의 손이 조금 쳐지게 될 텐데, 이는 이두근이라 불리는 팔 근육이 늘어난 것이다. 내부에 있는 감각기관의 수용체 말단이 늘어나는 반응으로 이두근이 신장되는 것이다. 이 기관이 **근방추**(muscle spindle)이다. 그들의 말단부위는 실제 감각뉴런의 입력구역인 근육에 나란한 방향으로 뻗은 초로 싸여있다(그림 29.11).

척수에서 이러한 감각뉴런의 축삭들은 운동뉴런과 시냅스를 이루며, 운동뉴런의 축삭은 신장된 근육으로 되돌아간다. 운동뉴런의 축삭말단에서는, 활동전위에 의해 아세틸콜린(ACh)이 분비되어 이두근을 수축시킨다. 이러한 수축이 복숭아 무게를 견디고 팔을 유지하도록 도움을 준다.

복잡한 동물에서, 뉴런들은 블록과 케이블로 구성되어 있는데, 어떤 것은 자극 지점으로 되돌아가기도 한다.

신경은 몸 부위 간에 뻗은 긴 길이의 선이다. 감각뉴런이나 운동뉴런의 가장 긴 축삭들은 미엘린 수초로 싸여있어 신호 전달을 가속화한다.

반사궁은 감각뉴런이 직접 운동뉴런과 시냅스를 이룬 것으로 정보가 흐르는 가장 단순한 경로이다.

## 29.5 신경계의 종류

*조직화 수준에서 해면 이상의 모든 동물들은 몸 전체에 신호를 전달하고, 정보를 처리하는 일인 신경계가 있다.*

### 신경망에 관하여

신경계의 다양성을 식별하기 위해, 동물이 처음에 해양에서 진화했음을 떠 올려보자. 가장 단순한 신경계를 가진 동물들을 아직도 수생 서식지에서 찾아 볼 수 있다. 이들은 말미잘이나 해파리와 같이 방사성 대칭을 보이는 자포동물이다(22.1절과 22.4절).

자포동물(Cnidarians)은 하나의 **신경망**(nerve net)을 갖고 있다. 이 느슨한 그물 구조의 신경세포들이 상피세포 주위로 뻗어있다(그림 29.12a). 신경, 감각과 수축을 담당하는 세포들이 반사 경로와 상호 작용할 때, 조직은 단순하고 틀에 박힌 방식으로 움직인다. 예를 들어, 말미잘의 섭식 행동을 조절하는 반사 경로를 생각해보자. 이것은 촉수의 감각수용체에서 신경세포로 이어져 있고, 이 신경세포가 장 개구를 둘러싼 세포의 수축을 조절한다.

신경망은 몸 전체로 뻗어있지만 정보를 모으지 않는다. 이것은 체벽의 약한 수축이나 촉수의 느린 굽힘을 유도하는 정도에 지나지 않는다. 이런 신경망을 갖춘 동물이 빠른 행동이나 곡예와 같은 움직임으로 여러분을 놀라게 할 일은 절대 없을 것이다. 그런데도 그들의 신경망은 임의로 촉수를 움직여서 먹이를 붙잡아 장으로 넣는 작용을 한다. 방사상 계는 어떤 방향에서 오는 작은 먹잇감에 대해서도 동일하게 반응한다.

### 두뇌의 중요성

편형동물들은 좌우대칭 신경계를 갖는 가장 단순한 동물이다. 도선과 같은 두 신경은 사다리 배열과 같이 반복적으로 가지를 뻗고 있다(그림 29.12b). 일부 종들은 머리 끝부분에 신경절이 있다. 신경절(ganglion, 복수형 ganglia)은 국부적인 통합센터로 작용하는 신경세포의 덩어리이다. 편형동물에서 신경절은 안점과 같이 쌍을 이룬 감각기관으로부터의 신호를 통합한다. 일부는 신경을 통해 국부적인 조절작용을 하기도 한다.

좌우대칭 신경계는 신경망에서 진화한 것으로 여겨진다. 기억 할 것은 일부 자포동물의 생활사 중에 플라눌라(planulas) 형태의 좌우대칭 유생이 나타난다는 것이다(22.5절). 히드로충류 플라눌라(*podocoryne*)의 경우, 신경망은 앞에서 뒤쪽으로 연속적인 반복 형태로 발달하는데, 이것이 플라눌라가 앞쪽으로 헤엄치는 것을 돕는다. 이후 발생 중 다음 단계의 조직(polyp)이 퍼질 때, 신경망은 그물형태로 된다. 그러나 초기의 반복적 형태와 앞쪽으로의 움직임에서 플라눌라는 편형동물을 떠올리게 한다.

캄브리아기 해저의 한 플라눌라를 떠올려보자. 한 가지 시나리오로, 어떤 돌연변이가 성체로의 전이를 막지만 생식기관은 성숙했다고 하자. 이 플라눌라와 그 다음 세대는 모두 번식이 가능하다. 다른 돌연변이는 먹이나 위험을 첫 번째로 감지하는 "머리" 끝부분에 감각세포들이 모이게 했다. 앞쪽에서의 조절은 보다 빠른 반응 시간을 의미한다.

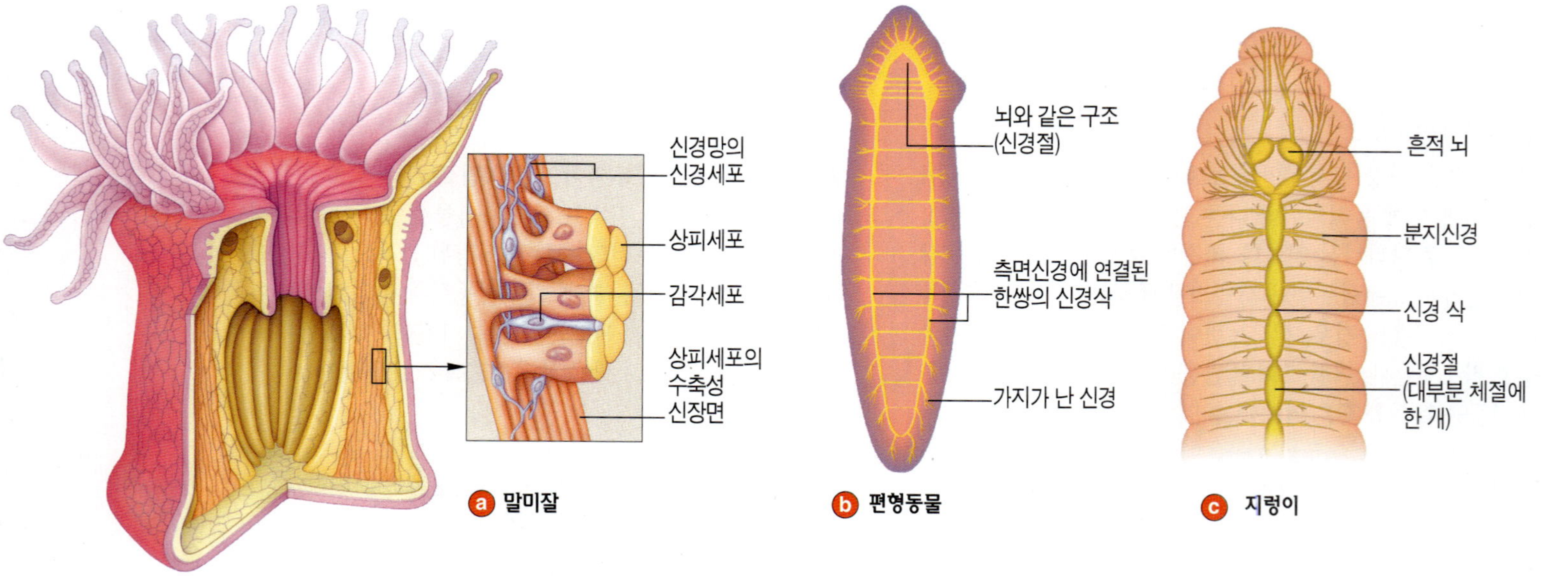


**그림 29.12** (a) 자포동물의 하나인 말미잘의 신경망. 상호작용하는 신경세포, 감각세포와 수축세포가 표피의 상피세포들을 통해 실 모양으로 뻗어있다. 이들은 젤리 형태의 중간층인 중배엽교세포와 접해있다. (b,c) 대부분의 무척추동물들처럼, 편형동물과 지렁이는 좌우대칭 신경계를 갖고 있다.

**그림 29.13** 사람의 신경계의 기능적 분류. 이러한 구분은 모든 척추동물의 전형적인 것이다.

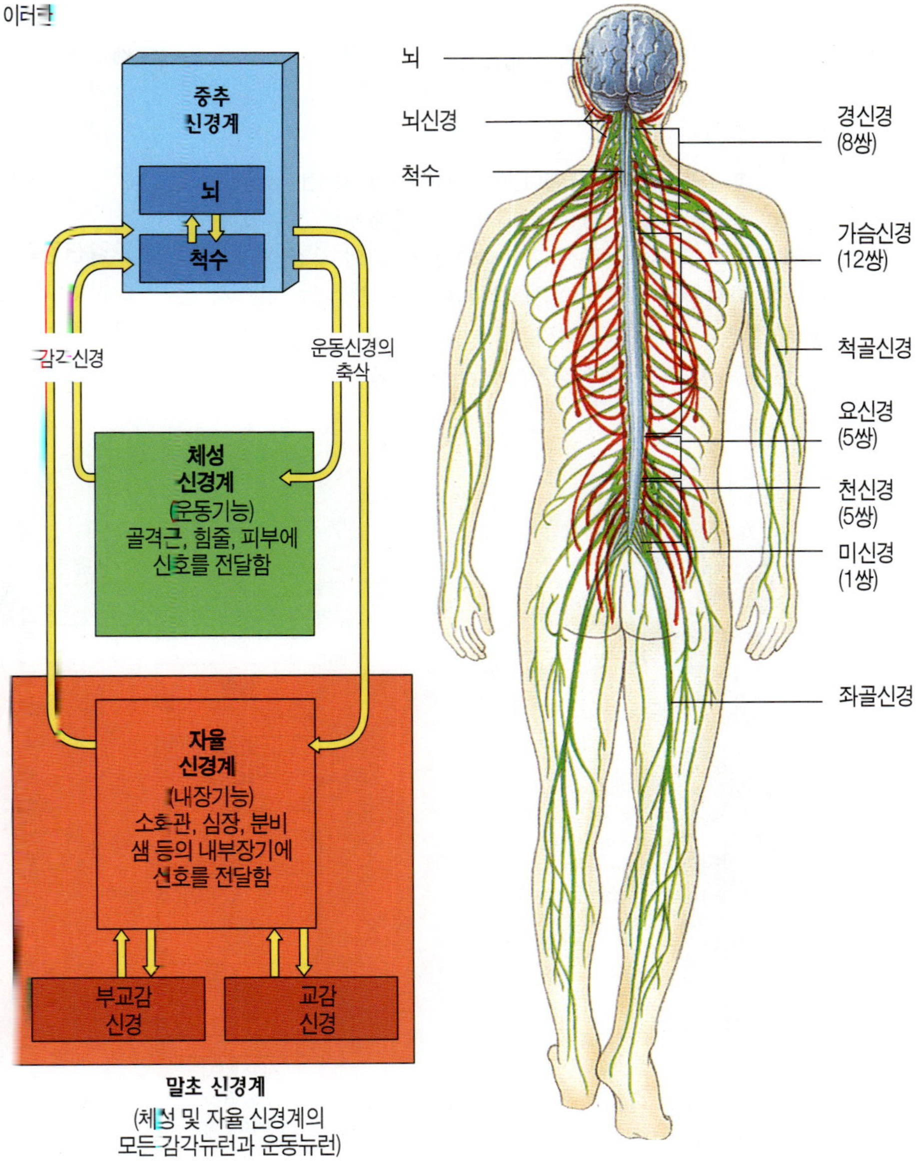


**두화**(cephalization) — 머리의 형성 — 와 좌우대칭성은 이렇게 진화했을까? 가능했을 것이다. 우리는 대부분의 무척추동물에서 두화와 좌우대칭성을 볼 수 있다. 흔적적인 뇌와 쌍을 이루는 신경절은 지렁이에서도 관찰된다(그림 29.12c). 심지어 사람을 포함한 척추동물에서도 한 쌍의 감각기 구조와 뇌 중심부, 짝을 이룬 신경과 골격근이 뚜렷하게 존재한다.

## 척수와 뇌의 진화

수 십억 년 전 최초로 어류와 유사한 척추동물이 진화할 당시, 속이 빈 관 모양의 신경삭이 뇌와 척수로 진화하였다(23장). 단순한 반사 경로가 여전히 우세하였다; 감각뉴런은 운동뉴런에 바로 시냅스를 형성하여, 직접 근 수축을 유도하였다. 이후, 먹이나 위험에 더 잘 대처하는 재빠른 포식자나 피식자가 경쟁적 우위를 차지하였다. 양서류를 필두로 육지에서는 듣기, 보기 그리고 평형감각이 더욱 더 중요한 일이 되었다. 기동성과 민첩성은 뼈와 근육의 변형을 통해 향상되었다. 새로운 조직들은 뇌를 더욱 두껍게 하였다.

척추동물의 뇌에서 가장 오래된 부위는 아직까지 호흡이나 다른 필수적인 기능의 반사조절을 처리하고 있다. 하지만 지금은 훨씬 많은 연합뉴런들이 감각 및 운동뉴런의 원시적 경로나 그들 서로 간에 시냅스를 형성하고 있다.

척추동물 신경계는 중추와 말초의 두 가지 기능적 부위를 갖는다. 척수와 뇌는 중추신경계이다(그림 29.13). 말초신경계는 몸의 나머지 부분에 뻗은 대부분의 신경을 포함하며; 이들이 중추신경계로 출입하는 신호를 전달해 준다.

뇌와 척수 내에서 통신선은 신경이 아니라 로(tract)로 불린다. 로는 빛나는 흰색으로 지방질의 미엘린 수초로 싸인 축삭들을 지닌 백질로 구성되어 있으며; 수초들은 빠른 신경전달이 가능하다. 회백질은 경우 세포체, 수상돌기와 무수 축삭, 신경교세포 등으로 구성되어 있다.

자포동물에는 신경망이 있다. 이러한 신경세포의 성긴 그물망 구조는 방사상의 몸 전체로 퍼져, 감각 및 수축세포와 상호 작용하는 가장 단순한 반사경로를 이룬다.

두화된 좌우대칭 동물은 머리에 한 쌍의 신경들과 감각기관을 갖춘 뇌나 신경절이 있는 신경계를 갖고 있다.

척추동물의 중추신경계는 뇌와 척수로 구성된다. 말초신경계는 나머지 몸 부위에 뻗은 대부분의 신경이 해당되는데, 중추로 출입하는 신호를 전달해준다.

## 29.6 주요 통로는 무엇일까?

*지금부터 말초신경계와 척수를 살펴보도록 하자. 이 두 가지는 몸 전체를 통해 흐르는 정보의 주요 통로로서 서로 연결되어 있다.*

### 말초신경계

**체성신경계와 자율신경계(The somatic and automatic subdivisions)** 사람의 말초신경계에는 척수와 연결된 31쌍의 척수신경들이 포함된다. 또한 뇌와 직접 연결된 12쌍의 뇌신경도 포함된다. 그 기능에 따라 뇌신경과 척수신경은 더 분류할 수 있다. 하나는 머리, 몸통 및 사지를 움직이는 정보를 전달하는 **체성신경**(somatic nerve)이다. 이들의 감각 축삭은 피부, 골격근 및 힘줄에 있는 수용체에서 중추신경계로 신호를 보낸다. 운동축삭은 뇌나 척수로부터의 명령을 골격근에 전해준다. **자율신경**(autonomic nerve)은 내장- 민무늬근, 심근, 샘이나 다른 내부 장기나 구조들 — 에 뻗은 척수신경과 뇌신경이다.

**교감신경과 부교감신경(sympathetic and parasympathetic nerves)** 자율신경의 두 종류가 교감신경과 부교감신경이다(그림 29.14). 둘 다 흥분성과 억제성 신호를 내부 기관에 전달한다. 하지만 보통 서로 반대되는 신호를 전달함

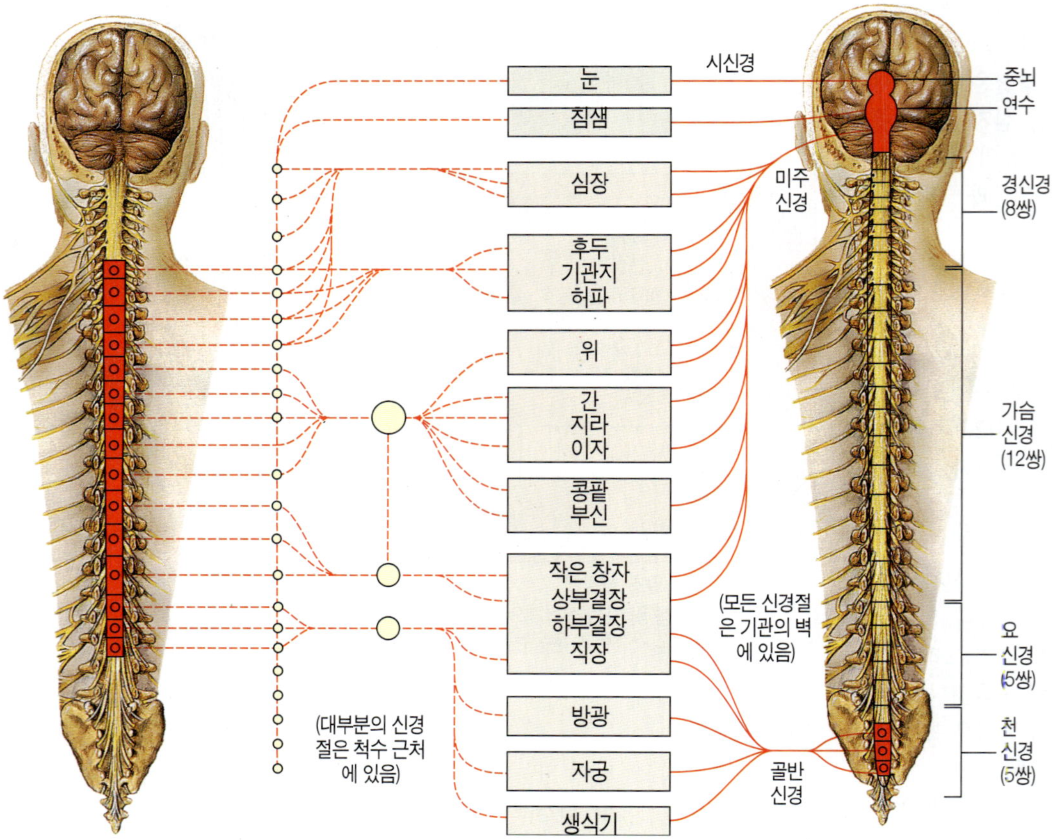


ⓐ **척수로부터 교감신경 출력**

| *교감신경출력의 반응들* | *부교감신경출력의 반응들* |
|---|---|
| 심박증가 | 심박감소 |
| 동공확대(넓어짐, 더 많은 빛이 들어 옴) | 동공수축(빛이 덜 들어 옴) |
| 폐로 연결된 기도에서 샘분비물 감소 | 폐로 연결된 기도에서 샘분비물 증가 |
| 침샘 분비물 농도 증가 | 침샘 분비물 농도 감소 |
| 위와 장 운동 억제 | 위와 장 운동 증가 |
| 괄약근(환상근) 수축 | 괄약근(환상근) 이완 |

ⓑ **척수와 뇌로부터 부교감신경 출력**

**그림 29.14** 중추신경계의 **(a)** 주요 교감신경과 **(b)** 부교감신경. 이 신경들은 짝을 이루고 있다; 몸의 좌우에 하나씩 존재한다. 신경절(신경세포체의 집단)은 국부적인 제어중추로 중추신경계에 속하지는 않는다; 그들의 축삭은 신경 내에 다발로 존재한다.

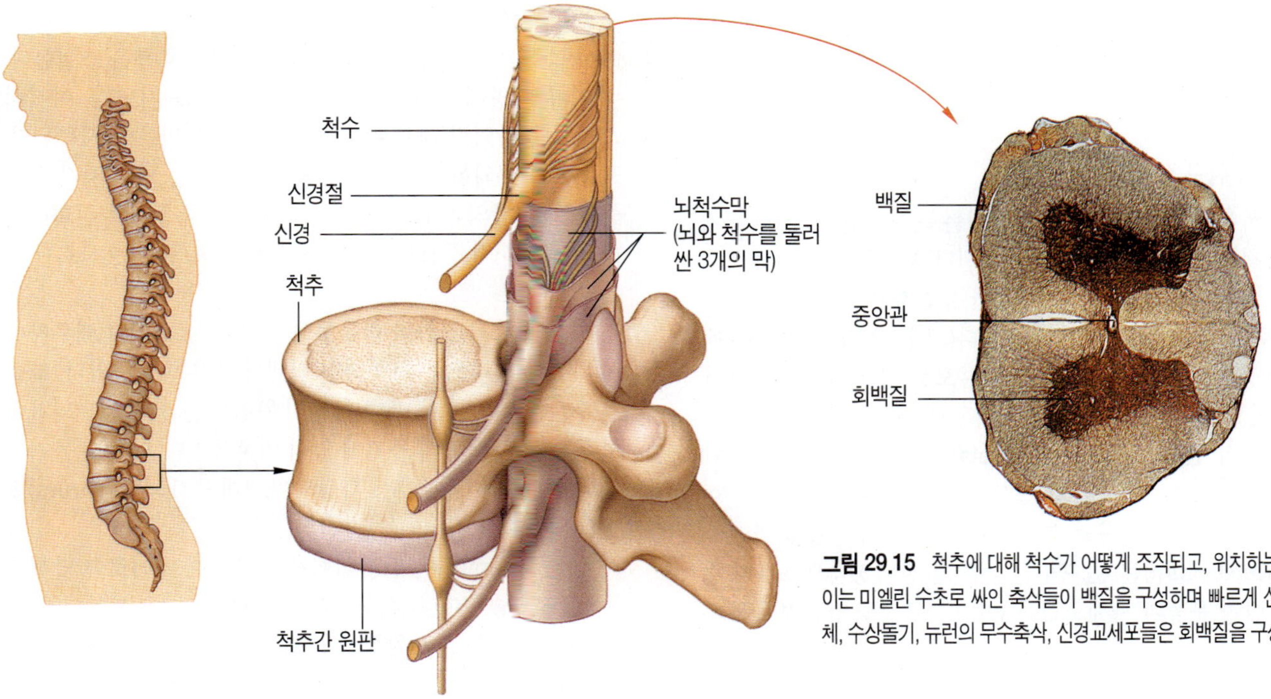


**그림 29.15** 척추에 대해 척수가 어떻게 조직되고, 위치하는가를 보여준다. 반짝이는 미엘린 수초로 싸인 축삭들이 백질을 구성하며 빠르게 신호를 전달한다. 세포체, 수상돌기, 뉴런의 무수축삭, 신경교세포들은 회백질을 구성하고 있다.

을 뜻하는 길항작용을 한다. 이러한 상반된 신호의 시냅스 통합은 기관의 활성을 정교하게 조절하게 된다.

**교감신경**(sympathetic nerve)으로부터의 신호는 스트레스, 흥분 또는 위험한 때에 많다. 소화와 같은 일상적인 활동은 지연되고, 몸은 싸움이나 위험으로부터의 회피 또는 운동이나 성행위의 들뜬 상태를 준비하기 위한 각성 상태가 고조된다.

**부교감신경**(parasympathetic nerve)은 많은 외부 자극을 받지 않았을 때 우세하게 작용한다. 이들은 전반적인 활동성을 감소시키고, 몸의 에너지를 소화와 같은 일상적인 활동으로 돌리도록 하는 경향이 있다.

여러분이 어떤 것에 놀라거나 무서움을 느낄 때, 어떤 일이 일어날까? 부교감 입력은 감소하고, 교감신호가 심박동과 혈압을 증가시켜, 땀을 더 흘리고, 숨을 가쁘게 내쉬게 된다. 신호는 또한 부신에도 작용하여 에피네프린이 분비된다. 이 신경전달물질은 전에 아드레날린으로 알려진 것으로 여러분을 강한 각성 상태로 몰아가, 싸우거나 빠르게 도망갈 준비가 된 상태가 된다. 여기서 격투 — 도주 반응(*fight-fight response*)이라는 말이 나왔다.

## 척수

정의에 따라, **척수**(spinal cord)는 말초신경계와 뇌 사이에 신호를 전달하는 핵심통로이다. 하지만 즉각적인 반사경 또한 척수 내에도 존재한다. 이러한 연결이 일부 사지 운동의 조절을 일으키며(신장반사를 기억하는가?), 방광을 비우거나 다른 몇몇 기본 작용에도 관여한다.

양서류에서 척수반사는 운동능력에 큰 역할을 하고 있다. 개구리의 뇌와 척수 사이에는 굽힌 다리를 펴는 회로가 있다. 뇌 근처에서 이 연결을 외과적으로 절단하면 다리가 마비되겠지만, 이는 단지 60초간 지속될 뿐이다. 척수에 있는 반사경로가 빠르게 회복되어 개구리는 곧 뛰어다니게 될 것이다. 사람과 다른 모든 영장류는 훨씬 더 뇌에 의존적이어서, 이러한 부상에서 대체로 회복되지 못한다.

그림 29.15에서 주목할 것은 척수가 척추기둥(척주)의 뼈로 구성된 통로를 통해 뻗어있다는 것이다. 뼈와 인대가 척수를 보호한다. 또 세 층의 뇌척수막 혹은 피막에 의해 보호되는데, 이들은 뇌를 감싸고 있기도 하다. 바이러스나 균이 이 피막을 감염시켜 염증을 일으키면 수막염에 걸린다. 열이나 심한 두통, 목 경직 및 메스꺼움 등이 이에 따르는 증상이다.

말초신경계의 신경들은 몸의 나머지 부분과 뇌와 척수를 연결시켜 준다.

말초신경계의 체성신경들은 골격근의 움직임을 관장한다. 자율신경은 평활근(민무늬근)과 심근과 샘들을 조절한다.

척수는 뇌와 말초신경 사이에 신호를 전달하는 생체통로이다. 또한 척수의 몇몇 연합뉴런들은 어떤 반사 경로들을 직접 조절하기도 한다.

## 29.7 척추동물의 뇌

*척수는 몸의 중앙 통제소인 뇌와 연결되어 있다. 뇌는 정보를 수용, 통합, 저장, 검색 및 유출한다. 뇌는 감각입력에 대한 반응을 조화롭게 유지한다. 척수와 마찬가지로, 뼈와 막이 뇌를 보호한다.*

### 뇌의 하위구조

모든 척추동물의 배아에서 형성되는 속이 빈 관 모양의 신경삭은 척추동물에서 뇌와 척수로 된다. 대부분의 무척추동물에서는 체절화를 조절하는 동일한 유전자가 이 관을 전뇌, 중뇌, 후뇌로 나누는 데에도 작용한다(그림 29.16). 가장 원시적인 신경조직인 **뇌간**(brain stem)은 모든 영역에서 나타나며, 척수와도 연결되어 있다.

**후뇌의 연수**(medulla oblongata)에는 호흡, 순환 및 생체 기능의 중요한 반사중추가 있다. 운동반응과 기침과 같은 여러 복합적인 반사작용을 통합하며, 수면에도 영향을 미친다. **소뇌**(cerebellum)는 눈, 귀, 근방추 및 전뇌영역으로부터 입력을 받아 운동과 자세조정을 돕는다. 그것의 양쪽 반구로부터 나온 축삭은 **뇌교**(pons)에 이른다. 뇌교는 교통경찰과 같아서; 소뇌와 전뇌의 통합중추 사이의 신호 흐름을 조절한다.

어류와 양서류는 가장 두드러진 중뇌를 지닌다. 여기서 그들의 감각입력 대부분이 조정되고, 운동반응이 시작된다. 포유류를 제외한 모든 척추동물에서 중뇌는 뇌의 시각 입력 중추인 한 쌍의 시엽을 포함하고 있다. 포유동물은 진화하면서 전뇌가 시각 신호를 처리하게 되었으며; 중뇌는 신호를 중계할 뿐이다.

처음 물에서 진화한 척추동물은 포식자, 먹이와 배우자에서 확산되어 나오는 화학적인 냄새가 매우 중요하였다. 그들은 후각 입력과 그에 대한 반응이 통합되는 후각엽과 뇌간에서 튀어나온 한 쌍의 돌기에 많이 의존하였다. 나중에 돌기는 특히 육상 척추동물에서 확장되어, 2개의 **대뇌**(cerebrum)반구가 되었다.

**시상**(thalamus)은 감각입력을 분류하여 대뇌로 전달해주는 전뇌의 중추이다. **시상하부**(hypothalamus; 시상의 아랫부분)는 내부 환경의 항상성을 조절하는 중추로 발달하였다. 여기에서 갈증, 성행위 및 기아와 같은 내부 장기의 활동과 관련한 모든 행동이 추적, 조절된다. 시상하부는 또한 흥분상황에서의 땀이나 공포에 따른 구토와 같은 관련된 감정도 조절한다.

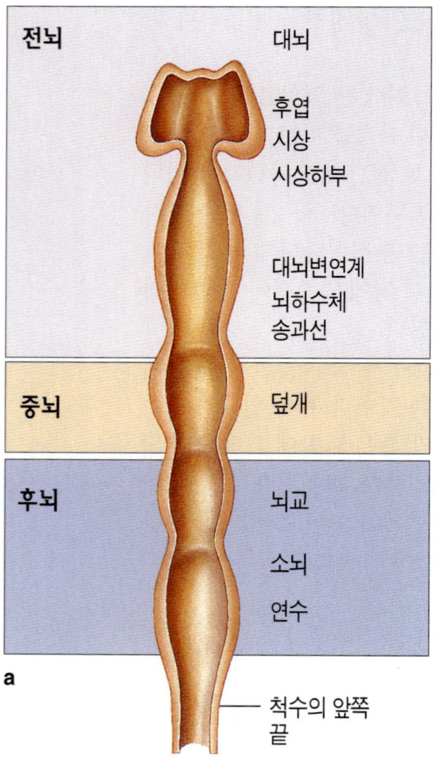


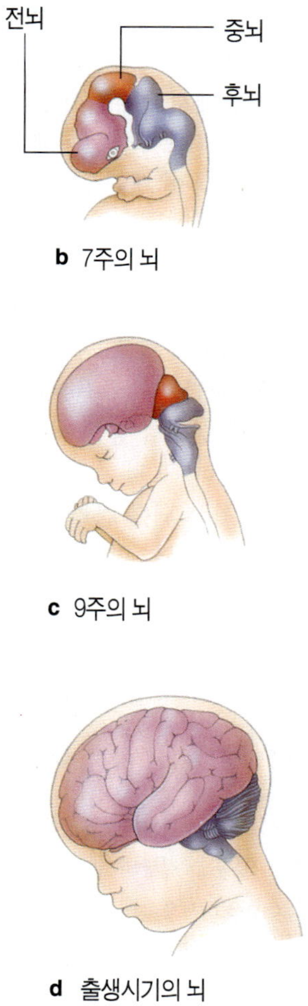


**그림 29.16** 사람의 배아에서 신경관의 앞쪽 끝은 어떻게 3개의 뇌 부위로 발달하는가. **(a)** 이 그림에서는 관을 펼쳐 길이 방향으로 발달하는 주요한 뇌 영역을 나열해 보았다. 이 관은 실제 배아에서는 **(b~d)** 에서처럼 앞쪽으로 굽어있다.

### 혈-뇌 장벽에서의 보호 작용

신경관의 내강(안쪽 공간)은 척추동물의 성체에서도 뇌척수액이 차 있는 공간과 도관 시스템으로 유지된다(그림 29.17). 이 맑은 세포외액이 뇌와 척수를 잠재적인 충격으로부터 보호해 준다.

**혈-뇌 장벽**(blood-brain barrier)은 척추동물의 뇌와 척수를 해로운 물질로부터 보호해준다. 이것은 뇌척수액으로 들어가는 용질을 조절해 준다. 다른 어떤 곳의 세포외액도 이처

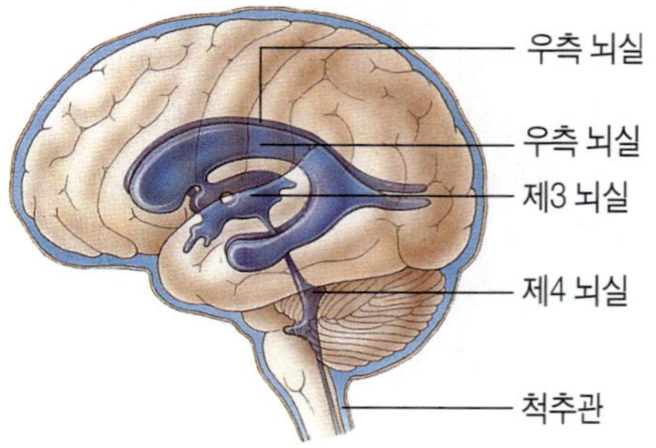


**그림 29.17** 뇌척수액(파란색). 이 세포외액은 뇌에 있는 4개의 서로 연결된 뇌실(강)과 척수의 중앙관을 채우고 있다.

**그림 29.18** (a) 등 쪽에서 본 5종 척추동물의 주요 뇌 부위. 그림 간의 축척은 같지 않다. (b) 이 사진은 시상면으로 자른 인간의 우측 뇌반구를 보여준다. 뇌막이 뇌조직을 보호하고 있으나 교육 목적으로 제거되었다.

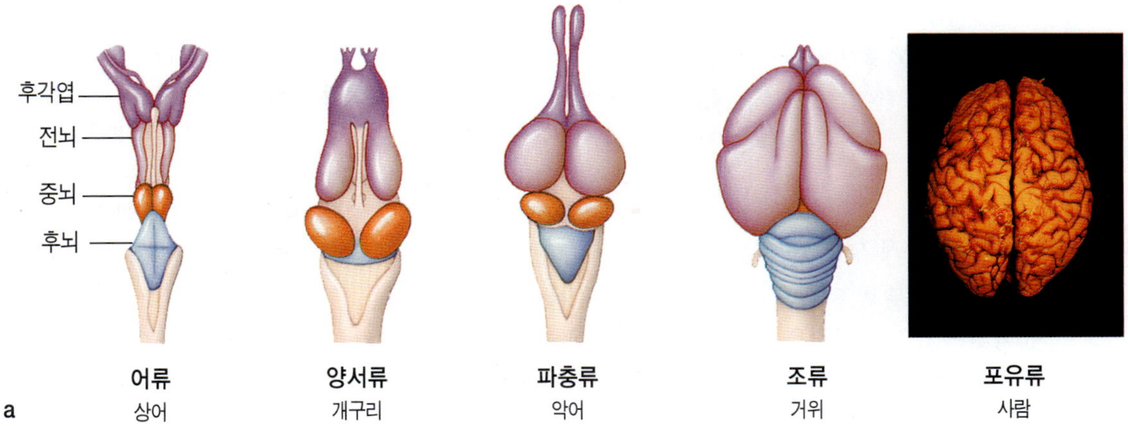


럼 정교하게 용질의 농도가 유지되지는 않는다. [illegible]어 음식을 먹거나, 매우 지친 상태에서도 변하지 않는다. 왜 그럴까? 혈액 내에 있는 어떤 호르몬이나 물질들은 신경 기능을 변화시킬 수 있다. 어떤 이온의 변화 역시 활동전위의 역치를 바꿀 수 있다.

이 장벽은 뇌의 모세혈관 벽에서 작용한다. 대부분의 뇌 부위에서 모세혈관 벽을 이루는 세포들은 밀착연접(tight junction)으로 인접한 세포와 연결되어 있어, 수용성 물질은 세포를 통해서만 뇌로 전달될 수 있다. 이 세포들의 원형질막에 존재하는 수송단백질들은 포도당이나 다른 필요한 영양분 및 특정 이온들을 통과시킨다. 여기서 독소나 [illegible]와 같은 노폐물은 차단된다. 그러나 이 장벽은 산소, 이산화탄소, 알코올, 카페인 및 니코틴 등과 같은 지용성 물질들과는 차단하지 못한다. 염증, 독소와 외상 등으로 이 장벽은 파괴될 수 있으며, 이에 따라 신경 기능이 손상될 수 있다.

## 사람의 뇌

사람의 뇌는 평균 1,300g의 무게이며, 약 1,000억 개의 연합뉴런이 존재하고 있다. 부피의 반 이상은 신경교세포이다. 그림 29.18에서 보이는 것을 포함하여 모든 다른 척추동물의 뇌와 비교해 볼 때, 사람의 중뇌는 좀 더 작다. 그러나 후뇌에 위치하는 소뇌는 더 크다. 이것은 거의 주먹 크기이며, 다른 모든 뇌 영역을 합한 것보다 많은 연합뉴런이 존재하고 있다. 다른 척추동물과 같이, 균형감각을 느끼고 조정하는 역할을 맡고 있다. 하지만 사람으로 진화하면서 추가적인 기능을 가지게 되었다. 예를 들어 운동 기술과 언어와 같은 정신적 기술을 배울 때 보조하는 기능을 하게 되었다.

그렇다면 전뇌는 어떤가? 하나의 틈이 대뇌를 2개의 대뇌반구로 나누고 있다(그림 29.18). 다음 단원에서 그것의 얇은 바깥층인 대뇌피질에 대해 살펴보도록 하자. 각 반구는 주로 반대편 몸으로부터의 입력을 처리한다. 예를 들어, 오른쪽 팔에 느끼는 압력은 왼쪽 반구로 전달된다. 양쪽 반구의 활동은

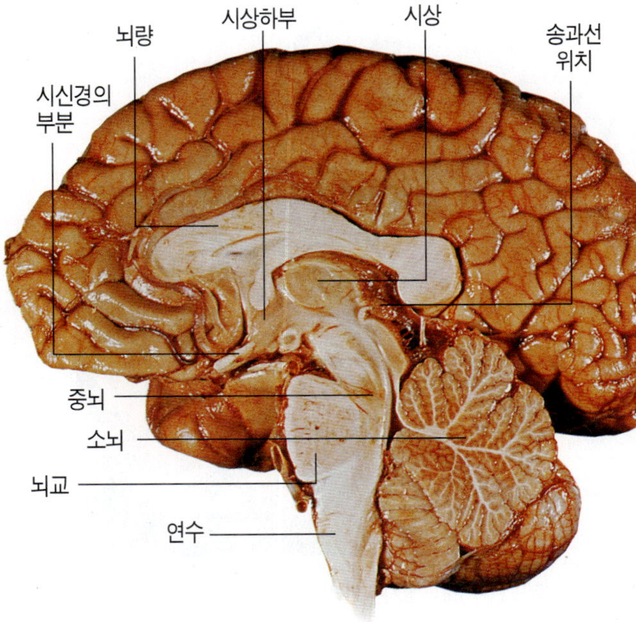


뇌량(corpus callosum)이라 불리는 굵은 신경 통로를 통해 양방향으로 전해지는 신호에 의해 조정된다.

송과샘(pineal gland)은 시상하부 가까이에 위치하고 있다. 시상하부는 망막으로부터 밝기에 대한 신호를 받아 빛에 민감한 이 내분비 샘에 전달한다. 31장에서 이 두 전뇌 부위의 기능에 대해 탐구해 보자.

척추동물 뇌는 속이 빈 신경관에서 발달하는데, 성체에서도 존재하는 안쪽 공간은 뇌척수액이 찬 강과 도관 시스템으로 유지된다. 이 액체가 갑작스럽고 충격을 주는 움직임으로부터 신경조직을 보호한다.

신경조직은 후뇌, 전뇌 및 중뇌로 나뉜다. 뇌간은 세 영역 모두에서 가장 원시적인 조직이다. 전뇌는 가장 복잡한 통합중추를 갖고 있다.

# 29.8 대뇌피질에 대한 고찰

*우리들의 "인간다움"은 의식적인 행동을 조절하는 대뇌피질의 회백질 외곽 층에서 시작한다. 대뇌피질은 감각 입력에 대한 반응을 처리하고 조화롭게 한다. 그것은 또 감정을 관장하고 기억을 다루는 변연계와 상호작용을 한다.*

## 피질의 기능적 영역들

우리 대뇌의 두 반구는 비슷해 보이지만, 각각은 기능적으로 분화되어 있다. 전형적으로 좌반구는 대부분의 분석 기능, 수학 및 말하기를 관장한다. 우반구는 시각적 영상, 공간 관계의 판단과 음악의 해석 등을 맡고 있다. 양쪽 반구 모두 4개의 하위 영역으로 나뉜다(전두엽, 후두엽, 측두엽 및 두정엽). 이들 표면 — 대뇌피질 — 의 회백질 층에는 특정한 종류의 신호를 받고 처리하는 특이적인 영역들이 있다. 운동령(*motor* areas)은 수의운동 활동에 영향을 미친다. 감각령(*sensory* area)은 특정한 감각이 무엇을 뜻하는지에 대한 이해를 돕는다. 다양한 연합 령(*association* area)들은 정보를 통합하여 의식 활동을 불러일으킨다. 모든 영역들은 상호 작용한다.

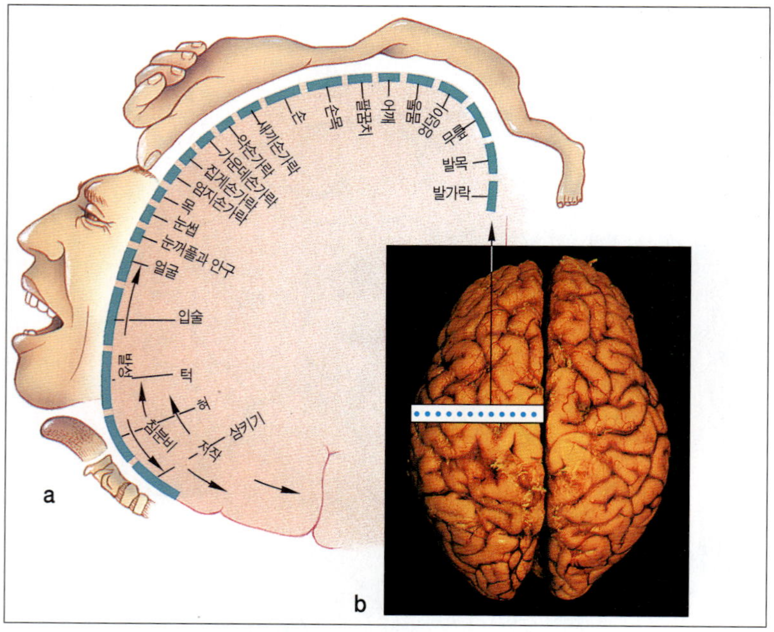


**그림 29.19** (a) 1차 운동피질의 단편. (b) 에 표시된 영역을 통해 본 것이다. 개략적인 단편 위에 놓은 몸의 각 부위의 크기는 어떠한 곳이 가장 정확한 조절을 받는지 보여주기 위해 변형되어 있다.

몸은 각 반구의 전두엽에 있는 1차 운동피질에 공간적으로 배치되어 있다. 이 영역은 골격근의 조화로운 움직임을 조절한다. 영역의 많은 부분이 엄지와 다른 손가락, 혀 근육의 움직임에 관여한다. 그림 29.19에서 수의적인 손의 움직임이나 언어 표현에 있어 필요한 조절을 깨닫게 할 것이다. 각 엽의 운동피질은 서로 반대편 쪽의 몸의 근육을 조절한다.

전두엽은 전운동피질(premotor cortex)과 브로카영역(Broca's area)을 포함하고 있다. 전운동피질은 학습된 운동 기술들을 다룬다. 농구의 드리블이나 피아노 연주, 키보드로 글을 입력하는 것과 같이 반복적인 운동은 다른 근육들의 움직임이 동시에 그리고 연속적으로 조화를 이뤄 나타나는 증거이다. 브로카영역은 혀, 목구멍과 입술 근육을 조절하여 생각을 말로 표현하는 것을 돕는다. 이것이 복잡한 문장을 이해하고 창작하는 능력의 기본이다. 대부분의 사람들에서 브로카 영역은 좌측 대뇌 반구에 위치한다(그림 29.20a).

각 두정엽의 앞부분에 있는 1차 체성감각피질은 몸 전체에 상응하는 공간적 배치를 보인다. 이 부분은 피부와 관절로부터의 감각 입력을 받아들이는 중추로, 다음 장에서 다루게 될 것이다. 이 엽의 또 다른 감각령은 맛의 감지이다. 후두엽의 뒷부분에 있는 1차 시각피질은 눈으로부터의 신호를 받아들인다. 소리와 냄새의 감지는 각 측두엽에 존재하는 감각 영역에서 일어난다.

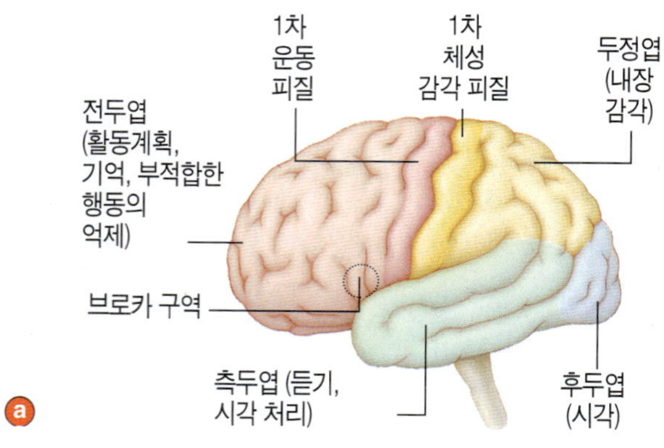


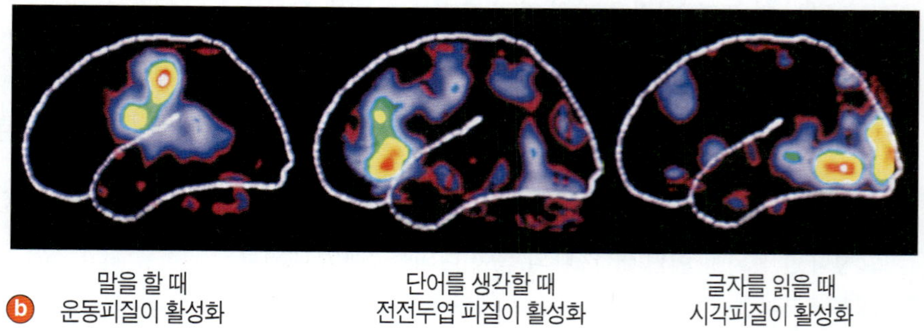


**그림 29.20** (a) 사람 대뇌피질의 1차적 수용 및 통합중추. 연합령은 다양한 수용체로부터의 감각 입력을 조정하고 처리한다. (b) 한 사람이 세 가지의 다른 작업을 수행할 때, 활성화되는 부위인 세 가지 PET스캔.

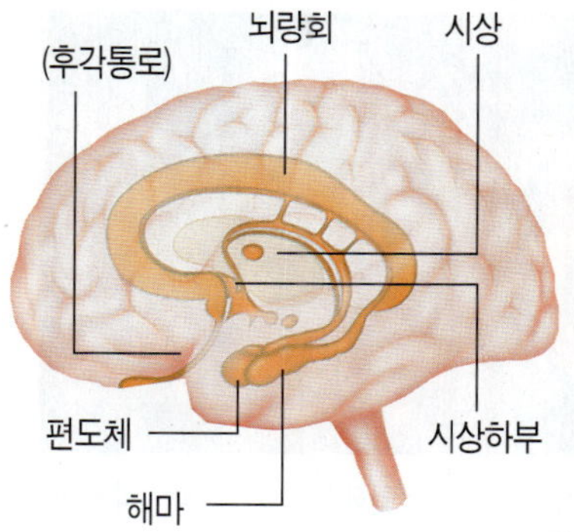


**그림 29.21** 대뇌변연계의 구성

피질은 1차 운동, 감각령에는 없는 많은 연합령이 있다. 각각은 많은 입력들을 통합한다(그림 29.20a). 예를 들어, 시각연합령은 1차 시각피질을 둘러싸고 있으며, 시각적인 기억과 보이는 것을 비교한다. 가장 최근에 진화한 전전두엽 피질은 우리의 인성과 지성, 생각, 판단, 계획 및 다른 것에 대해 관심이 생겨나는 곳이다.

### 변연계와의 연결

위쪽의 뇌간을 둘러 싼 곳이 감정을 조절하고 기능을 담당하는 **변연계**(limbic system)이다. 여기서는 시상하부와 시상의 여러 부위들, 대상, 해마(hippocampus)와 편도체(amygdala)가 포함된다(그림 29.21). 대상회(cingulate gyrus: cingulate: 띠 모양의)는 뇌량의 바로 윗부분에 있는 뇌조직의 접힌 부분이다. 이것은 동기에 영향을 미치며, 내향적이거나 조심스러운 사람보다 외향적이고 도전적인 사람에게서 더 활발하게 작용한다. 시상하부는 우리의 감정과 내장 활동을 연결해준다. 아몬드 형태의 편도체는 감정적인 안정감과 사회적 역할 해석을 위해 필수적인 부분이다. 이 부위는 극도한 공포를 느끼거나 불안할 때 활성화된다.

진화적으로 볼 때 변연계는 후각엽과 관련되어 있으며, 여전히 냄새의 감지를 맡고 있다. 이는 여러분이 어떤 특별한 사람의 체취를 기억할 때, 따뜻하거나 혼란스러움을 느끼는 이유가 된다.

변연계는 식사나 성행위와 같은 자기만족적 행위와 기관의 활동을 조화시키는데 도움을 준다. 이것이 변연계를 감정-내장 뇌라고 부르는 이유이다. 이것은 열정적인 상황에서 심장을 마구 뛰게 하거나, 소화불량 시에 위를 흥분시킬 수 있다. 일반적으로 전전두엽 피질은 이러한 "내장 반응"을 무시하거나 경감시킬 수 있다.

### 기억 만들기

**기억**(memory)은 과거의 감각 경험에 대한 정보를 처리하고 저장하며, 다시 떠올리는 능력이다. 이것 없이 학습이나 행동

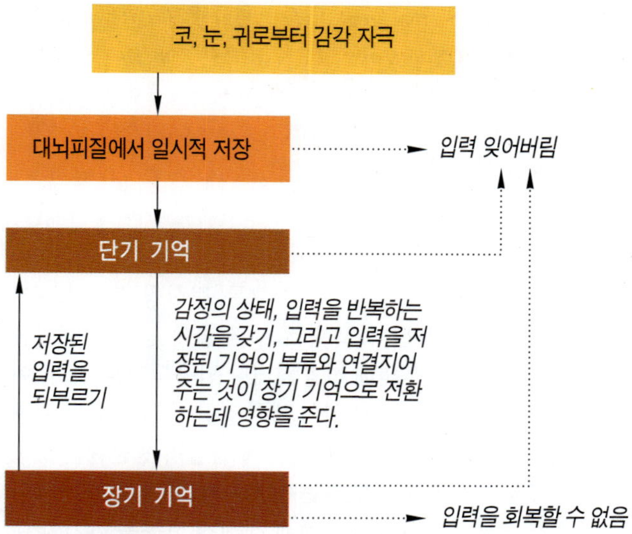


**그림 29.22** 기억처리의 단계, 대뇌피질에서 감각입력이 일시적으로 저장되는 것으로부터 시작된다.

수정은 불가능하다. 정보는 단계적으로 저장된다. 단기저장(*short-term* storage)은 흥분이 몇 초에서 수 시간동안 지속된다. 이 단계는 숫자나 문장의 단어들과 같은 약간의 감각 정보에 대해 제한적으로 적용된다. 장기저장(*long-term* storage)은 방대한 양의 정보가 거의 영구적인 방식으로 보관된다(그림 29.22)

뇌는 서로 다른 입력을 다루는 기억회로들에 의해 사실이나 기술을 분리하여 처리한다. 사실에 대한 회로는 감각피질에서의 입력으로 시작하여 편도체와 해마를 오간다. 편도체는 문지기로 작용하며, 감각피질을 시상 및 시상하부와 연결시켜 준다.

해마는 대체로 노년에 발병하는 알츠하이머병(*Alzheimer's disease*)에서 가장 먼저 영향을 받는 뇌 부위이다. 환자는 종종 오래 전의 일은 기억해내지만, 새로운 사실을 장기기억으로 전환하는데 어려움을 겪는다. 대뇌피질까지 영향을 받게 되면서, 환자는 점차 착란과 우울증을 겪으며 자제력을 상실해 간다.

기술적인 기억 역시 감각피질에서 시작하지만, 회로는 감각입력이 운동 반응을 다루는 뇌 부위로 이어진다. 운동 기술은 근육의 조건화와 관련되어 있다. 이 회로는 운동 활동을 조화시키는 뇌 부위인 소뇌에 연결된다.

각 반구의 회백질의 최외각층인 대뇌피질은 운동, 감각 및 연합령을 포함한다. 이 영역들 간의 상호작용이 의식적인 행동을 조절한다.

또한 대뇌피질은 감정과 기억에 작용하는 변연계와도 상호 작용한다.

## 29.9 뇌의 약물중독

*정신 활성약(psychoactive drug)은 신경전달의 물질의 기능이나 활동에 영향을 미치는 물질이다. 어떤 것은 신경전달물질의 분비를 촉진한다. 다른 것은 신경전달물질의 분해를 억제하거나 재 흡수되는 것을 막는다. 또 다른 것은 시냅스 후 뉴런의 막 수용체에 신경전달물질이 결합하지 못하게 한다.*

### 약물중독의 근원

합법이든 불법이든 정신 활성약은 고통, 정신병 또는 스트레스 완화에 종종 사용된다. 또한 일부 약물은 단순히 쾌락을 추구하려는 사람들에 의해 사용되거나 남용되기도 한다. 어느 경우든 약물 사용자는 내성이 생겨 같은 효과를 얻기 위해서는 점점 사용량을 늘려야 한다. 약에 내성이 생긴다는 것은 다음에 약물중독이 될 수 있다는 신호이다. 중독이 된 사람이 갑자기 약을 끊으면 육체적 고통과 정신적 고통을 야기할 수 있는 생화학적 변화를 겪게 된다. 표 29.1은 약물 중독의 징후를 나열한 것이다.

모든 중독성 약물은 쾌락을 감지하는 것과 직접적인 연관이 있는 신경전달물질 중 하나인 도파민의 분비를 촉진한다. 예를 들어, 대부분의 사람들은 흡연을 단순한 습관으로 인식한다. 하지만 니코틴이 뇌의 뉴런을 자극함으로써 도파민을 분비시키기 때문에 계속 담배를 피우게 되는 것이다. 모든 약물 중독자들은 특히 이러한 신경충격을 갈망하며, 대부분이 이러한 갈망을 멈출 수 없다.

### 정신 활성약의 효과

**흥분제(stimulants)** 흥분제는 여러분을 보다 더 각성시킨 후 우울하게 만든다. 커피, 차, 초콜릿 그리고 많은 청량음료 속에 들어 있는 카페인도 그 중 하나이다. 적은 양의 섭취는 대뇌피질에 작용하여 각성 작용을 증가시킬 수 있지만 정밀한 운동 조작을 어렵게 하며 신경과민을 증가시킨다. 담배의 니코틴은 아세틸콜린과 유사한 흥분제이다. 이것은 다양한 감각 수용기에 영향을 준다. 35장에서 우리는 건강에 대한 니코틴 중독의 영향에 관하여 공부할 것이다.

**표 29.1 약물 중독의 위험 신호**

1. 내성 – 약물 복용 시 이전과 같은 효과를 보기 위해서 더 많은 양을 복용해야 함
2. 습관화 – 정상적인 자의식을 유지하기 위해 초과로 약물사용
3. 계속 그만두기를 바라면서도 약물을 끊거나 중단할 수 없음
4. 은폐 – 남들에게 약물 사용을 알리고 싶지 않음
5. 약물을 얻고 사용하기 위해 도둑질, 여러 명의 의사에게 처방전을 요청, 직장에서의 약물 사용으로 파멸될 위기와 같은 극단적이고 위험한 행동을 함
6. 직업적, 개인적인 대인 관계 악화
7. 문제가 있다는 조언에 대해 화를 내거나 방어적 태도를 취함
8. 이전의 습관적으로 해오던 활동보다 약물 사용을 더 선호

*이 중 세 가지 이상 해당 사항이 있을 경우 주의가 필요하다.

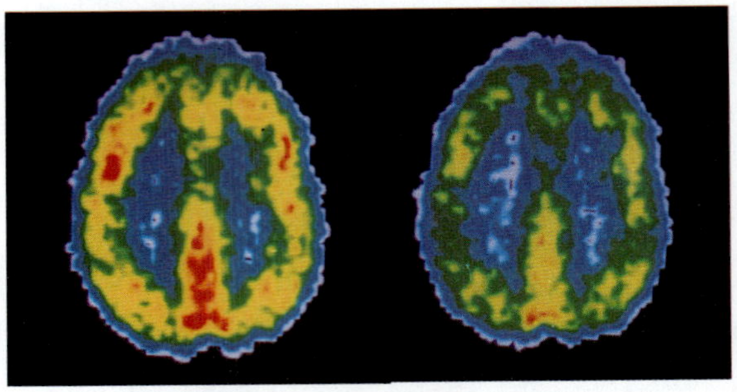

**그림 29.23** 뇌사 환자가 되고 싶니? **(a)** PET스캔에 나타난 정상적인 뇌 활동. **(b)** 코카인 장기 복용의 효과에 따른 PET스캔의 비교 단편. 붉은색은 가장 높은 활성을 보이는 곳이며, 노란색, 초록색 순으로 낮아지고 파란색이 가장 낮은 활성을 표시한다.

약 370만 명에 달하는 미국인이 코카인을 남용하고 있는 것 같다. 코카인은 노르에피네프린, 도파민 그리고 그 밖의 신경전달물질의 재 흡수를 막음으로써 쾌락을 느낄 수 있게 해 준다. 시냅스 후 세포는 계속 자극을 받게 되고 혈압과 성욕이 상승하게 된다. 시간이 지남에 따라 분자는 확산을 통해 사라지게 되지만 몸은 빠른 시간 내에 사라진 양을 대체할 수 있을 만큼 충분한 양을 합성할 수 없게 된다. 극도로 예민해진 시냅스 후 세포가 요구하는 자극을 받아들일 수 없어 쾌락의 감지는 영원히 사라진다. 그림 29.23은 장기적인 약물 중독의 영향을 보여주고 있다.

약물중독자들은 과립으로 이루어진 코카인을 흡입하거나 코카인 조각을 태워서 연기를 흡입한다. 코카인은 중독성이 강한 약물로 커다란 사회, 경제적 비용을 야기한다. 2001년에 약 100,000명 이상의 사람들이 응급실로 실려 왔다. 약물 남용에 의해 발생하는 발작, 호흡곤란, 심장 발작에는 적절한 해독제도 없다.

암페타민(*Amphetamine*)은 도파민과 노르에피네프린이 과량 방출되도록 한다. 약물 중독자들은 종종 연기를 흡입, 직접 흡입, 주사하거나 크랭크(*crank*)라 불리는 각성제를 삼키곤 한다. 이것은 종종 도취감, 성적 쾌감, 심박증가, 흥분, 입이 마름, 떨림, 과대망상증 등을 일으킨다. 각성제는 식욕을 억제해; 일부 중독이 된 사람들은 체중이 빠지기도 한다. 도파민과 노르에피네프린 합성력은 점점 떨어지고 뇌는 인위적인 자극에 더 의존하게 된다. 결론은? 영양 불량, 정신이상, 우울증, 기억 상실 및 뇌와 심장, 허파와 간의 손상으로 이어진다.

우리는 이미 MDMA(*엑스터시* 또는 XTC)에 대해서 공부하였다. 이것은 클럽, 바와 파티 같은 곳에서 사용되는 클럽 약물(*club drugs*) 가운데 하나이다. 성 범죄자들은 그들이 노리는 사람의 음료에 몰래 타기도 한다.

**진정제(Depressants), 수면제(Hypnotics)** 진정제는 흥분을 가라앉히고, 수면제는 잠을 유도(최면에 의한 무아지경

이 아닌)한다. 이것들의 효과는 복용량과 생리적이고 감정적인 상태에 의존한다. 이것들은 차분함과 졸음, 잠, 혼수상태 또는 죽음까지도 야기할 수 있다. 적은 양을 복용하였을 때는 보통 억제성 시냅스에 영향을 주어 흥분과 쾌락을 야기한다. 많은 양을 복용하였을 때는 흥분성 시냅스를 억제하여 우울증을 야기한다. 이 두 약물은 모두 알코올과 바르비투르산염(barbiturate)에 의해 우울함이 생길 때 효력이 더 증가한다.

알코올, 또는 에틸알코올, 은 세포의 기능을 변화시킨다. 니코틴과 코카인처럼 알코올도 쉽게 혈-뇌 장벽을 통과할 수 있다. 알코올의 잠재력은, 난리를 피우고 제멋대로 움직이는 어떤 사람을 뇌사상태에 빠뜨리거나 무덤으로 보낼 수 있을 정도이다. 심지어 적은 양일지라도 판단 저하와 방향감각 상실, 움직임의 제어 불가능을 야기할 수 있다. 5장에서 설명하였던 것처럼 장기적인 중독은 간 기능 저하를 야기할 수 있다.

**진통제(Analgesics)** 심한 스트레스에 의해 육체적 또는 정신적 고통이 있을 때 뇌는 엔도르핀(endorphin)과 엔케팔린(enkephalins)을 생산한다. 이들이 천연 진통제이다. 마약성 진통제인 *코데인(codein)*과 *헤로인(heroin)*은 중독성이 강한 약물이다(그림 29.24). 이들 약물의 사용중단은 오한, 발열, 불안, 활동 항진, 심한 구역질과 설사 등을 야기한다.

**환각제(Psychedelics, Hallucinogens)** 이들 약물은 아세틸콜린, 노르에피네프린 또는 세로토닌을 방해함으로써 감각의 인식을 왜곡한다. *LSD*는 수면을 유도하고 체온을 유지하며, 감각수용을 중재하는 세로토닌의 역할을 변화시킨다. 아주 적은 양으로도 인지 기능을 막을 수 있다. 몇몇 중독자들은 이들 약물이 그들을 빌딩에서 날 수 있게 해준다고 생각한다.

환각제인 마리화나(*marijuana*)는 마리화나 식물(*Cannabis*)에서 만들어진다. 적은 양을 복용했을 때는 진정제와 같은 효과를 나타낸다. 운동신경의 기능을 둔화시키기는 하지만 완전히 억제하지는 않는다. 이 약물은 긴장감을 완화시키고 약간의 도취감을 야기하지만 일부 사람들에게 일시적인 패닉(공황) 상태를 일으킬 수 있다. 이 약물은 종종 단기기억을 방해 할 수 있다. 알코올처럼 자동차 운전과 같은 복잡한 일을 수행하지 못하게 한다. 담배를 피우는 것과 마찬가지로 마리화나를 피우는 것은 허파에 병이 생길 위험을 높이며 구강, 인후 및 폐암을 발생시킬 수 있다.

**그림 29.24** 우리 아직도 즐거운 걸까? 거리에서 헤로인을 맞고 있다. 주사기를 공유하면 에이즈, 바이러스성 B형간염과 세균감염의 위험성이 있다.

## 요약

**29.1절** 뉴런은 흥분성 세포의 한 종류로, 적절한 자극에 대해 막전위의 갑작스런 역전현상을 일으킬 수 있는 세포이다. 감각뉴런은 신호를 척수와 뇌로 전해준다. 척수와 뇌에 존재하는 연합뉴런은 정보를 통합한다. 운동뉴런은 뇌와 척수로부터 나오는 신호를 전도한다.

뉴런의 원형질막을 가로지르는 이온들의 수송과 유출이 휴지막 전위를 만든다. 뉴런의 입력구역에서 신호는 활동전위를 일으키는 개시구역으로 전달될 수 있다. 이러한 신호는 축삭말단(출력구역)의 막까지 전달된다.

**29.2절** 활동전위는 원형질막 일부에서 일어나는 갑작스럽고, 단순한 역전 전위 현상이다. 이것은 자극이 어떤 역치수준을 넘었을 때만 생성된다. 나트륨에 대한 전압 감지 관문통로는 지속되는 가속 방식으로 열린다. 나트륨은 뉴런으로 쏟아져 들어온다; 칼륨은 흘러나간다. 이러한 교란은 활동전위를 일으키는데, 이는 다시 인접한 막 부분에서 활동전위를 유발하고 뉴런의 출력구역까지 이어진다. 나트륨-칼륨 펌프는 다음 번 활동전위를 위해 요구되는 이온구배를 회복시킨다.

**29.3절** 뉴런들은 화학적 시냅스로 상호 작용한다. 시냅스 전 세포의 축삭말단에 활동전위가 도달하면 신경전달물질 분자의 방출이 일어난다. 이들은 가는 틈을 지나 확산되어, 시냅스 후 세포의 수용체에 결합하며, 그 활성이 변한다. 동시에 도착하는 경쟁적인 신호들은 통합되어, 정보를 통과시킬지의 여부를 결정하는 데 도움을 준다.

**29.4절** 신경은 긴 길이의 선으로 몸 곳곳으로 정보를 전하는 축삭 다발이다. 미엘린 수초는 대부분의 축삭을 감싸서 정보전달 속도를 빠르게 해준다. 반사는 자극에 대한 단순하고 자동적인 반응이다. 가장 단순한 반사궁에서 감각뉴런은 운동뉴런에 바로 시냅스를 형성한다.

**29.5절** 방사대칭 동물은 단순한 신경망을 갖고 있다. 대부분의 동물들은 머리끝에 흔적적이거나 혹은 잘 발달된 뇌를 갖는 좌우대칭 신경계가 있다. 척추동물의 신경계는 기능적인 면에서 중추와 말초 영역으로 나뉜다. 뇌와 척수는 중추신경계를 구성한다. 말초신경계는 나머지 몸의 영역과 뇌, 척수를 잇는 쌍을 이룬 신경들을 포함한다.

**29.6절** 말초신경계의 체성신경은 골격근에 작용한다. 자율신경은 내장(부드러운 내부 장기들)에 작용한다. 자율신경의 교감신경과 부교감신경은 기관의 활성을 조절함에 있어 종종 길항 작용을 하기도 한다. 교감 신호는 각성상태나 위험한 상황에 주로 나타난다. 몸이 많은 외부 자극을 받지 않을 때는 부교감 신호가 우세하다.

**29.7절** 척추동물의 배아에서 신경관은 척수와 3개의 뇌 영역(후뇌, 중뇌, 전뇌)으로 발달한다. 뇌간은 진화적으로 가장

원시적인 뇌 조직이다. 이것은 3개의 뇌 영역에 모두 나타나며, 생명에 중요한 일을 다루는 많은 반사 중추를 관장한다.

뇌의 모세혈관을 구성하는 세포에 있는 혈-뇌 장벽은 뇌세포가 해로운 물질과 접하지 않도록 보호한다.

대뇌반구의 얇은 회백질 층은 가장 최근에 진화한 조직으로 그 기능면에서 매우 복잡하다.

표 29.2에 중추신경계의 구성과 기능이 요약되어 있다.

**표 29.2 중추신경계 요약**

| | | |
|---|---|---|
| 전뇌 | 대뇌 | 감각입력을 적당한 위치로 보내고 처리한다; 골격근 활동을 시작하고 조절한다. 대부분의 고등척추동물에서 기억과 감정, 추상적 사고를 담당한다. |
| | 후각엽 | 코에서 대뇌의 후각중추로 감각입력을 전달한다. |
| | 시상 | 감각 신호를 대뇌피질로 출입하는 중개소 역할을 한다. 기억과정에 관여한다. |
| | 시상하부 | 뇌하수체와 함께 내부 환경의 크기와 조성, 온도를 조정하는 항상성 조절센터로 작용한다. 갈증이나 배고픔, 성을 담당하는 기관의 기능 감정의 표현에 영향을 주는 행동을 담당한다. |
| | 변연계 | 감정을 담당하는 뇌 구조의 복합체; 기억과정에 관여한다. |
| | 뇌하수체(31장) | 시상하부와 함께 대사와 성장, 발달의 내분비 조절을 담당한다. |
| | 송과샘(31장) | 일부 일주기 리듬을 조절하는데 도움이 된다; 또한 포유류의 생식 생리에도 관여한다. |
| 중뇌 | 중뇌 천장 (시개) | 어류와 양서류에서 감각입력(시각엽에서 오는 것과 같은)과 운동반응을 조정한다. 포유류에서는 감각입력(주로 반사 과정에서)을 빠르게 전뇌로 전달한다. |
| 후뇌 | 뇌교 | 대뇌와 소뇌 사이의 "다리" 역할을 한다; 척수와 대뇌를 연결하기도 한다. 연수와 함께 호흡률과 깊이를 조절한다. |
| | 소뇌 | 사지의 움직임과 자세유지, 공간상에서 방향 유지를 조정한다. |
| | 연수 | 척수와 연수 사이에서 신호를 전달한다; 심박수와 혈관 지름 조정, 호흡수, 구토, 기침 그 밖의 생존에 필수적인 기능의 반사 중추이다. |
| 척수 | | 사지의 움직임에 대해 반사궁을 형성한다. 뇌와 말초신경계 사이에서 신호를 전달한다. |

*망상체는 척수에서 대뇌피질까지 뻗어있다.

**29.8절** 대뇌피질은 기능적으로 운동, 감각과 연합령으로 나뉜다. 대뇌의 이 얇은 회백질 층이 의식적 행동을 조절한다. 이것의 중추는 감정과 기억을 담당하는 변연계와도 상호작용하고 있다.

**29.9절** 정신활성약은 시냅스에 작용하는데, 신경전달물질을 모방하거나, 그들의 방출, 재 흡수에 영향을 미친다. 정신활성약의 습관적 이용은 뇌를 재구성하여 중독을 유발한다.

## *자습-퀴즈*

*정답은 부록 Ⅲ에 있음*

1. _____는 뇌와 척수에서 근육이나 샘으로 정보를 전달한다.
   a. 운동뉴런 b. 감각뉴런
   c. 연합뉴런 d. 신경교세포
2. 뉴런이 휴지상태에 있을 때_____
   a. 역치 전위를 갖는다.
   b. 나트륨 채널이 열려있다.
   c. 나트륨-칼륨 펌프가 작동하고 있다.
   d. a와 c
3. 활동 전위는 _____ 일어난다.
   a. 뉴런이 적당한 자극을 받았을 때
   b. 나트륨 채널이 지속되는 가속방식(ever accelerating way)으로 열렸을 때
   c. 나트륨-칼륨 펌프가 활동하기 시작할 때
   d. a와 b
4. _____는 신경전달물질을 방출한다.
   a. 축삭말단 b. 세포체
   c. 수상돌기 d. 미엘린 수초
5. 연합뉴런의 축삭은 _____에 존재한다.
   a. 뇌 b. 척수
   c. 자율신경 d. a와 b
6. 골격은 _____에 의해 통제된다.
   a. 교감신경 b. 부교감신경
   c. 체성신경 d. a와 b
7. 여러분이 소파에서 책을 읽으며 가만히 앉아 있을 때는 _____시스템의 활동이 우세 할 것이다.
   a.교감 b. 부교감
   c. 둘 다 d. 답 없음
8. 하등 척추동물에 비교했을 때 포유동물은 상대적으로 _____가 작다.
   a. 전뇌 b. 중뇌
   c. 후뇌 d. a와 c
9. 대뇌는 _____의 일부분이다.
   a. 전뇌 b. 중뇌
   c. 후뇌 d. 뇌간

10. 새로운 사실을 배우는 것은 ______과 관계가 있다.
   a. 소뇌　　　　　　　　　b. 편도체
   c. 1차 운동피질　　　　　d. 뇌간

11. 다음의 용어를 알맞게 연결하시오

| | |
|---|---|
| ______ 근방추 | a. 배아 구조 |
| ______ 신경전달물질 | b. 반사작용 조절 |
| ______ 변연계 | c. 독성물질로부터 뇌와 척수를 보호 |
| ______ 뇌간 | d. 화학적 신호 |
| ______ 대뇌피질 | e. 근 신장에 대한 감각 수용체 |
| ______ 신경관 | f. 감정과 기억에 역할을 함 |
| ______ 혈-뇌 장벽 | g. 고도의 사고를 통제 |

**그림 29.25** 군소(Aplysia). 뇌가 없는 이 연체동물은 단순한 생물의 행동을 신경적인 연구를 하는 사람들에게 크게 도움이 된다.

**그림 29.26** 웨이드(Steve Wade)의 초상. 회복불능 상태.

## *분석적으로 생각하기*

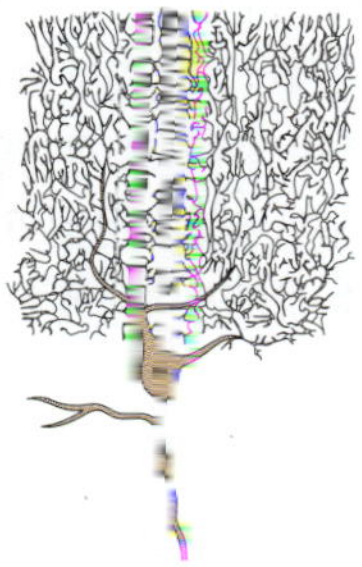

1. 오른쪽 그림에 보이는 뉴런은 가지가 많은 왕관과 같은 수상돌기와 세포체 아래로 단 하나의 축삭돌기를 가지고 있다. 뇌, 척수 또는 말초신경의 하나에서 이와 같은 뉴런을 발견할 수 있을까?

2. 군소(*Aplysia califonica*)는 사람 손바닥 길이로 해양 연체동물이다(그림 29.25). 이것은 많은 신경과학자들에게 매우 유용한 연구동물이다. 군소의 신경계는 단지 20,000개쯤의 뉴런으로 이루어져 있다. 그중 세포체가 매우 큰 일부는 전극을 꼽거나 염색액을 주입하기가 용이하다.

   군소의 행동은 음식 또는 접촉에 대한 반응 등으로 제한되어 있다. 몇몇 과학자들은 도파민이 군소의 섭식행동에 영향을 준다는 사실을 발견하였다. 이 신경전달물질은 약물 중독과 같은 인간의 보상 추구 행동에도 영향을 준다. 군소에 대한 도파민의 영향에 대한 연구는 어떻게 인간의 약물 중독 치료에 도움을 줄 수 있을까?

3. 신생아, 특히 미숙아의 경우 혈-뇌 장벽은 완벽하게 발달되어 있지 않다. 이것이 신생아의 식이 조절에 주의 집중을 요구하는 것과 어떤 관련이 있을까?

4. 독개구리(*Dendrobates*)속의 밝은 색의 개구리는 그들의 피부를 통해 강력한 독을 분비한다(28.1절). 그 독 분자의 구조는 신경전달물질인 아세틸콜린과 유사하다. 이 독이 어떻게 신경계를 교란시킬지 추측해보시오.

5. 제니퍼(Jenifer)가 6살이었을 때, 어떤 남자가 자동차를 잘못 몰아 제니퍼의 집 앞에 있는 나무에 부딪혔다. 그녀가 그에게 뛰어가 빨간 장미 덤불에서 똑똑 떨어지는 피를 보았을 때 소리를 지르고 말았다. 35년 후 누군가가 그녀에게 *월계화*(*Tea rose*) 향수를 주었다. 그 향수의 냄새를 맡았을 때 그녀는 흠칫 놀라며 극도로 초조해졌다. 몇 분 후에 그녀는 그 사고를 생생하게 기억해 낼 수 있게 되었다. 이러한 사건에 대해 여러분이 배운 기억, 후각 및 변연계와 연관지어 설명하시오.

6. 에릭(Eric)은 보통 하루 종일 매 시간 커피 한 잔을 마신다. 그리고 이른 오후, 그는 공부에 집중하기가 어렵고 피곤함과 일이 서투름을 느꼈다. 또 커피 한 잔을 다 마셨지만 효과가 없었다. 커피의 카페인은 이러한 증상과 어떤 연관이 있을지 설명해보시오.

7. 스티브 웨이드(Steve Wade. 그림 29.26)는 5년 동안 메스암페타민(methamphetamine)을 남용해 왔다. 어느 날 밤 그는 151도의 럼주를 5병이나 마시고 5배의 메스암페타민을 주사하고 10번이나 그것을 코로 들이마셨다. 그의 체온은 43.3도까지 치솟았고, 한쪽 귀는 들리지 않았으며 인지능력과 추리력(논리력)은 현저히 떨어졌다.

   5년 뒤, 그는 너무 많이 떨어서 면도조차 할 수 없었다. 그에게는 물건들과 방이 계속 돌고 있는 것처럼 보였다. 문장 중간에 단어를 잃어버리기도 하였다. 임상의는 그가 간단한 표현 — "어떻게?" "무엇을?" "괜찮아요?" 하는 것을 도와주었다. 30살이 된 지금, 스티브는 돌이킬 수 없는 불구자가 되었다.

   수많은 청년과 10대들이 시험 삼아 마약을 시작하기 전에 그와 같은 사람들에 대해 들어보았거나 알고 있지만 아직까지 많은 이들이 마약을 끊지 않는다. 그들은 왜 그 결과를 자신들의 행동과 연관 짓지 못하는지 추측해보시오. 수업과제로서 마약 중독을 겪었던 사람들의 이야기를 온라인 상에서 찾아보고 강의실에서 서로 비교해보시오. 마약 중독에 빠지게 할 만한 공통적인 사회적 그리고 생리적 요소를 찾을 수 있는가?

# 30 감각 인지

## 최근 이슈와 그 영향력 진퇴양난의 고래

당신자신을 200m의 해수면 아래를 이동하는 고래의 감각세계로 가져가보라. 그러한 깊이 이하에서는 햇빛이 거의 통과하지 못하기 때문에 눈은 별 도움이 되지 못한다. 물고기들은 가용성 화학물질을 항해신호로 사용하지만 고래는 화학수용체를 거의 갖고 있지 않으며 후각엽이 크게 감소되어 있다.

그렇다면 고래는 어디로 가고 있는지를 어떻게 느낄까? 고래는 소리 즉 음향신호를 사용한다. 물은 공기에서보다 수중에서 5배 더 빨리 이동하는 음파를 전달하는 데 이상적인 매체이다. 고래는 지상에 사는 포유동물에 비해 청각정보를 수집하고 통합하는 훨씬 더 많은 신경세포를 갖고 있다. 사람과 달리 고래는 음파를 차단하는 외부 피판을 갖고 있지 않다. 일부 종들은 귀로 들어가는 입구를 갖고 있지 않다. 다른 종에서는 귀지가 이도를 채우고 있다. 그렇다면 고래는 어떻게 소리를 들을까? 소리의 진동은 그들의 턱에 의해 감지된 다음 하나의 지방층을 통해 중이로 이동한다.

고래는 소리를 이용하여 의사소통을 하고, 먹이의 위치를 찾아내며, 주위환경의 윤곽을 상세히 파악한다. 범고래 또는 다른 치경류(이빨고래)들은 반향정위를 사용한다. 이 고래는 고음조의 소리를 방사하여 이들의 메아리가 먹이를 비롯한 사물에 부딪혀 반향하는 소리를 듣는다. 이들의 귀는 고주파 소리에 특히 민감하다. 혹등고래와 같은 수염고래는 대양 전체를 횡단할 수 있는 매우 낮은 음조를 낸다. 이들의 귀는 이러한 범위 내의 소리에 익숙해져 있다.

바다는 훨씬 더 소음이 심해지고 있으며 고래의 우수한 음향적응은 이제 이러한 소음에 반하게 작용할 수 있다. 예로 2001년 미 해군이 저주파 수중음파탐지 시스템을 점검하고 있던 지역 가까운 해안가에서 고래들이 표류하고 있었다(그림 30.1). 그 시스템은 거의 무소음상태에서 작동할 수 있는 새로운 미사일 발사 잠수함을 탐지하기 위해 고안된 것이었다. 우리는 그것의 강력한 저주파 방사를 들을 수 없지만 고래에게는 좋지 못한 소식이 될 수도 있다.

**그림 30.1** 몇몇 아이들이 한 새로운 수중음파탐지 시스템에 대한 군사시험 중 해안가에 표류한 고래들 중의 한 마리를 지켜보고 있다. 열여섯 마리의 좌초된 고래 중 여섯 마리는 해안가에서 사망했다. 나머지 고래들은 자원봉사자들에 의해 바다로 옮겨졌으나 이들의 행방은 알려지지 않고 있다.

## 개요도

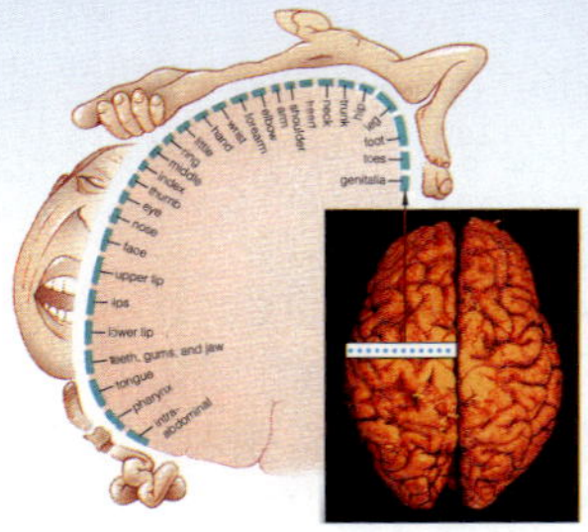

**감각경로란 무엇인가?** 감각계는 신경계의 정문이다. 거의 모든 감각계는 특이적 감각 수용체를 갖고 있으며 수용체로부터 뇌로 가는 신경경로 및 감각정보를 수용하고 처리하는 뇌 부위를 함유한다.

**체성감각** 체성감각은 감각기관이 아닌 신체전반의 조직에 분포하고 있는 감각 수용체에서 시작된다. 이들은 촉감, 압력, 통증, 온도 및 신체부위의 위치변화에 대해 반응하는 기초가 된다.

부검결과에서 보여주듯이 해안가의 고래는 귀와 음향 기관에 혈액이 존재한다. 이들의 귀가 235 데시벨의 강력한 소리에 의해 손상을 입었을까? 이러한 소리가 그들을 놀라게 하여 표면으로 너무 빨리 올라오게 함으로써 급속한 압력의 변화가 내부 조직을 손상하였을까? 우리는 이에 대한 답을 아직 알지 못한다.

대중의 강력한 항의에 의해 그 새로운 수중음파탐지기 시스템의 배치는 정지되었다. 그러나 미국에 대한 스텔스 공격의 위협이 사라지지 않았기 때문에 이 시스템에 대한 시험은 계속되고 있다.

이 외에도 상업적 선박운송은 고래에 대하여 훨씬 더 [illegible]관적인 문제가 될 수 있다. 유조선들은 고래를 놀라게 하거나 매일 음향전파 신호를 압도하는 저주파수의 소리를 발생한다. 현실적으로 국가들이 필요로 하는 유류 및 다른 자원의 세계적인 선박운송은 멈추지 않을 것이다. 만일 고래가 생존위기에 직면해 있다는 연구결과가 나온다면 이러한 국가들이 고래의 손상을 최소화할 수 있는 유조선을 설계하고 배치시킬 의향이 있을까?

이장에서 우리는 동물이 신체의 내부와 외부로부터 신호를 받아 소리, 시각, 냄새 및 다른 감각들을 인식하게 하는 방식으로 이들을 해독하는 수단인 감각계에 관해 고찰해보기로 한다. 대부분의 기관계는 감각신경, 신경전달경로 및 이들을 담당하는 특정한 뇌 영역을 함유하고 있다. 동물들이 가지고 있는 감각 수용체의 형태와 수에 따라 그들의 환경을 각기 다른 방식으로 선택할 뿐 아니라 [illegible]의 인식에 있어서도 차이를 나타낸다. 감각기관의 다양성을 존중하면서 압박하는 인간의 요구를 어떻게 충족시키느냐는 하나의 딜레마가 될 수 있다.

## 찬반의견 투표

*선박운송과 다른 인간의 활동은 수중 소란을 발생시킨다. 고래를 잠재적인 상해로부터 보호하기 위해 우리는 이러한 인간의 활동을 어느 정도로 제한해야 하는가? 당신은 특정한 소음 수준을 초과하는 활동을 미합중국 수역으로부터 금지하는 것을 지지하겠는가? 그렇다면 다른 나라들로 하여금 어떻게 같은 조치를 취하도록 하겠는가? 미디어 메뉴에서 상세한 내용을 참고하여 온라인 투표를 한다.*

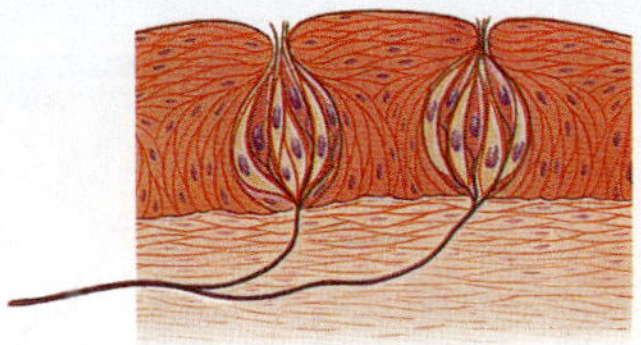

**맛과 냄새** 맛과 냄새의 감각은 액체에 녹아있는 분자들에 결합하는 감각 수용체에서 시작된다. 어떤 종들은 이러한 화학수용체들을 안테나, 촉수, 또는 다리 위에 갖고 있고 다른 종들은 입, 코, 또는 양쪽 모두에 이들 수용체를 가지고 있다.

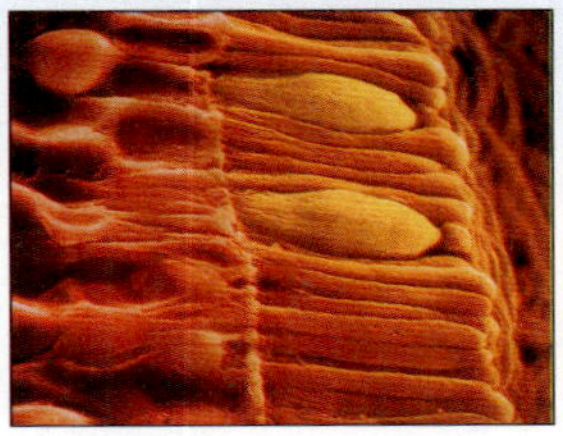

**균형, 청각 및 시각** 육상 척추동물에서 균형, 청각 및 시각은 매우 진보된 감각이 되었다. 균형과 청각은 진동에 반응하는 음향 수용체에서 시작한다. 시각은 당신의 눈에 존재하는 막대 및 원추세포와 같은 빛-감지 수용체의 배열에서 시작된다.

## 30.1 감각경로의 개관

*대부분의 동물에서 하나의 감각계는 감각신경으로부터 전달되는 경로와 특정 뇌 부위로 향하는 신경으로 구성된다.*

각 자극은 특정 형태의 감각신경 말초종말부위인 감각 수용체를 활성화시키는 하나의 에너지 형태이다. **기계수용체**는 압력, 위치, 또는 가속에 있어서의 변화인 모든 형태의 기계적 에너지를 감지한다. **통증수용체**는 조직의 손상을 감지한다. **온도수용체**는 열과 한랭에 민감하다. **화학수용체**는 용액에 녹아 있는 물질의 화학적 에너지를 감지한다. **삼투수용체**는 일부 신체용액의 용질의 농도변화를 감지한다. **광수용체**는 가시광선과 자외선의 에너지 차이를 감지한다.

체성감각은 신체 전반의 조직에 위치한 감각수용체로부터 일어난다. 그들은 귀와 눈과 같이 특정 신체부위에 한정된 수용체에 의존하는 맛, 냄새, 균형, 청각 그리고 시각과 같은 특별한 감각들과는 다르다.

차이에 상관없이 모든 감각수용체는 자극에너지를 활동전위로 변환한다. 그러나 활동전위는 구급차 경보기와는 달리 진폭의 차이가 없다. 그렇다면 어떻게 뇌가 자극을 평가하는가? 뇌는 (1) 어느 신경경로가 활동전위를 전달하는가 (2) 경로 내 각 축삭을 지나는 활동전위의 빈도 및 (3) 자극에 의해 동원되는 축삭의 수 등을 고려한다.

첫째, 동물의 뇌는 활동전위를 특정한 방식으로 해독하기 위하여 준비되어 있거나 이미 유전적으로 계획되어 있다. 이로 인해 한 눈이 찔리게 되면 어두운 방에서도 별을 볼 수 없는 이유가 여기에 있다. 눈의 많은 광수용체가 기계적으로 방해를 받게 되고 두 시신경 중 하나로 신호를 뇌로 보내어 뇌는 시신경으로부터 전달되는 어떠한 신호도 "빛"으로 인식하게 된다.

둘째, 자극이 더 강할 때 수용체는 활동전위를 더욱 자주 그리고 더 길게 발생시킨다(그림 30.2). 동일한 수용체는 목구멍의 속삭이는 소리나 날카로운 비명을 감지할 수 있다. 뇌는 신호의 주파수 차이로부터 소리의 다름을 해석한다.

셋째, 강한 자극은 약한 자극에 비해 훨씬 더 많은 감각수용체를 동원한다. 당신의 한쪽 팔위의 한 피부부위를 가볍게 두드리면 소수의 수용체가 활성화된다. 같은 부위를 더 세게 누르면 더 넓은 부위에 더 많은 수용체를 활성화하게 된다. 큰 교란은 많은 감각축삭에서 활동전위로 전환된다. 그리고 뇌는 복합된 활동을 자극 강도의 증가로 해석한다.

자극이 일정한 강도로 유지될 때에 활동전위의 빈도는 감소하거나 심지어 중지할 수도 있다. 계속되는 자극에 대한 감소된 반응을 **감각적응**이라고 부른다. 예를 들어, 옷을 입은 직후 피부에 대한 옷의 압력인식은 중지된다. 일부의 피부 기계수용체는 지속되는 자극에 빨리 적응한다. 그들은 자극의 개시 또는 제거 신호를 할 수 있다. 다른 수용체들은 더욱 느리게 적응하거나 전혀 적응하지 못한다. 그들은 뇌가 계속적으로 특정한 자극의 존재유무를 감시하도록 도와준다.

그림 30.2에 있는 체조선수는 골격근육, 관절, 힘줄, 인대, 및 피부에 존재하는 기계수용체의 도움으로 사지의 움직임과 공간에서 몸의 위치를 감지하고 있다. 여러분이 제 29.4 영역에서 읽은 근육방추의 신장수용체가 이러한 기계수용체에 속한다. 이들의 활성은 근육이 얼마나 많이 그리고 빨리 늘어나는지에 달려있다. 이러한 방식으로 뇌는 근육길이의 변화를 계속적으로 전달받아 균형과 자세를 유지하도록 도와준다.

*하나의 감각계는 특정한 자극에 대한 감각 수용체, 수용체로부터 뇌로 정보를 전도해주는 신경경로, 그리고 그 정보를 받는 뇌 부위를 갖고 있다.*

*뇌는 어느 신경경로가 자극을 전달하는가, 경로로부터 활동전위의 빈도, 그리고 동원되는 축삭의 수에 따라 자극을 평가한다.*

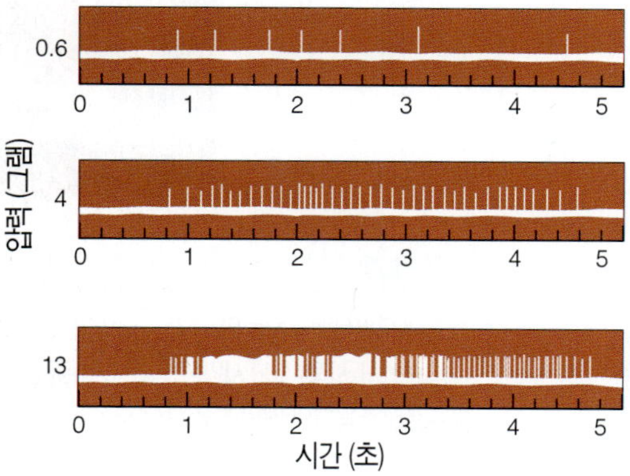

**그림 30.2** (a) 사람의 손에 있는 일부 압력 수용체 말단으로부터 활동전위의 기록. 하나의 얇은 막대기를 특정한 양의 압력으로 피부에 대해 눌렀다. 두꺼운 수평선 위의 수직막대들은 각각의 활동전위를 나타낸다. 활동전위 빈도의 증가는 자극 강도의 증가와 일치한다. (b) 우리가 어떻게 감각경로를 사용하는지에 대한 예 - 이 경우에는 신체 전반의 근육에 있는 수용체로부터 척추와 뇌로 전달되는 감각경로를 말한다.

## 30.2 촉감, 압력, 온도 및 통증의 인지

*체성감각은 신체의 표면주위, 골격근육 및 내부 장기의 벽 내에 위치한 수용체에서 시작된다. 이러한 수용체들은 조류와 포유동물에서 가장 잘 발달되어 있다. 어류와 양서류는 단지 소수의 수용체를 갖고 있다.*

체성감각은 대뇌의 회색질 외층에 해당하는 대뇌피질에서 일어난다. 감각영역에서 사이신경세포는 운동피질에서와 마찬가지로 신체표면 부위들에 대한 지도처럼 배열되어 있다(그림 30.3). 가장 넓은 부위를 차지하는 지도는 손가락, 엄지 및 입술과 같이 가장 큰 감각력과 정교한 운동조절을 담당하는 신체부위를 대표한다.

당신과 다른 포유동물은 촉감, 압력, 한랭, 온기, 및 통증에 대한 수용체를 갖고 있다(그림 30.4). 손가락 끝을 포함하여 이러한 수용체를 가장 많이 가진 신체부위가 가장 민감하다. 손등과 같이 적은 수용체를 함유하는 신체부위는 덜 민감하다.

피부와 내부 조직은 기계수용체, 온도수용체, 및 통증수용체로 작용하는 유리 신경말단을 갖고 있다. 분지를 형성하는 신경말단은 무수질화 또는 얇게 수질화 되어있다. 어떤 유리 신경말단은 마치 손가락이 바늘에 찔렸을 때처럼 찌르는 듯한 통증을 느끼게 해 준다. 한 가지 형태의 신경말단은 자극성 화학물질에 노출 후 피부나 상피세포 내층으로 하여금 가렵거나 온기를 느끼게 해준다.

피막 수용체는 신체 표면 가까이에 흔하게 나타난다. 마이스너 소체(촉각 피막소체)는 저주파수의 진동에 매우 느리게 적응한다. 이 소체는 입술, 손가락 끝, 눈꺼풀, 유두 및 생식기 등에 많이 분포한다. 크라우제 망울은 한랭을 감지한다. 섭씨 10℃ 이하에서 크라우제 망울은 냉동 통감을 느끼기 시작한다. 루피니 말단은 항정상태의 촉감, 압력 및 열을 감지한다. 파치니 소체는 피부 깊숙이 넓게 분포되어 있으며 미세한 감촉에 반응한다. 이 소체는 자유롭게 움직이는 관절 인근 부위와 일부 내부기관에 위치한다. 이 소체의 양파와 같은 막층들은 감각 말단 주위에서 액체로 가득 찬 공간과 교대로 감싸고 있다. 이러한 배열은 촉각과 진동에 의해 일어나는 급속한 압력변화에 대해 반응하게 한다.

제 29.4 영역에서 설명된 바와 같이 근육 방추섬유의 신장 수용체는 근육이 늘어날 때 그들의 발화율을 증가시킨다. 피부와 관절 주위의 수용체들과 함께 이들은 사지의 위치에 관한 신호를 뇌에 전달한다.

통증은 일부 신체 부위에 대한 손상의 지각이다. 체성 통증의 감각은 피부, 골격근육, 힘줄, 및 관절의 통증 수용체로부터 시작된다. 내장통증의 감각은 내부 기관과 관련되어 있다. 과도한 화학적 자극, 근육경련, 근육피로, 소화관의 총체적 팽창 및 기관에 대한 저혈류 등이 흔한 유발인자들이다.

*신체 표면 가까이와 내부기관에 위치한 감각 수용체들은 촉감, 압력, 온도, 통증, 운동 및 신체부위의 위치변화 등을 감지한다.*

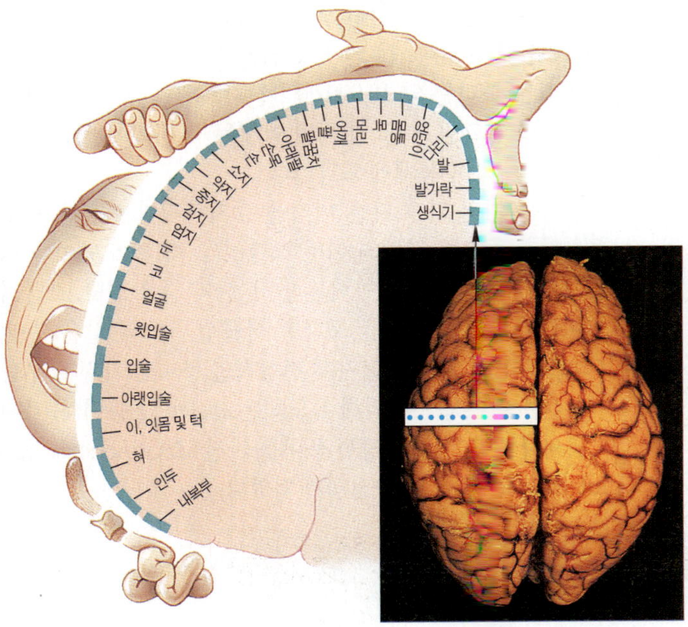


**그림 30.3** 제 I 체감각 피질에 위치한 각기 다른 신체부위의 다양성에 있어서의 차이점. 이 부위는 사람 머리의 꼭대기로부터 귀 윗 부분까지 약 1인치 넓이로 된 한 띠의 대뇌피질이다.

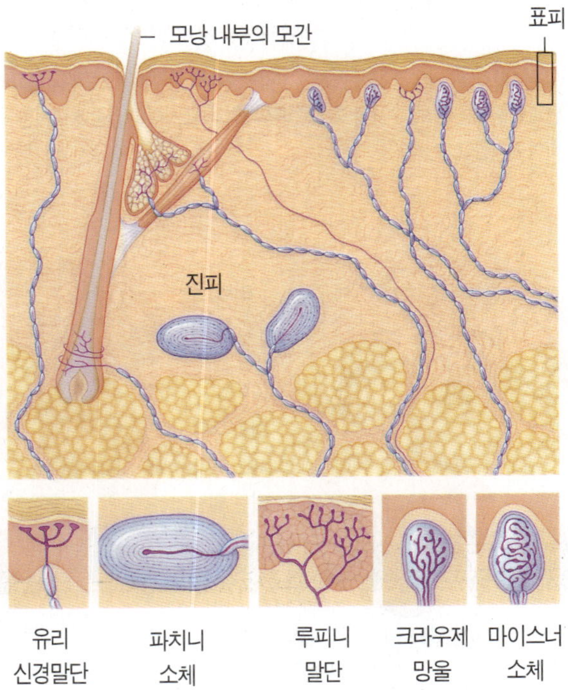


**그림 30.4** 사람 피부의 기계수용체 표본추출. 본문에 설명된 바와 같이 신체 부위에 따라 다른 종류가 나타나는 것이 더 흔하다.

## 30.3 화학적 세상의 표본추출

*이 장의 나머지에서 우리는 특별한 기관에 수용체를 가진 특별한 감각을 표본추출 할 것이다. 이들은 냄새, 맛, 균형, 청각 및 시각 등이다.*

후각(냄새)과 맛의 감각경로는 화학수용체에서 시작하는 데 이들은 용액에 녹아있는 물질의 분자에 결합함으로써 활성화된다. 이 두 가지 감각경로에서 이러한 신호의 입력은 시상을 통하여 신경고속로를 따라 이동하는 신호를 유발할 수 있다. 그 신호는 대뇌피질에서 끝난다. 대뇌피질에서는 특정 자극에 대한 지각이 형상을 띠게 되고 미세조율을 거친다. 감각정보는 또한 변연계에 도달하여 감정상태와 저장된 기억과 함께 통합하는 작용을 한다(영역 29.8).

**후각수용체**는 수용성 또는 휘발성 화학물질에 노출될 때 신호를 발생시킨다. 우리의 코 내막은 약 5백만 개의 후각수용체들을 갖고 있다. 경찰견 코의 내막은 2억 개 이상의 후각수용체를 갖고 있다. 수용체 축삭은 두 후구 중의 하나로 연결된다. 그들은 이러한 작은 뇌 구조에서 냄새의 구성성분을 가려내는 세포군과 연접된다. 거기로부터 정보는 후각로를 따라 대뇌로 흘러가 더욱 더 처리된다(그림 30.5).

많은 동물들은 페르몬처럼 후각신호를 사용하여 이동하고, 음식물을 찾으며 상호 의사소통을 한다. 페르몬은 한 개체에 의해 분비되는 신호분자로서 동일한 종의 다른 개체들의 사회적 행동에 영향을 미친다. 예를 들어, 수컷 누에나방의 안테나에 위치한 후각수용체는 바람이 불어오는 방향의 1 km 이상에서 페르몬을 분비하는 암컷의 위치를 파악하게 해 준다.

파충류와 영장류를 제외한 대부분의 포유동물에서 감각세포의 한 군집은 페르몬을 감지하는 *보습코기관*을 형성한다. 사람에 있어서는 이 기관의 축소판이 코 입구로부터 약 12.7 mm 부위에 위치해 있다. 이것이 여전히 기능을 하는지 그리고 인간의 행동에 어떤 역할을 하는지는 계속 논란이 되고 있다(43장).

각기 다른 동물은 안테나, 다리, 촉수 또는 입 내부에 **미각수용체**를 갖고 있다. 입, 인후, 그리고 특히 혀 상부의 표면에는 미뢰로 불리는 약 10,000개의 감각기관에 화학수용체가 위치해 있다(그림 30.6). 입 속의 액체는 각 미뢰에 위치한 구멍으로 들어와 수용체에 도달한다.

우리는 여러 가지 다른 미각을 감지하지만 이들은 모두 다섯 가지 주요한 감각의 어떤 조합이다. 즉, 포도당이나 다른 단순 당들에 의해 야기되는 단맛, 산과 같은 신맛, 소금과 같은 짠맛, 알칼로이드를 포함한 식물성 독소와 같은 쓴맛, 그리고 숙성된 치즈와 고기에 전형적인 풍미를 가진 글루탐산과 같은 아미노산에 의해 유도되는 *umami* 맛 등이다. 자체의 냄새나 감촉은 없고 강한 풍미를 가진 MSG(monosodium glutamate)는 흔한 향 증진제가 되었다.

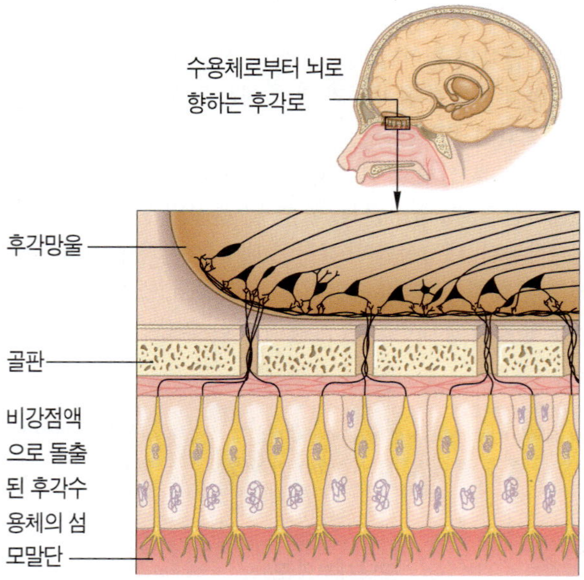


**그림 30.5** 사람의 코에 위치한 후각수용체의 감각말단으로부터 대뇌피질과 변연계로 향하는 경로. 수용체 축삭은 비강내막과 뇌 사이의 골판에 위치한 구멍을 통하여 지나간다.

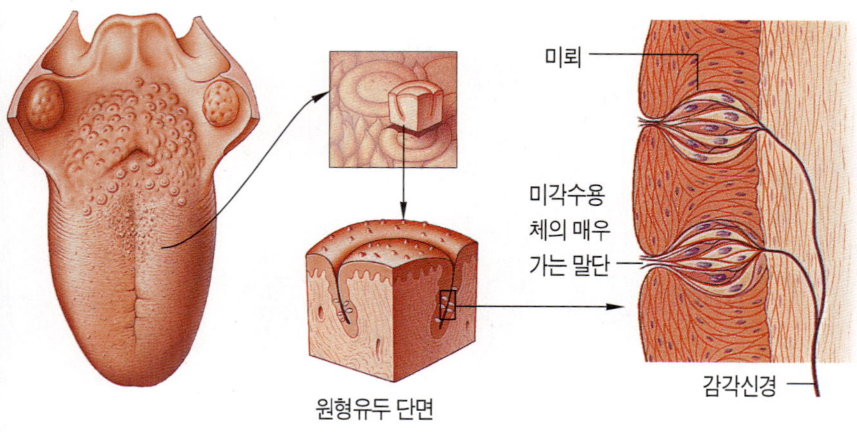


**그림 30.6** 사람의 혀에 위치한 미각수용체. 원형유두로 불리는 구조가 미뢰를 함유한 상피조직을 고리처럼 감싸고 있다. 사람의 혀는 약 10,000 개의 이러한 감각기관을 갖고 있으며 각 기관은 150 개의 화학수용체를 함유한다.

*냄새와 맛의 감각은 화학수용체에서 시작된다. 두 감각 모두 대뇌피질과 변연계에 위치한 처리부위로 연결하는 감각경로를 갖고 있다.*

## 30.4 균형행동

*모든 동물은 신체가 중력, 가속, 그리고 몸의 위치와 이동에 영향을 미칠 수 있는 다른 힘과 상대적으로 균형이 잡혀 있을 때 평형상태로부터 전위를 평가하고 반응한다. 심지어 뇌가 없는 해파리조차 뒤집어지면 자신을 바로 세운다.*

평형유지를 관장하는 최초의 기관은 어류에서 유래되었다. 사람은 내이의 각각에 하나씩 한 쌍을 갖고 있다. 그 귀 내부에 존재하는 **전정기관**은 3 개의 반고리관과 함께 타원낭과 구형낭으로 이루어 진 두 개의 낭으로 이루어져 있다(그림 30.7). 이러한 낭과 관은 하나의 연속된 액체로 찬 구조로 서로 연결되어 있다. 이러한 체계에서는 머리를 움직이거나 회전할 때 많은 기계수용체들이 자극된다.

반고리관의 융기된 기저 내부에는 동적평형 기관이 존재한다. 이 기관은 한 형태의 기계수용체인 털세포가 밖으로 돌출된 아교질 덩어리를 갖고 있다. 머리의 회전은 이러한 관의 액체를 전위시킨다. 액체의 이동에 의해 가해진 압력은 아교질 덩어리를 이동시키고 이는 다시 털세포를 굽히게 된다. 이러한 구부러짐은 감각신경세포로부터 전정신경세포로 신호를 흐르게 한다. 이 전정신경은 다시 뇌로 신호를 전달한다.

각 타원낭과 구형낭 내부에는 정적평형 기관이 존재한다. 이러한 기관은 머리가 지표에 대하여 상대적으로 어떻게 향하고 있는지에 관한 정보를 뇌에 전달한다. 각 기관 내부에는 낭의 기저부위로부터 위로 향하는 털세포들 위에 하나의 두꺼운 막이 놓여 있다. 이 막은 이를 누르고 있는 하나의 결정 덩어리를 함유한다. 머리가 곧은 위치로 있을 때는 무게에 눌린 막이 털세포를 아래로 누르게 되어 약간 굽어지게 된다. 이는 감각신경세포로부터 하나의 일정한 활동전위의 흐름을 전정신경을 따라 뇌로 보낸다. 만일 자세가 변하거나 또는 한쪽 방향으로의 이동속도를 올리거나 늦추게 되면 털세포 위의 막 위치가 변하게 된다. 위치에 따라서 털세포는 자체에 가해지는 무게가 더 혹은 덜 나가게 되고, 감각세포로부터의 신호전달 또한 빨라지거나 느려지게 된다. 몸의 자세와 움직임을 해석하기 위하여 뇌는 끊임없이 머리 양쪽의 내이에 위치한 모든 정적 및 동적 평형기관의 감각세포로부터 신호를 비교, 통합한다.

이와 동시에 뇌는 피부, 관절 및 힘줄에 위치한 수용체들로부터의 입력을 평가한다. 모든 정보의 통합은 심지어 몸의 위치를 바꾸거나 머리를 회전할 때에도 뇌로 하여금 눈의 근육을 조절하게 하여 시야의 초점을 유지할 수 있도록 해 준다. 통합은 또한 피겨스케이트 선수인 Sarah Hughes에 의해 입증된 것처럼 공간에서의 몸의 위치와 움직임을 계속 알 수 있도록 도와준다.

발작, 내이 감염, 또는 반고리관 내의 느슨한 입자들은 주위가 계속 도는 감각인 현기증을 일으킨다. 현기증은 또한 마천루의 꼭대기 전망대에 서서 아래를 내려다 볼 때처럼 서로 상충되는 감각입력으로 인해 일어난다. 전정기관은 몸의 부동함을 보고하는 반면 눈은 몸이 땅으로부터 멀리 떨어진 공간에 떠 있음을 보고한다.

불일치의 신호는 또한 멀미의 현기증과 구역질을 일으킨다. 언덕이 많은 굴곡 길에서 빨리 움직이는 자동차 안의 승객들은 각 전정기관에 "이동"이라고 소리치는 가속과 방향의 변화를 경험한다. 이와 동시에 차 내부의 물체에 대한 눈으로부터의 신호는 몸이 움직이지 않고 있음을 뇌에 전달한다. 운전자는 신속히 지나가는 경치에 집중해야 되고 따라서 시각신호가 전정기관의 신호와 일치하기 때문에 멀미를 최소화 할 수 있다.

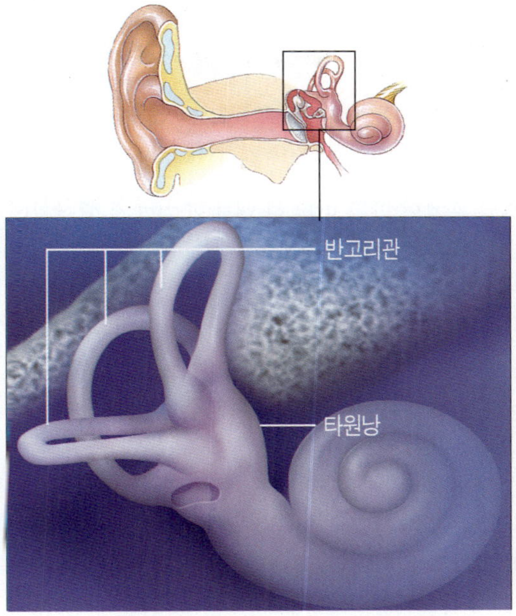


**그림 30.7** 사람의 귀 내부의 전정기관. 이 액체로 가득 찬 기관 내부의 동적 및 정적 평형 기관은 균형감각의 유지를 도와준다.

*평형기관은 신체가 중력, 속력, 가속력 및 몸의 위치와 운동에 영향을 주는 다른 힘들과 상대적으로 균형을 유지할 수 있도록 도와준다.*

## 30.5 음향감각의 인지

많은 절지동물과 대부분의 척추동물은 소리를 감지한다. 그들은 청각을 갖고 있다. 지상 척추동물은 공기를 이동하는 음파를 포착하고 선별하는 귀를 갖고 있다.

### 소리의 성질

소리는 압축된 공기의 파동 또는 한 형태의 기계적 에너지이다. 손뼉을 치면 공기가 압축되어 파동형태로 보여 질 수 있는 압력변화를 일으킨다. 소리의 진폭은 소리의 크기 또는 강도와 일치한다. 진폭은 데시벨로 측정한다. 사람의 귀는 소리 사이의 1 데시벨 차이를 식별할 수 있다. 소리의 진동수는 1초당 파장 주기의 회수로 나타낸다. 각 주기는 음파선상에서 한 파장의 정점(또는 최저치)으로부터 다음 파장위의 해당 정점(또는 최저치) 까지를 말한다(그림 3.8).

소리굽쇠의 순수한 음조와는 달리 대부분의 소리는 다양한 진동수의 복합된 음파이다. 그들의 음색 또는 음질은 다양하다. 한 사람의 목소리를 코소리로 인식하고 다른 사람의 목소리를 깊은 소리로 인식하는 것은 음색의 차이 때문이다. 음색의 다양성은 목소리에 의해서 많은 개인을 인식할 수 있도록 도와준다.

### 척추동물 청각의 진화

물은 신체조직에 진동을 손쉽게 전달하기 때문에 어류는 진동을 포착하기 위해 정교한 외이를 필요로 하지 않는다. 소리는 공기 중에서 퍼져나가기 때문에 공기로부터 몸으로 소리를 전달하는 일은 더욱 불확실하다. 지상 척추동물은 음파를 포획하고 증폭하며 처리하는 특별한 구조를 갖고 있다.

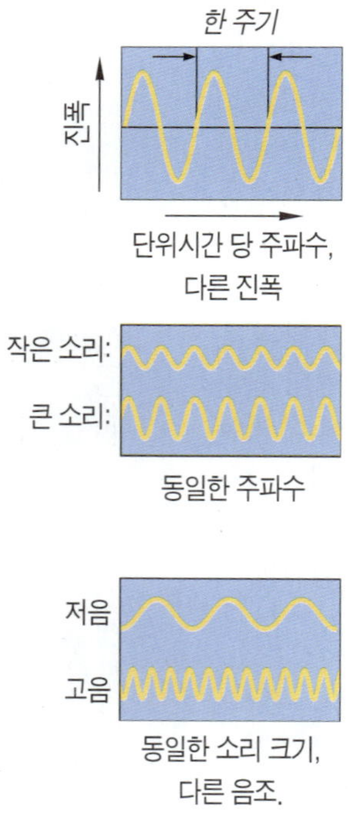


**그림 30.8** 소리의 파동적인 성질.

귀의 세 가지 부위를 살펴보자(그림 30.9a). 대부분의 포유동물에서 그렇듯이 외이는 공기로부터 소리를 모으기 위해 적응되어 있다. 귓바퀴는 머리 측면으로부터 돌출되고 피부막으로 둘러싸인 상당히 겹쳐진 하나의 연골 판이다. 이도는 귓바퀴로부터 중이로 연결한다.

중이는 공기의 파동을 증폭시켜 내이로 전달한다. 중이는 초기 파충류에서 머리의 각 측면에 하나의 작은 함몰부위로 처음 진화된 고막을 갖고 있다. 이 "고막"은 압력파동에 반응하여 빠르게 진동할 수 있는 하나의 얇은 막이다. 고막과 내이 사이에는 공기로 가득 찬 공간과 하나 또는 그 이상의 작은 뼈로 구성되어 있다. 이들은 포유동물 귀 내부에서 추골, 침골, 및 등골에 해당한다(그림 30.9b). 이들은 상호작용하여 음파의 힘을 고막으로부터 내부로 향하여 난원창으로 알려진 훨씬 더 작은 표면으로 전달한다.

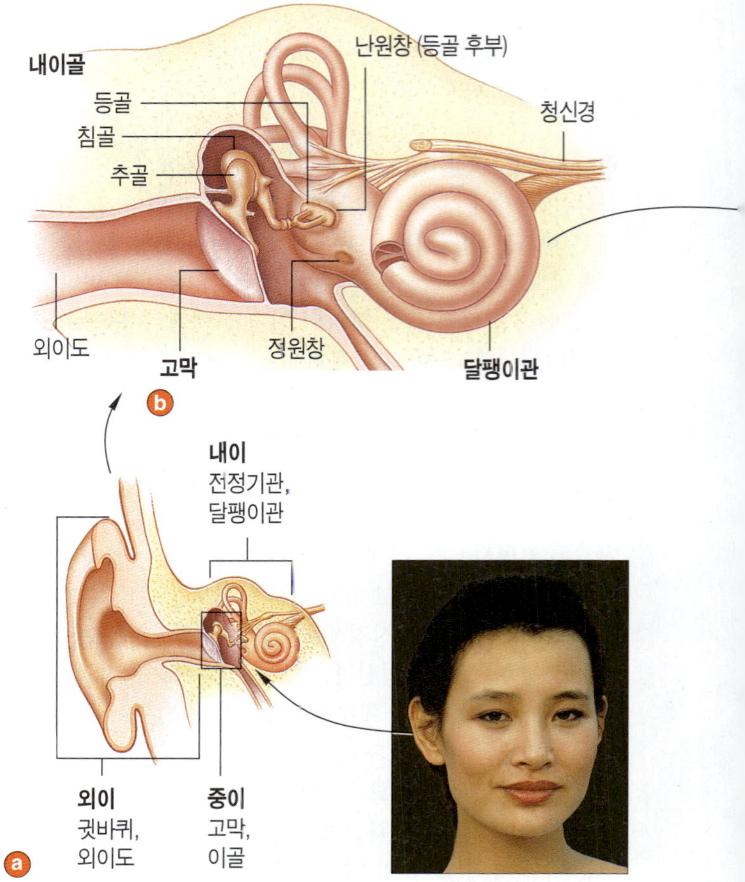


**그림 30.9** 사람 귀의 구성

난원창은 나선형, 완두콩 크기의 액체로 가득 찬 달팽이 기관 앞쪽에 위치한 탄력성 막이다. 달팽이 기관과 앞에서 언급한 전정기관이 내이의 주요 부위들이다. 그림 30.9c는 달팽이 기관의 나선이 풀리면 어떻게 보이는지를 나타낸다. 내부에는 음파에 반응하는 기계수용체가 있다.

등골이 난원창을 향해 밀면 두 달팽이관(전정계와 고실계) 내부의 액체에서 압력파동을 일으킨다. 이 파동은 또 다른 막인 정원창에 도달하여 막이 안팎으로 굽히는 반응을 일으킨다.

내이의 세 번째 관에 해당하는 달팽이관은 압력파동을 선별한다. 이 관의 기저막은 난원창 가까이에서 딱딱하고 좁으며 나선 내부로 들어갈수록 넓어지고 보다 유연해진다. 이러한 구조적 차이에 의해 막 부위들이 다른 진동수에 반응하게

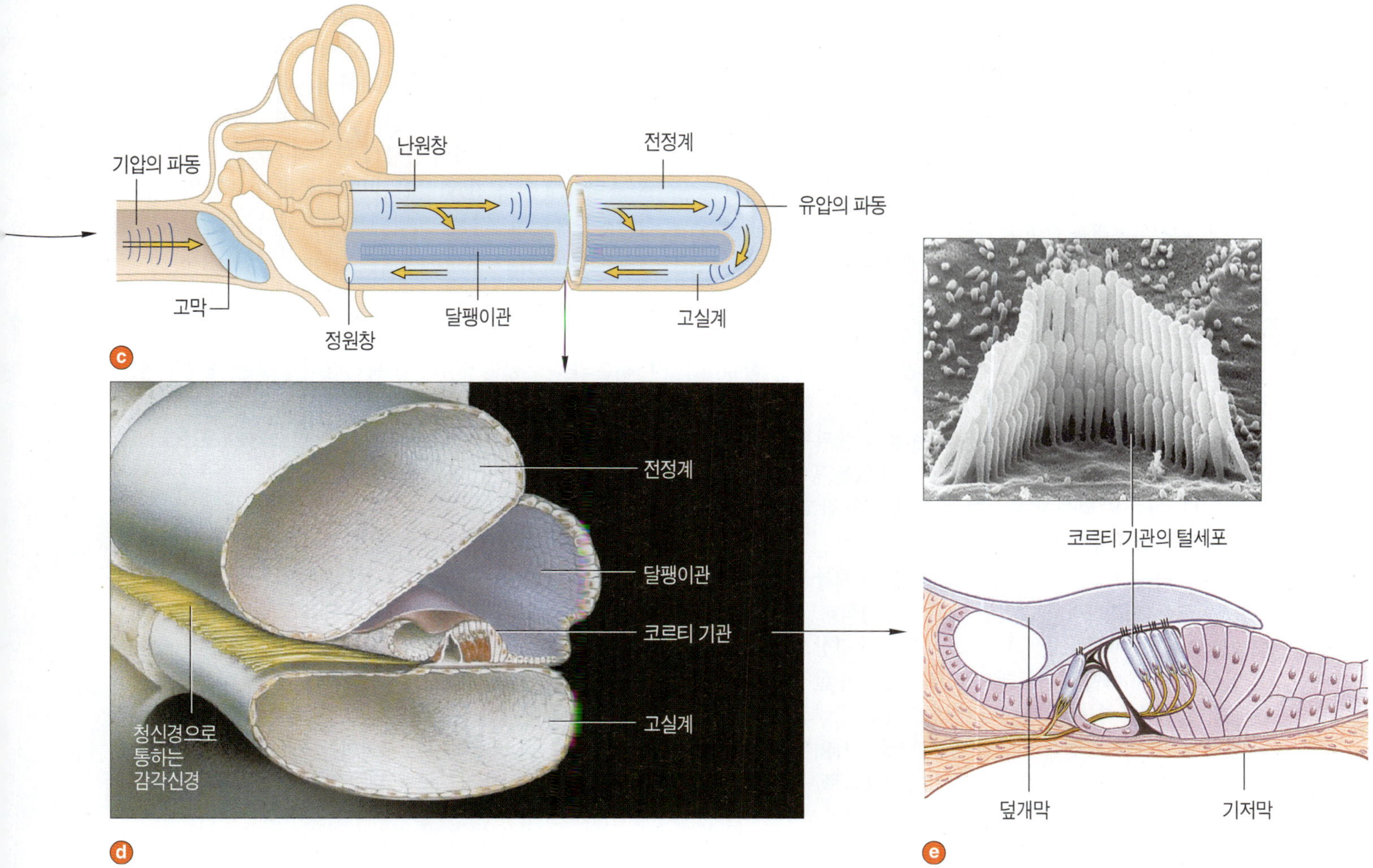


된다. 고음조의 소리는 나선의 첫째 부위를 진동시키고 저음조의 소리는 내부의 보다 깊은 부위에 영향을 준다. 어떻게 이것이 가능할까? 내부 기저막에 부착된 것이 진동에 민감한 음향수용체가 배열된 코르티기관이다.

기계수용체는 변형된 섬모를 가진 털세포의 한 형태이다. 이들은 자신을 덮고 있는 덮개막 방향으로 돌출해 있다(그림 30.9d,e). 압력파동이 기저막을 변형시키면 이들 섬모가 기운다. 이러한 기움은 압력의 기계적 에너지를 활동전위로 변환하고, 활동전위는 청각 신경을 따라 뇌로 이동한다. 다음을 생각해 보라. 강한 소리에 장기간 노출되듯이 털세포가 손상되면 청력소실이 따르게 된다(그림 3.10).

*지상 척추동물의 귀는 음파를 수집, 증폭, 선별한다. 내이에서 음파는 유체압의 변동을 발생시키고 털세포의 활동전위를 유발한다.*

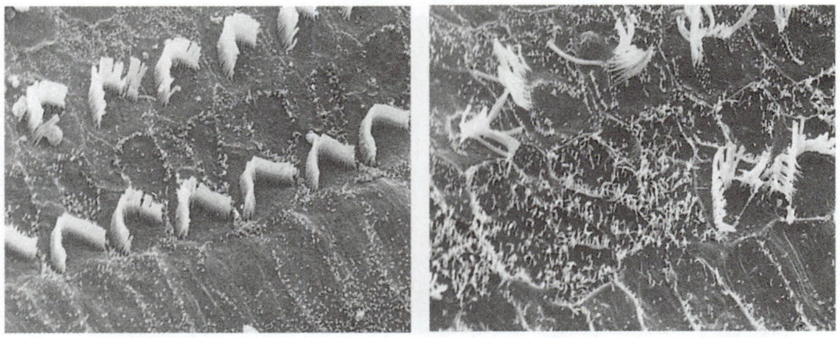

**그림 30.10** 강한 소리가 내이에 미치는 영향에 관한 한 실험 결과.
왼쪽: guinea pig로부터, 정상적으로 코르티 기관 내의 덮개막으로 돌출한 두 줄의 털세포.
오른쪽: 극히 시끄러운 음악에 비교될 수 있는 소음 수준에 24시간 노출 후 동일한 기관 내부의 털세포.

소리의 강도가 어떻게 측정되는가에 대한 느낌을 주기 위해 똑딱 시계는 10 데시벨로 측정된다. 보통의 대화는 약 60 데시벨, 고속력으로 작동하는 음식교반기는 약 90 데시벨이며 증폭된 록 음악회는 약 120 데시벨이다. 인식되는 소리의 크기는 강도뿐 아니라 주파수에 의존한다.

## 30.6 내가 보는 것을 당신도 보는가?

*단세포 아메바에 빛을 비추면 갑자기 움직임을 멈춘다. 해바라기는 태양이 머리위로 굽어 이동할 때 해를 따라간다. 대부분의 유기체는 빛에 민감하지만 소수만이 우리가 보는 것처럼 "보게" 된다.*

### 시각을 위한 요구조건

최소한 **시각**은 눈과 빛의 밝기, 모양, 위치, 및 움직임에 대한 시각적 정보의 형태를 받아 평가하는 대뇌중추 내 영상의 인지를 필요로 한다. 눈은 조밀한 광수용체 배열을 이루고 있는 감각기관이다. 그리고 모든 광수용체는 공통적으로 다음의 성질을 갖고 있다. 즉, *이들은 감각신경세포에서 흥분에너지로 전환되는 광자 에너지를 흡수할 수 있는 색소분자를 함유한다.*

지렁이와 일부 다른 눈을 갖지 않는 동물은 피부에 흩어져 있거나 피부 내부의 함몰된 부위에 모여 있는 광수용체를 갖고 있다. 이들은 빛을 이용하여 몸의 방향을 잡고, 그늘을 탐지하거나, 생체시각을 조정한다.

복잡한 눈은 빠르게 변화하는 시야에서 물체들을 식별해야 하는 재빠른 포식자와 먹이들 가운데서 진화하였다. **시야**는 동물이 보는 바깥세상의 부분이다. 시야의 영상을 형성하는 일은 시야 내 어떤 부위로부터도 모든 광선을 굴절시켜 광수용체에 모이도록 하는 하나의 투명한 물질인 렌즈를 사용하면 더 용이하다. 광선은 밀도가 다른 물질들 사이의 경계부위에서 굴절한다. 굴절은 광선을 새로운 방향으로 내보낸다.

거미, 전복과 일부 다른 동물들은 하나의 렌즈를 지닌 단순한 눈을 가진다(그림 30.11). 갑각류와 곤충은 여러 개의 렌즈 단위로 이루어 진 복합눈을 가지고 있다. 오징어, 문어와 척추동물은 사진기 눈을 가지고 있다. 사진기에서처럼 그들의 안구는 하나의 암실을 함유하고 있다. 빛은 홍채의 입구에 해당하는 동공을 통하여 암실로 들어온다. 홍채는 사진기의 조리개에 해당하는 고리모양의 수축성 조직이다. 동공의 뒤에서 수정체가 사진기의 감광성 필름에 해당하는 광수용체로 조밀하게 가득 찬 조직인 **망막**위에 빛의 초점을 맞춘다. 감각신경세포의 축삭은 망막에서 시작되어 뇌를 향하는 시각로로 모인다.

### 사람의 눈

대부분의 척추동물에서와 같이 사람의 안구는 세 층의 벽을 갖고 있다(그림 30.12). 안구의 외층은 공막과 각막이다. 공막은 조밀한 섬유상의 "하얀" 부분으로 안구의 대부분을 보호한다. 투명한 콜라겐 섬유사로 구성된 각막은 안구의 나머지를 덮고 있다.

중간층은 맥락막, 모양체, 홍채, 및 동공으로 이루어져 있다. 맥락막은 진하게 착색된 조직으로서 광수용체가 놓친 빛의 파장을 흡수하여 눈에서 산란되지 않도록 한다.

각막 바로 뒤에 걸려있는 것이 도넛 모양의 침착된 홍채이다. 빛은 중앙의 어두운 "구멍"으로 들어온다. 밝은 태양광선에서는 홍채 내에 묻혀있는 윤근이 수축하여 동공의 직경이 줄어든다. 그러나 희미한 빛에서는 홍채 내 방사근육이 수축하여 동공을 확대시키고 더 많은 빛이 눈으로 들어올 수 있게 한다.

일단 동공을 지나간 광선은 방수로 불리는 맑은 액체에 의해 보습된 수정체를 통과한다. 교질형의 유리체가 수정체

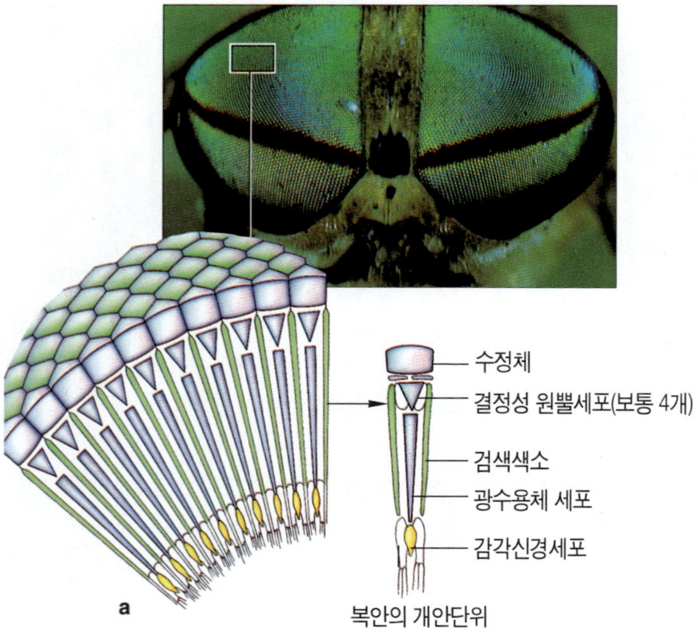


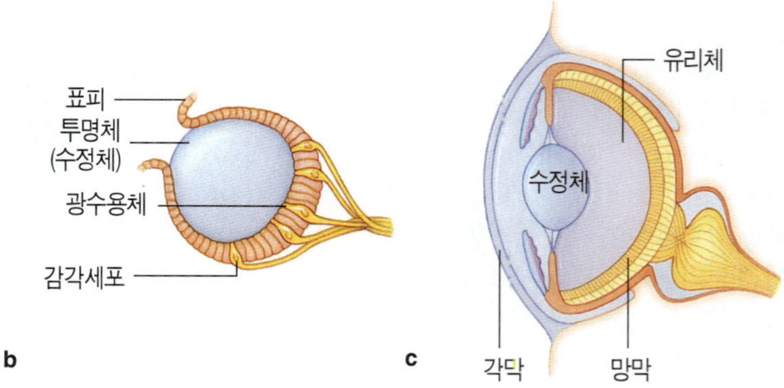


**그림 30.11** 일부 무척추동물의 눈. (a) 사슴 등에의 복합안. 여러 단위들 중의 각각에서 수정체는 빛을 결정성 원뿔로 보내고 원뿔은 다시 빛을 하나의 광수용체 세포에 초점을 맞춘다. (b) 수정체로 완전한 전복 눈. (c) 여기에 보인 오징어와 문어와 같은 일부 두족류동물과 척추동물에 전형적인 사진기 눈. 두족류동물과 척추동물은 밀접한 관련이 없기 때문에 눈의 구조와 기능의 유사성은 아마도 수렴성진화의 예로 볼 수 있다. 한 이론에 의하면, 한때 신경계의 발달에 영향을 주었던 한 군의 유전자들이 눈의 형성을 위해 사용된 것으로 추정된다.

| **안구 벽** (3개의 층) | |
|---|---|
| 안구섬유층: | *공막*, 안구보호 |
| | *각막*, 빛의 초점 형성 |
| 안구혈관층: | *맥락막*, 혈관이 벽 세포들에 영양분 공급; 색소가 빛의 분산 방지 |
| | *모양체*, 모양체의 근육이 수정체 조절; 모양; 모양체의 미세섬유사가 수정체를 곧게 유지 |
| | *홍채*, 홍채의 조절은 들어오는 빛의 양을 조절한다. |
| | *동공*, 빛의 입구로 제공. |
| 안구감각층: | *망막*, 광 에너지의 흡수 및 변환 |
| | *망막 중심와*, 시력증대 |
| | *시신경의 시작*, 신호를 뇌로 전달 |

| **안구의 내부** | |
|---|---|
| 수정체 | 빛을 광수용체에 초점 |
| 방수 | 빛 투과, 압력 유지 |
| 유리체 | 빛 투과, 수정체와 안구지지. |

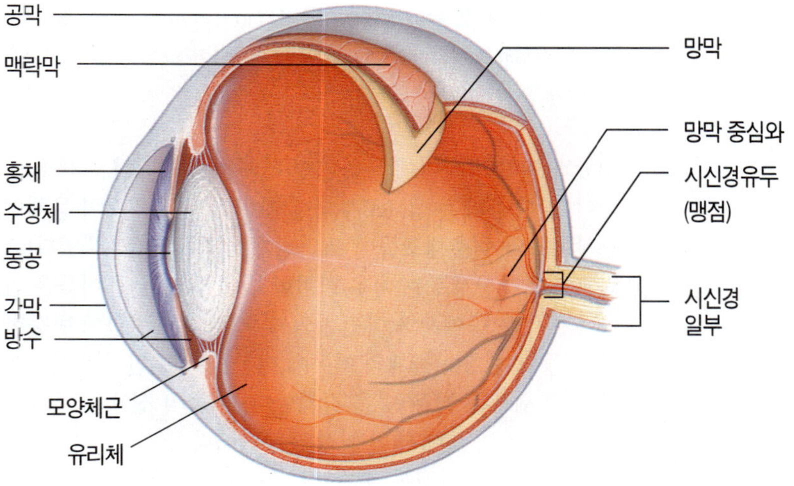


**그림 30.12** 사람 눈의 구조와 구성 요소.

뒤 부분을 채운다. 이 안구방의 맨 뒤쪽에 망막이 위치한다.

각막과 수정체는 만곡된 표면을 갖기 때문에 시야 내 한 특정 지점으로부터 들어오는 광선은 다른 각도로 이들에 부딪쳐 궤도가 변한다. 새롭게 각을 형성한 궤도는 원래의 광선원에 상대적으로 뒤집어지고 왼쪽과 오른쪽이 뒤바뀐 형태로 망막 뒤쪽에 광선을 모이게 한다(그림 30.13a).

물체가 눈에 더 가까이 갈수록, 눈에 들어올 때 서로부터 들어오는 더 많은 광선이 서로 분산된다. 그러나 빛의 이동거리와는 상관없이 망막위에 광선의 초점을 맞출 수 있도록 수정체의 모양이 조절될 수 있다.

수정체의 조절을 시각조절이라고 일컫는다. 모양체근이 수정체를 둘러싸고 섬유사에 의해 수정체에 부착되어 있다(그림 30.12 및 30.13). 가까운 물체에 초점을 맞추면, 모양체근이 수축하여 수정체가 돌출된다. 물체로부터 반사되는 광선은 망막에 초점을 맞추게 된다(그림 30.13b). 물체가 멀리 떨어져 있을 때는 광선이 초점을 맞추기 위해 가까운 물체에서만큼 굴절될 필요가 없다. 모양체근은 약간 이완되어 수정체가 납작해지도록 한다(그림 30.13c). 컴퓨터 화면을 장시간 응시하며 시간을 보낼 때는 가끔씩 휴식을 취하며 보다 먼 곳의 사물을 쳐다봄으로써 눈의 피로를 덜 수 있다.

> *시각은 조밀한 배열의 광수용체를 지닌 눈과 밝기, 모양, 위치, 및 움직임에 관한 시각적 정보의 양식을 받아 처리할 수 있는 대뇌중추에서의 영상의 형성을 필요로 한다.*

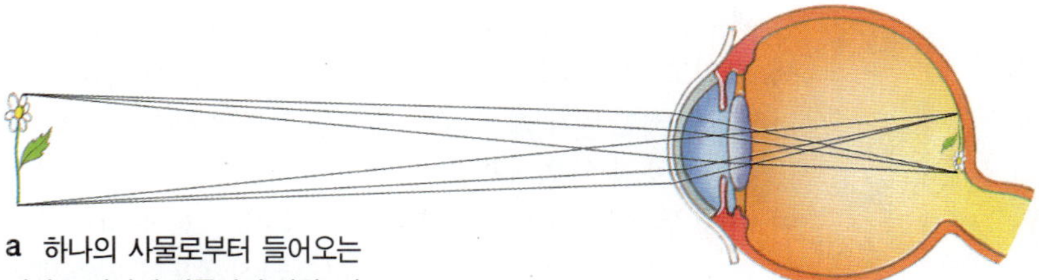

**a** 하나의 사물로부터 들어오는 광선은 망막에 집중되어 상하, 앞뒤가 바뀐 영상을 형성한다.

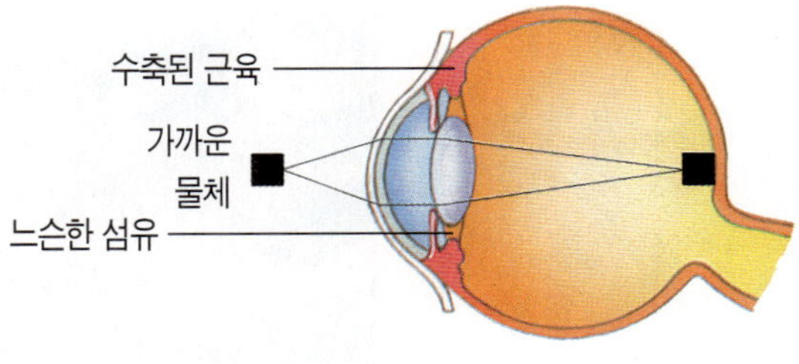


**b** 모양체근이 수축하면 수정체가 돌출되어 가까운 물체로부터 들어오는 광선을 굴절시켜 망막에 초점이 맞도록 한다.

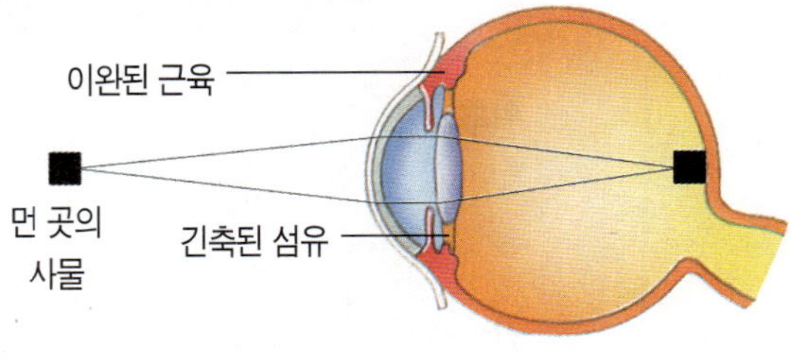


**c** 근육이 이완되면, 수정체는 납작해져 먼 곳의 사물로부터 들어오는 광선을 망막에 초점이 맞도록 한다.

**그림 30.13** (a) 사람 눈에서 망막 자극의 양상. 동공 앞의 만곡된 투명한 각막은 빛이 눈에 들어올 때 광선의 궤도를 바꾼다. (b, c) 이중 초점기전은 수정체를 감싸고 이에 부착된 모양체근을 사용한다.

## 30.7 망막의 미세관찰

*각 눈은 거리, 모양, 위치, 밝기, 및 시각적 자극의 이동에 관한 정보를 바쁘게 수집하고 분석하는 대뇌의 한 전초이다. 눈의 감각경로는 망막에서 시작되어 대뇌에서 끝난다.*

망막과 맥락막 사이에는 하나의 기저층에 해당하는 색소 상피이다. 이 층에는 섬모로부터 유래된 두 종류의 광수용체인 **간상세포**와 **원추세포**들이 조밀하게 밀집, 배열되어 있다(그림 30.14). 간상세포는 매우 희미한 빛을 감지한다. 이들은 밤이나 어두운 곳에서 시야전반의 빛의 세기의 변화에 반응한다. 이들의 신호는 물체의 이동에 대한 조대한 인지의 시작이다. 원추세포는 밝은 빛을 감지한다. 이들의 신호는 주간에 예리한 시력과 색에 대한 인식의 시작이다.

간상세포의 외절은 수백 개의 막판으로 접혀있으며, 각 막판은 일억 개의 로돕신 시각색소 분자를 함유하고 있다. 막이 층을 이루고 색소의 밀도가 높은 것은 빛에너지인 광자의 묶음을 가로채는 가능성을 높여준다. 심지어 소수의 광자를 흡수하여 유발된 활동전위도 어두운 방이나 한 밤중처럼 희미하게 비치는 물체를 의식할 수 있게 한다.

색깔과 주간 시력의 감각은 원추세포에 의해 광자를 흡수하여 시작된다. 세 가지 형태의 원추세포가 있으며 각각은 다른 색소를 함유하고 있다. 하나는 붉은 색, 다른 하나는 푸른 색, 그리고 세 번째는 초록색 파장의 빛을 가장 잘 흡수한다. 정상적인 시각은 세 가지 형태를 모두 필요로 한다.

간상세포와 원추세포 위에는 여러 세포층들이 놓여 있으며 이들 두 가지 세포들부터 정보를 받아 신호를 처리한다(그림 30.15). 약 일억 이천 오백만 개의 간상세포와 원추세포로부터 입력된 정보는 양극세포에 연접되고, 이들은 다시 일백만 개의 신경절세포로 신호를 보내며 신경절세포의 축삭에서 시신경이 시작된다. 신경절세포에 도달한 신호는 무축삭세포와 수평세포에 의해 감소되거나 증진된 것이다. 따라서 *신호의 통합과 처리는 망막에서 시작된다.*

망막세포는 수용영역 또는 각 감각신경세포의 활성에 영향을 미치는 제한된 부위들로 배열되어 있다. 예를 들어, 신경절세포에 대한 영역은 하나의 작은 집단이다. 다른 세포들은 그들의 작은 수용영역에서 빛의 세기나 하나의 색 지점, 움직임 등에 있어서의 신속한 변화에 반응한다.

사람은 각 눈의 망막으로부터 하나씩 두 개의 시신경을 갖고 있다. 각 눈으로부터 나오는 시신경은 왼쪽 시야로부터의 자극에 관한 신호를 우측 대뇌반구로 전달한다. 이는 오른쪽 시야로부터의 신호를 좌측 대뇌반구로 전달한다(영역 29.8).

시신경의 축삭은 형태, 움직임, 깊이, 색깔, 및 질감과 같은 각종 시각적 자극을 담당하는 수용영역과 일치하는 뇌좌표를 갖는 층으로 이루어진 한 대뇌부위에서 끝난다. 시각 신호는 초기 처리과정을 거친 다음 신속하고 동시에 시각피질의 다른 부위들에 도달한다. 최종적인 통합은 신호를 시각적 감각으로 정리한다.

*시각적 신호의 정열은 망막에 위치한 수용영역에서 시작된다. 이러한 신호는 층으로 이루어진 한 대뇌부위에서 더 처리된 다음 시각피질에서 마지막으로 통합된다.*

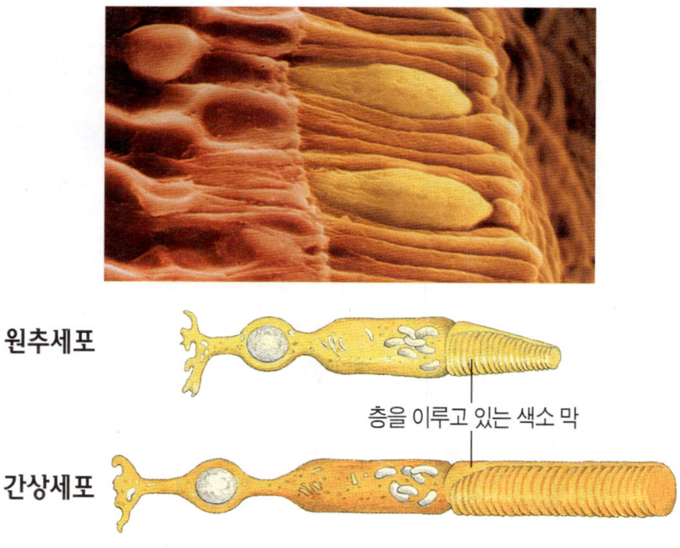


**그림 30.14** 간상세포와 원추세포 구조의 주사전자현미경 사진과 그림.

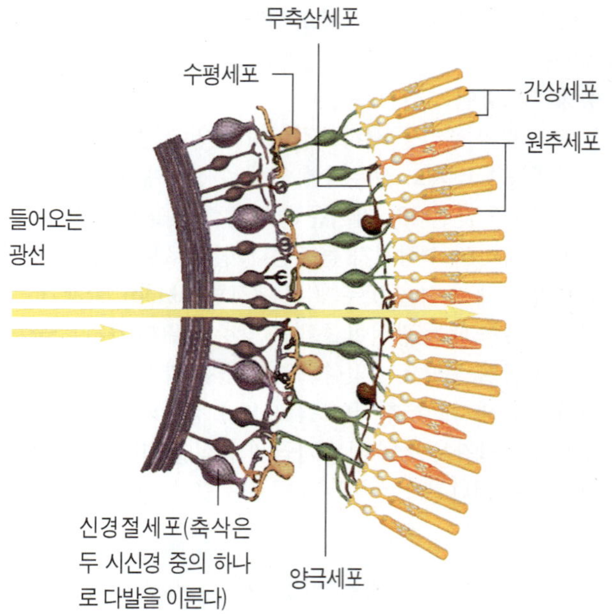


**그림 30.15** 망막에 위치한 광수용체와 관련 감각세포의 배열.

# 30.8 시각장애



*빛이 적절히 초점을 맺지 못하거나, 광수용체가 제대로 작동하지 않거나, 또는 시각적 처리가 붕괴되면 시각장애가 발생한다.*

## 근시와 원시

때때로, 안구가 알맞게 모양을 이루지 못하고 수정체가 망막에 맞게 초점을 충분히 맞출 수 없을 때가 있다. 원시에서는 안구가 너무 길거나 수정체를 조절하는 모양체근이 너무 강하게 수축한다. 먼 사물로부터 들어오는 빛이 망막 위가 아닌 망막 앞쪽에 너무 일찍 초점을 맞춘다(그림 30.16a).

원시에서는, 안구가 충분히 길지 못하거나 수정체가 "게으르다". 근거리 사물로부터 들어오는 빛에 대한 초점이 망막 뒤에 맺힌다(그림 30.16b). 이는 종종 40대 후반에 발생하는데, 나이가 들면서 수정체가 본래의 유연성의 일부를 보통 잃기 때문이다.

대부분 경우의 원시와 근시는 안경이나 각막의 모양을 외과적으로 변형시켜 교정될 수 있다. 오늘날은 레이저를 이용하여 각막의 모양을 고친다. 가장 흔한 시술인 라식(LASIK)이 2002년도에 일백 팔십만 미국인에게 행해졌다. 모든 것이 잘 될 경우, 레이저 시술을 통해 대부분의 활동에서 안경의 착용 필요성을 없애주지만 사십대 이후에는 여전히 노안경을 착용해야 될 수도 있다. 결과는 다양하며 만성적인 눈의 자극이 흔히 나타난다.

## 색맹

한 가지 이상의 원추세포가 결핍된 사람은 *색맹*이다. *적색-녹색*의 색맹을 기억하는가? 이러한 X 염색체와 관련된 열성 이상은 남성에게 가장 흔히 나타난다(영역 11.5). 적색 또는 녹색 파장의 빛을 감지하는 원추세포의 일부 혹은 모두가 결손 되어있다. 영향을 받는 대부분은 희미한 빛에서 적색과 녹색을 구별하지 못하며 일부는 밝은 빛에서도 두 색을 구분하지 못한다.

## 나이와 연관된 질병

망막의 중심 가까이에는 광수용체가 풍부한 부위인 황반이 존재한다(그림 30.17). 이는 망막오목을 둘러싸고 있다. 이 깔때기 모양의 함몰부위는 가장 조밀한 광수용체를 함유하여 시력에 가장 많이 기여한다. 망막의 원추세포는 공간 내 근접 지점 사이를 가장 정확히 구별한다.

실명의 가장 흔한 원인 중의 하나인 *황반변성*은 보통 나이가 들면서 시작된다. 미국 내에서 약 천 삼백만 명이 나이관련 황반변성(AMD)을 갖고 있다. 황반과 망막오목에서 광수용체세포의 파괴는 시야의 주변부보다 중심부위를 혼탁시킨다. 비록 유전적 요소가 존재하지만 AMD의 원인은 충분히 알려져 있지 않다. 흡연, 비만 및 고혈압은 위험도를 증가시킨다.

AMD가 치유는 되지 않지만 점안약, 비타민 및 레이저요법으로 진행을 지연시킬 수 있다. 환자의 혈액을 여과하여 콜레스테롤과 특정 단백질을 제거하는 한 실험적 치료결과 지금까지 약 30 퍼센터의 환자에게 도움이 되었다.

*녹내장*은 안구 내에 너무 많은 방수가 축적될 때 발생한다. 이는 혈관과 신경절세포를 손상시켜 주변시야와 시각처리를 방해할 수 있다. 녹내장은 약물과 수술로 치료될 수 있다.

*백내장*은 수정체가 점진적으로 혼탁해지는 현상이다. 이는 망막과 빛이 초점을 맺는 부위에 도달하는 빛의 양을 변화시킨다. 혼탁한 수정체는 인공 삽입물로 대체될 수 있다. 매년 수백만의 인구가 백내장 수술을 받는다.

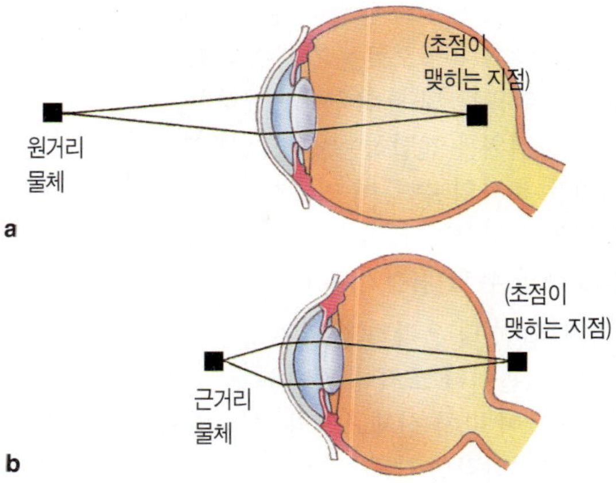


**그림 30.16** 초점의 문제. **(a)** 근시에서는 원거리 물체의 영상이 망막 앞에 모인다. **(b)** 원시에서는 근거리 물체의 영상이 망막에 도달 할 때에도 아직 모이지 못한다.

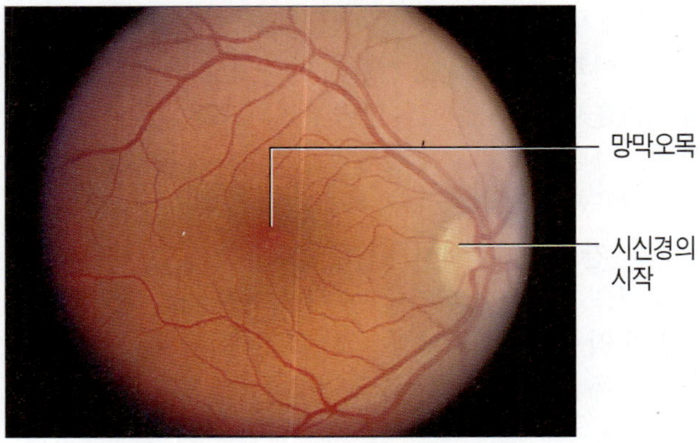


**그림 30.17** 눈 뒤 부위 망막의 일부. 망막오목은 원추세포만 함유한다. 광수용체 밀집부위인 황반은 망막오목을 둘러싼다. 시신경은 다발로 된 신경절세포의 축삭으로 이루어져 있다.

## 요약

30.1절 감각수용체는 빛과 압력 같은 자극에너지를 활동전위로 전환한다. 주요 유형으로는 기계수용체, 통증수용체, 화학수용체, 삼투수용체, 및 광수용체가 있다.

대뇌는 활동전위를 전달하는 신경, 빈도수, 및 주어진 시간에 발사하는 축삭의 수 등에 기초하여 감각수용체로부터 오는 활동전위를 평가한다. 계속적인 수용체의 자극은 반응의 감소를 초래할 수 있다(감각 적응).

30.2절 촉각, 압력 및 온각과 같은 체성감각에 대한 수용체는 한 특정한 기관이나 조직에 위치하고 있지 않다. 그들은 사이신경세포들이 마치 신체표면의 각 부위에 대한 좌표와 같이 배열된 대뇌피질의 감각영역으로 신호를 보낸다. 미각, 후각, 청각, 균형 및 시각과 같은 특이적 감각에 대한 수용체는 특별한 감각기관에 위치하고 있다.

30.3절 미각과 후각은 화학수용체로부터 대뇌피질과 변연계의 처리부위로 가는 경로를 함유한다. 미각수용체는 혀와 입의 맛봉오리에 밀집되어 있다. 후각수용체는 코 통로에 나열되어 있다. 페르몬은 많은 동물들이 분비하는 화학적 신호이며 이들은 또한 페르몬을 탐지하기 위한 특별한 기관 또는 구조를 갖고 있다.

30.4절 전정기관은 척추동물의 내이에 있는 액체로 가득 찬 평형기관이다. 이 기관은 중력, 가속 및 몸의 위치와 움직임에 영향을 주는 다른 힘들을 탐지한다.

30.5절 소리는 진폭과 주파수가 다른 압력파동을 감지하는 것이다. 척추동물의 외이는 음파를 수집한다. 중이는 음파를 증폭시켜 액체로 가득 찬 내이로 보낸다. 내이의 달팽이 기관에서 압력파동은 주파수에 따라 선별되어 활동전위로 바뀐 다음 청신경을 따라 대뇌로 전달된다.

30.6절 모든 유기체는 빛에 민감하지만 시각은 시각정보를 처리할 수 있는 눈과 대뇌중추를 필요로 한다. 눈은 조밀한 광수용체가 배열된 감각기관이다.

오징어와 문어와 같이 사람의 각 눈은 들어오는 빛을 조절하는 홍채와 안구실 뒤의 망막에 빛의 초점을 맺게 하는 수정체를 가진 사진기 눈이다. 망막은 조밀하게 가득 찬 광수용체를 함유한다.

30.7절 간상세포는 희미한 빛을 감지하고 원추세포는 밝은 빛과 색을 감지한다. 이러한 광수용체들은 다른 망막세포들과 상호 작용하여 심지어 대뇌로 보내기 전에 시각정보를 처리한다. 두 개의 시신경은 결국 대뇌피질에 도달하는 신호를 운반한다.

30.8절 눈의 모양, 수정체 그리고 망막세포의 이상은 특히 나이가 들면서 종종 시력장애를 가져온다.

## 자습-퀴즈

*정답은 부록 Ⅲ에 있음*

1. ___________는 계속적인 자극에 대한 반응이 감소되는 것을 일컫는다.
   a. 인지　　b. 시각조절
   c. 감각적응　　d. 체성감각
2. 체성감각은 어느 것인가?
   a. 미각　　b. 후각
   c. 촉각　　d. 청각
   e. a와 c　　f. 위의 모두
3. 화학수용체는 ______의 감각에 역할을 한다.
   a. 미각　　b. 후각
   c. 촉각　　d. 청각
   e. a와 b　　f. 위의 모두
4. _________에서는 신경세포가 신체표면의 각 부위에 일치하는 좌표처럼 배열되어 있다.
   a. 대뇌피질　　b. 망막
   c. 기저막　　d. 위의 모두
5. __________에 있는 기계수용체는 중력에 대한 몸의 상대적 위치에 관하여 뇌로 신호를 전달한다.
   a. 눈　　b. 귀
   c. 혀　　d. 코
6. 중이는 _________에 기능을 한다.
   a. 몸의 위치변화 탐지
   b. 음파의 증폭과 전파
   c. 음파를 주파수에 의해 선별
   d. b와 c
7. 각 구조를 그에 대한 설명과 일치시켜라.

| | |
|---|---|
| ____간상세포 | a. 기계수용체의 일종 |
| ____달팽이 기관 | b. 균형의 기능 |
| ____수정체 | c. 색의 감지 |
| ____털세포 | d. 희미한 빛 감지 |
| ____원추세포 | e. 화학수용체 함유 |
| ____미뢰 | f. 빛의 초점을 맺게 함 |
| ____전정기관 | g. 음파의 선별 |

## 분석적으로 생각하기

1. 그림 30.18은 인접한 먹이의 체열 또는 적외선 에너지를 감지하는 한 비단뱀의 입 위, 아래에 있는 홈의 온도수용체를 보여주

**그림 30.18** 여기 당신의 열을 감지하고 있다!

**그림 30.20** 각 유기체의 내이구조 (**a**) 매우 민첩한 육상동물인 갈라원숭이 (**b**) 오천만년 전 육지에 서식했던 고래의 조상(*Ichthyolestes*) (**c**) 사천오백만년 전에 서식한 해상고래(*Indocetus*) (**d**) 돌고래. 이러한 컴퓨터 재구성은 몸 크기의 차이에 대한 설명을 위해 조정되었다.

고 있다. 수용체가 탐지할 수 있는 먹이 유기체의 종류를 말하시오. 이 비단뱀이 놓쳐 미끄러져 지나치게 될 다른 식은동물은 어떤 종류가 있을까?

2. 사람의 광수용체는 안구의 맨 뒤쪽에 가장 밀집되어 있다. 올빼미와 매와 같은 먹이 새에서 광수용체가 가장 조밀한 곳은 안구상벽에 가까운 부위에 있다. 이 새들이 지상에 있을 때는 머리를 뒤집지 않는 한 조금 위에 있는 사물조차도 보지 못한다(그림 30.19). 이러한 망막의 배열이 어떻게 적응성을 가질까?

3. 오늘날의 모든 고래와 돌고래의 전정기관은 다른 포유동물에서보다 몸의 크기에 비해 훨씬 작다(그림 30.20). 고래는 육상거주 포유동물로부터 내려왔음을 기억하라. 초기 고래의 화석은 이들의 조상이 해상생활로 이동했을 때 전정기관이 변형되었음을 보여준다. 수상동물의 균형감각이 네 발로 걷는 육상 포유동물의 균형감각과 어떻게 다른지에 관해 생각해 보라. 육상으로부터 수상생활 방식으로 전환하는 동안 왜 선별이 전정기관의 신속한 감소를 선호했는지 생각해 보라.

**그림 30.19** 여기에 당신을 응시하고 있다!

4. 지구의 자기장 강도와 표면에 대한 각도는 위도에 따라 다르다. 다양한 종들은 이들의 차이를 감지하고 위치와 이동방향을 판단하기 위한 신호로 사용한다. 행동실험을 통해 바다거북, 도롱뇽, 및 대하가 이동 중 지구의 자기장으로부터 정보를 사용함을 보여주었다. 고래와 특정 땅굴설치류 또한 자기감각을 가진 것으로 여겨진다. 사람에 대한 증거는 논란의 여지가 있다. 사람이 그러한 감각을 가질 가능성이 있을까? 이 가능성을 지지하거나 반박할 수 있는 실험을 제안해 보라.

5. 로라는 브로콜리와 양배추를 매우 좋아한다. 라이오넬은 이들을 아주 싫어한다. 모든 사람은 동일한 다섯 종류의 미각수용체를 갖고 있는데 그렇다면 이러한 현상은 왜 일어날까? 라이오넬은 단지 까다로울까? 아마도 아닐 것이다. 연구결과 쓴 물질에 반응하는 수용체의 수와 분포가 다르며 이러한 다양성의 일부는 유전적이라는 사실을 보여주었다. 이러한 수용체를 가장 많이 갖고 있는 사람들은 많은 과일과 야채들을 맛없는 것으로 느낀다. 이러한 *특감미*가들은 일반대중의 약 25%를 차지한다. 그들은 평균보다 날씬한 경향이 있지만 대장용종이나 대장암에 걸릴 가능성이 높다. 라이오넬의 고도로 민감한 미뢰가 어떻게 그를 대장암에 대한 위험성을 높일까?

# 31 내분비 조절

## 최근 이슈와 그 영향력 균형에서의 호르몬

아트라진(atrazine)은 40년 이상 제초제로 널리 사용되어 왔다. 매년 미국 내에서 농작물, 가정용 정원, 공원 잔디 및 골프장의 잔디구역 등에 약 6천만 톤의 아트라진을 사용하고 있다. 뿌린 후 모두 어디로 갈까? 토양과 물로 들어갈 것이다. 아트라진 분자는 신속히 분해되지만 우물과 지하수 특히 미국의 중서부에서 여전히 나타나고 있다.

Tyrone Hayes를 쳐 보라. 이 캘리포니아 주립대의 생물학자가 의심하듯이, 아트라진은 내분비 교란물질로 부주의하게 작용하는 알려진 합성 유기화합물 중의 하나일 수 있다. 이들은 번식과 발달을 방해하는 방식으로 자연적 호르몬의 영향을 모방, 차단 또는 증폭시킨다.

Hayes는, 영사슬라이드에서 보여 준 것처럼, 아프리카 발톱개구리(*Xenopus laevis*)에 대한 아트라진의 영향을 조사하였다. 그의 실험실에서 많은 수컷 올챙이가 그 제초제에 노출되었다. 그들은 수컷과 암컷의 번식기관을 지닌 반음양이 되었다. 이러한 현상이 자연계에서 일어났을까? Hayes는 국내산 표범개구리(*Rana pipiens*)를 미중서부 지방의 연못과 도랑에서 수집하였다. 아트라진에 오염된 모든 지역에서 수집된 수컷 개구리는 비정상적인 생식기관을 갖고 있었다. 가장 높은 아트라진 수준의 연못에서는 수컷의 92%가 비정상이었다. 단지 한 지역에서만 아트라진이 검출되지 않았는데 이 곳

**그림 31.1** 개구리에게 불리한 시기이다.

## 개요도

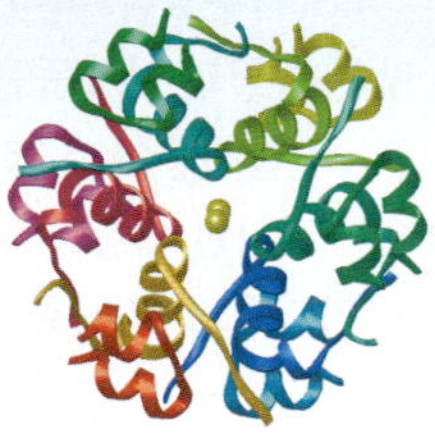

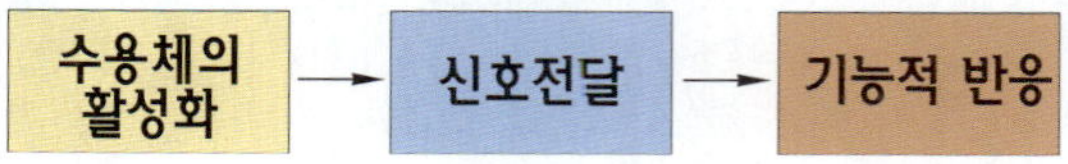


**내분비계** 모든 동물에서 호르몬과 다른 신호전달 분자들은 대사, 성장, 발달 및 번식을 지원한다. 선과 척추동물 내분비계의 세포는 호르몬을 분비한다.

**신호전달 기전** 한 형태의 세포로부터 분비된 신호전달 분자는 표적세포의 수용체에 결합하여 이들을 활성화시킨다. 이 신호는 세포의 활동을 변화시킬 수 있는 형태로 전환된다. 소수의 세포 형태가 일부 신호의 표적이 되며 몸 전반에 걸친 세포가 다른 신호분자들의 표적이 된다.

의 수컷 개구리는 모두 정상이었다.

제초제 산업체에 의해 연구비 지원을 받는 과학자들은 그의 결론에 논쟁을 하지만 환경보호국은 그의 연구결과가 설득력이 있다고 판단하였다. 이 보호국은 아트라진의 농업용 사용을 규제하고 있으며 양서류에 대한 아트라진의 영향에 관해 더 많은 연구를 요구해왔다.

한편, 화학적 오염물질이 자연적 수상서식지에 사는 다른 종에 대해 부정적 영향을 줄 수 있다. 플로리다 주의 일부 살충제에 오염된 호수에 사는 악어는 낮은 테스토스테론 수준과 비정상적으로 작은 음경을 갖고 있다. 뉴욕에서는 도롱뇽이 번식하는 연못 옆에 골프장이 개발된 후, 도롱뇽 피부 위의 색깔부위와 얼룩에 대한 종의 양상이 혼란스럽게 변했다.

사람에게는 어떨까? Hayes는 0.1 ppb 수준의 아트라진이 개구리에게 해롭다고 생각한다. 3 ppb 정도의 양이 식수에 허용된다. 일부 연구자들은 환경 화학물들이 사춘기의 조기시작과 낮은 정자 수에 기여한다는 가설을 시험하기 위한 실험을 진행하고 있다. 다른 연구자들은 이러한 가설을 허튼 과학으로 무시한다. 논란의 양측에서 계속되는 탐사작업은 현상을 명료히 밝힐 것이다.

이 장에서는 호르몬의 근원, 표적 및 상호작용에 관하여 초점을 둔다. 만일 세부내용이 소원해 보이기 시작하면 내분비 교란물질들을 기억하라. 여기서 배우는 내용은 건강과 생활방식에 영향을 줄 수 있는 연구보고서를 평가하는 데 도움을 줄 수 있다.

**찬반의견 투표**

*인구를 지속시키는 농작물의 생산성은 현재 농작물의 살충제에 의존한다. 살충제의 일부는 개구리와 다른 비표적 종들에서 호르몬의 기능을 교란시킬 수 있다. 연구자들이 조사하고 있는 동안 의심을 받고 있는 살충제를 계속 사용해야 하는가? 미디어 메뉴에서 상세한 내용을 참고하여 온라인 투표를 한다.*

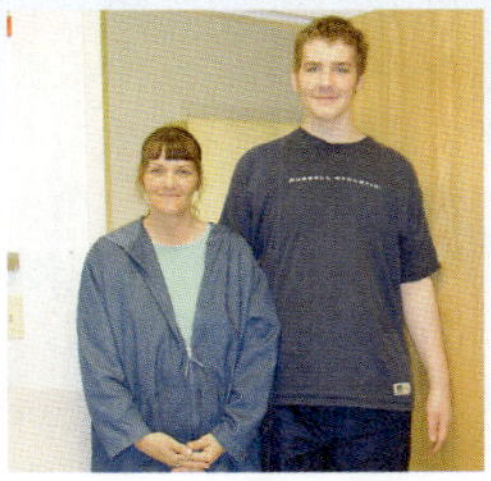

**신호로부터 반응** 시상하부와 뇌하수체 사이의 긴밀한 상호작용은 많은 내분비선의 분비를 조절한다. 일부의 내분비선과 세포는 지엽적인 화학변화에 대한 반응으로 신호분자를 분비한다.

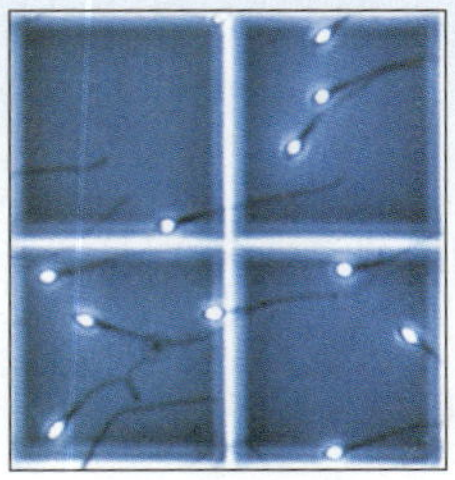

**환경영향** 환경적 신호가 내분비의 기능에 영향을 미친다. 정자 수와 다른 측면의 번식에 영향을 주거나 성장과 발달을 교란시킬 수 있는 천연물질과 인공화합물을 서식지에 도입할 경우에도 이와 마찬가지다.

## 31.1 척추동물 내분비계의 개요

한 세포형태로부터 분비된 호르몬과 다른 신호전달 분자들은 신체의 형태, 대사, 건강 및 행동에 영향을 주는 방식으로 표적세포의 활동을 변화시킨다. 그들은 복잡한 동물에서 번식, 성장 및 발달에 장기적인 역할을 수행한다.

### 신호전달 분자의 비교

모든 복잡한 유기체에서 *신호전달* 분자는 신체를 계속 유연하게 작동시키는 방식으로 세포의 활동을 통합하도록 도와준다. 호르몬, 신경전달물질, 지엽적 신호전달물질 및 페르몬은 동물의 신호전달 분자들이다. 각 형태의 신호전달 물질은 표적세포에 작용을 하는데, 이 "표적"은 그 물질에 대한 수용체를 함유하는 모든 세포를 일컫는다. 다른 종류의 수용체가 원형질막, 세포질 또는 핵 내에 존재한다.

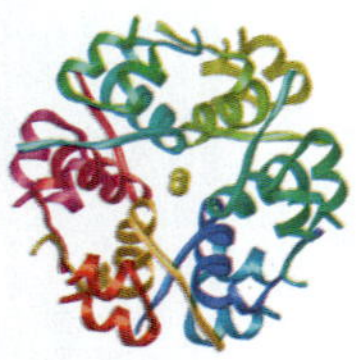

**인슐린 호르몬에 대한 모델**

동물에서 **호르몬**은 내분비선, 조직 내 내분비세포, 및 소수의 신경세포의 분비물질이다. 인슐린은 동물 호르몬의 한 예이다. 특정한 취장세포들이 이러한 단백질 호르몬 분자를 소장 액내로 분비한다. 대부분의 다른 동물호르몬과 마찬가지로 인슐린은 모세혈관으로 확산된 다음 혈류에 의해 몸 전체로 운송된다. 인슐린 분자는 혈액으로부터 모든 조직으로 확산되지만 그에 대한 기능적 수용체를 가진 세포에만 작용한다.

우리는 이미 **신경전달물질**에 관해 배웠다. 29장에서 우리는 이러한 신호전달 분자들이 어떻게 신경세포의 축삭말단으로부터 방출되어 이와 표적세포 사이의 미세한 연접간격 사이를 확산한 뒤 신속히 표적세포를 활성화하거나 억제하는지를 배웠다.

또한 많은 세포들은 **지엽적 신호전달 분자**들을 방출한다. 이들은 일부 프로스타글란딘의 작용이 한 조직에 대한 혈류를 제한 또는 증대시키는 때처럼, 국소 조직에서 화학적 조건을 변화시킨다.

**페르몬**은 물 또는 공기를 통해 동종의 다른 개체 내 표적세포로 확산된다. 이들은 사회적 행동을 통합하도록 도와준다. 예로, 군인 흰개미는 개미들이 그들의 군집을 공격할 때 경고신호로 작용하는 하나의 페르몬을 분비한다. 43장에서 이러한 거의 무색인 호르몬 유사 신호물질과 동물 의사소통에서의 이들의 역할에 관해 살펴보게 된다.

### 내분비계의 개관

최초의 호르몬은 1900년대 초 생리학자인 W. Bayliss와 E. Starling에 의해 발견되었다. 그들은 음식물이 개의 소장을 통과할 때 췌장액의 분비를 자극하는 것이 무엇인지를 찾고 있었다. 그들이 알고 있었듯이, 산은 위 내 음식물과 함께 섞고 이 산성 혼합물이 소장으로 진입한 후 췌장은 알칼리성 용액을 분비한다. 그러나 췌장의 반응을 자극한 것은 무엇이었을까? 그것은 일종의 신경자극 혹은 다른 무엇이었을까?

이에 대한 답을 알기 위해, Bayliss와 Starling은 실험용 개의 상부 소장으로 신호를 전달하거나 그 소장으로부터 신호를 전달하는 신경을 절단하였다. 그들은 소장의 혈관을 절제하지는 않았다. 그 후 산성의 음식물이 소장으로 진입할 때 췌장은 여전히 알칼리성 용액을 분비하였다.

그 연구자들은 또한 선상피인 소장 내층으로부터 추출된 액을 개의 혈액으로 주입하였다. 그 추출물은 동일한 반응을 유도하였다. 내층의 선세포는 아마도 췌장-자극 물질을 생성하였을 것이다.

그 물질은 지금 세크레틴(secretin)이라고 불린다. 이 물질의 작용방식에 대한 규명은 수 세기를 거슬러 올라가는 한 가설을 지지하였다. *혈류는 신체 내 기관의 활동에 영향을 주는 내부 분비물질을 운송한다.* Starling은 선 분비에 대하여 활동 중이란 의미의 "호르몬"이란 용어를 고안했다.

그 후, 연구자들은 모든 척추동물이 호르몬을 만든다는 사실을 알았다. 심지어 턱이 없는 칠성장어도 소수의 호르몬을 생성한다. 그림 31.2는 사람의 몸을 이용하여 모든 턱있는 척추동물에 의해 생성되는 호르몬의 개요를 보여주고 있다. 이는 또한 이러한 호르몬들의 주요한 근원이 어디에 위치하는지를 보여준다. 유전자 복사와 변형이 이러한 신호전달 분자와 이들에 대한 수용체에 있어서의 다양성을 설명할 수 있다.

척추동물의 신체 내 호르몬의 모든 근원은 **내분비계** (endocrine system)로 보게 되었다. 이 말은 신경계와는 떨어진 신체에 대한 별도의 조절체계가 있음을 의미한다(*Endon*은 "내부"의 의미이며, *Krinein*은 "분비하다"는 뜻이다.). 그 뒤, 생화학적 연구와 전자현미경적 관찰을 통하여 대부분의 내분비 근원과 신경계는 복잡한 방식으로 상호 작용함을 알게 되었다.

모든 동물에서 신호전달 분자들은 세포의 활동을 통합한다. 호르몬, 신경전달물질, 지엽적 신호전달분자, 및 페르몬 등이 신호전달 분자들의 주요범주에 해당한다. 다양한 유형들이 일상의 활동에 기능을 하며, 다른 신호전달 분자들은 성장, 발달 및 번식의 장기적인 과정에서 기능을 한다.

신호전달 분자는 세포간 신호전달을 담당하며 표적세포의 활동을 변화시킬 수 있다.

내분비선 또는 세포는 동물의 호르몬을 생성한다. 혈액은 대부분의 호르몬을 인접하지 않은 표적세포로 운반한다.

대부분의 척추동물은 유사한 분비선의 근원에 의해 생성된 동일한 유형의 호르몬을 함유한다. 내분비계는 신경계와 긴밀히 상호 작용한다.

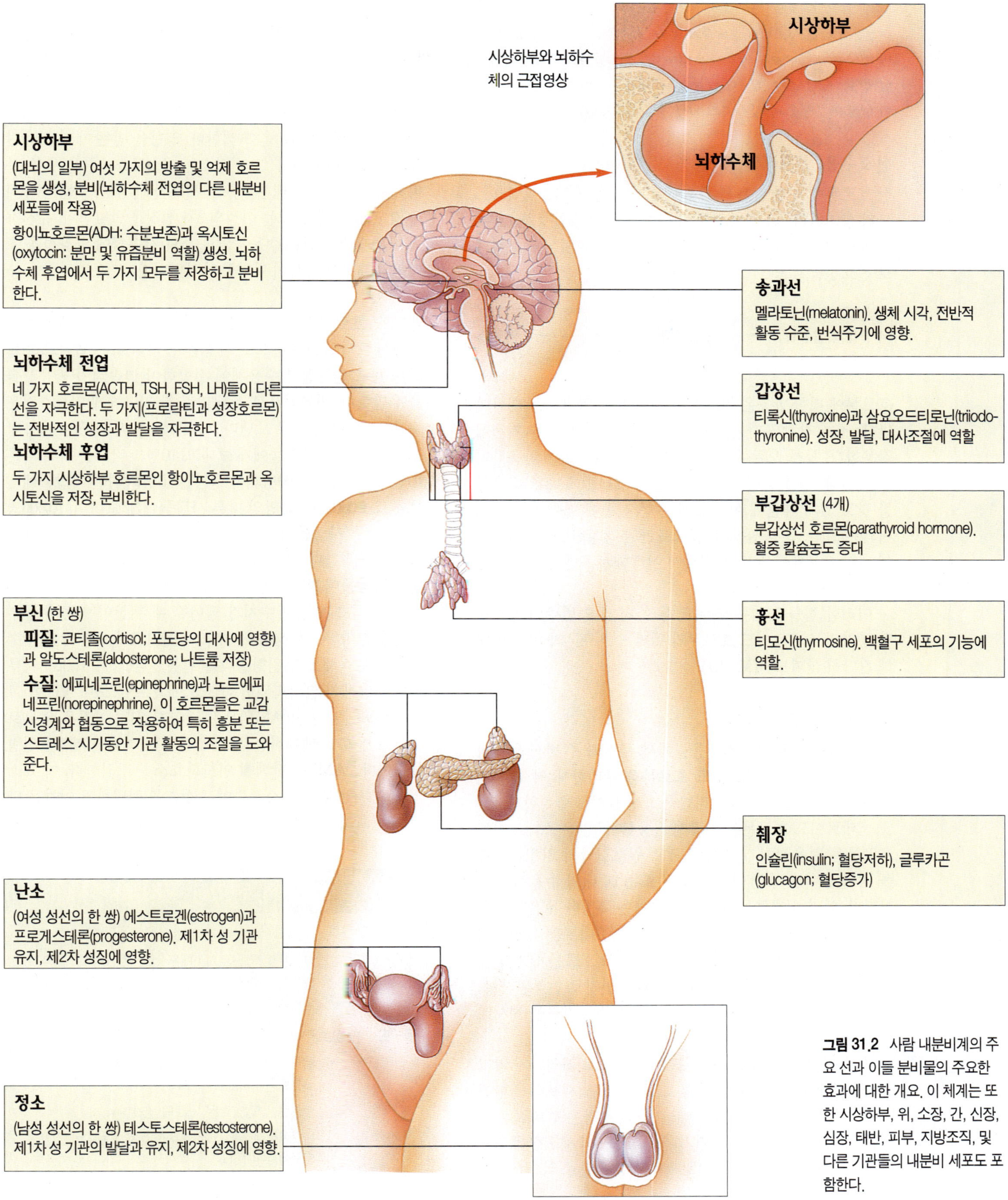


**그림 31.2** 사람 내분비계의 주요 선과 이들 분비물의 주요한 효과에 대한 개요. 이 체계는 또한 시상하부, 위, 소장, 간, 신장, 심장, 태반, 피부, 지방조직, 및 다른 기관들의 내분비 세포도 포함한다.

## 31.2 호르몬 작용의 성질

*대부분의 다른 신호전달 분자들과 같이, 호르몬은 신체의 성장, 유지 및 번식의 계획에 모두 맞추어 표적세포들을 자극하여 유전자 발현, 단백질의 생성 조절, 긴급한 당 흡수, 특정한 분비의 증감조절, 세포의 성장과 분열준비, 및 세포의 자살 등을 유도한다.*

### 신호수용, 신호전달, 및 반응

한 호르몬에 대한 반응은 세 단계를 거침을 제 24.5 영역으로부터 상기하라: (1) 그 호르몬에 대한 수용체의 활성화, (2) 수용체의 신호를 세포 내에서 효과를 발휘할 수 있는 분자형태로 신호전달, 그리고 (3) 기능적 반응;

**수용체의 활성화** → **신호전달** → **기능적 반응**

호르몬에 대한 반응은 주로 두 가지 이유에 의해 다르게 나타난다. *첫째*, 각각의 다른 호르몬은 표적세포에서 다른 기전에 작용한다. *둘째*, 모든 유형의 세포가 특정 호르몬에 반응하지는 못한다. 예를 들어, 여러 세포들이 코티졸에 대한 수용체를 갖고 있기 때문에 이 호르몬은 몸 전반에 영향을 미친다. 이와는 달리, 특정 신장 및 골세포만 부갑상선 호르몬(PTH)에 대한 수용체를 갖는다. 따라서 이러한 세포만 부갑상선 호르몬에 반응한다.

이러한 점들을 염두에 두고, 두 가지 주요 범주의 신호전달 분자인 스테로이드 호르몬과 펩티드 호르몬의 영향에 대해 간단히 살펴보자(표 31.1).

### 호르몬 신호전달 기전

**스테로이드 호르몬** 척추동물에서, 부신과 주 번식기관(성선) 내의 세포는 **스테로이드 호르몬**을 분비한다. 세포는 저장된 콜레스테롤로부터 이러한 지용성 분자를 합성한다.

스테로이드 호르몬은 어떻게 작용할까? 많은 스테로이드 호르몬은 지용성이기 때문에 세포 원형질막의 지질이중층을 직접 건너 확산한 다음 세포질 또는 핵 내의 수용체에 결합한다. 이러한 호르몬-수용체 복합체는 특정한 유전자 부위의 DNA와 상호작용한다. 이러한 작용은 대부분 유전자의 mRNA로의 전사를 촉진한다. 전사체는 그 호르몬 신호에 대한 반응을 수행하는 효소와 다른 단백질 분자로 번역된다. 그림 31.3a는 이러한 스테로이드 호르몬의 작용기전을 예시하고 있다.

일부 스테로이드 호르몬은 또한 핵 속으로 진입하지 않고 효력을 발휘할 수 있다. 이러한 호르몬은 표적세포의 원형질막에 위치한 수용체에 결합한다. 이들의 결합은 원형질막 자체 내의 이온통로를 변화시키거나 표적세포의 세포질에 위치한 조절단백질에 영향을 줌으로써 신속한 반응을 일으킨다.

테스토스테론은 정자와 남성 2차 성징의 발달을 조절하는 스테로이드 호르몬이다. 테스토스테론 수용체에 대한 유전자는 X 염색체 위에 존재한다. 한 가지의 돌연변이 유형은 X-연관열성질환인 완전한 *안드로겐 불감성증후군*(*androgen insensitivity syndrome*)을 초래한다. 영향을 받는 개인은 유전적으로 남성(XY)이다. 그의 정소는 테스토스테론을 생성, 분비하지만 테스토스테론의 표적세포가 작동 가능한 수용체를 갖고 있지 않다. 그는 여성의 2차 성징을 발달한다. 유전자의 다른 돌연변이는 수용체의 구조와 감수성에 다양성을 초래하기 때문에 증상이 다양하게 나타난다.

**펩티드 호르몬** 일부의 새로운 폴리펩티드 사슬은 골지체 내에서 펩티드 호르몬으로 변형된다. 거의 모든 **펩티드 호르몬**은 세포 원형질막 수용체에 결합하여 연속적인 반응사슬을 유발한다. 비유적으로, 누군가가 한 친구에게 익살스러운 농담을 전자우편으로 보낸다고 가정하자. 이 친구는 이 농담을 10명의 다른 사람들에게 보내고, 10명의 각각은 다시 다른 10명에게 보낸다. 100명의 수령자는 10명의 다른 사람들에게 보내고, 1,000명은 10명의 다른 사람들에게 보내며, 10,000명은 또 다른 사람들에게 그 우편을 보내게 되어 이렇게 계속 아래로 내려간다. 그날이 끝날 무렵에는 나라 전체의 수백만 명의 사람들이 자극을 받아 웃음을 짓게 될 것이다.

이제 혈중 포도당 수치가 떨어질 때 췌장이 어떻게 글루카곤을 분비하는지 생각해 보자. 이 펩티드 호르몬에 대한 수용체는 표적세포의 원형질막을 관통한다(그림 31.3b). 글루카곤 수용체가 활성화되면 한 효소에 신호를 보내 ATP를 고리아데노신일인산(cAMP)으로 전환시킨다. 이것은 외부로부터의 신호를 매개하는 세포내 분자의 하나인 **제2차 전령물질**이다. cAMP는 단백질 인산화효소를 소집한다. 이 효소의 각 분자는 다른 효소분자에게 신호를 전달하고 이들은 다시 다른 효소를 활성화시키며, 세포 내 저장된 글리코겐이 포

**표 31.1 호르몬의 두 가지 주요 부류**

| | 예 |
|---|---|
| **스테로이드 호르몬** | 에스트로겐; 프로게스테론; 테스토스테론과 같은 안드로겐 (androgen); 알도스테론(aldosterone); 코티졸 |
| **펩티드-기반 호르몬** | |
| 펩티드 | 글루카곤, 항이뇨호르몬 (ADH), 옥시토신, 갑상선자극호르몬분비호르몬(TRH) |
| 단백질 | 인슐린, 성장호르몬, 프로락틴 (prolactin) |
| 당단백질 | 난포자극호르몬(FSH), 황체형성호르몬 (LH), 갑상선자극호르몬(TSH) |

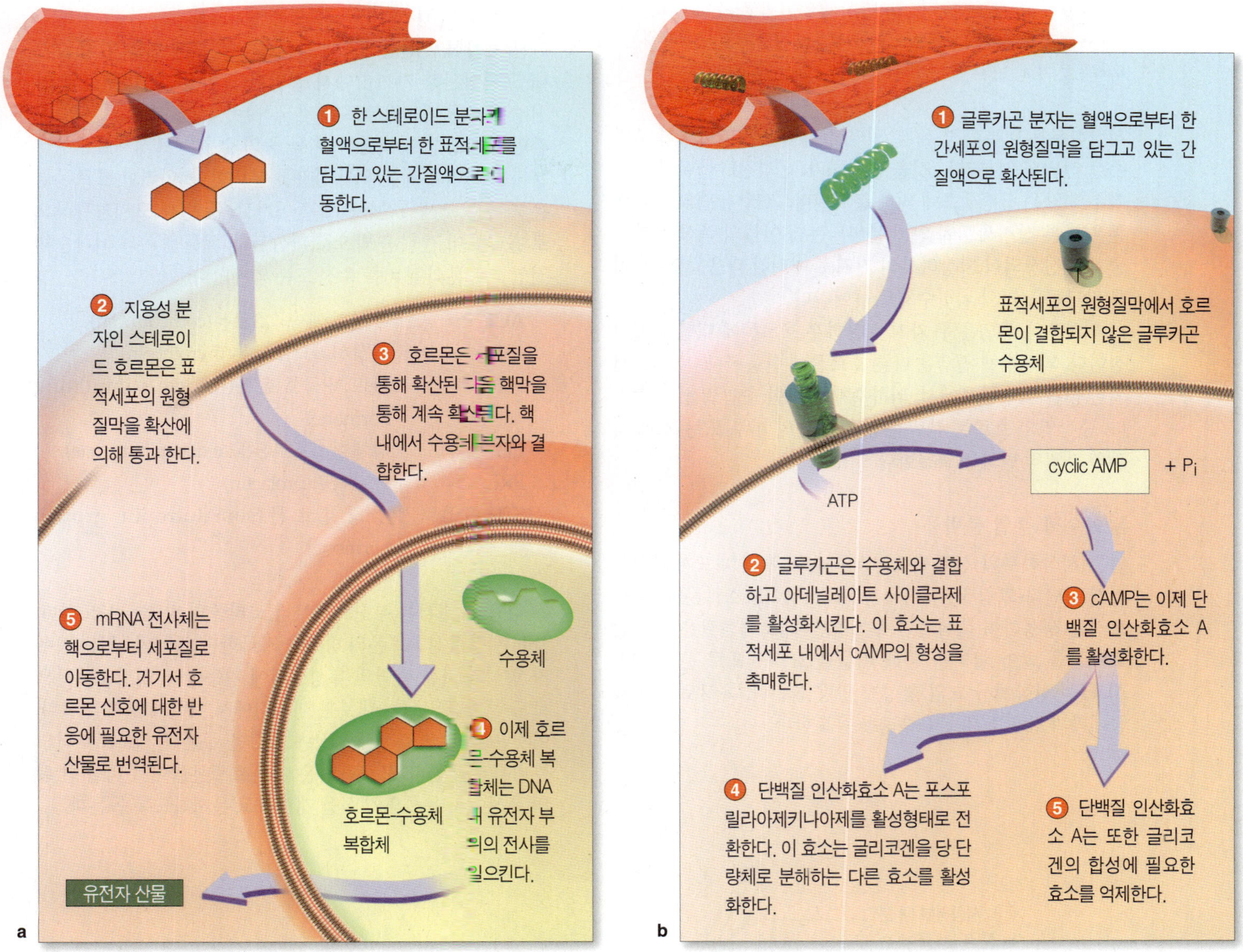


**그림 31.3** (a) *스테로이드* 호르몬이 표적세포의 활동에 변화를 일으키는 기전의 예. (b) 펩티드 호르몬이 표적세포의 활동에 변화를 일으키는 기전의 예. 여기에서는 글루카곤이 수용체에 결합하여 세포 내에서 반응을 일으킨다. 한 유형의 제2차 전령물질인 cAMP는 신호를 세포내부로 중계한다.

도당으로 분해될 때까지 이렇게 계속된다.

또는 혈당 수치가 증가하고 췌장이 인슐린을 분비할 때, 근육세포에서는 어떤 일이 일어나는지 생각해 보라. 이 단백질 호르몬이 근육세포의 수용체에 결합할 때, 세포질 내의 유리 당전달체 분자는 세포 원형질막으로 이동이 유도되어 막 내로 주입된다. 당전달체 분자가 많을수록 세포는 당을 보다 신속히 흡수한다.

카테콜아민을 포함한 다른 호르몬 부류가 존재함을 명심하라. 카테콜아민의 하나인 에피네프린 또한 각 수용체에 결합하며, cAMP가 이 신호전달을 돕는다.

호르몬은 표적세포의 수용체에 가역적으로 결합한다. 다른 호르몬에 대한 수용체는 원형질막 표면, 세포질 내, 또는 핵 내에 위치한다.

호르몬-수용체 복합체의 형성은 호르몬의 신호를 세포 내부에서 작용하는 분자형태로 전달한다. 반응은 특정한 대사반응을 조절하고 특정 물질의 흡수를 포함한다.

# 31.3 시상하부와 뇌하수체

*시상하부와 뇌하수체는 다른 기관들의 활동을 조절하는 하나의 주요한 대뇌중추로 상호작용하는데, 이 기관들의 많은 부분이 또한 내분비기능을 갖고 있다.*

**시상하부**는 내부환경, 내장, 및 감정상태를 지배하도록 도와주는 전뇌의 일부라는 것을 상기하라. 신경전달물질이 시상하부의 많은 신경세포에 의해 분비된다. 그러나, 펩티드 호르몬은 다른 신경세포에 의해 분비되는데 이들의 축삭은 가는 줄기로 신장되어 시상하부의 기저로 내려간 다음, 분엽을 이룬 강낭콩 크기의 **뇌하수체**로 들어간다.

뇌하수체 *후엽*은 두 가지 시상하부 호르몬에 대한 분배지점이다. 뇌하수체 *전엽*은 다른 호르몬에 반응한다. 사람을 제외한 많은 척추동물에서, 뇌하수체는 또한 *중간엽*을 갖고 있다. 중간엽의 호르몬 분비는 많은 종들의 피부 또는 외피 색깔의 가역적 변화를 조절한다

## 뇌하수체 후엽 분비물

일부 시상하부의 신경세포는 뇌하수체 후엽의 모세혈관상에서 끝난다(그림 31.4). 이들은 ADH(항이뇨호르몬)와 옥시토신을 생성하여 축삭말단에 저장한다. 모세혈관은 분비된 호르몬을 받아 혈액을 통해 이들을 표적세포로 운반한다. ADH는 신장에서 뇨의 형성에 영향을 준다. 옥시토신은 자궁내막과 유관 벽의 근육수축을 유도한다.

## 뇌하수체 전엽 분비물

다른 시상하부 신경세포의 축삭은 뇌하수체 전엽 위의 줄기내 모세혈관상 가까이에서 끝난다(그림 31.5). 대부분의 이 신경세포들은 표적세포를 자극하는 시상하부 호르몬인 **방출인자**를 생성, 분비한다. 이들 중의 소수는 표적세포로부터 분비를 느리게 하는 **억제인자**를 분비한다. 이러한 호르몬들은 가까운 모세혈관상으로 들어가고, 두 번째 모세혈관상으로 흘러들어 간 다음 밖으로 확산된다. 그들은 아래 뇌하수체 전엽 호르몬의 분비를 촉진 또는 억제한다:

| | |
|---|---|
| ACTH | 부신피질자극호르몬(corticotropin) |
| TSH | 갑상선자극호르몬(thyrotropin) |
| FSH | 난포자극호르몬(follicle-stimulating hormone) |
| LH | 황체형성호르몬(luteinizing hormone) |
| PRL | 프로락틴(prolactin) |
| STH(GH) | 성장호르몬(somatotropin, growth hormone) |

그 다음, ACTH는 부신으로부터 코티졸의 방출을 유도한다. TSH는 갑상선호르몬의 방출을 자극한다. FSH와 LH는 배우자 형성과 다른 측면의 유성생식에 기능한다. 성장호르몬으로도 알려진 STH는 대부분의 조직에서 대사에 영향을 준다. 이것은 뼈와 연조직의 성장에 영향을 주는 간세포로부터의 분비를 자극한다. 프로락틴은 다른 호르몬들이 준비를 한 뒤의 유선에서 유즙의 생성을 개시하고 유지하도록 돕는다.

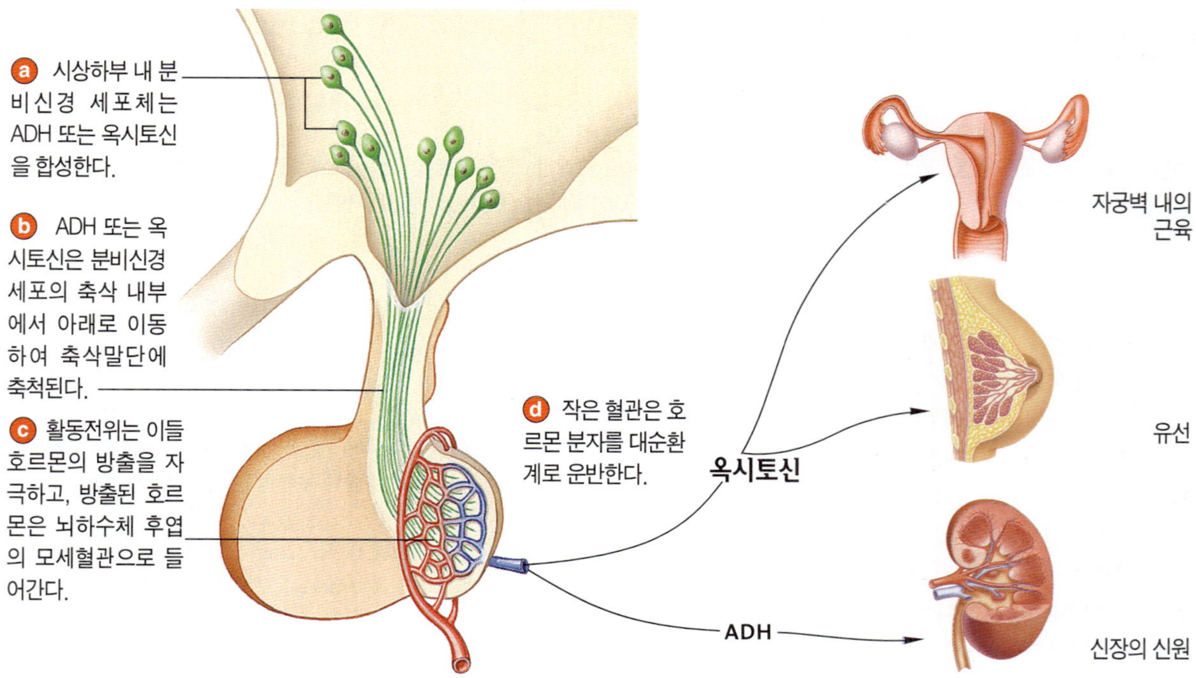


**그림 31.4** 시상하부와 뇌하수체 후엽 사이의 기능적 연결. 후엽분비물의 표적은 오른쪽에 나타나 있다.

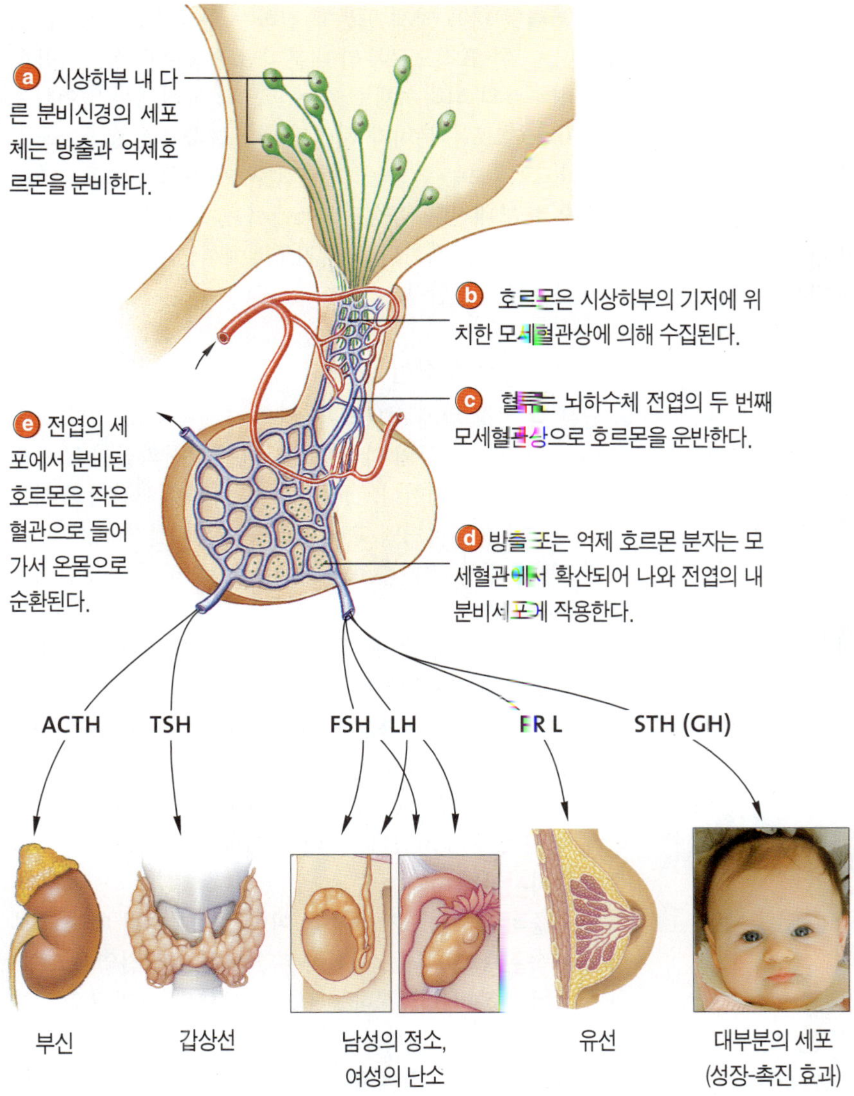


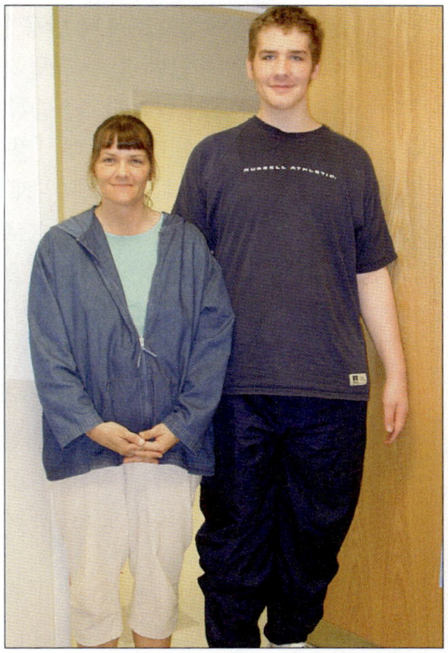

**그림 31.5** 시상하부와 뇌하수체 전엽 사이의 기능적 연결. 또한 전엽 분비물의 주요 표적이 나타나 있다. 위의 사진은 뇌하수체후엽호르몬의 비정상적인 방출의 한 경우를 보여준다. 이 남성은 12세이다. 그는 STH의 과다생성에 의해 야기된 뇌하수체성 거대증의 영향을 받았다. 그는 6피트 5인치의 크기로 그의 모친을 훨씬 넘는다.

### 비정상적인 뇌하수체의 배출

호르몬은 대량으로 분비되지 않는다. Roger Guillemin과 Andrew Schally는 7 미터톤의 시상하부 조직을 걸러 최초의 알려진 방출인자인 TSH를 단지 1 mg 정제하였다. 그렇다 하더라도, 아주 적은 양의 호르몬은 큰 영향을 미친다. 그들의 저분비 또는 과잉분비도 마찬가지로 큰 영향을 미친다. 분비에 대한 조절이 상실될 때에는 몸의 형태, 기능 또는 이 모두가 변형된다.

STH의 과잉생산은 *뇌하수체성 거대증*(*pituitary gigantism*)을 일으킨다. 영향을 받은 성인은 보통사람과 동일한 신체형태를 가지지만 비례적으로 훨씬 더 크다(그림 31.5). 성장 호르몬의 저생산은 *뇌하수체성 소인증*(*pituitary dwarfism*)을 일으킨다. 영향을 받은 성인은 보통사람의 몸 형태를 갖지만 비례적으로 훨씬 더 작다. 만일 사지 뼈가 신장을 멈춘 후에도 STH 분비가 높은 수준으로 계속된다면 어떻게 될까? 그 결과는 *말단비대증*(*acromegaly*)이다. 연골, 뼈와 턱의 다른 연결조직, 발 및 손등이 두꺼워진다. 또한 피부, 코, 눈꺼풀, 입술 및 혀의 상피조직도 두꺼워진다. 한 가지 마지막 예: 뇌하수체 후엽이 머리가 부딪힌 경우처럼 손상을 받으면 ADH 분비가 느리거나 중지될 수 있다. 이것이 *요붕증*(*diabetes insipidus*)의 한 가지 원인이다. 몸이 오줌으로 너무 많은 물을 잃는다. 그 결과는 생명이 위독한 탈수가 될 수 있다.

ADH와 옥시토신은 시상하부에서 생성되지만 뇌하수체 후엽에서 분산되는 두 가지 호르몬이다. 모두 좁은 범위의 표적을 가진다.

다른 시상하부의 호르몬은 뇌하수체전엽호르몬의 분비를 자극하거나 억제한다.

뇌하수체전엽호르몬은 ACTH, TSH, FSH, LH, PRL 및 STH 이다. 이들은 신체에 다양한 영향을 미치는 다른 선으로부터의 호르몬 분비를 자극한다.

## 31.4 호르몬 분비의 피드백고리

*시상하부와 뇌하수체 이외의 내분비 근원으로부터 분비되는 호르몬의 목록을 기록한 그림 31.2를 상기하라. 그들의 배출에 대한 조절의 몇 가지 예를 여기에 든다.*

앞의 영역은 신호로부터 반응까지의 길이 항상 간단한 것으로 믿게 할 수 있다. 항상 그렇지는 않다. *먼저,* 호르몬은 종종 홀로 작용하지 않는다. 한 종류 또는 그 이상이 다른 호르몬의 영향을 감소 또는 증대시킬 수 있다. 세포가 다른 호르몬에 반응하기 위한 준비를 위해 한 호르몬이 요구될 수 있다. *둘째,* 피드백 기전은 많은 호르몬의 분비를 조정한다. *셋째,* 표적세포가 항상 동일한 방식으로 반응하지 않을 수 있다. 호르몬 분자의 농도는 얼마인가? 수용체 결합부위가 비어 노출되어 있는가? 그들은 변형되었는가? 그러한 인자들이 결과에 영향을 미친다. *넷째,* 환경적 사건들이 종종 예측되거나 예측되지 못한 방식으로 방해한다.

분비를 조절하는 피드백 고리의 유형을 고려하라. 한 신체부위 내 호르몬의 농도가 증가 또는 감소할 때, 그 변화는 각각 분비를 더욱 억제 또는 촉진하는 현상을 초래할 수 있다. 이것이 한 표적으로부터 내분비 조절중추로 상호작용하는 시상하부와 뇌하수체로 가는 피드백 고리에서 일어나는 현상이다. 호르몬 분비가 지연되거나 빨라지면 혈중농도가 변한다. 그 정보는 혈중농도를 기준점에 비교하는 조절중추로 되돌려 보내진다. 음성피드백에서는, 호르몬의 증가가 더 이상의 분비를 억제한다. 양성피드백에서는, 증가가 그 호르몬의 분비를 촉진한다.

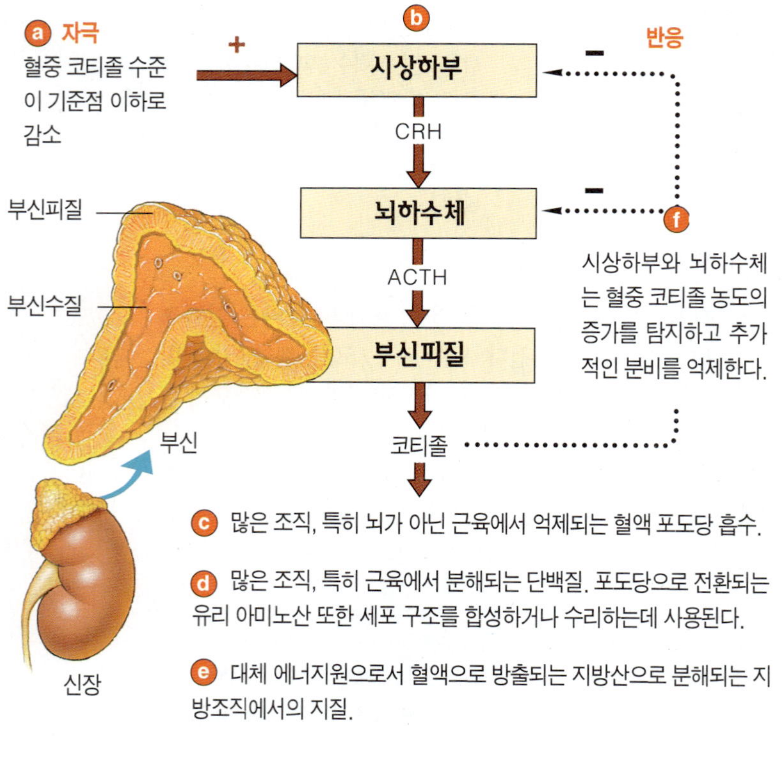


**그림 31.6** 사람의 부신 구조. 하나의 부신은 각 신장의 상부에 놓여있다. 도표는 부신피질로부터 코티졸 분비를 지배하는 음성피드백 고리를 보여준다.

### 음성피드백과 부신피질

사람은 각 신장 위에 하나씩 한 쌍의 부신을 갖고 있다(그림 31.6). 이러한 선 유형의 외층에 해당하는 **부신피질**의 일부 세포는 코티졸을 분비한다. 정상적으로, 뇌하수체 전엽과 시상하부로 향한 음성피드백 고리가 코티졸 분비를 지배한다. 음성피드백은 혈중 코티졸 농도가 너무 상승하거나 떨어지지 않도록 유지한다.

그림 31.6은 혈중 코티졸 농도가 기준점 아래로 떨어질 때 어떻게 되는지를 보여준다. 코티졸의 감소는 시상하부로부터 CRH(부신피질자극호르몬방출호르몬; corticotropin releasing hormone)의 분비를 자극한다. CRH는 뇌하수체 전엽 세포를 자극하여 ACTH(부신피질자극호르몬)를 분비시킨다. 이에 대하여 ACTH는 부신피질 세포를 자극하여 코티졸을 분비시킨다.

코티졸의 혈중농도가 기준점 이상으로 상승할 때까지 분비는 계속된다. 그 다음, 시상하부와 뇌하수체 전엽은 CRH와 ACTH의 분비를 억제하는 신호를 보낸다. 그리고 그렇게 코티졸 분비는 지연된다.

코티졸은 음식이 장에서 흡수되지 않고 있을 때, 포도당의 혈중농도를 유지하도록 돕는다. 가장 두드러진 것은 코티졸이 간세포로 하여금 저장된 글리코겐을 분해하도록 유도하고 다른 세포에 의한 당의 흡수를 억제한다. 이 작용은 뇌에 도달하는 포도당의 일정한 공급을 유지하도록 간접적으로 돕는다. 코티졸은 또한 지방세포로 하여금 지질을 지방산으로 분해하도록 야기하고, 골격근 세포로 하여금 단백질을 아미노산으로 분해하도록 한다. 이러한 물질들은 혈액으로 들어간다. 나중에 몸의 다른 세포들이 그들을 흡수할 수 있다.

부상, 질병, 또는 근심이 있는 경우에는 신경계가 피드백 고리 우위에 서서 혈중 코티졸의 농도가 치솟게 한다. 단기간에 대하여 이것은 적응반응이다. 이것은 음식물 공급이 저하될 가능성이 있을 시기에 뇌로 충분한 포도당을 공급하도록 도와준다. 코티졸은 또한 염증반응이 계속 감지되도록 돕는다.

장기간 약화되지 않고 계속되는 만성 스트레스는 문제를 초래한다. 비정상적으로 높은 수준의 코티졸은 성장에 필요한 성장호르몬과 성호르몬을 포함한 다른 호르몬들의 생성

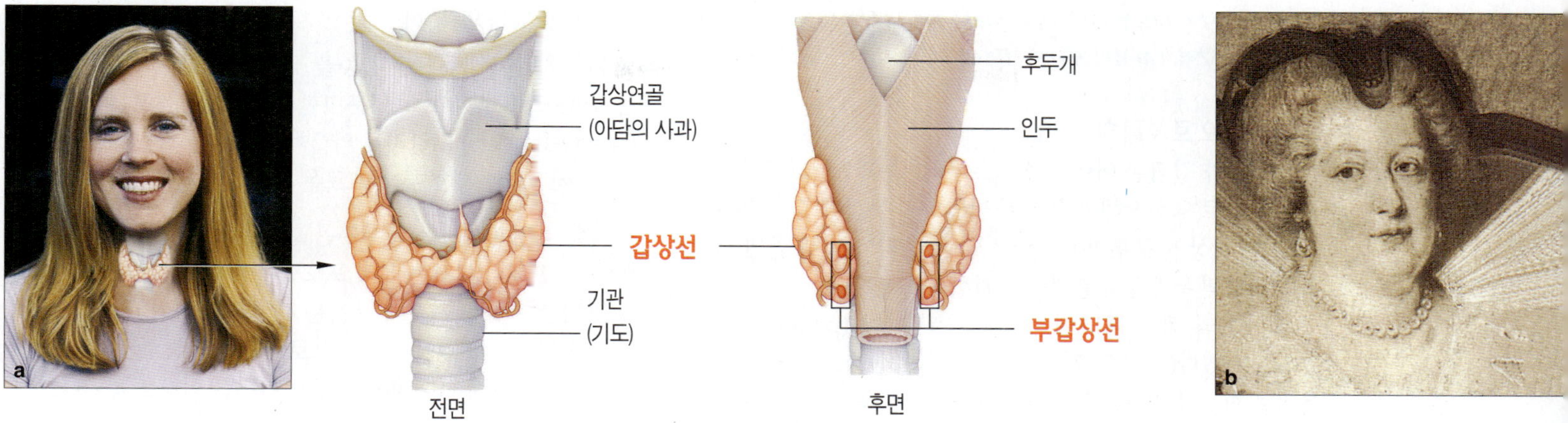


**그림 31.7** (a) 사람의 갑상선 및 4개의 부갑상선 (b) Maria de Medici에 의해 표시된 경미한 경우의 갑상선종. 이렇게 둥근 형태의 목은 르네상스 후기동안 미의 표시로 여겨졌다. 갑상선종은 요오드의 공급이 정상적인 갑상선 기능에 불충분한 세계지역에서 흔하게 나타난다.

과 방출을 방해한다. 만성적으로 높은 수준의 코르티솔 또한 허기를 초래하여 체중증가를 가져올 수 있다. 또한 장기간에 걸친 염증반응의 억제는 질병을 초래할 수 있다.

## 지엽적 피드백과 부신수질

부신의 내부영역인 **부신수질** 역시 신경세포를 함유한다. 그들은 한편으론 신경전달물질, 다른 한편으론 호르몬인 에피네프린과 노르에피네프린을 분비한다. 신호는 시상하부로부터 교감신경에 의해 그들에 도달한다. 신호가 노르에피네프린의 분비를 자극한다고 가정하자. 이 호르몬 분자는 부신수질의 표적세포와 신경세포 축삭말단 사이의 연접간극에 축적된다. 노르에피네프린이 과다 존재할 때는 지엽적 음성 피드백 기전이 작용한다. 노르에피네프린은 축삭말단 위의 수용체에 결합하여 추가적 방출을 억제한다.

흥분하거나 스트레스를 받게 되면, 에피네프린과 노르에피네프린은 혈류의 속도와 지방 및 탄수화물의 대사를 조절한다. 그들은 심박동수를 올리고, 부위에 따라 세동맥 직경을 넓히거나 좁히며, 기도를 넓힌다. 더 많은 혈액량과 산소가 상당한 에너지를 요구하고 있는 심장과 근육세포로 흐른다. 이들이 *알림반응(fight-flight response)*의 특징이다(영역 29.4).

## 갑상선으로부터의 편중피드백

사람은 기관 또는 기도 앞쪽의 목 기저부위에 하나의 **갑상선**을 갖는다(그림 31.7a). 뇌하수체 전엽으로부터 TSH의 자극에 의해 갑상선은 티록신과 삼요오드티로닌을 분비한다. 이들 호르몬은 발달에 필수적 역할을 한다. 그들은 또한 온혈동물의 대사율을 조절한다. 몇 가지 예들이 그들의 분비에 대한 피드백조절의 중요성을 강조하게 될 것이다.

갑상선호르몬의 생성은 요오드의 한 형태인 요오드화물을 필요로 한다. 요오드가 결핍된 식이는 비대해진 갑상선 또는 *단순 갑상선종(simple goiter)*을 일으킬 수 있다(그림 31.7b). 이것은 낮은 수준의 갑상선호르몬이 뇌하수체 전엽으로부터 TSH를 분비하도록 자극한 후 일어난다. 갑상선은 이에 대한 반응으로 성장하지만 여전히 어떠한 호르몬도 생성할 수 없다. 뇌하수체에 대한 피드백 고리는 계속 TSH 분비를 촉진시키고 이는 갑상선의 더 큰 비대를 초래한다.

*갑상선기능저하증(hypothyroidism)*은 낮은 수준의 갑상선 호르몬을 일컫는다. 영향을 받은 성인이 치료를 하지 않으면 종종 느리고, 과체중, 추위를 참지 못하며, 피부가 건조해지고, 혼란스럽고 우울해지게 된다. 이러한 상태는 사람들이 요오드를 함유한 소금을 사용하는 지역에서는 더 이상 흔치 않다.

그레이브스 병(Graves' disorder)과 다른 *독성 갑상선종*(toxic goiters)은 갑상선호르몬의 과다 혹은 *갑상선기능항진증(hyperthyroidism)*에 의해 생긴다. 전형적인 증상은 근심, 떨림, 수면곤란, 열불내성, 돌출된 눈, 및 불규칙한 심박동 등이다. 어떤 경우는 항체가 갑상선을 잘못 자극할 때 일어난다. 다른 경우는 갑상선에 염증이나 종양이 발생한 후 일어난다.

호르몬의 분비와 그의 작용은 호르몬간의 상호작용, 피드백 기전, 및 호르몬 표적세포의 상태변화에 의존한다.

피드백 기전은 내분비선으로부터의 분비를 조절한다. 많은 경우, 시상하부, 뇌하수체 또는 이 모두에 대한 피드백 고리가 분비활동을 지배한다.

음성 피드백은 호르몬의 추가적인 분비를 지연시킨다. 양성 피드백은 추가적 분비를 증진시킨다.

## 31.5 화학적 변화에 대한 직접반응

*일부 내분비선과 세포는 시상하부와 뇌하수체의 조절을 받지 않는다. 그들은 내부환경의 화학적 변화에 직접 반응한다.*

### 부갑상선으로부터의 분비

비타민 D가 결핍된 아이는 장으로부터 칼슘과 인의 흡수가 곤란해 빠르게 성장해야 할 뼈가 발달하지 못한다. 그 결과로 생긴 뼈 이상인 구루병(*rickets*)은 굽은 다리와 기형 골반 및 종종 기형의 두개골과 흉곽을 야기한다(그림 31.8).

갑상선의 뒤쪽 표면에는 4개의 **부갑상선**(parathyroid gland)이 있다(그림 31.7). 그들은 부갑상선 호르몬(PTH)의 분비로 혈중 칼슘농도의 조절을 돕는다. 칼슘이온은 근육수축, 효소작용, 혈액응고, 및 다른 활동에 역할을 한다. PTH는 혈중 칼슘농도가 떨어질 때 분비된다. 칼슘농도가 증가되면 분비가 감소한다.

PTH는 골격근과 신장의 세포에 작용한다. 그것은 살아있는 뼈세포를 자극하여 뼈 조직을 분해하는 효소를 분비하게 하여 칼슘과 다른 무기질 이온을 간질액으로 방출하도록 한다. 칼슘은 혈액을 통해 신장의 작은 관으로 들어간다. PTH는 거기서 칼슘의 재흡수를 증진시킨다. PTH는 또한 신장세포를 자극하여 활성형 비타민 $D_3$의 전구체에 작용하는 효소들을 분비하도록 유도한다. 활성화된 형태의 비타민 $D_3$는 소장세포를 자극하여 장 내 음식물로부터 칼슘흡수를 촉진한다. 이것이 충분한 비타민 D를 갖지 않는 아이들이 뼈 질환의 위험에 걸리는 이유이다.

### 지엽적 신호전달 분자의 영향

화학적 환경의 변화는 세포의 활동을 변화시킨다. 많은 유형의 세포는 지엽적 신호전달 분자를 분비하여 반응한다. 표적세포는 대부분의 신호분자를 빠르게 흡수하여 대순환으로 들어가는 분자가 거의 없기 때문에, 이러한 신호의 영향은 매우 지엽적이다.

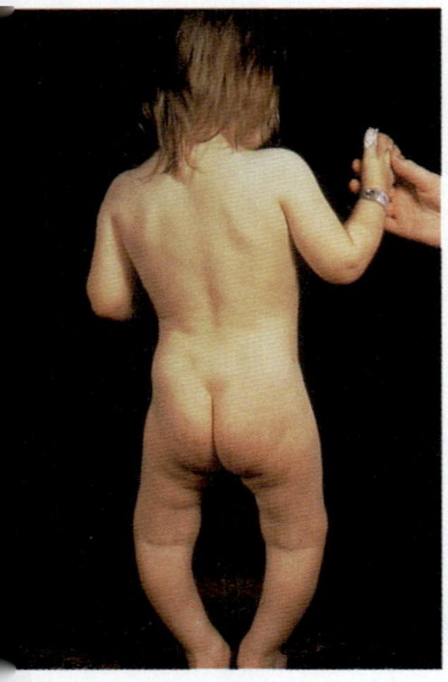

**그림 31.8** 구루병에 걸린 아이.

예를 들어, 프로스타글란딘은 여러 조직에서 형성된다. 조직의 상태가 변하면 이러한 지엽적 신호전달 분자의 생성과 분비가 증가될 수 있다. 어떤 경우는 세동맥 벽 내부의 평활근을 수축하거나 확장하여 혈류의 방향을 변경한다. 다른 경우는 통증수용체가 유독 화학물에 대해 더 잘 반응하도록 한다. 또 다른 경우에는 염증, 소장 벽의 운동 및 위산 분비에 영향을 준다. 프로스타글란딘은 또한 전반적인 내분비조절에 기능을 한다. 일부는 천식, 고혈압 및 심장마비의 치료요법에 사용된다.

### 췌장도로부터의 분비

췌장은 외분비와 내분비 기능을 갖는다. 췌장의 외분비 세포는 소장으로 소화효소를 분비한다. 내분비 세포는 **췌장도**(pancreatic islets)로 알려진 약 2백만 개의 군집들로 모여 있다. 각 췌장도는 세 종류의 호르몬 분비 세포를 함유한다.

1. 췌장 내 알파세포는 글루카곤 호르몬을 분비한다. 식사 사이에 몸 전체의 세포는 유리 포도당을 흡수하고 사용하여 혈당을 낮춘다. 글루카곤의 분비는 간세포로 하여금 아미노산과 저장된 글리코겐을 포도당으로 전환하도록 하여 당이 혈액으로 들어가게 한다. 따라서 글루카곤은 혈당을 높인다.

2. 췌장에서 가장 풍부한 세포인 베타세포는 인슐린을 분비한다. 식사 후 혈액을 순환하는 당의 농도가 높을 때, 인슐린은 특히 근육세포와 지방세포에 의해 당의 흡수를 촉진한다. 인슐린은 단백질과 지방의 합성을 증진시키고, 단백질을 당으로의 전환을 억제한다. 인슐린은 혈당을 낮춘다.

3. 델타세포는 성장억제호르몬(somatostatin)을 분비한다. 이 호르몬은 영양분의 소화와 흡수의 조절을 돕는다. 이것은 또한 인슐린과 글루카곤의 분비를 차단할 수 있다.

그림 31.9는 이러한 췌장 호르몬들이 심지어 음식섭취량과 시기가 다를 때에도 어떻게 혈당을 유지하도록 상호 작용하는지를 보여주고 있다. 인슐린은 세포가 순간적인 에너지의 한 형태인 당을 흡수하고 저장하도록 하는 유일한 호르몬이라는 점을 명심하라. 충분한 인슐린을 생성할 수 없거나 표적세포가 인슐린에 반응할 수 없는 사람들에 대한 연구를 통해 탄수화물, 지방 및 단백질의 대사에서 인슐린의 중추적 중요성은 명백하다.

예를 들어, 인슐린의 결핍은 한 가지 또는 다른 형태의 당뇨병(*diabetes mellitus*)을 유발할 수 있다. 이 질환에서 세포는 당의 흡수가 어려워 혈액에 축적되고 결국 오줌으로 배출된다. 이 병에 걸린 사람은 자주 소변을 보아야 한다. 이것은 몸의 수분-용질의 균형을 변형시키고 비정상적인 갈증을 초래한다. 일정한 당의 공급이 없으면 신체 세포는 대체에너지원으로 구조 지방과 단백질을 고갈시키기 시작한다. 체중감소가 한 가지 결과이다. 다른 것은 혈액과 요에서 케톤이 축적되는 현상이다. 케톤은 지방의 분해로 생기는 정상적인 산성 생성물이지만, 이들이 축적되면 케톤산증(ketoacidosis)을 초래한다. 산-염기 균형과 용질농도에 있어서의 그러한 변화는 정상적인 뇌기능을 방해할 수 있다. 극단적인 파괴는 사망을 초래할 수 있다.

제1형의 당뇨병(*type 1 diabetes*)에서, 신체는 인슐린을 분비하는 베타세포에 대하여 자가면역반응을 일으킨다. 백혈

**그림 31.9** 포도당 대사에 대한 몇 가지 항상성 조절.

(a) 각 식사 후, 세포가 당을 흡수할 수 있는 것보다 포도당이 혈액으로 더 빨리 들어간다. 혈당 수치가 증가한다. (b) 그 화학적 변화는 췌장 베타세포를 자극하여 인슐린을 분비시킨다. (c,d) 주요표적인 간세포와 근육세포는 즉시 포도당을 사용하고 초과 양을 글리코겐으로 저장한다. (e) 결과는? 인슐린이 혈당을 낮추었다.

(f) 식사 사이에는 혈당수치가 감소한다. (g) 그 화학적 변화는 췌장 알파세포를 자극하여 글루카곤을 분비시킨다. (h) 이 호르몬에 대한 수용체를 함유한 표적세포는 글리코겐을 다시 포도당으로 전환하여 혈액으로 들어가게 한다. (i) 결과는? 글루카곤이 혈당을 *높였다.*

신경계는 당 대사의 조절을 돕는다. 예를 들어 앞에서 공부한 것처럼, 신체가 스트레스를 받아 당을 소모하면 시상하부가 부신수질로 하여금 글루코코르티코이드(glucocorticoids)를 분비하도록 유도한다. 두 가지 결과: 간에서 글리코겐은 포도당 단위로 분해되고, 특히 간과 근육조직에서 글리코겐 합성은 감소한다.

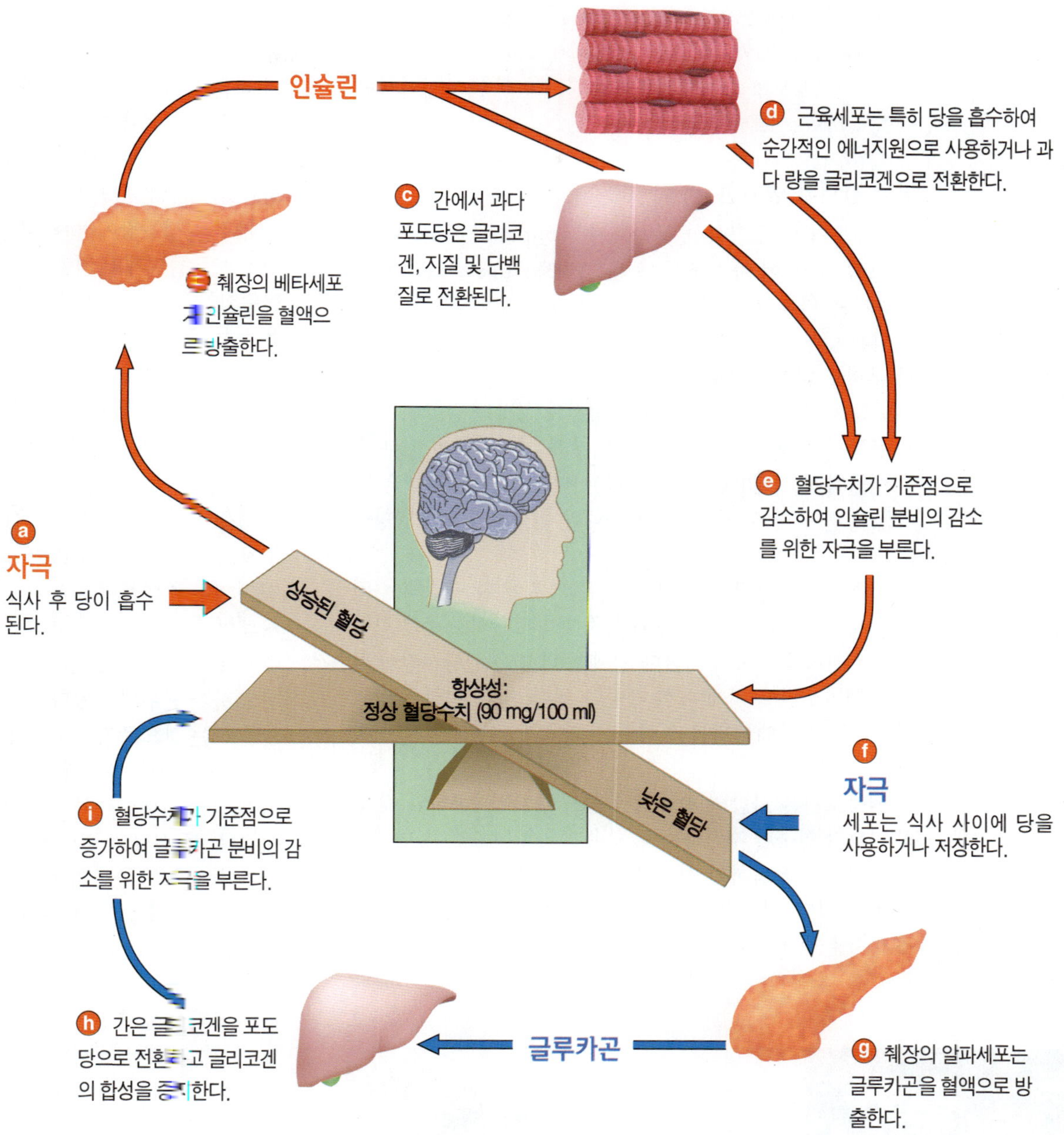


구 세포가 베타세포를 외래로 오인하여 죽인다. 환경적 요인이 이 질병에 대한 유전적 소인에 첨가된다. 이 유형의 당뇨병은 다른 유형만큼 흔하지는 않지만 단기간에 있어 더욱 위험하다. 보통, 증상이 아동기와 사춘기에 나타나기 시작한다(이 질환은 또한 유년-발병형 당뇨병이라고 부른다). 제1형 당뇨병 환자는 인슐린 주사를 필요로 한다.

제2형 당뇨병(*type 2 diabetes*)에서는, 인슐린 수치가 정상이거나 심지어 높을 때도 있다. 그렇지만 표적세포가 호르몬에 반응하지 못하여 혈당이 높게 남아있다. 증상은 전형적으로 인슐린 생성이 감소할 때인 중년에 나타난다. 유전이 한 인자이지만 비만은 위험성을 증가시킨다. 식이요법, 운동 및 경구투약이 많은 경우의 제2형 당뇨병을 조절할 수 있다. 그러나 만일 당 수치가 낮아지지 않으면 췌장의 베타세포는 계속 자극된다. 결국 그들은 기능을 잃고 인슐린 생성도 감소한다. 이런 현상이 발생되면 제2형의 당뇨병 역시 인슐린 주사를 필요로 한다.

어떤 내분비선과 내분비세포로부터의 분비는 내부환경의 화학적 변화에 대한 직접적인 항상성 반응이다.

## 31.6 호르몬과 환경

*이 영역은 하나의 중요한 점에 관해 생각해보고자 한다. 한 개인의 성장, 발달과 번식은 유전자와 호르몬과 함께 시작하며, 행동도 마찬가지다. 그러나 특정한 환경요인들이 종종 호르몬 분비의 활성화와 속도에 영향을 미친다.*

### 낮의 길이와 송과선

척추동물의 대뇌 깊숙한 곳에는 **송과선**(pineal gland)이 있다(그림 31.2). 이 아주 작은 선은 멜라토닌(melatonin)을 분비하지만, 단지 빛이 거의 또는 전혀 없을 때만 분비한다. 빛의 양은 낮부터 밤까지 그리고 계절에 따라 다르며, 멜라토닌의 분비도 마찬가지로 다르다. 많은 종에서, 혈중 멜라토닌 농도의 차이는 주요 번식기관인 성선의 성장과 발달의 조절을 돕는다. 어떻게? 멜라토닌은 내부적 시간기전의 일부 혹은 **생물학적 시계**(biological clock)이다. 멜라토닌 분비의 변화는 수면과 다른 행동들뿐만 아니라 번식주기에도 영향을 준다.

여름보다 어두운 시간이 더 많은 겨울에 한 마리의 수컷 우는 새를 생각해 보라. 상승된 혈중 멜라토닌의 수준은 간접적으로 성적 활동을 억제한다. 봄에는 더 많은 일광시간이 있으며 멜라토닌 분비에 대한 제동을 건다. 이제 성선은 영역 노래행위와 구애행위를 초래하는 호르몬을 분비하기 시작한다.

멜라토닌은 사람의 행동에 영향을 줄까? 가능하다. 임상적 관찰과 연구가 지적하듯이, 낮은 멜라토닌 수준은 번식기관과 구조가 성숙하기 시작하는 때인 **사춘기**(puberty)를 유발할 수 있다. 기능적 송과선을 갖고 있지 않는 환자 가운데 조기 사춘기에 관한 보고가 있다.

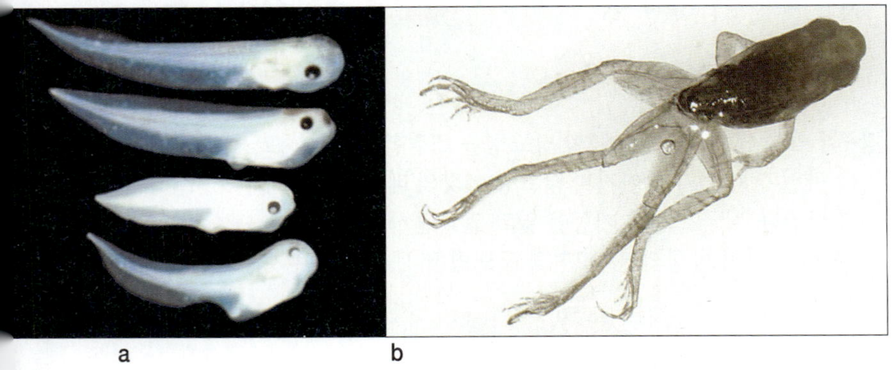

그림 31.10 (a) 갑상선에 미치는 환경적 영향과 아프리카 발톱개구리의 발달이상 사이의 연관성의 증거. 맨 위의 발톱개구리 올챙이는 기형 개구리가 거의 없는 호수로부터 채취된 물에서 자랐다. 그 아래 세 마리의 올챙이는 점점 높은 농도의 천연 및 합성 유기화합물이 녹아있는 세 군데의 "열점"호수로부터 채취된 물에서 자랐다. (b) 기형의 성숙된 개구리에 대한 X-선 사진. 그러한 기형은 살충제에 오염된 물에서 특히 흔한 광경이다.

멜라토닌은 또한 체온을 떨어뜨리고 빛이 적은 상태에서 졸리게 할 수 있는 신경세포에 영향을 미친다. 일출 직후에는 더 적은 양의 멜라토닌이 분비되어 체온이 올라가고 잠에서 깬다. 일광노출에 반응하는 생물학적 시계는 수면/각성 주기를 지배한다. 이러한 이유로 여행자들은 비행시차를 최소화하기 위하여 햇볕에서 시간을 보내도록 조언을 받는다.

계절성 정동장애(*seasonal affective disorder*. SAD)는 겨울에 일부 사람들에게 타격을 준다. 그들은 과도하게 우울해지고 탄수화물을 폭식하며 잠을 갈망한다. 이러한 "겨울 우울증"은 생물학적 시계가 계절적 일광시간의 감소와 동조가 되지 못할 때 발생할 수 있다. 임상적으로 투약된 멜라토닌은 증상을 악화시킬 수 있다. 인공 빛에 대한 노출은 송과선의 활동을 정지시켜 극적인 향상을 일으킬 수 있다.

### 갑상선 기능과 개구리의 기형

이장의 시작에서 개구리의 생식기관에 대한 호르몬 교란물질의 가능한 영향에 관하여 알아보았다. 연구자들은 대개 양서류의 기형이 증가하고 있다는 귀에 거슬리도록 가시적인 증거를 또한 갖고 있다(그림 31.10). 기생충과 증가하는 자외선 조사가 연루되어 왔다. 연구결과 호르몬 교란물질 또한 역할을 하는 것으로 제안하고 있다.

한 실험에서, 연구자들은 아프리카 발톱개구리(*X. laevis*)의 배아를 미네소타와 버몬트의 호수에서 채취한 물에 노출시켰다. 물 시료의 절반은 기형율이 낮은 호수로부터 왔다. 다른 절반은 20 종류의 용존 살충제를 함유하고 있으며 높은 개구리 기형율을 가진 "열점"으로부터 왔다. 열점의 물에서 발달한 올챙이는 굽은 척추와 다른 이상을 갖고 있었다. 일부는 성숙한 개구리로 충분히 변형되지 않았다. 다른 호수로부터 채취된 물에서 형성된 올챙이는 정상이었다.

갑상선호르몬 생성의 급격한 증가는 올챙이를 자극하여 탈바꿈시킨다. 살충제는 갑상선의 기능을 방해하는가? 아마도 그럴 것이다. 열점 물에 있는 배아에게 갑상선호르몬을 추가해 주었을 때, 거의 또는 전혀 이상증상을 나타내지 않았다.

### 화학물 즙과 정자 수

개구리는 우리의 흥미로부터 너무 멀리 떨어져 있는가? 내분비 기능을 교란하는 화학물질은 또한 사람에게도 영향을 미칠 수 있다. 1938년과 1990년 사이에 서양국가 남성의 정자 수는 약 40% 감소하였다(그림 31.11).

이러한 원인은 무엇일까? 환경에 존재하는 에스트로겐-유사 화합물 때문일까? 가능성이 있다. 천연 에스트로겐을 섭취한 남성의 정자 수는 더 낮다. 많은 살충제는 몸 전체에 걸쳐 에스트로겐 수용체에 결합한다. 그들은 DDT와

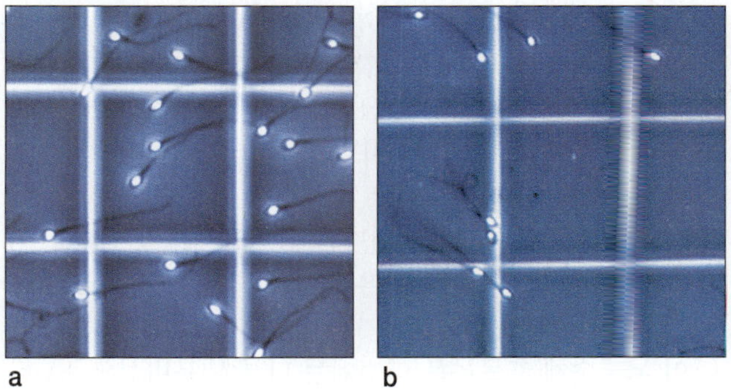

그림 31.11 정상 및 낮은 정자 수. 격자 선은 의사가 수를 셀 수 있도록 돕는다. (a) 정상적으로, 사정 당 1 ml의 정액에서 약 1억1천3백만 마리의 정자가 존재한다. (b) 1 ml 당 6천만~7천만 마리의 낮은 정자 수. 정자 수는 남성 사이에서 감소해 오고 있다.

Kepone을 포함하며 모두 에스트로겐-유사성의 살충제로 그 후 미국에서 사용이 금지되어 왔다. Kepone은 노출된 남성에서 낮은 정자 수뿐만 아니라 암과 연관되어 왔다.

환경에스트로겐은 또한 정자의 기능을 방해할 수 있다. 한 연구에서, 생쥐의 정자를 환경에스트로겐에 노출시켰다. 그들은 너무 빨리 성숙되어 난자를 수정시킬 수 없었다.

## 무척추동물에 대한 비교적 조명

이장은 척추동물에 초점을 맞추었지만 모든 유기체는 한 가지 또는 다른 종류의 신호전달 분자를 생성한다. 그렇지 않으면 신체질량의 증가를 제한하게 될 굳은 각피를 주기적으로 폐기하고 교체하는 현상인 **탈피**(molting)에 대한 호르몬의 조절에 관하여 살펴보자. 탈피는 모든 곤충, 갑각류, 그리고 두꺼운 각피를 지닌 다른 무척추동물의 생활주기에서 일어난다.

비록 세부사항은 집단 사이에서 다르지만, 탈피는 주로 **탈피호르몬**(ecdysone)의 조절을 받는다. 이 스테로이드 호르몬은 콜레스테롤로부터 유래되며, 많은 척추동물의 호르몬과 화학적으로 관련된다. 곤충과 갑각류에 있는 탈피선은 탈피호르몬을 합성, 저장한 다음 탈피시기에 몸 전체로 분포시키기 위해 방출한다. 뇌의 호르몬-분비 신경세포가 이의 방출을 조절하는 것으로 보인다. 그들은 내부 신호뿐만 아니라 빛과 온도와 같은 환경적 신호의 조합에 반응한다.

그림 31.12는 게와 다른 갑각류에서 조절단계의 한 예이다. 탈피시기 직전과 동안에 탈피호르몬과 다른 호르몬들 사이의 조화된 상호작용은 구조적 및 생리적 변화를 가져온다. 그 상호작용은 표피와 근육으로부터 오래된 각피를 분리시킨다. 그들은 각피 내층을 녹여 잔유물을 재흡수하는 변화를 유도한다. 그 상호작용은 또한 대사와 내부 환경의 구성성분

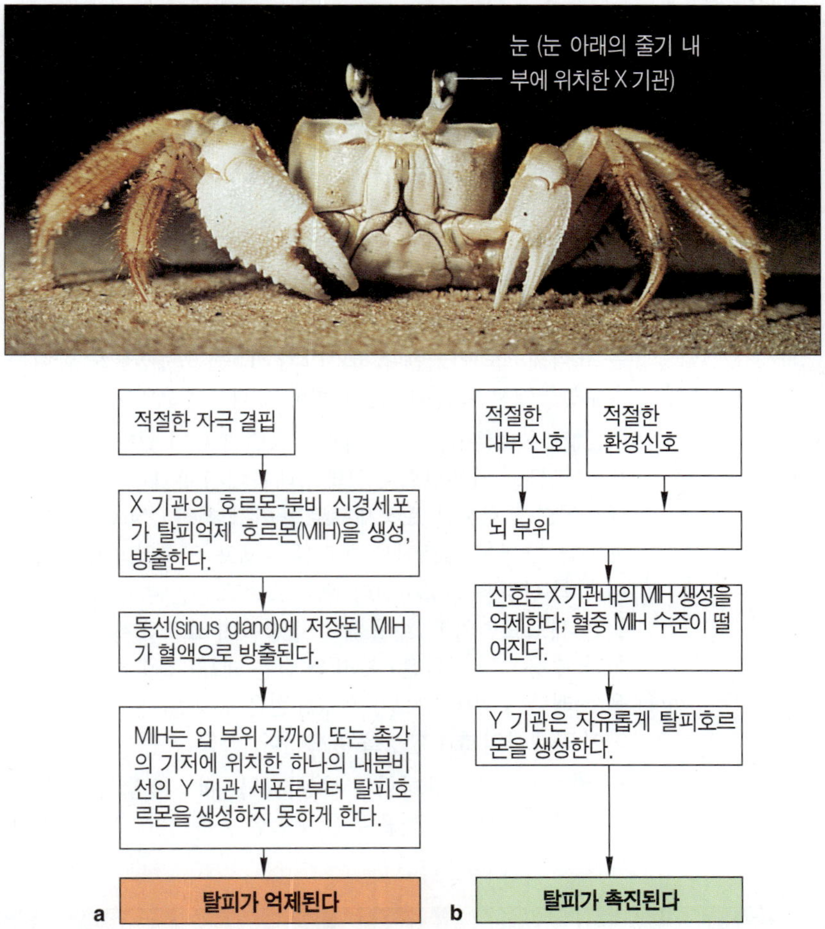


그림 31.12 게와 다른 갑각류에서 호르몬에 의한 탈피조절 단계. 탈피호르몬은 탈피를 자극하는 호르몬이다. (a) 탈피를 위한 환경적 신호가 없는 상태에서는, 각 게눈 줄기에 있는 X 기관이 탈피호르몬 합성을 억제하는 호르몬을 생성한다. (b) 탈피 직전과 동안에 뇌로부터의 신호가 X 기관의 세포활동을 꺼 탈피호르몬이 생성되고 분비된다.

에 대한 변화를 유발한다. 그들은 새로운 각피형성을 돕는 신속한 세포분열, 분비 및 색소형성을 촉진한다. 이와 동시에, 호르몬의 상호작용은 심장박동수, 근육활동, 색의 변화, 그리고 다른 과정들을 조절한다.

그 과정은 탈피를 억제하는 호르몬을 갖지 않는 곤충에서는 약간 다르다. 오히려, 곤충 뇌의 자극은 탈피를 유도하는 탈피호르몬의 생성을 유발하는 연쇄신호를 일으킨다.

일광시간 수의 계절적 변화와 같은 환경적 신호는 일부 호르몬의 분비에 영향을 준다. 멜라토닌 분비는 하나의 전형적인 예이다. 환경화학물질은 내분비 기능을 교란시킬 수 있다.

## 요약

**31.1절** 호르몬, 신경전달물질, 지엽적 신호전달 분자 및 페르몬은 주요한 종류의 신호분자들이다. 그들은 한 세포유형으로부터 분비되는 화학물질로 다른 표적세포의 행동을 조정한다. 만일 세포 원형질막, 세포질, 또는 핵에 필요한 수용체가 존재한다면 어떤 세포도 표적이 된다. 표적세포에서, 호르몬은 유전자 활성화, 단백질 합성, 효소의 구조와 기능, 막, 그리고 다른 세포 구성성분에 영향을 준다.

모든 척추동물은 내분비선과 내분비세포의 기관계를 갖고 있다. 대부분의 경우, 호르몬의 분비는 혈류를 타고 인접하지 않은 표적세포로 이동한다. 표 31.2와 31.3은 포유동물로 불리는 척추동물에서 호르몬의 근원, 표적, 및 작용을 요약하고 있다.

**31.2절** 호르몬에는 두 가지의 주요한 부류가 있다. 스테로이드 호르몬은 지용성으로 콜레스테롤에서 유래된다. 어떤 스테로이드 호르몬은 표적세포로 들어가 직접 DNA와 상호작용한다. 다른 스테로이드 호르몬은 세포 원형질막에 결합하여 막의 성질을 변형시킨다. 펩티드 호르몬은 수용성이다. 그들은 세포표면의 막 수용체에 결합하여 효소체계를 활성화한다. 수용체의 결합은 cAMP와 같은 제2차 전령물질의 형성을 초래할 수 있다. 제2차 전령물질은 신호를 세포질로 전달하여 연쇄적인 효소활성을 일으킨다.

**31.3절** 전뇌부위의 하나인 시상하부는 내부환경, 내장 및 감정에 대한 항상성 조절을 위한 주요한 중추이다. 그것은 인접한 강낭콩 크기의 뇌하수체와 긴밀하게 상호작용한다.

일부의 시상하부 신경세포는 뇌하수체 후엽에서 분산시키는 두 가지 호르몬인 ADH 또는 옥시토신을 생성한다. ADH는 신장에 작용한다. 옥시토신은 유관에 작용한다.

다른 시상하부 신경세포는 뇌하수체 전엽의 표적세포에 작용하는 여섯 가지의 방출인자와 억제인자를 생성한다. 이러한 방출인자와 억제호르몬은 ACTH, TSH, FSH, LH, PRH, 및 STH의 분비를 조절한다.

이 뇌하수체 호르몬은 이번에는 다른 내분비선으로부터 호르몬의 분비를 조절한다. ACTH는 부신피질에 작용하고, TSH는 갑상선에 작용하며, FSH와 LH는 남성과 여성의 성선에 작용하고, PRL은 유선과 자궁에 작용한다. STH(성장촉진인자 혹은 성장호르몬)는 몸 전체의 세포에 대하여 성장을 촉진하는 효과를 가진다.

**31.4절** 많은 내분비선으로부터의 분비는 시상하부와 뇌하수체 또는 두 조직 모두에 대한 피드백 고리에 달려있다. 예를 들어, 코티졸 수준가 낮아지면 시상하부가 뇌하수체를 자극하여 ACTH를 분비시키고, 이는 다시 부신피질을 자극하여 코티졸을 분비하도록 유도한다. 코티졸 수준이 상승하여 기준점으로 돌아오면, 시상하부는 추가적인 코티졸 분비를 억제하는 신호를 보낸다.

이것이 음성피드백의 한 예이다. 스트레스를 받을 때는 중추신

**표 31.2 포유동물 뇌하수체로부터 분비되는 호르몬**

| 뇌하수체 엽 | 분비물 | 명칭 | 주요 표적 | 주요한 작용 |
|---|---|---|---|---|
| **후엽** | 항이뇨호르몬 | ADH | 신장 | 세포외액의 부피와 용질농도의 조절 중 필요한 수분보존 유도. |
| 신경조직 (시상하부의 연장) | 옥시토신 | OCT | 유선 | 분비 관으로 유즙의 이동 유도. |
| | | | 자궁 | 분만 중 자궁수축 유도. |
| **전엽** | 부신피질자극호르몬 | ACTH | 부신피질 | 부신 스테로이드 호르몬의 하나인 코티졸의 방출 자극. |
| 대부분 선 조직 | 갑상선자극호르몬 | TSH | 갑상선 | 갑상선호르몬의 방출 자극. |
| | 난포자극호르몬 | FSH | 난소, 정소 | 여성에서 에스트로겐 분비와 난자의 성숙 자극, 남성에서 정자형성 자극 도움. |
| | 황체형성호르몬 | LH | 난소, 정소 | 여성에서 프로게스테론 분비, 배란, 황체형성 촉진; 남성에서 테스토스테론 분비와 정자방출 자극. |
| | 프로락틴 | PRL | 유선 | 유즙생산의 자극과 유지. |
| | 성장촉진인자 (성장호르몬) | STH (GH) | 대부분의 세포 | 소아의 성장촉진; 단백질 합성과 세포분열 유도; 성인의 포도당과 단백질 대사 기능. |
| **중간엽 *** 대부분 선 조직 | 멜라닌세포자극호르몬 | MSH | 피부와 다른 외피 내 색소세포 | 외부자극에 반응하여 색 변화 유도, 일부 행동에 영향. |

*뇌하수체 중간엽은 대부분의 척추동물에 존재하지만 사람에는 없다. MSH는 사람의 뇌하수체 전엽과 연합되어 있다.

경계가 피드백 조절을 무시하고 코티졸 수준을 상승시킬 수 있다.

음성피드백은 부신수질로부터 에피네프린과 노르에피네프린의 분비를 지배한다. 갑상선호르몬의 분비는 요오드화물을 필요로 한다. 요오드화물이 결핍되면 갑상선의 피드백 조절은 파괴된다.

31.5절 어떤 내분비선은 뇌하수체와 시상하부의 조절을 받지 않는다. 그들은 지엽적인 환경내의 상태변화에 반응한다. 부갑상선은 혈중 칼슘농도의 변화에 반응한다. 프로스타글란딘은 지엽적 신호전달 분자로서 지엽적인 조직상태에 반응하여 분비된다.

인슐린과 글루카곤은 췌장호르몬이다. 그들은 혈당농도의 변화에 반응하여 분비된다. 인슐린은 당의 농도가 높을 때 베타세포로부터 분비된다. 그것은 근육과 간세포에 의해 당의 흡수를 촉진시켜 혈당수준을 낮춘다. 알파세포로부터 분비되는 글루카곤은 혈당이 너무 낮을 때 포도당의 방출을 촉진한다.

31.6절 어떤 호르몬의 분비는 일광시간의 계절적 변화와 같은 외부환경으로부터의 신호에 의존한다. 척추동물의 송과선에 의한 멜라토닌의 분비가 한 예이다. 이것은 하나의 내부적 시간기전에 해당하는 생물학적 시계의 일부이다. 절지동물에서 탈피는 환경조건의 변화에 반응하는 호르몬에 의해 조절된다. 환경내의 천연 및 인공 화합물은 사람을 포함한 동물의 내분비기능을 변형시킨다

**표 31.3 포유동물 시상하부와 뇌하수체 이외의 호르몬 근원**

| 근원 | 분비 | 주요 표적 | 주요한 작용 |
|---|---|---|---|
| **부신피질** | 글루코코르티코이드(코티졸 포함), | 대부분의 세포 | 에너지원으로서의 글리코겐, 지질 및 단백질의 분해 촉진; 따라서 혈당 상승을 도움. |
| | 미네랄로코르티코이드(알도스테론 포함). | 신장 | 나트륨 재흡수 촉진(나트륨 보존); 몸의 염-수분 균형 조절을 도움. |
| **부신수질** | 에피네프린(아드레날린) | 간, 근육, 지방조직 | 당과 지방산의 혈중농도 상승; 심박동수와 수축력 증가. |
| | 노르에피네프린 | 혈관의 평활근 | 특정 혈관의 수축 또는 확장 촉진; 따라서 다른 신체부위에 대한 혈액량의 흐름 조절에 도움. |
| **갑상선** | 삼요오드티로닌, 티록신 | 대부분의 세포 | 대사조절; 성장과 발달에 역할을 함. |
| | 칼시토닌(calcitonin) | 뼈 | 혈중 칼슘농도를 낮춤. |
| **부갑상선** | 부갑상선호르몬 | 뼈, 신장 | 혈중 칼슘농도를 상승. |
| **성선** | | | |
| 정소(남성) | 안드로겐(테스토스테론 포함) | 전신 | 정자형성과 생식기의 발달, 성적 특성의 유지, 성장, 발달에 필요. |
| 난소(여성) | 에스트로겐 | 전신 | 난자의 성숙과 방출, 임신을 위한 자궁내막의 준비와 임신동안의 유지; 생식기의 발달; 성적 특성의 유지; 성장, 발달. |
| | 프로게스테론 | 자궁, 유방 | 임신을 위한 자궁내막의 준비와 유지; 유방조직의 발달 촉진. |
| **췌장도** | 인슐린 | 간, 근육, 지방조직 | 세포의 당 흡수 촉진; 따라서 혈당을 낮춤. |
| | 글루카곤 | 간 | 글리코겐 분해 촉진; 혈당 증가. |
| | 성장억제호르몬 | 인슐린-분비 세포 | 영양분의 소화 억제, 따라서 장으로부터 영양흡수 억제. |
| **흉선** | 타이모포이에틴(thymopoietin) | T 임파구 | T 임파구에 대한 조절효과가 잘 알려져 있지 않음. |
| **송과선** | 멜라토닌 | 성선(간접적으로) | 일간 생체리듬과 계절적 번식활동에 영향을 미침. |
| **위, 소장** | 가스트린(gastrin), 세크레틴(secretin) 등 | 위, 췌장, 담낭 | 위, 췌장, 간, 담낭의 활동 촉진; 음식의 소화, 흡수에 필요. |
| **간** | 소마토메딘(somatomedins; 성장호르몬촉진인자) | 대부분의 세포 | 세포의 성장과 발달 자극. |
| **신장** | 적혈구생성인자(erythropoietin) | 골수 | 적혈구 세포의 생성 자극. |
| | 안지오텐신*(angiotensin) | 부신피질, 세동맥 | 알도스테론 분비의 조절을 도움 (따라서 나트륨 재흡수 및 혈압조절). |
| | 1,25-하이드록시비타민 $D_6$*(칼시트리올; calcitriol) | 뼈, 장 | 뼈로부터 칼슘흡수와 장으로부터 칼슘흡수 증대. |
| **심장** | 심방 나트륨이뇨호르몬(atrial natriuretic hormone) | 신장, 혈관 | 나트륨배출 증가; 혈압감소. |

*신장은 활성화된 호르몬으로서 대순환으로 들어가는 이 물질의 전구체를 변형하는 효소를 생성한다.

## 자습-퀴즈

*정답은 부록 111에 있음*

1. ______는 한 유형의 세포로부터 분비되어 표적세포의 활동을 변형시킬 수 있는 신호전달 분자이다.
   a. 호르몬　　b. 신경전달물질
   c. 페르몬　　d. 지엽적 신호전달 분자
   e. a와 b　　f. a부터 d까지

2. ADH와 옥시토신은 시상하부에서 생성되지만 ______로부터 분배되는 호르몬이다.
   a. 뇌하수체 전엽　　b. 뇌하수체 후엽
   c. 췌장　　d. 송과선

3. 아래의 그림에서 뇌하수체로부터 분비되는 적절한 호르몬의 이름을 빈칸에 채워 넣으라.

4. ______의 과다생성은 거대증을 유발한다.
   a. 성장호르몬　　b. ADH
   c. 인슐린　　d. 멜라토닌

5. 어느 것이 호르몬 분비를 자극하지 않는가?
   a. 신경세포의 신호　　b. 지엽적 화학변화
   c. 호르몬 신호　　d. 환경적 신호
   e. 위의 모두가 분비를 자극할 수 있다.

6. ______은 혈당을 낮추고; ______은 혈당을 높인다.
   a. 글루카곤; 인슐린　　b. 인슐린; 글루카곤
   c. 가스트린; 인슐린　　d. 가스트린; 글루카곤

7. 뇌하수체는 상승하는 혈중 호르몬 농도를 탐지하여 그 호르몬을 분비하는 내분비선을 억제한다. 이것은 ____피드백 고리이다.
   a. 양성　　b. 음성
   c. 장기간　　d. b와 c

8. ______는 내분비와 외분비의 기능을 갖는다.
   a. 간　　b. 췌장
   c. 송과선　　d. 부갑상선

9. 왼쪽에 나열된 호르몬의 근원을 오른쪽의 가장 적절한 설명과 짝을 맞추어라.

| | |
|---|---|
| ____ 부신수질 | a. 낮의 길이에 의해 영향을 받는다. |
| ____ 갑상선 | b. 강력한 지엽적 효과 |
| ____ 부갑상선 | c. 혈중 칼슘의 농도를 올린다. |
| ____ 췌장도 | d. 에피네프린 근원 |
| ____ 송과선 | e. 인슐린, 글루카곤 |
| ____ 프로스타글란딘 | f. 호르몬은 요오드화물을 필요로 한다. |

**그림 31.13** 호르몬 교란물질의 신체적 영향에 대한 한 예. 이 *23개월*된 Puerto Rico 여자아이가 조숙한 가슴발달을 보여주고 있다.

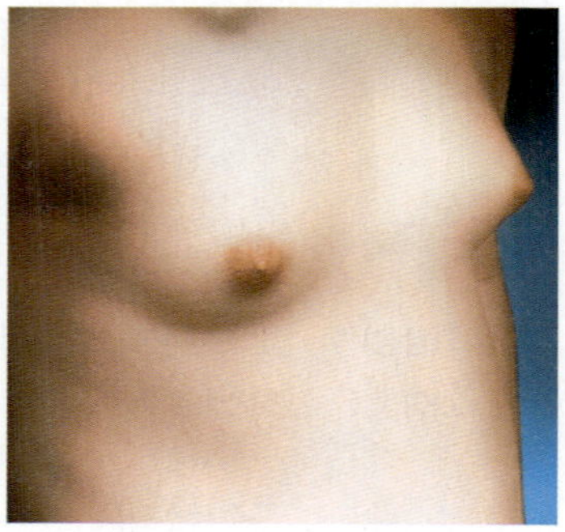

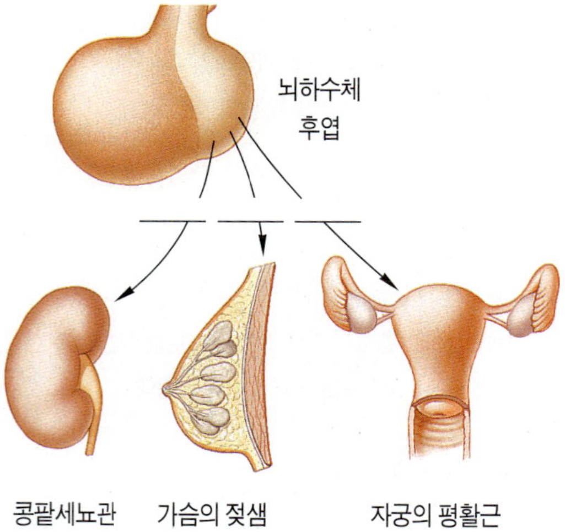


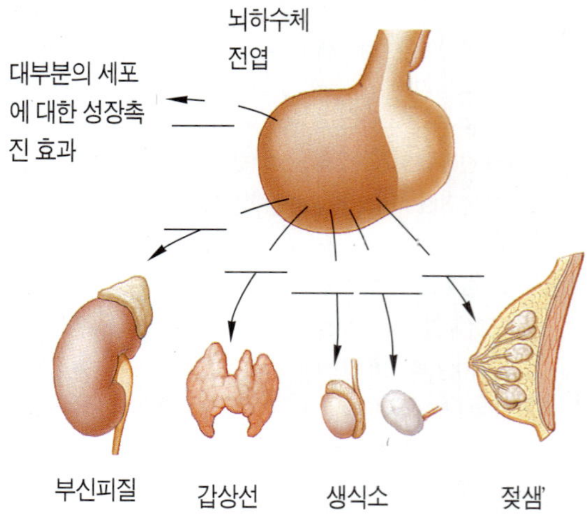

그림 31.14 왜소증의 한 유전적 형태를 보여주는 두 명의 남성과 함께 한 Hiralal Maheshwari.

그림 31.15 오래된 껍질을 막 탈피한 바다게. 약 12시간 동안, 많은 해산물 애호가들에 의해 연약한 것으로 간주되는 연성-껍질의 게가 될 것이다.

## *분석적으로 생각하기*

1. 1990년대 후반 Marcia Herman-Giddens는 미국 전역의 소아과의사들에게 이러한 질문을 하였다. 여성 환자들은 몇 살 때 제2차 성징이 발달하는가? 그들은 여아들이 이전에 보고되었던 것보다 약 1년 이상 더 일찍 가슴이 발달한다고 보고하였다.

Herman-Giddens의 자료는 그 여아들이 무작위 표본이 아니라는 이유로 비판을 받았다; 그들은 소아과의사를 만나기 위해 왔다는 것이다. 그럼에도 불구하고, 많은 연구자들은 그녀의 발견이 실제경향을 반영하는 것으로 의심한다. 이러한 *조숙한 가슴발달*에 대한 원인은 무엇일까?

화학물질이 역할을 할 수 있을지도 모른다는 증거가 세계에서 가장 높은 조숙한 가슴발달의 발생을 가진 Puerto Rico 섬으로부터 나온다(그림 31.13). 최근의 한 연구에 의하면 이러한 화학물질에 가장 많이 영향을 받은 여자아이는 6개월과 24개월 사이에 도달했을 때 가슴이 발달하기 시작한다는 사실을 발견하였다! 이들의 68%가 일부 플라스틱과 살충제의 생산에 사용되는 화학물질인 프탈레이트(phthalates)의 높은 혈중농도를 나타내었다. 이와 비교하여, 연구자들이 조사한 정상적인 여아들 중 아무도 높은 혈중 프탈레이트 농도를 나타내지 않았다.

프탈레이트에 대한 노출이 미국 본토 내 여자아이들 사이에서 조기 가슴발달에 기여할 수 있다는 가설을 점검하기 위하여 어떤 유형의 정보가 사용될 수 있을까?

2. 비정상적으로 작지만 정상적으로 균형이 잡힌 많은 사람들이 파키스탄의 한 외딴 마을에 살고 있다. 평균적으로, 남자는 약 130 cm(4피트 약간 넘는)의 키이고 여자는 약 115 cm(3피트 6인치)의 키이다. Northwestern 대학의 연구자들이 이 사람들을 상담하였다. 그들은 모두 한 대가족의 일부라는 사실을 알았다. *왜소증*의 한 유형인 그 이상은 상염색체성열성유전(autosomal recessive inheritance)의 한 예이다(그림 31.14).

생화학적 및 유전적 분석결과 이 병에 걸린 사람은 낮은 수준의 성장호르몬을 갖지만 이 성장호르몬을 암호화하는 유전자는 정상이었다. 이상은 시상하부 방출호르몬의 하나에 대한 수용체를 표시하는 유전자의 돌연변이에 의해 시작된다. 그 수용체는 뇌하수체 전엽의 세포에 존재한다. 어떻게 돌연변이 수용체가 이상을 초래할 수 있는지 설명하라.

3. 여름과 비교하여 적은 일광시간을 갖는 겨울에 Maxine은 지나치게 우울하고, 탄수화물이 풍부한 음식을 갈망하며, 규칙적인 운동을 중지하였다. 그녀는 상당한 체중을 증가하였다. 그녀의 주치의는 그녀의 상태를 겨울 우울증인 *계절성정동장애*로 진단하였다. 그는 Maxine으로 하여금 강력하고 광범위의 빛을 가진 전등 군을 구입하여 매일 최소 1시간 동안 그들 가까이 앉아 있도록 지도하였다. 그 치료법은 신속히 우울증의 구름을 걷어 올렸다. 송과선 분비에 대한 지식을 이용하여 Maxine의 증상이 왜 나타났으며, 왜 처방된 치료법이 듣게 되었는지 설명하라.

4. Maya는 *제1형 인슐린-의존형 당뇨병*에 걸렸다. 그녀는 어느 날 잘못 계산하여 너무 많은 인슐린을 주사하였다. 그녀는 떨리고 혼란을 느끼기 시작하였다. Maya는 그녀가 치료를 받지 않으면 혼수상태에 빠져 사망할 것이라는 사실을 알고 있다. 그녀는 주치의가 응급사태를 대비해 처방해 준 글루카곤을 신속히 주사하고 구급차를 부른다. 구급차가 도달하고 그녀는 포도당 정맥주사를 맞는다. 그녀의 증상은 왜 일어났을까? 글루카곤 주사가 어떻게 도움이 되었는가? 왜 포도당 주사가 그녀를 신속히 회복하도록 도울까?

5. 바다게(*Callinectes sapidus*)는 미국의 Gulf 만과 아틀란틱 해안을 따라 강어귀에서 발견된다. 다른 절지동물과 같이 이들 바다게는 성장하면서 탈피한다(그림 31.15). 탈피 후 새로운 껍질이 굳기 위해서는 약 12시간이 소요된다. 이 기간동안 그 게는 자연 포식자와 비싼 "연한 껍질"의 게로 팔 수 있는 게잡이 어부에게 공격받기 쉽다. 바다게의 수는 일부 지역에서 감소되어 왔다. 탈피호르몬 수용체에 결합하여 차단하는 화학오염물질들이 감소의 한 인자가 될 수 있다. 탈피호르몬 작용에 영향을 주는 화학물질이 어떻게 바다게의 생활주기를 방해할 수 있을까?

# 32 동물의 운동

## 최근 이슈와 그 영향력 멋진 근육 만들기

오랜 시간 인내를 하면서 보다 멋지고 강한 근육을 갖기를 원하십니까? 한 알의 알약으로 그림 32.1의 사나이와 같이 되십시오. 수많은 식이 보조제 선전에서 볼 수 있는 이러한 문구로 보디빌더나 운동선수들을 유혹한다. 이러한 보조제는 영양보조식품상점이나 인터넷을 통해 쉽게 구할 수 있다. 미 식품 의약품국(FDA)에서는 이러한 영양보조제를 의약품으로 분류하지 않기 때문에 효능과 장기 복용의 부작용에 대한 실험을 하지 않고 있으며, 상품에 대한 품질 관리도 제대로 이루어지지 않고 있다.

Androstenedione 혹은 안드로(andro)를 생각해보자. 이 단어는 1998년 마크 맥과이어가 성공적으로 메이저리그 홈런 신기록을 세울 때 복용하던 것으로 널리 알려지기 시작했다. androstenedione은 테스토스테론이 합성될 때 나오는 중간 대사물로서 우리의 몸에서는 자연적으로 형성된다. 테스토스테론은 조직 형성에 효과적이라고 알려져 있다. 여기서 안드로는 근육에서 단백질의 합성을 증가시키는 혈중 테스토스테론의 수준을 증가시키는 것으로 알려져 있다.

그러면 안드로가 이러한 작용을 하는 것일까? 아마도 그렇지 못할 것이다. 여러 연구에서 영양보조제를 섭취한 남성은 플라시보(위약)을 섭취한 남성보다도 근육의 양이나 세기가 증가되지 않는 것으로 확인되었으나 간혹 안드로는 단지 수 시간 동안 테스토스테론의 수준을 높여준다.

안드로는 여성스러움을 나타내는 성호르몬인 에스트로겐의 합성시에도 나타나는 중간대사물이다. 이것은 남성들에게서 정소 축소, 여성과 같은 젖가슴 발달 및 탈모 등의 부작용을 일으킨다. 이것을 사용하는 남성이나 여성은 모두 간의 손상, 여드름 및 몸에 좋은 콜레스테롤(HDL)의 혈중 농도 감소의 위험에 노출된다. 여성의 경우 모발의 성장과 음색이 남성화되며 월경주기가 불규칙해 질 수도 있다.

2004년 초에 미 식품 의약품국은 안드로류 영양보조제의 섭취가 심각한 부작용을 유발할 수 있다고 경고하였으며, 해당 업체에 안드로가 함유된 상품의 공급을 즉각 중단할 것을

**그림 32.1** 몇몇 영양보충제를 복용하는 사람들의 목표인 우람한 근육

## 개요도

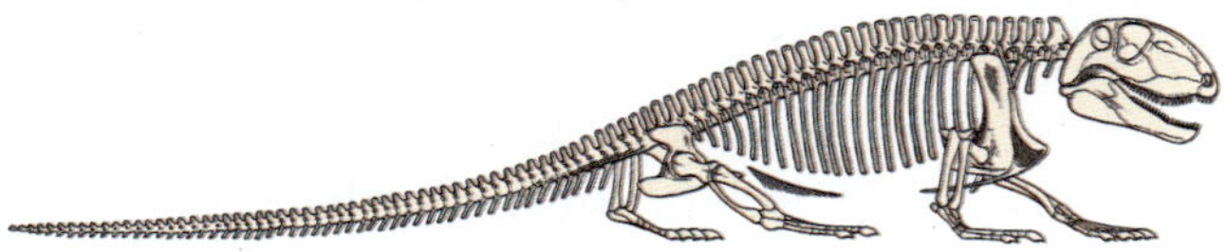

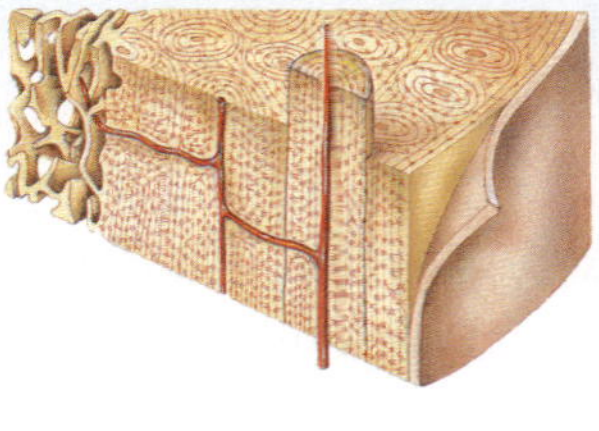

**골격근의 종류** 동물은 종에 따라 정수압 골격, 외골격 및 내골격을 하고 있다. 동물에 따라 수축력을 둘러싸인 액체나 구조물에 발휘함으로서 몸통 혹은 몸의 일부를 움직인다.

**뼈와 관절** 뼈는 딱딱한 기관으로서 몸통을 움직일 수 있게 해주고, 연약한 기관을 보호하거나 지지해주며, 무기물을 저장한다. 뼈의 일부에서는 혈액세포가 생성된다. 힘줄은 뼈와 근육을 연결해주며 인대는 뼈와 뼈 사이의 관절부위를 연결해 준다.

촉구하였다.

크레아틴(Creatine)도 운동 능력 강화제로 알려져 있는 또 다른 영양보조제로서 우리 몸에서는 정상적으로 소량의 크레아틴이 생성되며 일부는 음식을 통해 보충된다. 인산화 크레아틴은 근육을 강하고 신속하게 수축시킬 때 즉시 사용될 수 있는 에너지원으로 사용된다.

안드로와는 달리 크레아틴 영양보조제는 효과를 나타내기도 한다. 몇몇 연구를 통해 크레아틴은 매우 짧은 시간 강력한 힘을 사용하는 경우 운동 능력을 향상시키는 것으로 확인된 바 있다. 크레아틴이 근 영양장애나 근육 질환을 앓고 있는 사람들에게 유용한지에 대해서는 임상실험이 진행되고 있다. 그러나 어떠한 경우는 과량의 크레아틴 섭취는 신장에 과부하를 주게 되지만 장기적인 복용에 따른 부작용에 관해서는 아직 알려진 것이 없다. 또한 정부의 어느 부처에서도 영양 보조 상품에 얼마나 많은 양의 크레아틴이 포함되어 있는지 조사한 적도 없다.

본 장에서 우리는 동물의 형태와 운동 능력을 부여하고 있는 근육의 상호작용에 대해 살펴보고자 한다. 어떠한 동물이든 몸통 혹은 사지가 움직이려면 수축성 세포와 수축력이 가해질 수 있는 기관이 필요하게 된다. 동물에 따라 정수압 골격, 외골격 및 내골격이 가해진 힘을 받아들인다. 우리 인간은 수많은 뼈로 이루어진 내골격을 하고 있으며, 여기에 수많은 근육이 부착하고 있다.

**찬반의견 투표**

*많은 종류의 식이 보조제는 거의 품질관리가 이루어지지 않고 있다. 이러한 보조제들은 미 식품 의약품국의 관리에 따라 이들의 효능과 안전성을 보다 엄격하게 검사해야 한다고 생각되는데 여러분의 의견은 어떠하십니까? 미디어 메뉴에서 상세한 내용을 참고하여 온라인 투표를 한다.*

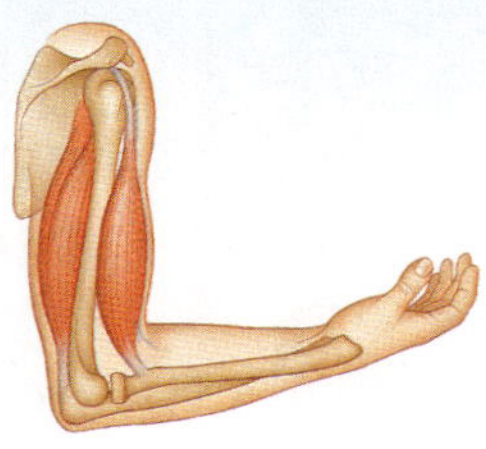

**뼈와 근육의 상호작용** 골격근이 수축하면 근육은 짧아지고 여기에 부착하고 있는 뼈는 움직인다. 이것은 지렛대와 같이 작용해서 단단한 뼈는 고정된 부착점에서 움직이게 되며, 한 쌍의 근육이 길항근으로 작용하는 근육들도 많이 있다.

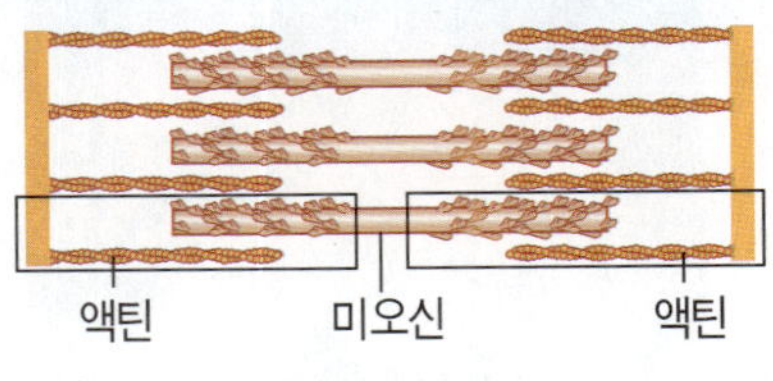


**근육의 작용기작** 근육세포 혹은 근섬유에는 근절이라 부르는 일련의 반복구조물인 수축단위가 있다. 각각의 운동 단위는 체계적으로 배열하고 있는 액틴과 미오신 필라멘트 사이를 ATP 의존성 활주운동을 함으로서 수축을 하게 된다. 근절이 짧아지면 세포도 짧아지고 결국 전체 근육의 길이도 짧아지게 된다.

## 32.1 골격이란

*동물의 골격은 수축력이 가해지는 기관이다.*

일반적으로 동물에는 세 종류의 골격계가 있다. 우선 **정수압 골격**(hydrostatic skeleton)의 경우 근육이 수축되면 체강에 있는 액체가 분산을 한다. 지렁이나 말미잘과 같이 뼈가 없는 무척추동물은 정수압 골격을 하고 있다(그림 32.2).

외골격을 하는 동물에서는 큐티클, 껍질 및 기타 매우 견고한 몸의 외부가 근수축시 생성된 힘을 받아들인다. 절지동물은 외골격을 하고 있으며 사이사이에 경첩이 있다. 근육은 견고한 부위에 부착되어 있어 지렛대로 문을 여닫는 것과 같은 방식으로 움직이고 있다. 절지동물의 큐티클을 상기해 보자. 이들의 큐티클은 체절과 체절 사이에 있는 틈 이상으로 늘어나며, 매우 유연하기 때문에 근육이 수축하여 날개가 붙어 있는 흉부와 같은 몸의 일부분에 힘이 가해지면 체절사이의 틈이 경첩과 같은 작용을 한다(그림 32.3).

우리는 여러 다른 척추동물과 같이 내골격을 하고 있다(그림 32.4). 우리 몸 안에는 뼈가 있어서 수축력을 받아들인다. 이러한 경골계는 어떻게 진화되어 왔을까? 23장의 내용을 참고해 보자. 척색(notochord)에서 척추로, 아가미 덮개에서 턱으로, 여러 개의 엽으로 나뉜 지느러미에서 사지로 — 이러한 진화 경로를 통해 일부 척추동물은 물을 떠나 육지생활에 적응하게 되었다.

물고기는 부력을 이용하여 어떻게 체중을 변화시키는지 생각해 보자. 물고기는 골반과 가슴에 있는 두 종류의 뼈가 지느러미를 안정적으로 움직일 수 있도록 자리를 잡고 있어 물속에서 헤엄치거나 몸을 안정적으로 유지할 수 있다. 원시 척추동물에게 있어 공기는 밀도가 매우 낮았기 때문에 체중을 지탱하기가 매우 어려웠고 결국 지금에 와서 네 개의 다리로 진화되었다. 이러한 뼈도 진화를 거치게 되고 사지의 위치가 변하게 됨에 따라 몸의 중심이 중력을 견딜 수 있게 되었으며 물에서 나왔을 때 체중으로 인해 파괴될 수도 있었던 심장, 허파 및 기타 연약한 기관들도 뼈에 의해 둘러싸이게 되었다.

사람의 내골격과 원시 육상 척추동물의 골격을 비교해 보자(그림 32.4). 어깨 쪽의 견갑골과 엉덩이 쪽의 골반 뼈 및 팔과 손, 다리 및 발을 주목해보자. 이것들은 원시적인 네발 달린 동물의 흔적 기관이다. 넓적한 어깨뼈와 가느다란 골반 뼈에서도 흔적을 찾아 볼 수 있다. 이것은 물고기에서도 잘 나타나고 있다.

사람의 나머지 골격 즉 턱뼈, 두개골, 12쌍의 늑골, 흉골 및 26개의 추골은 원시 두개동물과 턱을 가진 척추동물의 흔적이다. 척추는 머리에서 시작하여 골반에 이른다. 척추사이에 있는 추간판은 충격을 흡수하며 휘어지는 부분은 연골로 되어 있다.

사람의 척추는 어떠한 역할을 하는가. 뼈는 한 쌍의 근육 부착점이 되고 매우 깨지기 쉬운 척수를 보호하는 통로이며 사람의 직립 하중을 다리 쪽으로 보내는 역할을 하고 있다.

우리의 원시 인류는 약 4백만 년 전에 두 개의 다리로 직립 보행을 시작하였다. 이러한 변화로 인해 척추는 S자형 곡선을 하게 되었다. 그 이후로 추골과 추간판은 중력에 대항하여 차곡차곡 쌓아 올려진 형태를 하게 되었으나, 매우 강하거나 빠른 충격을 받게 되면 추간판은 추골사이에서 미끄러져 빠져 나오거나 터지게 되어 — 척추 디스크 — 고질적인 만성 고통에 시달리게 된다. 더 이상 물속 생활을 하는 것도 아니고, 네발을 사용하지도 않는 인간은 두발만을 사용하여 온 세상을 돌아다닐 수는 있지만 이에 따른 대가도 치루고 있는 것이다.

*거의 모든 동물은 정수압 골격, 외골격 및 내골격을 하고 있다. 육상 척추동물의 골격은 물속에서 살았던 원시적인 기관을 갖고 있었으나 후에 적응과정을 거쳐 부력 없이도 살게 되었다.*

**그림 32.2** 정수압골격. 말미잘 체벽의 수축 세포 중 일부는 주 체축을 따라 길이로 배열하고 있으며 나머지는 장주위에 방사형으로 배열하고 있다. 이러한 자포동물이 휴식을 할 때 방사형 세포는 이완하며 길이를 따라 배열하고 있는 세포들이 수축한다. 먹이를 섭식할 때는 방사형 세포들이 수축하고 길이로 나 있는 세포들은 이완한다.

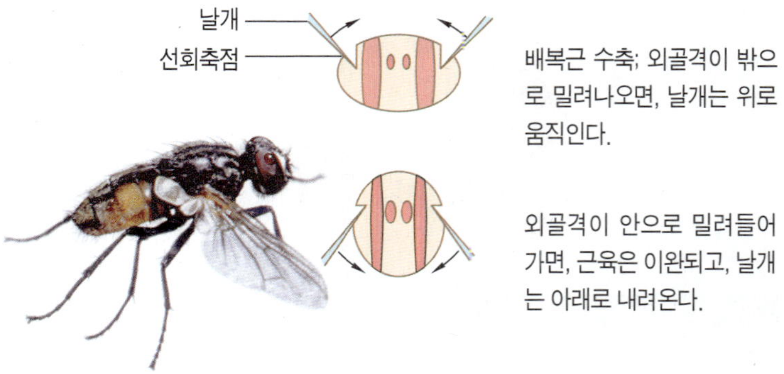


**그림 32.3** 파리의 날개 운동. 곤충의 큐티클은 체절사이에 휘기 쉬운 경첩을 갖고 있다. 근육이 수축하면 흉부의 형태가 변하게 되어 여기에 붙어 있는 날개가 위아래로 움직이게 된다.

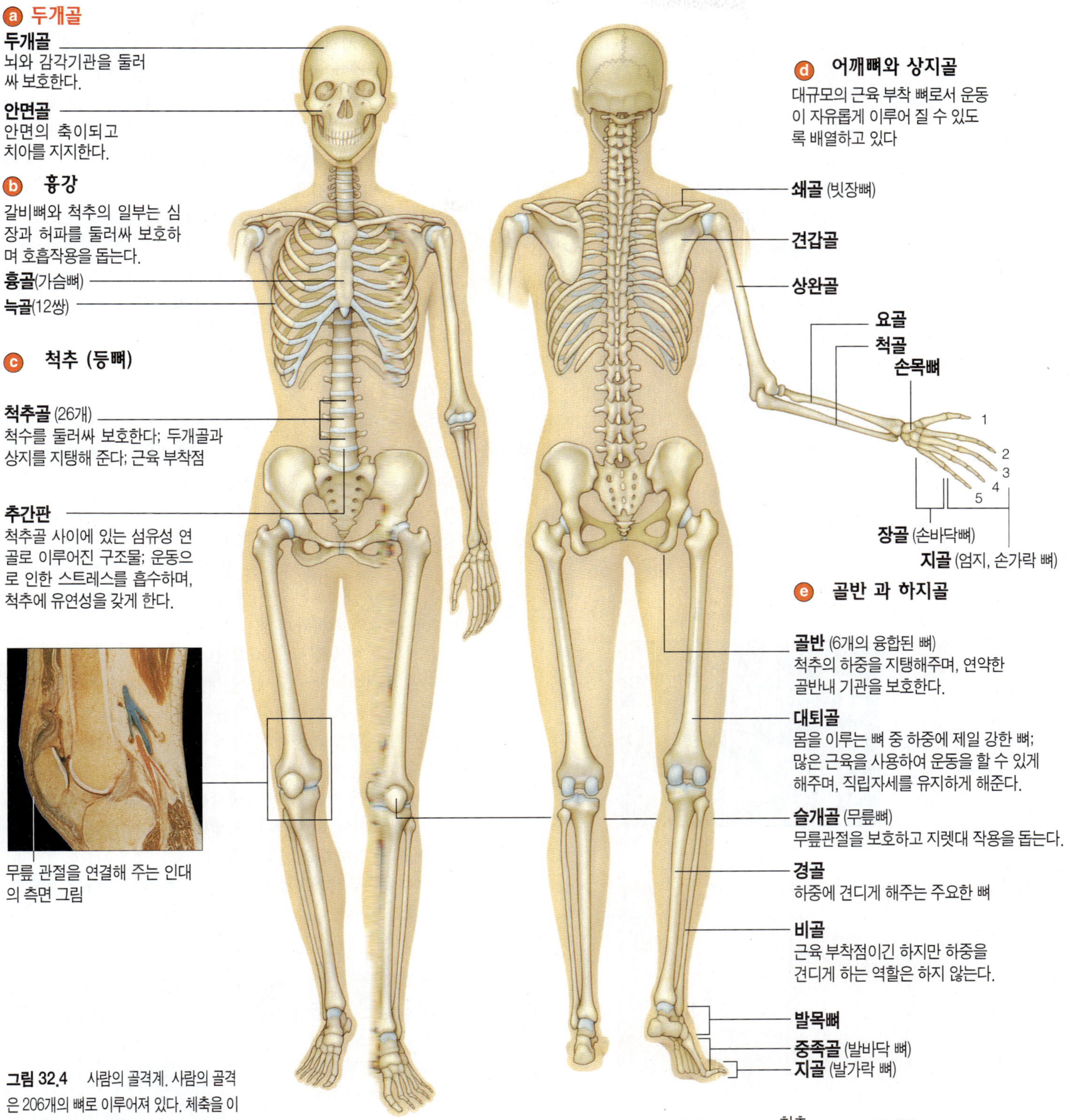


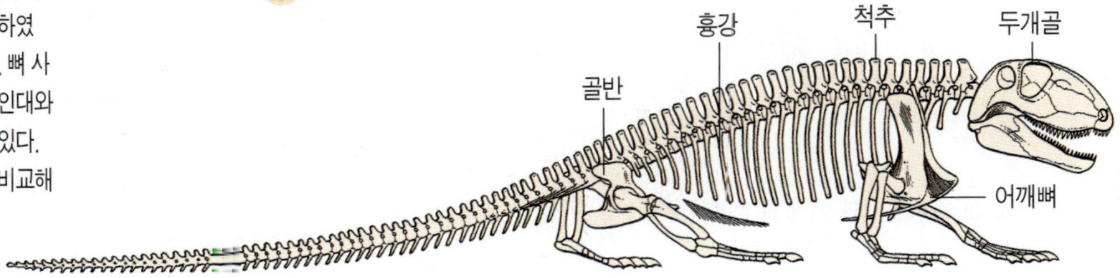


**그림 32.4** 사람의 골격계. 사람의 골격은 206개의 뼈로 이루어져 있다. 체축을 이루는 주요한 뼈는 왼쪽 리스트에 표시하였고, 부속지 뼈는 오른쪽에 표시하였다. 뼈 사이에 밀접하게 인접하고 있는 관절은 인대와 기타 다른 결합조직에 의해 연결되어 있다. 사람의 골격과 원시 파충류의 골격을 비교해 보시오.

## 32.2 뼈와 관절

*척추동물의 뼈는 다양한 역할을 하고 있다(표 32.1). 뼈로 인해 척추동물은 이동을 할 수 있으며 연약한 내장기관을 보호하며 무기질 이온의 저장고 역할을 할 수 있다. 혈액 세포도 뼈에 있는 줄기세포로부터 만들어진다.*

### 뼈의 구조와 기능

사람의 뼈는 콩보다 작은 중이골에서부터 대퇴골 혹은 상완골에 이르기까지 크기가 다양하다(그림 32.4). 뼈 조직은 교원섬유가 풍부하고 칼슘에 의해 골화가 이루어진 유기성 기질에 골세포가 분포하고 있다. 골세포는 세 종류가 있다. 골모세포(*Osteoblast*)는 뼈를 형성하는 세포로 뼈의 기질 성분을 분비하며, 주로 뼈의 표면부와 내강에 분포하고 있다. 골세포(*Osteocyte*)는 골모세포의 분비물에 의해 형성된 작은 소강내에 둘러싸인 골모세포로서 성인 뼈에 많이 있다. 파골세포(*Osteoclast*)는 뼈를 분해하는 또 다른 종류의 세포로서 골화된 기질에 산과 효소를 분비한다.

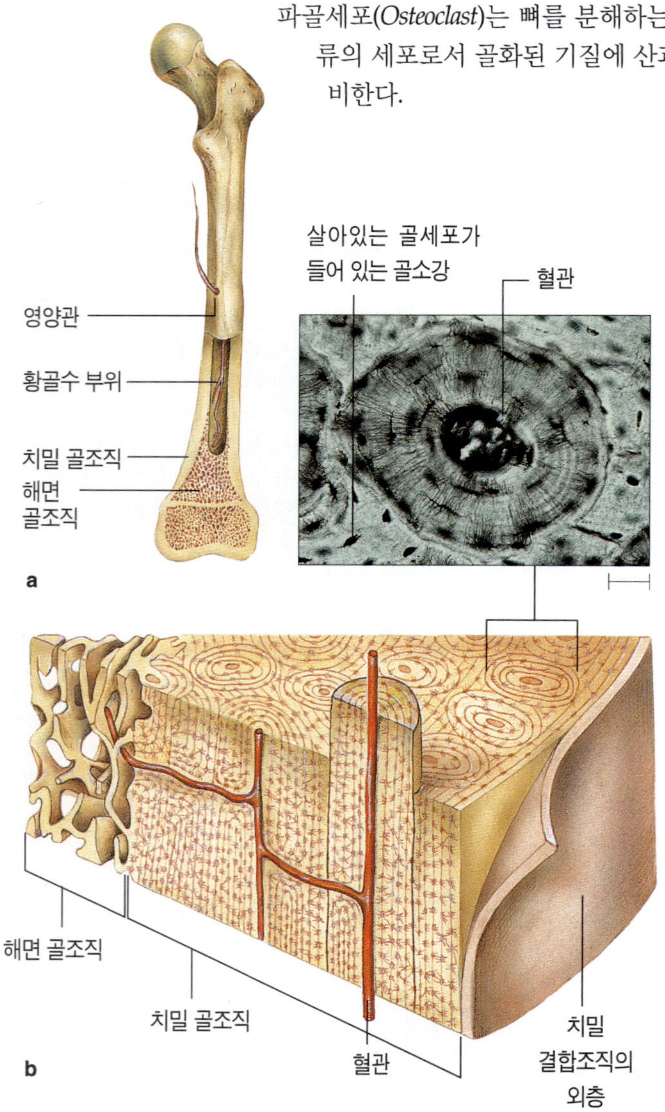


**그림 32.5** (a) 사람 대퇴골의 구조와 (b) 뼈의 해면질과 치밀질의 절단면 구조.

대퇴골은 두 종류의 뼈 조직으로 되어 있다(그림 32.5). 치밀 조직은 기계적인 충격을 견디게 하며, 이 조직의 기질은 신경과 혈관이 지나가는 통로 주위에 동심원적으로 자리를 잡고 있다. 두 개의 환 사이에 있는 작은 틈이 골세포를 둘러싸고 있다. 대퇴골의 축과 골단에는 해면질의 뼈 조직이 있다. 이 조직은 매우 단단한 기질에 구멍이 뚫려 있기 때문에 무게는 많이 나가지 않지만 매우 강하다.

혈액 세포 생성의 주요 장소인 적골수는 해면질의 뼈 조직에 꽉 채워져 있다. 성인의 대퇴골이나 기타 성숙한 뼈의 중심강에는 주로 지방성분인 황골수가 채워져 있는데 심각한 혈액 손실이 있을 경우에는 혈액 세포를 생성하는 적골수로 전환하기도 한다

### 뼈의 형성

모든 척추동물은 발생 초기에는 연골성 골격을 하고 있지만 어류 중에는 성체가 되어도 연골로 이루어진 경우도 있다. 그러나 대부분의 척추동물에서는 골모세포가 연골에 침투하여 경골로 전환시킨다. 뼈의 축에 있는 연골은 파괴되고 골수강이 만들어지게 된다(그림 32.6).

건강한 젊은 성인 뼈의 총 질량은 크게 변하지 않으나, 무기질 이온과 골세포는 동시에 분해되었다가 다시 재생된다. 무기질 이온의 축적과 분해를 통해 혈액 내 칼슘과 인의 농도가 유지되고 뼈의 강도도 조절된다. 골화 과정에서 파골세포는 뼈를 분해하지만 골모세포는 뼈 성분을 계속 축적한다. 파골세포의 작용으로 무기질 이온이 세포 간질액에 분비되고 이것은 다시 혈류를 통해 온 몸에 공급된다.

칼슘 이온은 뼈에 저장되기도 하고 분비되기도 하는 가장 주요한 무기질 이온이다. 신경작용, 근수축 작용 및 수많은 작용에 칼슘이 필요로 된다. 혈액 내 칼슘의 수준은 물질대사 측면에서 엄격하게 조절되고 있다.

혈액에서 분비샘으로 이어지는 음성 피이드백 조절에 의해 칼슘의 분비와 흡수가 조절된다. 칼슘의 수준이 증가하면

**표 32.1 뼈의 기능**

1. *운동.* 뼈는 골격근과 상호 작용하여 몸통과 사지의 위치를 변하게 하거나 유지시켜 준다.
2. *지지.* 뼈는 근육을 지지, 고정시켜 준다.
3. *보호.* 수많은 뼈는 매우 단단한 구조로 되어 있어서 연약한 내부 기관을 둘러싸고 보호한다.
4. *무기질 저장.* 뼈는 칼슘과 인의 저장소로서, 이러한 무기질이 축적되거나 분비됨으로서 체액내 필수 이온의 농도를 일정하게 유지시킨다.
5. 혈액세포 형성. 뼈의 일부에는 혈액세포가 만들어지는 부위가 있다.

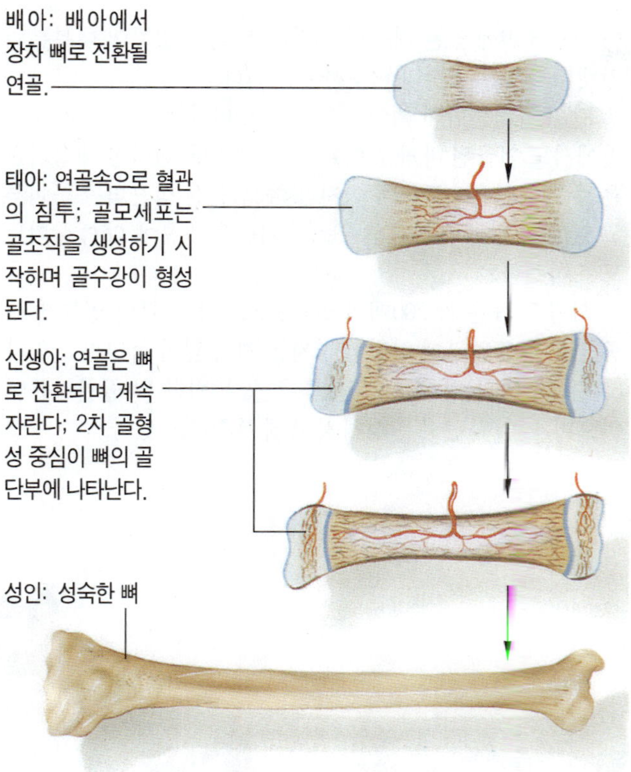


**그림 32.6** 장골의 형성은 배아의 초기에 형성되는 연골에 골모세포가 작용함으로서 시작된다. 뼈를 형성하는 세포는 처음에는 축이 되는 부위에서 활발히 작용하고 그 후 혹 같은 말단부위에서 활발히 작용하게 되며, 이 때 연골은 골단부위에만 남게 된다.

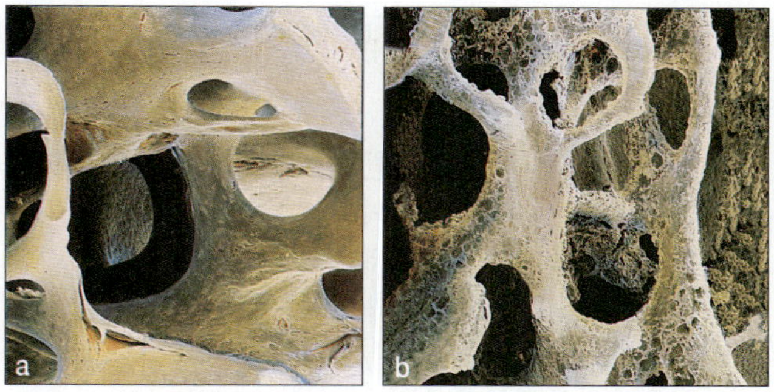


**그림 32.7**
**(a)** 정상적인 뼈 조직. **(b)** 골다공증 뼈.

갑상선에서는 칼시토닌을 분비한다. 이 호르몬은 파골세포의 작용을 억제하여 혈액 내 칼슘의 분비를 둔화시킨다. 반대로 칼슘의 수준이 감소하면 부갑상선에서는 부갑상선 호르몬을 분비하게 된다. 이 호르몬은 뼈로 부터 칼슘의 분비와 신장에서 칼슘의 재흡수를 촉진한다. 또한 파골세포의 작용을 증진시키며 장에서 칼슘의 흡수를 촉진하는 비타민 D를 활성화시킨다.

우리 인간은 24살이 될 때까지 파골세포가 뼈를 분해하는 것보다는 골모세포가 보다 많은 양의 기질을 생산하며 뼈의 질량도 증가하여 뼈는 점차 치밀해지며 강해진다. 이시기가 지나면 골모세포의 작용이 더뎌지며 뼈는 점차 약해지기 시작한다.

어느 시기가 지나서 뼈의 밀도가 감소하는 것을 골다공증(osteoporosis)이라 한다(그림 32.7). 칼슘 혹은 비타민 D의 결핍, 운동량의 결여 및 갑상선의 이상 등에 의해 골다공증에 걸릴 위험이 증대된다. 또한 폐경기와 함께 나타나는 여성 호르몬의 감소, 흡연 및 과다한 음주 및 장기적인 스테로이드 제재의 사용에 의해서도 이와 같은 위험에 노출된다.

## 관절

뼈 사이의 접촉면이나 결합부위 즉 관절은 결합조직에 의해 연결된다. 가죽과 같은 치밀한 결합조직인 **인대**(ligament)는 무릎과 같은 관절을 연결해 준다. 이것은 뼈를 서로 연결해 주지만 각각의 뼈는 자유로이 움직인다. 그러나 흉골, 추골 및 늑골은 거의 움직이지 못한다. 관절 부위에 있는 연골은 매우 유연하기 때문에 인접한 뼈를 보호하고 충격 흡수를 돕는다.

무릎 관절은 특히 부상당하기 쉽다. 무릎 관절이 있기 때문에 우리는 몸을 회전하거나 굽히며 기다란 장골을 아래로 내릴 수 있으며, 체중으로부터 내려오는 하중을 흡수할 수 있다. 갑자기 무릎을 너무 많이 잡아당기거나 돌리게 되면 손상을 입게 된다. 무릎 인대나 힘줄이 찢어져서 삐게 된다. 잘못된 방향으로 움직이면 결합되어 있는 뼈들이 탈골되기도 한다. 축구와 같은 격렬한 운동을 할 때 무릎을 차이게 되면 인대가 끊어지기도 한다. 인대는 최소 10일 내에 외과적 수술을 통해 다시 붙여야 한다. 왜냐하면 식세포 작용을 하는 백혈구 세포들이 관절에 있는 윤활액을 감시하면서 매일 마모부위를 깨끗하게 소독해 주는데 이로 인해 손상된 인대도 어망으로 만들 수 있기 때문이다.

관절 염증과 퇴행성 질환을 총체적으로 관절염이라 한다. 퇴행성관절염(*osteoarthritis*)의 경우 자유로이 움직이는 관절부위에 있는 연골이 닳아 없어지는 질환이다. 손가락, 무릎, 엉덩이 및 척추에 있는 관절이 제일 많이 닳는다. 류머티즘성 관절염의 경우에는 관절막이 감염을 일으켜 두꺼워지며, 연골이 퇴화되고 자율적인 면역반응에 의해 골질이 축적되며 이는 세균 혹은 바이러스에 의해 유발되지만 유전적인 면도 있으며 흡연에 의한 위험도 있다. 류마티즘성 관절염은 나이에 불문하고 나타날 수 있지만 증상은 보통 50세 이전에 나타난다.

뼈는 콜라겐이 풍부한 무기질화된 기관으로서 운동, 지지, 보호, 칼슘과 여러 무기질의 저장 및 혈세포의 형성에 관여한다.
칼슘 이온의 균형 잡힌 축적과 분비를 통해 뼈의 질량과 혈액내 칼슘의 농도가 적절히 유지된다.

## 32.3 골격근계

*골격근으로 인해 뼈는 움직일 수 있게 된다. 근육은 자극에 의해 수축 작용을 하며 서서히 원래 상태로 되돌아가게 된다.*

골격근 세포의 형태는 일반적인 세포의 모양과는 다르다. 골격근 세포가 배아시기에 분화되어 성숙되기 전에 일단의 세포들이 융합하여 다핵성 근섬유가 된다. 그러면 치밀한 결합조직인 근초가 근섬유를 둘러싸게 되고 다발로 된 섬유가 길게 신장하게 된다. 근다발의 끝부분에 있는 가죽이나 혁대 모양의 힘줄이 뼈와 결합하게 된다.

대부분의 건 부착점은 기어 전환 장치와 유사하다. *이들은 지레를 이용하는 시스템과 유사해서 견고한 막대기가 특정 부위에 고정되어 있어서 이것을 통해 움직이게 된다.* 근육은 관절 부위에 있는 뼈와 결합하고 있다. 따라서 근육이 수축하면 힘이 전달되어 뼈는 움직이게 된다.

골격근은 다른 골격근과도 상호 작용을 한다. 어떤 근육들은 쌍 혹은 그룹으로 작용해서 움직임을 증진시킨다. 또한 근육 중에는 반대 방향으로 작용하는데 한쪽의 근육이 작용하면 다른 쪽 근육은 반대로 작용한다. 예를 들어 여러분의 오른쪽 팔을 앞으로 쭉 뻗은 다음 왼쪽 손을 오른 팔 이두근 위에 올려놓고 그림 32.8처럼 천천히 팔을 오므려 보라. 이두근의 수축이 느껴지는가? 이두근이 약간만 수축하여도 여기에 붙어 있는 뼈는 훨씬 많은 움직임을 나타나게 된다. 이것이 그림 32.9에 있는 개구리 그림에 잘 나와 있듯이 대부분의 지렛대가 하는 역할과 비슷한 경우이다.

단지 골격근만이 뼈의 기능적 파트너라는 것을 기억하라. 앞에서도 언급된 바와 같이 주로 위와 같은 연약한 내장기관은 주로 평활근으로 이루어져 있다. 심근은 심근벽만을 이루고 있다. 평활근과 심근의 구조와 기능은 다음에 다시 살펴보도록 하겠다.

사람의 몸은 약 700개의 골격근으로 둘러싸여 있는데 이 중 일부는 표면부에 있고 나머지는 체벽 깊이 둘러싸고 있다(그림 32.10). 몸통에는 흉근, 척추근, 복벽근 및 골반강근이 있으며, 나머지 근육은 상하지 뼈에 부착하고 있다.

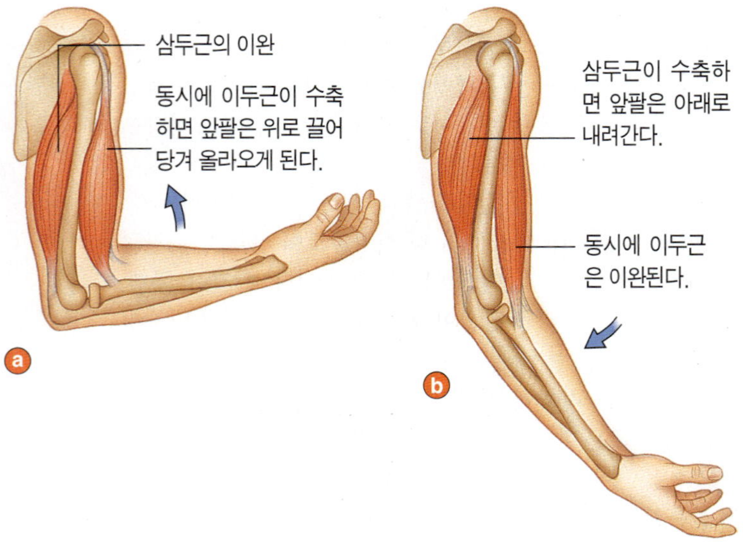


**그림 32.8** 사람의 팔에 있는 두 종류의 길항근. (a) 삼두근이 이완하면 반대편에 있는 이두근은 수축을 하여 팔 관절은 굽혀지고 앞 팔은 위로 끌려 올라오게 된다. (b) 삼두근이 수축하면 이두근은 이완하고 앞 팔은 밑으로 쳐지게 된다.

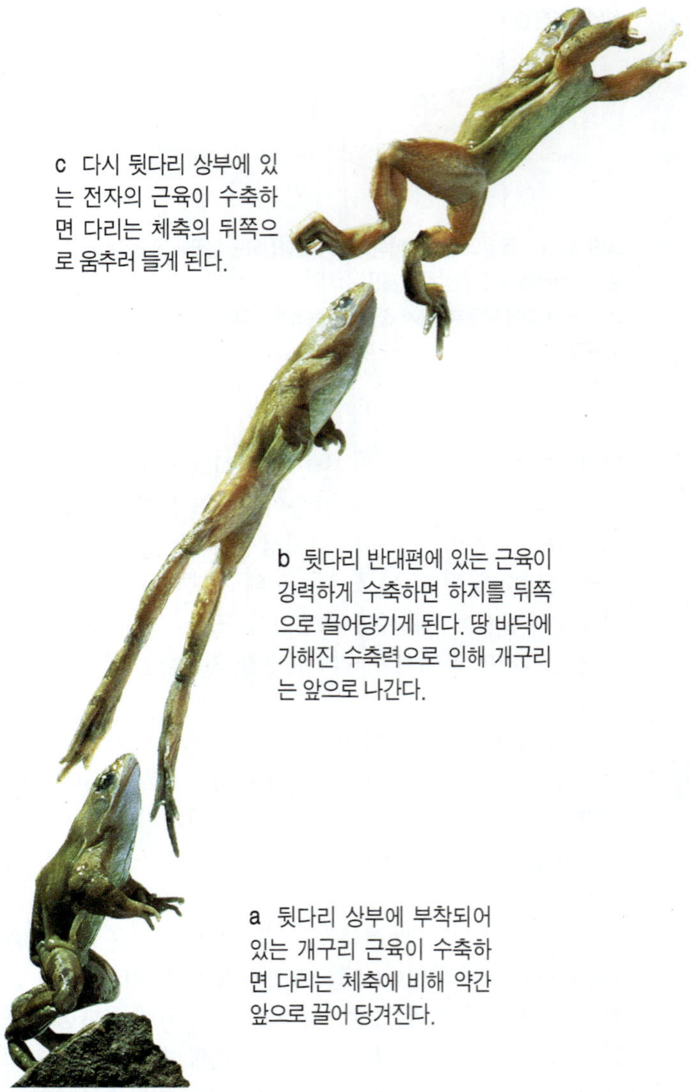


**그림 32.9** 점프를 하는 개구리를 보게 되면 수축근의 길이에 나타나는 매우 작은 변화가 얼마나 커다란 운동으로 나타나는지를 보여주고 있다.

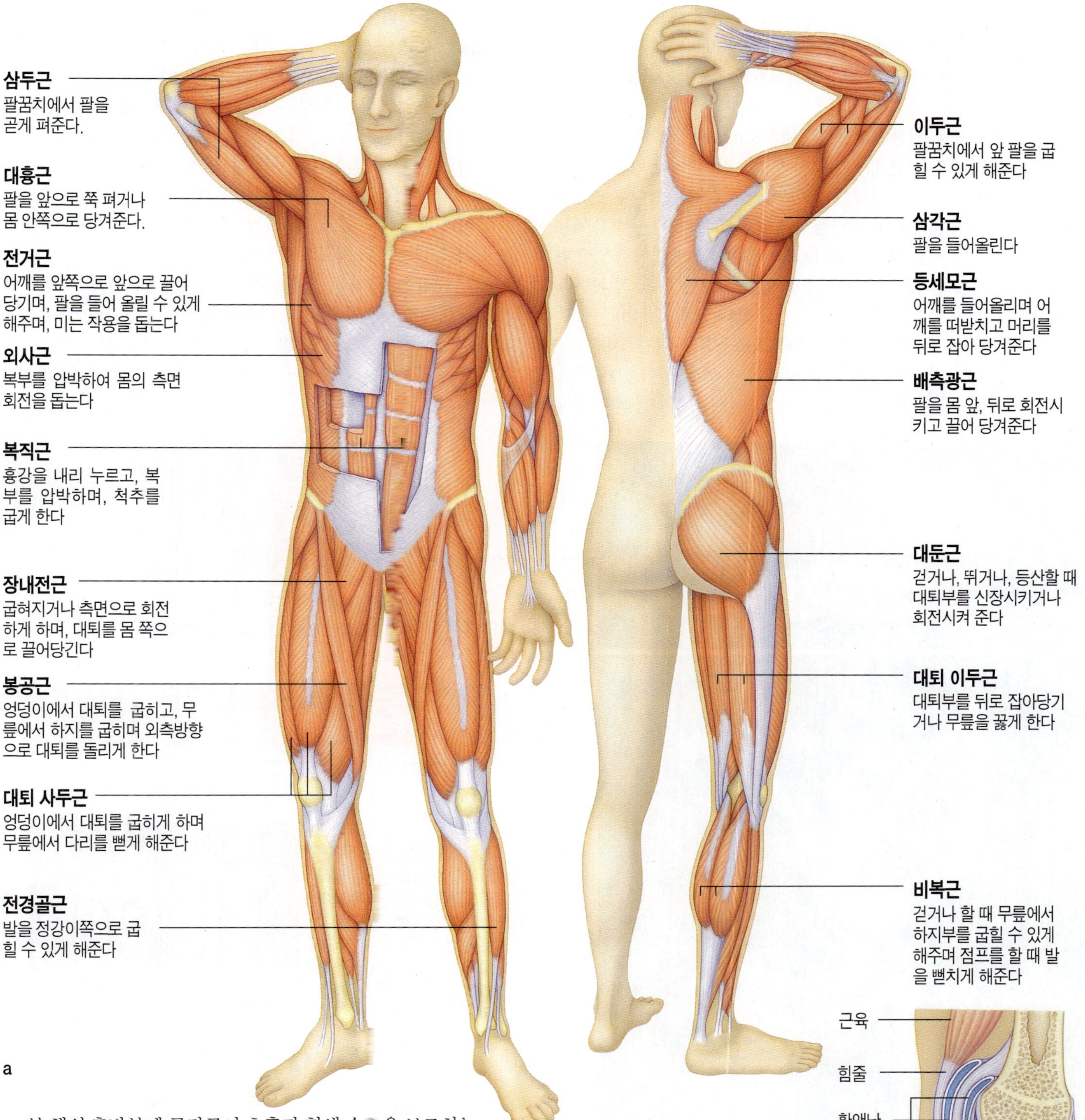


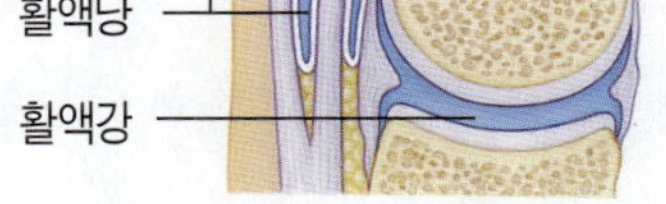


본 책의 후반부에 골격근이 호흡과 혈액 순환을 보조하는 역할에 관해 설명할 것이며, 본 장에서는 근육의 수축기작에 관해 살펴보도록 하겠다.

치밀 결합조직으로 되어 있는 가죽 혹은 혁대와 같은 힘줄은 골격근을 뼈에 결합시킨다. 골격근만이 뼈에 수축력을 전달한다. 수많은 골격근은 길항근으로 작용한다.

**그림 32.10** (a) 사람의 주요 골격근. 모든 골격근이 표시되지 않았지만 모든 보디빌더들은 여기에 표시된 근육들을 주로 발달시킨다. (b) 전형적인 힘줄. 활액낭은 힘줄과 뼈 사이에 형성된다. 각각의 활액낭은 넓적한 주머니로 되어 있으며 활액이 채워져 있다. 활액은 운동을 할 때 몸의 관절부위에서 일어나는 마찰을 감소시켜 주게 된다.

## 32.4 골격근의 수축운동

*춤을 추는 댄서나 몸을 많이 움직이는 사람들의 뼈는 뼈에 부착하고 있는 골격근이 수축할 때 어떤 방향으로든 움직이게 된다. 근육은 근섬유와 이속에 있는 개개의 기능적 단위가 짧아질 때 수축작용을 한다.*

근수축의 기본단위를 **근절**(sarcomere)이라 한다. 골격근과 심근에 있는 근절에는 액틴과 미오신 및 기타 단백질이 일정하게 배열하고 있다. 이러한 배열은 길고 가느다란 근섬유가 근육의 장축을 따라 평행하게 달리고 있다. 각 근섬유에는 실과 같은 **근원섬유**(myofibril)가 평행하게 배열하고 있으며 횡문 구조를 하고 있다. 이것을 염색해 보면 명-암의 패턴을 하고 있어서 층상구조로 보이기도 한다(그림 32.11b).

Z-선이라고 부르는 2개의 세포골격 부위가 하나의 근절을 나타내고 있으며 근절 성분이 이 안에 들어 있게 된다(그림 32.11c). Z-선에 가느다란 필라멘트가 평행한 배열로 부착하고 있으며 이것은 근절의 중심부까지 뻗어 있다. 이 필라멘트는 주로 구형단백질인 **액틴**(actin)이 반복적으로 붙어있는 구조를 하고 있다. 평행하게 배열하고 있는 보다 두꺼운 필라멘트는 가느다란 필라멘트와 부분적으로 중첩되지만 Z-선에는 닿고 있지 않다(그림 32.12a). 두꺼운 필라멘트는 골프클럽 머리 모양과 같은 운동성 단백질인 **미오신**(myosin)으로 되어 있다. 두껍고 가느다란 필라멘트는 근원섬유와 평행하게 배열하고 있다. 미오신 머리는 얇은 액틴 필라멘트로부터 수 나노미터 정도 떨어져 있다.

근다발, 근섬유, 근원섬유 및 필라멘트는 같은 방향으로 평행하게 배열하고 있다. 주목할 점은 무엇인가? *반복적인인 구조가 수축력의 주안점이 되며 근육의 모든 섬유 안에 있는 모든 근절은 동시에 작용을 하여 같은 방향으로 뼈를 끌어당긴다.*

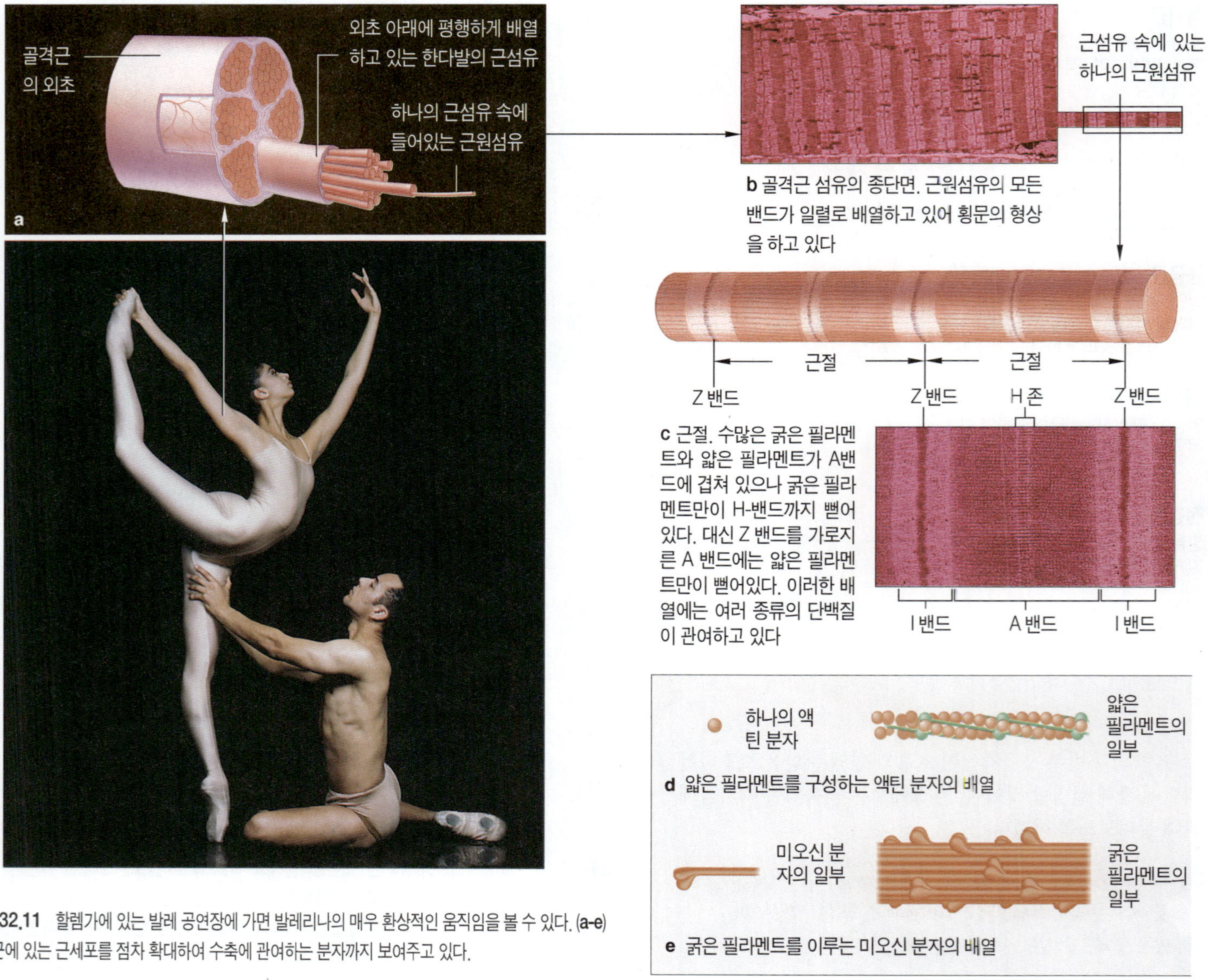


**그림 32.11** 할렘가에 있는 발레 공연장에 가면 발레리나의 매우 환상적인 움직임을 볼 수 있다. (a-e) 이두근에 있는 근세포를 점차 확대하여 수축에 관여하는 분자까지 보여주고 있다.

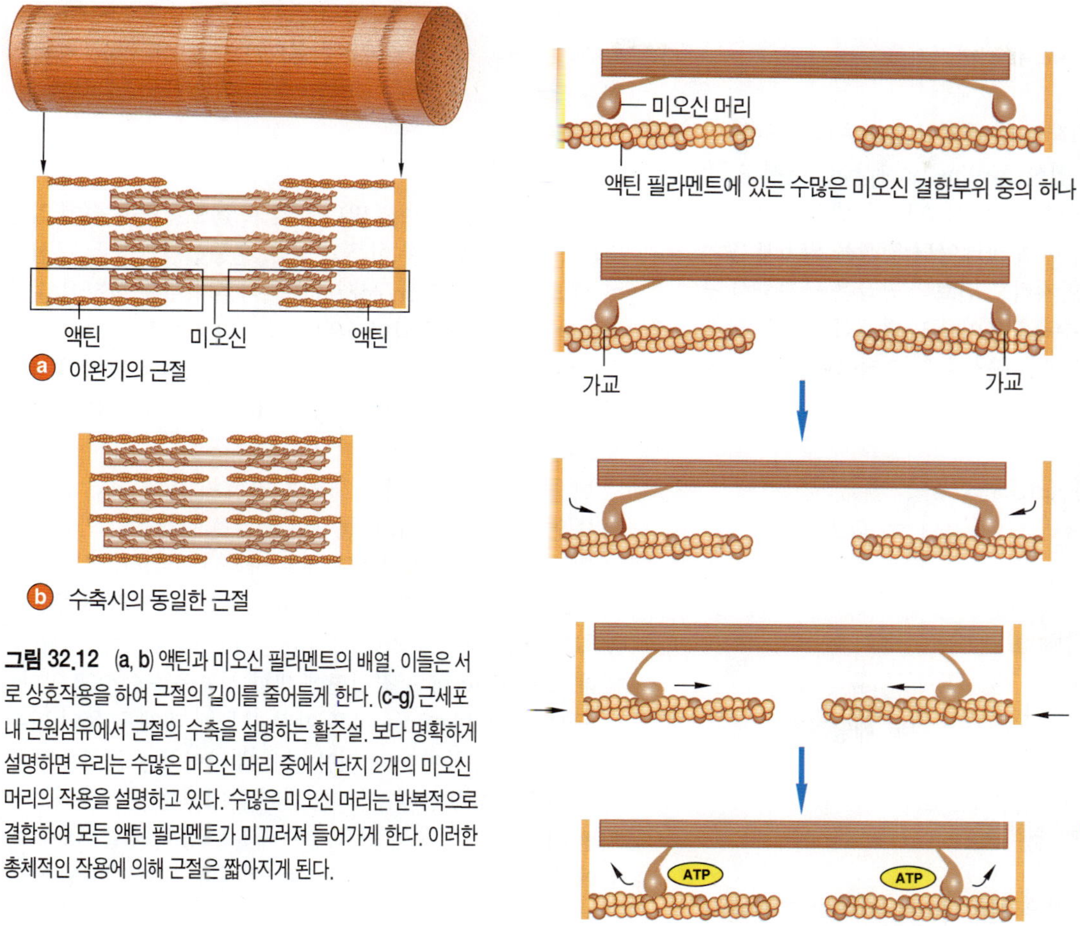


ⓐ 이완기의 근절

ⓑ 수축시의 동일한 근절

ⓒ 근이완시 근육내 미오신 필라멘트. 미오신 머리에는 ATP가 결합함으로서 에너지가 충진되는데 이는 결국 가수분해되어 ADP와 무기 인산으로 된다

ⓓ 세포내 저장소에서 칼슘이 분비되면 가교가 형성되어 미오신은 액틴 필라멘트의 결합부위에 가서 붙게 된다.

ⓔ 결합이 되면 미오신 머리는 근절의 중심부 쪽으로 회전하게 되며, 이로 인해 결합되어 있는 액틴 필라멘트는 안쪽으로 미끄러져 들어가게 된다.

ⓕ 미오신 머리의 회전으로 인해 액틴 필라멘트가 안쪽으로 끌려들어가 Z 밴드가 서로 가까와지게 되면 ATP는 ADP와 무기 인산으로 분해된다.

ⓖ 그러면 새로운 ATP가 미오신 머리에 결합하여 액틴으로부터 미오신을 떼어낸다. ATP가 가수분해되면 미오신 머리는 원래의 상태로 되돌아가게 되며 다시 결합할 준비를 하게 된다.

**그림 32.12** (a, b) 액틴과 미오신 필라멘트의 배열. 이들은 서로 상호작용을 하여 근절의 길이를 줄어들게 한다. (c-g) 근세포내 근원섬유에서 근절의 수축을 설명하는 활주설. 보다 명확하게 설명하면 우리는 수많은 미오신 머리 중에서 단지 2개의 미오신 머리의 작용을 설명하고 있다. 수많은 미오신 머리는 반복적으로 결합하여 모든 액틴 필라멘트가 미끄러져 들어가게 한다. 이러한 총체적인 작용에 의해 근절은 짧아지게 된다.

## 수축에 대한 활주설

반근절과 골격근 혹은 심근은 어떻게 수축하는가? 활주설에 따르면, 미오신 머리가 ATP에 의해 짧게 움직이면서 인접한 액틴 필라멘트를 근절의 중심부로 끌어당기게 된다. 미오신은 액틴이 미끄러져 들어오기 때문에 그 자리에 머물러 있게 된다. 미오신이 액틴을 끌어당기면 액틴은 2개의 Z선을 안쪽으로 끌어당기게 되고 결국 근절은 짧아진다(그림 32.12b).

각각의 미오신 머리는 인접한 액틴 필라멘트의 결합부위에 반복적으로 결합한다. 미오신 머리에는 효소가 들어있어 ATP로부터 인산기 전달을 촉매하게 되고, 이것으로부터 생성된 에너지를 사용하여 수축작용을 하게 된다.

미오신 머리는 국부적으로 칼슘 이온의 농도가 증가하면 미오신 머리에 대한 결합부위가 열리는 액틴과 가교를 형성한다. 액틴과 미오신이 결합하면 머리는 약간 회전을 하여 액틴 필라멘트는 근절의 중심부 쪽으로 당겨진다. 그러면 또 다른 ATP를 사용하여 미오신과 액틴의 결합을 깨뜨리게 되고 결국 미오신 머리는 원래의 위치로 되돌아오게 된다(그림 32.12c-e). 칼슘과 ATP의 수준에 따라서 미오신 머리는 또 다시 액틴 필라멘트에 있는 다른 결합부위에 부착하게 되어 다시 머리를 회전하며 이러한 과정이 반복된다. 근절을 한번 수축하려면 수백개의 미오신 머리가 필요로 되며, 이 모두가 액틴 필라멘트의 길이를 따라 일련의 짧은 회전에 관여하게 된다.

골격근의 수축은 신경계로부터 전달되는 신호에 따라 반응하여 몸 혹은 몸의 일부가 움직이게 된다. 신경근 연접을 기억해 보십시오(29.3절). 이 시냅스에서 운동신경으로부터 전달되는 신호는 근섬유를 흥분시켜 칼슘 이온의 방출을 유도하게 되고 결국 근수축이 일어나게 된다.

근절은 골격근과 심근 수축의 기본 단위이다. 평행하게 배열하고 있는 모든 근육 성분은 한꺼번에 수축력을 뼈에 가함으로서 움직이게 된다.

에너지를 사용하여 미오신과 액틴 필라멘트가 서로 상호 작용함으로서 근세포내 수많은 근절은 짧아지고 결국 근수축이 일어나게 된다.

## 32.5 근수축에 필요한 에너지

*휴지기의 근섬유가 수축할 때 ATP에서 유리되는 인은 20-100배정도 증가한다. 이 모든 에너지는 어디에서 오는 것일까?*

근섬유는 수축작용이 시작될 때 단지 소량의 ATP를 갖고 있다. 근섬유는 **크레아틴 인산**(creatine phosphate)에서 ADP로 매우 빨리 인산을 전달함으로서 ATP를 생성한다(그림 32.13). 근섬유는 ATP에 비해 크레아틴 인산을 약 6배 많이 함유하고 있다. 그렇다 할지라도 연료의 공급은 근수축시 단 15초 동안만 가능하다. 수축작용이 끝나면 ATP로부터 크레아틴으로 인이 공급됨으로서 근섬유의 크레아틴 인산의 공급은 원상 복귀된다.

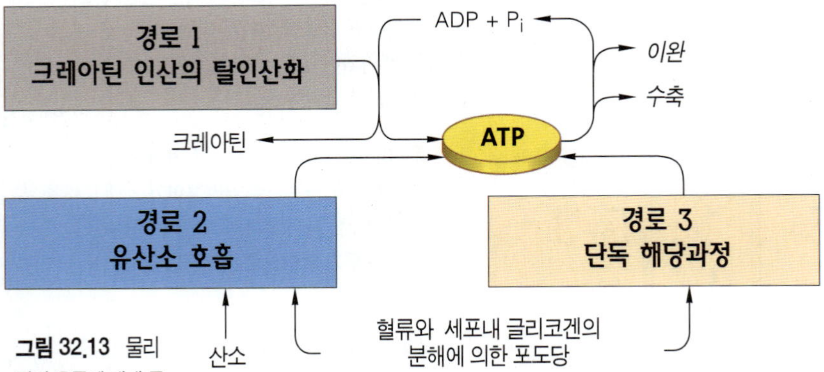


**그림 32.13** 물리적인 운동에 대해 근육에서는 3종류의 물질대사과정을 거쳐 ATP를 형성한다.

장시간 운동을 하는 경우 전형적으로 산소 호흡을 통해 수축에 필요한 대부분의 에너지가 공급된다. 근섬유는 운동 시작 5-10분 사이에 저장되어 있는 글리코겐을 포도당으로 전환한다. 그 이후 혈류를 따라 전달되는 포도당과 지방산을 사용하여 다음 30분 혹은 그 이상의 시간 동안 운동을 지속하게 된다. 지방산은 그 이상의 운동에 필요한 주요 에너지원이 된다.

모든 에너지가 산소 호흡에서 사용되는 것은 아니다. 휴지 상태의 근육에서도 해당과정을 통해 생성되는 피루브산의 일부는 젖산으로 전환되어 발효과정을 거친다. 젖산은 운동을 함에 따라 많이 생성된다. 무산소 과정을 통해 생성되는 순수한 ATP의 양은 비교적 작다는 것을 기억하라. 그러나 젖산은 이동성 연료로 사용될 수 있어서, 골격근 섬유로부터 빠져 나오면 혈류를 통해 다른 근섬유나 조직에 전달된다. 여기에서 젖산은 연료로 사용되거나 글리코겐으로 저장된다(31.5절).

*근육의 수축에는 높은 농도의 ATP가 필요로 된다. 근섬유는 크레아틴 인산의 탈인산화반응과 유산소 호흡 및 해당과정을 거쳐 ATP를 만들게 된다.*

## 32.6 근육의 특성

*근수축은 시간과 강도에 따라 다르다. 운동은 근육을 강화시키기도 하지만 피곤하게도 만든다. 나이가 들거나 유전적 질환이 근육을 약화시킬 수 있다.*

### 수축의 유형

운동신경은 수많은 축색 말단을 갖고 있으며 근육 속에 있는 다른 섬유와 시냅스를 이루고 있다. 운동신경과 모든 근섬유가 하나의 **운동단위**(motor unit)를 이룬다. 운동신경이 순간적으로 자극을 받게 되면 운동단위에 있는 모든 근섬유는 수축하며 수 밀리 초 동안 유지되는 순간적인 수축력이 생성된다. 이러한 수축을 **근연축**(muscle twitch)이라고 한다(그림 32.14a).

반응이 끝나기도 전에 새로운 자극이 오게 되면 근육은 다시 연축을 일으킨다. 운동단위가 짧은 간격동안 반복적으로 자극을 받게 되면 연축도 계속 나타나게 된다. 이러한 지속적인 수축을 강직**경련**(tetanus)이라 한다. 이러한 종류의 수축은 단일 연축에 의해 나타나는 수축력에 비해 3-4배 강하다. 그림 32.14c에 강직경련에 대한 기록을 보여주고 있다.

**근장력**(muscle tension)은 어떤 사물에 대해 근육이 발휘하는 기계적인 힘이다. 이것은 작용에 관여하는 근섬유의 수에 의해 영향을 받는다. 이러한 힘에 반대되는 것이 부하로서 어떤 사물의 무게 혹은 근육에 가해지는 중력의 끌어당기는 힘이다. 근장력이 이에 반하는 힘보다 훨씬 강할 때에만 자극을 받은 근육은 수축한다. 등장으로 수축하는 근육은 짧아지고 무게를 들어올린다(그림 32.15a). 같은 크기로 수축하는 근육은 여러분이 매우 무거운 것을 들어올릴 때와 같이 장력이 일어나긴 하지만 짧아지지는 않는다(그림 32.15b)

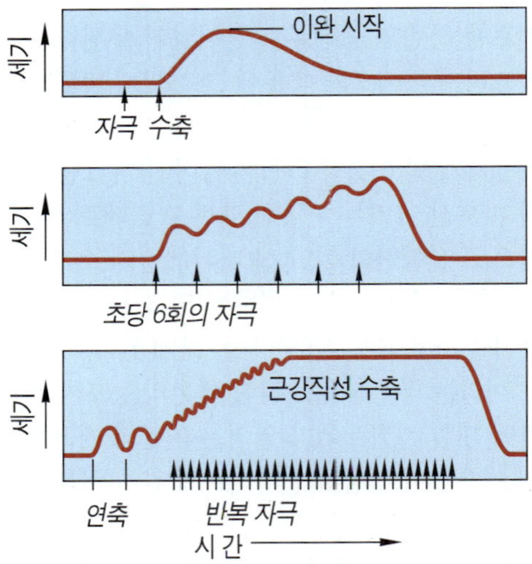


**그림 32.14** 인위적으로 근육에 각기 다른 빈도의 자극을 주어 기록한 3종류의 연축. (a) 단일 연축. (b) 초당 6번의 자극을 준 후 나타나는 통합된 연축. (c) 초당 20번의 자극을 준 후 나타나는 근강직성 수축.

## 근육 피로란 무엇인가?

근강직성 수축이 일어날 때와 같이 지속적으로 강한 자극을 받게 되면 근육은 쉬 피로해 진다. **근육 피로**(muscle fatigue)란 힘을 만드는 능력이 감소하거나 장력이 떨어지는 것을 의미한다.

단 몇 분이라도 쉬고 나면 피로해진 근육은 다시 자극에 반응하여 수축할 것이다. 회복의 정도는 주로 얼마나 오랫동안 그리고 얼마나 자주 근육이 자극을 받았는가에 달려있다. 역도 경기 선수와 같이 짧고 강한 운동으로 훈련된 근육은 피로와 회복이 빠르게 일어난다. 오랜 시간 운동하는데 사용되는 근육은 서서히 피로해진다. 이러한 경우 회복에 많은 시간이 걸려 하루 이상이 걸리기도 한다. 근육의 피로를 일으키는 정확한 원인은 알려져 있지 않지만 글리코겐 결핍이 하나의 요인이 되기도 한다.

쥐(*muscle cramp*)는 비자발적으로 갑작스럽게 일어나는 매우 고통스러운 수축작용이다. 어떤 골격근이든 쥐를 일으킬 수 있지만 주로 종아리와 허벅지 근육에서 가장 자주 나타난다. 움직임은 종종 쥐를 악화시킨다; 가벼운 체조, 마사지 및 온열 치료를 하면 훨씬 나아진다. 쥐를 피하려면 규칙적으로 체조를 해주고 무리한 운동과 탈수를 조심하면 된다.

## 근디스트로피증이란 무엇인가?

*근디스트로피증*는 일종의 유전적 질환으로서 근육이 점차적으로 약화되고 퇴화된다. 뒤셴형 근디스토피증은 어린아이들에게서 볼 수 있는 대표적인 질환이며 어른들에서는 근긴장성 근디스트로피증이 대표적이다.

X 염색체상의 하나의 돌연변이 유전자가 뒤셴형 근디스트로피증을 일으킨다. 이 유전자는 근섬유 원형질막의 돌기부에서 발견되는 일단의 단백질군중의 하나에 관여한다. 이 단백질군은 근절의 Z-선부위에 있는 액틴 필라멘트의 원형질막에 결합한다. 만약 액틴이 Z-선 부위의 단백질과 견고하게 결합하지 못하면 근절은 수축할 수 없게 된다. 기타 다른 X 염색체 연관 질환들과 같이(11.8절), 근디스트로피증은 3,500명중에 한 명 빈도로 주로 남성에게서 나타난다. 일반적으로 이러한 질환을 앓고 있는 환자들은 10대 초기부터 휠체어에 의지해 살고 있다. 이들은 단지 20대까지만 생존할 수 있으며 현재로는 치료할 수 있는 방법이 없다.

## 근육, 운동 및 노화

운동을 매우 많이 하더라도 근섬유의 수를 늘릴 수는 없다. 단지 있는 근섬유가 보다 굵어지고, 활성적이며 피로에 잘 견딜 뿐이다. 강하지는 않지만 오랫동안 하는 유산소운동을 생각해 보자. 이를 통해 근육 내 미토콘드리아의 숫자가 증가하

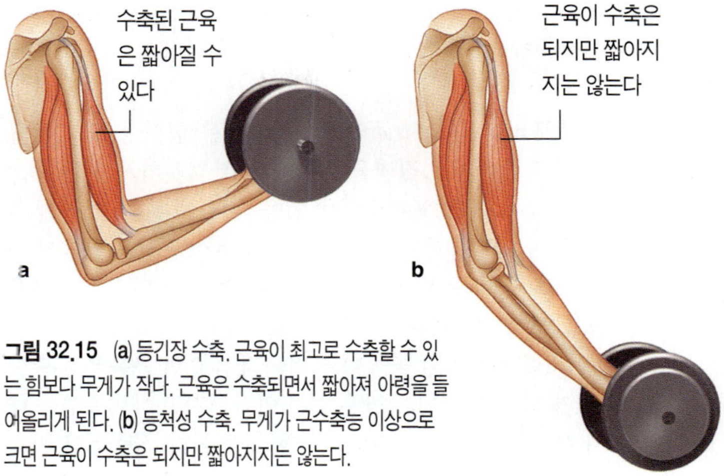


**그림 32.15** (a) 등긴장 수축. 근육이 최고로 수축할 수 있는 힘보다 무게가 작다. 근육은 수축되면서 짧아져 아령을 들어올리게 된다. (b) 등척성 수축. 무게가 근수축능 이상으로 크면 근육이 수축은 되지만 짧아지지는 않는다.

게 되고 다수의 모세혈관이 이를 돕게 된다. 이러한 생리적 변화를 통해 지구력이 증가한다. 반면에 근력 강화훈련(역도와 같이 짧지만 매우 격렬한 운동)을 하게 되면 근섬유가 두꺼워지며, 해당과정에 사용되는 효소의 합성을 증진한다. 불룩한 근육이 만들어지지만 지구력은 강하지 못하며 피로가 빨리 온다.

사람은 나이가 들어감에 따라 근섬유의 수와 크기가 줄어든다. 근육을 뼈에 부착시켜주는 힘줄은 뻣뻣해지고 찢어지기 쉬워진다. 나이든 사람들도 장시간동안 강하게 운동할 수 있지만 이들의 근육은 젊었을 때처럼 크게 변하지 않는다. 그렇지만 유산소운동은 혈액순환을 개선해주며 적당한 근력 강화 운동은 근조직의 손상을 지연시켜 줄 수 있게 된다.

보조 효과로서 중년층과 노년층의 사람들이 유산소운동을 하게 되면 약을 먹는 것과 같이 우울증을 완화시킬 수 있게 되며, 기억력이 증진되며 복잡한 업무에 대한 능력도 배가 된다. 또한 운동을 하게 되면 혈류의 흐름이 개선되고 신경작용도 증진된다. 간단히 말해서 운동은 근육에 대한 것 이상으로 좋은 것이며 뇌에도 매우 유익한 것이다.

근절에 있는 가교가 한꺼번에 근장력이라 하는 기계적인 힘을 발휘하여 이 힘에 반대되는 힘보다 크게 되면 근육은 짧아진다.

근장력은 자극을 받는 근섬유의 수와 밀접한 관계가 있다. 운동신경으로부터 오는 신호는 동일한 운동단위에 있는 모든 근섬유를 자극한다.

운동, 노화 및 몇몇 유전적 장애은 장력을 일으키는 근육의 능력에 영향을 미친다.

## 32.7 오, 클로스트리디움!

FOCUS ON HEATH

*이 절에서는 두 종류의 세균감염이 어떻게 근육의 작용을 간섭하는지에 대해 살펴보겠다.*

클로스트리디움(*Clostridium botulinum*)은 혐기성 토양 세균으로서 사람에게서 질병을 유발한다. 부적절하게 만든 통조림 음식에는 이의 포자가 들어 있을 수 있게 된다. 이러한 포자가 발아되면 향과 맛이 없는 보튤리누스 독성을 만들기 시작한다. 이러한 독성으로 오염된 음식을 먹게 되면 독성분은 운동신경에 침투하여 아세틸콜린(ACh)의 분비를 정지시킨다. 이러한 신경전달 물질이 분비되지 않으면 근육은 수축할 수 없게 된다. 이러한 사람은 점차 연약해지고 마비증상을 나타내게 되는데 이것이 식중독의 한 전형이다. 식중독을 일으킨 사람은 필히 가능한 한 빨리 항독소로 치료를 해야 한다. 심장에 있는 근육과 호흡에 관여하는 근육은 필히 보호되어야 한다.

이와 유사한 세균인 *C. tetani*는 소, 말 및 목초지에 서식하는 동물의 장에 살고 있으며 많은 사람의 장에도 있다. 햇볕과 산소가 닿지 않는다면 포자는 흙 속 특히 거름이 풍부한 흙 속에서는 수년간 생존할 수 있으며, 살균제, 열 및 끓는 물에서도 생존한다. 깊은 상처를 통해 사람의 몸 속으로 들어오게 되면 괴저성 조직에서도 발아할 수 있게 된다. 이 세균은 혐기성이거나 죽은 조직에서는 전파되지 않지만 독을 만들어 혈액과 신경을 타고 척수나 뇌에 전달하게 된다.

척수에서 이 독은 신경세포에 작용하여 운동신경을 조절한다. 즉 이 독은 두 종류의 신경전달물질 즉 GABA와 glycine의 분비를 억제하여 운동신경은 정상적인 억제성 조절 활동을 할 수 없게 되며, 이것이 파상풍이 시작되는 징후이다.

4-10일이 지나면 과긴장성 근육은 뻣뻣해지고 경련이 일어나게 된다. 이렇게 되면 일단 수축이 되면 이완이 되지 않게 되어 장시간 동안 경련성 마비가 뒤따르며 손과 턱은 꽉 물려있게 되고 척추는 활처럼 휘어 굳어지게 된다. 만약 호흡계와 심장의 근육이 마비되면 거의 사망에 이르게 된다.

*C. tetani*가 죽은 경기마나 전쟁터의 거름에 창궐해 있었던 옛날 전쟁터의 군인들에게는 백신을 쓸 수 없었지만(그림 32.16), 근래 미국에서는 백신을 사용하여 거의 파상풍이 근절되었다. 그러나 세계적으로 볼 때 이 병으로 인해 매년 약 50,000명의 목숨을 앗아가고 있다.

**그림 32.16** 오염된 전쟁터에서 상처를 입은 젊은 군인의 그림. 이 젊은 군인은 야전 병원에서 근육의 강직으로 인해 죽어가고 있다.

## 요약

**32.1절** 동물계에는 정수압 골격, 외골격 및 내골격 등 세 종류의 골격계가 있다. 시람은 다른 육상 척추동물과 같이 두개골, 골반, 흉부골 및 사지와 같은 내골격을 하고 있다. 진화적인 측면에서 척추동물은 해상에서 육상으로 올라왔으며, 사람은 직립 보행을 했기 때문에 골격계가 많은 변화를 거치게 되었다.

**32.2절** 뼈는 콜라겐 성분이 풍부한 무기질로 이루어진 기관이다. 따라서 뼈는 무기질을 저장하고, 운동성을 갖게 하며, 내부의 연약한 기관을 보호하거나 지지해주는 역할을 한다. 혈액세포는 뼈의 골수에서 만들어지며 무기질을 축적하거나 분비함으로서 혈액 내 무기 이온의 수준을 유지하고 뼈의 강도를 조절한다. 부갑상선에서 분비되는 호르몬은 뼈내 물질의 분해를 촉진하여 칼슘을 분비하게 한다. 인대와 연골은 관절부에서 뼈를 서로 붙여 준다.

**32.3절** 힘줄은 골격근을 뼈에 붙여 주는 역할을 한다. 골격근이 수축할 때 힘줄은 힘을 전달하여 뼈가 움직이게 해준다. 수많은 근육들이 길항근과 같은 작용을 한다. 골격근과 심근의 내부 미세 구조로 인해 강하고 방향성 있는 수축을 하게 된다.

**32.4절** 각각의 골격근 섬유와 심근세포에는 근원섬유라 칭하는 수많은 실과 같은 구조물이 수축의 기본 단위가 되는 근절로 나뉘어져 있다. 근절은 액틴과 미오신 필라멘트와 평행하게 배열하고 있다. ATP에 의해 촉진되는 액틴과 미오신 사이의 활주 운동은 운동신경으로부터 오는 신호에 반응하여 근절의 길이를 짧게 만든다.

**32.5절** 근수축에 사용되는 ATP 에너지는 크레아틴 인산의 탈인산화 반응, 호기성 호흡 및 해당작용을 통해 공급된다.

32.6절 근장력은 가교가 만들어짐으로서 생성되는 기계적인 힘이다. 근육은 근장력이 반대되는 무게 이상으로 클 때 수축한다. 운동신경과 운동신경 말단과 연접을 이루는 모든 근섬유를 운동 단위라 한다. 운동 단위가 반복적으로 자극을 받게 되면 수축작용이 오랫동안 유지되는 근육 강직이 일어나게 된다.

**32.7절** 세균성 독성은 근수축에 대한 신경 신호를 방해할 수 있다.

## 자습-퀴즈

*정답은 부록 III에 있음*

1. 뼈는 ______의 기능을 한다.
   - a. 무기물의 저장　　b. 혈구 생성
   - c. 운동　　d. 상기 모두

2. 수축의 기본 단위는 ______이다.
   a. 골모세포　　b. 근섬유
   c. 근절　　d. 미오신 필라멘트
3. 근수축에 사용되는 ATP는 ______에 의해 생성된다.
   a. 유산소 호흡　　b. 크레아틴 인산의 분해
   c. 해당과정　　d. 상기 모두
4. 뼈는 ______근육이 수축할 때 움직인다.
   a. 심근　　b. 평활근
   c. 골격근　　d. 상기 모두
5. ______분자의 일부는 ATP와 결합하거나 분해함으로서 에너지를 방출할 수 있다.
   a. 액틴　　b. 미오신
   c. 모두　　d. 모두 아님
6. ______할 때 근절은 짧아진다.
   a. 굵은 필라멘트가 짧아질 때
   b. 얇은 필라멘트가 짧아질 때
   c. 굵고 얇은 필라멘트가 모두 짧아질 때
   d. 모두 아닐 때
7. 다음의 용어를 설명하는 특징을 연결해 보시오

| | |
|---|---|
| ______ 골모세포 | a. 액틴의 파트너 |
| ______ 근연축 | b. 손에 있는 모든 뼈 |
| ______ 근장력 | c. 혈구 생산 |
| ______ 관절 | d. 장력의 감소 |
| ______ 미오신 | e. 뼈 형성 세포 |
| ______ 골수 | f. 운동 단위 반응 |
| ______ 지골 | g. 가교에 의해 발휘되는 힘 |
| ______ 근원섬유 | h. 뼈와 뼈 사이의 접촉 부위 |
| ______ 근피로 | i. 근섬유의 실과 같은 부분 |

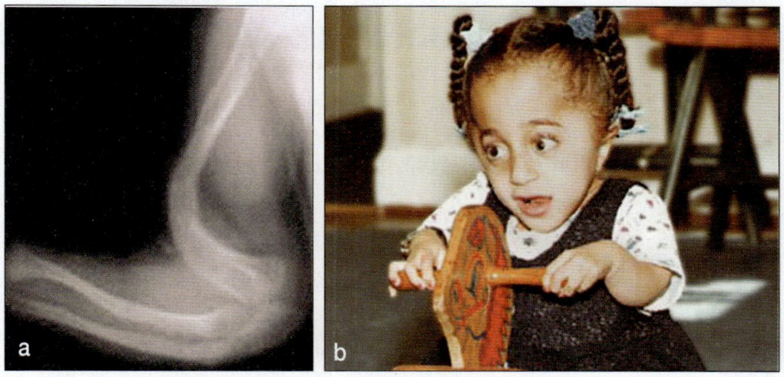


**그림 32.17** (a) 골형성 부전증에 의해 변형된 팔뼈의 엑스레이 사진. (b) 티파니는 골형성부전증을 앓고 있다. 그녀는 태어날 때부터 팔다리에 골절을 입은 상태로 태어났다. 이제 겨우 여섯 살인데 200개 이상의 골절을 교정하고 다리에 철심을 박는 수술을 해왔으며, 3개월마다 뼈를 강하게 해주는 임상 실험용 약제를 투여 받고 있다.

## *분석적으로 생각하기*

1. 유전적 질환인 골형성부전증(*osteogenesis imperfecta* (OI))은 돌연변이형 콜라겐에 의해 유발된다. 이 단백질은 뼈가 성장함에 따라 무기질이 뼈조직에 침착될 수 있도록 해주는 뼈대가 된다. 골형성부전증을 앓고 있는 어린이들에게서는 일시적으로 이러한 뼈대가 형성되는데, 결국 이 아이들의 뼈는 연약하고 부서지기 쉬우며 부러지기 쉽게 된다(그림 32.17).

   골형성부전증은 매우 희귀하기 때문에 대부분의 의사들도 이를 발견하기가 쉽지 않다. 골형성부전증을 앓는 아이의 부모들도 아이의 뼈가 여러 개 부러져 응급실에 실려 오게 되면 가끔씩 아동학대죄로 고발되기도 한다. 골형성부전증에 대한 간단한 기록을 갖고 있으면 응급실에 있는 의사들이 신속하게 대처하는데 도움이 될 수 있을 것이다. 여러분이 골형성부전증 재단에 관한 정보를 얻고 싶다면 웹사이트 www.oif.org를 참조하시오.

2. 리디아는 마라톤 연습을 하고 있다. 훈련을 하는 동안 그녀는 크레아틴성 영양보충제가 운동선수에게 원기를 북돋워 준다는 말을 듣고 이를 복용할 예정이다. 만약 그녀가 당신에게 이것이 좋은 생각인가를 묻는다면 여러분은 어떻게 하겠는가?

3. 장거리를 뛰는 육상선수의 골격근에는 대부분의 일반인들과 비교해서 훨씬 많은 미토콘드리아가 있다. 단거리 육상선수의 골격근 섬유에는 미토콘드리아 대신 해당과정에 사용되는 효소들이 많이 들어 있다. 이러한 운동의 차이점을 생각해 보시오. 마라톤 선수와 단거리 육상선수 근육의 가장 두드러진 차이점이 무엇인지 생각해 보면 쉽게 알 수 있다.

4. 성인 근섬유의 핵은 세포주기의 G1시기에 고정되어 분열하지 않는다. 대부분의 성인은 웨이트 트레이닝을 함으로서 근육의 크기를 키운다. 근육의 크기가 커진 것을 어떻게 설명하겠는가?

5. 여러분이 보툴리누스균 독을 먹게 되면 죽을 수도 있지만, 어떤 사람들은 많은 돈을 들여 자신의 몸에 이 균의 독을 주사하기도 한다. 이러한 보톡스 주사는 안면근의 수축을 방지해 주고 주름진 피부를 팽팽하게 당겨주기도 한다. 가장 보편적으로 보톡스는 눈썹 사이의 근육에 주입하는데 치료된 환자의 약 3%정도에서는 눈꺼풀이 축 처지게 된다. 그 이유는 무엇일까.

# 33 순환

## 최근 이슈와 그 영향력 그리고 심장은 그때까지 유지되었다

19세기에 생리학자 월러(Augustus Waller)는 그의 애완견 불독 지미의 다리를 소금물이 든 그릇에 넣고 기록기에 철사를 연결하였다. 소금물은 훌륭한 전도체이다. 지미의 심장 맥박에서 희미한 전기적 신호를 얻었고 기록기는 세계 최초의 심장박동 그래프–즉, 심전도–를 그렸다.

현재까지 연구가 빨리 진행되었다. 여러분 심장의 정상적인 활동의 그래프는 지미의 것과 매우 유사하다. 수정된 난자가 자라 배로 발달한 몇 주 후에 패턴이 나타났다. 수정 초기에 배세포는 심근으로 분화되어 스스로 수축을 한다. 수축을 시작하는 첫 번째 집단이 다른 세포에 대한 속도를 정하고 이 후에 박동원이 된다. 모든 것이 잘 진행되면 심근세포는 계속 수축하고 심박이 안정되어 죽을 때까지 1분에 70회 뛴다.

그러나 병원이 아닌 장소나 예상하지 못한 많은 사람들은 갑자기 심장 박동이 멈춘다. 이것을 *급성심장마비*라고 한다. 미국에서만 일년에 250,000건 이상이 일어난다. 타미 히긴즈는 30세가 되기 전에 일어났다. 교회를 떠나자마자 갑자기 쓰러지고 호흡이 멈추었다.

그녀의 남편은 맥박을 찾을 수가 없었다. 구조대원이었기 때문에 그는 산소가 풍부한 혈액이 뇌에 흘러가면 다시 재개된다는 것을 알았다. 곧 심폐기능소생(*CPR*)을 시작하였다. 구강 대 구강 호흡과 가슴 압박을 하는 방법은 구급차가 도착할 때까지 타미가 살아 있도록 하였다.

구급대원은 가슴에 전기 충격을 주는 기구인 휴대용 심장소생기를 사용하여, 심장이 다시 뛰도록 하였다(그림 33.1). 병원에서 진단한 결과 타미의 심장박동이 비정상적이라는 것을 알았다. 그리고 또한 임신 중이었다.

외과 의사는 그녀의 가슴 벽에 작은 심장소생기를 이식하였다. 이 기구는 심장을 계속 감시하며 박동이 멈추면 충격을 준다. 이 심장소생기는 임신 동안과 그 후 3년 동안 타미를 구해주었다.

**그림 33.1** 심장마비 후에 심장이 다시 뛰도록 심장에 충격을 주는 두 개의 심장소생기의 판. 오른쪽 그림에서 불독인 지미가 최초의 심장박동의 전기 기록을 나타내는 편안한 실험을 수행하고 있다.

## 개요도

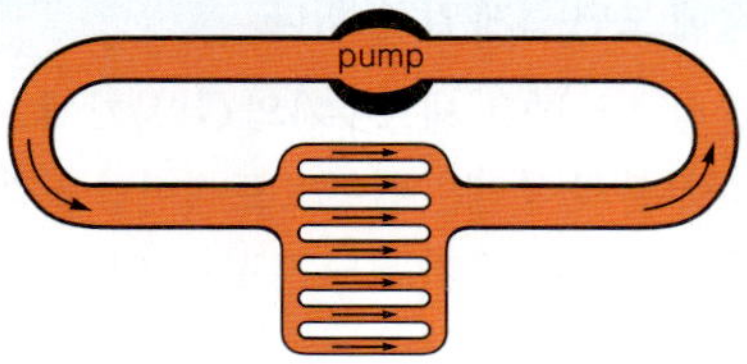


**순환계가 하는 것** 큰 동물의 순환계는 혈액이 다른 직경을 가진 관을 통하여 흘러가도록 하는 근육질의 펌프를 가지고 있다. 큰 관은 빠른 수송의 역할을 한다. 작은 관은 혈액과 간질액 사이를 천천히 확산하는 지역에 있다.

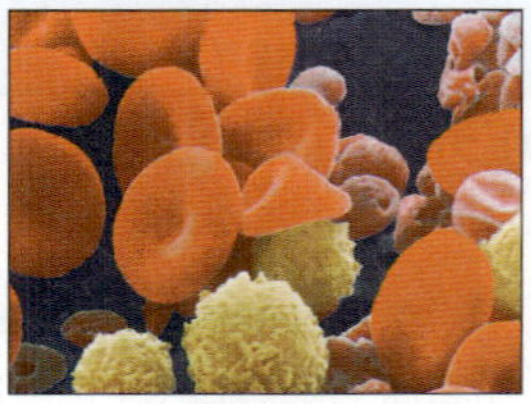

**혈액은 무엇인가?** 혈액은 세포 성분과 영양분, 단백질 등이 물과 함께 있는 체액성 결합조직이다. 특별한 기능을 수행하는 적혈구와 백혈구 그리고 혈소판은 골수에 있는 줄기세포에서 유래한다.

타미는 운이 좋았다. 그녀의 뇌가 상하지 않았고, 그녀는 죽지 않았다. 남편과 몇몇 곁에 있던 사람들은 CPR을 어떻게 하는지 알고 있었다. 급성심장마비가 일어나고 4분에서 6분 사이에 CPR을 시작하면 생존율은 50%로 증가한다. 그리고 심장소생 없이 1분이 지날 때마다 생존율은 7에서 10퍼센트씩 감소한다.

자동외부 심장소생기(*AED*)는 노인 센터, 쇼핑 몰, 호텔, 그 밖의 공공장소에 보급되었다. 크기는 노트북 컴퓨터만 하고, 심장박동을 체크하고 필요하면 전기 충격도 준다. 전자음성은 적절한 단계를 수행할 수 있도록 곁에 있는 사람을 교육하는 명령을 한다. 미국 심장협회, 미국 적십자사, 공동체 그룹, 성인 교육 프로그램은 CPR을 제공하고 대중에게 AED를 교육한다.

이러한 이야기를 통하여 튼튼한 펌프의 도움으로 끊임없이 혈액이 순환하도록 하는 주요 기관계의 구조와 기능을 다시 살펴보자.

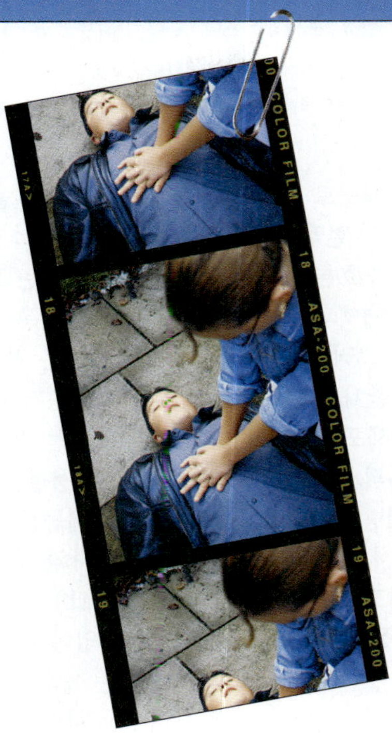

## 찬반의견 투표

*CPR은 급성심장마비가 일어난 후 삶과 죽음의 차이를 만들 수 있다. 모든 고등학교 학생이 CPR에 대한 강의를 들어야 하는가? 이러한 강의는 기초 교과과정으로부터 시간과 재원을 분리할 가치가 있는가? 미디어 메뉴에서 상세한 내용을 참고하여 온라인 투표를 한다.*

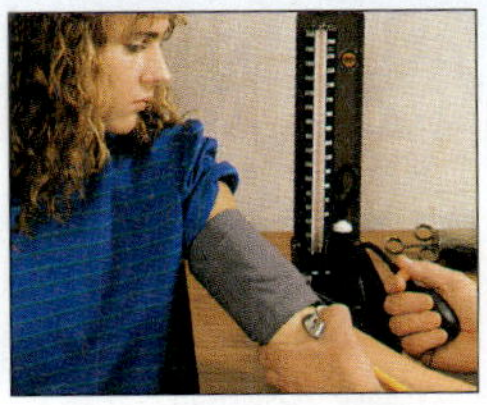

**심장혈관계** 인간의 심장혈관계는 두 개의 분리된 회로를 총하여 혈액을 분출하는 4개의 방을 가진 심장을 가지고 있다. 심장벽에 있는 천연 박동원은 심근 수축을 촉진한다. 심실의 수축은 계를 통하여 혈액이 흐르도록 한다.

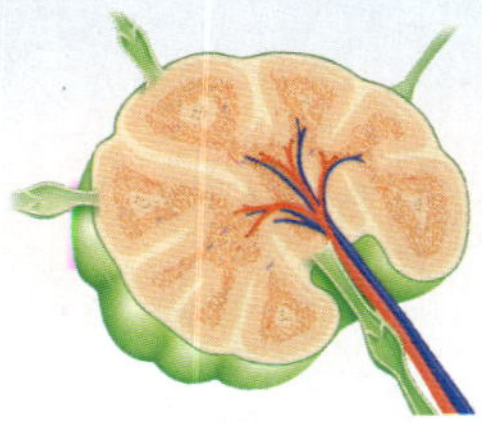

**림프계** 체액은 가장 작은 혈관에서 세포 사이에 있는 틈으로 흘러나온다. 이것은 림프관계로 들어가서 혈액으로 되돌아온다. 림프절을 포함하는 림프성 조직과 기관은 병원성이나 다른 위협물질이 있는 혈액을 깨끗하게 한다.

# 33.1 혈액 순환의 본질

*지진이 옆의 고속도로를 고립시키는 것을 상상해 보자. 생필품을 실은 트럭은 들어 올 수 없고, 쓰레기를 실은 트럭은 나갈 수가 없다. 식량 공급은 감소하고 쓰레기는 쌓이게 된다. 인체의 고속도로를 따라서 무엇인가가 흐름을 방해한다면 세포는 이와 유사한 압박을 받는다.*

**순환계**는 이웃 세포로 그리고 이웃 세포에서 물질을 이동시킨다. 운송 매질인 **혈액**은 **심장**인 근육성 펌프에서 만들어진 압력으로 관 안을 흐른다. 혈액은 세포 사이에 있는 조직 공간을 채우고 있는 체액과 교환을 한다. **세포간 체액**은 세포와 물질을 교환한다. 그러므로 혈액과 세포간 체액은 기능적으로 인체 세포에 대한 내부 환경으로 서로 분리될 수가 없다. 대부분의 기관계는 세포 활성을 위하여 견딜 수 있는 범위 내에서 환경의 조성, 부피, 온도를 유지하도록 상호작용을 한다.

순환계는 개방형이거나 폐쇄형이다. 연체동물과 절지동물의 개방계에서 혈액은 근육관, 심장에서 나와 체조직에 있는 체액과 섞이고 다시 들어간다(그림 33.2a,b). 인간이나 다른 대부분의 동물은 폐쇄 순환계를 가지고 있다. 다양한 두께와 직경을 가진 혈관과 심장의 벽 안에 있는 혈액으로 정의된다. 그림 33.2c,d에서 부분적으로 보여주는 지렁이 순환계가 그 예이다. 그림 33.3은 다른 동물의 모식도를 나타내고 있다.

폐쇄계의 전체적인 "구조"를 생각하자. 혈액의 전체 부피는 끊임없이 심장 밖으로 분출되고 관을 통하여 다시 심장으로 돌아온다. 큰 직경을 가진 수송관에서는 빠르게 이동한다. 특수한 인체 지역에서 천천히 수송되어 세포간 체액과 물질을 교환할 수 있는 충분한 시간을 준다. 감속은 모세혈관이라고 하는 작은 직경의 혈관으로 구성된 관상(bed)에서 일어난다.

### 척추동물 순환계의 진화

모든 척추동물은 폐쇄순환계를 가지고 있지만, 어류, 양서류, 조류, 포유류의 펌프와 혈관계가 다르다. 이러한 차이는 척추동물이 물을 떠나 육상생활을 한 후 수억 년에 걸쳐 진화된 것이다. 생각해보면 최초 척추동물은 아가미를 가지고 있었다. 다른 모든 호흡 조직과 같이 아가미는 산소와 이산화탄소가 막을 거쳐 확산되도록 얇고, 습기가 있는 표면을 가지고 있다. 폐라고 하는 체내의 습기 있는 주머니가 진화되고 건조한 육상으로 올라오도록 하였다. 순환계를 도와주는 변이도 일어나 혈액이 폐로 혹은 폐에서 빠르게 이동한다.

어류에서 혈액은 단일순환으로 흐른다(그림 33.3a). 2개의 방으로 된 심장의 수축력은 혈액이 2개의 모세혈관상을 통하여 흐르도록 한다. 혈액은 아가미 모세혈관상을 거쳐 큰 혈관으로 들어가고, 모세혈관상을 거쳐 조직과 기관으로 들어간 후 심장으로 돌아온다. 혈액이 아가미 모세혈관으로부터

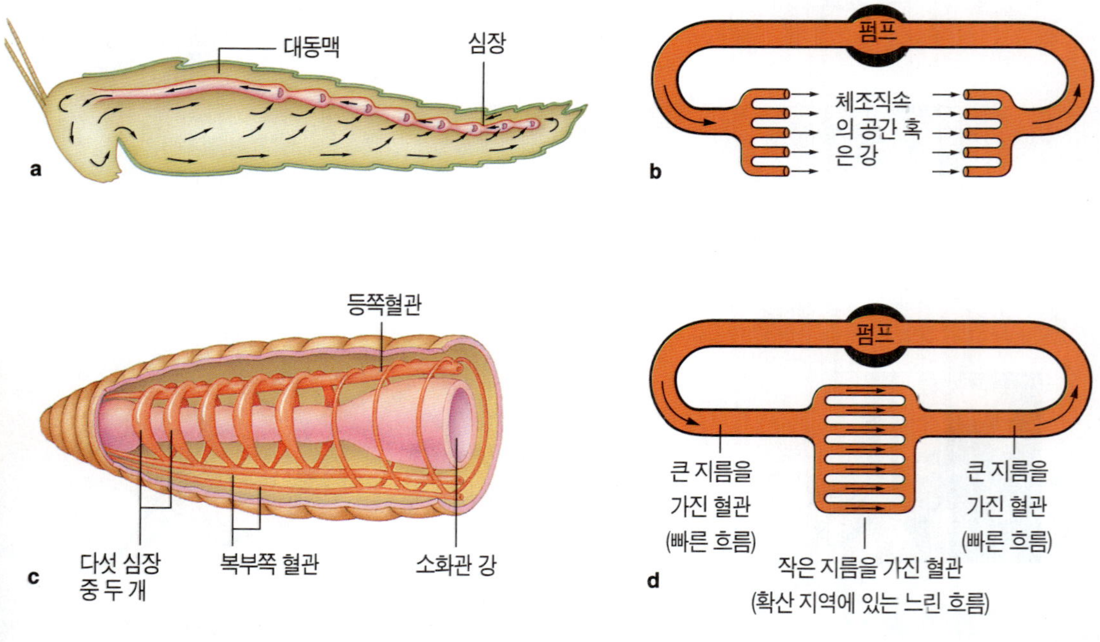

**그림 33.2** 개방혈관계와 폐쇄혈관계의 비교. (a,b) 메뚜기의 개방혈관계, 심장은 혈관(대동맥)을 통하여 혈액을 펌프한다. 여기에서 혈액은 조직 공간으로 이동한다. 세포가 잠긴 체액과 합쳐지고 심장 벽에 있는 구멍으로 심장으로 다시 들어온다. (c,d) 지렁이의 폐쇄혈관계는 혈액을 머리 근처에 있는 근육성 심장 쌍과 많은 혈관 안에만 들어 있다.

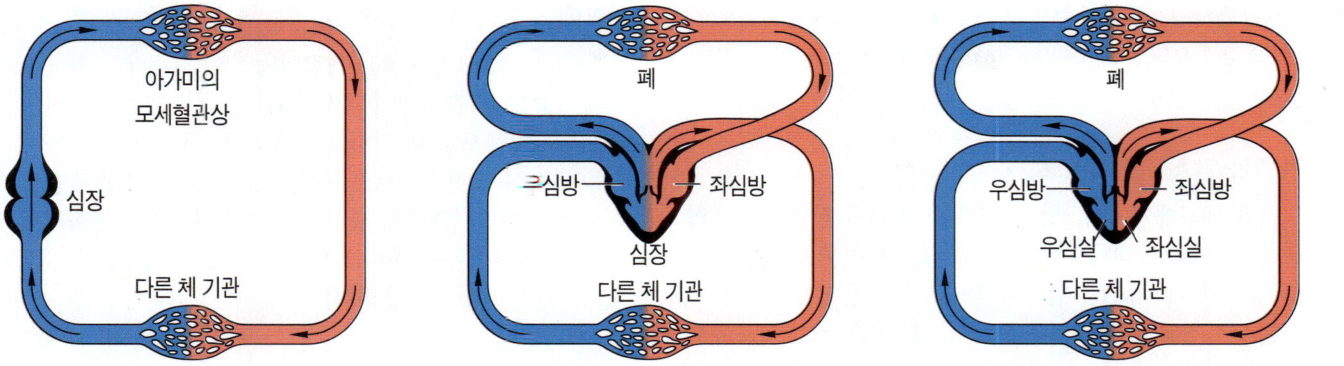


a 어류의 경우, 2개의 방으로 된 심장(심방과 심실)은 한번 순환하도록 혈액을 분출한다. 혈액은 아가미에서 산소를 취하여 몸에 전달한다. 산소가 부족한 혈액은 다시 심장으로 돌아온다.

b 양서류의 경우, 심장은 두 개의 부분적으로 분리된 순환으로 혈액을 분출한다. 혈액은 폐로 흘러가 산소를 취하고 다시 심장으로 돌아온다. 그러나 심장에서 산소가 부족한 혈액과 섞여서 몸에 전달되고, 다시 심장으로 돌아온다.

c 조류와 포유류의 경우, 심장은 완전히 두 개로 분할되었다. 혈액은 두 개의 순환을 흐른다. 심장의 우측에서 폐로 그리고 다시 돌아온다.

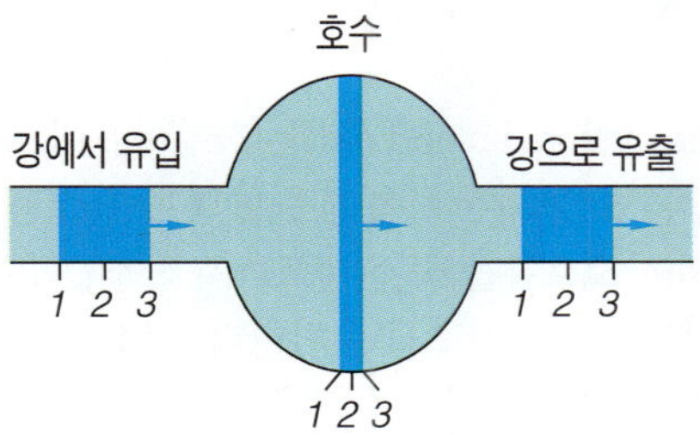


d 왜 모세혈관상이 있을까? 급류가 흐르는 강이 유입되거나 혹은 강으로 유출되는 호수가 있는 그림이다. 유동률이 세 군데 모두 같아 같은 시간 간격 동안에 지점 1에서 지점 3까지 움직이는 물의 양을 같다. 그러나 유속은 호수에서 감소한다. 특정 간격 동안에 부피는 보다 큰 단면적을 가진 지역을 통하여 나가고 짧은 거리를 움직이기 때문이다.

**그림 33.3** 어류, 양서류, 조류, 포유류의 폐쇄순환계에 있는 혈류 순환의 비교.

이동할 때 압력이 낮아 체내에서 천천히 지나간다.

초기 양서류의 심장은 3개의 방으로 분할되었다. 2개의 심방은 1개의 심실과 연결된다. 산소가 풍부한 혈액과 산소가 결핍된 혈액은 2개의 순환으로 흐르지만 심실에서 어느 정도 섞인다(그림 33.b).

조류와 포유류에서 심장은 2개의 분리된 순환으로 혈액을 분출하기 하는 두개의 절반-각각 두 개의 방-으로 분할된다. **폐순환**에서, 산소가 적고, 이산화탄소가 많은 혈액은 심장의 오른쪽 절반에서 폐로 흐른다. 혈액은 산소를 얻고, 이산화탄소를 내보내 후 심장의 왼쪽 절반으로 흐른다.

**체순환**에서, 심장의 왼쪽 절반은 산소를 사용하고 이산화탄소를 형성하는 모든 조직에 산소가 풍부한 혈액을 분출한다. 산소를 내어 주고, 이산화탄소를 취하고, 혈액은 심장의 오른쪽 절반으로 와서 폐로 다시 간다.

이중 순환은 빠르고 효율적인 혈액 공급 방식이다. 이 방식은 육상에서 진화된 전형적인 척추동물의 높은 수준의 활동을 유지하도록 한다.

## 림프계와의 관계

심장의 분출 압력은 혈액에 녹아 있는 수분, 양분, 단백질이 간질액으로 흐르도록 한다. 과도한 액과 재생하는 용질은 모세혈관으로 다시 들어오거나 림프관으로 들어와 혈액으로 다시 돌아간다. 33.10절에서 보는 바와 같이, 림프계는 관과 액을 깨끗하게 하는 구조로 구성되어 있다.

순환계는 다세포로 구성된 몸에 있는 세포가 잠겨 있는 간질액으로 혹은 간질액에서 물질이 이동시킨다. 전형적인 폐쇄계는 심장과 혈관에 있는 혈액으로 정의된다.

혈액은 척추동물 심장과 모세혈관상 사이에 큰 직경 관에서 빠르게 흐르고 모세혈관상에서는 간질액과 효율적인 교환을 위하여 느리게 흐른다.

어류와 양서류에서 산소가 적은 혈액과 산소가 많은 혈액이 다소 섞인다. 조류와 포유류에서 혈액은 2개의 인접한 펌프로 분리된 심장을 거쳐 2개의 분리된 순환으로 흐른다. 이중 순환은 산소가 많은 혈액을 분리하여 높은 수준의 활동을 하도록 한다.

## 33.2 혈액의 특징

*혈액의 액체 부분에 섞여 있는 것은 세포와 이웃 세포사이에 가스와 양분을 이동하는 물질이다. 대부분 몸을 방어하고 내부 작동 조건을 유지하도록 한다.*

### 혈액의 기능

혈액은 세포에게 산소, 양분, 기타 용질 등을 전달하는 결합 조직이다. 대사노폐물과 호르몬과 같은 분비물을 멀리 보낸다. 혈액은 내부 pH를 안정화시키고, 조직을 방어하고 보수하는 단백질과 세포를 위한 통로이기도 하다. 조류와 포유류에서는 혈액이 주위로 발산할 수 있는 피부까지 과다한 열을 운반하여 견딜 수 있는 한계 내에서 체온을 유지한다.

### 혈액 성분과 양

혈액량은 몸 크기와 물과 용질의 농도에 의존한다. 평균 크기의 사람은 4-5쿼트(체중의 6-8%)이다. 척추동물의 혈액은 점성액으로 물보다 더 진하고 천천히 흐른다. 혈액은 혈장, 적혈구, 백혈구, 혈소판으로 구성되었다. 세포와 혈소판은 골수에 있는 **줄기세포**에서 생성된다. 줄기세포는 미분화되었고, 유사세포분열능을 가지고 있다. 딸세포의 일부분은 분열하고 특수한 유형으로 분화한다.

**혈장** 총 혈액량의 약 50%에서 60%가 혈장이다(그림 33.4). 혈장의 90%는 물이다. 혈액세포와 혈소판의 수송매질 기능 이외에도, 혈장은 수백 가지의 혈장단백질, 분자, 이온 등의 용매로서 작용한다. 어떤 혈장단백질은 지질과 지용성 비타민을 몸에 전달한다. 다른 혈장 단백질은 혈액응고에도 작용한다. 산소, 이산화탄소, 기체질소와 마찬가지로 포도당, 지질, 아미노산, 비타민, 호르몬 등이 혈장에 녹는 용질이다.

**적혈구** 적혈구(erythrocyte, red blood cell)는 직경이 8 미크론이고 두께가 2 미크론인 양쪽이 오목한 원반형이다(그림 33.5). 적혈구는 폐에서 산소호흡을 하는 세포까지 산소를 운반하고 세포에서 생성된 이산화탄소를 운반한다. 산소가 처음에 혈액에 확산되면, 적혈구에 있는 헤모글로빈에 결합한

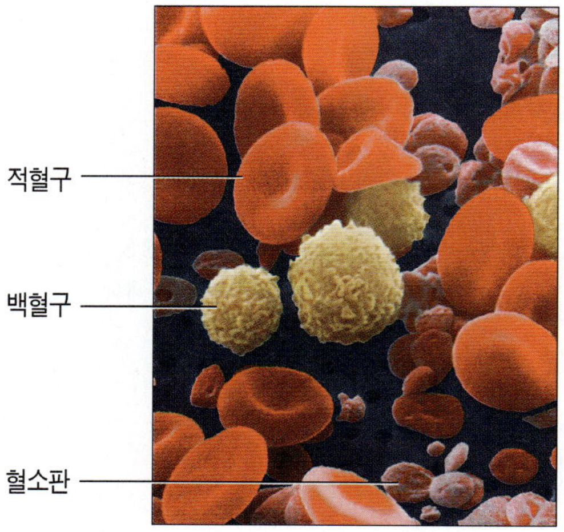

| 구성성분 | 상대량 | 기능 |
|---|---|---|
| **혈장부분** *(전체 부피의 50% - 60%)* | | |
| 1. 물 | 혈장량의 91%-92% | 용매 |
| 2. 혈장단백질(알부민, 글로불린, 피브리노겐 등) | 7% - 8% | 방어, 혈액응고, 지질수송, 세포외액 양에서의 역할 등 |
| 3. 이온, 당, 지질, 아미노산, 호르몬, 비타민, 용해된 기체 등 | 1% - 2% | 세포외액 양에서의 역할, pH 등 |
| **세포부분** *(전체 부피의 40% - 50%)* | | |
| 1. 적혈구 | 480만 -540만/㎕ | 산소, 이산화탄소 운반 |
| 2. 백혈구 | | |
| 호중성백혈구 | 3,000 - 6,750 | 염증 동안에 식균작용 |
| 림프구 | 1,000 - 2,700 | 면역반응 |
| 단핵세포(대식세포) | 150 - 720 | 방어반응에서의 식균작용 |
| 호에오신백혈구 | 100 - 360 | 기생충에 대한 방어 |
| 호염기성백혈구 | 25 - 90 | 염증성 반응과 혈액에서 지방 제거를 위한 물질 분비 |
| 3. 혈소판 | 25만 - 30만 | 혈액 응고의 역할 |

**그림 33.4** 전형적인 사람의 혈액 구성 성분. 위에 있는 주사전자현미경은 몇 가지 세포 성분을 보여 주고 있다.

시험관 그림은 혈액이 응고되도록 하면 일어나는 현상을 보여준다. 시료는 붉은 색을 띤 세포 성분 위에 떠 있는 담황색 혈장으로 분리된다.

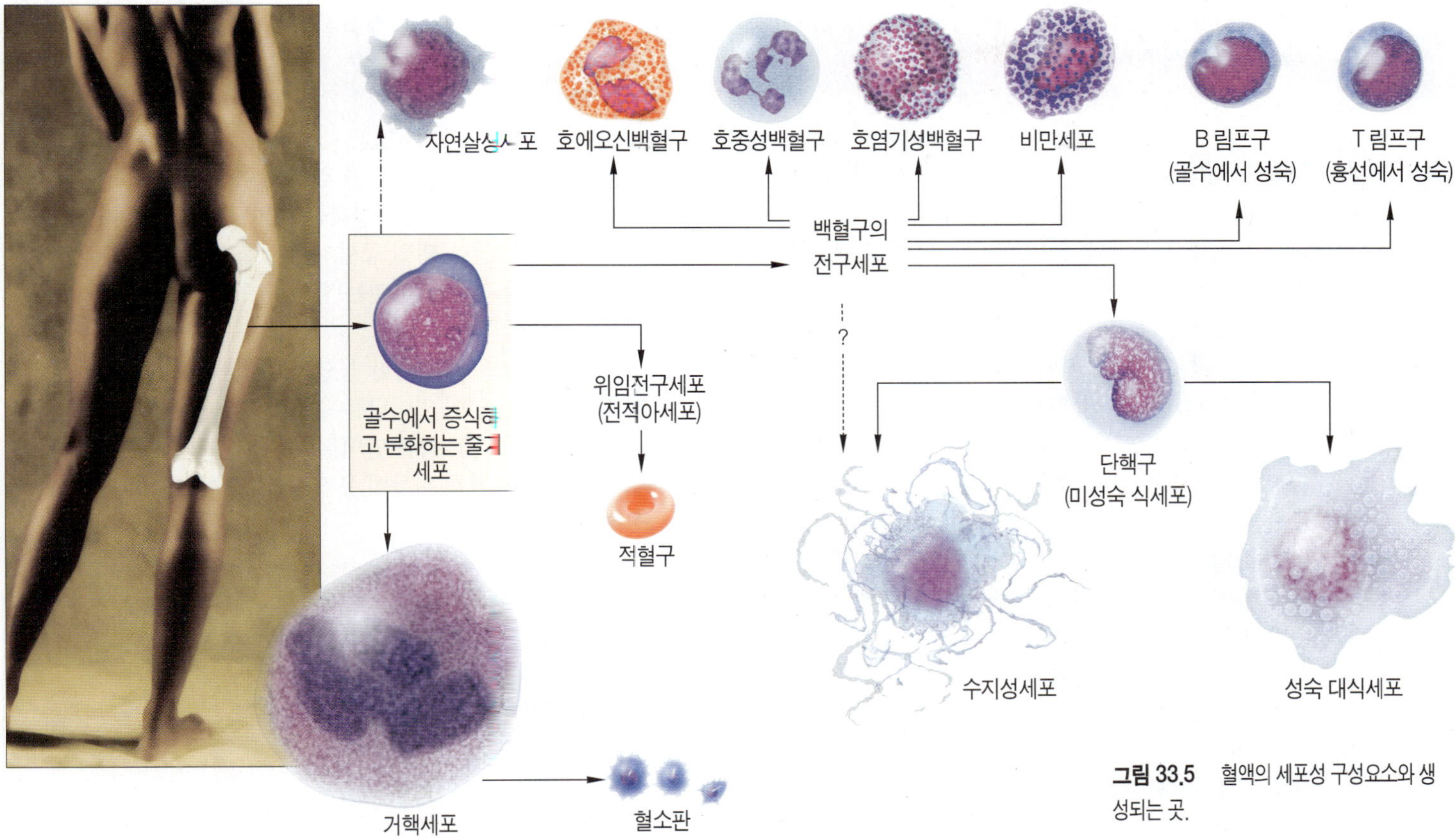


**그림 33.5** 혈액의 세포성 구성요소와 생성되는 곳.

다. 헤모글로빈은 3.6절에서 설명하였다. 헤모글로빈이 적혈구의 98%를 채운다. 세포와 산소를 가진 혈액은 밝은 적색을 띠게 한다. 산소가 부족한 혈액은 검은 적색이고 몸 표면 가까이에 있는 혈관벽을 통하여 보면 청색으로 나타난다.

성숙한 적혈구는 핵이 없고, 또한 핵이 필요 없다. 120일 동안 지낼 수 있는 충분한 헤모글로빈, 효소, 다른 단백질 등을 가지고 있다. 몸에 있는 식세포는 오래된 적혈구나 죽은 적혈구를 삼킨다. 일반적으로 보충이 되어 세포 숫자는 안정되도록 유지한다.

세포수는 혈액 1$\mu l$에 있는 특수한 유형의 세포의 수를 측정한다. 1 $cm^3$당 적혈구의 평균 숫자는 남성이 540만개, 여성이 480만개이다.

**백혈구** 백혈구는 몸을 관리하고 보호하는 기능을 한다. 일부 백혈구는 조직을 감시하고 상처 난 세포나 죽은 세포 그리고 "비자기"로 인식된 어떤 화학적인 물질도 삼킨다. 어떤 백혈구는 조직이 특이한 바이러스, 박테리아 혹은 다른 위협물질에 공격을 당한다는 경고를 하기도 한다. 대부분의 적혈구는 림프절 안에 고도로 조직화된 덩어리와 림프계의 기관인 비장을 형성한다.

백혈구는 크기, 핵 모양, 염색특성이 다르다(그림 33.5). 이들의 숫자는 개인이 활동적인지, 건강한지, 병원체의 공격을 받고 있는지에 따라 변한다. 다음 장에서 설명할 것이지만, 몇 가지 예를 들어 백혈구가 무엇을 하는지 알아보자. 호중성백혈구와 호염기성백혈구는 염증에 작용하는 식세포이다. 대식세포와 수지상세포는 특수한 위협물질에 면역반응을 일으키는 식세포이다. 림프구는 면역 반응을 수행하는 세포이다. B 세포와 T 세포 두 가지 종류가 있다. 자연살생세포는 암세포로 전이된 세포나 바이러스에 감염된 세포를 직접적으로 죽인다.

**혈소판** 거핵세포는 줄기세포에서 유래한다. 후에 막으로 싸인 세포질 덩어리인 혈소판으로 분산된다. 각 혈소판은 5일에서 9일 동안 살지만 수없이 많은 혈소판은 항상 혈액에서 순환하고 있다. 활성화되면 혈액 응고가 일어나는 물질을 방출한다.

체액성 결합조직인 혈액은 매질과 용매를 운송하는 역할을 한다. 다양한 단백질, 가스, 당, 기타 물질 등이 녹아 있다. 세포성 성분은 적혈구, 백혈구, 혈소판이 있다.

## 33.3 혈액 장애

FOCUS ON HEATH

*인체는 타당한 이유로 계속 혈액세포를 교체한다. 정기적으로 죽거나 노화 이외에도 혈액 세포는 생활 주기를 완성하는 장소로 혈액을 사용하는 다양한 병원체와 만나게 된다. 이외에도 혈액세포가 유전자 돌연변이로 기능을 제대로 못하기도 한다.*

**적혈구 장애** 매우 적은 적혈구나 변형된 적혈구는 **빈혈**이라고 하는 병을 초래한다. 혈액 내의 산소 수준은 너무 낮아 정상적인 대사를 할 수 없다. 숨이 가빠지고, 피곤하고, 한기가 온다. *출혈성 빈혈*은 심한 부상으로 갑자기 혈액이 손실되었을 때 일어난다. *만성 빈혈*은 적혈구 생성이 억제되거나 출혈성 궤양과 같이 지속적인 혈액 손실로 일어난다.

어떤 박테리아와 원생동물은 혈액 세포에서 복제된다. 이들은 용균작용으로 나올 때 감염된 혈액세포를 죽이면서 *용혈성 빈혈*을 일으킨다. 적혈구가 철분 없이 정상적인 헤모글로빈을 만들 수 없기 때문에 음식에 철분이 부족하면 *철 결핍 빈혈*을 일으킨다. *낫형적혈구빈혈증*은 헤모글로빈이 변형되는 돌연변이에서 유래한다(3.6절). *지중해 빈혈*은 헤모글로빈의 글로빈 사슬 합성이 방해되거나 정지되는 돌연변이의 산물이다. 너무 적은 수의 적혈구가 생성된다. 형성된 적혈구는 얇고 약하다.

*다혈구증*(너무 많은 적혈구를 가진)은 혈액 흐름을 완만하게 한다. *혈액 도핑*에서도 마찬가지다. 어떤 운동선수는 자신의 적혈구를 회수하여 보관하고 격렬한 시합이 벌어지기 며칠 전에 다시 주입한다. 인체는 "손실"된 세포를 보충하려고 하기 때문에 혈액 회수는 적혈구 형성을 유발한다. 회수한 세포를 다시 인체 주입하면 세포의 수는 증가한다. 이 아이디어는 산소 수송 능력과 지구력을 증가시키는 것이다. 혈액 도핑은 혈압을 상승시키고 혈액 점성을 증가시킨다. 어떤 운동선수는 적혈구 생성을 촉진하는 호르몬을 주입하여 세포 수를 인위적으로 상승시킨다.

**백혈구 장애** 엡스테인-바르 바이러스는 전염성이 높은 *감염성 단핵세포증*을 일으킨다. 너무 많은 단핵세포와 림프구가 형성된다. 몇 주 동안 피로, 몸살, 미열, 만성 인후염을 앓고 난 후 환자는 일반적으로 회복된다.

*백혈병*은 회복이 불확실하다. 이 암은 골수에서 유래하며 백혈구 형성을 억제하거나 손상시킬 수 있다. 방사선 치료와 화학요법은 암세포를 죽이지만, 부작용이 심각하다. 병의 완화(만성질병에서 증세가 없는 시기)는 몇 달이나 몇 년 지속된다. 새로운 유전자 요법은 어떤 백혈병이 가벼운 부작용을 보이는 장기간 완화가 되도록 한다.

## 33.4 혈액형

*공혈자는 심각한 혈액 손실이나 혈액 장애를 가진 환자에게 혈액을 수혈할 수 있다. 이러한 수혈을 운에 맡길 수는 없다. 잠정적인 공혈자와 수혈자의 적혈구는 표면에 있는 인식 단백질의 종류가 같아야만 한다.*

인체의 적혈구에 있는 많은 인식 단백질 중에는 "자기" 표지가 있다. 다음 장에서 설명하는 것과 같이, 자신의 몸에 속한 세포를 인지한다. 만일 공혈자의 세포가 다른 표지를 가지고 있으면 수혈자의 면역계는 혈액을 이질적인 것으로 인지하고 공격을 한다.

그림 33.6은 부적합한 공혈자의 혈액이 수혈자의 혈액과 섞이면 어떤 일이 일어나는지 보여준다. **응집**이라는 방어 반응에서 항체라고 하는 단백질이 외부 세포에 대항하여 작용하고 빠른 처리를 위하여 응집시킨다. 수혈자의 혈장에 순환

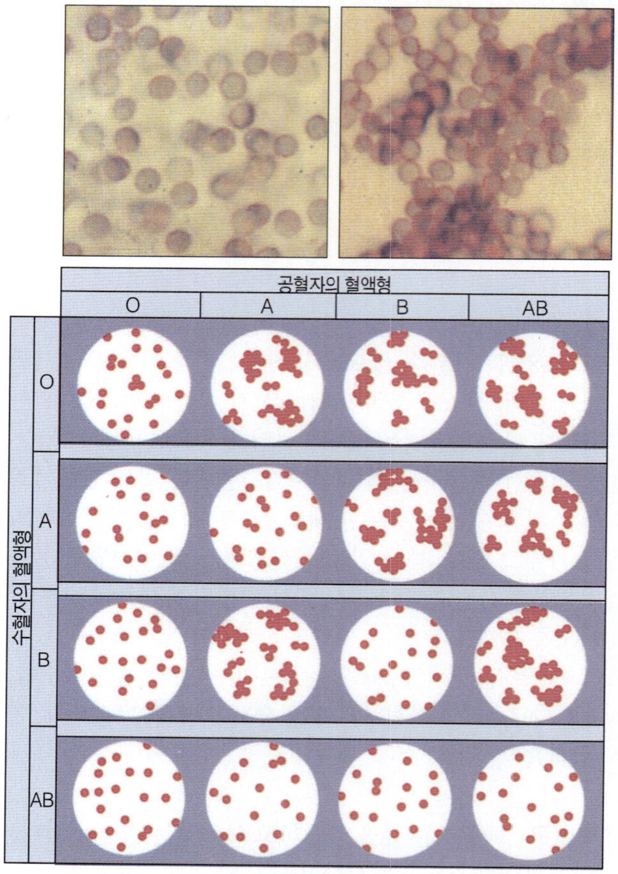


a

**그림 33.6** (a) 다르지만 적합한 두 가지 혈액형 혼합에서 나타나는 응집결여. (b) 부적합한 혈액형 혼합에서의 응집을 보여주는 광학현미경 사진, (c) 같은 혈액형과 다른 혈액형 시료를 섞었을 때 혈액형 A, B, AB, O에서의 반응.

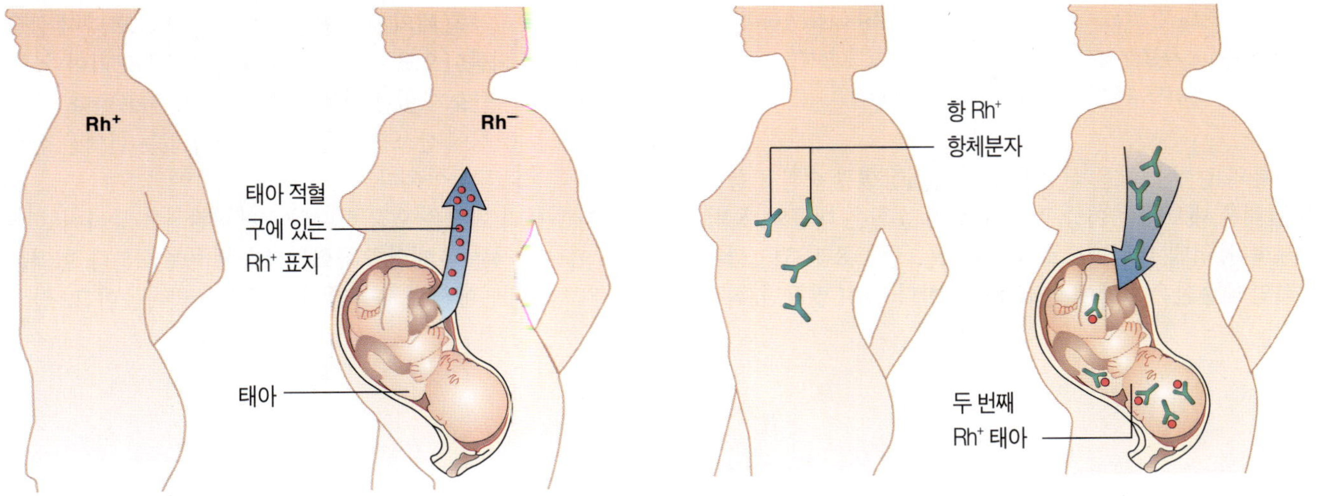


a Rh⁻ 여성과 Rh⁺ 남성 사이에서 곧 출산되는 아이는 Rh⁺ 표지에 대한 유전자를 물려받는다. 분만 중에 그 표지를 보유한 태아의 일부 세포가 모체의 혈류로 유출될 수도 있다.

b 이질적인 표지는 항체 형성을 자극한다. 만약 이 여성이 다시 임신하게 되어 두 번째 태아가 표지에 대한 유전자를 물려받으면 순환하는 이 여성의 항-Rh⁺ 항체는 표지에 대하여 작용할 것이다.

**그림 33.7** 태아의 적혈구에 있는 Rh⁺ 표지에 반응하여 항체 형성.

하는 자유 항체는 들어온 세포에 있는 비자기 표지에 결합하고 면역계에 의해 파괴하기 위한 목표가 된다. 응집된 세포는 작은 혈관을 막고 조직에 피해를 준다. 치료하지 않으면 사망에 이르게 된다. 만일 산모와 태아가 적혈구 표지가 다르면 임신 중에도 똑같은 일이 일어난다. 산모의 면역계가 태아의 적혈구를 공격할 것이다.

적혈구의 표면 표지를 분석하는 혈액형은 이런 문제를 막을 수 있다.

## ABO 혈액형

적혈구에 있는 자기 표지의 한 종류에서 분자 변이는 **ABO 혈액형**으로 분석되었다. 이런 변이의 유전적 근거는 10.4절에서 설명하고 있다. 한 형태의 표지를 가진 사람을 A형 혈액을 가지고 있다. 다른 형태를 가진 사람은 B형 혈액이다. 적혈구에 두 형태의 표지를 가진 사람은 AB형 혈액이다. 어떤 형태의 표지도 가지고 있지 않은 사람은 O형 혈액을 가지고 있다.

만일 당신이 A형이면 면역계는 B형 표지를 가진 혈액을 외부 물질로 취급할 것이다. 만일 B형이면 당신의 몸은 A형 표지에 대항하여 작용할 것이다. 만일 당신의 혈액이 AB형이면 두 표지에 친숙하여 어떤 혈액형에도 대항하여 작용하지 않을 것이다. 누구에게든지 수혈을 받을 수 있다. 만일 O형이면 A와 B 표지 모두를 외부물질로 인지한다. 단지 O형을 가진 사람의 혈액만을 받을 수 있다. 그러나 누구에게든지 헌혈할 수 있다.

## Rh 혈액형

Rh 혈액형은 Rh 표지의 유무에 근거한다(Rhesus 원숭이의 혈액에서 처음 확인되었다). 만일 Rh⁺ 형이면 혈액세포는 이 표지를 가지고 있다. 만일 Rh⁻ 형이면 가지고 있지 않다. 보통 사람들은 몸이 노출된 적이 없기 때문에 Rh 표지에 대항하는 항체를 가지고 있지 않다. 그러나 Rh⁺ 혈액을 Rh- 수혈자에게 수혈을 하면 항체를 만들고 혈액에 남게 될 것이다.

만일 Rh⁻ 여성이 Rh⁺ 남성에 의해 임신이 되면 태아가 Rh⁺가 될 기회가 있다. 태아의 적혈구는 출산 시 산모의 혈액으로 스며들어 산모의 몸에 Rh에 대항하는 항체를 만든다(그림 33.7). 만일 이 여성이 다시 임신을 하면, 몸에 있는 Rh 항체가 태아의 혈류로 들어간다. 만일 태아가 Rh⁺이면 이 항체는 적혈구를 부풀게 하고 터트려서 헤모글로빈이 방출되도록 할 것이다.

태아적아세포파괴증이 일어날 수 있다. 너무 많은 적혈구가 죽으면 태아도 죽게 된다. 출생 전에 혈액이 맞지 않는 것이 진단되면 도울 수 있다. 신생아의 혈액을 천천히 Rh항체가 없는 수혈로 보충을 한다. 이미 알고 있는 Rh⁻ 여성은 첫 번째 임신 후에 다음 태아를 보호하도록 치료할 수 있다.

적혈구 표면에 있는 표지는 ABO와 Rh 혈액형의 기본이다. 부적합한 혈액형은 수혈과 임신 중에 문제를 일으킨다.

# 33.5 사람의 심장혈관계

*"cardiovascular"는 그리스어 kardia(심장)와 라틴어 vasculum(관)에서 유래하였다. 사람의 심장혈관계에서 근육성 심장은 혈액을 폐와 두 개의 완전히 분리된 순환을 통하여 조직에 분출한다.*

포유류와 같이 사람은 심장이 두개의 심장혈관 순환을 통하여 혈액을 내보내는 이중 펌프이다. 각 순환은 대동맥, 동맥, 모세혈관, 정맥, 대정맥으로 구성된다(그림 33.8과 33.9). 짧은 고리인 폐순환은 혈액에 산소를 공급한다. 다시 말하면, 심장의 우측에서 양쪽 폐의 모세혈관상에 이르게 하고 다시 심장의 좌측에 되돌아오도록 한다. 체순환은 더 큰 고리이다. 심장의 좌측은 산소가 있는 혈액을 대동맥으로 펌프한다. 이 혈액은 모든 조직에 산소를 공급하고 산소가 없는 혈액은 심장의 우측으로 되돌아온다.

대부분의 혈액은 오직 하나의 모세혈관상을 통하여 흐른다. 어떤 혈액은 두 개의 모세혈관상을 통하여 흐른다. 혈액은 장의 모세혈관에서 포도당과 다른 물질을 받아들이고, 간의

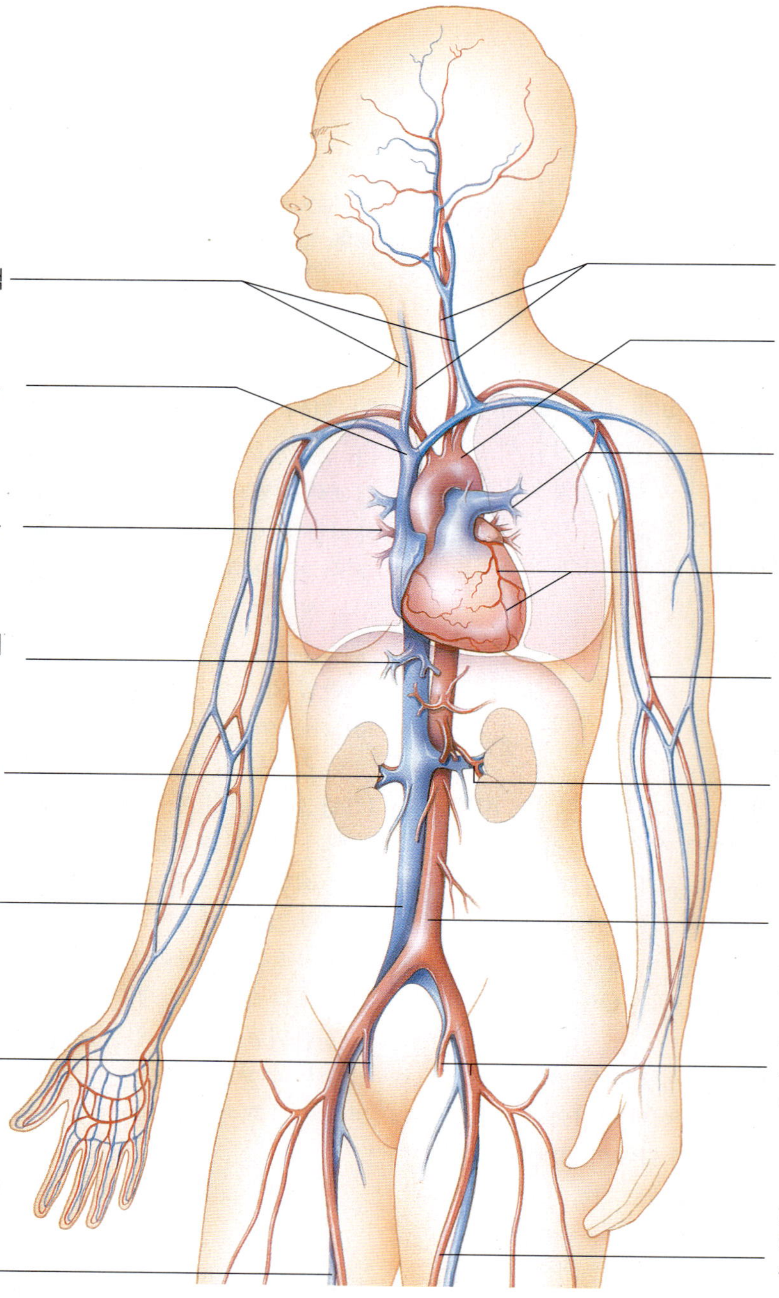


**그림 33.8** 사람의 심장혈관계의 주요 혈관. 이 그림은 명확하도록 단순화하였다. 예를 들면, 각 팔은 동맥과 정맥의 완전한 세트를 가지고 있고, 각 다리도 마찬가지다. 사람은 좌우 양측의 조상을 가지고 있음을 기억하자.

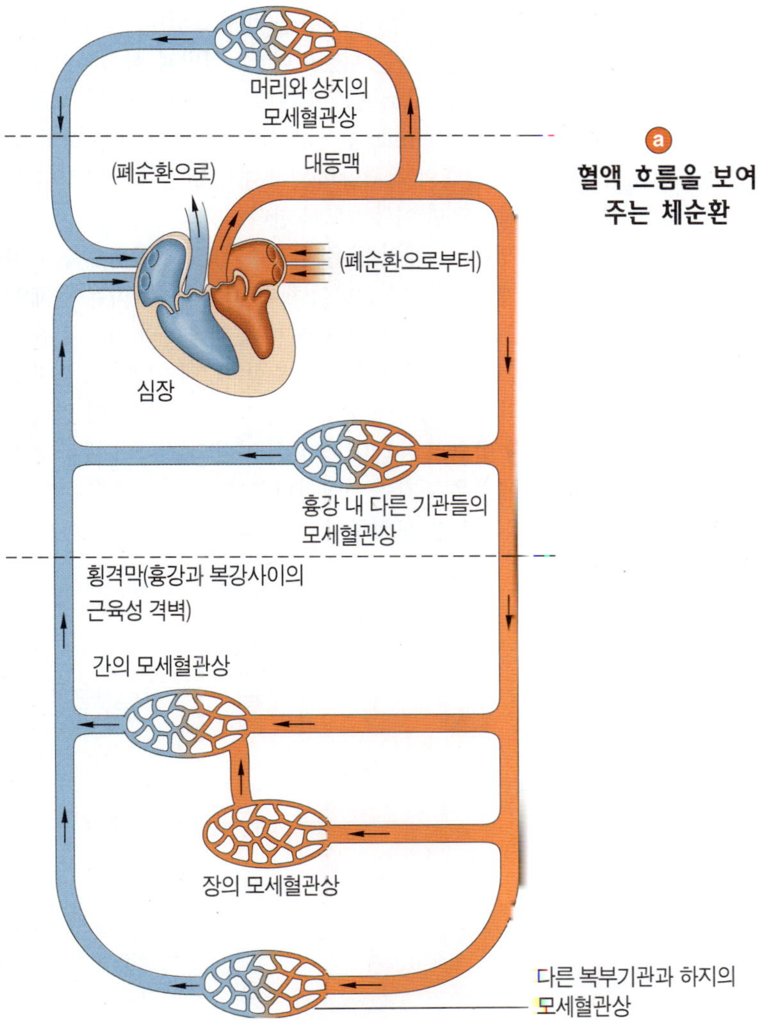


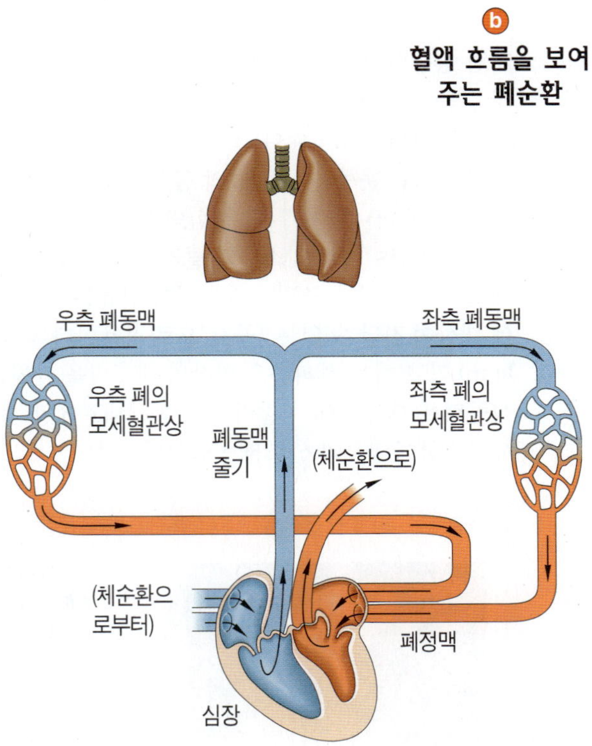


**그림 33.9** **(a, b)** 사람의 심장혈관계를 통과하는 혈액 흐름을 보여주는 폐순환과 체순환. 산소가 풍부한 혈액을 운반하는 혈관은 적색이다. 산소가 부족한 혈액을 운반하는 혈관은 청색이다.

내부에 있는 모세혈관상을 통하여 도달한다. 간은 양분 대사와 저장에 중요한 역할을 한다. 또한 많은 독소를 무독화시킨다.

그림 33.10에서 보는 바와 같이, 심장혈관계는 산소, 양분, 호흡계와 소화계를 통하여 들어오는 여러 물질을 분배한다. 이 계는 이산화탄소와 다른 노폐물을 처리를 위하여 호흡계나 배설계로 전달한다. 이런 기관계의 상호작용은 견딜 수 있는 범위 내에서 내부 환경의 작동 조건을 유지하도록 한다. 이것을 우리는 항상성이라고 한다(24.1과 24.3절).

사람의 심장혈관계의 폐순환에서 산소가 부족한 혈액은 심장의 우측에서 나와 양쪽 폐를 거쳐 심장으로 다시 돌아온다. 폐에서 산소를 얻고, 이산화탄소를 내놓는다.
체순환에서 산소를 가진 혈액은 심장의 좌측에서 나가 대동맥을 거쳐 대사적으로 활발한 지역의 모세혈관상에 도달한다. 산소를 내놓고 이산화탄소를 취하여 심장의 우측으로 이동한다.

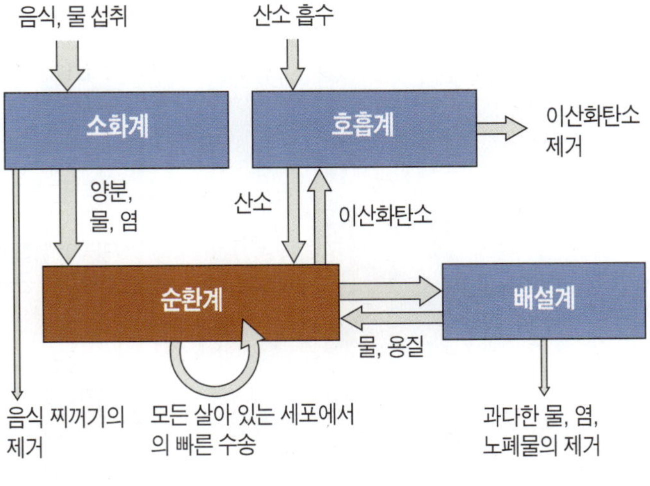


**그림 33.10** 내부 환경을 유지하는 순환계와 다른 기관계 사이의 기능적 연결.

## 33.6 심장은 외로운 펌프다

*사람의 심장은 칠십 평생 동안 자발적으로 25억 번이나 뛰는 튼튼한 펌프이다.*

### 심장의 구조

사람 심장의 내구성은 구조에서 유래한다. 가장 바깥쪽은 심장을 근처의 구조에 고정하는 단단하고 이중막으로 된 결합조직 주머니인 심막이다(그림 33.11). 두 층 사이에는 끊임없이 쥐어짜는 운동을 하는 동안 심장의 윤활역할을 하는 액체가 있다. 주머니의 내부 막은 심벽의 일부분이다. 이 벽의 대부분은 심근이며 엘라스틴과 콜라겐 섬유를 서로 묶은 심근세포로 되어 있다. 조밀하게 교차한 섬유는 주어지는 수축력에 대하여 견딜 수 있는 "골격"으로 작용한다. 내피(endothelium) 라고 하는 상피층은 심장의 내부벽을 감싸고 있다. 관상동맥은 대동맥에서 갈라지고 심근세포에만 작용하는 모세혈관상에 양분과 산소를 공급한다.

심장의 각 반쪽은 두 개의 방을 가지고 있다. 혈액을 받아들이는 심방과 방출하는 심실이다. 각 심방과 심실사이에는 방실판(atrioventricular; AV)이 있다. 각 심실과 심방으로 이끄는 것은 반월판(semilunar valve)이다. 두 판 모두 한쪽 방향 판막이다. 혈액의 액체압력은 교대로 열렸다가 닫히며 혈액이 앞 방향으로만 이동하도록 한다.

심장에 있는 네 개의 방은 **심장주기**라고 하는 수축과 이완을 한다. 먼저 이완된 심방이 채워진다. AV 판막은 액체압력을 받아 열린다. 혈액은 심방이 수축함에 따라 심실로 흘러가 채운다(그림 33.12). 심실이 수축할 때, 액체압력이 증가하여 대동맥의 압력보다 급격하게 증가하여 반월판이 열리고 혈액은 심장 밖으로 나간다. 심실이 이완되면 이미 채워져 있는 심방은 새로운 주기를 시작한다. 그래서 심방 수축은 단지 심실을 채우는 것을 도와준다. *심실의 수축은 혈액순환의 원동력이다.*

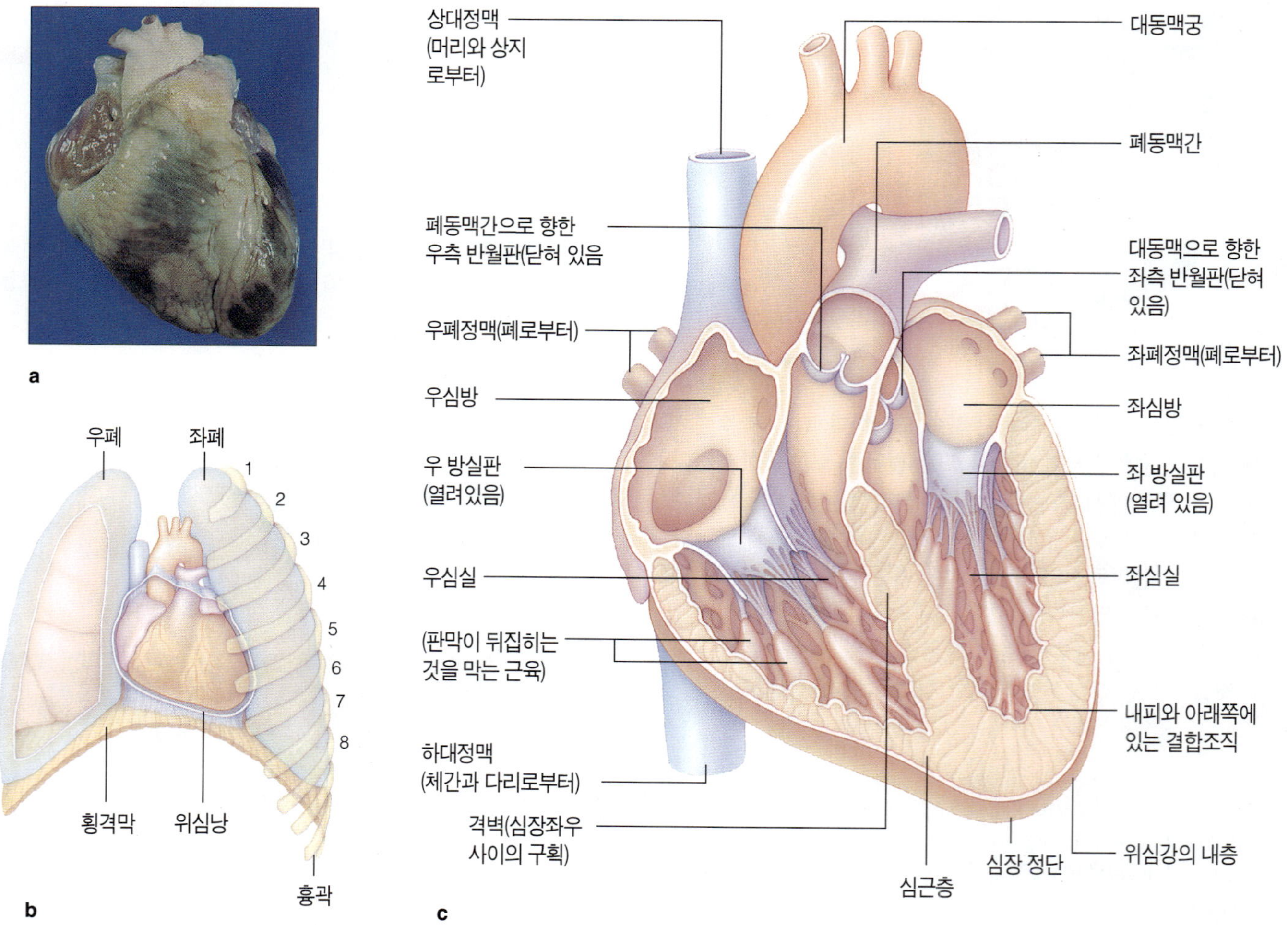


**그림 33.11** (a) 사람의 심장 사진과 (b) 흉강에서의 심장 위치. (c) 심장 벽과 내부 구성을 보여주는 심장 단면도.

## 심근은 어떻게 수축할까?

심근은 근절 혹은 수축 단위가 일정하게 배열되어 있다. 골격근과 같이 미토콘드리아가 제공하는 ATP에 의한 활주-필라멘트 기작으로 수축된다(28.3절과 32.4절). 골격근이나 평활근과는 달리 세포가 짧고 갈라진 말단에서 연결되어 있다. 이 말단 근처에서 간극연접은 심근세포에서 다음 심근세포로 수축하라는 신호를 빠르게 전달하는 하도록 한다(그림 33.13a).

소수의 심근세포는 수축하지 않는다. 1분에 70여회 정도 심방에서 심실로 전달되는 흥분파를 만들어 전달한다. 세포들의 동조된 흥분은 심장의 펌프작용을 지시한다.

전기충격은 우심방벽에 특수화된 세포체 덩어리인 동방결절(SA결절)에서 시작한다(그림 33.13b). 그리고 다른 세포체 덩어리인 AV결절에 도달한다. 오직 이 곳만이 심장의 심방과 심실사의 전기적 연결부위이며, 다른 부분은 결합조직으로 절연되어 잇다.

AV결절에서 흥분은 심장의 절반을 분할하는 심장의 격벽을 따라 있는 특수한 전도성 세포를 따라 전달된다(그림 33.13b). 전기적 흥분은 심장의 우측 끝에서 심실벽으로 전도된다. 심실은 비틀림 운동을 하며 심장의 정단에서 위쪽을 향하여 수축을 한다. 이 수축은 혈액을 대동맥과 폐동맥으로 분출한다.

SA결절은 수축을 하는 신호를 처음 내보내면서 심장박동원으로서 기능을 한다. 율동적이며 자발적인 신호는 정상적인 심장박동의 근원이 된다. 신경계는 **심장박동원**에 의해 설정된 수축율과 수축강도만을 조정한다. 심장에 이르는 모든 신경이 상처에 의해 심하게 손상되어도 심장박동원은 계속 심장이 뛰도록 한다. SA결절이 적절하게 작용하지 않으면 심장마비가 일어난다. 심장소생기는 SA결절을 재 설정하는 역할을 한다.

윤활액이 들어 있는 이중층으로 된 주머니는 바깥 심장벽을 싸고 있다. 내피는 안쪽 벽을 덮고 있다.

심장박동원의 자발적이고 율동적인 신호 하에서 심근세포로 갈라지는 가지는 한 단위체인 것처럼 동조하여 수축한다.

분할(격벽)은 심장을 절반으로 나누어 4개의 방으로 나눈다. 각 절반은 심방과 심근으로 되어 있다. 심실 수축은 혈액이 심장에서 나가도록 한다.

심장박동원인 SA결절은 심장박동율을 설정한다. 신경계는 심장이 수축하도록 율동적이고 자발적인 신호비율만을 조정할 수 있다.

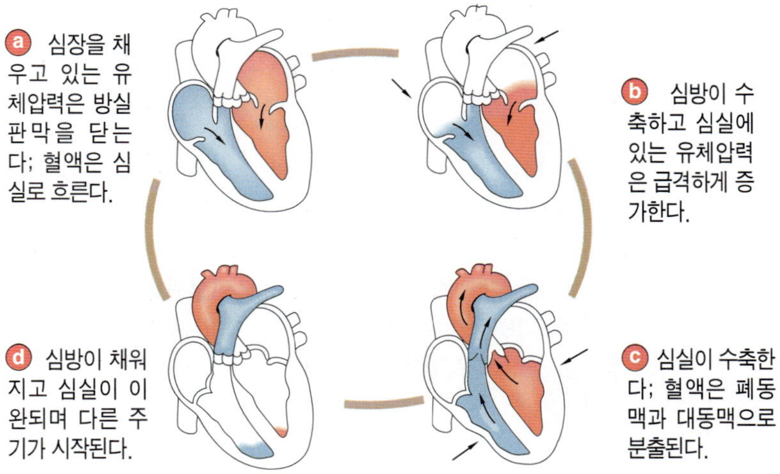


**그림 33.12** 심장주기. 혈액과 심장 운동은 가슴벽에서 'lub-dup' 소리를 낸다. 각 'lub'소리가 나면 심실이 수축하여 방실판막이 닫힌다. 'dup' 소리가 나면 심실이 이완하여 반월판막이 닫힌다.

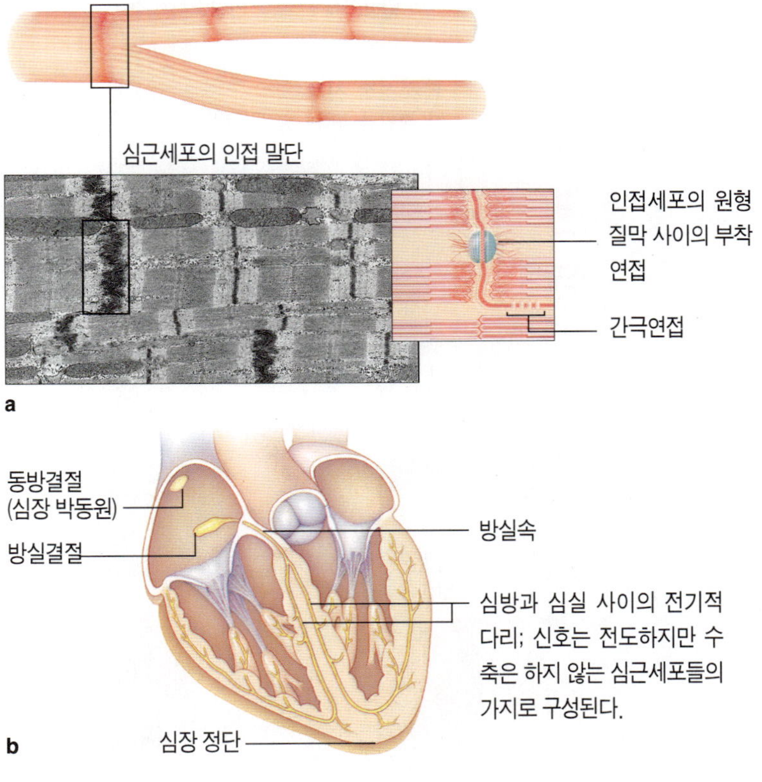


**그림 33.13** (a) 심근세포이며 인접한 말단에서 밀착연접과 부착연접으로 구조적으로 서로 모여 있다. 인접한 말단 근처에 있는 간극연접은 낮은 전기 저항을 나타내어 세포와 세포사이의 흥분 신호가 빠르게 확산되도록 한다.
(b) 비수축 심근세포의 위치이며 심장 박동을 일으키는 신호를 유발하고 전파하는 곳이다.

## 33.7 혈압, 수송 그리고 혈류 분배

*지정된 간격동안에, 몸을 통하여 혈액이 밀어내는 압력은 심장이 얼마나 빨리, 그리고 얼마나 강하게 뛰느냐에 달렸다. 또한 혈관계를 통하여 흐르는 총 저항에 달려 있다.*

그림 33.14는 혈관구조를 비교한 것이다. **동맥**은 심실에서 분출되어 나오는 혈액이 지나가는 빠른 수송 혈관이다. 혈류 분포를 조절하는 작은 혈관인 **소동맥**으로 변화된다. 소동맥은 확산지역을 형성하는 작은 혈관인 **모세혈관**으로 변화된다. **소정맥**도 또한 모세혈관과 정맥사이에 있는 작은 혈관이다. 정맥은 심장으로 혈액을 운반하는 큰 혈관이며 혈액저장소이다.

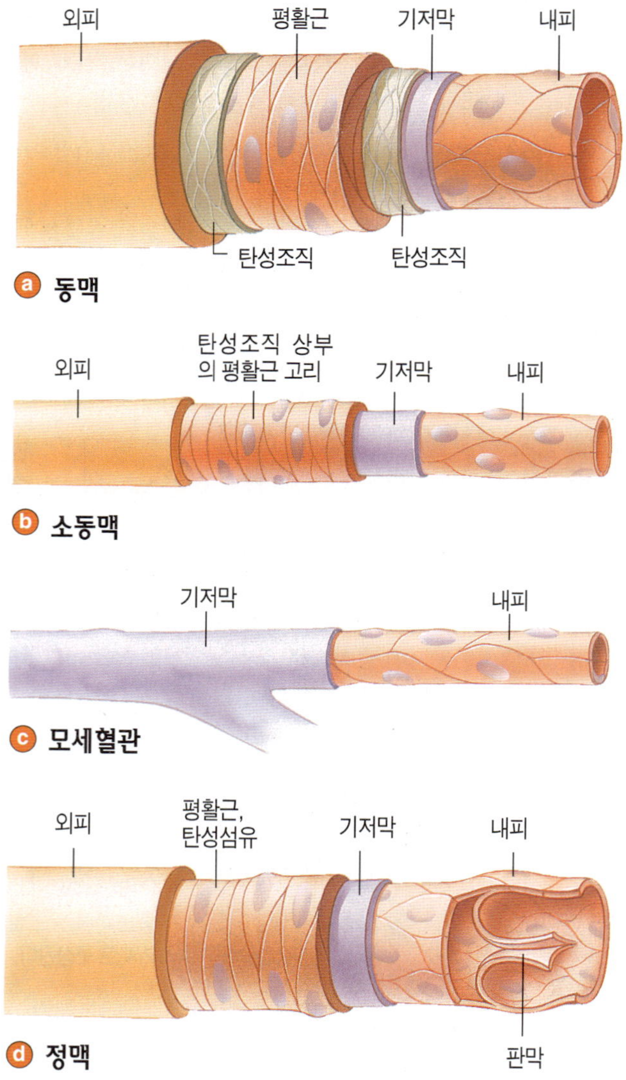


**그림 33.14** 사람 혈관 구조의 비교. 모세혈관은 소동맥으로 되며(보여주지 않음), 기능적으로 비슷하다. 이 그림은 같은 비율로 그리지 않았다.

**혈압**은 심실 수축에 의해 혈액에 가해지는 액체압력이다. 압력은 심실이 수축할 때 최고가 되어 동맥 초기에도 높으며 이완된 심방에서 가장 낮다(그림 33.15). 폐순환과 체순환에서 두 지점에서 압력의 차이는 혈류를 설정한다. 박동하고 있는 심장은 순환 초기에 높은 압력이 형성된다. 혈액이 혈관벽을 스치고, 이 마찰은 혈류를 방해한다. 혈류에 대한 저항은 주로 혈관이 얼마나 넓은가에 달려 있다. 관이 좁으면 저항이 증가한다. 혈관 반지름이 2배 감소하면 저항은 16배 증가한다.

### 동맥에서의 빠른 수송

직경이 크고 저항이 낮아 동맥은 산소가 풍부한 혈액을 빠르게 효율적으로 수송을 한다. 동맥은 각 심장주기에서 생성되는 압력의 파동을 부드럽게 하는 압력 저장소이기도 하다. 동맥의 두꺼운 근육으로 된 탄력성이 있는 벽은 심실 수축으로 형성된 많은 양의 혈액으로 인하여 부풀게 된다. 탄력적인 벽이 되돌아올 때, 산소가 풍부한 혈액은 수축과 수축사이에 순환을 따라 더 앞으로 나가게 된다.

### 혈류 분배

무엇을 하든지 간에 폐는 심장의 우측에서 모든 혈액을 받아들인다. 그러나 체순환을 따른 기관에 대한 혈류 분배는 다양할 수 있다. 편안하게 쉬고 있을 때, 심장의 좌측에서의 혈류 분배는 그림 33.16에서 보는 바와 같이 판막을 닫을 것이다.

달리기를 하면 어떻게 될까? 보다 많은 양의 혈액을 피부, 신장, 장 등으로 분해하는 양보다 골격근에 더 많이 전환시킨

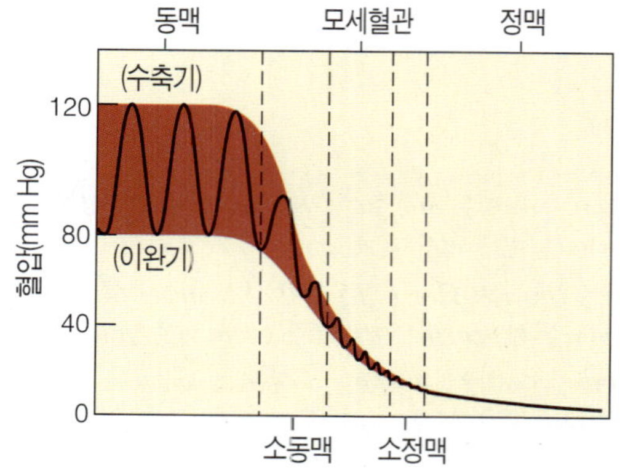


**그림 33.15** 체순환을 통해 이동하는 혈액량에 대한 유체압력이 감소하는 그래프.

다. 교통경찰같이 소동맥은 전방지휘소(CP)의 명령에 따라 혈류를 인도한다. 신경계와 내분비계는 소동맥벽에 있는 평활근 세포의 고리에 작용하는 신호를 보낸다(그림 33.14b). 특수한 신호는 이세포를 이완시켜 **혈관확장**(vasodilation)을 일으킨다. 즉 혈관의 직경이 늘어난다. 다른 신호는 세포를 수축하여 **혈관수축**(vasoconstriction)을 일으킨다. 즉, 직경이 줄어든다. 조직의 모든 소동맥이 팽창하여 모다 많은 혈액이 흐른다. 수축하면 적은 혈액이 조직에 흐른다.

소동맥은 또한 조직에 물질 농도를 바꾸는 대사활동에도 반응한다. 이러한 국소적인 화학적 변화는 조직 자신의 대사적 필요에 적합하도록 혈류를 오도록 하거나 다른 데로 돌리기 때문에 "이기적"이라고 한다. 예를 들면, 달리기를 할 때, 골격근 세포는 산소를 사용하여 이산화탄소, 수소, 칼륨 이온 등 용질의 수준이 올라간다. 이온의 수준은 골격근 조직에 있는 소동맥이 팽창하도록 한다. 보다 많은 혈액이 지나가며 연료를 더 많이 공급하고 대사 노폐물을 실어 간다. 골격근이 이완되면, 산소 요구량은 감소한다. 이제 산소 수준이 올라가고 소동맥은 수축을 한다.

## 혈압 조절

혈압은 일반적으로 팔뚝의 상박동맥에서 측정한다(그림 33.17). 심장 주기에서 *수축기혈압*(정점)은 동맥벽에 대하여 심실 수축이 나타내는 것이다. *이완기혈압*은 심장 주기에서 가장 낮은 혈압이며 심실이 이완되었을 때 도달한다. 평균 혈압은 120/80이다(수축기혈압/이완기혈압).

혈압은 얼마나 많은 혈액이 심장에서 분출되는(심박출량) 총 혈액량과 소동맥 저항에 좌우된다. 경동맥과 같은 동맥의 벽에 있는 *압력수용기*는 혈압이 증가하거나 낮아질 때 뇌에 있는 조절 중추에 신호를 보낼 수 있다. 뇌는 이에 반응하여 심박출량과 소동맥 직경이 변화하도록 한다. 이러한 반사 반응은 주로 단기간 조절하는 것이다. 신장에서 하는 장기간 조절은 혈액의 조성과 혈액량을 조정한다.

혈압은 심박출과 강도 그리고 혈관을 흐를 때 나타나는 저항에 좌우된다. 심실이 수축하는 동안에 그리고 동맥이 시작될 때 가장 크다.

혈류의 분배는 주로 각 다른 조직에서 소동맥의 직경을 조절하여 조절된다.

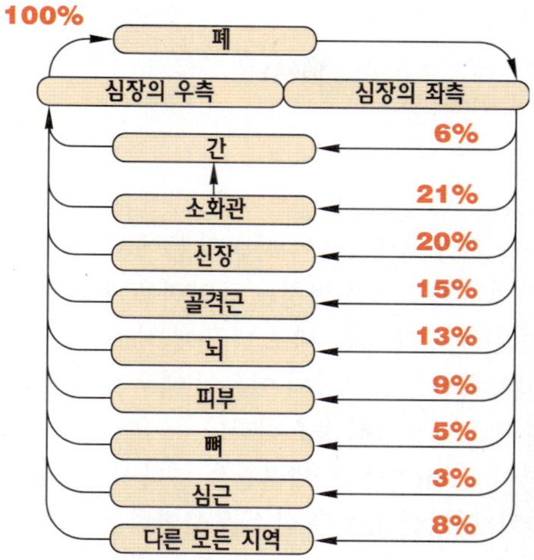

**그림 33.16** 낮잠 자고 있는 사람의 심장 방출의 분배. 체순환을 따라 수많은 소동맥에 있는 선택적인 혈관확장과 혈관수축을 통해 주어진 지역에 얼마나 분배되는지 조정한다.

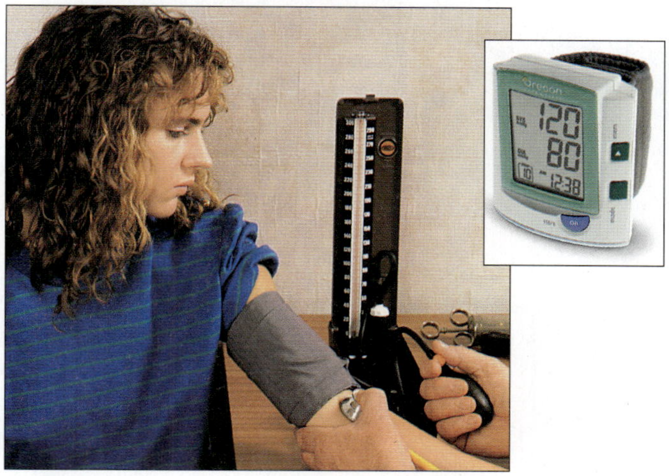

**그림 33.17** 혈압 측정. 압력 게이지가 달린 빈 커프스를 팔 위쪽을 감싼다. 청진기를 커프스 바로 아래에 있는 팔 동맥 위에 놓는다.

심실이 수축할 때 심장주기의 가장 높은 압력보다 더 높은 압력이 되도록 공기를 커프스에 불어넣는다. 이 압력에서는 혈액이 혈관을 흐를 수 없기 때문에 청진기를 통하여 아무 것도 들을 수 없다.

청진기에서 약한 두드리는 소리가 들릴 때까지 커프스에서 공기를 뺀다. 가장 강한 심실 수축의 힘으로 동맥으로 분출되는 혈액에 의해 이 소리가 난다. 소리가 시작될 때, 게이지 값은 일반적으로 120 mmHg이다. 이것은 표준화된 크기의 좁은 유리관에 수은이 120 mm 올라가도록 하는 압력의 양을 측정하는 것이다.

보다 많은 공기가 커프스에서 나온다. 결국 소리는 멈춘다. 심지어 심실이 가장 이완될 때 까지도 이제 혈액은 계속적으로 흐른다. 소리가 나지 않을 때의 압력은 심장 주기에서 가장 낮은 압력으로 일반적으로 80 mmHg이다.

삽입된 사진에서 보는 바와 같이 자동적으로 수축기/이완기 혈압을 기록하는 모니터도 있다.

## 33.8 모세혈관에서 확산된 후 심장으로 돌아가기

*모든 모세혈관상은 혈액과 간질액사이의 교환을 위한 확산지역이다. 체조직의 살아있는 세포에서 교환이 일어나지 않으면 바로 죽게 된다. 뇌 세포는 4분 안에 죽기 시작한다*

### 모세혈관 기능

100억 개에서 400억 개의 모세혈관이 사람의 몸에서 일을 한다. 모세혈관은 기체교환을 위한 엄청난 표면적을 제공한다. 거의 모든 조직에 있는 살아 있는 세포 다음에 최소한 한 개의 모세혈관이 있다. 확산으로 분자와 이온이 매우 느리게 분배가 되기 때문에 근접성이 극히 중요하다.

적혈구는 직경이 8 um이다. 모세혈관을 통하여 한 줄로 밀고 나가야만 한다. 이러한 압축은 산소를 운반하는 적혈구와 혈장에 있는 용질이 모세혈관벽이라는 교환 장소에 직접적으로 접촉하도록 하거나 혹은 매우 짧은 거리를 모세혈관에서 적혈구가 벗어나게 한다.

각 모세혈관은 기저막 안에 한 층으로 형성된 원통형의 내피세포이다. 혈액에서 산소와 이산화탄소가 내피세포를 통하여 간질액으로 어떻게 나올까? 대다수의 작은 지용성 물질과 같이 세포질을 거쳐 각 세포의 원형질막의 이중층을 통하여 확산되고 다른 쪽의 이중층을 통하여 일어난다. 어떤 단백질은 세포내섭취(endocytosis)나 세포외배출(exocytosis)로 가로지른다.

대부분의 모세혈관에서 서로 접해있는 세포는 그들 사이에 좁은 틈이 있다. 이온과 작은 수용성 물질은 내피세포의 틈을 통하여 들어가고 나간다. 다음 장에서 설명하는 백혈구도 마찬가지이다. 뇌에 있는 모세혈관에서 밀착연접으로 내피세포가 연결되어 틈이 존재하지 않는다. 물질은 세포 사이에서 새어나갈 수가 없다. 세포를 통하여 지나가야만 한다. 이 연접은 혈액-뇌 경계를 유지하도록 하며 이에 대하여는 29.7절에서 설명한다.

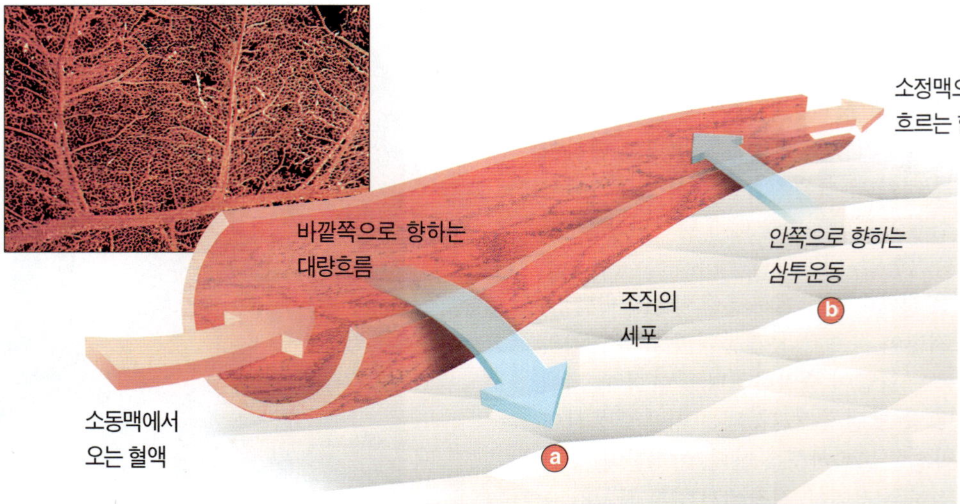


**그림 33.18** 모세혈관상에서의 부피유동. 체액은 초미세여과와 재흡수 방법을 통하여 모세혈관 벽을 통과한다. **(a)** 모세혈관의 소동맥의 말단에서 혈압과 간질액 압력 차이는 혈장을 밖으로 나가도록 하지만 혈장 단백질은 거의 나가지 못한다. 부피 유동은 모세혈관 벽의 내피 사이에 있는 틈을 통하여 혈장이 이동한다. 초미세여과는 모세혈관의 밖으로 체액이 부피유동을 하는 것이다.

**(b)** 재흡수는 간질액이 모세혈관 안으로 일어나는 삼투 운동이다. 간질액과 혈장 사이의 물 농도가 다를 때 일어난다. 단백질이 녹아 있는 혈장은 보다 높은 용질 농도를 가지고 있어서 물 농도가 더 낮다. 모세혈관상 말단 근처에서 일어나는 재흡수는 초기에 초미세여과와 균형을 이루려고 한다. 일반적으로 소량의 순수 여과만이 일어나는데, 림프계는 혈액으로 돌아간다.

| 모세혈관상의 소동맥 말단 | |
|---|---|
| *바깥쪽으로 향하는 압력부분* | |
| 모세혈관내의 혈액의 정수압 | 35 mmHg |
| 혈장단백질로 인한 삼투압 | 28 mmHg |
| *안쪽으로 향하는 압력* | |
| 간질액의 정수압 | 0 |
| 간질단백질로 인한 삼투압 | 3 mmHg |
| *순 초미세여과압* | |
| (35 − 0) − (28 − 3) = 10 mmHg | |
| 초미세여과 선호 | |

| 모세혈관상의 소정맥 말단 | |
|---|---|
| *바깥쪽으로 향하는 압력부분* | |
| 모세혈관내의 혈액의 정수압 | 15 mmHg |
| 혈장단백질로 인한 삼투압 | 28 mmHg |
| *안쪽으로 향하는 압력* | |
| 간질액의 정수압 | 0 |
| 간질단백질로 인한 삼투압 | 3 mmHg |
| *순 재흡수압* | |
| (15 − 0) − (28 − 3) = −10 mmHg | |
| 재흡수 선호 | |

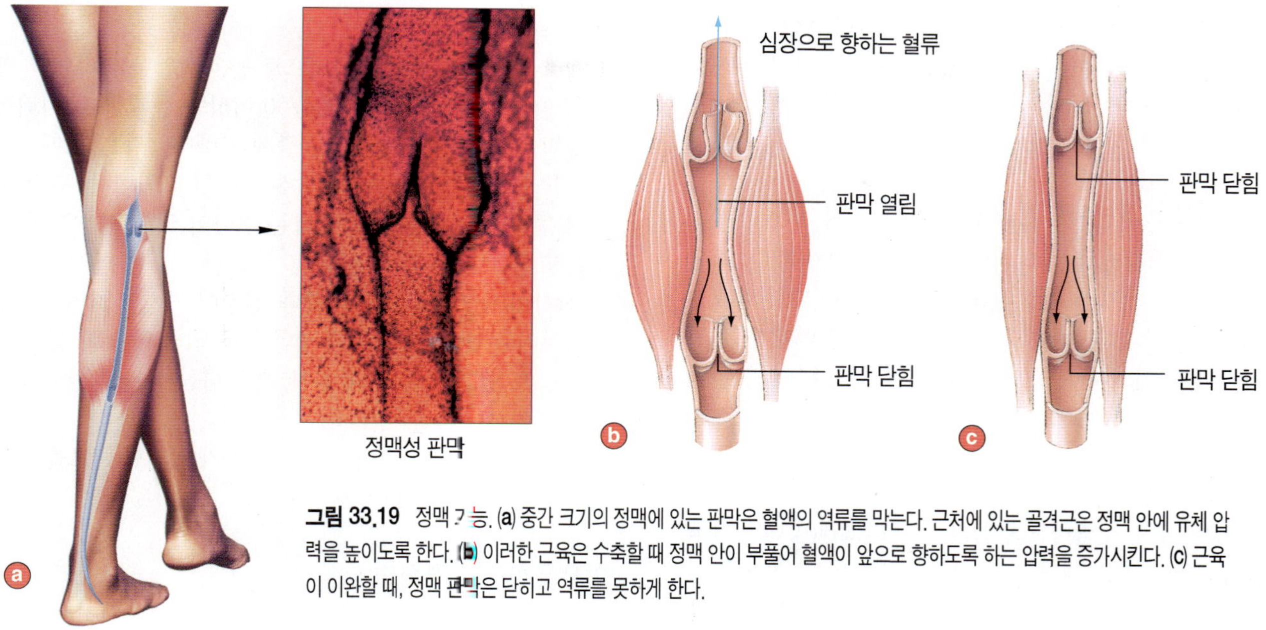


**그림 33.19** 정맥 기능. (a) 중간 크기의 정맥에 있는 판막은 혈액의 역류를 막는다. 근처에 있는 골격근은 정맥 안에 유체 압력을 높이도록 한다. (b) 이러한 근육은 수축할 때 정맥 안이 부풀어 혈액이 앞으로 향하도록 하는 압력을 증가시킨다. (c) 근육이 이완할 때, 정맥 판막은 닫히고 역류를 못하게 한다.

확산이 모세혈관에서 작용하는 유일한 과정이 아니다. **부피유동**(bulk flow)은 지역사이에 유체 압력의 차이에 반응한 물과 용질의 운동이다. 그러나 이것은 혈액과 간질액 사이에 액체 분배를 유지하도록 한다. 그림 33.18은 혈액과 간질액이 부피유동의 방향에 어떻게 영향을 미치는지 설명하고 있다. 모세혈관상이 시작되는 곳에서 소량의 단백질이 없는 혈장은 모세혈관 벽에 있는 틈을 통하여 밀려나간다. 이 과정을 **초미세여과**(ultrafilteration)라고 한다. 더 나아가 조직액은 모세혈관 벽에 있는 틈을 통하여 모세혈관으로 되돌아온다. 이 과정을 **모세혈관 재흡수**(capillary reabsorption)라고 한다.

일반적으로 모세혈관상에서 소량의 바깥쪽 흐름이 있는데 림프계는 혈액으로 되돌아온다. 높은 혈압은 모세혈관을 떠나는 액체의 양을 증가시킨다. 세포간 공간에 너무 많은 액이 있는 것을 부종(edema)라고 한다. 일반적으로 중력은 발과 발목 조직에 혈액이 모이게 한다. 대부분의 조직에 있는 소동맥이 확장도기 때문에 부종은 종종 운동 후에 일어난다. 정맥이 막히거나 심장마비에 의해서도 일어날 수 있다. 상피병(코끼리피부형 병)은 회충감염이 림프관으로 액체가 되돌아오는 것을 지연하여 일어나는 극적인 질병이다(22.8절).

## 정맥압

모세혈관상에서 나가는 혈액은 소정맥으로 들어가는데, 소정맥은 큰 직경을 가진 정맥과 합쳐진다. 기능적으로 소정맥은 모세혈관의 일부이다. 어떤 용질은 소정맥의 얇은 벽을 가로질러 확산된다.

정맥은 혈액을 심장으로 운반하는 직경이 크고 저항이 낮은 운송관이다. 대부분의 정맥 안에 특히 다리에 판막이 역류를 막는다(그림 33.19). 중력이 정맥에서 혈액이 반대 방향으로 가도록 할 때, 판막이 닫힌다.

정맥 벽은 압력 하에서 동맥 벽 보다 더 많이 늘어날 수 있다. 그래서 정맥은 다양한 혈액량에 대한 저장소로 작용할 수 있다. 전 혈액량의 60%는 정맥에 있다.

정맥 벽은 약간의 평활근을 가지고 있다. 운동할 때와 같이 혈액이 더 빨리 순환할 때, 평활근은 수축한다. 정맥 벽이 단단해지고 혈관은 팽창할 수가 없다. 혈관 내의 압력이 증가할 때 더 많은 혈액이 심장으로 향하게 된다. 도한 팔을 움직일 때, 수축하는 골격근은 근처에 있는 정맥에 대항하여 부풀게 된다. 이는 혈액이 심장으로 이동하도록 정맥압을 증가시킨다(그림 33.19). 빠른 호흡도 정맥압을 증가시킨다. 내부의 기관에 공기를 들이 마신면 심장과 정맥사이에 혈압기울기가 달라진다.

때때로 정맥 판막이 탄성이 없어진다. 정맥은 확장되고 피부표면에서 부풀게 된다. 이러한 이상확장 정맥(varicose vein)은 다리에서 나타난다. 항문 근처에서는 치질(hemorrhoid)라고 한다. 운동과 이상적인 체중을 유지하면 위험이 줄어든다.

모세혈관상은 혈액과 간질액 사이에서 교환을 위한 확산 지역이다. 여기에 부피유동은 혈액과 간질액 사이의 액체 균형에 기여한다.

소정맥은 기능적으로 모세혈관과 일부 중복이 된다. 정맥은 팽창되는 혈액 저장소이고 심장으로 되돌아가는 혈류량은 조정될 수 있다.

## 33.9 심혈관 질병

뇌에서 혈액 응고이나 혈관이 터지는 것이 뇌졸증을 일으킨다. 심장과 함께 작용하는 혈관이 좁아지면 심장마비가 일어난다. 높은 혈압과 아테롬성 동맥경화증 위험이 증가하며 대부분은 생활 방식을 바꾸면 위험을 최소화할 수 있다.

### 좋은 혈액응고, 나쁜 혈액응고

작은 혈관은 터지거나, 잘리거나, 손상을 받기가 쉽다. 지혈은 혈액 손실을 막고 복구를 위한 골격을 만드는 다단계 과정이다. 혈관 단계의 과정에서, 상처를 입은 혈관 벽에 있는 평활근은 자동적인 수축 반응인 경련을 한다. 혈관수축은 혈액 흐름을 재빠르게 막는다. 혈소판 단계에서 혈소판은 서로 엉켜서 일시적으로 갈라진 틈을 막는다. 경련을 지속시키고 혈소판을 유인하는 물질을 분비한다. 응고 단계에서 혈장단백질은 혈액이 겔로 전환하도록 한다. 피브리노겐(막대형 단백질)은 상처 입은 혈관에 콜라겐 섬유와 반응한다. 이들은 길고 녹지 않는 실과 같이 서로 붙는데, 이들은 노출된 콜라겐에 붙는다. 섬유는 그림 33.20에서 보는 것과 같이 혈액 세포와 혈소판을 못 빠져나가게 하는 그물을 형성한다. 전체 덩어리를 혈액응고라고 한다. 응고는 수축하고 혈관 벽에 있는 구멍을 막는 조밀한 덩어리를 형성한다.

응고 형성은 혈관 복구에 필수적이다. 그러나 응고는 다음 예에서 보는 바와 같이 혈관에서 혈류를 완전히 막을 때는 문제가 된다.

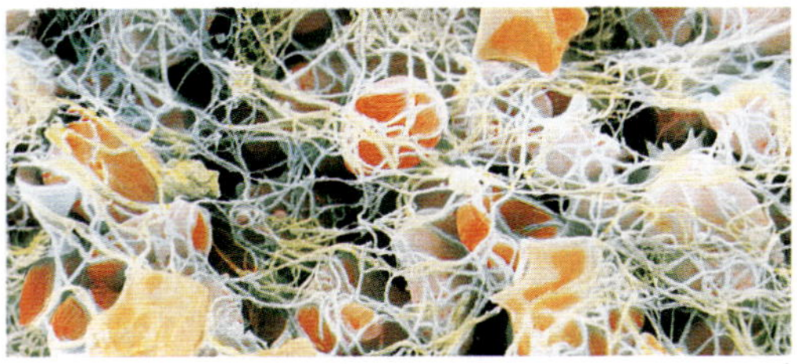

**그림 33.20** 혈액 응고를 도와주는 섬유성 단백질 그물.

### 소리 없는 살인자-고혈압

고혈압은 휴식 중에도 만성적으로 높은 혈압을 나타낸다. 혈압이 알지 못하는 이유로 140/90 이상을 유지한다. 이러한 만성적인 조건을 항상 외부로 증세가 나타나지 않기 때문에 "소리 없는 살인자"라고 한다. 유전도 한 요인이 될 수 있다. 이 질병은 가계에 따라 일어나는 경향이 있다. 음식과 운동 부족도 한 요인이 될 수 있다. 많은 소금 섭취는 혈압을 올리고 심장의 작업부하가 증가한다. 심장이 커지고 효율적으로 펌프하지 못한다. 또한 높은 혈압은 동맥벽의 "경화"를 증가시킬 수도 있으며 이는 뇌, 심장, 혹은 다른 기관에 산소의 전달을 지연한다.

미국에 2천3백만 명의 고혈압 환자가 있지만 치료를 하지 않으며 매년 180,000명이 사망한다.

### 아테롬성 동맥경화증

*동맥경화증*에서 동맥은 두꺼워지고 탄력이 없어진다. *아테롬성 동맥경화증*과 함께, 동맥벽에 지질이 축적되고 내부 직경이 좁아들면 상황은 더 악화된다. 콜레스테롤이 "동맥의 경화"에 작용한다는 것을 들어보았을 것이다. 우리 몸은 세포막, 미엘린초, 담즙염, 스테로이드 호르몬을 만들기 위하여 콜레스테롤을 사용한다. 간은 세포 구조와 기능을 위한 충분한 양의 콜레스테롤을 만들지만 보다 많은 콜레스티롤이 음식으로부터 장에서 흡수된다. 초과한 콜레스테롤을 어떻게 처리하는지는 사람에 따라 다르다.

혈액에서 대부분의 콜레스테롤은 *저밀도 지방단백질*(LDL)과 결합한다. 대부분의 세포는 이 형태로 콜레스테롤을 흡수한다. 보다 적은 양은 고밀도 지방단백질(HDL)에 결합하며 간에서 흡수한다. HDL은 간에서 대사되고 나머지는 담즙에 의해 제거되고 장으로 다시 분비된다. LDL 수준이 높아짐에 따라 아테롬성 동맥경화증의 위험이 증가한다. 이 질병의 첫 번째 문제는 동맥의 내피세포에 지질이 축적되는 것이다(그림 33.21b). 지질이 축적됨에 따라, *평활근*이 증식하

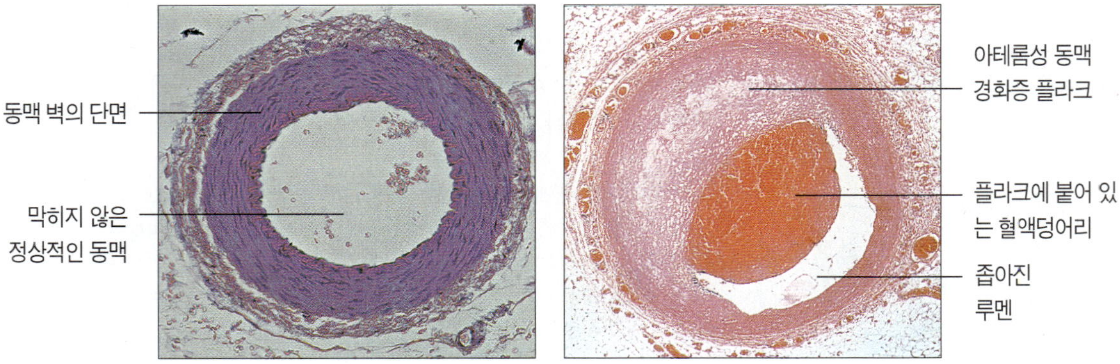


**그림 33.21** 정상적인 동맥 (a)과 아테롬성 동맥경화증 플라크로 좁아진 루멘의 동댁. (b)의 단면.

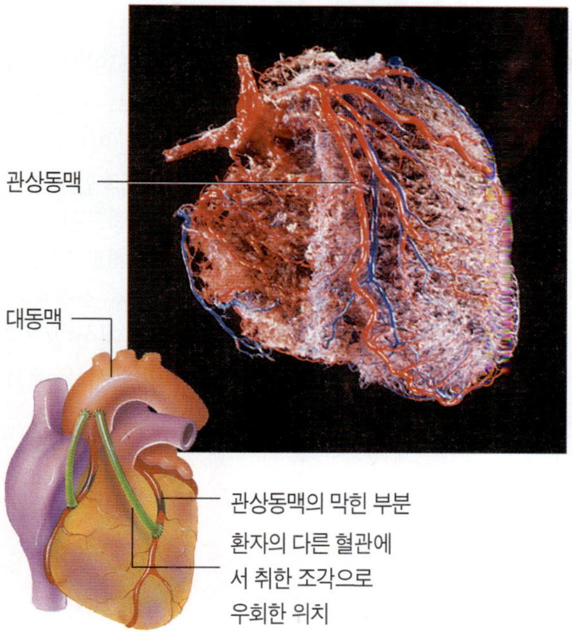


**그림 33.22** 심장의 관상동맥과 다른 혈관. 수지를 주입하여 심근조직을 녹여서 정확하고 3차원적인 부식된 주형을 남겨두었다. 그림은 2개의 관상 우회경로(초록색으로 칠한 부분)를 나타내며 이들은 관상동맥의 막힌 두 부분을 지나서 대동맥에서 늘어났다.

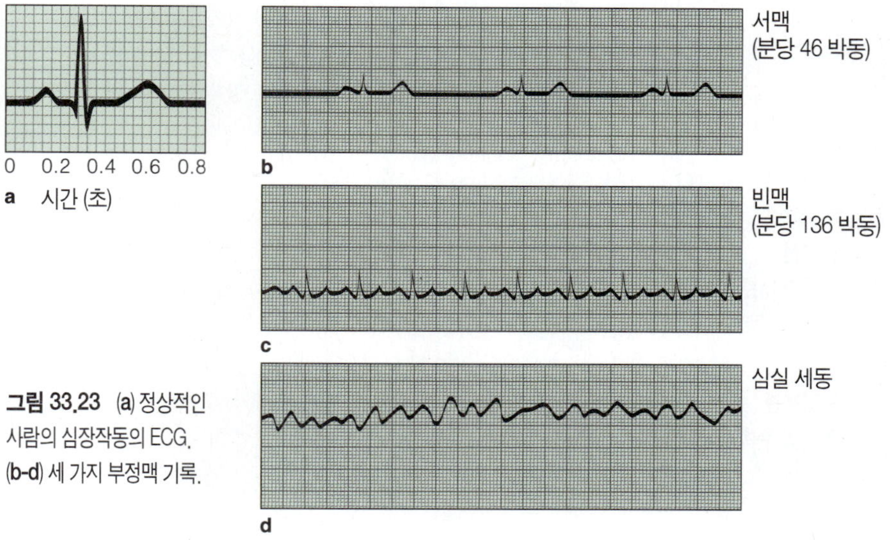


**그림 33.23** (a) 정상적인 사람의 심장작동의 ECG. (b-d) 세 가지 부정맥 기록.

고, 염증이 일어나 섬유성 결합조직이 기능을 못한다. 결과적으로 생긴 *아테롬성 동맥경화증 플라크*는 동맥벽이 안으로 부풀게 하여 혈관 직경을 좁게 한다.

단단해진 플라크는 동맥벽을 파열할 수 있다. 만일 형성된 혈액 응고가 머물게 되면, 이것을 혈전이라고 한다. 만일 자리를 떠나 돌아다니면 작은 혈관을 막을 수 있는 *색전*이다. 관상동맥이 위험성이 높다. 만일 25% 정도 좁아지면, 협심증(가슴 통증)이나 심장마비가 된다. 심장마비 동안에, 심근세포는 혈액 공급을 못 받아 죽게 된다. 첫 번째 심장마비는 30%가 치명적이다. 생존자는 종종 심장이 심하게 약해진다.

관상우회수술로 혈관의 일부분을 막힌 지역 아래에 있는 대동맥과 관상동맥에 꿰매어 연결한다(그림 33.22). *레이저 혈관형성술*(laser angioplasty)은 레이저 광선을 플라크에 직접 쏘아 녹인다. *풍선 혈관형성술*(balloon angioplasty)은 작은 풍성을 막힌 대동맥에 넣어 부풀려 플라크를 납작하게 한다.

## 심장주기과 부정맥

33.6절에서 설명한 바와 같이, SA결절에서 나오는 전기 신호는 심근 수축을 촉진한다. *심전도*(ECG)는 뛰고 있는 심장의 전기적 활동을 기록하는 것이다(그림 33.23a).

ECG는 부정맥이나 비정상적인 심장박동을 나타낼 수 있다(그림 33.23b-d). 부정맥이 항상 위험한 것은 아니다. 지구력이 있는 운동선수는 휴식기의 박동률이 평균 이하인 *서맥*(bradycardia)을 경험할 수도 있다. 지속적인 운동에 반응하여 신경계가 심장 박동원의 자극률을 낮게 조정한다. 운동이나 스트레스는 심장박동이 분당 100회 이상 뛰는 *빈맥*(tachycardia)을 일으킨다.

*동맥 섬유성연축*(atria fibrullation)은 동맥이 정상적으로 수축하는 대신에 동맥 떨림은 혈액 응고와 심장발작의 기회가 증가한다. *심실 섬유성연축*(ventricular fibrillation)은 가장 위험한 부정맥이다. 앞에서 설명한 타미 히긴스가 쓰러진 이유이다. 심실이 불규칙적으로 뛰고 분출 작용이 멈추게 된다. 의식을 잃고 죽게 된다. 심장소생기의 전기적 충격은 심장의 정상적인 주기를 회복할 수도 있다.

## 위험 요인

심장 혈관의 질병은 미국에서 사망의 주요 요인이다. 매년 약 4천만 명은 심장 혈관 질병을 경험하고 매년 백만 명이 사망한다. 상위 9개의 위험 목록이 있으며 흡연이 가장 위험한 요인이다. 그 외 다른 요인은 심장마비에 대한 유전적 경향, 고혈압, 혈액 내의 높은 콜레스테롤 수준, 비만, 당뇨 등이 있다. 나이가 먹는 것도 위험 요인의 하나이다. 나이를 먹을수록, 위험도가 증가한다. 운동 부족도 위험 요인의 하나이다. 운동이 특별히 격렬하지 않아도 규칙적인 운동은 위험도를 낮출 수 있다. 성별도 요인의 하나이다. 50세가 될 때까지 남성이 더 위험하다.

# 33.10 림프계와의 관계

*림프계가 혈액순환과 어떻게 작용하는지 살펴보며 이 장을 마치고자 한다. 림프계는 또한 상처나 감염에 대하여 인체를 방어할 수 있기 때문에 이 절은 면역을 설명하는 다음 장과의 연결 다리로 생각할 수 있다.*

## 림프순환계

림프계의 일부분인 **림프순환계**는 물과 용질을 모아서 간질액에서 순환계 혈관까지 전달하는 수많은 관으로 구성되어 있다. 주요 구성 성분은 모세림프관과 림프관이다(그림 33.24). 이 림프관으로 이동하는 조직액을 **림프**라고 한다.

림프순환계는 3가지 기능을 수행한다. 첫째, 림프관은 모세혈관상에 있는 혈액에서 새어 나와 혈관순환계로 되돌아가야 하는 물과 혈장단백질의 배수 통로이다. 둘째, 소장에서 흡수한 지방 받아들여 일반 순환으로 전달하는 것이다(36.4절). 셋째, 림프계를 따라 병원체, 이질세포, 조직에서 온 세포 부스러기를 림프순환계의 처리 중심인 림프절로 운반하는 것이다.

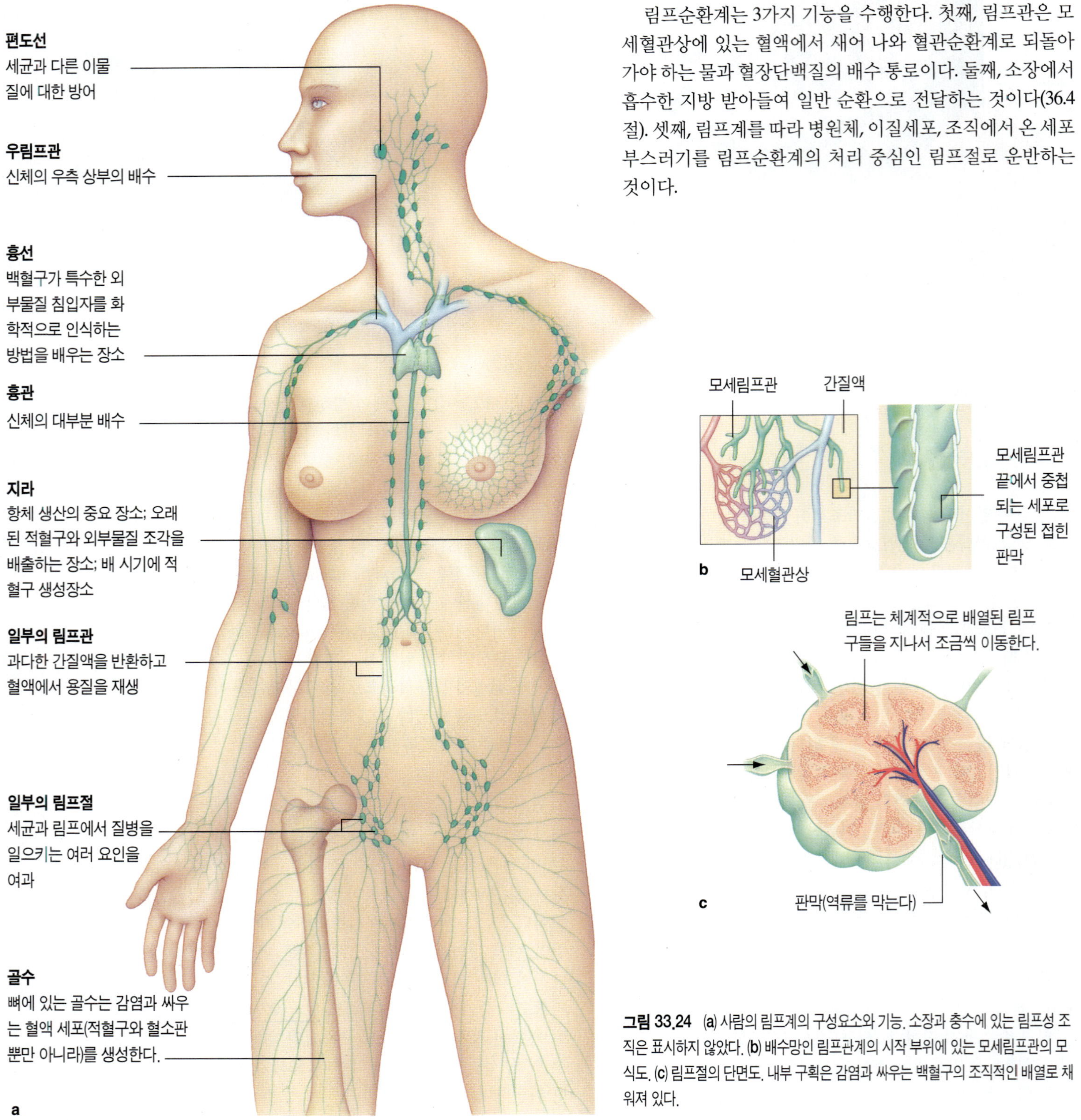


**그림 33.24** (a) 사람의 림프계의 구성요소와 기능. 소장과 충수에 있는 림프성 조직은 표시하지 않았다. (b) 배수망인 림프관계의 시작 부위에 있는 모세림프관의 모식도. (c) 림프절의 단면도. 내부 구획은 감염과 싸우는 백혈구의 조직적인 배열로 채워져 있다.

림프순환계는 모든 모세혈관상에서 시작한다. 여기서 과도한 체액이 모세림프관으로 들어간다. 모세림프관은 뚜렷한 입구가 없다. 물과 용질은 접힌 판막으로 된 세포와 세포 사이의 틈으로 이동한다. 그림 33.24b에서 보는 바와 같이, 내피세포가 겹쳐져 있다. 모세림프관은 합쳐져 큰 직경을 가진 림프관으로 된다. 림프관은 벽에 평활근과 역류를 막는 판막을 가지고 있다. 림프관은 아랫목에서 정맥으로 흘러 들어간 집합관으로 들어간다.

## 림프기관과 조직

림프계의 다른 부분은 상처와 감염에 대한 신체 방어 반응을 하는 역할을 한다. 이들을 림프성 기관과 조직이라고 한다. 주요 형태는 편도선, 소장과 충수돌기 벽에 있는 작은 조직 조각과 마찬가지로 림프절, 비장, 흉선 등이다.

**림프절**은 림프관을 따라 간격을 두고 전략적으로 위치한다(그림 33.24c). 혈액으로 들어가기 전에, 림프는 최소한 1개의 림프절을 통하여 조금씩 여과가 된다. 다수의 림프구가 골수에서 생성된 후 림프절에 모여 있다. 침입자나 세포 조각이 접촉하면 빠르게 분열하여 파괴하기 위해 큰 무리를 이룬다.

비장은 가장 큰 림프성 기관이다. 평균 성인의 크기는 주먹만하다. 비장은 배 시기에만 적혈구 형성 장소로 작용한다. 출생 후, 병원체를 걸러내고, 헤쳐 나가는 혈관 가지에서 온 적혈구와 혈소판을 소모한다. 비장에 있는 식세포성 백혈구는 죽은 세포를 삼켜 소화시키고 몸에 침입자를 알려준다. 비장에 있는 림프구는 항체를 형성한다. 그렇다 해도 우리는 비장 없이 살수 있다. 만일 외상으로 손상되어 제거해야만 한다면 감염에 대한 최고의 위험은 단지 질병의 효과이다.

**흉선**에서 T 림프구는 특정한 병원체를 인식하고 반응하도록 하는 방법으로 분화한다. 흉선은 이러한 작용에 영향을 주는 호르몬을 생성한다. 그러므로 흉선은 다른 장의 초점인 면역의 중심이다.

림프계의 림프관 부분은 모세혈관상에서 시작하는 많은 관으로 구성되었다. 이들은 조직액에서 물과 용질을 혈액으로 되돌려 주고 혈류에 흡수한 지방을 전달하고 병원체를 림프절에 운반한다.

림프순환계는 또한 림프절과 조직 손상과 감염성 질병에 대항하여 신체를 방어하는 흑수한 역할을 하는 림프성 기관이다.

## 요약

**33.1절** 순환계는 세포가 잠겨 있는 간질액 사이에 물질을 운반한다. 모든 척추동물은 혈액이 심장과 혈관에만 있는 폐쇄 혈관계를 가지고 있다. 척추동물이 육상으로 이동하고 폐가 진화함에 따라 순환계는 보다 효과적으로 세포에게 산소를 전달하는 방법으로 변화하였다. 혈관에서 새어 나온 체액은 림프계로 들어가며 이 곳에서 걸러지고 순환계로 다시 간다.

**33.2절** 혈액은 혈장, 적혈구, 혈소판으로 구성되어 있다. 혈장 대부분은 이온과 분자 녹아 있는 물이다. 적혈구는 헤모글로빈이 들어 있고 산소와 적은 양의 이산화탄소를 운반하는 역할을 한다. 여러 종류의 백혈구는 인체를 유지하고 방어하는 역할을 한다. 혈소판은 혈액 응고를 유발하는 물질을 분비한다. 모든 혈액 세포와 혈소판은 골수에 있는 줄기세포에서 생성된다.

**33.3절** 혈액 질병인 사람은 적혈구 혹은 백혈구가 너무 많거나 혹은 너무 적거나 비정상적이다.

**33.4절** 적혈구의 표면에 있는 표지는 사람의 ABO와 Rh 혈액형을 결정한다. 공혈자나 수혈자의 ABO 혈액형은 수혈 문제를 피하기 위하여 일치하여야 한다. Rh형 부적합성은 자식에 대한 문제를 일으킬 수 있다.

**33.5절** 사람 심장은 2개의 분리된 순환을 통하여 혈액을 분출한다. 폐순환에서 심장 우측에서 산소가 부족한 혈액은 폐로 흐르고 산호를 취하여 심장의 좌측으로 돌아온다. 체순환에서 산소가 풍부한 혈액은 심장의 좌측에서 몸 전체로 흐르고, 산소가 부족한 혈액은 심장의 우측으로 온다. 대부분의 혈액은 모세혈관계를 통과한다. 한 경로에서 장 모세혈관을 통하여 간 포세혈관으로 흐른다. 이것은 간이 대사하여 양분을 저장할 시간을 준다. 간도 혈액에서 생긴 독성을 중성화시킨다.

**33.6절** 사람의 심장은 끊임없이 박동하는 이중 펌프이다. 각 절반은 2개의 방(심방과 심실)을 가지고 있다. 혈액은 정맥에서 심방, 심실, 대동맥, 폐동맥으로 흐른다. 심실 수축은 몸 전체에 혈액 순환을 위한 원동력이다.

심장 전도계는 심장의 박동의 근원이다. SA결절은 자발적으로 수축을 위한 주기적인 전기 신호를 생성하며 이를 박동원이라고 한다. 흥분파는 심방을 흘러 아래로 심장의 격벽을 따라 심실에 도달한다. 신경계는 수축율과 수축 강도를 조절할 수 있지만 유발시키지는 못한다.

**33.7절** 낮아지고, 체순환이나 폐순환을 통하여 혈액이 흐를 때 가장 낮다. 이완된 심방에서 가장 낮다. 혈압은 심박의 강도와 비율 그리고 다른 혈관에서 흐를 때 저항에 의존한다. 다른 조직에 대한 혈류 분배는 주로 동맥 직경의 조정에 의존한다.

**33.8절** 모세혈관상은 혈액과 간질액이 물질을 교환하는 확산 지역이다. 초미세여과는 모세혈관에서 적은 양의 체액을 밀어낸다. 체액은 모세혈관 재흡수로 다시 돌아간다. 정상적으로 두 과정은 모세혈관상에서 체액의 흐름이 약간 밖으로 흐르도록 거의 균형을 이룬다.

소동맥은 기능적으로 모세혈관과 겹친다. 정맥은 빠른 운송 혈관이며 심장으로 되돌아오는 혈액량을 조정하기 위한 혈액 저장소이다.

**33.9절** 혈액응고는 상처가 난 후 작은 혈관에서 흐르는 혈액을 막는 다단계적 과정이다. 그 결과 응고가 형성되는데 응고는 일반적으로 좋지만 심장혈관 질병에서는 나쁠 수 있다. 가장 일반적인 질병은 고혈압(만성적으로 높은 혈압), 아테롬성 동맥경화증, 심장마비, 심장발작, 부정맥이다. 규칙적인 운동, 정상 몸무게를 유지, 금연은 질병에 걸릴 위험을 낮춘다.

**33.10절** 림프계의 림프관 부분은 지방을 흡수하는 것과 마찬가지로 간질액에서 온 과다한 물과 혈장단백질을 흡수하고 이들을 혈액으로 운반한다. 병원균과 이물질을 림프절과 비장에 전달한다.

림프성 기관과 조직은 어떤 백혈구가 성숙하는 장소이다. 몇몇은 림프와 질병을 유발하는 인자를 구분하는 세포의 배열이 조직화된 전쟁터이다.

## 자습-퀴즈

*정답은 부록 Ⅲ에 있음*

1. 세포는 __________(와)과 직접적으로 물질을 교환한다
   a. 혈관 b. 림프관
   c. 간질액 d. a와 b
2. 모든 척추동물은 __________을 가지고 있다.
   a. 개방순환계
   b. 폐쇄순환계
   c. 4개의 방으로 된 심장
   d. b와 c
3. 혈액에서 발견되지 않는 것은?
   a. 혈장
   b. 혈액 세포와 혈소판
   c. 기체와 녹아 있는 물질
   d. 모두 혈액에서 발견된다.
4. O 형 혈액을 가진 사람은 __________
   a. 어떤 혈액형도 수혈을 받을 수 있다.
   b. 어떤 혈액형을 가진 사람에게 공혈을 할 수 있다.
   c. O형인 사람에게만 공혈을 할 수 있다.
   d. 공혈자가 될 수 없다.
   e. a와 b
5. 혈액에서 대부분의 산소는 __________ 운반된다.
   a. 적혈구로 b. 백혈구로
   c. 헤모글로빈에 결합으로 d. a와 c
6. 혈액은 좌심방에서 __________(으)로 직접 흐른다.
   a. 대동맥 b. 좌심실
   c. 우심방 d. 폐동맥
7. __________의 수축은 혈액이 대동맥과 폐동맥으로 흐르도록 한다.
   a. 심방 b. 소동맥
   c. 심실 d. 골격근
8. 혈압은 __________ 가장 높고, __________ 가장 낮다.
   a. 동맥에서, 정맥에서 b. 소동맥에서, 소정맥에서
   c. 정맥에서, 동맥에서 d. 모세혈관에서 소동맥에서
9. 휴식할 때 가장 많은 양의 혈액은 __________에 있다.
   a. 동맥 b. 모세혈관
   c. 정맥 d. 소동맥
10. 다음 중 림프계의 기능이 아닌 것은 어느 것인가?
    a. 병원체의 여과
    b. 순환계로 체액을 되돌리는 것
    c. 특정 백혈구 성숙을 돕는 것
    d. 조직에 산소를 분배하는 것
11. 구성 요소 기능을 일치시키시오.

| | |
|---|---|
| ________ 모세혈관상 | a. 병원체의 여과 |
| ________ 림프절 | b. 심장의 박동원 |
| ________ 혈액 | c. 주요 혈액 저장소 |
| ________ 심실 | d. 가장 큰 동맥 |
| ________ 방실결절 | e. 체액성 결합조직 |
| ________ 정맥 | f. 확산 지역 |
| ________ 대동맥 | g. 수축은 혈액 순환을 일으킨다. |

12. 아래 심장 모식도의 구성 요소를 적으시오.

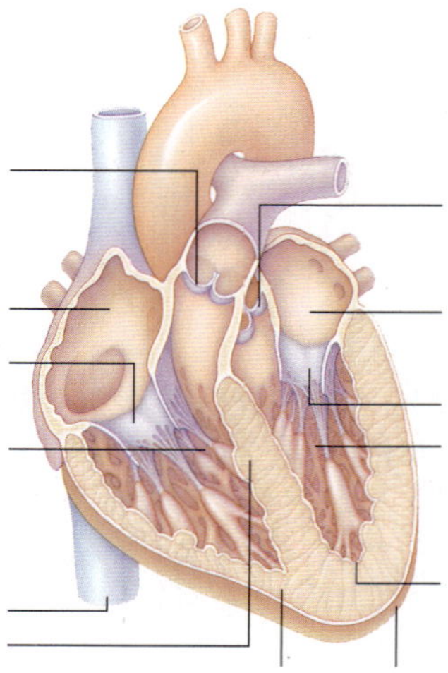

13. 아래 혈관을 구분하고 각 기능을 설명하시오.

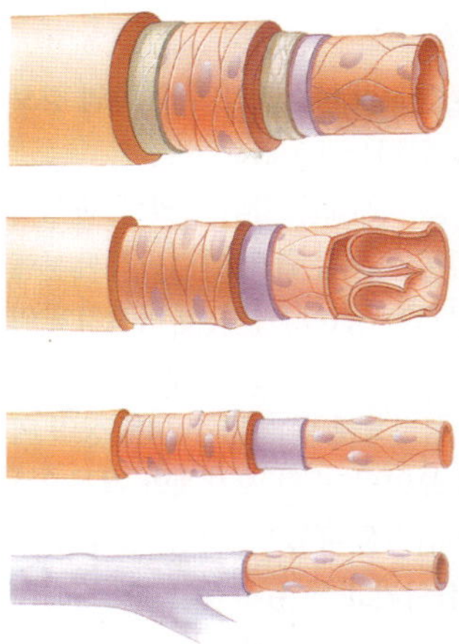

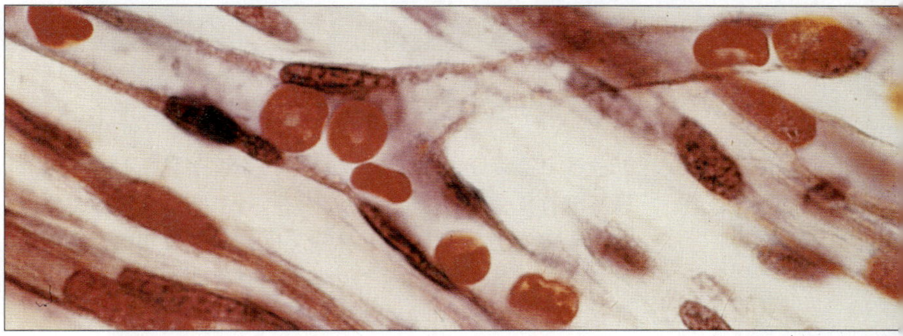


**그림 33.25** 가지가 난 혈관의 광학현미경 사진.

## *분석적으로 생각하기*

1. 비행기 여행자의 일반적인 사망은 *일반석 증후군*에 대하여 경고를 하고 있다. 이 이론은 오랜 시간 동안 움직임 없이 비행기에 앉아 있는 것은 다리에 피가 모이고 뭉치도록 한다는 것이다. 비행기 내부에 낮은 산소 농도는 혈액응집을 증가시킬 수 있다. 만일 혈액응고가 혈류를 막을 만큼 크고 폐나 뇌에 전달되면 사망에 이를 수 있다.

   혈액응고 형성과 문제를 일으키는 사이에 간격이 있으므로, 비행기 여행과의 관계는 쉽게 무시되었다. 현재 연구는 일반석 여행이 심각한 위험을 일으키는지에 대하여 여러 방법으로 이루어지고 있다. 정맥에서 혈류에 대한 여러분의 지식으로 비행기 내에서 일어났다가 앉거나, 이리저리 움직이는 것이 혈액응고 형성의 위험을 줄일 수 있는지 설명하시오.

2. *Streptococcus pyrogenes*이라고 하는 박테리아의 어떤 분자는 인체에서 결합조직에 있는 세포의 원형질막에 있는 분자와 유사하다. 박테리아가 목에 감염되면, 항체라고 하는 무기가 침입자에 대하여 작용을 한다. 그러나 이 항체는 심장이나 다른 부분에 있는 결합조직에도 작용한다. 오랜 기간동안 지속된 염증은 *류마티스성 심장병*을 일으킨다. 심장 판막은 이상 형태가 된다. 이 병이 심장의 기능에 어떻게 영향을 주며 야기되는 문제가 무엇인지 설명하시오.

3. 그림 33.25에 있는 현미경 사진을 보면 적혈구가 혈관을 따라 움직인다. 이것은 어떤 유형의 혈관인가? 이 결론에 어떻게 도달하였는지 설명하시오.

4. 다른 곤충과 마찬가지로 초파리(*Drosophila melanogaster*)는 개방혈관계를 가지고 있다. 전달 매질은 혈액이 아니라 림프액이다. 주요 관의 하나가 수축을 하면 림프액이 작은 초파리 몸에 흐르도록 한다.

   1993년에 정상적인 파리의 "심장"의 발달은 *tinman*이라는 유전자가 필요하다는 것을 알았다. 유전자의 이름은 오즈의 마법사에서 심장이 없는 등장인물과 관련이 있다. 만일 *tinman* 유전자가 돌연변이가 되면 배에서 심장이 형성되지 않고 죽는다. 이 유전자는 제브라 피쉬, 아프리카 거북이, 닭, 쥐, 사람 등에서 발견되는 것과 유사한 염기 서열을 가지고 있다. 진화적으로 떨어진 종에서 돌연변이가 심장의 비정상적인 발달을 일으켰다. 인간에게서 돌연변이는 심장의 방을 나누고 심장 전도계를 일으키는 유전적 결함을 야기하였다. 여러 동물에서 이 조그만 유전자가 심장의 발달에 중요한 영향을 준다는 것이 놀랍지 않은가? 여러분의 답을 설명하시오.

5. 미란다는 19살이며, 대학생이고, 열심히 달리기를 하는 학생이다. 약 한 달 전에 친구가 미란다가 엄격한 *채식주의자*라고 의심하였다. 달걀과 우유가 포함된 음식을 비롯한 모든 동물성 음식을 거부하였다. 경기를 위하여 연습을 시작할 때, 비정상적으로 피곤함을 느꼈다. 친구는 창백하다고 말하였다. 의사가 진찰을 하고 몸에 철분이 부족하다고 말하였다. 철분 결핍이 미란다의 혈액과 증상에 어떻게 영향을 주었는지 설명하시오.

# 34 면역

## 최근 이슈와 그 영향력 AIDS의 얼굴

13세인 고웨로(Chedo Gowero)는 이웃집과 농장에서 일을 하면서 땔감을 모으면서 하루종일 시간을 보낸다. 양친 부모를 AIDS로 잃고 그녀 자신과, 10살 남동생, 그리고 할머니를 돌보기 위해 어쩔수 없이 학교를 그만 두어야만 했다. 역경에도 불구하고 그녀는 그녀의 노력이 친동생을 계속하여 교육을 받을 수 있게된 것에 대하여 자부심을 느끼고 있다. Chedo와 그녀의 남동생은 짐바브웨이에서 AIDS에 의해 양친을 잃은 800,000명의 고아들중에 하나였다.

이질병을 유발하는 HIV는 성인들중 3분의 1을 감염시켰다. 아프리카 국가에서 이종간 성교가 이질병의 주요 전염 경로이다. 상황은 더욱 악화되고 있다.

감염과 사망률은 10년 동안 계속 증가되고 있다. 바이러스가 남성에서 여성으로 전파가 보다 쉽게 일러나기 때문에 특히 젊은 여성들이 쉽게 공격을 당한다. 선택의 여지가 많이 없기 때문에 고아가 된 많은 소녀들은 자신과 가족들을 위하여 매춘을 하게 된다. 현재 짐바브웨의 15세와 24세 상이 여성 25% 가 HIV 양성반응을 보인다. 또한, 오랫동안 가뭄으로 곡식 생산이 줄어들어 AIDS위기를 더욱 부추기고 있다.

2003년에는 농장에서 살아가고 있는 사람의 70%가 HIV 양성 반응을 보였다. 많은 사람들이 감염과 영양실조의 악순환에 시달리고 있다. 영양실조에 걸린 사람은 보다 쉽게 감염이 되고 일단 감염이 되면 너무 허약하여 곡식이나 먹을거리를 구할 수 가 없게 된다.

**그림 34.1** AIDS 에 대한 사회적 무관심과 대면 하다- 짐바부웨이 마을에 있는 고웨어(Chedo Gowero). 오른편에 있는 영상필름에는AIDS의 원인이 되는 HIV의 이미지를 나타내고 있다. 이 바이러스가 췌도의 양친을 죽였다.

## 개요도

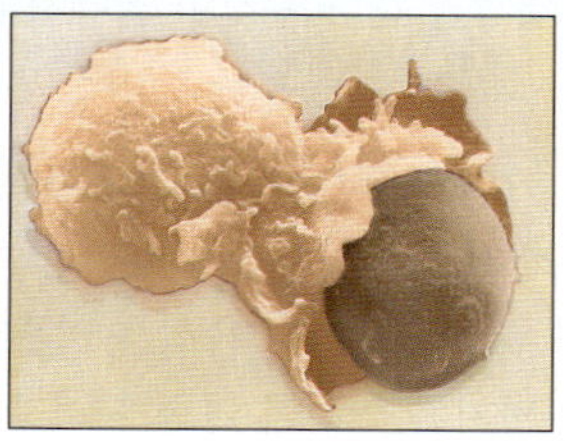

**진화적 배경** 척추 동물은 동반진화된 위협에 대항하여 물리적, 화학적, 세포 생물학적 방어벽을 가지고 있다. 목표물은 다양한 바이러스, 세균, 다른 병원체들 뿐만 아니라 암세포 그리고 다른 변형된 세포체이다.

**제 1 방어선** 피부, 점막이 내부적 환경에 대한 주된 방어벽 역할을 한다. 침, 눈물 그리고 다른 분비물 속의 효소들이 몇몇 병원체들을 죽인다. 몸의 안과 밖에 살고 있는 무해한 미세 유기체들이 많은 병원체들이 점착 되는 것을 막는다.

같은 악순환이 다른 국가에서도 퍼지고 있지만, 속 사하라 아프리카에 만연되고 있다. UN평가에 의하면 2003년말 4천6백만 명의 사람이 감염되었는데 감염자 전체 70%이상이 sub-사하라 아프리카에 살고 있다.

이런 통계치에 의하여 사람들은 이 문제를 해결할 수 없다거나 또는 도망가고 싶은 마음이 들 수도 있을 것이다. 하지만, Chedo와 그녀의 남동생을 포함한 대부분의 아프리카사람들은 감염이 되지 않았다는 것을 명심해야 한다. 희망에 대한 이유도 있다.

몇몇 아프리카 국가중에는 교육과 예방 프로그램에 의하여 감염률이 감소하고 있다. 선진국 자원 봉사자들이 시골 벽지 까지 계몽을 하기 위해 아프리카 대사들과 노력을 하고 있다. 미정부는 AIDS연구와 치료를 위해 5년 주기로 150억불을 주기로 약속하였다. 다른 선진국들도 연구 기금을 주기로 하였다. 몇몇 미개발국가에서는 허용이 되지 않고 있지만, 환자의 수명을 연장 할수 있는 약이 있다.

AIDS는 진화단계면에서 새로운 위협이다. SARS의 원인이되는 변종 코로나 바이러스, 항생제 저항성을 가지는 종, 생물학적 무기로 이용되는 탄저균종들과 같은 새롭게 나타난 병원체 인것이다. 어떻게 인체는 이와 같은 위협에 대처를 하는 것인가? 연속하여 병원체에 대항해서 반응을 하지 못하면 어떻게 되는가? 이와 같은 질문들이 면역의 세계로 여러분을 안내하고 여기에 답을 하기 위해 면역 연구로 여러분들은 초대하는 것이다.

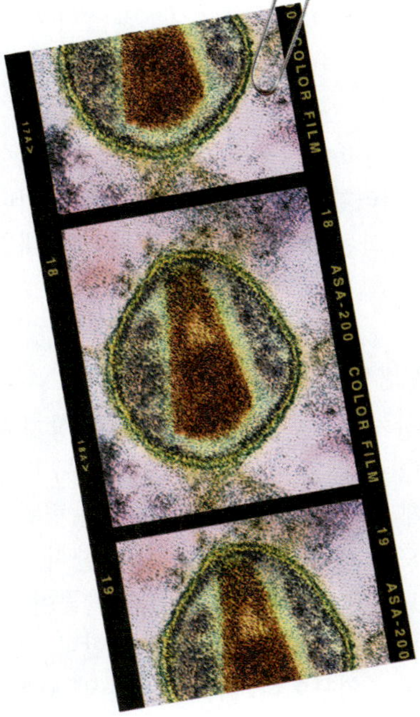


### 찬반의견 투표

*AIDS 약은 수명을 연장시킬 수 있다. 고비용 인해 시급히 필요하지만, 대부분 개발 도상국에서는 이용을 할 수 없다. 미정부가 개발 도상국에 약을 싸게 팔수 있도록 미국 제약 회사에 자극을 줄 수 있도록 하는데 찬성을 하는가? 집에 AIDS환자는 어떤가? 실제로 누가 계속 돌보는가? 미디어 메뉴에서 상세한 내용을 참고하여 온라인 투표를 한다.*

**제 2 방어선** 염증은 조직 손상에 대한 국부적인 반응이다. 이것은 백혈구, 화학적 신호, 세포막 단백질이 관여하고 있다. 염증반응과 면역반응이 지속되는 동안 보체단백질들의 활성화 신호가 일어난다.

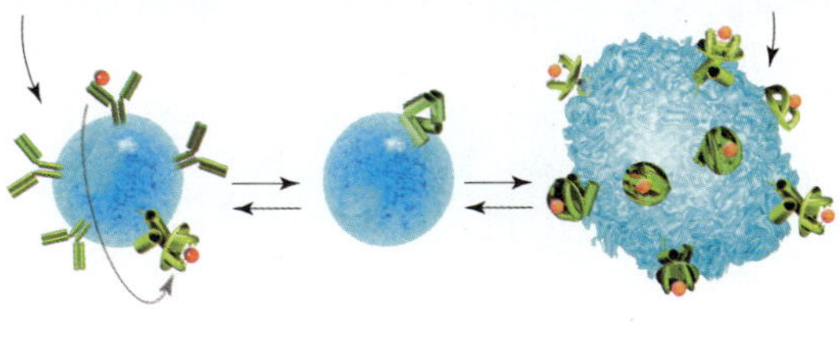

**제 3방어선** 감염이 지속되면 백혈구는 병원체를 비자기로 인식하여 면역 반응을 한다. 백혈구들은 병원체들을 파괴하거나 연속적인 공격을 저지하기 위해 거대 세포 나누어지거나 분화를 한다.

# 34.1 방어의 총설

*척추동물은 다양한 바이러스, 박테리아, 곰팡이, 진균, 원충, 그리고 다른 질병 물질과 끊임 없는 경쟁을 하고 있다. 그들 서로는 함께 진화되어 왔고 방어의 제삼선이 지금의 진화결과물이다.*

## 피부및 점막

병원체는 표면 방어벽에 상처가 내부 환경으로 들어오면 질병을 유발한다. 이러한 방어벽-피부, 몸의 관들이나 빈공간 벽에 특수하게 분화된 상피조직- 조직 상해에 대한 방어의 제일선이다.

## 비특이적 내부 방어책

피부 방어벽에 상처가 나면 방어의 제이선이 상처 부위 바로 아래 조직에서 형성된다. 백혈구들과 (림프구) 항균성 화학물질들이 빠르게 만들어져 손상을 주고 있는 병원체에 지속적인 반응을 하도록 한다. 그림 34.2 는 이러한 세포들을 보여주는데 이들은 모두 골수줄기 세포로부터 만들어 진다. 마치, SWAT팀처럼 아주 빠르게 위협에 대처를 한다. 가장 풍부하게 존재하는 것이 호염구이다. 이들 각각은 약 20개의 세균을 흡입하여 분해를 할 수 있다. 호산구는 원충에 구멍을 낼 수 있는 효소를 분비한다. 호염구과 대식 세포는 화학물질들을 만들어 염증이 지속 되도록 한다. 다음 섹션은 염증 반응에 대한 설명이다.

비록 보다 천천히 반응을 보이지만 대식세포라 불리는 백혈구는 대식가이다(그림 34.2).

각각은 수백개의 세균을 흡입하여 분해할 수 있고 자신의 몸에 대하여 외부의 것으로 인식되는 것을 화학적으로 분해할 수 있다. 대식 세포는 또한 조직을 깨끗하게 청소를 할 수 있다. 대식세포의 미성숙 형태(단핵세포)는 혈액을 순환한다. 수지상 세포처럼, 대식 세포는 감시기능과 식작용 기능 이상을 할 수 있다 ; 그들은 또한 위협을 면역 세포들에게 알린다. 자연 살해 세포는 스스로 면역 기능을 할 수 있다. 그들은 몸을 감시하고 암세포, 바이러스 감염 세포, 그리고 세균세포에 결합한다. 그들 분비물중 목표 세포에 구멍을 내어 세포를 죽인다. 다른 NK세포분비물은 염증반응을 증가시킨다.

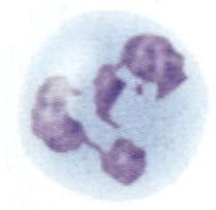
호중구

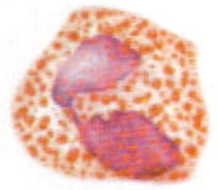
호산구

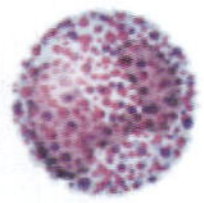
호염구

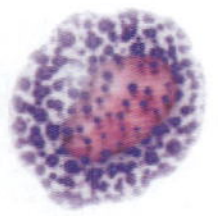
비만세포

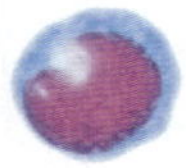
B림프구

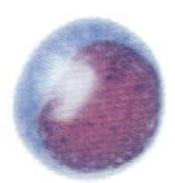
T림프구

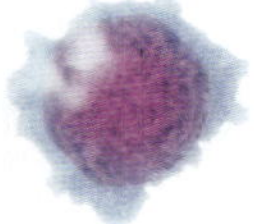
NK세포

## 적응면역의 진화

이제 제 3방어선에 대하여 이야기 해보자. 이것은 세포와 세포간의 상호 작용과 자기 인식에 토대를 둔 아주 정확한 방어 시스템이다. 이것은 수천수만년전에 단세포 진핵생물로 부터 다세포 동물로 진화를 해올때 시작이 되었다.

적어도 이 세포들의 막 단백질이 하나의 작용 단위로 인식이 되어 서로를 인지하고 상호 관계를 취하는 이용이 된다. 이렇게 되기 위하여서는, 자기와 비자기를 화학적으로 구분하여야 한다. 이런 능력이 선택적 장점으로 이용이 된다. 어떻게 우리들이 알 수 있는 것인가? 일찍, 몸속의 세포가 병원체를 인식하고 파괴를 한다. 이 병원체는 동물세포에 속하지 않는 분자들을 지니고 있다.

식세포 작용을 하는 세포들이 감염초기에 병원체에 대항한다. 우리는 해면동물, 자포동물, 편형동물과 같은 가장 고대 동물계로부터 청소부 역할을 하는 세포들을 발견할 수 있었다. 음식물로 세균을 흡입하는 것에서부터 몸속으로 침입한 해로운 물질을 분해하는 것까지 아주 작은 진화적 단계였든 것이다. 특히, 라이소자임이라 불리는 효소는 세균벽을 아주 잘 분해한다. 이후, 비자기적 신호가 신호전달 과정을 자극하게 된다. 외부자극신호를 감지한 세포들은 위협을 제거하거나 병원체에 구멍을 내기 위해 화학 무기를 만든다. 싸이토 카인이라는 물질 무척추 동물로부터 진화 해 왔다. 신호전달에 관여하는 주된 분자들이 몸의 방어를 위해 세포사이의 상호 작용을 유도한다. 척추 동물에서 3가지 형태-인터루킨, 인터페론, 종양괴사인자들- 가 화학무기의 일부분이 되었다.

하지만, 각 개체는 잠재적 위협을 인식할 수 있는 불변의 능력을 가졌다. 새로운 위협에 대한 적응은 개체에는 가능하지 않았다. 4억5000 만년전에, 새로운 무언가가 출현을 하였다. B 림프구와 T 림프구라 불리는 백혈구가 턱을 가진 물고기에서 진화 되어 왔다. 이 이상으로, 각 개체의 발달동안, B 세포와 T세포는 외부의 무한대의 병원체에 대한 반응을 하기 위해 변화되어 온 것이다. 오직 이 종류의 세포들만이 비자기형태를 이루는 수많은 세포들을 인식하는 단백질들을 만들어 왔다. 우리는 이런 능력을 적응 면역이라 부른다.

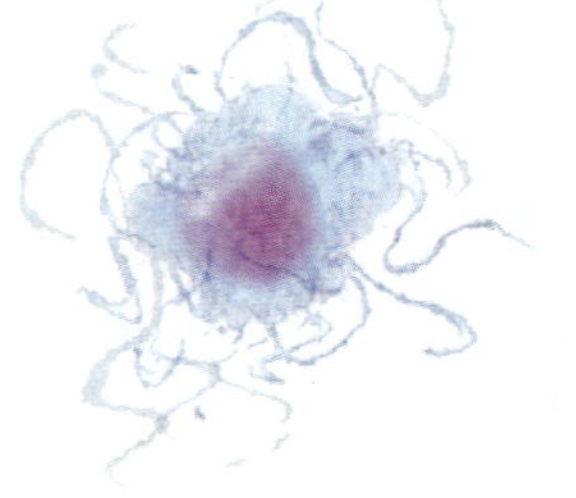
수지상 세포

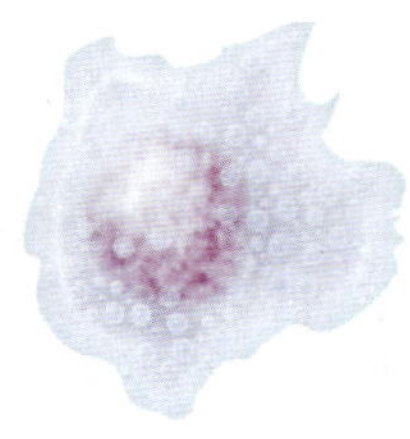
대식세포

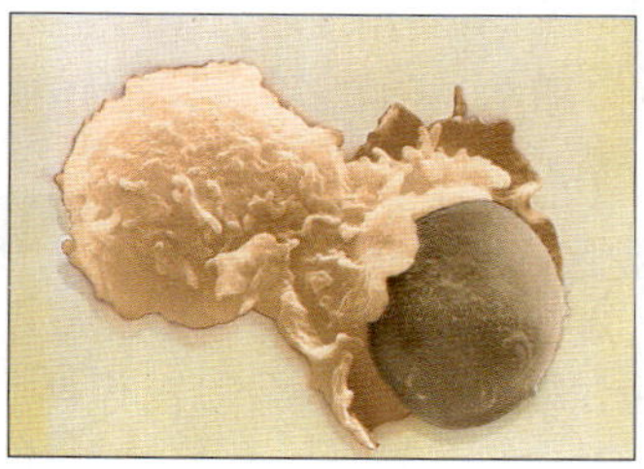

**그림 34.2** 척추 동물에 방어 역할을 하는 세포들. 자세한 구조를 보기 위해 모두 염색을 하였다. SEM 사진은 대식세포가 병원균인 효모를 삼키는 장면을 나타낸다. 어떤 백혈구는 재빠르게 행동하는 SWAT 팀과 같은 역할을 한다. 다른 백혈구는 분열하여 지속적으로 작용하는 거대한 아집단의 출발점이다.

| 표 34.1 척추 동물의 3단계 방어선 |
|---|
| **I. 체표장벽** (비특이적 목표물) |
| 피부: 다른 체표의 점막<br>감염에 대항하는 화학 물질(예:눈물, 타액의 라이소자임)<br>병원체에 대항할수 있는 피부나 다른 신체면의 무해 세균<br>눈물, 타액, 소변, 장운동의 세척 효과 |
| **II. 비특이적 반응** (비특이적 목표물) |
| 식세포와 세포 독성 세포<br>a. 재빠르게 대응하는 백혈구(호중구, 호산구, 비만 세포 호염구)<br>b. 대식세포(면역반응에도 관여)<br>c. 자연 살해 세포<br>염증반응<br>a. 히스타민, 프로스타글란딘, 혈액응고단백질<br>b. 항균성 단백질(예: 보체, 인터페론)<br>열 |
| **III. 적응면역** (특이적 표적 반응) |
| 수지상 세포 와 대식세포에 의해 작극 받은 T세포와 B세포<br>화학적 신호전달 물질(예; 인터루킨, 인터페론)<br>화학무기(예:항체, 퍼포린) |

이제 육지를 차지한 척추 동물들 사이의 진화적 경향을 되돌아 보자. 체액 순환이 휠씬 효과적이 되자, 이것이 몸을 방어하는 능력이 되었다. 식세포들은 지금 공격당한 조직에 휠씬 빠르게 도착하는 방법을 가지게 되어 병원체를 방해할 수 있게 되었다. 그리고 혈관이라는 고속도로를 따라 이동을 한다. 세포막에 녹여져 있는 화학 무기도 그렇다. 즉, 위협에 맞선 내부 방어기작이 상처가 퍼지기 전에 작동을 한다.

가이드를 세우는 것은 빠르고, 비특이적 반응이다. B 세포와 T 세포의 준비와 기다림은 특이적 위협에 대처를 하기 위한 것이다(표 34.1).

체표면과 화학적장벽, 조작손상에 대한 비특이적 반응, 그리고 면역반응이 척추동물의 신체를 보호한다.

하등동물도 비자기를 인식하여 식작용과 화학적 무기로 위협에 대응할 수 있도록 진화하였다. 무척추동물은 방어용 세포를 불러 모으는 신호전달 경로를 가지도록 진화하였다.

척추동물도 여전히 이런 비특이적 방어가 필요하다 그리고 잠재적으로 무한한 종류의 위협에 대항하는 면역반응 담당 B림프구와 T림프구를 가지고있다.

## 34.2 제1방어선

병원체가 내부 환경에 들어갔을 때 감염을 야기한다. 피부를 뚫고 점막을 통과해야만 된다. 두가는 강력한 방어벽이 되는 것이다.

척추 동물의 피부는 서로 아주 강하게 결합된 죽은, 케라틴화된 상피세포로 만들어진 거친 표면을 가지고 있다. 둘러싸고 있는 몸의 표면은 기름기와 물, 염종류와 산성분이다. 또한 일반적으로 무해한 세균과 효모도 많이 있다. 많은 숫자로 병원체의 증식을 막아 고립시키는 미생물이 영구적으로 군락을 형성한다.

병원체는 피부의 상처나 체표의 외부와 노출된 공간 및 분비선을 따라 침입을 한다. 눈, 코, 입, 그리고 비뇨기관 성기관등을 생각 해보라. 모든 곳이 병원체 침입 통로이며 아주 강하게 보호를 받고 있다. 한 경우를 생각해보면, 백혈구는 죽은 세포의 바로 아래 끊임없이 생성되는 상피세포의 층을 감시한다.

더욱이, 눈은 세균을 죽이는 라이소자임을 가지고 있는 눈물에 의하여 계속하여 씻기어 진다. 폐의 기공에 있는 라이소자임을 가지고 있는 점액 성분은 코털을 통과한 세균에 대한 저항성을 가진다. 기공에 있는 털을 가진 세포는 파편들을 외부로 밀어낸다. 기침과 콧물은 세균들을 외부로 배출하게 한다.

병원체가 입에서 살아 남기 위해서는 침속의 라이소자임을 자나쳐 가야하고 따뜻하고, 습기 많고, 영양분이 풍부한 곳에 살고 있는 무해한 미생물들을 통과해야 한다. 보통 위에 다다른 미생물들은 낮은 pH에 의해 죽는다. 다른 것들은 소장안에서 담즙에 노출되어 죽거나 대장의 끊임없는 교반 운동에 의해 죽게 된다. 대장에 있는 미생물들은 숫자는 그들의 성장이 제한 된 상황에서 100 이상 되지 않는다.

요의 낮은 pH와 몸밖으로의 배출이 병원체가 요관에 붙어있게 하는 것을 방해한다. 젖산균들의 젖산 부산물이 질속의 pH를 낮게 한다. 관계있는 종들이 입과 대장속에 거주를 한다. 항생제를 맞는 것이 이런 좋은 세균들을 제거하여 외부 병원체의 침입 기회를 넓게 한다. 또한, 여성 호르몬이 에스트로젠 수준이 폐경기동안 낮아져 질속의 세균 젖산 생산을 감소시켜, 질의 감염을 증가시키기도 한다.

건강한 피부, 점막, 섬모, 리소자임, 그리고 장관 안이나 체표면 위에 있는 상주 세균이 척추동물의 병원체에 대한 1차 방어선이다.

# 34.3 제 2방어선 — 비특이적 내부 반응

*병원체가 내부환경 안으로 왔을 때 무엇이 일어나는가? 염증 반응을 유도하고 항균 단백질과 열을 발생시킨다.*

## 염증 반응

병원성 세균이 조직으로 들어왔고 체액으로 대사 산물들을 방출하기 시작하였다고 가정해 보라. 급성 염증으로 알려진 기작에 의하여 빠른 활동을 보이는 식세포는 조직의 모세혈관을 떠나게 된다. 보체 단백질, 혈액 응고 요소, 그리고 다른 막단백질도 마찬가지다. 홍진, 발열, 부종, 고통들이 염증이 일어나고 있다는 증거들이다. 무슨 일들이 일어나고 있는가?

조직의 교란에 반응을 하여, 결체 조직 내의 비만 세포들은 히스타민과 혈관 확장에 관여하는 신호전달 분자들을 방출한다. 혈관 확장은 혈관벽을 느슨하게 하여 혈관의 직경을 넓힌다. 혈액이 혈관을 확장하므로, 조직이 붉게 되고 혈액성 성분의 대사 산물에 의하여 열이 발생한다. 히스타민은 또한 얇은 모세혈관을 더욱 투과성이 높게 한다. 히스타민은 혈관 세포사이의 좁은 틈을 더욱 밀어내도록 유도한다. 모세혈관은 정상적일때는 혈액으로부터 유출이 되지 않는 상태이지만 혈장 단백질이 유출이 되는 상태가 만들어졌다. 몇몇 단백질들이 빠져나가면서 삼투압이 체액에서 증가하게 된다.

혈압은 동맥에 대하여 선택적 통제가 손상된 조직으로 혈류의 흐름을 더 분포시키기 때문에 올라간다. 보다 많은 액이 모세혈관에서 빠져나가고 재흡수는 거의 되지 않는다. 모세혈관을 가로질로 체액이 균형이 되면 부종을 일으킨다. 조직은 체액에 의해 부풀어 오르고 고통 수용체에 압력을 가한다.

조직 손상에 대한 몸의 첫번째 반응 수시간 이내 호염구들이 모세혈관 벽을 빠져 나오게 된다. 그들은 빠르게 기능을 한다. 단핵세포가 도착하여 대식세포로 분화를 한다. 이런 세포들이 침입자들을 잡아먹고 세포성 부스러기들로 분해를 하면서 그들은 보다 많은 식세포들을 유인하기 위해 국부적으로 신호 전달 분자들을 분비한다.

조직안으로 유출된 혈장 단백질들은 혈액 응고 요소들이 포함되어 있는데 이들은 식세포 분비물에 의해 활성화된다. 혈액 응고 요소들은 피브린 형성을 자극하는 것을 명심하라. 피브린은 조직에 노출된 콜라겐 섬유에 부착을 한다. 섬유들은 혈액 세포와 혈소판을 잡는 구물망을 형성한다. 이 전체가 혈액응고 덩어리가 되는 것이다.

여러분들은 33.9절에서 혈액 응고 반응에 관하여 읽었다.

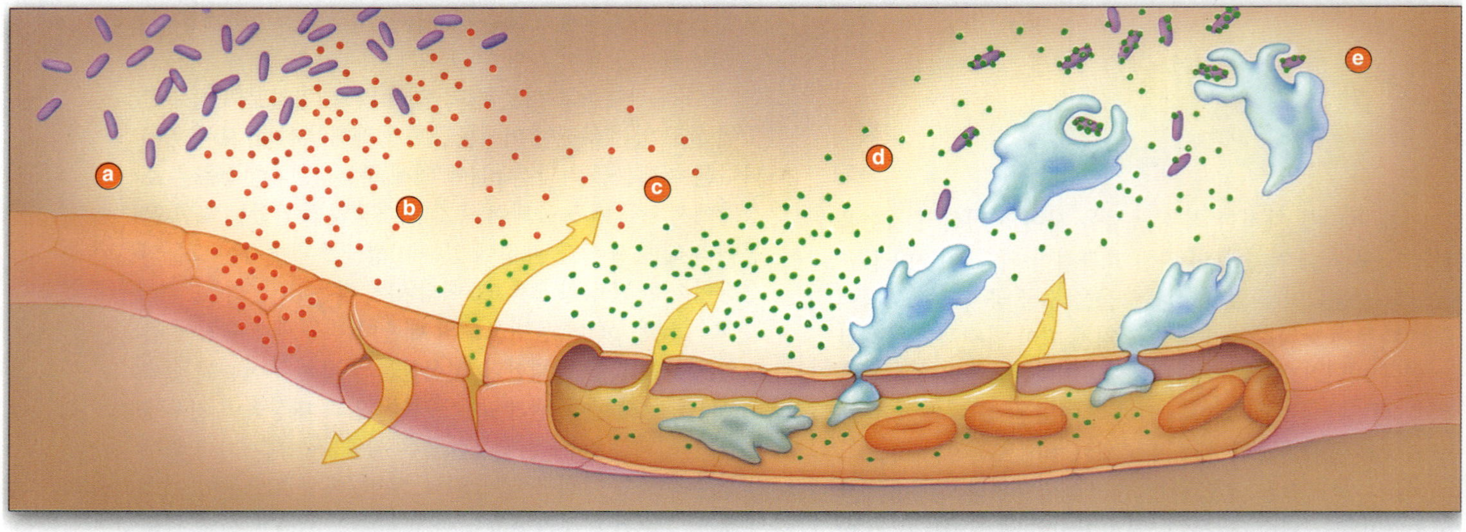


**a** 세균이 조직에 침범하여 직접 세포를 죽이거나 조직 상해를 가져오는 대사 산물을 방출한다.

**b** 비만 세포는 히스타민을 분비하여 소동맥을 확장(홍반과 발열동반)되어 모세혈관의 투과성이 증가한다.

**c** 모세혈관의 체액과 혈장 단백질이 유출된다. 국부적인 부종(조직 부풀기)과 통증이 유발된다.

**d** 보체 단백질이 세균을 공격하며 응고 물질이 염증 부위를 제한한다.

**e** 호중구, 대식세포, 그리고 다른 식세포가 침입자와 찌꺼기를 삼킨다. 대식세포의 분비물 역시 세균을 살해 하며, 더 많은 식세포를 유인하여 열을 발생 시키고 B와 T세포의 증식을 유도한다.

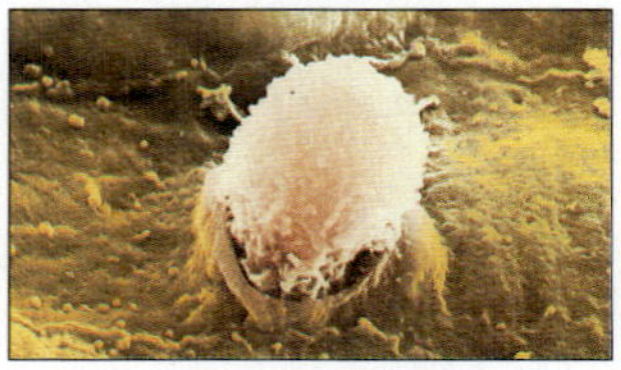

**그림 34.3** 세균침입에 의한 급성 염증 반응. 신속하게 작용하는 백혈구와 다양한 혈장 단백질이 손상된 염증조직으로 유출된다. 이것들이 침입자를 비활성화시키거나 파괴하고 또한 차단시키며, 화학물질과 찌꺼기를 제거한 후 조직을 회복시킨다. 그림은 백혈구가 모세혈관의 내피세포사이의 틈을 뚫고 나가는 것을 보여 준다.

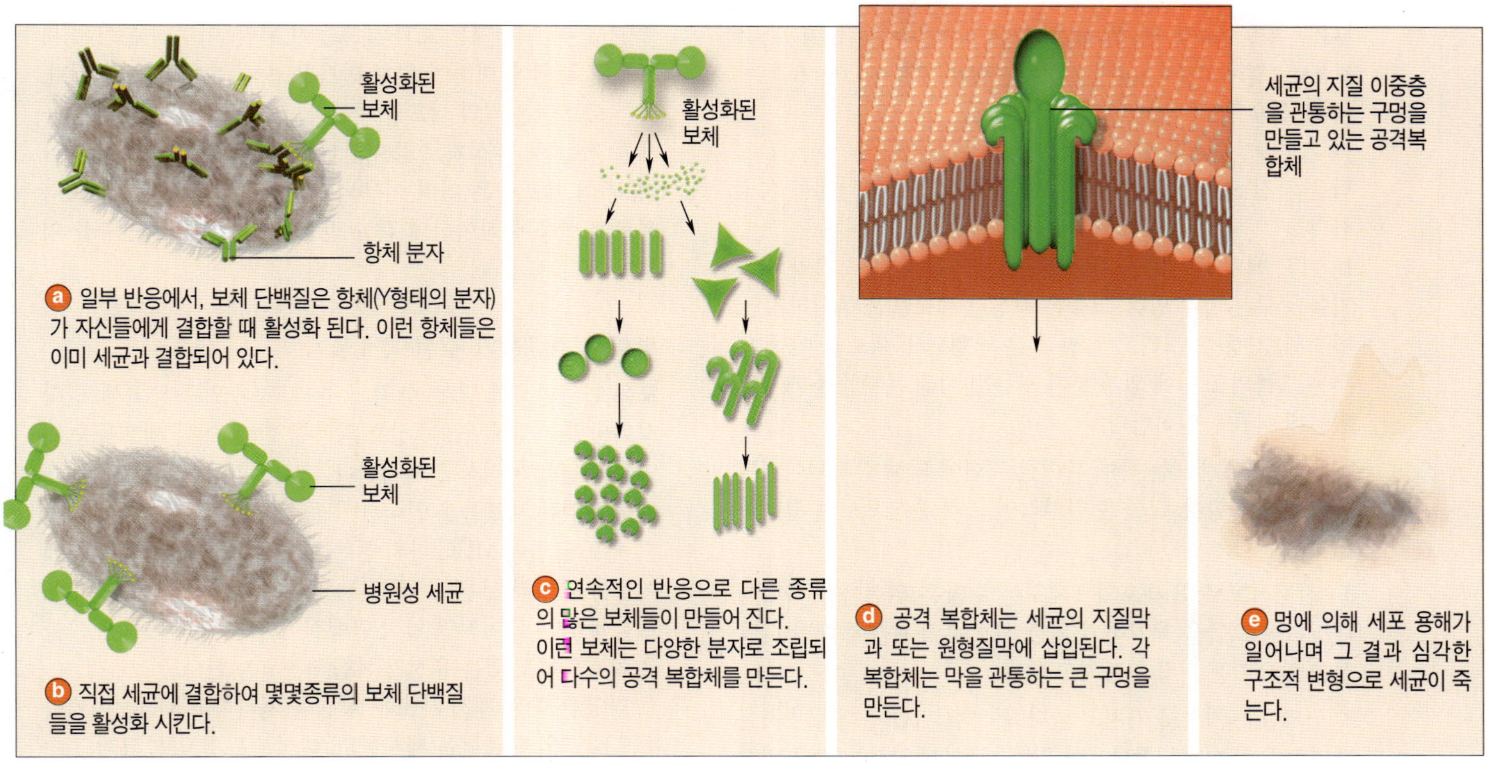


**그림 34.4** 보체 단백질의 역할. 보체 단백질이 미생물에 결합되어 시작되는 비특이적 반응경로와 면역 반응동안에 작용하는 반응경로가 있다. 두가지 모두 막복합체를 형성하여 용해시킨다. 그림은 병원체의 세포 표면을 나타낸다. 막공격 복합체가 세포막에 구멍을 만들었다.

염증성 반응 지역에서 벽을 형성하므로써 혈액 덩어리는 침입자의 확장과 다른 조직으로 독소가 퍼지는 것을 막는다. 위협이 끝나게 되면 모세혈관으로부터 항응고 요소들이 빠져나와 응고 덩어리들을 막는다.

### 항균성 단백질

보체 단백질들은 불활성 형태로 혈액을 순환한다. 비특이적 반응이 지속되는 동안, 보체계는 미생물들을 공격하거나 그들의 재생산을 방해한다. 이 단백질들은 면역 반응을 위하여 계속하여 일을 한다. 몇몇은 븐해를 야기하는 막공격성 복합체들이 부분이 된다(그림 34.4). 그들 총체적으로 목표세포의 세포막을 파괴한다. 다른 보체 단백질들은 병원체에 결합을 하여 백혈구에 의해 파괴가 되도록 꼬리표를 붙인다. 죽어 가고 있는 바이러스 감염 세포들은 인터페론을 분비한다. 이런 화학적 신호는 근처 세포에 결합을 하여 바이러스 감염에 대하여 보다 강한 저항성을 가지도록 한다.

### 열

열은 정상적인 체온을 초과하는 온도이다. 심지어 몇몇 서늘한 혈액을 가진 파충류일지라도 감염이 되면 열을 내게 된다. 인간에서 약 39℃ 열은 면역기능을 증가시킨다. 몇몇 내부 발열물질인 인터페론은 뇌로부터 프로스타글란딘의 분비를 촉진하여 발열을 유도한다. 이런 국부 신호전달 분자는 몸의 중심 온도를 통제하는 히포딸라무스의 열원조절인자 상승을 야기한다. 아스피린은 프로스타글란딘 합성을 저해하여 열을 낮춘다.

일부 백혈구와 화학무기는 특이적 표적이 아닌 일반적인 위협에 대응한다.

염증은 비특이적 방어와 특이적 방어의 일부분이다. 공격받는 조직은 국소적인 혈관이 확장되어 열이 나고 붉어진다. 모세혈관벽을 가로지르는 체액의불균형으로 생기는 부종으로 인해 조직이 부풀어 오르고 통증을 느낀다.

대식세포와 다른 식세포가 침입자나 찌꺼기를 섭취하고, 화학 매개체를 분비한다. 보체와 같은 혈장 단백질이 침입자를 파괴한다. 혈액 응고인자가 감염조직을 격리시킨다.

발열반응으로 정상적인 체온보다 일시적 체온 상승이 일어난다. 발열은 감염에 대한 방어를 돕는다.

## 34.4 제 3 방어선—적응 면역

*때로는 표면 방어벽, 열, 염증반응 만으로 위협을 제거하는 것이 충분하지 않아 감염이 자리를 잡을 때가 있다. 면역계의 세련된 백혈구 들이 활동을 하게 된다.*

턱을 가진 모든 척추 동물은 4가지 특징으로 면역계를 설명한다.

1. 어떤 백혈구 세포들, B림파구, T림파구 들은 자기와 비자기들을 구분 할수 있다. 그들은 정상 몸세포들을 무시하지만, 병원체, 기생충, 그리고 감염 혹은 변형된 몸세포들 이들 모두는 그들의 표면에 외부 분자 또는 변형된 분자들을 가지고 있는데 이들을 인식한다.

2. B세포와 T세포는 몸에 특이한 위협에 의해 감지되어지면 공격을 시작한다. 그들은 일반적인 조직 손상으로는 활성화 되지 않는다.

3. 전체적으로, B 세포와 T세포는 수많은 위협들중 하나에 대항하여 그들을 제거하기 위한 신호 수용체들에 대한 다양성을 일으키는 기작을 가지고 있다.

4. 면역계는 기억을 가지고 있다. 특별한 위협에 대하여 처음 대면한 동안 형성된 B세포와 T세포 구성체 일부는 같은 위협에 대하여 미래 전투를 위하여 대비한다.

비자기 분자들에 대한 인식은 모두 같은 위협에 대처할 수 있는 거 대한 개체군을 만들기 위해 감수 분열을 유도한다. B세포와 T세포의 분열을 유도하는 분자 는 항원으로 분류된다. 대부분 항원들은 단백질이다. 새로운 B세포와 T세포의 몇몇 아속 개체는 효과 세포들이 된다. 이렇게 분화된 세포들이 항원에 대하여 일차 반응을 즉시 수행한다. 그러나, 다른 세포들은 기억 세포들이 된다. 그들은 항원에 대한 수용체를 지닌 채 휴식처로 들어간다. 만약 항원이 다시 나타나면, 기억 세포들은 이미 이용되어질 수 있는 상태이고 보다 빠르게 반응에 참여하여 같은 반응에 대하여 2차 반응을 이루게 된다.

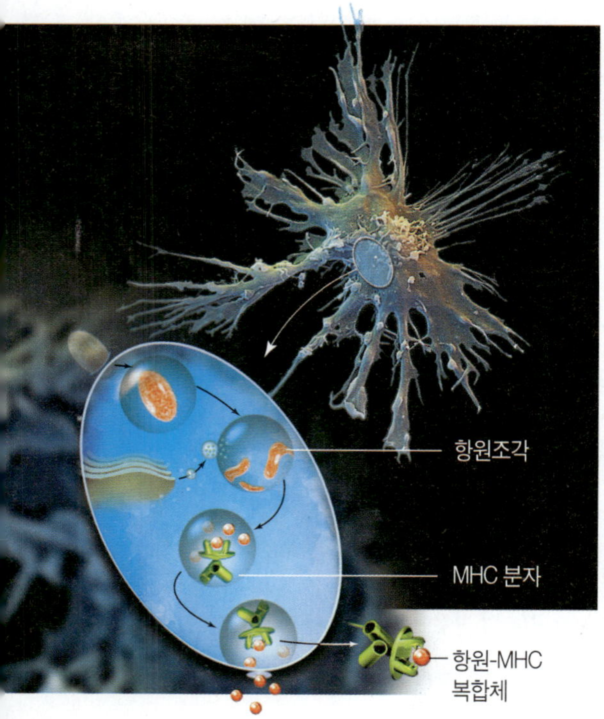


**그림 34.5** 대표적 항원제시 세포인 수지상 세포. 수지상 세포는 혈액, 내부 장기와 피부를 순찰한다. 항원을 섭취, 가공한 후 MHC분자와 함께 지시한다. 수지상 세포의 한 종인 랑게르한스세포에 관해서는 28.7절에 설명하였다.

### 방어자와 그들의 주된 목표물

모든 면역반응에 있어, 항원 제시 세포, 세포 독성 T 세포, 활성화된 보조 T세포들이 상호 작용을 한다. 이들 세포들중 몇몇은 항원을 처리하고 제시한다. 그리고 다른 몇몇은 항원을 지니고 있는 세포들을 인식하여 공격한다.

세포 표면에 MHC 마커 들은 항원과 짝을 이루게 되는데 이들을 팔이라 부른다 MHC 마커들은 자기 자신의 몸의 세포막에 있는 특이적인 인식 단백질이다. 그들의 이름은 그들을 암호화하고 있는 유전자 복합체를 의미한다.

다양한 항원 제시 세포는 항원을 처리하고 MHC 마커들 쪽으로 그의 단편들을 제시한다. 대식세포, B세포, 그리고 수지상 세포도 이런 일들을 한다. 그들은 항원, 또는 세포, 바이러스를 흡입 한다. 일단 항원이 세포질낭에 잡히게 되면, 리이소좀 효소들이 아주 빠르게 그것을 작은 조작으로 짜른다. 단편들은 이미 세포질 안에 만들어진 MHC 마카들과 결합을 한다. 항원-MHC복합체는 세포막으로 이동을 한다. 거기에서 그들은 비상용 깃발처럼 표면에 제시된다.

몇몇 보조 T세포는 이 특별한 신호를 받아 들일수 있게 된다. 이세포는 같은 항원에 대하여 감작 할수 있는 B세포, T세포 효과 세포와 기억 세포개체를 형성 하도록 분열과 분화를 유도 할수 있는 신호를 만들어 낸다.

효과 B 세포는 즉시 항체 매개 반응을 시작한다. 이 B세포는 특이 항원에 결합할 수 있는 지역을 가진 분자로 항체라는 것을 만들어 분비하는 유일한 세포이다. 호염구, 대식세포, 자연살해 세포들은 항체가 결합된 외부세포와 바이러스를 공격한다. 항체는 그이상의 것을 한다. 항체는 혈액과 체액을 순환하고 있는 항원결합세포와 독소들을 불활성화 시킨다. 항체는 염증반응을 촉진하고 보체 단백질들을 활성화한다. 항원제시세포와 보조 T세포 신호체계는 같은 항원에 대한 수용체를 가지고 있는 세포 독성 T세포를 활성화한다. 효과 세포독성 T세포는 세포매개 반응을 수행한다. 그들은 자유스럽게 순환하고 있는 항원과는 반응을 하지 않는다. 하지만, 그들은 바이러스 감염 세포 또는 세포간 병원체에 의해 감염된 세포 또는 기생충과 결합한다. 그들은 암세포를 인식하고 죽인다. 이들은 장기이식된 세포들을 공격하여 조직 거부 반응을 일으킨다.

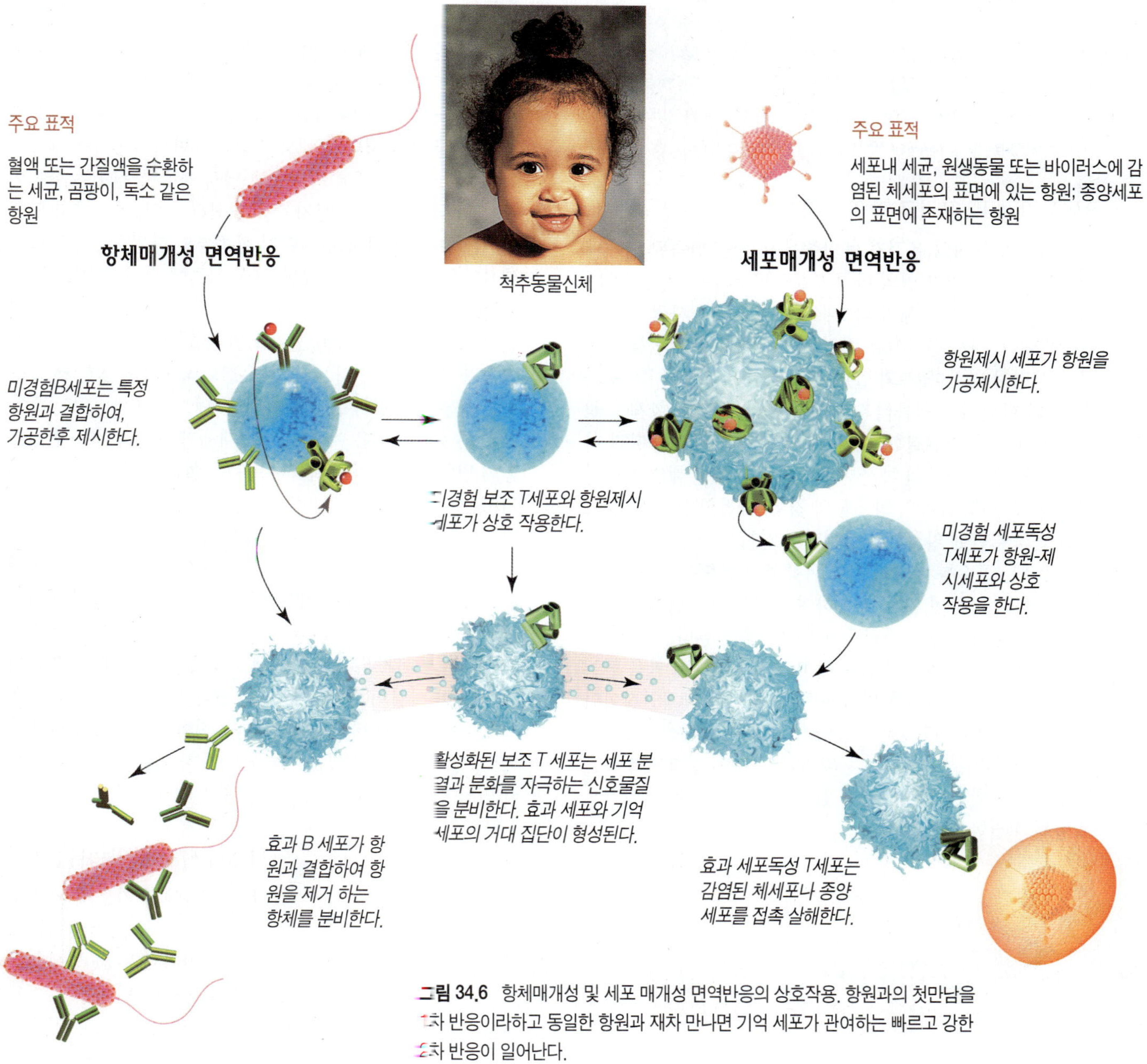


**그림 34.6** 항체매개성 및 세포 매개성 면역반응의 상호작용. 항원과의 첫만남을 1차 반응이라하고 동일한 항원과 재차 만나면 기억 세포가 관여하는 빠르고 강한 2차 반응이 일어난다.

## 면역 반응의 통제

보조 T세포는 대식세포－수지상 세포, B세포가 항원을 제시할때만 항원을 인식한다. 그들 자신들은 항원과 접촉후 나누어진다. 보조 T세포에 의한 결과 되어지는 클론들이 면역 반응을 유지하게 한다.

면역반응은 항원이 제거되어지면 멈춘다. 전쟁터는 효과세포들로 덮히게 되고 그들의 분비물은 항원을 가지고 있는 병원체들을 죽인다. 항원이 작아 지면 작아 질수록, 면역 세포들의 수는 줄어든다. 보체 단백질들이 청소를 도와준다. 그들은 혈액으로부터 면역복합체들을 깨끗하게 하고 처분을 위해 간과 비장으로 운반한다.

세포 표면의 MHC와 결합한 항원을 인식하는 것이 면역반응의 시작이다. 많은 수의 효과 및 기억 B세포와 T세포가 만들어지고, 이 세포는자신들을 자극한 한 종류의 항원에 대해서만 반응한다.

항체-매개 면역반응에서 활성화된 B 세포는 특이적 항원을 공격하는 항체를 만들어 분비한다.

세포-매개 면역반응에서 세포독성 T 세포는 세포내 병원체에 이미 감염된 체세포를 직접 파괴한다. 또한 세포독성 T 세포는 암세포도 파괴한다.

## 34.5 임파구들이 어떻게 형성되고 싸움을 하는가?

*당신의 몸은 끊임없이 수많은 외부 병원체에 노출되어 있다. 하지만, 여러분의 몸은 수억의 항원을 인지 할 수 있는 새로운 수용체들을 만들어 낼 수 있는 B세포, T세포를 생산한다. 어떻게 그와 같이 수용체 다양성이 일어나고 어디에서 면역 반응이 일어나는가?*

### B세포, T세포, 그리고 항원 수용체

항원결합 수용체의 유전자는 한종류가 아닌 연속된 염기배열을 가진다. 염기 배열의 다른 부분들은 B혹은 T세포 DNA의 다른 부분에 위치해 있다. 새로운 세포로 전사될 부분은 무작위이다. 전사 산물들은 번역 되기전에 몇몇 방법들중 하나로 잘려져 나간다. 그와 같이 무작위성이 조합이 B세포와 T세포의 항원 수용체들의 다양성의 근간이 된다. 항체 합성을 생가해보자. 항원결합부위는 항체 분자들 사이에 따라 다르다. 그것은 자신들의 하전분포에 의해 독특한 배열을 하면서 접히게 된다. 각각의 항체들의 경우, 하전의 분포 와 상보적인 틀의 결합에 일치하는 항원만이 결합을 할수 있게 된다.

B세포는 골수를 떠나기 전에 독특하고 전형적인 Y자형의 항체 분자를 만들어 낸다. 계속하여 성숙되어 지면서 세포막으로 이동을 하고 있는 수많은 복사본들을 만든다. 각각 꼬리의 끝은 지질 이중층에 결합을 하고 그 위로 2개의 팔을 뻗는다. 이것이 바로 B세의 항원 수용체 즉 결합성 항체인것이다 이세포는 이제미경험B세포로, 아직 그의 수용체에 상보적인 항원을 만나지 않았다는 것을 의미한다. 막에 결합되어 졌을 때 항체들은 항원과 결합 할수 있다. 보조 T 세포는 화학적으로 항원의 결합을 인지한다.

T세포는 어떻게 변하는가? 골수에서 형성된 후, 그들은 흉선으로 이동을 한다 그곳에서 그들은 그들만의 유일한 T세포 수용체 즉, 항원 결합 수용체들을 만든다. 미감작 T 세포 역시 흉선을 떠나 혈액으로 들어가면서 항원수용체들이 확립된다. 이러한 T세포 수용체 역시 자유 항원또는 항원이 결합 되지 않은 MHC분자들을 인식하지 않는다. 다시 말하면, 각각B세포와 T세포는 단지 한종류의 항원수용체의 많은 복사본을 가지고 있다. 클론 선택 이론에 의하여, 항원은 결합 할수 있는 수용체를 가지고 있는 B세포 또는 T세포와만 결합을 한다(그림 34.8a). 활성화된 세포의 자손들은 세포 분열을 통해 만들어진다. 그들은 유전학적으로 동일한 세포들-클론-동일한 항원 수용체를 가진다.

클론 선택이론은 어떻게 각각 개체가 항원과 처음 만남을 통해 면역학적 기억을 획득하는지를 설명 해준다. 이 용어의 의미는 우리몸이 일차 반응을 유발했든 같은 형태의 항원에 대하여 나중에 만났을 때 2차 면역 반응을 시작할 수 있다는 것을 의미한다. 일차 반응을 통해 형성된 기억 세포들은 공격을 하진 않는다. 그들은 몇 년 혹은 수십년 조직을 순환하며 감시한다. 2차 면역 반응은 1차 면역 반응보다는 훨씬 빠르게 일어나는데 이것은 효과개체에 의해 일어나기 때문이다. 감염은 흔히 사람이 아프기 전에 끝난다. 훨씬 더 큰수의 기억세포들은 두번째 타임에 형성된다. 진화적인 견지에서보면, 이러한 것은 개체의 생존능률을 부여 하기 위해 같은 병원체를 만났을 때 미리 대항하기 위한 준비 인것이다.

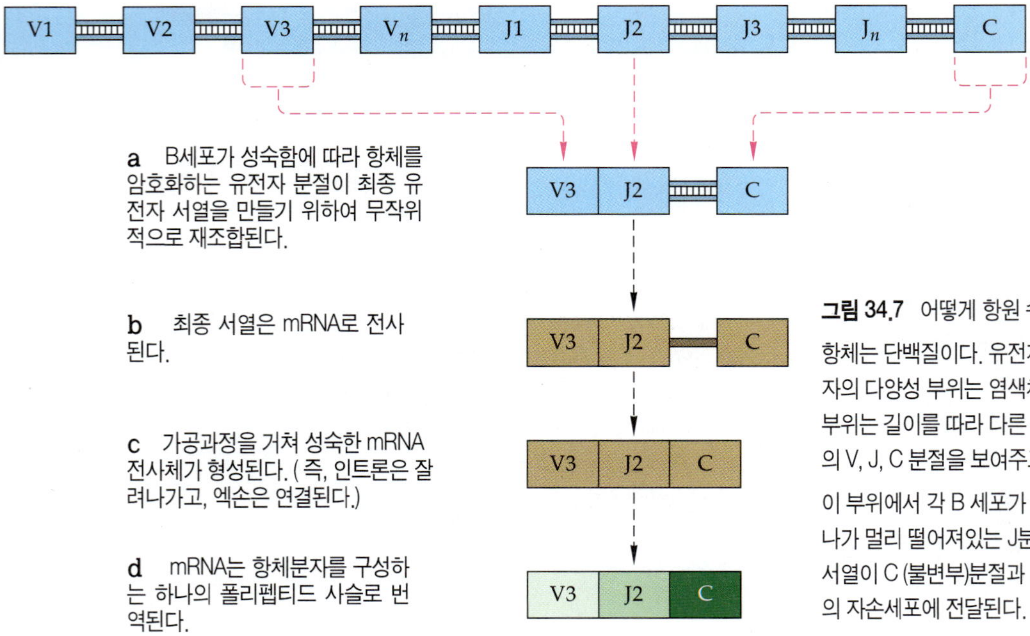


**a** B세포가 성숙함에 따라 항체를 암호화하는 유전자 분절이 최종 유전자 서열을 만들기 위하여 무작위적으로 재조합된다.

**b** 최종 서열은 mRNA로 전사된다.

**c** 가공과정을 거쳐 성숙한 mRNA 전사체가 형성된다.( 즉, 인트론은 잘려나가고, 엑손은 연결된다.)

**d** mRNA는 항체분자를 구성하는 하나의 폴리펩티드 사슬로 번역된다.

**그림 34.7** 어떻게 항원 수용체의 다양성이 생기는가, 항체분자를 예로

항체는 단백질이다. 유전자는 항체를 합성하는 암호를 가지고있다. 항체분자의 다양성 부위는 염색체 위에 연속적으로 배열되어 있지 않다. 다양성 부위는 길이를 따라 다른 분절로 나뉘어져 있다. 염색체 위의 다양한 종류의 V, J, C 분절을 보여주고 있다. (그림 34.11a 참조)

이 부위에서 각 B 세포가 성숙하는 동안 재조합이 일어난다. V분절 중에 하나가 멀리 떨어져있는 J분절 중 하나와 결합한다. 이렇게 무작위로 배열된 서열이 C (불변부)분절과 결합한다. 이렇게 재배열된 유전자는 모든 B 세포의 자손세포에 전달된다.

### 어디에서 싸움이 일어나는가?

항원이 어디에서 가로채어 지고 처리되어 지는가? 피부, 점막, 그리고 기관안쪽에는 대식세포와 수지상 세포들이 방어의 초기를 담당한다. 그들은 식세포 작용을

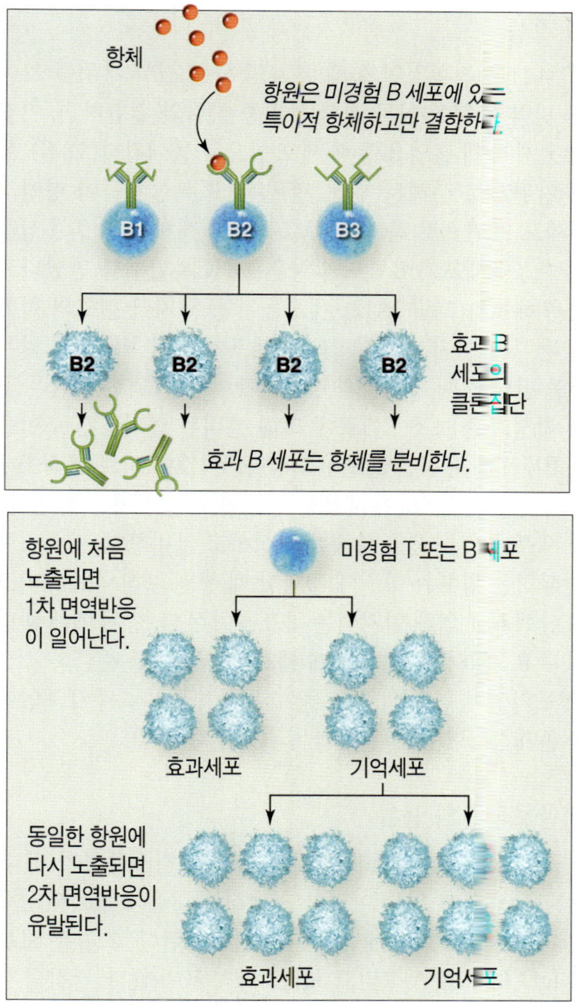


**그림 34.8** (a) 하나의 특이적 항원과 결합할 수 있는 한 종류의 상체를 가진 B세포의 클론선택. (b) 1차 면역반응에서 모든 B 세포와 T 세포가 항원에 의해 활성화 되는 것은 아니다. 많은 세포는 기억세포로 순환하다가 2차 면역반응 동안에 활성화된다.

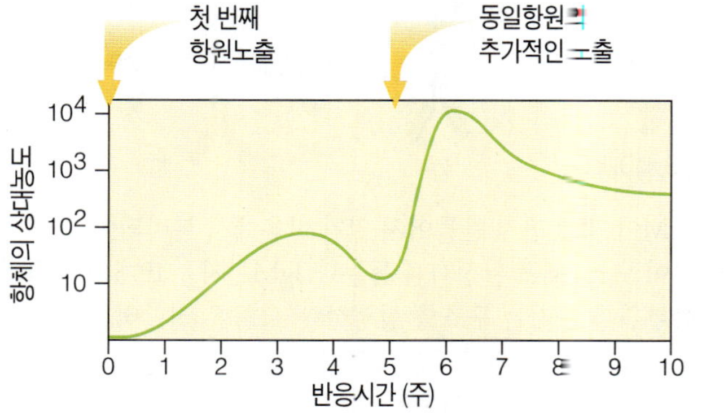


**그림 34.9** 동일 항원에 대한 1차 및 2차 면역반응에서 반응의 강도와 지속기간의 차이를 보여주는 예. 1차 면역반응은 항원 접촉 후 24일째 최대치에 도달한다. 2차 면역반응은 7일 후(그림에서 5주와 6주 사이) 최대치에 도달한다. 2차 면역반응 동안의 항체 농도는 100배 이상 증가한다.

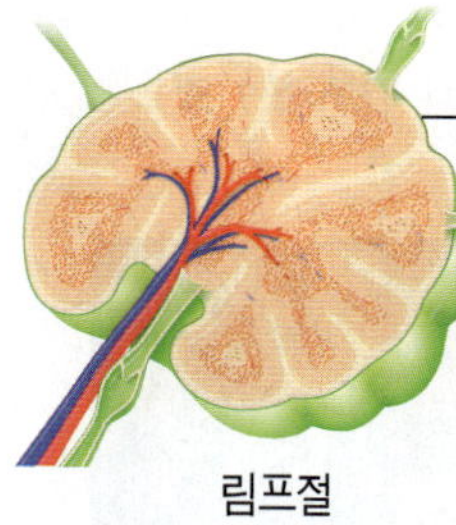


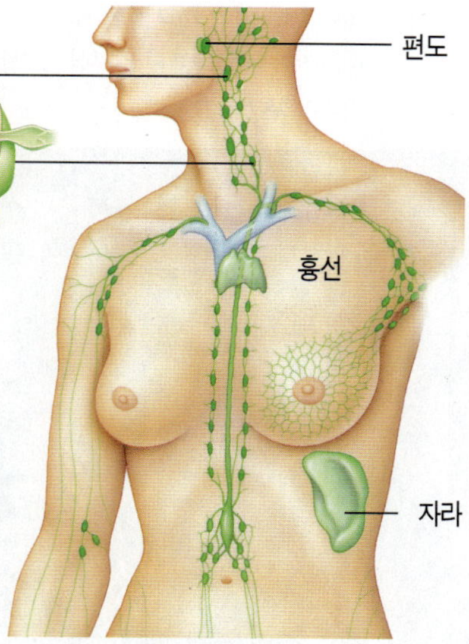


**그림 34.10** 림프계 구성요소. 림프관을 따라 전략적으로 배치된 림프절에는 대식세포, 수지상세포, B세포 그리고 깊은 곳에 T세포가 배열되어있다. 33.10절과 비교하라.

통해서 항원을 흡수 한다. 그런 다음 림프절로 이동을 한다. 그곳에서 그들은 이미 내부에 자리를 잡고 있든 미감작 B세포 또는 T세포에게 항원을 제시한다(그림 34.10).

체액 안에 있는 자유 항원은 림프계로 들어간다. 림프는 혈액으로 되돌아 가기 때문에 항원이 몸의 모든 조직으로 순환할수 있는 기회가 생긴다. 하지만, 림프절은 모든 항원을 잡는다. 그럭저럭 혈액으로 들어간 항원은 비장을 통해서 혈액들이 걸러진다.

림프절안에서는 자유 항원은 B세포들과 대식세포, 수지상 세포들로부터 스며 나온다. 그것은 결합된 채, 처리 되여 보조 T세포에게 제공된다. 다른 수지상 세포들은 항체들과 보체 단백질에 대한 수용체를 가지고 있다. 이러한 세포들은 B세포 들을 활성화시키고 증식시키며 성숙시킨다.

감염동안, 백혈구세포와 항체분자는 림프절 안쪽에 축적된다. 따라서 여러분들은 가끔씩 여러분들이 아플 때 턱아래나 그밖의 어느 부위에 부풀어 오른 혹을 볼 수 있다.

항원 수용체 유전자는 DNA에 한 줄로 연속적으로 배열되어 있지 않다. B 세포와 T 세포가 성숙하면 다른 부분의 유전자가 전사되고 무작위적으로 연결된다. 각 세포는 수십억 가능한 수용체 중 하나를 만드는 유전자를 재배열한다.
만약 어떤 항원과 반응하면 반응한 세포의 모든 자손세포는 이 항원하고만 반응한다
활성화 보조 T 세포에 의해 림프절과 지라(비장)에서 대식세포, 수지상세포, B 세포의 면역반응은 완성된다.

## 34.6 항체 매개 반응

미감작 B세포의 세포막은 항체를 가지고 있다. 항체분자의 대부분이 비슷하다. 그 들대부분은 같은 항원들이 결합할수 있는 수용체를 가지고 있다.

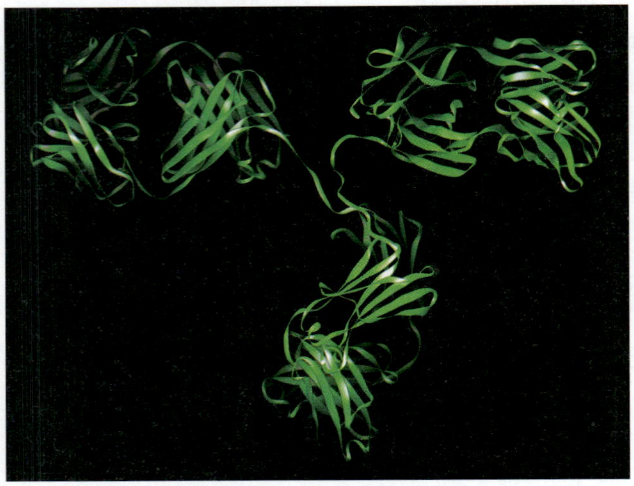

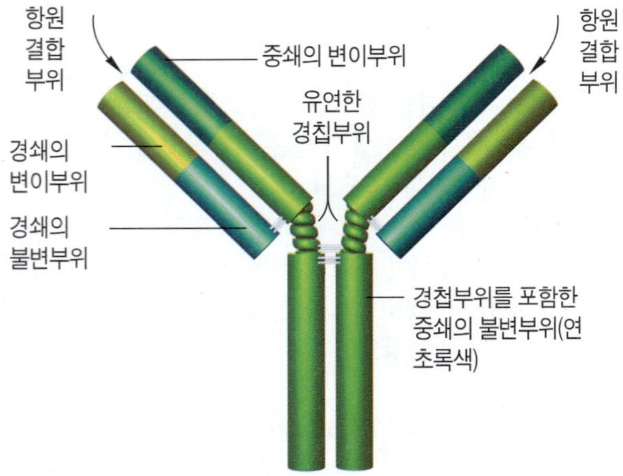


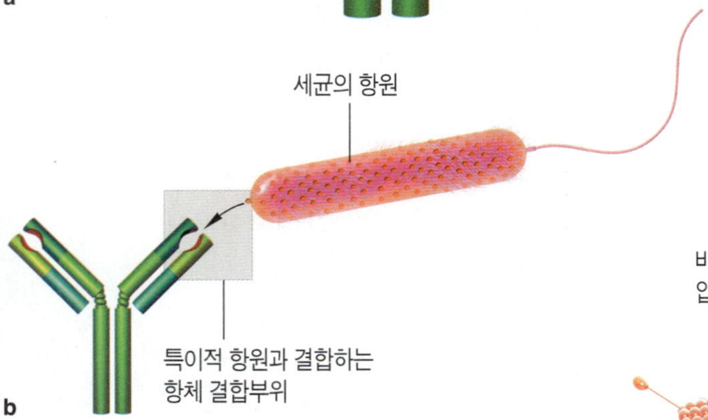


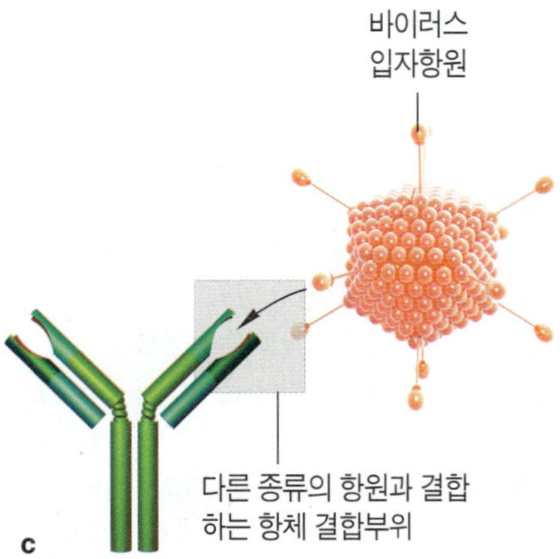


**그림 34.11** 항체의 구조.
(a) 각 항체분자는 Y자 모양을 이루는 4개의 폴리펩티드 사슬로 구성된다
(b,c) 항체의 항원 결합부위에서 항원 일부는 홈 속에 끼워지고 일부는 돌출 되어있다.

### 항체 기능

그림 34.11은 전형적인 항체 분자의 항원 결합 부위를 보여준다. 만약 항원이 이들 결합 부위중 하나와 결합하면, 이것은 수용체 매개 흡입을 통해 세포 안으로 들어간다(5.8절). 항원이 단편으로 분해된 후엔, 항원-MHC복합체들이 형성되고 B세포 표면으로 움직이며 그곳에서 제시된다. 반응성을 가진 보조 T세포가 B세포의 항원-MHC복합체를 만났다고 가정을 해보자(그림 34.12). 세포들이 공동 자극 신호와 함께 전달 된 후 풀어지게 된다. 그런 B세포가 다시 처리되지 않은 항원을 만났을 때 항체들과 결합할것이다. 그러한 결합은 근처의 활성화된 보조 T세포에 의해 분비된 인터루킨 조합을 통해 B세포를 유사분열로 유도한다. 이것이 바로 효과 B세포들의 형성이 된다.(이 세포들은 또한 형질 세포로 불린다.) 형질 세포들은 대량의 항체를 합성하고 분비한다. 자유스럽게 순환하는 항체는 항원에 결합할 때 항원은 식세포 그리고 항체 단백질에 의해 인지되는 목표물이 된다. 항체 매개성 반응의 주요 목표물은 자유롭게 세포외액 사이를 순환하고 있는 세포외성 병원체 와 독소들이다. 항체들은 숙주세포안에 이미 존재하고 있는 병원체와는 결합 할수 없다.

### 면역글로불린의 분류

면역글로불린 혹은 Igs라 불리는 항체는 다섯종류가 있다. 유전자 샤플링에 의한 이러한 단백질 산물은 B세포가 성숙될 때 또는 면역 반응에 참여 할 때 형성된다. 그들은 보통 IgM, IgD, Ig G, Ig A 그리고 IgE로 약식 표기 된다. 각각의 형태는 항원 결합 부위를 가진다. Ig A그리고 IgM 분비형 분자들은 보다 큰 구조를 형성하고 몸으로부터 제거를 위해 항원을 가지고 있는 병원체와 함께 큰 덩어리를 형성하도록 한다.

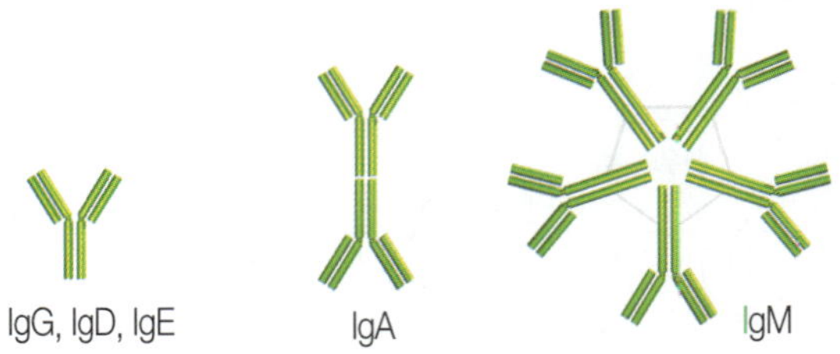


IgM이 제일 먼저 만들어져 일차 반응에서 분비되어 진다. 이것이 보조T세포 활성화를 돕는다. IgM분자는 10개의 항원 결합부위를 가지는 구조를 형성한다. 그들은 집단적 바이러스 입자를 포함한 덩어리진 목표물에 결합한다. IgM 과 IgD는 미감작 B세포들이 가지는 거의 대부분의 일반적 항체들이다. IgG 는 혈액내에서 면역 글로불린의 80퍼센트 이상 차지한다.

이것은 보체를 활성화 하거나 많은 독소를 중화시키는데

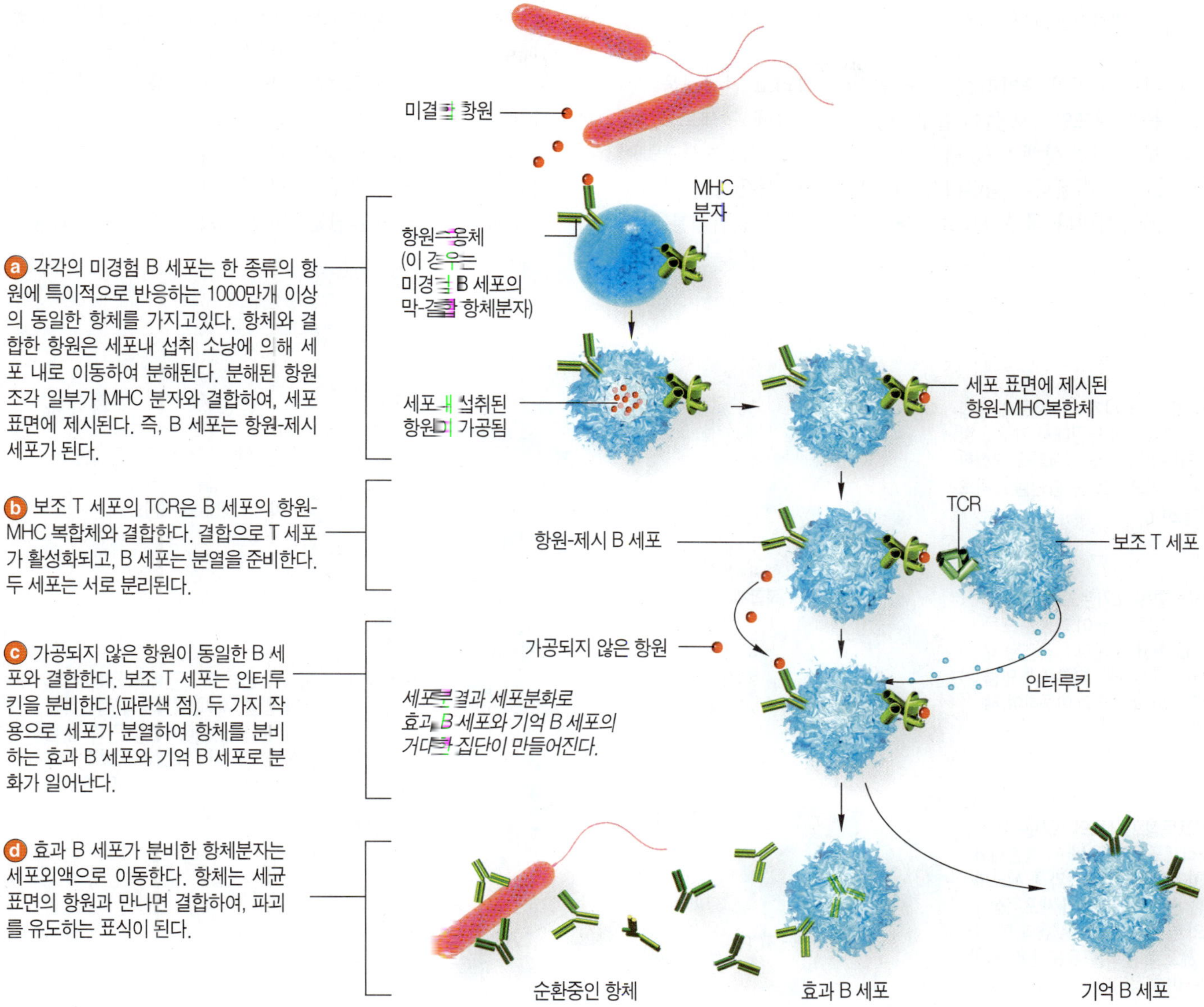


**그림 34.12** 항체-매개성 면역반응- 세균 침입의 경우.

가장 좋다. IgG는 태반을 통과 할수 있고 모체의 획득면역에 대해 태아를 보호한다. 이것은 초유를 통해 분비된다.

IgE는 기생충과 다른 병원체에 의해 공격 받은 후 염증반응을 유도한다. 그것은 꼬리 부분을 통해 호염구과 비만 세포에 부착되어 있다. 이 수용체에 항원의 결합은 세포들로 하여금 히스타민을 방출하도록 한다. IgE는 알러지 반응에 관여한다. 후에 설명되어진다.

IgA는 눈물, 침, 우유와 같은 외분선 안의 주된 면역 글로불린이다. 그것은 또한, 호흡기, 소화기, 생식관 안쪽에 분포한다. IgG처럼 그것은 큰 항원과 결합하기 위해 보다 큰 구조를 형성한다. 세균과 바이러스는 분비성 IgA가 제일 먼저 결합을 하면 세포들에 결합할 수 없다. 단클론 항체들은 연구, 의약, 산업에 중요한 역할을 한다(34.8절). 먼저, 혼성 세포주들은 특이한 항원에 노출된 동물로부터 B세포를 확보한 후 동물 암세포들과 혼합을 통해 생산되어질 수 있다. 배양된 혼성 세포들은 한가지 특이 항원에 대하여 대량의 항체를 합성 할 수가 있게 되는 것이다.

효과 B 세포가 분비하는 항체는 세포외 병원체의 항원 또는 독소와 결합한다. 항체는 식세포와 보체가 침입자를 공격하도록 표시한다.
면역글로불린은 신체 여러 부위에서 다양한 위협에 대항하는 항체분자를 말한다.

## 34.7 세포 매개 반응

*세포감 병원체와 암세포들이 세포매개 면역 반응의 주된 목표물이다.*

어떤 종류의 바이러스, 세균, 곰팡이, 그리고 원생생물들은 몸의 세포안으로 들어 갈수가 있다. 보조 T세포, 세포독성 T 세포, 자연 살해 세포, 대식 세포, 호염구, 그리고 호산구들이 그들과 싸운다(그림 34.13). 이런 면역 세포들은 또한 암세포에 대항한다. 국부적으로 고농도의 인터루킨, 인터페론, 그리고 다른 신호 분자들이 관여한다. 이분자들은 면역 세포들을 나누고, 분화를 유도하고 공격을 하도록 한다. 죽은 세포 또는 죽어 가고 있는 세포로부터 방출된 항원을 잡는 항체들 도 마찬가지다.

세포 독성 T세포는 항원-MHC복합체 그리고 변형된 단백질을 가지고 있는 체세포들에 직접 반응을 한다. 그들의 표면에 어떤 분자들이 감염된 체세포, 혹은 변형된 체세포와 접

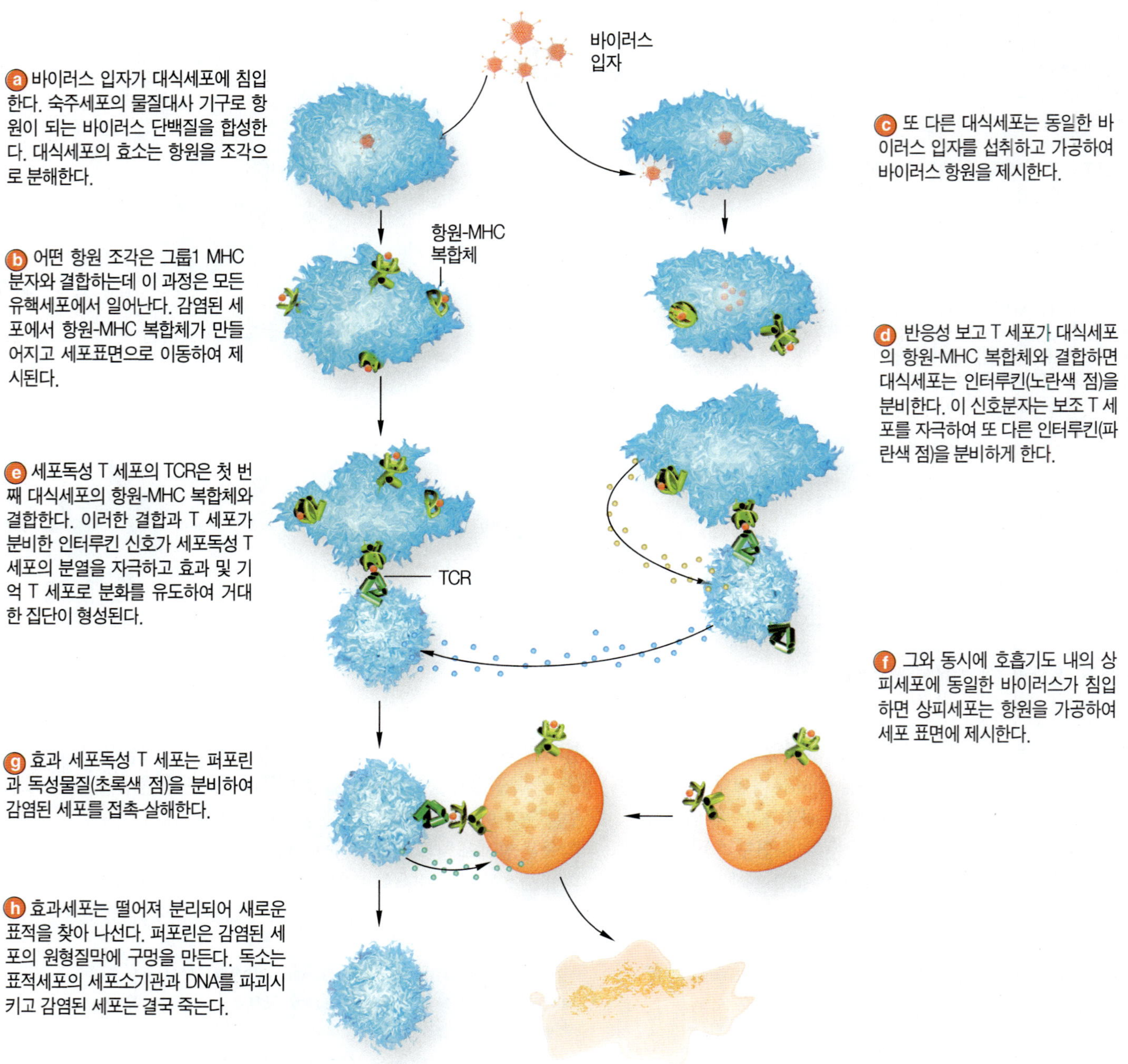


**그림 34.13** T 세포-매개성 면역반응의 그림.

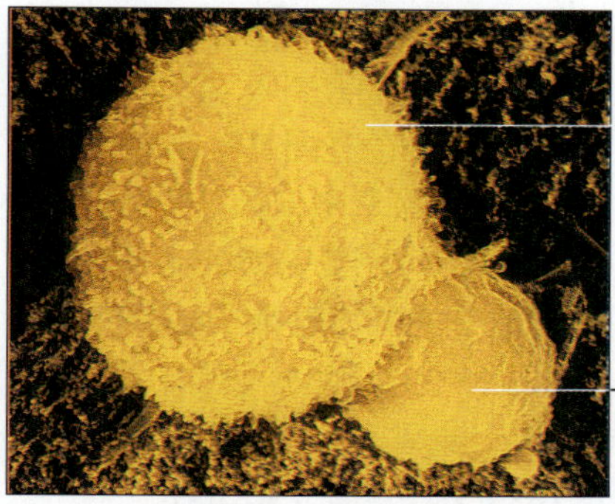


**그림 34.14** 세포독성 T 세포가 종양세포를 접촉-살해하기 위해 결합한 모습.

촉을 하자마자, 그들의 접촉-살해 기작이 시작된다(그림 34.14). 세포독성 세포는 퍼포린과 그림 34.4처럼 목표물에 구멍을 뚫는 다른 분자들을 분비한다.

세포 사멸 혹은 세포 자살을 기어해라(24.5절)? 결합된 세포독성 T세포에 의해 분비되는 신호 전달 분자들은 목표물의 세포 사멸을 유도한다. 사멸 공격후, 세포 독성 T세포는 목표물을 놓아 두었다가 다시 정찰하기 시작한다. 세포 독성 T세포는 또한 조직 그리고 기관 이식 거부 반응을 야기한다. 공여자 세포상에 MHC 마커들은 수여자 세포의 MHC 마커들과 다르다. 그래서 세포독성 T세포는 그들을 항원으로 인식한다. 공여자와 수여자의 MHC분자 형태의 일치성이 위험을 최소화 할수 있다. 항원-MHC복합체들은 자연살해세포들을 활성화 하지 않는다. 이러한 자연적 킬러들은 항체에 의해 표식된 감염된 세포를 공격한다. 그들은 또한 감염된 세포 또는 암화 되어 가고 있는 세포상에서 스트레스성 마커들을 찾는다. 정상적인 MHC마커들을 가지는 스트레스화된 세포는 죽지 않는다. 마커들이 정상과 비교하여 변형되거나 숫적 감소가 보이면 NK세포는 목표물에 구멍을 내고 세포사멸을 유도한다.

만약 암세포들이 변형된 세포 단백질, 즉 이들은 세포 독성 T세포와 NK세포의 목표물이 되는데 어떻게 그들이 살아남는가? 어떤 것들은 변형된 수많은 복사본을 방출한다. 그 복사본들이 이 두가지 세포독성 세포들의 항원수용체들을 포화시킨다. 또한, 암세포들이 임계덩어리 이상 되면, 그들은 방어를 압도하게 된다.

세포내 병원체와 변형된 체세포는 세포-매개성 면역반응의 표적이다.

보조 T 세포와 세포독성 T 세포는 항원 특이적 방어세포이다. 자연살해세포, 대식세포, 호중성 백혈구, 호산성 백혈구 그리고 다른 세포가 이 반응에 관여한다. 모든 세포독성 세포는 감염된 세포와 암세포를 접촉-살해한다.

## 34.8 면역치료법

FOCUS ON SCIENCE

신체 자연 면역에도 불구하고, 암은 발생되고 감염은 지속된다. 신체반응을 증강 시키는 것이 새로운 면역 치료법의 목표이다.

방어에 관련된 것을 포함하여 모든 혈구 세포들은 골수로부터 나온다. 이러한 세포들의 생산을 끌어 올림으로써, 우리는 몸의 방어 능력을 증가시킬수 있다. 조혈성장인자(HGF) 골수에서 혈구 세포들의 생산을 자극 할수 있는 신호 전달 분자들이다. 환자들에게 방사선 조사와 화학 요법을 수행하면 정상세포들로 대체를 할수 있도록 도움을 주기도 하지만 죽기도 한다.

인터페론 그리고 인터루킨 같은 싸이토 카인은 방어를 자극하는 신호전달 분자들이다. 자연 그리고 재조합 알파 인터페론은 암과 간염 그리고 음부 헤르페스와 같은 만성 바이러스성 감염에 이용된다. B세포와 T세포 생산을 자극하는 인터루킨-2 몇몇 전이암을 치료하는데 이용된다.

암세포 표면에 제시된 과발현된 단백질들은 단클론 항체의 목표물이 되어질수 있다(34.6절). 일례로, 전이성 유방암 세포의 몇몇은 그들의 표면에 HER2 단백질이 과발현 되어져 있다. 약제 Herceptin은 이런 단백질에 붙는 단클론 항체이며 NK세포들의 주의를 끌게 한다. 부작용도 있다. HER2 단백질은 또한 몇몇 정상체세포상에서 적은 숫자들로 발현이 된다. 그래서 정상 세포들도 공격의 대상이 될수도 있다.

단클론 항체들은 면역 독소를 만드는 독에 결합되어 질수 있다. 라이신을 기억해라(13장). 이 독소들은 라이보좀을 무력화하게 함으로써 세포에서 단백질 합성을 멈추게 한다. 연구자들은 단클론 항체에 유전공학적으로 재조합된 라이신 A를 붙였다. 어떤 연구자들은 HIV에감염된 세포들을 목표물로 할수 있는 단클론 항체에 라이신을 붙여 왔다. 하지만, 이런 시도들은 아직 실험적인 것일 뿐이다.

또한, 암세포를 인지하고 싸우기 위해 몸을 찾아다니는 암백신에 대한 것이다. 그와 같은 백신은 피부 흑색종에 대하여 시도되어 지고 있다. 이런 피부암의 최악의 경우 폐와 다른 신체 지역으로 퍼질 수 있다. 몇 몇 임상적인 신도들이 진행중에 있는데, 환자들의 암세포를 떼어 내고 여기에 외부세포처럼 만들기 위해 물질을 처리한다. 처리된 세포들을 다시 환자의 환부에 심어 주면서 암세포에 대항할수 있도록 면역반응 경고를 몸에게 알리게 된다.

## 34.9 증강된 방어 혹은 타협방어

*때때로 면역 반응은 충분히 강하지 못할 경우도 있다. 그래서 길을 잘못 인도하거나 타협을 하지도 한다. 여기에 면역 방어체계가 할 수 있는 것과 하지 못하는 것의 예들이 있다.*

### 면역화

면역화라는 것은 질병에 대항하여 면역력을 증강시키는 것을 의미한다. 능동 면역화에서는, 백신이라고 알려진 항원을 가지고있는 준비물을 입으로 먹든 아니면 신체 안으로 주사를 맞는다(그림 34.15). 첫번째 예방주사는 일차 면역반응을 유도한다. 연속된 예방주사인 부스터는 2차 면역 반응을 유도한다. 보다 많은 효과 세포들과 기억세포들이 빠르게 형성이 되고 장기간 방어를 하게 한다. 많은 백신들은 약화되거나 죽은 병원체로부터 만들어지거나 또는 불활성화된 천연 독소로부터 만들어진다. 다른 것들은 무해한 바이러스 DNA나 RNA안에 삽입된 3개이상의 병원체 유전자를 가지고 있는 형태로 만들어져 왔다. 백신을 맞은 후, 체세포들은 이런 유전자들에 의해 해독된 항원을 만들것이고 그래서 면역이 확립되는 것이다.

수동 면역화는 이미 B형 간염, 파상풍, 광견병, 다른 몇몇 질병과 싸우고 있는 사람들에게 이용되고 있다. 수동 면역화는 이미 질병에 걸렸던 사람 또는 다른 원천의 혈액으로부터 항체를 정제하여 사용하는 것이다. 이 항체들은 감염과 싸우지만 면역체계를 활성화하지는 않는다; 기억 세포들을 만들지는 않는다. 몸이 주입된 항체분자들을 처분할 때 방어는 끝이 난다. 가끔은 백신이 실패할 경우도 있고 부작용이 발생하기도 한다. 면역학적 문제를 야기하는 몇몇 백신에 대한 보고도 있다. 어떤 백신에 이용된 수은이 신경계에 해를 가할 수도 있다. 수은이 함유된 백신은 결코 어린이들에게 처리되면 안된다. 만일 여러분들이 백신을 맡고 싶다면 절차의 위험성과 이익을 평가하는 것이 현명한 생각일 수도 있다.

### 알러지

수억명의 사람들중에서 무해한 단백질에 노출되면 염증, 점액성물질의 과도한 분비, 면역반응을 유도하게 되는 경우가 있다. 일상적으로는 무해한 어떤 물질이지만 그와 같은 반응을 유도하는 물질을 알레르겐이라고 한다. 그들에 대한 높은 감수성을 알러지라한다. 약, 음식, 화분, 미세먼지, 곰팡이 스포아, 꿀벌 혹은 말벌독, 다른 곤충들이 가장 일반적인 알레르겐이다.

어떤 사람들은 유전학적으로 알러지에 걸리기 쉬운 사람이 있다. 감염, 감정적 스트레스, 대기 온도의 변화들이 반응을 유도한다. 알레르겐에 노출은 IgE의 분비를 촉진한다. 이

| 추천백신 | 접종연령 |
|---|---|
| B형간염 | 출생~2개월 |
| B형간염 추가접종1 | 1~4개월 |
| B형간염 추가접종2 | 6~18개월 |
| B형간염 평가 | 11~12년 |
| DTP (디프테리아,파상풍,백일해) | 2, 4, 6개월 |
| DTP 추가접종1 | 15~18개월 |
| DTP 추가접종2 | 4~6년 |
| DT | 11~16년 |
| HiB (출혈성 인플루엔자) | 2, 4, 6개월 |
| HiB 추가접종 | 12~15개월 |
| 소아마비 | 2, 4개월 |
| 소아마비 추가접종1 | 6~18개월 |
| 소아마비 추가접종2 | 4~6개월 |
| MMR (홍역,볼거리,풍진) | 12~15개월 |
| MMR추가접종 | 4~6개월 |
| MMR평가 | 11~12년 |
| 폐렴 | 2, 4, 6개월 |
| 폐렴 추가접종1 | 12~15개월 |
| 폐렴 추가접종2 | 1~18년 |
| 수두 | 12~18개월 |
| 수두 평가 | 11~12년 |
| A형간염(특정지역) | 1~12년 |

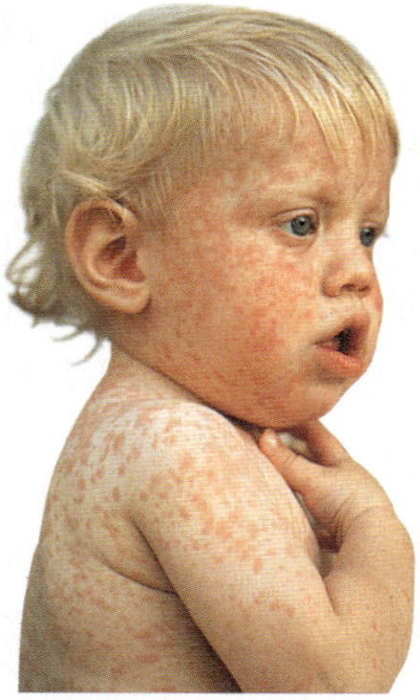

**그림 34.15** 미국 질병예방통제센터(CDC)가 2003년 12월에 제시한 어린이 예방접종 지침서. 의사는 관례적으로 유아와 어린이에게 면역접종을 실시한다. 많은 병원단체와 건강기관에서 저렴한 비용 혹은 무료 백신접종이 가능하게 되었다.

**그림 34.16** 알레르겐의 일종인 두드러기 쑥(agweed) 꽃가루와 이에 민감한 경우.

**그림 34.17** 중증 복합 면역결핍증(SCID)의 한 예. 구스월(Cindy Cutshwall)은 태어날때부터 면역계가 없었다. 그녀의 ADA(adenosine deaminase; 아데노신 디아미나아제) 유전자에 돌연변이가 일어났다. 이 효소가 없어서 아데노신을 분해할 수 없고 결과적으로 백혈구에 해로운 반응산물이 체내에 축적된다. 고열, 귀와 허파의 심한 감염, 설사 그리고 체중 감소 등의 증상이 나타난다.

구스월이 7살인 1991년, 그녀와 부모는 처음으로 사람의 유전자 치료에 동의했다. 유전공학자들은 해가 없는 바이러스의 유전물질 내에 정상적인 ADA 유전자를 연결하였다. 변형된 바이러스를 골수세포 안으로 정상적인 유전자 사본을 운반하는 데 이용되었다. 일부 세포의 DNA 안으로 유전자가 도입되어 결손된 효소를 합성하기 시작하였다.

현재 20대인 구스월은 잘 지내고 있다. 그녀는 아직 매주 ADA 생산을 위해 주사를 맞고있다. 그 밖에는 정상적인 삶을 살고 있다. 그녀는 유전자 치료의 강력한 옹호자이다.

것은 비만 세포와 결합을 한다. 염증 반응은 막대한 양의 점액성 물질을 분비하도록 한다. 기공이 수축된다. 수억명의 사람들 중 증가된 코막힘, 거친 호흡, 재채기, 콧물이 천식과 건초열의 전형적인 증상이다(그림 34.16). 항히스타민, 또는 항염증제가 알려지 증후군의 고통을 덜어준다. 또한, 또한, 감감제 프로그램에 따라 알레르겐를 확인하기 위해 피부 테스트를 실시한다. 증가된 알레르겐양을 천천히 투여한다. 각시기마다, 몸은 많은 양의 IgG를 생산하여 이것들이 알레르겐 중화자로 역할을 한다.

과민성 쇼크는 알레르겐에 대하여 수명을 위협하는 반응이다. 예를 들면, 벌 또는 말벌독에 알러지를 보이는 사람은 쏘인후 수분이내에 사망할수 있다. 기도가 수축되어 호흡하기가 어려워진다. 액이 투명한 모세혈관으로부터 스며 나오면 혈압이 떨어진다. 이런 순환쇼크는 빠르게 죽음에 이르게 한다.

## 자가 면역 질환

자가 인식이 실패하면 면역 세포들은 자신의 몸을 공격한다. 자기 자신을 공격하는 이런 형태의 질병이 자가 면역 반응이라 한다. 혹독하게 조직에 해를 입힌다. 어떤 경우에는 B세포 T세포들이 과민하게 반응을 한다. 예를 들면, 류마티즘 관절염은 관절부위, 심장, 혈관, 폐에 대한 만성염증의결과로 일어난다. 자가-항체들이 관절에 모여든다. 그들이 반응을 완성하기 위해 T세포반응과 만성적 염증 반응을 일으킨다. 결과적으로 관절이 움직일 수 없게 되는 것이다.

다른 경우, 어떤 항체들은 호르몬 수용체에 결합하여 세포 분열을 유도한다. 그레이브 질병이 이와 같은 경우다. 항체들이 갑상선안의 어떤 수용체와 결합하여 갑상선 호르몬의 합성을 야기시킨다. 이런 호르몬의 과도 생산은 몸 전체를 통하여 조직에서 대사 속도에 변형을 가져온다. 이런 합성을 지배하는 피이드백 루프는 항체생산에 영향을 미치지 못하게 된다. 항체가 계속 활동하게 되고 갑상선 생산과 대사는 통제에서 벗어나게 된다. 증후군들 중에는 체중 감소, 부정맥, 졸음, 우울증, 과도한 땀분비증을 들 수 있다.

흔한 신경성 질병인, 다발성 경화증은 다른 예이다. 이것은 자가 반응 T세포들이 신경의 액손상의 미엘린초를 공격하여 뇌척수액이 들어가게 한다. 휘어짐, 마비, 시력 상실이 증후군들이다. 적어도 8개의 유전자가 다발성 경화증에 관련이 있다고 하지만, 바이러스 감염에 의한 백혈구의 활성화가 질병을 유도한다.

면역 반응은 남자 보다는 여성이 더 강하다. 그래서 자가 면역은 여성에서 훨씬흔이 관찰된다. 에스트로젠 수용체가 몸의 전체를 통하여 유전자 발현에 관여하고 있다는 것을 안다. 한 가설에 의하면, 에스크로젠 수용체가 자가 면역 반응에 잘못 관여하고 있다는 것이다.

## 면역 반응 결핍

면역 기능 상실은 죽음을 초래한다. 일차 면역상실은 출생할 때 있는데 변형된 유전자나 비정상적 발달단계에서 기인한다. 혹독히 조합된 면역결핍(SCID) 이런 것이다. 아테노신탈아미나제라 불리는 유전적결함이 한 원인이다(그림 34.17). 2차성 면역 결핍은 면역 기능의 상실이다. 바이러스와 같은 어떤 외부 물질에 노출된 이후 생긴다. 이런 면역 결핍들은 평소에는 무해한 것들이 면역체계가 약화 되었을 때 아주 쉽게 감염에 의해 질병이 발병 하게 한다. 후천성 면역 결핍증, AIDS는 가장 흔한 2차성 면역 결핍증이다. 다음 섹션에서 원인과 결과에 대하여 설명 할것이다.

면역접종은 특정한 질병에 대한 면역력을 증강시킨다.

어떤 유전적 질환, 비정상적 발생 그리고 바이러스와 다른 외부 물질에 의한 공격의 결과 잘못된 방향으로 진행되거나, 손상되거나 또는 미약한 면역력이 나타난다.

## 34.10 AIDS의 재고-면역 상실

*세계적으로, HIV 감염률은 빠르게 증가하고 있다. 효과적인 백신은 여전히 오리무중이다. 지금 가장 좋은 보호 방법은 비안전한 행동을 삼가하는 것이다.*

AIDS는 HIV(인체 면역 결핍 바이러스)에 의한 감염이 발달되어 일어나는 질병이다. 이 바이러스는 인간의 면역체계를 파괴하고 인체를 아주 감염되기 쉽게 만들며 때로는 암세포화 한다. 세계적으로, HIV감염인의 수는 약 34million-46million 정도 된다.

HIV-I과 HIV-II로 이루어진 이 바이러스를 몸으로부터 제거할 방법이 없다. 감염이 되면 치유할 방법이 없다. 처음에 감염된 사람은 건강한 상태를 유지하면서 감기에 걸린 정도이다. 하지만, 점차 AIDS의 징조가 나타나기 시작한다. 즉, 열, 많이 확장된 림프절, 만성적 체력 상실, 야간 땀에 의한 흠뻑 젖음등이다. 면역이 약한 틈을 타 감염이 일어난다. 그들은 입, 식도, 질 등을 통한 효모의 감염을 포함하여 폐렴균에 의한 폐렴이 형성된다. 무고통 유색 반점들이 다리, 발위에 발생한다(그림 34.18). 그 반점들은 카포시 육종의 표시이며 AIDS환자에게 일어나는 암을 의미한다.

### HIV감염-거대한 투쟁의 시작

HIV, 레트로 바이러스, 는 감염된 세포로부터 발아 형태로 획득된 세포막성 지질 외투를 가지고 있다. 단백질이 외투막 밖으로 나와 있고 내부 표면 까지 뻗어 있다. 외투 안쪽은 보다 많은 바이러스 단백질이 2개의RNA와 레트로 효소인 수개의 역전사 효소를 감싸고 있다. HIV는 표면에 CD4를 가지고 있는 세포를 감염시킨다. 대식세포와 CD4 임파구로 알려진 보조T세포들이 공격 대상이다.

일단 바이러스 효소가 CD4 임파구 안으로 들어가면 바이러스 RNA를 DNA로 만든다. 이후, 이 DNA를 숙주의 염색체 안으로 삽입된다. 몇몇 세포들에서는, 삽입된 유전자는 이후 감염이 일어날때까지 침묵을 지킨다. 전사가 일어나면 바이러스 RNA의 복사본이 만들어진다. 몇몇은 단백질로 번역이 된다. 그리고 몇몇은 단백질 외투 안으로 들어가서 새로운 바이러스 입자를 만든다. 이 입자들이 출아 하여 새로운 세포들을 감염시킬 준비를 한다(그림 34.19). 감염은 HIV와 면역체계와의 거대한 전쟁의 징후인 것이다. B세포들은 HIV단백질에 대하여 항체들을 만들기 시작한다. 보조 또는 세포독성 T세포들이 형성된다. 어떤 감염의 경우에 바이러스는 약 20억 보조 T세포를 감염 시키고 1억에서 10만 바이러스 입자들이 매일 만들어진다. 매 2틀 동안, 절반의 바이러스 입자들이 파괴되고 절반의 보조 T세포를 파괴하여 대체를 한다. 감염된 T세포의 HIV저장고와 덩어리들은 림프절안에 모여 든다. 점차적으로 혈액의 바이러스 입자의 수가 증가를 하고 전쟁은 기울기 시작한다. 몸은 점차 수적으로 적은 수의 보조 T세포를 생산한다. 10년 또는 이상의 시간이 걸릴수 있지만, 보조 T세포의 미란은 효과적인 면역 반응을 유도할수 있는 능력을 상실하게 된다. 홍역 바이러스를 포함한 몇몇 바이러스들은 하루만 훨씬 더많은 수의 입자를 만들어 낼 수 있지만, 항상 면역계가 승리를 한다. 헤르페스 바이러스 같은 바이러스들은 평생 동안 몸에 있지만, 면역계가 그들을 통제한다. HIV는 면역계가 파괴를 당한다. 2차성 감염과 암들이 개체를 죽이게 된다.

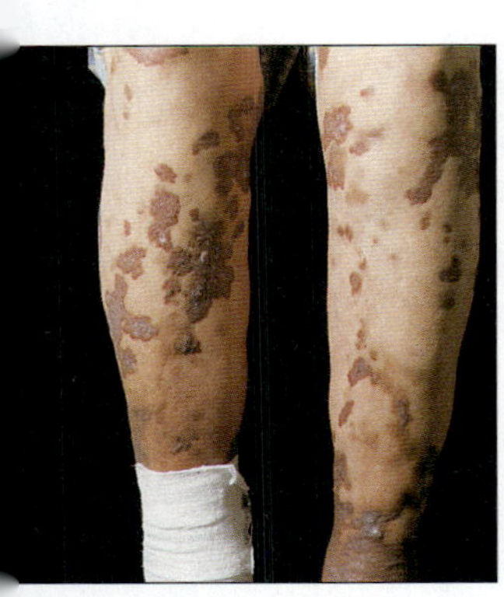

**그림 34.16** 카포시 육종이 나타난 부위.

**표 34.2 세계적인 HIV와 AIDS 감염자 수***

| 지역 | AIDS감염자 | 새로운 HIV 감염자 |
|---|---|---|
| 사하라 이남의 아프리카 | 25,000,000 | 3,000,000 |
| 남/남동 아시아 | 4,600,000 | 610,000 |
| 라틴아메리카 | 1,3000,000 | 120,000 |
| 중앙아시아/동유럽 | 1,200,000 | 180,000 |
| 북아메리카 | 790,000 | 36,000 |
| 동아시아와 태평양 | 700,000 | 150,000 |
| 중동/북 아프리카 | 550,000 | 43,000 |
| 서유럽 | 520,000 | 30,000 |
| 카라비안 섬 | 350,000 | 45,000 |
| 호주/뉴질랜드 | 12,000 | 700 |

*2003년 12월에 행해진 세계적 추산치, www.unaids.org

### HIV는 어떻게 전염이 되는 것인가?

북아메리카에서는 매년 약 3만 6천명의 새로운 HIV감염자가 발생한다. 대부분, 전염의 형태는 감염된 파트너와의 비보호적인 sex를 통해 일어난다. 정액, 질분비물안의 HIV는 페니스, 질, 직장, 드물게는 입이 상피층을 통해서 파트너 안으로 들어가게 된다. 성전염병, 거친 sex, 항문 성교에 의한 손상을 입은 상피층 한사람에서 다른 사람으로 바이러스를 전염시킬 가능성이 높아지는 것이다. 감염된 어머니는 질출생과 모유 수유시 그들의 어린이들에게 감염을 시킨다. 또한 HIV는 주사기 안의 감염된 혈액의 아주 작은 량을 공유하고 정맥 약물 오용자들에 의해 재사용에 의해 감염이 되거나 빈국의 병원 환자들에게 재사용이 되면 감염이 일어나게 된다. 이 바이러스는 음식, 공기, 물, 일반적 접촉, 곤충의 깨뭄에 의해서는 효과적으로 전염이 되지 않는다.

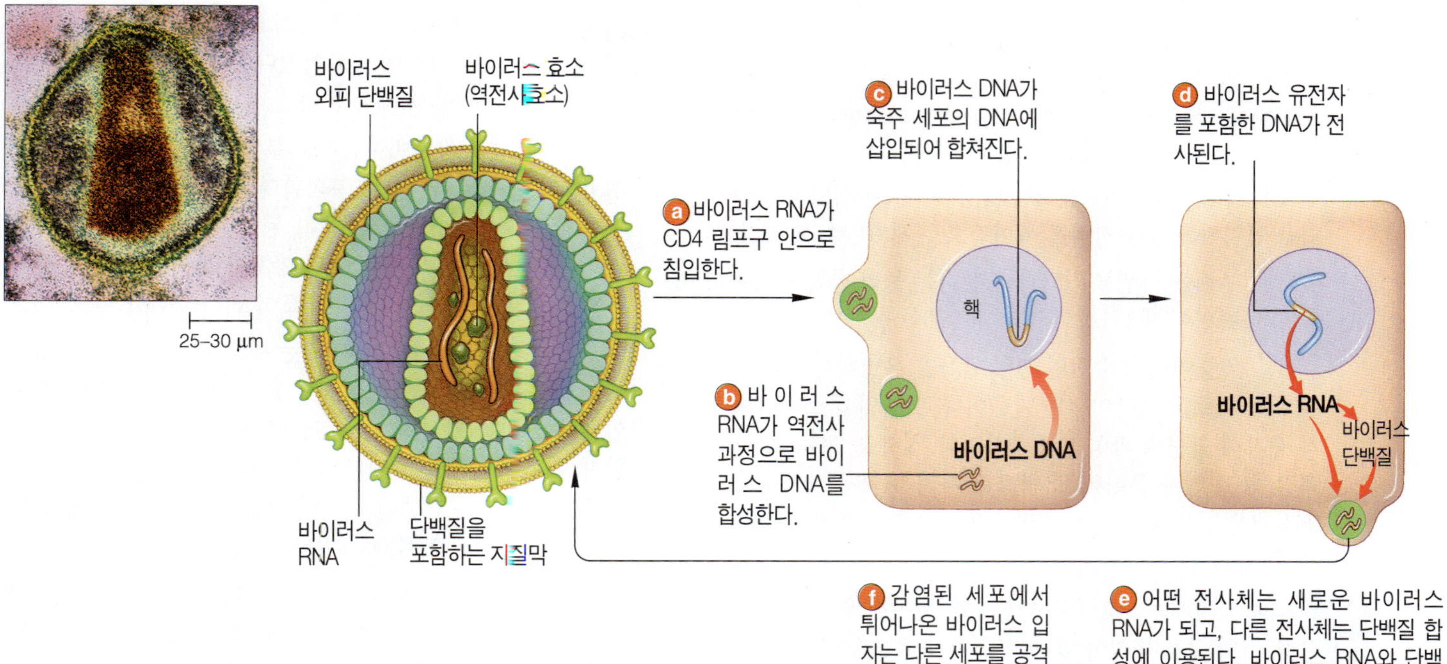


**그림 34.19** AIDS를 유발하는 레트로 바이러스인 HIV의 생활사. 왼쪽은 바이러스입자 사진.

## 약제와 백신은 어떤가?

현재 약제는 사람들을 치료할 수 없다; 우리는 그들의 DNA에 이미 삽입된 HIV유전자를 추적할 수 없다. 또한, 이미 감염된 사람안에는 거대한 복제물들이 존재를 하고 있고 HIV 유전자는 고비율로 돌연변이된다. 자연 선택 또한 진행 중이다; 즉, 약제 저항성이 약물 치료를 받고 있는 환자들에게 유리하게 한다.

AZT(아지도티민)은 역전사를 방해할 수 있는 약제들중 하나이다. 이것은 DNA에 인산화 됨으로써 정상 뉴클레오티드를 대체 한다. 하지만, 이와 같은 약제는 체세포들 DNA에 병합되어 결국에는 그들을 죽게 한다. 다른 약제는 단백질 분해효소의 저해제를 사용한 것이다. HIV유전자의 번역은 효소들이 단백질로 하기 위해 자르면서 긴 한가닥의 폴리펩타이드를 생성하게 된다. 단백질 분해 효소 저해제는 자름을 방해하여 조립을 파괴하게 된다. 하지만, 다른 모든 AIDS약제들처럼, 이들 또한 숙주의 단백질 분해 효소에 영향을 미쳐 부작용을 초래한다. 현재 치료 비용은 년간 1만 5천 달러를 상회 하는데 AIDS가 만연해 있는 개발도상국 국민들에게는 상당한 부담을 주는 금액이다. 현재, AIDS의 만연을 저지할 수 있는 가장 좋은 방법은 안전하고, 효과적이며 값싼 백신을 개발하는 것이다.

연구자들은 AIDS백신 개발하고 있다. 그들은 HIV에 대항하여 면역계를 활성화시키지만, 건강을 위협 하지 않는 합성 바이러스를 만들기 원한다. 연구자들은 이제껏 보다 나은 실험적 백신을 개발해 오고 있다. 약 12개 정도가 지금 임상 1기 테스트를 하고 있다. 비감염 자원 봉사자를 대상으로 안전성과 잠재적 부작용 검사를 위해 백신을 주사하고 있다. 임상 2기에서는 어떻게 바이러스에 대항하여 항체생산을 유도하는지에 대한 검사이다.

하나의 백신이 마지막 가까이 왔는데 감염을 막을 능력을 평가하고 있다. AIDSVAX는 2종의 HIV균주로부터 표면 단백질의 유전공학적 혼합에의 해 만들어 졌다. 1998 시작되어, 위험속에 약 5,400의 비감염 자원봉사자들이 백신을 맞았다. 결과는 실망스러웠다. 백신은 감염을 멈추지 못한것이다. 이것은 아프리카 와 아시아 남성들 사이에서 약간의 예방 기능만을 생산하고 말았다. 이러한 것은 인종 집단간의 감염 처리 또는 면역 반응의 변화에 기인하는 것 같다.

다른 임상 3기가 태국에서 수행 중인데 결과는 2008년도에 나올 것이다. 이 경우는, AIDSVAX는 다른 백신들과 조합되어 검사되어지고 있다.

## 요약

34.1절 모든 동물들은 그들의 몸을(자기) 비자기(외부세포와 바이러스)로 부터 방어를 한다. 식세포 백혈구는 외부세포들과 찌꺼기를 섭취한다(표34.3). 사이토카인들은 반응을 조절한다. 라이소자임은 세균 세포벽을 파괴한다. 위협에 비특이적인 반응들이다. 대부분의 턱이 있는 척추 동물은 적응면역을 나타낸다. B와 T세포는 잠정적으로 수십억 종류의 위협을 인지하고 그들 각각을 특이적으로 제거할수 도 있다.

34.2절 무해한 미생물 집단을 포함하는 물리 화학적 방어벽인 신체 표면이 제 1차방어선 이다.

34.3절 염증이란 부수적인 면역 반응을 유발하는 조직 손상에 대한 빠르고 비특이적인 반응이다. 혈액의 히스타민 농도가 증가해 혈관 투과성을 증가시킨다. 식세포, 보체, 혈장 단백질, 응고 인자 등이 혈관 밖으로 빠져 나와서 상처를 입은 조직에 영향을 미친다. 발열반응으로 체온을 증가 시켜 감염에 대항한다.

34.4절 면역계는 자기/비자기 식별, 특이적 위협에 대한 민감성, 기억 같은 특성이 있다. 항원이란 효과/기억B세포와 T세포가 만들어질 수 있도록 하는 입체적 구조를 가진 물질이다. 병원체, 기생충, 변형되거나 암화 된 체세포가 독특한 항원을 가진다. 대식세포와 다른 백혈구가 항원을 섭취하여 세포표면에 MHC분자와 결합된 형태로 항원을 제시한다.

34.5절 골수에서 만들어지는 B세포는 독특한 항원 수용체를 가진다.T세포의 독특한 항원 결합 수용체는 흉선에서 만들어진다. 각 세포의 수용체는 한 종류의 항원과 결합한다. 항원에 대한 1차 반응 후 기억B세포와 T세포가 남아서 신체의 면역학적 기억이 지속된다. 항원 제시세포는 체내를 가로질러 림프절로 이동하고 림프절에서 B세포와 T세포 활성화되고 대부분의 면역반응이 이루어진다.

34.6절 B세포는 항체-매개성 반응을 담당한다. 항원과 활성화된 보조T세포가 분비하는 인터루킨에 의해 자극받은 미경험 B세포는 분열증식하고 분화한다. 이 세포는 항체를 분비하는 효과B세포와 기억B세포가 된다. 분화한 효과B세포는 면역글로빈이라는 다섯 종류의 항체를 분비한다. 항체는 세포외 병원체에 결합하여 제거되도록 표시를 한다.

34.7절 T세포와 자연살해세포는 세포 내 병원체와 변형된 체세포에 대한 세포-매개성 반응을 담당한다. 항원-MHC복합체를 인식한 활성화 보조T세포와 세포독성T세포는 분열한다. 분열한 세포는 효과세포와 기억세포로 분화한다. 효과세포독성 세포는 단백질 무기인 퍼포진 등으로 구멍을 만들어 표적세포를 접촉-살해하여 용해시킨다.

34.8절 면역치료는 바이러스 감염이나 암에 대항하는 면역반응을 증강시키는 새로운 방법이다. 합성 사이토카인, 암 백신 그리고 단일클론항체가 그 예이다.

34.9절 면역화가 면역력을 가지게 한다. 약독화하거나 불필요한 부분을 제거한 병원체가 1차 면역을 유도하는 백신으로 사용된다. 알레르기 반응은 일반적으로 무해한 물질에 대한 면역반응이다. 자가면역질환이란 자신의 세포를 외래물질로 잘못 인식한 결과이다. 면역 결핍이란 면역력이 약화된 것이다.

34.10절 레트로바이러스인 HIV는 AIDS의 원인 바이러스이다.HIV는 CD4 림프구라고 하는 보조 T세포와 대식세포에 침입하여 이들 세포를 파괴한다. 성행위가 가장 흔한 전염 경로이다.AIDS는 치료비가 비싸지만 부작용이 없는 약으로 치료할 수 있다.AIDS는 완치는 되지 않는다. 백신을 개발하려고 계속적인 노력을 하고 있다.

**표 34.3 백혈구의 종류와 기능**

| 세포 종류 | 중요한 특징 |
|---|---|
| **대식세포** | 식세포; 비특이적 그리고 특이적 반응에 관여한다. T세포에 항원을 제시하고 손상된 조직을 제거하고 회복하는 것을 돕는다 |
| **호중성 백혈구** | 빠르게 활성화되는 식세포; 지속적인 반응이 아닌 염증반응을 담당하며, 세균을 제거하는 데 매우 효과적이다. |
| **호산성 백혈구** | 기생충을 공격하는 효소를 분비한다. |
| **호염기성 백혈구와 비만세포** | 작은 혈관에 작용하여 염증을 유발하는 히스타민과 같은 물질을 분비한다; 알레르기 반응에도 관여한다. |
| **수지상세포** | 항원을 가공하여 보조 T세포에게 직접 제시한다. |
| **림프구 :** | 모두 대부분의 면역반응에 관여한다. 항원을 인식한 후 효과세포와 기억세포의 클론을 형성한다. |
| B세포 | 다섯 가지 형태의 항체를 분비하는 효과세포. |
| 보조 T세포 | B 세포와 T 세포의 빠른 분열과 분화를 자극하는 인터루킨을 분비하는 효과효소. |
| 세포독성 T세포 | 감염된 세포,암세포 그리고 이종세포를 인식하여 죽이는 효과세포. |
| **자연살해세포** | 정확한 기원이 밝혀지지 않은 세포독성세포; 접촉-살해 방법으로 바이러스에 감염된 세포, 세균과 변형된 체세포를 죽인다. |

## *자습-퀴즈*

*정답은 부록 Ⅲ에 있음*

1. ______은 침입에 대한 비특이적인 방어이다.
   a. 피부와 점막 b.눈물,침,위액
   c.정상균총 d.소변 e. a~d모두
2. 보체 단백질은 ______________.
   a. 독소를 중화시킨다. b.정상 균총을 증가시킨다.
   c.염증반응을 증가시킨다. d.구멍 복합체를 형성한다.
   e. a와b f. c와d

3. ________ 은 면역반응을 유발한다.

a. 인터루킨　b. 리소자임
c. 면역글로불린　d. 항원
e. 히스타민　f. a~e모두

4. 특이적 위협을 인식하는 것은 __________.

a. 항원수용체다양성　b.수용체 유전자 재조합
c.비만세포증식　d. a와b　e. a~c모두

5. 국소적인 ________은 염증반응의 신호이다.

a. 구역　b.부종　c.발적
d. 열　e. b~d　f. a~d모두

6. 항체-매개성 반응은 ______에 대하여 가장 잘 반응한다.

a. 세포 내 병원체　b.세포 외 병원체
c. 세포 외 독소　d. a와c
e. b와c　f. a~e모두

7. 면역글로불린 _________은 기관계의 점액으로 덮인 표면에서 항균 활성을 나타낸다.

a. IgA　b. IgE　c. IgG
d. IgM　e. IgD

8. _________는 효과 세포독성 T세포의 표적이다.

a. 혈액 내의 세포 외 바이러스 입자
b. 바이러스에 감염된 체세포 또는 종양세포
c. 간의 기생충
d. 고름 내의 세균
e. 비강 점막의 화분 알갱이

9. 다음의 용어를 알맞게 연결하시오.

____ 염증 반응　a. 호중성 백혈구
____ 항체 분비　b. 효과 B세포
____ 재빨리 반응하는 식세포　c. 비특이적 반응
____ 면역학적 기억　d. 자신의 몸에 대한 면역반응
____ 자가면역　e. 2차 반응

## 분석적으로 생각하기

1. 돼지는 사람에게 장기를 제공하는 가장 유력한 후보 동물로 생각된다. 첫 단계로 형질전환 돼지-외래 유전자가 도입되어 발현한 돼지-를 만들었다(그림 34.20). 사람의 어떤 유전자를 도입하여야 사람에게 이식한 돼지 장기가 거부 반응을 일으키지 않겠는가? 그 이유를 설명하시오.

2. 34.5절에서 설명한 것과 같이 엄청나게 많은 종류의 B세포와 T세포 항원 수용체를 생산하는 것이 병원체-특이적 면역반응의 특징이다. 이런 적응면역의 유전적 기원은 척삭동물에서 시작한다. 창고기를 기억하는가(23.1절)?무척추 척삭동물인 창고기가 척추동물의 변이부위 유전자와 비슷한 유전자를 가지고 있다는 것을 알려졌다. 그러나 창고기에서는 척추동물과 같이 유전자 재배열이 일어나지 않는다. 창고기는 비특이적 방어를 할 수 있어도 면역반응을 할 수는 없다. 왜 그런가?

그림 34.20 미주리 대학교에서 개발한 동일한 세포에서 탄생한 두 마리 새끼돼지. 왼쪽에 있는 돼지의 노란색 발굽과 코는 형질전환된 증거이다.

3. 엘레나(Elena)는 유치원에 다닐 때 수두(chicken pox)에 걸린 적이 있다. 성장한 뒤, 그녀의 아이가 수두에 걸렸을 때 셀 수 없이 많은 바이러스 입자에 노출되었지만 그녀는 감염되지 않았다, 그 이유를 설명하시오.

4. 백신으로 어떤 종류의 암을 예방하거나 치료할 수 있다. 치료용 백신(therapeutic vaccin)은 암과 싸우는 몸을 도울 수 있게 만들어져 있다. 즉, 암세포 특이적 항원에 대항하는 면역계를 활성화시킨다. 치료과정에서 어떤 사람들은 기존의 항암 치료를 받지만 다른 사람은 새로운 백신 치료를 받는다. 만약 여러분이 치명적인 암에 걸렸다면 부작용이 있을지도 모르는 백신 치료를 받겠는가?

# 35 호흡

## 최근 이슈와 그 영향력 담배연기 속으로 사라지다

미국에서는 매일 3,000명 이상의 10대들의 습관성 흡연자의 행렬에 끼어 든다.심지어 대부분이 15세 미만 이다. 처음 담배를 피우면 담배연기의 자극성 물질에 의해 기침과 질식을 유발한다. 전형적으로 나타나는 증상은 현기증과 메스꺼움을 느끼게 되고 두통으로 발전한다. 담배 피우는 것이 재미있을 것 같은가? 아니다. 왜 그들은 몸을 위협하는 신호들을 무시하고 흡연자가 되려 하는 것일까? 주된 이유는 사회에 적응하기 위해서다. 많은 청소년들은 담배가 생각보다는 건강에 그다지 위협이 되지 않기 때문에, 흡연을 하면 사회적 이익을 얻을 수 있다는 잘못된 인식으로 흡연을 선택한다(그림 35.1)

흡연의 위협은 당장 시작되지는 않는다. 폐의 기도에 있는 섬모가 정상적일 때는 공기 중의 병원체와 오염물질을 제거한다. 하지만, 단지 한 개비 담배에서 발생되는 연기량만으로도 섬모는 몇 시간이나 움직일 수 못하게 된다. 또한, 담배 연기는 호흡계 안쪽을 감시하고 방어하는 백혈구를 죽인다. 그리고 젊은 흡연자의 기도에 끈적거리는 물질 덩어리를 만들기 시작한다. 병원체들은 끈적한 물질덩어리외부에 생물막(biofilm)을 만들며 정착하게 된다. 날씨가 더 추워지면 천식과 기관지염을 더 자주 발생시킨다.

연기속 니코틴은 순환계를 돌아 뇌에 빨리 도달한다. 니코틴은 중독성이 매우 강하여, 혈관을 수축시켜 심장 박동을 빠르게 만들어 혈압을 증가시킨다. 또한 흡연은 '나쁜' 콜레스테롤(LDL) 혈중 농도를 증가시키며 '좋은' 콜레스테롤(HDL)을 감소시킨다. 흡연은 혈액을 끈적거리게 하고 기능을 저하시켜 혈전 생성을 촉진한다. 동맥폐색, 심장마비와

**그림 35.1** 흡연은 금연보다는 쉽다.16~24세때부터 흡연하기 시작한 여성의 2/3가 완전히 금연하고 싶다는 연구조사 결과가 있었다. 금연을 하고자하는 사람 중에서, 단지 3%만이 다음 1년 동안 비흡연자가 된다.

## 개요도

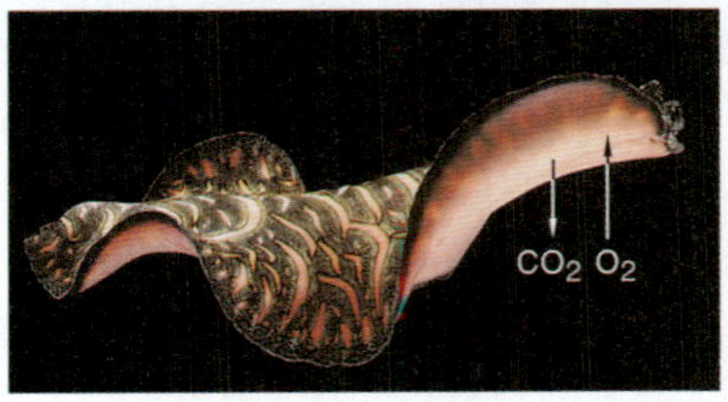


**호흡의 개요** 동물은 몸 밖으로부터 산소를 빠르게 흡수하고 내부의 이산화탄소를 내보내기 위해 유산소 호흡을 한다. 기체교환을 위하여 여러 가지 메커니즘으로 가파른 압력기울기를 유지해야 한다.

**무척추동물의 예** 물속 혹은 습지에서 사는 무척추동물들은 그들의 피부를 호흡 표면으로 이용한다. 다른 무척추동물은 아가미, 기관지 그리고 다른 내부 구조 등을 이용하여 기체교환을 위한 표면적을 증가시킨다.

발작(stroke) 등은 중독에 이르게 하는 사회적 압력에 대하여 치르게 되는 생리학적 대가들이다.

자신들이 고통스럽고 치명적인 폐암을 부르고 있다는 사실을 들어 보지 못한 흡연자들이 있을까? 아마도 담배 연기에 있는 발암물질이 그들 몸 안의 모든 장기에서 암을 일으킬 수 있다는 사실을 듣지 못하였을 수도 있다. 에를 들면 10대부터 흡연하던 여성들은 비흡연 여성들에 비해서 70% 이상 유방암 발병률이 높다는 것을 우리는 이제 알고 있다.

담배 연기의 위해성은 흡연자들에게만 국한되어 있지는 않다. 그들 가족, 동료 그리고 친구들은 담배 연기에 있는 발암물질을 그대로 흡입하게 된다. 흡연자와 함께 생활하는 비흡연자의 소변에는 많은 양의 발암물질을 가지고 있다. 미국에서는 간접흡연으로 매년 약3,000명이 폐암으로 죽는 것으로 생각된다. 간접흡연에 노출된 아이들은 천식과 같은 호흡기장애뿐만 아니라 중이염에도 걸리기 쉽다.

이 장에서는 호흡이 어떻게 내부 환경의 항상성에 관여하는 지에 대해 알아본다. 만약 여러분 또는 여러분이 아는 누군가가 흡연에 빠진다면, 여러분은 흡연이 내부 환경에 어떤 영향을 미치는지 미리 보여주기 위해 이 장을 이용할 수 있다. 화상 예견(graphic previw)을 이용하여 매일 병원 응급실과 중환자실에서 흡연자에게 어떤 일이 일어나는지 볼 수 있다. 결코 멋있는 것도 아니고, 근사하지도 예쁘지도 않는 것이다.

### 찬반의견 투표

*흡연자들 대부분은 10대에 습관적으로 흡연을 시작한다. 대부분 자동판매기에서 담배를 산다. 담배자동판매기 사용을 금지해야 할까? 미디어 메뉴에서 상세한 내용을 참고하여 온라인 투표를 한다.*

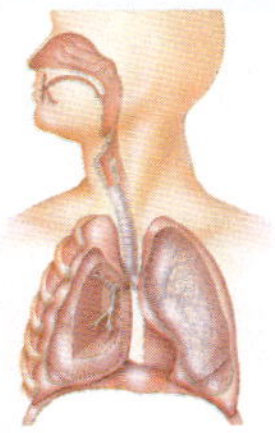

**척추동물의 호흡** 대부분의 척추동물은 양쪽 허파 내부에 얇고 촉촉한 호흡 표면을 가지고 있으며, 여기에서 순환계를 통해 혈액으로부터 산소를 흡수하고 이산화 탄소를 내보낸다. 능동적, 수동적 메커니즘으로 호흡이 조절된다.

**흡연의 영향** 공기 중의 오염물질 혹은 병원성 물질들은 호흡관의 내부를 손상시킬 수 있다. 담배 연기 흡연은 기관지염, 폐기종과 다른 호흡기 장애를 초래할 뿐 아니라 심장병과 여러 가지 암을 유발한다.

# 35.1 호흡의 본질

*동물체내에 살아 있는 모든 세포들은 많은 양의 ATP를 필요로 하는데 이는 유산소 호흡을 통해 산소-요구 대사 경로를 통해 조달된다. 어떻게 산소가 세포로 전달되는 걸까? 어떻게 대사 노폐물을 없애는 것일까?*

## 가스교환의 기반

동물들은 그들의 일생 중 적어도 일부 기간동안에는 다른 생물체들보다 매우 활동적으로 움직인다. 대부분은 신체 혹은 신체의 일부분을 빠르고 강하게 움직일 수 있다. ATP를 이용한 많은 양의 에너지가 이 활동들을 유지하게 한다. 이러한 에너지를 공급할 수 있는 유일한 대사 경로가 산소 호흡이다. 7장에서 우리는 어떻게 이 경로가 자유 산소 흡수하여 이산화탄소라는 부산물로 배출하는지를 보았다. 몸집이 큰 모든 동물들을 이루고 있는 각각의 살아 있는 세포들은 자유산소를 얻고 노폐물을 배출하고자 하는데 관련된 기관계는 서로 공유를 한다. 그림 35.2는 가장 중요한 기관계들을 요약한 것이다.

이 과정은 호흡에 관련된 전문화 된 호흡(respiration)기관으로부터 시작된다. 이러한 절대 생존과정은 크기에 관계없이 모든 동물로 부터 일러난다. 항상 체외의 산소를  곧바로 내부의 습기가 많은 환경으로 보내고, 다른 한편으로는 이산화탄소를 체외로 방출시킨다.

호흡은 동물체와 주위 환경사이의 농도구배-혹은 기체의 경우에는 '압력' 구배-로 시작된다. 이런 기울기는 두 지역사이에 있는 가스 분자들의 숫자에 의한 압력의 차이에서 기인한다..두 지역사이의 기울기가 가파르면 가파를수록, 기체는 그들 사이를 더욱 빠르게 확산될 것이다.

해수면에 존재하는 공기는 약 78%의 질소, 21%의 산소, 0.04%의 이산화탄소 그리고 0.04%의 기타 기체들로 차있다. 수은계로 측정하면 해발수준에서 대기압은 760mm Hg이다. 그림 35.3은 이장치를 도식화한 것이다. 산소 부분압(partial pressure)-전체 대기압에 대한 기여분-은 전체의 21%를 차지한다. 이것은 해수면의 약 160mm Hg이다.

기체들은 호흡표면(respiratory surface)을 통해서 동물의 몸을 출입한다. 상피조직이나 일부 조직의 얇은 막들은 항상 촉촉하게 유지되어 있다 왜 일까?가스는 만약 그들이 용액에 용해되지 않으면 그 호흡 표면을 지나 확산되어 질 수 없다. 일정 기간에 호흡표면을 가로질러 이동할 수 있는 기체 분자들의 수는 얼마나 되는가? 알다시피, 그 비율은, 표면적, 분압기울기, 환기 및 호흡 색소의 역할 등의 여러 요인에 의존한다.

## 가스교환에 영향을 미치는 요인들

**표면적 대 체적 비율** 4.1절에서 설명한 표면적 대 체적 비율이 가스교환을 제한한다. 만약 전문적 호흡 기관이 없는 동물은 작거나, 관모양을 하거나 또는 편평 할 것이다. 기체는 직접 그들의 체표면을 통해 확산된다.

그림 24.5의 편충을 생각해보자. 편충은 풍선이 부풀어 오르듯 모든 방향으로 생장할 수 있을까? 아니다.편충의 표면적은 체적과 같은 비율로 증가되지 않는다. 일단 편충의 몸통 둘레가 몇 mm를 넘어서게 되면, 체표면과 내부 세포 사이의 확산 거리는 너무 멀어 지게 된다. 그러면 가스교환은 너무나 천천히 일어나게 되어 편충은 죽게 될 것이다.

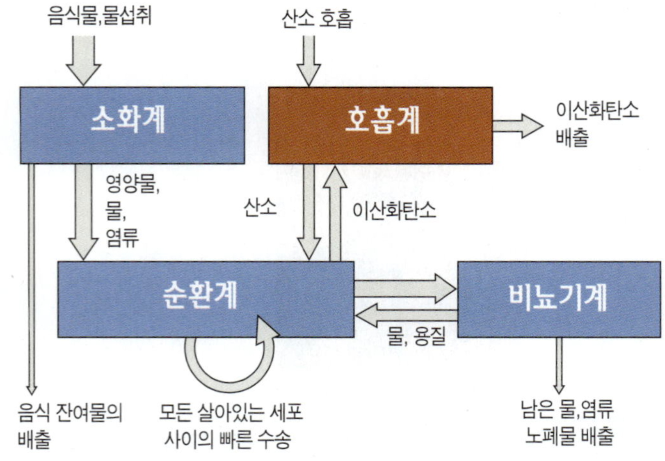


**그림 35.2** 고등 동물의 호흡계와 다른 기관 사이의 상호작용과 항상성의 기초.

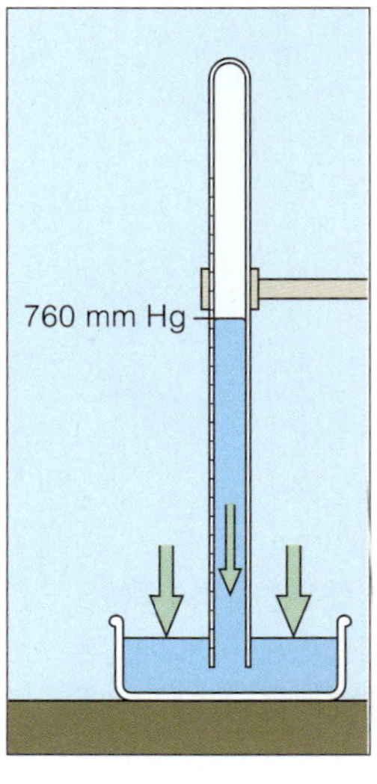


**그림 35.3** 수은 기압계라 장치로 측정한 대기압. 이 장치의 유리관 속에서 이 장치 외부의 공기압에 따라 수은주가 상승 및 하강한다. 해수면에서, 수은은 관의 바닥에서760mm 올라간다.고도는 대기압에 영향을 준다. 에베레스트 산 꼭대기에서의 공기압은 해수면의 약1/3이다.

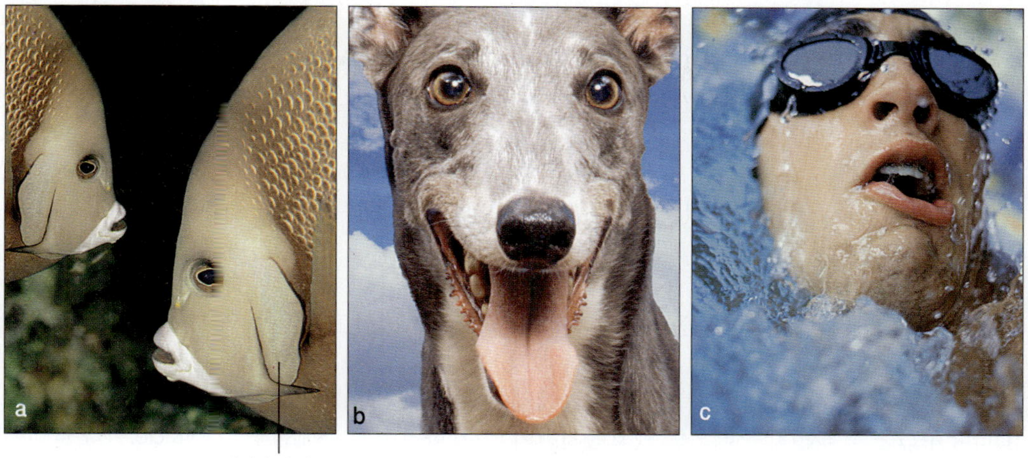


**그림 35.4** 가스가 무엇일까! (a) 어류에서 아가미 덮개는 아가미 위를 덮은 딱딱한 덮개이다. 이것은 닫혔다 열렸다하면서 주위의 물을 교반하여, 가스가 물에 용해되게 도와준다. (b, c) 포유류는 흉강이 팽창 또는 수축한다. 팽창과 수축이 입과 코로부터 가스의 흡입과 방출을 도와 준다.

**환기** 큰 몸체에 활동량이 많은 동물들은 확산만으로 제공되는 것보다 더 빠른 가스교환을 요구한다. 다양한 방법으로 적응하여 교환율을 향상시킨다. 예를 들어, 대부분 물고기의 아가미는 덮개(flap)로 덮여있다. 물고기들은 입과 덮개를 움직여 물이 호흡표면을 지나가도록 휘젓는다. 척추동물 순환계는 아가미나 허파를 통해 가스를 빠르게 이동시킨다. 개나 사람이 호흡을 할 때, 그들의 허파를 환기시킨다(그림35.4)

**호흡 색소** 거의 모든 동물들은 몇 가지의 호흡 색소(respiratory pigment)를 가진다. 호흡 단백질은 하나 혹은 그 이상의 금속 이온을 가지고 있는 데 이는 산소와 가역적으로 결합할 수 있다. 3.6절과 33.2절에서 논의한 바와 같이, 척추동물의 적혈구는 헤모글로빈(hemoglobin)이라고 하는 이온이 포함된 색소로 채워져 있다. 이 것은 환형동물, 연체동물, 그리고 갑각류 헤모글로빈과 유사하며, 환형동물의 경우는 그 크기가 사람의 6배나 된다. 헤모글로빈은 산소분자 1개와 결합할 수 있는 글로빈 사슬을 200개 포함하고 있다. 다른 무척추동물들은 헤메리트린(hemerythrin, 철 그룹 함유) 혹은 헤모시아닌(hemo-cyanin, 구리 그룹 함유) 을 함유하고 있어 산소와 가역적으로 결합한다.

호흡 색소는 호흡 표면을 경계로 가파른 압력기울기가 유지될 수 있도록 도와주어 가스교환율을 상승시킨다. 예를 들어, 사람의 허파에는 호흡 표면의 산소 농도가 높다. 혈액은 적혈구를 이 표면을 통과하도록 이동시키면, 적혈구 내의 각각의 헤모글로빈 분자는 4개의 산소분자와 결합한다. 산소가 적은 조직의 모세혈관에서, 산소는 농도기울기를 따른다. 산소는 헤모글로빈으로부터 간질액(interstitial fluid)으로 확산된다.

미오글로빈(myoglobin)은 또 다른 종류의 이온 함유 호흡 색소이다. 이것은 척추동물의 산소저장고에서 활동하며 심근세포와 일부 골격 근세포에 풍부하다. 이것의 접힘 구조는 헤모글로빈 안에 있는 하나의 글로빈 사슬과 유사한 구조를 하고 있다(그림 35.5). 그러나 미오글로빈은 보다 높은 산소친화도를 가진다. 심근세포 근처에 헤모글로빈이 산소를 배출하면,산소는 확산되어 미오글로빈과 결합한다. 만약 심근세포에서 대사 증가로 산소가 감소하면, 미오글로빈의 헴(heme) 그룹은 산소를 배출한다. 이런식으로 세포 내 산소 농도를 일정하게 안정시킨다.

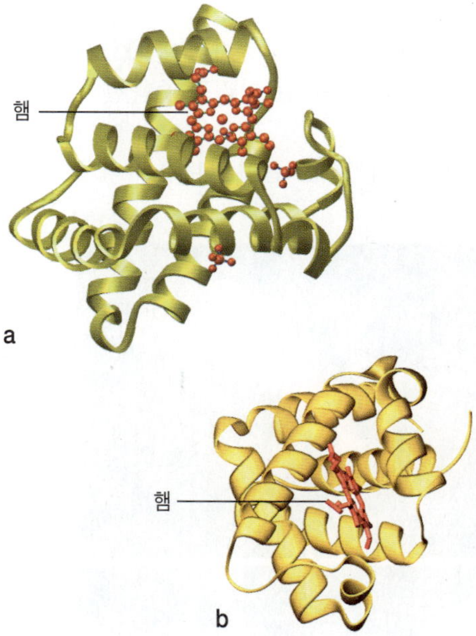


**그림 35.5** (a) 미오글로빈의 분자 모델. 이 분자는 헤모글로빈의 글로빈 사슬과 유사하다. (b) 하나의 가설은, 헤모글로빈의 4개의 폴리펩티드 사슬을 이루고 있는 유전자는 미오글로빈과 유사한 조상유전자가 복제와 돌연변이를 거쳐 생겼다고 하는 주장이다. 일부 박테리아와 고세균계(archaea)들도 주위 환경의 산소량을 하는 단백질을 가진다고 한다.

이 과정은 몸 외부에서 호흡 표면-내부 환경에 있는 얇고 촉촉한 지역-으로 산소를 내려 보낸다.이것은 또한 몸 내부로부터 표면으로 노폐물인 이산화탄소를 배출시킨다.

가스교환은 내부와 외부 환경 사이에 가파른 분압구배를 필요로 한다. 환기는 기울기가 가파르게 유지되도록 한다 .또한 산소와 가역적으로 결합할 수 있는 헤모글로빈과 다른 호흡 색소들도 이런 기능을 도와준다.

# 35.2 무척추동물의 호흡

*동물은 촉촉한 호흡 표면을 통해 가스교환을 한다. 가장 작고 얇은 종에서 호흡 표면은 체벽이다. 몸집이 큰 종들은 교환이 가능한 부위를 증가시키고자, 표면이 많이 접히거나 여러 개의 가지자 난 기관을 가지고 있다.*

우리는 물속과 항상 습한 서식지에서 생활하는 작은 체구의 무척추동물에게서 가장 단순한 호흡 형태를 발견했다. 가스는 체표면-외피(integument)-을 통해 직접적으로 확산된다(그림 35.6(a)).이런 호흡 방식을 외피교환(integumentary exchange)이라 한다.

물속에서 서식하는 많은 무척추동물들에게는 아가미(gill)라 부르는 촉촉한 얇은 막으로 된 호흡기관이 있다. 하지만 이것은 물고기 아가미 구조와는 동일하지 않다. 여러겹으로 주름진 아가미 벽은 호흡표면적을 증가시켜 주위 환경과 체액 사이의 가스교환율을 증가시킨다. 그림 35.6b는 군소(Aplysia)의 외피교환을 보충하는 여러겹 주름진 아가미를 나타내고 있다.

갑각류의 깃털 같은 아가미는 걸어 다니는 다리로부터 진화했다. 게와 바닷가재의 딱딱한 몸 덮개(외골격)는 아가미와 다른 부드러운 부분을 보호한다.

건조 지대에 사는 거미와 다른 절지동물은 혈관이 없는 작고, 두껍고, 딱딱한 외피를 가지고 있다. 그들 외피는 수분을 보존하는데는 도움이 되지만, 가스교환에는 효용이 없다. 이러한 동물들은 몸속에 호흡 표면을 갖고 있다. 예를 들면, 대부분의 저미는 책갈피허파(book lung), 즉 책장을 닮은 얇고 겹겹으로 쌓인 막을 지닌 내부호흡기관을 가지고 있다(그림 35.7)

곤충, 노래기, 지네 그리고 일부 거미들은 몸속에 가지로 이루어진 관형태로 만들어진 기관계(tracheal system)를 가지고 있다. 그림 35.8은 이런 곤충의 한 예를 보여준다. 외피에 숨구멍(spiracle)이라 불리는 많은 작은 체공들이 일부 체절의 양쪽에 있는 뚫려있다. 이것이 기관지의 시작점이며, 계속해서 가지를 형성한다. 이때, 가장 미세한 가지의 끝은 다른 조직 세포와 인접해 있다.

작으며 상대적으로 비활동적인 곤충들의 기관지계에서의 가스교환은 단순히 관 벽을 통해서 확산된다. 모기유충들이 수중에서 살 때 기관지계에 연결된 '호흡관'이 물 밖으로

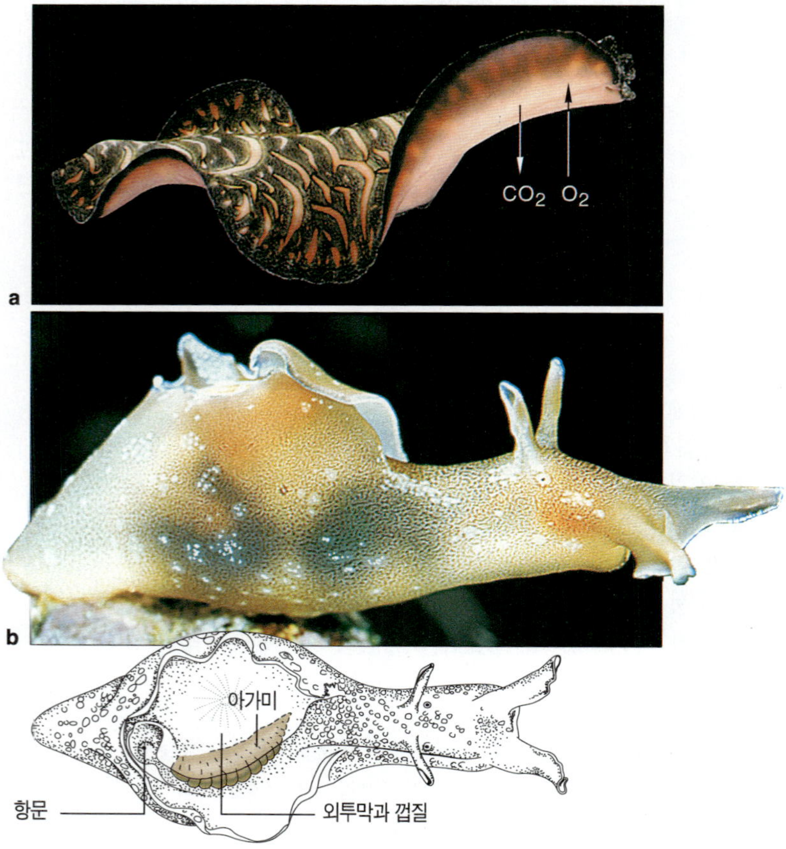


**그림 35.6** 수중 무척추동물의 두종류. **(a)** 편형동물,작아서 산소를 수송하는 순환계 없이 살수 있다. 수서지대에 녹아 있는 산소는 체표면을 통해 각 세포로 단순 확산된다. **(b)** 복족류의 일종인 군소(Aplysia) 아가미.

**그림 35.7** 책갈피허파. 깡충거미(Phidippus)를 포함한 많은 거미들의 호흡표면은 겹겹이 주름지고, 젖은 막으로 이루어져 있다. 깡충거미 또한 한 쌍의 기관지를 가지고 있다.

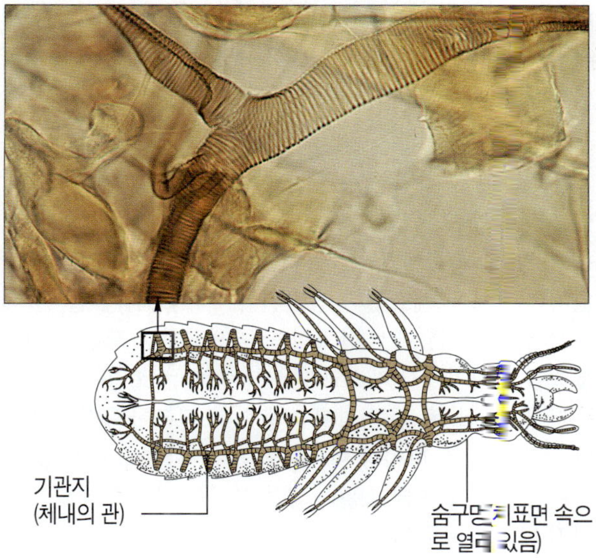


**그림 35.8** 일반적인 곤충의 기관계. 키틴고리가 기관계를 지지하고 있다.

뻗어 나와 있다. 심지어는 아가미를 가지고 있는 수중 곤충들도 기관지계를 통해서 가스를 확산시킨다.육상 생활하는 크고 활동적인 곤충들은 어떨까? 그들도 식물처럼 몸속에서 부터 많은 양의 물을 잃어버리고는 살 수 없다. 어떻게 하여 그들은 수분을 보존할까?

초파리를 생각하여 보자. 이것의 숨구멍(spiracle)은 근육으로 만들어진 판을 가지고 있다. 이 판은 비행 중에는 산소가 필요하여 열리고 쉬는 동안에는 약간 닫혀 있다(물을 보존하다). 그러면 파리보다 크며, 활동적인 동물의 경우에는 어떨까? 메뚜기를 보자. 이것은 힘차게 기관지를 통해 환기한다. 복근을 수축시킬 때, 몸속기관이 얇고 부드러운 기관지를 압박하여,공기를 방출시킨다. 근육이 이완될 때, 기관은 원래 대로 돌아오면서 기관내강은 확장되어 공기가 빨려 들어 오게 한다. 가장 큰 기관지에는 기낭이 부착되어 있다, 이 낭은 매번 근육이 수축과 이완을 하는 동안, 많은 양의 공기가 내부로 들어가고 내보내게 된다.

편형동물과 기타 습지에서 사는 무척추동물들은 두께이 작다. 가스는 그들의 체표면을 통하여 직접 확산되는 외피호흡을 통해 이루어진다. .

대부분의 해양과 민물에서 생활하는 무척추동물들은 촉촉하고, 얇고, 겹겹이 주름진 벽을 지닌 아가미를 가지고 있다.

대부분의 곤충류, 노래기, 지네 그리고 일부 거미들은 기관 호흡을 이용한다. 가스들은 숨구멍에서부터 출발하여 끝이 열려진 관을 통해 흘러가서, 직접 살아 있는 모든 조직의 세포 근처에 이른다. 대부분의 거미들은 책갈피허파를 가지고 있다.

육상에 사는 작고 활동적인 곤충들은, 그들이 휴식을 취할 때 부분적으로 숨구멍을 닫아 수분의 손실을 막는다. 일부 큰 종류들은 복근육 수축을 통해 관과 이 관에 연결된 기낭을 적극적으로 환기한다.

## 35.3 산소를 갈구함

*FOCUS ON THE ENVIRONMENT*

퇴비, 쓰레기 그리고 비료에 의해서 오염된 호수, 강, 강어귀에 사는 수중생물을 동정하라. 이런 유입물들이 수중생물의 성장을 증가시키며, 용존 산소를 고갈시킨다. 또한 침전물들이 체표면에 쌓여 막히면, 그들의 호흡 표면이 손상되어 죽음에 된다.

모든 동물들은 제한된 범위의 환경 조건만을 감당해 낼수 있다. 수중생물의 생존에 영향을 미치는 가장 중요한 요소는 용존산소(DO)의 양 이다. 물이 얼마나 뜨거운가? 물이 얼마나 빠르게 흐르는가? 따뜻한 물은 차가운 물에 비해 적은 양의 산소를 가지고 있다. 그리고 물이 빠르게 흐르면, 공기 중 산소가 물속으로 더 많이 용해되어 질 수 있다. 따뜻하며 고요한 물속에서는 산소량이 위험할 정도로 낮다는 것을 여러분도 아마 알게 될 것이다.

물의 산소량이 낮아지면 생물다양성도 감소하게 된다. 오염은 용존산소량을 급감시킨다. 비료와 쓰레기가 물로 유입되면, 호수 바닥에 사는 호기성 박테리아에게 많은 양의 영양분을 공급한다. 이런 박테리아는 분해자이다. 박테리아의 집락이 커져서 용존산소를 다 소모해 버리면, 결국 다른 종이 이용할 수 있는 산소의 양은 급감하게 된다. 이는 인산 또는 질소가 풍부한 비료를 사용한 후 조류적조(algalbloom)가 발생하는 것과 같다. 이는 쌍편모조류와 같은 원생생물(protist)의 폭발적 개체증식(population explosion)을 야기한다(20.4절). 그 조류세포들은 증식으로 인하여 결국 죽는다. 그들이 대사하고 분해되면서 수중의 산소를 고갈시킨다.

용존산소 고갈, 어류 폐사

민물호수와 강에서, 하루살이(mayfly)와 진강도래(stonefly)의 수생 유충은 물속에 산소가 감소하면 제일먼저 소멸되는 무척추동물이다. 이들 곤충의 유충은 많은 산소를 필요로 하는 활동적인 포식자이다. 아가미를 소요한 달팽이 또한 없어진다. 이들의 감소에 의해 이들을 먹이로 이용하는 어류에게 연쇄적인 영향을 미친다. 일부 어류는 더욱 직접적으로 영향을 받는다. 특히 송어와 연어는 저산소에 매우 약하다. 잉어(비단잉어와 금붕어를 포함하는)는 산소 감소에 가장 둔하다. 그들은 심지어 따뜻하며 조류가 많은 연못이라든지 작은 금붕어용 사발(bowl)에서도 살수 있다.

산소의 농도가 4 PPM이하로 낮아지면, 어류는 생존할수 없다. 대다수의 무척추동물 경쟁자들이 사라지게 되며 거머리가 번성하게 된다. 산소 농도가 가장 낮은 물은 실지렁이(Tubfex tub-ifex)와 붉은 지렁이(Chironomus) 같은 환충류와, 물속에 사는 작은 파리 혹은 수생 모기 유충들의 피난처가 된다. 헤모글로빈을 함유하고 있어 이 둘은 밝은 적색을 띠며, 영양분이 풍부하고 경쟁자와 포식자가 적은 한 산소가 적은 수중에서도 생존한다.

실지렁이와 붉은 지렁이일지라도 질식되기 쉽다. 미세한 침전토 입자의 침전물이 그들을 에워싸서 외피를 통과하는 가스의 흐름을 막는다. 채광, 벌목 그리고 농사나 개발을 위한 박토는 땅으로부터 씻겨 침전토가 된다.

# 35.4 척추동물의 호흡

*척추동물은 종에 따라 아가미, 피부, 한 쌍의 허파 혹은 피부와 허파의 조합 등을 호흡기관으로 이용한다.*

### 어류와 양서류의 아가미

아가미(gill)는 얇고 젖은 혈관이 있는 호흡 표면을 지닌 기관이며, 척추동물의 종류에 따라 다양하다. 일부 어류의 유충은 수중으로 돌출된 외부 아가미를 지니고 있다. 어류의 성체는 한 쌍의 내부 아가미를 지니고 있다. 그림 35.9는 아가미 필라멘트가 겹겹이 쌓여져서 줄을 이루고 있고, 이는 입 뒤쪽에서 체표면으로 이어지는 틈새를 만든다.

어류의 경우, 입속으로 물이 흘러 들어가 아가미 틈으로 흐른다. 물은 혈관이 분포된 아가미 필라멘트 배열을 지나 흐른다. 첫 번째 혈관은 아가미에서 몸 쪽으로 산소가 포함된 혈류를 수송한다. 이 혈액은 물보다 산소가 적어, 산소가 혈액 속으로 확산되어진다. 다음으로, 물은 다른 혈관으로 흘러가서 산소가 적은 혈액을 아가미로 수송한다. 그 물은 이미 산소의 일부를 주었지만, 물은 아직도 혈관 속의 혈액이 포함하고 있는 것보다 많은 산소를 함유하고 있다. 이로써 다시금 산소가 확산되는 것을=돕는다.

역류 흐름(countercurrent flow )이라 하는 것은 두 액체가 서로 반대 방향으로 이동하는 것을 말한다. 이로써 어류는 지나가는 물 안에 용해되어 있는 산소의 약 80~90%를 얻게 한다. 이것은 일방 흐름(one-way flow) 기작에 비하여 훨씬 적은 에너지를 소비하면서 더많은 산소를 획득하는 메커니즘이다.

### 한 쌍의 허파의 진화

일부 어류와 모든 양서류, 조류와 포유류는 한 쌍의 폐(lung)을 가지고 있다. 폐는 주머니 모형태의 기관으로서, 체강에 있지만 기도로 체표면과 연결된다. 4억5,5000만 년 전, 허파는 일부 어류계통에서 장벽의 낭 발생되기 시작했다. 산소가 부족한 서식지에서 가스교환을 할 수 있는 표면 부위를 넓혀주기 위해 쌍으로 된 허파를 이용한다. 건조한 육상으로 이동한 척추 동물은 더이상 아가미를 사용할 수 없게 되었다. 아가미 필라멘트는 물이 흘러 그들 사이를 젖은 상태로 유지시키지 못하면 서로 달라붙는다.

대부분의 양서류 유충은 아가미가 있고 성체는 허파를 가진다. 어떤 도롱뇽 일부의 성충은 아가미뿐 아니라 허파도 없다. 그들의 피부가 외피교환을 한다. 산소 섭취를 위해 개구리와 두꺼비들은 작은 허파에 더욱 의존하지만 노폐물인 이산화탄소의 대부분은 피부를 통해 밖으로 확산된다. 개구리는 우리와 다르게 호흡을 한다. 콧구멍으로 공기가 흘러들어간 후 허파에서 들어가게 된다. 체벽 내근육을 수축시켜 상한 공기를 내보낸다(그림 35.10).

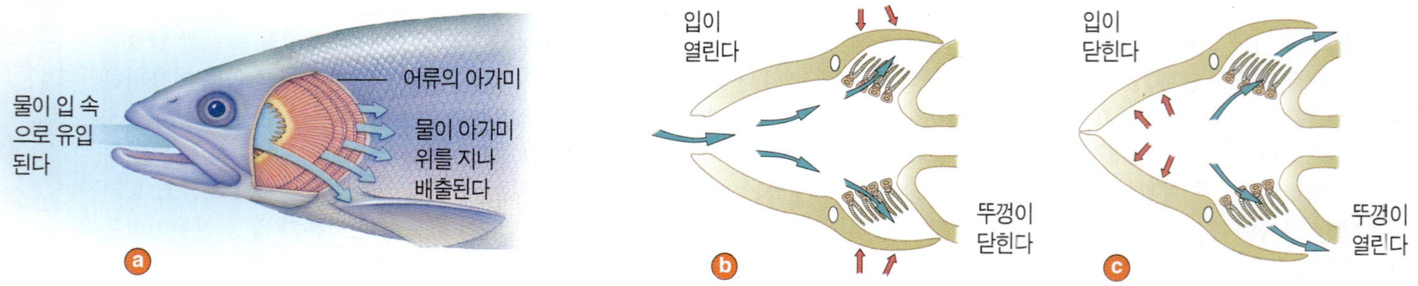


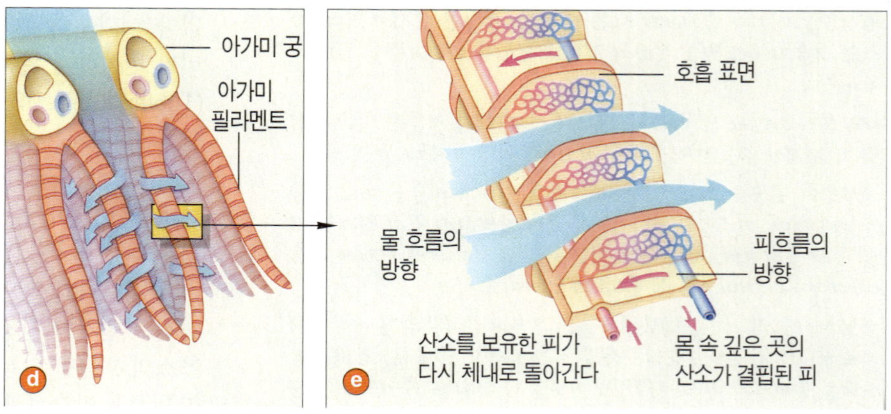


**그림 35.9** (a-c) 어류 아가미 환기. 입이 열리고 아가미 덮개가 닫힐 때 물을 아가미 사이로 끌어 들인다(그림 35.4). 이것은 입이 닫히고 뚜껑이 열릴 때 물을 밖으로 내보낸다.
(d) 아가미 가스교환. 각각 아가미 필라멘트에는 혈관이 분포되어 있고 물이 지나가는 지역에 표면을 노출시키기 위해 연속의 작은 표면들로 분할된 호흡 표면이다.
(e) 혈관은 산소가 없는 혈액을 각 필라멘트로 수송한다. 다른 혈관은 산소가 포함된 혈액을 몸속으로 운반한다. 모세혈관은 물의 방향과는 역으로 혈관으로부터 첫 번째 혈관으로 혈액을 운반한다. 이 역류 흐름이 물로부터 혈액으로(분압기울기에 따라) 산소가 이동되는 데 유리하게 한다.

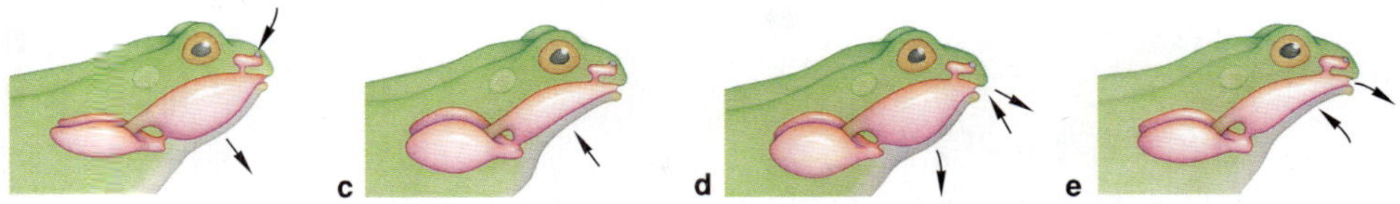


**그림 35.10** (a)개구리의 호흡계. (b)개구리는 입의 바닥 부분을 낮추고 2개의 콧구멍으로 공기를 섭취한다. (c)그 후 콧구멍을 닫고 성문을 열며 입의 바닥 부분을 올린다. 공기는 허파 안으로 확산되어 진다. (d)규칙적인 환기는 가스교환을 도와준다. (e)허파 위의 체벽 안에 있는 근육들은 수축되고 허파는 탄성적으로 반동될 때 상한 공기는 밖으로 밀려나간다

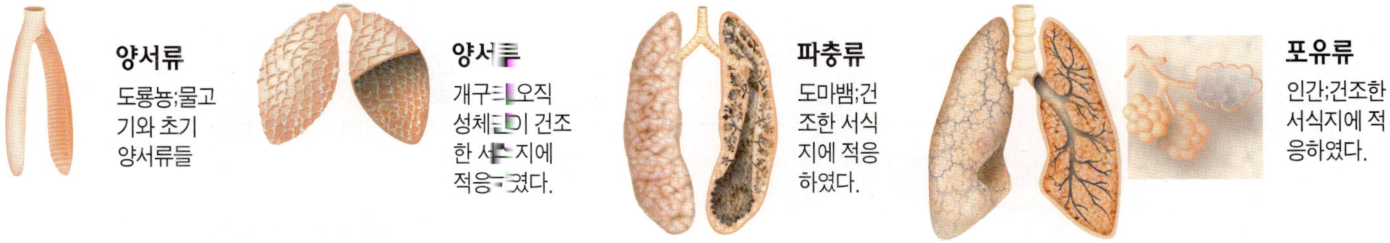


**그림 35.11** 가스교환을 위한 단순한 기낭에서부터 더 복잡하고 넓은 호흡 표면적으로 진화하는 경향이 있음을 보여주는 3종류의 척추동물 허파의 구조.

소리를 내기 위해서도 개구리는 허파를 사용한다. 고래를 제외한 모든 포유동물도 마찬가지이다. 간단히 설명하면, 소리는 허파 기도의 입구에서부터 시작된다.

쌍으로 된 허파는 파충류, 조류, 포유동물의 주 호흡 기관이다(그림 35.11). 호흡을 통해서 대량의 공기를 허파 안팎으로 운반시키고, 허파의 모세혈관들은 호흡 표면의 주위를 레이스 모양으로 감싸고 있다. 허파에서 산소와 이산화탄소는 가파른 농도기울기를 하고 있어 호흡 표면을 통해 빠르게 확산되어 진다. 모세혈관으로 공급된 산소는 몸 내부 전체를 돌게 된다. 산소가 적은 조직에서 산소는 간질액으로 확산되어 세포 안으로 들어가게 된다. 이산화탄소는 세포에서 부터 간질액으로 그리고 혈액으로 확산되,그 다음에 허파에서 배출된다.

이러한 양상의 가스교환의 단지 조류에서만 눈에 띄게 되어 있다(그림 35.12). 조류는 기낭계를 가지고 있어 한 쌍의 허파를 통해 공기를 계속 유입시킬 수 있다.

이러한 예외를 생각하고, 사람의 호흡계로 넘어가자. 원리는 대부분의 척추동물에게 적용된다.

어류 아가미의 역류 흐름 메커니즘은 물에서부터 산소 섭취율을 높여준다. 아가미는 건조한 서식지에서는 기능 발휘할 수 없는데 ,이 경우에는 내부의 기낭-허파-이 작용계가 훨씬 효과적이다.

양서류들은 작은 허파 산소를 섭취 하지만,이산화탄소는 피부를 통해 밖으로 확산배출된다. 파충류, 조류, 포유류는 그들의 호흡 기관으로서 한 쌍의 허파를 이용한다. 조류는 또한 허파 각각의 호흡 표면내 공기관을 통해 공기가 계속 흘러들어오도록 도와주는 기낭을 가지고 있다.

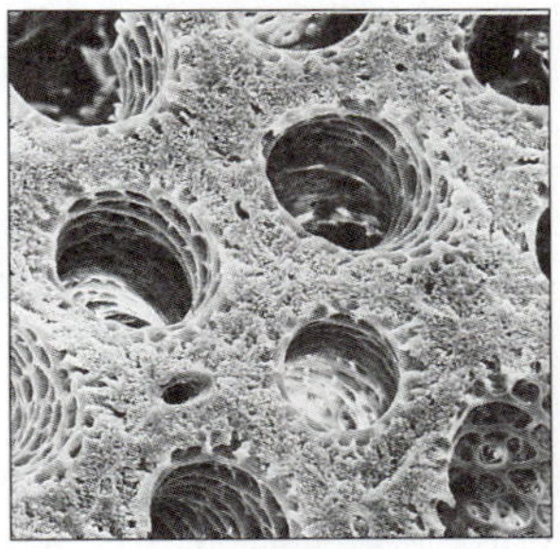

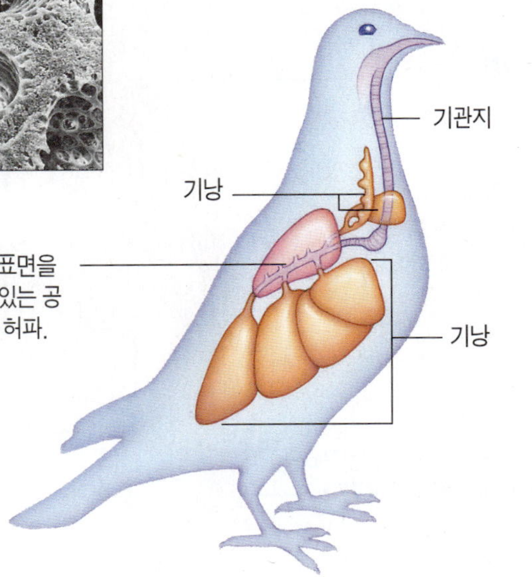


**그림 35.12** 조류(비둘기)의 대표적 호흡계. 2개의 작고 탄력이 없는 허파에 많은 기낭들이 부착되어 있다. 새가 숨을 들이쉴때 양쪽 끝이 열리고, 혈관이 분포된 허파 조직에 퍼져 있는 관을 통해 기낭 으로 공기가 들어오게 된다. 이 조직이 호흡 표면으로 작용한다.
새가 숨을 내쉴 때, 공기는 관을 통해서 기낭로 부터 기관지 밖으로 밀려 나간다. 그러므로 단지 허파 안으로 공기가 들어가는 것은 아니다. 계속적으로 공기는 기낭과 호흡 표면을 통하여 퍼져나 간다. 이런 독특한 환기계가 있어 새가 비행 또는 기타 많은 에너지를 요구하는 활동을 할 수 있게 높은 대사율을 지탱하게 한다.

# 35.5 사람의 호흡계

*사람은 75세가 될 때까지 적어도 3억 회의 호흡을 한다. 호흡계는 말할 때와 냄새를 인지할 때, 그리고 내부의 항상성을 조절하는데 이용되어 진다.*

## 많은 호흡계의 기능들

그림 35.13은 인간 호흡계와 그 기능을 나타내었다. 두 쌍의 폐 약 6억 개정도의 폐포(alveoli)라는 공기 주머니를 가지고 있다. 폐포안으로 공기 유입과 유출률은 가스교환에 대한 대사적 필요에 맞도록 조절되어 있다. 호흡계는 가스교환 이상의 기능을 한다. 호흡계는 후각의 기능과 말할 때의 감각을 도와준다. 호흡계는 정맥 혈이 심장으로 들어 오도록 도와주며,과다한 열과 물을 없애는 데 도움을 준다. 무한 호흡 조절은 내부의 산-염기 균형을 유지하는 데도 일조를 한다. 호흡계는 수많은 잠재적 위험성을 가지고 있는 공기 중의 병원체와 물질들이 허파에 도달하기 전에 차단한다. 수많은 혈중 노폐물들은 체내에 순환되기 전에 없어지거나,변형되거나 불활성화되어 진다.

호흡계의 역할은 허파의 폐포에서 모세혈관과 가스교환

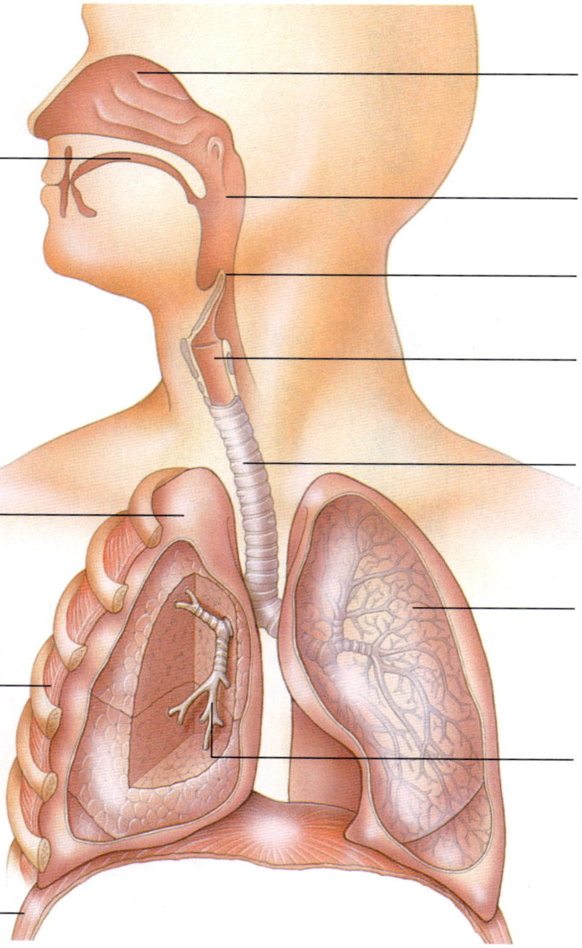


**a** 사람 호흡계

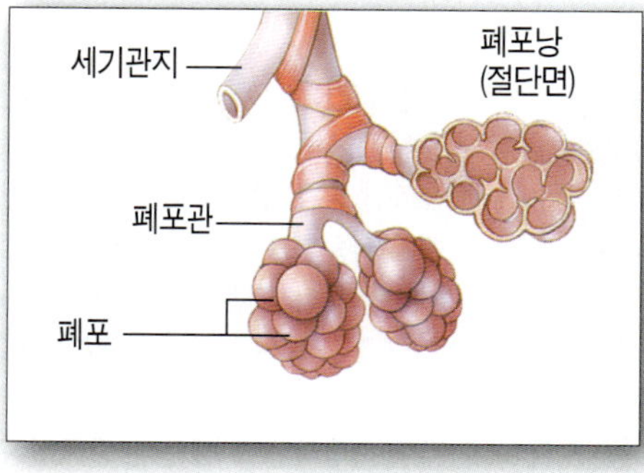


**b**

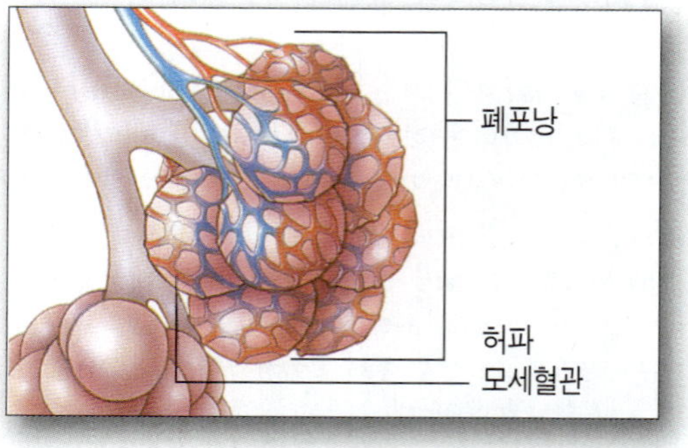


**c**

**그림 35.13** (a)인간 호흡계:구성과 그것들의 기능.횡격막을 포함한 근육과 골격은 호흡에서 2차적인 역할을 수행한다. (b,c)세 기관지와 허파 모세혈관에 관계되는 폐포의 위치.

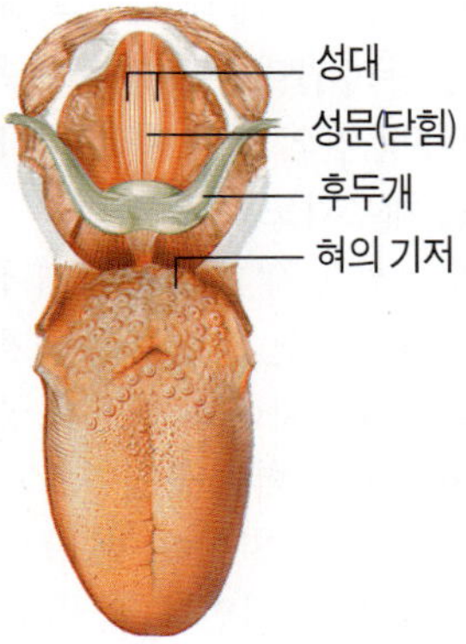


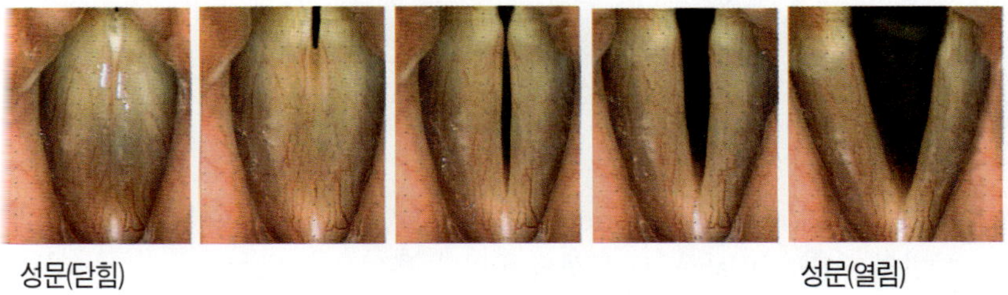


**그림 35.8** (a) 하나의 특이적 항원과 결합할 수 있는 한 종류의 상체를 가진 B세포의 클론선택. (b) 1차 면역반응에서 모든 B 세포와 T 세포가 항원에 의해 활성화 되는 것은 아니다. 많은 세포는 기억세포로 순환하다가 2차 면역반응 동안에 활성화된다.

을 함으로써 끝이난다(라틴어로 pulmo는 허파를 의미한다). 여기부터는 순환계가 가스교환의 임무를 맡게 된다.

### 기도에서 허파로

숨을 깊게 쉬어보라. 여러분의 순환계에서 공기가 어디를 향해 갈지 알기 위해 그림 35.13을 보라. 여러분이 호흡을 멈추거나 헐떡거리지 않는다면 공기는 입이 아니라 2개의 비강으로 들어 온다.비강 점액이 공기를 따뜻하게 하며 촉촉하게 한다. 비강의 섬모 상피와 털이 먼지와 작은 입자를 걸러주고, 후각 수용기는 냄새를 감지하게 된다. 공기는 인두(pharynx)또는 목을 지난다. 인두는 후두(larynx) 혹은 목의 입구이고, 후두는 두쌍의 점막 주름으로 이루어져 큰 기도를 형성한다. 아래쪽으로 한 쌍은 성대를 형성한다(그림 35.14).

숨을 쉴 때 성대 사이의 성문을 통하여 공기는 드나든다. 공기의 흐르며 성대를 진동시켜 우리는 이 진동을 조절해서 여러 가지소리를 만들어내게 된다.

후두근이 수축, 이완 될 때 성대의 탄성 연골이 팽팽해지거나 느슨해져 주름이 펴지는 정도를 변화시킨다. 신경계는 성문의 넓이를 조절한다. 그 예로, 후두근의 장력이 증가하면, 성대 간의 간격이 좁아지고 고음의 소리가 난다. 입술, 치아, 혀 의 부드러운 덮개는 소리의 기본적인 패턴을 변형시킨다.

감염이나 자극으로 성대가 부으면 진동할 수 있는 능력이 떨어진다. 많이 부으면, 후두염이나 목이 쉰다.

후두의 입구가 후두개(epiglottis)이다. 후두가 위로 향할 때, 공기는 기관(trachea)으로 이동한다. 삼킬 때, 후두개는 아래를 향하여 닫히게 된다. 이때 후두의 입구가 닫히면서 음식과 액체가 다른 관으로 들어가게 된다. 그 관은 기도가 아닌 식도(esophagus)이다. 식도는 인두와 위를 연결시킨다.

기관은 각각의 허파에 연결되는 2개의 기도로 분리된다. 각각의 기도는 기관지(bronchus)를 만든다. 기관지 상피층은 감염에 대비하여 수많은 섬모와 점액분비세포가 있다. 박테리아와 공기 중의 입자들이 점액에 붙게 되며 섬모가 점액을 입으로 밀어내어 밖으로 배출시킨다.

인간의 폐 흉강에 위치하고 있는 탄성 있는 원뿔형의 기관이다. 흉곽이 폐를 보호한다.

그 아래 흉강과 복강을 구획하는 횡격막(diaphragm)이 있다(그림 28.11). 촉촉하게 젖어있고 얇은 주머니 모양의 흉막은 폐의 바깥 표면과 흉강벽 안면을 싸고 있다. 흉벽과 폐는 서로 마주하는 표면을 누른다.

윤활류를 가진 얇은 막은 흉막 표면 사이의 마찰을 감소시킨다. 흉막에 염증과 부종이 생기면 호흡질환인 흉막염이 생기게 되는데 마찰로 호흡 시 통증을 유발한다.

각각의 허파 내에서, 공기는 '기관지 관계'로 더욱 가느다란 가지로 이동한다. 그 기관이 세기관지(bronchiole)이다. 기관지의 끝을 이루고 있는 호흡 세기관지는 컵모양의 폐포에서 끝난다. 대부분의 폐포는 주머니 또는 폐포낭과 같은 덩어리를 만든다. 집합적으로, 수많은 폐포낭은 혈액과의 가스교환을 위해서 거대한 표면적을 공급한다. 만약 모든 폐포낭이 단층으로 배열되어 진다면, 그것들은 라켓볼 코트의 바닥을 덮을 것이다.

인간호흡계는 폐를 이용하여 공기로부터 산소를 얻고 이산화탄소를 제거한다. 허파에서 순환계가 내부 환경에서의 가스교환의 임무를 맡게 된다.

호흡계는 정맥혈의 심장으로의 이동, 발성, 체내 산-염기 균형 조절, 공기 중의 해로운 병원체 또는 물질에 대한 방어, 그리고 혈액 내의 노폐물질 제거 또는 변형의 역할을 한다.

# 35.6 호흡주기

호흡은 대기와 폐포낭 사이의 가스흐름을 강화시키고자 주기적인 패턴으로 폐를 환기시킨다.

## 공기압 기울기의 주기적인 반전

각 호흡 주기(respiratory cycle)는 한 번의 흡입(inhalation)와 한번의 배출(exhalation)로 구성되어 있다. 흡입은 항상 능동적이며 근육수축을 동반한다. 각각의 호흡 주기 동안 폐와 흉강의 용적 변화로 호흡기도 안팎의 공기의 압력기울기의 변화를 유발한다. 흡입 후,폐포 안의 압력은 기도와 외부 환경의 압력과 동일하다. 해수면에서의 대기압은 약 760mm Hg이다.

흉강 용적이 증가함에 허파 확장에 대한 두 가지 메커니즘이 있다. 첫 번째,흉낭 압력이 허파를 흉강 벽에 가깝게 오도록 해준다. 사람이 휴식을 취할 때,흉낭 압력은 평균 756mm Hg로 대기압보다 약간 낮게 된다. 모든 폐포 안의 압력이 바깥쪽을 향해도, 흉낭의 압력은 양쪽 허파의 벽 안으로 작용하게 된다. 폐포와 흉낭 간의 압력 차(4mm Hg)는 허파를 늘어나게 하여 흉강을 채우기도록 한다.

두 번째, 흉막 내액의 점성은 각 폐가 흉강벽에 붙도록 한다. 2개의 젖은 유리판들을 누르면 그 판들은 쉽게 앞뒤로 움직이는 것을 볼수 있지만, 떼어내려고 하면 저항한다. 이와 유사하게, 흉낭 내액은 허파와 흉벽을 붙인다.

그림 35.15 b는 흡입 시에 무슨 일이 일어나는지를 설명해준다. 격막은 편평해져 아래로 움직인다. 늑골(intercostal)근육은 수축하여 흉곽이 위와 바깥쪽으로 나가게 한다. 흉강의 확장에 따라 허파도 넓어진다. 폐포의 압력이 대기압보다 내려가면, 공기는 압력구배에 따라 기도로 들어간다.

배출은 조용히 숨쉴 때는 수동적이다. 흡입을 유발한 근

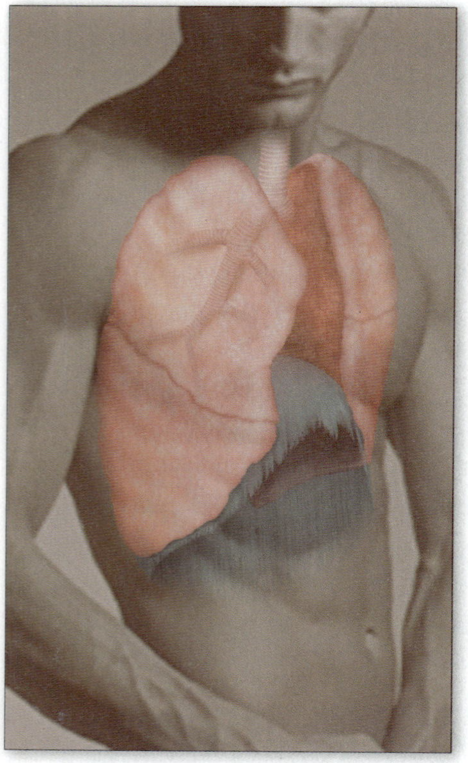

a

그림 35.15 (a)횡격막을 기준으로 하였을 때 인간 허파의 위치. (b ,c)한 호흡 주기동안 흉강크기의 변화, X선 영상은 최대 흡입이 어떻게 허파의 용적을 변화시키는지 보여준다.

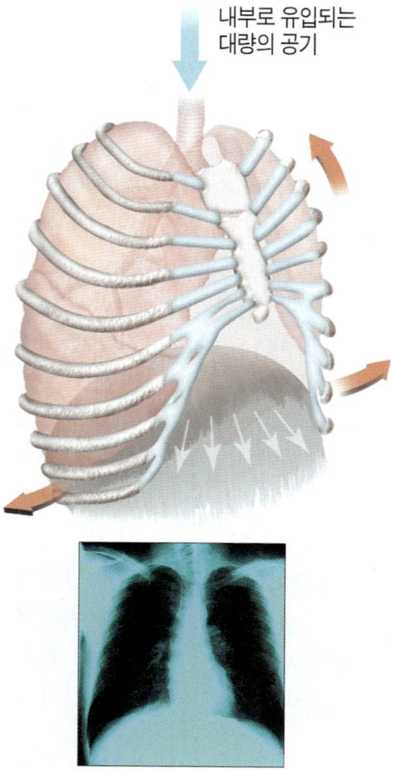


b 흡입.횡격막이 수축되어, 아래로 이동, 외늑골 근육이 수축해 흉곽이 위와 바깥쪽으로 들어 올려진다. 허파 용적이 팽창하게된다.

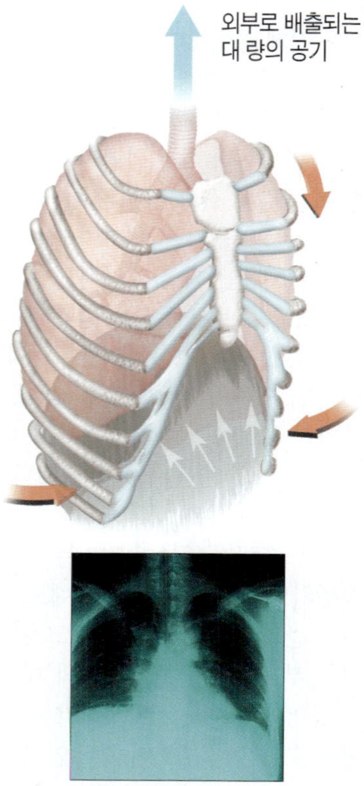


c 배출. 횡격막과, 외늑골 근육의 이완. 흉곽이 아래로 이동한다. 허파가 다시 수동적으로 된후 튄다.

육이 이완되고 허파는 수동적이 된다. 허파 체적 감소에 따라 폐포낭안의 공기는 압축된다. 이런 압축이 폐포의 압력을 증가시켜 대기압보다 높아지게 만든다. 이 새로운 압력 구배에 따라 공기는 그림 35.15.c에서와 같이 허파 밖으로 밀려 나가게 된다.

아주 활발한 운동과 더 많은 공기를 방출해야 할 때 배출은 능동적이 도어 에너지를 사용하게 된다. 활발한 배출에 복벽 근육이 수축된다. 복강 내압의 증가로 횡격막을 위쪽으로 밀어 올리게 된다. 또한 내늑골 근육이 수축하게 되어 흉벽이 납작해져 흉강 체적이 감소하게 된다. 폐의 탄성 조직이 수동적으로 됨에 따라 허파의 부피가 감소하게된다.

**그림 35.16** 사람,라마 및 기타 동물에서 헤모글로빈의 산소결합과 방출능력의 비교.

## 고지에서의 호흡

고도가 높은 곳에서는 대기압이 낮아 산소가 허파의 모세혈관으로 넓게 확산되지 못한다. 24.3절을 상기해보라. 해수면에서 1,400m 또는 그 이상의 산을 등반하는 사람들은, 저산소증 혹은 세포의 산소결핍이라는 위험에 놓이게 된다. 뇌가 산소결핍을 인지하면 과도 환기를 필요로 하거나 평상시보다 빠르고 깊게 호흡하도록 명령한다. 과도한 환기는 뇌척수액의 이온 균형을 교란할 수있다. 이런 불균형이 호흡을 짧아지게하거나 두통, 메스꺼움, 구토 그리고 부정맥을 일으킬수 있다. 심지어 사망에 이를 수도 있다.

순화(acclimatization)라는 것에 의해, 저지대 사람들은 높은 고도에서 생리적으로 그리고 행동적으로 적응하여 살아가게 된다. 점차적으로 그들은 호흡의 패턴과 양 그리고 심장 출력을 변화시켜 나간다. 초기의 저산소증에 대한 급성보상은 사라지게 된다.

수일 내로, 산소 운반 감소는 신장세포를 자극해서 보다 많은 적혈구 생성소를 분비하게 한다. 이 호르몬은 골수에서 줄기세포가 반복적으로 분열이 되도록 하는 호르몬이다. 그 자손들은 적혈구로 성숙한다. 적혈구 생성소의 분비는 6배까지 증가되어 질 수있다. 적혈구 세포의 증가는 곧 산소 운반능력을 증가시킨다. 충분한 산소 운반이 되면, 신장은 적혈구 생성소 분비를 천천히 감소시킨다.

인간은 높은 고도에서 진화하여 왔으므로 낮은 저산소 수준에 잘적응하였다. 예를 들어, 낮은 고도에서 진화한 사람들에 비해, 티벳의 산악지대 거주하는 사람들은 분당 호흡수가 많고 그들의 세포는 적은 산소량에도 아주 잘 작용을 하며 많은 수의 미토콘드리아를 가지고 있다. 안데스에서 태어난 사람들은 저지대 거주자들보다 더 많은 헤모글로빈 수와 적혈구 세포를 가진다.

높은 고도에서 사는 동물은 어떤가? 16.4절에 이야기 된바와 같이 라마 헤모글로빈은 우리와는 다르다. 라마의 헤모글로빈은 산소 농도가 낮을 때 인간의 헤모글로빈보다 산소와 잘 결합한다(그림 35.16).

DPG(2,3-diphosphoglycerate)라 불리는 대사산물은 대부분의 포유류에서 헤모글로빈에 결합하여 산소의 결합능력을 저해한다. 라마 헤모글로빈은 DPG에 대한 친화도가 낮다. 높은 고도의 사슴쥐(deermice)는 다른 방식으로 적응하여왔다. 그들은 DPG수준을 낮게 유지하여 분자 변형 없이 헤모글로빈에 대한 산소의 결합력을 증가시킨다.

호흡주기는 흡입과 배출로 구성된다. 호흡은 허파와 몸밖의 공기 사이의 압력구배를 반전시킨다.

흡입은 항상 능동적 과정이다. 흡입은 근육의 수축을 필요로 한다. 조용히 숨을 쉬는 동안 배출은 수동적 과정이다. 강력한 배출은 근육의 수축을 요구한다.

높은 고도에서는 산소 레벨이 감소한다. 단기간 적응은 호흡 패턴과 적혈구 생산에 변화를 가져온다. 여러 세대를 거쳐, 높은 고도는 호흡의 생리적이며 생화학적인 변화를 선택한다.

## 35.7 가스교환과 수송

*분압구배에 따라 산소는 폐포낭에서부터 허파의 간질액을 통과하여 혈액으로, 다시 전신조직으로 확산되어 진다. 이산화탄소의 압력구배는 반대 방향으로 형성된다.*

### 호흡막에서의 교환

폐포는 기저막과 같이 있는 컵 형태의 상피 세포이며 허파 모세혈관은 내피세포로 되어 있다. 모세혈관의 기저막은 폐포의 기저막과 융합되었어 호흡막(respiratory membrane)을 형성한다(그림 35.17). 가스가 이 얇은 막을 통해 빠르게 확산되어 간다.

산소와 이산화탄소는 호흡막을 지나 수동적으로 확산되어 진다. 흡입으로 인해 산소는 보충되고 세포들은 계속하여 산소를 이용하기 때문에 체내 방향으로의 산소의 기울기가 유지가 된다. 배출로 인해 이산화탄소는 체외방향으로의 기울며 세포는 계속적으로 이산화탄소를 생성하여 이산화 탄소는 밖으로 제거되기 되어 질수 있다.

### 산소 수송

산소는 혈액에 잘 용해되지 못하므로 그 자체로는 효과적으로 전달되지 못한다. 다른 동물과 마찬 가지로 척추동물에서도 산소의 운송은 헤모글로빈에 의해 증가되어 진다. 이 호흡색소는 적혈구 안에 있다. 헤모글로빈은 4개의 폴리펩타이드 사슬과 4개의 헴그룹(heme group)을 함유하고 있다. 각각의 헴에 있는 철 원자는 산소에 가역적으로 결합한다. 혈장보다 헤모글로빈은 약 67배나 많은 산소를 전달한다. 정상적으로, 폐포에 도달한 공기에는 많은 산소를 함유하고 있지만 허파 모세혈관의 혈액에는 산소가 많지 않다. 산소는 폐에서 혈장으로 확산되려는 성질이 있다. 연속하여 산소가 적혈구로 확산되고 헤모글로빈에 가역적으로 결합한다. 그 결과 생성된 산소 헤모글로빈(oxyhemoglobin) 또는 $HbO_2$가 산소를 운송할 수 있는 형태를 만든다. 주어진 일정 기간 내에 형성되는 $HbO_2$의 양은 산소분압에 따라 결정된다. 압력이 높을수록 산소 농도도 높아지게 되어, 산소 분자가 헴의 결합부위와 더 잘 부딪칠 것이다.

$HbO_2$분자는 산소와 약하게 결합되어 있는데 산소 분압이 폐보다 낮은 조직에서 산소를 내어 주게 된다. 혈액이 따뜻하고, pH가 낮으며 이산화탄소 분압이 높은 곳에서 산소 결합력은 낮아진다. 이런 조건은 대사가 활발한 조직에서 널리 찾아볼 수 있고, 거기에서 혈액은 가장 빠르게 산소를 내어 주게 된다.

### 이산화탄소 수송

조직속에 존재하는 이산화탄소 분압이 혈액속에 있는 이산화탄소 분압보다 큰 조직에서 모세혈관으로 확산된다. 그곳에서 3개의 작용기작에 의하여 이산화탄소를 허파로 운송한다. 이산화탄소의 10%는 혈장에 녹아 있다. 30%는 헤모글로빈과 결합하여 카르바미노헤모글로빈($HbCO_2$)을 형성한다. 하지만 대부분의 이산화탄소는 60%는 중탄산염($HCO_3^-$)의 형태로 만들어져 수송된다. 중탄산염이 어떻게 형성이 되는 것일까? 이산화탄소는 물과 결합하여서 탄산을 형성한다. 하지만, 다시 중탄산염과 수소이온으로 해리된다.

$$CO_2 + H_2O \rightleftharpoons \underset{\text{탄산}}{H_2CO_3} \rightleftharpoons \underset{\text{중탄산염}}{HCO_3^-} + H^+$$

자발적으로는 중탄산염 분자는 거의 형성되지 않으나, 적혈구에서는 대부분이 중탄산염을 형성 한다. 적혈구에서는 이산화 탄소가 탄산무수화에 의해 빠르게 제거되어 지고, 이

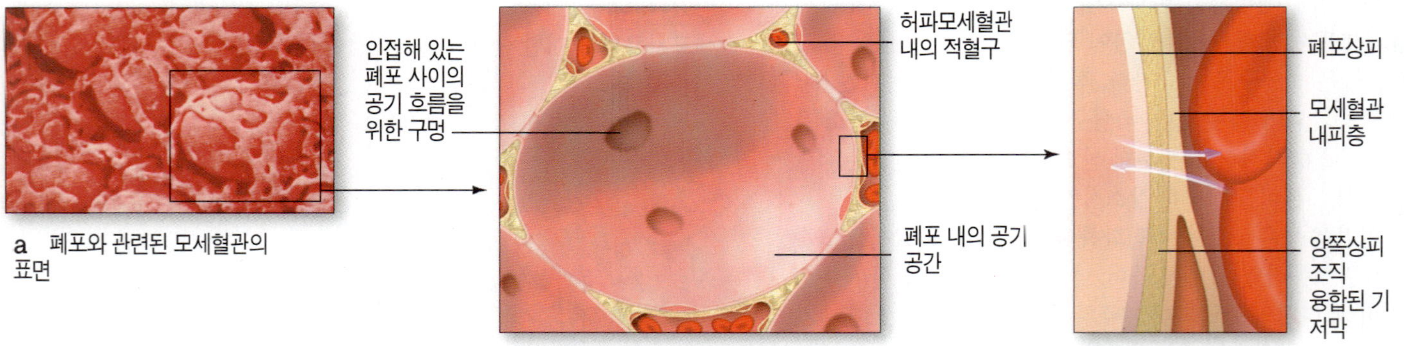


a 폐포와 관련된 모세혈관의 표면

b 폐포 중의 1개와 인접해 있는 허파 모세혈관의 잘라낸 그림

c 호흡막의 세가지 구성요소

**그림 35.17** 사람 폐의 호흡막 확대 사진.

**그림 35.18** 호흡관과 조직에서의 산소 분압구배(파란 박스)와 이산화탄소 분압구배(분홍 박스).

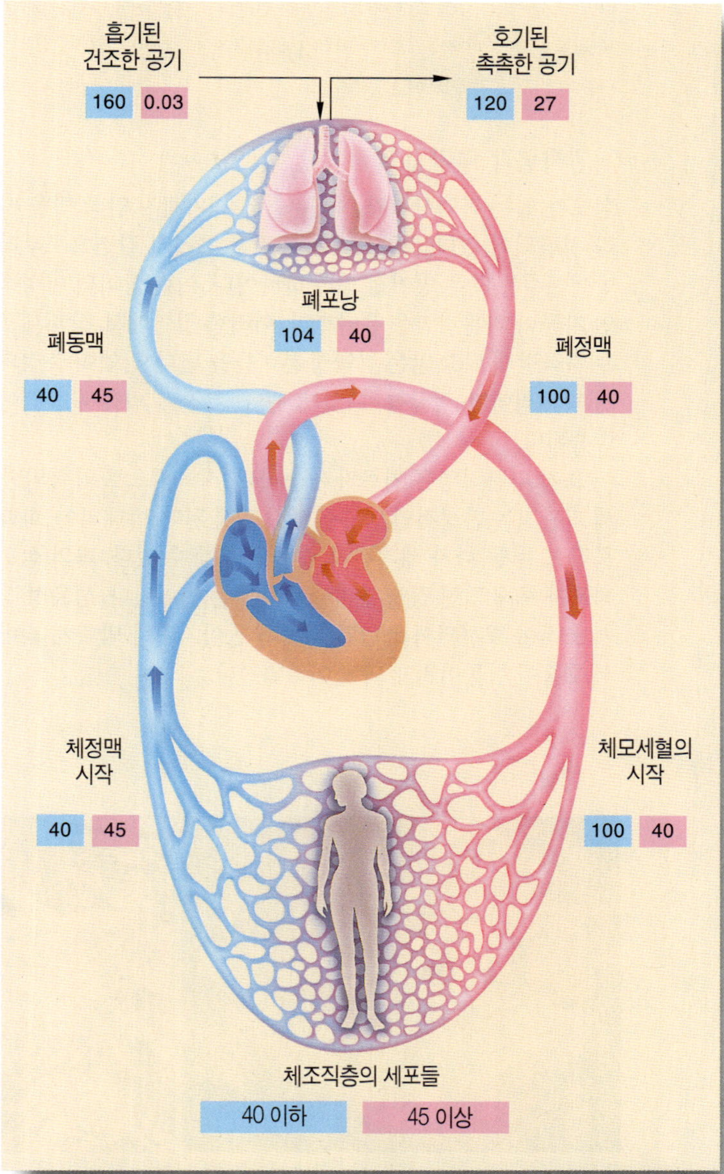


산화탄소가 간질액으로 부터 혈액으로 확산되어 질수 있도록 압력구배를 유지시켜 준다.

적혈구에서 만들어진 중탄산염은 혈장으로 확산하려는 경향을 가지고 있고 헤모글로빈은 수소이온에 대하여 완충효과를 발휘하여 혈액이 과도하게 산성이 되지 않도록 유지한다. 완충제는 세포내 pH변화에 대해서 수소이온과 결합 또는 방출하는 분자이다.

이러한 반응은 폐속에서는 반전이 되는데 이산화탄소의 분압이 허파의 모세혈관보다 낮기 때문이다. 폐포낭에서 물과 함께 이산화탄소가 형성되고 방출된다.

그림 35.18에 잘 나타나 있다. 인간 호흡계에서 산소와 이산화탄소의 분압구배가 요약되어있다.

## 공기흐름과 혈류의 균형

신경계는 호흡의 리듬과 크기(속도와 깊이)이 두가지를 조절한다. 연수안에 있는 신경의 한 그룹은 흡입과 관계있는 근육을 수축하는 신호를 보낸다. 배출이 활발하고 강해야 할 때, 이 지역 내의 다른 신호들이 배출과 관련된 근육들에게 명령을 내린다.

빠르고 쉼호흡을 할때는 보다 많은 이산화탄소가 배출되지만, 호흡이 얕고 느려질때는 체내에 이산화탄소가 쌓이게 된다. 뇌의 화학 수용체는 이산화탄소를 모니터한다. 높은 이산화탄소 레벨을 배출시킬 근육을 활성화시키고, 강하게 수축하게 한다. 산소와 수소이온 농도 또한 호흡을 조절하는 메커니즘의 실마리들이다. 예를 들어, 경동맥 출발점에 있는 수용체는 산소 분압이 60mm Hg 이하로 되면 뇌에 알린다. 60mm Hg이하면,조직으로의 산소의 이동이 정상 기능을 수행하기에 적합하지가 않다. 화학 수용체 신호에 반응하여 뇌는 호흡률의 증가를 발동한다.

어떤 경우는, 호흡하는 것을 '잊어버리는' 사람이 있다. 이것을 무호흡 이라고 하는데 호흡을 멈추다가 다시 자발적으로 재시작하는 것이다. 일부는 수면 무호흡에 의해 영향을 받는다. 호흡이 수초간 또는 분간 멈출 수도 있으며, 드문 경우지만 하룻밤에 500번 정도 멈추기도 한다. 유아 급사 증후군(sudden infant death syndrome,SIDS)이라고 하는 것이 있는데 자던 유아가 무호흡 상태에서 깨어나지 못하고 죽는 것이다. 유아 급사 증후군은 불규칙한 심장박동을 유발하는 돌연변이와 관계되어 있다. 임신한 여성이 흡연을 할 경우 유아에 미치는 위험은 3배 더 높다. 등 또는 옆으로 자는 유아는 엎드려서 자는 유아보다 유아 급사 증후군에 대한 위험도가 덜하다.

분압구배에 의해 산소는 폐포 내의 공간에서 간질액을 지나 허파 모세혈관으로 들어간다..이산화탄소는 그 분압구배 반대 방향으로 확산된다.

적혈구에 있는 헤모글로빈은 혈액의 산소 운반 능력을 매우 증가시킨다. 대부분의 이산화탄소는 혈액 내에서 효소 작용에 의하여 대부분이 적혈구내 중탄산염의 형태로 수송된다.

뇌간의 호흡중추는 호흡 리듬 패턴과 크기를 조절하며, 이와 같은 방법으로 동맥혈속의 이산화탄소, 산소 그리고 수소이온들의 적정 수준을 유지한다.

# 35.8 허파가 손상되었을 때

*대도시, 어떤 작업장, 심지어는 흡연자 주위의 연기 속에는 비정상적으로 과도하게 공기오염 입자와 기체들이 고농도로 존재한다. 그들은 과도하게 호흡계에 부하를 건다.*

## 기관지염과 폐기종

섬모가 있는 점액상피가 여러분들의 세기관지 안쪽 벽을 따라 정렬되어 있다(그림 35.19). 그것은 호흡기 감염으로부터 방어해주는 많은 방어선 중의 하나이다. 이런 상피의 만성적인 자극이 기관지염을 유발한다. 이러한 질병에서, 상피세포는 자극받게 되고 많은 점액성 분비물을 낸다. 점액이 축적되면 박테리아가 성장할 수 있게 된다. 기침에 의해서 점액이 방출된다.

초기 기관지염은 치료가 가능하다. 지속적으로 악화되면, 세 기관지는 만성적인 염증을 일으키게 된다. 박테리아, 화학물질 또는 둘 다가 세기관지 벽을 공격할 수 있다. 벽의 섬모세포가 죽게 되면 점액 분비세포의 수는 늘어난다. 섬유성 상처 조직이 형성되어 조만간 기도가 좁아지거나 막히게 되어서 호흡이 힘들어지게 되고 어려워진다.

만성 기관지염은 폐기종(emphysema)으로의 진행되어질 수 있다. 이런 경우,조직 파괴용 박테리아 효소가 폐포의 얇고 신축적인 벽에 작용한다. 막은 부서지고 비탄력적인 섬유 조직들이 이들주의 에 형성된다. 폐포는 확장되어 지고 가스교환이 거의 일어나지 못한다. 조만간,허파는 팽창하고 탄력을 잃게 되어, 공기의 흐름과 혈류사의의 균형이 영원히 깨진다. 해마다 미국에서 300만 명이 폐기종에 걸렸다.

일부는 유전적으로 폐기종에 걸리기 쉽다. 그들은 폐에 대한 박테리아의 공격을 억제할 수 있는 항트립신 효소의 유전자가 존재하지 않는다. 영양실조, 지속적이거나 반복되는 감기 그리고 기타 호흡기 감염들도 만년에 폐기종을 유발할 수 있다. 작업장의 공기오염과 화학물질도 발병에 기여한다. 하지만, 흡연이 주된 질병의 원인이다. 폐기종은 20~30년에 걸쳐 천천히 발병되기도 한다. 심각한 손상이 제때에 발견되지 못한다면, 허파조직은 치유될 수 없다(그림35.20). 폐기종에 의한 매년 사망자는 16.000명 이상으로 수백만 명 이상을 쇠약하게 한다.

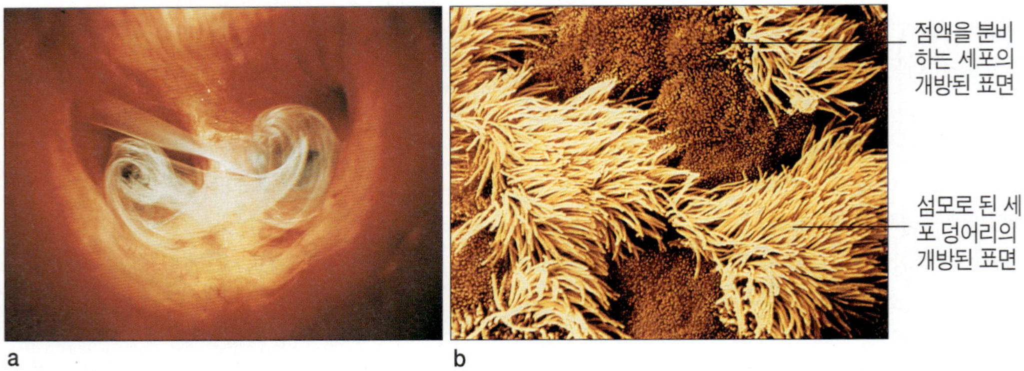


**그림 35.19** (a)기도에서 담배 연기는 허파에 이르는 2개의 기관지를 따라 '형성된,점액 분 비세포와 섬모세포를 자극한다. (b)반복적인 자극이 만성 기관지염을 야기시킬 수 있다.

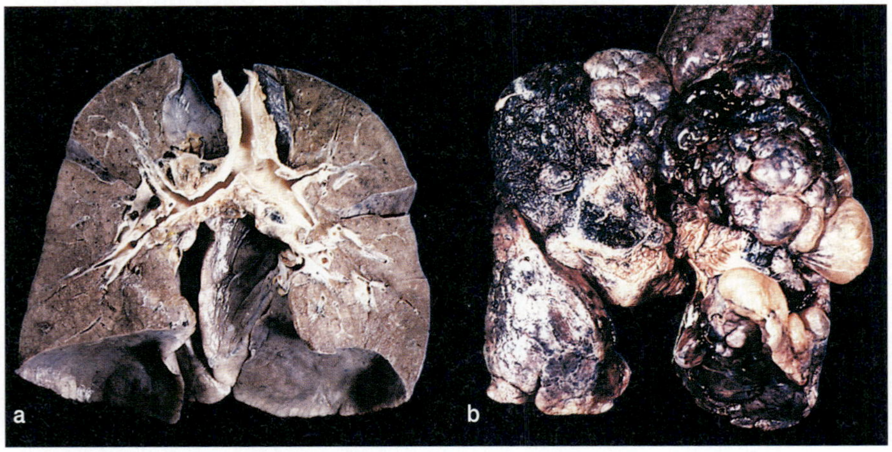


**그림 35.20** (a) 사람의 정상 허파의 외형
(b) 폐기종에 영향 받은 사람의 허파의 외형

| 흡연과 관련 위험 | 금연에 의한 위험의 감소 |
|---|---|
| 수면연장 감소: 비흡연자는 20대 중반부터 매일 2갑 피우는 사람보다 평균 8.3년 더 오래 산다. | 누적된 위험 감소:금연한 지 10~15년 되는 사람의 수명은 비흡연자의 수명과 비슷해진다. |
| 만성 기관지염, 폐기종: 흡연자는 비흡연보다 이런 병으로 사망할 위험보다 4~25배 더 위험하다. | 허파 기능이 향상되고 퇴화율은 감소될 가망이 크다. |
| 폐암: 흡연은 폐암의 주원인이다. | 10~15년 후, 비흡연자의 위험과 비슷하다. |
| 구강암: 흡연자의 경우 3~10배 더 위험이 크다. | 10~15년 후,비흡연자의 수준으로 위험이 감소된다. |
| 인두암: 흡연자의 경우 2.9~17.7배 더 빈도가 높다. | 10년 후,비흡연자의 수준으로 위험이 감소된다. |
| 식도암: 이 질병으로 사망할 위험이 2~9배 더 많다. | 위험은 흡연량에 비례하고, 금연하면 당연히 감소된다. |
| 췌장암: 이 질병으로 사망할 위험이 2~5배 더 많다. | 위험은 흡연량에 비례하고, 금연하면 당연히 감소된다. |
| 방광암: 흡연자의 경우 위험이 7~10배 더 많다. | 7년 이상이면,비흡연자의 수준으로 위험이 점차로 감소된다. |
| 심장질환: 흡연은 심장질환의 주요 기여 원인이다. | 1년 후에,위험은 뚜렷하게 감소되고,10년 후면 비흡연자의 수준으로 위험이 감소된다. |
| 후손에 대한 영향: 임산부가 흡연하면 사산율이 높고,정상 출산을 하더라도 체중이 적다. | 임신 4개월 전에 금연했을 때는,사산과 저체중의 위험이 제거된다. |
| 면역계 기능의 손상: 알레르기 반응이 증가하며,호흡관 내의 방어세포(대식세포)가 파괴된다. | 금연하면 피할 수 있다. |
| 뼈의 치유: 외과적으로 뼈가 절단되거나 부서졌을 때 흡연자는 치유기간이 30%가 더 요구된다고 하는 증거가 있는데,이는 흡연을 하면 비타민 C를 고갈시키며 체내 조직에 도달되는 산소를 감소시키기 때문이다. 비타민 C와 산소의 감소는 뼈의 주요 구성요인인 콜라겐 섬유의 생산을 방해하기 때문이다. 이 분야연구가 계속진행되고 있다. | 금연하면 피할수 있다. |

a

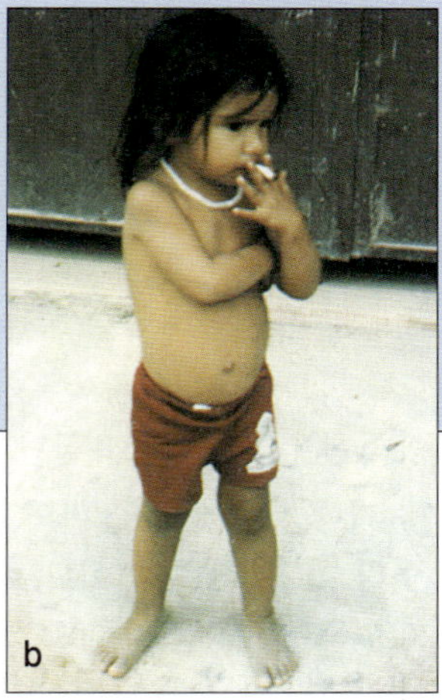
b

**그림 35.21** (a) 미국의 암학회 자료로부터, 흡연에 의한 위험성과 금연 시의 이점을 열거하였다. (b) 멕시코시 한 어린이가 이미 흡연에 능숙해져 있다. 이러한 행동은 결국 아이의 호흡능력을 위험에 빠뜨릴 것이다.

## 흡연의 충격

매년 전 세계적으로 400만 명이 담배로 죽는다. 2030년까지 그 수가 1,000만 명에 이를 것이며, 그 중 70%는 개발도상국의 국민들이다.

미국에서 해마다 흡연으로 인한 호흡계 질환 치료에 사용되는 직접적인 의료비용이 220억 달러가 지출되어지고있다. 세계보건기구 의장인 의학박사 브룬틀란(G.H.Brundtland)의 보고에 따르면, 유독 담배만이 고정 사용자 절반을 사망에 이르게 하는 합법적인 상품이라고 말한다. 만약 여러분이 흡연자라면, 여러분은 그림 35.21의 정보를 상기 하기 바란다.

담배는 단순하게 병들게 하는 정도를 넘어 흡연자를 사망에 이르게 한다. 비흡연자는 주위의 공기에 있는 담배 연기에 지속적으로 노출되어(간접흡연) 죽음에 이를수 있다. 가정에서 간접흡연에 의한 영향으로 호흡하는 어린이들은 알레르기와 허파 관련 질환에 대하여 다른 아이들보다 훨씬 더 취약하다.

미국에서는 폐쇄된 공간인 비행기 객실과 공항, 식당과 극장 등에서 흡연이 금지되어 있다. 미성년자들에게 담배 판매는 금지되어 있다. 초등학교 근처에 담배 광고를 제한하기 위해 계속적으로 노력하고 있다.

담배 회사들은 미개척된 시장의로써 개발도상국의 어린이들과 여성들을 생각하고 있는가? 전 헝가리 대사인 파머(Mark Palmer)는 그렇게 생각한다. 그는 담배를 판매하는 것이 우리가 세상에서 저지르는 일 중 가장 나쁜 것이라고 주장한다.

미국에서 2000년에, 1,070만 명의 12살 이상의 사람들이 머리가 가볍게 하는 황홀감을 맛보기 위해 마리화나(Cannabis)를 피웠다. 대부분이 만성 애용자들이다. 담배에는 타르라고 하는 독성 입자들을 흡연자는 흡입하게 되고, 마리화나는 담배보다 훨씬 많은 타르를 함유하고 있다. 마리화를 피우는 사람들은 깊게 흡입하는 경향이 있고 타르가 축적되어 있는 꽁초까지 피운다. 그들은 그들의 목과 허파에 많은 자극물질과 발암물질을 넣는 것이다. 심리학적 의존성의 발병 위험과, 장기간 마리화나 흡연자에게 만성 목 관련 질병, 기침, 기관지염 그리고 폐기종이 야기될 수 있다.

## 요약

**35.1절** 유산소 호흡은 산소를 필요로 하고 이산화탄소 노폐물을 생산한다. 이러한 가스들은 호흡 표면을 통과하여 동물 체내로 출입한다. 매우 작은 동물의 경우 가스는 단순히 신체 표면을 통하여 확산된다. 큰 동물의 경우는 전형적으로 아가미와 허파와 같은 호흡기관의 촉촉한 막을 통해 가스교환이 이루어진다. 산소 결합 색소들은 가스 이동을 돕고, 가스교환에 용이한 기울기를 유지한다.

**35.2절** 수생 혹은 습지 무척추동물은 외피교환을 이용한다. 체벽이 호흡 표면이다. 아가미와 기관 호흡은 무척추동물에서 일반적으로 일어난다. 대부분의 거미들은 입과 같은 것이 포개져 있는 갈피허파를 가지고 있다.

**35.3절** 수중 용존산소의 양은 수생동물에 있어서의 제한 요소이다. 산소량의 감소는 대개 생물 다양성의 감소를 수반한다. 공해도 그러한 생물 다양성의 감소를 유발할 수 있다.

**35.4절** 한 쌍의 아가미에서의 역류 흐름은 어류가 수중에서 산소를 보다 많이 취할 수 있도록 한다. 일부 초기 척추동물의 장벽의 주머니로부터 유래된 한 쌍의 허파는 파충류, 조류 그리고 포유류에서 주된 호흡 수단이다. 양서류는 허파를 가지고 있지만, 피부를 통해 이산화탄소를 배출한다.

**35.5절** 인간의 허파에서는 수백만 개의 폐포가 호흡막을 형성하도록 돕는다. 입, 인두, 후두, 기관, 기관지, 세기관지를 통한 공기의 흐름은 폐포낭에서 끝난다

**35.6절** 각 호흡주기는 한 번의 흡기와 한 번의 호기로 이루어져 있다. 흡기는 능동적이고, 에너지를 요구하는 과정이다. 근육의 수축은 흉강을 넓히고, 허파 압력은 대기압 이하로 감소되어 공기가 안으로 흐른다. 이 사건은 호기동안 반대로 된다. 순화에 있어서, 사람은 호흡 패턴을 조절하여 높은 고도에 적응하고, 생리적인 변화를 수반한다.

**35.7절** 허파에서 분압기울기에 따라 산소는 폐포의 공간에서 허파 모세혈관으로, 모세혈관에서 다시 적혈구로 확산된다. 적혈구 안에서 산소는 헤모글로빈과 결합한다. 특히 대사가 활발한 조직의 모세혈관에서 헤모글로빈은 산소를 방출하여 간질액을 지나혈액으로 확산된다. 이산화탄소는 세포로부터 간질액을 지나 혈액으로 확산된다. 대부분은 적혈구에서 물과 반응하여 중탄상염을 형성한다. 폐에서와는 반대로 탄산무수효소가 이 반응을 촉매한다. 이제 이산화탄소는 혈액으로부터 폐포에 있는 공기 중으로 확산되어 배출된다. 뇌의 호흡중추는 정상적인 호흡률과 깊이를 조절한다.

**35.8절** 기관지염과 폐기종과 같은 호흡장애는 흡연에 의해 유발되거나 악화될 수 있다. 흡연은 전세계적으로 쇠약성 질병과 죽음을 유발하는 주된 요인이다.

## 자습-퀴즈

*정답은 부록 Ⅲ에 있음*

1. 대기 중에 가장 많은 가스는 __________.
   a. 질소　　b. 이산화탄소
   c. 산소　　d. 수소

2. 호흡색소는 ______________.
   a. 금속이온을 포함하고 있다.
   b. 척추동물에만 있다.
   c. 산소수송의 효율을 증가시킨다.
   d. a와 c

3. 갑각류에서, 대부분의 가스교환은 _________에서 일어난다.
   a. 기관의 끝　　b. 체표면
   c. 아가미　　d. 한 쌍의 허파

4. 물과 혈액의 역류 흐름은 ________에서 가스교환의 효율을 증대시킨다.
   a. 어류　　b. 갑각류
   c. 조류　　d. a~c 모두

5. 사람 허파에서, 가스 교환은 ________에서 일어난다.
   a. 2개의 기관지　　b. 흉낭
   c. 폐포낭　　d. b와 c

6. 조용하게 숨쉴 때, 흡기는 ________이고 호기는 ______이다.
   a. 수동적, 수동적　　b. 능동적, 능동적
   c. 수동적, 능동적　　d. 능동적 수동적

7. 흡기 동안 _________.
   a. 흉강이 확장한다　　b. 횡격막이 이완된다
   c. 대기압이 감소한다　　d. a와 c

8. 혈액에서 대부분의 산소는 ________수송된다.
   a. 헤모글로빈에 결합하여
   b. 이산화탄소로
   c. 중탄산염으로
   d. 혈장에 녹아서

9. 다음의 용어를 알맞게 연결하시오.

| | |
|---|---|
| ____ 기관 | a. 호흡근육 |
| ____ 인두 | b. 성대 간의 틈 |
| ____ 폐포 | c. 세기관지의 작은 가지 |
| ____ 헤모글로빈 | d. 숨통 |
| ____ 기관지 | e. 호흡 색소 |
| ____ 세기관지 | f. 가스교환장소 |
| ____ 성대 | g. 허파로 이르는 기도 |
| ____ 횡격막 | f. 목 |

**그림 35.22** 하임리히 요법이 성인에게서 수행되고 있다. 이러한 응급 절차는 기관에 막힌 음식물을 제거할 수 있다.

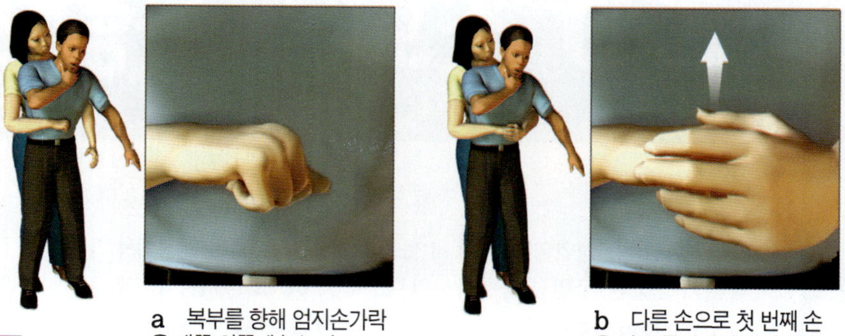

**a** 복부를 향해 엄지손가락을 배꼽 위쪽에 놓는다.

**b** 다른 손으로 첫 번째 손을 덮고 구조자의 발이 들릴 만큼 충분히 강하게 위쪽으로 압력을 가한다.

## *분석적으로 생각하기*

1. 음식물을 삼킬 때, 근육이 수축하여 후두개를 닫는다. 이것은 음식이 기관으로 들어가지 않게 보호하며, 가스의 흐름을 막아준다. 매년 4천명의 사람이 음식이 기관으로 들어가 공기 흐름을 4~5분 정도 짧은 시간동안 차단하므로 질식하여 사망한다. 종종 비상시에서만 사용하는 하임리히(Heimlich) 요법으로 기관의 음식물을 제거한다 구조는 조난자의 뒤에서 한 손은 주먹을 쥐고, 엄지손가락을 환자의 복부를 향하도록 한다(그림 35.22). 주먹을 배꼽 약간 위 그리고 갈비뼈의 아래 부위에 위치한다. 복부를 갑작스럽게 위쪽으로 세게 누른다. 필요하다면 반복한다. 정확하게 수행했을 때, 하임리히 요법은 횡격막을 강제적으로 올리게 된다.

반복적인 누름으로 종종 장애물을 제거할 수 있다. 경험이 없는 구조자는 부주의로 내부 상처를 유발시키거나 갈비뼈가 금이 가게 할 수 있으므로, 일단 장애물이 제거되면 의사에게 진찰을 받아야 한다. 지금 법정 소송이 빈번한 현대의 사회 풍토를 생각해보시오. 여러분은 친척의 생명을 구하기 위해 하임리히 요법을 실행할 수 있겠는가? 낯선 사람이라면? 왜 하고 또는 왜 안 하는가?

2. 잠수부가 압축 공기통을 이용하여 깊이 잠수할 때, 신체가 질소가스로부터 받게 되는 영향을 고려해야 한다. 약 35m에서 시작하여 정상 상태에서보다 많은 질소가 신체 조직에 용해된다. 세포막의 지질 이중막을 통과하여 신경자극을 교란시킨다. 결과적으로 질소 마취(nitrogen narcosis)를 일으킬 수 있으며, 잠수부는 취한 듯한 심해 황홀경을 경험하거나 졸리게 될 수 있다. 질소는 심해 잠수 동안에 조직으로 들어가서, 잠수부가 수면으로 올라올 때 문제를 일으킬 수 있다. 너무 빠른 상승은 혈액과 조직 내에 질소 방울을 형성시켜 감압증을 유발시킨다. 관절에서의 질소 방울은 참기 어려운 통증을 유발하여 일어설 수 없게 만든다. 이로써 주어진 병명이 '굽음증(the bends)'이라고 한다, 만약 질소 방울이 뇌에서 혈액 흐름을 방해하면, 혼란, 무의식과 죽음에 이를 수 있다.

바다표면으로 돌아오는 시간을 충분히 취한 잠수부들은 질소 방울이 생기지 않을 것이다.

잠수부가 상승함에 따라, 압력이 점차적으로 감소하여 조직 내에 질소를 제거할 수 있는지 설명하시오.

3. 일산화탄소는 화석연료, 나무와 담배를 태울 때 발생되는 무색, 무취의 가스이다. 일산화탄소는 헤모글로빈의 산소결합 지역에 결합할 수 있다. 결합력이 강하여, 산소와 같이 헤모글로빈으로부터 쉽게 떨어지지 않는다. 적은 양의 이 가스에 노출되어도 헤모글로빈의 산소결합 부위 50%를 산소운반이 불가능하게 만들 수 있다. 이러한 일산화탄소 중독이 체내 조직에 어떤 영향을 미칠까?

4. 딸꾹질은 갑작스런 비자율성 횡격막 수축현상이다.이 근육의 수축은 정상적인 흡기 동안 공기를 흡입시킨다. 딸꾹질을 하면, 성대가 갑자기 닫히고 공기 흐름이 정지된다. 이런 차단은 딸꾹질과 관련된 소리를 만들어 낸다.

인간은 태어나기 오래 전, 즉 임신 2개월 때부터 딸꾹질을 시작한다. 성대가 닫힘과 동시에 흡기 근육이 수축하는 것은 인간에게는 쓸모없는 현상이다. 폐어와 일부 갑각류는 아가미와 성대를 가지고 있지만, 딸꾹질은 폐로 물이 들어가는 것을 막기 위해 물을 아가미로 밀어 넣는다. 인간 발생 과정 중 어느 때에도 기능을 수행하는 아가미는 없다.

왜 딸꾹질이 인간에게 아직도 존재하는지 추측해보시오.

# 36 소화와 사람의 영양

## 최근 이슈와 그 영향력 둔부둘레와 배고픔

미국인들은 성인의 60% 가 과 체중이나 비만상태로서 세계에서 가장 통통한 국민들 중 하나이다. 비만(*obesity*)은 지방조직(adipose tissue)에 지방(fat)이 과 존재하는 상태를 이르는데 심장병, 당뇨병이나 특정 암을 유발한다. 비만에 대한 해결책은 체중을 줄이는 것이지만 이는 말처럼 쉽지는 않다. 우리는 다른 포유류들처럼 지방조직 안에 지방저장 세포들을 갖고 있다.

이 지방세포는 일단 만들어지면 체내에 계속 존재하게 되는데 섭취 칼로리가 많을 시세포 내에 지방방울(fat droplet)이 증가하여 부피가 팽창하게 된다. 지방세포들은 식욕을 자극하는 렙틴(leptin)을 생성하는데 렙틴을 생산하지 못하는 돌연변이 생쥐는 무제한적인 섭식으로 몸이 풍선처럼 불어난다(그림 36.1).

이 돌연변이 비만 생쥐에 렙틴을 투여해 주면 식욕이 감소하고 몸이 날씬해진다. 그러나, 감량에 노력하는 사람들은 이 사실에 대하여 크게 흥분하지 않는다. 왜냐하면 과 체중의 사람들에게 렙틴이 부족한 것 같지 않기 때문이다. 만약 렙틴과 연관이 있다고 한다면 아마 그들의 렙틴에 대한 수용체가 기능을 잘 안하거나 수용체 수가 적기 때문일 가능성이 많다.

**그림 36.1** 풍선같이 부푼 생쥐 혹은 정상크기의 생쥐? 이 현상은 부분적으로 렙틴에 의해 좌우된다.

위와 뇌는 그렐린(ghrelin)을 분비함으로써 비만에 중요한 역할을 하는데 이 호르몬은 배고픔을 느끼게 해준다. 비만인을 대상으로 한 실험결과에 의하면 저 지방, 저 칼로리 식이요법을 수행했을 때 6개월 후 약 17%의 체중이 감소했지만 혈중 그렐린의 양은 24%나 상승되어 있음을 발견하였다. 즉, 체중은 감소했지만 그만큼 더 배고픔을 느끼고있음을 말해주고 있다.

위우회수술(*gastric bypass surgery*)은 비만에 대한 효과적인 해결책이다. 이 수술은 위의 일부와 대부분의 작은 창자를 폐쇄시켜 조금의 음식량에도 포만감을 느끼게 하고 소화 흡수되는 영양분의 양을 감소시켜준다. 이 방법은 다른 일반적인 감량 방법들과는 달리 그렐린의 수준을 감소시킨다. 한 연구에 의하면 이 수술을 받은 환자들의 77%가 그렐린을 적게 분비함을 보고한 바 있다. 또한 감량 후 다시 체중이 증가하는 비율이 다른 감량방법들보다 훨씬 적었는데 이는 감소된 그렐린의 양도 한 원인이라고 생각된다. 이 점에서 보면

## 개요도

**소화계** 소화계는 음식물을 분해하여 작은 영양단위로 전환시켜 내부에 흡수되게 하고 나머지는 배설하게 하는 낭(sac)이나 관(tube)으로서, 대부분은 입과 항문을 포함하는 완전한 체계를 이루고 있다.

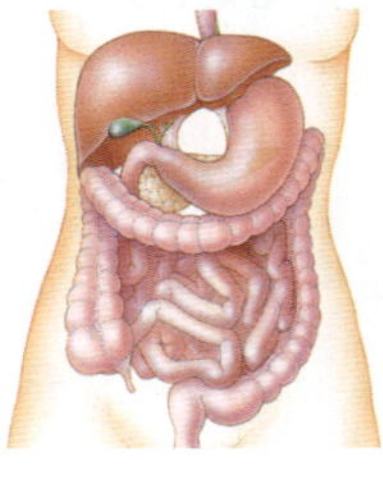

**사람의 소화계** 사람들은 특수화된 구역들과 부속 선 들과 기관들을 갖는 완전한 소화계를 갖고 있다. 소화는 입에서부터 시작되어 작은 창자에서 완결되며 이곳에서 대부분의 영양분이 흡수된다.

그렐린의 생성과 분비를 감소시키는 약물이 개발된다면 수술을 않고도 비슷한 감량효과를 얻을 수 있을 것으로 생각된다.

모든 사람들이 감량을 위해 싸우고 있는 것은 아니다. 어떤 사람들은 그 정반대의 문제들을 갖고있다. 식욕은 일반적으로 나이가 들어감에 따라 감소하게 된다. 어떤 노인들은 식욕의 감소가 너무 심해서 건강을 위협할 정도이다. 이 때 콜레시스토키닌 (cholecysto-kinin; CCK)이라는 호르몬이 관여를 하는데 작은 창자에서 분비가 되면 CCK는 췌장액 분비와 담즙(bile) 분비를 증가시키고 식욕을 억제시킨다. CCK의 작용을 억제하는 새로운 약물은 노인들의 식욕저하로 인한 저 영양을 방지할 수 있을 것이다. 이와는 반대로 CCK 작용을 증가시키는 약물은 항 비만제로서 또한 연구되고 있다.

음식물 흡수와 체중에 관한 의문들은 우리를 영양(nutrition) 이라는 주제에 관심을 갖도록 한다. 이 분야는 한 개체가 음식물을 섭취하고 소화하는 과정 뿐 아니라 분해된 영양소를 흡수하여 세포 안에서 에너지와 세포구조를 유지하는 고분자들을 만드는 전 과정을 포괄한다. 소화계(digestive system)가 이 과정들을 수행하며 또한 음식섭취가 부족할 때나 과잉일 때 내부의 환경을 유지하는 역할을 해준다. 모든 것이 잘 작동되면 몸의 칼로리 유입과 소고가 균형을 이루게 된다.

## 찬반의견 투표

*많은 영양학자들은 패스트푸드 섭취의 증가가 비만의 증가에 기여한다고 생각하고 있다. 그렇다면 알코올이나 담배의 경우처럼 패스트푸드도 소비자에 대한 경고문을 라벨에 포함시켜야 한다고 생각하는가? 미디어 메뉴에서 상세한 내용을 참고하여 온라인 투표를 한다.*

**사람의 영양** 균형 잡힌 식사는 권장량의 탄수화물, 단백질, 지방, 비타민, 미네랄들과 섬유질을 포함한다. 과다한 당과 포화지방산의 섭취는 심각한 건강 문제를 야기할 위험성이 높다.

**체중에 관해** 특정 체중을 유지하기 위해서는 에너지 공급량은 소모량과 동일해야 한다. 비만과의 싸움에서 실패하는 사람들의 수가 점점 증가하고 있는데 식욕과 체내 대사 조절호르몬을 만드는 유전자들의 변이가 그 한 요인으로 생각된다.

## 36.1 소화계

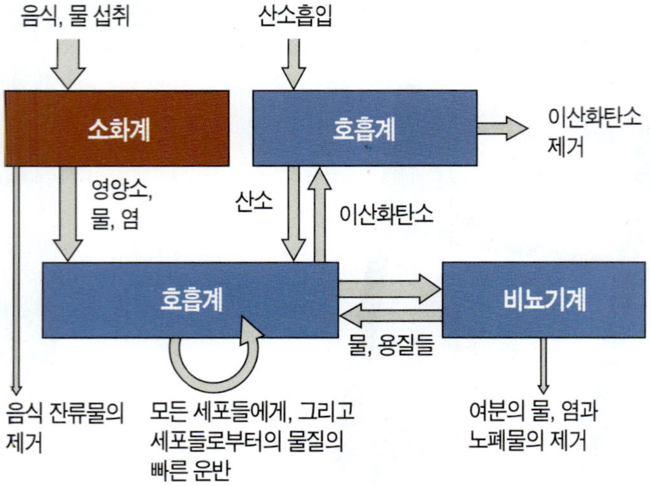


**그림 36.2** 소화, 호흡, 순환, 비뇨기계 간의 기능적 연결. 이들 기관들은 몸의 세포들에게 영양소를 공급하고 세포에서 나오는 폐기물을 제거하기 위하여 상호 작용한다.

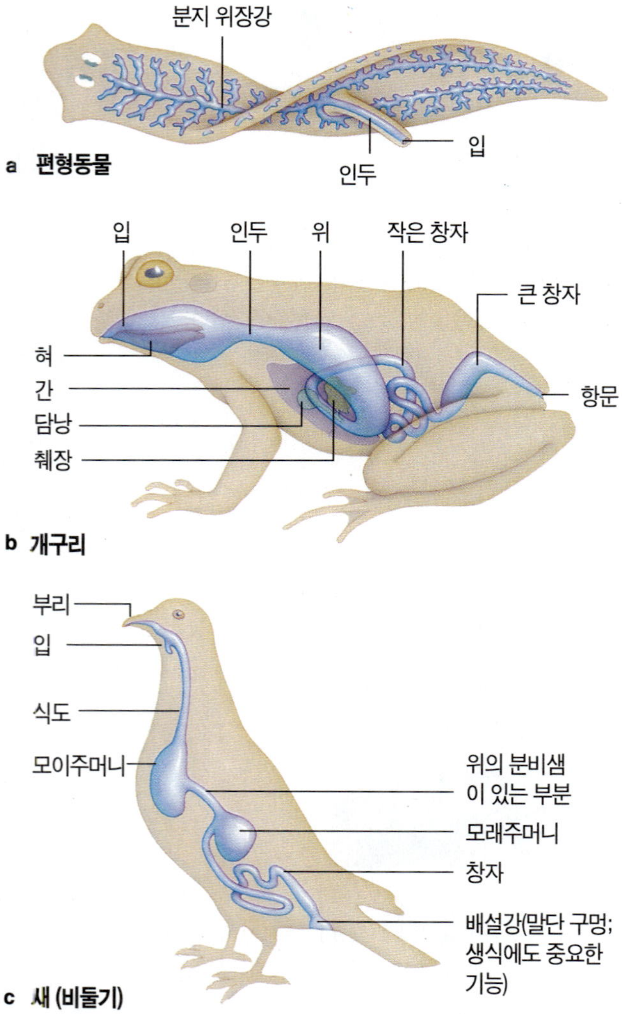


**그림 36.3** 소화계의 예.

*모든 동물은 음식물을 섭취, 소화하고 분해된 영양분들을 흡수하여 몸에 필요한 탄수화물, 지방, 단백질, 그리고 핵산 등을 만든다. 특이한 섭식 양식을 가지고 있는 어떤 동물들은 이에 적응된 특별한 소화계를 가지고 있다.*

소화계를 구성하는 체내의 강(cavity)이나 관(tube)들은 기계적으로 그리고 화학적으로 음식물을 작은 분자들로 분해 시켜 체내에 흡수되도록 하고 흡수되지 않은 물질들은 제거한다. 다른 기관계들은 직 간접으로 이 과정에 기여한다(그림 36.2).

### 불완전 소화계와 완전 소화계

22장에서 살펴본 것처럼 기관계를 가진 동물 중 가장 간단한 동물인 편형동물(flatworm) 은 한 개의 구멍을 통해 음식물이 들어가고 배설물이 방출되는 불완전 소화계를 가지고 있다. 이 동물은 인두(pharynx)로부터 시작하는 분지 되어있는 장 강(gut cavity) 을 가지고 있는데(그림 36.3a), 음식물이 유입되면 부분적으로 소화되어 각 세포들로 순환되고 이와 동시에 노폐물은 반대방향으로 이동되는 양방향 이동이 일어난다.

대부분의 동물들은 한쪽 끝엔 음식을 받아들이는 구멍(입)과 반대쪽 끝에는 배설 구멍(항문)이 있는 관(tube) 형태의 완전한 소화계를 갖고 있다. 이 관은 보통 음식물 소화, 흡수, 그리고 저장을 위한 특별한 구조를 이루고 있다.

그림 36.3b 는 개구리의 완전 소화계 구조를 보여준다. 입과 항문 사이에 위, 작은 창자, 큰 창자, 그리고 여러 기관들이 존재하는데 부속 소화기관인 간, 담낭, 췌장에서는 소화효소나 호르몬 등의 물질을 작은 창자에 분비한다. 새들도 특별한 구조를 가지고 있는 완전 소화계를 갖는다(그림 36.3c).

그 복잡함에도 불구하고 완전 소화계는 다음 다섯 가지 정도의 기능을 수행하는 것으로 정리해 볼 수 있다.

1. 기계적인 작용과 운동: 음식물을 잘게 부수고, 섞고, 이동시킨다.
2. 분비 : 소화효소 들과 기타 물질들을 내강(*lumen*)에 분비한다.
3. 소화 : 음식물을 흡수하기 좋은 작은 영양소 분자들로 분해시킨다.
4. 흡수 : 소화산물인 영양소들과 물을 장관 벽을 가로질러 이동시켜 체액으로 들어가게 한다.
5. 배설 : 소화 와 흡수되지 않은 물질들을 장관 끝에서 배출한다.

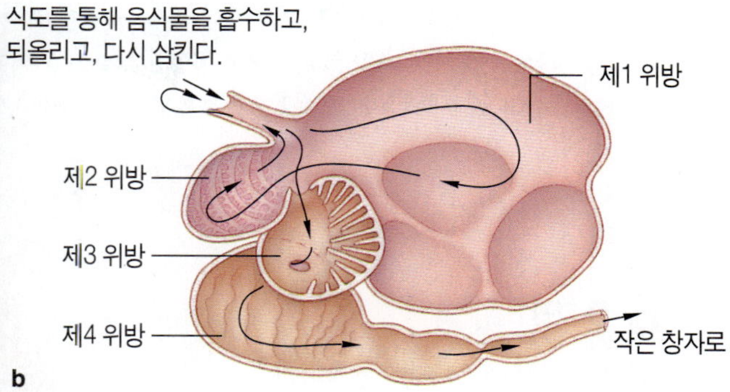


**그림 36.4** (a) 가지뿔 영양(Antilocapra Americana)과 그의 어금니와 사람의 어금니. (b) 많은 방을 가지고 있는 영양의 위. 첫 두 방에서는 음식물이 액과 섞이고 공생 미생물들에 의하여 발효가 시작된다. 일부 미생물들은 셀룰로오스를 분해하고 다른 미생물들은 유기화합물, 지방산, 그리고 비타민들을 생성한다. 영양은 이들 물질의 일부를 이용한다. 부분적으로 소화된 음식물은 입으로 다시 되돌려져 저작된 후 다시 삼켜지는데 이 음식물은 제3 위방으로 들어가 다시 소화된 후 마지막 제4 위방으로 들어간다.

### 섭식 행동과의 상관

동물들은 그들의 섭식 행동(feeding behavior)에 따라 적응된 특별한 소화계를 갖고 있다. 그림 36.3c 에서 보는 것처럼 비둘기는 씨앗을 쪼아먹을 수 있도록 딱딱한 부리를 가지고 있고 몸의 중앙에 위치한 소화기관을 가지고 있다. 특이할 사항은, 씨앗을 먹는 다른 새들처럼, 입과 위 사이에 관이 확장되어 만들어진 모이주머니(crop)을 갖고있다. 포식동물(predator)들이 덮치기 전에 많은 음식물을 삼켜 저장할 수 있도록 해준다.

조류의 위장의 일부인 모래주머니(*gizzard*)는 근육성 기관으로서 음식물을 잘게 부수는 역할을 한다. 비둘기의 장관은 길지 않은데 그 이유는 씨앗들이 소화되는 데 오래 걸리지 않기 때문이다. 이와는 다르게, 질긴 섬유질의 식물들은 소화되는데 긴 시간이 필요하므로 이들을 섭취하는 오리나 타조 등은 긴 장관을 가지고 있다.

미국산 가지뿔영양(*Antilocapra Americana*)은 가을부터 봄까지는 야생 샐비어 잎(sage)을 뜯어먹고 봄에는 새싹을 먹고사는데 어금니의 편평한 치관 (crown)이 음식물을 잘 갈 수 있도록 해준다. 영양의 어금니는 사람들의 것보다 훨씬 긴데(그림 36.4a), 이는 음식물과 함께 입 속으로 들어온 마모성의 흙 입자들이 영양의 어금니의 치관을 쉽게 닳게 하기 때문에 더 긴 치관을 갖는 방향으로 자연선택(natural selection)이 일어났기 때문이다.

영양들은 **반추위 동물**(ruminants)로서 여러 위방(stomach chamber)을 통해 섬유소를 서서히 분해한다(그림 36.4b). 위방들은 긴 시간에 걸쳐 음식물을 일정하게 받아들이고 동물이 휴식을 취할 때 천천히 영양소를 방출한다.

포식동물(predator)과 청소동물(scavenger)들은 먹이가 있을 때 많이 섭취를 하고 얼마동안은 먹지 않는다. 이렇게 섭취된 음식물들은 소화계의 특수화된 저장기관에 저장되어 있다가 나중에 천천히 소화되고 흡수된다. 뒤에 다루겠지만 소화의 보조역할을 하는 다른 기관들은 매 끼들 사이의 시간 동안에 영양소가 충분히 공급되도록 하는 역할을 한다.

소화계는 기계적 그리고 화학적으로 음식물을 작은 분자들로 분해하여 체내로 흡수되도록 해준다. 그리고 소화되지 않은 찌꺼기는 밖으로 배설한다.

불완전 소화계는 한 개의 구멍을 가진 주머니 형태의 강으로 이루어져있다. 반면에 완전 소화계는 양 끝에 각각 구멍을 가진 관 형태인데 양 구멍 사이에는 특수화된 소화기관 들이 존재하고 있다.

동물의 소화계는 각 종들의 섭취하는 음식물 종류와 섭식 양태에 맞게 각각 다른 형태로 발달되어 있다.

## 36.2 사람의 소화계

*성인의 소화계를 일렬로 펼쳐놓으면 6.5에서 9 미터에 이르는 한 개의 긴 관이다. 소화 작용에 보조 역할을 하는 선들과 기관들은 소화에 필요한 소화효소와 호르몬들을 소화관 내에 분비한다.*

사람은 두 양끝 구멍들 사이에 특수화된 소화기관들을 갖는 긴 관 형태의 완전소화계를 갖는다(그림 36.5). 점액으로 덮혀 있는 상피세포(epithelium)들은 소화관의 내강(lumen)의 표면을 이루고 있다. 두껍고 축축한 점액은 소화관의 벽을 보

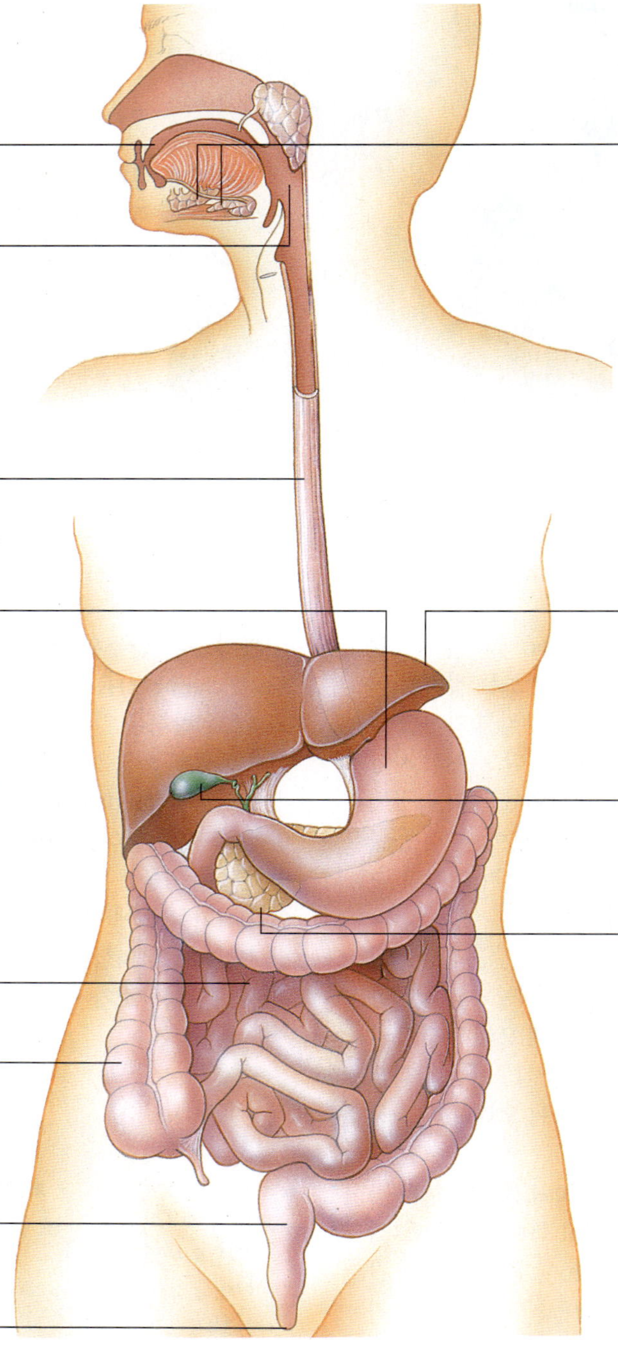


**그림 36.5** 사람 소화계의 (**a**) 주 기관과 (**b**) 부속 기관.

호하고 소화된 물질이 내벽을 통과하여 체내로의 이동하는 것을 촉진한다.

섭취된 음식물은 입으로부터 시작하여 인두(pharynx), 식도(esophagus), 그리고 위장관(gastrointes-tinal tract) 순서로 한 방향으로 이동한다. 위장관은 위 (stomach)를 시작점으로 하며 작은 창자, 큰 창자, 직장(rectum)을 거쳐 항문으로 이어진다. 침샘(salivary gland)과 담낭(gallbladder), 간(liver), 그리고 췌장(pancreas)은 소화 부속기관들이다. 이들 기관들은 소화효소들과 호르몬 등의 기타 물질을 소화관의 각 기관에 분비한다.

## 입 안으로 그리고 관을 통해 아래로

그림 36.5 에서는 인간소화계를 구성하고 있는 주요 기관들과 그들 각각의 기능을 간단하게 서술하였다. 음식물은 입안에서 씹혀지게 되는데 이를 위하여 36개의 치아들이 작용을 한다(그림 36.6). 각 치아는 에나멜(칼슘 축적물)로 상아질(두꺼운 뼈와 유사한 층)로 둘러싸여 있고 치아 내부의 치수강(pulp cavity)에는 신경과 혈관들이 존재한다. 끝 모양의 앞니(incisor)는 음식물 덩어리를 자르고 원뿔모양의 송곳니(canine)는 음식물을 찢는 역할을 한다. 작은어금니(premolar)와 어금니(molar)는 넓고 평평한 치관(crown)을 이용하여 음식물을 갈고 부순다. 혀는 막으로 둘러싸인 골격근으로 되어있는데 음식물의 위치를 잡아주고, 삼키며, 말을 하는데 중요한 역할을 한다. 또한 많은 화학수용기(chemoreceptor)들이 혀 표면에 존재하여 미각에 관여한다(단원 30.3 참조).

저작(chewing) 과정 중 음식물과 침(saliva)이 섞이게 되는데 침은 주성분이 물이고 여기에 침샘아밀라아제, 중탄산염($HCO_3^-$), 그리고 점액소(mucin)들이 녹아있다. 침샘 아밀라아제는 탄수화물을 분해하고 중탄산염은 산성음식을 먹을 때 구강내 적정 산도(pH)를 유지케하는 완충 역할을 한다. 점액소(mucin)들은 단백질로서, 점액질을 만들어 음식물을 부드러운 공 모양으로 뭉치게 하는 역할을 한다. 혀 뒤쪽의 아랫부분에 위치한 두 개의 침샘은 도관(duct)을 통해 침을 구강으로 분비한다.

음식물을 삼킬 때, 혀 근육이 수축하여 음식물을 식도와 기도의 입구 부분에 위치한 인두로 내려보낸다. 음식물이 인두를 통과하여 식도로 진입할 때 성문(epiglottis)과 성대(vocal cord)가 기도의 입구를 잠시 막게 되는데 이 작용은 음식물이 기도로 들어가 질식하는 일이 없도록 한다.

식도는 근육을 수축함으로써 인두로부터 내려온 음식물을 이동시켜 위의 입구에 위치한 하부식도괄약근(lower esophageal sphincter)을 통과하도록 한다. 하부식도괄약근은 고리모양의 평활근으로서, 수축하게 되면 식도와 위 사이에 음식물이 이동하지 못한다.

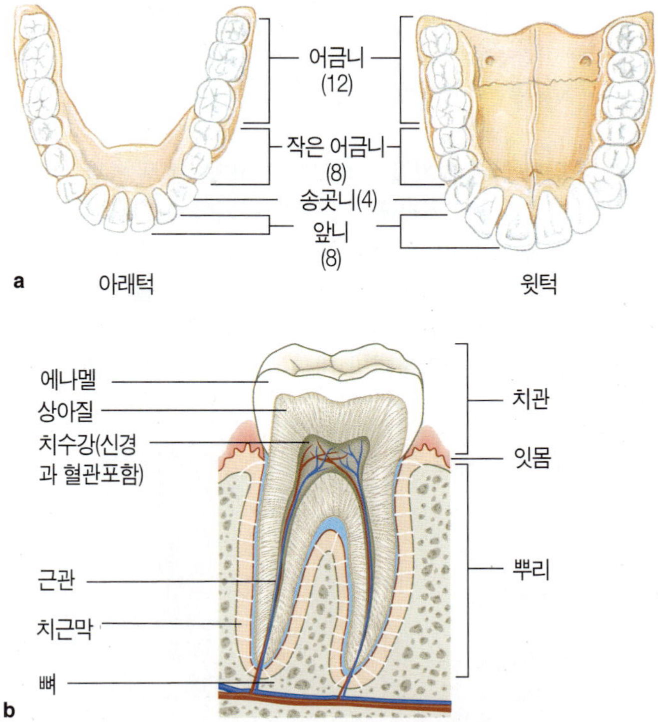


**그림 36.6** (a) 사람의 위턱과 아래턱 사이의 치아의 수와 배열 (b) 어금니의 주요 부분들인 치관과 뿌리. 치관 위를 덮고 있는 에나멜은 칼슘의 침전으로 이루어져 있는데 몸에서 가장 단단한 물질이다.

음식물은 위를 거쳐 작은 창자로 이동하게 되는데, 이 두 기관의 벽에 존재하는 평활근 층이 수축하여 음식물을 부수고, 섞고, 이동시킨다. 위와 작은 창자의 내강(lumen)에서는 소화효소들과 기타 분비물들이 분비되어 있어 영영소들이 분해된다. 탄수화물의 분해는 입 속에서부터 시작되고 단백질은 위로부터 분해되기 시작한다. 하지만 음식물 중의 대부분의 탄수화물들과 지질, 단백질, 그리고 핵산들은 작은 창자에서 분해된다. 소화되지 않고 흡수되지 않은 물질들은 큰 창자로 이동하고 여기서 수분과 이온들이 빠져나가면서 배설물로 뭉쳐지게 된다. 위장관의 마지막 부분은 직장(rectum)인데, 여기에 배설물들이 잠시 저장되었다가 항문을 통해 밖으로 배출된다.

인간은 완전소화계를 갖는데 이것의 시작점인 입에서는 치아와 혀의 공동작용으로 음식물이 잘게 부서지고 침에 섞여있는 소화효소에 의하여 탄수화물의 분해가 시작된다.

삼켜진 음식물은 인두와 식도를 거쳐 위로 이동하게 되는데 단백질의 분해는 위에서부터 시작된다.

대부분의 소화는 작은 창자에서 일어나며 소화산물 들의 흡수도 작은 창자에서 일어난다. 수분과 이온들은 큰 창자(결장, colon)에서 흡수된다. 농축된 배설물은 직장에 보관되었다가 항문을 통해 배설된다.

## 36.3 위와 작은 창자에서의 소화

*음식물의 화학적 분해는 위와 작은 창자에서 가장 활발하게 일어난다. 이 두 근육질의 기관 안에서 음식물은 산과 소화효소 들과 잘 섞이어 작고 흡수되기 좋은 작은 분자들로 분해된다.*

이제 위와 작은 창자를 살펴보도록 하자. 이 두 기관은 내부에 소화효소들과 기타 물질들이 분비되어 음식물 안의 영양소들이 흡수되기에 알맞은 작은 분자들로 분해된다. 표 36.1에는 주요 소화효소들이 정리되어 있다. 다시 요약하자면 탄수화물의 분해는 입안에서부터 시작되고 단백질은 위에서부터 분해되기 시작하지만 대부분의 탄수화물과 단백질 그리고 지질과 핵산들은 작은 창자에서 완전히 분해된다.

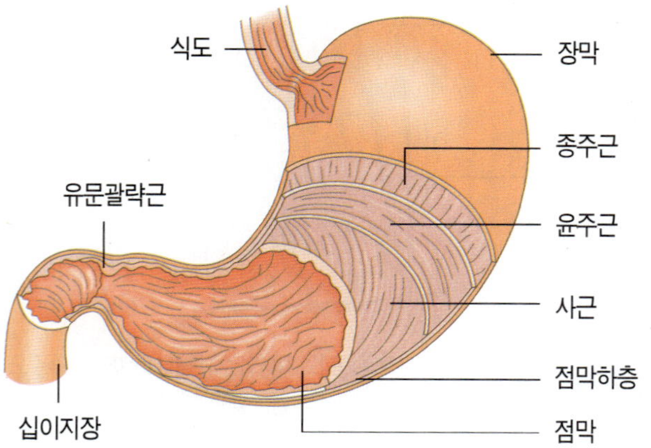


**그림 36.7** 위벽의 구조. 다른 위장관들 처럼 위는 내부의 점막과 그 바깥쪽의 결합조직을 가지고 있는데 이 결합조직에는 신경망이 깔려 있어서 국소적으로 소화를 조절한다. 결합조직 바깥에는 평활근 층이 존재하는데 여러 방향으로 배치되어 있어서 수축도 여러 방향으로 일어난다. 가장 바깥쪽에 위치한 장막(serosa)은 결합조직으로 이루어져 있다.

### 위

위는 근육성의 그리고 늘어날 수 있는 주머니(그림 36.7)로서, 유입된 음식물을 기계적으로 섞고 잠시 저장한다. 위는 음식물, 특히 단백질을 녹이고 분해할 수 있는 물질을 분비하고 또한 음식물이 작은 창자로 넘어가는 것을 조절한다.

내측 위벽은 분비성의 상피세포(grandular epithelium)로 덮여있는데 이들 세포들은 하루에 약 2 리터의 점액질, 위산(HCl), 펩시노겐 등으로 구성되어 있는 **위액**(gastric fluid)을 분비한다. 강산(pH 2)의 위액은 강한 위의 수축작용과 같이 작용하여 음식물을 부분적으로 분해하여 미즙(chyme)이라는 반 액체 상태로 전환시킨다. 강산의 위액은 음식물과 같이 들어온 많은 미생물들을 죽이고 단백질 구조를 변성시켜 분해가 잘 되도록 펩티드 결합을 노출시킨다. 이 과정으로 불활성의 펩시노겐이 펩티드 결합을 자를 수 있는 활성형 펩신으로 변하고, 이 펩신의 작용 에 의해 잘려진 단백질 단편들이 위의 내강에 많아진다. 위벽의 몇몇 세포들은 가스트린(gastrin)이라는 호르몬을 분비하며 가스트린은 다른 위벽세포로부터 위산과 펩시노겐의 분비를 자극한다.

### 작은 창자

작은 창자는 크게 십이지장(duodenum), 공장(jejunum), 그리고 회장(ileum), 이 세 부분으로 나뉜다(그림 36.5). 매일 약 9 리터의 액체가 위와 간, 담낭, 그리고 췌장으로부터 십이지

**표 36.1 주요 소화 효소와 그 분해 산물들**

| 소화효소 | 근원 | 작용 기관 | 기질 | 주 분해 산물 |
|---|---|---|---|---|
| **탄수화물 소화** | | | | |
| 침샘 아밀라아제 | 침샘 | 입, 위 | 다당류 | 이당류 |
| 췌장 아밀라아제 | 췌장 | 작은 창자 | 다당류 | 이당류 |
| 이당류분해효소 | 작은 창자 상피세포 | 작은 창자 | 이당류 | **단당류** * (예: 포도당) |
| **단백질 소화** | | | | |
| 펩신 | 위 상피세포 | 위 | 단백질 | 단백질 단편들 |
| 트립신과 키모트립신 | 췌장 | 작은 창자 | 단백질 | 단백질 단편들 |
| 카복시펩티다아제 | 췌장 | 작은 창자 | 단백질 단편들 | **아미노산** * |
| 아미노펩티다아제 | 작은 창자 상피세포 | 작은 창자 | 단백질 단편들 | **아미노산** * |
| **지방의 소화** | | | | |
| 리파아제 | 췌장 | 작은 창자 | 트리글리세리드 | **유리 지방산, 모노글리세리드** * |
| **핵산의 소화** | | | | |
| 췌장 핵산가수분해효소 | 췌장 | 작은 창자 | DNA, RNA : DNA, RNA | **뉴클레오타이드** * |
| 작은 창자 핵산가수분해효소 | 작은 창자 상피세포 | 작은 창자 | 뉴클레오타이드 | **뉴클레오타이드 염기, 단당류** * |

* 작은 창자에서 흡수되기 좋은 작은 분해산물들.

장으로 유입되는데 이 중 약 95%의 액체가 작은 창자 벽을 통해 흡수된다(그림 36.8a). 작은 창자에서 만들어지는 소화효소 들과 췌장에서 유입된 소화효소 들은 음식물 안의 큰 유기화합물들을 단당류, 모노글리세리드, 지방산, 아미노산, 뉴클레오티드와 그 염기들로 분해한다. 예를 들어, 트립신, 키모트립신과 같은 췌장유래 소화효소 들은 단백질 내부를 절단하여 펩티드들로 만들고 다른 효소들은 이 펩티드들을 아미노산으로 완전 분해한다. 췌장은 또한 중탄산염을 분비하여 작은 창자로 넘어온 위산을 중화시키는 역할을 한다.

지방의 소화에는 췌장에서 만들어지는 리파아제 들과 간에서 만들어지는 **담즙**(bile)이 필요하다. 담즙은 물, 담즙산염(bile salts), 담즙색소(bile pigments), 콜레스테롤 그리고 인지질인 레시틴(lecithin)으로 구성되어 있다. 위에 음식물이 없으면 담즙을 간으로부터 십이지장으로 보내는 통로인 담즙관(bile duct) 끝의 괄약근이 닫히고 담즙은 담낭으로 이동하여 저장되고 농축된다.

담즙산염은 지방 방울(fat droplet)을 **유화**(emulsification) 시킴으로써 지방소화를 돕는다. 음식물의 대부분을 차지하는 지방인 트리글리세리드는 물에 불용성이기 때문에 큰 지방 덩어리로 뭉치는 경향이 있다. 하지만 작은 창자 벽의 윤주근(circular muscle)이 **분절운동**(segmentation)을 하여 큰 지방 덩어리를 잘게 부수고 이때 담즙산염이 부숴진 작은 지방 방울들을 둘러싸게 된다. 담즙산염은 음전하를 띠고 있어 결국 작은 지방 방울들이 서로 달라붙지 않고 액상에 둥둥 떠다니는 형태의 유상액(emulsion)을 이룬다. 커다란 지방 덩어리에 비해, 유화된 작은 지방 방울들은 지방 소화효소 들이 작용할 수 있는 표면적을 더 넓혀주고 결국 소화 효소들에 의해 트리글리세리드가 지방산과 모노글리세리드로 분해된다.

## 소화의 조절

신경계와 내분비계, 그리고 장벽에 존재하는 신경망들이 소화의 속도를 조절한다. 음식물이 위벽을 팽창시키면 위벽 내의 기계적수용기(mechanoreceptor)들을 자극하여 짧은 반사경로(short reflex pathway)를 따라 평활근과 선(gland)들에 신호를 보낸다(긴 반사신경 경로들은 뇌로 신호를 전달한다). 이로 인해 장벽의 근육은 수축하고 장벽의 분비성 세포들은 소화효소 액을 장관 내부에 그리고 호르몬들을 혈액에 분비한다. 이 반응들은 미즙의 양과 조성에 따라 좌우된다. 많은 음식물로 인해 많은 기계적수용기가 자극되면 근 수축은 더욱 강력해지고 따라서 위는 더 빨리 비워지게 된다. 작은 창자로 유입된 미즙 속의 강한 산도와 높은 지방 조성은 호르몬 분비를 자극하여 위가 덜 빨리 비워지도록 한다.

위장관의 호르몬은 어떤 것들이 있나? 위벽세포로부터

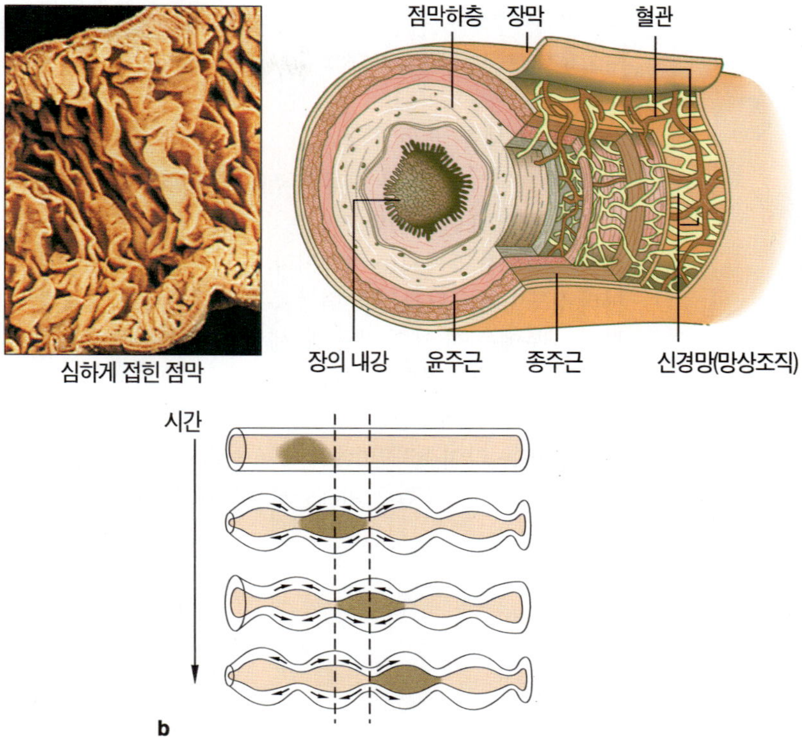


**그림 36.8** (a) 작은 창자의 구조. 작은 창자 벽의 내부는 점막이라 부르는 심하게 접혀진 막으로 둘러 싸여 있다. (b) 벽의 윤주근이 반복하여 수축하고 이완하면서 작은 창자의 분절운동을 유발한다. 분절운동을 통한 앞 뒤로의 움직임은 미즙을 밀어내고, 소화액과 잘 섞이게 하며, 작은 창자 벽 바깥쪽 방향으로 힘을 받게 함으로써 소화와 흡수를 촉진시킨다.

분비되는 가스트린은 다른 위벽세포를 자극하여 위산을 분비케 한다. 작은 창자의 콜레시스토키닌(cholecystokinin, CCK)은 췌장효소 들의 분비를 자극하고 또한 담낭을 수축시켜 담즙을 작은 창자로 내보내는 역할을 한다. 세크레틴(secretin)은 췌장을 자극하여 중탄산염을 분비하게 하고 위억제펩티드 (gastric inhibitory peptide, GIP)는 작은 창자 근육의 수축을 늦추고 췌장으로부터의 인슐린 분비를 자극하여 포도당의 흡수가 촉진되게 한다.

29.6절에서 살펴 본 대로 활발한 활동이나 스트레스를 받는 상태에서는 교감신경이 자극되고 이는 소화기관의 평활근의 수축을 억제함으로써 결국 소화가 억제된다. 그래서 만성적인 스트레스는 소화계 질병을 더 악화시킨다.

탄수화물의 분해는 입에서부터 시작되고 단백질은 위로부터 분해되기 시작한다. 대부분의 큰 유기화합물들은 작은 창자에서 흡수될 수 있는 작은 분자로 분해된다.

신경계와 장벽의 신경망, 그리고 호르몬들이 소화 활동을 조절한다.

## 36.4 작은 창자에서의 흡수

*작은 창자 벽 표면의 주름과 융기는 미즙과 작은 창자 벽 간의 접촉 면적을 증가시키고 영양소들이 더 잘 흡수되도록 해준다.*

### 작은 창자 내부 표면의 구조

그림 36.9a 는 작은 창자 내부의 주름진 점막의 구조를 나타낸다. 주름의 표면을 뒤덮고 있는 수백만 개의 융모(villus)는 실제 영양소를 흡수하는 장소이다. 융모의 길이는 약 1 밀리미터 정도이며 융단과 같이 점막 주름을 둘러싸고 있고 각 융모의 내부에는 한 개의 세동맥, 세정맥, 림프관이 존재하여 체 순환계와 잘 연결되어 있다.

융모의 일부 세포들은 점액질, 호르몬, 중탄산염, 혹은 세균을 죽이는 라이소자임(lysozyme) 등을 분비하며, 나머지 세포들은 가는 실과 같은 미세융모(microvillus)를 표면에 갖고있기 때문에 쇄자연세포(brush border cell)라고 불리 운다. 한 개의 쇄자연세포상에는 1,700개 정도의 미세융모가 존재하며 이는 영양소의 흡수가 빨리 일어날 수 있도록 해준다.

### 흡수의 작용 기작

음식물이 작은 창자의 절반쯤 지날 때에는 대부분이 소화가 되어 흡수되기에 적당한 형태로 된다. 흡수는 영양소, 수분, 비타민, 그리고 미네랄 등이 장의 내부로부터 체내로 이동하는 과정을 말하는데 물 분자들은 삼투압에 의해 장벽 세포들을 통과하고 미네랄 이온들은 장벽 세포 들 안으로 운반된다. 쇄자연세포들의 세포막에 존재하는 운반단백질 들은 단당류와 아미노산등을 포함한 일부 분해산물 들을 이동시킨다(그림 36.10a,b). 지방 분해 산물인 유리 지방산들과 모노글리

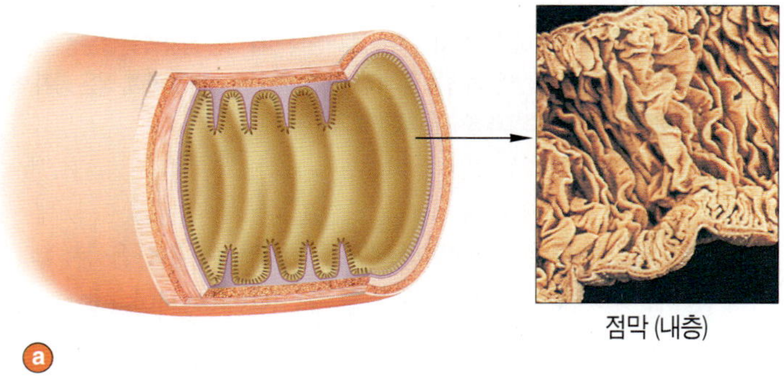


**그림 36.9** (a) 작은 창자의 내부의 점막의 구조. 반복되어 있는 환상의 주름은 영구적이다. (b) 각 점막 주름 표면은 많은 융모라고 불리는 흡수조직으로 뒤덮여있다. 융모는 손가락 모양의 구조로서 모세혈관과 림프관을 안에 가지고 있으며 특수한 기능을 가지고 있는 여러 종류의 상피세포가 각 융모의 표면을 덮고 있다. 흡수세포(adsorptive cell)라고 불리는 상피세포의 표면에는 미세융모가 뻗어져 나와있어 흡수 표면적을 증가시킨다.

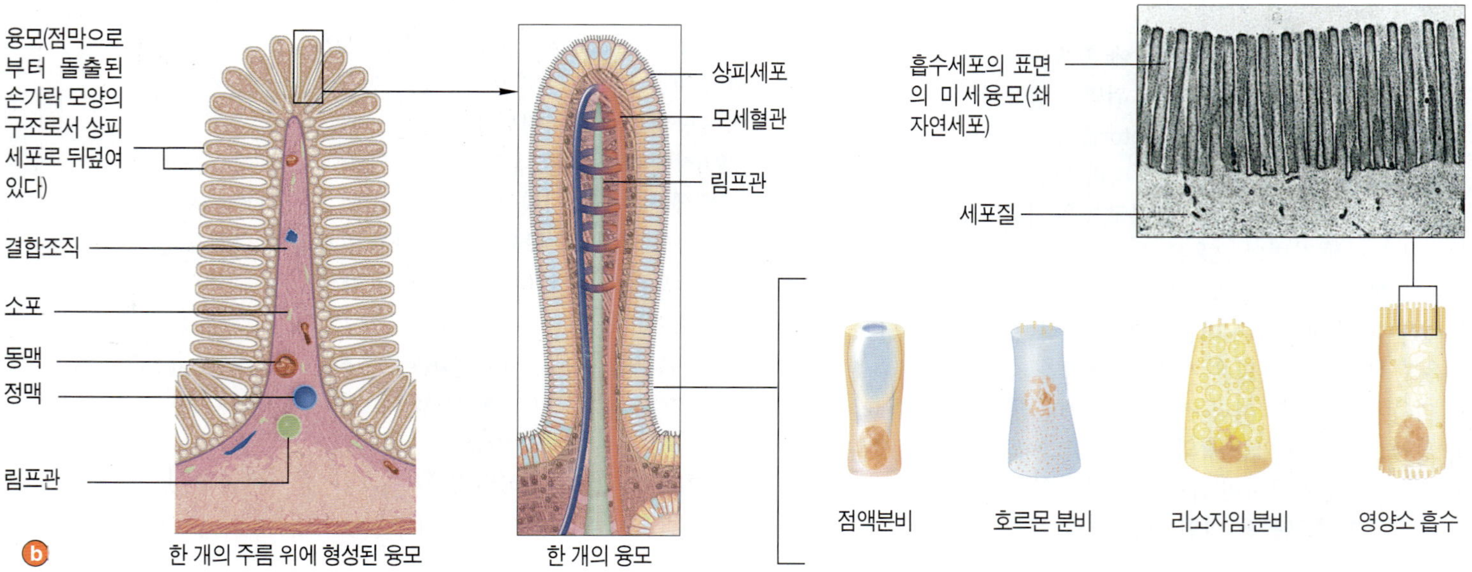

세리드는 지용성이므로 세포막을 통해 확산될 수 있는데 담즙산염이 이 투과과정을 도와준다(그림 36.10c-f).

담즙산염은 지방산, 모노글리세리드와 결합하여 미셀(micelle)이라는 작은 지방 방울을 형성한다. 미셀의 내부 분자들은 미즙 속의 분자들과 끊임없이 교환되게 되는데 이 과정으로 미셀은 분해된 지방산과 모노글리세리드를 미즙으로부터 작은 창자 벽 근처의 액으로 이동시켜 축적한다. 충분히 축적된 지방산과 모노글리세리드는 농도 구배에 따라 미셀로부터 상피세포의 안으로 확산되어 들어간다. 상피세포 안에서 지방산과 모노글리세리드는 서로 결합하여 트리글리세리드를 형성하고 이는 단백질과 결합하여 유미입자(chylomicron)을 형성한 뒤 세포외배출(exocytosis)에 의해 체 내로 이동한다.

일단 흡수되면 포도당과 아미노산들은 직접 혈관으로 들어가고 트리글리세리드는 림프관으로 흡수되어 후에 결국체 순환계로 이동한다. 혈관계는 소화계로부터 흡수된 영양소를 단원 33.1과 33.5에 서술된 순환체계를 통해 온 몸으로 배분한다.

작은 창자는 주름진 점막들, 수백만 개의 융모들, 그리고 수억 개의 미세융모를 통해 영양소를 흡수할 수 있는 광대한 표면적을 갖고 있다.
영양소들은 능동수송, 삼투압, 그리고 세포막을 통한 확산으로 융모를 둘러싸고 있는 쇄자연세포들을 통과한다.

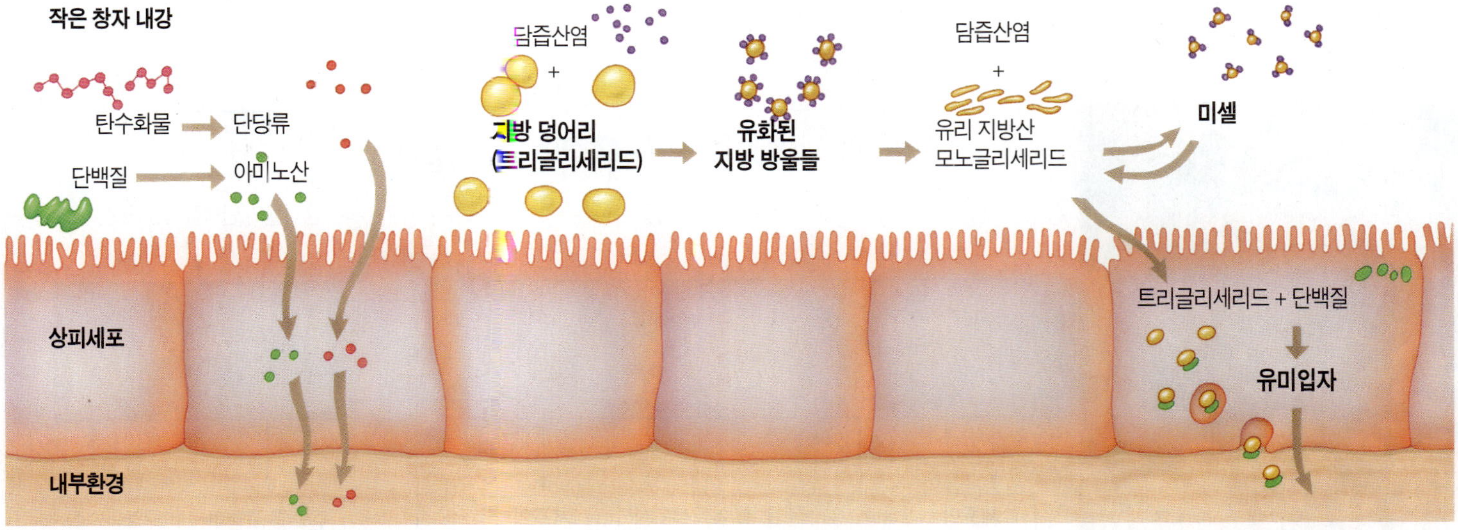


**a** 췌장과 작은 창자의 상피세포에서 분비되는 소화효소들이 탄수화물을 단당류로 그리고 단백질을 아미노산으로 완전 분해한다.

**b** 단당류와 아미노산들은 상피세포의 세포막을 통해 세포내부로 능동수송 되었다가 내부 환경으로 이동한다.

**c** 작은 창자 벽의 운동으로 인해 지방 덩어리들이 작은 지방 방울들이 된다. 담즙산염은 지방 방울들이 다시 뭉치지 않도록 도와준다. 췌장 소화효소들은 지방 방울들을 분해 해 지방산과 모노글리세리드를 생성한다.

**d** 담즙산염이 소화산물들과 인지질과 결합하면서 미셀을 형성하는데 소화산물들은 미셀 안과 밖으로 쉽게 이동한다.

**e** 미셀 안에 모노글리세리드와 지방산이 농축되면 농도 구배를 형성하고 이에 의해서 두 지방 소화산물들이 상피세포의 세포막을 통해 확산되어 세포 안으로 이동한다.

**f** 지방분해의 산물들이 작은 창자의 상피세포 안에서 트리글리세리드로 재조합 된 후 단백질로 싸여 세포외방출 (exocytosis)을 통해 내부환경으로 이동한다.

**그림 36.10** 작은 창자에서의 소화와 흡수.

## 36.5 흡수된 유기화합물들은 어떻게 되나?

*당, 아미노산, 그리고 트리글리세리드와 같은 작은 유기화합물들은 작은 창자에서 흡수된 뒤 체 내의 세포들에게 전달되어 에너지 연료로 소모되거나, 저장되기도 하고, 큰 유기화합물로 합성되기도 한다.*

단원 7.6에서는 유기화합물의 대사과정, 특히 포도당과 다른 몇 유기화합물의 대사에 대하여 살펴보았다. 그리고 탄수화물들과 지방, 그리고 단백질들이 ATP를 생성하는 대사과정을 거쳐 대사 중간물질로 전환되는 것을 또한 살펴본 바 있다. 그림 36.11에는 음식물로부터 얻어지는 유기 화합물들이 체내에서 어떻게 전환되는 가에 대한 주요 경로가 그려져 있다.

모든 세포들은 계속하여 탄수화물, 지질, 그리고 단백질을 분해하여 재활용한다. 그들은 분해된 산물을 에너지원으로 그리고 신체의 구조를 유지하는데 사용한다. 이 대대적인 물질전환에는 신경계와 내분비계가 관여한다.

잠시 유기대사에 대한 몇몇 주요 요점들을 되짚어보자. 우리가 식사를 하게 되면 몸 안에 물질들이 유입된다. 흡수되는 필요 이상의 탄수화물들과 다른 유기분자들은 지방으로 변환되어 지방조직에 저장된다. 일부는 간과 근육에서 글리코겐으로 저장된다. 식 후 영양소들이 흡수되고 저장되는 동안에는 대부분의 세포들이 포도당을 주 에너지원으로 사용하며 이 때에는 근육과 다른 조직에서 단백질과 지방의 소모는 일어나지 않는다.

식 간에는 혈액을 통해 순환하는 포도당의 2/3를 뇌가 소비한다. 이때 대부분의 체세포들은 축척 되어있는 지방과 글리코겐을 에너지원으로 사용하기 시작한다. 지방조직의 세포들은 지방을 글리세롤과 지방산으로 분해하여 혈액에 분비한다. 간 세포들은 글리코겐을 포도당으로 분해하여 혈액으로 방출한다. 대부분의 몸의 세포들은 지방산과 포도당을 받아들여 ATP를 생성하는데 사용한다.

간은 유기화합물들을 다른 형태로 저장하거나 전환시키고 그들의 혈중 농도를 필요한 수준으로 유지 해 준다. 뜨한 간은 대부분의 호르몬을 불활성화시켜 신장에서 오줌으로 배설되게 하고 노쇠한 혈액세포들을 제거시키며 알코올과 같은 독성물질을 불활성화 시킨다(단원 5). 암모니아는 아미노산 분해 시 발생되는 독성 물질인데 간에서 덜 해로운 형태의 물질인 요소로 전환되어 소변으로 배설된다.

*흡수된 당이나 글리코겐은 체 내에서 가장 쉽게 사용할 수 있는 에너지원이다. 여분의 탄수화물은 지방으로 전환되어 지방조직에 저장된다.*

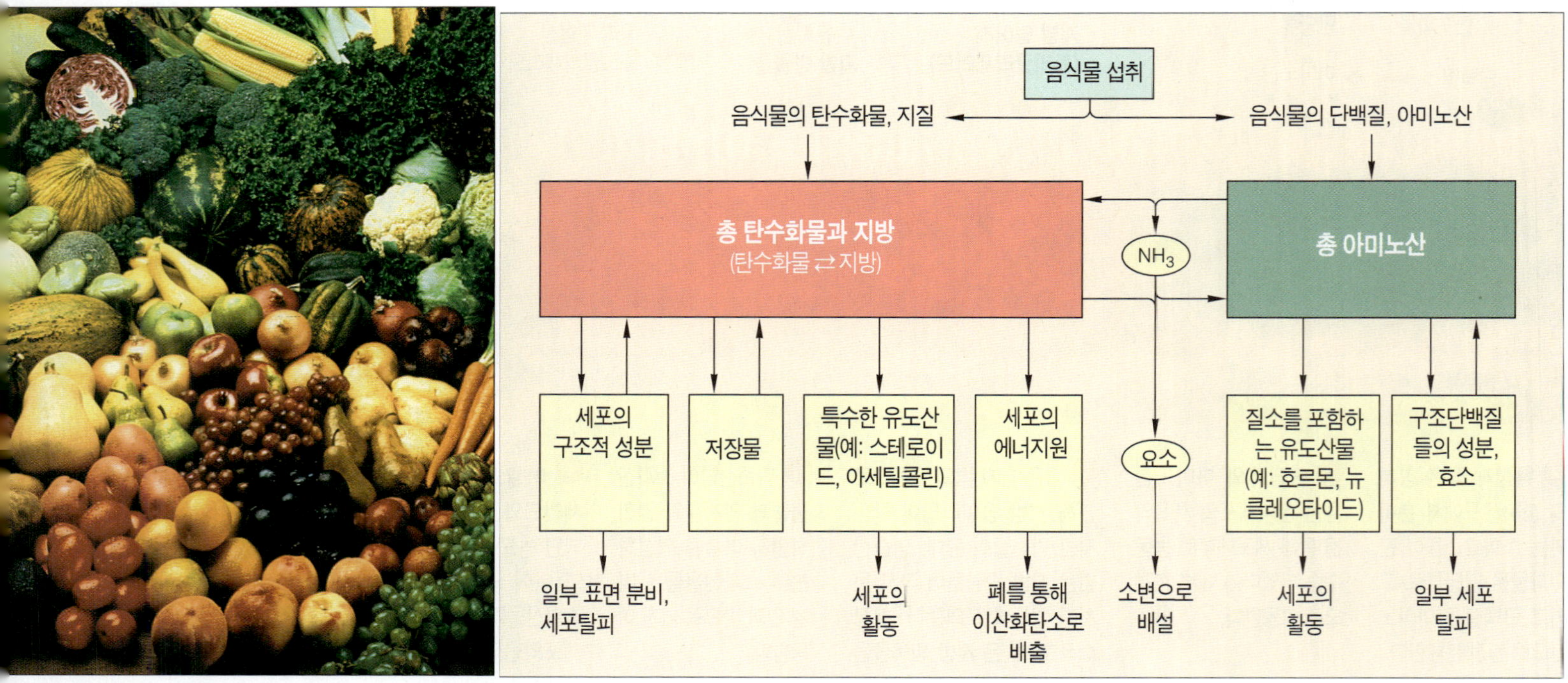


**그림 36.11** 주요 유기 대사경로의 요약. 세포들은 계속적으로 탄수화물, 지방, 그리고 단백질을 합성하고 분해한다. 대부분의 요소가 간에서 생성된다.

# 36.6 큰 창자

*몸 안에 들어온 모든 화합물들이 분해되어 흡수되는 것은 아니다. 소화되지 않는 물질들과 노폐물들은 농축되어 잠시 저장되었다가 몸 밖으로 방출된다.*

작은 창자에서 흡수되지 못한 물질들은 큰 창자의 주요 부분인 **결장** (colon)으로 이동하게 된다. 큰 창자는 컵 모양의 주머니인 맹장으로부터 시작되어 복강의 우측을 따라 올라가고(상행결장) 좌측으로 가로지른 후(횡행결장) 좌측 아래로 내려와(하행결장) 직장(rectum)으로 연결된다. 결장에서는 물, 미생물, 그리고 소화 흡수되지 않은 물질들로 이루어진 변을 농축하고 저장한다.

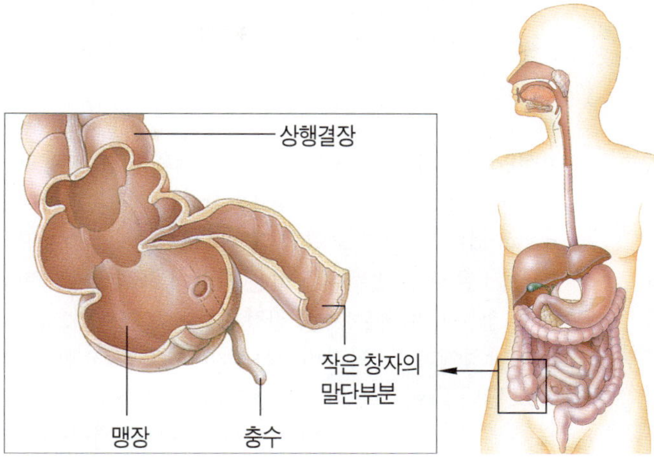


**그림 36.12** 큰 창자(결장)의 맹장과 충수.

## 결장의 기능

배설될 물질들이 결장을 통해 이동하게 되면서 수분을 잃고 더욱 농축되기 시작한다. 결장 내부를 뒤덮고 있는 세포들이 $Na^+$ 이온을 결장 내강(lumen)으로부터 밖으로 능동수송 시키게 되면 물도 삼투압에 따라 이동한다. 또한 이 세포들은 점액질을 분비하게 되는데 이는 배설물을 매끄럽게 하여 이동시 결장 벽이 훼손되는 것을 방지해준다. 이들은 또한 중탄산염을 분비하여 장내 세균으로 인해 장이 산성화되는 것을 막아 주는데 장내 세균들은 결장벽을 뚫고 복강내로 침투하지 않는 한 인체에 해를 끼치지 않는다.

큰 창자 벽의 평활근들이 수축과 이완을 하게 되면 장 내의 물질들이 앞 뒤로 이동하게 된다. 이 운동은 큰 창자 벽 속의 신경 망에 의해서 조절되는데 작은 창자의 분절운동과 유사하지만 훨씬 더 느리게 움직인다. 작은 창자의 내부 환경은 미생물의 성장을 억제하는데 반해, 보다 나은 환경을 가진 결장에는 약 500 여종의 미생물이 서식하고 있고 이 중 대장균을 비롯한 몇 종은 필수 비타민을 만든다.

결장에서의 흡수에 의해 더 이상 줄어들지 않는, 셀룰로오스와 모든 다른 소화되지 않은 물질의 부피를 장내 불소화 **덩어리**(bulk)라고 하는데, 이는 장내 이동물질의 부피를 크게 하며 이동 시간을 느리게 한다.

식 후 가스트린의 분비와 자율신경으로부터의 신호가 대부분의 상행결장과 횡행결장을 동시에 수축하게 하고 이로 인해 수 초 내에 결장 내의 물질들은 긴 결장을 통과한다.

장내 불소화 덩어리는 결장의 말미에 위치한 직장에 축적되기 시작하는데 이로 인해 직장이 확장되면 반사작용을 자극해 배변이 촉발된다. 신경계는 항문 괄략근의 수축과 이완을 통해 배변을 조절한다.

## 결장 기능의 이상

배변의 빈도는 하루 3번으로부터 일주일에 한번까지 다양하다. 노화, 스트레스, 저 섬유질 음식, 상해, 혹은 질병 등에 의해 변비가 생길 수 있다. 배변이 늦어질수록 더 많은 수분이 변을 빠져나가게 됨으로써 변이 더 굳고 마르게 되고 이는 복부불편감, 식욕상실, 두통과 메스꺼움 증세를 유발한다.

딱딱해진 변이 맹장으로부터 돌출된 가는 관인 **충수돌기** (appendix) (그림 36.12)에 축적될 수 있다. 충수돌기의 기능은 잘 알려져 있지 않지만 세균에 대항하는 백혈구가 많이 모여있는 곳이다. 이곳에 변으로 인해 혈류 전달이 안되고 점액분비가 이루어지지 않으면 충수염(*appendicitis*)을 유발할 수도 있다. 염증이 있는 충수돌기를 수술로 제거하지 않으면 파열되고, 이 곳을 통해 세균들이 복강으로 침투하여 생명을 위협 할 수 있다.

또한 결장은 암이 생기기 쉬운 기관인데 결장암은 잘사는 나라에서 가장 발병률이 높다. 이들 나라 국민들은 당, 콜레스테롤, 소금을 많이 섭취하고 저 섬유질 식이(diet)를 많이 한다. 너무 적은 섬유질 식이는 변이 결장에 머무는 시간을 증가시키는데, 결장 벽과의 접촉시간이 길어질수록 음식물과 함께 섭취되었던 암 유발 물질들이 결장 세포들에게 더 많은 손상을 입힐 수 있다. 결장암의 증상으로는 장 기능의 변화, 직장출혈, 그리고 혈변을 들 수 있다. 몇몇 사람들은 유전적으로 대장암을 가질 확률이 높지만 섬유소가 부족한 식이도 발병 위험성을 높인다.

*결장은 수분과 미네랄을 흡수함으로써 소화되지 않은 물질들을 변으로 뭉치게 하는데, 이때 형성된 변은 위장관의 말단에 위치한 직장에 잠시 머물렀다가 반사작용에 의하여 밖으로 방출된다.*

## 36.7 사람의 영양 요구량

*"당신이 먹는 것들이 당신 자신이다"라는 속담은 음식이 우리 몸의 구조와 기능에 중대한 영향을 준다는 것을 말해주고 있다. 당신은 무엇을 먹고 있는가?*

1950년대부터 미국 정부에서는 건강을 위한 영양지침을 확립하려고 노력해오고 있다. 그림 36.13의 **식품 피라미드**(food pyramid)는 이러한 노력의 일환으로 십여 년 전에 만들어졌다. 이것은 어떤 범주에 속하는 사람이 하루에 얼마만큼의 음식을 섭취해야 하는 가를 권장해주는 도표이다. 중간체구의 성인남성에게 이 피라미드는 하루에 55-60% 탄수화물, 15-20% 단백질(여성은 더 적게), 그리고 20-25% 지방을 섭취하도록 권장한다. 하지만 이 피라미드는 모든 지방을 나쁜 것으로 그리고 모든 탄수화물을 좋은 것으로 일반화했다고 비판을 받고 있으며, 흥미롭게도, 영양학자들은 이것이 건강 식이를 위한 최상의 권장이 아니라고 결론을 내리고있다. 그러나 이 식품 피라미드는 주기적으로 갱신되고 있으며 새 것이 2005년에 미국 정부에 의해 발표되었다.

### 탄수화물—인슐린과의 연관

복합 탄수화물 (complex carbohydrate)은 쉽게 우리 몸의 주에너지원인 포도당으로 분해된다. 녹말은 과일과 곡물, 그리고 콩류에 많이 함유되어 있다. 복합 탄수화물이 많이 들어있는 음식은 보통 섬유질이 많아 변비와 결장의 질병들을 예방해준다. 전염병학자인 데니스 벌킷(Dennis Burkitt) 박사는 "사람들의 변의 양이 적을수록 큰 병원들이 많아진다" 라고 말한 바 있다. 복합 탄수화물과는 달리 당류는 섬유소나 비타민, 미네랄을 제공해 주지는 않는다. 또한 정제된 탄수화물은 높은 글리세믹지수(*glycemic index*)를 갖고 있는데 이는 흡수된 지 수분 내에 당과 인슐린의 혈중 농도를 급상승시킨다는 것을 의미한다.

인슐린 급증은 세포들이 당을 빨리 흡수하게 하고 몇 시간 후에는 혈당이 이전보다 더 저하 되게 되어 배고픔을 느끼게 된다. 하지만 순환하고 있는 인슐린은 세포들이 지방을 이용하는 것을 막는다. 세포들은 인슐린이 적게 존재할 때 만 지방을 대사하기 시작한다. 그러므로 우리가 더 많이 먹을수

**그림 36.13** 널리 쓰이는 USDA 지침에 의한 저지방, 고탄수화물 식품 피라미드.

록 더 많은 인슐린을 분비하게 되며 결국 지방은 트리글리세리드 형태로 계속 저장되어 있게 된다. 시간이 지나면서 높은 트리글리세리드 양은 심장병과 2형 당뇨병의 위험을 높인다.

과도한 과당옥수수시럽을 함유한 음료나 음식을 섭취하는 것도 문제가 있다. 포도당으로 감미 된 음식들을 먹게 되면 지방세포들로부터 렙틴을 분비하게 하고 위로부터 그렐린의 분비를 감소시키므로 배고픔을 느끼지 않게 한다. 반면에 과당은 칼로리는 공급하되 이들 호르몬에는 영향을 주지 않아 여전히 배고픔을 느끼게 된다.

### 좋은 지방, 나쁜 지방

우리는 지방이 없이는 살 수 없다. 인지질 레시틴은 세포막 구성에 필요하고 다른 지방들은 에너지 저장, 체 내 장기들의 충격완화, 그리고 피하 절연체의 기능을 담당한다. 음식물 안의 지방은 지용성 비타민의 저장에 필요하다. 하지만 우리 몸은 단백질과 탄수화물을 이용하여 필요한 대부분의 지방을 만들 수 있다. 하지만 리놀렌산처럼 체내에서 만들어지지 않는 지방들도 있는데 이들을 필수 지방산이라고 부른다. 하루 한 두 수저의 올리브유나 옥수수기름과 같은 다중불포화지방(polyunsaturated fat)을 섭취하면 일일 지방 공급으로는 충분하다.

다른 동물성 지방처럼 버터는 콜레스테롤을 포함하고있는 포화지방산이다. 콜레스테롤은 담즙산과 스테로이드 호르몬의 전구물질이며 세포막의 주성분이다. 하지만 많은 양의 포화지방산은 저밀도지단백질(LDL) 콜레스테롤의 양을 증가시킨다. 33.9절에서 기술한 것처럼 이는 심장병과 뇌졸증을 유발한다.

### 근육을 만드는 단백질

우리 몸은 단백질이 없으면 기능을 할 수 없는데 음식물 속의 아미노산들이 체 내에서 단백질이 합성되는 데 필요하다. 총 20가지의 아미노산들 중에서 8개가 체 내에서 합성되지 못하는 필수아미노산으로서 음식물로서 공급된다. 이들은 메티오닌(혹은 시스테인), 이소루신, 루신, 리신, 페닐알라닌(또는 티로신), 트레오닌, 트립토판, 그리고 발린이다. 대부분의 동물 단백질은 완전 단백질로서, 그 아미노산 조성과 비율이 사람의 영양 요구에 부합한다. 하지만 거의 모든 식물 단백질은 불완전 단백질이며 한 두개의 인간에게 필요한 필수 아미노산들이 결핍되어있다.

### 대체 식이(Alternative diets)

대체 식이는 많이 있다. 그 중 하나인 지중해 식이 피라미드(*Mediterranean diet* pyramid)는 곡류를 가장 중요시하고 그 다음 과일과 야채, 콩과 견과류, 뒤이어 올리브유, 치즈와 요거트 등으로 이어진다. 이 피라미드는 매주 생선, 가금류, 달걀, 단순 당류, 그리고 붉은 육류를 제한적으로 섭취하도록 한다. 올리브유는 총 에너지섭취의 40%를 차지한다. 이 기름은 단일불포화(monounsaturated) 지방이기 때문에 포화지방산처럼 콜레스테롤 수치를 증가시키지는 않는다. 이것은 또한 항산화 기능이 있어 자유 라디칼을 제거해준다.

저 칼로리 식이는 현재 각광을 받고 있다. 대략 천만 명의 미국인들이 이 식이를 하고 있는데 여기에는 탄수화물의 섭취를 감소시키고 단백질과 지방의 섭취를 증가시키는 것을 주 내용으로 하고있다. 이 식이요법이 감량에 도움이 된다는 것은 확실하지만 장기적인 건강에의 영향에 대해서는 건강 전문가들 사이에 의견이 분분하다.

단원 36.5에서 기술한 바와 같이 단백질의 소화로 인해 독성의 암모니아가 발생한다. 간에 존재하는 효소들이 이 암모니아를 요소로 전환시켜 오줌으로 방출한다. 우리 몸이 주 에너지원으로 탄수화물 대신에 지방을 사용할 때 케톤(ketone)이라는 대사 산물이 만들어져 혈액으로 들어가는데 이 케톤은 걸러져서 방출되어야 한다. 미국신장협회(the National Kidney Foundation)에서는 산성의 케톤들이 신결석(kidney stone)을 유발할 위험성이 많다고 경고하고 있다. 따라서 신장 장애를 가지고 있는 사람은 고단백질 식이를 피해야 한다.

몇몇 저칼로리 식이에 관한 우려 중의 한가지는 포화지방 섭취에 따른 콜레스테롤의 증가이다. 그러나 많은 연구에 의하면 6개월간의 저칼로리 식이에 의해 나쁜 콜레스테롤인 저밀도지단백질(LDL)이 증가되지 않았다. 어떤 연구들에서는 오히려 콜레스테롤의 감소를 관찰하였다. 그렇지만 포화지방산이 많은 음식이 심장병을 유발할 확률이 높으므로 저칼로리 음식을 먹는 사람들은(지방이 많이 함유된) 고단백질 음식보다 지방이 적은 살코기나 생선을 섭취하는 것이 좋다.

우리는 아직 모든 문제들에 대한 답을 가지고 있지 않다. 하지만 우리는 미국인들이 점점 살이 쪄간다는 것을 알고 있다. 우리는 이 주제에 대해 단원 36.9에서 다시 살펴보겠다.

근 30여 년 동안 영양학자들은 저지방, 고탄수화물 식이를 옹호해 왔다. 너무 많은 사람들이 탄수화물을 과다 섭취해도 좋은 것으로 알고 있다. 하지만 일부 탄수화물은 비만과 당뇨를 증가시킬 수 있다.

> 근 30여 년 동안 영양학자들은 저지방, 고탄수화물 식이를 옹호해 왔다. 너무 많은 사람들이 탄수화물을 과다 섭취해도 좋은 것으로 알고 있다. 하지만 일부 탄수화물은 비만과 당뇨를 증가시킬 수 있다.
>
> 새로운 연구들에 의하여 영양지침이 바뀔 수 있다.

## 36.8 비타민과 미네랄(무기염류)

*너무 적은 비타민이나 미네랄은 정상적인 발생과 대사를 저해한다. 단원 15에서 배운 바와 같이 비타민A가 부족하면 야맹증을 유발한다. 세계 어린이들의 1/3이 비타민 결핍으로 인한 성장과 발달 장애를 갖고 있다.*

**비타민**은 성장과 생존에 필수적인 유기물질이다("필수"라는 말은 다른 물질로는 그 기능이 대체될 수 없는 경우를 일컫는다). 자체 내에서 필요한 비타민을 생성할 수 있는 식물과는 다르게 동물들은 비타민들을 음식물로부터 얻는다. 인간 세포들은 최소한도로 표 36.2에 기술된 13가지의 비타민을 필요로 한다. 각 비타민은 특정한 대사에 참여하는데 예를 들어 조효소인 NAD는 비타민 B 군 중 니아신(niacin)으로부터 만들어진다.

**미네랄**(무기염류)들은 성장과 생존에 필수적인 무기물질

**표 36.2 주요 비타민: 근원, 기능, 그리고 결핍과 과다 시의 영향 ***

| 비타민 | 근원 | 주요기능 | 만성 결핍증 | 과다증 |
|---|---|---|---|---|
| **지용성 비타민** | | | | |
| A | 전구물질이 황색 과일, 녹황색 잎채소의 베타-카로틴으로부터 유래; 강화우유, 달걀노른자, 생선, 간에도 있음 | 시각색소, 뼈, 치아를 생성; 상피세포의 유지 | 건조증, 비늘피부; 감염에 대한 낮은 저항성; 야맹증; 영구적 시각상실, | 태아 기형; 탈모; 피부변화; 간과 뼈의 손상; 뼈의 통증 |
| D | 피부에서 불활성 형태가 만들어지고 간과 신장에서 활성화 됨; 고지방생선, 달걀노른자, 강화 유제품들 | 뼈의 성장과 무기질화의 촉진; 칼슘흡수의 촉진 | 어린아이의 뼈의 기형(구루병); 성인 뼈의 연화 | 성장 지연; 신장 손상; 연한조직에 칼슘의 축적 |
| E | 정미되지 않은 곡물, 암녹색 채소, 식물성 기름들. | 자유라디칼의 효과를 줄임; 세포막 유지; 장에서 비타민 A와 C 분해를 막음 | 적혈구 용혈(파괴); 신경 손상 | 근육 약화, 피로, 두통, 메스꺼움 |
| K | 장내 세균이 대부분을 만듦; 녹색잎 채소와 양배추에도 존재 | 혈액응고; 전자전달을 통한 ATP 형성 | 혈액응고 이상; 심한 출혈 | 빈혈; 간 손상과 황달 |
| **수용성 비타민** | | | | |
| $B_1$ (티아민) | 정미되지 않은 곡물, 녹색 잎채소, 콩류, 살코기, 달걀 | 결합조직의 형성; 엽산의 이용; 조효소로 작용 | 조직에서의 수분 정체; 몸이 쑤심; 심장 변화; 통합기능의 이상, | 음식물에 의한 것은 보고된 바 없음; 반복적 주입시 쇼크 유발 가능성 |
| $B_2$ (리보플라빈) | 정미되지 않은 곡물, 가금류, 생선, 달걀 흰자, 우유 | 조효소로 작용 | 피부 손상 | 보고된 바 없음 |
| $B_3$ (니아신) | 녹색 잎채소, 감자, 땅콩, 가금류, 생선, 돼지고기, 쇠고기 | 조효소로 작용 | 니코틴산 결핍증후군 혹은 펠라그라(피부, 장, 신경 손상) | 피부 홍조; 간 손상 가능성 |
| $B_6$ | 시금치, 토마토, 감자, 육류 | 아미노산 대사의 조효소로 작용 | 피부, 근육, 신경 손상; 빈혈 | 통합기능 이상, 발의 마비 |
| 판토텐산 | 육류, 효모, 달걀 노란자를 포함한 많은 음식들 | 포도당 대사, 지방산과 스테로이드 합성의 조효소로 작용 | 피로, 손이 쑤심, 두통, 메스꺼움 | 보고된 바 없음; 간혹 설사를 유발할 수 있다 |
| 엽산 | 암녹색 채소, 정미되지 않은 곡물, 효모, 살코기; 장내 세균이 일부 생산 | 핵산과 아미노산 대사의 조효소로 작용 | 빈혈의 일종; 혀의 염증; 설사; 성장 장애; 정신 장애들 | 비타민 B12의 결핍증이 드러나지 않게 함 |
| $B_{12}$ | 가금류, 생선, 붉은 육류, 버터를 제외한 유제품, | 핵산 대사의 조효소로 사용 | 빈혈의 일종; 신경 기능의 손상 | 보고된 바 없음 |
| 비오틴 (Biotin) | 콩류, 달걀 노른자; 결장의 미생물이 일부 생산 | 지방, 글리코겐의 형성과 아미노산 대사의 조효소로 쓰임 | 비늘 피부 (피부염); 혀 염증; 우울증; 빈혈 | 보고된 바 없음 |
| C | 과일과 야채(특히 감귤류, 딸기류, 멜론, 양배추, 브로콜리, 피망) | 콜라겐 합성; 자유라디칼의 효과를 막을 가능성; 뼈, 연골, 치아 생성 유지; 탄수화물 대사에 쓰임 | 괴혈병; 상처치유의 지연; 면역기능 장애 | 설사와 소화계 장애; 일부 진단검사의 결과를 변경 |

*1일 적정 섭취량에 대한 지침은 현재 미국 식품의약청 (FDA)에서 연구되고 있다.

들이다. 예를 들어 우리 몸의 모든 세포들은 전자 전달체계(electron transfer chain)의 구성성분으로서 철을 필요로 한다. 적혈구 또한 헤모글로빈 내부에 철이 없으면 제대로 산소를 운반하지 못하고 신경 세포들은 나트륨과 칼륨이 없으면 제 기능을 수행하지 못한다(표 36.3). 건강한 사람들은 필요한 모든 비타민과 미네랄들을 균형 잡힌 식사에서 얻는다.

일반적으로 비타민과 미네랄 보충제들은 채식주의자들이나 노인, 만성질환자, 그리고 특수한 영양소 결핍을 초래하는 약물을 복용하는 사람들에게만 필요하다. 예를 들어, 비타민 K 보충제는 칼슘의 잔류를 촉진시키고 여성노인들에게 골다공증을 줄여준다.

몇몇 연구들은 비타민 A, C, 와 E 보충해주면 노화를 방지해 주고 자유라디칼을 불활성화시켜 면역체계를 보호하여 준다고 보고하였다.

하지만 과도한 양의 비타민과 미네랄은 몸에 오히려 해롭다. 비타민 A나 D가 너무 많으면 몸 안에 축척 되게되어 정상적인 다른 기능들을 저해하게 된다.

비타민들은 유기물질이고 미네랄들은 무기물질인데 둘 다 체 내 대사에 중요하다.
균형 잡힌 식사는 필요한 비타민과 미네랄을 공급해 주는데 이들의 결핍이나 과다는 건강을 위협한다.

**표 36.3 주요 미네랄: 근원, 기능, 그리고 결핍과 과다 시의 영향 ***

| 미네랄 | 근원 | 주요기능 | 만성 결핍증 | 과다증 |
|---|---|---|---|---|
| 칼슘 (Ca) | 유제품, 암녹색 채소, 마른 콩류 | 뼈, 치아의 형성; 혈액응고; 신경, 근육의 활동 | 성장 저해; 뼈 질량의 감소 가능성 (골다공증) | 다른 미네랄의 흡수를 방해; 일부 사람들에게 신장결석 유발 가능성 |
| 염소 (Cl) | 음식물에 넣는 소금 (일반적으로 음식에 너무 많이 함유) | 위산 형성; 체 내 산-염기의 균형; 신경 작용 | 근육 경련; 성장 장애; 식욕부진 | 일부 사람들에게 고혈압 유발 가능성 |
| 구리 (Cu) | 땅콩, 콩류, 해물, 식수 | 멜라닌, 헤모글로빈, 그리고 일부 전자전달계 구성원의 생성 | 빈혈, 뼈와 혈관의 변화 | 메스꺼움, 간 손상 |
| 불소 (F) | 불소화된 물, 차, 해물 | 뼈와 치아의 유지 | 충치 | 소화 장애; 장기 과다 시 반상치, 골격 이상 |
| 요오드 (I) | 바다 생선, 조개류, 요오드화 소금, 유제품 | 갑상선호르몬 형성 | 갑상선 비대증(갑상선종, goiter)과 대사 이상 | 중독성 갑상선종(toxic goiter) |
| 철 (Fe) | 정미되지 않은 곡물, 녹색 잎채소, 콩류, 견과류, 달걀, 살코기, 당밀, 마른 과일, 조개류 | 헤모글로빈과 시토크롬 (전자전달계의 구성성분)의 생성 | 철 결핍성 빈혈, 면역기능 이상 | 간 손상, 쇼크, 심장 이상 |
| 마그네슘 (Mg) | 정미되지 않은 곡물, 콩류, 견과류, 유제품 | ATP-ADP 회로의 조효소로 작용; 근육과 신경 기능에의 역할 | 근육 약화와 통증; 신경 기능의 이상 | 신경기능의 이상 |
| 인 (P) | 정미되지 않은 곡물, 가금류, 붉은 육류 | 뼈, 치아, 핵산, ATP, 인지질의 구성 성분 | 근육 약화; 뼈로부터 미네랄의 손실 | 뼈 안으로의 미네랄의 흡수에 이상 |
| 칼륨 (K) | 음식물만으로도 충분한 양을 공급해 줌 | 근육과 신경 기능에 역할; 단백질 합성과 체내 산-염기의 균형에 역할 | 근육약화 | 근육 약화, 마비, 심장마비 |
| 나트륨 (Na) | 음식물에 첨가하는 소금; 음식물 자체에도 과량 함유 | 체내 염-수분의 균형에 중요한 역할; 근육과 신경 기능에 역할 | 근육 경련 | 일부 사람들에게 고혈압 유발 가능성 |
| 황 (S) | 음식물 안의 단백질 | 체내 단백질의 구성 성분 | 보고된 바 없음 | 없을 것으로 추정 |
| 아연 (Zn) | 정미되지 않은 곡물, 콩류, 견과류, 육류, 해물 | 소화효소들의 성분; 정상적인 성장, 상처회복, 정자생산, 미각, 후각 기능에 역할 | 성장저해, 비늘피부, 면역기능 이상 | 메스꺼움, 구토, 설사; 면역기능 이상과 빈혈 |

*1일 적정 섭취량에 대한 지침은 현재 미국 식품의약청(FDA)에서 연구되고 있다.

## 36.9 중대한 질문들과 감질나는 대답들

*체중은 다루기 어려운 주제이다. 그 이유 중 하나는 이상적인 체중이란 사회와 문화에 따라 그 표준이 다르기 때문이다. 여기에서 우리는 체중을 건강에만 연결시켜 살펴보았다. 마른 사람들은 실제로 뚱뚱한 사람들보다 더 오래 산다.*

미국에서는 30만명 정도의 사람들이 체중과 관련된 질환으로 죽어가고 있는데 이들 질환들의 대부분은 예방할 수 있는 것 들이다. 체중이 증가하면서 2형 당뇨병, 심장병, 고혈압, 유방암, 직장암, 담석 등과 여러 질환이 발생한다.

### 적정 체중은 얼마인가?

그림 36.14에는 남성과 여성의 체중 기준이 나와 있다. 체질량지수(BMI. body mass index)는 체중의 건강에 대한 위험도를 결정하는 데 도움을 주는 하나의 지수로서 다음 식에 의하여 계산된다.

$$\text{체질량지수(BMI)} = \frac{\text{체중 (파우드)} \times 703}{\text{신장(인치)}^2}$$

일반적으로, 체질량지수가 25에서 29.9 사이이면 과 체중이라고 간주된다. 만약 이 지수가 30을 넘게 되면 비만인데 지방조직 안에 지방이 너무 많아 심각한 건강 문제들을 야기한다. 지방이 몸에 어떻게 분포되어 있는 지가 또한 위험성을 예측하는데 도움이 되는데, 허리띠위치 윗 부분에 지방이 많이 저장되어 있는 속칭 술배(beer belly)가 심장질환의 발병률을 증가시킨다.

식이 만으로는 개인의 체질량지수를 감소시킬 수 없다. 적게 먹게 되면 몸은 그 대사속도를 느리게 하여 에너지를 적게 사용하기 때문이다. 그렇다면 어떻게 하여야 정상적으로 활동을 하면서 동시에 적정 체중을 유지할 수 있을까? 이를 위해선 칼로리 흡수와 에너지 소비가 균형을 이루어야 한다. 즉, 저 칼로리이지만 영양소가 풍부한 권장량의 음식을 섭취하고 규칙적으로 운동을 해야 한다.

음식물에 저장되어 있는 에너지는 킬로칼로리로 표시된다(kcal 혹은 대문자 C로 시작하는 Calorie). 1 킬로칼로리는 1,000 칼로리(소문자 c로 시작하는 calorie)로 표기되는데 여기에서의 소문자로 시작되는 칼로리는 범용 열량의 단위이다.

적정 체중을 유지하기 위해서 하루에 얼마나 많은 킬로칼로리를 섭취해야 하는 지를 알기 위해선 각자의 체중(파운드)에다 활동적이지 않은 사람은 10을, 보통인 사람은 15, 그리고 매우 활동적인 사람은 20을 곱하면 된다. 그 다음, 곱한 값에서 다음과 같은 나이별 값을 빼면 된다.

| 나이: | 빼야할 값: |
|---|---|
| 25-34 | 0 |
| 35-44 | 100 |
| 45-54 | 200 |
| 55-64 | 300 |
| 65 이상 | 400 |

만약 당신이 25세이고 매우 활동적이며 120 파운드의 체중을 갖고 있다면 당신은 120 × 20 = 2,400 킬로칼로리를 섭취해야 체중을 일정하게 유지할 수 있다. 만일 체중을 증가시키려면 더 많은 열량을, 감소시키려면 더 적게 열량을 섭취해야 한다. 그러나 이 수치는 대강의 추정치일 뿐이며 실제로는 키와 같은 다른 요인들도 고려 되야 한다. 신장이 5피트 2인치이고 활동적인 사람은 신장이 6피트이고 동일한 체중을 갖는 사람보다 에너지를 덜 소비한다.

**여성의 체중 지침**

5피트의 신장에 100파운드의 체중을 가지고 있는 여성을 기준으로 매 인치의 키 증가 당 5파운드 씩의 체중이 더해진다.

| 신장(피트) | 체중(파운드) |
|---|---|
| 5′2″ | 110 |
| 5′3″ | 115 |
| 5′4″ | 120 |
| 5′5″ | 125 |
| 5′6″ | 130 |
| 5′7″ | 135 |
| 5′8″ | 140 |
| 5′9″ | 145 |
| 5′10″ | 150 |
| 5′11″ | 155 |
| 6′ | 160 |

**남성의 체중 지침**

5피트의 신장에 106파운드의 체중을 가지고 있는 남성을 기준으로 매 인치의 키 증가 당 6파운드씩의 체중이 더해진다.

| 신장(피트) | 체중(파운드) |
|---|---|
| 5′2″ | 110 |
| 5′3″ | 115 |
| 5′4″ | 120 |
| 5′5″ | 125 |
| 5′6″ | 130 |
| 5′7″ | 135 |
| 5′8″ | 140 |
| 5′9″ | 145 |
| 5′10″ | 150 |
| 5′11″ | 155 |
| 6′ | 160 |

**그림 36.14** 성인의 적정 체중 산출법. 이 표에 나타나 있는 수치는 과체중과 심혈관계 질환의 위험성과의 연관에 대한 오랜 기간에 걸친 하버드의 연구 결과와 일치한다. 적정 체중은 골격의 크기와 뼈의 무게 등의 기타 요인들에 의해 달라진다.

## 유전자, 호르몬, 그리고 비만

어떤 사람들은 무엇을 먹든지 체중이 늘지 않으며 한편에 다른 사람들은 음식을 바라보기만 해도 체중이 는다고 말하기도 한다. 유전자가 이 현상과 밀접한 관련이 있다. 클로드 보우차드(Claude Bouchard)는 12쌍의 남자 쌍둥이들을 대상으로 과식에 대한 한 연구를 수행하였는데 이 연구 대상자들 모두가 20대 초반으로 호리호리한 젊은이들이었다. 이들을 100일 동안 기숙사에 넣어 놓고 운동을 허락하지 않은 상태에서 주당 필요한 양보다 6,000 킬로칼로리를 더 섭취 시켰을 때 모든 사람들의 체중이 증가했다.

그러나 몇몇은 다른 이들의 증가량 보다 세배 가량의 증가를 보였다. 왜 이런 차이가 있는 걸까? 쌍둥이들끼리는 서로 비슷한 정도의 체중 증가를 보이는 걸로 봐서 유전적인 차이가 과 섭취에 대한 체중의 증가량에 영향을 주었음을 알 수 있었다.

또 다른 실험에서 보우차드는 비만의 쌍둥이들에게 제한된 칼로리의 음식을 제공하였다. 또 다시 그는 개체들 간에 큰 차이를 볼 수 있었고 쌍둥이들끼리는 서로 비슷한 정도로 체중을 잃었음을 관찰할 수 있었다.

우리는 비만에 관여하는 유전자들에 대해 더 많이 알아가고 있는 중인데 이는 처음 1950년 비만 생쥐를 발견함으로써 시작되었다(그림 36.15). 곧 이들 비만 생쥐의 한 계통이 확립되었고 1995년에 분자유전학자들이 비만에 관여하는 생쥐의 한 유전자를 찾아내어 ob유전자라고 명명하였다. 그리고 비만 생쥐의 ob유전자의 DNA 염기서열은 정상생쥐의 그것과는 다르다는 것이 밝혀졌다.

1994년 제프리 프리드만(Jeffrey Friedman)은 생쥐의 ob 유전자가 렙틴이라는 호르몬을 만든다고 발표하였다. 단원 서두에서 언급했듯이 사람에게도 거의 동일한 호르몬이 존재하며 이것은 뇌의 식욕을 자극하는 물질 중 하나라는 것이 밝혀졌다.

콜레시스토키닌(CCK, *cholecystokinin*)은 식욕에 관여하는 또 다른 물질이다. 이 물질은 작은 창자의 앞부분에서 분비된다. 그렐린은 위의 상피세포와 사상하부로부터 분비되는데 포만감을 느끼게 하는 렙틴과 콜레시스토키닌과는 달리 배고픔을 느끼게 하고 지방을 이용하지 못하게 한다. 우리 몸은 체중감량을 하게 되면 더 많은 그렐린을 분비하도록 적응된다(역자주: 이 현상은 체중감량 후 식욕증진과 요요 현상에 기여하게 된다).

식욕과 대사에 관여하는 인자들을 찾아내고 체중을 조절하는 경로들을 밝혀 낼 뿐 아니라 이들 인자들이 체내의 다른 생리활동에 끼치는 영향들을 이해하게 되면 유전적으로 비만성향이 있는 사람들을 위한 약물을 만들어낼 수 있게 될 것이다.

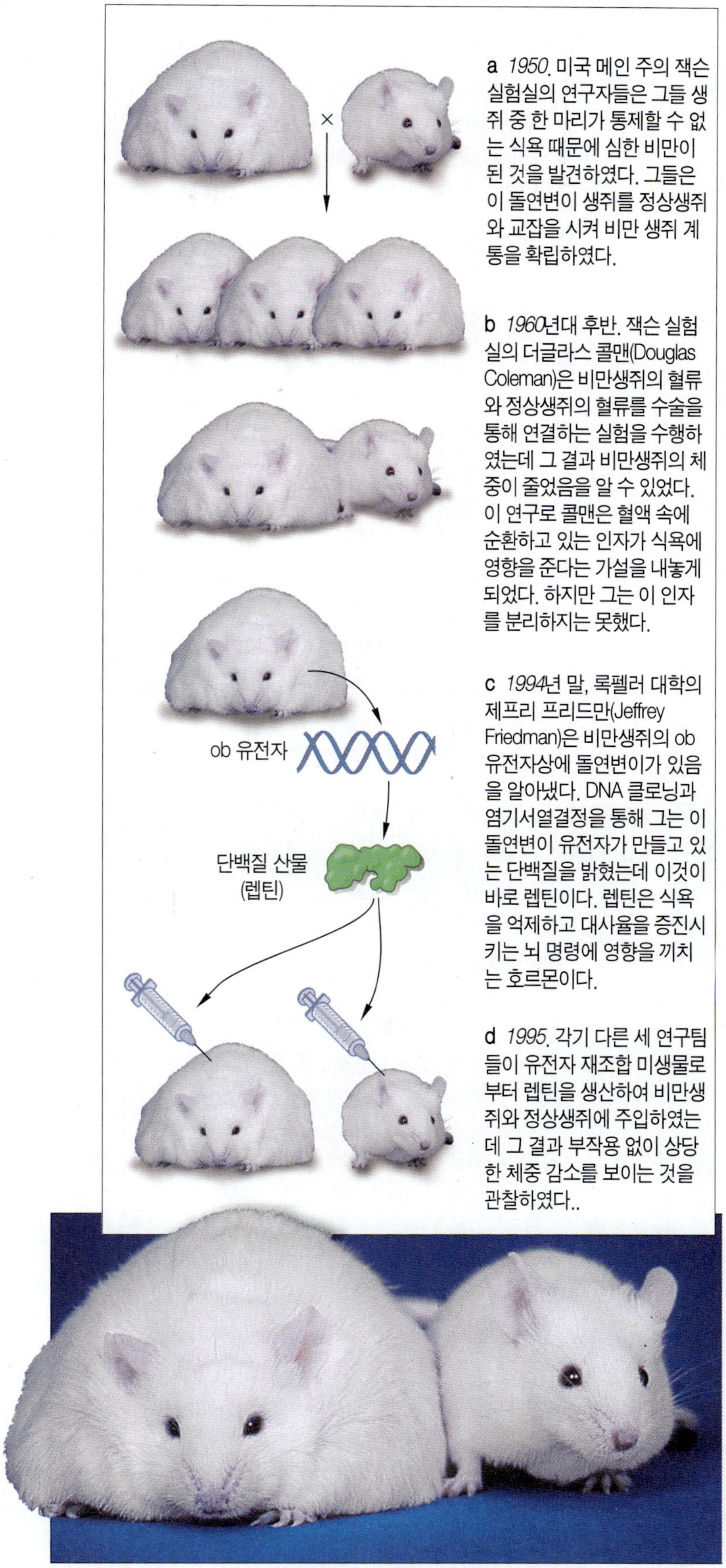


**그림 36.15** 체중에 영향을 주는 주요 유전자 산물인 렙틴을 발견하기까지의 연구 개발의 연대기.

## 요약

36.1절 소화계는 음식물을 작은 물질로 분해시켜 체내로 흡수하고 흡수되지 않은 물질들을 방출하는 역할을 하는데 다른 기관들과 상호 협력하여 체내의 항상성을 유지해준다. 대부분의 동물들은 완전소화계를 갖는데 이것은 양쪽 끝의 두 구멍(입과 항문)과 그 사이의 특별한 기관들을 갖는다.

36.2절 표 36.4에서는 인간 소화계와 부속기관들의 종류와 그 기능들을 나열하였다.

36.3절 전분의 소화는 입으로부터 시작되는데 저작에 의해 음식물과 소화효소가 함유되어있는 침이 섞인다. 단백질의 소화는 위에서부터 시작되는데 위는 근육성 주머니로서 위액을 분비하는 세포들이 내부 표면을 덮고 있다. 소화는 작은 창자에서 완결된다.

췌장과 담낭으로부터 나온 관(duct)이 작은 창자와 연결되어 있다. 이를 통해 췌장은 소화효소 들을 작은 창자에 분비하고, 간에서 만들어지는 담즙은 담낭에 잠시 저장되었다가 작은 창자로 분비된다.

국소적 조절기작 뿐만 아니라 신경계와 내분비계가 장 속 음식물의 양과 조성에 반응하여 소화관 근육의 운동과 호르몬과 효소의 분비를 조절한다.

36.4절 대부분의 영양소는 작은 창자에서 흡수된다. 포도당과 아미노산은 작은 창자 벽의 상피세포를 가로질러 능동수송되고 모노글리세리드와 지방산들은 세포막을 통해 상피세포 안으로 확산된다. 모노글리세리드와 지방산들은 세포 안에서 트리글리세리드로 결합되고 간질액으로 방출되었다가 림프관이나 혈액으로 이동한다.

36.5절 작은 창자로부터 흡수된 작은 유기물질들은 저장되거나 큰 화합물의 합성, 그리고 에너지원으로 쓰이거나 방출된다.

36.6절 큰 창자는 미네랄과 수분을 흡수하며 소화되지 않은 잔유물을 배설을 위해 농축한다.

36.7절 식사지침 (dietary guideline)들은 다양하고 계속 변하지만 포화지방산과 정제된 탄수화물의 섭취를 피하는 것은 일반적으로 받아들여지는 내용이다.

36.8절 비타민은 유기화합물이고 미네랄은 무기물질이다. 둘 다 정상적인 대사과정에 필요하며 균형 잡힌 음식으로부터 얻어진다.

36.9절 비만은 건강상의 문제를 일으키고 수명을 단축시킨다. 체중을 일정하게 유지하기 위해선 에너지섭취가 소비와 균형을 이루어야 한다. 어떤 이들에겐 유전적 요인이 적정체중을 유지하는 것을 어렵게 한다. 렙틴, 그렐린, 그리고 다른 호르몬들은 식욕중추와 대사에 영향을 주는 유전자 산물들이다.

**표 36.4 사람 소화계의 요약**

| | |
|---|---|
| **입**(구강) | 소화계의 시작부위로서 음식물이 저작되고 침에 의해 축축해진다; 다당류의 분해가 시작 |
| **인두** | 소화계와 호흡계의 도관의 입구 |
| **식도** | 인두와 위 사이의 근육질의 관으로 침에 의해 젖어 있다. 음식물을 인두로부터 위로 이동시킴 |
| **위** | 늘어나는 주머니로서 이곳에서 음식물이 위액과 섞이고 단백질의 분해가 시작된다; 처리 속도보다 빠르게 유입되는 음식물을 잠시 저장; 위산이 많은 세균들을 죽임 |
| **작은 창자** | 간, 담낭, 췌장으로부터 분비액을 받음; 대부분의 영양소의 분해 및 흡수;흡수되지 않은 물질을 결장으로 보냄 |
| **결장**(큰 창자) | 소화되지 않은 물질들을 농축 (미네랄 이온들과 수분을 흡수 함으로써) 하고 저장 |
| **직장** | 팽창되게 되면 배변을 촉발 |
| **항문** | 소화계의 말단 구멍 |
| 부속 기관: | |
| **침샘** | 다당류 분해효소, 완충용액, 점액이 포함되어 있는 침을 분비하는 선 |
| **췌장** | 음식물에 포함되어 있는 모든 주요 물질들을 분해하는 효소들을 분비; 작은 창자에 넘어온 위액을 중화시키는 완충용액을 분비 |
| **간** | 담즙의 분비; 탄수화물, 지방, 단백질 대사에 역할을 함 |
| **담낭** | 간에서 생성된 담즙을 저장 및 농축 |

## 자습-퀴즈

*정답은 부록 Ⅲ에 있음*

1. 소화계는 (　　)하는 작용한다.
   a. 효소를 분비　　b.화합물을 흡수
   c. 찌꺼기를 제거　　d. 앞 모두 다
2. 단백질 소화는 (　　)에서 시작된다.
   a. 입　　b. 위
   c. 작은 창자　　d. 결장
3. 대부분의 영양소는 (　　)에서 흡수된다.
   a. 입　　b. 위
   c. 작은 창자　　d. 결장
4. 담즙은 (　　)의 소화와 흡수에 중요하다.
   a. 탄수화물　　b. 지방
   c. 단백질　　d. 아미노산

**그림 36.16** 한 성공 사례. 2000년, 신경성식욕부진증(anorexia)으로부터 회복된 네델란드의 레온티엔 지즐라드(Leontien Zijlaard)가 자전거경주에서 세 개의 올림픽 금메달을 획득하였다. 사년 전만 해도 그녀는 심한 영양실조로 경주에 참가할 수 없었다.

**그림 36.17** 뱀의 세계의 유난히 큰 빅맥(미국 맥도날드 식당 체인의 대형 햄버거 이름).

5. 단당류와 아미노산은 둘 다(　　)에 의해 흡수된다.
   a. 능동수송　　b. 확산
   c. 림프관　　d. 지방 방울

6. 가장 많은 미생물들이 (　　)에 서식한다
   a. 위　　b. 작은 창자
   c. 큰 창자

7. (　　)은 다른 물질로 그 기능을 대체할 수 없는 무기물질이다.
   a. 지방　　b.미네랄
   c. 단백질　　d. 비타민
   e. 단순 당류　　f. b와 d

8. 각 기관과 그 소화에서의 기능을 연결하라.

| | |
|---|---|
| (　) 담낭 | a. 담즙생산 |
| (　) 결장 | b. 소화되지않은 물질의 농축 |
| (　) 간 | c. 대부분의 소화효소들의 분비 |
| (　) 작은 창자 | d. 대부분의 영양소의 흡수 |
| (　) 위 | e. 위액의 분비 |
| (　) 췌장 | f. 담즙의 저장 및 분비 |

## 분석적으로 생각하기

1. 신경성 식욕부진증(*anorexia nervosa*)은 젊은 여성들이 많이 걸리는 섭식 장애로서 음식을 먹지 않는 병이다. 이 병의 원인들은 복잡한데 유전자들도 중요한 역할을 한다. 오스트레일리아의 과학자들이 뇌의 신경전달물질의 하나인 노르에피네프린의 운반에 관여하는 단백질의 유전자를 연구하였는데, 돌연변이가 한쪽 염색체에 있는 유전자에 일어났을 때 이 병에 걸릴 확률이 두 배나 증가하였다. 이 발견은 새로운 치료법을 개발하였고 현재 많은 환자들이 회복되어 정상적인 삶을 살고 있다(그림 36.16).

감량을 위해 위봉합수술(stomach stapling)을 받은 사람들처럼 신경성 식욕부진증에 걸린 사람들은 뼈가 손실되고 부서지기 쉽게 될 가능성이 많다. 왜 그럴까?

2. 어떻게 비단뱀은 자기 몸통보다 굵은 동물들을 삼킬 수 있을까? 그림 36.17을 본 후 탐구를 해 보고 발견한 사실을 간단히 기술하라.

3. 한 컵의 우유에는 락토스, 단백질, 버터지방, 비타민, 그리고 미네랄이 들어 있다. 우리 몸의 소화계에서 각 성분들이 어떻게 분해되는지를 기술하라.

4. 소화성 궤양(*peptic ulcer*)은 위와 작은 창자의 초입 부분의 위장관 벽에 구멍이 생기는 병인데 위산이 새어나가 고통을 유발하며, 더 나아가 혈관을 부식시키게 되면 생명을 위협할 수도 있다. 대부분의 궤양은 헬리코박터 균(*Helicobacter pylori*)에 감염되어있는 사람들에게 발생한다(그림 19.3). 현재 궤양은 길게는 2주에 걸친 항생제 투여로 치료하고 있는데 경련이나 설사와 같은 부작용이 흔히 일어난다. 또한 치료 중의 여성에게는 질염(vaginal infection)의 위험성이 두 배나 높다. 왜 장기 항생제 치료 시 이와 같은 증상이 나타나게 되는가를 설명하라.
선택설을 지지하거나 기각하기 위하여 연구자들은 어떤 종류의 자료를 모아야 할까?

# 37 내부환경

## 최근 이슈와 그 영향력 시험관 안의 진실

연한 색 혹은 진한색? 맑음 혹은 탁함? 많음과 적음? 오줌에 관해 묻고 조사하는 것은 오래 전부터 쓰이던 기술이다(그림 37.1). BC 1,500년 전부터 인도의 의사들은 곤충을 유인할 정도로 단맛이 나는 오줌을 생성하는 사람들에 관해 기록하였다. 그 병은 당뇨병(*diabetes mellitus*)라고 명명되었는데 현재도 의사들이 이 병을 진단할 때 오줌에 당이 존재하는지를 화학적 분석으로 조사한다.

현대 의사들은 일상적으로 혈당 수준, 산도, 혈단백질 농도, 그리고 오줌의 농도를측정한다. 산성 오줌은 대사 이상을 말해주고 알칼리성 오줌은 세균감염을 나타낸다. 오줌에 너무 많은 단백질이 존재하면 신장 이상의 가능성을 시사해 주고 너무 많은 용질은 탈수의 가능성이나 신장기능을 조절하는 호르몬에 문제가 있을 가능성이 많다. 전문적 소변검사는 또한 신장암, 방광암, 그리고 전립선암으로부터 나오는 화학물질을 검색한다.

자가소변검사도 흔히 행해진다. 임신을 원하는 여성들은 자가소변검사를 통해 소변 중 황체형성호르몬(LH, luteinizing hormone)의 양을 측정한다. 여성 생리주기 중반에 급증하는 LH는 배란을 촉진하여 난자를 난소로부터 방출시키기 때문에 LH 측정을 통해서 배란 시기를 알 수 있게 된다. 또한 임신여부도 처방전 없이 할 수 있는 소변검

**그림 37.1** 17세기의 의사와 간호원이 오줌시료를 검사하고 있다. 색깔, 오줌농도, 냄새, 그리고 맛 은 건강상의 문제에 대한 실마리를 제공해 준다. 피를 정화해 줌으로써 신장은 몸의 내부 환경을 유지시켜 준다. 오줌은 내부환경의 부피와 조성의 비정상적 변화를 알 수 있게 해준다.

## 개요도

**균형 잡힌 작용** 모든 동물들은 수분과 용질을 얻거나 잃는다. 이 두 활동이 균형 잡힐 때 몸은 부피를 유지하고 세포외액의 조성을 일정하게 유지할 수 있다. 포유동물들은 소변방출에 의해서 이러한 획득과 손실을 조절한다.

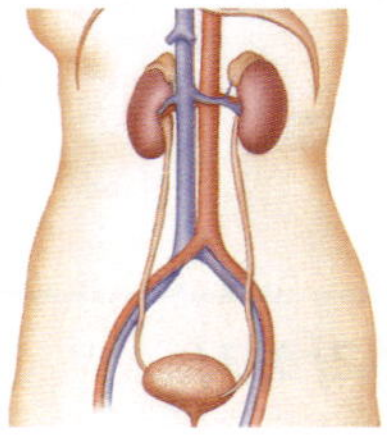

**사람 비뇨기계** 척추동물들은 한 쌍의 신장을 가지고 있어서 혈액을 계속하여 여과한다. 몸은 여과액의 일정부분을 다시 흡수하여 사용한다. 신장은 여분의 수분과 용질들을 소변을 통하여 방출한다.

사를 통해 알 수 있다. 나이가 들어가는 여성들은 소변 속의 호르몬의 감소를 측정하여 폐경기에 들어감을 알 수 있게 된다.

하지만 모든 사람들이 소변검사를 원하는 건 아닌 것 같다. 몇몇 올림픽 선수들은 강제 소변검사를 통해 금지된 약물을 사용했던 사실이 들통나 메달을 박탈당하는 경우도 있었다. 전미 대학운동선수연합회(the National Collegiate Athlete Association, NCAA)는 매년 약 3,300명의 학생 운동선수들의 소변검사를 통해 불법 약물을 사용했는지를 검사하고 있다.

마리화나, 코케인, 엑스타시 등의 마약을 사용했음을 소변이 말해준다. 마리화나의 주성분인 THC는 혈액으로 유입되고 간에서 다른 화합물로 전환된다. 신장이 피를 거를 때 THC는 새로 형성된 소변에 유입된다. 모든 THC가 대사 되어 제거되기까지는 열흘정도 소요되는데 그때까지는 소변검사로 검출할 수 있다.

소변이 호르몬과 건강상태 그리고 약물복용의 좋은 지표가 되는 것은 비뇨기관계(urinary system)의 특성에 기인한다. 체내 혈액은 매일 30번 정도 주먹만한 크기의 두개의 신장에서 걸러지는데 이 과정을 통해 여분의 수분과 대사물질, 독소, 호르몬, 약물과 같은 용질들이 제거된다.

이제까지는 체내 세포들에게 산소, 영양소, 수분과 기타물질을 제공해주는 몇몇 기관들에 대해 살펴봤는데 이제는 체내 환경의 부피, 조성 그리고 온도를 유지하기 위해 작용하는 기관들을 살펴보기로 하자.

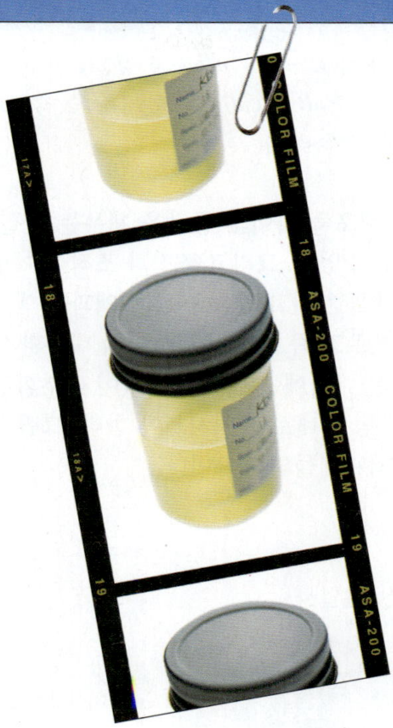

### 찬반의견 투표

*어떤 회사들은 회사원을 채용하기 전 약물과 알코올 섭취를 조사하기 위해 소변검사를 실시한다. 어떤 사람들은 이것이 사생활 보호권의 침해라고 주장한다. 당신은 고용주가 고용인을 채용하기 전 소변검사를 요구하는 것을 허용해야 한다고 생각합니까? 미디어 메뉴에서 상세한 내용을 참고하여 온라인 투표를 한다.*

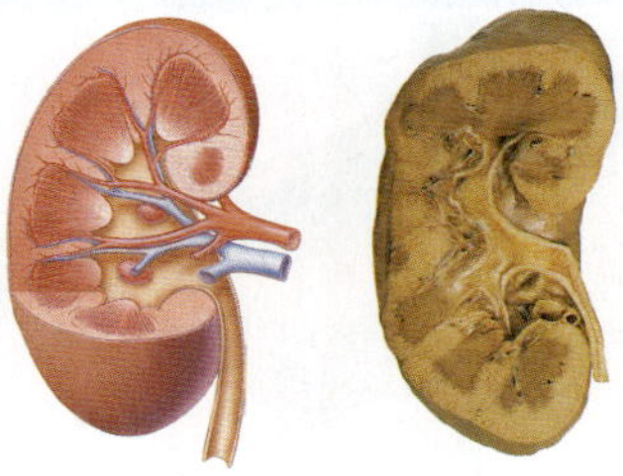

**신장이 어떻게 작용하는가?** 소변은 혈액의 세뇨관 (kidney tubules)으로의 여과과정, 수분과 용질의 재흡수과정, 그리고 몇몇 이온들과 노폐물의 세뇨관 안으로의 분비(secretion) 과정에 의해 형성된다. 몇몇 호르몬은 소변의 양과 조성을 조절한다.

**항온성** 몸의 내부환경은 대사과정에서 열을 얻는다. 또한 외부환경으로부터 열을 얻기도 하고 잃기도 한다. 특정 형태의 몸의 구조, 생리, 그리고 행동들이 체온을 일정 수준으로 유지되게 해준다.

## 37.1 세포외액의 유지

물고기나 다른 해양동물의 세포들은 바다 속 환경에 잘 적응되어 있다. 그리고 약 375 백만년 전에 염수에서 진화되어온 몇 계통의 동물들이 육지로 이주해 왔다. 이것이 가능할 수 있었던 이유 중의 하나는 이들 동물들이 염류액(salty fluid)을 세포를 감싸는 액으로서 유지할 수 있었기 때문일 것이다.

모든 동물들은 세포들 사이의 공간을 채우는 **간질액**(interstitial fluid)을 갖고 있다. 그리고 조직과 조직 사이로 혈액을 운반하는 순환계를 가지고 있다. 이 간질액과 혈액을 합하여 세포외액이라 부르고 즉 이것이 세포들의 내부환경이 된다. 동물들은 땅 혹은 바다에 살던지 상관없이 내부환경의 부피와 조성을 적정 범위 내로 유지시켜야 한다. 그림 37.2는 이 과정에 필요한 기관계들의 개요이다.

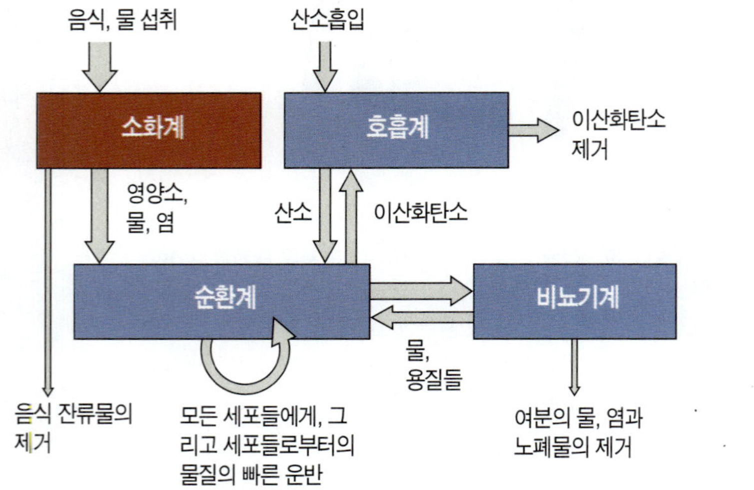


**그림 37.2** 소화, 호흡, 순환, 비뇨기계 간의 기능적 연결에 대한 개관. 신경계와 내분비계의 도움으로 이들 기관계들의 상호작용은 내부환경의 항상성을 유지하게 해준다.

### 물 속에서의 도전

삼투현상은 물이 반투성막을 통해서 용질의 농도 차이에 의해서 이동하는 것을 말한다(단원 5). 바닷게와 같은 대부분의 해양 무척추동물들은 간질액이 바닷물과 같은 용질농도를 유지하고 있어서 삼투현상에 의한 물의 이동이 없다.

척추동물들의 체액은 바닷물의 약 1/3 정도의 염을 포함하고 있다. 척추동물들은 비뇨기관계를 갖고 있는데 신장은 혈액을 여과하고 소변을 형성하며 체내의 수분-용질의 균형을 유지해 준다. 소변을 통해 여분의 수분과 용질들이 제거된다.

담수어 나 양서류들은 계속적으로 수분을 얻고 용질들을 잃는다(그림 37.3a). 물은 섭취보다는 삼투현상에 의해 호흡기계나 표피를 통해 체 내부환경으로 들어온다. 여분의 물은 희석된 소변으로써 몸밖으로 방출된다. 계속적인 용질 손실에 대해 균형을 맞추기 위한 용질 유입은 음식물 섭취에 의하거나 아가미나 표피세포들의 펌프작용에 기인한다.

해수 경골어류들은 주위환경보다 몸의 내부가 덜 짜고 용질이 적으므로 삼투현상에 의해 수분이 계속 외부로 빠져나간다. 이 물고기들은 이를 보충하기 위해 바닷물을 마시고 아가미를 통해 여분의 용질을 방출시킨다(그림 37.3b). 그리고 고도로 농축된 폐기물들이 소량의 소변으로 방출된다.

### 땅 위에서의 도전

육지동물의 시조와 그 후손들은 강렬한 햇살, 건조한 바람, 심한 온도변화, 농도가 일정치 않은 물, 가뭄 등의 환경과 맞닥뜨리게 되었다. 그들은 이런 환경에 대항하여 어떻게 수분

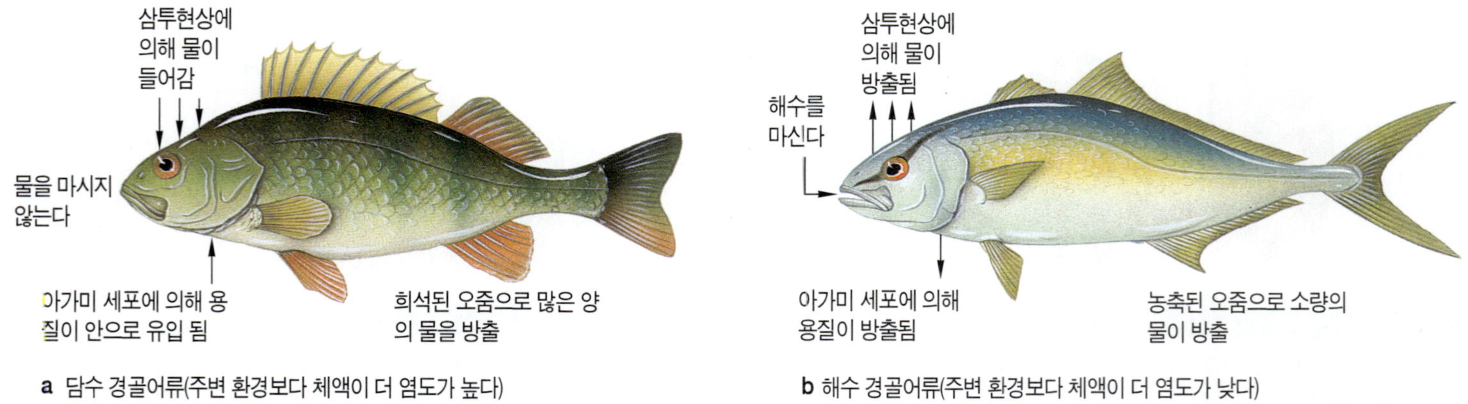


**그림 37.3** 담수어 (a)와 해수어 (b)에서의 물-용질의 균형.

**그림 36.4** 사람과 캥거루쥐의 물을 얻고 잃는 방법의 차이점. 물의 득과 실이 어떻게 균형을 이루는 지를 주목하라. 다음의 몇 단원은 인체에서의 균형에 대해 살펴보았다. 비교를 위해 캥거루쥐가 뉴멕시코 사막에서 수분을 잘 유지하게 하는 체형, 생리, 그리고 행동들에 대해 집중적으로 살펴보자.

짧은 우기 후, 몇 달 동안 해가 사막 모래를 뜨겁게 달구게 되고 물은 부족하게 된다. 캥거루쥐는 굴속에서 열을 피했다가 온도가 내려가는 밤에 먹이를 찾아 나선다. 마른 열매들과 즙이 많은 음식들을 찾아 뛰어다니고 코요테나 뱀으로부터 도망 다닌다. 그 모든 활동에는 ATP 에너지와 물이 필요하다. 고 에너지의 탄수화물이 든 열매들이 이 두 가지를 모두 공급한다. 탄수화물과 다른 유기화합물의 대사과정에서 에너지와 물이 동시에 발생한다. "대사유래 물"은' 캥거루쥐의 하루 물 섭추량의 90%나 차지한다. 반면에 사람에서는 전체 섭취하는 물의 12% 정도 밖에 안 된다.

캥거루쥐는 시원한 굴속에서 쉼으로써 물을 보존하고 재활용한다. 흡식을 할 때면 공기가 축축해지고 따뜻해진다. 호식을 할 때는 물이 시원한 코 안에서 응축하고 일부는 몸 안으로 확산된다. 캥거루쥐의 볼주머니에서 열매가 제거될 때 이 열매들이 코로부터 떨어지는 물을 흡수하게 되고 이 젖은 열매를 먹게 될 때 몸 안에서 수분이 회수된다.

캥거루쥐는 땀샘이 없고 변은 사람에 비해 절반정도의 물을 보유하고 있다. 캥거루쥐는 소변으로 물을 방출하기는 하지만 매우 소량이다. 캥거루쥐는 헨레고리가 굉장히 길기 때문에 많은 용질을 재 흡수하고 거의 대부분의 물도 삼투현상에 따라 재 흡수된다. 결국 캥거루쥐의 오줌은 사람의 오줌보다 3-5배 더 농축 되어 있다.

| | 캥거루쥐 | 사람 |
|---|---|---|
| 수분 획득(밀리리터) | | |
| 고형물을 섭취하여 | 6.0 | 850 |
| 액체를 섭취하여 | 0.0 | 1,400 |
| 대사에 의해 | 54.0 | 350 |
| | 60.0 | 2,600 |
| 수분 손실(밀리리터) | | |
| 소변으로 | 13.5 | 1,500 |
| 변으로 | 2.6 | 200 |
| 증발에 의하여 | 43.9 | 900 |
| | 60.0 | 2,600 |

과 용질의 농도를 보전할 수 있었을까? 그들이 이에 대한 어떤 기작을 만들어내지 못했다면 그들의 내부환경과 세포들은 제대로 조절되지 못했을 것이다.

사람들과 다른 포유동물들이 어떻게 수분을 섭취하는 가를 생각해보자. 음식물을 섭취하거나 물을 마시게 되면 수분이 장으로 유입되고 이곳에서 체내로 흡수된다. 물은 또한 많은 대사과정 중에 생성되기도 한다. 입을 통해 장으로 유입되는 수분의 양은 갈증 기작에 의해 조절된다.

물고기와는 달리 육지동물들은 수분을 삼투현상에 의해 잃지 않고 대신 배뇨라는 조절된 기작에 의해 잃게 된다. 추가적인 수분손실은 폐와 같은 호흡기관계 표면에서의 증발에 의한다(단원 35). 또한 포유동물은 땀과 증발에 의해 수분을 잃는 유일한 동물이다. 장을 통과하는 음식물로부터는 매우 소량의 수분이 배설물로 손실되고 대부분은 체 내로 흡수된다.

포유동물은 용질을 장에서 흡수하거나, 세포로부터 방출, 그리고 호흡과 대사 등을 통하여 얻는다. 호흡기관계는 산소를 혈액으로 전달한다. 모든 포유류는 호흡작용으로 이산화탄소를 외부로 방출한다.

포유동물은 용질들을 배뇨와 호흡을 통해, 그리고 몇몇 종에서는 땀을 통해 잃는다. 이 중 소변은 대사 노폐물들을 포함하고 있다. 예를 들어, 요소는 간에서 만들어지는데 아미노산으로부터 떨어져 나온 두 암모니아가 이산화탄소와 만나서 생성된다. 소변은 또한 헤모글로빈 분해산물, 음식첨가제, 다양한 약물들을 포함한다.

그림 37.4는 두 다른 종이 어떻게 서로 다른 방식으로 수분과 용질을 얻고 잃는 지를 보여준다. 이들에서는 방법상의 차이에도 불구하고 하루 얻는 양과 잃는 양이 균형을 이루며 이것은 비뇨기관계에 의해 이루어진다.

모든 동물에서 하루의 수분과 용질의 득과 실은 균형을 이룬다.

모든 척추동물에서 비뇨기관계는 세포외액의 부피와 조성의 바람직하지 않는 변화를 막는 방향으로 작용한다. 한 쌍의 신장이 혈액을 여과하여 소변을 생성하며 체내 용질의 수준을 허용범위 안으로 유지되도록 조절한다.

# 37.2 사람 비뇨기계

*다양한 음식물과 액들이 장으로 들어오게 되면 물, 영양소, 그리고 기타 물질들이 혈액으로 흡수되고 후에 간질액으로 들어온다. 밤낮으로 몸은 내부환경의 크고 작은 변화에 대하여 상보적인 조절을 한다.*

## 사람 비뇨기계의 구성

비뇨기관계는 세포외액의 조성을 유지시켜준다. 물을 너무 많이 혹은 적게 마시거나, 짠 감자 칩을 먹어대거나, 땀으로 너무 많은 염분을 잃게 되더라도 그에 대한 반응은 빠르게 일어난다. 비뇨기관계는 우리 몸에 필요한 만큼의 수분과 나트륨이온들을 정확하게 조정하여 준다. 이것은 한 쌍의 신장(kidney), 수뇨관(ureter)과 한 개의 방광(urinary bladder), 요도(urethra)에 의해 일어난다(그림 37.5). 신장은 강낭콩 모양의 기관으로서 성인의 주먹만한 크기이다.

신장은 두껍고 불규칙적인 결합조직의 외부 껍질을 가지고 있다(그림 37.6a). 우리가 휴식을 취할 때 혈액의 약 20%가 심장의 왼쪽에서 뿜어져 신동맥을 통해 신장에 도달하게 되는데 신 모세혈관은 신장의 피질과 수질에 퍼져있다.

신장은 수분, 미네랄 이온, 유기폐기물, 그리고 기타 물질들을 혈액으로부터 여과하고

여과액의 조성을 조정한 뒤 1% 정도를 제외한 나머지를 혈액으로 되돌려 보낸다. 나머지의 재흡수 되지 않은 소량의 수분, 용질, 그리고 폐기물은 소변으로 방출된다.

소변은 각 신장으로부터 나와 수뇨관(ureter)을 거쳐 방광으로 이동되어 잠시 저장되었다가 요도(urethra)를 통해 밖으로 방출된다. 방광으로부터의 태뇨는 반사작용에 의해 일어난다. 방광이 오줌으로 가득 차게 되면 방광의 길목을 죄고 있는 괄략근이 열리면서 방광의 평활근이 수축하게 되어 소변이 요도를 통해 방출된다. 또 다른 요도를 감싸고있는 괄략근은 수의조절 하에 있는 골격근으로 구성되어 있다.

## 네프론 — 신장의 기능적 단위

신장은 백만 개 이상의 네프론으로 구성되어 있다. 네프론은 작고 가느다란 세관들이 신장의 피질에서부터 수질의 중앙까지 뻗어있는 엽(lobe)의 형태로 되어있다(그림 37.6b). *네프론에서는 혈액으로부터의 수분과 용질의 여과 뿐만 아니라 여과액의 재흡수도 일어난다.*

네프론은 사구체(*glomerular*) 모세혈관을 둘러싸고 있는 컵 모양의 보우만주머니(Bowmans capsule)로부터 시작되는데 보우만주머니와 사구체 모세혈관을 합한 혈액여과단위를 **신소체**(renal corpuscle)라고 부른다(그림 37.6d 와 37.7).

이들 사구체 모세혈관들은 매우 투과적이고 내부 혈압은

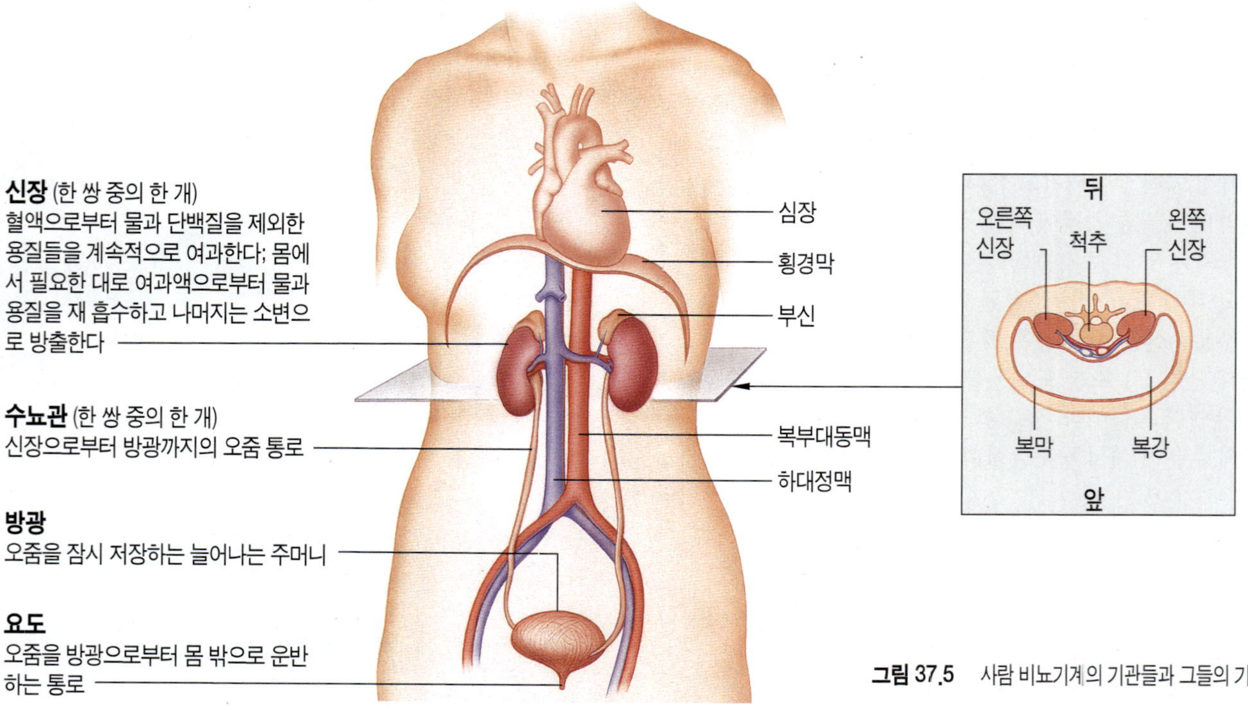


**그림 37.5** 사람 비뇨기계의 기관들과 그들의 기능.

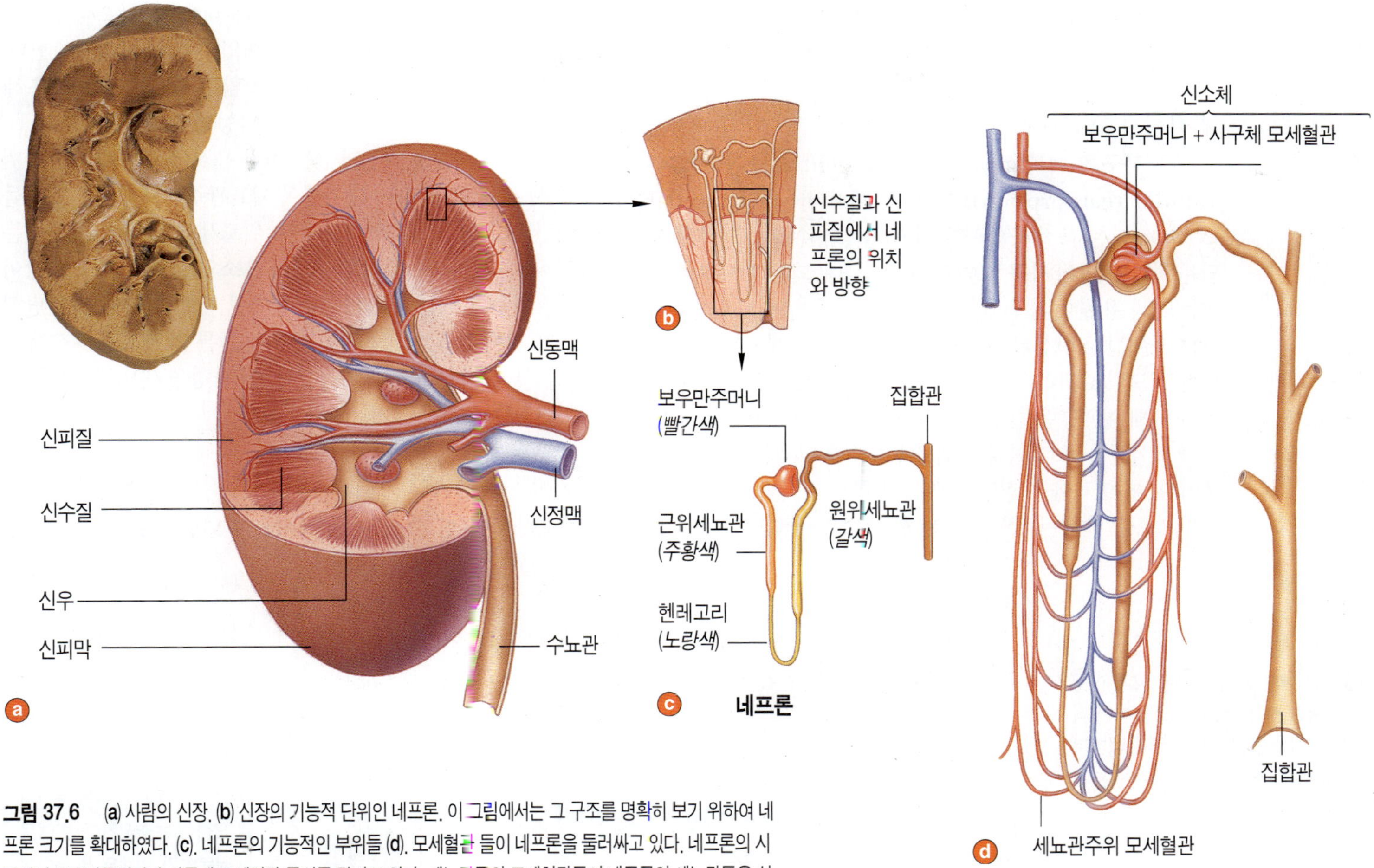


**그림 37.6** (a) 사람의 신장. (b) 신장의 기능적 단위인 네프론. 이 그림에서는 그 구조를 명확히 보기 위하여 네프론 크기를 확대하였다. (c). 네프론의 기능적인 부위들 (d). 모세혈관 들이 네프론을 둘러싸고 있다. 네프론의 시작점인 보우만주머니가 사구체 모세혈관 주위를 감싸고 있다. 세뇨관주위 모세혈관들이 네프론의 세뇨관들을 실처럼 둘러싸고 있다.

매우 높다. 신동맥으로부터 분지하여 네프론에 혈액을 전달해주는 작은 세동맥들은 혈액이 빠져나가는 혈관보다 직경이 더 넓다. 결과적으로 사구체 모세혈관의 압력이 높아지고 그 힘으로 액이 모세혈관 벽을 통해 보우만 주머니로 들어가게 된다.

매분 약 1.5 리터의 혈액이 신동맥을 지나 사구체 모세혈관으로 들어오고 약 120 밀리리터의 물과 작은 용질이 여과되어 보우만주머니 안에 모인다. 그 결과 하루 약 180 리터의 여과액이 생긴다!

여과액은 보우만주머니로부터 근위세뇨관(proximal tubule)으로 이동하고 머리핀 모양의 헨레고리(loop of Henle)로 들어가며 후에 원위세뇨관(distal tubule)로 이동한다. 네프론의 마지막 부위는 집합관 (collecting duct)인데 이는 신장의 중앙 내강을 거쳐 결국 수뇨관으로 연결된다.

사구체 모세혈관으로 들어가는 혈액의 일부는 보우만주머니로 여과되고 여과되지 않은나머지는 네프론을 감싸고 있는 세뇨관주위모세혈관(peritubular capillaries)으로 들어간다.

오줌이 형성되는 동안 세뇨관주위모세혈관 들은 근위세뇨관과 원위세뇨관을 빠져 나온 물과 용질을 다시 받아들여 정맥을 통해 순환계르 되돌린다.

사람 비뇨기계는 두 개의 신장, 두 개의 수뇨관, 그리고 한 개의 방광으로 구성되어 있다. 신장은 혈액으로부터 물과 용질을 여과하며 이 여과액의 대부분은 체 내로 다시 돌아간다. 나머지는 오줌으로서 수뇨관을 거쳐서 방광으로 이동하여 잠시 저장되었다가 요도를 통해 몸 밖으로 방출된다.
수백만 개의 네프론이 신장의 기능적 단위이다.

## 37.3 오줌의 형성

*오줌의 형성은 네프론 벽을 통한 투과성의 차이 그리고 세포막을 통한 수송 기작 등에 의해 이루어지는데 이는 호르몬의 조절을 받는다.*

### 세 가지의 연관된 과정들

오줌은 **사구체 여과**(glomerular filtration), 세뇨관 재흡수(tubular reabsorption), 그리고 세뇨관 분비(tubular secretion)라는 과정에 의해 형성된다. 심장수축에 의해 발생되는 혈압에 의해 사구체 여과가 일어나게 되는데 이 과정에서는 물과 용질이 사구체 모세혈관을 빠져 나와 보우만주머니로 들어간다.형성된 여과액은 인접한 근위세뇨관으로 이동한다(그림 37.7b).

사구체 여과율은 높은데 왜냐하면 사구체 모세혈관이 다른 모세혈관들 보다 물과 용질을 10-100배 더 잘 투과하기 때문이다. 이 여과율은 혈압에 의해 영향을 받는다. 혈액을 네프론으로 전달하는 세동맥들은 혈압의 일시적 변화에 민감하게 대응하여 혈압의 동요를 줄여준다. 만일 국소적으로 혈압이 떨어지면 혈관이 확장되고 혈압이 상승하면 수축한다. 하지만 신경계는 다른 기관들이 더 많은 혈액을 원할 경우 세동맥의 확장을 못하게 할 수 있는 기능이 있다.

**세뇨관 재흡수** 과정에서는 물과 용질이 근위세뇨관 주위로 빠져 나오고 그 뒤 대부분이 세뇨관주위모세혈관으로 들어간다(그림 37.7 c,d). 세뇨관주위모세혈관 내의 혈액에는 아직도 이온들(주로 $H^+$와 $K^+$)과 요소와 같은 노폐물이 많이 존재하는데 이들 물질들은 모세혈관 세포들의 막 수송 단백질에 의해 간질액으로 이동된 후 네프론 벽 세포들의 수송단백질에 의해 오줌으로 이동된다. 이 과정을 **세뇨관 분비**라고 한다.

### 물과 나트륨 ($Na^+$)의 재흡수

여과액이 근위세뇨관으로 들어가게 되면 세뇨관 벽 세포들

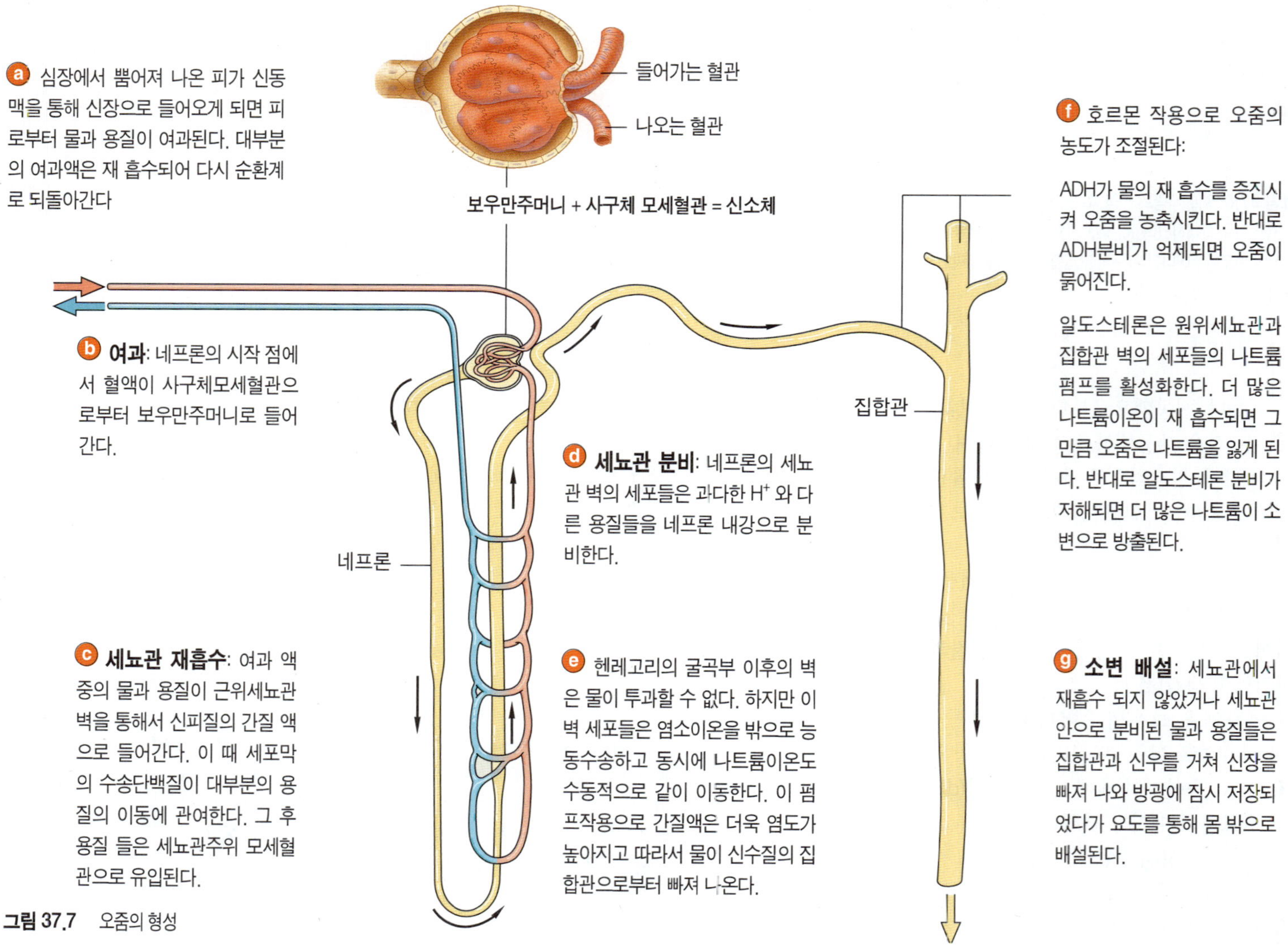


**그림 37.7** 오줌의 형성

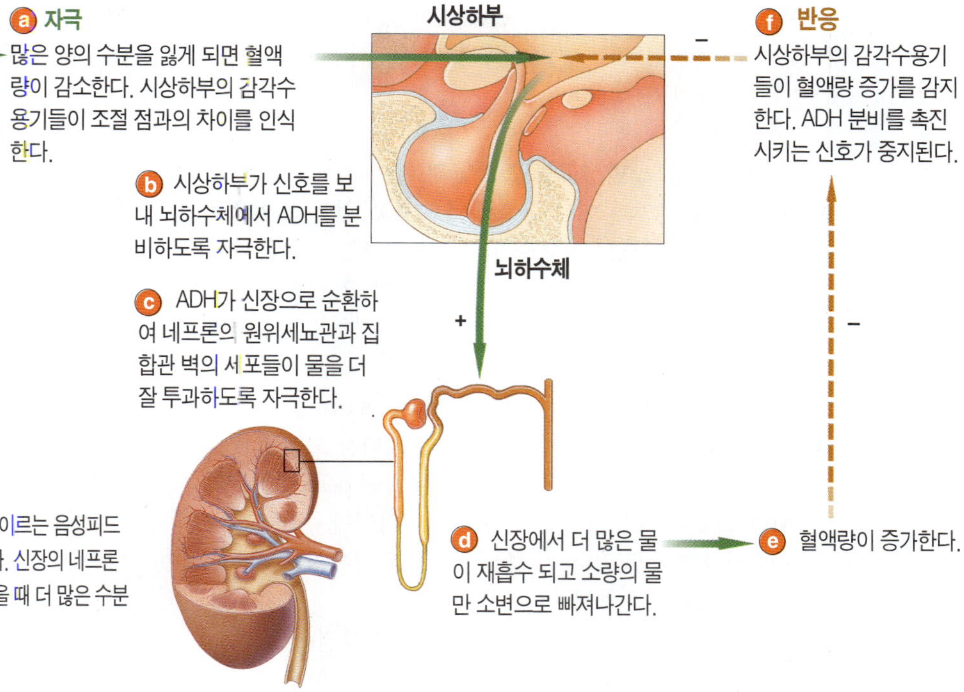


**그림 37.8** ADH 분비의 음성 피드백 조절. 신장으로부터 뇌에 이르는 음성피드백 조절 회로가 세포외액의 부피를 조절하는 기작들 중의 하나이다. 신장의 네프론은 우리가 물을 충분히 마시지 못하거나 땀으로 수분을 많이 잃었을 때 더 많은 수분을 재 흡수한다.

이 능동적으로 나트륨을 밖으로 수송한다. 다른 이온들도 이를 따른다. 물도 삼투압에 따라 세뇨관 밖으로 방출된다. 우리 몸은 여과액의 2/3를 재흡수한다(그림 37.7 c,d).

헨레고리의 머리핀 구조 중 굴곡부 주변의 간질액에서 염분의 농도가 가장 높다. 굴곡부 이전의 헨레고리에서 수분이 삼투압에 의해 여과액으로부터 방출된다. 굴곡부 이후의 고리에서는 물이 투과 될 수 없고 다만 수송단백질이 염소이온을 밖으로 방출시킨다. 결과적으로 헨레고리 주위 간질액의 염분이 더 증가하게 되고 이에 따라 물이 더 많이 여과액으로부터 빠져나온다(그림 37.7e).

세뇨관들의 물과 나트륨에 대한 투과성이 조절되는 과정에서 오줌은 많이 혹은 조금 희석되는데 여기에 두 종류의 호르몬이 관여한다.

나트륨의 농도가 증가하면 이를 시상하부 근처의 삼투수용기(osmoreceptor)가 감지하고 시상하부의 갈증중추(*thirst center*)에 신호를 보내 수분을 섭취하도록 자극한다. 또한 시상하부는 뇌하수체후엽을 자극하여 항이뇨호르몬인 **ADH**(antidiuretic hormone)을 분비케 한다. ADH는 원위세뇨관과 집합관에 작용하여 물에 대한 투과성을 증가시킨다. 따라서 더 많은 수분이 재흡수되고 소변으로 방출되는 양은 줄어든다(그림 37.8). ADH의 분비는 세포외액의 부피가 증가하고 나트륨의 농도가 감소하면서 줄어든다. 혈압의 급강하는 동맥의 압수용기들에 의해 감지되어 ADH 분비를 증가시킨다 (단원 33.7). 메스꺼움과 구토도 마찬가지로 작용한다.

혈액을 신장으로 보내는 세동맥의 특정 세포들은 세포외액 부피의 감소에 반응하여 레닌을 분비하는데 이 단백질은 일련의 반응을 촉발 시켜 최종적으로 부신으로 하여금 알도스테론을 분비하게 한다. 이 호르몬은 원위세뇨관의 세포들에게 작용하여 나트륨 재흡수를 증가시킨다. 결과적으로 나트륨이 적게 오줌으로 가고 물이 나트륨을 따라서 혈액으로 재흡수 됨에 따라 소변이 더 농축된다.

갈증중추는 입의 마름에 의해 지극 되기도 한다. 이 경우는 신경 말단이 시상하부에 신호를 보내어 일어난다. 물의 섭취가 자극되고 동시에 소변량이 감소한다.

요붕증(*diabetes insipidus*)은 뇌하수체가 너무 적은 ADH를 분비하거나 ADH의 수용체에 이상이 생겼을 때 발생한다. 이 경우는 과다한 소변이 방출되는데 하루에 16리터의 뇨가 만들어지기도 한다. 이 병은 수분 손실에 대한 공급이 불충분하게 이뤄지는 경우 생명을 위협할 수도 있다.

> 신장에서의 여과, 재흡수, 분비, 이 세 과정은 세포외액의 조성과 부피를 유지하게 해준다.
>
> 신장의 혈액여과율은 혈압에 따라 달라진다.
>
> 근위세뇨관은 대부분의 여과된 물과 용질을 재흡수한다. 원위세뇨관에서 약간의 조정이 일어난다.
>
> 어떤 과잉의 용질은 세뇨관주위모세혈관 밖으로 확산되어 나와 간질액으로 들어간다. 그 다음, 세뇨관 분비 라는 과정에 의해 네프론으로 이동된 후 몸 밖으로 방출된다.
>
> ADH는 원위세뇨관과 집합관에 의해 재흡수되는 수분의 양을 증가시킨다. 알도스테론은 나트륨의 재흡수를 증진시키는데 이는 간접적으로 수분의 보유를 증진시킨다.

## 37.4 신장의 이상

건강은 신장의 기능과 밀접한 연관이 있다. 말기의 신장질환은 신장의 기능이 정상의 10% 미만으로 떨어질 때 일어난다. 미국에서는 신장질환의 빈도가 늘어나고 있는 추세이다.

신장 이상은 당뇨, 만성고혈압, 세균과 바이러스 감염, 비소(arsenic)와 같은 약물이나 독소에의 노출과 같은 요인으로 생긴다. 신장이 제대로 작동하지 않으면 단백질과 같은 대사폐기물이 혈액에 축적되기 시작한다. 이 요독증(*uremic toxicity*)은 메스꺼움, 구토, 그리고 설사를 야기하고 정신건강이나 혈액응고에도 영향을 미친다.

신장결석(*kidney stone*)은 신부전(renal failure)을 초래한다. 이 딱딱한 축적물은 요산, 칼슘, 그라고 다른 노폐물이 소변으로부터 침전되면서 생성되고 신우(renal pelvis)에 모이게 된다. 그들은 보통 오줌과 함께 빠져나가지만 수뇨관이나 요도에 잔류할 수도 있다. 이 경우는 그들을 녹이거나 부수고 혹은 수술로 제거를 해야한다.

대략 미국의 30만 명의 사람들이 말기 신부전을 앓고 있다. 신장투석기는 이들에게 정상적인 용질의 균형을 회복해 준다. 신장처럼 이 기계들은 혈액 속의 용질을 선택적으로 조절하여 준다.

혈액투석(*hemodialysis*) 에서는 기계가 정맥이나 동맥에 연결되어 있고 혈액을 생리식염수에 잠겨있는 막으로 둘러싸인 관으로 뽑어낸다. 혈액이 관을 통하여 흐르면서 노폐물은 확산되어 빠져나가고 염, 포도당, 그리고 다른 활성 물질들이 확산되어 유입된다. 이렇게 해서 형성된 용질이 균형 잡힌 정화된 피가 몸으로 되돌아간다.

복막투석(*peritoneal dialysis*)에서는 적절한 조성의 액이 환자의 복강에 투입되었다가 나중에 제거된다. 복강을 둘러싸고 있는 막이 투석을 위한 투과막 역할을 한다.

신장투석은 일시적인 해결책이다. 만성 신부전의 경우 환자가 죽을 때까지나 새로운 신장을 이식 받을 때까지 계속 필요하다. 그렇다 할 지라도 치료와 식이조절과 함께 이 방법에 의해 많은 환자들은 정상적인 활동을 하며 살아갈 수 있다(그림 37.9).

**그림 37.9** 캐롤 허틀리 (Karole Hurtley)는 열세 살 때에 같은 나이, 같은 급에서 가라데 전국 챔피온이었다. 캐롤은 신부전 (renal failure)을 갖고 있다. 그녀는 잠을 자는 동안 8-9차례 복막투석기를 이용하여 특별한 용액을 몸 통에 집어 넣어주고 노폐물을 제거한다.

## 37.5 산-염기의 평형

세포외액의 부피와 조성을 조절하는 것 이외에 신장은 산도를 적정 수준으로 유지한다. 신장 만이 산성의 대사산물들을 제거할 수 있다.

매 식사와 대사로 인해 수소이온 ($H^+$)과 다른 이온들이 세포외액에 증가하게 된다. 우리 몸은 세포외액의 산-염기의 평형의 조절에 의해 좌우된다. 이 평형의 중요성에 대한 좋은 예는 대사성 산독증(metabolic acidosis)이다. 이 병은 신장이 대사과정에서 나오는 수소이온을 충분히 방출하지 못할 때 발생하는 생명을 위협하는 병이다.

완충작용, 호흡, 그리고 소변배설등이 산-염기평형조절에 필요하다. 완충용액은 약산과 염기들로 구성되어 이온들과 가역적으로 결합하거나 해리 됨으로써 산도의 변화를 최소화 시킨다.

정상적인 세포외액의 산도는 7.35와 7.45의 범위이다. 과다한 산의 유입은 수소이온을 증가시키고 산도를 떨어뜨린다. 이 효과는 여분의 수소이온이 중탄산염-탄산(bicarbonate-carbonic acid) 과 같은 완충용액과 반응할 때 최소화된다.

$$\underset{\text{중탄산염}}{H^+ + HCO_3^-} \rightleftharpoons \underset{\text{탄염}}{H_2CO_3^-} \rightleftharpoons CO_2 + H_2O$$

완충용액은 과다한 $H^+$를 중화시킨다. 이 과정 중에 생성되는 이산화탄소는 폐를 통해 방출된다. 다른 완충용액들 처럼, 이 중탄산염-탄산계도 일시적으로 작용하는 것일 뿐이지 수소이온을 제거하지는 못한다. 아주 많이 수소이온이 유입되면 이 완충용액도 한계가 있다. 이 경우는 오직 비뇨기계 만이 수소이온을 제거하고 완충용액의 기능을 회복시킬 수 있다.

네프론의 세뇨관 벽에서는 위 반응이 반대방향으로 일어난다. 역반응에 의해 생성된 중탄산염이 세뇨관주위모세혈관으로 이동하고 혈액의 산을 완충한다. 역반응 시 생성된 또 다른 산물인 수소이온은 네프론으로 유입되고 그 곳에서 중탄산염과 결합한다. 이 과정 시 생성된 $CO_2$는 혈액으로 돌아가 폐에서 방출된다. 수소이온은 인산이온이나 암모니아와 결합하고 소변으로 배설된다.

신장은 완충계와 호흡기계를 와 공동 작용하여 산을 중화시킨다. 이들 기관들과 기작들로 인해 세포외액의 산도가 적정 수준으로 유지된다.

중탄산염-탄산 완충계는 일시적으로만 과다한 수소이온을 중화시킨다. 비뇨기계는 과다한 이온들을 제거하고 완충계를 회복시킨다.

중탄산염-탄산 완충계는산-염기의 균형을 이루는데 중요한 기작들 중의 하나이다.

## 37.6 체온의 유지

*우리는 또 다른 중요한 항상성의 문제인 체온을 다루고자 한다. 우리는 주변 환경이 아주 춥거나 더울 때 어떻게 몸의 내부 온도를 원활한 대사와 기능을 위한 적정 범위 내로 유지할 수 있는가?*

### 열의 획득과 손실

동물의 체온은 주변온도가 높거나 대사가 증진될 때 상승한다. 체온이 올라가면 주위 환경에 열을 잃는다. 잃는 열의 양과 얻거나 생성되는 열의 양이 균형을 이룰 때 체온은 안정된다. 열은 체표에서 외부 환경과 교환된다. 복사(radiation), 전도(conduction), 대류(convection), 그리고 증발(evaporation)은 바로 이 열 교환의 과정들이다.

**열복사**(thermal radiation)는 열이 어떤 대상으로부터 복사에너지(radiant energy) 형태로 방출되는 것을 말한다. 태양으로부터의 복사에너지가 동물들에게 전달되기도 하고 대사가 왕성한 동물들도 또한 열을 생성하여 방사하기도 한다.

**전도**(conduction)는 열이 직접 접촉을 하고 있는 물체들 사이에 일어나는 방식이다. 동물들은 차가운 물체와 접촉을 할 때 열을 잃게 되고 따뜻한 물체와 접촉을 할 땐 열을 얻는다.

**대류**(convection)를 통하여 움직이는 공기와 물이 열을 전달한다. 전도도 이 과정에 일부 관여하는 데 열이 온도 차이를 따라서 몸과 주변에 접촉된 공기 혹은 물로 이동한다.

**증발**(evaporation)에 의하여 액체가 기체로 변하고 이 과정 중에 열 손실이 일어난다. 체표면에서의 증발은 냉각효과를 가지고 있는데 이는 날아가버리는 물 분자들이 에너지를 보유하고 있기 때문이다. 건조한 공기와 바람은 증발과 관련한 열손실을 증진시킨다.

### 내온동물, 외온동물 그리고 변온동물

어류, 양서류, 그리고 파충류들은 내부온도를 대사활동에 의한 열이 아니고 외부환경으로부터 얻는 열을 이용하여 따뜻하게 한다. 이들을 외온동물(ectotherm)이라고 부르는데 이는 "외부로부터 온 열" 이라는 의미이다. 외부 온도가 변할 때 외온동물들은 그들의 행동을 조절할 수 밖에 없다. 그들은 일반적으로 낮은 대사율과 매우 적은 절연체를 갖고 있다. 방울뱀(그림 37.10a)은 추울 때 햇볕을 많이 쬐고 더울 때 그늘로 이동한다.

대부분의 조류와 포유류는 내온동물(endotherm) ("열을 내부로부터 얻는")들이다. 그들은 상당히 높은 대사율을 갖고 있다. 같은 체중의 도마뱀에 비하여 생쥐는 먹이를 찾는데 30배 이상의 에너지를 필요로 한다. 대사로부터 나온 열은 내온동물을 다양한 기온하에서도 활동적이게 해준다. 털, 지방, 그리고 깃털등은 절연체 역할을 하고 열손실을 적게 해준다(그림 37.10b).

**그림 37.10** (a) 외온동물의 하나인 방울뱀 (b) 내온동물인 솔잣새 (pine grosbeak)는 부풀린 깃털을 추위에 대한 절연체로 사용한다.

몇몇 조류와 포유동물들은 **변온동물**(heterotherm)들이다. 그들은 상당히 일정한 내부체온을 유지하지만 어떤 시간엔 내부 온도를 변하게 한다. 예를 들어, 작은 벌새(hummingbird)는 낮 동안 화밀(nectar)을 찾아 빨리 날아다닐 때 매우 높은 대사율을 갖고 있다. 하지만 밤에는 대사율이 뚝 떨어져 체온이 주변 기온과 거의 같은 정도로 낮아진다.

외온동물들은 체온을 유지하는데 많은 에너지를 소비하는 내온동물보다 따뜻하고 습한 지역을 선호한다. 열대지방에서는 파충류가 더 많은 에너지를 생식이나 다른 일에 사용할 수 있기 때문에 포유류보다 더 유리하며 결과적으로 숫자나 다양성도 더 크다. 추운 지방에서는 내온동물이 더 유리하다. 예를 들어 북극에서는 파충류를 찾아볼 수 없다.

몸의 내부 온도는 열 획득과 손실이 균형을 이룰 때 일정하게 유지된다.

동물들과 주위환경은 복사, 전도, 대류, 그리고 증발에 의해서 서로 열을 얻고 잃는다.

동물들은 주위 환경 온도에 대하여 형태적, 생리적, 그리고 행동의 적응을 한다. 외온동물은 열을 주로 외부에서 얻으며 내온동물은 내부에서, 그리고 변온동물은 때에 따라 체 내 혹은 외부에서 열을 얻는다.

## 37.7 포유동물의 온도의 조절

단원 24에서는 사람 체온의 상승을 통제하는 음성피드백 조절에 대해 배웠다. 이 장에서는 포유동물이 열 스트레스와 추위 스트레스를 받을 때 주요 역할을 하는 조절작용들을 비교해보도록 하자.

시상하부는 포유동물의 체온을 조절하는 중추들을 가지고 있다. 이 뇌 중추들은 연속적인 신호를 피부와 약간 더 깊은 위치에 존재하는 많은 온도수용기들로부터 받고있다(그림 24.8). 체온이 설정온도(set point)로부터 크게 벗어나면 뇌의 온도조절 중추들은 골격근과, 표피와 땀샘을 관장하는 세동맥의 평활근을 조절하는 복잡한 반응들을 규합하여 실행한다. 다시 설정온도로 체온이 회복되면 시상하부를 억제하는 음성피드백고리가 위 반응들을 중단시킨다. 아라비아산 낙타는 하루 중 가장 더울 때는 설정온도의 수준을 상향 조정할 수 있다(그림 37.11)

### 열 스트레스에 대한 반응

날씨가 너무 더워지면 포유동물들은 시상하부의 온도조절 중추가 신호를 보내어 **말초혈관 이완**(peripheral vasodilation)이 일어난다. 이 결과 피부의 혈관이 확장되어 피가 표피로 더 많이 흐르게 되면 그만큼 체내의 열이 주위환경으로 확산된다(그림 37.1).

**증발성 열손실**(evaporative heat loss)은 열 스트레스에 대한 반응인데 주로 젖어있는 호흡기계의 표면이나 피부를 통해 일어난다. 땀을 흘리는 동물은 이 방식으로 일부의 수분을 잃게 된다. 예를 들어, 사람과 기타 다른 동물들은 땀샘을 가지고 있어서 물과 용질을 피부 표면의 구멍을 통해 방출한다. 정상 체격의 성인들은 250만 개 이상의 땀샘을 가지고 있다. 땀 1 리터가 생산될 때 약 600킬로칼로리의 열 에너지가 증발성 열손실로 잃어진다.

피부로부터 땀이 뚝뚝 떨어질 때 열이 발산되지는 않는다는 것을 기억하라. 오직 높은 외부 온도만이 땀으로부터 물이 증발하게 한다. 덥고 습한 날, 증발율은 땀 분비를 따라가지 못한다; 공기 중의 높은 물 함량이 증발을 느리게 한다. 격렬한 운동 중, 땀을 흘리는 것은 골격근의 열 생산에 대한 균형을 잡아준다. 마라톤처럼 너무 땀을 많이 흘리게 되면 몸에 필수적인 염인 소금과 수분을 잃게 되고 대량의 용질 손실은 세포외액의 조성과 부피를 변화시켜 주자들이 쓰러지기도 한다.

해양에 살고 있는 종들을 제외한 모든 포유동물들은 땀을 흘린다. 이들은 또한 털을 핥거나 헐떡거리는 행동을 하기도 한다. "헐떡거림(panting)"은 가볍고 빠르게 숨을 쉬는 행동인데 이로 인해 호흡기계에서의 물의 증발이 많아지게 된다. 비강, 입, 그리고 혀에서 수분이 증발할 때 몸이 냉각된다.

때때로 말초혈행 증가와 증발성 열손실이 열 스트레스를 제대로 대응하지 못하여 과체온증(*hyperthermia*)이 되는 경우가 있다. 이 경우는 체내부 온도가 정상보다 오르게 되는데 몇 도만 올라가도 사람과 내온동물에게는 해롭다.

### 추위 스트레스에 대한 반응

혈행의 선택적인 변화, 보플보플한 털, 그리고 떰(shivering)은 추위에 대한 포유동물들의 반응들이다. 새들도 비슷한 반응을 하지만 높은 체온을 유지한다. 말초 온도수용기들이 외부 기온의 하강을 감지하면 시상하부에 신호를 보내어 피부의 세동맥들의 평활근을 수축케 한다. 이 반응은 **말초혈관 수축**(peripheral vasoconstriction)이라고 하는데 피부의 세동맥이 수축하게되면 혈액에 의한 열의 체표로의 운반이 줄어들게 된다. 우리의 손, 발가락이 차가워지면 피부로 흐르는 혈액 중 1%를 제외한 나머지는 다른 기관으로 돌려진다.

**그림 37.11** 사막의 열 스트레스에 대한 단기 적응. 아라비아산 낙타는 변온동물이다. 그들의 체온은 낮의 가장 더운 시간에는 평소보다 14도까지 상승하며 밤에는 식게 된다. 시상하부 내의 기작이 내부 온도조절장치를 상향조정시키게 되는데 이로 인한 다른 부작용은 없다.

**표 37.1 체 내부온도 변화에 대한 포유동물들의 반응**

| 자극 | 주 반응 | 결과 |
|---|---|---|
| 열 스트레스 | 피부 혈관의 광범위한 확장; 행동의 조절; 일부 종에서서는 땀을 흘리거나 헐떡거림 | 몸으로부터 열의 발산 |
| 추위 스트레스 | 피부 혈관의 광범위한 축소; 행동의 조절(예: 노출 면적을 줄이는 행동) | 체내열 생산 감소 |
| | 근육작용의 증가; 떠는 반응; 무떨림 열 생산 | 체내열 생산 증가 |

**그림 37.12** 추위 스트레스 반응의 두 가지 예

위. 동면하는 일반 곰들과는 달리 북극곰은 추운 북극의 겨울 동안 계속 활동한다. 추운 겨울에 수영을 한 뒤도 털로부터 금방 물을 털어 내 버리기 때문에 덜 춥다. 두껍고 부드러운 속털이 열을 보존한다. 11.5cm 나 되는 두꺼운 갈색 지방조직은 절연체로 작용하고 대사 열을 생성하는 것을 도와준다.

아래. 1912년 타이타닉 호가 유럽을 떠나 미국으로 첫 항해를 떠났고 그린랜드의 빙하의 끝 부분이 떨어져나가 역시 바다 위를 둥둥 떠다니고 있었다. 밤 늦게 뉴펀들랜드 해안 근처에서 그 빙산과 호화여객선은 충돌을 했다. 타이타닉호는 가라앉지 않는다고들 했기 때문에 유사시 생존훈련도 무시 됐었고, 2,200명 승객의 절반도 채 실을 수 없는 구명보트들이 갖추어 있었다. 배가 가라 앉기까지는 2시간 반이 걸렸고 구명정이 두시간 이전에 현장에 도착했지만 결국 총 1,517명이 죽었다. 죽은 사람들은 모두 구명조끼를 입고 있었기 때문에 익사하지는 않았지만 저 체온 증으로 죽었다.

또한 근육수축은 털이나 깃털을 일어서게 한다. 이 **입모 반응**(pilomotor response)은 체표 주위에 정체성 공기층을 형성하게 하여 대류와 복사에 의한 열의 손실을 줄인다. 북극곰 새끼들이 어미곰에 꼭 붙어 있는 것과 같은 행동들은 찬 공기와의 노출을 줄여 열손실을 줄인다(그림 37.12a).

추위에 오랫동안 노출되는 경우 **떠는 반응**(shivering response)을 유발한다. 율동적인 떨림을 유도하는 시상하부로부터의 신호가 골격근을 초당 10-20회 수축하도록 한다. 비록 떠는 반응이 열생성을 몇 배 증가시키긴 하지만 그만큼 에너지 소모가 많아져 장기적인 경우 효과적이지 않다.

장기간 혹은 혹독한 추위에 노출되는 경우 호르몬 반응을 유도하기도 한다. 한 예로 갑상선 활동이 자극이 되어 대사를 증진시킨다. 이 **무떨림 열생산**(nonshivering heat production)은 갈색 지방조직(*brown* adipose tissue)에서 많이 일어난다. 이 결합조직은 혈관과 미토콘드리아가 많이 분포 되 있는데 이 미토콘드리아들에서 수소이온이 열을 생산하는데 쓰인다.

동면하거나 추운 온도에도 활동적인 북극곰과 기타 동물들은 갈색 지방조직을 가지고 있다(그림 37.12a). 사람의 경우엔 갓난아이들은 갈색지방을 가지고 있지만 성인들은 거의 갖고있지 않다. 하지만 추운 바닷물에 잘 적응되어 있는 몇몇 일본과 한국의 해녀들은 이 갈색지방을 갖고 있다.

추위에 잘 대응하지 못하여 저체온증(*hypothermia*)에 걸리게 되면 체온이 낮다. 사람의 경우 몇 도 만 체온이 떨어져도 뇌기능이 변하게 되며 많이 떨어지는 경우 혼수상태나 죽음에까지 이르게 된다(그림 37.12b).

많은 포유동물들은 저체온증으로부터 회복될 수 있다. 그러나 얼었던 세포들은 의료 감독 하에 녹이지 않으면 죽게 된다. 국부적으로 손, 발, 코, 그리고 귀들이 얼어 파괴되는 것을 동상(frostbite)라고 한다.

체온변화를 온도수용기들이 인지하여 시상하부의 통합센터에 신호를 보내면 이 센터는 몸의 온도 조절장치로 작동하여 체온을 일정하게 유지하기 위한 일련의 반응을 유발한다.

포유동물들이 추위 스트레스에 대응하는 방법들에는 피부 내의 혈관축소, 행동적응, 근육활동 증가, 떠는 반응과 무떨림 열생산 등이 있다.

포유동물들은 말초혈관확장과 증발성 수분손실에 의하여 열 스트레스에 대응한다.

## 요약

**37.1절** 혈액과 간질액이 세포외액을 구성한다. 우리 몸의 항상성의 주요기능 중의 하나는 세포외액의 부피와 용질 농도의 유지이다. 모든 개체들은 수분과 용질의 획득과 손실이 균형을 이루어야 하는데 척추동물에서는 신장을 포함한 비뇨기계가 여기에 중요한 기능을 담당한다.

포유동물은 수분을 장에서의 흡수와 대사 과정 중에 얻으며 소변, 체 표면에서의 증발, 그리고 대변으로 방출한다. 용질은 장에서의 흡수, 분비, 호흡, 그리고 대사 과정으로 얻으며 소변과 대변, 호흡과 땀으로 잃게 된다.

**37.2절** 사람 비뇨기계는 한 쌍의 신장, 수뇨관, 그리고 한 개의 방광과 요도로 구성되어 있다. 신장은 수많은 네프론 혹은 혈액여과단위로 구성되어 있는데 네프론의 시작점은 컵모양의 보우만주머니이다. 보우만주머니는 근위세뇨관, 헨레고리, 원위세뇨관으로 이어지고 마지막에는 집합관으로 연결 되 있다.

보우만주머니와 그 안의 사구체 모세혈관이 신소체라는 혈액여과 단위를 구성한다. 보우만주머니로 들어오는 대부분의 여과액은 연이은 세뇨관들에서 재흡수되어 혈액으로 되돌아 가고 흡수되지 않은 분량은 소변으로 방출된다.

**37.3절** 네프론에서의 소변형성은 여과, 재흡수, 그리고 분비의 세 과정을 통해서 이루어 진다.

여과. 혈압이 물과 단백질을 제외한 용질을 사구체 모세혈관으로부터 네프론의 보우만주머니로 이동시킨다.

재흡수. 체 내에 남아 있어야 할 물과 용질이 네프론의 세뇨관들에서 빠져 나와 세뇨관 주위를 감싸고 있는 모세혈관으로 들어간다. 재흡수 작용으로 소량의 물과 용질만이 네프론에 남게 된다. 두 호르몬이 소변의 조성과 부피를 조절한다. 뇌하수체 후엽에서 분비되는 ADH는 근위세뇨관과 집합관 벽을 통한 물의 재흡수를 촉진시킨다. 그 결과 소변이 더욱 농축된다. 알도스테론은 부신피질에서 분비되는데 원위세뇨관에서 나트륨의 재흡수를 촉진시킨다. 물은 나트륨의 농도구배를 따라 움직이므로 결국 알도스테론은 간접적으로 물의 재흡수를 증가시킨다.

분비. 몇몇 물질들은 세뇨관주위모세혈관으로부터 네프론으로 이동하여 소변으로 방출된다.

**37.4절** 신장이 망가지면 투석 (dialysis)이나 신장이식이 필요하다.

**37.5절** 비뇨기계, 완충계, 그리고 호흡기계 모두 몸 안의 산-염기평형에 중요한 역할을 한다. 하지만 비뇨기계만이 몸으로부터 수소이온을 제거할 수 있다.

**37.6절** 동물의 대사과정에서 열이 발생한다. 체 내부온도를 유지하기 위해서 동물들은 대사에서 나오는 열과 주위환경에서 얻거나 잃게 되는 열들의 균형을 유지해야 한다.

외온동물들에서는 체온이 대사보다는 주위환경과의 열교환에 의해서 얻어지기 때문에 행동의 변화에 의해 체온이 조절된다.

내온동물 (대부분의 새나 포유동물들)은 체내 대사가 주요 열원이다. 이들 동물들에선 체온이 대사과정 중의 열 생산과 손실에 의해 조절된다.

변온동물들의 체온은 어떤 때에는 잘 조절되며 또 다른 때에는 환경에 따라 변한다.

**37.7절** 포유동물에서는 시상하부가 체온조절의 주 통합 중추이다. 시상하부는 온도수용기로부터 신호를 받아서 세동맥의 평활근, 땀샘, 그리고 근육과 같은 효과기를 자극함으로써 체온을 조절한다.

## 자습-퀴즈

*정답은 부록 Ⅲ에 있음*

1. 민물고기는 대부분의 수분을 ( )로 얻는다.
   a. 마시다　　b. 음식물
   c. 삼투　　d. 아가미를 통한 운반
2. 보우만주머니 안으로 여과된 액은 바로 ( )로 흘러간다.
   a. 신동맥　　b. 근위세뇨관
   c. 원위세뇨관　　d. 헨레고리
3. 물과 용질은 ( ) 과정 중에 네프론으로 들어간다.
   a. 여과　　b. 세뇨관 재흡수
   c. 세뇨관 분비　　d. a와 c
4. 신장은 물과 용질을 ( )과정으로 혈액으로 돌려보낸다
   a. 여과　　b. 세뇨관 재흡수
   c. 세뇨관 분비　　d. a와 b
5. ADH는 원위세뇨관과 집합관의 수용체에 결합하여 그들을 ( )( )에 대해 투과적이되게 한다
   a. 더; 물　　b. 덜; 물
   c. 더; 나트륨　　d. 덜; 나트륨
6. 다음 각 구조들을 기능과 연결 시키시오.

| | |
|---|---|
| ____ 수뇨관 | a. 네프론의 시작점 |
| ____ 보우만주머니 | b. 소변의 체외 방출 |
| ____ 요도 | c. 소변을 신장으로부터 방광으로 이송 |
| ____ 원위세뇨관 | d. ADH의 분비 |
| ____ 뇌하수체 | e. 알도스테론 분비 |

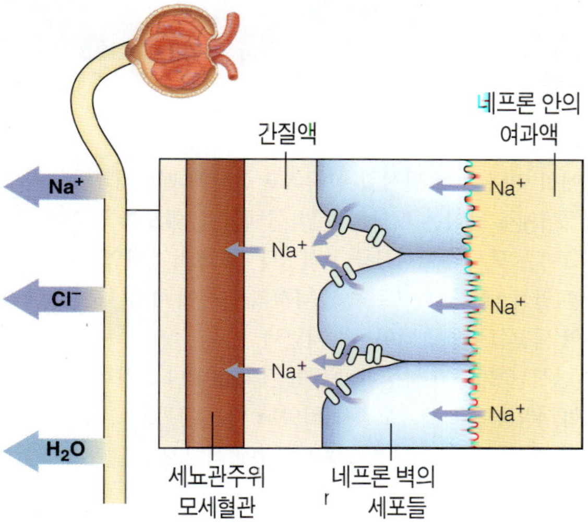

**그림 37.13** 네프론 벽의 수송단백질. 나트륨과 물은 이곳에서 재 흡수된다.

7. 포유동물 체온 유지의 주 조절중추는 ( )에 있다.
   a. 뇌하수체 전엽　　b. 뇌하수체 후엽
   c. 부신피질　　d. 시상하부

8. 포유동물의 체온 상승은 ( )를 초래한다.
   a. 말초혈관 이완　　b. 떠는 반응
   c. 입모반응　　d. a와 c

9. 다음 각 용어를 그 풀이와 연결 시키시오.

| | |
|---|---|
| _____ 내온동물 | a. 주위 환경이 체온을 지령한다 |
| _____ 외온동물 | b. 대사가 체온을 지령한다 |
| _____ 대류 | c. 직접 접촉에 의한 개체간의 열 전달 |
| _____ 전도 | d. 물과 공기의 흐름이 열을 전달한다 |
| _____ 열 복사 | e. 방사 에너지의 발산 |

## 분석적으로 생각하기

1. 다음 그림에서 각 구조의 명칭들을 적으시오.

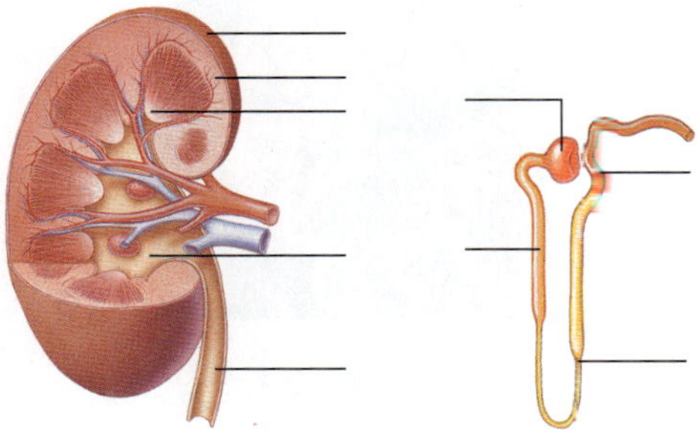

2. 단백질의 분해 결과 해로운 암모니아가 생성된다. 포유동물 어서는 암모니아가 요소로 전환되어 소변에 용해 된 채로 제거 된다. 조류와 파충류에서는 요산으로 전환되는데 이 것은 고체로서 소량의 물과 섞일 때 배설된다. 1g의 요산을 배설하는 것 브다 동량의 요소를 배설하기 위해서는 20-30배의 물이 필요하다. 이 배설 기작의 차이가 다른 환경에서의 조류, 포유류, 그리고 파충류의 종의 다양성과 어떤 관련이 있는 지에 대한 가설을 세우시오. 이 가설을 어떻게 증명할 것인지를 서술하시오.

3. 단원 37.1 에서 캥거루쥐는 미량의 소변 만 배설하는 효율적인 신장을 가지고 있다. 사람의 네프론과 비교하여 캥거루쥐의 헨레고리는 훨씬 더 길다. 왜 긴 헨레고리가 수분 보존을 더 잘하게 하는 지에 대해 기술하시오.

4. 근위세뇨관은 필수 이온과 물의 재흡수 장소이다. 그림 37.13에서 처럼 각 근위세뇨관은 단층의 상피세포들이 폐쇄소대(tight junction)로 연결이 되어있다. 세뇨관 내부로 향하고 있는 세표 표면은 표면적을 넓히기 위해 작은 돌출기로 둘러싸여 있다. 나트륨 이온은 여과액으로부터 세뇨관 벽의 세포들 안으로 들어가게 되고 이어받아 능동수송 단백질들이 간질액으로 내보낸다. 이 배출작용은 삼투구배를 형성하기 때문에 결국 물도 용질과 같은 방향으로 이동한다. 근위세뇨관 벽의 세포들은 여러 종류의 세포내소기관을 가지고 있다. 어떤 세포내소기관 들일까?

# 38 동물의 생식과 발생

## 최근 이슈와 그 영향력 혼란스런 출산

1998년 12월 미국 텍사스주의 켐 츄쿠씨는 8쌍둥이를 조기출산 하였다. 여아 6명과 남아 2명은 조기출산이었지만 다행히 살았으며 이들이 최초의 8쌍둥이이다(그림 38.1).

이 8명의 신생아 무게의 총합은 10 파운드(4.5 kg)였다. 몸무게가 제일 작았던 오데라는 1 파운드(450 g)도 되지 않았으며 출생 6일 후 심장과 폐의 문제로 사망하였다. 다른 7명은 3개월 동안 병원에서 지내야 했고 이중 2명은 복부수술을 받았다. 츄쿠씨는 호르몬 주사를 맞았는데 이것에 의하여 그녀의 난소에서 여러 개의 난자가 성숙했고 동시에 배란되었다. 의사는 그녀에게 원하는 배아의 수만 선택할 수 있도록 권유하였지만 그녀는 모두 수태하기를 원하였다. 첫 아기가 자연분만으로 13주 일찍 태어났으므로 즉시 의사의 지시에 따라 나머지 아기들이 제왕절개술로 태어나게 되었다.

지난 20년간 쌍생아 출산이 거의 60%나 증가하였다. 3쌍둥이, 4쌍둥이의 출산도 증대 되었다. 왜 이럴까?

여성의 수정능력은 20대 중반에 최고조에 달하고, 39살이

**그림 38.1** (a)발생 초기단계의 인간 배아. (b)임신촉진제 효능의 증거-8쌍둥이 중 7명이 생존. 인간은 자연의 여러 현상을 조절하는 것 외에도 인간자신의 생식을 조절하고 있다.

## 개요도

**발생 방법** 동물은 종에 따라 유성생식과 무성생식, 또는 둘 다 가능하다. 그중 가장 보편적인 방법인 유성생식은 선별적인 장점이 있는 반면 생물학적인 대가를 치러야 하는 방법이다.

**발생의 성질** 동물의 생활사는 배아 발생단계를 통하여 진행된다. 각 단계는 그전 단계를 성공적으로 완성한 후 진행된다.

되면 약 절반으로 감소된다. 지난 십년간 40살이 넘어서 첫아이를 낳는 여성의 수도 두배나 증가하였다. 대부분의 경우 임신을 돕는 약물이나 '시험관아기 시술(IVF: in vitro fertilization)'을 받은결과이다.

임신을 돕는 약물사용은 쌍생아의 발생빈도를 높이므로 많은 의사들을 신경 쓰이게 만든다. 배아수가 많아지면 유산, 미숙아 출산, 제왕절개 출산 등의 위험이 증대된다. 이런 경우 한명의 출산에 비하여 신생아의 체중은 감소되고 사망률은 증가된다. 5쌍둥이를 출산하는 여성은 유산의 위험이 50% 증가하며, 비정상적인 저체중에 의한 신생아의 합병증 발생률이 90%나 된다. 쌍둥이의 수가 늘어나면 늘어날 수록 부모가 받는 신체적, 정신적, 경제적 부담은 늘어난다.

이 단원에서 우리는 먼저 생식세포형성를 시작으로 세포, 조직, 기관으로 이어지는 동물의 생식과 발생의 기본 원리를 우선 다루고 난 다음 한 예로서 사람의 발생을 다룬다.

여러 부분으로 나누어져 있는 본 단원 중에서 기본적인 핵심 부분도 있고 또 비교적 선택적인 주제를 다룬 부분도 있다. 이렇게 세분화된 이유는 이 부분들이 직·간접적으로 여러분들의 미래에 중대한 영향을 미치기 때문이다. 여러분들이 이 단원에서 배운 내용들 장차 사람의 생식과 발생에 관한 의료 혹은 윤리관련 분야에서 문제점을 해결해 나가는데 도움을 주게 될 것이다.

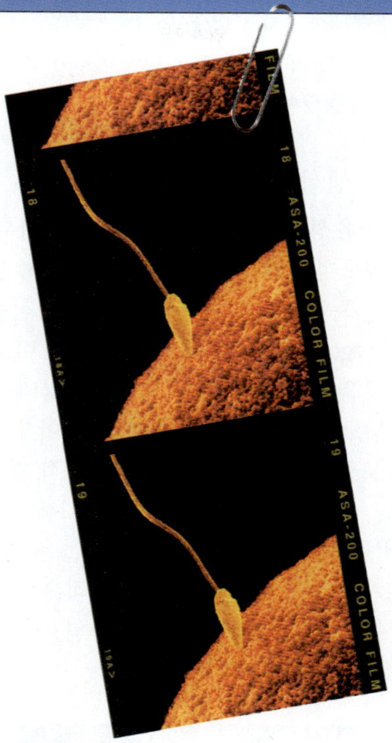


### 찬반의견 투표

*약물에 의하여 과배란을 유도하고 위험이 동반되는 쌍둥이 임신의 가능성이 높아졌다. 우리는 배아 수를 제한하기 위하여 이러한 약물들의 사용을 제한해야 할것인가? 미디어 메뉴에서 상세한 내용을 참고하여 온라인 투표를 한다.*

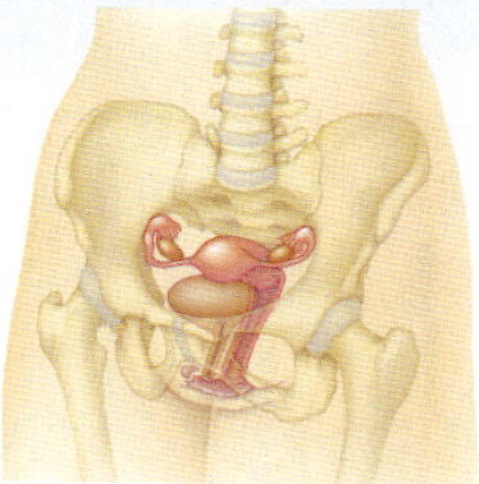

**사람의 생식** 남성과 여성은 1쌍의 1차 생식기관과 부속관들, 분비선들을 갖고 있다. 호르몬은 생식기능과 2차성징을 조절한다.

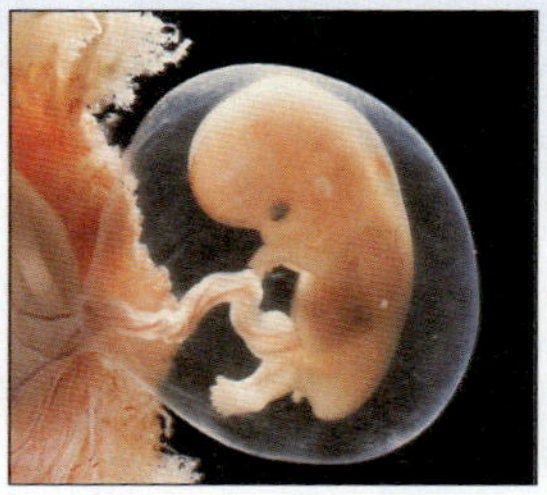

**인체발생** 사람의 생활사는 생식세포 생성과 수정으로부터 시작하여 출산, 성장, 생식, 죽음에 이를 때까지 점차적으로 노화가 진행된다. 마스터 유전자는 기본신체구도의 발생을 조절한다.

# 38.1 유성생식에 관한 고찰

대부분 동물의 생활사는 유성생식에 의하여 진행된다. 심지어 무성생식을 할 수 있는 동물에서 조차 유성생식이 더 우선적이라 할 수 있다. 따라서 우리는 유성생식을 하는 것이 어떤 장점이 있다고 생각해 볼 수 있다. 그것이 무엇일까?

## 유성생식과 무성생식

이전의 단원에서 **유성생식**의 유전적인 기초를 다루었다. 감수분열과 생식세포형성이 양쪽 배우자 모두에서 일어난다. 수정에 의하여 한쪽의 생식세포가 다른 쪽의 생식세포와 합쳐져서 접합자(zygote)를 만든다. 이 접합자가 바로 새로운 개체가 되는 최초의 세포에 해당한다. **무성생식**의 경우 단일 개체, 즉 한쪽 부모로부터 자손이 생겨난다. 이제 여기서는 동물생식의 두 모델에 있어서 구조적, 행동학적, 생태학적인 면을 살펴보자.

해면을 여러 조각으로 분리하면 각 조각들은 유사분열을 하여 다시 새로운 해면으로 발생된다. 계속적으로 몸을 둘로 나누어가는 편충을 생각해 보자. 만일 몸통의 가운데 부분을 두 부분으로 나누면, 각각의 부분은 떨어져 나간 부분을 재생하여 완전한 편충으로 자라난다(그림 38.2).

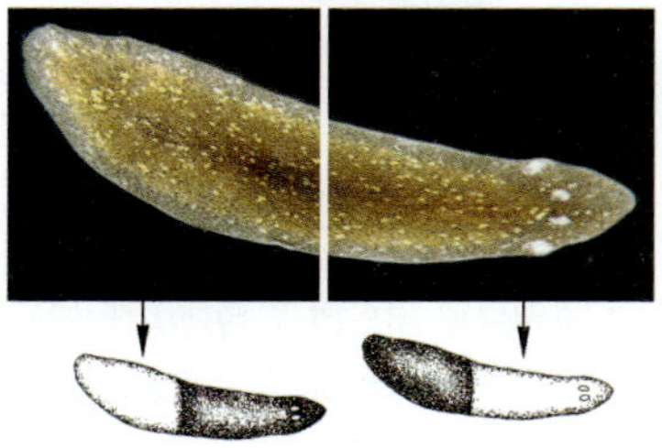

**그림 38.2** 자생적인 이분법에 의한 무성생식을 하는 편형동물(Dugesia). 만일 두 부분으로 자르면, 각 부분은 잘려나간 부분을 재생하여 유전적으로 원래와 꼭 같은 동물로 재생된다.

무성생식에서 모든 개체는, 돌연변이를 제외하면, 유전적으로 모체와 동일하다. 표현형으로 말하면 그들은 모두 똑 같다. 표현형이 동일해지면 그 유전형질이 어떤 일정한 환경조건에 잘 적응해 있을 때는 도움이 된다. 이런 경우, 잘 조절되어있는 유전자 집단에 생겨난 급작스런 변이는 좋은 결과를 주기 보다는 오히려 큰 해를 끼칠 수 있다.

대부분의 동물은 기회, 자원, 위험이 다양한 환경조건에서 생활한다. 그들은 생식과정에 의하여 자손을 낳고 자손은 암 · 수 두 양친으로부터 서로 다른 조합의 대립인자 물려받는다. 그 결과 생겨나는 형질이 다양해져 적어도 일부 자손에 있어서는 만약 환경이 달라질 경우에 생존하고 번식하게 될 가능성이 높아질 수도 있다.

## 유성생식에 따르는 대가

성을 나눈다는 것은 비용이 많이 드는 일이다. 생식세포를 만들고 여기에 영양분을 공급하는 데 에너지와 자원이 사용되어야 한다. 많은 경우, 정자를 운반하거나 받아들이기 위해서는 적절한 생식구조가 있어야 하고, 교미도 이루어져야 한다. 두 상대방의 성 사이에서 생식세포형성과 짝짓기가 행해지는 시기가 조화를 이루어야 한다. 번식시기를 생각해 보자. 어떻게 한 개체의 정자가 성숙하는 시간과 다른 개체의 난자가 성숙하는 시간이 일치할까? 두 양친에서 신경과 호르몬을 계획, 조절하고 사용하는 시기가 유지되려면 에너지가 필요하다. 일조량 등의 환경 변화로 생식세포를 만들고 자손을 생산하기에 좋은 시기라는 것을 감지할 수 있어야 한다. 예를 들면, 무스(moose)라는 북미산 사슴은 늦여름과 초가을에만 성적으로 활발하게 된다. 이 시기는 적응에 따른 결과이다. 즉, 다음해 봄에 태어날 새끼는 좋은 기후와 먹이가 풍부한 조건에서 자랄 수 있기 때문이다.

배우자를 찾는 것을 생각해 보자. 많은 동물들은 성적 유인물질인 페로몬을 생산하거나 그 수용체를 만들기 위해 에너지를 소비한다. 또는 아름다운 깃털 같은 가시적인 신호에 투자하기도 한다. 많은 수컷들은 집단을 형성하거나 혹은 발톱이나 뿔, 자신의 영역방어에 가시적인 효과가 있는 거대한 몸집을 이용하여 상대방을 유혹하거나 다른 수컷경쟁자를 몰아낸다(그림 38.3).

**그림 38.3** 유성생식과 관련된 생물학적 대가.
(a)북미산 해상(elephant seal) 수컷의 체구. 오른쪽 아래에 있는 훨씬 작은 암컷에 접근하기 위하여 수컷들이 서로 싸우고 있다. 목적달성을 위해 에너지와 물질을 소모한다. (b)아프리카산 세이블영양의 뿔

최악의 경우에서도 최소한의 개체는 살아남을 수 있도록 여러 자손을 생산하는 것 역시 많은 비용이 드는 일이다(그림 38.4). 많은 종류의 무척추동물, 어류, 개구리들은 정자, 난자, 또는 두 가지를 함께 주위에 퍼뜨린다. 만일 정자, 난자 1개씩만 생산한다면 수정될 기회는 그리 많지 않을 것이다. 이

**그림 38.4** 일부 무척추동물과 척추동물의 배아 발생장소와 양육방법, 보호방법을 보여주는 사진들.
달팽이(a)와 거미(b)가 알을 낳고 있다. 대부분의 달팽이는 놓은 알을 그대로 방치해 둔다. 거미 알은 암컷이 자신의 주위에 준비해 놓은 거미줄 알주머니에서 부화된다. 가끔 암컷이 알주머니를 만들고 바로 죽기도 한다. 일부 종은 알주머니를 보호하기도 하는데, 먹이를 먹이는 며칠 동안은 새끼들을 태우고 다니기도 한다.
(c)루비목 벌새를 비롯한 모든 새들은 난황이 많은 수정란을 낳는다. 알은 모체의 몸 밖에서 발생되고 부화된다. 달팽이와 달리 부모새 가운데 어느 한 마리 또는 둘 다 새끼를 키우는데 에너지를 소모한다.
(d)대부분의 상어, 대부분의 도마뱀, 그리고 일부 뱀의 배아는 모체 내에서 발생되는데 영양분을 저장소인 난황에서 공급받아 새끼가 부화된다. 여기에 있는 그림은 레몬상어의 출산이다. 대부분 포유류의 배아는 모체의 조직으로부터 영양분을 공급받아 새끼로 태어난다. (e)캥거루 등의 유대류에 있어서는 배아가 미완성 상태로 태어나며 배아발생은 모체의 복부에 있는 주머니 속에서 완성된다. (f)청소년기(joeys)에도 모체 주머니 속의 분비선을 통하여 영양분을 공급받는다. 사람의 여성(g)은 자궁 내에 수정한 난자를 보유하며 자신의 조직을 통하여 출산 때까지 자궁 내에 발생하고 있는 개체에 영양분을 공급한다.

런 동물들은 수많은 생식세포를 만들기 위해서 많은 에너지를 소모한다.

다른 예로, 육상의 거의 모든 동물들은 주로 암컷의 체내를 이용한 체내수정을 한다. 이것을 위하여 음경, 자궁 등의 정교한 생식기관을 만드는데 에너지를 사용한다. 음경은 정자를 암컷의 몸속에 전달하기 위하여 사용되며, 자궁은 암컷 포유류에서 배아가 자랄 수 있는 공간으로 사용된다.

마지막으로, 동물들은 새끼가 스스로 먹이를 섭취할 수 있을 때까지 성장하는데 필요한 영양분을 공급하기위하여 에너지를 비축한다. 거의 모든 난자는 난황을 갖고 있다. 이 끈적한 액체는 배아 단계에서 필요한 단백질과 지질이 풍부하다.

난황의 양은 동물에 따라 다양하다. 성게는 난황이 거의 없는 조그마한 난자를 엄청 많이 만든다. 각 수정란은 하루도 되기 전에 스스로 움직이며 먹이를 구하는 유충으로 부화되지만 대부분 잡아 먹힌다. 그래서 성게에 있어서 성공적인 번식이란 각 난자에 소량의 에너지와 재료만을 할당해 주는 것이다.

조류는 난황이 많은 난자를 만드는데 많은 에너지와 재료를 쏟아 넣는다. 그 이유는 수정 후 알의 내부에서 발생될 배아에게 장기간 필요한 영양분을 공급하기 위해서다. 임신 9개월 동안 여성들의 몸은 난황이 거의 수정란에 영양분을 공급해야 하므로 다량의 영양분을 필요로 하게 된다(그림 38.4g).

위의 예들은 생식과 발생이 동물에 따라 굉장히 다양하다는 것을 보여준다. 그러나 다음 단원에서 보는 바와 같이 어떤 양상은 전 동물계에 걸쳐서 나타난다.

암·수로 성별이 나뉘어 있는 경우, 특성화된 구조의 생식세포, 신경조절과 호르몬 조절 그리고 어떤 특정한 행동이 요구된다. 자손들 간에 나타나는 유전형질의 차이에서 비롯된 장점이 성이 분리되는데 따르는 여러 생물학적인 지출과 경비를 보상해 준다고 볼 수 있다.

## 38.2 생식과 발생의 단계

해면보다 더 복잡한 모든 동물들에 있어서 생활사는 생식세포 형성에서부터 성장과 조직 분화에 이르기 까지 여섯 단계의 발생과정을 거친다.

그림 38.5는 동물의 생식과 발생의 6 단계를 보여준다. 첫 단계는 생식세포 형성으로 부모의 생식기관 내에서 난자 혹은 정자가 생겨난다. 수정은 정자가 성숙한 난자 뚫고 들어감으로써 이루어지는 두 번째 단계이며, 이 단계의 마지막은 정자와 난자의 핵이 서로 융합되어 접합자가 되는 것이다. 세 번째 단계는 난할이다. 세포분열에 의하여 세포의 수는 증가하나 난자의 본래의 부피는 달라지지 않는다. 난할에 의하여 **포배**(blastula)가 만들어 지는데 이 초기상태의 배아는 **할구**(blastomeres)라고 하는 세포들로 이루어져 있으며 내부에 포배강(blastocoel)이라는 액체로 채워진 공간이 있다.

난할이 끝날 무렵, 세포분열은 속도가 느려지며 포배는 낭배형성(gastrulation)이라는 네 번째 과정에 이르게 된다. 이 단계는 구조적인 재배열이 일어나는 과정으로 세포들은 두층이나 세층의 원기 조직으로 이루어진 초기배아의 형태인 **낭배**(gastrula)를 형성한다. 이 원기조직의 세포들로부터 성체의 모든 조직과 기관들이 생겨난다.

원기조직의 제일 바깥쪽에서 **외배엽**(ectoderm)이 먼저 생겨나며 이로 부터 신경계와 외피계가 만들어 진다. 제일 안쪽의 **내배엽**(endoderm)은 소화관의 안쪽 벽과 그 부속물을 형성한다. 대부분의 동물 배아에서 **중배엽**은 바깥쪽과 안쪽 원기조직의 사이에 생겨나며 장차 근육, 골격, 순환계, 생식계, 외분비계, 소화관과 외피의 결합조직을 형성한다. 단원 22.1에서 배운 것처럼 중배엽은 수백만년 전에 진화되었으며, 이것이 바로 모든 고등 동물의 진화에 있어 중대한 혁신이 일어난 시점이라 할 수 있다.

원기 조직층이 나타난 후 세포들은 세부적으로 나누어지기 시작하는데 이것이 바로 기관형성의 시작이다. 이 과정에 의하여 새로 생겨난 세포들은 구조와 기능에 있어서 점점 더 특성화되며 이 세포들로부터 성체의 모든 조직과 기관이 이루어진다.

성장과 조직 분화는 동물발생의 여섯 번째 단계이다. 시간이 경과되면서 조직과 기관은 크기, 모양, 기능 등이 점차

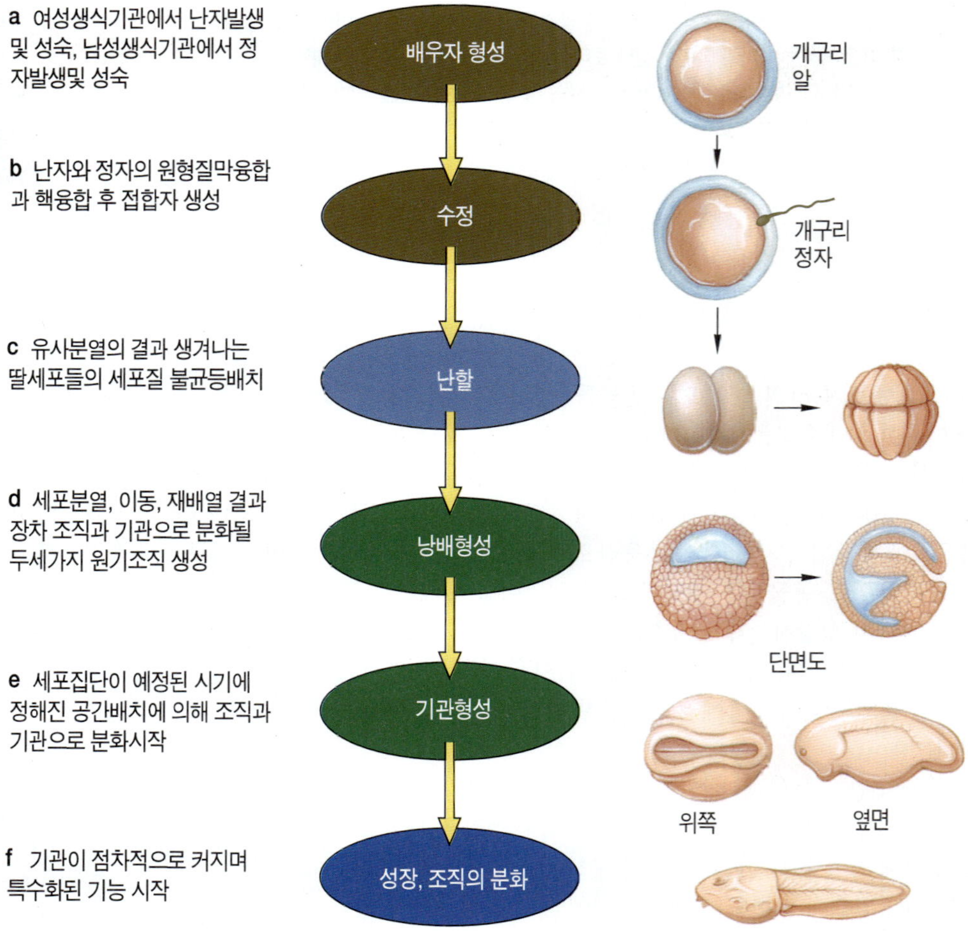


**그림 38.5** 동물의 생식과 발생단계의 개요.

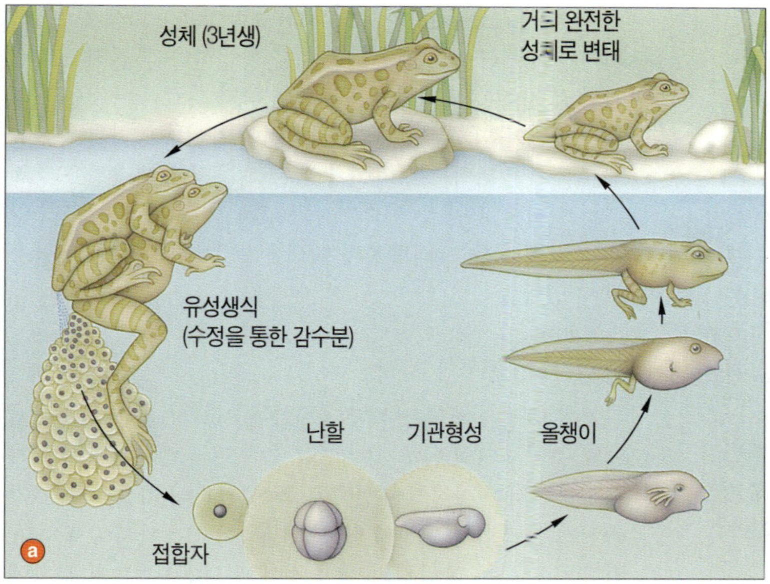


**그림 38.6** 생식과 발생을 보여주는 개구리(*Rana pipians*) 생활사.
(a) 암컷이 물에 산란하고 수컷이 난자위에 정자를 방출한다. 수정에 의해 접합자가 생성된다. 시간경과에 따른 개구리 배아 발생
(b) 수정 후 약 한 시간 뒤 난자표면에 개구리 난자발생의 특징인 회색초승달(gray crescent)이 나타난다. 이것에 의하여 개구리의 머리-꼬리 축이 결정되며 낭배형성이 여기에서 시작된다.
(c-f) 난할의 결과 많은 세포들로 구성된 구형의 포배가 만들어지며 내부에는 액체로 채워진 공간인 포배강(blastocoel)이 생긴다.
(g-j) 낭배형성기간 동안 세포이동과 재배치에 의해 3층의 원기조직층이 형성된다. 원장강(primitive gut cavity)가 열리고 세포분화가 진행되며 척삭과 다른 기관들이 만들어지고 배아는 올챙이라 불리는 유생기로 접어든다.

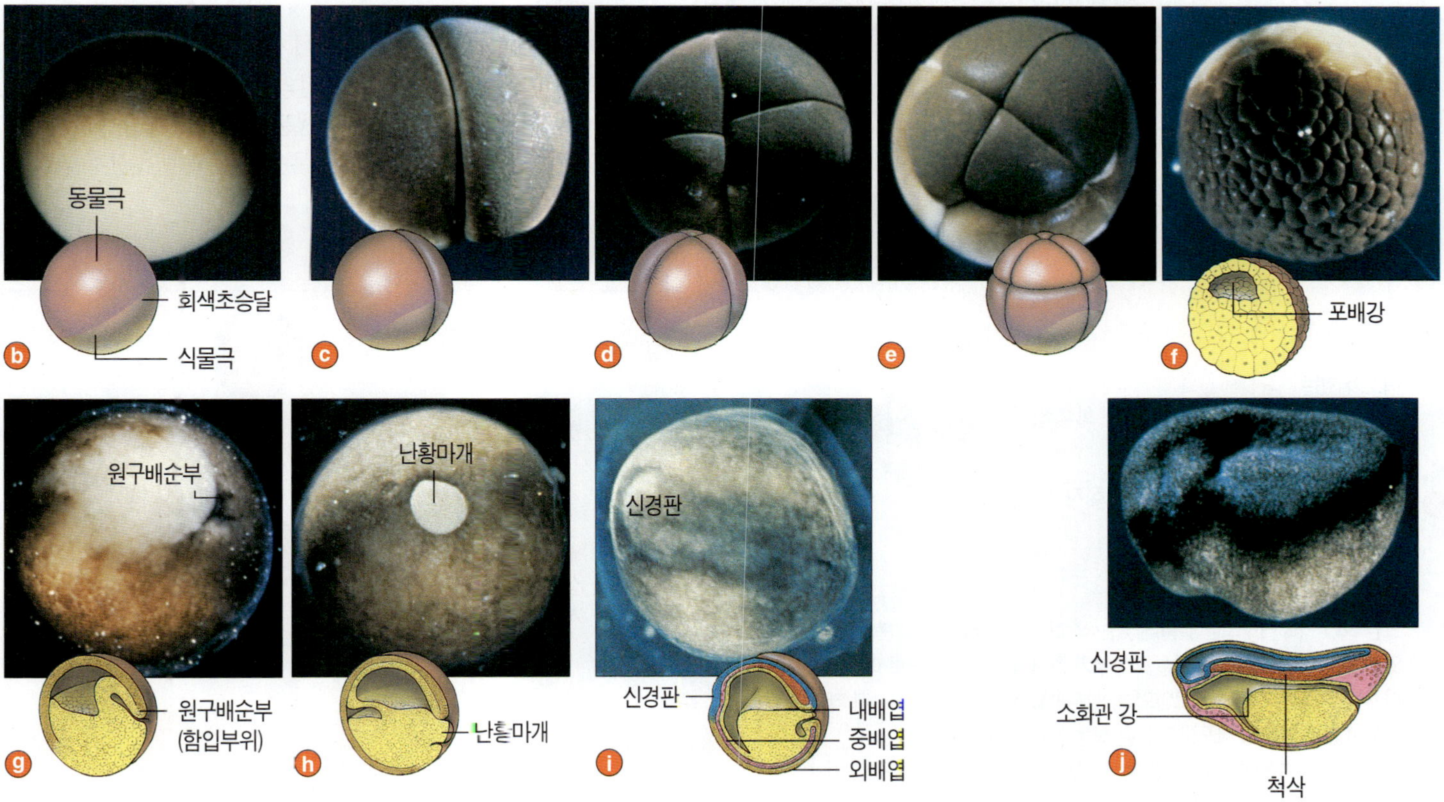


성숙하며 이 마지막 단계는 성체시기까지 이어진다.

그림 38.6은 척추동물 발생의 이 6단계를 보여주고 있으며 이 그림에서 주된 원칙을 찾을 수 있는데 즉, 한 발생 단계 동안 형성된 구조는 그 다음 단계의 주요한 기반이 된다는 점이다. 다음 단원에서는 이 원칙을 뒷받침하는 증거를 볼 수 있을 것이다.

대부분의 동물에 있어서 생활사는 발생의 6 단계로 이루어져있다- 생식세포형성, 수정, 난할, 낭배형성, 기관형성, 그리고 마지막으로 성장과 조직분화이다. 정상적인 과정에서는 각 단계가 성공적으로 완성되고 난 후 다음 단계가 시작된다.

## 38.3 초기 진행순서

*왜 팔이 코에 붙어있지 않고 발가락이 배꼽에 달려있지 않을까? 몸의 각 부분이 생겨나는 패턴은 미성숙한 미수정란에 담겨져 있는 정보에 따른다.*

### 난자에 있는 정보

이미 배운 것처럼 **정자**는 부계의 DNA와 난자까지 도달하고 뚫고 들어가는데 필요한 장비만 소량 갖고 있다. **난자**는 정자보다 훨씬 크며 복잡하며 부피가 커짐에 따라 효소나 mRNA, 그리고 다른 인자들이 세포질내에 축적된다. 이러한 모계의 정보는 수정 후 초기단계에서 진행되는 DNA 복제와 세포분열에 사용된다. 미세소관이 양극이 있는 방추사로 조립되는 각도나 그 시기는 세포질내에 이미 존재하는 튜불린에 의해 미리 준비되어있다. 세포분열의 초기단계 때 세포질이 어떻게 분리되는가 하는 것은 난자에 존재하는 난황의 양과 그 분포에 의하여 결정된다.

극성성 잘 나타나는 개구리 난자를 예를 들어 보자. 난황은 식물극 가까이에 분포되어 색소는 거의 동물극에 집중되어 있다. 원형질막 바로 아래 있는 세포골격성 그물망인구조인 난자피질은 정자가 난자를 뚫고 들어와 수정이 일어나면 저절로 구조적으로 재배열이 일어난다. 그물망의 일부는 정자가 들어온 부위로 이동하여 초승달 모양의 회색부분(회색초승달;grey crescent)이 형성된다(그림 38,7a). 회색초승달의 위치가 개구리 배아의 앞뒤쪽 축을 형성한다. 본질적으로 신월환 그 자체는 모계정보가 지역에 따라 다르다는 것을 말해주는 증거가 되지는 못한다. 지역적인 차이가 있다는 증거는 세포질이 부분적으로 차이가 있는 배아의 발생과정을 추적하는 실험으로 알 수 있다(그림 38.7b). 예를 들어, 개구리 알을 추적해 보면 낭배형성이 회색초승달 부분에서 일어남을 알 수 있다.

### 난할-다세포성의 시작

난자가 수정을 하면 접합자는 난할을 시작한다. 이 과정에서 세포 중앙부위의 원형질막 바로 밑에 있는 미세소관의 띠가 수축하면서 원형질막이 안으로 들어간다. 이 띠는 한 세포가 완전히 분리되어 두개의 할구가 만들어 질때까지 수축하며, 각각의 할구는 하나씩의 핵을 갖게 된다(8.4 절). 이 분할에 의하여 세포의 부피는 감소하며 분열하는 동안에 할구는 성장하지 않는다.

할구는 어느 부위에서 만들어지는가에 따라 서로 다른 모계의 정보를 갖게 된다. **'세포질의 구역화'**라고 불리우는 이 결과는 각 세포의 계보별로 발생운명을 결정짓게 한다. 한 계열의 세포는 어떤 특정한 호르몬을 생성하는 유전자를 활성

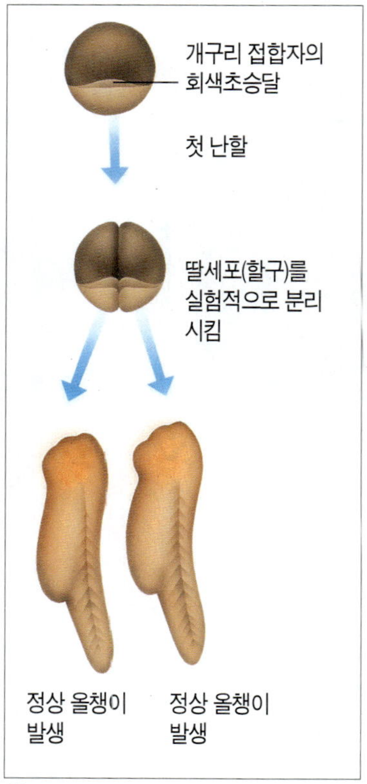


ⓑ 실험 1

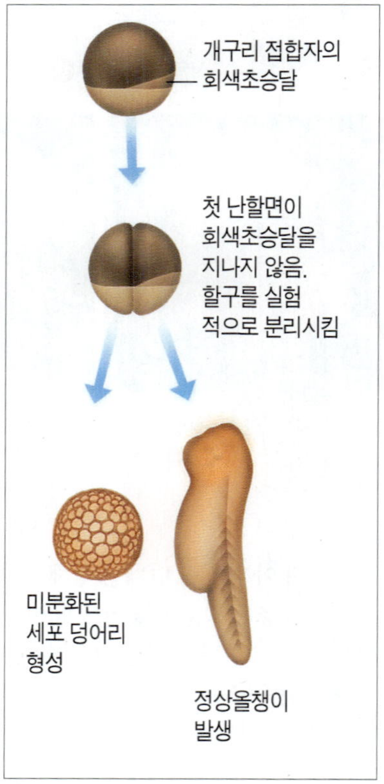


ⓒ 실험 2

**그림 38.7** (a) 개구리알 겉질에 있는 색소는 한쪽 극에 많이 분포되어 있는데 수정 후 색소포함 겉질의 일부가 정자가 들어온 쪽으로 이동한다. 색소이동 결과 초승달모양의 회색부위(회색초승달)가 드러나게 되고 난황이 많은 부분의 세포질은 옅은 색을 띄게 된다.
정상적인 첫 분열에 의하여 생기는 두 할구는 회색초승달을 똑같이 반쪽씩 나누어 가진다. 다음의 두가지 실험은 배아세포의 운명이 세포질의 배치에 의하여 결정된다는 것을 보여준다.
(b) 실험 1; 첫 두할구를 서로떼어 분리하며 각각의 할구로부터 완전한 올챙이가 발생된다.
(c) 실험 2; 수정란을 조작하여 첫 분열이 회색초승달쪽에 일어나지 않도록 하면 두 할구 중 회색초승달을 가진 것만 정상적인 올챙이로 발생된다. 회색초승달아래 세포질에 위치한 모계신호를 받지 않은 할구는 정상적인 발생을 하지 못하게 된다.

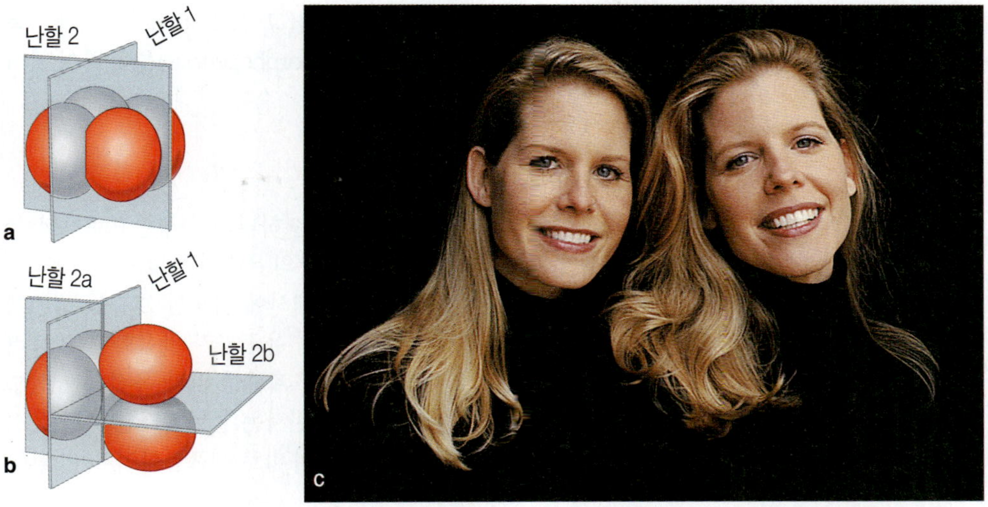


**그림 38.8** (a)성게와 (b)포유류 수정란의 초기난할면. 난할이 성게에서는 방사형이며 포유류에서는 윤번형으로 일어난다. (c) 사브라와 니나는 하나의 수정란에서 시작된 일란성 쌍둥이다. 난할에 의해 생긴 첫 두개의 할구, 또는 내세포괴나 다른 초기단계에서의 분리에 의하여 똑 같은 두명의 개체가 발생된다.

화 시키는 단백질을 갖고 있다. 대부분 동물의 접합자에서 유전자는 초기 난할 동안 활동을 하지 않는다. 세포너에 축적되어있는 모계의 단백질과 mRNA가 난할의 속도와 각도를 결정짓게 한다. 그러나 포유류에서 어떤 유전자는 초기에 활성화되기도 한다. 이들에게서는 유전자의 발현에 의한 단백질 없이는 난할이 완성되지 않는다.

## 난할의 패턴

동물발생에 있어서의 차이점은 난할 동안에 나타나기 시작한다. 초기세포분열은 종특이적인 양상을 띠고 있다. 가장 단순한 패턴인 방사형 난할(radial cleavage)은 방추사에 수직방향으로 일어난다. 그 결과 생겨나는 난할은 크기는 유사하나 서로 다른 부분의 세포질을 갖게 된다(그림 38.8a). 성게 같은 경우는 세포가 완전히 분리되며, 공 모양으로 생긴 세포집단의 중심부에 액체로 채워진 공간이 생겨난다. 다른 난자들에서는 난할이 아래쪽 끝에 까지 완전히 일어나지 않는다. 예를 들면, 개구리 난자에서 난황이 많은 식물극에는 난할이 끝까지 일어나지 않는다. 분열은 난황이 적은 동물극에서 빠르게 진행되기 때문에 동물극에 더 많은 할구가 생겨나고, 그 결과 동물극 속에 액체로 채워진 빈 공간이 생겨난다(그림 38.5e,f). 파충류, 조류, 어류의 수정란에서도 초기의 난할은 부분적으로 진행된다. 난황 때문에 세포분열은 작은 디스크 모양으로 된 일부분에서만 한정되어 일어난다. 여기에 편평한 두 세포층이 생겨나는데, 위아래의 두층 사이에 좁은 공간이 존재한다.

포유류 같이 난황이 거의 없는 난자에서는 난할이 동물극과 식물극 전체에 걸친 '윤번형(rotational pattern)으로 일어난다. 처음 분열은 수직으로 일어나며 그 결과 생긴 두 난할 가운데 하나는 수직으로 나뉘어 지고, 다른 하나는 수평으로 분열된다(그림 38,8b). 다음번의 분열에 의하여 사이사이에 틈새가 있어 느슨하게 붙어있는 8개의 세포가 생겨난다. 이들 세포사이에 밀착결합이 생겨나서 세포들을 서로 붙들고 있다. 난할이 계속 진행되면 세포들이 속이 빈 공모양을 이루게 된다. 바깥쪽 세포들은 내부 공간을 채우는 액체를 분비하며 다른 세포들은 공간 내부의 한쪽 벽에 모이게 된다.. 이런 모양을 **배반포**(blastocyst)라 한다. 모든 포유류에 있어서 바로 이 내세포괴(nner cell mass)가 실제적인 배아로 발생된다.

때때로 처음에 생겨난 두 할구나 내세포괴, 혹은 배반포가 둘로 나뉘어져 일란성 쌍둥이(identical twin)가 된다. 이들은 유전적으로 동일하며 같은 성별을 갖는다(그림38.8c). 이란성 쌍둥이(fraternal twins)는 한 월경주기 때 두개의 난자가 배란되어 각각이 정자와 수정하였을 때 만들어 지며, 이때는 성별이 같거나 다를 수도 있다.

난자의 세포질에는 부위에 따라 효소를 위시한 단백질, mRNA, 세포골격구성성분, 난황 등 모체로부터의 정보가 산재해 있다.
난할은 수정란을 할구로 나눈다. 단순히 자르는 것이지만 모체의 정보는 할구에 따라 달라진다. 난할의 패턴은 동물 그룹들에 있어서 차이가 있다.

## 38.4 특수화된 조직과 기관들은 어떻게 생겨 날까?

*거의 모든 동물은 음식물을 소화하고 흡수하는 소화관을 갖고 있다. 소화관은 보호기능을 가진 바깥쪽 부분과 내부의 변화를 감지하는 기능이 있는 안쪽 부분이 있다. 대부분의 기관들은 구조적인 지지기능, 움직임, 혹은 순환 기능을 맡고 있다. 이러한 3 종류의 기능들은 난할 이후 낭배가 형성될 때 나타나기 시작한다.*

낭배형성 동안 배아세포들은 이동하여 외배엽, 내배엽, 중배엽의 3층의 원기 조직으로 재배열된다. 그림 38.9는 바로 그 예를 보여 준다. 원구동물(prostome)에서는 처음 형성되는 공간이 입이 되지만 후구동물(deuterostome)에서는 항문이 된다(단원 22.1). 또한, 낭배기에 몸의 앞과 뒤축이 형성된다. 척추동물에 있어서는 장차 뇌와 척수로 발생되는 **신경관**이 발생되기 전에 이 축이 생겨난다(그림 38.10, 38.11). 이러한 특수화는 세포분화와 형태발생(morphogenesis)을 통하여 일어난다.

### 세포분화

정상적인 배아의 모든 세포들은 하나의 수정란으로부터 생겨나 동일한 개수와 동일한 종류의 유전자를 갖고 있다. 이 모든 세포들에서 히스톤이나 당대사에 필요한 효소등 생존에 필수적인 물질을 만들기 위하여 유전자가 활성화된다. 그러나 낭배형성이 진행되면서 세포계보를 따라 유전자가 선별적으로 발현하게 되어 어떤 유전자는 발현되지만 어떤 유전자들은 발현되지 않는다. 이것이 바로 **세포분화**이다. 이 과정

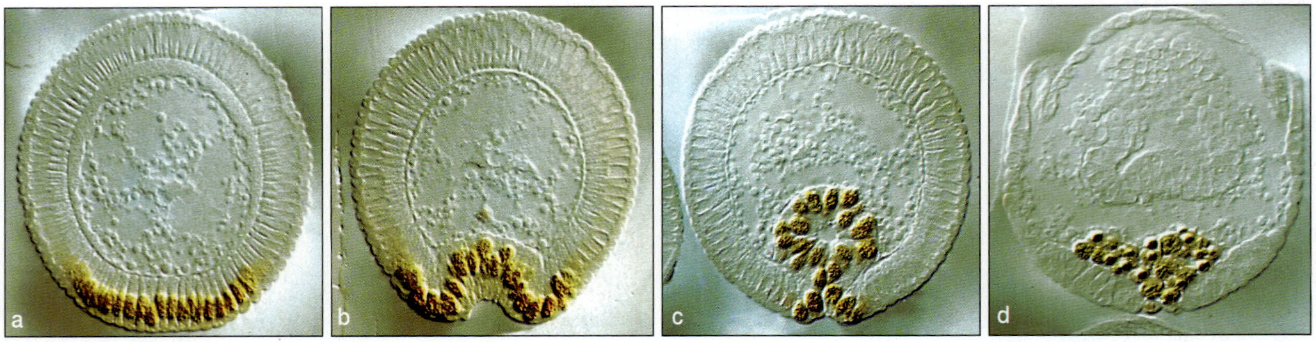


**그림 38.9** 초파리(Drosophila)의 낭배형성 횡단면. 난할 후 포배가 낭배로 전환된다. 일부 세포들(금색으로 염색된)이 어떻게 열려있는 곳을 통하여 안쪽으로 이동하는지 관찰해 보자. 초파리는 원구동물이기 때문에 열려있던 곳이 나중에 입이 된다.

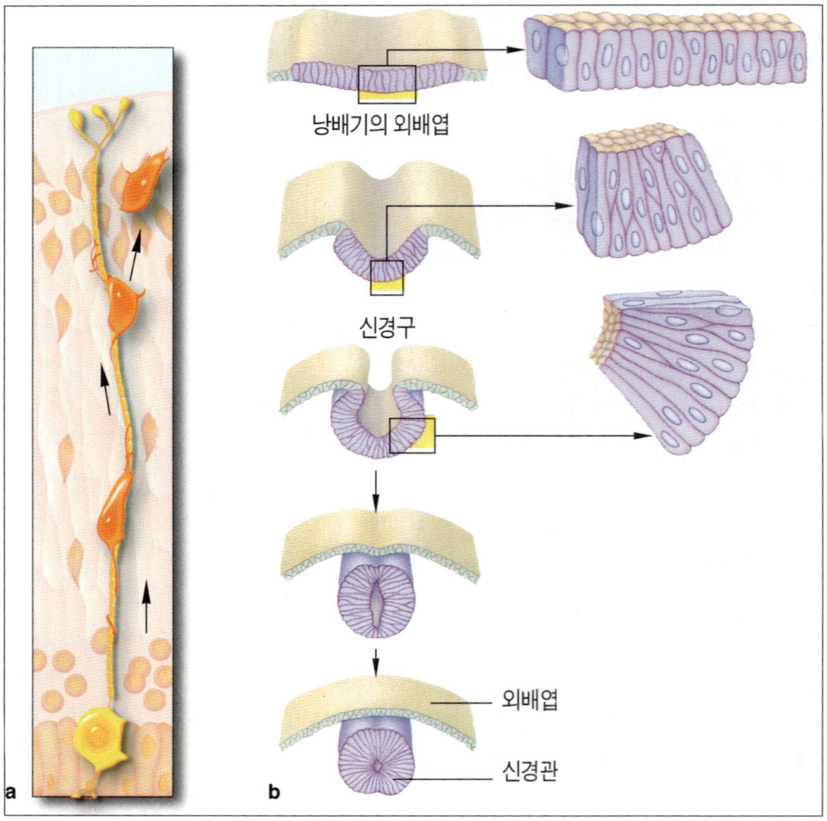


**그림 38.10** 형태발생 중에 일어나는 과정의 두가지 예
(a) 세포이동. 뇌조직 발생경로를 통하여 이동하고 있는 배아 뉴런(오렌지색)의 연속적인 움직임. 뉴런은 신경교(노란색)의 표면에 있는 화학신호에 따라 배아내부의 목적지로 이동한다.
(b) 신경관 형성. 낭배형성의 결과 동일한 세포들이 얇은 층으로 배열된 외배엽이 만들어진다. 장차 신경관이 될 부분의 축을 따라 외배엽성 세포의 미세소관이 길어진다. 이중 일부세포에서는 환상으로 배열된 미세섬유가 수축하여 세포가 쐐기모양으로 되며 이 세포들의 윗부분에는 외배엽판의 부분이 접혀져서 독립된 관이 만들어진다.

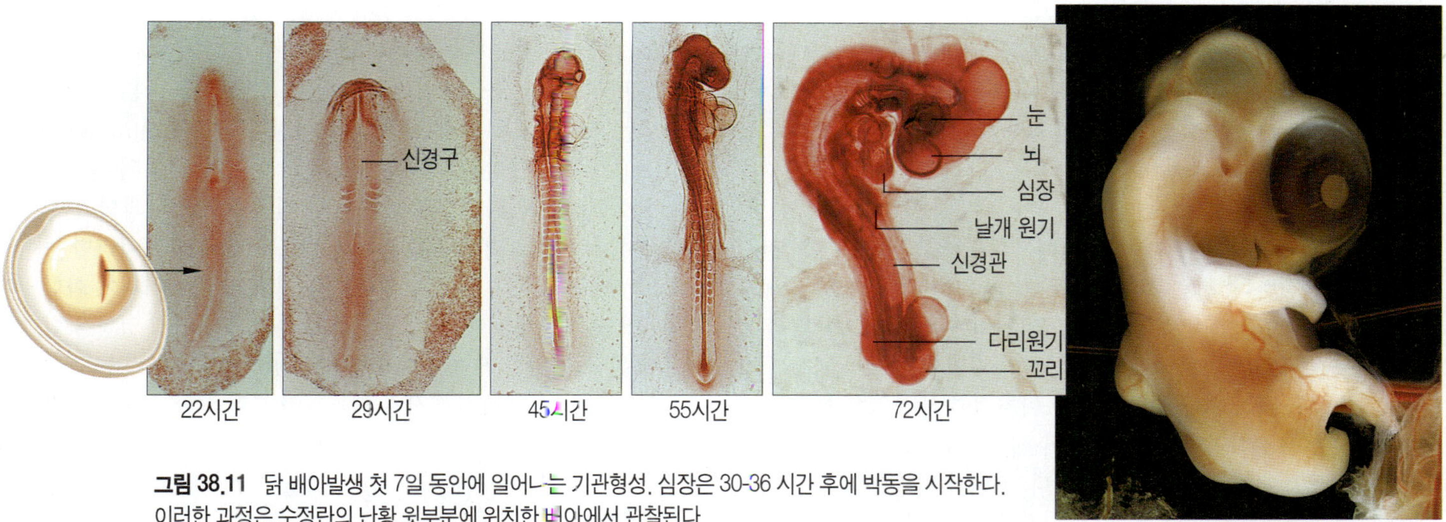


**그림 38.11** 닭 배아발생 첫 7일 동안에 일어나는 기관형성. 심장은 30-36 시간 후에 박동을 시작한다. 이러한 과정은 수정란의 난황 윗부분에 위치한 배아에서 관찰된다.

에 의하여 세포계보의 구성이나 구조, 기능 등에 특수화가 일어난다. 어떻게 하여 한 종류의 세포들에서만 눈의 렌즈를 형성하는 단백질인 크리스탈린 유전자가 활성화 되는지 생각해 보라. 이러한 예는 인체에서 볼수 있는 200 여개의 분화된 세포 중 단지 한 가지에 해당될 뿐이다(14.3 절).

### 형태발생

특정 조직과 기관은 **형태발생**이라는 과정을 통하여 프로그램된 순서에 따라 형성된다. 이 과정 동안 각 계열의 세포들은 분열과 성장을 계속하면서 이동하고, 또한 모양도 변한다. 조직은 길이가 길어지거난 넓어지고 접혀지기도 한다. 그리고 어떤 세포들은 특별한 부위에서 예정된 규칙에 따라 사멸하기도 한다.

활발한 세포이동에 대하여 생각해 보자. 세포는 위족을 내어서 정해진 길을 따라 이동하고 목적지에 도달하면 이 세포들은 이미 그곳에 있던 세포들과 연결된다. 배아의 뉴런은 이런 방법으로 이동하여 신경계로 발생되는 것이다(그림 38.10a).

이들 세포들이 언제 어디로 가야 될 지를 어떻게 알 수 있을까? 이들은 부착신호와 화학농도구배에 반응한다. 이러한 세포이동은 세포 바깥기질에 있는 특별한 화학물질이 합성, 방출, 축적, 제거됨에 따라 조정된다.

예를 들어 그림 38.10a에서 보는 바와 같이 뉴런은 주위에 부착하게 되면서 반응이 일어난다. 원형질막에 모여 있는 부착단백질은 주위의 신경교(glial cell)의 표면단백질에 부착한다. 그러면 뉴런의 세포골격 성분들이 부착면으로부터 길어져서 세포질을 앞쪽으로 밀친다. 뉴런은 부착단백질이 배아에서 가장 강하게 달라붙을 수 있는 지점까지 이동한다. 또한 세포층이 전체적으로 넓게 확장되고 세포들의 모양이 변함에 따라 안쪽 혹은 바깥쪽으로 접힌다. 이들 세포내에서 미세소관(microtubule)은 더욱 길어지고 미세섬유(microfilament)는 수축된다. 이렇게 세포골격성분의 조립과 분해가 조화롭게 진행되면서 세포모양에 변화가 일어난다.

그림 38.10b, 38.11은 척추동물의 배아에서 3가지 원기조직이 형성된 후에 어떤 변화가 일어나는지를 보여준다. 배아의 중앙선에서 일부 외배엽세포들이 길어져 신경조직의 시작이라 할 수 있는 신경판(neural plate)을 형성하는데 신경판은 세포가 길어지고 쐐기모양이 되면서 이 신경판이 안쪽으로 우묵하게 들어간다. 그 결과 표면에 생기는 구릉의 가장자리 조직 덩어리가 접혀져서 신경관(neural tube)을 형성하게 되는 것이다.

마지막으로, 예정된 세포사멸(apoptosis) 과정에 의해서 신체 각 부분의 형태가 만들어진다. 24.5절은 이 과정을 분자단계에서 소개한다. 기본적으로 어떤 세포의 신호분자가 다른 표적세포에 있는 자멸도구를 활성화시킨다. 마치 배의 노처럼 생긴 신체의 부위가 어떻게 하여 사람의 손모양으로 변하는지 살펴보도록 하자.

세포분화에서는 어떤 세포들은 다른 세포에서는 사용되지 않는 유전자를 선택적으로 사용한다. 이러한 선택적 유전자 사용이 바로 세포분화의 기본이다. 그 결과 구조나 합성물질, 기능이 다른 세포계열이 생겨난다.

세포분화에서는 어떤 세포들은 다른 세포에서는 사용되지 않는 유전자를 선택적으로 사용한다. 이러한 선택적 유전자 사용이 바로 세포분화의 기본이다. 그 결과 구조나 합성물질, 기능이 다른 세포계열이 생겨난다.

형태발생은 몸의 크기, 모양, 비율이 순차적으로 변화하게 프로그램 된 것이다. 그 결과 적절한 시기와 부위에서 특수화된 조직과 기관들이 만들어진다.

형태발생과정에서는 세포분열, 세포의 활발한 이동, 조직의 성장과 접힘, 세포크기와 모양의 변화, 세포사멸 등이 수반된다.

# 38.5 패턴 형성

*초기단계의 발생과정은 난자의 세포질에 있는 모계의 메시지에 따라 진행된다. 그 이후의 발생에서는 배아세포들이 서로 주고받는 신호에 의하여 이미 정해진 순서에 따라 조직과 기관이 형성된다.*

## 배아 유도

배아의 조직 내에 자리 잡은 배아세포는 유전자를 선별적으로 발현하며, 신호물질을 만들어 분비하여 주위에 있는 세포들에게 영향을 미치기도 한다. 주위의 신호를 받고 분열한 세포들은 주위 변화에 대한 화학적인 기억을 갖고서 예정된 장소에 조직과 기관을 형성한다. 이처럼 다른 조직의 세포가 생성한 유전자 산물에 노출되어 배아세포계보의 발생운명이 결정되는 것을 **배아유도**라 한다. 이러한 변화를 통하여 배아세포덩어리로부터 특수화된 조직과 기관들이 적제적소에 만들어지는데 이런 현상을 **패턴형성**이라 한다.

세포기억에 대한 실험적인 증거를 보면, 정상적인 엑소로틀(멕시칸 도룡뇽) 배아의 원구배순부(dorsal lip)를 도려내어 다른 엑소로틀의 새로운 부위에 이식하면 낭배형성기때 자신의 배순부와 공여 받은 배순부가 동시에 발생되어 두 세트의 신체부위를 가진 접합쌍둥이가 만들어진다(그림 38.12). 원구배순부는 이 양서류 몸의 축을 따라 배열되는 최초로 발견된 신호중심이다. 병아리 날개발생 실험에서도 세포기억의 증거를 찾을 수 있다(그림 38.13).

세포-세포 접촉에서 보는 바와 같이 많은 신호는 가까운 영역 내에서만 작용한다. 예를 들면, 부착단백질과 인식단백질의 유전자를 발현시키거나 억제하는 신호는 조직이나 기관내의 세포 상호작용에 직접적인 영향을 미친다. 어떤 신호는 표적세포의 세포골격성분이 어느 방향으로 길어지도록 유도하기도 한다. 이러한 신호에 의하여 세포는 주위에 부착하거나, 떨어져서 다른 곳으로 이동하기도 하고, 혹은 인접한 조직의 세포들로부터 분리된다.

반면, 어떤 신호는 멀리 영향을 주기 때문에 다른 지역에 있는 배아세포의 DNA에 영향을 미친다. **모르포겐**(morphogen)은 아주 멀리 전달되는 신호 중 하나이다. 이들의 분자는 신호중심에서 확산되어 나가면서 점차적으로 파괴되기 때문에 거리가 멀면 멀수록 분자의 농도가 약해진다. 이러한 농도구배에 의하여 세포가 배아 내부에서 일정한 위치에 화학적으로 접근하게 되고 장차 어떻게 분화될 것인지 영향을 받게 된다. 동일한 게놈을 가지면서도 신호분자의 이런 농도 차이에 의하여 다른 유전자가 해독되어 결국은 다른 부위에 자리 잡는 세포계보로 발생이 결정된다.

## 패턴형성의 학설

대부분의 동물들에서 보면 생명의 설계도는 같은 종류의 유전자들에 의하여 작성된다. 패턴형성의 한 학설을 보면, 이들 유전자의 산물들이 서로 상호작용하여 다음과 같이 몸의 기본구도을 짜게 된다.

1. 조직과 기관의 형성이 정해진 순서 데로 적절한 위치에 진행되는 과정은 세포질의 위치에 따라 결정된다. 이 과정은 근거리신호, 세포-세포접촉, 원거리신호, 혹은 화학적농도구배에 영향을 받아서 진행된다. 농도의 시작점, 중간지점, 끝지점에 있는 세포들은 서로 다른 화학신호에 노출되게 된다.

2. 모르포겐이나 다른 유도분자들이 배아조직을 통하여 확산되어나가 **마스터 유전자들**(master genes)을 차례로 활성화 시킨다. 이 유전자들로부터 생겨난 단백질들은 신체의 기본틀을 만들기 위하여 다른 조절인자들과 상호 작용한다.

3. **호메오유전자들**(homeotic genes)의 산물과 다른 마스터 유전자들의 산물들은 전체적인 신체 구도를 짜기 위해 조절

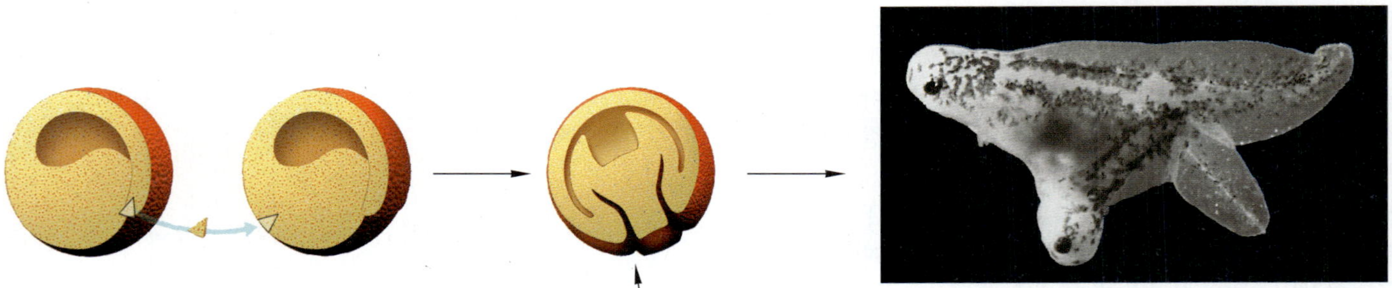

ⓐ 한 배아의 배순을 잘라 다른 배아의 다른 부위에 이식한다.

ⓑ 이식편은 또 다른 장소에서 세포의 내부 이동을 유도한다.

ⓒ 배아는 "이중 올챙이"로 발생되는데, 대부분의 조직은 숙주 배아로부터 생겨난 것이다.

**그림 38.12** 원구배순(dorsal lip)이 양서류 낭배형성을 조절한다는 것을 보여주는 실험적인 증거. 한 엑소로틀 배아의 원구배순부를 다른 엑소로틀 배아의 다른 부위에 이식하였을 때 또 다른 한 세트의 몸부분이 생겨난다.

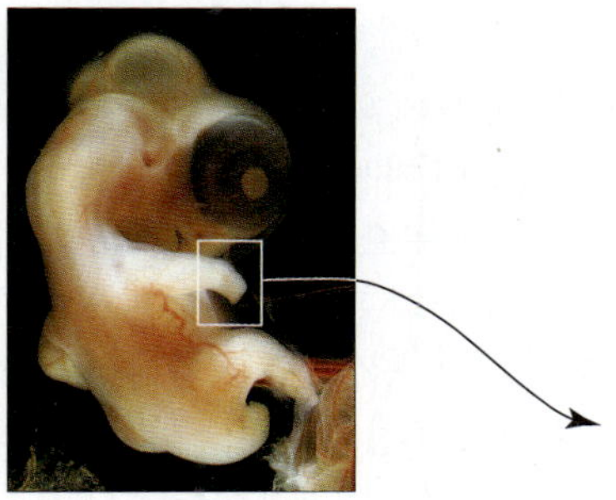

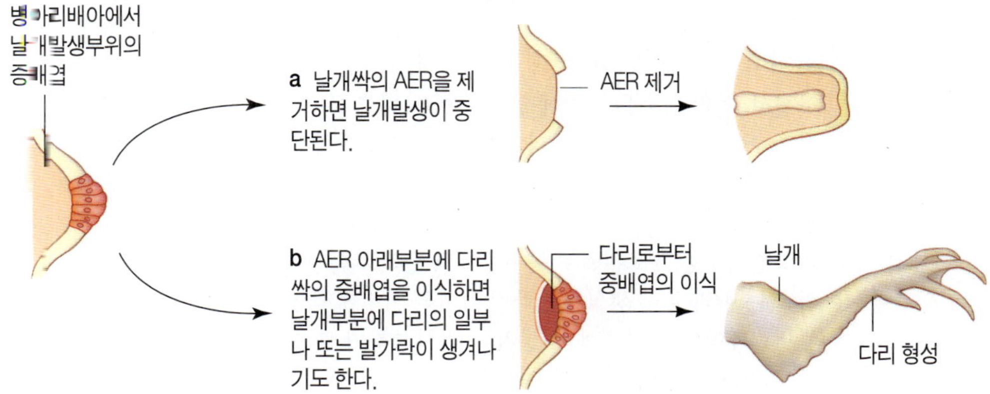


**그림 38.13** 병아리의 날개 싹으로부터 날개가 생겨날 때 중배엽과 외배엽이 상호작용한다는 것을 보여주는 실험적인 증거. AER은 날개싹의 정단부에 있는 스스로 자라나는 좁은 봉우리 부분이다.

인자들과 상호작용한다(14.4와 14.5절). 이 단백질들은 배아의 앞쪽과 뒤쪽, 등쪽과 배쪽의 축을 따라 배열되어있는 세포들에 있어서 일련의 유전자들이 활성화되거나 억제됨에 따라 생성된다. 다른 유전자의 산물들도 신체의 특별한 부분을 정교하게 완성하기 위하여 상호작용한다.

마스터유전자들과 그 산물들은 모든 주된 동물들에 있어서 유사한 방법으로 작용한다. 만일 이 유전자들이 전체적인 신체구도를 짜는데 잘못되면 심장이 다른 곳에 만들어 진다든지 하는 큰 문제가 생겨난다. 일단 전체적인 구도가 짜여지고 나면 그 다음에 이어지는 유도 작용은 부분적으로만 효과를 미치게 된다. 예를 들어, 만일 렌즈형성이 실패하면 단지 눈에만 그 영향이 나타난다.

## 발생에 있어서 진화에 따른 제약

마스터유전자는 과연 얼마동안 활동해 왔을까? 해면이나 벌레, 파리, 척추동물 등 대부분 동물들의 기본체제는 지난 5억년 동안 많이 변하지는 않았다. 수백만 종의 생명체는 몇 십가지의 기본 틀에서 변형된 것이다. 왜 이런 현상이 일어날까? 실제로 새로 나타난 마스터유전자는 별로 없다. 그래서 형태에 있어서의 변형은 조절유전자가 어떻게 상호 조절하는가에 따라서 결정된다. 곤충이나 오징어의 눈과 척추동물의 눈은 구조적으로 다르다. 그러나 이들에게서 눈 발생을 조절하는 유전자는 거의 동일하다. 초파리의 눈발생은 아이리스유전자(eyeless gene)에 의해 조절된다. 만일 사람에서 거의 동일한 유전자에 돌연변이가 일어나면 눈이 없는 아이가 태어난다. 초파리, 게, 풍데이의 다리나 나비날개, 불가사리의 다리, 물고기 지느러미, 쥐의 다리 등으로 발생되는 세포들의 운명은 모두 동일한 유전자에 의해 조절된다. 이 모든 구조들은 몸의 주축으로부터 불거져 나와 만들어지기 시작된다.

물리적인 제약(예를 들면 몸표면적과 체적의 비율)과 몸의 축에 의하여 생기는 구조적인 제약 등 때문에 신체의 기본체제는 변할 수 없다고 오랫동안 여겨져 왔다. 현재는 기본체제 변화에 계통발생적인 제약이 주어진다고 본다. 이것들은 마스터 조절유전자들의 상호작용에 의하여 각 세포계보에 주어지는 제약들인데, 기관들이 만들어지고 신체기본구도의 유도를 조절할 때 작동한다. 그렇기 때문에 수많은 생물종들이 몇 안되는 몸의 기본구도를 갖게 된다. 만일 마스터유전자가 진화되어 복잡한 방법으로 상호작용을 시작하게 되면, 신체의 기본구도에 변형이 일어나 배아는 죽게 된다. 돌연변이는 동물계보에서 다양성을 유도하는데 대단한 기여를 하였다. 그러나 몸의 기본체제는 오랜 시간에 걸쳐 그대로 지속되어오고 있다. 아마도 다시 새로운 시작을 할 수 없기 때문일 것이다.

패턴형성이라는 것은 배아세포들이 정해진 순서에 따라 특화된 조직과 기관으로 만들어 지는 과정이다. 세포들은 배아에 분포된 위치에 따라 서로 다르게 포함하고 있는 세포질 내의 물질과 화학적 신호의 의하여 분화된다.

세포질의 위치와 마스터유전자들 사이의 상호작용 유도에 의하여 몸의 기본구도가 결정된다. 유전자의 산물들은 어디에 그리고 어떻게 신체의 부위가 생겨날지를 결정하고, 또한 장거리신호와 단거리신호로 작용하여 세포들이 적합한 위치에서 잘 분화되도록 돕는다.

물리적인 구조에 따른 제약과 계통발생적인 제약 때문에 동물의 기본구도가 쉽게 변하지 않는다. 대부분의 주된 동물들에서 발생을 주도하는 마스터유전자는 유사하거나 때로는 동일하다.

# 38.6 남성 생식기계

*지금까지 동물의 생식과 발생의 원리에 대하여 알아보았다. 이제 남성생식기계를 시작으로 하여 이 원리를 인간에 초점을 두어본다.*

## 생식소가 만들어지고 활성화되는 시기

사실상, 성의 기능은 오락에 있는 것이 아니고 유전자를 영구히 이어가는데 있다. 남성의 유전자는 정자 속에 들어있다. 남성 생식세포(gamate)는 한 쌍으로 된 생식소(gonad)에서, 또는 성호르몬을 분비하는 1차 생식기관에서 만들어 진다. 남성생식소는 정소(testis, 복수는 testes)라고 하며 표 38.1에서 보는 바와 같이 생식기관과 생식선의 일부에 속한다. 정소는 XY 배아의 체강벽에서 생겨나기 시작하여 출생 전에 음낭(scrotum)이라는 후지대 아래의 피부로 된 주머니 속으로 내려온다(그림 11.3, 38.14). 음낭은 근육의 수축과 이완에 의하여 몸통 가까이 붙거나 아래로 쳐진다. 이러한 조절은 정자형성 때 적절한 내부 온도를 유지하기 위하여 필요한 것이다.

각각의 정소는 정세관(seminiferous tubule)이라고 하는 아주 작고 가늘게 꼬인 수많은 관으로 채워져 있다. 정자는 이 작은 관 내에서 호르몬의 지시에 따라 생성되며 성숙한다. 정자생성과 2차성징의 발현은 **사춘기** 때 시작된다. 출생 후 발생이 진행되는 이 단계는 대게 12-16살 소년기 때 시작된다. 이때 나타나는 징후로는, 정소가 커지고, 급격한 신체의 성장이 있고, 목소리가 굵어지며 얼굴, 가슴 등의 부위에 털이 많이 나기 시작한다.

## 생식기계의 구조와 기능

포유류의 정자는 정소로부터 나와 여러 관들을 거쳐 요도로 전달된다(그림 38.15). 관이 가늘고 길며 많이 꼬여있는 부정소(epididymis)라고 하는 곳으로 정자가 들어갈 때는 아직 완전히 성숙하지는 않았는데 관벽의 선세포가 물질을 분비하여 정자성숙을 완성시킨다. 성숙한 정자는 부정소의 끝 부분에 저장된다. 젊은 사람의 경우 하루에 약 1억 개의 정자가 완성되며 사용되지 않은 정자는 재흡수 되거나 오줌과 함께 배설된다. 남성이 성적으로 흥분하면 생식기관 벽의 근육들이 수축하여 성숙한 정자를 두꺼운 벽으로 되어있는 정관(vas deferans)으로 밀어낸다. 수축이 더욱 강해지면 정자는 사정관과 요관을 거쳐 나오게 되는데, 마지막 부분인 요관은 남성의 음경내부에 있는 관이다. 요관은 동시에 오줌 배설기능도 있다. 정자가 요관으로 가는 동안 분비선에서 나온 분비물과 섞여 정액(semen)이라는 점도가 높은 물질이 되어 성행위시 음경에서 배출된다. 1 쌍의 정낭(seminal vesicel)에서는 과당이 분비되어 정자의 에너지원으로 사용된다. 전립선과 정낭에서는 프로스타글란딘이 분비되어 정액에 혼합되는데, 이것은 여성의 생식기관의 수축을 유도하여 정자가 난자와 만날 수 있게 해주는 신호물질로 작용하며 또한 정자가 여성의 면역계를 피해가도록 하는데도 도움을 준다. 전립선에서 분비되는 물질은 여성생식관 내부의 산성환경을 중화시키는데 도움이 되기도 한다. 질액의 pH는 대게 3.5-4.0인데 정자는 pH 6.0에서 효과적으로 활동한다. 한쌍의 요도구선(bulbourethral gland)은 성적흥분이 고조되면 점도가 높은 액체를 요도로 분비한다.

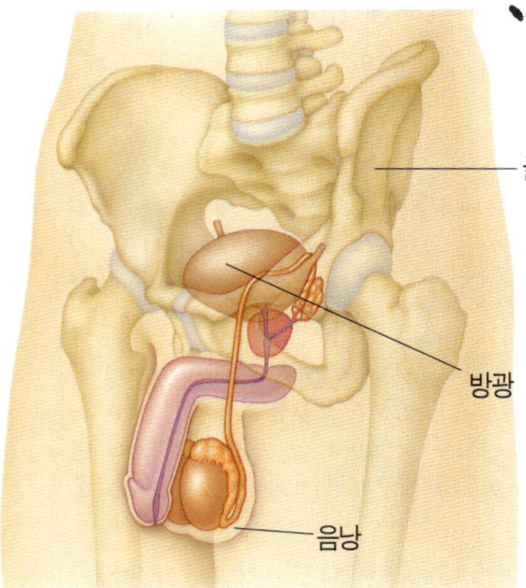


**그림 38.14** 골반부와 방광에 대비한 남성생식기계의 위치.

**표 38.1 남성생식기계의 기관과 부속물**

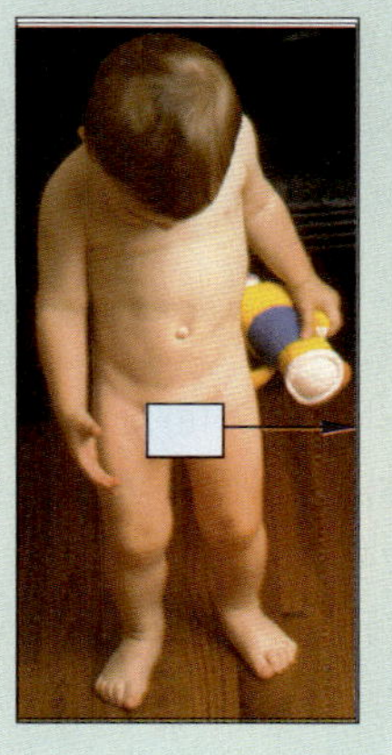

| | |
|---|---|
| **생식기관** | |
| 정소(2) | 정자, 성호르몬 생산 |
| 부정소(2) | 정자성숙과 저장소 |
| 정세관(2) | 정자의 신속한 이동 |
| 사정관(2) | 정자를 음경으로 인도 |
| 음경 | 성교를 위한 기관 |
| **부속선** | |
| 정낭(2) | 정액의 많은 부분을 분비 |
| 전립선 | 정액의 일부를 분부 |
| 요도구선(2) | 윤활제 역할을 하는 점액분비 |

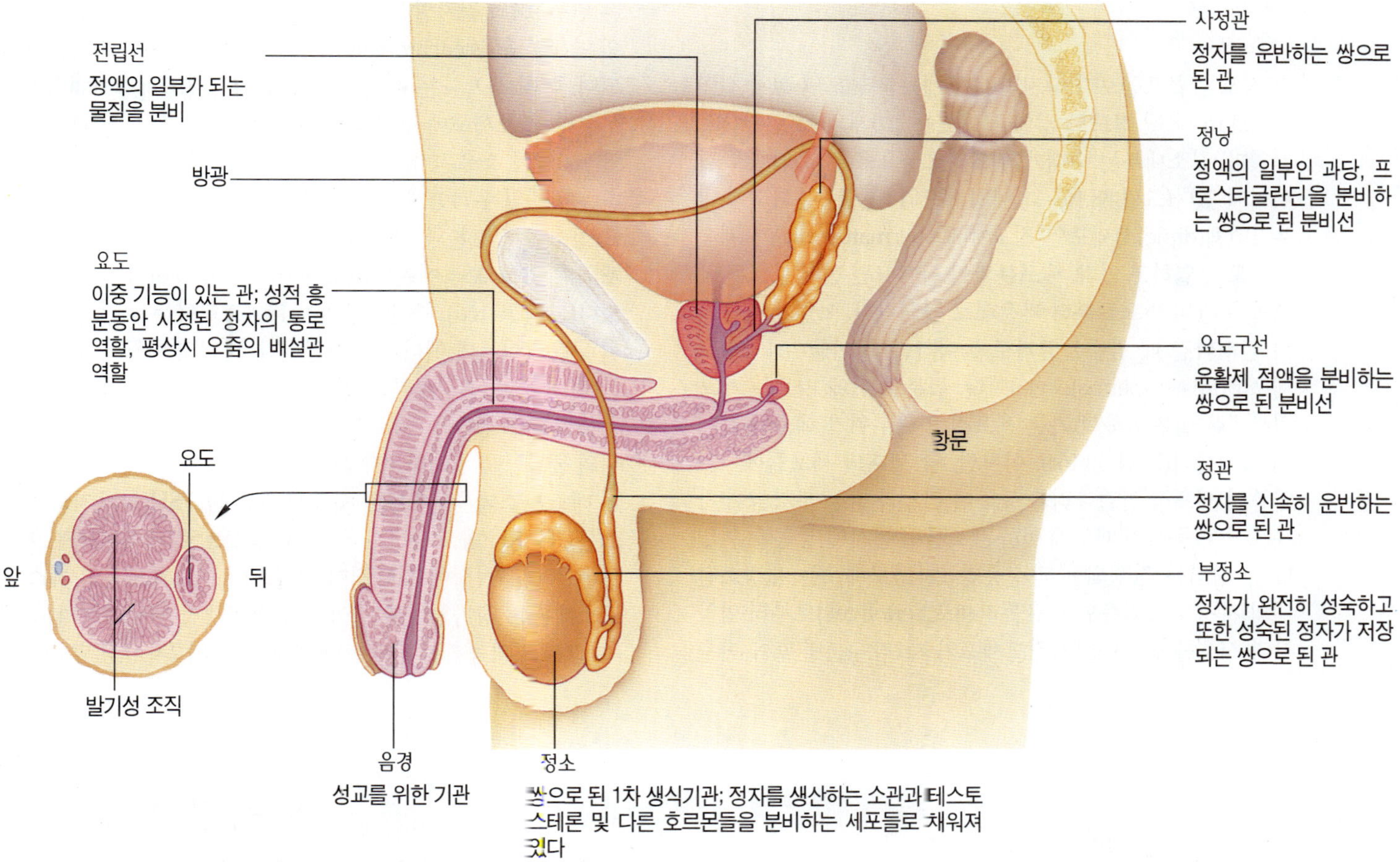


**그림 38.15** 남성생식계의 구성요소와 그 기능.

## 전립선과 정소의 암

전립선암은 폐암 다음으로 남성의 주된 사망원인이다. 2003년에만 22만명의 미국 남성들이 전립선암으로 진단받아 그 중 2만 9천명이 사망하였다. 같은 해에 약 7천 6백건 이상의 정소암이 보고되었다. 이 두 종류의 암은 초기 단계에 통증없이 서서히 림프절이나 복부, 가슴, 폐 등으로 퍼져 나간다. 만일, 암이 전이되었다면 전망은 좋지 않다. 전립선암은 혈액검사에서 전립선특이항원(prostate-specific Ag;PSA)의 농도증가나 촉진으로 진단 가능하다. 성인은 매달 한번씩 따뜻한 샤워나 목욕 후 정소가 커졌는지, 딱딱한지, 혹은 응어리가 만져지는지를 검사해야 한다. 정소암은 암이 몸의 다른 부위에 퍼져나가기 전에 발견만 되면 치료될 확률이 비교적 높은 암이다.

남성은 정자와 성호르몬을 분비하는 한 쌍의 정소 혹은 1차생식기관을 갖는다. 또한 남성생식기계에는 특화된 부속기관으로 분비선과 도관이 있다.

도관은 정자를 정소에서 요관을 거쳐 몸 밖으로 배출한다. 부속분비선은 정액의 비세포성 구성물질인 여러 물질들을 분비한다.

## 38.7 정자형성

시상하부와 뇌하수체, 그리고 정소에서 분비되는 호르몬의 신호전달에 의하여 정자형성이 조절되는데, 음성피드백이 이 경로에 포함되어 있다.

각 정소는 골프공보다 작지만 내부에는 펴놓으면 전체 길이가 125 m 나 될 정도로 많이 꼬여있는 2, 3개의 가는 관으로 차있다. 정소내부는 수백개의 쐐기모양으로 된 소엽들로 나뉘어져 있다(그림 38.16). 각 세정소관의 벽에는 분화되지 않은 2배체(diploid)세포인 정모세포(spermatogonia)가 계속적으로 분열하고 있다. 세포분열이 일어나면 먼저 분열된 세포들은 관의 벽으로부터 가운데로 밀려간다. 이렇게 세포들이 밀려나갈 때 감수분열기로 들어가는데, 이들이 1차정모세포(primary spermatocyte)이다. 핵분열 뒤에 따르는 세포질분열은 불완전하여 가는 세포질 연결부위가 세포들 사이에 생겨난다(그림 38.16c). 이처럼, 각 세대의 세포들에서는 일종의 세포질 연결다리를 통하여 이온과 다른 분자들이 자유로이 이동하기 때문에 이들 세포들이 동시에 성숙할 수 있다. 발생되는 진행되는 과정동안 1차정모세포는 세정소관 내의 지지세포 일종인 세르톨리세포(Sertoli cell)로부터 영양분과 신호를 받는다. 1차정모세포가 제1감수분열 후에 반수체(haploid)인 2차정모세포(secondary spermatocyte)로 된다(그림 38.16c). 이때 염색체는 이미 복제된 상태이다(이 부분은 단원 9.4의 정자발생과정을 참조하기 바란다). 각 염색체의 염색분체(sister chromatid)는 제2감수분열기에 서로 분리되며, 이때 생겨나는 각 딸세포들을 정자세포(spermatid)라 부른다. 정조세포에서 성숙한 정자가 만들어지는 전 과정은 약 100일이 소요된다. 성인남성은 계속적으로 정자를 생산하는데 매일 수백만개의 각 단계별 세포들이 만들어진다.

성숙한 정자는 섬모를 갖고 있으며 머리부분은 DNA로 채워져 있고 꼬리에는 미세소관(microtubule)의 중심부가 있다(그림 38.16d). 중간부분의 미토콘드리아는 꼬리가 채찍처럼 움직이는데 에너지를 공급한다. 머리의 맨끝에 모자를 쓴 것처럼 보이는 부분은 첨단체(acrosome)인데 내부에 효소들을 갖고 있다. 이 효소들은 수정을 위하여 정자가 난자주위의 물질들을 분해하는데 사용된다.

테스토스테론과 LH(황체형성호르몬), FSH(난포자극호르몬), GnRH(융모성선자극호르몬방출호르몬)의 4가지 호르몬은 정자형성에 필수적이다. 스테로이드호르몬인 **테스토스테론**은 정자형성뿐만 아니라 남성생식관의 성장과 구축, 그리고 기능까지 담당한다. 또한 남성의 2차성징 발현을

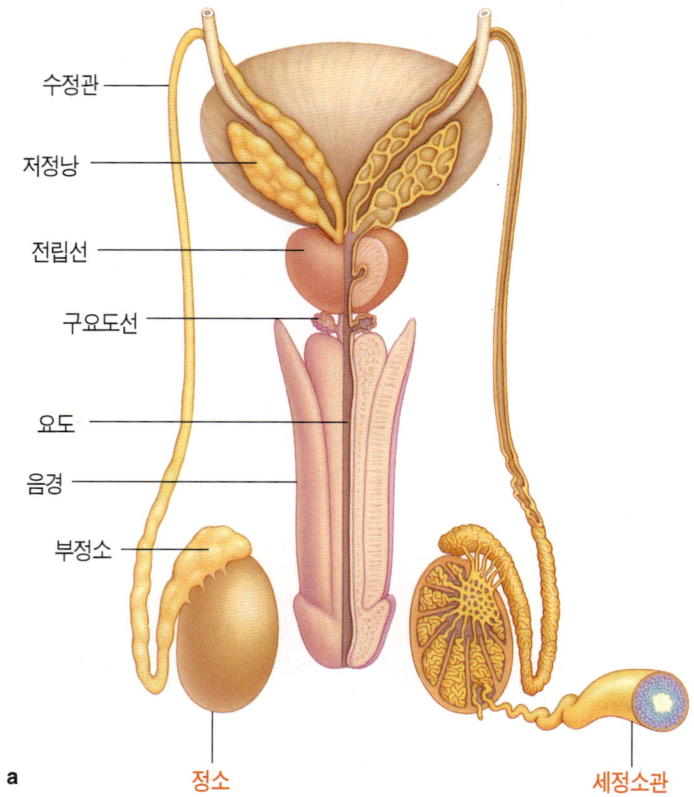


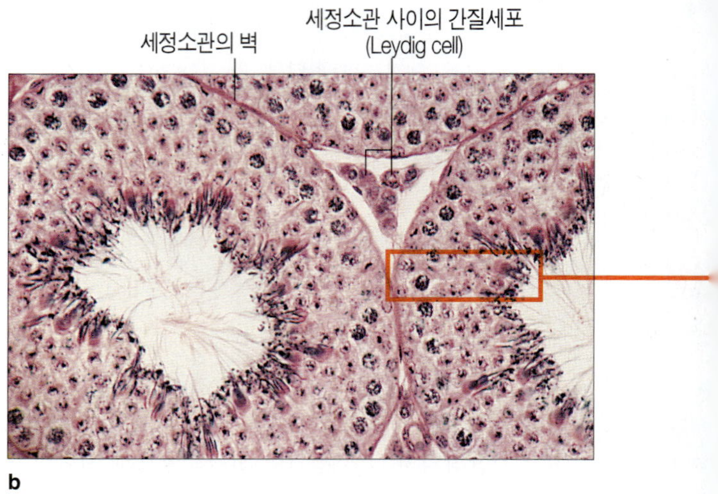


**그림 38.16** (a) 아래서 본 남성생식관.
(b) 세정소관 내부 횡단면의 광학현미경사진. 관사이의 조직공간은 레이딕세포로 채워져 있다.
(c) 이배체 생식세포에서부터 시작되는 정자형성과정
(d)남성생식세포인 성숙한 정자의 구조.

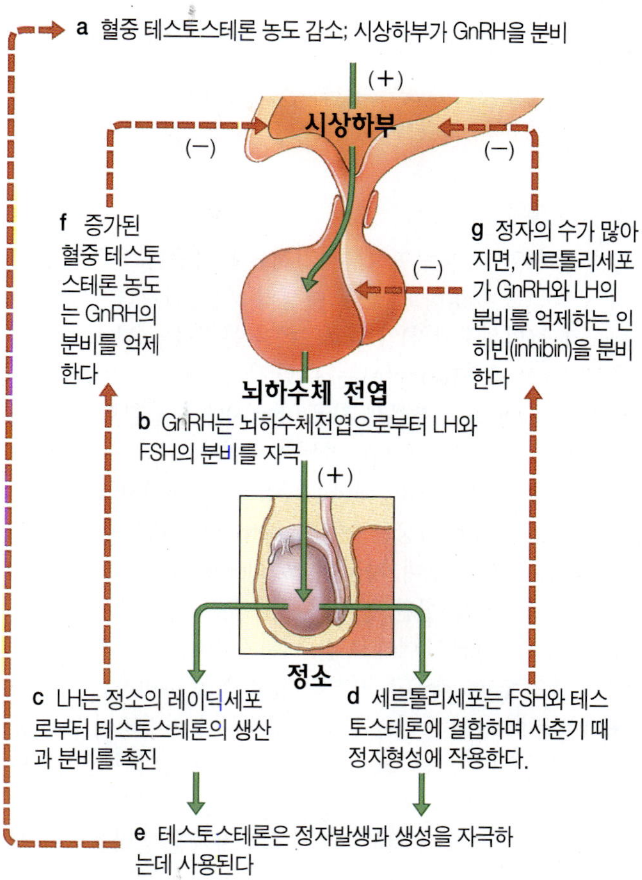


**그림 38.17** 정소로부터 시상하부와 뇌하수체전엽에 걸친 음성피드백회로.

야기하며 나아가 성적인 행동, 공격적인 행동을 자극하기도 한다. 테스토스테론은 정소에 있는 레이딕세포(Leydig cell)에서 분비되며 **LH**와 **FSH**는 뇌하수체전엽에서 분비된다(그림 31.4).

위의 3가지 호르몬의 분비는 모두 시상하부의 통제를 받는데(그림 38.17), 혈중 테스토스테론과 다른 인자들의 농도가 낮으면 시상하부에서 **GnRH**가 분비된다. 이 방출호르몬은 뇌하수체전엽을 자극하여 LH와 FSH를 생산시킨다. 한편, LH는 레이딕세포를 자극하여 정자생성과 성숙을 돕는 테스토스테론을 분비하게 한다. 사춘기때 FSH가 세르톨리세포에 결합함으로써 정자생성의 시동이 걸리게 된다.

*정자형성은 LH, FSH, 테스토스테론에 의존하며, 정소로부터 시상하부, 뇌하수체에 걸친 음성피드백이 이들 호르몬의 분비를 조절한다.*

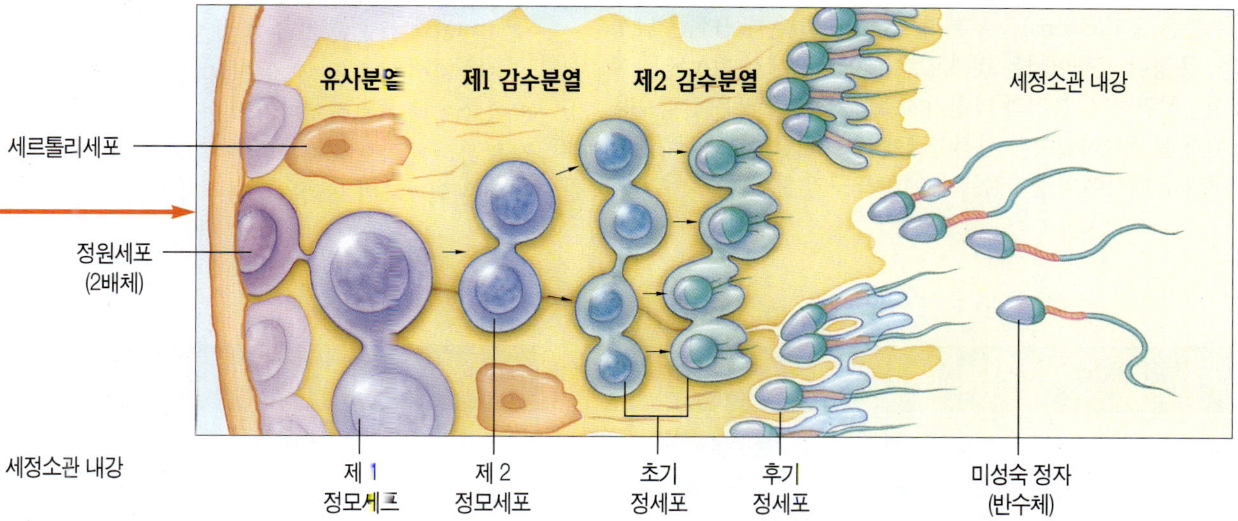


**c** 하나의 세정소관 내강 부분

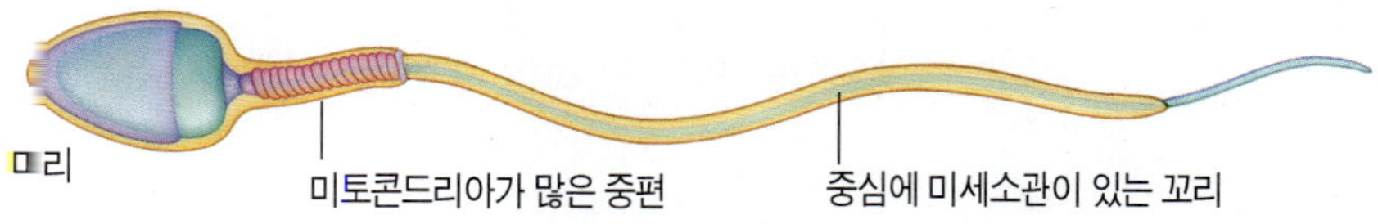


**d** 사람의 성숙한 정자 그림. 머리에는 효소가 많은 첨체가 있고 안쪽에 DNA가 들어있다.

# 38.8 여성 생식기계

*여성생식기계에서는 생식세포와 성호르몬이 만들어진다. 또한 새로운 생명이 만들어지며 태어날 때까지 보호하고 영양분을 공급하는 곳이기도 하다.*

## 생식기계의 구성

그림 38.18과 38.19는 여성생식기계를 보여주며, 표 38.2는 각각의 기능을 설명하고 있다. 여성의 1차생식기관인 난소는 난모세포(미성숙난자)와 성호르몬을 분비한다. 난소에서 방출된 난모세포(oocyte)는 수란관(난관, oviduct 혹은 Fallopian tube)을 거쳐서 **자궁**(uterus)에 도달한다. 자궁은 서양배 모양이며 속이 비어있는 기관이다. 수정은 일반적으로 수란에서일어나지만 배아는 주로 자궁 내에서 발생이 진행된다. 자궁벽은 자궁근층(myometrium)이라는 두꺼운 근육층으로 되어 있으며, **자궁내막**(endometrium)이라는 안쪽 벽에는 결합조직, 혈관, 분비선 등이 분포하고 있다. 자궁경부(cervix)는 자궁의 아래로 갈수록 좁아지는 부분으로 근육성의 관인 질(vagina)로 연결된다. 점액을 분비하는 상피세포가 내부에 산재해 있는 질은 자궁경부에 연결되어 몸 밖으로 열려있으며, 남성으로부터 정자를 받아들이며 생식관의 역할을 한다.

몸 표면에 있으며 외부로부터 성적자극을 받아들이는 생식기관으로서는 한 쌍의 대음순(labia majora)이 있다. 대음순의 피부는 접혀져 있으며 내부에는 지방조직이 덧대어져 있다. 소음순(labia minora)은, 역시 한쌍으로, 대음순에 덮혀 있으며 지방은 없으나 많은 혈관이 분포하고 있다. 소음순의 주름은 음핵(clitoris)을 부분적으로 덮고 있는데 음핵은 남성의 음경이 만들어지는 것과 같은 배아조직에서 형성되는 여성성기관이다. 음경과 마찬가지로, 음핵에도 많은 감각수용체가 분포되어있어서 성적자극에 아주 민감하다. 그리고 질구와 음핵사이의 중간쯤 부분에 요도구가 열려있다.

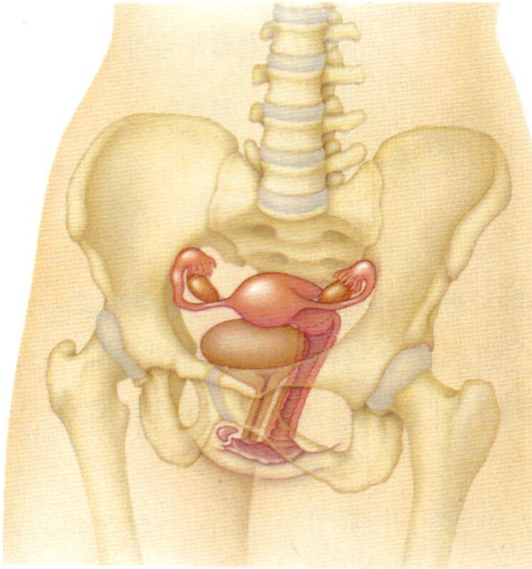

**그림 38.18** 골반부와 방광에 대비한 여성 생식기관계의 위치.

## 월경주기의 개요

대부분 포유동물의 암컷은 수태가 가능한 시기이며 동시에 수컷을 받아들일 수 있다는 신호인 발정기(estrous cycle)를 일정한 시기에 갖는다. 여성을 포함하는 영장류의 암컷은 **월경주기**(menstral cycle)를 갖는데 이 주기 동안 항상 임신이 가능한 것이 아니고 일정기간에만 가능하다. 즉 성행위시기와 수정시기가 동일하지 않을 수 있다. 즉 성행위는 항상 가능하나 임신은 단지 어느 특정시기에만 가능하다.

다음 단원에서 주기에 대하여 공부하겠지만 우선 간략하게 설명하면 다음과 같다(표 38.3). 첫째, 난소에서 난모세포가 성숙하여 방출될 때 자궁내막은 임신준비상태에 있는데 만일 수정이 이루어지지 않으면 혈액과 자궁내부의 일부가 질을 통하여 밖으로 배출된다. 이것은 배아가 생기지 않았다는 것을 의미하며 새로운 월경주기에 들어간다는 신호이다.

**표 38.2 여성 생식기관**

| | |
|---|---|
| 난소 | 난모세포생성과 성숙, 성호르몬 분비 |
| 수란관 | 난자를 난소에서 자궁으로 운반하는 관; 정상적인 수정은 여기에서 일어난다 |
| 자궁 | 새로운 개체가 발생하는 공간 |
| 자궁경부 | 점액을 분비하여 정자가 자궁 속으로 원활히 움직이게 하며 수정 후 배아의 세균 감염을 억제한다 |
| 질 | 성교를 위한 기관, 분만관 |

**표 38.3 28일 주기의 월경주기 동안의 변화**

| 분기 | 변화 | 주기날짜 |
|---|---|---|
| 난포기 | 월경; 자궁내막 파열 | 1-5 |
| | 난소 내에서 난포 자람 | 6-13 |
| | 자궁내막 재생 | |
| 배란 | 난자가 난소에서 방출 | 14 |
| 황체기 | 황체형성, 프로게스테론 분비 | 15-28 |
| | 자궁내막이 두꺼워지며 발달됨 | |

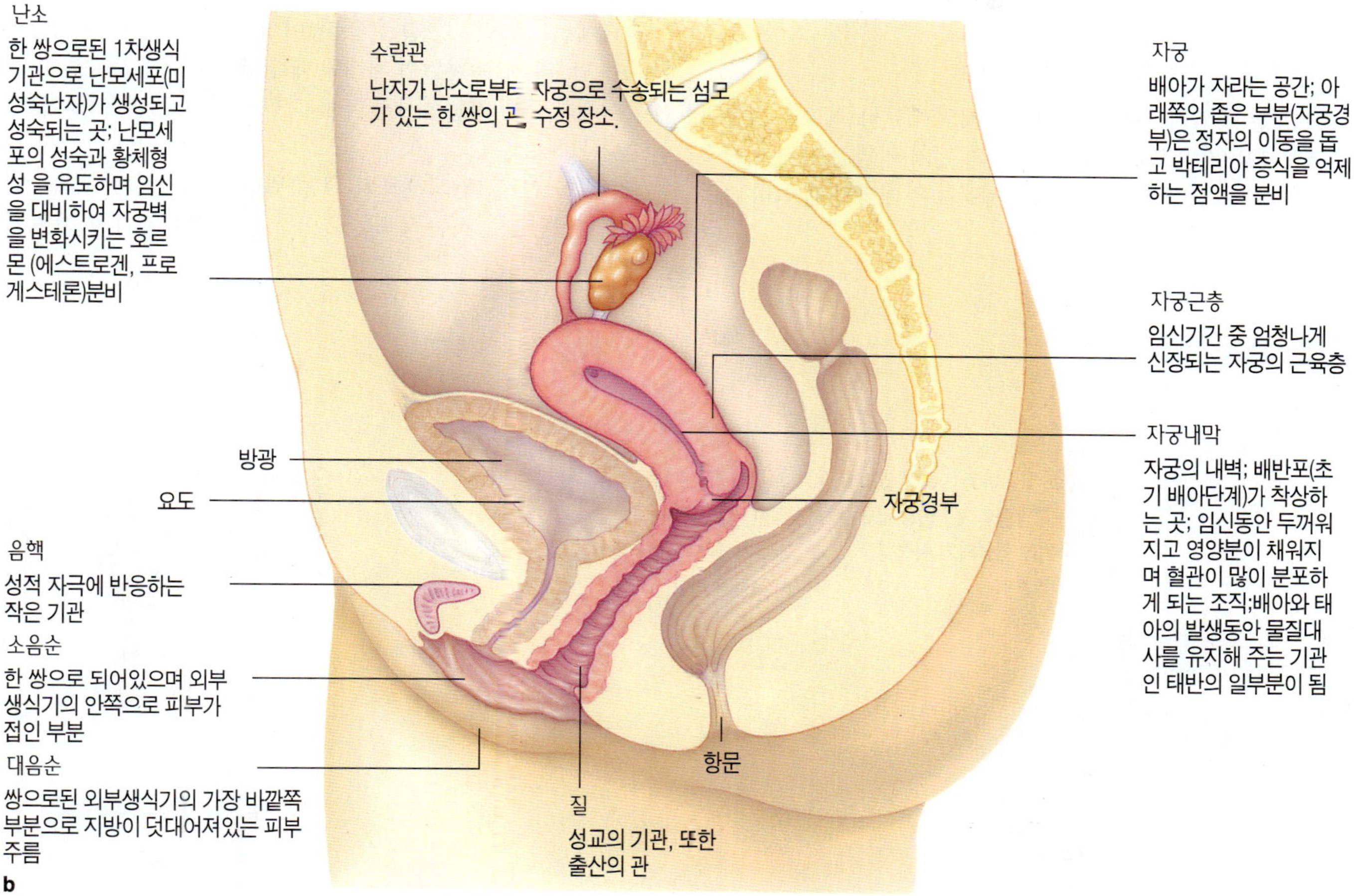


**그림 38.19** 여성 생식기계의 구성과 기능.

월경주기는 3 부분으로 나뉜다. 난포기(follicular phase)에서는 월경이 일어나며 자궁내막이 떨어져나가고 다시 재생되며, 난모세포가 성숙하기 시작한다. 다음 단계는 배란기(ovulation phase)로서, 난모세포가 난소에서 방출된다. 황체기(luteal phase)에서는 난소내에 분비선을 가진 **황체**(corpus luteum)가 형성되어 임신이 가능하게끔 자궁내막을 두껍게 하는 호르몬을 분비한다.

이런 주기는 난소로부터 시작하여 시상하부와 뇌하수체에 걸친 호르몬의 피드백조절에 의하여 진행된다. FSH와 LH는 난소에 변화를 유도하여 에스트로겐과 프로게스테론의 분비를 촉진시킨다. 이 성호르몬들이 자궁내막에 주기적인 변화를 가져오게 한다.

여성은 10-16살 사이에 사춘기를 맞이한다. 음모가 자라게 되고 가슴과 엉덩이 내부에 지방이 축적되며 월경주기가 시작된다. 각 주기는 평균 약 28일간 지속되지만 사람에 따라 달라서 짧거나 길수도 있다. 주기는 대게 성호르몬 분비가 줄어드는 40대 후반이나 50대 초반까지 계속되며 성호르몬분비의 감소는 여성생색능력의 황혼기인 폐경기(manopause)의 시작으로 연결된다.

> 여성의 1차생식기관인 난소는 미성숙난자와 성호르몬을 생산한다. 자궁은 배아가 발생되는 곳이다.
>
> 에스트로겐과 프로게스테론은 임신을 위해 필요한 자궁내막의 재생과 파열을 조절할 뿐 아니라, 난소로부터 난모세포의 성장과 방출의 주기를 조절한다. 이런 월경주기의 변화는 사춘기에 시작된다.

## 38.9 임신 준비

*새로운 단원을 시작하기 전에 그림 9.5에서 난모세포의 감수 분열과정을 잠시 살펴보길 바란다.*

### 난소의 주기변화

여성은 가임기간에 걸쳐 400-500개의 제1난모세포를 방출한다. 제1난모세포는 제1감수분열의 전기에 멈춰 있는 미성숙 난자이다. 여성의 난소에 있는 세포들은 배아기 때 이미 만들어진 것이라고 알려져 있다. 최근 암컷생쥐의 경우 성체가 되고 난 후에도 새로운 난모세포가 생성된다고 밝혀졌으나 사람에서도 그런지는 알 수 없다. 여성이 나이가 들어서 배란되는 난자는 감수분열이 재개될 때 염색체의 구조와 수가 비정상적으로 될 가능성이 높다. 심각한 예가 바로 다운증후군이다(11.8 절).

난포는 제1난모세포와 그 주위를 둘러싸서 난모세포에 영양분을 공급하는 세포들로 이루어져 있다. 그림 38.20은 월

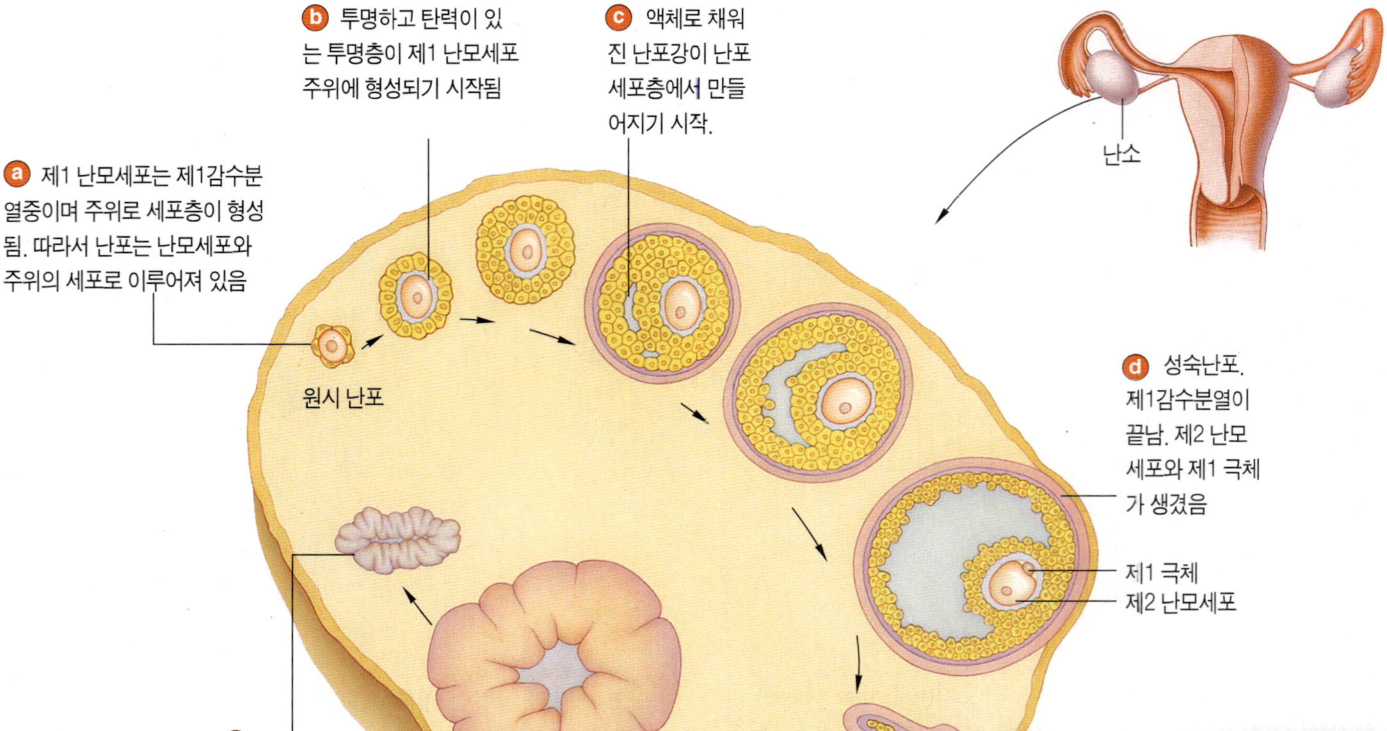


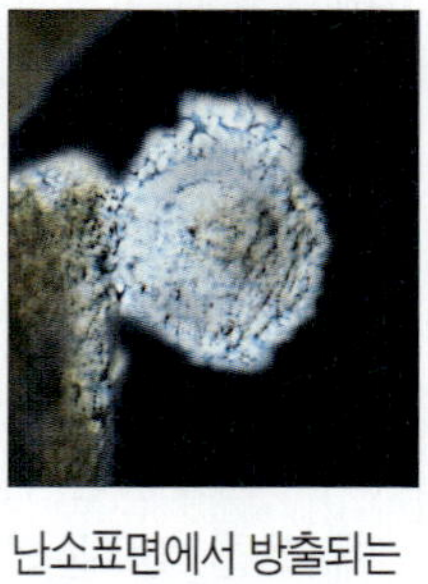

난소표면에서 방출되는 제2 난모세포의 현미경 사진

**그림 38.20** 난소에서 일어나는 주기. 이 그림에서 나와 있는 난포가 돌며 움직이는 것은 실제로 일어나는 것이 아니고 단지 성숙 과정을 보여주기 위해서 이다. 난소주기의 첫 단계에 난포가 자라고 성숙한다. 두 번째 단계인 배란기에는 성숙한 난포가 파열되어 2차난모세포가 방출된다. 세 번째 단계에서 난포의 남은 부분으로부터 황체가 형성되다.

경주기 동안 난포에 어떤 변화가 일어나는가를 보여주고 있다. 주기가 시작되면 시상하부는 충분한 GnRH를 분비하여 뇌하수체전엽의 세포로 하여금 FSH와 LH의 분비를 준비하게 한다. 이 호르몬들은 난모세포를 비롯한 주위의 많은 세포들의 성장을 야기한다. 당단백질분자들은 난모세포주위에 쌓여서 비세포층인 투명대(zona pellucida)를 형성한다(그림 38.20b).

난모세포는 방출되기 8-10시간 전 제1감수분열을 끝내는데 이때 세포질은 불균등하게 나뉘어져서 두개의 반수체 딸세포 중 하나는 대부분의 세포질을 갖는 제2난모세포가 되며, 나머지 하나는 세포질이 거의 없는 **극체**(polar body)가 된다. 난자발생시에는 3개의 극체가 생겨나며 이들은 주기의 후반기때 소실된다.

FSH와 LH는 난포내부의 공간에 있는 액체에 모여서 난포세포들을 자극하여 에스트로겐을 분비하게한다. 난소주기의 중간쯤 되는 시기에 뇌하수체가 에스트로겐 증가를 감지하여 LH를 파동적으로 분비한다. 여기에 반응한 난포는 부풀어서 벽이 약해져 터지게 되면 이때 제2난모세포가 방출된다. 난소주기 중간부의 이러한 LH의 급격한 증가가 난소로부터 제2난모세포의 방출인 배란을 유도한다.

## 자궁의 주기변화

난소주기의 초기에 분비된 에스트로겐은 자궁내막과 분비선의 성장을 유도하여 임신을 준비하게 한다. 난소주기 중반부의 LH 증가 전에 난포세포들은 프로게스테론과 에스트로겐의 분비를 준비하며 두꺼워진 자궁내막에서는 혈관이 빠른 속도로 자란다. 배란때 에스트로겐은 자궁경부의 세포들을 자극하여 점액분비를 유도하는데 이 묽고 투명한 점액은 정자가 헤엄칠 수 있는 이상적인 환경을 제공한다. 주기의 중반부에 급증하는 LH는 배란을 유도할 뿐만 아니라 파열된 난포를 황체로 변화시키며 황체에서 분비되는 프로게스테론과 에스트로겐은 자궁내막을 두껍게 하여 임신에 대한 준비를 한다.

한편, 시상하부는 FSH 분비를 감소시켜 난소 내 다른 난포가 자라는 것을 억제한다. 만일, 배반포가 자궁내막 속으로 파고들어가지 않으면 황체는 12일 정도 이상 존속하지 못한다. 주기의 마지막 날에는 분비선을 스스로 파괴하도록 하는 신호분자인 프로스타글란딘을 분비한다. 황체가 소실되면 프로게스테론과 에스트로겐의 농도는 빠르게 감소하여 자궁내막이 파괴되며 산소와 영양분의 공급이 없는 혈관은 위축되며 조직은 죽는다. 약해진 모세혈관벽이 파괴되기 시작하면 혈액공급이 이루어지지 않는다. 무너져내린 자궁내막 조직과 혈액은 3-6일 동안 월경으로 나온다. 이 기간이 지나면 에스트로겐 농도가 다시 올라가 자궁내막이 보수되어 다시 자란다. 그림 38.21은 월경주기 동안의 호르몬 농도변화의 영향을 요약한 것이다.

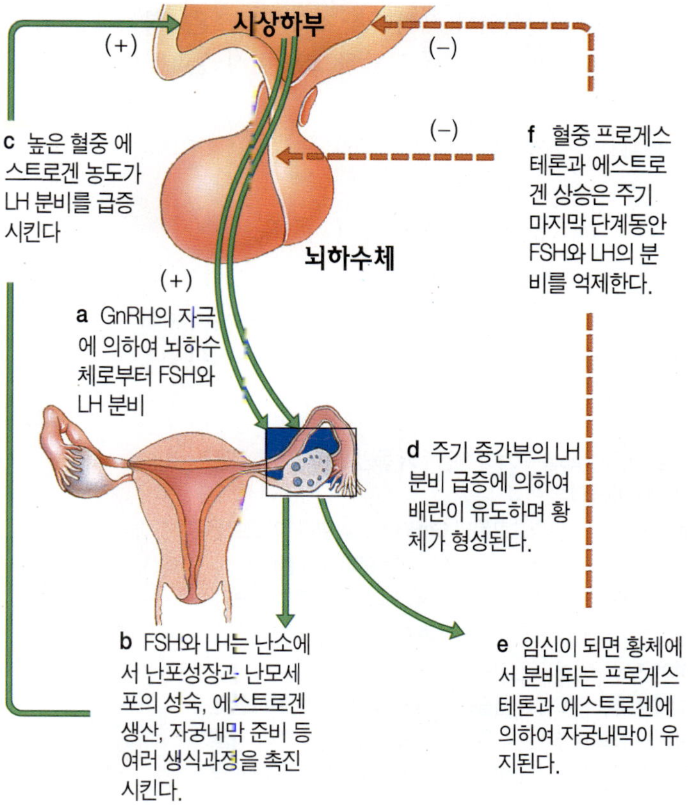


**그림 38.21** 월경주기 동안의 호르몬 분비. 난소로부터 시상하부(초록색)에 이르는 양성피드백회로가 배란을 유도한다. 2차난모세포가 나온 뒤 난소에서 시상하부와 뇌하수체(붉은색)에이르는 음성피드백회로는 호르몬 분비를 억제하고 주기가 끝날 때 까지 다른 난포가 성숙하는 것을 억제한다.

월경주기 동안 FSH와 LH는 난포의 성장을 자극한다. 제1감수분열의 결과 제1난모세포로부터 2차난모세포와 제1극체가 생겨난다.

주기 중간부에 급증하는 LH는 배란을 유도한다. 이때 2차난모세포와 극체가 난소로부터 나온다.

난소로부터, 나중에는 황체이지만, 시상하부와 뇌하수체에 걸친 피드백 회로는 난소와 자궁내막에 있어서 주기적인 변화를 조절한다.

## 38.10 월경주기 요약

자, 이제 사람의 월경주기가 그렇게 단순한 것이 아니라는 결론에 도달하였다. 오히려 잘 조화된 호르몬교향곡과 같다. 더 이상 진행하기 전에 그림 38.22로 잠시 정리하자. 난소와 자궁의 주기적인 변화는 각 월경주기를 야기하는 호르몬의 농도변화와 연관성이 있다.

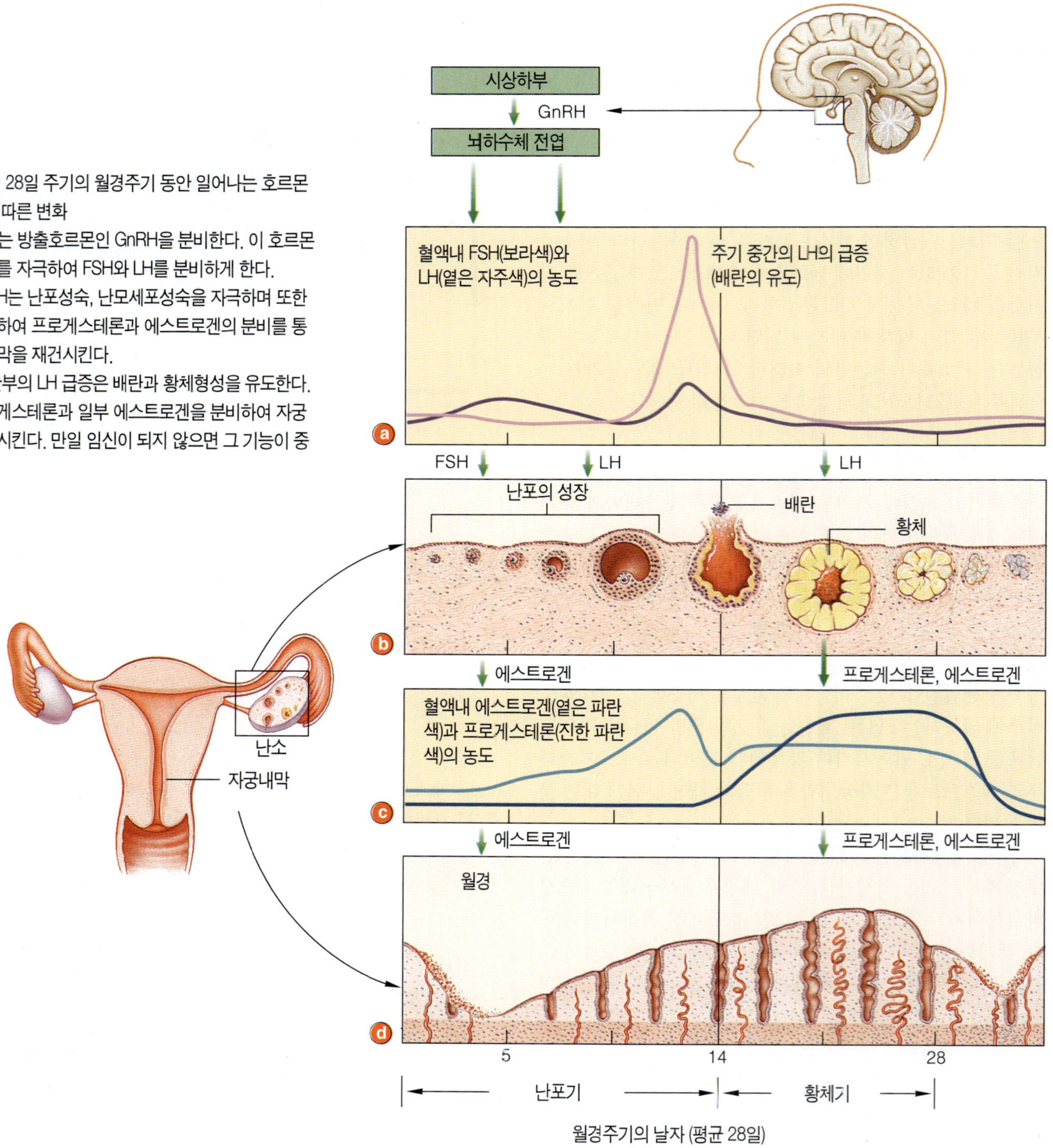


**그림 38.22** 28일 주기의 월경주기 동안 일어나는 호르몬 변화와 이에 따른 변화
**(a)** 시상하부는 방출호르몬인 GnRH을 분비한다. 이 호르몬은 뇌하수체를 자극하여 FSH와 LH를 분비하게 한다.
**(b)** FSH와 LH는 난포성숙, 난모세포성숙을 자극하며 또한 난소를 자극하여 프로게스테론과 에스트로겐의 분비를 통하여 자궁내막을 재건시킨다.
**(c)** 주기 중반부의 LH 급증은 배란과 황체형성을 유도한다. 황체는 프로게스테론과 일부 에스트로겐을 분비하여 자궁내막을 유지시킨다. 만일 임신이 되지 않으면 그 기능이 중지된다**(d)**.

# 38.11 임신

남녀가 성행위를 할 때 제2난모세포가 난관에 있으면 어떤 결과가 나올까?

## 성교

남성의 성행위는 발기(음경이 딱딱해지고 길어지는 현상)로 시작되며 음경으로부터 정액의 강력한 배출인 사정으로 최고점에 달한다. 그림 38.15에서 보는 것처럼 음경에는 긴 튜브모양의 해면조직이 있다. 성적흥분이 안된 상태에서는 해면조직에 혈액을 공급하는 큰 혈관이 수축되어 있기 때문에 음경이 축 쳐져있지만 흥분을 하면 혈관이 확장되고 음경으로 들어온 혈액이 나가지 못하기 때문에 딱딱해 지고 길어진다. 그렇기 때문에 여성의 질속으로 삽입이 가능하다.

반복적인 허리운동은 마찰에 민감한 음경 끝부분을 자극시킬 뿐만 아니라, 여성의 음핵과 질벽 또한 자극시킨다. 남성의 반응은 불수의적인 근육수축으로 나타나 정자가 포함된 정액을 요도로 내보낸다.

이것이 사정이며 허리근육의 리드미칼한 움직임과 함께 감정의 고조, 거친 숨결, 강한 심장박동, 그리고 골격근의 수축이 수반된다. 성행위의 끝인 오가슴 동안 신체적인 해체감, 친밀감, 완화감 등이 밀려온다.

여성의 오가즘 경우에서도 마찬가지다. 여성이 오가슴에 도달하지 못하면 임신이 안된다고 하는 것은 사실이 아니다.

## 수정

한번 사정에 평균 1억5천에서 3억개의 정자가 여성의 질로 방출된다. 수정은 정자가 배란전후 수일내에 일어난다. 정자는 질에 들어온지 30분이 채 못되어서 여성생식관의 수축에 의하여 속으로 깊숙이 들어간다. 난관의 위쪽까지는 수백개의 정자가 도달하며 그곳에서 수정이 일어난다(그림 38.23).

많은 정자는 난모세포의 투명대(zona pellucida)에 달라 붙으며 이때 정자 머리의 끝부분에서 효소들이 방출된다. 이 분해효소들에 의하여 정자가 투명대를 통과할 통로가 만들어진다. 대부분의 경우 하나의 정자만 제2난모세포로 들어가며 핵과 중심립을 제외한 나머지 부분들은 모두 해체된다.

정자가 진입하면서 제2난모세포와 제1극체의 제2감수분열가 끝나 결과적으로 극체 3개와 성숙한 난자 1개가 생겨난다. 난자핵과 정자핵은 합쳐져서 두 핵의 염색체를 가진 새로 생긴 수정란은 2배체가 된다.

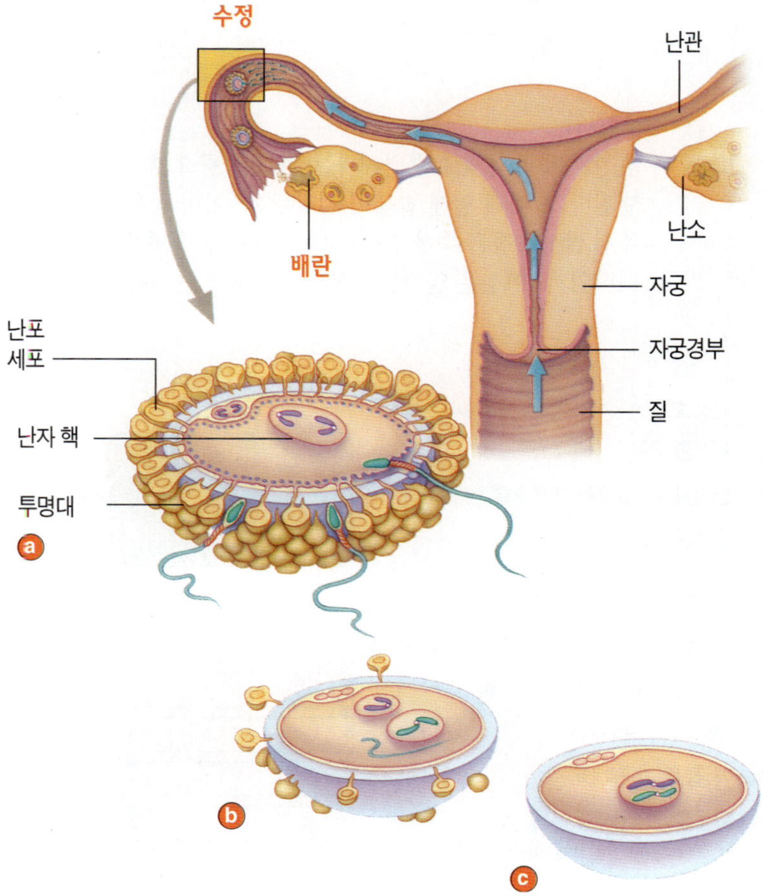


**그림 38.23** 수정. (a)수많은 정자가 질을 거쳐 제2난모세포가 있는 수란관(청색화살표)으로 빠르게 이동한다. 각 정자의 머리끝부분에서 나온 분해효소를 사용하여 투명층을 통과해 나간다.
(b) 하나의 정자가 제2난모세포를 뚫고 들어가면 수정란이 분비한 물질에 의해 투명층은 다른 정자가 통과할 수 없게 된다. 정자의 통과는 난자핵의 제2감수분열 또한 자극시킨다.
(c) 정자의 꼬리는 퇴화되며 핵은 커져서 난자의 핵과 합쳐진다. 수정이 완료되면 접합자가 만들어진다.

성교 동안의 긴장된 생리적인 작용에 의하여 정자와 난자가 만나게 된다.

수정은 정자핵과 난자핵이 융합됨으로써 완료된다. 이때 형성되는 이배체인 접합자는 새로운 개체의 시작이다.

## 38.12 수정의 조절

*성에 빠져들게 하는 유혹은 수 억년 동안 진화를 거쳐오고 있으나 그것을 자제하기위한 수세기 동안의 도덕적 논쟁은 그것을 뛰어넘지 못하고 있다. 우리들의 지나온 생물학적인 성과 안정된 현대사회의 성문화에 대한 필요성을 어떻게 조화시켜나갈 수 있을까?*

### 논쟁점

접합자에서 성체로의 변해가는 과정은 중요한 의문점들을 던진다. 도대체 언제 발생이 시작될까? 이미 공부한 것처럼 주된 발생과정은 수정 전에 이미 시작된다. 생명은 언제부터 시작일까? 여성은 일생동안 500 개 정도의 난자를 생산한다. 남성은 한번 사정시 2-3억 정도의 정자를 방출한다. 정자와 난자가 만나 새로운 개체의 유전자조합을 완성하기 전에 이들 각각이 이미 하나의 생명체였다. 따라서 수정에 의하여 생명체가 시작된다는 주장은 설득력이 약하다.

생명은 38억년 이전에 이미 시작되었으며 각 생식세포와 접합자, 그리고 성적으로 성숙한 개체는 생명체가 시작된 단계에서부터 생명이 진행되어가는 과정에 있다. 이러한 생명에 대한 거시적인 안목이 임신의 의미를 퇴색시킬수 없다. 오랜 기간동안 진행되어 내려오는 종의 진화적인 특성을 가진 생명을 새로운 개체에게 부여한다는 것은 대단한 것이다. 현재 자원의 공급이 인류증가를 앞서가지 못하고 있다. 이미 수백만명이 기아의 공포에 직면해 있다. 아이를 낳는 것이 어떤 의미가 있는지, 생명은 주지만 생존할 식량이 주어지지 않는 것은 어떻게 생각해야 될지 여기에 대한 답을 아는 사람은 많지 않다. 그렇다면, 출산율을 조절해야 할 것인지, 그렇다면 또 어떻게 조절할 것인지 하는 것도 굉장히 중요한 문제이다. 이런 문제에 대해서는 단원 39에서 다시 다루게 된다. 이 단원에서는 단지 임신을 다음으로 미루거나 혹은 당장 임신을 할 것인지 하는 선택에 대한 문제만을 다룬다(그림 38.24)

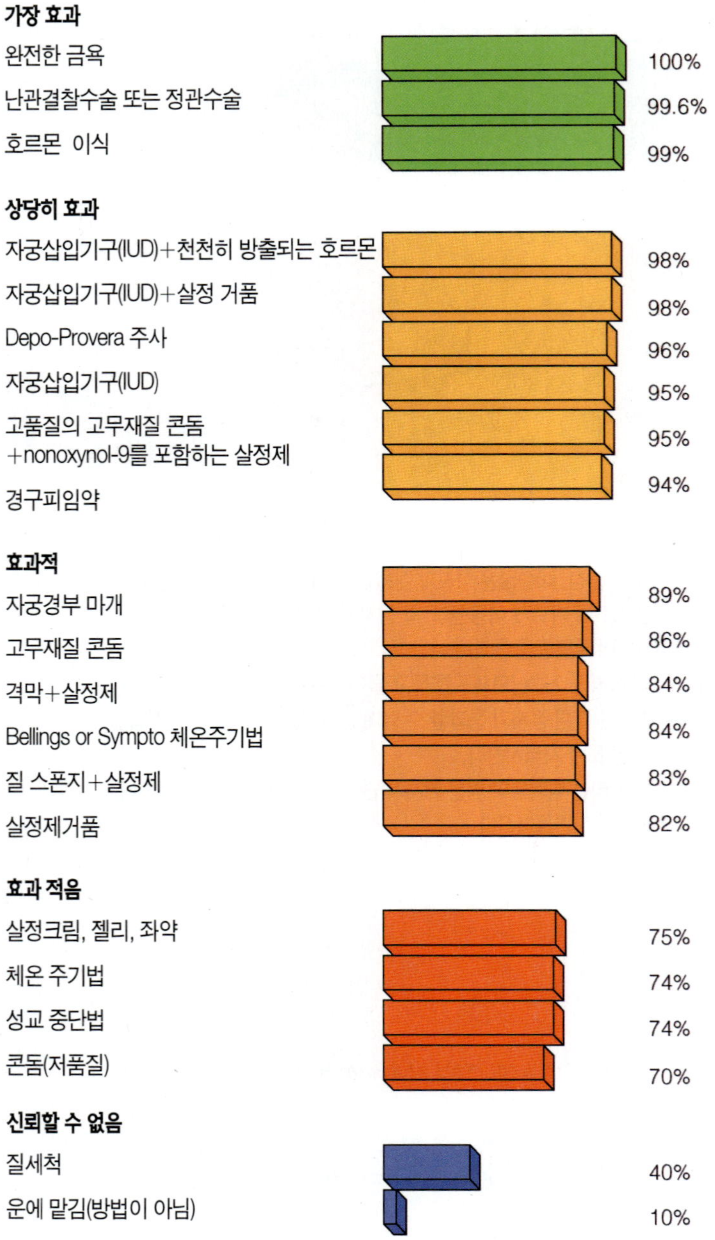


**그림 38.24** 피임법의 효과에 대한 비교. 일년간 한 가지 피임법만을 실시한 100쌍의 부부가 원치 않은 임신을 할 경우의 수를 제시된 백분율로부터 알수 있다. 예를 들면 94%의 경구피임법 경우, 100명의 여성 중 평균 6명은 여전히 임신이 될 수 있다.

### 피임방법

금욕, 전혀 성관계가 없는 상태를 달함, 은 임신을 피할 수 있는 가장 확실한 방법이다. 그러나, 성에 민감한 감각과 호르몬의 요구를 통제한다는 것은 대단한 자제력을 요구한다. 리듬법의 또 다른 한 가지 방법은 바로 가임기간의 여성과 성관계를 하지 않는 금욕이다. 여성은 월경기간의 날수를 계산하거나 매일 아침 체온을 정밀하게 측정하여 언제가 임신이 가능한지를 알 수 있다. 때로는 잘못 계산할 수도 있다. 배란 전 수일 전에 질속에 들어온 정자는 난자와 만나는 기간동안에 충분히 살수도 있다.

성교중단법, 사정직전 음경을 질에서 빼내는 방법, 은 성서시대로 거슬러 올라갈 만큼 오래된 방법이다. 그 방법은 대단한 의지력을 요하며 여전히 실패할 가능성이 높다. 왜냐하면 사정 전 음경에서 나오는 체액에 일부 정자가 있을 수 있기 때문이다.

질세척, 성교직후 질을 세척하는 방법, 은 너무 믿을 수 없다. 사정 후 90초가 지나면서 이미 정자가 이동했기 때문에 질세척은 효과가 없다. 또한 반복적인 질세척은 생식관을 자극한다.

외과적인 시술로 수정능력을 조절하는 방법은 보다 덜 불확실 하다. 이아를 원치 않는 남성은 국부마취만 하면 시술 가능한 정관수술(vasectomy)를 고려해 볼수 있다. 음낭에 작은 틈새를 내어 세정소관을 묶기 때문에 정자는 더 이상 정소를 떠날 수 없으므로 정액에는 정자가 없다. 복원수술은 항상 성공적이지는 않아서 60% 만이 다시 임신이 가능하다.

난괄결찰술은 영구불임을 보장한다. 난관을 소작시키거나 잘라서 묶는다. 이 방법은 정관수술보다 더 자주 이용되며 성공적인 복원율은 70% 정도이다.

보다 덜 적극적인 피임방법으로서, 정자와 난자가 만나는 것을 물리 · 화학적으로 막는 방법에는 살정거품과 살정젤리가 사용된다. 이들을 성교 전 면봉 등을 이용하여 질속에 삽입하여 사용한다. 이 방법은 신뢰성이 확실하지는 않지만 콘돔이나 피임용격막(diaphragm)과 함께 사용하면 더욱 효과적이다. 피임용격막은 쉽게 접혀지며 돔 모양으로된 기구이다. 성교 전에 질속에 삽입하여 자궁경부를 덮어 사용한다. 처음에 의사의 처방에 따라 적절한 크기를 선택하여 살정제와 함께 올바로 사용하면 상당히 효과적이며, 오랫동안 사용 가능하다.

콘돔은 얇고 음경에 꼭 끼는 것으로 성교동안 착용한다. 좋은 제품을 살정제와 함께 사용하면 95% 이상의 피임효과를 볼 수 있다. 그리고 라텍스로 만든 콘돔은 성병예방에도 탁월하다. 그러나 콘돔이 찢어지거나 새면 사용할 수 없다.

피임약은 난자성숙과 배란을 억제하는 합성에스트로겐과 프로게스테론 같은 호르몬으로 되어있다. 현재 미국에서만 5천만 이상의 여성들이 사용하며 올바로 사용시 94% 이상의 피임효과를 나타낸다. 피임약을 사용하면 월경통은 완화되지만 구투, 두통, 체중증가 등을 유발하기도 한다. 또한 유방암, 자궁경부암, 간암 등의 발병빈도가 높아지는 경우도 있다.

피임용패치는 피부에 붙이는 접착성 패치인데 경구피임약과 같은 종류의 호르몬을 함유하고 있어서 배란을 억제한다.

프로게스틴을 주사나 다른 방법으로 체내 삽입하여 배란을 억제할 수도있다. 데포-프로베라(Depo-Provera) 주사는 3개월 동안 효과가 지속되고, 노플란트(Norplant)는 5년간 지속되므로 이 두 가지는 아주 효과적이다. 그러나 돌발적인 심한 출혈이 따를 수도 있으며, 노플란트는 제거하기가 좀 까다롭다.

사후복용피임약(morning-after-pill)은 콘돔이 찢어졌거나, 예상치 못한 성관계, 강간에 의한 성교 등의 성관계 후에 사용된다. 프레빈(Previn)이라는 제품은 알약 2개가 한 세트인데 배란을 억제하고 황체에서의 호르몬 분비를 억제하는 호르몬제제로 되어있다. 이 약은 빠르면 빠를수록 효과가 좋으며 성교 후 5일이 지난 후에도 효과가 있다.

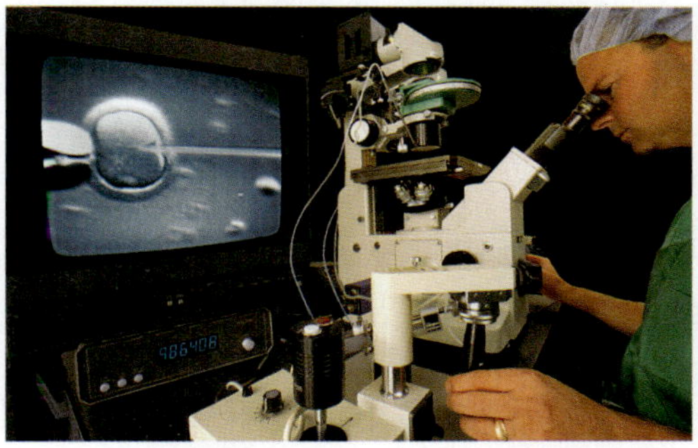

**그림 38.25** 시험관 수정(IVF) 과정에서 정자를 난자에 주입하기 위하여 현미경과 모니터를 사용하는 모습.

## 임신시도 또는 임신중절

어떤 부부는 정상적인 부부관계를 통해서는 임신이 안 되는 경우가 있다. 시험관아기 시술은 몸 밖에서의 수태를 의미한다. 호르몬주사를 이용하여 난소에서 배란이 일어나게끔 유도한다. 난소로부터 방출되기 전의 난자를 채취하여 여기에 정자를 주입하여 인공수정 시킨다(그림 38.25). 수정후 난할이 시작되며, 2-4일 후 작은 세포들로 되어있는 수정란을 여성의 자궁에 옮겨 넣는다. 매번 시술시 약 8,000 달라 가량의 비용이 소모된다-많은 경우 실패하지만. 현재 우리의 인구수와 건강관리 비용이 증대되는 상황에서 사회가 이런 비용을 감당할 수 있을까? 이 문제에 대하여 법정논쟁이 벌어져있는 상태이다.

이와는 다른 정반대현상은 임신중절이다. 즉, 자궁에서 배아 혹은 태아를 적출 또는 제거하는 것이다. 매년 미국에서만 원하지 않는 임신 310만건의 절반 정도는 유산된다. 병원의 관점에서 보면, 낙태는 임신의 제1삼분기내에 실시되면 비교적 간단하고 고통없으며 합병증도 없다. C미페프리스톤(RU486)과 프로스타글란딘은 임신 9주동안에는 유산을 유도한다. 이두가지 약제는 자궁에 있는 프로게스테론 수용체를 방해하기 때문에 자궁내막이 유지될 수 없어서 임신이 지속되지 않는다.

임신 제3 삼분기 때 유산을 하는 것은 산모의 생명을 위협할 뿐만아니라 그 자체가 논란의 대상이 되고 있다. 이 책은 낙태의 도덕성에 대한 질문에 답을 제시하지는 않는다. 단지, 어떻게 새로운 생명체가 발생하는가에 대해 설명하고 있다. 질문에 대한 답은 학생들이 스스로 내려야 한다.

## 38.13 성병

*잘 알지 못하는 사람과 성관계를 가질 경우 파트너가 자신도 모르게 다른 사람으로부터 감염된 성병을 옮길 수도 있다.*

### 감염의 결과

매년 1,500만의 미국인이 **성병**(sexually transmitted disease; STD)에 감염된다(표 38.4). 이 감염의 2/3은 25세 이하의 경우이며 그중 1/4은 십대 청소년이다. 현재 6,500만 이상의 미국인이 치유가 안되는 성병을 가지고 살아가고 있으며 미국 정부는 성병과 그에 따른 2차감염을 치료하기 위하여 매년 840억 달라를 소비한다.

성병이 사회에 미치는 영향은 엄청나다. 여성들은 남성에 비해 감염도기 쉬우며 2차감염도 잘 일어난다. 예를 들어, 매년 100만명 이상의 여성들이 박테리아성 성병의 2차감염 결과인 골반염증성 질환에 감염된다. 이 병은 생식관에 상흔을 남겨 불임이나 자궁외 임신, 만성적인 통증 등을 유발할 수 있다(그림 38.26a). 출산 전 또는 출산 시 성병에 감염된 태아는 자연유산 되거나 기형으로 태어날 수도 있다. 클라미디아에 감염된 여성은 종종 신생아감염을 유발시킨다(그림 38.26b). 허피스 typeII 바이러스는 피부에 상처를 낼 뿐만 아니라 태아가 감염되면 그중 1/2이 사망한다. 나머지의 1/4는 신경계에 결함이 나타난다.

### 성병의 주된 요인

HPV; 인간 파필로마바이러스 감염은 미국에서 가장 널리, 그리고 가장 빨리 확산되는 성병이다. 이미 2천만이 감염되었다. 100여 가지나 되는 HPV 변종 가운데 일부는 성기사마귀를 유발하며, 이 사마귀는 질, 자궁경부, 외부생식기, 항문주위에 자란다(그림 38.26c). 남성에서는 음경과 고환에 나타나며, 몇몇종은 여성에서 자궁경부암을 유발한다. 성관계가 빈번한 여성은 자궁경부에 어떤 변화가 있는지 매년 점검해야한다.

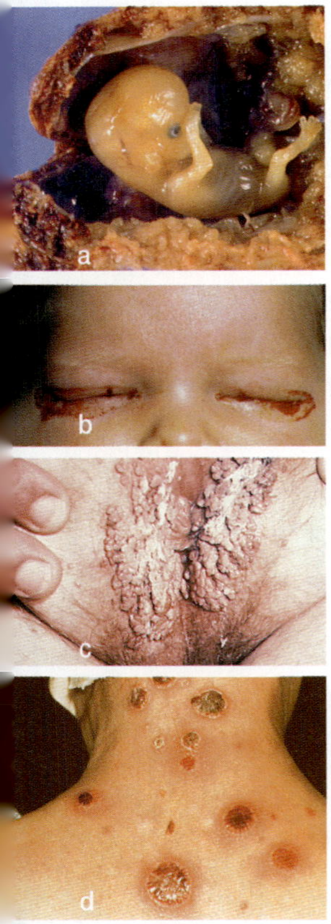


**그림 38.26** 안전하지 못한 성행위의 몇 가지 부정적인 결과. **(a)** 수란관에 상흔을 내는 성병은 난관임신의 원인중 하나다. 상흔은 배아를자궁이 아닌 수란관에 착상하도록 한다. 난관임신의 경우 조치를 취하지 않으면 수난관이 파괴되어 출혈과 감염이 따르며 사망할 수도 있다. **(b)** 산모로부터 신생아에게 전염된 클라미디아 감염. **(c)** 성기사마귀. **(d)** 2기매독의 전형적인 궤양

**트리코모나스질염** 편모 원생동물인 Trichomonas vaginalis에 감염되면 누른색의 분비물이 있으며, 통증, 질가려움증 등이 수반된다. 남성의 경우 증상은 나타나지 않지만 치료를 하지 않으면 요로를 손상시켜 불임이나 HIV감염을 수반한다. 1회의 항 원생동물약제 투여로 쉽게 치유되지만 재감염을 막기 위하여 남여 배우자 둘 다 치료를 받아야 한다.

**클라미디아** 클라미디아 감염은 젊은 사람들에게 가장 흔한 질병이다. 감염된 사람의 40%는 15세에서 19세 사이인데 성관계가 빈번한 소녀 열명중 한명은 감염된다. Chlamydia trachomatis가 질병을 일으키는데 항생제로 쉽게 치료된다. 대부분의 감염여성은 증상이 없어서 잘 발견이 되지 않으며 치료를 받지 않은 사람의 10-40%는 골반염증성질환을 동반한다. 감염된 남성의 50%는 음경에서 비정상적인 분비물이 있고 배뇨시 통증이 따르며, 치료를 하지 않으면 부정소에 염증이 생겨 불임이 될 수 있다.

**성기허피스** 약 4,500만 미국인이 Herpis simplex 바이러스에 의한 성기허피스를 갖고 있다. 활발한 허피스 바이러스나 혹은 바이러스가 있는 상처를 직접 접하면 쉽게 감염된다. 증상은 때로는 가볍거나 나타나지 않기도 하지만 감염된 여성에서는 고통스런 작은 물집이 외음부나 자궁경부, 요도, 항문조직 등에 나타난다. 남성의 경우 음경과 항문조직에 수포가 생긴다. 감염되면 3주 이내에 바이러스는 잠복기로 들어가며 딱지가 생기고 상처가 치유되지만 바이러스는 여전히 몸속에 남아있다.

바이러스는 돌발적으로 재활성화되어 최초 감염된 장소 근처에 통증을 유발하는 종기를 일으킨다. 성교나 월경, 정신적인 스트레스, 혹은 다른 감염이 성기허피스의 재발을 유도한다. 항 바이러스약제인 애시클로비르(Acyclovir)는 치유기간과 통증을 줄인다.

**표 38.4 년간 새로 발병하는 성병의 추정치**

| 성병 | 미국 | 전세계 |
|---|---|---|
| 성기사마귀 | 5,500,000 | 30,000,000 |
| 트리코모나스질염 | 5,000,000 | 174,000,000 |
| 클라미디아 | 3,000,000 | 92,000,000 |
| 성기허피스 | 1,000,000 | 20,000,000 |
| 임질 | 650,000 | 62,000,000 |
| 매독 | 70,000 | 12,000,000 |
| 에이즈 | 40,000 | 5,000,000 |

*성기사마귀와 성기허피스의 전 세계수치는 1990년 자료이다.

**임질** 임질(Gonorrhea)는 박테리아 Neisseria gonorrheae에 의하여 생기며 성교에 의하여 요도나 자궁경부, 혹은 항문 등으로 퍼진다. 감염된 여성은 약간의 질분비물이 있으며 배뇨시 화끈거리는 느낌을 가진다. 균이 난관으로 들어가면 경련, 발열, 구토, 또는 불임을 유발하는 상처를 남기기도 한다. 남성은 감염이 되면 일주일 이내에 음경에서 누른 고름이 나오며 잦은 배뇨와 통증이 수반된다.

항생제로 즉시 치료하만 빨리 치유가 되지만 또한 감염이 잘 되기도 한다. 왜냐하면 많은 여성들이 초기증상을 대수롭지않게 넘어가기 도 하고, 또 일부 사람들은 염증이 면역력을 강화시킨다고 잘못 생각하기 때문이다. 그리고 균의 변종이 16종 이상이나 되기 때문에 사람들이 계속적으로 감염되기도 한다. 경구피임약 또한 질의 pH를 바꾸기 때문에 기존의 박테리아 집단의 크기가 감소되어 다른 균에 상대적으로 쉽게 감염되기도 한다.

**매독** 스피로헤타균인 Treponema pallidum이 무서운 성병인 매독(syphillys)을 일으킨다. 감염자와 성관계를 가지면 이 박테리아가 외부생시기나 자궁경부, 질, 구강 등에 옮게 된다. 이 균은 조그마한 상처만 있어도 쉽게 몸속으로 침투해 들어가며, 감염 1-8주 후 납작하며 통증이 없는 국소궤양에서 증식을 한다.

이런 첫 궤양이 1기매독의 증후이며 대게 치유된다. 그러나 균은 척수, 뇌, 눈, 뼈, 관절, 점막 등에서 계속 분열한다. 제2기에서는 피부반점과 더 많은 종기가 생긴다(그림 38.26d). 감염의 25%는 면역반응이 성공하여 증상이 사라지며 또다른 25%의 경우 아무런 증상이나타나지 않는다. 나머지는 상처와 흔적이 피부나 간, 뼈, 또는 다른 내부기관에 나타난다. 제3기에는 균은 많이 생겨나지는 않는다. 그러나 면역과민반응이 나타나 만성적인 면역반응에 의하여 뇌, 척수 등이 파괴되어 마비를 일으킨다.

임질에 비해 매독의 증상은 너무 무섭기 때문에 대부분의 경우 초기에 치료를 받지만 후기 단계에 까지 가게되면 장기간 치료를 받아야 한다.

**에이즈** 에이즈(후천성면역결핍증; AIDS, acquired immune deficiency syndrome)는 HIV(human immunodeficiency virus)에 의하여 발병한다. 감염된 사람이 인식 못할 수도 있지만 감염이 되면 엄청난 시련을 장기간 동안 감수해야 하며 거의 대부분의 경우 면역계가 손상된다. 에이즈는 치유되지 않는 성병이다(34.10 절).

초기단계에는 아무런 증상이 나타나지 않지만 5-10년 후 만성적인 병리현상이 발생하여 면역계가 약화되어 기회감염이 쉬워진다. 이런 경우 이미 몸안에 살고 있는 정상적인 경우에는 무해한 박테리아가 약화된 면역력의 틈새를 노린다. 그리고 난 다음 더욱 위험한 병원균이 침투해 들어온다. 결과적으로 면역계는 무방비상태가 된다. 많은 경우 HIV는 항문성교, 질성교, 입성교, 또는 정맥주사 등을 통하여 퍼져나간다. 혈액, 정액, 오줌, 질액 등에 포함되어있는 바이러스 입자는 음경, 질, 직장, 구강 등의 내부에 생긴 상처를 통하여 새로운 숙주로 전달된다. HIV 감염에 대한 검사는 무상, 혹은 저렴한 가격으로 공공보건기관을 통하여 받아볼 수 있으며 감염에 의해 생성된 항체는 최초 감염 후 수주에서 6개월 사이에 판독이 된다. HIV검사에서 양성으로 나온 사람은 다른 사람에게 바이러스를 옮길 수 있다.

**그림 38.27** 2002년 동계올림픽 성화주자 중의 한명이며 NBA의 전설인 매직 존슨. 그는 이성애 경로로 바이러스에 감염되어 1991년 에이즈 양성판정을 받았지만 에이즈치료제와 전문적인 의료조치 덕분에 여전히 살아있다. 현재 에이즈교육에 대한 캠페인을 계속 중이다.

에이즈 예방을 위해서는 공공교육이 필요하며 대부분의 건강관련 직종 종사자들은 '안전한 성(비록 좀 모호하긴 하나)'에 대한 홍보를 해야한다. 나녹시놀-9(nonoynol-9)이 함유된 살정제와 좋은 품질의 라텍스콘돔을 병행하면 약간의 위험성은 있지만 바이러스의 전파를 비교적 잘 막을 수 있다. HIV 보균자와 키스하는 것은 위험하지만 체액이 상처 등을 통하여 전달되지만 않으면 애무는 무난하다. 다른 성병에 의하여 피부에 상처가 있으면 쉽게 바이러스에 감염된다.

새로 개발되었거나 값비싼 약제는 생명을 연장 시킬 수도 있다. 1990년대 말에는 다시 감염율이 증가하기 시작하였는데 이는 아마도 에이즈가 더 이상 치명적이지 않다는 잘못된 생각 때문일 것이다. 그러나 에이즈에 의해 사망자가 계속 생기고 있으며 바이러스는 계속적으로 돌연변이를 하고 있다. 오늘날의 약제가 죽음을 얼마나 막을 수 있을지는 아무도 모른다.

## 38.14 초기 배아의 형성

*수정 후 약 9개월 뒤 여성은 출산을 한다. 새로 태어나는 아이는 모체 내에서 오랫동안 발생단계를 거쳐왔을 뿐만 아니라 다른 영장류에 비하여 훨씬 오랜 기간동안 보살핌을 받아야 한다.*

임신기간은 수정 후 평균 38주 이다. 배반포(blastocyst)가 형성되는 데는 약 1주일이 걸리며, 모든 주요 기관들은 배아기간 중에서 임신 3-8주 사이에 만들어진다. 이 기간이 지나면 새로 발생되는 개체는 이제 **태아**(fetus)라고 불리며 이미 사람의 특징적인 모습을 갖고 있다. 태아기간 동안, 즉 임신 9주째부터 출산때 까지, 기관이 생겨나고 특수화된다. 일반적으로 임신의 첫 3개월을 첫 3분기(first trimester)라 하고 둘째 3분기는 4개월째부터 6개월 말까지이며 셋째 3분기는 출산때까지다.

### 난할과 착상

수정 후 3-4일 이 지나면 이미 수정란은 난할을 시작한다. 이때 이미 유전자가 발현되어 초기 세포분열 때 그 생성된 단백질이 사용된다. 8 세포기가 되면 세포들이 엉켜모여 공 모습이 되며, 배반포가 5일째 만들어 진다. 배반포의 바깥 세포층을 영양막(torphoblast)라 하며 안쪽에는 세포들의 분비물로 채워진 포배강(blastocoel)과 내세포괴(inner cell mass)가 있다(그림 38.28d). 1-2일 후 착상이 진행되는데, 배반포가 자궁내벽에 달라 붙어 모체 조직속으로 뚫고 들어가서 임신을 유지하기위해 필요한 물질대사의 연결부위로 된다. 이 시기에 내세포괴는 세포들이 원반모양으로 납작하게 배열되며 장차 실질적인 배아원반(embryonic disk)으로 자라나게 된다.

### 배아바깥막

착상이 진행되면서 배아 바깥에 막들이 생겨난다. 먼저, 배아원반과 배반포 의 일부 표면 사이에 액체로 채워진 공간인 양막강이 생겨난다(그림 38.28f). 여기로 많은 세포들이 이동하여 공간의 벽 주위에 모여 장차 배를 둘러싸게 될 **양막**(amnion)이 만들어진다. 속의 공간을 채우고 있는 액체는 배아가 자라면서 자유로이 움직일 수 있고, 외부의 온도변화나

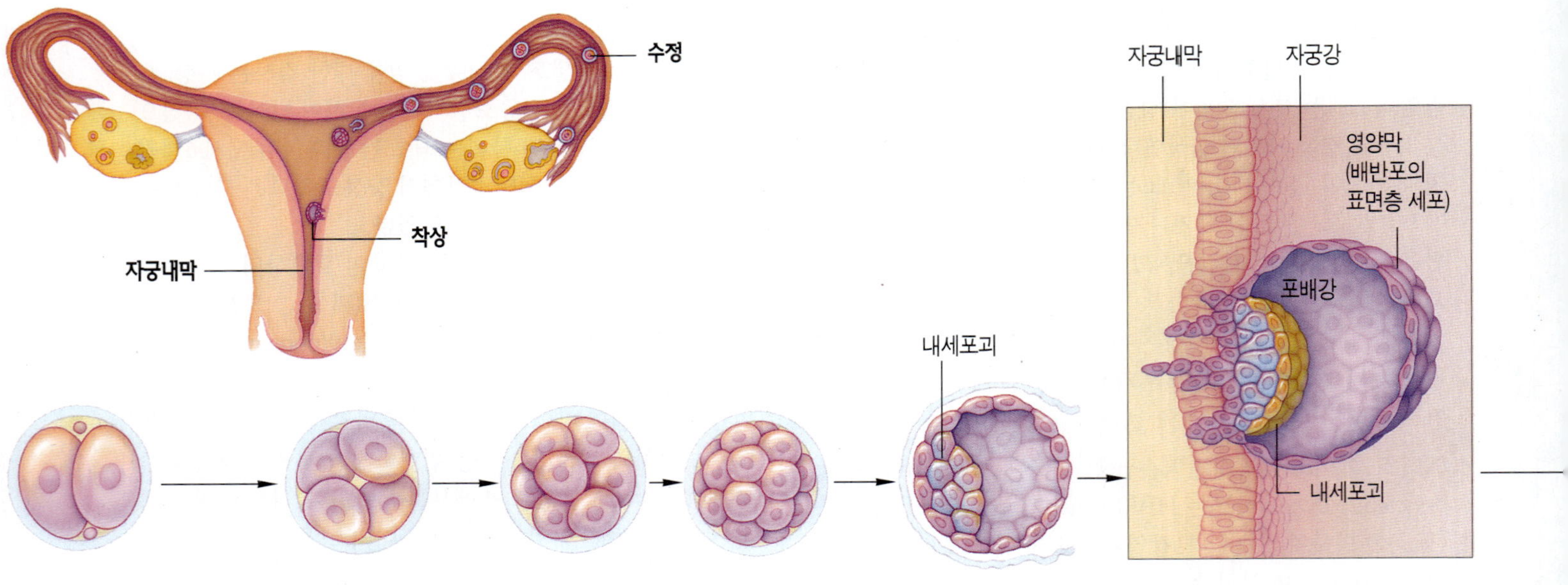


**a** 1-2 일째. 첫 난할은 위아래의 두 극체 사이의 홈을 따라 진행된다. 이후에 일어나는 난할은 귀퉁이에서 진행되기 때문에 세포들이 비대칭으로 배열된다. 8세포기 까지는 세포배열이 느슨하며 세포들 사이에 공간이 생긴다.

**b** 3 일째. 세 번째 분열 이후는 세포들이 단단한 공모양으로 뭉쳐지는데 특히 바깥쪽에 위치한 세포들은 밀착연결을 통하여 세포가 안정화된다. 내부에 위치한 세포들은 간극결합을 통하여 세포들 사이의 물질교환을 하게 된다.

**c** 4 일째. 96시간이 경과하면 16-32 세포로 구성되며 뽕열매 모양처럼 보이기 때문에 상실배(morula, 뽕열매을 의미하는 라틴어인 morum에서 유래됨)가 된다. 바깥쪽의 세포들은 착상에 관여하며 장차 융모막으로 된다.

**d** 5 일째. 바깥쪽에 위치한 세포들로부터의 분비로 인하여 상실배의 내부에 포배강이 만들어진다. 32세포기가 되면 실제적인 배아가 될 내세포괴에서 분화가 진행된다. 이 단계의 배아를 배반포라 한다.

**e** 6-7 일째. 배반포 표면의 일부 세포들은 자궁내막에 달라붙어 파고 들어가기 시작한다. 즉, 착상이 시작된다.

실제 크기

물리적인 충격으로부터 배아를 보호하는 기능을 하게 된다. 양막이 형성되고 나면 일부 다른 세포들은 배반포의 안쪽 벽을 따라 내부로 이동하여 난황낭이 되는 세포층을 형성한다. 이 배바깥막들의 생성은 육상동물의 진화를 대변한다. 알껍질을 만드는 대부분 동물들의 경우 난황낭에는 영양분이 많은 난황이 들어있다. 사람의 경우, 난황낭의 한 부분은 혈구생성부위가 되며 다른 부분에서는 장차 생식세포가 될 배세포(germ cell)가 생겨난다.

배반포가 완전히 착상하기 전 모체조직에 공간이 생기며 그곳에 파손된 모세혈관으로부터 스며나온 혈액이 그 공간을 채운다. 배반포에서는 양막과 난황낭 주위에 새로운 공간이 열리며 공간벽에 손가락모양의 돌기들이 자라난다. 이것이 3번째 막인 **융모막**(chorion)이되며 장차 혈액으로 채워진 해면처럼 된 태반의 일부분이 된다. 배반포가 착상하고 난 후에는 난황낭의 불거져나온 부분은 4번째 배아바깥막인 **요막**(allantois)이 된다. 요막은 동물에 따라 다른 구조와 기능을 갖는데 파충류와 조류, 일부 포유류에서는 호흡에 관여하며 또한 대사작용의 노폐물저장소로 사용된다. 사람에서는 태반으로 가는 혈관과 방광이 요막에서 발생된다.

배반포의 성장은 월경이 시작되는 것을 막는다. 배반포의 세포들은 인간융모성선자극호르몬(HCG)을 분비하는데 이 호르몬은 황체를 자극하여 프로게스테론과 에스트로겐을 분비하게 한다. 이것은 약 11주 뒤 태반이 HCG를 분비할 때까지 계속된다.

임신 3주가 시작되면 HCG가 산모의 혈액과 요에서 발견된다. 가정에서 실시하는 임신진단시약에서 보는 요의 색깔 변화는 바로 이 호르몬에 의한 것이다.

수정란의 난할에 의하여 생겨난 세포덩어리는 배반포로 발생된다.

수정 후 6-7일이 지나면 배반포는 자궁내막에 착상한다.

배반포 표면에 생겨나는 돌기들이 모체조직속으로 침투해 들어가서 발생되고있는 배아를 유지하는데 필요한 대사물질의 통로가 된다.

배반포의 일부분은 양막, 난황낭, 융모막, 요막으로 발생된다. 이 배아바깥막들은 각각 다른 기능을 수행하며 배아의 구조와 기능적인 발생에 필수적이다.

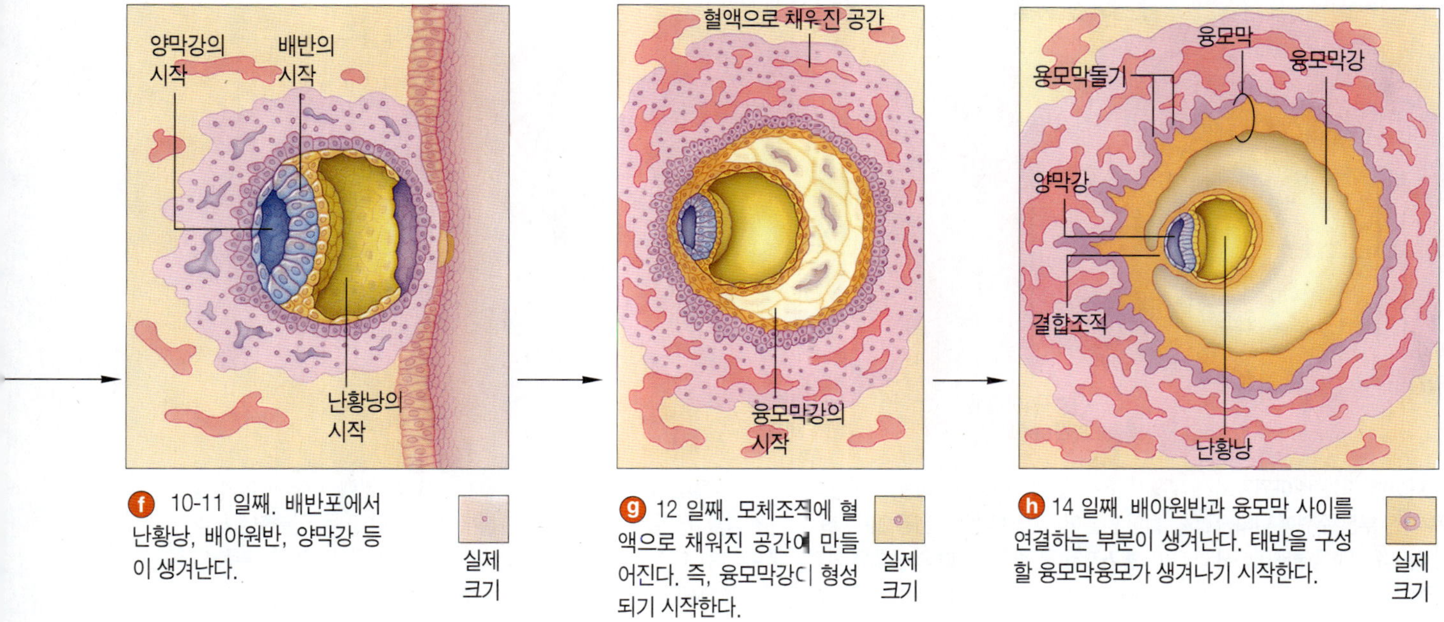


f 10-11 일째. 배반포에서 난황낭, 배아원반, 양막강 등이 생겨난다.

g 12 일째. 모체조직에 혈액으로 채워진 공간에 만들어진다. 즉, 융모막강이 형성되기 시작한다.

h 14 일째. 배아원반과 융모막 사이를 연결하는 부분이 생겨난다. 태반을 구성할 융모막융모가 생겨나기 시작한다.

**그림 38.28** 수정과 착상. 배반포가 형성되고 내세포괴는 원반모양의 초기배아로 자라게 되며 3가지의 배아바깥막(양막, 융모막, 난황낭)이 만들어진다. 4번째 막인 요막은 배반포가 착상한 후 만들어진다.

## 38.15 척추동물 신체구도의 출현

*수정 후 다음 월경이 없으면 이때는 이미 난할이 끝나고 낭배가 진행되고 있는 단계이다.*

낭배기는 세포들의 분열, 이동, 재배열에 의하여 원기조직층이 형성되는 단계이다. 이 시기에는 내세포괴가 포유류의 조상인 파충류에서와 동일한 방법으로 발생된다. 난황이 많은 파충류나 조류에서 처럼 세포들은 납작한 2층으로된 배아원반모양으로 배열된다. 이제부터 난황경(yolk stalk)이 융모막에 접하는 부분을 제외하고는 배아원반은 양막과 융모막에 둘러싸이게 된다. 이 두층 중 하나에서 난황낭이 만들어지며 다른 층은 실질적인 배아로 발생된다. 배아원반은 아래로 꺼져 내려가서 옆부분이 두꺼워지며 이것은 다음날 더 길어지고 두꺼워져서 원조(primitive streak)로 된다. 원조가 나타나는 것은 바로 낭배형성의 표식이며(그림 38.29a), 배아의 앞뒤축과 좌우대칭은 이것에 의하여 만들어진다.

내배엽과 중배엽은 이 축을 따라 안쪽으로 이동하는 세포들에 의하여 형성된다. 즉, 패턴형성이 시작되는 것이다. 배의 유도작용과 마스터유전자 그룹들 끼리 상호작용에 의하여 모든 척추동물의 기본신체구도가 방향을 잡아간다. 조직과 기관은 예정된 패턴에 따라 단계적으로 형성되기 시작한다. 예를 들면, 8일째가 되면 배원반에 2개의 주름(신경습)이 생기는데 장차 이들이 합쳐져서 신경관이 만들어진다(그림 38.29b). 이 관이 제대로 만들어지지 않으면 신경관에 결함이 생기는데, 가장 흔히 나타나는 결함은 이분척추(spina bifida)이며 척수가 외피 바깥으로 비정상적으로 삐져나온 것이다.

중배엽의 일부는 장차 척삭(notochord)으로 발생될 관속으로 접혀들어간다. 척추동물에 있어서 척삭은 나중에 뼈조직이 모여들어 척주를 만들 틀에 해당한다. 3주말 쯤이 되면 쌍으로 반복적으로 구분된 체절(somite)이 중배엽에서 생겨난다. 체절로 부터는 대부분의 골격, 머리와 몸통부분의 골격근, 그리고 몸의 진피가 생겨난다.

인두궁으로부터는 얼굴과 목, 입, 코, 후두, 인두가 형성된다. 그리고 중배엽의 한쪽 부분에 조그마한 공간들이 형성되는데 시간이 감에 따라 이들이 서로 연결되어 체강을 만든다.

*척추동물의 기본신체구도는 새로운 개체의 발생초기에 형성된다.*

*원조, 신경관, 체절, 인두궁이 모든 척추동물의 배아 기간동안에 생겨나며, 원조가 나타나면서 몸의 앞뒤축과 좌우대칭이 정해진다.*

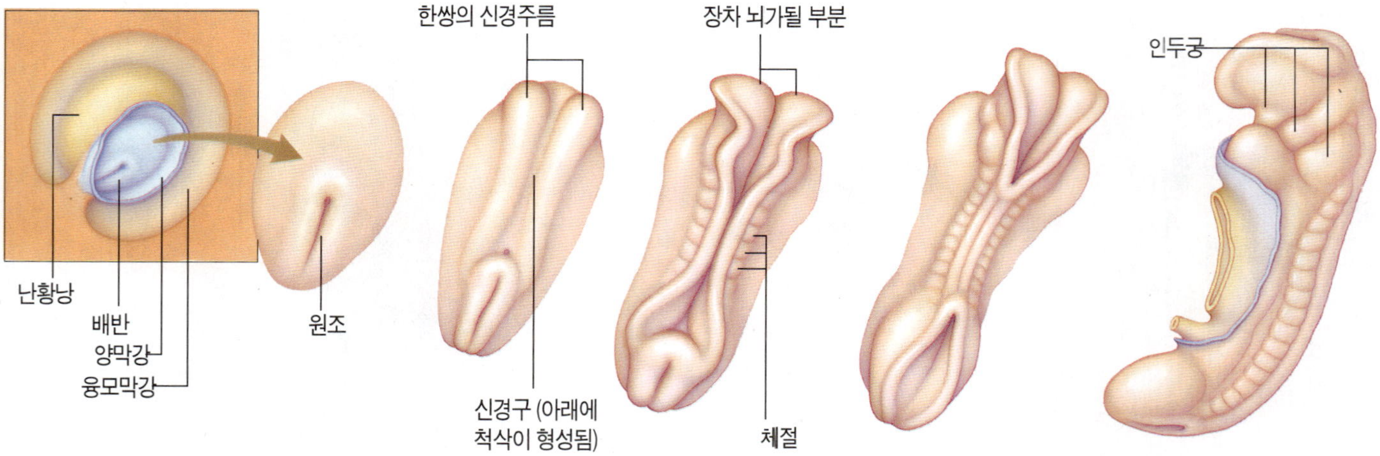


**a** 15 일째. 희미한 띠가 배아원반의 축을 따라 움푹 꺼진 부분 주위에 나타난다. 이것이 원조이며 척추동물배아에서 낭배형성이 시작되다는 표시이다.

**b** 18-23 일째. 세포분열, 이동, 조직접힘 등등의 형태발생을 거쳐 기관들이 만들어지기 시작됨다. 신경습은 서로 만나 신경관을 만들며 중배엽이 불거져서 된 체절은 배아의 등쪽면 가까이에 나타나는데 대부분의 중축골격, 골격근, 그리고 많은 부분의 진피가 여기서 파생된다.

**c** 24-25 일째. 이제 배아의 일부 세포들이 인두궁을 형성하며 여기서 얼굴, 목, 입, 비강, 후두, 인두가 생겨난다.

**그림 38.29** 인간을 위시한 다른 척추동물의 배아기의 전형적인 특징. 원조가 만들어지고 나서 척삭이 형성되며 신경습, 체절, 인두궁은 뒤에 만들어진다. (a,b)배아의 등쪽면. (c)옆면

## 38.16 왜 태반이 그렇게 중요한가?

*배아발생 과정이 시작되기 전에 이미 자궁은 배아의 빠른 성장을 유지하기 위하여 배아바깥막과 상호작용한다.*

태생 3주가 되면 자궁내막 공간을 채우고 있는 모체혈액속으로 작은 손가락 같은 돌기들이 융모막에서 자라난다. 이 융모막돌기들은 모체와 배아 사이의 물질교환 속도를 촉진시켜주며 태반의 기능적인 부분이 된다.

**태반**(placenta)은 자궁벽과 배아바깥막들로 구성된 혈액으로 채워진 기관이다. 전체적으로 보면 자궁 안쪽표면의 1/4에 해당한다(그림 38.30).

태반은 모체의 혈관과 배아의혈관이 직접 연결되어있지 않으면서 태아의 발생을 유지시킨다. 산소와 필수적인 영양분들이 모체의 혈관으로부터 확산되어 나와 혈액으로 채워진 태반의 공간을 거쳐 배아의 혈관 속으로 들어간다. 태아로 들어가는 혈관은 탯줄에 모이는데. 이것은 태반과 새로운 개체를 연결시키는 생명선이다. 이산화탄소와 다른 노폐물들은 반대방향으로 확산되어 모체의 허파와 콩팥에서 처리된다.

임신 3개월 이후 태반은 프로게스테론과 에스트로겐을 분비하는데 이 호르몬들에 의하여 자궁내벽이 존속된다.

*태반은 자궁내막과 배바깥막으로 이루어진 혈액으로 채워진 기관이다. 이 태반을 통하여 태아는 모체로부터 산소와 영양분을 공급받고 노폐물을 전달한다. 또한 배아혈관과 모체혈관이 직접적으로 연결되어있지 않은 상태에서 태아의 발생이 진행되도록 한다.*

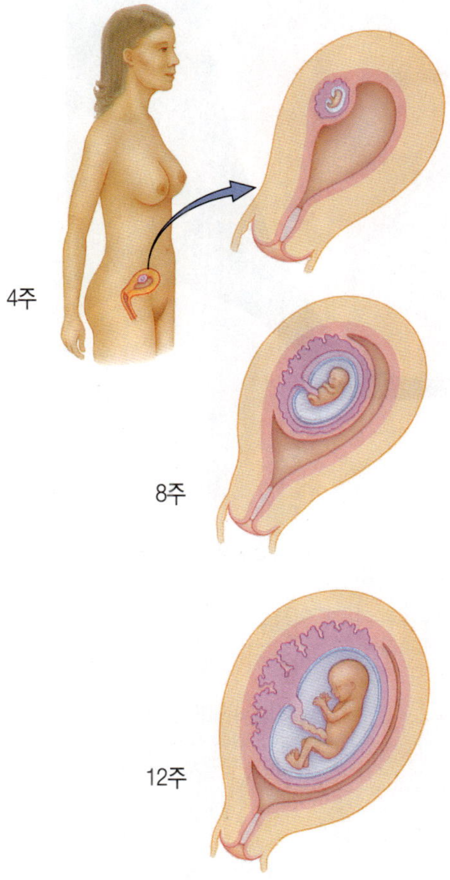


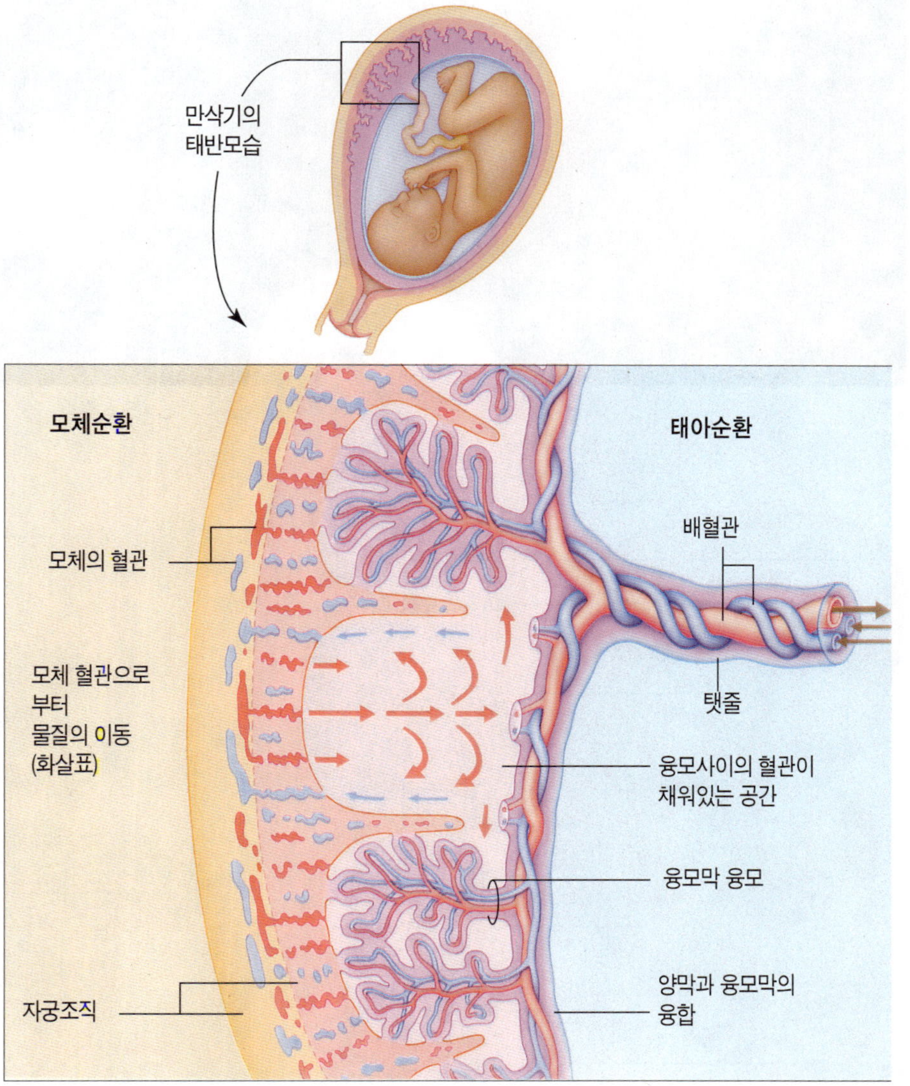


**그림 38.30** 태반에서 일어나는 태아와 모체사이의 혈액순환. 탯줄을 통하여 태아로부터 나오는 혈관이 융모막융모로 연결된다. 산모의 혈액은 융모사이의 공간에 흘러나오며 두 혈관은 서로 섞이지 않는다. 산소, 이산화탄소, 다른 저분자물질들이 태반막 표면을 가로질러 확산된다.

## 38.17 뚜렷한 인간 모습이 나타남

*초기단계의 인간배아는 아가미궁과 긴 꼬리 등 분명한 척추동물의 모습을 띄지만 태아기가 시작되면서 꼬리가 소실되고 뚜렷한 사람의 모습을 갖게 된다.*

태생 4주가 끝나면서 배는 처음 시작될 때 보다 500배가 크게 된다. 태생 5-6주는 배아기와 태아기의 경계부분이다. 이제부터 성장이 느려지고 기관들이 세부적으로 완성된다. 사지가 형성될 때는 노처럼 생긴 원기에서 손가락과 발가락이 모습을 갖추게 된다. 이 시기에 탯줄 또한 만들어져서 혈액순환이 원활하게 이루어진다. 무엇보다 중요한 두부의 발생이 다른 부위의 발생보다 빨리 진행된다(그림 38.31). 11.1절에 설명한 것처럼 발생기관도 이 시기에 형성되기 시작한다. 8주말이 되면 새로운 개체는 더 이상 척추동물수준이 아니고 분명한 사람의 모습을 갖게 된다.

임신 제 2삼분기에는 발생되는 신경과 근육이 서로 연결되어서 반사운동이 시작된다. 다리를 차기도하고, 팔을 흔들

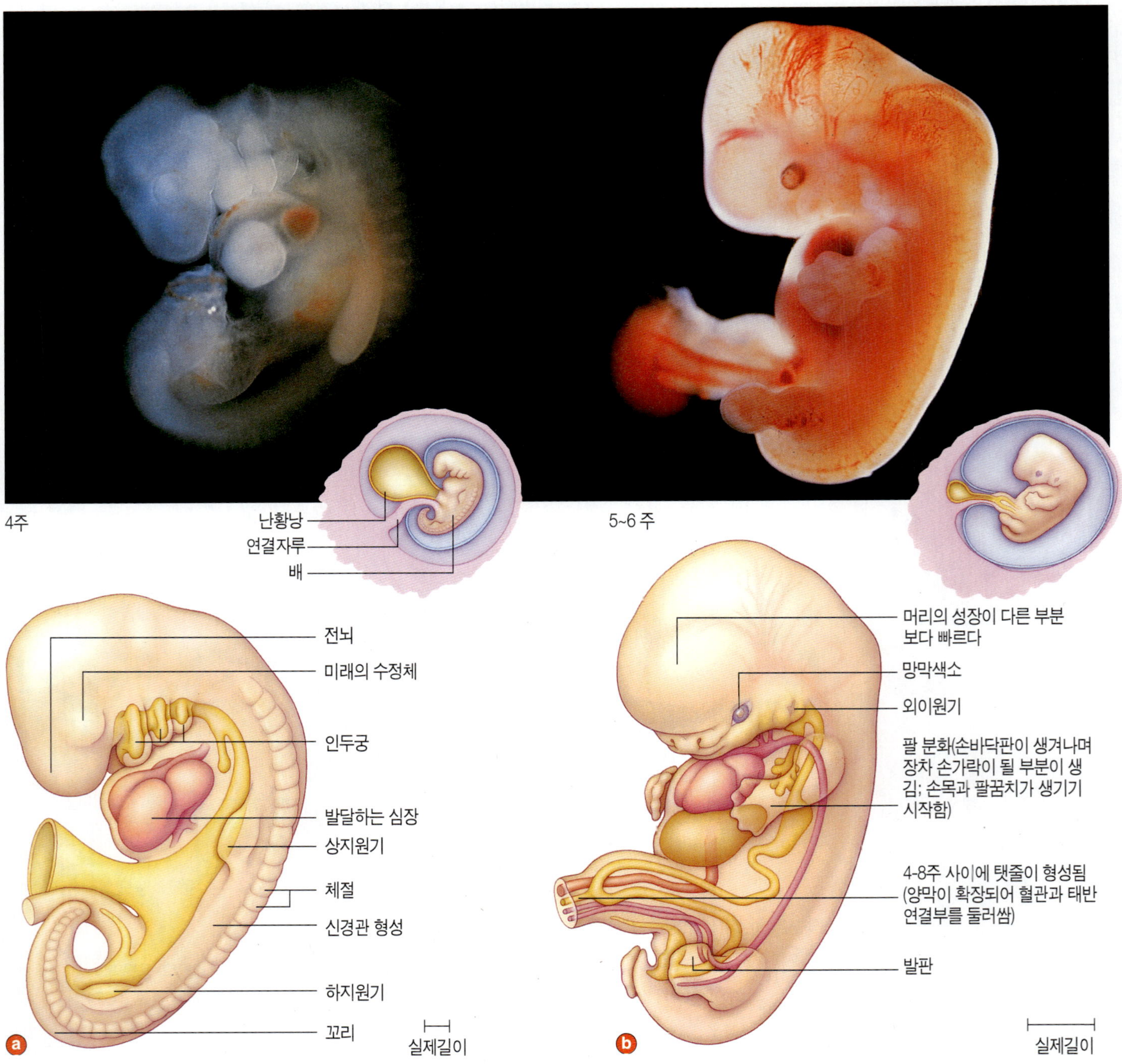


**그림 38.31** (a) 인간 배아의 연속적인 발생단계

며, 손가락을 쥐기도 한다. 태아는 얼굴을 찡그리거나 곁눈질도 하고, 입을 오므리거나 빨거나 하며, 딸꾹질도 한다. 태아가 5개월이 되면 산모의 배에 청진기를 대어 태아의 심장박동도 들을 수 있고 산모는 태아의 팔다리 움직임을 느낄 수 있다.

이제 태아의 피부는 부드러운 솜털로 덮히며 두꺼운 치즈 같은 막이 생겨서 주름지고 발그스레한 피부를 다칠로부터 보호한다. 6개월이되면 섬세한 눈꺼풀과 속눈섭이 만들어진다. 임신 제 3 삼분기가 시작되는 7개월째 동안은 눈을 뜬 상태로 지나며 이때 뇌의 모든 부분이 형성되어 기능을 하기 시작한다.

초기 배아 단계 때 만들어졌던 척추동물 모습을 한 원기조직이 태아기가 되면서 사람의 형태로 모습이 바뀐다.

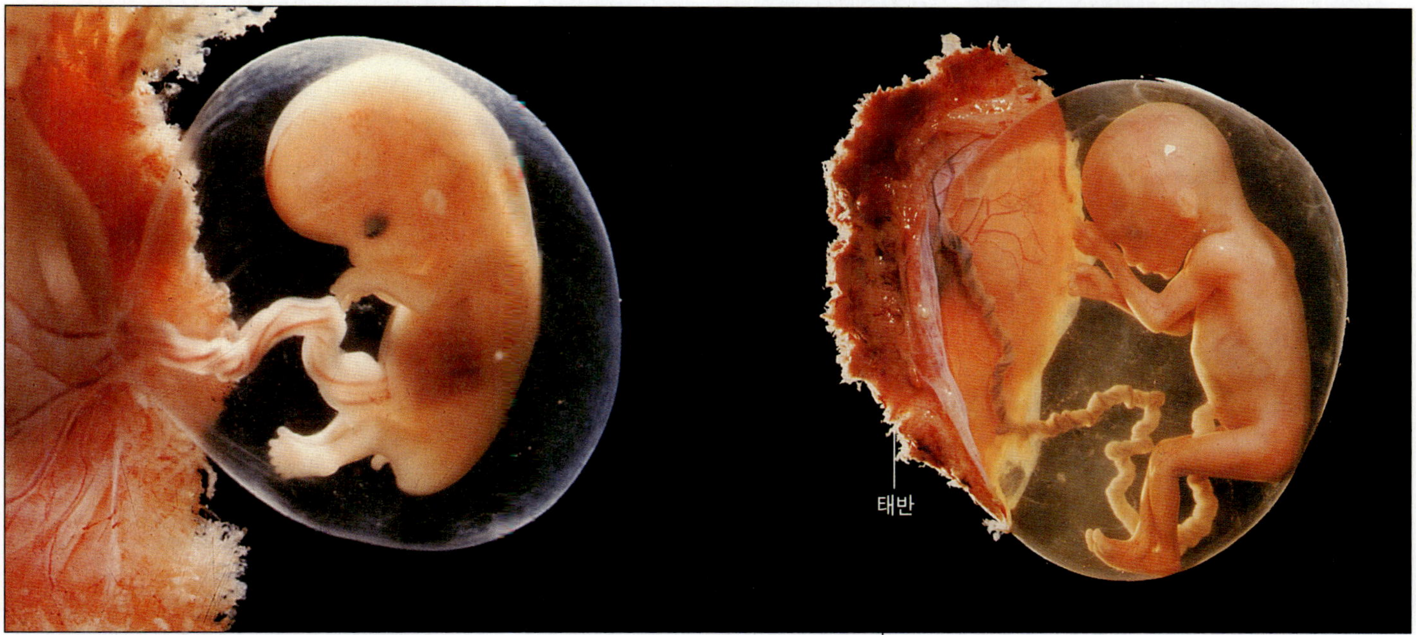


8주

마지막 배아기;
다른 척추동물의
배아에 비하여 분
명한 사람의 모습
을 갖춘 배아

팔과 다리가 제대로 생겨
나고 손가락과 발가락이
분리되어있다

내부와 외부의
모든 원기조직이
발생된다

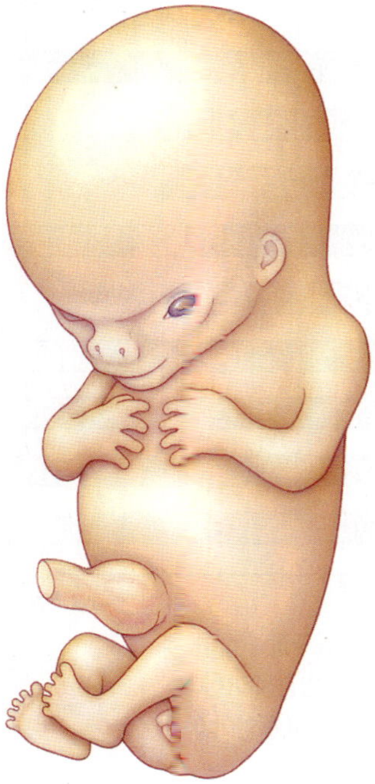

c 실제길이

16주
길이: 16cm (6.4인치)
체중: 200g (7온스)

29주
길이: 27.5cm (11인치)
체중: 1,300g (46온스)

38주 (전체 기간)
길이: 50cm
체중: 3,400g (7.5파운드)

태아기 동안의 체장은 머리끝부터 발꿈치까지의 길이를 말한다.(배아의 경우, 머리끝부터 엉덩이까지가 측정 가능한 최장 길이이다)

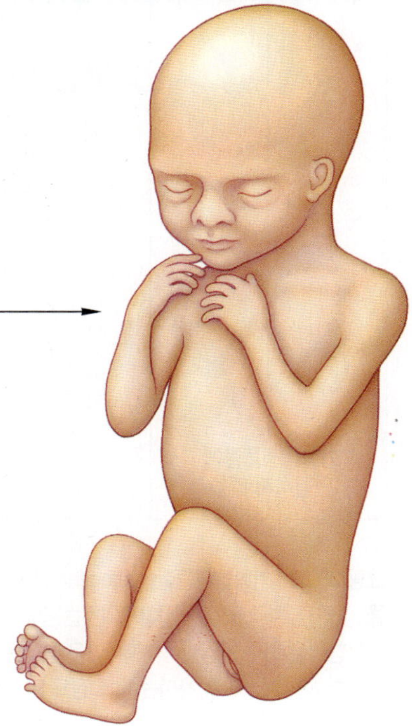

d

## 38.18 공급자, 보호자, 잠재적 위협자로서의 산모

*모든 산모는 새로이 자라는 개체의 성숙과 발생을 위하여 몸의 많은 부분을 제공한다. 수정부터 출산에 이르기까지 장차 태어날 아이는 산모의 식이와 건강습관, 생활방식에 의존한다.*

### 영양소에 대한 고려

단원 36.7에 나와 있는 것처럼 사람의 배아는 산모가 섭취하는 음식물로부터 성장과 발생에 필요한 모든 단백질, 단수화물, 지질을 얻는다. 그러나, 태반은 산모의 혈액으로부터 필요한 것을 선택적으로 흡수하기 때문에 태아에 요구되는 비타민과 미네랄의 요구량은 상대적으로 증대된다. 수태와 임신 초기단계에 비타민 B 복합체를 처방에 따라 잘 섭취하면 배아의 신경관 결함을 감소시킬 수 있다. 엽산은 이런 점에 있어서 중요하다.

영양소결핍은 발생중인 많은 기관에 심각한 영향을 미친다. 예를들면, 뇌는 특히 출산 전후 기간동안 많이 팽창된다. 이 기간동안 부실한 영양상태는 지능발달에 치명적이며 후에 뇌기능에 많은 영향을 미친다.

임신부는 평균 9-11 kg 정도는 몸무게가 늘 정도로 충분히 잘 먹여야 한다. 만일 그렇지 않으면 태아에게 심한 저체중, 출산후 감염, 그리고 때로는 뇌기능 장애 등이 나타날 수도 있다.

### 감염

산모 혈액내의 IgG 항체는 태반을 통과할 수있다. 이 항체는 거의 대부분의 심각한 박테리아성 감염으로부터 태아를 보호할 수 있다. 기관형성의 아주 중요한 시기인 수정 후 첫 6주 동안에는 바이러스성 질병의 위험이 있을 수 있다. 만일 산모가 이 기간 동안에 홍역균에 노출된다면, 일부 기관의 발생이 제대로 안 될 확률이 50%나 된다. 예를 들면, 배아의 귀 형성 시기에 산모가 감염되면 신생아

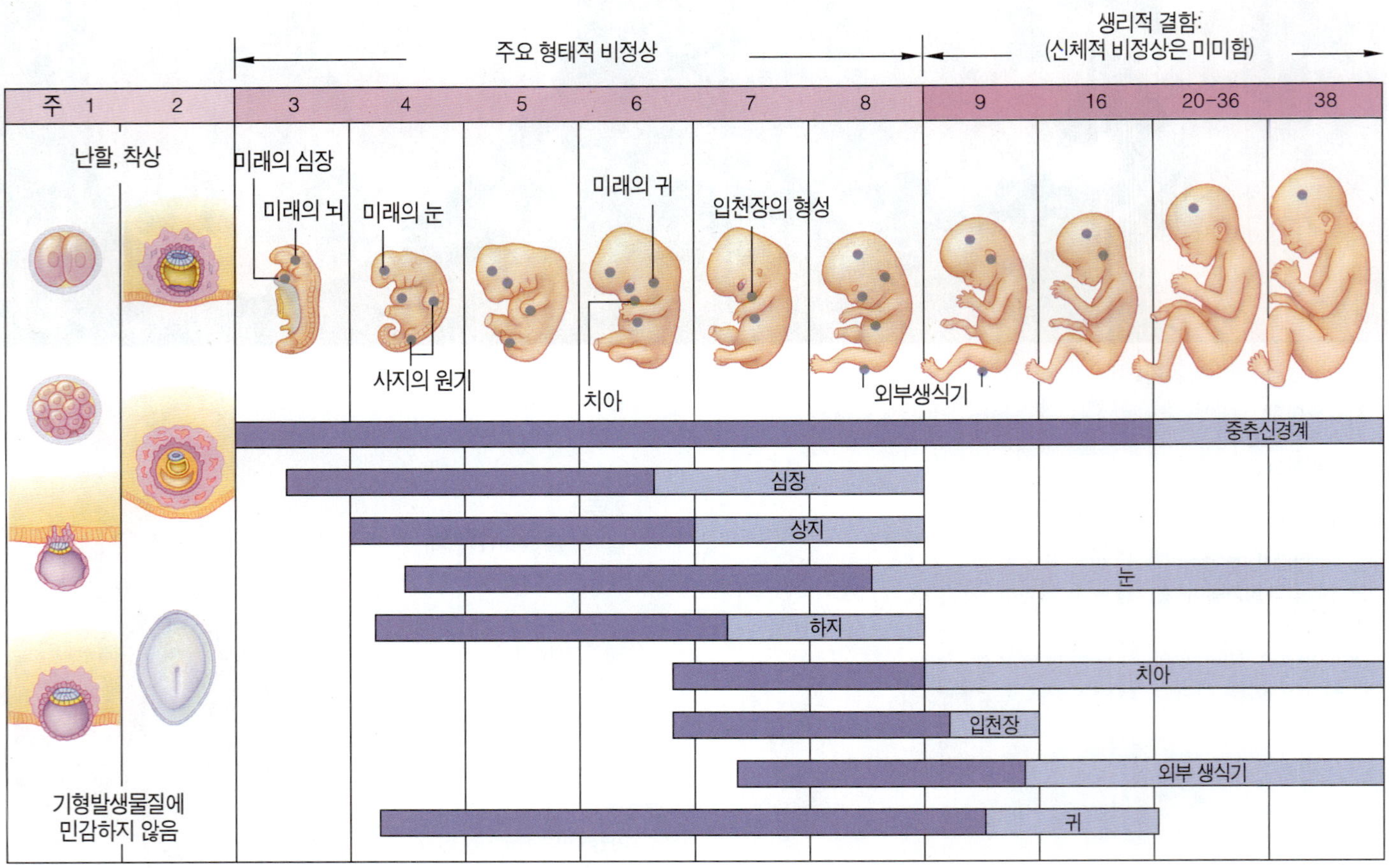


**그림 38.32** 기형발생물질(teratogen)에 대한 민감성. 테라토젠은 배아나 태아에 기형발생을 유도할 수 있는 약물, 감염원, 환경요인을 통틀어 일컷는 것이다. 이들은 성장과 조직재배열, 조직흡수 등에 나쁜 영향을 미친다. 진한청색은 아주 민감한 시기며; 열은 청색은 덜 민감한 시기이다. 예를 들면, 팔발생은 4-6주 사이 동안이 아주 민감한 시기며, 7-8주 사이는 어느 정도 민감한 기간이다.

는 귀머거리가 될 것이다(그림 38.32). 만일 임신 4개월 후에 감염된다면 특정한 질병은 나타나지 않을 것이다. 이러한 위험으로부터 벗어나기 위해서 산모는 임신 전에 바이러스에 대한 백신을 맞아야 한다.

### 음주, 흡연, 약물

음주; 술은 세포막을 자유로이 통과하기 때문에 태반도 쉽게 통과한다. 임산부가 술을 마시면 발생중의 배아나 태아도 빠르게 술을 흡수한다. 과다한 음주는 태아알코홀증후군(fetal alcohol syndrome; FAS)을 유발하는데 이 부작용의 증상은 뇌 크기감소, 지능저하, 얼굴변형, 작은 머리, 느린 성장, 심장문제 가능성, 부실한 조절기능 등으로 나타난다(그림 38.33). 미국의 일부 지역에서는 FAS가 신생아 1,000명 당 1.5나 될 정도로 높다. 증상은 평생 지속되며 FAS에 걸린 아이는 신체적, 정신적 발달이 제대로 이루어지지 않는다.

**흡연** 흡연은 자연유산의 가능성을 높이며 태아의 성장과 발육에 나쁜 영향을 미친다. 일산화탄소는 헤모글로빈과 결합하기 위하여 산소와 경쟁을 하기 때문에 배아나 태아는 충분한 산소를 공급받을 수 없다. 니코틴 농도는 산모의 혈액보다 태아의 양수에서 더 높게 나타난다. 집과 직장에서의 2차흡연에 노출되면 흡연을 하지 않는 산모에서 조차 여러 독극물을 태아에 축적된다. 어떤 종류의 담배든 간에 임신기간 동안의 흡연은 저체중아를 낳는다. 이런 현상은 산모의 체중, 영양상태, 혹은 다른 중요한 요소가 비흡연자와 다찬가지라 할지라도 발생한다. 흡연은 영양에도 나쁜 영향을 미친다. 한 연구에 따르면, 흡연 임산부의 경우 정상인과 동일한 양의 비타민을 섭취하였는데도 혈중 비타민 C의 농도가 산모와 태아 모두에서 낮게 나타난다. 흡연의 영향은 매우 오래지속된다. 같은 주에 태어난 아이들을 추적해 보면, 흡연자의 아이들은 더 작고, 심장결함도 두배나 높고, 출산후 2차감염으로 사망하는 빈도도 훨씬 높았다. 생후 7년이 되어 수학능력를 보면 흡연자의 아이가 거의 반년이 뒤진다.

**마약** 코카인을 비롯한 마약 종류를 사용하는 임산부의 경우 자연유산과 미숙아출산 가능성이 높다. 이런 종류의 약은 신경계의 발생을 저해하며, 코카인 중독자의 아이는 유아기 때 비정상적으로 신체가 작고 신경질적이 된다. 일부 연구에 따르면 출생 전에 코카인에 노출되면 지능과 행동에도 오랜 기간동안 부정적인 영향을 미친다고 한다.

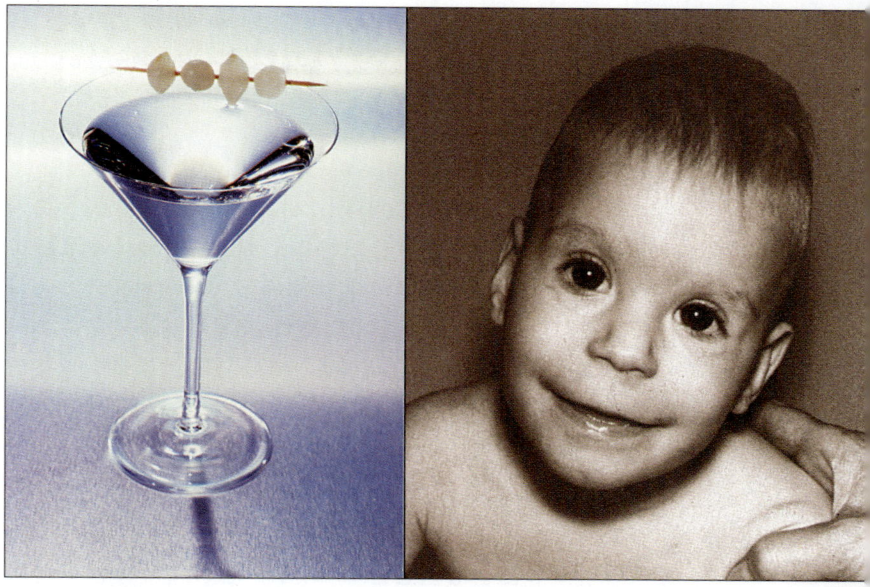

**그림 38.33** 태아알코홀증후군(FAS)을 가진 신생아. 정상보다 아래에 달린 두드러진 귀, 부정확하게 형성된 턱뼈, 그리고 비정상적으로 넓고 편평한 윗입술이 가장 뚜렷한 특징. 성장과 관련된 이상과 신경계이상도 생길 수 있다.

**처방 약제** 임산부는 의사가 처방해주는 약 외는 어떤 약도 먹어서는 안된다. 이것을 뒷받침할 증거는 유럽에서 많이 처방된 신경안정제인 '탈리도마이드'이다. 임신 제1 삼분기동안 이약을 복용한 산모에서 태어난 아이는 팔다리가 심하게 변형되거나 심지어 전혀 만들어지지 않았다. 이 약은 현재 시중에 판매되기 않지만 다른 신경안정제나 진정제, 수면제 등은 여전히 처방되고 있으며 심하지는 않지만 유사한 부작용을 일으킬 수 있다. 어떤 여드름 치료제는 얼굴이나 두부 변형의 위험성을 증가시키기도 한다. 임신기간 동안 우울증은 드문 현상이 아니며 태아 건강에 부정적인 영향을 미칠 수 있다. 잘 먹지 않거나 자신을 제대로 돌보지 않는 산모의 경우 태아 발육이 정상적으로 되지 않을 수 있다. 이런 문제를 피하기 위하여 어떤 산모는 항우울치료를 받는다. 현재 이 약제들이 유산이나 태아성장제해, 혹은 출산에 결함을 증대시킨다는 증거는 없다. 그러나 바로 출산 전에 이런 종류의 약을 사용하는 여성의 아이에서 약간의 부정적인 증상이 나타날 수도 있다.

## 38.19 출산과 그 이후

*사람의 성장과 발육은 출산으로 끝나는 것이 아니다. 이 두과정은 신생아가 지속적인 보호와 배움의 과정을 시작하면서 계속된다. 모든 포유류에서와 마찬가지로 초기 생존은 엄마로부터 공급받는 영양소가 많은 젖에 의존한다.*

너무 일찍 태어난(22주전) 미숙아는 생존할 수 없다. 28주전에 태어난다 해도 굉장히 위험하다. 왜냐하면 폐가 충분히 발달되어있지 않기 때문이다. 이후에는 사망위험율이 감소한다. 36주가 되면 생존율은 95%이다. 36에서 38주 사이에 태어난 태아도 최상의 의료시설조건에서 조차 호흡과 체온조절이 여전히 어렵다. 가장 좋은 출생 시기는 수정 후 평균 38주가 지나서이다.

### 분만

아이를 낳는 과정을 **분만**(labor)이라 한다. 대게 출산 직전 양막이 파열되어 양수가 질을 통해 빠져나온다. 동시에 자궁목관(cervical cannal)이 확장되어 태아는 자궁에서 빠져나와 질을 거쳐 밖으로 나온다(그림 38.34).

완만한 자궁수축이 마지막 삼분기 때 시작된다. **릴랙신**(relaxin)이라는 호르몬이 난소와 태반에서 분비되어 자궁경부의 결합조직과 치골사이의 인대를 느슨하게 한다. 태아는 아래로 쳐지면서 대부분의 경우 머리가 자궁경부에와 닿는다. 출산이 시작되면 리드미칼한 수축이 2시간에서 8시간에 걸쳐 점점 강해지고 빠라진다. 일반적으로 자궁경부가 완전히 확장된 후 한시간 이내에 아기가 나온다.

강한 수축은 자궁으로부터 태반을 분리시켜 자궁 밖으로 내보내는 후산이라는 과정을 유도한다. 수축은 자궁벽의 태반이 붙어있던 장소에서 출혈이 멈추도록 하는데 도움도 된다. 탯줄을 묶고나면 며칠 후 오그라들어 남은 부분이 배꼽이 된다.

부신피질자극호르몬방출호르몬(corticotropin-releasing hormone;CRH)은 출산의 시간에 영향을 주며 산후 우울증 완화에도 도움을 준다. 시상하부에서 이 호르몬이 만들어지는데 임신기간 때는 태반에서도 분비되어 혈중농도가 3배나 증가한다. CRH는 부신피질을 자극하여 **코티솔**을 분비하게 한다(단원 31.4). 이 호르몬은 산모가 임신과 출산 동안 겪는 많은 스트레스를 이겨내는데 도움을 준다.

임신 동안 혈중의 높은 코티솔 농도가 시상하부에서 CRH가 생성되는 것을 억제한다. 출산 후에 태반이 빠져 나오게 되면 CRH농도는 급락한다. 많은 여성들에 있어서 이 하락은 짧은 기간동안 이지만, 대게 시상하부가 정상적으로 CRH 생산을 재게할 때까지, 우울증을 유발한다.

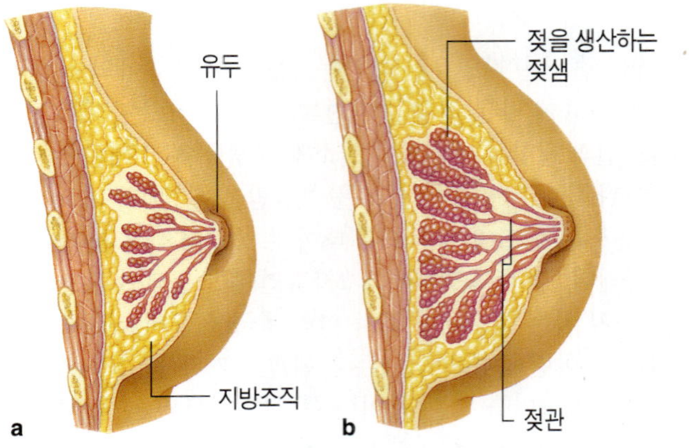


**그림 38.35** (a) 임신하지 않은 여성의 유방. (b) 수유하는 여성의 유방.

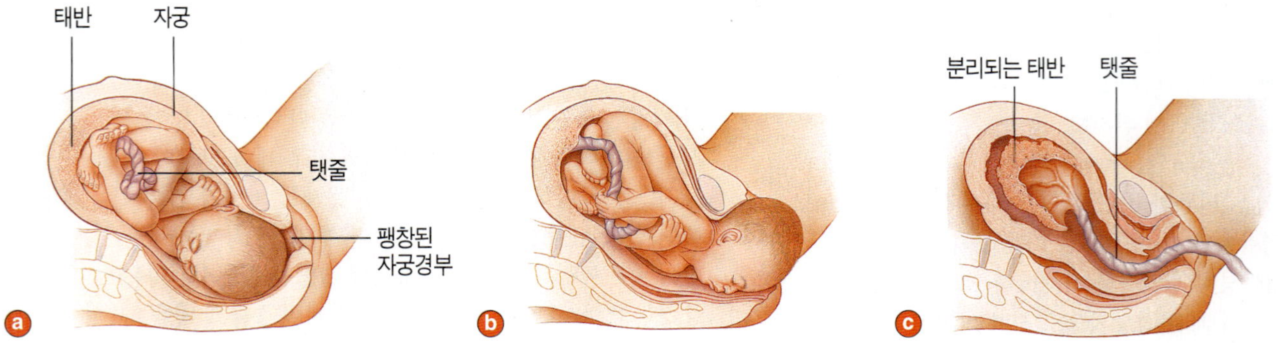


**그림 38.34** 분만과정에서 (a,b) 태아의 만출과 (c)후산. 후산은 태반, 조직액, 혈액으로 되어있다.

## 신생아 양육

모체로부터의 생명선이 절단 되고나면 신생아는, 모든 영장류의 특징인, 오랜 기간동안 보살핌과 배움의 과정에 들어간다. 초기의 생존을 위해서는 지속적으로 젖이나 이에 상응하는 영양소를 공급받아야 한다. 젖은 산모의 유방내 유선에서 생산된다(그림 38.35). 임신 전 유방조직은 대부분 지방조직과 미발달된 관들로 되어있다. 유방의 크기는 지방이 얼마나 있는가에 의해 결정되며 젖 생산과는 무관하며 임신 동안 에스트로겐과 프로게스테론이 젖 생산을 위하여 유선의 발달을 자극한다.

출산 후 첫 몇일 동안 유선은 단백질과 락토스가 풍부한 액체를 생산한다. 젖 생산에 필요한 효소를 합성하게하는 호르몬인 **유선자극호르몬**(prolactin)이 산모의 뇌하수체전엽에서 분비된다. 신생아가 젖을 빨기 시작하면 뇌하수체는 **옥시토신**(oxitocin)을 분비하는데, 이 호르몬이 수축을 자극하여 유선관속으로 젖이 들어가게 밀어 넣는다. 또한 옥시토신은 자궁근육을 수축하여 자궁이 임신전의 크기로 되돌아가도록 돕는다.

사람의 젖은 영양소외에 감염에 대항하는 면역글로불린이 포함되어 있다. 젖의 또 다른 성분은 신생아의 장내 공생하는 박테리아의 성장을 촉진시킨다. 알코홀이나 약, 수은 등 산모의 체내에 있는 다른 유독성분도 젖에 분비되기 때문에 임신동안 산모는 올바른 생활습관과 식습관을 가져야 한다.

## 출생 후 발육

많은 생물종에서와 마찬가지로 사람도 성적으로 성숙할 때까지 계속 자란다. 그림 38.36은 생활사가 진행되면서 일어나는 신체비율의 변화를 보여준다. 표 38.5는 사람의 출생 전 단계와 출생 후의 각 단계를 정의 하고 있다.

출생후 성장은 13세와 19세 사이가 가장 빠르며 성호르몬 분비는 성적 성숙과 함께 2차성징의 발달을 가져오게 한다. 골격은 성인이 되어야 완전히 성숙한다.

출산시기, 출산 후 신생아 양육을 위한 젖 분비 등은 호르몬에 의해 조절된다.

사람의 성숙과 발육은 출산으로 끝나는 것이 아니다. 성적 성숙은 성호르몬 분비가 급증하는 사춘기 이후에 일어난다.

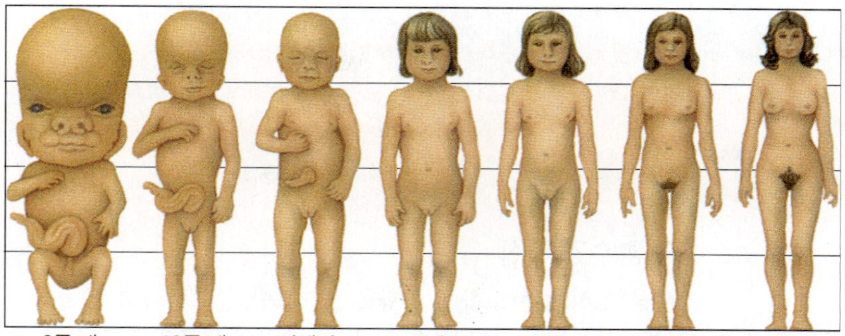

**그림 38.36** 출생전과 후의 발생동안 인체 발육상의 비율적인 변화. 전체적인 신체모습의 변화는, 천천히 진행되지만, 10대 까지 관찰된다. 예를 들면, 배아에 비하여 10대의 다리는 훨씬 길지만 몸통은 짧고 머리통도 비율적으로 작은 편이다. 표 38.5에 있는 단계와 비교하라.

### 표 38.5 사람의 발생단계

| | |
|---|---|
| **출생 전** | |
| 접합자 | 수정에 의하여 정자의 핵과 난자의 핵이 합쳐진 하나의 세포 |
| 상실배 | 난할에 의해 생긴 세포덩어리 |
| 배반포 (포배) | 표면층, 액체로 채워진 공간, 내세포괴로된 공모양의 세포집단 |
| 배아 | 수정후 2주부터 8주 말까지의 발생단계 |
| 태아 | 9주부터 출산 때 까지(수정 후 약 38주)의 모든 발생단계 |
| **출생 후** | |
| 신생아 | 출생 후 첫 2 주 동안 |
| 유아 | 출생 후 2주 후부터 약 15개월 까지 |
| 아이 | 유아부터 12, 13세 때까지 |
| 사춘기 | 2차성징의 발현기; 소녀는10-15세, 소년은 12-16세 |
| 청년기 | 사춘기 이후 약 3-4년간; 정신적, 신체적, 감정적으로 성숙함 |
| 장년기 | 성인기 초기(18-25세 사이); 뼈 형성과 성장이 끝남. 이후부터는 변화과정이 느림 |
| 노년기 | 노화가 진행되면서 조직이 노후 됨 |

# 38.20 왜 우리는 나이가 들고 죽는가?

*시간이 지나면 모든 다세포 생물은 조직의 유지와 재생이 어려워지는 시기인 노화에 이른다. 각 생명체는 최장 생명이 있다―인간은 122년, 개는 20년, 나비는 12주, 초파리는 35일 등등이다. 현재 밝혀진 최장수 사람의 나이는 122살이다. 노화과정은 유전자의 영향을 받는 것으로 생각된다.*

## 예정 수명 가설

생물학 시계는 노화에 영향을 줄까? 만일 그렇다면 동물의 몸은 시계포와 같다할 수 있다. 각 타입의 세포와 조직, 기관은 각자 유전적으로 정해진 속도에 맞춰서 진행된다. 수년전, 폴 무어헤드와 레오나드 헤이플릭은 이 가설을 시험하였다. 그들은 사람의 배세포를 배양하였는데 약 50번 분열하고는 죽어버렸다.

또한 헤이플릭은 분열을 계속하고 있는 세포 일부를 수년간 냉동보관한 후 다시 녹혀 배지를 넣고 세포배양을 재개하였더니 시험관 내에서 50번 세포분열을 한 후 예정대로 죽었다.

사람의 몸에 있는 어떤 세포도 80번, 혹은 90번 이상은 분열하지 않는다. 여러분들은 아마도 이상하게 여길 것이다. 만일 수명이 내부시계에 의하여 정해져 있다면 어떻게 해서 암세포는 계속적으로 분열을 할까? 그 답은 왜 정상세포는 그 시계를 거슬릴 수 없을까 하는 것에 대한 실마리를 제공한다. 세포는 분열전에 염색체를 복제한다는 것을 우리는 이미 알고 있다.

염색체의 끝은 DNA와 단백질로 된 **텔로미어**(telomere)라는 부분으로 덮혀있다. 텔로미어는 염색체의 끝부분이 풀리는 것을 막아주는데 매번 핵분열때 마다 조금씩 잘려나간다. 다 잘려나가고 작은 부분만 남게되면 세포분열은 더 이상 진행되지 못하고 세포는 죽게된다.

암세포와 생식세포는 예외다, 둘다 텔로메라제(telomerase)라고 하는 텔로미어를 길게 하는 효소를 생산한다. 배양세포에 텔로메라제를 처리하면 정상적인 수명보다 더 많은 세포분열을 한다.

## 손상누적 가설

다른 한 가설은 오랜 기간동안 분자나 세포수준에서 일어난 손상이 누적된 결과 노화가 온다는 것이다. DNA 복구기작시 수시로 발생하는 오류나 환경적인 요인에 의한 손상들이 여기에 속한다. 예를 들면, 유리기(free radical)라는 좋지 못한 분자들은 DNA를 비롯한 세포내 모든 분자들을 공격한다. 세포 내 발전소에 해당하는 미토콘드리아의 DNA도 예외가 아니다. DNA에 일어난 구조적인 변화는 정상적인 세포생활에 필요한 많은 효소와 단백질의 합성에 변화를 초래한다.

유리기는 백내장이나 동맥경화증, 치매 등 노화와 관련된 많은 문제점에 연루되어있다. 한 실험에 따르면 환형동물에 단순히 합성 항산화효소만을 처리하였는데도 평균수명이 50%나 증가하였다.

다른 연구에 의하면 생명연장에는 많은 대가가 요구된다고 한다. 환형동물에서 유전자 하나를 억제하여 수명은 두배로 연장되었으나 대신에 불임이 되었다.

DNA 복제와 복구문제 역시 노화와 연관이 있다. 노화질병인 워너증후군(Werner's syndrome)은 헬리케이즈(helicase)를 특징짓는 유전자에 생긴 돌연변이와 연관이 있다. 이것은 DNA 이중나선가닥을 풀는 효소인데 돌연변이가 일어나면 바로 사망하지는 않지만 DNA 복제가 제대로 되지 않는다. 그렇기 때문에 30세에 조기노화가 시작되어 50세전에 사망한다.

돌연변이가 일어나지 않은 유전자는 복구를 위해서 중요하다. 워너증후군을 가진 사람은 돌연변이가 빠른 속도로 축적되어서 세포분열을 저해한다. 노인의 피부세포처럼 워너증후군환자의 피부세포도 세포분열을 정상적으로 하지 못한다.

위의 두 가설 모두 장점이 있다. 노화는 유전자나 호르몬, 또는 환경적인 폐해, DNA 복구기작의 퇴행 등의 많은 요인들이 서로 뒤섞여서 나타나는 결과이다. 모든 조직의 세포들이 세포 주위의 체액과 어떻게 서로 물질교환을 하는지 생각해 보자. 콜라겐이 어떻게 많은 결합조직의 구조적인 주요성분이 되는지도 생각해보자. 만일 어떤 요인이 콜라겐을 만드는 유전자 발현을 억제하거나 돌연변이를 유도한다면 그 결과 결합조직을 통한 모든 세포들 사이의 산소나 영양분, 호르몬 등의 흐름이 방해될 수도 있다. 이러한 돌연변이의 간접적인 영향이 몸 전체에 퍼져나갈 수도 있다. 마찬가지로, 만일 세포의 표지단백질에 돌연변이가 일어난다면, 면역계의 T 세포가 이들을 외부물질이라고 간주해 공격을 하지 않을까? 만일 자가면역반응이 시간이 지남에 따라 더욱 빈번히 일어난다면 나이가 들면서 질병과 스트레스에 더욱 취약하게 된다.

진화의 관점에서 보면, 성공적이 생식이란 많은 후손을 낳고 키울 수 있을 때 까지 오래 사는 것을 의미한다. 인간은 15세에 성적으로 성숙하고 그 이후에는 자녀들이 성인이 될 수 있도록 도움을 준다. 우리들은 자신들이 할 수 있는 것 보다도 오래 살 필요는 없다. 그러나 모든 동물들 가운데 우리 인간은 그런 문제에 대하여 생각할 수 있는 능력이 있고, 또 대부분의 사람들은 그 무엇보다 생명을 중요시 여긴다. 그러나 아무리 완강하게 저항한다 해도 결국에는 죽음을 피할 수는 없다. 아마도 우리들은 각자에 주어진 시간 내에, 지혜롭고 기품있게, 죽음이란 피할 수 없는 것이다라는 사실을 받아들여야 한다.

## 요약

**38.1절** 무성생식은 유전적으로 부모와 동일한 자손을 생산한다. 유성생식은 에너지면에서 비용이 많이 드는 구조와 조절, 행동을 요구한다. 그러나 적어도 일부 자손에 있어서는 성공적인 생식이라 확신할 수 있는 변이를 창조해 준다.

**38.2절** 대부분 동물의 생활사에 있어서 배발생은 6단계로 되어있다: 생식자 발생, 수정, 난할에 의한 포배형성, 낭배형성과 2-3층의 원기조직층(외배엽, 중배엽, 내배엽)을 가진 초기배 생성, 기관형성, 조직과 기관의 분화.

**38.3절** 모체의 메시지는 난자의 세포질에 들어있다. 수정후 난할에 의하여 각기 다른 딸세포들에게 다른 메시지가 전달된다. 난할패턴은 동물그룹에 따라 다르다.

**38.4절** 단거리신호와 장거기신호에 의한 세포질의 구획화에 따라 배아세포들의 유전자는 선택적으로 활성화되고 세포는 분화되어 구조와 구성, 행동에 특수화가 일어난다. 기관은 형태발생에 의하여 만들어지는데 이때는 세포가 이동하며 조직이 확장되고 접히며, 일부 세포군은 예정된 세포사멸을 거친다.

**38.5절** 패턴형성은 배아세포를 예정된 장소에 일정한 순서에 따라 배치하여 배아를 만들어 가는 것이다. 모든 동물에 있어서, 유사한 마스터유전자들이 패턴형성을 주도한다.

**38.6절** 남성의 1차생식기관인 정소는 정자와 테스토스테론을 생산한다.

**38.7절** 정소에서 시사하부와 뇌하수체에 걸친 피드백회로는 테스토스테론과 LH, FSH의 분비를 주관하는데, 이들 호르몬이 정자형성에 영향을 미친다.

**38.8절** 여성의 1차생식기관인 난소는 난모세포를 생산하고 성호르몬인 에스트로겐과 프로게스테론을 분비한다.

**38.9, 38.10절** 난소에서부터 시상하부와 뇌하수체에 걸친 피드백회로는 월경주기의 호르몬분비를 조절한다. FSH는 난포의 성숙을 주도한다. 난포는 에스트로겐 분비를 통하여 자궁벽을 두껍게 하여 임신준비를 한다. 주기 중간부에 급증하는 LH는 배란을 유도한다. 황체는 배란 후 남은 난포가 변모한 것으로 자궁내막을 유지하는 프로게스테론과 에스트로겐을 분비한다. 만일 수정이 안되면 황체는 퇴화되며 자궁내막이 파열되어 피와 섞여나오고 다시 주기가 시작된다.

**38.11절** 수정은 난관에서 제2난모세포와 정자가 만나 이루어지는데, 이때 난모세포는 제2감수분열I를 끝내고 성숙한 난자가 된다. 난자의 핵은 정자의 핵과 융합한다.

**38.12절** 수정능은 습관과 수술, 물리 · 화학적인 장애, 또는 여성 성호르몬의 조작 등으로 조절될 수 있다.

**38.13절** 성병은 원생동물, 박테리아, 바이러스 등에 의하여 발생하며 안전하지 못한 성관계 등의 행동에 의하여 전염된다.

**38.14절** 수정 후 난할에 의해 생긴 배반포는 자궁내막에 착상한다. 배아바깥막인 양막, 융모막, 난황낭, 요막은 배아의 구조와 기능적인 발생을 도와준다.

**38.15절** 낭배형성에 의하여 척추동물 몸축이 설정된다. 신경원반은 장차 뇌와 척수로 될 신경관을 만든다. 배아기에 생기는 체절은 근육과 골격의 전구체이다.

**38.16절** 모체의 조직과 배아바깥막으로 이루어진 태반은 모체와 배아사이에서 직접적인 혈관의 연결 없이 둘 사이의 물질교환이 이루어지는 장소이다.

**38.17절** 배아는 임신 8주말경에 뚜렷한 사람의 모습을 띄게 된다.

**38.18절** 산모의 건강과 영양상태, 생활방식 등이 태아의 성장과 발육에 영향을 미친다.

**38.19절** 분만동안의 자궁수축에 의하여 태아가 밀려나오고 후산도 끝나다. 분만, 유선성숙, 젖분비 등은 호르몬에 의하여 유도되며 발육과 성장은 성인이 될 때 까지 계속된다.

**38.20절** 노화는 부분적으로는 유전자에 프로그램 되어있고, 부분적으로는 DNA와 다른 생물학적인 분자들에 손상이 누적되어 생긴 결과이다.

## 자습-퀴즈

*정답은 부록 Ⅲ에 있음*

1. 동물에 있어서 유성생식은 _____.
   a. 생물학적으로 비용이 든다
   b. 자세한 사항들이 다양해진다
   c. 진화적으로 도움이 된다
   d. 위의 모든 것이다

2. 난할과정에서 생긴 세포를 _____라 한다.
   a. 포배  b. 상실배  c. 할구  d. 낭배

3. _____에 의하여 3층의 원기조직이 생긴다.
   a. 생식자발생  b. 착상
   c. 낭배형성  d. 패턴형성

4. 호메오유전자는 _____를 설계한다.
   a. 분할면  b. 원기조직층
   c. 기본 신체구도  d. 위의 모든 것

5. _____의 감수분열 결과 성숙한 정자가 생긴다.
   a. 레이딕세포  b. 세르톨리세포
   c. a와 b  d. a, b 둘다 아님

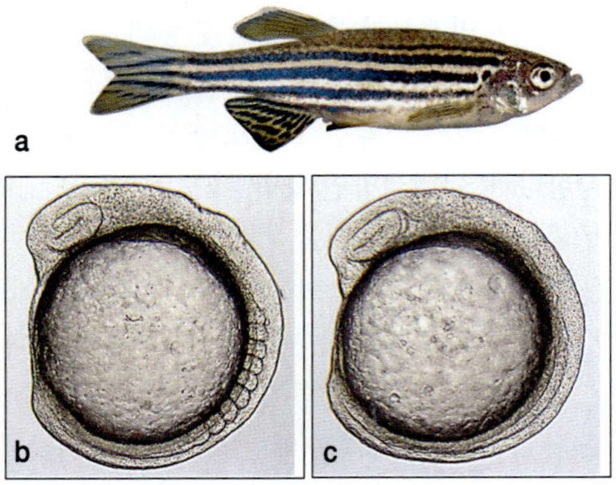

**그림 38.37** (a) 성체 제브라피쉬. (b) 정상적인 배아 (c) 돌연변이 배아; 장차 뼈대와 대부분의 골격근이 형성되는 중배엽융기가 없다.

6. 월경주기 중간부위 _____ 급증이 배란을 유도한다.
   a. 에스트로겐 b. 프로게스테론 c. LH d. FSH
7. 황체는 _____ 을 분비한다.
   a. LH b. FSH c. 프로게스테론 d. 프로락틴
8. _____ 는 자궁벽에 착상한다.
   a. 접합자 b. 낭배 c. 포배 d. 태아
9. 아래의 어느 것이 인체발생의 단계를 올바르게 나열한 것이냐?
   a. 접합자, 배반포, 배, 태아
   b. 접합자, 배, 배반포, 태아
   c. 접합자, 배, 태아, 배반포
   d. 배반포, 접합자, 배, 태아
10. 다음 중 어느 것이 박테리아에 의하여 생기는 질병인가?
    a. 클라미디아 b. 임질
    c. 성기사마귀 d. 트리코모나스
    e. a와 b f. c와 d
11. 각 용어의 가장 적절한 설명을 택하라.

| | |
|---|---|
| ____ 생식자 발생 | a. 유사분열 |
| ____ 수정 | b. 세포재배열이 원기조직 형성 |
| ____ 난할 | c. 난자와 정자 형성 |
| ____ 낭배형성 | d. 정자핵과 난자핵의 유합 |
| ____ 세포분화 | e. 몸 크기와 모양의 순서에 따른 변화 |
| ____ 형태발생 | f. 대부분의 종에 있어서 유전자들이 선택적으로 활성화됨 |

12. 가장 적절한 설명을 택하라.

| | |
|---|---|
| ____ 정소 | a. 모체와 태아의 조직 |
| ____ 자궁경부 | b. 성숙한 정자의 저장 |
| ____ 태반 | c. 테스토스테론 생산 |
| ____ 질 | d. 에스트로겐과 프로게스테론 생산 |
| ____ 난소 | e. 수정이 일어나는 곳 |
| ____ 수란관 | f. 자궁의 안쪽 벽 |
| ____ 부정소 | g. 산도 |
| ____ 자궁내막 | h. 자궁의 입구 |

## 분석적으로 생각하기

1. 제브라피쉬(*Danio rerio*)는 발생학자들에게는 아주 특별하다. 이 작은 담수어는 수조에서 쉽게 사육이 되며 암컷은 수백개의 알을 산란하여 3일 후에 부화된다. 배아는 투명하기 때문에 직접 눈으로 발생과정을 관찰할 수 있다(그림 38.37). 세포에 색소를 주입하면 이들의 위치가 어떻게 변하는지 알수 있으며 혹은 세포를 죽이거나 유전자를 주입하여 어떤 변화가 일어나는가를 관찰할 수도 있다. 진화적으로 말하자면, *D. rerio*는 인간과는 거리가 아주 멀다. 그런데도 왜 연구자들은 이 물고기의 발생과정에서 얻어지는 결과로부터 인체발생에 대한 유용한 정보를 얻을 수 있다고 생각하는지 설명해 보자.

2. 유전적으로 동일하지 않은 이란성쌍둥이는 두개의 난자가 동시에 배란되어 각각 수정하여 생긴다. 이러한 쌍둥이는 가계의 존도가 높다. 발생빈도는 인종에 따라 다른데, 흑인에서 가장 높고 황인종에서 가장 낮다. 이런 변이는 혈중 FSH 농도에 영향을 주는 유전자 산물의 차이에 의하여 생겨난다. 왜 높은 농도의 FSH가 이란성 쌍둥이의 빈도를 높이는지 설명하라.

3. 유니세프(UNICEF)의 추산에 따르면, 매년 11만명이 풍진균의 감염에 의하여 비정상적인 아이로 태어난다. 선천성 풍진증(*congenital rubella syndrome*;CRS)의 주된 증상은 귀머거리, 맹인, 정신박약, 그리고 심장기형이다. 임신 첫 삼분기의 여성이 백신을 맞지 않으면 위험성이 높지만 그 시기가 지나면 그렇지 않다. 임신동안에 진행되는 발생과정을 생각해 보고 왜 이런 현상이 일어나는지를 설명해 보라.

# 용어해설

**2 차 성징 secondary sex characteristic** 남성, 여성의 청소년기에 성 호르몬의 영향으로 성 관련 기관의 성숙이 일어나고 몸의 외부에 나타나는 변화.

**3-영역 분류체계 three-domain system** 지구의 생물을 세 개의 영역(세균영역, 고세균영역 그리고 진핵생물영역)으로 나누는 분류체계

**5계 분류체계 five-kingdom system** 생물을 원핵생물계, 원생생물계, 식물계, 동물계 그리고 진균계로 분류하는 체계.

**5탄당 pentose** 5-탄소 당. 디옥시리보오스는 DNA에 있는 5탄당이며, 티보오스는 RNA에 있는 5탄당이다.

**6탄당 hexose** 6-탄소 당.

**ADP (아데노신 이인산)ADP (adenosine diphosphate)** 인산기 2개를 가지는 뉴클레오티드로 또 다른 인산기와 결합하여 ATP로 된다.

**ATP (아데노신 삼인산) ATP (adenosine triphosphate)** 인산기 3개를 가지고 있는 뉴클레오티드. ATP가 ADP와 인산기로 분해되면 세포의 에너지-요구 반응에 필요한 에너지를 제공한다.

**B 림프구 (B 세포) B lymphocyte (B cell)** 골수에서 성숙하는 림프구. 이것이 특정 항원에 의해 자극을 받으면 항체 생성하는 혈장세포로 된다.

**B 세포 수용체 B-cell receptor (BCR)** 항원과 결합하여 B 세포를 자극하는 역할을 하는 B 세포 표면에 위치한 복합체.

**cAMP cyclic monophosphate (cAMP)** ATP와 연관된 화합물로 펩티드 호르몬 신호전달 과정에서 이차 전령으로 작용하여 대사과정을 활성화시킨다.

**DNA 수선효소 DNA repair enzyme** 변형된 DNA를 원래의 염기서열로 회복시키는 여러 효소 중 하나.

**DNA 연결효소 DNA ligase** DNA 조각을 연결하는 효소로 벡터 DNA와 외부 유전자를 결합하여 재조합 DNA를 만들 때 사용함.

**DNA 중합효소 DNA polymerase** DNA복제과정 중 DNA 주형에 상보적인 뉴클레오티드를 결합하는 효소.

**DNA 지문감식 DNA fingerprinting** 특정 개인을 구별하기 위해 제한효소로 절단된 서로 다른 크기의 DNA 조각을 이용함.

**DNA 칩 DNA chip** 수많은 DNA 탐침 배열을 갖고 있는 작은 사각형 유리 판.

**DNA 탐침 DNA probe** 상보적인 서열을 갖는 DNA 조각과 결합하는 외가닥 DNA 조각.

**DNA-DNA 잡종형성 기법 DNA-DNA hybridization** 두 가지 이종생물의 DNA를 각각 분리한 후 각 종의 DNA를 합쳐서 잡종 DNA를 만든 후 두 종의 DNA 가 일치하는 정도에 따라서 두 종 사이의 진화적 혹은 혈연적 연관관계를 조사하는 기법.

**K-선택 *K*-selection** 비교적 안정된 환경 조건하에서의 생활사 혹은 생존전략; 비교적 적은 수의 자식생산과 부모의 각별한 자식보호로 특징지어짐.

**metabolic pool** Metabolites that are the products of and/or the substrates for key reactions in cells, aln

**mRNA 전사물 mRNA transcript** DNA에 존재하는 염기 서열의 복사물.

**$NAD^+$ (니코틴아미드 아데닌 디뉴클레오티드) $NAD^+$ (nicotinamide adenine dinucleotide)** 산화-환원 반응의 조효소로 기질이 산화될 때 전자와 수소 이온을 받아 NADH + $H^+$로 된다. 세포호흡 과정에서 NADH는 미토콘드리아의 전자전달 사슬로 전자를 수송한다.

**$NADP^+$ (니코틴아미드 아데닌 디뉴클레오티드 인산) $NADP^+$ (nicotinamide adenine dinucleotide phosphate)** 산화-환원 반응의 조효소로 전자와 수소 이온을 받아 NADPH + $H^+$로 된다.NADPH는 광합성에서 이산화탄소를 포도당으로 환원시키는 과정에 참여한다.

**r-선택 *r*-selection** 교란되거나 비교적 불안정한 환경조건하에서의 생활사 혹은 생존전략; 높은 생식율과 부모의 자식보호의 부재로 특징지어짐

**RNA 우선가설 RNA-first hypothesis** 생명의 진화과정 중 RNA가 다른 고분자들보다 먼저 형성되어서 첫 원시세포가 만들어졌다는 가설.

**RNA 전사물 RNA transcript** 유전자와 상보적인 염기 서열을 갖으며 전사를 통해 합성된 mRNA 분자

**RNA 중합효소 RNA polymerase** 전사과정 중 DNA 주형에 상보적인 RNA 뉴클레오티드를 연결하는 효소.

**T 림프구 (T 세포) T lymphocyte (T cell)** 가슴샘에서 성숙하여 네 가지의 종류로 가슴샘을 나오게 됨. 이 중 하나는 항원을 가진 세포들을 죽임.

**Tay-Sachs 병 Tay-Sachs disease** 리소좀에 존재하는 분해효소가 결핍되어 있는 치명적인 유전질환.

**T세포 수용체 T-cell receptor (TCR)** T세포 표면에 위치한 수용체로, 두 개의 항원결합 펩티드로 구성됨; 많은 당단백질과 연관되어 있음. TCR에 항원이 결합할 때는 주로 MHC와 함께 결합하며 이것이 T 세포를 활성화시킴.

**가계도 pedigree** 특정 형질을 갖고 있는 개인과 친척간의 관계를 보여주는 도표.

**가계성 과콜레스테롤증 familial hypercholesterolemia (FH)** 혈액에 있는 콜레스테롤을 제거할 수 없으며 심장마비가 오기 쉬움.

**가로무늬 striated** 골격근과 심근에서 수축성 단백질의 분포로 인하여 밝고 어두운 띠가 교대로 나타나는 가로무늬 구조.

**가로무늬 striated** 밴드가 있는 모양. 심근과 골격근에 존재. 서로 교차하는 밝고 어두운 밴드는 수축성 단백질들의 분포에 따라 생성됨.

**가설 hypothesis** 증거들을 탐색해 보고 난 후 추리하여 세워진 추측 실험을 통해 더 많은 자료를 얻음으로써 가설이 맞는지 확인해 볼 수 있음.

**가슴샘 (흉선) thymus gland** 면역계의

기능과 발달에 중요한 림프기관; T 세포들은 가슴샘에서 자람.

**가시광선 visible light** 전자기 스펙트럼 가운데 사람 눈으로 볼 수 있는 영역.

**가을회전 fall overturn** 늦가을에 호수 표층수의 온도가 떨어지면 물의 비중이 높아지게 됨에 따라 표층수가 가라앉으면서 심층수가 호수 표면으로 떠오르게 되는데 이에 따라 호수내의 물이 회전하는 현상.

**가장자리 톱니꼴 crenation** 동물세포에서 주변 환경이 고장액일 경우 세포에서 물이 빠져나가 생기는 세포의 쭈그러짐 현상.

**각막 cornea** 안구의 가장 바깥층에서 앞부분에 해당하는 투명한 부분.

**간 liver** 요소와 담즙 생산, 혈액의 해독, 글리코겐 저장, 혈장단백질의 생산 등을 하는 큰 암적색의 내장기관.

**간경변 cirrhosis** 만성적인, 치유되지 않는 간조직의 손상; 흔히 알콜중독이 원인이다.

**간균 bacillus** 막대 모양의 세균.

**간뇌 diencephalon** 척추동물 뇌의 제3뇌실 영역이며, 시상과 시상하부가 있다.

**간상세포 rod** 흐린 빛에 반응하는 척추동물 눈의 광수용기.

**간염 hepatitis** 간에 염증이 있는 것. 바이러스성 간염은 여러 형태로 나타난다.

**갈조류 brown algae** 다량의 크산토필 색소를 가지고 있는 해양 광합성 원생생물.

**감각수용체 sensory receptor** 외부 또는 내부 환경 자극을 수용하며, 감각뉴런의 일부이거나 감각뉴런으로 가는 신호를 방출한다.

**갑각류 crustacean** 새우, 게, 가재 및 바다가재를 포함하는 해산 절지동물의 한 무리.

**갑주어류 ostracoderm** 캄브리아기와 데본기의 초기 척추동물 화석으로, 이 어류는 작고 턱이 없으며 지느러미도 없었다.

**강 class** 분류 범주 중 하나로, 분류학자들이 종을 분류할 때 사용함; 강은 목의 바로 위 단계임.

**강모 seta (복수형, setae)** 환형동물, 절지동물 및 기타 동물에 존재하는 바늘 모양의 키틴질로 된 빳빳한 털.

**개방형 순환계 open circulatory system** 메뚜기 등에서 발견될 수 있는 순환계로 튜브 형태의 심장이 혈림프를 채널과 체강을 통해 펌프질해 내는 시스템.

**개재판 intercalated disk** 서로 마주하는 근육세포들을 함께 붙들어주는 부분; 이 판들은 근육 가로무늬들을 오른쪽 각도에서 보았을 때, 매우 진하고 두꺼운 밴드로 나타나 보임.

**개체군 population** 특정 지역을 차지하고 살아가는 같은 종의 생물 집단. 같은 유전자 풀을 공유함.

**개체군 활력분석 population viability analysis** 멸종을 방지할 수 있는 최소한의 개체군 크기를 산정하는 기법

**개체군통계학 demography** 개체군의 성장률과 연령구조를 통계적으로 연구하는 학문.

**개체밀도 population density** 특정지역 내의 개체수.

**개체분포 population distribution** 개체군의 구성원들이 어느 특정지역에 분포해 있는 양상.

**개체형성능 totipotent** 완전한 개체로 발달하는 잠재력을 포함하는 생물체의 완전한 유전적 잠재력을 가진 세포.

**거머리 leech** 체절화된 몸의 양쪽 끝에 있는 흡반으로 피를 빠는 환형동물로 주로 민물에서 관찰된다.

**거미류 arachnid** 거미, 전갈 및 참진드기를 포함하는 절지동물의 한 무리.

**겉씨식물 gymnosperm** 종자가 열매에 싸여 있지 않은 목본 종자식물의 한 유형이고 소나무류와 같은 나무의 솔방울에 있다.

**격막 septum** 두 부분을 나누는 벽; 심장의 격막은 오른쪽 부분과 왼쪽 부분을 나눔.

**격벽성 septate** 세포벽을 갖는 것을 말하며, 몇몇 곰팡이 종은 격벽성 균사를 갖고 있다.

**결론 conclusion** 결과가 가정을 지지하는지 아닌지에 대한 실험 다음에 오는 진술.

**결실 deletion** 염색체의 말단이 잘려 나가거나 내부 조각이 결실된 염색체 구조의 변화로 종종 비정상적인 증후군을 유발하며 예로, 고양이울음증후군 등이 있음.

**결장 colon** 사람에서 대장의 대부분을 차지함.

**결절 node** 식물에서 줄기에 한 개 이상의 잎이 붙어 있는 장소.

**결핍증 deficiency disorder** 식품에 특정 비타민이나 미네랄이 부족하여 생기는 질병. 한 예로 잇몸출혈, 구루병(비타민 부족);골다공증, 빈혈(미네랄 부족).

**결합조직 connective tissue** 구조를 서로 묶어서 지지하고 보호하며, 빈 공간을 채우고, 지방을 저장하고, 혈구를 형성하는 동물의 조직 중 하나; 결합조직에는 지방조직, 연골, 뼈, 혈액이 있다.

**겹눈 compound eye** 절지동물에서 발견되는 눈의 형태; 많은 독립적인 시각단위로 구성됨.

**경골어류 bony fishes** 연골성 골격보다는 경골을 갖는 수많은 다양한 어류들로 구성된 척추동물중 하나의 강.

**경관 landscape** 상호작용을 하는 생태계의 집합.

**경동맥 소체 carotid body** 경동맥 분지에 위치한 구조; 혈액 내 수소이온 농도와 이산화탄소 농도에 민감한 화학수용기가 있다.

**경쟁 competition** 동종 혹은 이종의 두 개체들이 제한된 자원을 취득하기 위하여 행하는 상호작용; 양쪽 모두에게 해가 됨.

**경쟁 억제 competitive inhibition** 기질과 억제자가 모두 효소의 활성부위에 결합할 수 있는 형태의 효소 활성 억제. 기질이 활성부위와 결합해야만 생성물을

만들 수 있다.

**경쟁적 배제이론 competitive exclusion principle** 생태학적으로 성격이 유사한 두 종은 동일한 생태적 지위를 공유할 수 없다는 이론.

**계 Kingdom** 분류 범주 중 하나로, 분류학자들이 종을 나눌 때 사용; 문 단계 바로 위 단계.

**계동분류학 systematics** 생물과 생물다양성을 진화적 연관성에 따라서 분류하고 연구하는 학문

**계통수 phylogenetic tree** 공동조상으로부터 유래된 자손집단들의 진화적 연관관계를 나타내는 도표.

**계통학 phylogeny** 생물집단의 진화사를 연구하는 학문.

**고사리 fern** 큰 엽상체를 가진 식물 그룹; 유성생식주기에서 독립적인 배우체는 편모를 가진 정자를 생성하고 관다발 포자체는 바람에 날아가는 포자를 생성한다.

**고세균 영역 domain Archaea** 생물의 세 가지 영역 중 하나로, 극한 환경에서도 생존하며 유전적, 생화학적, 및 생리적 특성을 갖는 원핵세포로 구성된 생물이 여기에 속함.

**고온 호산성생물 thermoacidophile** 온천 또는 열수구 근처와 같은 고온의 산성 수생 서식처에 살고 있는 원시생물.

**고전적 계통분류 traditional systematics** 생물을 파생성격에 준해서 분류하고 계통수를 작성하는 분류방법.

**고전적 조건화 classical conditioning** 한 자극을 다른 독립된 자극과 연관시켜서 일관된 반응을 유도하는 하나의 학습훈련.

**고정행동양식 fixed action pattern (FAP)** 학습과 훈련에 의하지 않고 유전적으로 전수받은 틀에 박히고 자발적이며 독립적인 동물의 행동방식 (예: 갓난아이가 어머니의 젖을 빠는 행위).

**고착성 sessile** 한 장소에 머무르려는 경향.

**고착성 여과섭식자 sessile filter feeder** 한 장소에 머물면서 물에서 작은 먹이 입자를 여과하는 동물(예: 해면동물).

**고착연접 anchoring junction** 인접한 세포들을 기계적으로 결합하는 연접으로 부착연접, 밀착연접, 간극연접이 있다.

**고혈압 hypertension** 상승된 혈압. 특히 이완압.

**곤충류 insect** 절지동물의 한 종류. 두부에는 더듬이, 겹눈 및 홑눈을, 흉부에는 세 쌍의 다리와 흔히 날개를 가지며, 복부는 내부 기관들을 가지고 있다.

**골격계 skeletal system** 뼈, 연골, 인대처럼 신체를 보호하고, 동작을 위한 지지대로 작용하는 시스템. 근육계와 함께 작용.

**골격근 skeletal muscle** 가로무늬, 수의근 조직으로 골격 근육들로 구성됨; 횡문근이라고도 불림.

**골다공증 osteoporosis** 뼈에서 칼슘방출에 대체되는 속도보다 빨라서 뼈가 쉽게 부러지는 상태.

**골모세포 osteoblast** 뼈를 만드는 세포.

**골반 염증질환 pelvic inflammatory disease (PID)** 정관 이나 수란관 지역에 임질, 클라미디아 같은 성병을 일으키는 균들이 전염되어 생기는 질환 (재발이 잘 됨).

**골소강 lacuna** 열공; 뼈나 연골에서 작은 구멍, 혹은 텅 빈 강으로 존재함. 이 곳에 세포들이 위치.

**골원 osteon** 하버즈계라고 하는 중심관 주변을 둘러싸고 있는 뼈세포를 포함한 원통형의 단위.

**골편 spicule** 탄산칼슘이나 이산화규질로 구성된 해면동물의 골격구조.

**공동조상 common ancestor** 둘이상의 후손집단이 공유하는 조상.

**공동진화 coevolution** 어느 한 종이 다른 종과 상호작용을 통하여 공동으로 진화하는 현상.

**공변세포 guard cell** 잎의 기공을 둘러싸고 있는 세포; 팽압의 변화로 기공이 열리거나 닫힌다.

**공생관계 symbiotic** 두 개의 서로 다른 종이 동일한 방법으로 함께 살아갈 때 나타나는 관계로 각각 상대에 대해 이익을 줄 수도, 중립일 수도, 해가 될 수도 있다.

**공해 pollution** 생물의 건강상태나 생활에 해가되는 환경조건의 변화.

**과 family** 분류단계 중 하나로 분류학자들이 종을 나눌 때 사용함; 속 단계의 바로 위 단계.

**과민성 쇼크 anaphylactic shock** 비정상적인 순환부전으로 기관지 수축, 호흡 곤란, 갑작스런 혈압강하, 혈관이완을 포함한 심한 전신의 과민반응.

**과학적 방법 scientific process** 과학자가 가설을 설정하고, 관찰과 실험으로 자료를 수집하고, 결론에 도달하는 과정.

**과학적 이론 scientific theory** 많은 실험과 자료, 관찰들이 지지하는 개념.

**관 속에 들어 있는 관 체형 tube-within-a-tube body plan** 입과 항문을 모두 갖는 소화관을 가진 체형.

**관다발 vascular bundle** 식물에서 초에 의해 사여 있는 1기체관부와 1기물관부.

**관다발식물 vascular plant** 관다발조직(물관부와 체관부)을 가지고 있는 식물; 비종자 관다발 식물 (고사리)와 종자식물 (겉씨식물과 속씨식물)을 포함한다.

**관다발원통 vascular cylinder** 진정쌍떡잎식물에서 뿌리의 중앙에 있는 조직이며 내초와 관다발조직으로 구성되어 있다.

**관다발조직 vascular tissue** 식물에서 체관부와 물관부로 구성된 수송조직.

**관다발형성층 vascular cambium** 식물에서 2기물관부와 2기체관부를 형성하는 측면분열조직.

**관목림 shrubland** 관목이 주종을 이루는 생물군계; 주로 미국 캘리포니아 남부나 지중해연안과 같은 해안에 위치하며 덥고 건조한 여름과 온화하고 습한 겨울로 특징지어짐.

**관족 tube foot** 불가사리의 수관계의 일

부로 각 팔의 입 쪽 표면에 위치하며 이동에 관여한다.

**관찰 observation** 결론을 내리기 위하여 필요한 결론의 바로 전 단계의 자료가 수집되는 과학적 사고 방법의 한 단계.

**광수용기 photoreceptor** 빛의 자극에 반응하는 감각수용기.

**광주기 photoperiod** 생물체의 생리와 행동에 영향을 주는 상대적인 낮과 밤의 길이.

**광합성독립영양생물 photoautotroph** 탄소원으로 이산화탄소를 사용하고 에너지원으로 태양 빛을 이용하여 유기분자를 합성할 수 있는 생물.

**광호흡 photorespiration** 식물에서 이산화탄소는 소진되고 산소는 계속 축적되는 상황일 때에 RuBP 카르복시화 효소가 이산화탄소 대신 산소를 고정하는 일련의 반응.

**교미 copulation** 동물의 암컷과 수컷사이의 성교.

**교정 proofreading** 잘못 짝 지워진 염기를 정확한 염기로 대체함으로서 DNA 복제의 정확도를 확인 하는데 이용되는 과정

**구균 coccus** 구형 세균.

**구아닌 guanine (G)** DNA 와 RNA를 구성하고 있는 뉴클레오티드에서 4종류의 질소함유 염기 중 하나로 시토신과 쌍을 형성함.

**구조유전자 structural gene** 대사 경로에 있는 효소를 암호화하는 유전자

**구형 단백질 globular protein** 신체에 있는 대부분의 단백질로 물이나 염 용액에 녹으며, 알부민과 글로불린, 히스톤 등이 있다.

**구형낭 saccule** 척추동물 내이의 전정기관에 있는 주머니 모양의 공간; 중력평형에 대한 감각 수용기를 가진다.

**군집 community** 같은 환경 안에서 서로 관계를 맺고 상호작용하는 개체군들의 모임.

**군집의 안정성 community stability** 생태군집이 변화에 저항할 수 있고 교란으로부터 회복할 수 있는 능력.

**굴성 tropism** 식물에서 방향이 있는 자극을 향하거나 멀어지는 생장 반응.

**굴중성 gravitropism** 지구의 중력에 대한 뿌리와 줄기의 생장 반응; 뿌리는 양성굴중성 반응을 나타내고, 줄기는 음성굴중성 반응을 나타낸다.

**굴촉성 thigmotropism** 식물에서 막대를 따라 넝쿨손이 꼬이는 것과 같이 단단한 물체 접촉하여 차등생장을 하는 것.

**궤도 orbital** 거의 언제나 전자를 발견할 수 있는 핵 주변 공간의 부피.

**귀납적 사고 inductive reasoning** 특정한 관찰과 논리, 추론 과정을 통하여 가설을 세우는 것.

**규조류 diatom** 두 부분으로 된 세포벽을 갖는 황갈조류로 식물성 플랑크톤에서 중요한 부분을 차지한다.

**균사 hypha** 곰팡이의 필라멘트 모양의 영양체.

**균사체 mycelium** 진균의 영양세포 몸체를 구성하는 균사 필라멘트가 엉켜있는 덩어리.

**균일분포 uniform distribution** 개체군의 구성원들이 서로 간에 일정한 간격을 두고 배열되어 있는 형태의 분포.

**극상군집 climax community** 생태적 천이현상의 종착점에 형성되는 군집.

**극성 공유결합 polar covalent bond** 원자 사이의 전자 공유가 불균등한 형태의 결합.

**극피동물 echinoderm** 불가사리, 성게 및 연잎성게를 포함하는 극피동물 문에 속하는 해산 동물로 방사대칭과 수관계가 특징적이다.

**근원섬유 myofibril** 가는 근절의 배열을 포함하고 있는 특수한 근육세포의 소기관으로 근수축시 줄어든다.

**근위세뇨관 proximal tubule** 네프론 주머니에 연결된 부분으로 여과액의 재흡수가 일어나는 곳이다.

**근육계 muscular system** 신체와 4지에서 움직임을 생성해내는 근육계; 주요 구성요소에는 골격근, 평활근, 심근이 있음.

**근육이상 형태 muscle dysmorphia** 자신의 몸이 덜 발달되었다고 생각하는 상태로, 바디빌딩이나 다이어트에 몰두하게 된다; 여성보다 남성에게 더 많은 영향을 준다.

**근육조직 muscle tissue** 움직임을 만들어 내기 위해 짧아지고 길어지는 섬유들로 구성된 동물조직의 한 종류.

**근절 sarcomere** 근원섬유 속에 가늘게 배열된 많은 단위 중 하나로 근절의 수축이 근수축을 만든다.

**글루카곤 glucagon** 간에서 글리코겐을 분해하여 혈당을 높여주는, 췌장에서 분비되는 호르몬.

**금욕 abstinence** 피임방법 중 하나로 성교(sex)를 하지않는 것.

**기계적 에너지 mechanical energy** 걷거나 달리기와 같은 운동 에너지의 한 형태.

**기관 organ** 하나의 같은 기능을 수행하는 두 가지 이상의 다른 조직들의 조합.

**기관계 organ system** 함께 기능하는 서로 관련 있는 기관들의 그룹.

**기관세지 bronchiole** 육상척추동물의 경우, 기관지에서 폐포까지 공기를 전도하는 작은 관.

**기관지 bronchus (pl., bronchi)** 육상척추동물의 경우, 폐로 들어가는 기관의 갈라진 부분.

**기는줄기 stolon** 딸기의 기는줄기(runner)와 같이 토양에 접촉한 곳에서 새로운 식물이 자라며 수평으로 자라는 줄기.

**기도 trachea (pl., tracheae)** 사지 척추동물에서 후두와 기관지 사이에 놓인 공기 통로.

**기본조직 ground tissue** 식물의 대부분을 차지하는 조직; 저장, 기초대사, 지지의 기능을 하는 유조직, 후각조직, 후벽조직으로 구성되어 있다.

**기생 parasitism** 한쪽의 생물(기생생물)

이 상대 생물(숙주생물)로부터 이득을 얻지만 숙주생물레게는 해가되는 공생관계를 지칭함.

**기수지역 estuary** 강의 육수와 바다의 해수가 만나는 지역; 주로 강의 하구에 위치함.

**기억 B 세포 memory B cell** 1차 면역 반응기간 동안 형성되며, 2차 반응이 일어날 때까지 휴지기에 생존하면서 항원을 기억해 두었다가 면역반응을 유발하는 역할을 함.

**기저막 basement membrane** 상피조직을 그 밑의 결합조직에 고정하는 역할을 하는 층상구조물.

**기저체 basal body** 섬모 또는 편모의 기저부위에서 이들을 조직하는 원형질 구조.

**기저핵 basal nuclei** 대뇌 백색질 깊은 곳에 있는 회색질로, 운동 명령을 통합하고 도파민을 생성하여 골격근 활동을 조절한다.

**기질수준 인산화 substrate-level phosphorylation** 물질대사에서 기질의 인산기를 ADP에 전달함으로써 ATP를 생성하는 과정.

**기함종 flagship species** 그 모습이나 행동이 웅장 화려하거나 귀엽고 예뻐서 사람의 긍정적인 정서를 유방할 수 있는 생물 (예: 사자, 호랑이, 돌고래, 팬다곰 등).

**기회적 개체군 opportunistic population** 개체수가 지수적으로 증가하는 개체군; 이러한 개체군의 구성원들은 주로 체구가 작고, 조숙하며, 수명이 짧고, 많은 수의 자식을 생산하며, 부모의 자식보호가 아예 없거나 거의 없음.

**기후 climate** 기온과 강수량 등에 근거한 한 지역의 날씨조건

**깃털 feather** 가볍고, 각질성이며 상피가 웃자라서 조류의 몸을 외부적으로 덮고 날개 표면의 대부분을 차지한다.

**꽃 flower** 동심원으로 배열된 여러 종류의 변이된 잎에 화탁이라고 하고 변이된 줄기에 붙어 있는 현화식물에서의 생식기관.

**꽃받침 sepal** 꽃을 덮고 있는 최외각 잎과 같은 조직; 주로 초록색이다.

**꽃밥 anther** 현화식물에서 화분을 포함하고 있는 수술의 일부분.

**꽃잎 petal** 꽃받침 안에 있는 꽃의 일부분; 화려한 색으로 수분매개자를 유인한다.

**꽃자루 peduncle** 꽃대; 화탁으로 확장되어 있다.

**꽃턱 receptacle** 꽃대가 붙어 있는 부분.

**나선균 spirillum (pl., spirilla)** 긴 막대 모양의 세균으로 단단한 나선 형태로 꼬여 있다. 나선이 유연하면 스피로헤타라고 부른다.

**나선기관 spiral organ** 청각수용기가 있는 척추동물 내이의 구조(일명 코르티 기관).

**나이테 annual ring** 한 생육기에 생성되는 극본층 (2기 물관부).

**낙엽성 deciduous** 매년 잎이 떨어지는 것.

**난모세포 oocyte** 감수분열 중에 있는 미성숙 상태의 알로 감수분열이 완료되면 난자가 됨.

**난소 주기 ovarian cycle** 난소에서 한달마다 규칙적으로 일어나는 변화(일)를 말하는 것으로 혈액내의 성 호르몬의 양을 결정하게 됨.

**난자 ovum** 정자에 의해 수정되어 이배체 접합자를 형성하는 반수체의 세포.

**난할 cleavage** 동물 발생에서 첫 단계에 일어나는 현상으로 세포질 양의 변화가 없는 세포 분열(다시 말해서 세포질의 분할).

**난형낭 utricle** 척추동물 내이의 전정기관에 있는 주머니 형태의 공간; 중력평형에 대한 감각수용기가 들어있다.

**난황 yolk** 조류나 파충류의 알에 들어있는 진한 영양물질.

**난황주머니 yolk sac** 껍질로 둘러싸인 척추동물에 있는 배외막 중 한 개로, 배(아)에게 필요한 난황을 포함하고 있음. 태반포유류에서는 이 난황주머니에서 최초의 혈구세포가 만들어짐.

**남성용 콘돔 condom, male** 성교 동안에 음경을 둘러싸는 구조물로 정자가 외부로 방출되지 못하게 하는 피임기구이며 성병 예방의 효과도 있음.

**남획 overexploitation** 자연 상태의 개체군으로부터 과다한 구성원을 채취 혹은 포획하여 그 개체군을 멸절의 위험에 이르게 하는 행위.

**낫세포 질환(낫형 적혈구빈혈증) sickle cell disease** 적혈구 세포가 낫 모양으로 얇게 휘어 모세혈관을 통과하지 못하고 파괴되어 악성빈혈을 유도하는 유전병.

**낭배 gastrula** 동물 발생과정에서 (부분적으로는) 함입에 의해 배엽층들이 만들어지는 시기.

**낭배 형성 gastrulation** 포배로부터 낭배가 형성되는 것을 말하는데, 세포층들의 함입으로 (창이 없는) 모자 같은 모양의 구조가 형성된다.

**낭포성섬유증 cystic fibrosis** 일반적으로 유아와 어린이에서 외분비선의 장애를 유발하는 상염색체열성질환.

**내골격 endoskeleton** 척추동물에 있는 것과 같은 보호성 내부 골격.

**내배엽 endoderm** 동물의 발생과정에서 가장 내부에 형성되는 세포층으로 여기서 소화관 관련 구조들이 만들어진다.

**내부공생설 endosymbiotic hypothesis** 진핵생물의 세포소기관의 진화를 설명할 수 있는 가설; 포식세포가 삼킨 일부 원핵체를 삼켰는데 삼켜진 원핵체가 포식세포 내에서 살아남아 포식세포와 공생관계를 이룬 것으로 추정함.

**내분비계 endocrine system** 신체 활동의 조절에 관련된 기관계 혈류로 분비되는 화학적 신호로 호르몬을 사용함.

**내생포자 endospore** 세포내에 형성되는 포자로 어떤 세균은 내생포자를 형성한다.

**내온동물 endotherm** 외부 환경의 온도와는 독립적으로 일정한 체온을 유지하는 생물체.

**내온성 endothermic** 외부 환경의 온도와는 독립적으로 일정한 체온을 유지.

**내초 pericycle** 뿌리의 관다발 조직을 둘러싸고 있는 세포층; 측근을 형성한다.

**내피 endodermis** 피층과 관다발 사이의 경계를 형성하는 뿌리의 내부 조직.

**내호흡 internal respiration** 혈액과 조직액사이에서 산소와 이산화탄소가 교환하는 것.

**네안데르탈인 Neandertal** 마지막 빙하기에 유럽과 중동 지역에 살았던 억센 체격을 가진 사람류로 커다란 사냥감을 사냥하였으며 문화적으로 진보된 증거를 남겼다.

**네프론 고리 loop of the nephron** 근위세뇨관과 원위세뇨관 사이의 네프론 부분; 수분 재흡수 기능이 있다.

**네프론 고리 nephron loop** 근위세뇨관과 원위세뇨관 사이에 있는 네프론의 일부; 수분의 재흡수 기능을 담당.

**네프론 주머니 nephron capsule** 네프론이 시작되는 부위에 있는 컵 모양의 구조.

**노래기류 millipede** 대부분의 체절에 두 쌍의 짧은 다리를 갖는 것이 특징이며 다소 원통모양의 절지동물로서 대략 13-200 쌍의 다리를 가진다.

**노화 senescence** 나이가 들며 쇠퇴하여 결국 식물이나 식물 부분이 죽는 일련의 모든 과정.

**녹조류 green algae** 엽록소 a 와 b를 포함하고 있으며, 식물과 유사한 생화학적 특징을 갖는 다양한 그룹의 광합성 원생생물.

**농도 기울기 concentration gradient** 화학물질의 농도의 점진적인 변화.

**뇌 brain** 신경삭의 앞쪽 끝에 있는 신경절 덩어리; 척추동물의 뇌는 두개골 안에 들어있다.

**뇌교 pons** 연수 위와 중뇌 아래 사이에 있는 뇌 줄기의 한 부분으로 연수가 호흡률을 조절하는 것을 돕는다. 710

**뇌신경 cranial nerve** 뇌에서 뻗어나온 신경.

**뇌척수액 cerebrospinal fluid** 뇌실과 척수도관, 그리고 수막에 들어있는 액체.

**뇌하수체 소인증 pituitary dwarfism** 성장호르몬이 부족하여 나타나는 증세로 신체 비율은 정상이지만 키가 작게 된다.

**뉴런 neuron** 수상돌기, 축색돌기, 신경세포체의 세 부분으로 나누어지는 신경세포.

**뉴클레아제 nuclease** 핵산 분해의 촉매작용을 하는 효소.

**느슨한 섬유성 결합조직 loose fibrous connective tissue** 아교질섬유와 탄성섬유를 포함하는 기질에 의해 넓게 나누어진 섬유아세포들로 주로 이루어진 조직.

**능동면역 active immunity** 면역계가 미생물이나 백신에 반응하여 생기는 질병에 대한 저항성.

**늪원 bog** 저지대에 위치한 습지의 일종으로 식물 등의 유기물질이 퇴적하여 스펀지와 같이 푹신푹신한 표토층을 형성하고 있음.

**다년생 식물 perennial plant** 지하부 부분이 매 생육기에 다시 생장을 하기 때문에 한 생육기 이상을 사는 현화식물.

**다모류 polychaete** 환형동물 문에 속하는 무척추동물로, 많은 강모가 존재하는 것이 특징인 해산 생물(예: 석회관갯지렁이, 갯지렁이).

**다세포 multicellular** 많은 세포들로 구성된 생물; 보통 여러 종류의 전문적인 조직, 기관 기관계를 갖고 있다.

**다지역기원설 multiregional continuity hypothesis** 아시아, 아프리카 및 유럽 등 최소한 세 개의 다른 지역에서 독립적으로 현대 인간이 진화되었다는 가설.

**다형성 polymorphism** 하나의 유전자가 여러 개의 대립유전자를 갖는 현상.

**단계통군 clade** 하나의 공동조상으로부터 유래된 후손들로서 계통수의 한 가지를 형성하는 집단 혹은 분류군.

**단공류 monotreme** 오리너구리 및 가시개미핥기와 같이 알을 낳는 포유류.

**단백동화스테로이드 anabolic steroid** 테스토스테론의 효과를 내는 합성 스테로이드.

**단백질 번역 유전자 protein-coding gene** mRNA로 전사됨

**단백질 우선가설 protein-first hypothesis** 생명의 진화과정 중에서 단백질이 다른 고분자들보다 먼저 생성되어서 원시세포가 만들어 졌다는 가설.

**단백질체 proteome** 유전자들이 번역되어 만들어진 모든 단백질 집합체.

**단백질체학 proteomics** 단백질들의 구조와 기능 그리고 서로간의 상호작용에 관해 연구하는 학문.

**단세포 unicellular** 박테리아처럼 단 하나의 세포로만 구성됨.

**단위생식 parthenogenesis** 한개의 난자가 수정과정 없이 스스로 완전한 생명체로 발달하는 것.

**단일식물 short-day plant** 도꼬마리, 포인세티아, 국화 등과 같이 낮 길이가 임계 길이보다 짧으면 개화를 하는 식물.

**단지동물 uniramians** 지네류, 노래기류 및 곤충류를 포함하는 절지동물에 속하는 무리.

**단층 horizon** 수직측면도에서 볼 수 있는 토양층; 예를 들면, 표토는 A 단층이다.

**단핵구 monocyte** 식세포로 작용하는 과립백혈구의 한 종류. 보통 과립백혈구가 대식세포로 변한 다음, 단핵구 형태를 띔.

**담자균 club fungi** 담자균문에 속함.

**담자기 basidium** 담자균의 유성생식 동안 핵융합, 감수분열, 담자포자의 생산이 일어나는 곤봉모양의 구조.

**당단백질 glycoprotein** 원형질막의 단백질로 탄수화물 사슬이 있다.

**당지질 glycolipid** 원형질막의 지질로 소수성 꼬리에 결합한 탄수화물 사슬을 가지고 있다.

**당질피질 glycocalyx** 세균의 세포벽 외부에 있는 겔 비슷한 피막. 치밀하면 캡슐, 느슨하면 점액층이라고 한다.

**대뇌 cerebrum** 포유동물 뇌의 가장 큰 부위.

**대뇌 반구 cerebral hemisphere** 척추동물 대뇌가 세로로 난 깊은 홈에 의해 나

뉘어진 두 개의 엽.

**대동맥 aorta** 인체의 심장에서 조직으로 혈액을 전달하는 주요 체동맥.

**대동맥 소체 aortic body** 대동맥 벽에 위치한 구조; 혈액 속의 수소이온과 이산화탄소 농도에 민감한 화학수용기를 포함하고 있다.

**대량영양소 macronutrient** 식물과 인간에 많은 양이 필요한 필수원소. 식물에서는 질소, 칼슘, 그리고 황이 생장에 필요하다; 사람에서는 탄수화물, 지질, 그리고 단백질이 필요한 신체 에너지로 공급된다.

**대륙이동설 continental drift** 지구상의 대륙들이 지속적으로 이동하고 있다는 학설.

**대멸종 mass extinction** 비교적 짧은 기간(수 백 만년)동안에 많은 종의 생물이 사라지는 현상.

**대사 metabolism** 성장과 회복과정의 세포 내에서 일어나는 모든 화학적 반응.

**대수적 증가 logistic growth** 개체수의 증가율이 초기에는 천천히 진행된 후 빨라졌다가 환경수용한계에 근접하면서 다시 감소되는 개체수의 증가양상; 증가곡선이 S자의 형태를 나타냄.

**대수층 aquifer** 지하수를 보관하는 암석층; 샘을 통해서 지상으로 물을 유출함.

**대식세포 macrophage** 척추동물에서, 미생물과 찌꺼기들을 잡아 먹는 단핵구로부터 기원하는 매우 큰 식세포.

**대장 large intestine** 척추동물에서, 소장과 연결된 소화관의 일부; 사람의 경우, 맹장, 직장, 그리고 항문으로 구성됨.

**대정맥 vena cava (pl., venae cavae)** 사지동물에서 심장의 우심방으로 혈액을 돌려보내는 큰 체순환 정맥; 상대정맥, 혹은 하대정맥.

**대조군 control group** 실험의 모든 단계를 거쳐 가는 샘플이나, 시험하고자하는 실험적 변수는 갖고 있지 않은 샘플; 실험결과가 확실한지 알아볼 수 있는 기준.

**대진화 macroevolution** 새로운 종의 출현을 야기하는 종 단위 이상의 진화.

**대체생식 replacement reproduction** 개인당 한명의 자식만 생산하는 생식.

**대포자 megaspore** 종자식물에서 생성되는 두 가지 유형의 포자 중의 하나; 자성배우체(배낭)로 발달한다.

**대포자모세포 megasporocyte** 감수분열로 대포자를 생성하는 대포자모세포; 오직 한 개의 대포자만 유지된다.

**데스모좀 desmosome** 이웃한 세포 사이의 세포골격을 이어주는 세포간 연접.

**도파민 dopamine** 중추신경계의 신경전달물질.

**독성이 있는 virulent** 숙주의 조직에 침입해 질병을 일으킬 수 있는 능력을 가진 것을 의미함.

**돌연변이 mutation** 염색체의 수나 구조의 변화현상; DNA구성비의 변화로 인한 유전자의 변화.

**돌연변이유발원 mutagen** 방사선이나 화학물 같이 DNA에서 돌연변이를 유발할 수 있는 요인.

**동 sinus** 두개골과 같은 기관에 강소나 비어있는 공간.

**동공 pupil** 척추동물 눈의 홍채 중앙에 열려있는 부분.

**동류교배 assortative mating** 서로 유사한 성격의 표현형 지닌 개체끼리 교배하려고 하는 현상.

**동맥 artery** 혈액을 심장으로부터 나가게 전달하는 혈관.

**동물 animal** 동물계에 속하는 다세포, 종속영양 생물.

**동물성편모충류 zooflagellate** 편모로 이동하는 비광합성 원생생물로 전형적인 동물성편모충류는 공생관계를 갖지만 어떤 것은 기생하기도 한다.

**동물성플랑크톤 zooplankton** 원생동물과 그 밖에 현미경으로 관찰 가능한 동물들을 포함하는 플랑크톤의 한 부분.

**동방결절 sinoatrial node (SA node)** 심장 박동을 시작하게 하는 신경근육 조직의 작은 부분; 박동원이라고 불리기도 함.

**동소적 종 분화 sympatric speciation** 새로운 생물종이 기존 모 개체군과 같은 장소에서 출현하는 현상.

**동연령군 cohort** 같은 해 혹은 같은 기간에 태어난 구성원들의 집단.

**동요가설 wobble hypothesis** 역코돈의 5' 끝에 존재하는 뉴클레오티드가 코돈의 3' 끝에 존재하는 뉴클레오티드 한 종류 이상과 결합할 수 있는 능력.

**동일가정설 uniformitarianism** 모든 지질학적인 움직임은 일정하고 동일한 속도로 진행되고 있다는 주장; 제임스 후튼이 주장하였음.

**동형포자성 homosporous** 식물에서 오직 한 종류의 포자를 생성하는 것.

**동화작용 anabolism** 작은 분자로부터 큰 분자를 합성하는 물질대사 과정.

**두발보행 bipedalism** 두 발로 똑바로 서서 걷는 것.

**두발보행 bipedalism** 두발로 서서 걷기.

**두절 scolex** 촌충의 머리 부위로 숙주에 부착할 수 있도록 갈고리와 흡반을 가짐.

**두족류 cephalopod** 변형된 발이 머리 부위에서 발생된 연체동물의 한 무리로서 오징어, 갑오징어, 낙지 및 앵무조개를 포함한다.

**두화 cephalization** 몸의 앞쪽에 뇌와 감각 수용체를 가진 잘 구분되는 머리를 가지는 것.

**두흉부 cephalothorax** 십각류(새우, 바다가재, 가재 및 게)에서 관찰되는 유합된 머리와 가슴

**듀켄씨근이영양증 Duchenne muscular dystrophy** 어깨와 골반에 이상이 있는 만성 진행성 질환으로 어려서부터 시작되며 퇴화로 인해 점진적으로 근육이 약해지며 발을 넓게 벌리고 비틀거리는 걸음걸이가 특징임. X-연관 질환으로 주로 남성에서 나타나며 대부분 호흡곤란과 심장마비로 성인이 되기 전에 사망함.

**들숨 inspiration** 폐로 공기가 들어오는 작용; 흡기.

**땀샘 sweat gland** 땀을 피부표면으로 분

비하는 피부샘; 땀 분비샘.

**랑비에결절 nodes of Ranvier** 신경섬유를 싸고 있는 미엘린초 사이의 간극.

**레닌 renin** 신장에서 분비되는 효소로 알도스테론 분비를 유도하여 혈압을 상승시킨다.

**레트로바이러스 retrovirus** RNA로부터 DNA로의 전사를 수행하는 역전사효소를 가지고 있는 RNA바이러스.

**렙틴 leptin** 지방조직에서 생성되는 호르몬으로 시상하부에서 만복감을 느끼도록 한다.

**로돕신 rhodopsin** 색소와 단백질인 옵신을 포함한 간상세포와 원뿔세포에 들어있는 빛을 흡수하는 분자.

**리그닌 lignin** 식물의 세포벽을 단단하게 하는 화합물.

**리보솜RNA [(rRNA)] ribosomal RNA (rRNA)** 전령 RNA를 번역하여 단백질을 생산하는 리보솜에서 발견되는 RNA.

**리파아제 lipase** 췌장에서 분비되는 지방 소화효소.

**리포솜 liposome** 액체의 상태에서 만들어질 수 있는 인지질분자로 구성된 방울 모양의 구조물.

**림프 lymph** 림프관을 통해 운반되는 체액. 조직액으로 부터 나옴.

**림프계 lymphatic system** 림프관과 림프기관으로 구성된 기관계; 림프와 지방을 운반하고 면역계를 도움.

**림프관 lymphatic vessel** 림프를 운반하는 관.

**림프구 lymphocyte** 특이적 방어를 담당하는 특수화된 백혈구; T림프구와 B림프구의 두 형태로 존재.

**림프기관 lymphatic organ** 림프계 중 림프관을 제외 한 다른 기관들; 림프기관에는 림프절, 편도, 비장, 가슴샘, 골수가 있음.

**림프절 lymph node** 림프관을 따라 위치하는 림프조직의 덩어리.

**마르판증후군 Marfan syndrome** 결합조직에 이상이 있는 선천성 기형으로 사지 손발 같은 말단이 기형적으로 길어짐.

**마황식물류 gnetophyte** 겉씨식물 4문 중의 하나 ; 3개의 속을 가지고 있으며, 이들은 Welwitschia 와 Ephedra 같이 서로 다르다.

**막뿌리 adventitious roots** 옥수수의 지주뿌리나 담쟁이의 부착뿌리와 같이 줄기나 잎에서 발달하는 수염뿌리.

**만성염증 chronic inflammation** 결합조직의 느리고 지속적인 염증 상태, 보통 영구적인 조직 손상을 초래함.

**말단거대증 acromegaly** 성인이 된 후에 성장호르몬 생성이 증가하여 비롯되는 증상.

**말타아제 maltase** 맥아당을 2분자의 포도당으로 분해하며 소장에서 생성되는 효소이다.

**말피기관 Malpighian tubule** 곤충 후장의 앞쪽 끝 부근에 있는 감춰진 실모양의 배설관.

**망막 retina** 광수용기인 간상세포와 원뿔세포를 포함하고 있는 척추동물 안구의 가장 안쪽 층.

**망상섬유 reticular fiber** 결합조직의 기질에 있는 매우 가느다란 아교질 섬유로서 망상의 지지골격을 이룸.

**맥박 pulse** 심실 수축 후 대동맥이 팽창하면서 느낄 수 있는 동맥 벽의 진동.

**맹점 blind spot** 망막의 한 부위로, 간상세포나 원뿔세포가 없고, 시신경이 망막을 빠져나가는 곳.

**먹이그물 food web** 생태계 내의 먹이사슬들이 서로 얽혀서 생물들 간의 먹이와 섭식관계들이 그물모양을 이룬 것을 지칭함.

**먹이사슬 food chain** 생태계 내에서 생산생물로부터 소비생물까지 에너지의 흐름을 보여주는 생물들 간의 섭식과 먹이의 관계.

**먹이생물 prey** 포식생물에 의해서 먹히는 생물.

**메두사 medusa** 자포동물 중에서 아래쪽을 향하고 중교가 풍부한 우산 모양의 형태.

**메소좀 mesosome** 세균에서 원형질막이 원형질 쪽으로 접혀서 표면적을 넓히는 부분.

**메탄생성세균 methanogen** 늪과 같이 산소가 결핍된 서식처에서 생존하면서 메탄가스를 방출하는 원시생물의 형태.

**멜라닌세포 melanocyte** 피부색을 나타내는 멜라닌 색소를 합성하는 진피에 있는 특정한 세포.

**멜라닌세포-자극 호르몬 melanocyte-stimulating hormone (MSH)** 하등 척추동물에서 멜라닌세포를 자극하여 멜라닌 색소를 분비하게 하는 물질.

**멜라토닌 melatonin** 송과선에서 분비되는 호르몬으로 활동일주기와 연관되어 있다.

**면역 immunity** 외부 물질과 외부 세포, 병을 일으키는 물질들로부터 신체가 자신을 스스로 보호할 수 있는 능력.

**면역결핍증후군 acquired immuno-deficiency syndrome** (**에이즈** 참조)

**면역계 immune system** 외부 생물과 물질들로부터 신체를 보호해 주는 신체의 모든 세포들. 암세포들을 공격하기도 함.

**면역글로불린 immunoglobulin (Ig)** 항체로서 기능을 하는 구형 혈장단백질.

**멸종 extinction** 종 혹은 종 이상 분류군의 생물이 사라지는 현상.

**멸종위기 endangered species** 생물 현재의 서식처에서 멸종이 임박한 생물 (예: 갤리포니아 콘도르, 눈표범).

**명반응 light reaction** 태양 에너지를 포획하는 광합성의 일부 반응이며, 엽록체의 틸라코이드 막에서 일어난다. ATP와 NADPH를 생성한다.

**모델 model** 과정이 직접적으로 연구되기 전에 미리 개념적인 이해를 돕는 시뮬레이션 과정; 특정 과정이 어떻게 일어날 수 있는지를 묘사하는 가설.

**모상체 trichomes** 식물에서 표피의 특수화된 외부 생장 (예를 들면, 뿌리털).

**모세혈관 capillary** 매우 미세한 혈관; 가스와 다른 물질들이 혈액과 조직액 사이에 위치한 모세혈관 벽을 통해 교환된다.

**모자이크 진화 mosaic evolution** 인간의 특징이 동일한 속도로 진화되지 않았다는 개념으로 예를 들어 초기 사람류에서 일부 신체 부위는 다른 부위들 보다 인간을 더 닮았다는 것.

**목 order** 분류 범주 중 하나. 분류학자들이 종을 분류할 때 사용; 과 단계 바로 위의 단계.

**목재 wood** 목본식물에서 매년 형성되어 나이테가 되는 2기물관부.

**몬순 monsoon** 습한 해풍에 의하여 유발되는 호우가 어느 한 계절에 집중되는 현상; 주로 여름에 인도나 동남아시아에서 일어나며 우리나라의 장마도 이에 해당됨.

**몰락개체군 sink population** 구성원의 사망률이 출생률보다 높은 개체군; 서식 환경이 척박하며 감소한 개체수를 충족하기 위해서는 발원개체군으로부터 개체유입이 필요함.

**몸통골격 axial skeleton** 두개골, 흉곽 그리고 척주를 포함한 축을 형성한 척추골의 일부.

**무악어류 agnathan** 턱이 없는 척추동물; 무악어 상강은 먹장어와 칠성장어와 같은 턱이 없는 동물만을 포함한다.

**무악어류 jawless fishes** 턱이 없는 물고기 종류로 오늘날의 먹장어와 칠성장어를 포함한다.

**무작위 분포 random distribution** 개체군 구성원들이 어느 특정한 양상 없이 무작위로 산재한 분포.

**무척추동물 invertebrate** 뼈나 연골로 된 내골격이 없는 동물.

**무체강 동물 acoelomate** 편형동물처럼 체강이 없는 동물.

**문 phylum** 분류 범주 중 하나로 분류학자들이 종을 분류할 때 사용; 강의 바로 위 단계.

**문맥계 portal system** 모세혈관에서 시작해서 모세혈관에서 끝나는 혈류의 통로. 예를 들면, 소장과 간 사이에 위치에도 문맥계가 존재.

**문화 culture** 인간 행동의 총체적인 양상으로 기술과 예술을 포함하며 말하기와 의사전달의 능력에 좌우된다.

**물관부 xylem** 식물체를 통하여 물과 미네랄을 전달하는 관다발 조직; 물관요소와 헛물관으로 구성되어 있다.

**물관부 xylem** 식물에서 위로 미네랄과 물을 전달하는 관다발조직; 물관요소와 헛물관을 포함하고 있다.

**물관요소 vessel element** 물관부에서 주로 수송관을 형성하기 위하여 서로 연결된 세포.

**물의 순환 water (hydrologic) cycle** 물이 육지와 바다 그리고 대기를 지속적으로 오가는 현상.

**물점균류 water mold** 셀룰로오스로 이루어진 세포벽을 가진 필라멘트형 생물로, 죽은 담수생물을 분해하는 전형적인 분해자이지만 어떤 것은 수생 또는 육상 생물에 기생하기도 한다.

**물질대사 풀** 세포의 주요 반응에 대한 기질의 생성물인 대사산물들로 한 형태의 분자가 다른 형태로 전환되도록 한다. 예로써 탄수화물이 지방으로 전환된다.

**미네랄 mineral** 하나 이상의 원소를 포함한 자연적으로 생겨나는 무기물; 어떤 미네랄은 식이에 필요하다. 지구상에 존재하는 원료이므로, 재생이 불가능한 자원이다.

**미뢰 taste buds** 미각수용기를 포함한 척추동물 입이 있는 구조.

**미세 RNA microRNA** 작은 신호로 가공된 인트론; 인트론이 분해 된 후 단백질과 결합한 복합체가 mRNA와 결합하여 번역 대신 mRNA를 파괴함

**미세융모 microvillus (pl., microvilli)** 융모 상피세포에 튀어나온 실린더 모양의 돌기이며 세포 표면적을 증가시킨다.

**미소구 microsphere** 프로테노이드(유사단백질)가 물에 노출되면 형성될 수 있는 미세한 방울모양의 구조물; 세포의 특징을 가지고 있음.

**미소포자 microspore** 종자식물에서 생성되는 두 가지 유형의 포자 중의 하나; 웅성배우체 (화분립)로 발달한다.

**미소포자모세포 microsporocyte** 감수분열로 미소포자를 생성하는 미소포자 모세포.

**미오신 myosin** 근절에서 굵은 필라멘트를 구성하는 근육 단백질; 액틴을 당겨서 근절의 길이를 줄이고, 그수축을 일으킨다.

**밀도-독립적 요소 density-independent factor** 개체 밀도와 관계없이 개체 수 증감을 조절하는 요소; 화재나 홍수와 같은 비 생물적 요소를 말함.

**밀도-종속적 요소 density-dependent factor** 개체밀도의 영향을 받아서 개체 수 증감을 조절하는 요소; 질병이나 경쟁과 같은 생물학적 요소를 말함.

**바이러스 virus** 외부 캡시드와 내부 핵산 핵심으로 구성된 비세포성 기생인자.

**바이로이드 viroid** 캡시드가 없고 바이러스보다 훨씬 작은 감염성 RNA 가닥.

**박테리오파지 bacteriophage** 세균에 감염하는 바이러스.

**반보존적 semiconservative** 이중 나선 DNA 분자가 2개로 복제될 때 각 DNA 분자는 예전의 부모가닥 1개와 새로 만들어진 가닥 1개로 이루어지는 복제.

**반복성 번식 continuous breeding** 생물이 일생동안 여러 차례의 생식을 반복하는 현상.

**반세포 companion cell** 관다발 식물의 체관부에서 체관 요소와 함께 있는 세포.

**반월연골 meniscus** 활막관절에서 뼈의 표면과 분리된 연골성의 쐐기뼈.

**반월판 semilunar valve** 심실과 심실에 연결된 혈관들 사이에 위치하며 반달의 형태를 띈 판막.

**발기 erection** 성적으로 흥분되면 남성의 음경이 혈액으로 가득차게 되어 딱딱해지고 커지는 것을 말함.

**발생 예정지도 fate map** 세포들의 모든 발생 (분화) 과정을 보여주는 지도로, 세

포들의 시작부터 세포들이 분화가 끝난 후 자신의 고유의 구조와 기능을 갖게 되기까지의 모든 과정을 보여줌.

**발아 germinate** 특히 휴면기가 끝나고 종자, 포자, 접합체 등의 생장이 시작되는 것.

**발암원(발암물질) carcinogen** 돌연변이를 유발하여 암 발생을 유도하는 환경 요인

**발암유전자 oncogene** 암을 유발하는 유전자.

**발열반응 exergonic reaction** 에너지를 내놓는 화학반응으로 흡열반응과 반대 반응이다.

**발원개체군 source population** 구성원의 출생률이 사망률보다 높은 개체군; 서식환경이 우수하며 몰락개체군으로 개체방출을 할 수 있음.

**발작 stroke** 뇌에 있는 소동맥이 터졌거나, 색전증으로 인해 소동맥이 막혔을 때 일어나는 현상; 뇌혈관 장애.

**방광 urinary bladder** 오줌이 저장되는 기관.

**방사대칭 radial symmetry** 바퀴의 살처럼 중심 축 둘레에 비슷한 구조가 배열된 체형.

**방산충류 radiolarian** 탄산칼슘 뼈대를 가지고 있는 해양 아메바성 원생동물로, 대부분 도버해협의 하얀 절벽과 같은 석회암을 형성한다.

**방실결절 AV (atrioventricular) node** 동방결절로부터 받은 신호를 심실 벽으로 전달하는 신경근육 조직의 작은 부분.

**방실판 atrioventricular valve** 심방과 심실의 사이에 위치한 심장의 판막.

**방향적 선택 directional selection** 변화하는 환경에 의하여 어느 한 쪽의 극단적 표현형이 선호되는 자연선택의 한 종류.

**배 발달기 embryonic period** 사람의 발생과정에서 수정 후 2주부터 8주까지의 기간을 말하는데 이 기간에 주요 기관계의 기본적인 체계가 갖춰짐.

**배(아) embryo** 접합자가 성체로 발생하는 단계에서 형성되는 다세포 의 생명체; 종자식물에서는 배(아)는 종자의 한 부분임.

**배가시간 doubling time** 개체군의 크기가 두 배로 증식하는데 걸리는 시간.

**배낭 blastocyst** 사람의 발생과정 중 초기 단계에 형성되는 것으로 액체로 채워진 공 모양의 세포 덩어리.

**배낭 embryo sac** 현화식물의 자성배우체.

**배란 ovulation** 하나의 여포 세포가 터지면서 한 개의 2차 생식세포가 방출되는 것으로

**배반 embryonic disk** 사람의 발생에서 낭배형성과정에서 만들어지는 얇고 평평한 세포층으로 여기서 배(아)가 발생함.

**배설 excretion** 단세포생물의 원형질막과 다세포생물의 배설관과 같은 교환경계에서 대사 노폐물이 제거되는 것.

**배엽층 germ layer** 척추동물의 배에 만들어지는 3개의 조직 층, 즉, 외배엽, 중배엽, 내배엽을 말한다.

**배외막 extraembryonic membranes** 발생과정에서 배 외부에 따로 만들어지는 막으로 배를 보호하고 배에 영양분을 공급하는 역할을 수행한다.

**배우자 gamete** 난자 나 정자 같은 반수체 생식세포.

**배우체 gametophyte** 식물의 세대교번에서 반수체 세대; 이배체 접합체를 형성하기 위하여 합쳐지는 배우자를 생산한다.

**배유 endosperm** 현화식물에서 정자 핵과 극핵이 배낭에서 융합하여 생긴 영양 저장 조직.

**배주 ovule** 종자식물에서 자성 배우체를 포함하며 종자로 발달할 구조.

**백색질 white matter** 중추신경계의 유수 축삭.

**백색체 leucoplast** 일반적으로 빛깔이 없는 색소체로 녹말과 기름을 합성하여 저장한다.

**백신 vaccine** 질병을 유발하지 않고도 능동면역을 증가시킬 수 있도록 만들어진 항원.

**백혈구 white blood cell** 여러 종류가 있는데, 외부 물질이나 외부 생물의 침략으로부터 신체를 보호하기 위하여 각각 특정한 기능을 함.

**번식 reproduce** 같은 종의 새로운 개체를 생성하는 것.

**번역 translation** 리보솜이 mRNA에 존재하는 코돈 서열에 따라 특정 아미노산서열로 구성된 폴리펩티드를 만드는 과정.

**번역조절 translational control** mRNA 전사물의 활성에 의해 조절되는 유전자 발현

**번역후 조절 posttranslational control** 번역 후, 새롭게 합성된 단백질의 활성에 의한 유전자발현 조절

**범위 range** 어느 특정 생물 종이 발견되는 지구의 부분.

**법칙 law** 대다수의 과학자들에 의해 일반적으로 수용되는 이론.

**벡터 vector** 외래 DNA와 결합하는 매개 DNA로 가장 일반적으로 사용되는 벡터는 플라스미드임.

**벽공 pit** 구멍이나 움푹 들어간 지역; 이웃한 물관세포 사이를 계속 연결시키는 물관세포벽에 있는 작은 구멍.

**변태 metamorphosis** 곤충과 같은 일부 동물에서 발생하는 동안에 일어나는 모양과 형태의 변화.

**변형체성 점균류 plasmodial slime mold** 숲속이나 들판위에서 위족으로 이동하며, 식세포작용으로 썩어가는 식물체를 먹고사는, 자유로이 살아가는 세포질 덩어리. 포자를 형성하여 생식한다.

**병목효과 bottleneck effect** 유전자부동의 한 원인; 자연재해나 인간간섭에 의하여 집단 내 일부 유전형이 다음세대로 전승되지 않는 현상.

**병원균 pathogen** 바이러스, 기생성 세균, 진균 그리고 동물과 같은 질병을 유발하는 인자.

**보조 T세포 helper T cell** 모든 종류의 면역세포들을 자극하는 림포카인을 분비한다.

**보조억제인자 corepressor** 억제인자와 결합하는 분자로, 보조억제인자와 결합한 억제인자가 억제오페론의 작동유전자와 결합하게 함.

**보조인자 cofactor** 효소가 기능을 나타내는데 필요한 비단백질 부분. 대개 금속이온이며, 조효소도 있다.

**보존생물학 conservation biology** 인간의 활동이 생물의 종, 개체군, 군집 그리고 생태계에 미치는 영향을 연구하고 생물의 멸종과 생태계의 훼손을 방지할 수 있는 방안을 연구하는 학문

**보체 complement** 혈액에서 유래된 효소와 활성제의 집단으로, 일부는 항체와 결합하고 외부에서 온 세포를 파괴할 수 있음.

**보체계 complement system** 병원체의 침입에 맞서 비특이적 방어 기작을 형성하는 혈장 내의 여러 다양한 단백질들; 항원-항체 반응을 도와주는 역할을 함.

**보호색 cryptic coloration** 동물이 자신을 숨기기 위해서 갖는 주변 환경과 비슷한 체색.

**보호자 단백질 chaperone protein** 단백질에 결합하여 합성되는 동안 잘못된 상호작용을 일으키지 않도록 보호하는 분자.

**복강 abdominal cavity** 흉강 밑 배쪽의 빈 공간을 말하며 횡경막에 의해 흉강과 분리되어 있다; 심장과 폐를 제외한 대부분의 내장기관을 포함한다.

**복막투석 continuous ambulatory peritoneal dialysis (CAPD)** 복강을 둘러싼 복막을 투석막처럼 이용하여 체내에서 일어나는 투석.

**복원생태학 restoration ecology** 보존생물학의 한 분야로서 훼손 혹은 파괴된 자연을 생태학적으로 원상복구 시키는 방안을 연구하는 학문.

**복제분지 replication fork** 진핵생물에서 복제가 일어나기위해 두 부모 DNA 가닥이 분리되는 지점

**복족류 gastropod** 달팽이와 민달팽이처럼 넓고 편평한 발로 기어 다니는 연체동물.

**복합조직 complex tissues** 식물에서 두 종류 이상의 세포로 구성된 조직 (예를 들면, 헛물관과 물관 요소로 구성된 물관부; 체관 요소와 반세포로 구성된 체관부).

**봄회전 spring overturn** 봄철 온대지방의 수온이 상승하면서 4℃에 유박하면 물의 비중이 높아지면서 표층수가 가라앉고 심층수가 떠오르면서 호수내의 물이 회전하는 현상; 물의 회전에 의하여 호수바닥에 쌓여있던 침전물이 같이 떠오르면서 식물영양분이 물속에 용해되어 녹조현상을 유발하여 수질을 악화시키기도 함.

**봉입체 inclusion body** 세균에서 나중에 사용하려고 저장한 영양분.

**부레 swim bladder** 어류에 있어서 기체로 채워진 주머니로서 부레의 압력을 변화시켜 부력을 조절한다.

**부생자 saprotroph** 소화효소를 분비한 후 소화된 영양분을 원형질막을 통해 다시 흡수하는 생물체.

**부식생물 saprotroph** 소화효소를 분비한 후 분해된 영양분을 원형질막을 통해 흡수하는 생물.

**부식토 humus** 토양에서 분해된 유기물질.

**부영양화 eutrophication** 수중생태계에 식물의 무기영양소가 유입되는 현상; 부영양화는 조류와 남조류의 과다한 증식을 일으키고 수질악화를 유발함.

**부종 edema** 세포사이 공간에 채워지는 조직액으로 인해 부어오르는 것.

**북극툰드라 Arctic tundra** 얼어붙은 북극해 남단을 둘러싸고 있는 초원형태의 생물군계

**분기도 cladogram** 단계군의 구성원들이 공유하는 파생성격을 이용하여 작성된 도표로서 종의 연관관계를 나타냄.

**분단적 선택 disruptive selection** 양쪽의 표현형들이 선호되고 중간 표현형이 도태되는 유현의 자연선택.

**분류군 taxon (pl., taxa)** 동일한 분류단위에 속하는 생물들의 집합.

**분류학 taxonomy** 생물들을 식별하고, 묘사하고, 이름을 짓는 생물학의 한 종류.

**분생자 conidiospore** 무성생식동안 자낭균과 담자균에 의해 생산되는 포자.

**분압 partial pressure** 혼합기체에 영향을 미치는 각각의 기체압.

**분자시계 molecular clock** 유전자의 돌연변이가 비교적 일정한 속도로 진행된다는 가정 하에 돌연변이의 정도에 따라서 생물의 진화연대를 추정하는 기법.

**분지적 계통분류 cladistic systematics** 파생성격을 이용하여 단계군을 설정하고 분기도를 만드는 계통분류의 기법.

**분지적 계통분류 cladistics** 파생성격을 이용하여 단계통군을 설정하고 분기도를 작성하는 계통분류학의 한 분야.

**분해생물 decomposer** 유기물질을 무기영양소로 분해하는 새물; 주로 세균과 진균류를 일컬음.

**불가사리 sea star** 극피동문 문에 속하는 무척추동물로 수관계와 관족을 갖고 있는 것이 특징이다.

**불꽃세포 flame cell** 플라나리아의 배설관에서 발견되며, 체액을 배설관으로 밀어내어 몸 밖으로 내보내는 작용을 한다.

**불완전 소화관 incomplete digestive tract** 보통 입이라 부르는 것 하나만이 열려있는 소화관.

**비 그림자 rain shadow** 고온다습한 공기가 산의 한쪽 경사면을 만나서 상승하면서 대부분의 수분이 유실되어서 공기가 산 정상을 넘어서 반대편 경사면에 다다르게 되면 건조한 대기가 형성되는 현상; 우리나라 동해안의 푄현상과 유사함.

**비 무작위교배 nonrandom mating** 무작위적이 아닌, 표현형의 유사성이나 상이성에 따라서 일어나는 개체들 간의 교배.

**비강 nasal cavity** 콧속에 있는 두 개의 통로 중 하나로, 격막으로 분리되어있다.

**비격벽성 nonseptate** 세포벽을 가지고 있지 않은 것을 의미하며, 몇몇 곰팡이 종은 비격벽성 균사를 가지고 있다.

**비경쟁 억제 noncompetitive inhibition** 억제자가 효소의 활성부위가 아닌 다른

부위에 결합하는 형태의 효소 활성 억제. 이 부위에 억제자가 결합하면 효소의 형태가 변형되어 효소와 기질이 결합하지 못하므로 생성물이 만들어지지 않는다.

**비관다발 식물 nonvascular plant** 유관속 조직이 없는 이끼와 같이 습지에 살고 건조한 지역에서 생존하기 위하여 특수한 적응을 한 선태식물.

**비극성 공유결합 nonpolar covalent bond** 원자 사이에 전자쌍을 균등하게 공유하는 형태의 결합.

**비뇨계 urinary system** 신장과 요도로 구성된 기관계; 신체에 있는 질소노폐물을 없애고, 혈액의 물과 염분 균형을 조절하는 역할을 함.

**비늘 scale** 어류와 파충류에 있는 얇은 박편으로, 몸을 덮어서 보호 해준다.

**비대칭 asymmetrical** 연관된 부위가 비슷하지 않거나, 좌우대칭동물에 있어서 몸의 반대편에 있는 기관이 정상적으로 서로 다른 경우.

**비만 obesity** 과다한 지방조직으로 구성된 것; 바람직한 체중보다 20% 이상을 초과한 것.

**비만세포 mast cell** 알레르기 반응에서 히스타민을 분비하는 결합조직 세포.

**비번역유전자 noncoding gene** mRNA 외의 다른 종류의 RNA로 전사되는 유전자

**비순환 전자경로 noncyclic electron pathway** 광합성 명반응의 일부로 광계 I과 광계 II가 모두 참여한다. ATP와 NADPH를 모두 생성한다.

**비장 spleen** 복부의 왼쪽 윗부분에 위치한 큰 분비샘 기관; 혈액을 저장하고 정화함.

**비타민 D vitamin D** 지용성 화합물; 유아의 구루병은 비타민 D 결핍이 원인으로 생김.

**비타민 vitamin** 식품으로 반드시 먹어야 하며, 소량이 필요하다. 비타민은 때로는 조효소의 일부가 된다.

**빈모류 oligochaete** 환형동물 문에 속하는 무척추동물로 체절화된 몸과 강모가 존재하는 것이 특징(예: 지렁이)

**뼈 bone** 칼슘염류 같은 무기 염류의 단단한 기질과 단백질 섬유를 가진 결합조직.

**뿌리계 root system** 주근과 측근을 포함하는 것.

**뿌리골무 root cap** 뿌리 끝을 보호하는 껍질이며 토양을 밀고 뿌리가 자랄 때 떨어져나가면 계속 대체된다.

**뿌리압 root pressure** 뿌리세포에서 미네랄의 능동적인 이동으로 생긴 삼투압; 물관부에서 짧은 거리를 물이 올라가도록 한다.

**뿌리줄기 rhizome** 뿌리와 같이 생긴 지하 줄기.

**뿌리털 root hair** 물과 미네랄의 흡수를 위하여 표면적을 넓히는 뿌리 표피세포의 돌기.

**뿌리혹 root nodule** 질소고정 박테리아를 가지고 있는 뿌리 구조.

**뿔이끼류 hornwort** 뿔이끼식물문의 한 종류.

**사구체 glomerulus** 네프론의 사구체 주머니 속에 있는 모세혈관망.

**사구체 여과 glomerular filtration** 혈압에 의해 작은 분자들이 사구체에서 사구체 주머니로 이동하는 현상.

**사구체 주머니 glomerular capsule** 네프론의 시작부위에 있는 컵 모양의 구조.

사다리 모양 신경계 ladderlike nervous system 플라나리아에서는 두 개의 신경삭이 가로신경에 의해 연결되어 있다.

**사람 면역결핍바이러스 human immunodeficiency virus (HIV)** AIDS를 일으키는 바이러스.

**사람 융모성 생식선자극호르몬 human chorionic gonadotropin (HCG)** 융모막에서 분비되는 호르몬으로 자궁벽(내막)을 유지시켜주는 기능을 담당함.

**사람류 hominid** 오스트랄로피테신과 인간을 포함하는 호미니드 과의 무리.

**사막 desert** 매우 적은 강수량으로 특징지어지는 하나의 생태군계로서 낮은 매우 덥고 밤은 매우 추움.

**사막화 desertification** 기후나 토양환경의 변화로 인하여 한 때 기름졌던 토지가 사막과 같이 황폐화 되는 현상.

**사바나 savanna** 약간의 교목 혹은 관목이 산재한 초원; 극심한 건기가 길게 지속되며 아프리카대륙에서 흔히 찾아볼 수 있음.

**사지 골격 appendicular skeleton** 부속기관, 상지대, 하지대를 구성하는 척추골의 일부.

**사지동물 tetrapod** 네 발 달린 척추동물로 양서류, 파충류, 조류 및 포유류를 포함한다.

**사춘기 puberty** 사람에서 2차 성징이 나타나는 시기로서 여성은 월경이 시작되고 남성에서는 정자가 만들어지는 시기.

**사회 society** 성적행위나 부모자식의 관계를 넘어서 상호협동관계로 조직된 동종 개체들의 집단.

**사회생물학 sociobiology** 인간을 포함한 동물의 행동을 진화의 개념으로 연구하는 학문.

**산 acid** 용액의 수소 이온 농도를 높이고 pH를 낮추는 분자.

**산업 흑화현상 industrial melanism** 산업화에 따른 대기오염으로 인하여 환경의 바탕색이 어두워짐에 따라서 밝은 체색을 지닌 개체가 어두운 체색을 지닌 개체보다 쉽게 포식동물의 눈에 띄게 되어서 잡혀 먹히는 빈도가 높아져서 상대적으로 어두운 체색을 지닌 개체의 빈도가 높아지는 현상.

**산지침엽수림 montane coniferous forest** 산악지대에 위치한 침엽수림.

**산지툰드라 alpine tundra** 고산지대에 위치한 툰드라.

**산호초대 coral reef** 열대해양에 형성된 산호의 군락지대로서 이곳의 수심은 얕고 물이 따뜻하며 생물다양성과 생산성이 높음.

**산화 oxidation** 원자나 분자에서 하나 이상의 전자를 잃은 것. 생물학에서는 일

반적으로 수소 이온을 잃는 것으로 간주한다.

**산화적 인산화 oxidative phosphorylation** 산소를 최종 수용체로 이용하는 전자전달계와 ATP 생성을 연계시키는 과정. 미토콘드리아에서 일어난다.

**산화헤모글로빈 oxyhemoglobin** 산소가 헤모글로빈과 결합하여 형성되는 화합물.

**삼림늪 swamp** 교목과 관목이 주종을 이루고 있는 저습지.

**삼투압 osmotic pressure** 선택적 투과성 막에 대한 물의 이동 경향을 측정한 값. 막을 사이에 두고 용질 농도가 높은 쪽의 액체가 늘어나는 것으로 관찰된다.

**상대적 적응도 relative fitness** 생존율이나 생식능력 등의 생활사특징에 근거한 특정 유전자형의 생식성공도.

**상대적 화석연대측정 relative dating (of fossils)** 지층에 나타난 화석의 순서대로 가장 오래된 화석으로부터 가장최근에 형성된 화석을 나열하는 기법; 절대적 연대측정은 방사성 동이원소를 이용해서 화석의 실제 나이를 추정함.

**상동 염색체 homologous chromosome** 제 1 감수분열의 전기에 일어나는 접합 때 서로 붙게 되는 비슷한 형태를 가진 한 쌍의 염색체.

**상동기관 homologous structure** 공동조상으로부터 유래된 이종의 생물들이 공유하는 유사한 신체기관 혹을 구조물.

**상동성 homology** 공동조상으로부터 유래된 것으로 추정되는 진화적으로 가까운 생물집단의 구성원들이 공유한 유사한 구조나 기능을 지닌 신체기관 혹은 부위; 주로 유사한 발생과정을 거침.

**상리공생 mutualism** 서로에게 이득이 되는 공생관계.

**상보 염기쌍 형성 complementary base pairing** DNA에서 특정 퓨린(A, G)과 특정 피리미딘(T, C) 사이의 수소결합.

**상보DNA (cDNA) complementary DNA (cDNA)** 역전사효소에 의해 mRNA로부터 합성된 DNA

**상사 analogy** 수렴진화로 인하여 생겨난 유사한 성격.

**상사기관 analogous structure** 진화적으로 연관이 적은 이종의 생물들이 비슷한 환경에 적응하면서 진화된 비슷한 기능을 지닌 구조 혹은 기관.

**상실배 morula** 동물의 초기 발생 과정에서 난할 후 형성되는 세포덩어리로 포배 전단계에 해당된다.

**상지대 shoulder (pectoral) girdle** 팔의 지지와 부착을 담당하는 척추동물의 골격부위; 몸의 양쪽 부분의 견갑골과 쇄골로 구성된다.

**상피병 elephantiasis** 기생성인 사상충에 의해 림프관이 막혀서 생기는 사지의 부종.

**상피조직 epithelial tissue** 공간이 빈 기관들의 내부를 구성하며, 표면을 덮는 조직.

**상호 이타주의 reciprocal altruism** 개체군 구성원들 간의 상호협동으로 개체군 전체의 적응도를 높이는 현상.

**색맹 color blindness** 색깔을 인식하는 세 종류의 원뿔세포 중 한 개 이상에서의 결함.

**색소체 plastid** 식물과 조류의 소기관으로 이중막으로 둘러싸여 있으며 내부 막과 또는 소포를 가지고 있다. 엽록체와 잡색체, 백색체 등이 있다.

**샘 gland** 단일 상피세포 또는 여러 상피세포가 모여서 분비물질을 생성하는 조직.

**생명공학 biotechnology** 자연에 존재하는 생명체를 이용하여 인간이 원하는 물질을 생산하거나 원하는 목적을 위해 사용하는 유전공학 및 관련 기술.

**생물 organism** 살아 있는 개체.

**생물군계 biome** 서식하는 식물의 종류와 지구상 기후대에 따라서 특징지어지고 분류되는 생물군

**생물권 biosphere** 지구의 생물이 발견되는 대기, 육지 그리고 물을 모두 합친 공간.

**생물다양성 biodiversity** 생물군집 안에 존재하는 종과 유전자의 수 및 다양성.

**생물다양성 열점 biodiversity hotspots** 지구의 다른 곳에 비해 특별하게 많고 다양한 생물의 종들이 발견되는 지역.

**생물번성능력 biotic potential** 최상의 환경조건에서 개체군의 개체수가 증식할 수 있는 최고치.

**생물번성능력 biotic potential** 한 개체군 (혹은 집단)이 이상적인 조건하에서 증식이 가능한 최대한계.

**생물정보학 bioinformatics** 컴퓨터를 이용해 유전체를 연구하기 위한 학문.

**생물정화 bioremediation** 미생물을 이용하여 유출 기름과 고엽제 같은 오염물질을 분해시킴으로써 환경을 정화하는 것.

**생물지리학 biogeography** 생물의 지리적 분포양상을 연구하는 학문.

**생물지화학환 biogeochemical cycle** 탄소나 질소와 같은 원소가 생태계 내의 교환소, 저장소 그리고 생물군집을 거치면서 순환하는 현상.

**생물학 biology** 생물에 관한 과학적인 학문.

**생물학적 시계 biological clock** 환경 자극이 없을 때 생물학적 리듬을 유지하는 내부의 메카니즘.

**생물학적 증폭(혹은 농축) biological magnification** 생물적 분해가 되지 않는 화학물질이 먹이그물의 섭식단계의 상부로 올라가면서 축적되는 현상.

**생산생물 producer** 광합성이나 화학합성을 통하여 외부환경으로부터 에너지를 고정하는 생물; 녹색식물, 조류(algae), 남세균, 화학합성세균(혹은 고세균) 등.

**생식계 reproductive system** 남성, 혹은 여성의 기관을 포함하는 기관계. 자손 번식을 담당.

**생식복제 reproductive cloning** 원래의 생물과 유전적으로 동일한 생물복제.

**생식소 gonads** 정자를 만드는 정소 및 난자를 만드는 난소를 말한다.

**생존율 survivorship** 동연령군의 개체들이 어느 특정기간 동안에 살아남을 확률.

**생체량 biomass** 생물의 무게.

**생태계 ecosystem** 생물의 군집과 상호 작용하는 환경의 집합; 에너지의 흐름과 무기영양소의 순환으로 특징지어짐.

**생태적 지위 ecological niche** 한 생물이 군집 내에서 다른 생물들과의 상호작용을 하면서 갖는 역할.

**생태적 천이 ecological succession** 군집의 종구성이 교란 후 (이차 천이) 혹은 토양의 생성 후 (일차 천이) 단계적으로 바뀌어가는 현상.

**생태적 피라미드 ecological pyramid** 각 섭식단계의 총 생체량, 개체 수 혹은 에너지의 총량을 나타내는 도표; 생산생물의 단계에서 시작하며 소비생물의 단계로 올라 갈수록 수량이 대체적으로 줄어들어서 피라미드의 모양이 됨.

**생태학 ecology** 생물 간의 상호작용이나 생물과 환경 사이의 상호작용을 연구하는 학문.

**생활사 life history** 생물이 주어진 환경조건에 적응하기위한 생활전략; 생산되는 자식의 수, 생존율, 수명, 생식연령 그리고 체구의 크기 등으로 특징지어짐.

**샤파렐** 키가 작은 상록활엽수로 특징지어지는 하나의 생물군계, 미국 캘리포니아 남부와 같은 지중해성 기후를 가진 지역에 위치함.

**서식처 habitat** 생물이 살면서 생식하는 장소.

**석송 club moss** 작은 소나무 형태이며 비종자 관다발 식물의 한 유형.

**석탄 coal** 분해되지 않은 식물체가 수백만 년 전에 형성된 화석 연료.

**선구동물 protostome** 배아의 처음 개구부(원구)가 입이 되는 진체강동물의 한 무리.

**선구종 pioneer species** 교란되어 있거나 척박한 환경의 서식처에 가장먼저 유입 정착하는 생물 종; 대체적으로 번식력이 강하고 성장이 빠름.

**선모충증 trichinosis** 유충이 근육에서 주머니를 싸고 있는 선형동물 문에 속하는 기생성 선충류에 의한 위중한 감염.

**선 진 국 more-developed country (MDC)** 이미 산업화가 완성된 국가; 일반적으로 인구증가율이 낮고 높은 생활수준을 누리고 있음.

**선태식물 bryophyte** 이끼류, 유산이끼, 뿔이끼의 한 종류이다; 이 식물들은 관다발이 없으며, 습지에 존재한다.

**선택적 투과성 differentially permeable** 물질이 세포 안팎으로 이동하는 것을 조절하는 원형질막의 성질로, 어떤 것은 통과하도록 하며 어떤 것은 통과하지 못하도록 한다.

**선형동물 roundworm** 완전환 소화관과 의체강을 갖는 원통형의 몸을 가진 선형동물 문에 속하는 동물로 일부는 물과 토양에서 자유생활을 하고 다수는 기생생활을 한다.

**설사 diarrhea** 지나치게 자주 묽은 변이 배출되는 현상.

**섬모충류 ciliate** 섬모로 운동하고, 식포에서 먹이를 소화하는 복잡한 구조의 단세포 원생생물.

**섬유소 fiber** 실과 같은 구조; 소화 되지 않는 식물성 물질.

**섬유아세포 fibroblast** 섬유질과 기질을 합성해내는 결합조직 세포.

**섭식단계 trophic level** 먹이그물 내에 개체군이 위치한 단계; 생산생물; 일차 소비생물, 이차 소비생물 등.

**섭식먹이관계 trophic relationship** 생태계의 섭식 혹은 포식생물과 먹이생물 사이에 먹고 먹히는 관계.

**성 선택 sexual selection** 암컷이 종의 보존을 위해서 가장 적합한 유전자를 지녔다고 판단되는 수컷을 교배상대로 선택하는 현상; 주로 수컷의 외모, 구애행동, 경쟁력 그리고 적응도 등이 판단의 기준이 됨.

**성격 character** 한 생물집단을 다른 집단과 구분할 수 있는 구조적, 염색체적, 혹은 분자생물학적인 특징.

**성대 vocal cord** 사람의 경우 후두 안에 주름져 있는 조직; 성대가 떨릴 때 소리가 만들어진다.

**성문 glottis** 공기가 후두로 들어가도록 열려 있는 곳

**성장인자 growth factor** 수용체를 갖고 있는 세포의 유사분열과 세포의 분화를 조절하는 화학신호로 태아 발생이나 조직의 유지와 수선, 그리고 조혈과정에 매우 중요하며 때로 암을 유발하기도 함.

**세균 bacteria** 생명체의 세 도메인 중 하나로, 고유의 유전적, 생화학적, 생리적 특징을 갖고 있기 때문에 고세균과 구별되는 원핵세포를 포함한다.

**세균 영역 domain Bacteria** 생물의 세 가지 영역 중 하나로, 세균과 시아노박테리아 같은 원핵세포로 구성된 생물이 여기에 속함.

**세균성 질막염 bacterial vaginosis** 성적 접촉을 통해 *Gardnerella vaginalis*, 또는 *Mobiluncus* spp. 또는 *Mycoplasma hominis* 라고 하는 세균들, 그리고 여러 다양한 혐기성 세균들에 의해 생기는 성병으로 그 증상은 약하나 골반염 등을 일으킬 수 있음.

**세뇨관 분비 tubular secretion** 혈액속의 일부 분자들이 네프론의 원위세뇨관으로 이동하여 오줌으로 첨가되는 것.

**세뇨관 재흡수 tubular reabsorption** 네프론의 여과액에 있는 수분과 영양분자들이 1차적으로 근위세뇨관에서 혈액으로 이동하는 것

**세대교번 alternation of generations** 이배체인 포자체와 반수체인 배우체가 교대로 나타나는 전형적인 식물의 생활 주기.

**세로토닌 serotonin** 신경전달물질의 하나.

**세자 암호 triplet code** 유전자 발현 과정 중 특정 아미노산을 각각 지정하는 뉴클레오티드 염기서열 세 개.

**세정맥 venule** 모세혈관에서 정맥으로 혈액을 운반하는 혈관.

**세정소관 seminiferous tubule** 정소 내부의 여러 구획(chamber) 안에 있는 길고 꼬여있는 모양의 관들로 여기서 정자가 만들어진다.

**세포 cell** 생물의 특성을 나타내는 가장 작은 단위; 세포막으로 둘러싸인 세포질로 구성되어 있다.

**세포 인식 단백질 cell recognition protein** 신체가 병원체에 대해 방어하도록 돕는 당단백질.

**세포-신호경로 cell-signaling pathway** 신호물질이 신호전달경로를 유도하기위해 사용하는 기작이며 이를 통한 일련의 분자 변화로 세포가 신호에 따라 특정한 반응을 하게 됨.

**세포독성 T세포 cytotoxic T cell** 외부항원을 갖고 있는 세포들을 공격하고 죽이는 T 세포.

**세포매개면역 cell-mediated immunity** T 세포가 항원을 갖고 있는 세포를 파괴하는 특이적인 면역반응.

**세포분화 cellular differentiation** 한 세포가 세포고유의 특별한 기능을 갖기위해 전문화되는 과정 및 발생단계.

**세포성 점균류 cellular slime mold** 식세포작용으로 세균과 효모를 잡아먹고, 포자를 생산하는 변형체를 형성하기 위해 서로 뭉치는, 자유로이 생활하는 아메바 세포.

**세포외막 cell envelope** 원핵세포에서 원형질막과 세포벽, 당질피질로 이루어진 부분.

**소나무류 conifer** 소나무, 히말라야삼나무, 전나무 등이 포함된 솔방울이 있는 겉씨식물의 한 종류.

**소동맥 arteriole** 동맥에서 모세혈관으로 혈액을 운반하는 혈관.

**소량영양소 micronutrient** 식물과 인간에 소량 필요한 필수영양소. 식물에서는 붕소, 구리, 그리고 아연이 생장에 필요하다; 사람에서는 비타민과 미네랄이 대사와 생리적인 발달을 조절하는데 도움을 준다.

**소비생물 consumer** 먹이사슬 내에서 다른 생물을 섭식하는 생물; 일차소비생물은 식물을, 그리고 이차소비생물은 동물을 섭식함.

**소장 small intestine** 척추동물에서 대장으로 연결된 소화관의 일부분; 사람은 십이지장, 공장, 회장으로 구성된다.

**소진화 microevolution** 종 이하의 개체군 차원에서 일어나는 유전자구성비의 변화.

**소철류 cycad** 손 모양의 잎과 커다란 솔방울을 가지고 있는 겉씨식물; 소철류는 열대와 아열대에서 주로 발견된다.

**소화계 digestive system** 입, 식도, 위, 소장, 대장을 포함하는 기관계로, 음식을 받아들여서 영양분자로 소화시킴. 관련된 기관에는 이빨, 혀, 침샘, 간, 쓸개, 췌장 등이 있다.

**속 genus** 분류 단계 중 하나로, 종을 분류할 때 사용; 진화를 통해 가장 근접하게 관련된 종들을 포함.

**수 pith** 줄기와 뿌리의 중앙에 있는 유조직 세포.

**속새류 horsetails** 현재 한 속 (Equisetum)만이 있는 비종자관다발식물; 뿌리줄기, 바늘모양의 잎, 횡분체, 거칠고 단단한 줄기가 특징이다.

**속씨식물 angiosperm** 현화식물: 종자가 열매 안에 있다.

**솔방울 cone** 소나무류에서 화분 (웅성배우체)이나 종자 (자성배우게)를 포함하고 있는 구조.

**솔잎난 whisk fern** 잎이나 뿌리 없이 줄기만 가지고 있는 비종자관다발 식물에 대한 일반적인 이름.

**송과선 pineal gland** 피부 표면(어류, 양서류) 또는 뇌실(포유류)에 있는 분비선으로 멜라토닌을 생성한다.

**수경재배 hydroponics** 뿌리를 영양액에 떠있도록 하여 식물을 키우는 기술.

**수관계 water vascular system** 극피동물의 관족에 물을 넣어 관족이 팽창될 수 있도록 해주는 일련의 관.

**수궁류 therapsid** 페름기 중반에 출현한 포유류를 닮은 파충류로서 포유류의 조상이다.

**수뇨관 ureter** 신장에서 방광까지 오줌을 전달하는 관상구조.

**수동면역 passive immunity** 질병에 민감한 개체에게 항체를 주입하여 얻을 수 있는 면역.

**수렴진화 convergent evolution** 동일한 환경에 대한 적응으로 인하여 진화적으로 관계가 먼 생물들이 유사한 성격과 기능을 갖게 되는 현상.

**수막 meninges** 중추신경계를 감싸고 있는 보호막.

**수막염 meningitis** 뇌 또는 척수의 수막에 염증이 생긴 상태.

**수분 pollination** 겉씨식물에서 화분솔방울에서 종자 솔방울로 화분이 전달되는 것; 속씨식물에서 화분이 꽃밥에서 암술머리까지 전달되는 것.

**수분 퍼텐셜 water potential** 물의 퍼텐셜 에너지; 다른 물질과 비교하여 물을 방출하거나 흡수하는 능력의 측정.

**수분매개자 pollinator** 꽃밥에서 암술머리로 꽃가루를 전달하는 동물 (예를 들면 벌).

**수상돌기세포 dendritic cell** 표피와 점막에 있는 항원표출세포.

**수상생활 arboreal** 나무 위에서의 생활.

**수성골격 hydrostatic skeleton** 근수축을 지지하여 운동을 하도록 하는 액체로 가득찬 몸체의 일부; 자포동물, 편형동물, 환형동물, 그리고 절지동물 참조.

**수송 단백질 carrier protein** 분자나 이온과 결합하여 원형질막을 통과하여 수송하는 단백질.

**수술 stamen** 현화식물에서 화사와 화분낭을 가지고 있는 꽃밥으로 되어 있고 화분을 생산하는 꽃의 일부분.

**수염뿌리계 fibrous root system** 대부분의 외떡잎식물에서 토양에 부착하고 있는 수많은 비슷한 크기의 뿌리.

**수용체 단백질 receptor protein** 원형질막이나 세포 안에 있는 단백질로 세포의 일부 물질대사에 영향을 주는 물질과 결합한다.

**수유 lactation** 어린 아기에게 영양분을 공급하기위한 산모의 유선(mammary

glands)에서의 젖 분비.

**수정 fertilization** 정자 핵과 난자 핵의 결합을 말하는 것으로, 이 결합으로 만들어진 접합자로부터 하나의 새로운 생명체가 발달한다. 수정이 되면 이 2차 생식세포는 감수분열을 완료하면서 난자 가 된다.

**수정체 lens** 홍채 뒤에 위치한 척추동물의 눈에서 발견되는 투명한, 막성구조; 사물의 초점을 맞춘다.

**수중생태계 aquatic ecosystem** 육수(강, 하천, 호수, 못 등)와 해수(해양, 산호초대, 염습지 등)에 형성된 생태계.

**수축기 systole** 심장주기 동안에 심장이 수축하는 시기.

**수피 bark** 코르크, 코르크 형성층, 체관부로 구성된 나무의 겉 부분.

**숙주 host** 기생생물에게 영양분, 에너지 혹은 서식처를 제공하는 생물.

**숙주특이성 host specific** 특히 바이러스에 의해 감염되는 생명체에서 나타남.

**순환계 circulatory system** 심장, 혈액, 혈관을 경유하여 세포 사이의 물질을 운반하는 동물의기관계.

**순환적 전자경로 cyclic electron pathway** 명반응의 한 부분으로 광계 I에서 ATP를 생성하는 과정만 일어난다.

**숲의 파괴 deforestation** 인간 활동에 의하여 숲이 제거되는 현상.

**스트로마톨라이트 stromatolite** 석회석에 부착된 둥근 지붕모양의 남세균 집단; 수심이 얕은 호주연안에서 찾아볼 수 있음.

**스피로헤타 spirochete** 긴 막대 모양의 세균으로 유연한 나선으로 꼬여 있다. 나선이 단단하면 나선균이라고 부른다.

**시반세포 Schwann cell** 말초신경의 섬유를 싸고 있는 세포로 미엘린초를 만들어낸다.

**시상하부-억제 호르몬 hypothalamic-inhibiting hormone** 시상하부에서 생성되는 호르몬 가운데 하나로 뇌하수체 전엽 호르몬의 분비를 억제한다.

**시아노박테리아 cyanobacteria** 예전에는 남조류라고 불렸으며, 엽록소를 포함하고 있고 산소를 방출하는 광합성 세균.

**시토신 cytosine (C)** DNA 와 RNA를 구성하고 있는 뉴클레오티드에서 질소를 포함하고 있는 염기 4 종류중 하나로 구아닌과 쌍을 형성함.

**시토카인 cytokine** 바이러스에 의해 감염된 세포, 암세포, 바이러스 등을 공격하는 T 세포에 의해 분비되는 단백질의 한 종류.

**시토크롬 cytochrome** 광합성과 세포호흡에서 전자 운반자 역할을 하는 단백질 분자들로 철을 함유하고 있다.

**시토키닌 cytokinin** 세포분열을 촉진하는 식물호르몬; 식물 배에서 기관이 발달하는 동안 옥신과 함께 작용한다.

**식도 esophagus** 인두에서 위로 삼킨 음식물을 이동시키는 근육질의 관.

**식물 plant** 식물계에 속하는 다세포이며 주로 광합성을 하는 생물.

**식물성 플랑크톤 phytoplankton** 광합성능력이 있는 수중생태계의 남세균과 미세조류(tiny algae)를 지칭함; 산소를 생산하며 수중생태계의 생산생물의 역할을 함.

**식물환경정화 phytoremediation** 자연지역을 본래의 상태로 회복하기 위하여 식물을 사용하는 것.

**식세포작용 phagocytosis** 아메바 세포가 하듯, 세포외 입자를 삼켜버림으로써 섭취하는 형태.

**식이 diet** 어떤 사람의 전형적인 식품의 선택; 균형 잡힌 식이에는 건강한 몸을 유지하는데 적절한 비율로 모든 영양소를 포함하고 있다.

**식품보조제 dietary supplement** 건강을 증진시키는데 이용되는 영양소나 식물성 제품들(허브차, 단백질 보충제); 처방된 약에 요구되는 안전성검사나 효과성 검사가 동일한 수준으로 시행될 필요가 없다.

**신경 nerve** 중추신경계 밖의 긴 축색돌기들의 다발.

**신경계 nervous system** 뇌, 척수, 몸의 다른 기관계를 조절하는 관련된 신경들 모두를 포함하는 기관계.

**신경관 neural tube** 발생과정에서 신경주름들이 융합되어 형성되는 관으로 척추 동물에서는 이 신경관에서 척수 와 뇌가 만들어진다.

**신경망 nerve net** 자포동물에 있어서 퍼져 있고 집중화되지 않은 신경세포들.

**신경배 neurula** 신경판에서 신경관이 발생하는 단계에 있는 배(아)로 신경계 형성이 시작되는 배(아); 낭배 다음에 이 신경배가 만들어진다.

**신경배 형성 neurulation** 동물의 배에서 중추 신경계가 형성되는 것.

**신경삭 nerve cord** 많은 고등한 동물에서 감각 정보와 운동 조절을 시행하는 신경조직의 집중화된 다발.

**신경섬유 nerve fiber** 축삭; 세포로부터 신경충격을 전파한다. 미엘린초 유무에 따라 유수 신경섬유, 또는 무수 신경섬유로 구분한다.

**신경성 거식증 anorexia nervosa** 체중증가에 대한 병적인 두려움으로 인해 나타나는 섭식장애.

**신경성 과식증 bulimia nervosa** 폭식 후에 구토를 유발하거나 하제를 사용하여 스스로 위세척을 하는 섭식장애.

**신경성 난청 nerve deafness** 나선기관의 손상으로 생기는 난청.

**신경아교세포 neuroglia** 비전도성의 신경세포. 뉴런과 밀접한 관계를 맺고 있으며 지지하는 역할을 함.

**신경조절물질 neuromodulator** 말초신경과 척수, 또는 뇌에 전기적 자극을 주는 물질. 통증을 완화하는데 사용된다.

**신경조직 nervous tissue** 신호를 전달하는 신경세포(뉴런)와 뉴런을 지탱, 보호하고 영양분을 공급해주는 신경아교세포를 포함하는 조직.

**신경충격 nerve impulse** 뉴런을 따라 이동하는 활동전위(전기화학적 변화).

**신경판 neural plate** 척삭동물의 발생 과정에서 배 등쪽 표면의 지역을 말하는 것으로 여기서 신경관이 형성된다.

**신관 nephridium** 지렁이에서 처럼 많은 무척추동물의 마디별로 배열된 쌍으로 된 배설관.

**신수질 renal medulla** 피라미드로 구성된 신장의 안쪽 부분.

**신우 renal pelvis** 신수질 안쪽에 위치한 신장의 빈 공간부분으로 집합관에서 바로 모여진 오줌을 받아들이는 곳.

**신원(네프론) nephron** 여과, 재흡수, 그리고 분비에 의해 혈액 조성을 조절하는 현미경 시야의 신장 단위.

**신장 kidneys** 혈액의 화학조성을 조절하고 노폐물인 뇨를 생성하는 척추동물 비뇨계의 1쌍으로 구성된 기관.

**신피질 renal cortex** 과립이 보이는 신장의 바깥부분.

**신호전달경로 signal transduction pathway** 성장인자 같은 신호 결합 후 세포내 목표물의 활성 및 억제를 통해 세포의 활동에 영향을 주는 일련의 반응.

**실 ventricle** 장기 속의 빈 공간. 예를 들면 뇌나 심장의 아래쪽 방.

**실험 experiment** 어떤 가설을 증명하기 위한 일련의 조작 수법.

**실험 디자인 experimental design** 가설을 시험해 보기 위하여 고안해 낸 인공적인 상황.

**실험 변수 experimental variable** 과학적 실험에서, 고의적으로 변화시킨 조건.

**심근 cardiac muscle** 심장에서만 발견되는 줄 무늬, 불수의 근육.

**심박출량 cardiac output** 좌심실이 혈액을 체순환으로 1분에 보내는 혈액의 부피(좌우심실의 전체 혈액량이 아님).

**심방 atrium (pl., atria)** 방; 심장을 구성하며, 심실의 바로 위쪽에 위치한 방.

**심방나트륨 이뇨호르몬 atrial natriuretic hormone (ANH)** 심장에서 분비되는 호르몬으로 나트륨의 배출을 증가시킨다.

**심장 heart** 수축에 의해 혈액이 동물의 온 몸 전체를 순환하도록 만드는 근육으로 구성된 기관.

**심장마비 heart attack** 관상 동맥에 혈액순환이 되지 않아서 심근에 생기는 손상; 심근경색이라고도 함.

**심장박동원 cardiac pacemaker** 심장박동을 규칙적으로 유지해주는 특별한 심장근 덩어리; 동방(SA)결절.

**심장사상충증 heartworm disease** 선형동물인 심장사상충에 의해 개에게 생기는 질병으로, 이 기생충은 심장과 폐동맥에 서식한다.

**심장잡음 heart murmur** 판막이 제 역할을 하지 못하여 혈액이 누출되기 때문에 발생하는 휙휙 소리.

**심장주기 cardiac cycle** 모든 심방에 대한 수축기와 이완기의 완전한 한 주기.

**심전도 Electrocardiogram (ECG)** 심장박동과 관련된 전기적 활동의 기록.

**심전도계 cardiac conduction system** 우심방의 위쪽에 있는 동방결절에서 흥분자극이 심장의 규칙적인 수축을 일으키는데 관여하는 특별한 심근 섬유들로 구성됨.

**심피 (암술) carpel** 배주가 있는 부분.

**심혈관계 cardiovascular system** 혈관이 심장의 펌프작용을 통해 혈액을 전달하는 기관계.

**십각류 decapod** 갑각류의 한 종류로 새우, 바다가재, 가재 및 게를 포함하며 흉부에는 다섯 쌍의 보각이 있음.

**십이지장 duodenum** 위에서 유미즙이 들어오는 소장의 시작 부분.

**쌍(와)편모조류 dinoflagellate** 두 개의 편모를 갖는 광합성 단세포 원생생물. 하나는 채찍모양이고 다른 하나는 셀룰로오스로 된 보호판 사이에 있는 홈 안에 위치하고 있다. 식물성 플랑크톤에서 중요한 부분을 차지한다.

**쓸개즙 bile** 간에서 분비되며, 소장으로 분비되기 전에 쓸개에서 일시적으로 저장되고 농축되며, 소장에서 지방을 유화시킨다.

**아가미 gills** 대부분의 수서 동물에 있는 호흡기관으로, 어류의 경우 인두의 바깥쪽 확장부이다.

**아교질 섬유 collagen fiber** 결합조직의 기질에 존재하는 단백질로 탄력성과 강도를 제공하는 백색 섬유.

**아데노신 adenosine** ATP와 ADP의 한 부분으로 아데닌 염기와 5탄당 리보오스로 이루어진다.

**아데닌 Adenine (A)** DNA 와 RNA를 구성하고 있는 뉴클레오티드에서 질소를 포함하고 있는 염기 4 종류중 하나.

**아메바 amoeboid** 위족으로 이동하거나 먹이를 먹는 세포.

**아브시스산 abscisic acid (ABA)** 기공을 닫고 휴면을 개시하고 유지하는 식물호르몬.

**아프리카 기원설 out-of-Africa hypothesis** 현대 인간이 아프리카에서 기원되어 아시아와 유럽으로 이주하여 약 100,000년 전 아시아와 유럽의 Homo 집단을 밀어냈다는 가설.

**악부 calyx** 꽃받침의 집합적 명칭; 가장 바깥에 있는 꽃의 윤생체.

**안드로겐 androgen** 남성 성 호르몬 (예, 테스토스테론).

**안정화적 선택 stabilizing selection** 중간 표현형이 선호되고 양쪽의 극단형이 도태되는 자연선택.

**알도스테론 aldosterone** 부신피질에서 분비되는 호르몬으로 혈액의 나트륨과 칼륨 이온의 균형을 조절한다.

**알레르기 allergy** 외부물질로 인식되지 않는 물질에 대한 면역반응; 신체에 유해하지 않은 '위험'을 제거하기 위하여 자신의 조직 손상을 초래하는 비정상적인 과도한 면역반응이다.

**알레르기항원 allergen** 알레르기 반응을 자극할 수 있는 외부 물질.

**알코올 발효 alcoholic fermentation** 당으로부터 에탄올과 $CO_2$를 생성하는 발효과정.

**암모니아 ammonia** 무색의 기체로서,

확인요망

코를 찌르는 냄새가 나며 물에 용해된다.

**암수이주 dioecious** 한 나무는 수꽃이나 수 솔방울을 갖고 있고 다른 나무는 암꽃이나 암 솔방울을 갖는 것과 같이 한 가지 성의 꽃이나 솔방울을 가지고 있는 것.

**암술 pistil** 꽃의 암 생식조직; 자방, 암술대, 암술머리로 구성되어 있다.

**암술대 style** 자방과 암술머리를 연결하는 부분.

**암술대 style** 자방과 암술머리사이의 중앙에 긴 부분.

**암술머리 stigma** 현화식물에서 화분립이 부착되어 수정이 일어나기 전에 발아하는 암술의 일부분.

**액성 tonicity** 세포와 비교한 용액의 삼투몰농도. 등장액에서는 물의 순이동이 일어나지 않는다. 세포는 저장액에서는 물을 얻고, 고장액에서는 물을 잃는다.

**액아 axillary bud** 잎의 측면에 붙어 있는 눈.

**액틴 actin** 근절에서 가는 섬유로 구성된 근육 단백질; 액틴의 이동이 근절을 줄어들게 하여 근수축이 일어나도록 한다. 액틴 필라멘트는 세포나 세포소기관의 운동에 중요한 역할을 한다.

**양막 amnion** 조류, 파충류 및 포유류에 있는 둘러싸는 형태의 배외막으로 막 내부에는 액체가 들어있음.

**양막 chorion** 조류및 파충류에 있는 배외막으로 기체교환 (예.산소,이산화탄소)의 기능을 수행하며, 포유류에서는 태반형성에 기여하는 배외막.

**양막란 amniotic egg** 파충류, 조류 및 포유류가 발생하는 동안 나타나는 양막을 가진 알.

**양서류 amphibian** 개구리, 두꺼비 및 영원을 포함하는 척추동물중 하나의 강으로서 번식을 위하여 수중생활에 얽매여 있다.

**양성되먹이기 positive feedback** 항상성을 위한 조절 기전으로 양성되먹이기 기전에서는 반응이 촉진되도록 원래의 자극을 강화시키거나 증가시킴.

**양수천자 amniocentesis** 양수나 양수 안에 포함되어 있는 태아 세포를 이용하여 태아를 검사하기 위해 양수를 얻는 방법.

**어류 fishes** 아가미 호흡을 하는 수서 척추 동물로 일반적으로 지느러미와 비늘에 덮인 피부를 가지며, 어류는 초창기에 진화된 척추동물들에 속한다.

**어린눈 plumule** 현화식물에서 어린 잎을 가지고 있는 배식물 줄기.

**억제오페론 repressible operon** 억제인자가 불활성 상태로 존재하므로 정상상태에서 활성이 있는 오페론

**억제인자 repressor** 오페론에서 작동유전자와 결합하여 구조유전자의 전사를 억제하는 단백질 분자.

**에너지 energy** 일을 하고 변화를 가져올 수 있는 능력; 여러가지 형태로 존재함.

**에리트로포이에틴 erythropoietin (EPO)** 신장에서 생성되는 호르몬으로 적혈구 생성을 촉진한다.

**에스트로겐 estrogen** 여성의 성 관련기관들과 2차 성징을 유지시켜주는 성 호르몬.

**에이즈 (후천성 면역결핍증) AIDS** 레트로바이러스에 의해 발생하는 질병으로, 체액을 통해 전염됨; 면역계의 기능이 손실되는 것이 특징.

**에틸렌 ethylene** 과일의 숙성과 탈리에 관여하는 식물호르몬.

**엘리뇨 현상 El Nino Southern Oscillation** 태평양 동쪽의 훔불트 한류가 세를 잃으면서 서쪽으로 향하던 기류가 동쪽으로 역류되면서 태평양 동쪽 남미 대륙 서해안에는 집중호우가 그 반대쪽 동남아시아에는 가뭄이 일어나는 현상.

**여과 filtration** 혈압의 작용으로 모세혈관에서 네프론 주머니로 작은 분자들이 이동하는 것.

**여과섭식자 filter feeder** 어떤 동물들이 물에 있는 미세한 유기물 입자를 걸러서 소화관에 저장하는 양분을 섭취하는 방법.

**여성용 콘돔 condom, female** 정자가 자궁으로 들어가는 것을 막는 피임기구로서 성병 예방의 효과도 있음.

**여포 follicle** 동물의 난소에서 난자를 포함하고 있는 세포로서, 이 세포에서 난자가 만들어진다.

**여포기 follicular phase** 난소주기의 첫 번째 단계로서 이 시기동안 여포 세포가 성숙하면서 많은 에스트로겐과 약간의 프로게스테론을 분비한다.

**역위 inversion** 염색체상의 한 부분이 180도 회전되어 반대방향으로 놓여진 염색체 구조상의 변이로 역으로 놓여진 유전자 활동에 이상을 초래할 수 있음.

**역코돈 anticodon** mRNA의 코돈에 상보적인 tRNA에 존재하는 3개의 염기서열.

**연골 cartilage** 유연한 단백질성의 기질에 묻혀있는 골소강 안에 세포들이 존재하는 결합조직.

**연골어류 cartilaginous fishes** 경골성 골격보다는 연골을 갖는 척추동물중 하나의 강으로서 상어, 가오리 홍어를 포함한다.

**연관학습 associative learning** 두 종류의 자극을 연관시키거나 자극과 반응을 연관시켜서 자극의 특성이나 자극에 의한 반응의 특성을 학습, 기억 혹은 응용하는 동물행동의 현상.

**연동운동 peristalsis** 식도와 같은 관상구조를 따라 굴질이 밀려서 내려가는 수축운동.

**연령구조 age structure** 개체군내 여러 연령군들의 구성을 나타내는 구조; 증식하는 개체군은 피라미드의 모양을 나타냄.

**연수 medulla oblongata** 척추동물에서 척수와 연결되는 뇌의 줄기의 한 부분; 심장박동, 혈압, 호흡을 조절하고 다른 중요한 기능들을 수행함.

**연체동물 mollusc** 오징어, 조개, 달팽이 및 군부를 포함하는 연체동물 문에 속하는 동물로 내장낭, 외투막 및 발을 갖는 것이 특징이다.

**연합영역 association areas** 대뇌피질에서 기억, 추론, 판단, 그리고 감성과 연관되어 있는 영역.

**열 역전 thermal inversion** 대기의 찬 공

기가 더운 공기의 상부에 위치하는 이상 현상; 대기오염의 상태가 악화됨.

**열대우림 tropical rain forest** 적도근처 남미대륙, 아프리카 그리고 동남아시아에 위치한 상록활엽수림; 더운 날씨, 매우 풍부한 강수량, 매우 다양한 생물 종으로 특징지어짐.

**열매 fruit** 현화식물에서 자방이나 부속조직에서 형성되고 종자를 가지고 있는 구조.

**열수구 hydrothermal vent** 심해평원에 돌출된 산맥을 따라서 위치한 온천; 여기서 분출되는 뜨거운 해수와 황이 작용하여 황화수소를 만들어내며, 화학합성세균이 생산생물의 역할을 하면서 생태군집 및 생태계가 조성됨.

**열역학 법칙 laws of thermodynamics** 에너지와 에너지의 상관관계, 에너지의 교환을 설명하는 두 가지 법칙. 제1법칙은 에너지는 생성되거나 파괴되지 않으며 다른 형태로 전환될 수는 있다는 내용으로 "에너지 보존 법칙"이라고도 하며, 제2법칙은 에너지가 다른 형태로 전환될 때는 유용한 에너지 일부를 잃게 된다는 내용이다.

**열체강 schizocoelom** 선구동물에 있어서 배아 중배엽의 분열에 의해 형성된 체강.

**염기 base** 용액의 수소 이온 농도를 낮추고 pH를 높이는 분자.

**염류화작용 salinization** 염도가 높은 관개수로 인하여 토양에 염분이 축적되어 식물이 살 수 없는 환경으로 바뀌는 현상.

**염불화탄소(CFC) chlorofluorocarbons (CFCs)** 염소와 불소를 함유한 유기탄소물질; 프레온가스와 같은 CFC는 대기성층권에서 염소원자를 방출하여 오존층을 파괴함.

**염색체 돌연변이 chromosomal mutation** 염색체의 구조나 수에 변화가 일어난 돌연변이.

**염증반응 inflammatory response** 붉음, 부음, 아픔, 그리고 열을 동반하는 상처에 대한 조직의 반응.

**엽상체 frond** 고사리 잎.

**엽신 blade** 홑잎이나 겹잎과 같은 식물잎의 넓은 부분.

**엽육조직 mesophyll** 책상과 해면 엽육조직을 구성하는 잎 내부의 두꺼운 층: 광합성이 일어나는 장소.

**영구동토 permafrost** 북극툰드라에서 찾아 볼 수 있는 영원히 얼어붙은 토지.

**영양 nutrition** 미국의학협회의 식품 영양위원회가 영양을 식품과학으로 규정함; 건강과 질병에 관련된 식품에 포함된 물질, 작용, 상관관계, 균형 등; 그리고 인체가 식품을 섭취, 소화, 흡수, 전달, 이용 그리고 배출하는 일련의 과정.

**영양세포층 trophoblast** 포유류의 배(아)를 둘러싸는 외부 세포층; 여기에 중배엽 세포들이 합쳐져서 배외막 중 하나인 양막이 됨.

**영양소 nutrient** 건강에 도움이 되는 식이에 꼭 필요한 식품에 들어있는 화학 물질.

**영역 domain** 분류 범주 중 가장 큰 범주. 분류학자들이 종을 나눌 때 쓰임. 세 가지 영역에는 고세균, 세균, 진핵생물이 있음.

**영장류 primate** 영장 목에 속하며 원원류, 원숭이류, 큰원숭이류, 사람류를 포함하는 데 모두 나무에서의 생활에 적응되어 있다.

**오스트랄로피테신 australopithecine** 일반적으로 최초의 사람류로 인식되는 하나의 속인 *Australopithecus*의 몇가지 종 중의 하나.

**오존 구멍 ozone hole** 북극과 남극 상공 성층권의 오존농도가 감소하여 오존층에 생기는 구멍.

**오존층 ozone shield** 지구대기 성층권의 오존이 집합되어서 태양으로부터 방사되는 강한 자외선을 차단하는 막; 오존방패라고도 함.

**오줌 urine** 척추동물 신장의 네프론에서 여과, 재흡수, 분비과정을 거쳐 만들어지는 액체성 노폐물.

**오페론 operon** 하나의 단위로 기능하는 구조 및 조절유전자 집단.

**옥신 auxin** 생장 특히 세포신장을 조절하는 식물 호르몬; 인돌초산(IAA)이라고도 한다.

**온대 활엽수림 temperate deciduous forest** 참나무 와 단풍나무 등의 활엽수가 주종을 이루는 생물군계; 온대 지방에 위치해 있으며 비교적 온화한 기후, 풍부한 강수량, 여러 층의 식물군락 그리고 다양한 토양생물들로 특징지어짐.

**온대우림 temperate rain forest** 북미대륙 북서부 태평양연안에 위치한 침엽수림; 매우 풍부한 강수량과 비옥한 토양을 지니고 있음.

**온실가스 greenhouse gases** 온실효과를 유발하는 가스; 이산화탄소, 메탄, 산화질소, 수증기, 오존 등.

**온실효과 greenhouse effect** 지구대기 중의 온실가스농도(이산화탄소, 메탄, 산화질소, 수증기, 오존 등)의 증가로 인하여 기온이 상승하는 현상.

**와충류 turbellarian** 편형동물에 속하는 동물로 자유생활을 하는 물에 사는 플라나리아와 그 유사종들.

**왁스 wax** 끈적이는 고형의 방수성 지질로, 대개 긴 사슬의 알코올에 긴 사슬의 지방산이 많이 결합하여 만들어진다.

**완전 동물성 holozoic** 고형 먹이입자를 섭취하여 영양분을 얻는 것.

**완전 소화관 complete digestive tract** 입과 항문을 모두 가진 소화관.

**외골격 exoskeleton** 절지동물에 있는 것과 같은 보호적인 외부 골격.

**외떡잎식물 (단자엽식물) monocot** 하나의 배 잎 (떡잎; 자엽), 평행한 잎맥, 분산된 관다발, 3배수의 꽃 부분을 가지고 있는 식물의 한 그룹.

**외래종 exotic species** 군집의 외부로부터 유입된 종.

**외분비선 exocrine gland** 관을 통해 분비되는 샘; 이자가 이자액을 십이지장으로 분비할 때는 외분비선이다.

**외온동물 ectotherm** 외부 환경의 온도

에 따라 체온이 변하는 생물체.

**외온성 ectothermic** 외부 환경의 온도에 따라 체온이 변함.

**외투막 mantle** 연체동물에 있어서 패각을 분비하는 체벽의 확장부.

**외호흡 external respiration** 폐포와 혈액 사이에 산소와 이산화탄소의 교환.

**요도 urethra** 방광에서 오줌을 받아 체외로 전달하는 관상구조.

**요도구선 bulbourethral glands** 남성의 전립선 아래에 있는 한 쌍의 분비샘으로 정액에 윤활유 역할을 하는 액체를 첨가해 줌.

**요막 allantois** 조류,파충류에 있는 배외막으로 질소성분의 폐기물들이 저장되는 장소이고, 포유류에서는 탯줄혈관의 생성에 참여하는 배외막.

**요소 urea** 육상 양서류와 포유류 대부분의 질소노폐물의 주된 형태.

**용균성주기 lytic cycle** 바이러스가 세균으로 들어가자마자 즉시 세균의 기능을 점유함으로써 세균을 파괴하는 박테리오파지의 생활주기.

**용승 upwelling** 해안에 근접한 해수가 바닥에서 수면으로 올라가는 현상

**용원성주기 lysogenic cycle** 바이러스가 자신의 DNA를 세균의 DNA에 끼워 넣는 박테리오파지의 생활주기로 용균성회로 전에 일어난다.

**우라실 uracil (U)** RNA에서 티민을 대체하는 피리미딘 염기이며 아데닌과 쌍을 형성함.

**우성순위 dominance hierarchy** 동물의 집단 내에서 먹이 등의 자원 확보를 위한 구성원들 간의 서열.

**운동 분자 motor molecule** 액틴 필라멘트와 미세소관을 따라 이동하는 단백질로 세포소기관을 이동시킨다.

**운 반 RNA(tRNA) transfer RNA (tRNA)** 단백질 합성과정 중 리보솜으로 특정 아미노산을 운반하는 RNA의 한 종류로 한쪽 끝은 아미노산과 결합하고 다른 쪽 끝은 mRNA 코돈과 결합하는 역코돈을 갖고 있음.

**웅성배우체 male gametophyte** 종자식물에서 정자를 생성하는 배우자-식물체: 화분립. 종종 소포자체라고도 한다.

**원구 blastopore** 낭배형성시 만들어지는 구멍 (입구)으로 원시창자로 이어짐.

**원리 principle** 법칙이라고도 함. 대다수의 과학자들에 의해 일반적으로 받아들여지는 이론.

**원발암유전자 proto-oncogene** 돌연변이에 의해 발암유전자가 될 수 있는 정상유전자.

**원뿔세포 cone cell** 밝은 빛에 반응하고 색을 구별할 수 있도록 하는 척추동물 눈에 존재하는 광수용기 세포.

**원생동물 protozoan** 편모, 섬모 또는 위족으로 이동하는 종속영양 단세포 원생생물.

**원생생물 protist** 원생생물계에 속하는 생물.

**원시생물계 Archaea** 생명체의 세 도메인 중 하나로, 대체로 극한 환경에서 생존하면서 고유의 유전적, 생화학적, 생리적 특징을 갖는 원핵세포를 포함한다. 이들은 때로 원시생물로 간주된다.

**원시세포 protobiont** 최초의 세포로 추정되는 유사세포물질; 거의 모든 세포의 성격을 지니고 있으나 유전자가 결핍되어 있음.

**원양권 pelagic division** 근해가 아닌 먼바다.

**원원류 prosimian** 여우원숭이와 안경원숭이를 포함하는 영장류 무리로 진화될 최초의 영장류와 닮았다.

**원위세뇨관 distal tubule** 집합관과 연결되는 네프론의 맨 마지막 부위; 세뇨관의 분비에 관여한다.

**원자량 atomic mass** 원자의 질량으로 핵에 있는 양성자와 중성자의 수를 합한 것과 같다.

**원주형 상피 columnar epithelium** 원주형의 세포를 갖는 상피조직의 한 종류.

**원핵생물 prokaryote** 진핵생물의 전형인 막으로 둘러싸인 핵과 막성 세포소기관을 가지고 있지 않은 생물.

**원핵세포 prokaryotic cell** 막으로 둘러싸인 핵과 막성 세포소기관을 가지고 있지 않은 세포로 세균과 원시생물 영역에 속하는 세포 형태.

**원형질체 protoplast** 세포벽이 제거된 식물의 세포.

**월경 menses** 매달 마다 정기적으로 자궁 내막으로부터  혈관및 조직들이 허물어져 밖으로 배출되는 것.

**월경 menstruation** 매달 마다 정기적으로 자궁 내막으로부터 피, 조직들이 허물어져 밖으로 배출되는 것.

**월경 주기 menstrual cycle** 난소주기와 동시에 일어나는 주기로 자궁이 발달 중에 있는 배 를 받아들일 수 있는 준비를 하게 해 준다.

**위 stomach** 음식물과 위액이 섞여서 유미즙이 되는 척추동물의 근육성 주머니이며, 유미즙은 소장으로 들어간다.

**위수강 gastrovascular cavity** 주머니모양의 체형을 갖는 동물에 있는 한 쪽이 막혀있는 소화관.

**위족 pseudopod** 아메바성 원생생물의 세포질 확장 현상으로 운동과 먹이 섭취를 위해 사용한다.

**유공충류 foraminiferan** 탄산칼슘을 가지고 있는 해양 아메바성 원생동물로, 많은 것들이 영국 도버해협 하얀 절벽의 석회암을 형성한다.

**유글레나 euglenoid** 편모를 가진, 담수에 사는 단세포 원생생물로, 항상 엽록체와 좀 덜 딱딱한 세포벽을 갖고 있다.

**유대류 marsupial** 캉가루나 주머니쥐와 같이 육아낭 또는 주머니 속에 미성숙한 새끼를 품고 있는 포유류의 한 무리.

**유도오페론 inducible operon** 이화반응 경로에서  여러 유전자들의 전사를 유도하여  일련의  효소 생산을 조절하는  오페론

**유도원(유도인자) inducer** 억제인자에 결합하여 이 인자를 작동유전자와 결합

하지 못하게 하여 오페론의 활성을 유도하는 분자

**유동 모자이크 모델 fluid-mosaic model** 단백질 분자의 유동성 인지질 이중층에 끼여 있는 형태와 위치 변화에 근거를 둔 원형질막 구조에 관한 모델.

**유리질연골 hyaline cartilage** 매우 섬세한 아교질섬유를 포함하는 희고 투명한 기질에 의하여 분리된 골소강 속에 위치하는 세포들로 이루어진 연골.

**유미관 lacteal** 소장의 융모에 분포된 림프관; 지방흡수를 돕는다.

**유미즙 chyme** 위에서 소장으로 이동되는 진한 반유동성 액체 상태의 음식물.

**유인원 anthropoid** 원숭이, 큰원숭이 및 인간을 포함하는 영장류의 한 무리.

**유전공학 genetic engineering** 의료용 또는 산업적 목적을 위해 유전체를 바꾸는 것.

**유전상담 genetic counseling** 예비 부모는 자신들의 유전형과 또 앞으로 태어날 아이가 유전병을 갖고 있을지를 카운슬러와 상담한다.

**유전암호 genetic code** 모든 생물을 구성하는 세포에서 단백질 합성을 명시하는 엑손에 존재하는 보편적인 암호이며, 단백질에 존재하는 20종류의 아미노산에 대한 암호는 각각 뉴클레오티드 3개로 구성되어 있음

**유전자 gene** 염색체 상에 대립유전자로 존재하는 유전의 단위; 이배체 생물에서는 두 개의 대립유전자를 각 부모로부터 하나씩 물려받음.

**유전자 돌연변이 genetic mutation** 이전 서열과 다른 염기서열을 갖고 있는 변형된 유전자

**유전자 돌연변이 gene mutation** 유전자의 염기서열 변이.

**유전자 부동 genetic drift** 개체군내 유전자 구성비의 무작위적 변화로 인하여 야기되는 진화 현상; 규모가 작은 개체군에서 일어나기 쉬움.

**유전자 풀 gene pool** 개체군 구성원들이 지닌 유전자들의 총집합.

**유전자 확산 gene flow** 상호 교배된 두 개체군이 동일 유전자를 공유하는 현상.

**유전자조작식물 genetically modified plant (GMP)** DNA 기술로 다른 생명체의 유전자를 가지고 있는 식물; 형질전환 식물이라고도 한다.

**유전자표지(유전자마커) genetic marker** 질병을 나타내는 염색체 상의 특정위치에 존재하는 염기서열 이상.

**유전자프로필 genetic profile** 모든 돌연변이를 포함하여 개인이 갖고 있는 전체 유전자형.

**유전체학 genomics** 유전제 전체를 연구하는 학문

**유조직 parenchyma** 거의 분화되지 않은 모든 식물세포로 구성된 식물 조직; 식물의 모든 조직에서 발견된다.

**유즐동물 comb jelly** 유즐동물 문에 속하는 동물로 자유생활을 하는 해산 무척추동물.

**유충 larva** 일부 동물에서의 생활사에서 (완전 성숙한 단계에 들어가기 전의) 미숙한 상태의 생물; 유충은 어떤 때는 변태과정을 거쳐 성체(성충)가 되기도 함.

**유형동물 ribbon worm** 특이한 주둥이 장치를 가진 유형동물 문에 속하는 해산 무척추동물.

**유화작용 emulsification** 담즙이나 그 외의 유화제의 작용에 의하여 지방구를 작은 입자로 분해하는 작용.

**육상생태계 terrestrial ecosystem** 지구의 육상에 존재하는 다양한 유형의 생태계들; 생물군계(biome)라고도 불림; 툰드라, 한대 침엽수림, 온대 활엽수림, 열대 초지(savanna), 온대 초지(prairie), 사막 그리고 열대우림 등을 지칭함.

**육식동물 carnivore** 동물을 잡아먹는 먹이연쇄의 소비자.

**윤형동물 rotifer** 윤형동물 문에 속하는데 윤형동물은 원래 담수 생물이다.

**융모 villus (pl., villi)** 소장 내벽에 있는 작은, 손가락 모양의 돌출부위.

**융모막 융모 chorionic villi** 배의 장막 외부의 나무처럼 생긴 돌출 구조로 태반에서 산모의 조직쪽으로 뻗어있음.

**융모막 융모 chorionic villus** 배의 양막 외부의 나무같이 돌출되어있는 부분을 말하는데 태반의 모체 조직쪽으로 뻗어 있음.

**융모막 융모 검사 chorionic villi sampling** 태아 검사를 위해 융모막융모세포를 채취하는 것.

**은폐 camoflage** 자신의 행동, 자세, 모습 그리고 체색 등을 주변 환경과 비슷하게 하여 자신을 포식동물의 공격으로부터 보호하는 수단.

**은행나무 ginkgo** 은행나무문의 하나; maidenhair tree.

**음경 penis** 동물 수컷의 교미를 위한 기관 혹은 남성의 성교를 위한 기관.

**음성되먹임 negative feedback** 시스템의 결과가 그 시스템의 활동을 중지하거나 저해하는 역할을 하게 되는 항상성 반응기작.

**응결 condensation** 물체가 기체상태로부터 액체나 고체상태로 변화하는 현상.

**응고 agglutination** 혈장의 항체와 적혈구 세포막에 위치한 항원 간의 반응으로 인하여 적혈구들이 응집하는 현상.

**응집-장력 모델 cohesion-tension model** 물관부에서 증산에 의해 생겨난 장력과 물 분자의 응집력을 바탕으로 물관부에서 물이 위로 수송되는 것을 설명하는 모델.

**의사소통 communication** 송신자가 수신자의 행동을 유발하기위해서 보내는 신호.

**의체강 pseudocoelom** 중배엽으로 불완전하게 둘러싸인 체벽과 소화관 사이의 강소.

**의체강 pseudocoelomate** 중배엽에 의해 불완전하게 배열된 체강을 가진 동물(예: 회충).

**의태 mimicry** 포식동물의 공격으로부터 자신을 보호하기 위해 자신의 모습을 포식동물이 선호하지 않는 다른 동물의

모습이나 체색을 모방하는 현상.

**이동율 transfer rate** 물질이 환경의 한 부분에서 다른 부분으로 정해진 시간 안에 이동하는 양.

**이매패류 bivalve** 두 개의 패각을 갖는 연체동물의 한 종류로서 조개, 굴 및 가리비를 포함한다.

**이명법 binomial name** 생물체의 과학적인 이름으로 첫 번째 부분은 속을 나타내고, 두 번째 부분은 그 종의 특정 명칭을 나타낸다.

**이분법 binary fission** 모세포가 두 개의 딸세포로 나뉘는 것. 세균에서 일어나는 무성생식의 일종.

**이소개체군무리 metapopulation** 서식처의 파괴 및 분단으로 인해서 여러 개의 작고 고립된 아개체군으로 분리된 개체군.

**이소적 종분화 allopatric speciation** 동종의 개체군들이 지리적으로 격리되어서 서로 다른 종으로 분리되는 현상.

**이완기 diastole** 심장주기 동안 심방이 이완하는 기간.

**이자 pancreas** 소화효소와 호르몬인 인슐린과 글루카곤을 만들어내는 내장기관.

**이자 아밀라아제 pancreatic amylase** 녹말을 맥아당으로 소화하는 효소.

**이종경쟁 interspecific competition** 생태적지위가 유사한 두 종이 먹이, 서식공간 등의 자원의 확보를 위해서 경쟁하는 행위.

**이중나선 double helix** 두 가닥이 나선으로 꼬여 있는 DNA의 삼차원 형태.

**이질염색질 heterochromatin** 전사가 일어나지 않는 매우 촘촘히 포장된 염색질.

**이차 전령 second messenger** 세포가 원형질막의 수용체 단백질에 결합한 일차 전령인 호르몬에 반응하도록 하는 화학 신호로, cAMP 등이 있다.

**이차천이 secondary succession** 교란된 생태군집이 다시 조성되는 과정.

**이타주의 altruism** 자신이 속한 집단의 생식성공을 위하여 자신의 생식을 희생하는 동물의 행동현상.

**이탄 peat** 습지에 축적된 부분적으로 분해된 이탄이끼로 구성된 유기 연료.

**이핵성 dikaryotic** 서로 다른 모세포로부터 유래된 두 개의 반수체 핵을 갖는 것. 유성생식동안 자낭균과 담자균은 이핵성 세포를 갖고 있다.

**이형 dimorphic** 자포동물에 있어서 폴립과 메두사형의 두 가지 체형이 존재할 때.

**이형포자성 heterosporous** 미소포자와 대포자를 생성하는 종자식물. 한 종류의 포자를 생성하는 식물은 동형포자성이다.

**이화작용 catabolism** 큰 분자를 작은 분자로 분해하는 물질대사 과정.

**인간 면역결핍 바이러스 Human Immunodeficiency Virus (HIV)** AIDS를 일으키는 바이러스.

**인구 무 성장 zero population growth** 인구의 증가가 없는 상태.

**인구통계학 demographics** 이구의 증감과 성격을 연구하는 학문.

**인구학적 전환 demographic transition** 사회의 산업화에 따라서 사망률이 먼저 줄어들고 출생률이 뒤따라서 감소하여 인구증가율이 감소하는 현상.

**인대 ligament** 뼈와 뼈를 서로 연결하는 부위에 있는 치밀한 섬유성 조직의 묶음.

**인두 pharynx** 척추동물의 경우 음식의 섭취와 공기의 이동을 모두 담당하는 통로로 입과 식도 사이에 위치한다.

**인산화 phosphorylation** 대사과정에서 효소가 어떤 분자에 무기 인산을 결합시키거나 한 분자에서 다른 분자로 인산기를 전달하는 과정을 중재함으로써 효소를 활성화시키는 방법.

**인슐린 insulin** 세포에서 포도당 흡수를 촉진하여 혈당을 낮추고 간과 골격근에서 포도당을 글리코겐으로 전환하는, 췌장에서 분비되는 호르몬.

**인원류 hominoid** 사람 상과의 한 무리로 큰원숭이, 인간 및 이들의 근래 조상들을 포함한다.

**인의 순환 phosphorus cycle** 인이 토양, 물 그리고 생물을 거치면서 생태계를 지속적으로 순환하는 과정.

**인지질 이중층 phospholipid bilayer** 원형질막을 구성하며, 각각의 극성인 친수성 머리가 두 개의 비극성 소수성 꼬리와 결합한다. 매몰된 단백질이 존재한다.

**인터루킨 interleukin** 면역반응의 대사적인 조정자로서 기능을 하는 T 세포와 대식세포에 의해 생산되는 시토카인.

**인터페론 interferon** 감염세포에 의해 생산되는 항바이러스제로 다른 세포의 감염을 억제함.

**일반 종 generalist species** 다양한 환경조건과 서식처에 대한 적응력과 내성이 강하여 생태적 지위가 광범위한 생물 종 (예: 너구리, 바퀴벌레, 인간 등).

**일액현상 guttation** 잎의 끝이나 경계에 물방울이 나오는 현상.

**일차 근 (1차근) primary root** 아래로 자라며 식물의 우세한 뿌리로 남아 있는 본래 뿌리; 수염뿌리계와 반대이다.

**일차 전령 first messenger** 원형질막의 수용체 단백질과 결합하여 이차 전령을 활성화시킴으로써 세포의 물질대사에 영향을 주는 펩티드 호르몬 등의 화학 신호.

**일차 체감각영역 primary somatosensory area** 피부와 골격근에서 오는 감각정보가 도달하는 중심둘레홈의 등쪽 영역.

**일차생산량 primary productivity** 광합성 혹은 화합합성에 의하여 고정된 에너지가 축적된 생체량.

**일차천이 primary succession** 새로 형성된 토양에서 진행되는 생태적 천이.

**일회성 번식 discrete breeding** 생물이 일생동안 단 한번만의 생식행위를 하는 경우를 말함.

**입 mouth** 사람의 경우, 음식물을 씹어 침으로 섞는 소화관의 한 기관.

**입방형 상피 cuboidal epithelium** 정육면체 모양의 상피세포들로 구성된 상피 조직의 한 종류.

**잎 leaf** 다양한 구조와 광합성을 수행하는 세포를 가지고 있는 줄기의 측면 부속지.

**잎맥 leaf vein** 잎 내부에 있는 관다발 조직.

**잎맥 leaf vein** 잎에 있는 유관속 조직.

**자가면역질병 autoimmune disease** 면역계가 실수로 자기 신체의 조직을 공격할 때 생기는 질병.

**자가영양체 autotroph** 광합성 혹은 화학합성을 통하여 에너지를 고정할 수 있는 능력을 가진 생물.

**자궁 uterus** 포유동물의 암컷(여성)에 있는 생식 기관으로 이 기관을 통해서 난자들이 외부 환경으로 나갈 수 있고, 출생 전까지 배(태아)가 영양분이 공급되면서 발달하는 장소이다.

**자궁 주기 uterine cycle** 난소주기와 같이 동시에 자궁에서 일어나는 주기로, 자궁이 발달하는 접합자를 받아들일 준비를 하게 해줌.

**자궁경부 cervix** 질로 이어지는, 자궁의 좁은 끝 부분.

**자궁경부 캡 cervical cap** 라텍스 나 고무 성분의 컵 모양의 피임 기구로 자궁 경부를 막는 피임기구.

**자궁내 피임기구 intrauterine device (IUD)** 여성의 자궁내로 삽입하는 작은 플라스틱 장치로 자궁내의 환경을 바꿔 수정이 일어나지 못하게 한다.

**자궁내막증 endometriosis** 자궁이 아닌 다른곳에서 비상적으로 자라는 자궁조직 때문에 생기는 질환 (통증)으로 불임이 될 수 있음. 불규칙적인 월경 배출물들이 제대로 배출되지 않고 자궁 뒤쪽으로 역류하게 되어 생긴다고 봄.

**자낭 ascus** 자낭균의 유성생식 동안 핵융합, 감수분열, 그리고 자낭포자 생산이 일어나는 손가락 모양의 주머니.

**자낭균 sac fungi** 자낭균문에 속함.

**자료 data** 관찰이나 실험을 통해 모아진 정보나 사실.

**자방 ovary** 난자를 생성하고 여성 성호르몬을 생성하는 여성 생식선: 현화식물에서 열매로 발달하는 암술의 배주가 있는 부풀은 부분.

**자사포 trichocyst** 섬모충류에서 발견되며, 방어와 먹이를 포획하는데 사용되는 긴 모양의 가시가 있는 실을 포함하고 있다.

**자성배우체 female gametophyte** 종자식물에서 난자를 생성하는 배우체; 현화식물에서 배낭; 때때로 대배우체라고도 한다.

**자실체 fruiting body** 자낭균과 담자균에서 발견되는 포자 생산과 포자 살포에 관여하는 구조.

**자연사 natural history** 생물이 주어진 환경조건에(기후, 포식, 경쟁 등)에 적응 진화하는 형상을 관찰하는 학문.

**자연살상세포 (NK 세포) natural killer cell (NK cell)** 감염된 세포나 암세포가 터지도록 하여 죽이는 림프구.

**자연선택 natural selection** 생식하고 생존하기 위해 가장 잘 적응한 생물들을 자연환경이 선택하는 진화방식; 생물이 환경에 적합하게 적응하는 결과를 가져옴.

**자연증가율 rate of natural increase (*r*)** 자연출산율과 자연사망률에만 근거한 개체군의 증가율.

**자엽 cotyledon** 현화식물의 배에 있는 종자 잎; 발달하는 식물이 광합성을 시작하기 전에 영양분을 공급한다.

**자엽초 coleoptile** 유식물의 어린 잎을 덮고 있는 보호 초.

**자웅동체 hermaphrodite** 암수 생식기관을 한 몸에 모두 갖는 동물의 종류.

**자웅동체 monoecious** 같은 식물에 수꽃과 암꽃을 동시에 가지고 있는 것.

**자원 resource** 경제학적인 의미에서 부를 창출하거나 소비자의 욕구를 충족시키는 물질.

**자원분배 resource partitioning** 먹이나 생활공간 등을 분배하여 생태적 지위의 수를 늘리는 과정.

**자유 에너지 free energy** 일을 하는데 사용할 수 있는 계의 유용 에너지.

**자포 nematocyst** 자포동물에서 실과 같은 섬유를 갖는 캡슐로서 이것의 발사가 먹이의 포획을 도와준다.

**자포동물 cnidarian** 두 개의 조직층을 갖고 방사대칭을 이루며 폴립형이나 메두사형으로 존재하는 자포동물 문에 속하는 무척추동물.

**작동유전자 operator** 오페론에서 억제인자와 단단하게 결합하여 구조유전자의 발현을 조절하는 DNA 서열

**작동적 조건화 operant conditioning** 동물의 어느 특정 행동을 위해 반복된 훈련과 보상으로 학습효과를 유도하는 과정.

**작용 스펙트럼 action spectrum** 특정한 반응을 일으키는 빛의 스펙트럼.

**잔사 detritus** 동식물의 사체가 분해된 유기물질.

**잔사성 먹이그물 detrital food web** 생태계내의 섭식이 잔사식생물에의한 유기잔사의 섭식으로부터 시작되는 먹이그물.

**잡식성 omnivore** 식물과 고기류를 모두 먹는 먹이연쇄의 개체.

**잡종화 hybridization** 다른 종과의 교배.

**장 효소 intestinal enzyme** 융모 표면의 상피세포에서 생산되는 효소로, 작은 유기물 분자를 소화하는 기능이 있다.

**장내종융기 typhlosole** 지렁이의 기다란 창자의 확장된 등 쪽 표면으로 흡수를 위해 추가적인 표면을 제공한다.

**장란기 archegonia** 이끼의 생활주기 등에서 볼 수 있는 난자 형성 구조.

**장일식물 long-day plant** 임계길이보다 낮 길이가 길때 개화를 하는 식물. 예: 밀, 보리, 클로버, 시금치.

**장정기 antheridia** 이끼의 생활주기 등에서 볼 수 있는 정자 형성 구조.

**장체강 enterocoelom** 원시장관 벽으로부터 형성된 한 쌍의 중배엽성 주머니가 융합되어 만들어진 체강.

**재래종 native species** 특정한 서식처 혹은 지역에 원래부터 자생하던 생물 종.

**재생 regeneration** 불가사리 경우처럼 어떤 생명체가 조각으로 나눠졌을 때라도 이 조각들이 하나의 완전한 생명체로

성장 하는 것.

**재생 불가능 자원 nonrenewable resources** 광물이나 화석연료 등과 같이 공급이 한정되어 있는 자연자원.

**재생가능자원 renewable resources** 자연현상에 의해서 대치되거나 보충될 수 있는 자연자원; 적당한 개발과 사용을 하면 당장의 고갈위험이 적음; 태양에너지, 숲이나 어장과 같은 생물자원 그리고 생물지화학환을 통해서 순환되는 물질 등을 지칭함.

**재조합 DNA (rDNA) recombinant DNA (rDNA)** 하나 이상의 생물체로부터 유래한 유전자를 포함하고 있는 DNA.

**재흡수 reabsorption** 근위세뇨관에서 1차적으로 네프론 내용물의 영양분자와 수분이 혈액으로 이동되는 현상.

**저생권 benthic division** 바다나 호수의 바닥, 조간대나 연안대로부터 가장 깊은 곳까지 모두 포함되며 특이한 성격의 생물들이 서식하고 있음.

**저습지 wetland** 연중 항상 혹은 일시적으로 물이 고여 있는 저지대.

**적색 골수 red bone marrow** 해면골의 강소에서 발견되는 혈관성의 변화된 결합조직; 혈구 형성의 장소.

**적응 adaptation** 환경에 적합하도록 생물체의 구조, 기능, 혹은 행동 등이 수정되는 현상.

**적응도 fitness** 생물이 생식을 통하여 다음세대로 자신의 유전자를 전승할 수 있는 능력; 같은 환경에서 다른 생물의 생식력과 비교하여 측정됨.

**적응방사 adaptive radiation** 하나의 공동조상으로부터 유래된 생물이 새로운 생태적 혹은 지리적 지역에서 각각의 의 환경에 적응하면서 여러 개의 종으로 진화되는 현상.

**적혈구 red blood cell (RBC)** 헤모글로빈을 갖고 있으며 척추동물에서 폐나 아가미로부터 산소를 조직에 운반.

**전도성 난청 conduction deafness** 중이에 손상을 입어 생기는 난청.

**전령 RNA(mRNA) messenger RNA (mRNA)** DNA 주형으로부터 만들어지는 RNA의 한 형태로 폴리펩티드의 아미노산 서열에 대한 암호정보를 갖고 있음.

**전립선 prostate gland** 남성의 방광 아래 요도 주위에 있는 분비샘으로 정액에 알칼리성 체액을 첨가해 준다.

**전문종 specialist species** 생태적 지위가 협소한 생물 종; 매우 까다로운 서식조건을 가지고 있기 때문에 멸종의 위험이 높음 (예: 팬다곰 과 점박이 올빼미 등).

**전사 transcription** DNA 가닥을 주형으로 사용하여 mRNA를 만드는 과정.

**전사인자 transcription factor** 진핵생물에서 RNA 중합효소가 전사를 시작하기 위해 요구되는 단백질.

**전사조절 transcriptional control** 전사가 일어날 것인지 또는 어떤 속도로 전사할 것인지를 조절하는 기작에 의해 결정되는 전사단계에서의 유전자 발현 조절

**전사활성화인자 transcription activator** 전사를 촉진하는 단백질.

**전사후 조절 posttranscriptional control** 전사가 일어난 다음 mRNA 전사물이 가공되는 것에 의한 유전자 발현 조절

**전이인자(트랜스포존) transposon** 유전체 내의 한 부위에서 다른 부위로 무작위적으로 이동해 갈 수 있는 DNA 서열.

**전접합적 격리 prezygotic isolating mechanism** 해부 생리적 차이로 인하여 이종 개체들 간의 교배가 이루어지지 않아서 생식실패가 일어나는 현상.

**전좌 translocation** 염색체 일부가 다른 비상동 염색체로 이동한 변이로 디운증후군같은 이상을 유발할 수 있음.

**전형성능 totipotent** 온전한 생물체로 발달하는 잠재성을 포함하여 생물체의 모든 유전정보를 가지고 있는 세포.

**절간 internode** 관다발 식물에서 두 개의 연속적인 절 사이의 지역.

**절대 혐기성 obligate anaerobe** 산소가 존재하는 조건에서는 생장할 수 없는 원핵생물.

**절대적 (화석)연대측정 absolute dating (of fossils)** 방사성 동위원소를 이용하여 화석의 연대를 측정하는 기법.

**절지동물 arthropod** 외골격과 관절화된 부속지를 갖는 갑각류와 곤충류를 포함하는 무척추동물 중 하나의 동물문.

**점균류 slime mold** 사체를 분해하여 식세포작용으로 먹이를 섭취하는 원생생물로 영양세포인 경우 운동성이 있고 아메바성이다.

**점돌연변이 point mutation** 뉴클레오티드 한 개가 바뀐 유전자 변이로 이 변이의 결과는 아무증상이 없는 것부터 심각한 질병까지 매우 다를 수 있음.

**점액수종 myxedema** 성인에게서 나타나는 갑상선 호르몬 부족으로 인한 질환.

**접합 conjugation** 하나의 세포에서 다른 세포로의 유전물질 운반.

**접합포자 zygospore** 접합포자균의 유성생식 동안 형성되는 두꺼운 벽을 가진 휴면 포자

**접합포자균 zygospore fungi** 접합균문에 속함.

**정낭 seminal vesicle** 남성의 방광 기저부위의 정관에 달려있는 분비샘으로 정자에게 필요한 영양분을 포함하는 액체를 제공한다.

**정단분열조직 apical meristem** 관다발 식물에서 1기생장이 일어날 때 분열하고 신장하는 뿌리와 줄기에 있는 세포 집단.

**정단우세 apical dominance** 측아의 생장을 억제하는 정아의 영향.

**정맥 vein** 세정맥에서 나와서 심장 쪽으로 혈액을 보내는 혈관.

**정소 testis (pl., testes)** 정자 및 성 호르몬을 생산하는 남성 생식기관(생식소).

**정아 terminal bud** 줄기의 끝에서 발달하고 있는 눈.

**정아 terminal bud** 지상부 끝에서 발달하는 눈.

**정액 semen (seminal fluid)** 남성의 생식관의 몇 개의 분비샘으로부터 분비되는 분비물과 정자로 이루어진 하얀색의

걸쭉한 액체.

**정자 sperm** 반수체의 염색체를 갖는, 남자(수컷)의 생식세포로 여자(암컷)의 생식세포를 수정시킬 수 있음.

**젖산 발효 lactic acid fermentation** 젖산을 주요 산물로 생산하는 발효.

**제한효소 restriction enzyme** 바이러스 DNA를 절단하여 바이러스 복제를 막는 박테리아 효소로 재조합 DNA를 만들 때 DNA의 특정위치를 절단하기 위하여 사용함.

**조건혐기성 생물 facultative anaerobe** 기체성 산소의 존재여부에 관계없이 생장할 수 있는 원핵생물.

**조기경골어류 ray-finned bony fishes** 얇은 조직으로 된 망에 의해 연결된 평행한 경골성 줄기가 지지하는 지느러미를 가진 경골어류의 무리.

**조기어류 ray-finned fishes** 얇은 조직망에 연결된 평행으로 배열된 경골성 가시의 지지를 받는 지느러미를 가진 경골어류의 한 무리.

**조류 alga (pl., algae)** 광합성을 하는 원생생물의 형태. 단세포 조류는 식물성 플랑크톤의 일부분이나 다세포 조류는 해조라고 불린다.

**조류 bird** 깃털과 날개를 가진 내온성 척추동물로 흔히 비행에 적응되어 있고 단단한 난각을 갖는 알을 낳는다.

**조상성격 ancestral character** 하나의 공동조상으로부터 유래된 생둘집단의 모든 구성원들이 공유하는 구조적, 생리적 혹은 행동적 성격.

**조절유전자 regulatory gene** 오페론에서 다른 유전자의 발현을 조절하는 단백질을 암호화하고 있는 유전자.

**조직 tissue** 같은 기능을 수행하기 위해 서로 모인 비슷한 종류의 세포들의 그룹.

**조직배양 tissue culture** 실험실에서 액체배양으로 인공적으로 조직을 키우는 과정.

**조직액 tissue fluid** 신체의 세포들을 둘러싸고 있는 액체; 여과와 확산을 통해 모세혈관 밖으로 나가는 용해된 물질들로 구성됨.

**종 species** 서로 간의 교배가 가능하고 번식능력이 있는 자손을 낳을 수 있는, 비슷한 구성의 생물들; 같은 유전자 풀을 공유하는 생물들; 분류 단계 중 가장 낮은 단계.

**종 분화 speciation** 기존 개체군의 유전자 구성비에 변화가 일어나서 새로운 종이 출현하는 현상.

**종 풍요도 species richness** 군집내에 존재하는 종의 수.

**종소명 specific epithet** 분류학에 이명법에 있어서 생물이름의 두 번째 부분; 첫 번째 부분에는 속명이 기재되고 두 번째 부분에는 종명이 기재됨.

**종속영양생물 heterotroph** 무기영양소로부터 유기물질을 합성할 수 있는 능력이 없는 생물; 따라서 유기 음식물을 외부로부터 섭취해야함.

**종양억제유전자 tumor suppressor gene** 세포 분열을 억제하는 단백질을 암호화하고 있는 유전자로 돌연변이에 의해 불활성화 되면 종양을 유발할 수 있음.

**종자 seed** 보호 껍질로 싸여 배와 저장양분을 가지고 있는 성숙한 배주.

**종자발아 seed germination** 식물 생장의 개시.

**좌우대칭 bilateral symmetry** 두 개의 유사하거나 상보적인 반쪽으로 이루어진 체형. 334

**주근 taproot** 깊게 땅 속으로 들어가며 종종 양분을 저장하는 (당근과 같이) 뿌리의 주축.

**주피 periderm** 표피를 대체하는 보호조직; 코르크와 코르크 형성층이 포함되어 있다.

**주혈흡충증 schistosomiasis** 편형동물문에 속하는 기생충인 주혈흡충에 의해 생기는 질병.

**주형 template** DNA 복제과정 중 상보적인 딸 가닥을 만들기 위한 부모 DNA 가닥.

**줄기 stem** 일반적으로 수직으로 곧게 서서 잎에서 혹은 잎으로 물질을 수송하는 부분.

**줄기정단분열조직 shoot apical meristem** 식물 줄기의 끝에 있는 활발하게 분열하는 배세포의 집단.

**중간 필라멘트 intermediate filaments** 세포골격에서 섬유성 폴리펩티드가 밧줄처럼 조립된 것으로 세포를 지지하고 강도를 높여준다. 액틴 필라멘트와 미세소관의 중간 크기이다.

**중교 mesoglea** 투명한 젤리와 같은 물질.

**중뇌 midbrain** 포유류의 시상 아래와 뇌교 위 사이에 있는 뇌 부분.

**중력평형 gravitational equilibrium** 머리와 몸체가 움직이지 않을 때도 균형을 유지하는 것.

**중배엽 mesoderm** 동물의 배 에 만들어지는 중간층의 조직으로서 여기서 근육, 몇 개의 내부 기관, 결합조직 등이 만들어진다.

**중복 duplication** 동일한 염색체에서 특정 부위가 한번 이상 존재하는 염색체 돌연변이.

**중복수정 double fertilization** 현화식물에서 한 개의 정자핵이 난자핵과 융합하고 두 번째 정자 핵이 배낭의 극핵과 융합하는 것.

**중심와 fovea** 원뿔세포가 밀집되어 구성된 망막의 일부; 가장 선명한 상을 맺히도록 한다.

**중앙액포 central vacuole** 식물세포에서 대사산물을 저장하고 있는 액체로 가득 찬 큰 주머니. 생장이 일어날 때에는 확대되어 일차 세포벽을 확장시키고 표면적-부피 비율을 증가시킨다.

**중일식물 day-neutral plant** 개화가 낮의 길이와 무관한 식물 예. 토마토, 오이.

**중탄산 이온 bicarbonate ion** 혈액을 완충하는데 관여하는 이온으로, 이산화탄소가 혈류를 따라 이동하는 형태.

**중합효소쇄반응(PCR) polymerase chain reaction (PCR)** 특정 DNA 조각을

수백만 개로 복제하기위해 DNA 중합효소를 이용하는 기술.

**즉각적 알레르기반응 immediate allergic response** 알레르기 항원과 접촉한 후 몇 초 안에 일어나는 알레르기 반응; IgE 항체들에 알레르기항원이 부착되면서 일어남.

**증발 evaporation** 액체가 기체로 전화되는 현상.

**증산 transpiration** 잎의 기공에서 증발을 통하여 대기로 물이 식물에서 소실되는 것.

**증폭자 enhancer** 가까이에 존재하는 유전자의 전사를 조절하는 부위로 전사활성화 인자가 결합하는 서열.

**지구온난화 global warming** 화석연료의 소각과 같은 인간의 활동에 의하여 야기되는 지구대기온도의 상승현상.

**지네류 centipede** 몸의 각 마디에 한 쌍의 다리를 갖는 특징을 가진 길쭉한 절지동물로 15-173 쌍의 다리를 갖는다.

**지느러미 fin** 어류와 기타 수서 동물에 있어서 막성의 날개 또는 노 모양의 돌기로 추진력, 균형 또는 몸의 유도에 이용된다.

**지반침하 subsidence** 지각의 부분이 내려앉는 현상.

**지방선 oil gland** 피지(sebum)를 분비하는 모낭에 연결된 피부선; 피지선(sebaceous gland).

**지방조직 adipose tissue** 지방을 저장하는 결합조직.

**지베렐린 gibberellin** 줄기 생장을 촉진하는 식물호르몬; 개화와 종자 발아에도 관여한다.

**지상계 shoot system** 줄기, 잎, 꽃으로 구성된 식물의 지상부분.

**지속가능한 개발 sustainable development** 생태계의 보존과 관리가 병행된 경제개발.

**지속가능한 사회 sustainable society** 인간의 생활을 위한 조건을 충족하면서 생태계의 기능을 보존할 수 있는 사회.

**지수적 성장 exponential growth** 빚의 이자가 복리로 늘어나는 것과 같은 개체수의 증가현상.

**지연형 알레르기 반응 delayed allergic response** 항원에 민감하게 된 T세포들에 의해 알레르기항원이 있는 곳에서 시작되는 알레르기 반응으로 대식세포가 참여하고 시토카인에 의해 조절됨.

**지의류 lichen** 진균과 조류사이의 공생관계로써 진균은 무기영양분과 물을 공급하고 조류는 유기영양원을 제공한다.

**지질학적 시간 연대 geological timescale** 화석을 보유한 암석의 나이를 기준으로 산정한 지구의 과거사.

**지층 stratum** 암석화한 퇴적층.

**지표종 keystone species** 생태군집의 구조와 기능에 지대한 영향을 끼치는 종.

**지표화석 index fossil** 여러 화석들의 연대측정에 기준이 되는 어느 특정 지층에서 발견되는 화석; 유사한 화석들이 지구상 여러 장소의 연대가 비슷한 지층에서 발견됨.

**진균 fungus (복수 fungi)** 부식분해자로써 몸체는 균사라고 불리는 필라멘트로 구성되어 있고 균사체라고 하는 덩어리를 형성하기도 한다.

**진정염색질 euchromatin** 전사가 일어날 수 있는 느슨하게 포장된 염색질.

**진피 dermis** 포유류 피부의 표피 아래에 있는 두꺼운 층.

**진핵생물 영역 domain Eukarya** 생물의 세 가지 영역 중 하나로, 진핵세포를 갖는 생물로 구성되며, 동물계, 식물계, 균류, 원생생물이 여기에 속함.

**진핵생물계 Eukarya** 생물에 있어 세 가지 영역 중 하나로 진핵세포들을 가진 생물체로 구성되며, 나아가 원생생물, 균류, 식물, 동물로 나뉨.

**진화 evolution** 공통조상으로부터 나온 자손 생물체들이 시간 흐름에 따라 겪게 되는 유전적, 형질적 변화로, 생물체들은 주위 환경에 좀 더 적합하게 적응된다.

**질산화 작용 nitrification** 암모니아성 질소 혹은 유기질소가 토양세균에 의해 질산염 혹은 아질산염으로 바뀌는 현상.

**질소고정 nitrogen fixation** 대기의 질소가 토양세균이나 남세균에 의해서 암모니아나 질산연으로 전환되는 현상.

**질소의 순환 nitrogen cycle** 질소가 생물권내의 대기, 토양, 수권 그리고 생물을 거치면서 지속적으로 순환하는 과정.

**집단유전학(개체군 유전학) population genetics** 집단 혹은 개체군내의 유전자 구성비를 연구하는 학문.

**집락 colony** 대부분의 기능이 각각 독립적인 세포들의 엉성한 결합.

**집중분포 clumped** 개체군의 개체들의 분포가 어느 특정지점에 집중되어 있는 분포양상.

**집합관 collecting duct** 여러 개의 네프론으로부터 액체를 받아들이는 신장내부 구조로 수분의 재흡수가 일어나는 곳.

**착상 implantation** 태반 포유류에서 수정된 배아가 포배단계에서 자궁내막 속으로 파묻히는 것.

**착생식물 epiphyte** 다른 식물에 부착되어 있어 공기로부터 양분을 얻는 식물.

**창고기 lancelet** 양쪽에 날이 있는 외과용 칼을 닮은 몸을 가진 무척추 척삭동물로 성체기에 네 가지 척삭동물의 특징을 갖는다.

**창시자효과 founder effect** 모 개체군에서 분리되어 나온 개체들이 새로운 개체군을 시작할 때 이들의 제한된 유전자 다양성 때문에 유발되는 유전자부동현상.

**채널 단백질 channel protein** **특정** 분자나 이온이 원형질막을 통과할 수 있도록 채널을 형성하는 단백질.

**책상엽육조직 palisade mesophyll** 수많은 엽록체를 가진 길쭉한 세포를 포함하는 식물 잎의 조직 층.

**척삭 notochord** 모든 척삭동물에서 생활사의 어느 시기에 나타나는 연골처럼 생긴 막대기 모양의 지지구조로 척추동물에서는 척추로 대체된다.

**척삭동물 chordate** 생활사 중 어떤 시기

에 등쪽의 관상 신경삭, 척삭, 인두낭 및 항문 후방의 꼬리를 갖는 척삭동물 문에 속하는 동물.

**척주 vertebral column** 척수를 보호하는 척추동물의 내골격 부분; 추간원판에 의해 분리된 많은 척추골로 구성된다.

**척추동물 vertebrate** 척삭이 척주로 대체된 척삭동물.

**천변지이설 catastrophism** 조지스 쿠비에르가 믿었던 생물관, 지구상의 모든 생물들이 성경에 나타난 홍수와 같은 재난으로 멸종되었으며 이러한 재난에서 생존한 생물들이 재 번식하여 오늘날의 생물상이 만들어 졌다는 하나의 믿음.

**천식 asthma** 기관지의 수축과 호흡 곤란을 되풀이하는 상태.

**체강 coelom** 중배엽으로 완전히 둘러싸인 체벽과 소화관 사이에 있는 몸의 강소.

**체강동물 coelomate** 중배엽으로 완전하게 둘러싸인 체강을 가진 동물(예: 선구동물과 후구동물).

**체관부 phloem** 식물에서 유기 용질을 수송하는 관다발 조직: 체관요소와 반세포를 포함하고 있다.

**체관요소 sieve-tube member** 영양액을 수송하기 위하여 식물의 체관부 조직에 서로 연결된 단위체.

**체세포 배 somatic embryo** 조직배양 기술로 무성적으로 생성된 식물세포 배.

**체순환 systemic circuit** 조직과 심장 간의 혈액의 순환 통로.

**체외 수정 external fertilization** 수생동물에서처럼 체내(몸) 밖에서 정자와 난자의 수정이 일어나는 것.

**체절화 segmentation** 지렁이에서 볼 수 있듯이 몸의 단위가 반복됨.

**체중지표 body mass index (BMI)** 어떤 사람이 과체중인지 비만인지를 결정하는데 이용되는 측정치.

**초경 menarche** 월경이 시작되는 것.

**초본줄기 herbaceous stem** 비목본줄기.

**초식동물 herbivore** 초식먹이사슬의 1차 소비자; 식물 섭취자.

**초식먹이사슬 grazing food chain** 생물의 섭식관계에 따라서 에너지흐름의 단일경로단계들을 연결시킨 사슬로서 초식동물이 살아있는 식물을 섭식하면서 시작됨.

**초식성 먹이그물 grazing food web** 생태계내의 섭식이 초식생물에 의한 식물체의 섭식으로부터 시작되는 먹이그물.

**초원 grassland** 비교적 더운 여름과 추운 겨울의 기후와 약 25 cm의 연강수량으로 특징지어지며 관목과 교목이 거의 없는 주로 초본식물로 이루어진 생물군계. 미국의 프레리와 아프리카의 사바나도 초원의 일종으로 분류됨.

**초지늪 marsh** 관목이나 교목이 없고 초본식물들이 주종을 이룬 저습지.

**촉진유전자 promoter** 전사가 시작되기 전 RNA 중합효소가 결합하는 DNA 서열.

**촌충류 cestode** 편형동물에 속하며 촌충은 척추동물 숙주의 장내 기생충이다.

**총기어류 lobe-finned fishes** 팔다리 모양의 지느러미를 갖는 물고기의 종류.

**총배설강 cloaca** 일부 척추동물의 소화관 후반부에 위치하며 분변과 비뇨생식산물을 받아들임.

**출아 budding** 무성생식의 한 형태로 모세포의 몸체가 불거져 나오면서 새로운 개체가 발달한다.

**출현하는 바이러스 emerging virus** 에이즈, 사스, 또는 조류독감을 유발하는 바이러스와 같이 새롭거나 또는 감염이 증대되는 것으로 알려진 질병의 유발인자.

**충수돌기 appendix** 사람의 경우 대장의 맹장부위에서 밖으로 돌출된 작은, 관모양의 부속기관.

**충양돌기 vermiform appendix** 대장의 맹장에 돌출한 작은 관상의 부속기.

**측선 lateral line** 어류와 양서류에서 물의 흐름과 근처에 있는 물체로부터 압력파를 감지하는 감각수용기를 지닌 관 형태의 구조.

**측아 lateral bud** 줄기에서 곁가지가 자라는 곳.

**치료용복제 therapeutic cloning** 여러 종류의 분화된 성숙 세포를 만들기 위한 복제로 세포 분화를 연구하기 위해 또는 인간의 질병을 치료하기 위해 세포나 조직을 공급해 주기 위해 사용됨.

**치밀골 compact bone** 여러 층으로 모여 있는 기질과 골소강 안의 골세포들로 구성된 골단위(osteons)를 포함하는 뼈의 종류.

**치밀한 섬유성 결합조직 dense fibrous connective tissue** 많은 아교질섬유를 포함하는 결합조직의 한 종류. 예를 들면, 인대와 힘줄에서 발견됨.

**치설 radula** 연체동물에서 관찰되는 혀와 같은 기관으로 뒤쪽으로 뾰족한 미세한 이빨들이 열지어 있어 먹이를 얻는데 이용된다.

**침 아밀라아제 salivary amylase** 사람의 침 속에 들어있는 효소로, 녹말을 맥아당으로 소화한다.

**침샘 salivary gland** 사람에서 침을 분비하는 샘으로, 입으로 연결된다.

**카메라-형 눈 camera-type eye** 척추동물과 일부 연체동물에서 볼 수 있는 눈의 형태; 하나의 렌즈가 매우 가까이 밀착된 광수용기에 상을 맺는다.

**카바미노헤모글로빈 carbamino-hemoglobin** 이산화탄소를 나르는 헤모글로빈.

**카스파리띠 Casparian strip** 뿌리 내피세포의 네 면을 둘러싸고 있는 불침투성의 리그닌과 수베린의 층; 물과 용질이 이웃에 있는 세포로 이동하는 것을 막는다.

**캄브리아기의 폭발 Cambrian explosion** 5억 4300만년 전의 동물화석의 급격한 출현을 일컬으며 아마도 이 화석들은 수천만년동안 각각의 동물의 문과 관련되어 있을 것이다.

**캡시드 capsid** 바이러스의 유전물질을 보호하는 단백질 용기.

**코돈 codon** 번역과정 중 단백질로 특정 아미노산의 삽입이나 종결을 유도하는 전령RNA (mRNA)에 존재하는 3개의 염기 서열.

**코르크 cork** 나무의 수피를 덮고 있는 외부 층; 떨어져 나가는 죽은 세포로 구성되었다.

**코르크 세포 cork cell** 나무의 수피를 덮고 있는 죽은 세포; 벗겨지기도 한다.

**코르크 형성층 cork cambium** 코르크를 형성하는 측면 분열조직.

**코르티솔 cortisol** 부신피질에서 분비되는 당질코르티코이드로 장기적으로 스트레스에 대응한다. 염증을 줄이고 단백질과 지질 대사가 활발하게 일어나도록 한다.

**코아세르베이트 coacervate droplet** 원시세포의 형태와 기능을 지닌 정전기의 힘에 의해서 형성된 유기물체.

**큐티클 cuticle** 식물의 수분 손실이나 질병을 일으키는 생물체로부터 보호하는 표피를 덮고 있는 왁스층.

**크레틴병(선천성 갑상선 기능저하증) cretinism** 유아에게서 갑상선이 제대로 발달하지 않아 생기는 질환으로 신체발육이 늦고 정신지체 현상이 나타난다.

**크로마뇽인 Cro-Magnon** *Homo sapiens*로 불리는 최초의 화석의 일반적인 이름.

**클로닝 (복제) cloning** 동일한 것을 만드는 것. 유기체(생물)에서 동일한 유전자를 갖고 있는 유기체(생물)를 만드는 것(생물복제); 유전공학에서의 클로닝은 동일한 유전자를 많이 복제하는 것을 의미함.

**탄산무수화효소 carbonic anhydrase** 물과 이산화탄소로부터 탄산 형성을 가속화하는 적혈구 속에 있는 효소.

**탄성 연골 elastic cartilage** 탄성섬유로 구성된 연골이며, 탄력성이 강함.

**탄성섬유 elastic fiber** 결합조직의 기질에 들어있는 탄력성의 노란색 섬유.

**탄소순환 carbon cycle** 탄소가 대기, 수계 그리고 생물을 거치면서 생태계 내부를 순환하는 지속적인 과정.

**탈리 abscission** 식물에서 잎, 열매, 꽃 등이 떨어지는 것.

**탈아미노 반응 deamination** 아미노산 또는 유기 화합물에서 아미노기(NH2)를 제거하는 반응.

**탈질산화 작용 denitrification** 토양세균에 의해서 질산과 아질산이 질소기체로 변하는 과정.

**탈피 molt** 절지동물에 있어서 주기적으로 외골격을 벗는 것.

**탈피 molting** 절지동물에서 주기적인 외골격의 허물 벗기.

**태류 liverwort** 선태식물의 일종.

**태반 placenta** 일부 동물의 발생 과정에서 장막 및 자궁 벽으로부터 만들어지는 구조물(기관)로, 배(혹은 태아)가 어미(산모)로부터 영양분을 얻고, 자신의 노폐물을 제거할수 있도록 해주며, 임신 상태를 유지시켜주는 호르몬을 분비한다.

**태반포유류 placental mammal** 새끼가 발생하는 동안에 태반이 존재하는 것이 특징인 포유류.

**태생 동물 viviparous** 자신의 새끼를 모체 내에서 일정기간 발생시킨 후 출산하는 동물.

**태양열전지 photovoltaic (solar) cell** 태양에너지를 전력으로 전환하는 장치.

**탯줄 umbilical cord** 태아와 산모의 태반 부분을 연결시켜주는 관으로 내부에는 혈관이 있다.

**턱 jaw** 머리에 있는 이빨을 가진 뼈.

**텃세 territoriality** 자신의 영역 혹은 텃세권을 침입자로부터 방어하는 행위.

**텃세권 territory** 한 동물이 외부의 침입을 방어하는 지역.

**테스토스테론 testosterone** 남성에서 성관련 기관들을 유지시켜주고 2차 성징을 나타나게 하는 성 호르몬.

**토양 soil** 식물이 자라도록 하는 무기물질과 우기물이 쌓여 있는 것.

**토양 측면도 soil profile** 지표면에서 바위까지의 토양 수직면.

**토양침식 soil erosion** 바람이나 흐르는 물의 작용으로 표토가 새로운 지역으로 이동하는 것.

**퇴적 sedimentation** 입자물질들이 쌓여서 암석화한 지층을 형성하는 현상.

**퇴적먹이사슬 detrital food chain** 생물의 섭식관계에 따라서 에너지흐름의 단일경로단계들을 연결시킨 사슬로서 퇴적물섭취생물이 낙엽과 같은 퇴적유기물질을 섭식하면서 시작됨.

**퇴적물섭취생물 detritus feeder** 낙엽과 같은 퇴적유기물질을 섭식하여 영양분과 에너지를 취하는 생물.

**투석액 dialysate** 투석으로 막을 통과한 미네랄이 포함된 물질.

**트랜스 지방산 trans fatty acid** 불포화지방산 형태로 식품에서는 대부분 단일불포화지방산의 형태로 발견된다. 일반적으로 고형 마아가린, 쇼트닝, 튀긴 음식에 트랜스지방산이 많이 들어있다.

**트롬빈 thrombin** 혈액 응고시, 피브리노겐을 피브린 실로 변환시키는 효소.

**트리글리세리드 triglyceride** 글리세롤과 3개의 지방산으로 구성된 중성지방.

**트리코모나스 증 Trichomoniasis** 기생성의 원생생물인 *Trichomonas vaginalis*에 의해 생기는 성병.

**트리파노솜 trypanosome** 인간과 가축에게 수면병과 같은 심각한 질병을 유발하는 기생성 동물성편모충류.

**트립신 trypsin** 이자에서 분비되는 단백질 분해효소.

**틀이동돌연변이 frameshift mutation** 염기가 한 두개 제거 혹은 삽입됨으로서 번역 틀이 바뀌어 기능이 없는 단백질을 만들 수 있는 유전자 변이.

**틈분석 gap analysis** 자연보호구역 밖에 위치했으나 생물다양성이 높은 지역을 찾아내기 위하여 사용되는 컴퓨터 기법; 지리정보체계(GIS)가 주로 사용됨.

**티민 thymine (T)** DNA를 구성하고 있는 뉴클레오티드에서 4종류의 질소함유염기 중 하나로 아데닌과 쌍을 형성함.

**파골세포 osteoclast** 뼈의 부식에 원인이 되는 세포.

**파생성격 derived character** 공동조상에서는 찾아볼 수 없으나 공동조상으로부터 유래한 특정 후손집단의 구성원들이 공유하는 구조적, 생리적 혹은 행동적 특이성.

**파이어반 Peyer's patches** 소장에 있는 림프기관.

**파충류 reptile** 체내 수정, 비늘로 된 피부 및 가죽성 난각을 갖는 알을 가진 육상 무척추동물의 한 무리로 뱀, 도마뱀, 거북 및 악어를 포함한다.

**판구조론 plate tectonics** 지구의 표면이 여러 개의 지각으로 나누어져 있으며 이러한 지각들의 움직임이 대륙의 이동을 유발한다는 이론.

**판피어류 placoderm** 최초의 턱을 가진 척추동물로 데본기의 무거운 경골성 판을 가진 어류.

**패턴 형성 pattern formation** 발생과정에서 생명체의 최종 마지막 형태(모습)를 결정하는 세포들이 제 자리에 위치하여 생명체의 체형이 결정되는 것.

**팬 (PAN) PAN (peroxyacetylnitrate)** 광화학작용에 의해서 만들어 지는 스모그에서 검출되는 화학물질.

**팽압 turgor pressure** 세포벽을 밀어내는 세포 내부의 압력. 식물세포의 액포에 있는 물의 양에 의해 힘의 크기가 결정되며 세포를 지지한다.

**퍼옥시좀 peroxisome** 효소가 가득한 소포로 지방산과 아미노산이 과산화수소로 대사된다. 과산화수소가 분해되면 해로운 물질이 생성된다.

**페닐케톤뇨증 phenylketonuria (PKU)** 페닐알라닌이 적게 포함된 음식을 먹지 않는 한 혈액 내에 페닐알라닌이 축적되어 정신박약, 흰 피부색, 습진, 및 정신 운동 발달이 지연되는 유전병.

**페로몬 pheromone** 멀리 떨어진 곳에서 작용하여 같은 종인 다른 구성원의 행동에 영향을 주는 화학 신호.

**펩신 pepsin** 위선에서 분비되는 효소로 단백질을 펩티드로 소화시킨다.

**펩티다아제 peptidase** 짧은 아미노산 사슬을 분해하여 소장벽으로 흡수될 수 있는 한 분자의 아미노산으로 분해하는 장내 효소.

**펩티도글리칸 peptidoglycan** 세균 세포벽에서만 발견되는 독특한 분자.

**편도선 tonsils** 인두에 위치한 부분적으로 피낭형성 된 림프소절.

**편도선 tonsils** 인두에 있는 림프조직으로 작고 둥근 림프소절. 목으로 들어온 외부 병원체를 잡아서 제거하는 역할.

**편리공생 commensalism** 한 쪽의 종은 공생을 통하여 이득을 얻지만 다른 쪽의 종에게는 이득도 해도 없는 현상.

**편절 proglottid** 촌충류의 마디로 암수 생식기관을 모두 가지고 있으며 난자들의 주머니가 된다.

**편평상피 squamous epithelium** Type of epithelial tissue that contains flat cells. 편평한 세포를 갖고 있는 상피조직의 한 종류.

**편형동물 flatworm** 편형동물 문에 속하며 체강이 없고 체절화되지 않은 동물.

**평행진화 parallel evolution** 진화적으로 연관된 이 종의 구조물이 공동조상으로 귀착되지 않는 경우를 지칭함.

**평형개체군 equilibrium population** 개체군의 성장이 환경수용한계에서 정지하는 대수적 성장을 하는 개체군; 이러한 개체군의 구성원들은 주로 체구가 크고, 성숙이 늦으며, 수명이 길고, 새끼의 수가 적지만 부모의 자식보호가 강함.

**평형낭 statocyst** 일부 무척추 동물에서 발견되는 중력평형 기관; 머리 부분에 대한 정보를 준다.

**평형석 statolith** 근관에서 식물이 굴중성을 나타내는 작용을 하도록 하는 감지물질.

**평활근 (내장근) smooth (visceral) muscle** 가로무늬가 없는 불수의근으로 내부 장기의 벽에 위치.

**폐 lungs** 기체교환을 위한 습한 표면을 갖는 내부의 호흡기관.

**폐경 menopause** 나이 든 여성에게서 난소주기 및 자궁주기가 끝나는 것.

**폐동맥 pulmonary artery** 심장으로부터 폐로 혈액을 운반해내는 혈관.

**폐동맥간 pulmonary trunk** 폐동맥으로 나뉘는 매우 큰 혈관; 심장으로부터 폐로 혈액을 운반.

**폐쇄순환계 closed ciriculatory system** 모든 척추동물과 약간의 무척추동물에 존재하는 심혈관계로, 근육으로 이루어진 심장과 혈관으로 구성되어 있음.

**폐순환 pulmonary circuit** 폐와 심장 사이의 순환 통로.

**폐정맥 pulmonary vein** 폐로부터 심장으로 혈액을 운반하는 혈관.

**폐포 alveolus (pl., alveoli)** 사람의 폐의 가장 끝에 현미경으로 관찰가능한 포도 모양의 공기주머니.

**포괄적 적응도 inclusive fitness** 집단 내 개체들의 자손생산기여도와 친척들의 자손생산기여도를 합친 것.

**포낭 cyst** 원생생물과 무척추동물에 있어서 생식체 또는 embryo를 포함하고 있는 휴면 단계.

**포배 blastula** 동물의 발생과정에서 낭배 전(前) 단계에서 형성되는 것으로 중앙의 내부공간이 액체로 채워져있는 공 모양의 세포덩어리.

**포배강 blastocoel** 포배 내부의 액체로 채워진 공간.

**포식 predation** 포식생물이 먹이생물을 잡아먹음으로서 생기는 이종 간의 상호관계.

**포식생물 predator** 자신이 아닌 다른 생물을 잡아먹는 생물.

**포유류 mammal** 특히 털과 젖샘으로 특징지어지는 내온성 척추동물.

**포자 spore** 배우자와 달리 다른 세포와 융합하지 않고 새로운 개체로 발달할 수 있는 무성생식 세포.

**포자낭 sporangium (복수 sporangia)** 포자를 생산하는 구조.

**포자엽 sporophyll** 포자낭을 가지고 있는 변이된 잎.

**포자체 sporophyte** 식물의 생활주기에서 세대교번의 이배체 세대; 반수체 세대로 발달하는 반수체 포자를 생산한다.

**포자충류 sporozoan** 운동기관을 가지고 있지 않은 포자 형성 원생생물로, 유성과 무성생식 모두를 갖는 복잡한 생활주기를 가진, 전형적인 기생생물.

**포자충류 sporozoan** 운동성이 없는 포자형성 원생생물로, 유성 및 무성생식 모두를 가진 복잡한 생활주기의 전형적인 기생생물.

**폭식증 binge-eating disorder** 과식의 형태로 나타나며 소화관 세척은 하지 않는 것.

**폴립 polyp** 상피층에서 생긴 작고 비정상적으로 성장한 것.

**표피조직 (표피) epidermal tissue (epidermis)** 비목본 식물에서 뿌리, 잎, 줄기를 싸고 있는 조직.

**표형적 계통분류 phenetic systematics** 두 생물 종 성격의 유사성 정도에 따라서 두 종 사이의 진화적 연관관계를 밝히는 계통분류의 한 분야.

**퓨린 purine** 아데닌과 구아닌처럼 두 개의 고리구조를 갖고 있으며 질소를 포함하고 있는 염기의 한 유형

**프라이온 prion** 핵산 없이 단백질로만 이루어진 감염성 입자.

**프로스타글란딘 prostaglandin** 다양하고 강력한 국부적 효과를 가지는 호르몬.

**프로테이노이드 proteinoid** 무생물적으로 합성된 아미노산의 중합체; 단백질의 성격을 지니며 물에 노출되면 원시세포의 성격을 지닌 미소구가 형성됨.

**플라나리아 planarian** 사다리꼴 모양의 신경계를 갖는 자유생활을 하는 편형동물.

**플라빈 아데닌 디뉴클레오티드 FAD** Flavin adenine dinucleotide; 산화환원 반응의 조효소로 기질이 산화될 때 $FADH_2$로 되고, 세포호흡 과정 동안에 미토콘드리아의 전자전달 사슬로 전자를 전달한다.

**플라스미드 plasmid** 세균 세포질에 들어있는 여분의 자가 복제 원형 DNA.

**플라크 plaque** 동맥의 안쪽 벽 밑에 쌓이는 콜레스테롤 같은 지방의 덩어리.

**플랑크톤 plankton** 물 표면이나 또는 그 가까이에 떠있는 담수와 해수 생물체로 식물성플랑크톤과 동물성플랑크톤을 포함한다.

**피각 test** 유공충류 또는 방산충류의 엉성하게 맞춰진 껍데기로, 각각 탄산칼슘이나 또는 실리콘으로 이루어져 있다.

**피낭류 tunicate** 원시적인 무척추 척삭동물의 한 종류.

**피루브산 pyruvate** 해당과정의 최종 산물. 산소의 이용 가능성 여부에 따라 발효로 이어지거나 미토콘드리아로 이동한다.

**피리미딘 pyrimidine** 시토신과 티민, 우라실처럼 한 개의 고리구조를 갖고 있으며 질소를 포함하고 있는 염기의 한 유형

**피목 lenticel** 목본식물의 수피에 약간 부풀어 있으며 해면 조직같은 세포 집단. 식물의 내부와 외부에 기체교환이 일어나도록 한다.

**피부 skin** 신체의 외부를 덮는 기관; 감각기와 같은 기관을 포함하므로 외피계라고 할 수 있음.

**피부감각 수용기 cutaneous receptor** 피부의 진피층에서 발견되는 압력과 촉각에 대한 감각 수용기.

**피부계 integumentary system** 피부와 피부에서 발견 되는 털 등의 다양한 기관으로 구성되는 기관계.

**피임 백신 contraceptive vaccine** 피임을 위한 예방백신을 말하는 것으로 자궁내막에서 배의 착상을 유지시키는데 필요한 HCG 호르몬을 무력화시킴으로서 결과적으로 착상이 못일어나게 한다.

**피임약 birth control pill** 에스트로겐과 프로게스테론 성분의 먹는 약.

**피임용 임플란트 contraceptive implant** 여성의 피부 밑에 삽입하는 합성 프로게스테론 호르몬 성분을 포함하는 피임장치로서 여성의 난소 주기를 방해하여 난자의 배란을 막는다.

**피임용 주사제 contraceptive injection** 여성의 몸에 주입하는 피임용 주사제로서 프로게스테론 이나 에스트로겐 호르몬이 들어있어 여성의 난소주기를 방해하여 난자의 배란을 막는다.

**피층 cortex** 식물의 뿌리와 줄기에서 표피와 관다발 사이에 있는 기본조직; 동물에서 신장의 피층과 같이 기관의 바깥 층.

**피토크롬 phytochrome** 광주기와 황백화 같이 식물에 영향을 주는 광전환이 가능한 식물 색소.

**피하층 subcutaneous layer** 피부 아래에 있는 얇은 층으로 느슨한 결합조직과 지방조직으로 구성됨.

**필수아미노산 essential amino acids** 사람의 경우 신체가 만들어낼 수 없어서 식품에서 필요한 아미노산.

**필수영양소 essential nutrient** 건강에 도움이 되는 식품에 들어있는 물질; 체내에서 합성될 수 없거나 인체가 필요로 하는 만큼 만들지 못하거나 충분한 양을 만들지 못하기 때문에 식품을 통해 공급되어야 한다.

**하디-와인버그의 이론 Hardy-Weinberg principle** 집단 (혹은 개체군)내에서 구성원들 간의 교배가 무작위로 일어나고, 자영선택이 일어나지 않으며, 유전자의 이동과 부동이 일어나지 않으면 진화가 일어나지 않는다는 이론.

**하지대 hip (pelvic) girdle** 다리에 연결된 척추골격의 일부; 관골을 구성.

**학습 learning** 영구적인 동물행동의 변화를 위한 훈련과 경험의 습득.

**한계요소 limiting factor** 생물의 분포와 풍요도를 제약하는 자원부족과 같은 환경조건.

**한대 침엽수림 taiga** 유라시아 북부와 북미대륙 북부의 한대 지방에 위치한 침엽수가 주종을 이루는 생물군계.

**항문 anus** 소화관의 출구.

**항산화제 antioxidant** 비타민 C, E, 그리고 A 등으로 자유라디칼에 대해 신체를 방어하는 물질.

**항상성 homeostasis** 자가 조절 기작을 통해 세포나 생물체의 정상적인 내부 환경의 유지.

**항원 antigen** 보통 단백질이나 다당류로 구성된 외부물질로, 이것이 면역계가 반응하고 항체를 생성하도록 자극한다.

**항원수용체 antigen receptor** 면역체계의 세포막에 있는 수용체 단백질로 외부에서 침입한 특정 항원과 결합함.

**항원표출세포 Antigen Presenting Cell (APC)** 면역계에 속한 특정 세포들에게 항원을 제시하여 그 세포들이 특정 항원에 맞서서 신체를 보호할 수 있도록 돕는 세포.

**항체 antibody** 항원에 반응하여 만들어지는 단백질; 각 항체는 그에 맞는 특이적 항원과 결합한다.

**항체매개면역 antibody-mediated immunity** B 세포에서 복제된 형질세포들이 항체를 생산하여 침입한 항원과 결합하여 복합체를 이루는 특이적 방어.

**해면골 spongy bone** 뼈의 얇은 판이 불규칙하고 그물망과 같은 뼈의 형태.

**해면동물 sponge** 해면동물 문에 속하는 무척추동물로서 구멍을 가진 여과섭식자로 내부 체벽은 깃세포로 둘러싸여 있다.

**해면엽육조직 spongy mesophyll** 느슨하게 모여 있어 기체교환을 위한 표면적을 증가시키는 잎의 조직 층.

**해면질 spongin** 해면동물의 체벽에서 관찰되는 교원질 섬유.

**해수침입 saltwater intrusion** 해안지대에서 민물지하수의 채취가 심해지면 민물지하수가 있던 대수층에 바닷물이 침입하는 현상.

**해저산맥 ocean ridge** 심해평원에 돌기된 산맥; 이 산맥이 전후좌우로 움직이면서 지각이동이 일어남.

**해조 seaweed** 해양서식처에서 발견되는 홍조, 녹조, 그리고 갈조류로, 다세포 구조로 되어있다.

**핵질 nucleoplasm** 염색질을 함유하는 핵의 반유동성 매질.

**핵형 karyotype** 크기와 모양 그리고 염색체 띠 유형에 따라 정렬된 유사분열 중기 상태의 염색체.

**행동 behavior** 환경에 의한 자극에 대한 관찰이 가능하고 체계적인 동물의 반응

**헌팅턴무도병 Huntington disease** 신경전달물질의 결핍으로 유발되는 유전성 퇴행성 신경질환.

**헛뿌리 rhizoid** 토양에서 미네랄과 물을 흡수하고 식물을 지지하는 뿌리같은 털.

**헴 heme** 헤모글로빈에서 발견되는 철을 함유한 그룹.

**현상 phenomenon** 관찰할 수 있는 사실.

**혈당지수 glycemic index (GI)** 예를 들어, 흰빵과 같은 음식을 먹었을 때 반응하는 혈당을 말함.

**혈림프 hemolymph** 혈액과 조직액이 혼합된 체액; 연체동물, 절지동물과 같은 개방형 순환계를 가지고 있는 동물의 혈액.

**혈소판 platelet** 혈액 응고에 필수적인 혈액의 구성성분.

**혈압 blood pressure** 혈관벽 내부로 미는 혈액의 힘.

**혈압계 sphygmomanometer** 동맥의 혈압을 측정하는 기구.

**혈액 blood** 심장을 통해서 폐쇄된 혈관계를 통해 순환되는 체액.

**혈액투석 hemodialysis** 어떤 물질이 혈액에서 투석액으로 확산되도록 인공막을 이용하여 혈액을 청소하는 것.

**혈연선택 kin selection** 간접적 선택; 친척들의 생식성공으로 인하여 간접적으로 향상된 환경적응력.

**혈우병 hemophilia** 혈액응고인자 결핍으로 혈액이 응고되지 않는 질환이며 가장 흔하고도 심각한 혈액관련 질환.

**혈장 plasma** 척추동물에서 혈액의 액체로 된 구성성분; 영양분, 노폐물, 염류, 단백질 등을 포함.

**혈청 serum** 혈액응고 후의 응괴 및 혈구에서 분리되는 맑은 노란색 액체.

**혈체강 hemocoel** 절지동물에서 관찰되는 체강으로 혈림프로 채워져 있다.

**혈통 lineage** 후손에게 이어지는 진화적인 계열.

**혐기성 anaerobic** 산소가 없는 조건에서의 성장 또는 물질대사.

**협각류 chelicerate** 절지동물(예: 투구게, 가재, 바다거미, 거미류)의 무리로 집게나 독니 형태로된 한 쌍의 부속지를 가짐.

**협심증 angina pectoris** 관상동맥 폐쇄로 생기는 흉부통을 수반하며, 심장마비에 앞서 일어난다.

**형질대치 character displacement** 동일 군집에 속한 유사 종들이 서로 격리되었을 경우 유사했던 성격이 상이해지는 현상.

**형질도입 transduction** 박테리오파지를 이용한 세균 사이의 DNA교환.

**형질세포 plasma cell** B 세포가 성숙하면 대부분의 B 세포 복제세포들은 형질세포가 되어 대량으로 항체를 생산함.

**형질전환 transformation** 세균을 통해 주변 환경으로부터 여분의 유전물질을 얻는 것.

**형질전환생물 transgenic organism** 자신 안에 외래 유전자가 삽입되어 있는 생물.

**형질전환식물 transgenic plant** DNA 기술로 다른 생명체의 유전자를 가지고 있는 식물; 유전자조작식물이라고도 한다.

**형태형성 morphogenesis** 발생과정에서 조직, 기관 혹은 배아에서 어떤 형태가 갖추어지는 것.

**형태형성인자 morphogen** 형태형성과정에 영향을 주는 어떤 단백질로 세포내에서 농도 차이(농도기울기)를 보여줌.

**호르몬 hormone** 한 부분에서 생성되어 다른 부분의 활성을 조절하는 화학적 전달자.

**호메오 유전자 homeotic genes** 발생과정에서 어떤 특정그룹의 세포들의 운명을 조절하여 전반적인 몸의 체계를 조절하는 유전자들.

**호메오박스 *homeobox* 모든** 호메오 유전자들에 있는 180 개의 뉴클레오티드 서열.

**호모 사피엔스 *Homo sapiens*** 현대 인간의 학명.

**호모 이렉투스** ***Homo erectus*** 불을 사용하였고 아프리카에서 유럽과 아시아로 이주한 사람류.

**호모 하빌리스** ***Homo habilis*** 최초로 도구를 사용한 것으로 믿어지는 200만년 전의 사람류.

**호산구 eosinophil** 세포질에 산성염료로 염색되는 과립을 가지고 있는 백혈구 세포의 일종.

**호수 lake** 흐름이 거의 없는 육수의 집합소; 수중의 영양상태에 따라서 빈영양 호수와 부영양 호수로 구분됨.

**호염기구 basophil** 세포질에 염기성 염료로 염색되는 과립을 가지고 있는 백혈구 세포의 일종.

**호염성생물 halophile** 염분농도가 매우 높은 서식지에서 살아가는 원시생물의 형태.

**호중구 neutrophil** 백혈구 중 가장 풍부한 양으로 존재하는 과립백혈구; 감염에 가장 먼저 반응.

**호흡 respiration** 체세포와 환경사이에서의 기체교환 결과로 나타나는 연속적인 과정.

**호흡계 respiratory system** 폐와 관들로 구성된 기관계. 이 관들은 산소를 폐로 가져오고 이산화탄소를 폐 밖으로 배출함.

**혹히드라** ***Obelia*** 자포동물의 한 무리로서 기수나 대양에서 관찰되는 흔한 군체성 히드라.

**홍조류 red algae** 다량의 피코빌린 색소를 가진 해양 광합성 원생생물로 산호초의 산호말 조류를 포함한다.

**홍채 iris** 동공 주위를 둘러싼 근육으로 구성된 링으로 이 곳을 열어 빛의 통과를 조절한다.

**화관 corolla** 꽃잎의 집합적 명칭; 색이 있는 꽃 윤생체.

**화분관 pollen tube** 종자식물에서 화분립이 암술머리에 닿으면 발아하여 형성하는 관. 관이 자라면서 암술과 암술대 사이를 지나 수정이 일어나는 배주의 안에 있는 난자에 도달한다.

**화분립 pollen grain** 종자식물에서 미소포자에서 유래하고 웅성배우체로 발달하는 구조.

**화사 (자루) filament** 식물에서 수술의 긴 대.

**화석 fossil** 지각에 보존된 과거에 살았던 생물들의 잔해나 흔적.

**화석기록 fossil record** 과거 지구에 생존했던 생물들이 화석으로 보존된 잔해 혹은 흔적의 기록.

**화석연료 fossil fuel** 과거에 살았던 동식물이 부분적으로 분해된 후 수 백만 년 동안 지열과 지압에 의하여 형성된 연료; 석유, 석탄 그리고 천연가스를 지칭함.

**화석학 paleontology** 화석을 이용하여 생물의 역사를 연구하는 학문.

**화학 신호 chemical signal** 특정한 수용체와 결합하여 세포와 조직, 기관 또는 개체에 변화를 일으키는 분자.

**화학 신호 chemical signal** 특정한 수용체와 결합하여 세포와 조직, 기관 또는 개체에 변화를 일으키는 분자.

**화학 에너지 chemical energy** 분자내 원자의 상호작용과 연계된 에너지.

**화학삼투 chemiosmosis** 수소 이온 기울기를 이용하여 ATP를 합성하는 특정한 막의 능력.

**화학적 진화론 chemical evolution** 최초의 원시세포가 오랜 시간에 걸쳐서 화학적으로 복잡한 생명체로 진화되었다는 과학이론.

**화학종속영양생물 chemoheterotroph** 자신의 유기물질을 합성할 수 없기 때문에 먹이로 유기영양분을 요구하는 생명체.

**화학합성독립영양생물 chemoautotroph** 탄소원으로 이산화탄소를 이용하고, 에너지원으로 황화수소와 같은 무기물질을 산화함으로써 유기물질을 합성할 수 있는 생명체.

**확산 diffusion** 분자 또는 이온이 농도가 높은 곳에서 낮은 곳으로 이동하는 현상. 에너지가 필요하지 않으며 균등한 분포가 이루어지도록 한다.

**환경수용한계 carrying capacity** 주어진 환경 하에서 무한적으로 지속된 수 있는 어느 특정 종 혹은 개체군의 개체 수의 한계.

**환기 ventilation** 공기가 폐로 들어오고 나가는 과정; 호흡.

**환상박피 girdling** 나무의 둘레를 따라 돌려서 수피를 제거하는 것.

**환원 reduction** 에너지를 저장하고 있는 원자나 분자에게서 전자를 얻음. 생물학에서는 전자는 수소 이온과 함께 움직인다.

**환형동물 annelid** 지렁이와 갯지렁이와 같은 체절화된 동물을 포함하는 무척추동물 중 하나의 동물문.

**활동일주기 circadian rhythm** 24-시간 주기의 생물학적인 리듬.

**활막 관절 synovial joint** 두 개의 뼈가 공간으로 분리되어 자유롭게 움직일 수 있는 관절.

**활성화 에너지 energy of activation** 분자들이 서로 반응하도록 할 때에 반드시 필요한 에너지.

**활액낭 bursa** 액체로 가득찬 주머니 형태로 활막으로 싸여 있으며, 활막관절에서 볼 수 있다.

**활주 피라멘트 모형 sliding filament model** 액틴필라멘트가 미오신 필라멘트로 이동하는 것을 토대로 근수축을 설명하는 것.

**황갈조류 golden-brown algae** 정교한 실리카 껍데기를 가지고 있는 해양 광합성 원생생물로 규조류로 대표된다.

**황달 jaundice** 혈액 속에 비정상적으로 많은 양의 빌리루빈(담즙색소)으로 인해 피부가 노랗게 변하며, 간기능 장애를 나타낸다.

**황체 corpus luteum** 배란시 난자를 배출시킨 여포세포가 노란색을 띤 황체가 되는데, 여기서 프로게스테론을 분비해 자궁내막을 두껍게 유지시킨다.

**황체기 luteal phase** 난소 주기의 후반부 단계로 이 시기에 황체가 발달하면서 많은 프로게스테론과 약간의 에스트로겐을 분비한다.

**회색 신월환 gray crescent** 양서류의 알에서 수정이 일어난 후 보여지는 회색의 색갈을 띠는 지역; 이 지역은 발생 과정을 조절하는 유전자들을 작동시키는 (turn on) 화학적 신호물질들을 포함하고 있을 것으로 여겨짐.

**회색질 gray matter** 중추신경계에 있는 무수 축삭과 세포체들.

**회전평형 rotational equilibrium** 머리와 몸이 갑자기 움직이거나 돌 때 균형을 유지하는 것.

**획득형질의 유전 inheritance of acquired characteristics** 한 생물이 후천적으로 획득한 형질은 자식세대로 유전된다고 라마르크가 믿었던 생각.

**횡격막 diaphragm** 포유류에서 돔 형태의 근육성막으로 복강과 흉강을 분리한다. 또한 자궁경부에 끼도록 되어있는 연성 고무나 라텍스 재질의 컵 모양의 피임용 물질.

**횡분체 strobilus** 석송류에서 포자낭이 있으며 정단에 있는 잎의 집합체.

**효과기 effector** 운동 신경섬유로부터 신호를 받아 환경자극에 대응하는 근육 또는 분비선.

**효과기 effector** 운동 신경섬유로부터 신호를 받아 환경자극에 대응하는 근육 또는 분비선.

**효모 yeast** 하나의 핵을 갖고 있고, 출아법으로 무성생식하거나 또는 포자 형성을 통해 유성생식을 하는 단세포 진균.

**효소 단백질 enzymatic protein** 특정한 반응을 촉매하는 단백질.

**효소 억제 enzyme inhibition** 세포가 효소 활성을 조절하는 수단으로, 경쟁 억제 또는 비경쟁 억제가 있다.

**후각세포 collenchyma** 불규칙하게 두터워진 세포벽을 가진 세포로 구성된 식물 조직; 줄기와 엽병의 생장을 지지한다.

**후구동물 deuterostome** 배아의 두번째 개구부가 입이 되는 진체강동물의 한 무리로서 첫 번째 개구부인 원구는 항문이 된다.

**후두 larynx** 인두와 기도 사이에 위치한 연골성 기관; 사람의 경우 성대를 포함한다. 때로는 소리상자라고 함.

**후두개 epiglottis** 연하과정 중에 성문을 닫고 기도를 닫아주는 구조.

**후벽조직 sclerenchyma** 리그닌화 된 세포벽을 가진 식물 조직; 지지 기능을 한다.

**후생적 유전 epigenetic inheritance** DNA 서열에 암호화되어 있지는 않으나 한 세대에서 다음세대로 유전될 수 있는 상태

**후접합적 격리 postzygotic isolating mechanism** 개체간의 교배 후에 해부생리학적 차이로 인하여 배아형성이 되지 않기에 생식실패가 야기되는 현상.

**후진국 (개발도상국) less-developed country (LDC)** 산업화가 막 시작되었거나 진행중인 국가; 대부분의 후진국들은 급속한 인구증가와 빈곤의 문제점을 지니고 있음.

**후진국 (혹은 개발도상국) less-developed country (LDC)** 현재 산업화가 진행되고 있는 국가; 일반적으로 인구증가가 빠르고 가난과 기아에서 벗어나지 못하고 있음.

**휴면 dormancy** 식물에서 생장에 적절한 조건 하에서 생장이 정지한 것.

휴지전위 resting potential 비활성 뉴런의 막 전위.

**흉강 thoracic cavity** 복강 위쪽에서 앞쪽부분에 위치하며 횡격막에 의해 복강과 분리 되어있다; 내부에 심장과 폐가 들어있다.

**흔적기관 vestigial structure** 과거 조상들에게는 기능이 있었으나 현재에는 그 기능이 퇴화한 기관 혹은 구조물.

**흡수 스펙트럼 absorption spectrum** 원자가 빛의 특정한 파장을 흡수하여 저준위에서 고준위로 흥분될 때 나타나는 스펙트럼.

**흡열반응 endergonic reaction** 에너지 유입이 필요한 화학반응으로 발열반응과 반대 반응이다.

**흡충류 trematode** 편형동물 문에 속하는 동물이며 외부기생성 또는 내부기생성이다.

**히드라 hydra** 자포동물 문에 속하는 담수산 종.

**히스타민 histamine** 혈액 속의 호염기성 세포나 결합조직의 비만세포에 의하여 생성되는 물질로, 모세혈관이 팽창하게 한다.

**힘줄 tendon** 골격근을 뼈에 연결하는 섬유성 결합조직으로 된 끈.

# 찾아보기

## ㅇ



## ㅈ

## ㅊ



## ㅋ



## ㅌ



## ㅍ



## ㅎ

# 맺는 글

## 생물학적 원리와 인간의 책무

분자, 단세포, 조직, 기관, 기관계, 다세포생물체, 개체군, 군집, 생태계, 그리고 생물권. 이것들은 생명의 구조적 체계로 과거 38억년 동안 점점 더 복잡해진 방식으로 집합하였다. 우리는 이 거대한 생물학적 건축 프로그램의 신참자들이다. 그러나 1만 년이라는 상대적으로 짧은 시간 동안 우리의 행동은 대륙, 대양, 대기의 특성, 심지어 종들의 유전적 특성까지 변화시키고 있다.

우리만이 생명계에 심대한 충격을 주고 있다고 생각한다면 주제넘은 일이다. 원생대 시대만 하더라도 광합성 생물들은 대기 중에 산소를 충만시켜 생물학적 진화과정을 돌이킬 수 없을 정도로 변화시켰다. 지금은 물론 과거에도 경쟁적 적응을 거쳐 성공한 생물군이 있었고, 또 이런 생물군으로 말미암아 쇠퇴한 생물군도 있었다. 변화는 전혀 새로운 것이 아니다. 새로운 것은 진행될 수도 있는 것을 이해하는 생물 종의 능력이다.

이제 우리는 빠른 속도로 에너지를 사용하고 환경을 변화시킬 수 있는 인구 규모와 기술, 문화적 성향을 갖게 되었다. 이 상황의 종착역은 어디가 될 것인가? 예를 들어, 인구성장률이 수용 능력을 초과하게 되었을 때 되먹임제어(feedback control)가 제대로 작동하게 될 것인가? 즉, 음성되먹임제어가 작동하여 대세가 우리의 손을 벗어나지 못하게 억제하게 될 것인가?

되먹임제어는 심각한 사태 후에 작동하기 때문에 충분하지 못할 것이다. 우리의 자원 소비 패턴과 인구증가는 무제한적 자원이란 환상과 관대한 환경에 기반을 두고 있다. 장기적인 전세계의 식료품 부족이나 지구기후의 임계점 통과 등은 너무 빠르게 도달하여 시정이 불가능하다. 이런 상황이 발생한다면 그 충격은 너무 커서 역전이 불가능할 것이다.

조기경보시스템과 같은 역할을 수행할 수 있는 순행되먹임 메커니즘은 어떨까? 예를 들어, 피부 표면 주변에 있는 감각수용체들이 외부 대기온도의 하락을 감지하면 각 수용체가 신경계에 메시지를 전달한다. 그러면 신경계는 신체가 위험한 수준으로 냉각되기 전에 신체의 핵심온도를 상승시키는 메커니즘을 작동시켜 이에 반응한다.

이런 추론을 바탕으로 우리가 순행되먹임제어 메커니즘을 개발한다면 우리가 과도한 피해를 주기 전에 시정조처를 시작하는 게 가능하지 않을까? 순행되먹임제어 장치는 변화가 진행된 후에 작동하므로 이런 장치들만으로는 효과가 없을 것이다. 원거리 조기 경보시스템(distant early warning, DEW)을 생각해 보자. 이 시스템은 마치 북미를 향해 발사된 미사일을 감지하는 거대한 감각수용체와 같다. 그러나 이 수용체가 본연의 임무를 수행했을 때는 확산된 파괴를 저지하기에 너무 늦을 수도 있다.

우리가 파멸을 피하기 위해 문화적, 생물학적으로 덜 복잡해지는 탈진화(de-evolve)하도록 진화시대의 이 시점에서 현재의 우리를 바꿀 수 있다고 가정한다면 순진한 생각이다. 그러나 제 3의 제어메커니즘, 즉 어떤 일이 발생하기 전에 그것을 예측할 수 있는 능력을 사용하여 파멸을 피할 수 있다고 믿을만한 이유가 있다. 우리는 반드시 취소가 불가능한 변화가 시작한 다음에야 반응하도록 고착되어 있는 것은 아니다. 우리는 미래를 예측할 수 있는 능력이 있다. 그것은 지상의 낙원과 지옥에 관한 우리의 비전이다. *우리 모두는 부분적으로 우리가 꾸밀 수 있는 미래에 적응할 수 있는 능력을 갖고 있다.*

예를 들어, 우리는 "자연을 타도"하는 시도를 중단하고 자연과 함께 살아가는 방법을 배울 수 있다. 우리는 개인 또는 집단으로 연대하여 인구증가에 미치는 생물적 및 무생물적인 한계를 고려한 장기적인 정책들을 개발하도록 노력할 수 있다. 이것은 단념하고 포기하기에 앞서 우리가 할 수 있는 가장 지혜로운 행동 가운데 하나일 것이다.

자연에 적응하는 능력을 갖는 것과 그 능력을 활용하는 것은 똑 같은 것이 아니다. 우리는 한 생물 종으로써 우리 스스로 조절하는 노력을 기울이지 않았으므로 이미 생명계를 위험한 지경에 이르게 만들었다.

우리의 생존은 가능한 미래를 예측하는 데 달려 있다. 이것은 기본적인 인간 가치와 사용 가능한 생물학적 모델들에 대한 우리의 정의와 적합한 생태계를 보존, 복원하고, 구축하는 데 달려 있다. 인간의 가치는 변할 수 있다. 우리의 기대는 생물학적 사실에 적응할 수 있고, 또 적응해야만 한다. *모든 생명체계의 생존을 좌우하는 에너지 흐름과 자원 활용의 원칙은 변하지 않기 때문이다.* 우리가 이러한 원칙과 타협하는 것, 그리고 우리 자신에게 생명계에 대한 우리의 장기적인 공헌은 무엇이 되어야 하겠는가 물어보는 일이 우리의 생물학적, 문화적으로 긴급한 과제이다.

# Metric-English Conversions

### Length

| *English* | | *Metric* |
|---|---|---|
| inch | = | 2.54 centimeters |
| foot | = | 0.30 meter |
| yard | = | 0.91 meter |
| mile (5,280 feet) | = | 1.61 kilometer |
| *To convert* | *multiply by* | *to obtain* |
| inches | 2.54 | centimeters |
| feet | 30.00 | centimeters |
| centimeters | 0.39 | inches |
| millimeters | 0.039 | inches |

### Weight

| *English* | | *Metric* |
|---|---|---|
| grain | = | 64.80 milligrams |
| ounce | = | 28.35 grams |
| pound | = | 453.60 grams |
| ton (short) (2,000 pounds) | = | 0.91 metric ton |
| *To convert* | *multiply by* | *to obtain* |
| ounces | 28.3 | grams |
| pounds | 453.6 | grams |
| pounds | 0.45 | kilograms |
| grams | 0.035 | ounces |
| kilograms | 2.2 | pounds |

### Volume

| *English* | | *Metric* |
|---|---|---|
| cubic inch | = | 16.39 cubic centimeters |
| cubic foot | = | 0.03 cubic meter |
| cubic yard | = | 0.765 cubic meters |
| ounce | = | 0.03 liter |
| pint | = | 0.47 liter |
| quart | = | 0.95 liter |
| gallon | = | 3.79 liters |
| *To convert* | *multiply by* | *to obtain* |
| fluid ounces | 30.00 | milliliters |
| quart | 0.95 | liters |
| milliliters | 0.03 | fluid ounces |
| liters | 1.06 | quarts |

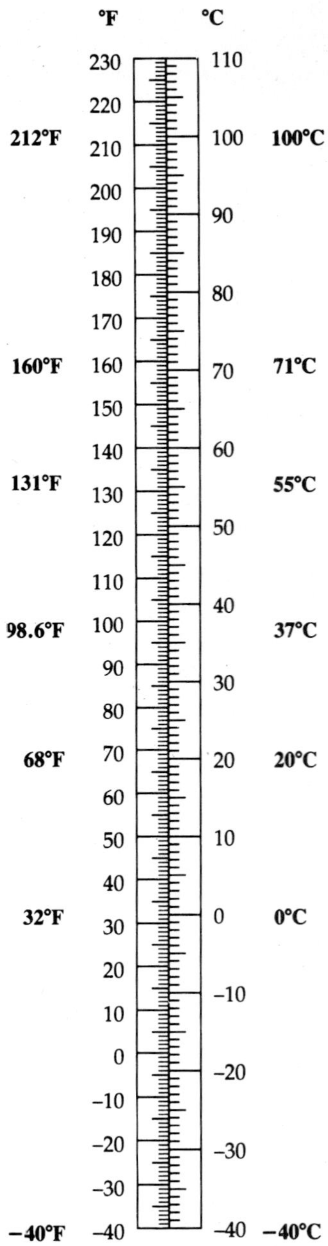


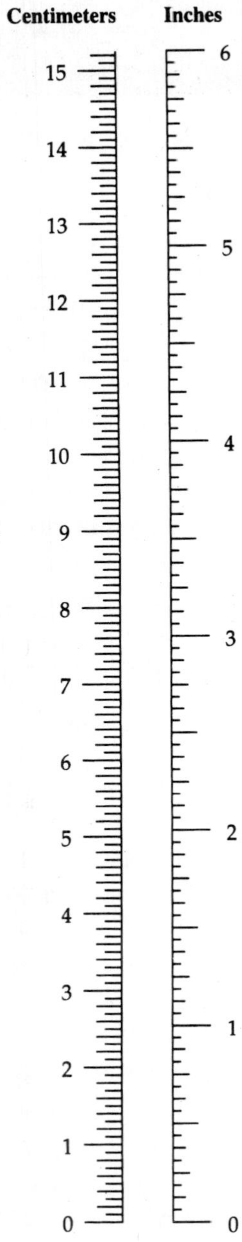

# 부록 Ⅱ. 원소 주기율표

Atomic number → 11
Symbol → Na
Atomic mass → 22.99

Atomic masses are based on carbon-12. Numbers in parentheses are mass numbers of most stable or best known isotopes of radioactive elements.

Transition Elements: groups IIIB(3) to IIB(12)

| Period | Group IA(1) | IIA(2) | IIIB(3) | IVB(4) | VB(5) | VIB(6) | VIIB(7) | VIII (8) | VIII (9) | VIII (10) | IB(11) | IIB(12) | IIIA(13) | IVA(14) | VA(15) | VIA(16) | VIIA(17) | Noble Gases (18) |
|---|---|---|---|---|---|---|---|---|---|---|---|---|---|---|---|---|---|---|
| 1 | 1<br>H<br>1.008 | | | | | | | | | | | | | | | | | 2<br>He<br>4.003 |
| 2 | 3<br>Li<br>6.941 | 4<br>Be<br>9.012 | | | | | | | | | | | 5<br>B<br>10.81 | 6<br>C<br>12.01 | 7<br>N<br>14.01 | 8<br>O<br>16.00 | 9<br>F<br>19.00 | 10<br>Ne<br>20.18 |
| 3 | 11<br>Na<br>22.99 | 12<br>Mg<br>24.31 | | | | | | | | | | | 13<br>Al<br>26.98 | 14<br>Si<br>28.09 | 15<br>P<br>30.97 | 16<br>S<br>32.06 | 17<br>Cl<br>35.45 | 18<br>Ar<br>39.95 |
| 4 | 19<br>K<br>39.10 | 20<br>Ca<br>40.08 | 21<br>Sc<br>44.96 | 22<br>Ti<br>47.90 | 23<br>V<br>50.94 | 24<br>Cr<br>52.00 | 25<br>Mn<br>54.94 | 26<br>Fe<br>55.85 | 27<br>Co<br>58.93 | 28<br>Ni<br>58.7 | 29<br>Cu<br>63.55 | 30<br>Zn<br>65.38 | 31<br>Ga<br>69.72 | 32<br>Ge<br>72.59 | 33<br>As<br>74.92 | 34<br>Se<br>78.96 | 35<br>Br<br>79.90 | 36<br>Kr<br>83.80 |
| 5 | 37<br>Rb<br>85.47 | 38<br>Sr<br>87.62 | 39<br>Y<br>88.91 | 40<br>Zr<br>91.22 | 41<br>Nb<br>92.91 | 42<br>Mo<br>95.94 | 43<br>Tc<br>98.91 | 44<br>Ru<br>101.1 | 45<br>Rh<br>102.9 | 46<br>Pd<br>106.4 | 47<br>Ag<br>107.9 | 48<br>Cd<br>112.4 | 49<br>In<br>114.8 | 50<br>Sn<br>118.7 | 51<br>Sb<br>121.8 | 52<br>Te<br>127.6 | 53<br>I<br>126.9 | 54<br>Xe<br>131.3 |
| 6 | 55<br>Cs<br>132.9 | 56<br>Ba<br>137.3 | 57*<br>La<br>138.9 | 72<br>Hf<br>178.5 | 73<br>Ta<br>180.9 | 74<br>W<br>183.9 | 75<br>Re<br>186.2 | 76<br>Os<br>190.2 | 77<br>Ir<br>192.2 | 78<br>Pt<br>195.1 | 79<br>Au<br>197.0 | 80<br>Hg<br>200.6 | 81<br>Tl<br>204.4 | 82<br>Pb<br>207.2 | 83<br>Bi<br>209.0 | 84<br>Po<br>(210) | 85<br>At<br>(210) | 86<br>Rn<br>(222) |
| 7 | 87<br>Fr<br>(223) | 88<br>Ra<br>226.0 | 89**<br>Ac<br>(227) | 104<br>Unq<br>(261) | 105<br>Unp<br>(262) | 106<br>Unh<br>(263) | 107<br>Uns<br>(262) | 108<br>Uno<br>(265) | 109<br>Une<br>(266) | | | | | | | | | |

**Inner Transition Elements**

| | | | | | | | | | | | | | | | |
|---|---|---|---|---|---|---|---|---|---|---|---|---|---|---|---|
| **Lanthanide Series** | 6 * | 58<br>Ce<br>140.1 | 59<br>Pr<br>140.9 | 60<br>Nd<br>144.2 | 61<br>Pm<br>(145) | 62<br>Sm<br>150.4 | 63<br>Eu<br>152.0 | 64<br>Gd<br>157.3 | 65<br>Tb<br>158.9 | 66<br>Dy<br>162.5 | 67<br>Ho<br>164.9 | 68<br>Er<br>167.3 | 69<br>Tm<br>168.9 | 70<br>Yb<br>173.0 | 71<br>Lu<br>175.0 |
| **Actinide Series** | 7 ** | 90<br>Th<br>232.0 | 91<br>Pa<br>231.0 | 92<br>U<br>238.0 | 93<br>Np<br>237.0 | 94<br>Pu<br>(244) | 95<br>Am<br>(243) | 96<br>Cm<br>(247) | 97<br>Bk<br>(247) | 98<br>Cf<br>(251) | 99<br>Es<br>(252) | 100<br>Fm<br>(257) | 101<br>Md<br>(258) | 102<br>No<br>(259) | 103<br>Lr<br>(260) |

# 부록 III 자습-퀴즈 정답

**CHAPTER 1**

| | Answer | Section |
|---|---|---|
| 1. | cell | *1.1* |
| 2. | Metabolism | *1.2* |
| 3. | Homeostasis | *1.2* |
| 4. | adaptive | *1.4* |
| 5. | mutation | *1.4* |
| 6. | domains | *1.3* |
| 7. | a | *1.2* |
| 8. | d | *1.2, 1.4* |
| 9. | d | *1.4* |
| 10. | a | *1.6* |
| 11. | c | *1.4* |
| | e | *1.4* |
| | d | *1.5* |
| | b | *1.5* |
| | a | *1.5* |

**CHAPTER 2**

| | Answer | Section |
|---|---|---|
| 1. | F; hydrogen atoms have no neutrons | *2.1* |
| 2. | b | *2.1* |
| 3. | d | *2.2* |
| 4. | c | *2.4* |
| 5. | a | *2.4* |
| 6. | f | *2.5* |
| 7. | f | *2.6* |
| 8. | acid, base | *2.6* |
| 9. | c | *2.6* |
| 10. | e | *Impacts, Issues* |
| | d | *2.6* |
| | b | *2.4* |
| | c | *2.5* |
| | a | *2.1* |

**CHAPTER 3**

| | Answer | Section |
|---|---|---|
| 1. | See table 3.1 | |
| 2. | d | *3.1* |
| 3. | c | *3.1* |
| 4. | f | *3.3* |
| 5. | b | *3.4* |
| 6. | d | *3.4* |
| 7. | e | *3.4* |
| 8. | d | *3.5, 3.7* |
| 9. | d | *3.5* |
| 10. | d | *3.7* |
| 11. | b | *3.7* |
| 12. | c | *3.5* |
| | e | *3.7* |
| | b | *3.4* |
| | d | *3.7* |
| | a | *3.3* |

**CHAPTER 4**

| | Answer | Section |
|---|---|---|
| 1. | c | *4.3* |
| 2. | See Figs. 4.19, 4.20 | |
| 3. | d | *4.5* |
| 4. | d | *4.11* |
| 5. | False; many cells have a wall | *4.11* |
| 6. | c | *4.1* |
| 7. | e | *4.8* |
| | d | *4.8* |
| | a | *4.1, 4.4* |
| | b | *4.7* |
| | c | *4.7* |

**CHAPTER 5**

| | Answer | Section |
|---|---|---|
| 1. | c | *5.1* |
| 2. | b | *5.2* |
| 3. | d | *5.3* |
| 4. | a | *5.7* |
| 5. | d | *5.5* |
| 6. | b | *5.5* |
| 7. | d | *5.8* |
| 8. | d | *5.5* |
| 9. | c | *5.2* |
| | g | *5.6* |
| | a | *5.2* |
| | d | *5.2* |
| | e | *5.2* |
| | b | *5.2* |
| | f | *5.1* |

**CHAPTER 6**

| | Answer | Section |
|---|---|---|
| 1. | carbon dioxide; sunlight | *Impacts, Issues* |
| 2. | a | *6.2, 6.3* |
| 3. | b | *6.2, 6.5* |
| 4. | c | *6.3* |
| 5. | c | *6.2, 6.5* |
| 6. | b | *6.5* |
| 7. | c | *6.5* |
| | a | *6.3, 6.4* |
| | b | *6.5* |

**CHAPTER 7**

| | Answer | Section |
|---|---|---|
| 1. | d | *7.1* |
| 2. | c | *7.1, 7.2* |
| 3. | b | *7.3* |
| 4. | c | *7.4* |
| 5. | See Fig. 7.3 | |
| 6. | c | *7.5* |
| 7. | b | *7.5* |
| 8. | d | *7.6* |
| 9. | b | *7.2* |
| | c | *7.5* |
| | a | *7.3* |
| | d | *7.4* |

**CHAPTER 8**

| | Answer | Section |
|---|---|---|
| 1. | d | *8.1* |
| 2. | b | *8.1* |
| 3. | c | *8.1* |
| 4. | d | *8.2* |
| 5. | a | *8.2* |
| 6. | c | *8.2* |
| 7. | a | *8.3* |
| 8. | b | *8.2* |
| 9. | d | *8.3* |
| | b | *8.3* |
| | c | *8.3* |
| | a | *8.3* |

**CHAPTER 9**

| | Answer | Section |
|---|---|---|
| 1. | c | *9.2* |
| 2. | b | *9.2* |
| 3. | a | *9.2* |
| 4. | d | *9.1, 9.5* |
| 5. | d | *9.2, 9.4* |
| 6. | b | *9.2* |
| 7. | d | *9.2* |
| 8. | c | *9.3* |
| 9. | d | *9.3* |
| 10. | d | *9.2* |
| | a | *9.1* |
| | c | *9.3* |
| | b | *9.2* |

**CHAPTER 10**

| | Answer | Section |
|---|---|---|
| 1. | a | *10.1* |
| 2. | b | *10.1, 10.2* |
| 3. | a | *10.1, 10.6* |
| 4. | b | *10.1, 10.2* |
| 5. | c | *10.2* |
| 6. | a | *10.2, 10.4* |
| 7. | d | *10.3* |
| 8. | b | *10.3* |
| | d | *10.2* |
| | a | *10.1* |
| | c | *10.1* |

**CHAPTER 11**

| | Answer | Section |
|---|---|---|
| 1. | c | *11.1, 11.3* |
| 2. | a | *11.3* |
| 3. | e | *11.7* |
| 4. | a | *11.4* |
| 5. | c | *11.1* |
| 6. | d | *11.8* |
| 7. | c | *11.8* |
| 8. | c | *11.3* |
| | e | *11.7* |
| | d | *11.4* |
| | b | *11.7* |
| | a | *11.2* |
| | f | *11.3* |

**CHAPTER 12**

| | Answer | Section |
|---|---|---|
| 1. | c | *12.2* |
| 2. | d | *12.2* |
| 3. | c | *12.2* |
| 4. | a | *12.4* |
| 5. | d | *12.4* |
| 6. | c | *12.5* |

**CHAPTER 13**

| | Answer | Section |
|---|---|---|
| 1. | c | *13.1* |
| 2. | b | *13.1* |
| 3. | c | *13.1* |
| 4. | c | *13.2* |
| 5. | a | *13.2* |
| 6. | e | *13.4* |
| | c | *13.3* |
| | a | *13.1* |
| | f | *13.2* |
| | d | *13.2* |
| | g | *13.1* |
| | b | *13.2* |

**CHAPTER 14**

| | Answer | Section |
|---|---|---|
| 1. | d | *14.1, 14.3* |
| 2. | d | *14.1* |
| 3. | d | *14.3, 14.5* |
| 4. | d | *14.3* |
| 5. | d | *14.3* |
| 6. | d | *14.1, 14.2, 14.3* |
| 7. | a | *14.2* |
| 8. | d | *14.2* |
| 9. | a | *14.1, 14.2, 14.3* |
| 10. | h | *14.3* |
| 11. | d | *14.3* |
| 12. | b | *14.4* |
| 13. | c | *14.4* |
| 14. | e | *14.4, 14.5* |
| | a | *14.2* |
| | d | *Impacts, Issues* |
| | b | *14.3* |
| | c | *14.4* |

**CHAPTER 15**

| | Answer | Section |
|---|---|---|
| 1. | d | *15.7* |
| 2. | c | *15.2* |
| 3. | plasmid | *15.2* |
| 4. | b | *15.2* |
| 5. | a | *15.3* |
| 6. | b | *15.4* |
| 7. | d | *15.5* |
| 8. | b | *15.7, 15.8* |
| 9. | d | *15.4* |
| | c | *15.6* |
| | b | *Impacts, Issues* |
| | e | *15.3* |
| | a | *15.7* |

**CHAPTER 16**

| | Answer | Section |
|---|---|---|
| 1. | populations | *16.5* |
| 2. | b | *Impacts, Issues* |
| 3. | a | *16.5* |
| 4. | c | *16.3* |
| 5. | b | *16.7* |
| 6. | c | *16.8* |
| 7. | b | *16.11* |
| 8. | c | *16.11* |
| | d | *16.3* |
| | a | *16.5* |
| | b | *16.10* |

**CHAPTER 17**

| | Answer | Section |
|---|---|---|
| 1. | a | *17.4* |
| 2. | d | *17.7* |
| 3. | c | *17.10* |
| 4. | c | *17.11* |
| 5. | c | *17.5* |
| 6. | d | *17.7* |
| 7. | d | *17.11* |
| 8. | c | *17.11* |
| 9. | d | *17.11* |
| 10. | See Fig. 17.31 | |
| 11. | e | *17.11* |
| | a | *17.1* |
| | f | *17.1* |
| | c | *17.4* |
| | b | *17.11* |
| | d | *17.4* |
| | g | *17.10* |

**CHAPTER 18**

| | Answer | Section |
|---|---|---|
| 1. | c | *18.1* |
| 2. | c | *18.2* |
| 3. | c | *18.3* |
| 4. | b | *18.4* |
| 5. | f | *18.1* |
| | c | *18.2* |
| | d | *18.2* |
| | a | *18.3* |
| | b | *18.4* |
| | e | *18.4* |

**CHAPTER 19**

| | Answer | Section |
|---|---|---|
| 1. | Left, head (top), sheath (middle), tail fiber (bottom). Right: capsid (left), envelope (right) | *19.4* |
| 2. | d | *19.1* |
| 3. | c | *19.3* |
| 4. | c | *19.1* |
| 5. | c | *19.2* |
| 6. | d | *19.2* |
| 7. | b | *19.2* |
| 8. | d | *19.2* |
| 9. | b | *19.4* |
| 10. | false | *19.4* |
| 11. | d | *19.4* |
| 12. | d | *19.1* |
| 13. | d | *19.3* |
| | e | *19.2* |
| | b | *19.4* |
| | f | *19.1* |
| | c | *19.3* |
| | g | *19.4* |
| | a | *19.5* |

**CHAPTER 20**

| | Answer | Section |
|---|---|---|
| 1. | b | *20.2* |
| 2. | d | *20.2* |
| 3. | b | *20.3* |
| 4. | b | *20.5* |
| 5. | d | *20.5* |
| 6. | d | *20.4* |
| 7. | a | *20.6* |
| 8. | c | *20.7* |
| 9. | a | *20.8* |
| 10. | c | *20.9* |
| 11. | c | *20.9* |
| 12. | b | *20.2* |
| | e | *20.2* |
| | f | *20.5* |
| | i | *20.3* |
| | h | *20.5* |
| | j | *20.7* |
| | d | *20.5* |
| | a | *20.10* |
| | c | *20.12* |
| | g | *20.12* |

**CHAPTER 21**

| | Answer | Section |
|---|---|---|
| 1. | a | *21.3* |
| 2. | c | *21.5* |
| 3. | b | *21.2* |
| 4. | c | *21.3* |
| 5. | a | *21.3* |
| 6. | b | *21.5* |
| 7. | c | *21.6* |
| | e | *21.1* |
| | g | *21.3* |
| | h | *21.5* |
| | f | *21.2* |
| | a | *21.1* |
| | b | *21.1* |
| | d | *21.7* |

**CHAPTER 22**

| | Answer | Section |
|---|---|---|
| 1. | d | *22.1* |
| 2. | a | *22.1* |
| 3. | a | *22.4* |
| 4. | a | *22.5* |
| 5. | b | *22.12* |
| 6. | c | *22.5, 22.6* |
| 7. | b | *22.1, 22.13* |
| 8. | b | *22.13* |
| 9. | i | *22.2* |
| | c | *22.3* |
| | h | *22.4* |
| | b | *22.5* |
| | a | *22.8* |
| | f | *22.6* |
| | d | *22.9* |
| | e | *22.7* |
| | g | *22.13* |

**CHAPTER 23**

| | | |
|---|---|---|
| 1. | b | *23.1* |
| 2. | a | *23.2* |
| 3. | d | *23.3, 23.4* |
| 4. | c | *23.6* |
| 5. | f | *23.6, 23.7* |
| 6. | a | *23.7* |
| 7. | c | *23.8* |
| 8. | f | *23.2, 23.6 23.9, 23.11* |
| 9. | c | *23.12* |
| 10. | g | *23.3* |
| | a | *23.4* |
| | e | *23.7* |
| | b | *23.8* |
| | c | *23.9* |
| | f | *23.9* |
| | d | *23.12* |

**CHAPTER 24**

| | | |
|---|---|---|
| 1. | a | *24.1* |
| 2. | c | *24.1* |
| 3. | d | *24.2* |
| 4. | d | *24.5* |
| 5. | b | *24.4* |
| | c | *24.1* |
| | a | *24.5* |
| | d | *24.3* |

**CHAPTER 25**

| | | |
|---|---|---|
| 1. | Left; right | *25.1* |
| 2. | a | *25.1* |
| 3. | d | *25.1* |
| 4. | Eudicot; monocot; see Fig. 25.4 | |
| 5. | c | *25.2* |
| 6. | c | *25.2* |
| 7. | b | *25.2* |
| 8. | b | *25.1, 25.2* |
| 9. | See Fig. 25.21 | |
| 10. | d | *25.6* |
| 11. | b | *25.3* |
| | d | *25.6* |
| | e | *25.2* |
| | c | *25.2* |
| | f | *25.4* |
| | a | *25.6* |

**CHAPTER 26**

| | | |
|---|---|---|
| 1. | e | *26.1* |
| 2. | c | *26.3* |
| 3. | b | *26.2* |
| 4. | a | *26.2* |
| 5. | c | *26.3* |
| 6. | d | *26.3* |
| 7. | a | *26.4* |
| 8. | d | *26.4* |
| 9. | c | *26.4* |
| | g | *26.1* |
| | e | *26.5* |
| | b | *26.2* |
| | d | *26.3* |
| | a | *26.3* |
| | f | *26.5* |

**CHAPTER 27**

| | | |
|---|---|---|
| 1. | a | *27.1* |
| 2. | c | *27.3* |
| 3. | b | *27.2* |
| 4. | c | *27.3* |
| 5. | c | *27.4* |
| 6. | e | *27.6* |
| 7. | c | *27.6* |
| 8. | c | *27.9* |
| 9. | e | *27.8* |
| | f | *27.9* |
| | b | *27.2* |
| | c | *27.2, 27.3* |
| | d | *27.1* |
| | a | *27.10* |

**CHAPTER 28**

| | | |
|---|---|---|
| 1. | a | *28.1* |
| 2. | c | *28.1* |
| 3. | a | *28.1* |
| 4. | b | *28.2* |
| 5. | b | *28.2* |
| 6. | c | *28.2* |
| 7. | c | *28.3* |
| 8. | d | *28.3* |
| 9. | d | *28.4* |
| 10. | b | *28.1* |
| | g | *28.1* |
| | a | *28.2* |
| | c | *28.6* |
| | d | *28.3* |
| | f | *28.2* |
| | e | *28.1* |

**CHAPTER 29**

| | | |
|---|---|---|
| 1. | a | *29.1* |
| 2. | c | *29.1* |
| 3. | d | *29.2* |
| 4. | a | *29.3* |
| 5. | d | *29.1* |
| 6. | c | *29.6* |
| 7. | b | *29.6* |
| 8. | b | *29.7* |
| 9. | a | *29.7* |
| 10. | b | *29.8* |
| 11. | e | *29.4* |
| | d | *29.3* |
| | f | *29.8* |
| | b | *29.7* |
| | g | *29.8* |
| | a | *29.7* |
| | c | *29.7* |

**CHAPTER 30**

| | | |
|---|---|---|
| 1. | c | *30.1* |
| 2. | c | *30.2* |
| 3. | e | *30.1, 30.3* |
| 4. | a | *30.2* |
| 5. | b | *30.4* |
| 6. | b | *30.5* |
| 7. | d | *30.7* |
| | g | *30.5* |
| | f | *30.6* |
| | a | *30.5* |
| | c | *30.7* |
| | e | *30.3* |
| | b | *30.4* |

**CHAPTER 31**

| | | |
|---|---|---|
| 1. | f | *31.[illegible]* |
| 2. | b | *31.[illegible]* |
| 3. | See Figs. 31.4, 31.5 | *31.[illegible]* |
| 4. | a | *31.[illegible]* |
| 5. | e | *31.4, 31.[illegible]* |
| 6. | b | *31.[illegible]* |
| 7. | b | *31.[illegible]* |
| 8. | b | *31.[illegible]* |
| 9. | d | *31.[illegible]* |
| | f | *31.[illegible]* |
| | c | *31.5* |
| | e | *31.5* |
| | a | *31.5* |
| | b | *31.5* |

**CHAPTER 32**

| | | |
|---|---|---|
| 1. | d | *32.1* |
| 2. | b | *32.4* |
| 3. | d | *32.5* |
| 4. | b | *32.3* |
| 5. | b | *32.4* |
| 6. | d | *32.4* |
| 7. | e | *32.2* |
| | f | *32.6* |
| | g | *32.6* |
| | h | *32.2* |
| | a | *32.4* |
| | c | *32.2* |
| | b | *32.1* |
| | i | *32.4* |
| | d | *32.6* |

**CHAPTER 33**

| | | |
|---|---|---|
| 1. | c | *33.1* |
| 2. | b | *33.1* |
| 3. | d | *33.2* |
| 4. | b | *33.4* |
| 5. | d | *33.2* |
| 6. | b | *33.6* |
| 7. | c | *33.6* |
| 8. | a | *33.7* |
| 9. | c | *33.7* |
| 10. | d | *33.10* |
| 11. | f | *33.8* |
| | a | *33.10* |
| | e | *33.2* |
| | g | *33.6* |
| | b | *33.6* |
| | c | *33.7* |
| | d | *33.5* |
| 12. | See Fig. 33.11 | *33.6* |
| 13. | See Fig. 33.17 | *33.7* |

**CHAPTER 34**

| | | |
|---|---|---|
| 1. | e | *34.1* |
| 2. | c | *34.3* |
| 3. | d | *34.4* |
| 4. | d | *34.4, 34.5* |
| 5. | e | *34.3* |
| 6. | e | *34.6* |
| 7. | a | *34.6* |
| 8. | b | *34.7* |
| 9. | c | *34.3* |
| | b | *34.6* |
| | a | *34.1* |
| | e | *34.5* |
| | d | *34.9* |

**CHAPTER 35**

| | | |
|---|---|---|
| 1. | a | *35.1* |
| 2. | d | *35.1* |
| 3. | c | *35.2* |
| 4. | a | *35.4* |
| 5. | c | *35.5, 35.7* |
| 6. | d | *35.6* |
| 7. | a | *35.6* |
| 8. | a | *35.7* |
| 9. | d | *35.5* |
| | h | *35.5* |
| | f | *35.5, 35.7* |
| | e | *35.1* |
| | g | *35.5* |
| | c | *35.5* |
| | b | *35.5* |
| | a | *35.5* |

**CHAPTER 36**

| | | |
|---|---|---|
| 1. | d | *36.1* |
| 2. | b | *36.3* |
| 3. | c | *36.4* |
| 4. | b | *36.3, 36.4* |
| 5. | a | *36.4* |
| 6. | c | *36.6* |
| 7. | b | *36.8* |
| 8. | f | *36.3* |
| | b | *36.6* |
| | a | *36.3* |
| | d | *36.4* |
| | e | *36.3* |
| | c | *36.3* |

**CHAPTER 37**

| | | |
|---|---|---|
| 1. | c | *37.1* |
| 2. | b | *37.2* |
| 3. | d | *37.3* |
| 4. | b | *37.3* |
| 5. | a | *37.3* |
| 6. | c | *37.2* |
| | a | *37.2* |
| | b | *37.2* |
| | e | *37.2* |
| | d | *37.3* |
| 7. | d | *37.7* |
| 8. | a | *37.7* |
| 9. | b | *37.6* |
| | a | *37.6* |
| | d | *37.6* |
| | c | *37.6* |
| | e | *37.6* |

**CHAPTER 38**

| | | |
|---|---|---|
| 1. | d | *38.1* |
| 2. | c | *38.2, 38.3* |
| 3. | c | *38.2, 38.4* |
| 4. | c | *38.5* |
| 5. | d | *38.7* |
| 6. | c | *38.9* |
| 7. | c | *38.9* |
| 8. | c | *38.14* |
| 9. | a | *38.14* |
| 10. | e | *38.13* |
| 11. | c | *38.2* |
| | d | *38.2, 38.11* |
| | a | *38.2, 38.3* |
| | b | *38.2, 38.15* |
| | f | *38.2, 38.4* |
| | e | *38.2, 38.4* |
| 12. | c | *38.6* |
| | h | *38.8* |
| | a | *38.16* |
| | g | *38.8, 38.19* |
| | d | *38.9, 38.10* |
| | e | *38.8, 38.11* |
| | b | *38.6, 38.7* |
| | f | *38.8* |

**CHAPTER 39**

| | | |
|---|---|---|
| 1. | f | *39.1* |
| 2. | a | *39.3* |
| 3. | a | *39.3* |
| 4. | d | *39.4* |
| 5. | d | *39.5* |
| 6. | c | *39.7* |
| 7. | c | *39.4* |
| | d | *39.3* |
| | a | *39.3* |
| | e | *39.4* |
| | b | *39.4* |

**CHAPTER 40**

| | | |
|---|---|---|
| 1. | d | *40.1* |
| 2. | d | *40.1* |
| 3. | d | *40.3* |
| 4. | b | *40.4* |
| 5. | d | *40.6* |
| 6. | d | *40.8* |
| 7. | e | *40.11* |
| 8. | b | *40.12* |
| 9. | c | *40.9* |
| | d | *40.11* |
| | a | *40.8* |
| | e | *40.8* |
| | b | *40.9* |
| | g | *40.12* |
| | f | *40.13* |

**CHAPTER 41**

| | | |
|---|---|---|
| 1. | d | *41.1* |
| 2. | d | *41.1* |
| 3. | d | *41.4* |
| 4. | d | *41.3* |
| 5. | a | *41.7* |
| 6. | b | *41.8* |
| 7. | d | *41.11* |
| 8. | c | *41.10, 41.11* |
| 9. | a | *41.10* |
| 10. | d | *41.1* |
| | a | *41.1* |
| | c | *41.1* |
| | b | *41.1* |

**CHAPTER 42**

| | | |
|---|---|---|
| 1. | d | *42.1* |
| 2. | c | *42.2* |
| 3. | d | *42.3* |
| 4. | a | *42.3* |
| 5. | c | *42.2* |
| 6. | e | *42.4* |
| 7. | d | *42.4, 42.8* |
| 8. | c | *42.5* |
| 9. | d | *42.9, 42.10* |
| 10. | d | *42.7* |
| | h | *42.5* |
| | e | *42.5* |
| | c | *42.5* |
| | b | *42.10* |
| | g | *42.6* |
| | a | *42.6* |
| | f | *42.12* |

**CHAPTER 43**

| | | |
|---|---|---|
| 1. | a | *43.3* |
| 2. | d | *43.1* |
| 3. | d | *43.6* |
| 4. | a | *43.3* |
| 5. | d | *43.7* |
| 6. | c | *43.7* |
| 7. | c | *43.1* |
| | d | *43.3* |
| | b | *43.1, 43.2* |
| | a | *43.2* |
| | e | *43.4* |

## 10 장

1. a. 부모 둘 다 이형접합체(*Aa*)이다. 그 자손은 백피증(*aa*)이 될 수도 있고, 정상일 수도 있다.(*AA* or *Aa*)

b. 모두 열성 동형접합체(*Aa*)이다.

c. 열성 동형접합체(*aa*) 아버지와 이형접합체(*Aa*) 어머니. 백피증 아이는 *aa*이고, 정상인 아이는 *Aa*이다.

2. a. *AB*　　c. *Ab. ab*

b. *AB, aB*　　d. *AB. Ab. aB. ab*

3. a. 모든 자손은 *AaBB* 일 것이다.

b. 1/4 *AABB* (각 유전형은 25%씩)
1/4 *AABb*
1/4 *AaBB*
1/4 *AaBb*

c. 1/4 *AaBb* (각 유전형은 25%씩)
1/4 *Aabb*
1/4 *aaBb*
1/4 *aabb*

d. 1/16 *AABB* (6.25%)
1/8 *AaBB* (12.5%)
1/16 *aaBB* (6.25%)
1/8 *AABb* (12.5%)
1/4 *AaBb* (25%)
1/8 *aaBb* (12.5%)
1/16 *AAbb* (6.25%)
1/8 *Aabb* (12.5%)
1/16 *aabb* (6.25%)

4. 두 고양이의 짝짓기 결과는 1/MM. 1/2$M^LM$, 그리고 1/4$M^LM^L$ 이다. $M^LM^L$는 사망하므로 살아남은 아이고양이가 이형접합체일 가능성은 2/3이다.

5. 노란색이 열성이다. $F_1$ 식물이 녹색의 표현형을 가진 이형접합체이므로, 녹색은 열성인 노란색에 대해 우성이다.

6. a. *ABC*

b. *ABc, aBc*

c. *ABC, aBc, ABc, aBC*

d. *ABC, aBC, AbC, abC, ABc, aBc, Abc, abc*

7. 이 양성잡종의 모든 $F_1$ 식물이 두 유전자에 대해 이형접합체가 되기 때문에, $F_2$식물의 1/4 (25%)는 두 유전자 모두에 대해 이형접합체가 될 것이다.

8. a. 어머니는 확실히 동형접합체 $I^Ai$이다. 혈액형이 B형인 남자가 아버지라면 그 아들은 이형접합체 $I^Bi$ 일 것이다.

b. 유전형만으로 남자를 아버지라고 단정지을 수 없다. 만약 그가 이형접합체라고 하더라도, *i* 대립유전자를 보유한 혈액형인 A형($I^Ai$)이나, B형($I^Bi$) 그리고 O형(*ii*)을 가지는 모든 남성이 아버지가 될 수 있다.

9. 흰색 털 순종과 갈색 털 순종인 쥐를 짝짓기하면 가장 정확한 증거를 입증할 것이다.

생물의 순종은 전형적으로 연구되는 유전형질에 대해 동형이기 때문에, 이 짝짓기에서 나온 모든 $F_1$ 자손은 이형접합체가 된다. 각각의 $F_1$ 쥐 표현형을 기록하고 짝짓기를 시켜보아라. 한 유전자 자리를 가정하여, 모든 $F_2$ 자손의 가능한 결과는 다음과 같다.

a. $F_1$ 쥐 모두 갈색이고, $F_2$ 자손은 갈색 3 : 흰색 1로 나누어진다.
*결론*: 갈색이 흰 색에 대해 우성이다.

b. $F_1$ 쥐 모두 흰 색이고, $F_2$ 자손은 흰색 3 : 갈색 1로 나누어진다.
*결론*: 흰색이 갈색에 대해 우성이다.

c. $F_1$ 쥐 모두 황갈색이고, $F_2$자손은 갈색 1 : 황갈색 2 : 흰색 1로 나누어진다.
*결론*: 이 유전자자리에 대한 유전형질은 불완전 우성을 보인다.

10. 당신은 Dandelion 의 유전자형에 대한 정보를 알고있지 않은 경우 새끼강아지가 장애를 앓지 않을 것이라고 보장할 수 없다. 만약 암컷이 이형접합체를 보유하고 있거나 수컷이 해로운 대립인자를 가지고 있지 않거나 대립유전자가 열성인 경우에 한해서 당신은 새끼강아지가 장애를 앓지 않을 것이라고 보장할 수 있다.

11. Fred는 자신의 애완동물이 *WW*인지 *Ww*인지 검정교잡을 통해 알 수 있다. 그는 자신의 검정 guinea pig 와 *ww*유전자형을 가진 흰색 guinea pig를 교배시킬 수 있다.

만약 첫 번째 자손이 흰색이라면 애완동물의 유전자형은 *Ww*이다. 만약 두 마리 guinea pig 쌍을 되풀이해서 교배를 시켰을 경우 모든 자손들이 검정 색이었다면 애완동물의 유전자형이 *WW*일 가능성이 높다.

(만약 10마리의 자손들이 모두 검정색이라면 수컷이 *WW* 유전자형일 가능성이 99.9% 이다. 보다 더 많은 자손들을 관찰한다면 Fred는 자신의 결론을 더욱더 확신할 수 있을 것이다.)

12. a. 1/2 빨간색, 1/2 분홍색
    b. 모두 분홍색
    c. 1/4 빨간색, 1/2 분홍색, 1/4 흰색
    d. 1/2 분홍색, 1/2 흰색

13. 9/16 호두모양의 볏
    3/16 장미모양의 볏
    3/16 완두모양의 볏
    1/16 홑 볏

14. 부모 둘 다 이형접합체이기 때문에($Hb^AHb^S$), 각각의 아이들은 다음과 같은 가능성을 가진다.
    a. 1/4 $Hb^SHb^S$
    b. 1/4 $Hb^AHb^A$
    c. 1/2 $Hb^AHb^S$

## 11 장

1. a. 사람에서 남자는(XY) 자신의 X염색체를 어머니로부터 물려받는다

   b. 남성은 두 종류의 배우자를 생산한다. 절반은 X염색체를 가지고 나머지 절반은 Y염색체를 가진다

   c. X-연관 대립유전자가 동형접합인 여성은 오직 한 종류의 배우자만 생산한다.

   d. X-대립 유전자가 이형접합인 여성의 배우자의 절반은 그 좌위의 한 가지 대립유전자를 가지고 나머지 절반은 같은 좌위의 다른 대립유전자를 가진다.

2. 상염색체성 우성 대립 유전자를 양친 중 한쪽만 이형접합으로 가질 때 어느 한 자녀가 그 대립 유전자를 전달 받을 확률은 50%이다.

3. a. 불분리 현상은 제1 감수분열의 후기 또는 제2 감수분열의 후기에 일어날 수 있다.

   b. 전좌에 의해 21번 염색체가 14번 염색체의 말단에 부착될 수 있다. 이런 염색체를 가지는 사람의 염색체 수는 여전히 46개 이지만 체세포는 정상적인 21번 염색체 2개에 전좌된 가외의 21번 염색체를 가지게 된다.

4. 암컷(XX)이 흰 눈이 될 수 있으므로 열성 대립유전자는 암컷의 X 염색체 중의 하나에 존재해야한다. 만약 흰 눈의 수컷이 열성 대립유전자를 그의 X염색체에 가진다면 Y염색체는 눈 색깔에 관한 상응하는 대립유전자를 갖지 못한다. 따라서 그 경우 흰 눈이 되는 것이다. 수컷에서는 열성 대립유전자의 영향을 덮어 줄 우성 대립유전자가 없다.

5. 그림에서 이 표현형은 모든 세대에서 나타나므로, 이것은 상염색체성 우성유전의 양상을 보인다. 그러나 만약 한 아들이 이 대립유전자를 그의 X 염색체에 가진다면 그것은 발현될 것이다. 그는 유전병이 발병할 것이고 그러면 그는 어릴 때 죽게 되어 아버지가 될 수 없을 것이다.

6. 딸에서 이 근육 위축증이 발병하려면 두 개의 X-연관 열성 대립 유전자를 모두 물려 받아야 한다. 이 대립 유전자를 가지는 남성은 병의 발생으로 어릴 때 죽게 되므로 애기 아버지가 될 수 없다.

7. 어머니에서, 감수분열 때 두 유전자 사이에 교차가 일어나 두 돌연변이 대립유전자를 모두 갖지 않는 X 염색체가 만들어졌다.